注册电气工程师
执业资格考试 专业考试
复习同步指导

第二版　　（发输变电专业）

张工教育发输变电团队 **组 编**

张福先　韩作峰 **主 编**

王水生　杨清平　高 昆　王 骅　武慧芳 **副主编**

王立平　李如松 **参 编**

中国电力出版社
CHINA ELECTRIC POWER PRESS

内 容 提 要

本书按照新版注册电气工程师（发输变电）执业资格考试专业考试大纲编写，汇集发输变电专业考试所涉规范和手册90%以上的考点。全书分为输电线路、绝缘子及穿墙套管、过电压保护与绝缘配合、直流电源系统等，共计27章、226节。每节列出数个知识点，每个知识点将考试所涉规范和手册关联性知识点综合在一起，交叉索引、分类清晰、公式集中。通过本书目录，考生可迅速定位相关的知识点，节省复习和考试过程中翻查规范和手册的时间，大大提升答题效率。附录一部分还收集了各种设备和电缆等型号说明，方便查阅。

本书将考点高度归纳提炼，如同一本精心整理的复习笔记，方便考生随时随地学习，是注册电气工程师（发输变电）专业考试的必备复习参考书，还可供设计院电力专业设计人员、发输变电专业从业工作者参考。

图书在版编目（CIP）数据

注册电气工程师执业资格考试专业考试复习同步指导．发输变电专业/张福先，韩作峰主编；张工教育发输变电团队组编．—2版．—北京：中国电力出版社，2021.3
ISBN 978-7-5198-5404-1

Ⅰ．①注… Ⅱ．①张… ②韩… ③张… Ⅲ．①电气工程－资格考试－自学参考资料②发电－电力工程－资格考试－自学参考资料③输电－电力工程－资格考试－自学参考资料④变电所－电力工程－资格考试－自学参考资料　Ⅳ．①TM

中国版本图书馆 CIP 数据核字（2021）第 033666 号

出版发行：中国电力出版社
地　　址：北京市东城区北京站西街19号（邮政编码100005）
网　　址：http://www.cepp.sgcc.com.cn
责任编辑：莫冰莹（iceymo@sina.com）
责任校对：黄　蓓　常燕昆　朱丽芳　马　宁
装帧设计：赵姗姗
责任印制：杨晓东

印　　刷：北京雁林吉兆印刷有限公司
版　　次：2019年7月第一版　2021年3月第二版
印　　次：2021年3月北京第二次印刷
开　　本：880毫米×1230毫米　16开本
印　　张：36
字　　数：889千字
定　　价：189.00元

版 权 专 有　侵 权 必 究

本书如有印装质量问题，我社营销中心负责退换

注册电气工程师

执业资格考试专业考试复习同步指导（发输变电专业）（第二版）

前　言

当前中国的经济运行环境稳中有变，受中美贸易争端、国家经济结构调整与发展转型等多重因素影响，行业持续增长与竞争加剧的挑战并存。市场驱动与企业生存变革驱动并存、竞争格局深化演进与企业商业模式加速并存，勘察设计行业正处在一个动态、复杂、模糊、交融的大变局中。

中国勘察设计行业经历了十余年的高速增长发展后，正在进入市场环境的深刻变革期。这意味着改变，但不意味着衰落。

近年来国家在高铁、民航、海洋、核电等行业投入巨大。各地的城铁、地铁、机场等大型工程建设如火如荼，对应的勘察设计供给却不足。国家对企业、企业对专业技术人员的需求将会超越以往。

工程勘察设计行业正逐步由快速增长阶段进入成熟阶段，行业发展逐步转型为依靠企业能力提升和资源整合的内涵式发展。

与2019年相比，2020年注册电气工程师（发输变电）执业资格考试专业考试的大纲，新增了10种规范，更新了5种规范，手册内容也增加了最新版本《电力工程设计手册20　架空输电线路设计》《电力工程设计手册23　变电站设计》《电力工程设计手册24　电力系统规划设计》，相关知识点及公式各有涉及。

为了应对考纲和考试难度的转变，编者精心梳理、更新考试所涉规范和手册的重点内容，加强对知识点的提炼总结、关联集成，实现一个页面多考点的展示，为考生学习给予细致的指导，起到点拨的作用。本书是86种规范和9部手册的考点精华，节省考试翻查规范和手册的时间，大大提升解题效率。

限于编者的学识和水平，书中难免出现疏漏和不足之处，恳请广大读者不吝批评指正，以便改进和完善。

祝愿广大考生考试顺利。

第一版前言

根据《勘察设计行业注册工程师制度总体框架及实施规划》，国家对从事发电、送电、变电、电力系统、供配电、建筑电气、电气传动等工程设计及相关专业的专业技术人员实行执业资格注册管理制度。

注册电气工程师（发输变电）执业资格考试始于 2005 年，2015 年停考一次，自 2016 年复考后，考试题目综合性越来越强，也越来越贴近实际工程设计，难度加大。2018 年注册电气工程师（发输变电）执业资格考试专业考试的大纲更新了 5 种规范，新增了 4 种规范，取消了 17 种规范，考试所涉规范发生很大变化，相关知识点及公式各有涉及。

为了应对考试大纲和考试难度的转变，编者精心梳理考试所涉规范和手册的重点内容，加强对知识点的总结提炼，将关联性知识综合在一起，在一个页面上可以找到多个考点内容，为考生学习起到点拨的作用。本书是 76 种规范和 6 部手册的考点精华，节省考试翻查规范和手册的时间，大大节省解题时间。

注册电气工程师执业资格考试是高度紧张的思维活动，考生除了把握好考试复习的进度和节奏，保持良好的心理状态也是考试正常发挥的必要前提。在进行充分复习的基础上，进入考场后考生要保持冷静、沉着，遇到难题切忌惊慌而干扰大局。

祝愿广大考生考试顺利。

由于编者水平有限，书中难免出现疏漏和错误，恳请广大读者不吝批评指正，以便改进和完善。

编写说明

本书汇集注册电气工程师（发输变电）考试所涉规范和手册的考点内容，参考资料十分庞杂，为了简化排版，降低阅读难度及节省查找时间，将相关规范及手册采用简写方式。

本书手册简写形式如下：

（1）用"1"表示《电力工程设计手册 08 火力发电厂电气一次设计》，后面跟字母"P"及相应的数字为具体页码。例如《电力工程设计手册 火力发电厂电气一次设计》第 227 页，简写为"1P227"。

（2）用"旧1"表示《电力工程电气设计手册 1 电气一次部分》（水利电力部西北电力设计院编，1991 年版），后面跟字母"P"及相应的数字为具体页码。例如《电力工程电气设计手册》（电气一次部分）第 227 页，简写为"旧 1P227"。

（3）用"2"表示《电力工程设计手册 09 火力发电厂电气二次设计》，后面跟字母"P"及相应的数字为具体页码。例如《电力工程设计手册 09 火力发电厂电气二次设计》第 317 页，简写为"2P317"。

（4）用"旧2"表示《电力工程电气设计手册 2 电气二次部分》（能源部西北电力设计院编，1991 年版），后面跟字母"P"及相应的数字为具体页码。例如《电力工程电气设计手册》（电气二次部分）第 722 页，简写为"旧 2P722"。

（5）用"线"表示《电力工程高压送电线路设计手册》（第二版），后面跟字母"P"及相应的数字为具体页码。例如《电力工程高压送电线路设计手册》（第二版）第 613 页，简写为"线 P613"。

（6）用"系"表示《电力系统设计手册》，后面跟字母"P"及相应的数字为具体页码。例如《电力系统设计手册》第 714 页，简写为"系 P714"。

（7）用"系"表示《电力工程设计手册 24 电力系统规划设计》，后面跟相应的数字为具体页码。例如《电力工程设计手册 24 电力系统规划设计》第 714 页，简写为"系 P714"。

（8）用"旧系"表示《电力系统设计手册》，后面跟相应的数字为具体页码。例如《电力系统设计手册》第 714 页，简写为"旧系 P714"。

（9）用"变"表示《电力工程设计手册 23 变电站设计》，后面跟相应的数字为具体页码。例如《电力工程设计手册 23 变电站设计》第 118 页，简写为"变 P118"。

所有标准均用简写标准号表示。例如 GB/T 50064—2014《交流电气装置的过电压保护和绝缘配合设计规范》，简写为"GB/T 50064—2014"。

为便于读者查阅标准、规范及手册的原文，本书内的图号、表号均采用原书序号。

本书所涉规范、规程和手册清单均在附录二中列出。

注册电气工程师
执业资格考试专业考试复习同步指导（发输变电专业）（第二版）

目 录

前言
第一版前言
编写说明

第一章 输电线路 ··· 1

一、路径选择 ··· 1
二、气象条件 ··· 1
　1．各种荷载组合时的气象条件 ··· 1
　2．常用气象条件组合 ··· 2
　3．输电线路气象条件 ··· 2
　4．典型气象区 ··· 3
三、风速换算及风压 ··· 4
　1．不同高度风速换算 ··· 4
　2．不同重现期风速的换算 ·· 4
　3．跨区风速换算 ··· 4
　4．基本风压 ·· 5
　5．风速、风压高度变化系数 ··· 5
四、导线截面选择 ·· 5
　1．导线经济电流密度截面 ·· 6
　2．电晕条件校验导线截面 ·· 6
　3．按导线长期容许电流校验导线截面 ·· 8
五、线路电气参数计算 ·· 8
　1．线路正、负序阻抗（电抗）计算 ··· 8
　2．线路零序阻抗计算 ··· 9
　3．正序、负序和零序电容、电纳计算 ··· 10
　4．不换位线路电流不对称度计算 ··· 12
　5．交流电路表面电场强度计算 ·· 13
六、架空输电线路的输送能力 ··· 15
　1．线路波阻抗及自然功率 ··· 15
　2．超高压远距离输电线路的传输能力 ··· 15
七、防雷计算 ·· 15
　1．线路绕击率 ·· 15
　2．避雷线对边导线的保护角 ··· 16
　3．线路落雷次数 ··· 16
　4．雷击跳闸率 ·· 16
　5．建弧率 ··· 16

6．平均运行电压梯度 ··· 16
　　7．击距和雷电为负极性时，绕击耐雷水平 ··· 16
　　8．雷击导线时过电压及耐雷水平 ·· 17
　　9．感应过电压 ·· 17
八、应力计算 ·· 19
　　1．电线单位荷载及比载计算表 ·· 19
　　2．导地线风荷载计算 ··· 20
　　3．角度风作用时（电线及塔身）风荷载计算（线 P469 表 8-21） ································ 21
　　4．电线垂直荷载计算 ··· 21
　　5．转角型杆塔的张力计算 ··· 21
　　6．电线状态方程式（悬挂点等高） ··· 21
　　7．电线应力弧垂 ·· 22
　　8．各种档距计算 ·· 24
　　9．风偏角（摇摆角）、悬垂角 ··· 26
　　10．导、地线不平衡张力 ··· 29
　　11．V 形绝缘子串的受力分析 ·· 29
　　12．安全系数及使用应力 ··· 30
　　13．悬垂线夹及其他金具握力 ··· 34
九、导线布置 ·· 35
　　1．地线对边导线的保护角 ··· 35
　　2．导地线间的距离 S、两地线间的距离 S_D ··· 35
　　3．导线间距 ··· 36
　　4．水平线间距离与档距的关系 ·· 37
　　5．塑性伸长 ··· 37
　　6．杆塔的定位高度 ··· 37
　　7．交叉跨越距离的验算 ·· 38
　　8．边线风偏后对地距离的校验 ·· 38
　　9．杆塔的呼称高 ·· 39
　　10．杆塔中心位移 ··· 39
　　11．模板刻制及不同 K 值换算 ··· 39
十、杆塔荷载组合 ··· 40
十一、安装荷载 ·· 41
十二、电线防振 ·· 43
十三、导线对地距离及交叉跨越 ··· 46

第二章　绝缘子及穿墙套管 ·· 50
一、选择及校验 ·· 50
二、爬电距离 ·· 50
三、爬电比距 ·· 50
　　1．爬电比距和统一爬电比距间的关系 ··· 50
　　2．污秽等级与爬电比距 ·· 51
　　3．其他 ·· 51
四、输电线路绝缘子片数 ·· 51
五、发电厂、变电站绝缘子片数 ··· 53
六、经验总结 ·· 53
　　1．修正情况 ··· 53

2. 计算公式 54

第三章 过电压保护与绝缘配合 55

一、过电压分类及基准值 55
1. 过电压分类 55
2. 相对地过电压标幺值的基准电压 1.0p.u. 55
3. 发电机电抗小结 56
4. 工频、操作过电压幅值 56

二、过电压及限制 57
1. 工频过电压 57
2. 谐振过电压 59
3. 操作过电压 62
4. 电气设备承受一定幅值和时间暂时过电压的要求 64
5. 配电装置的雷电侵入波过电压保护 65

三、避雷针（线）保护范围计算 70

四、棒型保护间隙 73

五、限制操作过电压用 MOA 的基本要求 73
1. 名称定义 73
2. 电气装置及旋转电机汇总（GB/T 50064—2014） 73
3. MOA 持续运行电压和额定电压（GB/T 50064—2014，P15 表 4.4.3） 74
4. GB/T 50064—2014 表 4.4.3 总结 74
5. 单相接地时，变压器中性点的稳态过电压 75
6. 自耦变压器中压侧 MOA 校验 76
7. 避雷器的标称放电电流 76

六、避雷器至主变压器间的最大电气距离 77

七、S_a/S_e 78
1. 绝缘隔离层 78
2. 地中距离和空中距离 78

八、高压架空线路的雷电过电压保护 79
1. 雷区分类 79
2. 各级电压的线路保护方式汇总 79
3. 保护角 79
4. 工频接地电阻 80
5. 防雷保护措施 80

九、发电厂和变电站直击雷过电压保护 82

十、架构避雷针（线）的设置 82

十一、过电压间隙 83
1. GB 50545—2010 有关过电压间隙总结 83
2. GB 50064—2014 有关过电压间隙总结 85

十二、绝缘配合 87
1. 架空输电线路的绝缘配合（GB/T 50064—2014，P47 第 6.2 节） 87
2. 变电站绝缘子串及空气间隙绝缘配合（GB/T 50064—2014，P50 第 6.3 节） 88
3. 变电站电气设备的绝缘配合（GB/T 50064—2014，P53 第 6.4 节） 89
4. 绝缘配合程序表 90
5. 海拔修正公式选用一 92

6．海拔修正公式选用二 ··· 92
第四章　直流电源系统 ·· 94
一、直流系统 ·· 94
　　1．直流系统电压 ·· 94
　　2．直流系统接线方式 ·· 94
　　3．直流系统典型接线方案及适用范围 ·· 95
　　4．电气网络设计 ·· 95
二、蓄电池形式及组数 ·· 96
　　1．蓄电池形式选择 ·· 96
　　2．蓄电池组数配置 ·· 96
　　3．阀控式密封铅酸蓄电池主要技术参数 ·· 97
三、蓄电池个数选择及单体浮充电压 ·· 98
　　1．蓄电池个数选择 ·· 98
　　2．单体蓄电池电压 ·· 98
　　3．单体浮充电压推荐值 ·· 98
四、蓄电池容量选择计算 ·· 98
　　1．蓄电池容量选择计算规定 ·· 98
　　2．蓄电池容量计算方法 ·· 99
五、充电装置 ·· 101
　　1．充电装置配置 ·· 101
　　2．充电装置性能 ·· 101
　　3．充电装置额定电流和电压 ·· 101
　　4．高频开关电源模块配置数量 ·· 102
六、直流负荷 ·· 103
　　1．直流负荷分类 ·· 103
　　2．直流负荷统计原则 ·· 103
　　3．保安电源设置 ·· 104
　　4．事故停电时间 ·· 104
　　5．直流负荷统计 ·· 104
七、直流电缆 ·· 105
　　1．直流电缆选择 ·· 105
　　2．直流电缆截面选择及允许压降 ·· 105
　　3．直流电缆截面计算 ·· 105
　　4．直流电源系统不同回路的计算电流 I_{ca}（DL/T 5044—2014 表 E.2-1） ································ 106
　　5．直流电源系统不同回路允许电压降 ΔU_P（DL/T 5044—2014 表 E.2-2） ································ 107
八、直流开关设备选择 ·· 107
九、直流系统保护 ·· 108
　　1．直流开关设备选择 ·· 108
　　2．直流保护电器配合 ·· 108
　　3．直流断路器的保护整定 ·· 109
十、直流设备及蓄电池短路电流计算 ·· 110
　　1．直流电动机启动设备 ·· 110
　　2．DC/DC 变换装置 ·· 110
　　3．蓄电池试验放电装置 ·· 110
　　4．降压装置 ·· 110

- 5. 直流柜 ... 110
- 6. 蓄电池短路电流计算 ... 111
- 7. 蓄电池设备及直流柜主母线选择（DL/T 5044—2014 表 F.1） ... 111

十一、测量、信号和监控 ... 111

第五章 电气主接线 ... 113

- 一、电气主接线的设计原则 ... 113
- 二、电气主接线设计的基本要求 ... 113
- 三、主接线型式选择 ... 113
  - 1. 变电站主接线 ... 113
  - 2. 特殊要求变电站主接线 ... 114
  - 3. 火力发电厂主接线 ... 115
  - 4. 火力发电厂发电机主接线 ... 117
  - 5. 火力发电厂升压站主接线 ... 118
  - 6. 水力发电厂主接线 ... 119
- 四、旁路设施 ... 120
- 五、主接线中主要设备配置 ... 120
  - 1. 隔离开关的配置 ... 120
  - 2. 断路器的配置 ... 121
  - 3. 接地开关的配置 ... 122

第六章 短路电流计算及热效应 ... 123

- 一、短路电流及短路点选择 ... 123
- 二、常用基准值 ... 123
  - 1. 基准值计算 ... 123
  - 2. 标幺值计算 ... 124
  - 3. 电抗标幺值的换算 ... 125
  - 4. 变压器及电抗器的等值电抗计算 ... 125
- 三、三相短路电流计算 ... 127
  - 1. 三相短路电流周期分量计算 ... 127
  - 2. 插值法计算 ... 133
  - 3. 三相短路电流非周期分量计算 ... 133
  - 4. 三相短路冲击电流和全电流计算 ... 135
- 四、不对称短路电流计算 ... 136
- 五、短路电流热效应 ... 136
  - 1. 短路电流热效应计算 ... 136
  - 2. 短路电流热效应（热稳定校验）时间 t 选取 ... 137
  - 3. 短路热稳定条件 ... 137
  - 4. 导体热效应截面 ... 138
  - 5. 热稳定校验温度 ... 139
- 六、大容量并联电容器短路电流计算 ... 140
  - 1. 并联电容器对短路电流的影响计算原则 ... 140
  - 2. 大容量并联电容器对短路电流的影响计算 ... 140
- 七、高压厂用电系统短路电流计算 ... 141
  - 1. 高压厂用电系统短路计算原则 ... 141
  - 2. 高压厂用电系统三相短路计算 ... 142

    3. 厂用短路电流热效应 ··· 143
  八、低压厂（站）用电系统短路电流计算 ··· 143
    1. 低压厂（站）用电系统短路计算原则 ··· 143
    2. 380V厂（站）用电系统三相短路计算 ·· 144
  九、等效电压源法短路电流计算 ·· 146
    1. 等效电压源法计算条件 ·· 146
    2. 短路点的等效电压源 ··· 146
    3. 电气设备短路阻抗 ··· 147
    4. 短路电流周期分量计算 ·· 150
    5. 短路电流非周期分量计算 ··· 152

第七章　主变压器 ··· 153
  一、容量选择 ··· 153
  二、台数、相数的确定 ·· 154
    1. 发电厂 ··· 154
    2. 变电站 ··· 155
  三、阻抗选择 ··· 156
  四、分接头、调压方式及调压范围的选择 ··· 156
    1. 分接头设置原则 ··· 156
    2. 调压方式的选用原则 ·· 157
    3. 调压范围 ·· 158
  五、中性点接地方式 ·· 158
  六、自耦变压器的选用 ·· 159
  七、并联运行的条件 ·· 160
  八、油浸式变压器冷却方式的选择 ··· 162
  九、变压器功率损耗 ·· 162

第八章　限流电抗器及中性点小电抗 ······································· 163
  一、限流电抗器 ·· 163
    1. 普通限流电抗器 ··· 163
    2. 分裂电抗器 ··· 163
  二、普通电抗器的电抗百分值计算 ··· 163
  三、分裂电抗器的电抗百分值计算 ··· 164
  四、并联电抗器中性点小电抗 ··· 165
    1. 中性点小电抗额定电流按下列条件选择 ··· 165
    2. 加速潜供电流熄灭和抑制谐振过电压 ·· 165
    3. 中性点小电抗的绝缘水平 ··· 166

第九章　中性点接地方式、消弧线圈及电容电流 ························ 167
  一、中性点接地方式 ·· 167
    1. 电力系统中性点接地方式 ··· 167
    2. 变压器中性点接地方式（见第七章"主变压器"相关内容） ················ 167
    3. 发电机中性点接地方式 ·· 167
  二、消弧线圈接地方式 ·· 168
    1. 中性点不接地方式要求 ·· 168
    2. 中性点设备 ··· 169

三、消弧线圈补偿容量		169
四、中性点位移电压及脱谐度		169
五、选择消弧线圈的台数和容量的注意事项		170
六、电网或发电机回路的电容电流计算		170
七、厂用电系统的电容电流计算		171
1. 厂用电系统电容电流公式汇总		171
2. 总结及考点说明		172

第十章　中性点接地电阻及接地变压器……173

一、电网系统中性点接地电阻……173
二、接地变压器……173
三、高压厂用电系统中性点接地电阻……174

第十一章　断路器与隔离开关……176

一、断路器的有关规定……176
二、断路器两端为互不联系电源时的检验……177
三、断路器开断性能的检验……177
四、断路器直流分量的问题……177
五、特殊情况下的开断能力……178
六、关于降低断路器操作过电压的几个问题……178
七、断路器接线端子的机械荷载……179
八、发电机断路器的有关规定……180
九、隔离开关的有关规定……180
十、隔离开关切合电感、电容性小电流的能力……181
十一、屋外隔离开关接线端的机械荷载……181

第十二章　高压熔断器与高压负荷开关……183

一、高压熔断器的有关规定……183
二、变压器回路熔断器……183
三、保护电压互感器的熔断器……184
四、电动机回路的熔断器……184
五、电容器的熔断器……184
六、厂用高压熔断器串真空接触器的选择……184
七、高压负荷开关……184

第十三章　电流互感器与电压互感器……185

一、电流互感器……185
    1. 电流互感器配置……185
    2. 电流互感器的选型与选择……188
    3. 电流互感器额定一次电流选择……189
    4. 电流互感器额定二次电流与负荷的选择……192
    5. 电流互感器性能计算……194
    6. 保护用电流互感器电流计算倍数 m_{js} 校验……197
    7. 电流互感器准确级选择……198
    8. 电流互感器动热稳定校验……199
    9. 电流互感器二次回路电缆截面……200

二、电压互感器 ············ 201
1. 电压互感器的配置 ············ 201
2. 电压互感器的型式选择 ············ 202
3. 电压互感器的接线及接地方式 ············ 202
4. 电压互感器的额定参数 ············ 203
5. 电压互感器回路电压降——控制电缆选择 ············ 205
6. 电压互感器准确选择及准确限值系数 ············ 206

第十四章 环境条件 ············ 207

一、导体和电器的环境温度 ············ 207
二、厂用电抗器的允许工作电流 ············ 207
三、开关柜母线的允许工作电流 ············ 208
四、高压绝缘子 ············ 208
五、试验电压温度校正系数 ············ 208
六、日照的影响 ············ 208
七、风速的影响 ············ 208
八、冰雪的影响 ············ 208
九、湿度的影响 ············ 209
十、污秽的影响 ············ 209
十一、海拔的影响 ············ 209
十二、电磁干扰 ············ 210
十三、噪声的影响 ············ 211
十四、地震的影响 ············ 212

第十五章 导体、管形导体 ············ 213

一、导体和绝缘子的安全系数 ············ 213
二、导体的最高工作温度与热效应 ············ 213
三、导体的选择 ············ 213
1. 导体选型 ············ 213
2. 软导线 ············ 214
3. 硬导体 ············ 215
四、不进行电晕校验最小导体规格 ············ 217
五、自振频率 ············ 217
六、微风振动 ············ 218
七、端部效应 ············ 218
八、导体的允许载流量 ············ 219
1. 回路持续工作电流 ············ 219
2. 导体实际环境温度 ············ 220
3. 裸导体综合校正系数 ············ 220
4. 插值法计算 ············ 220
5. 各类型导体载流量表速查 ············ 220
6. 考虑邻近效应的分裂导线载流量 ············ 221
7. 按回路持续工作电流选择导体的步骤 ············ 222
九、经济电流密度 ············ 222
十、挠度计算 ············ 223
十一、短路电动力及应力 ············ 224

　　　　1．短路电动力及应力 ··· 224
　　　　2．计算数据 ·· 227
　　十二、荷载组合条件及弯矩与应力 ·· 229
　　　　1．硬导体最大允许应力 ··· 229
　　　　2．户外管形导体荷载组合条件 ··· 229
　　　　3．各种荷载组合条件下管形母线产生的弯矩和应力计算 ··· 229

第十六章　无功补偿 ·· 230
　　一、分类及接线 ·· 230
　　　　1．无功补偿装置安装位置 ·· 230
　　　　2．补偿装置的分类与功能 ·· 230
　　　　3．并联电容器组的接线方式 ·· 231
　　二、容量计算 ··· 232
　　　　1．无功补偿装置单组容器（不宜大于） ·· 232
　　　　2．并联电容器补偿 ··· 232
　　　　3．并联电抗器补偿 ··· 232
　　　　4．发电厂、变电站并联电抗器补偿容量 ·· 233
　　　　5．超高压线路并联电抗器补偿度 ·· 233
　　　　6．补偿装置最大无功容量、分组容量及母线电压升高 ·· 233
　　三、补偿装置参数计算 ·· 235
　　　　1．并联电容器参数计算 ··· 235
　　　　2．并联电容器串联电抗器参数计算 ·· 237
　　　　3．电容器组投入电网涌流计算 ·· 237
　　四、高压线路串联电容补偿 ·· 238
　　　　1．静稳定输送功率 ··· 238
　　　　2．补偿度 ·· 238
　　　　3．安装位置 ·· 239
　　　　4．串联电容器参数计算 ··· 239
　　五、电容器组的散热 ··· 239
　　六、回路导体、电器的选择 ·· 239
　　七、电容器的方波通流容量 ·· 240

第十七章　设备布置 ·· 241
　　一、变压器 ··· 241
　　　　1．距离 ·· 241
　　　　2．对于火电厂 ·· 241
　　　　3．对于水电厂 ·· 242
　　　　4．对于变电站 ·· 242
　　二、高压配电装置 ··· 243
　　　　1．净距和围栏 ·· 243
　　　　2．通道 ·· 243
　　　　3．GIS配电装置 ·· 244
　　　　4．1P中有关屋外配电装置内容 ·· 244
　　三、厂（所）用电配电装置 ·· 245
　　　　1．火电厂厂用电配电装置 ·· 245
　　　　2．水电厂厂用电配电装置（NB/T 35044—2014 表9.2.8） ···································· 246

3. 变电站站用电配电装置 ··········246
　　4. 裸导电部分的安全净距 ··········247
　　5. 备用预留位置 ··················247
　　6. 其他内容 ·······················248
四、控制屏 ····························250
　　1. 火电厂、变电站控制屏的屏间距离和通道宽度（DL/T 5136—2012 附录 A）···250
　　2. 常规控制屏布置 ···············250
　　3. 继电器屏及微机测控屏布置 ····250
　　4. 控制室的布置 ··················251
五、直流系统 ·························251
　　1. 直流设备布置 ··················251
　　2. 阀控式密封铅酸蓄电池布置 ····251
　　3. 固定型排气式铅酸蓄电池组和镉镍碱性蓄电池组布置 ····251
　　4. 专用蓄电池室的通用要求 ······252
六、并联电容器组 ····················252
　　1. 一般规定 ·······················252
　　2. 并联电容器组的布置和安装设计 ·253
　　3. 串联电抗器的布置和安装设计 ····254

第十八章　高压配电装置 ·············256
一、高压配电装置基本规定 ··········256
二、导体与电气设备的选择 ··········257
三、接地开关数量的核算 ············258
四、高压配电装置形式选择 ··········259
五、高压配电装置布置 ···············260
六、配电装置对建筑物及构筑物要求 ·261
七、安全距离 ·························262
　　1. 配电装置的最小安全净距及各距离值含义 ····262
　　2. 配电装置应满足的最小安全净距及海拔修正总结 ····262
　　3. 配电装置 A、B、C、D 值的海拔修正 ····267
八、架构宽度计算 ····················270
　　1. 相间距离确定 ··················270
　　2. 相地距离的确定 ···············273
　　3. 架构宽度的确定 ···············275
九、架构高度计算 ····················275
　　1. 母线架构高度 ··················275
　　2. 进出线架构高度 ···············276
　　3. 双层架构上层横梁对地高度 ····278
　　4. 架空地线支柱高度 ············279
十、纵向尺寸 ·························279
十一、软导线与组合导线短路摇摆计算 ···281
　　1. 计算方法及公式 ···············281
　　2. 综合速断短路法解题步骤 ······281

第十九章　接地装置 ··················283
一、接地的一般规定 ··················283

  1．术语定义 283
  2．电力系统、装置或设备的相关部分（给定点）应接地 283
  3．电气设备和电力生产设施的金属部分可不接地的情况 284
  4．爆炸性环境内设备的保护接地应符合的相关规定 284
  5．水平接地网的要求 284
  6．接地极的要求 285
  7．接地导体（线）的要求 285
  8．气体绝缘金属封闭开关设备变电站的接地 286
  9．雷电保护和防静电的接地 287
  10．地下变电站接地 288
 二、钢接地体和接地线的最小规格 288
 三、接触电位差、跨步电位差 289
  1．定义及缘由 289
  2．接触电位差、跨步电位差允许值 291
  3．最大接触电位差、最大跨步电位差计算 292
  4．入地短路电流及接地装置电位计算 292
  5．提高接触电位差、跨步电位差允许值的措施 293
 四、发电厂、变电站接地电阻计算 293
  1．接地电阻计算公式汇总 293
  2．接地极等效直径（GB/T 50065—2011） 295
  3．形状系数表（GB/T 50065—2001 A.0.2 水平接地极的形状系数） 295
  4．不接地、谐振接地和高阻接地系统接地电阻计算用的接地网入地对称电流 I_g（A） 295
 五、线路杆塔接地电阻计算 296
  1．工频接地电阻计算 296
  2．季节系数 297
  3．冲击接地电阻计算 297
 六、架空线路杆塔的接地装置 298
 七、接地装置的热稳定校验、防腐蚀设计 299
  1．热稳定要求 299
  2．热稳定截面计算 299
  3．热稳定系数 300
  4．热稳定持续时间 301
  5．腐蚀 301

第二十章　继电保护 302

 一、保护一般规定 302
  1．保护分类 302
  2．对继电保护性能的要求 303
  3．短路保护的最小灵敏系数 303
 二、保护配置及整定 304
  1．发电机保护配置及整定计算 304
  2．变压器保护配置及整定计算 330
  3．无功补偿保护配置及整定计算 348
  4．线路保护配置及整定计算 356
  5．母线保护配置及整定计算 378
  6．远方跳闸保护配置整定计算 380

7. 断路器失灵保护配置与整定计算 ································ 381
8. 3kV～110kV 母线连接元件的电流保护 ···················· 384
9. 220kV～750kV 三相不一致保护及短引线保护 ············ 384

三、厂用电继电保护配置 ·· 384
1. 厂用电系统的单相接地保护配置 ································ 384
2. 厂用工作电抗器保护配置 ·· 385
3. 厂用备用电抗器保护配置 ·· 385
4. 高压厂用工作变压器保护配置 ···································· 385
5. 高压厂用备用或启动/备用变压器保护配置 ················· 386
6. 低压变压器保护配置 ·· 386
7. 高压厂用电动机保护配置 ·· 388
8. 低压厂用电动机保护配置 ·· 388
9. 厂用系统线路保护配置 ·· 389
10. 柴油发电机保护配置 ·· 390

四、厂用电继电保护整定 ·· 390
1. 高压厂用变压器保护整定 ·· 390
2. 低压厂用变压器保护整定 ·· 398
3. 高压厂用馈线保护整定 ·· 402
4. 低压厂用电系统保护整定 ·· 404
5. 高压厂用电动机保护整定 ·· 405
6. 低压电动机保护整定 ·· 409
7. 高压厂用母线保护整定 ·· 409
8. 柴油发电机组保护整定 ·· 410
9. 厂用电自动切换 ··· 411

五、厂用电继电保护整定 ·· 412
1. 高压厂用电动机保护整定 ·· 412
2. 低压厂用电动机保护整定 ·· 416
3. 变频调速电动机保护整定 ·· 416
4. 柴油发电机组保护整定 ·· 417
5. 厂用电源保护整定 ··· 418

六、备用电源自动投入 ··· 425
1. 备用电源自动投入装置 ·· 425
2. 备用电源或备用设备自动投入装置要求 ···················· 425

七、线路自动重合闸 ··· 426
1. 线路重合闸规定 ··· 426
2. 110kV 及以下线路重合闸规定 ··································· 427
3. 220kV～750kV 及以下线路重合闸规定 ····················· 428

第二十一章 电缆 ··· 429

一、电缆持续允许载流量的环境温度（GB 50217—2018 表 3.6.5） ············ 429
二、常用电力电缆导体的最高允许温度（GB 50217—2018 附表 A） ·········· 429
三、导体材质选择 ··· 429
四、电缆芯数 ··· 430
五、电缆绝缘水平 ··· 430
六、电缆绝缘类型 ··· 431
七、电缆护层类型 ··· 431

八、电缆接头的绝缘特性及电缆护层电压限制器参数选择	433
1. 规定要求	433
2. 冲击耐压值	433
九、回流线	433
十、电缆敷设	433
1. 敷设方式选择	433
2. 电缆敷设附加长度规定	435
3. 保护管及其管径与穿过电缆数量的选择	435
4. 电缆支持点的最大允许距离（1P856 表 16-31）	435
5. 电缆的允许弯曲半径（1P856 表 16-32）	435
十一、电缆支撑与固定	436
十二、电缆金属层感应电势	437
1. 感应电势	437
2. 单位长度的正常感应电势	437
十三、电缆截面选择	438
1. 按持续允许电流选择	438
2. 按经济电流密度选择	442
3. 按电压损失校验	445
4. 按短路热稳定条件计算电缆导体允许最小截面	446

第二十二章 厂（站）用电系统 …… 448

一、厂用电基本要求	448
二、厂（站）用电系统	448
1. 厂用电电压等级	448
2. 厂（站）用电母线	449
3. 厂（站）用电工作电源引接方式	450
4. 厂用备用、启动/备用电源	452
5. 应急保安电源、交流不间断电源	454
三、厂（站）用电中性点接地方式	455
四、厂（站）用电负荷的连接和供电方式	456
1. 负荷按生产过程中的重要性分类	456
2. 火电厂（变电站）厂（站）用电负荷的连接和供电方式	457
3. 水电厂厂用电负荷的连接和供电方式	459
五、厂（站）用电负荷的计算	460
1. 厂（站）用电负荷计算原则	460
2. 火电厂厂用电负荷计算	461
3. 水电厂厂用电负荷计算	462
4. 变电站站用电负荷计算	463
5. 火电厂厂用电率	465
六、厂（站）用变压器	465
1. 厂（站）用变压器容量计算	465
2. 厂（站）用变压器选择	467
3. 厂（站）用电压调整	467
4. 厂（站）用电压调整计算	468
七、厂用电动机	470
1. 厂用电动机选择	470

2. 电动机启动方式 ··· 471
　　3. 火电厂电动机启动电压校验 ··· 471
　　4. 水电厂电动机启动电压校验 ··· 473
八、柴油发电机组 ·· 475
　　1. 火电厂（变电站）柴油发电机组选择 ···································· 475
　　2. 火电厂柴油发电机组负荷及容量计算 ···································· 476
　　3. 水电厂柴油发电机组选择 ·· 477
　　4. 水电厂柴油发电机组负荷及容量计算 ···································· 477
九、供电回路持续工作电流 ··· 478
　　1. 火电厂厂用高压系统计算工作电流 ······································· 478
　　2. 火电厂 380V 供电回路持续工作电流 ···································· 479
　　3. 变电站供电回路持续工作电流 ·· 479
十、火电厂电能表及电流互感器配置 ·· 480
十一、火电厂厂用电自动切换 ··· 480
十二、厂（站）用电设备 ·· 481
　　1. 厂（站）用电设备选择 ··· 481
　　2. 低压电器和导体可不校验动稳定或热稳定的组合方式 ············· 483
十三、低压电器保护配合 ·· 483
　　1. 熔断器的级差配合（火电厂） ··· 483
　　2. 断路器过电流脱扣器选择（火电厂、变电站） ······················· 484
　　3. 按电动机起动条件校验熔件额定电流（火电厂、变电站） ······· 484
　　4. 断路器过电流脱扣器选择（火电厂、变电站） ······················· 485
　　5. 低压回路短路保护电器的动作特性（变电站） ······················· 485
　　6. 断路器及过负荷保护电器（水电厂） ···································· 486

第二十三章　消防 ··· 487

一、火电厂 ·· 487
　　1. 变压器及其他带油设备 ··· 487
　　2. 电缆及电缆敷设 ··· 488
　　3. 重点防火区域的划分 ··· 489
　　4. 安全疏散 ··· 490
　　5. 消防给水、灭火设施及火灾自动报警 ···································· 490
　　6. 电气设备间通风 ··· 492
　　7. 消防供电及照明 ··· 492
二、变电站 ·· 495
　　1. 变压器及其他带油电气设备 ··· 495
　　2. 电缆及电缆敷设 ··· 495
　　3. 安全疏散 ··· 495
　　4. 消防给水、灭火设施及火灾自动报警 ···································· 495
　　5. 消防供电和应急照明 ··· 496
三、地下变电站 ··· 497
　　1. DL/T 5216—2017 ··· 497
　　2. GB 50229—2019 ··· 497
四、并联电容器组 ·· 498
　　1. 防火 ·· 498

2．通风 ... 499

第二十四章　照明 ... 500
　　一、照明种类 ... 500
　　二、光源 ... 500
　　三、照度 ... 501
　　四、灯具 ... 501
　　五、照明网络供电 ... 504
　　六、照明线路的敷设及接地 ... 504
　　七、负荷计算 ... 505
　　　　1．回路电流计算汇总 ... 506
　　　　2．线路电压损失 $\Delta U(\%)$ ... 507
　　　　3．线路允许电压损失校验导线截面 ... 507
　　　　4．机械强度允许的最小导线截面（DL/T 5390—2014 表 8.6.2-2） ... 508

第二十五章　电力系统 ... 509
　　一、容量组成及总备用容量 ... 509
　　二、各类电厂的分工原则 ... 509
　　三、电压质量标准 ... 510
　　四、电压允许偏差值 ... 510
　　五、无功补偿和功率因数 ... 510
　　六、无功电力 ... 511
　　七、稳定计算及分析 ... 512
　　八、工频过电压及潜供电流计算 ... 514
　　九、几个计算公式 ... 515

第二十六章　新能源——光伏 ... 517
　　一、光伏发电系统一般规定 ... 517
　　二、光伏发电系统分类 ... 517
　　三、设备选择 ... 517
　　　　1．光伏组件 ... 517
　　　　2．光伏方阵及安装 ... 518
　　　　3．光伏站跟踪及聚光系统 ... 518
　　　　4．光伏逆变器 ... 519
　　　　5．储能电池 ... 519
　　　　6．汇流箱 ... 520
　　　　7．升压站主变压器 ... 520
　　　　8．无功补偿 ... 520
　　　　9．电缆选择与敷设 ... 521
　　　　10．配电装置型式 ... 522
　　四、光伏组件串的串联数 ... 522
　　五、电气主接线 ... 522
　　六、光伏发电站上网电量 ... 523
　　七、站用电系统 ... 523
　　八、光伏发电站直流系统 ... 524
　　九、过电压保护和接地 ... 524

十、并网要求	524
1. 有功功率要求	524
2. 运行电压与无功配置要求	525
3. 电压调节	527
4. 并网电能质量要求	527
5. 电网异常响应能力	527
十一、继电保护及二次系统	529
1. 继电保护要求	529
2. 正常运行信号	530
十二、光伏发电站并网检测	530

第二十七章 新能源——风电 531

一、风速计算	531
1. 风力发电机组最大风速的计算	531
2. 风力发电场年理论发电量计算	531
二、风电场电力系统规定	531
1. 风电场系统一次部分	531
2. 风电场系统二次部分（继电保护）	532
3. 正常运行信号	533
三、风力发电机组选型	534
四、电气部分	534
1. 电气主接线	534
2. 低压侧母线电压	535
3. 变压器	535
4. 配电装置	535
5. 无功补偿装置	536
6. 站用电系统	536
7. 直流系统和交流不间断电源	536
8. 过电压保护及接地	537
9. 电缆选择与敷设	537
10. 集电线路规定	537
五、风电并网要求	539
1. 有功功率	539
2. 电压与无功配置要求	539
3. 风电场低电压穿越	540
4. 风电场电压、频率适应性	541
六、风电场接入系统测试	541

附录一　设备与电缆型号 542
附录二　**2020 年注册电气工程师（发输变电）执业资格考试专业考试规范、规程及设计手册清单** ……549

第一章 输电线路

一、路径选择

名　称	依据内容（GB 50545—2010）	出处
技术	路径选择宜采用卫片、航片、全数字摄影测量系统和红外测量等新技术；在地质条件复杂地区，必要时宜采用地质遥感技术；综合考虑线路长度、地形地貌、地质、冰区、交通、施工、运行及地方规划等因素，进行多方案技术经济比较，做到安全可靠、环境友好、经济合理	3.0.1
应避开	路径选择应避开军事设施、大型工矿企业及重要设施等，符合城镇规划	3.0.2
宜避开	路径选择宜避开不良地质地带和采动影响区，当无法避让时（应开展塔位稳定性评估），应采取必要的措施；宜避开重冰区、导线易舞动区及影响安全运行的其他地区；宜避开原始森林、自然保护区和风景名胜区	3.0.3
邻近影响	路径选择应考虑与电台、机场、弱电线路等邻近设施的相互影响	3.0.4
同塔架设	大型发电厂和枢纽变电所的进出线、两回或多回路相邻线路应统一规划，在走廊拥挤地段宜采用同杆塔架设	3.0.6
耐张段长度	轻、中、重冰区的耐张段长度分别不宜大于10km、5km和3km，且单导线线路不宜大于5km。（耐张段长度由线路设计、运行、施工条件和施工方法确定）当耐张段长度较长时应采取防串倒措施（轻冰区每隔7基-8基/中冰区每隔4基-5基设置一基纵向强度较大的加强型悬垂型杆塔）。在高差或档距相差悬殊的山区或重冰区等运行条件较差的地段，耐张段长度应适当缩短。输电线路与主干铁路、高速公路交叉，应采用独立耐张段（必要时考虑结构重要性系数1.1，并按验算冰校核交叉跨越物的间距）	3.0.7
档距高差	山区线路在选择路径和定位时，应注意控制使用档距和相应的高差，避免出现杆塔两侧大小悬殊的档距，当无法避免时应采取必要的措施，提高安全度	3.0.8
大跨越	有大跨越的输电线路，路径方案应结合大跨越的情况，通过综合技术经济比较确定。 （一般应尽量减少或避免，设计跨河基础时考虑50年河床变迁，跨河杆塔宜设置在5年一遇洪水淹没区以外）	3.0.9

二、气象条件

1．各种荷载组合时的气象条件

名称	依据内容					出处
各种荷载组合时的气象条件	荷载组合	气象条件			备注	线 P474 表 8-31
		风速(m/s)	冰厚(mm)	气温(℃)		
	正常运行 最大风	最大	0	相应		
	正常运行 最大覆冰	相应	最大	相应		
	正常运行 最低气温	0	0	最低		
	基本风速：110～330kV≥23.5；500～750kV≥27					GB 50545—2010 4.0.4

续表

名称	依据内容					出处
各种荷载组合时的气象条件	荷载组合		气象条件			备注	线 P474 表 8-31

续表

名称	荷载组合		气象条件			备注	出处
			风速(m/s)	冰厚(mm)	气温(℃)		
各种荷载组合时的气象条件	施工维护	安装、检修	10	0	相应		线 P474 表 8-31
	事故	断导线	0	最大	−5		
		断地线	0	最大	−5		
	特殊工况	不均匀覆冰	10	最大	相应		
		验冰	10	相应	相应		
		脱冰跳跃	10	最大	相应		
		地震	最大	0	相应	最大风组合系数0.3	
		舞动	15	5	−5	3级舞动	
注：事故工况，当实际工程无冰时，应按−5℃、无冰、无风计算							

2．常用气象条件组合

运行工况		风速取值（m/s）	覆冰（mm）	出处
绝缘配合设计时应力、荷载、风偏角等相关计算	操作过电压	最大风速/2 且≥15	0	GB 50545—2010　4.0.13
	雷电过电压	10 或 15	0	GB 50545—2010　4.0.12
	工频运行过电压	同正常运行时的基本风速	0	GB 50545—2010　4.0.4
邻档断线时	绝缘子强度计算	0	依据题干	GB 50545—2010　6.0.1
	杆塔荷载计算	0	依据题干	GB 50545—2010　10.1.5
	交叉跨越计算	0	0	GB 50545—2010　表13.0.1 注
其他	安装与检修工况	10	0	GB 50545—2010　4.0.11
	地震工况	最大风速/2	0	旧线 P331　表 6-2-9

3．输电线路气象条件

项目		规定值（GB 50545—2010）	出处
重现期	110kV～330kV	30 年	4.0.1
	550kV～750kV	50 年	
	35kV～66kV	30 年	线 P290 表 5-2
	1000kV	100 年	
	±400kV～±500kV	50 年	
	±800kV～±1100kV	100 年	

续表

项 目		规定值（GB 50545—2010）	出处
风速高度	110kV～750kV	离地 10m	4.0.2
	大跨越	离历年大风季节平均最低水位 10m	
山区基本风速		推算或附近平原地区 1.1 倍	4.0.3
基本风速	110kV～330kV	宜≥23.5m/s	4.0.4
	500kV～750kV	宜≥27m/s	
大跨越基本风速		无资料时，附近风速换算到水位以上 10m 处，并增加 10%，考虑水面影响再增加 10%，即 1.21 倍	4.0.8
冰区	轻冰区	无冰、5mm、10mm	4.0.5
	中冰区	15mm、20mm	
	重冰区	20mm、30mm、40mm、50mm	
地线设计冰厚		除无冰区，设计地线支架时较导线增加 5mm	4.0.6
大跨越设计冰厚		除无冰区，较附近档增加 5mm	4.0.9
年平均气温	3℃～17℃	取年平均气温邻近的 5 的倍数	4.0.10
	<3℃	年平均气温减 3℃后取与此数邻近的 5 的倍数	
	>17℃	年平均气温减 5℃后取与此数邻近的 5 的倍数	
安装工况（风 10m/s，无冰）	最低温-40℃	宜采用-15℃	4.0.11
	最低温-20℃	宜采用-10℃	
	最低温-10℃	宜采用-5℃	
	最低温-5℃	宜采用 0℃	
雷电过电压工况		气温 15℃，风速≥35m/s，宜取≥15m/s，否则取 10m/s	4.0.12
检验导地线间距		无风无冰	
操作过电压风速		年平均气温，取基本风速折算到导线平均高度处的风速的 50%，但宜≥15m/s	4.0.13
带电作业工况		10m/s，气温 15℃，无冰	4.0.14
导线平均高度		110kV～330kV 导线平均高度 15m。500kV～750kV 导线平均高度 20m	4.0.2 条文说明

4．典型气象区

典型气象区（GB 50545—2010 附录 A 表 A.0.1 或线 P290 表 5-3）

气 象 区		Ⅰ	Ⅱ	Ⅲ	Ⅳ	Ⅴ	Ⅵ	Ⅶ	Ⅷ	Ⅸ
大气温度（℃）	最高	+40								
	最低	-5	-10	-10	-20	-10	-20	-40	-20	-20
	覆冰	-5								
	基本风速	+10	+10	-5	-5	+10	-5	-5	-5	-5
	安装	0	0	-5	-10	-5	-10	-15	-10	-10
	雷电过电压	+15								
	操作过电压年平均气温	+20	+15	+15	+10	+15	+10	-5	+10	+10

续表

气 象 区		I	II	III	IV	V	VI	VII	VIII	IX
风速（m/s）	基本风速	31.5	27.0	23.5	23.5	27.0	23.5	27.0	27.0	27.0
	覆冰	10*							15	
	安装	10								
	雷电过电压	15	10							
	操作过电压	0.5×基本风速折算到导线基本高度处的风速（不低于 15 m/s）								
覆冰厚度（mm）		0	5	5	5	10	10	10	15	20
冰的密度（g/cm³）		0.9								

* 一般情况下覆冰同时风速 10m/s，当有可靠资料表明需加大风速时可取为 15m/s。

三、风速换算及风压

1．不同高度风速换算

名 称	依 据 内 容		出处
不同高度风速换算	$v_i = v_x \left(\dfrac{h_i}{h_x}\right)^{\alpha}$	h_i、v_i：距地面 10m 高和该高度处的换算风速； h_x、v_x：实际高度及其风速	线 P291 式（5-1）
A 类区	$\alpha_A = 0.12$	近海海面、海岛、海岸、湖岸及沙漠等	线 P291
B 类区	$\alpha_B = 0.15$	空旷田野、乡村、丘陵、丛林、房屋稀疏的中、小城镇和大城市郊区	
C 类区	$\alpha_C = 0.22$	有多屋和高层建筑且房屋比较密集的大城市市区	
D 类区	$\alpha_D = 0.30$	密集建筑群且房屋较高的城市市区	

2．不同重现期风速的换算

名 称	依 据 内 容		出处
不同重现期风速的换算	$\begin{cases}\dfrac{v_{15}}{v_0}=0.937\\[4pt]\dfrac{v_{50}}{v_0}=1.046\end{cases}$	v_{15}、v_0、v_{50}：某空旷地区距地 10m 高、重现期分别为 15、30、50 年的连续自记 10min 平均最大风速，m/s； v_0：基本风速。 注：0.937、1.046 两个数字，仅针对手册中所给数据，并非适用一切	旧线 P170 式（3-1-9）

3．跨区风速换算

名 称	依 据 内 容	出处
跨区风速换算	$v_S^A = v_S^B \left(\dfrac{350}{10}\right)^{0.16} \times \left(\dfrac{10}{300}\right)^{0.12} = 1.174 v_S^B$	旧线 P170 式（3-1-10）
	v_S^A、v_S^B：分别为跨越 A 类区及 B 类区距地或距水面高度 10m 最大风速统计值。 同一地区不同粗糙度的地面上空的梯度风速是相同的；A 类区梯度风高度为 300m，B 类区为 350m，（C 类区为 400m，D 类区为 450m），在梯度风高度处的风速假定是相同的	旧线 P170

4. 基本风压

名称	依据内容	出处
基本风压	$w_0 = k_v v_0^2$；$k_v = \rho/2$	线 P292 式（5-4）
	w_0：风压分布图中的基本风压，kN/m^2； v_0：空旷地区距地 10m 高，重现期为 30 年的连续自记 10min 平均的最大风速，称作基本风速，m/s； ρ：大风时的空气密度，kg/m^3	线 P292

注 GB 50545—2010 4.0.1，750kV、500kV 输电线路及其大跨越重现期应取 50 年。

5. 风速、风压高度变化系数

名称	依据内容		出处
风速高度变化系数	A 类区	$K_h^A = 1.133 \left(\dfrac{h}{10}\right)^{\alpha_A}$	线 P293 式（5-6）
	B 类区	$K_h^B = 1.000 \left(\dfrac{h}{10}\right)^{\alpha_B}$	
	C 类区	$K_h^C = 0.738 \left(\dfrac{h}{10}\right)^{\alpha_C}$	
	D 类区	$K_h^D = 0.512 \left(\dfrac{h}{10}\right)^{\alpha_D}$	
风压高度变化系数	A 类区	$\mu_h^A = 1.284 \left(\dfrac{h}{10}\right)^{0.24}$	线 P293 式（5-7）
	B 类区	$\mu_h^B = 1.000 \left(\dfrac{h}{10}\right)^{0.30}$	
	C 类区	$\mu_h^C = 0.544 \left(\dfrac{h}{10}\right)^{0.44}$	
	D 类区	$\mu_h^D = 0.262 \left(\dfrac{h}{10}\right)^{0.60}$	
	$\mu_z^A = 1.379 \left(\dfrac{Z}{10}\right)^{0.24}$ 式（41）	$\mu_z^B = 1.000 \left(\dfrac{Z}{10}\right)^{0.32}$ 式（42）	GB 50545—2010 条文说明 10.1.22
	$\mu_z^C = 0.616 \left(\dfrac{Z}{10}\right)^{0.44}$ 式（43）	$\mu_z^D = 0.318 \left(\dfrac{Z}{10}\right)^{0.60}$ 式（44）	

注 当线路杆塔高度或导地线平均高度不同于线路规定的基准高度 10m 时，其不同高度处的风速或风压应乘风速或风压高度变化系数。（线 P293）

四、导线截面选择

名称	依据内容		出处
导线截面选择控制条件	导线截面常用选择方法按经济电流密度选择导截面和按导线发热容量校验或选定导线截面		系 P87
	风电场和光伏电站送出线路	导线发热容量校验或选定导线截面	系 P87
	超高压和特高压长距离输电线路	导线发热容量校验或选定导线截面，还要考虑电晕条件和无线电干扰	系 P87

续表

名　称	依　据　内　容		出处
导线截面选择控制条件	高海拔 330kV 以上线路	由电晕条件、无线电干扰条件、噪声条件控制导线截面的选择	系 P88
大跨越	大跨越的导线截面宜按允许载流量选择（导线选择主要考虑有较高的机械强度以及对杆塔、基础的各种荷载（水平荷载、垂直荷载、断线张力）较小），其允许最大输送电流与陆上线路相配合，并通过综合技术经济比较确定		GB 50545—2010 5.0.3

1. 导线经济电流密度截面

名　称	依　据　内　容	出处
导线经济电流密度截面	$S = \dfrac{P}{\sqrt{3}JU_e\cos\varphi}$ 式（6-3） 表 6-4　经济电流密度（A/mm²） <table><tr><th>导线材料</th><th colspan="3">最大负荷利用小时数 T_{max}</th></tr><tr><td></td><td>3000 以下</td><td>3000～5000</td><td>5000 以上</td></tr><tr><td>铝线</td><td>1.65</td><td>1.15</td><td>0.9</td></tr><tr><td>铜线</td><td>3.0</td><td>2.25</td><td>1.75</td></tr></table>	系 P88 表 6-4

2. 电晕条件校验导线截面

名　称	依　据　内　容	出处
电晕	在高压输电线中，导线周围产生很强的电场，当电场强度达到一定数值时，导线周围的空气就会发生游离，形成放电，这种放电现象就是电晕。在高海拔地区，110kV～220kV 线路及 330kV 以上电压线路的导线截面，电晕条件往往起主要作用。电晕带来的两个不良后果：①增加了送电线路的电能损失；②对无线电通信和载波通信产生干扰	系 P89

（1）电晕临界电场强度最大值。

名　称	依　据　内　容	出处
电晕临界电场强度最大值	$E_{m0} = 3.03m\delta^{\frac{2}{3}}\left(1+\dfrac{0.3}{\sqrt{r}}\right)$，MV/m=10kV/cm	线 P75 式（3-81）
	当 $p = 101.325 \times 10^3$(Pa)，$t=20$（℃），$\delta=1$ 时 $E_{m0} = 3.03m\left(1+\dfrac{0.3}{\sqrt{r}}\right)$，MV/m=10kV/cm m：导线表面系数，绞线一般可取 0.82； δ：相对空气密度，$\delta = 289 \times 10^{-5} \times \dfrac{p}{273+t}$； p：大气压（Pa）； t：气温（℃）； r：半径（cm）	线 P75 式（3-82）
电晕临界电压	$U_0 = 84m_1m_2K\delta^{\frac{2}{3}}\dfrac{nr_0}{k_0}\left(1+\dfrac{0.301}{\sqrt{r_0\delta}}\right)\lg\dfrac{a_{jj}}{r_d}$ $\delta = \dfrac{2.895 \times p}{273+t} \times 10^{-3}$　　$k_0 = 1+\dfrac{r_0}{d}2(n-1)\sin\dfrac{\pi}{n}$ U_0：电晕临界电压（线电压有效值）（kV）； n：分裂导线根数，对单导线 $n=1$； d：分裂间距（cm）； m_1：导线表面粗糙系数，一般取 0.9； m_2：天气系数，晴天取 1.0，雨天取 0.85。（注：110kV 及以上电压的线路、发变电所母线均应以当地气象条件下晴天不出现全面电晕为控制条件）	1P378 式（9-75）或 DL/T 5222—2005 式（7.1.7）

第一章 输电线路

续表

名　　称	依　据　内　容	出处
电晕临界电压	K：三相导线水平排列时，考虑中间导线电容比平均电容大的不均匀系数，一般取 0.96； r_0：导线半径（cm）； k_0：次导线电场强度附加影响系数； r_d：分裂导线等效半径（cm），见表 9-32； 表 9-32　分裂导线不同排列方式时的 r_d 值 | 单根导线	双分裂导线	三分裂导线	四分裂导线	八分裂导线 | |---|---|---|---|---| | $r_d=r_0$ | $r_d=\sqrt{r_0 d}$ | $r_d=\sqrt[3]{r_0 d^2}$ | $r_d=\sqrt[4]{r_0\sqrt{2}d^3}$ | $r_d=\sqrt[8]{r_0 8\left(\dfrac{1}{2\sin 22.5°}\right)d^7}$ | a_{jj}：导线相间几何均距，三相导线水平排列时 $a_{jj}=1.26a$（a 为相间距离，cm）； δ：相对空气密度； p：大气压力（Pa）； t：空气温度（℃），$t=25-0.005H$； H：海拔（m）	1P378 式（9-75） 或 DL/T 5222 —2005 式（7.1.7）
最小外径	关于电晕损失，若直接计算出送电线路的电晕损失，其优点是数量概念很清楚，缺点是计算较复杂，目前已很少采用这种方法。现在趋向于用导线最大工作电场强度 E_m（kV/cm）与全面电晕临界电场强度 E_0 之比来衡量。部分国家认为，三相平均的导线表面最大工作电场强度与全面电晕电场强度之比若小于 0.9，即 $E_m/E_0<0.9$，则认为是经济的。 导线的最小外径取决于两个条件： 1. 导线表面电场强度 E 不宜大于全面电晕电场强度 E_0 的 80%～85%。 2. 年平均电晕损失不宜大于线路电阻有功损失的 20%	系 P89
E/E_0	表 2　导线 E/E_0 值	GB 50545 —2010 条文说明 5.0.2

表 2　导线 E/E_0 值

标称电压（kV）	110	220	330	500			
导线外径（mm）	9.60	21.60	33.60	2×21.60	2×36.24	3×26.82	4×21.60
E/E_0（%）	78.76	81.76	84.08	84.60	84.60	83.31	82.01

（2）分裂间距。

名　　称	依　据　内　容	出处
分裂间距	我国 220kV 架空输电线路现多采用 2 分裂导线，分裂间距 400mm；330kV 采用 2 分裂导线，分裂间距 400 mm；500kV 除大跨越外多采用 4 分裂导线，分裂间距 450mm	GB 50545 —2010 条文说明 5.0.2
	220kV 及以下双分裂导线的分裂间距可取（100～200）mm，330kV 及以上双分裂导线的分裂间距可取（200～400）mm	DL/T 5222 —2005 7.2.2
	220kV 及以下双分裂导线的分裂间距可取（100～200）mm，330kV～750kV 双分裂导线的分裂间距可取（200～400）mm，1000kV 四分裂导线的间距宜取 $d=600$mm。其中，500kV 配电装置如采用双分裂导线或正三角排列的三分裂导线，其分裂间距一般取 $d=400$mm；如采用水平三分裂导线，其分裂间距一般取 $d=200$mm	1P379

（3）可不验算电晕的导线最小外径。

名　称	依　据　内　容						出处
可不验算电晕的导线最小外径	表 5.0.2　可不验算电晕的导线最小外径（海拔不超过1000m）						GB 50545—2010 表 5.0.2
	标称电压（kV）	110	220	330			
	导线外径（mm）	9.60	21.60	33.60	2×21.60	3×17.0	
	标称电压（kV）	500			750		
	导线外径（mm）	2×36.24	3×26.82	4×21.60	4×36.9	5×30.20	6×25.5	
	表 3　高海拔地区不必验算电晕的导线最小外径						GB 50545—2010 表 3
	标称电压（kV）		110	220	330		
	参考海拔（m）		导线外径（mm）				
	1120		9.1	21.4	2×20.0		
	2270		10.6	24.8	2×24.5		
	3440		12.0	28.5	2×29.3		

3．按导线长期容许电流校验导线截面

名　称	依　据　内　容	出处
热稳定容量	选定的架空输电线路的截面必须根据各种不同的运行方式以及事故情况下（一般为相关线路 $N-1$）被选线路的输电容量进行发热校验。此输电容量一般应是架空线路预期的最大输电容量，设计中不得超过导线发热允许载流量所对应的输电容量，按允许载流量设限的输电容量称线路的持续输电容量，简称线路的热稳定容量或发热容量　　　$S = \sqrt{3} U_N I \text{(MVA)}$	系 P88 式（6-4）
	U_N：线路额定电压（kV）（如已知线路实际电压 U 不等于额定电压 U_N 时，式中应采用 U）； I：导线长期允许的载流量（kA），见表（6-5）钢芯铝绞线长期允许载流量	
导线允许温度	验算导线允许载流量时，导线的允许温度	GB 50545—2010 5.0.6
	项　目	允许温度（一般）	允许温度（大跨越）	
	（1）钢芯铝绞线、钢芯铝合金绞线	70℃，必要时 80℃	90℃	
	（2）钢芯铝包钢绞线、铝包钢绞线	80℃	100℃	
	（3）镀锌钢绞线	125℃	—	
	注：环境气温宜采用最热月平均最高温度；风速采用 0.5m/s（大跨越采用 0.6m/s）；太阳辐射功率密度采用 0.1W/cm²	

五、线路电气参数计算

1．线路正、负序阻抗（电抗）计算

名　称			依　据　内　容	出处
正序（负序）阻抗			$Z_1 = R + jX_1$，Ω/km	线 P60 式（3-14）
线路是静止设备，其正序（负序）阻抗相等；R：相导线电阻；X_1：相导线正序电抗				
单回路	单导线	正序电抗	$X_1 = 0.0001\pi\mu f + 0.0029 f \lg \dfrac{d_m}{r}$（$\Omega/\text{km}$）； 或 $X_1 = 0.0029 f \lg \dfrac{d_m}{r_e}$ 钢芯铝绞线 $r_e = 0.81 r$（m），表 3-1	线 P60 式（3-15）式（3-16）

续表

名 称			依 据 内 容	出处
单回路	单导线	有效半径	非磁性的实心圆柱形 $r_e = e^{-\frac{1}{4}} r \approx 0.779 r$；$r$：导线半径	线 P59 式（3-7）
		相导线几何均距	$d_m = \sqrt[3]{d_{ab} d_{bc} d_{ca}}$；$d_{ab}$、$d_{bc}$、$d_{ca}$：导线间距离（m）	线 P60 式（3-17）
	相分裂导线	正序电抗	$X_1 = 0.0001\pi\mu f + 0.0029 f \lg \dfrac{d_m}{R_m}$	线 P60 式（3-18）
			$X_1 = 0.0029 f \lg \dfrac{d_m}{R_e} = 0.145 \lg \dfrac{d_m}{R_e}$	式（3-19）
		等价半径	$R_m = (nrA^{n-1})^{\frac{1}{n}}$ $R_m = \sqrt[m]{mrS_m^{m-1}}$	式（3-20）
		有效半径	$R_e = (nr_e A^{n-1})^{\frac{1}{n}}$ $R_e = \sqrt[m]{mr_e S_m^{m-1}}$	线 P59 式（3-5）
		分裂导线半径	$A = S / \left(2\sin\dfrac{\pi}{n}\right)$ $S_m = d / \left(2\sin\dfrac{\pi}{m}\right)$	式（2-1-9）
双回路线路的正序电抗			$X_1 = 0.1445 f \lg \dfrac{d_m d_{m0}}{R_e d_{m1}}$；$d_m = \sqrt[2]{d_{ab} d_{ac} d_{bc}}$；$d_{m1} = \sqrt[3]{d_{aa'} d_{bb'} d_{cc'}}$；$d_{m2} = \sqrt[6]{d_{ab'} d_{ac'} d_{ba'} d_{bc'} d_{ca'} d_{cb'}}$	线 P61 式（3-21）式（3-22）式（3-23）式（3-24）
$m=2\sim12$，R_e 的计算公式			$m=2$，$R_e = (r_e d)^{\frac{1}{2}}$ 　　　　 $m=8$，$R_e = 1.639(r_e d^7)^{\frac{1}{8}}$ $m=3$，$R_e = (r_e d^2)^{\frac{1}{3}}$ 　　　　 $m=9$，$R_e = 1.789(r_e d^8)^{\frac{1}{9}}$ $m=4$，$R_e = 1.091(r_e d^3)^{\frac{1}{4}}$ 　　 $m=10$，$R_e = 1.941(r_e d^9)^{\frac{1}{10}}$ $m=5$，$R_e = 1.212(r_e d^4)^{\frac{1}{5}}$ 　　 $m=11$，$R_e = 2.095(r_e d^{10})^{\frac{1}{11}}$ $m=6$，$R_e = 1.349(r_e d^5)^{\frac{1}{6}}$ 　　 $m=12$，$R_e = 2.249(r_e d^{11})^{\frac{1}{12}}$ $m=7$，$R_e = 1.491(r_e d^6)^{\frac{1}{7}}$	线 P59

2. 线路零序阻抗计算

名 称			依据内容（线 P64）	出处
单回路	无地线	零序阻抗	$Z_0 = (R + 0.15) + j0.435 \lg \dfrac{D}{\sqrt{R_e d_m^2}}$ （Ω/km）	式（3-25）
			D：地中电流等价深度，$D = 660\sqrt{\rho / f}$；R_e：相导线半径，分裂导线为等效半径（m）	
	单地线	零序阻抗	$Z_{0(1)} = Z_0 - Z_{0(ag)}^2 / Z_{0(g)}$	式（3-26）
		地线零序阻抗	$Z_{0(g)} = 3R_g + 0.15 + j0.435 \lg \dfrac{D}{r_{e(g)}}$	式（3-27）
		导线与地线零序互感阻抗	$Z_{0(ag)} = 0.15 + j0.435 \lg \dfrac{D}{\sqrt[3]{d_{ag} d_{bg} d_{cg}}}$	式（3-28）
			R_g：地线电阻（Ω/km）；$r_{e(g)}$：地线的等价半径（m）；d_{ag}、d_{bg}、d_{cg}：导线至地线的距离（m）	

续表

名　称		依据内容（线 P64）	出处
单回路	双地线	零序阻抗 $Z_{0(z)} = Z_0 - Z_{0(agh)}^2 / Z_{0(gh)}$	式（3-29）
		双地线系统的零序阻抗 $Z_{0(gh)} = 1.5R_g + 0.15 + j0.435\lg\dfrac{D}{\sqrt{r_{e(g)}d_{gh}}}$	式（3-30）
		双地线与三相导线之间的零序互感抗 $Z_{0(agh)} = 0.15 + j0.435\lg\dfrac{D}{\sqrt[6]{d_{ag}d_{bg}d_{cg}d_{ah}d_{bh}d_{ch}}}$	式（3-31）
		d_{gh}：双地线间的距离（m）； d_{ah}、d_{bh}、d_{ch}：导线至地线的距离（m）	
双回路	无地线	每一回路零序阻抗 $Z'_0 = Z_0 + Z_{0(\text{I II})}$	式（3-32）
		双回路零序阻抗 $Z'_0 = 0.5(Z_0 + Z_{0(\text{I II})})$（双回路导线型号相同时）	式（3-33）
		第Ⅱ回路对第Ⅰ回路的零序互感抗 $Z_{0(\text{I II})} = 0.15 + j0.435\lg\dfrac{D}{d_{m(\text{I II})}}$	式（3-34）
		第Ⅰ回路导线与第Ⅱ回路导线的几何均距 $d_{m(\text{I,II})} = \sqrt[9]{d_{aa'}d_{ab'}d_{ac'}d_{ba'}d_{bb'}d_{bc'}d_{ca'}d_{cb'}d_{cc'}}$	式（3-35）
		单回路零序阻抗 $Z_0 = (R + 0.15) + j0.435\lg\dfrac{D}{\sqrt[3]{R_e d_m^2}}$	式（3-25）
	单地线	零序阻抗 $Z'_{0(1)} = Z'_0 - Z'^2_{0(ag)} / Z_{0(g)}$	式（3-36）
		导线与地线零序互感阻抗 $Z'_{0(ag)} = 0.15 + j0.435\lg\dfrac{D}{\sqrt[6]{d_{ag}d_{bg}d_{cg}d_{a'g}d_{b'g}d_{c'g}}}$	式（3-37）
		地线零序阻抗 $Z_{0(g)} = 3R_g + 0.15 + j0.435\lg\dfrac{D}{r_{e(g)}}$	式（3-38）
	双地线	零序阻抗 $Z'_{0(2)} = Z'^1_0 - Z'^2_{0(agh)} / Z_{0(gh)}$	式（3-39）
		双地线与导线零序互感阻抗 $Z'_{0(agh)} = 0.15 + j0.435\lg\dfrac{D}{\sqrt[6]{d_{ag}d_{bg}d_{cg}d_{ah}d_{bh}d_{ch}}}$	式（3-25）
		双地线系统的零序阻抗 $Z_{0(gh)} = 1.5R_g + 0.15 + j0.435\lg\dfrac{D}{\sqrt{r_{e(g)}d_{gh}}}$	式（3-30）

3. 正序、负序和零序电容、电纳计算

（1）正序、负序和零序电容计算（适用于三相导线布置对称）。

名　称	依据内容（线 P65）	出处
电位系数	$P_{aa} = 41.45 \times 10^6 \lg\dfrac{2H_a}{r}$ （1/F/km）	式（3-40）
	$P_{ab} = 41.45 \times 10^6 \lg\dfrac{D_{ab}}{d_{ab}}$ （1/F/km）	式（3-41）
	H_a：导线 a 对地高度； D_{ab}：导线 a 与导线 b 镜像间距离； d_{ab}：导线间的距离； r：导线半径	
正序电容	$C_1 = \dfrac{1}{P_{aa} - P_{ab}} = 3C_{ab} + C_0$ （F/km）（导线对称布置）	式（3-42）
零序电容	$C_0 = \dfrac{1}{P_{aa} + 2P_{ab}}$ （F/km）	式（3-43）

第一章 输电线路

续表

名 称	依据内容（线 P65）	出处
线间电容	$C_{ab} = \dfrac{P_{aa}}{P_{aa}^2 - P_{ab}^2} \cdot \dfrac{1}{P_{aa} + 2P_{ab}} = \dfrac{1}{3}(C_1 - C_0) = \dfrac{\lg\dfrac{2H_m}{d_m} \times 10^{-6}}{124 \lg\dfrac{d_m}{r} \times \dfrac{2H_m}{\sqrt[3]{rd_m^2}}}$ $H_m = \sqrt[3]{H_1 H_2 H_3}$，三相导线对地几何平均高度	式（3-44）
正序电容、零序电容和线间电容的关系	三者大概关系　　　C_1　　　$3C_{ab}$　　　C_0 有地线的单回路　　100%　　　44%　　　56% 有地线的双回路　　100%　　　60%　　　40%	线 P65

（2）无地线线路正序（负序）电容及电纳。

	名 称	依 据 内 容	出处
单回路	电容	$C_1 = \dfrac{0.02413 \times 10^{-6}}{\lg\dfrac{d_m}{R_m}}$　（F/km）	线 P65 式（3-45）
	电纳	$b_{c1} = \omega C_1 = \dfrac{7.58 \times 10^{-6}}{\lg\dfrac{d_m}{R_m}}$　（S/km）	式（3-46）
双回路	电容	$C_1 = 0.02413 \times 10^{-6} \div \lg\left(\dfrac{2H_m}{R_m} \times \dfrac{d}{D} \times \dfrac{D'}{d'} \times \dfrac{d''}{D''}\right)$　（F/km）	式（3-47）
	电纳	$b_{c1} = \omega C_1$	线 P65

（3）零序电容及零序电纳。

	名 称	依 据 内 容	出处
单回路	无地线	$C_0 = 0.008043 \times 10^{-6} \div \lg\dfrac{D_i}{\sqrt[3]{R_m d_m^2}}$　（F/km）	线 P67 式（3-48）
		$b_0 = \omega C_0 = 2.53 \times 10^{-6} \div \lg\dfrac{D_i}{\sqrt[3]{R_m d_m^2}}$　（S/km）	线 P67 式（3-49）
	单地线	$C_0 = 0.008043 \times 10^{-6} \div \left[\lg\dfrac{D_i}{\sqrt[3]{R_m d_m^2}} - \dfrac{\left(\lg\dfrac{D_{iag}}{d_{mag}}\right)^2}{\lg\dfrac{2H_g}{r_g}}\right]$　（F/km）	线 P67 式（3-50）
	双地线	$C_0 = 0.008043 \times 10^{-6} \div \left[\lg\dfrac{D_i}{\sqrt[3]{R_m d_m^2}} - \dfrac{2\left(\lg\dfrac{D_{iagh}}{d_{magh}}\right)^2}{\lg\dfrac{2H_{gh}}{r_g} + \lg\dfrac{D_{gh}}{d_{gh}}}\right]$　（F/km）	线 P68 式（3-51）
对称双回路	无地线	$C_0 = 0.008043 \times 10^{-6} \div \left[\lg\dfrac{D_i}{\sqrt[3]{R_m d_m^2}} + \lg\dfrac{D_{M(I\,II)}}{d_{M(I\,II)}}\right]$　（F/km）	线 P68 式（3-52）

4. 不换位线路电流不对称度计算

（1）电感不平衡计算。

名　　称	依　据　内　容		出处
导（地）线—地回路自阻抗	$Z_{nn} = R + 0.05 + j0.145\lg\dfrac{D_0}{r_e}$ （Ω/km）		旧线 P152 式（2-8-1）
	$Z_{nn} = R + 0.05 + jX_{in} + j0.145\lg\dfrac{D_0}{r}$ （Ω/km）		旧线 P152 式（2-8-2）
	$D_0 = 210\sqrt{\dfrac{10\rho}{f}} = 660\sqrt{\dfrac{\rho}{f}}$ （m）		旧线 P152 式（2-8-3）
	D_0：地中电流等价深度，初步计算 $D_0=1000$m； f，ρ：电流频率和大地电阻率； R：导（地）线的电阻（Ω/km）； r_e：导线有效半径（分列导线用 R_e）； X_{in}：导（地）线内感抗（Ω/km）		旧线 P152
互感阻抗	$Z_{mn} = 0.05 + j0.145\lg\dfrac{D_0}{d_{mn}}$ （Ω/km） d_{mn}：线间距离		旧线 P153 式（2-8-4）
线路负序阻抗	$Z_{22} = \dfrac{1}{3}[Z_{aa} + Z_{bb} + Z_{cc} - (Z_{bc} + Z_{ac} + Z_{ab})]$		旧线 P153 式（2-8-5）
线路零序阻抗	$Z_{00} = \dfrac{1}{3}[Z_{aa} + Z_{bb} + Z_{cc} + 2(Z_{bc} + Z_{ac} + Z_{ab})]$		旧线 P153 式（2-8-6）
线路序间互阻抗	$Z_{21} = \dfrac{1}{3}[Z_{aa} + aZ_{bb} + a^2Z_{cc} + 2(Z_{bc} + aZ_{ac} + a^2Z_{ab})]$		旧线 P153 式（2-8-7）
	$Z_{01} = \dfrac{1}{3}[Z_{aa} + a^2Z_{bb} + aZ_{cc} - (Z_{bc} + a^2Z_{ac} + aZ_{ab})]$		旧线 P153 式（2-8-8）
考虑端部负序阻抗和零序阻抗影响	$Z'_{22} = Z_{22} + Z_2$	可以把它们加在 Z_{22} 和 Z_{00} 上	旧线 P153 式（2-8-9）
	$Z'_{00} = Z_{00} + Z_0$		旧线 P153 式（2-8-10）
	$Z_2 = Z_{g2} + Z_{t2} + Z_{T2} + Z_{G2}$		旧线 P153 式（2-8-11）
	$Z_0 = Z_{t0} + Z_{T0}$		旧线 P153 式（2-8-12）
	 图 2-8-5 端部阻抗和不换位系统图		旧线 P153
正序电流	$I_{a1} = \dfrac{P}{\sqrt{3}U\cos\varphi}$ P：线路输送功率； U：线路电压； $\cos\varphi$：功率因数		旧线 P153 式（2-8-13）
负序电流	$I_{a2} = -I_{a1} \cdot \dfrac{Z_{21}}{Z'_{22}}$		旧线 P153 式（2-8-14）
零序电流	$I_{a0} = -I_{a1} \cdot \dfrac{Z_{01}}{Z'_{00}}$		旧线 P153 式（2-8-15）

(2) 电容不平衡度计算。

名 称	依 据 内 容	出处
导线 n 的自容抗	$Z_{nn} = -j132 \times 10^3 \lg \dfrac{2h_{av}}{r}$ （Ω/km） h_{av}：导线平均高度（m）； r：导线半径（m）（分裂导线用 R_m）	旧线 P153 式（2-8-16）
导线 m 和 n 间的互容抗	$Z_{mn} = -j132 \times 10^3 \lg \dfrac{D_{mn}}{d_{mn}}$ （Ω/km） d_{mn}：导线 m 与 n 间的距离； D_{mn}：导线 m 至导线 n 的镜像间距离	旧线 P153 式（2-8-17）
换算说明	从导线容抗换算成相序容抗的公式仍为式（2-8-5）～式（2-8-8），正序容抗 Z_{11} 与负序容抗 Z_{22} 相同	旧线 P153
电容电流	$I_{a1} = U_a l / Z_{11}$ l：线路长度（km）； U_a：a 相导线对地电压（V）	旧线 P153 式（2-8-18）
	$I_{a2} = I_{a1} Z_{21} / Z_{22}$	旧线 P153 式（2-8-19）
	$I_{a0} = -I_{a1} Z_{01} / Z_{00}$	旧线 P153 式（2-8-20）
考虑地线影响	以上电感和电容平衡度的计算公式均为无地线的情况。考虑地线的影响只需在式（2-8-5）～式（2-8-8）中用 Z'_{aa}、Z'_{ab} 等代替 Z_{aa}、Z_{bb} 等即可	旧线 P153
只有一根地线时	$\left.\begin{array}{l}Z'_{aa} = Z_{aa} - Z_{ax}^2 / Z_{xx} \\ Z'_{cb} = Z_{cb} - Z_{bx} Z_{cx} / Z_{xx} \\ Z'_{bb} = Z_{bb} - Z_{bx}^2 / Z_{xx} \\ Z'_{ac} = Z_{ac} - Z_{ax} Z_{cx} / Z_{xx} \\ Z'_{cc} = Z_{cc} - Z_{cx}^2 / Z_{xx} \\ Z'_{ab} = Z_{ab} - \dfrac{Z_{ax} Z_{bx}}{Z_{xx}}\end{array}\right\}$	旧线 P153 式（2-8-21）
有两根地线 x 和 y 且对称布置时	$Z'_{aa} = Z'_{cc} = Z_{aa} + \dfrac{1}{\Delta}(2Z_{ax} Z_{ay} Z_{xy} - Z_{ax}^2 Z_{xx} - Z_{ay}^2 Z_{xx})$ $Z'_{bb} = Z_{bb} + \dfrac{2}{\Delta} Z_{bx}^2 (Z_{xy} - Z_{xx})$ $Z'_{ab} = Z'_{bc} = Z_{ab} + \dfrac{1}{\Delta} Z_{bx}(Z_{ax} + Z_{ay})(Z_{xy} - Z_{xx})$ $Z'_{ac} = Z_{ac} + \dfrac{1}{\Delta}(Z_{ax}^2 Z_{xy} + Z_{ay}^2 Z_{xy} - 2Z_{ax} Z_{ay} Z_{xy})$ $\Delta = Z_{xx}^2 - Z_{xy}^2$	旧线 P154 式（2-8-22）

5．交流电路表面电场强度计算

(1) 交流电路。

名 称		依 据 内 容	出处
单导线	有效值	$E = 0.001039 \dfrac{C_1 U_L}{r}$ （MV/m=10kV/cm） C_1：相导线工作（或称正序）电容（pF/m）； $1F=10^6 \mu F=10^9 nF=10^{12} pF$；F/km=$10^9$ pF/m U_L：线电压（kV）； r：导线半径（cm）	线 P69 式（3-58）
	最大值	$E_m \approx 0.00147 \dfrac{C_1 U_L}{r}$ （MV/m）	式（3-59）

续表

名　称		依　据　内　容	出处
分裂导线	单根导线平均电场强度有效值	$E = 0.001039 \dfrac{C_1 U_L}{nr}$	线 P69 式（3-60）
	单根导线平均电场强度最大值	$E_m = 0.00147 \dfrac{C_1 U_L}{nr}$ n：分裂导线根数	式（3-61）
	正多边形排列时导线表面电场强度	$E_\theta = E\left[1 + 2(n-1)\dfrac{r}{s}\sin\dfrac{\pi}{n}\cos\theta\right]$ s：分裂间距（cm）； θ：经过分裂导线子导线表面某点处的直径与水平线的夹角	式（3-62）
	圆周表面的最大电场强度有效值	$E = \bar{E}\left[1 + 2(n-1)\dfrac{r}{s}\sin\dfrac{\pi}{n}\right]$	式（3-63）
中相导线的表面电场强度比边相的高 7%		各相导线呈水平排列时，中相导线的工作电容比边相约大 7%，中相导线的表面电场强度也比边相的高 7%	
正序电容可直接利用图 2-1-7 的曲线查得		无地线的线路及有地线但其保护角不超过 30°的单回路水平排列线路的正序电容可直接利用图 2-1-7 的曲线查得。曲线纵坐标 C_1 表示边导线的正序电容，C_2 表示中相导线的正序电容。 在图 2-1-7 中，d 为相间距离，H_{av} 为导线平均对地高度［式（2-7-9）］；r 为导线半径，如分裂导线时则为其等效半径 $R_m = (nrA^{n-1})^{1/n}$ 式（2-1-7） $A = S/2\sin\dfrac{\pi}{n}$ 式（2-1-9） 横坐标 C 为三相线路平均的正序电容，可按式（2-1-31）计算	旧线 P25

（2）直流线路。

名　称		依　据　内　容	出处
直流单极性线路	导线表面电场强度最大值 g_{max}	$g_{max} = \dfrac{2U(1+B)}{nd\ln(2H/r_{eq})}$ （kV/cm） U：极导线对地电压（kV）； n：导线分裂数； d：导线直径（cm）； H：导线对地高度（cm）； r_{eq}：分裂导线等效半径（cm）；$r_{eq} = R\sqrt[n]{nd/2R}$ B：分裂系数，两分裂 $B=2d/2b$；三分裂 $B=3.464d/2b$；四分裂 $B=4.24d/2b$；六分裂时 $B=5.31d/2b$；B 为分裂间距（cm）	线 P218 式（4-2）
直流双极性线路	导线表面电场强度最大值 g_{max}	$g_{max} = Ug'$ （kV/cm）	式（4-4）
		梯度因子 $g' = \dfrac{1+(n-1)r/R}{nr\ln\dfrac{2H}{\sqrt[n]{nrR^{n-1}}\sqrt{\dfrac{4H^2}{S^2}+1}}}$ ［kV/(cm·kV)］	线 P218 式（4-5）
		U：极导线对地电压（kV）； r：导线半径（cm）； R：通过 n 根子导线中心圆周的半径（cm）； H：导线对地高度（cm）； S：极间距（cm）； n：导线分裂数；	

六、架空输电线路的输送能力

1. 线路波阻抗及自然功率

名　称	依　据　内　容		出　处
线路波阻抗	$Z_n = \sqrt{\dfrac{x_1}{b_1}} = \sqrt{\dfrac{L_1}{C_1}}$ （Ω）	U：额定电压（kV）； x_1：正序电抗（Ω/km）； b_1：正序电纳（S/km）； L_1：正序电感（H/km）； C_1：正序电容（F/km）	线 P69 式（3-55）
自然功率	$P_n = \dfrac{U^2}{Z_n}$ （MW）		式（3-56）
	$P_\lambda = \dfrac{U_e^2}{Z_\lambda} \approx 2.5 U_e^2 \times 10^{-3}$ （MW）		旧系 P184 式（7-15）
	当线路传输自然功率时，电力传输特征： （1）全线各点电压及电流大小一致； （2）线路任一点功率因数都一样； （3）为无功损耗传输，即每单位长度所消耗的无功功率等于其单位长度所产生的无功功率。 当输送功率小于自然功率时，线路电压从始端往末端提高；当负荷大于自然功率时，线路电压从始端往末端降低。如果维持送受两端电压相等，且传输功率不等于自然功率时，线路中点电压偏移最严重。 线路自然输送容量可查表 7-13		旧系 P184
	表 6-8　常用电压等级架空线路标称电压时的自然功率参考值		系 P91 表 6-8

电压等级（kV）	220	330	500	750	1000
导线分裂根数	1	2	2	4	4	6
波阻抗（Ω）	380	340	310	270	250	243
自然功率（MW）	127	142	351	926	2250	4115

2. 超高压远距离输电线路的传输能力

名　称	依　据　内　容		出　处
串联电容补偿后输送能力	$P = \dfrac{400 \sim 480}{1-K} \times \dfrac{P_\lambda}{l}$ （MW）	K：补偿度； l：线路长度	系 P91 式（6-15）
	串联电容补偿的作用相当于缩短输电线路和长度，可大大提高线路的输送能力		
按静稳定条件决定的输送能力	串联电容补偿度一般不宜大于60%（防止谐振） 表 7-14　按静稳定条件决定的输送能力		系 P185 表 7-14

电压（kV）	输送能力（100km·MW）	电压（kV）	输送能力（100km·MW）
220	400～600	500	3800～4000
330	1400～1600	750	7200～7400

七、防雷计算

1. 线路绕击率

名　称		依　据　内　容		出　处
绕击率	平原线路	$\lg P_\theta = \dfrac{\theta\sqrt{h}}{86} - 3.9$	P_θ、P_θ'：平原、山区线路的绕击率； h：地线在杆塔上的悬挂点高度（m）； θ：杆塔上地线对外侧导线的保护角	线 P173 式（3-278）
	山区线路	$\lg P_\theta' = \dfrac{\theta\sqrt{h}}{86} - 3.35$		式（3-279）

2. 避雷线对边导线的保护角

名称			依据内容		出处
杆塔上地线对边导线的保护角 θ	交流输电		定义：地线对导线的保护角指杆塔处，不考虑风偏，地线对水平面的垂线和地线与导线或分裂导线最外侧子导线连线之间的夹角		GB/T 50064—2014 2.0.10
		多雷区和强雷区	可采用负保护角		5.3.1-4
		双地线	单回路	≤330kV	不宜大于15°	GB/T 50545—2010 7.0.14.1
				500kV~750kV	不宜大于10°	
			同塔双回或多回	110kV	不宜大于10°	7.0.14.2
				≥220kV	不宜大于0°	
		单地线	不宜大于25°		7.0.14.3
		重覆冰线路	可适当加大		7.0.14.4
	直流输电		不大于10°		DL/T 436—2005 6.4.2

3. 线路落雷次数

名称	依据内容（GB/T 50064—2014）		出处
线路落雷次数 N_L	$N_L = 0.1 N_g (28 h_T^{0.6} + b)$ [次/(100km·a)]	b：两地线间的距离（m）；h_T：杆塔高度（m）	式（D.1.2）
地闪密度 N_g	$N_g = 0.023 T_d^{1.3}$ [次/(km²·a)]	对年平均雷暴次数为 40d 的地区暂取 2.78 次/(km²·a)	条文说明 2.0.6~2.0.9

4. 雷击跳闸率

名称	依据内容（GB/T 50064—2014）	出处
雷击跳闸率 N 次/(100km·a)	$N = N_L \eta (g P_1 + P_{sf})$ g：击杆率，平原为 1/6，山区为 1/4； P_1：超过雷击杆塔顶部时的耐雷水平 I_1 的雷电流概率； P_{sf}：线路绕击闪络概率	式（D.1.7）（公式已勘误）

5. 建弧率

名称	依据内容（GB/T 50064—2014）	出处
建弧率 η	$\eta = (4.5 E^{0.75} - 14) \times 10^{-2}$	式（D.1.8）

6. 平均运行电压梯度

名称		依据内容（GB/T 50064—2014）		出处
电压梯度 E	有效接地系统	$E = \dfrac{U_n}{\sqrt{3} l_i}$ （kV/m）	l_i：绝缘子串的放电距离（m）；l_m：木横担线路的线间距离（m），对铁横担和钢筋混凝土横担线路取 0	式（D.1.9-1）
	中性点绝缘、消弧线圈接地系统	$E = \dfrac{U_n}{2 l_i + l_m}$ （kV/m）		式（D.1.9-2）已勘误

7. 击距和雷电为负极性时，绕击耐雷水平

名称		依据内容（GB/T 50064—2014）	出处
击距	对地线	$r_s = 10 I^{0.65}$ （m）	式（D.1.5-1）
	对导线	$r_c = 1.63(5.015 I^{0.578} - 0.001 U_{ph})^{1.125}$ （m）	式（D.1.5-2）

续表

名　称		依据内容（GB/T 50064—2014）	出处
击距	对大地	$r_g = \begin{cases} [3.6+1.7\ln(43-h_{c,av})]I^{0.65} & [m(h_{c,av}<40m)] \\ 5.5I^{0.65} & [m(h_{c,av}\geq 40m)] \end{cases}$	式（D.1.5-3）
绕击耐雷水平 I_{min}		$I_{min}=\left(U_{-50\%}+\dfrac{2Z_0}{2Z_0+Z_c}U_{ph}\right)\dfrac{2Z_0+Z_c}{Z_0Z_c}$ （kA） I：雷电流幅值（kA）； $h_{c,av}$：导线对地平均高度（m）； $U_{-50\%}$：绝缘子负极性50%闪络电压绝对值（kV）； Z_0：闪电通道波阻（Ω）； Z_c：导线波阻抗（Ω）； U_{ph}：导线上工作电压瞬时值（kV），$U_{ph}=[\sqrt{2}U_n\sin(\omega t+\varphi)]/\sqrt{3}$	式（D.1.5-5） D.1.5-5
举例		反击耐雷水平的较高/较低值分别对应雷击时刻工作电压为峰值且与雷击电流同/反极性的情况（条文说明 5.3.1）。如 500kV 线路，$U_{ph}=\pm[\sqrt{2}\times 500]/\sqrt{3}=\pm 408$kV，若求较高值用 408kV，若求较低值用–408kV	

8．雷击导线时过电压及耐雷水平

名　称		依据内容	出处
雷击导线	过电压	$U=\dfrac{IZ_n}{4}$ （kV）	线 P178 式（3-310）
	耐雷水平	$I_2=\dfrac{4\times U_{50\%}}{Z_n}\approx\dfrac{U_{50\%}}{100}$ （kA），不能计算波阻抗 Z_n 时用后者算 $U_{50\%}$：绝缘子串或空气间隙的雷电冲击负极性闪络电压波50%放电电压（kV）	式（3-311）

9．感应过电压

（1）雷击线路附近大地，线路上感应过电压。

名　称	依据内容		出处
感应过电压	在距电力线 $S>65$m 处雷云对地放电时（无地线），在导线上产生的感应过电压最大值	$U_i\approx 25\times\dfrac{Ih_{av}}{S}$	只在极少数情况下达到500kV～600kV。 S：雷击点距线路距离（m）； I：雷电流幅值（kA）； U_i：无地线时导线上的感应过电压（kV），可按式（3-280）计算； k：导线与地线间的耦合系数	线 P174 式（3-280）
	如果线路上挂有地线，感应过电压	$U_{ic}=U_i(1-k)$		式（3-281）
耦合系数	$k=k_1k_0$		雷击地线档距中央时，电晕系数 k_1 可取 1.5，其余按照线 P180 表 3-79 选	线 P179 式（3-319）
导线平均高度	$h_{av}=h-\dfrac{2}{3}f$ （m） 当采用悬式绝缘子时，再减去绝缘子串长 λ，即 $h'_{av}=h-\dfrac{2}{3}f-\lambda$		h：悬挂点高度（m）； f：弧垂（m）	旧线 P125 式（2-7-9）

表 3-79　雷击塔顶时电晕系数（k_1）

额定电压（kV）	20～35	60～100	220～330	500	
双地线	1.1	1.2	1.25	1.28	线 P180 表 3-79
单地线	1.15	1.25	1.3		
双地线加耦合线	1.1	1.15	1.2	1.25	
单地线有耦合线	1.1	1.2	1.25		

（2）雷击杆塔时导线的感应过电压。

名称		依据内容		出处
感应过电压	无地线时，一般高度线路，导线上感应过电压的最大值（kV）	$U_i = \alpha h_{av}$	感应过电压系数：$\alpha = \dfrac{I}{2.6}$，I 为雷电流（kA）；	线 P174 式（3-285）
	有地线时，导线上感应过电压的最大值（kV）	$U_i = \alpha h_{av}\left(1 - \dfrac{h_{gv}}{h_{av}}k_0\right)$	地线的平均高度：$h_{gv} = h - \dfrac{2}{3}f$； k_0：导线与地线间的几何耦合系数	线 P175 式（3-286）

表 3-78 几种典型线路的几何耦合系数（k_0）的计算值

额定电压（kV）	线路形式	几何耦合系数	出处
35	无地线、消弧线圈接地或不接地	$k_{0(1-2)} = 0.238$	线 P180 表 3-78
110	单地线	$k_{0(1-2)} = 0.114$	
110	单地线、单耦合线	$k_{0(1,2-3)} = 0.275$	
110	双地线、双耦合线	$k_{0(1,2,3,4-5)} = 0.438$	
220	单地线	$k_{0(1-2)} = 0.103$	
220	双地线	$k_{0(1,2-3)} = 0.237$	
500	双地线	$k_{0(1,2-3)} = 0.20$	
500	双地线、双回线路	$k_{0(1,2-3)} = 0.124$	

（3）雷击档距中央避雷线，雷击点的电压最大值。

名称	依据内容	出处
雷击档距中央避雷线雷击点的电压最大值（kV）	$U = \dfrac{i}{2} \times \dfrac{Z_g}{2}$ Z_g：地线波阻抗（Ω）；i：雷电流（kA）	线 P171

（4）导线和避雷线的耦合系数。

名称	依据内容	出处
一根地线（1）、一根导线（2）时，导线与地线间几何耦合系数	$k_0 = \dfrac{Z_{21}}{Z_{11}} = \dfrac{\ln\dfrac{D_{12}}{d_{12}}}{\ln\dfrac{2h_1}{r_1}}$ r_1：地线半径； d_{12}：地线与导线间距离；D_{12}：地线与导线镜像间距离；h_1：地线平均高度	线 P180 式（3-327）
两根地线（1、2）、一根导线（3）时，导线与地线间几何耦合系数	$k_{0(123)} = \dfrac{Z_{13}(Z_{22}-Z_{12}) + Z_{23}(Z_{11}-Z_{12})}{Z_{11}Z_{22} - Z_{12}Z_{12}}$ 若两地线悬挂高度及直径均相等，$Z_{11}=Z_{22}$ $k_{0(123)} = \dfrac{Z_{13}+Z_{23}}{Z_{11}+Z_{12}} = \dfrac{k_{0(1-3)}+k_{0(2-3)}}{1+k_{0(1-2)}}$	式（3-332） 式（3-333）
电晕下耦合系数	$k = k_1 k_0$ k_1：电晕校正系数，查表 3-79	线 P179 式（3-319）

八、应力计算

1. 电线单位荷载及比载计算表

名　称	依　据　内　容	出处
电线单位荷载及比载计算表	表5-13 电线单位荷载及比载计算表 | 单位荷载及比载	单位荷载（N/m）		比载[N/(m·mm²)]		说明 | |---|---|---|---|---|---| | | 符号 | 计算公式 | 符号 | 计算公式 | | | 自重力荷载 | g_1 | $9.80665 p_1$ | γ_1 | $\gamma_1 = g_1/A$ | A：电线截面(mm²)；p_1：电线单位质量(kg/m)；d：电线直径(mm)；δ：电线覆冰厚度(mm)；v：电线平均高度处的风速(m/s)；α：电线风压不均匀系数；μ_{sc}：电线体型系数 | | 冰重力荷载 | g_2 | $9.80665 \times 0.9\pi\delta(\delta+d)\times10^{-3}$ $=27.736\delta(\delta+d)\times10^{-3}$ | γ_2 | $\gamma_2 = g_2/A$ | | | 自重加冰重荷载 | g_3 | g_1+g_2 | γ_3 | $\gamma_3 = g_3/A$ | | | 无冰时风荷载 | g_4 | $0.625v^2 d\alpha\mu_{sc}\times10^{-3}$ | γ_4 | $\gamma_4 = g_4/A$ | | | 覆冰时风荷载 | g_5 | $0.625v^2(d+2\delta)\alpha\mu_{sc}\times10^{-3}$ | γ_5 | $\gamma_5 = g_5/A$ | | | 无冰时综合荷载 | g_6 | $\sqrt{g_1^2+g_4^2}$ | γ_6 | $\gamma_6 = g_6/A$ | | | 覆冰时综合荷载 | g_7 | $\sqrt{g_3^2+g_5^2}$ | γ_7 | $\gamma_7 = g_7/A$ | |	线P303 表5-13
导线平均高度	基本风速：10m，10min；导线平均高度：110kV～330kV线路（不含大跨越）下导线平均高一般取15m，500kV～750kV线路（不含大跨越）下导线平均高度一般取20m，其他工况的风速不需换算（参照附录A）	GB 50545—2010 4.0.2 条文说明

表5-8 电线风压不均匀系数α和电线的风荷载调整系数β_c

基准高度的风速（m/s）		≤10	15	20≤v<30	30≤v<35	v≥35
α	计算杆塔所受张力和风荷载时	1.0	1.0	0.85	0.75	0.7
	校验电气间隙计算张力和风荷载时	1.0	0.75	0.61	0.61	0.61
β_c	计算500kV及以上杆塔荷载	1.0	1.10	1.20	1.30	—

出处：线P295 表5-8

表5-9 风压不均匀系数α随水平档距变化取值

水平档距（m/s）	≤200	250	300	350
α	0.8	0.74	0.7	0.67
水平档距（m/s）	400	450	500	≥550
α	0.65	0.63	0.62	0.61

出处：线P295 表5-9

表5-10 电线受风体型系数μ_{sc}
（线P295 或 GB 50545—2010 10.1.18条）

表面状况	无冰时		覆冰时
电线外径	$d<17$	$d\geq17$	无论d大小
μ_{sc}	1.2	1.1	1.2

出处：线P295 表5-10

续表

名　称	依　据　内　容	出处
风压不均匀系数α和导地线风荷载调整系数β_c	表10.1.18-1　风压不均匀系数α和导地线风荷载调整系数β_c 	风速v（m/s）		<20	20≤v<27	27≤v<31.5	≥31.5
---	---	---	---	---	---
α	计算杆塔荷载	1.00	0.85	0.75	0.70
	设计杆塔（风偏计算用）	1.00	0.75	0.61	0.61
β_c	计算500kV、750kV杆塔荷载	1.00	1.10	1.20	1.30	 注：β_c：500kV和750kV线路导线及地线风荷载调整系数，仅用于计算作用于杆塔上的导线及地线风荷载（不含导线及地线张力弧垂计算和风偏角计算），β_c应按表10.1.18-1的规定确定，其他电压级的线路β_c取1.0。 跳线计算，α宜取1.0	GB 50545—2010 表10.1.18-1
α随水平档距变化取值	表10.1.18-2　风压不均匀系数α随水平档距变化取值（校验杆塔电气间隙用） | 水平档距（m）	≤200	250	300	350	400	450	500	≥550
---	---	---	---	---	---	---	---	---
α	0.80	0.74	0.70	0.67	0.65	0.63	0.62	0.61 | 条文说明P137，$\alpha=0.5+60/L_H$，L_H：水平档距（m）。	GB 50545—2010 表10.1.18-2

2. 导地线风荷载计算

名　称	依　据　内　容		出处
垂直于电线轴线的水平风荷载	$W_x = \alpha W_0 \mu_z \mu_{sc} \beta_c dL_H B \sin^2\theta$ $W_0 = V^2/1600$	W_x：电线水平档距为L_H、电线平均高度为h、垂直于电线轴线的水平风荷载（N）； L_H：杆塔的水平档距（m）； g_H：即g_5，电线单位长度上的风荷载（N/m）； β_c：500kV和750kV线路导线及地线风荷载调整系数，应按表10.1.18-1的规定确定，其他电压等级线路β_c取1.0	线P295 式（5-9）
当风向与电线方向之间的夹角为θ时，垂直于电线方向的水平风荷载（N）	$P_x = P\sin^2\theta$		式（5-10）
风向与导线或地线方向之间的夹角为θ时，垂直于导线及地线方向的水平风荷载标准值	$W_X = \alpha W_0 \mu_z \mu_{sc} \beta_c dL_P B \sin^2\theta$ $W_0 = V^2/1600$	W_X：垂直于导线及地线方向的水平风荷载标准值（kN）； α：风压不均匀系数，参照表10.1.18-1和表10.1.18-2； β_c：风荷载调整系数，参照表10.1.18-1； μ_z：风压高度变化系数，基准高度为10m的风压高度变化系数按表10.1.22确定，或参考条文说明10.1.22的公式	GB 50545—2010 式（10.1.18-1） GB 50545—2010 式（10.1.18-2）
绝缘子串风荷载标准值	$W_I = W_0 \mu_Z B A_I$	A_I：绝缘子串承受风压面积计算值（m²）	GB 50545—2010 式（10.1.21）
风压高度变化系数	$\mu_Z^A = 1.379\left(\dfrac{Z}{10}\right)^{0.24}$ 式（41）	$\mu_Z^B = 1.000\left(\dfrac{Z}{10}\right)^{0.32}$ 式（42）	GB 50545—2010 条文说明10.1.22
	$\mu_Z^C = 0.616\left(\dfrac{Z}{10}\right)^{0.44}$ 式（43）	$\mu_Z^D = 0.318\left(\dfrac{Z}{10}\right)^{0.60}$ 式（44）	GB 50545—2010 条文说明10.1.22
参数说明	μ_{sc}：体型系数：$d<17$或覆冰时取1.2，$d\geq17$时取1.1； d：外径或覆冰时外径，分裂导线取所有子导线外径的总和（m）； L_P：杆塔的水平档距（m）； B：覆冰时风荷载增大系数。5mm冰区为1.1；10mm冰区为1.2； θ：风向与导线或地线方向之间的夹角（°）； W_0：基准风压标准值（kN/m²）； V：基准高度为10m的风速，参照GB 50545—2010附录A表A.0.1		—

3．角度风作用时（电线及塔身）风荷载计算（线 P469 表 8-21）

风向与线路方向夹角 θ（°）	导地线荷载		塔身风荷载		横担风荷载	
	X	Y	X	Y	X	Y
0	0	$0.25W_x$	0	W_b	0	W_c
45	$0.5W_x$	$0.15W_x$	$k \times 0.424 \times (W_a + W_b)$		$0.40W_c'$	$0.70W_c$
60	$0.75W_x$	0	$k \times (0.747W_a + 0.249W_b)$	$k \times (0.431W_a + 0.144W_b)$	$0.40W_c'$	$0.70W_c$
90	W_x	0	W_a	0	$0.40W_c'$	0

注 1．X、Y 分别为垂直线路、顺线路方向的风压分量；
2．W_x 按式（3-1-14）计算；
3．W_a、W_b 分别为垂直线路方向、顺线路方向风吹的塔身风荷载；
4．W_c 为风垂直于横担正面吹时，横担风荷载；
5．k 为塔身风荷载断面形状系数，对单角钢或圆断面杆件组成的塔加取 1.0，以组合角钢断面取 1.1。

4．电线垂直荷载计算

名　　称	依　据　内　容		出处
电线垂直荷载	$G = L_V qn + G_1 + G_2$	L_V：垂直档距（m）； q：导线单位长度重力（N/m）； n：每相导线分裂数； G_1、G_2：绝缘子、金具、振锤、重锤等的重力（N）	线 P469 式（8-17）
导线垂直荷载	垂直档距×垂直单位荷载		旧线 P183 定义
导线水平荷载	水平档距×单位长度风压		

5．转角型杆塔的张力计算

名　　称		依　据　内　容		出处
转角型杆塔张力	横向角度力	$\left.\begin{array}{l}P_1 = T_1\sin\alpha_1 \\ P_2 = T_2\sin\alpha_2\end{array}\right\}$	T_1、T_2：杆塔前后两档内的电线张力（N）； α_1、α_2：电线与杆塔横担垂线之间的夹角（°）	线 P470 式（8-20）
		若 $\alpha_1 = \alpha_2 = \dfrac{\alpha}{2}$　$\left.\begin{array}{l}P_1 = T_1\sin\dfrac{\alpha}{2} \\ P_2 = T_2\sin\dfrac{\alpha}{2}\end{array}\right\}$		式（8-21）
	不平衡张力	$\Delta T = T_1\cos\alpha_1 - T_2\cos\alpha_2$		式（8-18）
		若 $\alpha_1 = \alpha_2 = \dfrac{\alpha}{2}$　$\Delta T = (T_1 - T_2)\cos\dfrac{\alpha}{2}$		线 P470 式（8-19）

注　在计算转角型杆塔的张力时，将它们分解成顺着杆塔平面的横向荷载（称角度荷载）和垂直于杆塔平面的纵向荷载（称不平衡张力）。

6．电线状态方程式（悬挂点等高）

名　　称	依　据　内　容		出处
电线状态方程	$\sigma_m - \dfrac{\gamma_m^2 l^2 E}{24\sigma_m^2} = \sigma - \dfrac{\gamma^2 l^2 E}{24\sigma^2} - \alpha E(t_m - t)$		线 P306 式（5-16）
	令：$a = \dfrac{\gamma_m^2 l^2 E}{24\sigma_m^2} - \sigma_m + \alpha E(t - t_m)$	令：$b = \dfrac{\gamma^2 l^2 E}{24}$	式（5-19）
	$\sigma^2(\sigma + a) = b$		
	迭代求解上述三次方程：$\sigma_{i-1} = \sqrt{\dfrac{b}{\sigma_i + a}}$		线 P306
参数说明	σ_m、σ：已知和待求情况下的电线最低点的水平应力（N/mm²）； γ_m、γ：已知和待求情况下的电线比载 [N/(m·mm²)]； l：电线档距，对具有悬垂绝缘子串的直线杆塔的连续档，则为耐张段的代表档距 l_r，见式（5-21）； E：电线的弹性系数（N/mm²）； α：电线的温度伸长系数：1/℃		线 P306

7. 电线应力弧垂

（1）电线应力弧垂公式一览表（线 P303、线 P304，表 5-14）。

类型		悬链线公式	斜抛物线公式	平抛物线公式
曲线方程	坐标 O 点位于电线最低点	$y = \dfrac{\sigma_0}{\gamma}\left(\cosh\dfrac{\gamma x}{\sigma_0} - 1\right) = \dfrac{\gamma x^2}{2\sigma_0} + \dfrac{\gamma^3 x^4}{24\sigma_0^3}$	$y = \dfrac{\gamma x^2}{2\sigma_0 \cos\beta}$	$y = \dfrac{\gamma x^2}{2\sigma_0}$
	坐标 O 点位于电线悬挂点 A	$y' = \dfrac{\sigma_0}{\gamma}\left[\cosh\dfrac{\gamma(l_{AO}-x')}{\sigma_0} - \cosh\dfrac{\gamma l_{OA}}{\sigma_0}\right]$ $y' = \dfrac{-2\sigma_0}{\gamma}\left[\sinh\dfrac{\gamma(2l_{AO}-x')}{2\sigma_0}\sinh\dfrac{\gamma x'}{2\sigma_0}\right]$	$y' = x'\tan\beta - \dfrac{\gamma x'(l-x')}{2\sigma_0\cos\beta}$	$y' = x'\tan\beta - \dfrac{\gamma x'(l-x')}{2\sigma_0}$
电线弧垂	坐标 O 点位于电线最低点	$f_x = y_A + \tan\beta(l_{OA}+x) - y$ $= \dfrac{2\sigma_0}{\gamma}\sinh\dfrac{\gamma(l_{OA}+x)}{2\sigma_0}\sinh\dfrac{\gamma(l_{OA}-x)}{2\sigma_0} + \tan\beta(l_{OA}+x)$	$f_x = \dfrac{\gamma(l_{OA}^2 - x^2)}{2\sigma_0\cos\beta} + \tan\beta(l_{OA}+x)$	$f_x = \dfrac{\gamma(l_{OA}^2 - x^2)}{2\sigma_0} + \tan\beta(l_{OA}+x)$
	坐标 O 点位于电线悬挂点 A	$f'_x = x'\tan\beta - y' = x'\tan\beta$ $+ \dfrac{2\sigma_0}{\gamma}\left[\sinh\dfrac{\gamma(2l_{OA}-x')}{2\sigma_0}\sinh\dfrac{\gamma x'}{2\sigma_0}\right]$	$f'_x = \dfrac{\gamma x'(l-x')}{2\sigma_0\cos\beta}$ $= \dfrac{4x'}{l}\left(1-\dfrac{x'}{l}\right)f_m$	$f'_x = \dfrac{\gamma x'(l-x')}{2\sigma_0}$ $= \dfrac{4x'}{l}\left(1-\dfrac{x'}{l}\right)f_m$
电线弧垂	最大弧垂	$f_m = \dfrac{\sigma_0}{\gamma}\left[\cosh\left(\dfrac{\gamma l}{2\sigma_0}\right)\times\sqrt{1+\left(\dfrac{h}{\frac{2\sigma_0}{\gamma}\sinh\dfrac{\gamma l}{2\sigma_0}}\right)^2} - \sqrt{1+\left(\dfrac{h}{l}\right)^2} + \left(\dfrac{h}{l}\right)\times\left(\operatorname{arcsinh}^{-1}\dfrac{h}{l} - \operatorname{arcsinh}\dfrac{h}{\frac{2\sigma_0}{\gamma}\sinh\dfrac{\gamma l}{2\sigma_0}}\right)\right]$	$f_m = \dfrac{\gamma l^2}{8\sigma_0\cos\beta}$ （档距中央）	$f_m = \dfrac{\gamma l^2}{8\sigma_0}$ （档距中央）
档内线长		$L = \sqrt{\dfrac{4\sigma_0^2}{\gamma^2}\sinh^2\dfrac{\gamma l}{2\sigma_0} + h^2} = \dfrac{\sigma_0}{\gamma}\left(\sinh\dfrac{\gamma l_{OA}}{\sigma_0} + \sinh\dfrac{\gamma l_{OB}}{\sigma_0}\right)$	$L = \dfrac{l}{\cos\beta} + \dfrac{\gamma^2 l^3 \cos\beta}{24\sigma_0^2}$	$L = l + \dfrac{h^2}{2l} + \dfrac{\gamma^2 l^3}{24\sigma_0^2}$
悬挂点应力	切线方向综合值	$\sigma_A = \sigma_0\cosh\dfrac{\gamma l_{OA}}{\sigma_0} = \sigma_0 + \gamma y_A$ $= \sigma_0\left[\sqrt{1+\left(\dfrac{h}{\frac{2\sigma_0}{\gamma}\sinh\dfrac{\gamma l}{2\sigma_0}}\right)^2}\cosh\dfrac{\gamma l}{2\sigma_0} - \dfrac{\gamma h}{2\sigma_0}\right]$ $\sigma_B = \sigma_0\left[\sqrt{1+\left(\dfrac{h}{\frac{2\sigma_0}{\gamma}\sinh\dfrac{\gamma l}{2\sigma_0}}\right)^2}\cosh\dfrac{\gamma l}{2\sigma_0} + \dfrac{\gamma h}{2\sigma_0}\right]$	$\sigma_A = \sqrt{\sigma_0^2 + \dfrac{\gamma^2 l_{OA}^2}{\cos^2\beta}}$ $\sigma_B = \sqrt{\sigma_0^2 + \dfrac{\gamma^2 l_{OB}^2}{\cos^2\beta}}$	$\sigma_A = \sigma_0 + \dfrac{\gamma^2 l_{OA}^2}{2\sigma_0}$ $\sigma_B = \sigma_0 + \dfrac{\gamma^2 l_{OB}^2}{2\sigma_0}$
	垂直分量	$\sigma_{AV} = \gamma L_{OA} = \sigma_0\sinh\dfrac{\gamma l_{OA}}{\sigma_0}$ $\sigma_{BV} = \gamma L_{OB} = \sigma_0\sinh\dfrac{\gamma l_{OB}}{\sigma_0}$	$\sigma_{AV} = \dfrac{\gamma}{\cos\beta}l_{OA}$ $\sigma_{BV} = \dfrac{\gamma}{\cos\beta}l_{OB}$	$\sigma_{AV} = \gamma L_{OA}$ $\sigma_{BV} = \gamma L_{OB}$
电线最低点到悬挂点电线间水平距离		$l_{OA} = \dfrac{l}{2} - \dfrac{\sigma_0}{\gamma}\operatorname{arcsinh}\dfrac{\gamma h}{2\sigma_0\sinh\dfrac{\gamma l}{2\sigma_0}}$ $l_{OB} = \dfrac{l}{2} + \dfrac{\sigma_0}{\gamma}\operatorname{arcsinh}\dfrac{\gamma h}{2\sigma_0\sinh\dfrac{\gamma l}{2\sigma_0}}$	$l_{OA} = \dfrac{l}{2} - \dfrac{\sigma_0}{\gamma}\sin\beta$ $l_{OB} = \dfrac{l}{2} + \dfrac{\sigma_0}{\gamma}\sin\beta$	$l_{OA} = \dfrac{l}{2} - \dfrac{\sigma_0}{\gamma}\tan\beta$ $l_{OB} = \dfrac{l}{2} + \dfrac{\sigma_0}{\gamma}\tan\beta$

第一章 输电线路

续表

类型	悬链线公式	斜抛物线公式	平抛物线公式
电线悬挂点到电线最低点间垂直距离	$y_A = \dfrac{\sigma_0}{\gamma}\left(\cosh\dfrac{\gamma l_{OA}}{\sigma_0}-1\right)$ $y_B = \dfrac{\sigma_0}{\gamma}\left(\cosh\dfrac{\gamma l_{OB}}{\sigma_0}-1\right)$	$y_{OA \atop (OB)} = \dfrac{\gamma l_{OA(OB)}^2}{2\sigma_0\cos\beta}$ $= f_m\left(1\mp\dfrac{h}{4f_m}\right)^2$	$y_{OA \atop (OB)} = \dfrac{\gamma l_{OA(OB)}^2}{2\sigma_0}$ $= f_m\left(1\mp\dfrac{h}{4f_m}\right)^2$
电线悬挂点电线悬垂角（倾斜角）	$\theta_A = \arctan\sinh\dfrac{\gamma l_{OA}}{\sigma_0}$ $\theta_B = \arctan\sinh\dfrac{\gamma l_{OB}}{\sigma_0}$	${\theta_A \atop \theta_B} = \arctan\left(\dfrac{\gamma l}{2\sigma_0\cos\beta}\mp\dfrac{h}{l}\right)$	${\theta_A \atop \theta_B} = \arctan\left(\dfrac{\gamma l}{2\sigma_0}\mp\dfrac{h}{l}\right)$
弧垂公式选用	一般工程设计常采用平抛物线公式；当 $\dfrac{h}{l}>0.15$ 时，应用斜抛物线公式。（线 P305） $\sinh x = \dfrac{e^x - e^{-x}}{2} = x + \dfrac{x^3}{3!} + \dfrac{x^5}{5!} + \dfrac{x^7}{7!} + \cdots$ 双曲线函数正弦 $\cosh x = \dfrac{e^x - e^{-x}}{2} = x + \dfrac{x^2}{2!} + \dfrac{x^4}{4!} + \dfrac{x^6}{6!} + \cdots$ 双曲线函数余弦 l：档距（两悬挂点间之水平距离）(m)； h：高差（两悬挂点间之水垂直离）(m)； β：高差角，$\tan\beta = \dfrac{h}{l}$； f：电线弧垂（两悬挂点连线上各点到电线上的垂直距离）(m)； y、y'：电线各点到横坐标轴的垂直高度 (m)； σ_0：电线各点的水平应力（亦即最低点之应力）(N/mm²)； γ：电线比载（即单位长度单位截面上的荷载）[N/(m·mm²)]			

注 （a）图为坐标 O 点位于电线最低点的电线应力弧垂参数示意图；（b）图为坐标 O 点位于电线悬挂点 A 的电线应力弧垂示意图。

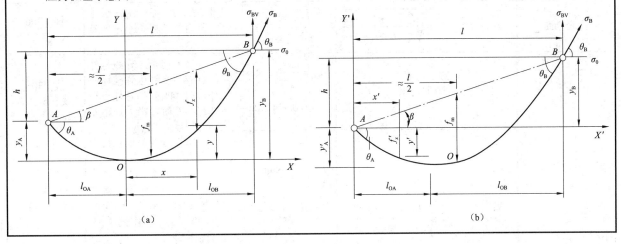

(2) 最大弧垂判别法。

名 称	依 据 内 容	出处
最大弧垂判别法	$\dfrac{\gamma_7}{\sigma_7} > \dfrac{\gamma_1}{\sigma_1}$ 时，最大弧垂发生在覆冰工况 $\dfrac{\gamma_1}{\sigma_1} > \dfrac{\gamma_7}{\sigma_7}$ 时，最大弧垂发生在最高温工况	线 P311
条件	输电线路与高速公路、一级公路、铁路交叉时，交叉档距超过 200m，最大弧垂应按照导线允许温度计算，导线允许温度取 70℃ 或 80℃，不必再进行弧垂判别	GB 50545—2010 第 13.0.1 条 注解 3

(3) 架线观测档弧垂公式。

名 称	依 据 内 容		参数及说明	出处
观测档弧垂	悬挂点等高且弧垂较小	$f = \dfrac{\gamma l^2}{8\sigma_\tau} = f_{100}\left(\dfrac{l}{100}\right)^2$	f：观测档弧垂（m）； l：观测弧垂档的档距（m）； γ：电线自重力比载［N/(m·mm^2)］； σ_τ：观测档的代表档距的架线应力（N/mm^2）； $f_{100} = \dfrac{\gamma 100^2}{8\sigma_\tau}$（m），档距为100m的观测弧垂	线 P336 式（5-81）
	悬挂点等高，但 $\dfrac{f}{l} > 0.1$ 的大档距	$f = \dfrac{\sigma_\tau}{\gamma}\left(\cosh\dfrac{\gamma l}{2\sigma_\tau} - 1\right)$ $= \dfrac{100^2}{8f_{100}}\left(\cosh\dfrac{4lf_{100}}{100^2} - 1\right)$		式（5-82）
	悬挂点不等高，且 $\dfrac{h}{l} > 0.15$ 的一般档距	$f = \dfrac{\gamma l^2}{8\sigma_\tau \cos\beta} = \dfrac{f_{100}}{\cos\beta}\left(\dfrac{l}{100}\right)^2$		式（5-83）

8．各种档距计算

名 称	依 据 内 容		参数及说明	出处
临界档距		$l_{cr} = \sqrt{\dfrac{\dfrac{24}{E}(\sigma_m - \sigma_n) + 24\alpha(t_m - t_n)}{(\gamma_m/\sigma_m)^2 - (\gamma_n/\sigma_n)^2}}$	σ_m、σ_n：两种控制条件下允许的使用应力（N/mm^2）； t_m、t_n：两种控制条件下的气温（℃）； γ_m、γ_n：两种控制条件下的电线比载［N/(m·mm^2)］； α：电线的温度伸长系数（1/℃）； E：电线的弹性系数（N/mm^2）	线 P310 式（5-36）
	两控制条件应力相等时 $(\sigma_m = \sigma_n)$	$l_{cr} = \sigma_m \sqrt{\dfrac{24\alpha(t_m - t_n)}{\gamma_m^2 - \gamma_n^2}}$		式（5-37）
代表档距		$l_r = \sqrt{\dfrac{l_1^3 + l_2^3 + l_3^3 + \cdots + l_n^3}{l_1 + l_2 + l_3 + \cdots + l_n}} = \sqrt{\dfrac{\Sigma l^3}{\Sigma l}}$	l_1、l_2、$\cdots$、l_n：耐张段内各档距不考虑悬挂点高差	线 P306 式（5-21）
极大档距	当高差 $h=0$ 时，最大值 l_{om}	$l_{om} = \dfrac{2\sigma_m}{\gamma_7}\text{arccosh}1.1$ $= 0.9342906\dfrac{\sigma_m}{\gamma_7}$	极大档距：导线悬挂点应力刚刚达到破坏应力的44%。当悬挂点高差 $h=0$ 时，极大档距 l_m 达到最大值 l_{om}。 σ_m：导线最低点允许应力（N/mm^2）； γ_7：导线覆冰综合比载（取最大比载，如大风控制取 γ_6）［N/(m·mm^2)］，可计算 $C_o = \dfrac{\gamma_7 l}{2\sigma_m}$，查图3-3-1得到高差 h	线 P308 式（5-30）
	当高差 $h \neq 0$ 时，l_m 与 h 的关系	$h = \left(\dfrac{2\sigma_m}{\gamma_7}\sinh\dfrac{\gamma_7 l_m}{2\sigma_m}\right) \times$ $\sinh\left(\text{arccosh}1.1 - \dfrac{\gamma_7 l_m}{2\sigma_m}\right)$		式（5-31）
	悬挂点应力 图 8-2-7 悬挂点应力临界曲线	$h = \sinh\left[\text{arccosh}\left(\dfrac{\sigma_p}{\sigma_m}\right) - \dfrac{\gamma l}{2\sigma_m}\right] \times \dfrac{2\sigma_m}{\gamma}\sinh\dfrac{\gamma l}{2\sigma_m}$ 由此公式可以计算临界曲线	h：悬挂点间高差（m）； σ_p：导线悬挂点允许应力（N/mm^2）； σ_m：导线最低点允许应力（N/mm^2）； l：档距（m）； γ：与 σ_m 相对应情况下的导线比载	线 P765 式（14-9）

续表

名　　称	依　据　内　容		参数及说明	出处
极限档距	当高差 $h=0$ 时	$l_{lo}=1.473\dfrac{\sigma_m}{\gamma_7}$	放松系数极限最小值 $\mu_1=0.608$，导线最低点应力放松为 $0.608\sigma_m$，μ 小到某一极限最小值所能得到的最大允许档距称为极限档距	线 P308
允许档距	悬挂点应力保持为破坏应力的 44%，而弧垂最低点的应力则为破坏应力的 40%乘以放松系数μ。这种条件下的档距称μ为某值时的允许档距。μ越小允许档距越大。允许档距的上限是极限档距，放松系数最小，允许档距的下限是极大档距，放松系数最大为 1.0			
水平档距		$l_H=\dfrac{l_1+l_2}{2}$	l_1、l_2：杆塔两侧档距	线 P307 式（5-26）
	高差大且需精确计算时	$l_H=\dfrac{\dfrac{l_1}{\cos\beta_1}+\dfrac{l_2}{\cos\beta_2}}{2}$	杆塔两侧高差角 $\beta_1=\arctan\dfrac{h_1}{l_1}$ $\beta_2=\arctan\dfrac{h_2}{l_2}$	式（5-27）
垂直档距	$l_v=l_{1v}+l_{2v}$ $=\left(\dfrac{l_1}{2}+\dfrac{\sigma_{10}h_1}{\gamma_v l_1}\right)+\left(\dfrac{l_2}{2}+\dfrac{\sigma_{20}h_2}{\gamma_v l_2}\right)$		σ_{10}、σ_{20}：杆塔两侧电线水平应力（N/mm²）；σ_0：耐张段内水平应力；当为直线杆塔时 $\sigma_{10}=\sigma_{20}=\sigma_0$	式（5-28）
	$l_v=\dfrac{l_1+l_2}{2}+\dfrac{\sigma_0}{\gamma_v}\left(\dfrac{h_1}{l_1}+\dfrac{h_2}{l_2}\right)=l_H+\dfrac{\sigma_0}{\gamma_v}\alpha$ 直线塔最低气温时若 $l_v<0$，则直线塔承受上拔力，设计不合理		杆塔综合高差系数 $\alpha=\dfrac{h_1}{l_1}+\dfrac{h_2}{l_2}$ h_1、h_2：分别为杆塔两侧的悬挂点高差（m），当邻塔悬挂点低时取正，反之取负	式（5-29）
控制档距	$h=\dfrac{(k_v l_c)^2+3k_v A l_c-2(s^2-A^2)}{2\sqrt{(k_v l_c+A)^2-s^2}}$ 当 $s=0$ 时，$l_c=\dfrac{2(h-A)}{k_v}$		s：导线和地线在杆塔上悬挂点间的水平距离(m)；h：导线和地线在杆塔上悬挂点间的垂直距离（m）；l_c：控制档距；A：导地线间距离增加值（m）	线 P310 式（5-35）
导线临界垂直档距	$l_{1vc}=\dfrac{\dfrac{\sigma_c}{\gamma_c}\tan 2\theta_c-l_{2vc}}{1+\dfrac{\gamma_c}{\sigma_c}\tan 2\theta_c l_{2vc}}$		γ_c：导线最大弧垂时比载；σ_c：最大弧垂时应力；l_{xvc}（$x=1$、2）：杆塔两侧最大弧垂时导线最大垂直档距；θ_c：线夹允许悬垂角	线 P765 式（14-11）
地线临界垂直档距	$l_{1vG}=\dfrac{\dfrac{\sigma_G}{\gamma_G}\tan 2\theta_G-l_{2vG}}{1+\dfrac{\gamma_G}{\sigma_G}\tan 2\theta_G l_{2vG}}$		γ_G：地线最大弧垂时比载；σ_G：地线最大弧垂时应力；l_{xvG}（$x=1$、2）：杆塔两侧最大弧垂时地线最大垂直档距；θ_G：地线线夹允许悬垂角	式（14-13）

续表

名　称	依　据　内　容	参数及说明	出处
地线单侧垂直档距	$l_{vG} = \dfrac{l}{2} + \dfrac{\sigma_G h}{\gamma_G l}$	h: 地线悬挂点之间高差（m），比邻塔悬挂点低时取正，反之取负（m）； l: 档距（m）	式（14-14）
倒挂验算	当某侧最大弧垂时的垂直档距小于下式计算所得垂直档距时，则该侧耐张绝缘子串需倒挂 $l_{vc} = -\left[\dfrac{G_I}{nP_{av}} + \left(\dfrac{T_{av}}{P_{av}} - \dfrac{T_c}{P_c}\right) \times \dfrac{h}{l}\right]$	G_I: 一相耐张绝缘子串重力（N）； P_c: 子导线最大弧垂时单位荷载（N/m）； P_{av}: 子导线平均气温时单位荷载（N/m）； T_c: 子导线最大弧垂时张力（N）； T_{av}: 子导线平均气温时张力（N）； n: 相导线的分裂根数； h: 该侧高差，邻塔低时为正，反之为负	线P766 式（14-17）
不同条件下的垂直档距计算	$k = l_{vd}/l_H$（l_{vd} 最大弧垂工况时垂直档距）平地取 0.75 左右，丘陵及低山地一般取 0.65～0.75，山地及大山地一般取 0.55～0.65。工频、操作或雷电条件下的 l_v（垂直档距） $l_v = l_H\left[1 + (K-1)\dfrac{TW_d}{T_d W_1}\right] = l_{vd} - \left[\dfrac{T_d}{W_d} - \dfrac{T}{W_1}\right] \times \alpha$ 将不同条件下的 l_v 代入式（3-245），即可得不同条件下的绝缘子串风偏角	T_d: 最大弧垂工况时导线张力（N）； T: 雷电操作或工频条件下导线张力（N）； W_1: 导线自重力(N/m)； W_d: 最大弧垂工况导线自重力(N/m)； α: 塔位高差系数。 $\alpha = \dfrac{h_1}{l_1} + \dfrac{h_2}{l_2}$	线P154 式（3-247）
待求垂直档距	断面图上量得的垂直档距系最大弧垂时的数值，当此值接近或超过杆塔设计条件时，应通过式（8-2-3）计算与杆塔设计条件相同的气象条件（如覆冰、最大风速、最低气温等）下的垂直档距 l_v，应使 l_v 不超过设计条件 $l_v = l_H + \dfrac{\sigma_1 h_1}{\gamma_v l_1} + \dfrac{\sigma_2 h_2}{\gamma_v l_2}$	l_H: 杆塔水平档距（m）； l_1、l_2: 杆塔前、后侧的档距（m）； σ_1、σ_2: 分别为杆塔两侧，待求情况下的导线水平应力（当为直线杆塔时 $\sigma_1=\sigma_2=\sigma$）（N/mm²）； h_1、h_2: 分别为杆塔两侧的悬挂点高差（m），当邻塔悬挂点低时为正，反之取负； γ_v: 待求情况下的导线垂直比载［N/(m·mm²)］	旧线P603 式（8-2-3）

9. 风偏角（摇摆角）、悬垂角

名　称	依　据　内　容	参数及说明	出处
悬垂绝缘子串风偏角（摇摆角）	$\varphi = \arctan\left(\dfrac{\dfrac{P_I}{2} + Pl_H}{\dfrac{G_I}{2} + W_1 l_H + \alpha T}\right)$ $= \arctan\left(\dfrac{\dfrac{P_I}{2} + Pl_H}{\dfrac{G_I}{2} + W_1 l_v}\right)$ 当直线塔兼小转角 α 且不考虑绝缘子串的影响时	P_I: 悬垂绝缘子串风压（N），$P_I = 9.81 A_I \dfrac{v^2}{16}$，式（3-246）线P153； v: 设计采用的 10min 平均风速（m/s）； G_I: 悬垂绝缘子串重力（N）； P: 相应于工频电压、操作过电压及雷电过电	线P152 式（3-245）

第一章 输电线路

续表

名　称	依　据　内　容	参数及说明	出处
悬垂绝缘子串风偏角（摇摆角）	$P = T\sin\dfrac{\alpha}{2}$ 则塔头处的摇摆角公式为 $\varphi = \arctan\left(\dfrac{Pl_\text{H} + 2T\sin\dfrac{\alpha}{2}}{Wl_\text{v}}\right)$	压风速下的导线风荷载（N/m）； W_1：导线自重力（N/m）； T：相应于工频电压、操作过电压及雷电过电压气象条件下的导线张力（N）。 已知最大摇摆角时可以推算直线塔兼最大转角度数（2016年上午案例分析25题）	线 P153 式（3-246）
导线风偏角	$\eta = \arctan\dfrac{\gamma_4}{\gamma_1}$	γ_1：自重力比载 [N/(m·mm²)]； γ_4：风载比载 [N/(m·mm²)]。	线 P156
跳线风偏角	$\eta = \arctan\dfrac{\gamma_4}{\gamma_1}$	举例：若给出 20m/s 时的计算杆塔荷载用 γ_4'，则需要依据 GB 50545—2010 表 10.1.18-1 进行转换，即 $\gamma_4 = \gamma_4' \times \dfrac{0.75}{0.85}$	线 P158
导线最大风偏角	$\varphi = \arctan\dfrac{P_\text{H}}{W_\text{V}}$	导线最大风荷载：$P_\text{H} = l_\text{H} W_4$，N； 导线自重荷载：$W_\text{V} = l_\text{V} W_1$，N	线 P434
导线悬垂角	$\theta_{1,2} = \arctan\left(\dfrac{\gamma_\text{c} L_{xvc}}{\sigma_\text{c}}\right)$	γ_c：导线最大弧垂时比载 [N/(m·mm²)]； σ_c：最大弧垂时应力（N/mm²）； L_{xvc}（x=1、2）：杆塔两侧最大弧垂时导线最大垂直档距（m）； $\theta = \dfrac{1}{2}(\theta_1 + \theta_2)$	线 P765 式（14-10）
地线悬垂角	$\theta_\text{G} = \arctan\left(\dfrac{\gamma_\text{G} L_{xvG}}{\sigma_\text{G}}\right)$	γ_G：地线最大弧垂时比载 [N/(m·mm²)]； σ_G：地线最大弧垂时应力 [N/(m·mm²)]； L_{xvG}（x=1、2）：杆塔两侧最大弧垂时导线最大垂直档距	线 P766 式（14-12）
	电线悬挂点电线悬垂角（倾斜角）	—	线 P305 表 5-14
耐张绝缘子串倾斜角	$\theta = \arctan\dfrac{0.5G_\text{V} + W_\text{V}}{T}$ $= \arctan\left(\dfrac{G_\text{V} + g_1 l}{2T} + \dfrac{h}{l}\right)$	θ：耐张绝缘子串与横担的夹角（下倾为正，上仰为负）； G_V：耐张绝缘子串重力（N）； W_V：作用于绝缘子串末端的导线重力（N）； g_1：导线单位重力（N）；	线 P157 式（3-250）

续表

名　称	依　据　内　容	参数及说明	出处
耐张绝缘子串倾斜角	(图示：耐张绝缘子串受力图，含 T、G_v、W_v、λ、θ)	l、h：计算侧档距及高差（m），比邻档低时 h 为负； T：计算条件下的导线水平张力（N）	线 P157 式（3-250）
耐张绝缘子串水平风偏角	$$\left.\begin{array}{l}\varphi = \arctan\dfrac{G_H + g_4 l}{2T} \\ G_H = 9.81 A_1 \dfrac{v^2}{16}\end{array}\right\}$$ (图示：含 $W = g_4 \dfrac{l}{2}$、G_H、T、T_0 无风位置、$\dfrac{\psi}{2}$（ψ 为线路转角角度）)	T：计算条件下的导线水平张力（N）； l：计算侧档距（m）； G_H：耐张绝缘子串所受的风压（N）； A_1：绝缘子串受风面积（m^2）； v：风速（m/s）； g_4：单位风荷载（N/m），$g_4 = 0.625 v^2 d \alpha \mu_{sc} \cdot B \times 10^{-3}$	线 P158 式（3-251）
综合倾斜角	$$\theta' = \arctan\left[\dfrac{\sin\theta}{\cos\theta \cdot \cos(\psi/2 \pm \varphi)}\right]$$	θ：耐张绝缘子串倾斜角； φ：耐张绝缘子串水平风偏角； ψ：线路转角。 正时，最大，负时最小综合倾角	线 P158 式（3-252）
跳线施工弧垂	跳线施工弧垂 f 应大于最小允许弧垂，小于最大允许弧垂，一般取平均值（m） $$f = \dfrac{f_{max} + f_{min}}{2}$$	如果 $f_{max} - f_{min} < 200mm$ 时，则认为跳线间隙不足，应加装跳线绝缘子串或其他措施防止跳线风偏摆动	线 P159
线夹悬垂角	$$\alpha = \arcsin\dfrac{l_1 - l_2}{\rho}$$	l_1、l_2：线夹长度（m）； ρ：曲率半径（m）	线 P425 式（7-2）
	悬垂线夹曲率半径 ρ 一般不小于所使用导线直径的 8 倍。线夹长度 l_1、l_2，曲率半径 ρ 是一定的，因此线夹悬垂角也是一定的。当线夹两侧导地线悬垂角不等时，线夹将产生一偏转角 β（旧版 P292）。 悬垂线夹安全运行条件：$\beta < \beta_0$（最大偏转角。）β_0 与杆塔两侧导地线的悬垂角、导地线的直径有关，直径越大 β_0 越小（旧版 P293）。当超过允许悬垂角（$\beta > \beta_0$）时，采取调整塔高、塔位，以减少一侧或两侧的悬垂角，改用悬垂角较大的线夹，使用双线夹		

10．导、地线不平衡张力

名　称	依据内容（GB 50545—2010）						出处
断线张力	10mm 及以下冰区导、地线断线张力（或分裂导线纵向不平衡张力）的取值应符合表 10.1.7 规定的导、地线最大使用张力的百分数，垂直冰荷载取 100%设计覆冰荷载						10.1.7
	表 10.1.7　10mm 及以下冰区导、地线断线张力（或分裂导线纵向不平衡张力）（%）						
	地形	地线	悬垂塔导线		耐张塔导线		
			单导线	双分裂导线	双分裂以上导线	双分裂导线	双分裂以上导线
	平丘	100	50	25	20	100	70
	山地	100	50	30	25	100	70
稀有情况	导、地线在稀有风速或稀有覆冰气象条件时，弧垂最低点的最大张力不应超过其导、地线拉断力的 70%，悬挂点的最大张力，不应超过导、地线拉断力的 77%						5.0.9
不均匀覆冰	10mm 冰区不均匀覆冰情况的导、地线不平衡张力的取值应符合表 10.1.8 规定的导、地线最大使用张力的百分数。垂直冰荷载按 75%设计覆冰荷载计算。相应的气象条件按−5℃、10m/s 风速的气象条件计算						10.1.8
	表 10.1.8　不均匀覆冰情况的导、地线不平衡张力（%）						
	悬垂塔导线			耐张塔导线			
	导线		地线	导线		地线	
	10		20	30		40	

11．V 形绝缘子串的受力分析

名　称	依据内容				出处
V 形绝缘子串的受力分析	$\left.\begin{array}{l}P=\sqrt{W_H^2+G_V^2}\\F_1=\dfrac{\sin(\varphi-\alpha)}{\sin 2\alpha}P\\F_2=\dfrac{\sin(\varphi+\alpha)}{\sin 2\alpha}P\end{array}\right\}$	导线最大风荷载：$W_H=l_H g_4$，N； 导线自重荷载：$G_V=l_V g_1$，N； F_1、F_2：P 力在绝缘子串 1、串 2 上的分力； φ：导线最大风偏角，$\varphi=\arctan\dfrac{W_H}{G_V}$； α：V 形绝缘子串夹角之半			线 P434 式（7-5）
	表 7-12　V 形绝缘子串的受力分析				线 P434 表 7-12
	φ 与 α 关系	F_1	F_2	绝缘子受力情况	
	$\varphi=0$	$\dfrac{-\sin\alpha}{\sin 2\alpha}P$	$\dfrac{\sin\alpha}{\sin 2\alpha}P$	两个绝缘子串均受拉	
	$\varphi=\alpha$	0	P	绝缘子串 1 不受力，串 2 受全部综合荷载 P	
	$\varphi>\alpha$			绝缘子串 1 受压，绝缘子串 2 受拉	

名　称	依　据　内　容	出处
V形绝缘子串受力分析图	图7-19 V形绝缘子串受力分析图	线 P434 图 7-19
夹角	导线最大风偏角φ一般不超过60°，V形绝缘子串的夹角α一般取60°为宜	旧线 P297
摇摆角	V形绝缘子串的夹角一般应大于导线最大摇摆角的2倍	旧线 P604
两肢之间夹角	输电线路悬垂V形串两肢之间夹角的一半可比最大风偏角小5°～10°	GB 50545 —2010 6.0.8

12. 安全系数及使用应力

（1）导、地线安全系数及使用应力。

名　称	依　据　内　容	出处
安全系数	导、地线在弧垂最低点的设计安全系数不应小于2.5，悬挂点的设计安全系数不应小于2.25，地线的设计安全系数不应小于导线的设计安全系数	GB 50545 —2010 5.0.7
最大应力	导线任一点的应力皆不得超过导线瞬时破坏应力的44%（现行规程为44.44%）	旧线 P184
高10%	如导线悬挂点高差过大，悬挂点应力可较弧垂最低点应力高10%	旧线 P185
电线最大使用应力	$\sigma_m = \dfrac{\sigma_{ts}}{K_s}$　$\sigma_{ts} = \dfrac{T_p}{A}$：电线破坏强度（N/mm²）；$\sigma_m$（N/mm²）；$K_s$：安全系数，不小于2.5	线 P309 式 (5-33)
导、地线在弧垂最低点的最大张力	$T_{max} \leq \dfrac{T_p}{K_c}$　T_p：导、地线的拉断力（N）；K_c：导、地线的安全系数，2.5	GB 50545 —2010 式 (5.0.8)
保证拉断力	拉断力实际上仅保证不小于计算拉断力的95%，保证拉断力=瞬时破坏应力=计算拉断力×95%	GB 50545 —2010 条文说明 5.0.7～5.0.9
导线最大悬挂点张力	$T_m = F + P\left[f\left(1+\dfrac{h}{4f}\right)^2\right]$ (N) F：导线最低点张力（N）； P：导线单位荷载（N/m）； f：两悬挂点连线到导线弧垂最低点的距离（m）； h：两悬挂点的高差（m）	旧线 P607 式 (8-2-16)

名　称	依　据　内　容	出处
导线最大悬挂点张力	$T_m = \sqrt{T^2 + (pl_{vdd})^2}$ T：导线最低点张力（N）；P：计算工况导线单位荷载（N/m）；l_{vdd}：计算工况导线的单侧垂直档距（m）	线 P766 式（14-16）
数据查询	表 B-1　钢芯铝绞线计算拉断力等各种参数查询	线 P792

表 B-1　钢芯铝绞线计算拉断力等各种参数查询

LGJ 型钢芯铝绞线（GB 1179—2017）（LGJ400/50=JL/G1A-400/50）

标称横截面积 （mm², 铝/钢）	根数/直径（mm）		计算截面（mm²）		
	铝	钢	铝	钢	总计
LGJ-70/10	6/3.80	1/3.80	68.05	11.34	79.39
LGJ-70/40	12/2.72	7/2.72	69.73	40.67	110.4
LGJ-95/15	26/2.15	7/1.67	94.39	15.33	109.72
LGJ-95/20	7/4.16	7/1.85	95.14	18.82	113.96
LGJ-95/55	12/3.20	7/3.20	96.51	56.3	152.81
LGJ-120/7	18/2.90	1/2.90	118.89	6.61	125.5
LGJ-120/20	26/2.38	7/1.85	115.67	18.82	134.49
LGJ-120/25	7/4.72	7/2.10	122.48	24.25	146.73
LGJ-120/70	12/3.60	7/3.60	122.15	71.25	193.4
LGJ-150/8	18/3.20	1/3.20	144.76	8.04	152.8
LGJ-150/20	24/2.78	7/1.85	145.68	18.82	164.5
LGJ-150/25	26/2.70	7/2.10	148.86	24.25	173.11
LGJ-150/35	30/2.50	7/2.50	147.26	34.36	181.62
LGJ-185/10	18/3.60	1/3.60	183.22	10.18	193.4
LGJ-185/25	24/3.15	7/2.10	187.04	24.25	211.29
LGJ-185/30	26/2.98	7/2.32	181.34	29.59	210.93
LGJ-185/45	30/2.80	7/2.80	184.73	43.1	227.83
LGJ-210/10	18/3.80	7/3.80	204.14	11.34	215.48
LGJ-210/25	24/3.33	7/2.22	209.02	27.1	236.12
LGJ-210/35	26/3.22	7/2.50	211.73	34.36	246.09
LGJ-210/50	30/2.98	7/2.98	209.24	48.82	258.06
LGJ-240/30	24/3.60	7/2.40	244.29	31.67	275.96
LGJ-240/40	26/3.42	7/2.66	238.85	38.9	277.75
LGJ-240/55	30/3.20	7/3.20	241.27	56.3	297.57
LGJ-300/15	42/3.00	7/1.67	296.88	15.33	312.21
LGJ-300/20	45/2.93	7/1.95	303.42	20.91	324.33
LGJ-300/25	48/2.85	7/2.22	306.21	27.1	333.31
LGJ-300/40	24/3.99	7/2.66	300.09	38.9	338.99
LGJ-300/50	26/3.83	7/2.98	299.54	48.82	248.36
LGJ-300/70	30/3.60	7/3.60	305.36	71.25	376.61
LGJ-400/20	42/3.51	7/1.95	406.4	20.91	427.31
LGJ-400/25	45/3.33	7/2.22	391.91	27.1	419.01
LGJ-400/35	48/3.22	7/2.50	390.88	34.36	425.24
LGJ-400/50	54/3.07	7/3.07	399.73	51.82	451.55
LGJ-400/65	26/4.42	7/3.44	398.94	65.06	464
LGJ-400/95	30/4.16	19/2.50	407.75	93.27	501.02

名　称	依　据　内　容						出处
	续表						
	LGJ型钢芯铝绞线（GB 1179—2017）（LGJ400/50=JL/G1A-400/50）						
	标称横截面积 (mm², 铝/钢)	根数/直径（mm）		计算截面（mm²）			
		铝	钢	铝	钢	总计	
	LGJ-500/35	45/3.75	7/2.50	497.01	34.36	531.37	
	LGJ-500/45	48/3.60	7/2.80	488.58	43.1	531.68	
	LGJ-500/65	54/3.44	7/3.44	501.88	65.06	566.94	
	LGJ-630/45	45/4.20	7/2.80	623.45	43.1	666.55	
	LGJ-630/55	48/4.12	7/3.20	639.92	56.3	696.22	
	LGJ-630/80	54/3.87	19/2.32	635.19	80.32	715.51	
	LGJ-720/50	45/4.529	7/3.02	725.1	50.14	775.24	
	LGJ-800/55	45/4.80	7/3.20	814.3	56.3	870.6	
	LGJ-800/70	48/4.63	7/3.60	808.15	71.25	879.4	
	LGJ-800/100	54/4.33	19/2.60	795.17	100.88	896.05	
	LGJ型钢芯铝绞线（GB 1179—2017）（LGJ400/50=JL/G1A-400/50）						
	标称横截面积 (mm², 铝/钢)	外径 （mm）	最大直流电阻（Ω）	计算拉断力（N）	计算重量（kg/km）		
数据查询	LGJ-70/10	11.4	0.4217	23390	275.2		线 P792
	LGJ-70/40	13.6	0.4141	58300	511.3		
	LGJ-95/15	13.61	0.3058	35000	380.8		
	LGJ-95/20	13.87	0.3019	37200	408.9		
	LGJ-95/55	16	0.2992	78110	707.7		
	LGJ-120/7	14.5	0.2422	27570	379		
	LGJ-120/20	15.07	0.2496	41000	466.8		
	LGJ-120/25	15.74	0.2345	47880	526.6		
	LGJ-120/70	18	0.2364	98370	895.6		
	LGJ-150/8	16	0.1989	32860	461.4		
	LGJ-150/20	16.67	0.198	46630	549.4		
	LGJ-150/25	17.1	0.1939	54110	601		
	LGJ-150/35	17.5	0.1962	65020	676.2		
	LGJ-185/10	18.1	0.1572	40880	584		
	LGJ-185/25	18.9	0.1542	59420	706.1		
	LGJ-185/30	18.88	0.1592	64320	732.6		
	LGJ-185/45	19.6	0.1564	80190	848.2		
	LGJ-210/10	19	0.1411	45140	650.7		
	LGJ-210/25	19.98	0.138	65990	789.1		
	LGJ-210/35	20.38	0.1363	74250	853.9		
	LGJ-210/50	20.86	0.1381	90830	960.8		
	LGJ-240/30	21.6	0.1181	75620	922.2		
	LGJ-240/40	21.66	0.1209	83370	964.3		
	LGJ-240/55	22.4	0.1198	102100	1108		
	LGJ-300/15	23.01	0.09724	68060	939.8		
	LGJ-300/20	23.43	0.0952	75680	1002		

名 称	依 据 内 容					出处
数据查询	续表					线 P792
	LGJ 型钢芯铝绞线（GB 1179—2017）（LGJ400/50=JL/G1A-400/50）					
	标称横截面积 (mm², 铝/钢)	外径 (mm)	最大直流电阻 (Ω)	计算拉断力 (N)	计算重量 (kg/km)	
	LGJ-300/25	23.76	0.09433	83410	1058	
	LGJ-300/40	23.94	0.09614	92220	1133	
	LGJ-300/50	24.26	0.09636	103400	1210	
	LGJ-300/70	25.2	0.09463	128000	1402	
	LGJ-400/20	26.91	0.07104	88850	1286	
	LGJ-400/25	26.64	0.0737	95940	1295	
	LGJ-400/35	26.82	0.07389	103900	1349	
	LGJ-400/50	27.63	0.07232	123400	1511	
	LGJ-400/65	28	0.07236	135200	1611	
	LGJ-400/95	29.14	0.07087	171300	1860	
	LGJ-500/35	30	0.05812	119500	1642	
	LGJ-500/45	30	0.05912	128100	1688	
	LGJ-500/65	30.96	0.0576	154000	1897	
	LGJ-630/45	33.6	0.04633	148700	2060	
	LGJ-630/55	34.32	0.04814	164400	2209	
	LGJ-630/80	34.82	0.04551	192900	2388	
	LGJ-720/50	36.23		170600	2401	
	LGJ-800/55	38.4	0.03547	191500	2690	
	LGJ-800/70	38.58	0.03574	207000	2791	
	LGJ-800/100	38.98	0.03635	241100	2991	
	表 11-2-43 为镀锌钢绞线钢丝破断拉力总和等各种参数查询。 钢绞线破断拉力=钢丝破断拉力总和×换算系数。 换算系数：1×19 结构为 0.90，1×3 和 1×7 结构为 0.92					旧线 P800

（2）绝缘子、金具安全系数。

名 称	依 据 内 容						出处
绝缘子机械强度的安全系数	$K_1 = \dfrac{T_R}{T}$		T_R：绝缘子的额定机械破坏负荷（kN）； T：分别取绝缘子承受的最大使用荷载、断线荷载、断联荷载、验算荷载或常年荷载（kN）				GB 50545—2010 式（6.0.1）
	表 6.0.1 绝缘子机械强度的安全系数						
	情况	最大使用荷载		常年荷载	验算	断线	断联
		盘型绝缘子	棒型绝缘子				
	安全系数	2.7	3.0	4.0	1.5	1.8	1.5	GB 50545—2010 表 6.0.1
	气象条件			年平均气温条件下绝缘子所承受的荷载	验算条件下绝缘子所承受的荷载	无风、有冰、-5℃	无风、无冰、-5℃	

续表

名　称	依　据　内　容	出处
断联	双联及多联绝缘子串应验算断一联后的机械强度，其荷载及安全系数按断联情况考虑	GB 50545—2010 6.0.1
金具安全系数	金具强度的安全系数应符合下列规定： （1）最大使用荷载情况不应小于 2.5； （2）断线、断联、验算情况不应小于 1.5。 验算荷载是验算条件下绝缘子所承受的荷载。断线的气象条件是无风、有冰、−5℃，断联的气象条件是无风、无冰、−5℃	GB 50545—2010 6.0.3
最大张力	耐张绝缘子串的允许荷载应等于或大于导线最大悬挂点的张力	旧线 P606
超荷载	对于超过荷载的绝缘子串，可采用增加绝缘子联数或改用较高吨位的绝缘子，或放松耐张段内有导线张力	旧线 P607

13．悬垂线夹及其他金具握力

名称	依　据　内　容	出处
金具握力与绞线计算拉断力之百分比	表 7-3　耐张线夹和接续金具握力与导线、地线计算拉断力之比 | 金具类型	百分比（%）
---	---
架空电力线路用压缩型金具（接续管、耐张线夹）预绞式接续管和预绞式耐张线夹	95
架空电力线路用非压缩型金具（螺栓型耐张线夹、楔形耐张线夹）	90		线 P426 表 7-3
悬垂线夹握力不应小于的数值	表 7-2　悬垂线夹握力与导线、电线计算拉断力之比 	绞线类别	铝钢截面比 $\alpha = A_{al}/A_s$	百分比（%）
钢绞线、铝包钢绞线、钢芯铝包钢绞线	—	14
钢芯铝绞线	$\alpha \leq 2.3$	14
钢芯铝合金线	$2.3 < \alpha \leq 3.9$	16
铝包钢芯铝绞线	$3.9 < \alpha \leq 4.9$	18
钢芯耐热铝合金线	$4.9 < \alpha \leq 6.9$	20
铝包钢芯铝合金绞线	$6.9 < \alpha \leq 11$	22
铝包钢芯耐热铝合金绞线	$\alpha > 11$	24
铝绞线、铝合金绞线、铝合金芯铝绞线	—	24
铜绞线		28		线 P424 表 7-2

九、导线布置

1. 地线对边导线的保护角

名　　称		依　据　内　容	出处
保护角	交流输电	杆塔上地线对边导线的保护角，应符合下列要求： （1）对于单回路，330kV 及以下线路的保护角不宜大于 15°，500kV～750kV 线路的保护角不宜大于 10°。 （2）对于同塔双回或多回路，110kV 线路的保护角不宜大于 10°，220kV 及以上线路保护角均不宜大于 0°。 （3）单地线线路不宜大于 25°。 （4）对重覆冰线路的保护角可适当加大（多雷区和强雷区的线路可采用负保护角）	GB 50545—2010 7.0.14
	直流输电	杆塔上地线对导线的保护角，一般不大于 10°	DL/T 436—2005 6.4.2

2. 导地线间的距离 S、两地线间的距离 S_D

名　　称			依　据　内　容	出处
导地线间的距离	交流输电		$S \geq 0.012L+1$ L：档距。 注：计算条件：气温 15℃，无风、无冰	GB 50545—2010 式（7.0.15）
		$U \leq 252\text{kV}$	$S \geq 0.012L+1$	式（5.3.1-1）
		$U > 252\text{kV}$	$S \geq 0.015L+1$	GB/T 50064—2014 式（5.3.1-2）
	仅按线路耐雷水平考虑（大跨越档）		$S \geq 0.1I$ I：耐雷水平	线 P722 式（12-10）
	直流输电		$S \geq 0.012L+1.5$	DL/T 436—2005 式（11）
两地线间的距离	交流输电		$S_D \leq 5S$	GB 50545—2010 第 7.0.15 条 GB/T 50064—2014 第 5.3.1.5 条
	直流输电		$S_D \leq 5S$	DL/T 436—2005 第 6.4.2 条
防反击大跨越档导线与地线距离	表 5.3.3 防止反击要求的大跨越档导线与地线的距离			GB/T 50064—2014 表 5.3.3

表 5.3.3 防止反击要求的大跨越档导线与地线的距离

系统标称电压（kV）	35	66	110	220	330	500
距离（m）	3.0	6.0	7.5	11.0	15.0	17.5

330kV：15m；500kV：17.5m（DL/T 620—1997，6.3.3 条表 10）

续表

名 称	依 据 内 容	出处
地线采用镀锌钢绞线时与导线的配合	表 5.0.12 地线采用镀锌钢绞线时与导线的配合 | 导线型号	≤LGJ-185/30	LGJ-185/40~LGJ-400/35	≥LGJ-400/50
---	---	---	---
地线最小截面（mm²） 无冰区段	35	50	80
地线最小截面（mm²） 覆冰区段	50	80	100 | 注：500kV 及以上输电线路无冰区段、覆冰区段地线采用镀锌钢绞线最小标称截面应分别不小于 80mm²、100mm²	GB 50545—2010 表 5.0.12

3. 导线间距

名 称	依 据 内 容		出处
水平线间距离（m）	1000m 及以下档距	$D = k_i L_k + \dfrac{U}{110} + 0.65\sqrt{f_c}$	GB 50545—2010 式（8.0.1-1）
水平线间距离（m）	1000m~2000m 大跨越档距	$D = 0.4 L_1 + \dfrac{U}{110} + k\sqrt{f}$	线 P164 式（3-257）
水平线间距离（m）	1000kV 交流线路	$S \geq 0.015L + \sqrt{2}U_m/\sqrt{3}/500 + 2$	线 P722 式（12-11）
水平线间距离（m）	±800kV 直流线路	$S \geq 0.015L + \dfrac{U_m}{500} + 2$	线 P722 式（12-12）
水平线间距离（m）	L_k、L_1：悬垂串长度（m）； f_c、f：导线最大弧垂（m）； 系数 k：在 0.8~1.0 之间，档距或弧垂较大者取较大值。 表 8.0.1-1 悬垂绝缘子常数 k_i 系数 	悬垂绝缘子串形式	I-I 串	I-V 串	V-V 串
k_i	0.4	0.4	0			GB 50545—2010 表 8.0.1-1
垂直线间距离（m）	导线垂直排列	$D_{CH}=0.75D$	第 8.0.1-2 条
垂直线间距离（m）	D：1000m 及以下档距水平线间距离。 表 8.0.1-2 使用悬垂绝缘子串杆塔的最小垂直线间距离 	标称电压（kV）	110	220	330	500	750
---	---	---	---	---	---
垂直线间距离（m）	3.5	5.5	7.5	10.0	12.5			GB 50545—2010 表 8.0.1-2
三角形排列等效水平线间距离（m）	$D_X = \sqrt{D_P^2 + \left(\dfrac{4}{3}D_Z\right)^2}$ D_P：导线间水平投影距离； D_Z：导线间垂直投影距离		GB 50545—2010 式（8.0.1-2）
双回路及多回路杆塔不同回路相导线（m）	水平间距离	$D+0.5$m	GB 50545—2010 第 8.0.3 条
双回路及多回路杆塔不同回路相导线（m）	垂直线间距离	$D_{ch}+0.5$m	GB 50545—2010 第 8.0.3 条
最小水平偏移	标称电压（kV）	110　220　330　500　750	GB 50545—2010 表 8.0.2 线 P708 表 11-10
最小水平偏移	设计冰厚 10（mm）	0.5　1.0　1.5　1.75　2.0	
最小水平偏移	设计冰厚 20（mm）	1.5　2.0　2.5　3.0　3.5	
最小水平偏移	设计冰厚 ≥30（mm）	2.0　2.5　3.0　3.5　4.0	

4. 水平线间距离与档距的关系

名　　称	依 据 内 容	出处
线路换位	线路换位宜符合下列规定： （1）中性点直接接地的电力网，长度超过 100km 的输电线路宜换位。换位循环长度不宜大于 200km。一个变电站某级电压的每回出线虽小于 100km，但其总长度超过 200km，可采用换位或变换各回输电线路的相序排列的措施来平衡不对称电流。 （2）中性点非直接接地的电力网，为降低中性点长期运行中的电位，可用换位或变换输电线路的相序排列的方法来平衡不对称电容电流。 （3）对于Π接线路应校核不平衡度，必要时进行换位	GB 50545—2010 8.0.4
水平线间距离与档距的关系	表 D.0.1　使用悬垂绝缘子串的杆塔，水平线间距离与档距的关系 | 110kV	水平线间距离（m）	3.5	4	4.5	
	档距（m）	300	375	450	
220kV	水平线间距离（m）	5.5	6	6.5	7
	档距（m）	440	525	615	700
330kV	水平线间距离（m）	7.5	8	8.5	
	档距（m）	525	600	700	
500kV	水平线间距离（m）	10	11		
	档距（m）	525	650		
750kV	水平线间距离（m）	13.5	14.0	14.5	15.0
	档距（m）	500	600	700	800 | 注：表中数值不适用于覆冰厚度 15mm 及以上的地区	GB 50545—2010 表 D.0.1

5. 塑性伸长

名　　称	依 据 内 容	出处
塑性伸长	导、地线架设后的塑性伸长，应按制造厂提供的数据或通过试验确定，塑性伸长对弧垂的影响宜采用降温法补偿。当无资料时，镀锌钢绞线的塑性伸长可采用 1×10^{-4}，并降低温度 10℃ 补偿；钢芯铝绞线的塑性伸长及降温值可按表 5.0.15 的规定确定	GB 50545—2010 5.0.15
钢芯铝绞线的塑性伸长及降温值	表 5.0.15　钢芯铝绞线的塑性伸长及降温值 | 铝钢截面比 $m=\dfrac{A_{al}}{A_s}$	塑性伸长	降温值（℃）
4.29～4.38	3×10^{-4}	15
5.05～6.16	$3\times10^{-4}\sim 4\times10^{-4}$	15～20
7.71～7.91	$4\times10^{-4}\sim 5\times10^{-4}$	20～25
11.34～14.46	$5\times10^{-4}\sim 6\times10^{-4}$	25（或根据试验数据确定） | 注：对铝包钢绞线、大铝钢截面比的钢芯铝绞线或钢芯铝合金绞线应由制造厂家提供塑性伸长值或降温值	GB 50545—2010 表 5.0.15

6. 杆塔的定位高度

名　　称	依 据 内 容	出处
杆塔的定位高度 h_1	直线杆塔	如图 8-2-3 所示： $h_1=H$（呼称高）$-s$（对地安全距离）$-\lambda$（悬垂绝缘子串长）$-\delta$（考虑各种误差而采取的定位裕度）$-h_2$（杆塔施工基面）	线 P762

名　称		依　据　内　容	出处
杆塔的定位高度 h_1	非直线杆塔	如图 8-2-3 所示： $h_1=H$（呼称高）$-s$（对地安全距离）$-\delta$（考虑各种误差而采取的定位裕度）$-h_2$（杆塔施工基面）	线 P762
	示意图	图 14-6　导线有效定位高度示意图	

7. 交叉跨越距离的验算

名　称	依　据　内　容	出处
邻档断线后导线与被跨越物间的垂直距离 S	$S=(H_A-H_C)-f_C-(H_A-H_B)\dfrac{l_1}{l}$ （m）	线 P770 式（14-20）
交叉跨越计算图	图 14-20　交叉跨越计算图	线 P770
公式参数说明	f_C：交叉跨越点导线弧垂，$f_C=\dfrac{\gamma_1 l_1 l_2}{2\sigma}$ （m）； H_A、H_B：导线悬挂点标高（m）； H_C：被跨越设施在被跨越处的标高（m）； l_1、l_2：跨越处至左右杆塔的距离（m）； γ_1：导线断线后的比载，[N/（m·mm^2）]； σ：导线断线后的残余应力（N/mm^2）	线 P770
比载 γ_1 取值	邻档断线情况的计算，其气象条件为：15℃，无风，则电线比载 γ_1 仅为自重力比载	GB 50545—2010 表 13.0.11 之注 1

8. 边线风偏后对地距离的校验

名　称	依　据　内　容	出处
边线风偏后对地距离检查图	定位时，除满足导线对地垂直距离外，在山区尚应注意边线在风偏时对地或对树的净空距离，如图 14-21 所示。 A：被检查横断面处线路中心线地面的标高（m）； A_b：边导线悬垂绝缘子串悬挂点连线间在 A 处的标高（m）；	线 P770 图 14-21

第一章 输电线路

续表

名　称	依　据　内　容	出处
边线风偏后对地距离检查图	B：对应于 A 处的边导线标高（m）； f：导线在最大风偏时的弧垂（m）； φ：绝缘子串和导线风偏角（°）； λ：绝缘子串长度（m）； S：导线风偏后要求的净空距离（m）。 图 8-2-17　边线风偏后对地距离检查图	线 P770 图 14-21
被检查处的导线弧垂 f_c 可由断面图上量得	$$f = \frac{\gamma \sigma_c f_c}{\gamma_c \sigma}$$ f：检查情况下的危险点处导线弧垂（m）； f_c：定位条件下被检查处的导线弧垂（m）； σ：检查情况下的导线应力（N/mm²）； σ_c：定位条件下的导线应力（N/mm²）； γ：检查情况下的比载 [N/（m·mm²）]； γ_c：定位条件下的比载 [N/（m·mm²）]	式（14-21）
对树、对建筑物及对地的允许距离	导线风偏后，对树、对建筑物及对地的允许距离见表 14-2、表 14-3 及表 14-5	线 P772

9. 杆塔的呼称高

杆塔的呼称高：绝缘子串与杆塔最低层横担连接处至地面的距离。

10. 杆塔中心位移

名　称		依　据　内　容		出处
中心桩位移	耐张转角杆塔	$s = s_1 + s_2 = s_1 + \frac{b}{2} \tan \frac{\psi}{2}$，m	b：横担两侧悬挂点间的宽度（m）； ψ：线路转角度数（°）； s_1：悬挂点设计预偏距离（长短横担差值的一半）（m）； s_2：横担悬挂点间宽度引起的位移（m）	线 P767 式（14-18）
	直线转角杆塔	略		式（14-19）

11. 模板刻制及不同 K 值换算

名　称		依　据　内　容		出处
模板	最大弧垂	$f = Kl^2 + \frac{4}{3l^2}(Kl^2)^3$	f：导线最大弧垂（m）； K：模板 K 值，$K = \frac{\gamma_c}{8\sigma_c}$； γ_c、σ_c：分别为导线最大弧垂时的应力和比载	线 P761 式（14-1）
	模板 K 值	$K_x = \left(\frac{m_a}{m_x}\right)^2 \times \frac{n_x}{n_a} K_a$	K_a：比例为纵 $1/n_a$、横 $1/m_a$ 的模板 K 值； K_x：K_a 值换算（或断面图）比例为纵 $1/n_x$、横 $1/m_x$ 的等价 K 值	式（14-2）

十、杆塔荷载组合

名　　称	依据内容（GB 50545—2010）	出处
正常组合	各类杆塔的正常运行情况，应计算下列荷载组合： （1）基本风速、无冰、未断线（包括最小垂直荷载和最大水平荷载组合）。 （2）设计覆冰、相应风速及气温、未断线。 （3）最低气温、无冰、无风、未断线（适用于终端和转角杆塔）	10.1.4
悬垂塔断线组合	悬垂型杆塔（不含大跨越悬垂型杆塔）的断线情况，应按-5℃、有冰、无风的气象条件，计算下列组合： （1）对单回路杆塔，单导线断任意一相导线（分裂导线任意一相导线有纵向不平衡张力），地线未断；断任意一根地线，导线未断。 （2）对双回路杆塔，同一档内，单导线断任意两根相导线（分裂导线任意两相导线有纵向不平衡张力）；同一档内，断一根地线，单导线断任意一相导线（分裂导线任意一相导线有纵向不平衡张力）。 （3）对多回路杆塔，同一档内，单导线断任意三根导线（分裂导线任意三相导线有纵向不平衡张力）；同一档内，断一根地线，单导线断任意两相导线（分裂导线任意两相导线有纵向不平衡张力）	10.1.5
耐张塔断线组合	耐张型杆塔的断线情况应按-5℃、有冰、无风的气象条件，计算下列组合： （1）对单回路和双回路杆塔，同一档内，单导线断任意两根相导线（分裂导线任意两相导线有纵向不平衡张力）、地线未断；同一档内，断任意一根地线，单导线断任意一相导线（分裂导线任意一相导线有纵向不平衡张力）。 （2）对多回路杆塔，同一档内，单导线断任意三根相导线（分裂导线任意三相导线有纵向不平衡张力）、地线未断；同一档内，断任意一根地线，单导线断任意两相导线（分裂导线任意两相导线有纵向不平衡张力）	10.1.6
覆冰工况	各类杆塔的验算覆冰荷载情况，按验算冰厚、-5℃、10m/s风速，所有导、地线同时同向右不平衡张力	10.1.12
安装工况	各类杆塔的安装情况，应按10m/s风速，无冰、相应气温的气象条件下考虑下列组合： 1.悬垂型杆塔的安装荷载应符合下列规定 （1）提升导、地线及其附件时的作用荷载。包括提升导、地线、绝缘子和金具等重量（一般按2.0倍计算）、安装工人和金具的附加荷载，应考虑动力系数1.1，附加荷载标准值宜符合表10.1.13的规定。 表10.1.13　附加荷载标准值（kN） | 电压 （kV）	导线		地线	
---	---	---	---	---
	悬垂型杆塔	耐张型杆塔	悬垂型杆塔	耐张型杆塔
110	1.5	2.0	1.0	1.5
220~330	3.5	4.5	2.0	2.0
500~750	4.0	6.0	2.0	2.0 | （2）导线及地线锚线作业时的作用荷载。锚线对地夹角不宜大于20°，正在锚线相的张力应考虑动力系数1.1。挂线点垂直荷载取锚线张力的垂直分量和导、地线重力和附加荷载之和，纵向不平衡张力分别取导、地线张力与锚线张力纵向分量之差。 2.耐张型杆塔的安装荷载应符合下列规定 （1）导线及地线荷载。 锚塔：锚地线时，相邻档内的导线及地线均未架设；锚导线时，在同档内的地线已架设。 紧线塔：紧地线时，相邻档内的地线已架设或未架设，同档内的导线均未架设；紧导线时，同档内的地线已架设，相邻档内的导、地线已经架设或未架设。 （2）临时拉线所产生的荷载。锚塔和紧线塔均允许计及临时拉线的作用，临时拉线对地夹角不应大于45°，其方向与导、地线方向一致，临时拉线一般可平衡导、地线张力的30%。500kV及以上杆塔，对4分裂导线的临时拉线按平衡导线张力标准值30kN考虑，对6分裂及以上导线的临时拉线按平衡导线张力标准值40kN考虑。地线临时拉线按平衡地线张力标准值5kN考虑。	10.1.13

续表

名　称	依据内容（GB 50545—2010）	出处
安装工况	（3）紧线牵引绳产生的荷载。紧线牵引绳对地夹角宜按不大于20°考虑，计算紧线张力时应计及导、地线的初伸长、施工误差和过牵引的影响。 （4）安装时的附加荷载。宜按本规范表10.1.13的规定取值。 3. 与水平面夹角不大于30°且可以上人的铁塔构件，应能承受设计值1000N人重荷载，且不应与其他荷载组合	10.1.13

十一、安装荷载

名　称		依　据　内　容	出处
直线杆塔安装荷载	吊线荷载	转向滑车挂线（图8-31） $$\begin{rcases}垂直荷载\quad \Sigma G = (1.5\gamma_G KG + \gamma_Q \psi G_a) \times n \quad (N)\\ 水平荷载\quad \Sigma H = \gamma_Q \psi w_k n \quad (N)\end{rcases}$$	线 P472 式（8-22）
		双倍挂线（图8-31） $$垂直荷载\quad \Sigma G = (2K\gamma_G + \gamma_Q \psi G_a) \times n \quad (N)$$ G：被吊电线、绝缘子及金具的重力，（N）； G_a：附加荷载（见表3-30）（N）； P：导线风荷载（横向荷载即为电线风荷载），（N）； γ_G：永久荷载分项系数； γ_Q：可变荷载分项系数； ψ：可变荷载组合系数； K：动力系数，取1.1； w_k：风荷载标准值（N）； n：垂直荷载和横向荷载的前后挂点分配系数	式（8-23）
		图8-31 直线杆塔起吊导线示意图 （a）双倍挂线方式；（b）转向滑车挂线方式	图8-31
	锚线荷载	$$\begin{rcases}\Delta T = \gamma_Q \psi TK(1-\cos\beta)\\ \Sigma G = (\gamma_G G + \gamma_Q \psi TK\sin\beta + \gamma_Q \psi G_a)n\\ \Sigma H = \gamma_Q \psi nP\end{rcases}$$ ΔT：纵向荷载（N）； ΣG：垂直荷载（N）； ΣH：横向分配的荷载（N）； γ_G：永久荷载分项系数； γ_Q：可变荷载分项系数； ψ：可变荷载组合系数； T：安装时导线或地线的张力（N）； β：锚线钢绳对地平面夹角（°）； K：动力系数，电线正锚时取1.1，已锚好时取1.0；	式（8-24）

名　称		依　据　内　容	出处
直线杆塔安装荷载	锚线荷载	n：垂直荷载和横向荷载的分配系数（一般取 0.5）； G：所锚电线的垂直荷载标准值（N）； P：所锚电线的横向荷载标准值（N）； G_a：附加荷载，正锚时取值（N），见表 8-30，已锚好时取 0kN	线 P472 式（8-24）
	锚线荷载	图（杆塔横担、绝缘子串、已紧导线、锚线、$nG+G_a$、T、β） 图 8-32　直线杆塔锚线示意图	图 8-32
耐张转角杆塔安装荷载	挂线荷载	横向荷载　$\Sigma H = \gamma_Q \psi[nP+(KT-T_0)\sin\alpha_1]$ (N) 纵向荷载　$\Delta T = \gamma_Q \psi(KT-T_0)\cos\alpha_1$ (N) 垂直荷载　$\Sigma G = n\gamma_G G + \gamma_Q \psi(T_0\tan\beta + G_a)$ (N) n：电线垂直荷载和横向荷载在该挂线点上的分配系数（一般取 0.5）； P、G：该根（相）电线的横向荷载和垂直荷载（N）； K：动力系数，取 1.1； T：分配到该挂点的电线安装张力（N）； T_0：临时拉线平衡的电线张力，500kV 以下杆塔临时拉线平衡导、地线张力的 30%，500kV 以上杆塔，4 分裂导线的临时拉线平衡导线张力标准值取 30kN，6 分裂及以上导线的临时拉线平衡导线张力标准值取 40kN，地线的临时拉线平衡地线张力标准值取 5kN 或 10kN，挂点上无临时拉线时取 0kN； α_1：电线方向与横担垂线方向间的夹角，当横担方向置于线路转角内角平分线时，$\alpha_1 = \alpha/2$（α 为线路转角）（°）； β：临时拉线对地平面夹角（不宜大于 45°）（°）； G_a：附加荷载（见表 8-30）（N）	线 P473 式（8-25）
		图（a）杆塔横担、临时拉线、正挂导线、$nG+G_a$、T、β 图（b）杆塔横担、已挂导线、T_1、正挂导线、$nG+G_a$、T、β 图 8-33　耐张转角杆塔挂线荷载示意图 （a）相邻档的电线未挂；（b）相邻档的电线已挂好	图 8-33

续表

名　　称		依　据　内　容	出处
耐张转角杆塔安装荷载	牵引荷载	1．相邻档电线未挂时 横向荷载　$\Sigma H = \gamma_Q \psi \{nP + [(KT(1-\cos\gamma) - T_0)]\sin\alpha_1\}$ (N) 纵向荷载　$\Delta T = \gamma_Q \psi [KT(1-\cos\gamma) - T_0]\cos\alpha_1$ (N) 垂直荷载　$\Sigma G = n\gamma_G G + \gamma_Q \psi(T_0 \text{tg}\beta + KT\sin\gamma + G_a)$ (N)	线 P473 式（8-26）
		2．相邻档电线已经挂完时 横向荷载　$\Sigma H = \gamma_Q \psi \{nP + [KT(1-\cos\gamma)]\sin\alpha_1\}$ (N) 纵向荷载　$\Delta T = \gamma_Q \psi [KT(1-\cos\gamma)]\cos\alpha_1$ (N) 垂直荷载　$\Sigma G = n\gamma_G G + \gamma_Q \psi(T_0 \text{tg}\beta + G_a)$ (N) β：临时拉线对地平面夹角（不宜大于45°）； γ：牵引钢绳对地平面夹角（°）； T_1：临时拉线初张力，一般取 T_1=5000N～10000N	线 P474 式（8-27）
		图 8-34　耐张转角杆塔紧线荷载示意图 （a）相邻档电线尚未架设；（b）相邻档的电线已挂完	线 P474 图 8-34

十二、电线防振

（1）GB 50545—2010 防振内容。

名　　称	依据内容（GB 50545—2010）	出处
防振措施	导、地线防振措施应符合下列规定： （1）铝钢截面比不小于 4.29 的钢芯铝绞线或镀锌钢绞线，其导、地线平均运行张力的上限和相应的防振措施，应符合表 5.0.13 的规定。当有多年运行经验时可不受表 5.0.13 的限制。 （2）对本规范第 5.0.13 条第一款以外的导、地线，其允许平均运行张力的上限及相应的防振措施，应根据当地的运行经验确定，也可采用制造厂提供的技术资料，必要时通过试验确定。 （3）大跨越导、地线的防振措施，宜采用防振锤、阻尼线或阻尼线加防振锤方案，同时分裂导线宜采用阻尼间隔棒，具体设计方案宜参考运行经验或通过试验确定	5.0.13

续表

名 称	依据内容（GB 50545—2010）	出处
平均运行张力的上限	表 5.0.13　导、地线平均运行张力的上限和相应的防振措施 | 情况	平均运行张力的上限（拉断力的百分数）(%)		防振措施
---	---	---	---
	钢芯铝绞线	镀锌钢绞线	
档距不超过 500m 的开阔地区	16	12	不需要
档距不超过 500m 的非开阔地区	18	18	不需要
档距不超过 120m	18	18	不需要
不论档距大小	22	—	护线条
不论档距大小	25	25	防振锤（阻尼线）或另加护线条 | 注：4 分裂及以上导线采用阻尼间隔棒时，档距在 500m 及以下可不再采用其他防振措施。阻尼间隔棒宜不等距、不对称布置，导线最大次档距不宜大于 70m，端次档距宜控制在 28m～35m。一般取年平均气温下，弧垂最低点的导线或地线应力作为平均运行应力（张力）	表 5.0.13

（2）线路手册防振内容。

名 称	依据内容（线 P）	出处
微风危害	微风振动的危害和导线舞动的危害可查线路手册 P344 表 5-37	线 P344 表 5-37
挂点影响	表 5-39　档距长度及悬挂点高度对振动的影响 	档距(m)	电线悬挂点高度(m)	振动的风速范围(m/s)	振动的相对延续时间(s)
---	---	---	---
150～200	12	0.5～4.0	0.15～0.25
300～450	25	0.5～5.0	0.25～0.30
500～700	40	0.5～6.0	0.25～0.35
700～1000	70	0.5～8.0	0.30～0.40		线 P348 表 5-39
电线 T/m 与防振措施的关系	T/m：导线张力与其单位长度质量之比。架空线路在 B 类地区（似指一般无水平面平坦地区）的单导线，当档距不超过 500m 时，在最低气温月的平均气温条件下。 无护线条：$\frac{T}{m} \leq 16900 \mathrm{m}^2/\mathrm{s}^2$，是安全的； 有护线条：$\frac{T}{m} \leq 17500 \mathrm{m}^2/\mathrm{s}^2$，是安全的； 档中一个防振锤：$\frac{T}{m} \leq (19500\sim20500) \mathrm{m}^2/\mathrm{s}^2$，是安全的； 档中二个防振垂：$\frac{T}{m} \leq (21500\sim22500) \mathrm{m}^2/\mathrm{s}^2$，是安全的	线 P351
防振锤安装数量	表 5-45　防振锤安装数量（每相每端） 	电线外径 D (mm)	档距(m)		
---	---	---	---
	一个	二个	三个
$D<12$	≤300	300～600	600～900
$12 \leq D \leq 22$	≤350	350～700	700～1000
$22<D \leq 37.1$	≤450	450～800	800～1200		线 P353 表 5-45

(3) 线路手册防振公式汇总。

名　　称		依　据　内　容	出处
舞动幅值		$a = \eta v_w \sin\beta / f$ a：舞动振幅（m）； v_w：风速（m/s）； η：舞动的气象系数，取 0.15； f：舞动频率（Hz）； β：风向与导线轴线的夹角（°）	线 P359 式（5-117）
频率	风的冲击频率	$f_W = K\dfrac{v}{d}$ f_W：风的冲击频率（Hz）； v：垂直于电线的风速（m/s）； d：电线的直径（mm）； K：系数，与雷诺数有关，$K=185\sim210$，一般用 200	线 P345 式（5-99）
	电线的振动频率	$f_C = \dfrac{n}{2L}\sqrt{\dfrac{T}{m}} = \dfrac{1}{\lambda}\sqrt{\dfrac{T}{m}}$ f_C：电线的振动频率（Hz）； n：档内振动半波数，为正整数； L：档内电线长度（m）； T：单根电线张力（N）； m：电线单位质量（kg/m）； λ：波长（m）	式（5-100）
振动波长 $f_C = f_W$		$\dfrac{\lambda}{2} = \dfrac{d}{400v}\sqrt{\dfrac{T}{m}}$	式（5-101）
最大振动角		$\alpha_M = 60\arctan\left(\dfrac{2\pi A}{\lambda}\right)$ A：振动最大振幅（mm）； λ：振动波长（注意如果题目给出的是半波长要乘以 2）（mm）； α_M：波节点最大振动角（′）； T：电线张力（N）	式（5-103）
近似计算振动角		$\alpha = 60\arctan\left(\dfrac{A_{89}}{2\times 89}\right)$ A_{89}：距线夹出口 89mm 处动弯幅值（峰-峰）（mm）； α：振动角（′）	线 P349 式（5-108）
动弯应变		$\varepsilon_c = 354dA_{89}$ d、A_{89}、ε_c：分别为电线外层线股直径（mm）；距线夹出口 89mm 处动弯幅值（峰-峰）（mm）；线夹出口处的动弯应变（峰-峰） 如计算出 $\varepsilon_c = 300\mu_\varepsilon$，应表示为 $\varepsilon_c = \pm 150\mu_\varepsilon$，$\mu_\varepsilon = 10^{-6}$ m/m	式（5-109）
风速	下限	维持导线振动的下限风速一般取 0.5m/s	线 P355
	上限	$v_M = 0.0667h + 3.33$ v_M：振动风速上限值（m/s）； h：导线悬挂点高度（m）	线 P347 式（5-106）
防振锤	总质量	$W = 0.3036d - 1.361$ W：防振锤总质量（kg）； d：电线直径（mm）	线 P352 式（5-111）
	安装距离	$b_1 = \left(\dfrac{\lambda_m}{2}\times\dfrac{\lambda_M}{2}\right)\Big/\left(\dfrac{\lambda_m}{2}+\dfrac{\lambda_M}{2}\right) = \dfrac{1}{1+\mu}\left(\dfrac{\lambda_m}{2}\right)$	线 P346 式（5-112）

续表

名称		依据内容	出处
防振锤	安装距离	$\dfrac{\lambda_m}{2} = \dfrac{d}{400 v_M}\sqrt{\dfrac{T_m}{m}}$ $\quad$ $\dfrac{\lambda_M}{2} = \dfrac{d}{400 v_m}\sqrt{\dfrac{T_M}{m}}$ $\quad$ $\mu = \dfrac{v_m}{v_M} \times \sqrt{\dfrac{T_m}{T_M}}$ b_1：第一个防振锤距线夹出口的距离（m）； d：电线的外径（mm）； m：电线单位质量（kg/m）； λ_m，λ_M：分别为最小及最大振动波长（m）； v_m，v_M：振动风速的下、上限值（m/s）； T_m，T_M：最高和最低气温条件下的单根电线张力（若给出一相，需要除以分裂数）（N）	线 P346 式（5-112）

十三、导线对地距离及交叉跨越

名称		依据内容（GB 50545—2010）	出处
导线运行温度下垂直距离		导线对地面、建筑物、树木、铁路、河流、管道、索道及各种架空线路的距离，应根据导线运行温度40℃（若导线按允许温度80℃设计时，导线运行温度取50℃）情况或覆冰无风情况求得的最大弧垂计算垂直距离，根据最大风情况或覆冰情况求得的最大风偏进行风偏校验。重覆冰区的线路，还应计算导线不均匀覆冰和验算覆冰情况下的弧垂增大 注：1. 计算上述距离，可不考虑由于电流、太阳辐射等引起的弧垂增大，但应计及导线架线后塑性伸长的影响和设计、施工的误差。 2. 大跨越的导线弧垂应按导线实际能够达到的最高温度计算。 3. 输电线路与标准轨距铁路、高速公路及一级公路交叉时，当交叉档距超过200m时，最大弧垂应按导线允许温度计算，导线的允许温度按不同要求取70℃或80℃计算	13.0.1
净空		导线对地面的最小距离，以及与山坡、峭壁、岩石之间最小净空距离应符合以下规定	13.0.2
净空	最大弧垂情况	在最大计算弧垂情况下，导线对地面的最小距离应符合表 13.0.2-1 规定的数值。 表 13.0.2-1　导线对地面的最小距离（m） | 线路经过地区	标称电压（kV）				| |---|---|---|---|---|---| | | 110 | 220 | 330 | 500 | 750 | | 居民区 | 7.0 | 7.5 | 8.5 | 14 | 19.5 | | 非居民区 | 6.0 | 6.5 | 7.5 | 11（10.5*） | 15.5**（13.7***） | | 交通困难地区 | 5.0 | 5.5 | 6.5 | 8.5 | 11.0 | * 用于导线三角排列的单回路。 ** 对应导线水平排列单回路的农业耕作区。 *** 对应导线水平排列单回路的非农业耕作区	13.0.2.1
净空	风偏情况	在最大计算风偏情况下，导线与山坡、峭壁、岩石之间的最小净空距离应符合表13.0.2-2 规定的数值。 表 13.0.2-2　导线与山坡、峭壁、岩石之间的最小净空距离（m） | 线路经过地区	标称电压（kV）				| |---|---|---|---|---|---| | | 110 | 220 | 330 | 500 | 750 | | 步行可以到达的山坡 | 5.0 | 5.5 | 6.5 | 8.5 | 11.0 | | 步行不能达到的山坡、峭壁和岩石 | 3.0 | 4.0 | 5.0 | 6.5 | 8.5 |	13.0.2.2
导线与建筑物		输电线路不应跨越屋顶为可燃材料的建筑物。对耐火屋顶的建筑物，如需跨越时应与有关方面协商同意。500kV 及以上输电线路不应跨越长期住人的建筑物。导线与建筑物之间的距离应符合以下规定	13.0.4

续表

名　　称		依据内容（GB 50545—2010）	出处
导线与建筑物	最大弧垂情况	在最大计算弧垂情况下，导线建筑物之间的最小垂直距离，应符合表13.0.4-1规定的数值。 表13.0.4-1　导线建筑物之间的最小垂直距离 | 标称电压（kV）	110	220	330	500	750 | |---|---|---|---|---|---| | 垂直距离（m） | 5.0 | 6.0 | 7.0 | 9.0 | 11.5 |	13.0.4.1
	风偏情况一	在最大计算风偏情况下，边导线与建筑物之间的最小净空距离，应符合表13.0.4-2规定的数值。 表13.0.4-2　边导线与建筑物之间的最小净空距离 | 标称电压（kV）	110	220	330	500	750 | |---|---|---|---|---|---| | 距离（m） | 4.0 | 5.0 | 6.0 | 8.5 | 11.0 |	13.0.4.2
	无风情况	在无风情况下，边导线与建筑物之间的水平距离，应符合表13.0.4-3规定的数值。 表13.0.4-3　边导线与建筑物之间的水平距离 | 标称电压（kV）	110	220	330	500	750 | |---|---|---|---|---|---| | 距离（m） | 2.0 | 2.5 | 3.0 | 5.0 | 6.0 |	13.0.4.3
	风偏情况二	在最大计算风偏情况下，边导线与规划建筑物之间的最小净空距离，应符合表13.0.4-2规定的数值	13.0.4.4
作物林区		输电线路经过经济作物和集中林区时，宜采用加高杆塔跨越不砍伐通道的方案，并符合下列规定	13.0.6
	跨越	当跨越时，导线与树木（考虑自然生长高度）之间的最小垂直距离，应符合表13.0.6-1规定的数值。 表13.0.6-1　导线与树木（考虑自然生长高度）之间的最小垂直距离 | 标称电压（kV）	110	220	330	500	750 | |---|---|---|---|---|---| | 垂直距离（m） | 4.0 | 4.5 | 5.5 | 7.0 | 8.5 |	13.0.6.1
	砍伐	当砍伐通道时，通道净宽度不应小于线路宽度加通道附近主要树种自然生长高度的2倍。通道附近超过主要树种自然生长高度的非主要树种树木应砍伐	13.0.6.2
	风偏情况	在最大计算风偏情况下，输电线路通过公园、绿化区或防护林带，导线与树木之间的最小净空距离，应符合表13.0.6-2规定的数值。 表13.0.6-2　导线与树木之间的水平距离 | 标称电压（kV）	110	220	330	500	750 | |---|---|---|---|---|---| | 距离（m） | 3.5 | 4.0 | 5.0 | 7.0 | 8.5 |	13.0.6.3
	果树作物灌木	输电线路经过果树、经济作物林或城市灌木林不应砍伐出通道。导线与果树、经济作物、城市绿化灌木及街道行道树之间的最小垂直距离，应符合表13.0.6-3规定的数值。 表13.0.6-3　导线与果树、经济作物、城市绿化灌木及街道行道树之间的最小垂直距离 | 标称电压（kV）	110	220	330	500	750 | |---|---|---|---|---|---| | 垂直距离（m） | 3.0 | 3.5 | 4.5 | 7.0 | 8.5 |	13.0.6.4
	弱电线路交叉	输电线路跨越弱电线路（不包括光缆和埋地电缆）时，输电线路与弱电线路的交叉角应符合表13.0.7的规定。 表13.0.7　输电线路与弱电线路的交叉角 	弱电线路等级	一级	二级	三级	 |---|---|---|---| | 交叉角（°） | ≥45 | ≥30 | 不限制 |	13.0.7

输电线路与铁路、道路、河流、管道、索道及各种架空线路交叉或接近的基本要求。

GB 50545—2010 表 13.0.11

项目		铁路			公路		电车道（有轨及无轨）	
导线或地线在跨越档内接头		标准轨距：不得接头 窄　轨：不得接头			高速公路、一级公路：不得接头 二、三、四级公路：不限制		不得接头	
邻档断线情况的校验		标准轨距：检　验 窄　轨：不检验			高速公路、一级公路：检　验 二、三、四级公路：不检验		检　验	
邻档断线情况的最小垂直距离（m）	标称电压（kV）	至轨顶		至承力索或接触线	至路面		至路面	至承力索或接触线
	110	7.0		2.0	6.0		—	2.0
最小垂直距离（m）	标称电压（kV）	至轨顶			至承力索或接触线	至路面	至路面	至承力索或接触线
		标准轨距	窄轨	电气轨				
	110	7.5	7.5	11.5	3.0	7.0	10.0	3.0
	220	8.5	7.5	12.5	4.0	8.0	11.0	4.0
	330	9.5	8.5	13.5	5.0	9.0	12.0	5.0
	500	14.0	13.0	16.0	6.0	14.0	16.0	6.5
	750	19.5	18.5	21.5	7.0（10）	19.5	21.5	7（10）
最小水平距离（m）	标称电压（kV）	杆塔外缘至轨道中心			杆塔外缘至路基边缘		杆塔外缘至路基边缘	
					开阔地区	路径受限制地区	开阔地区	路径受限制地区
	110 220 330 500 750	交叉：塔高加 3.1m，无法满足要求时可适当减少，但不得小于 30m； 平行：塔高加 3.1m，困难时双方协商确定			交叉：8m 10m （750kV） 平行：最高杆（塔）高	5.0 5.0 6.0 8.0（15） 10（20）	交叉：8m 10m （750kV） 平行：最高杆（塔）高	5.0 5.0 6.0 8.0 10
附加要求		不宜在铁路出站信号机以内跨越			括号内为高速公路数值。 高速公路路基边缘指公路下缘的排水沟		—	
备注		—			公路分级见附录 G，城市道路分级可参照公路的规定			

项目		通航河流	不通航河流	弱电线路	电力线路	特殊管道	索道
导线或地线在跨越档内接头		一、二级：不得接头 三级及以下：不限制	不限制	不限制	110kV 及以上线路：不得接头； 110kV 以下线路：不限制	不得接头	不得接头
邻档断线情况的校验		不检验	不检验	Ⅰ级：检验 Ⅱ、Ⅲ级：不检验	不检验	检验	不检验
邻档断线情况的最小垂直距离（m）	标称电压（kV）	—	—	至被跨越物	—	至管道任何部分	—
	110			1.0		1.0	—
最小垂直距离（m）	标称电压（kV）	至五年一遇洪水位	至最高航行水位的最高船桅顶	至百年一遇洪水位	冬季至冰面	至被跨越物	至被跨越物	至管道任何部分	至索道任何部分

第一章　输电线路

续表

项目		通航河流	不通航河流	弱电线路		电力线路		特殊管道		索道	
最小水平距离(m)	110 220 330 500 750	6.0 7.0 8.0 9.5 11.5	2.0 3.0 4.0 6.0 8.0	3.0 4.0 5.0 6.5 8.0	6.0 6.5 7.5 11（水平） 10.5（三角） 15.5		3.0 4.0 5.0 8.5 12.0	3.0 4.0 5.0 6.0（8.5） 7（12）		4.0 5.0 6.0 7.5 9.5		3.0 4.0 5.0 6.5 8.5（顶部），11（底部）
	标称电压(kV)	边导线至斜坡上缘 （线路与拉纤小路平行）			与边导线间		与边导线间		边导线至管、索道任何部分		
					开阔地区	路径受限制地区	开阔地区	路径受限制地区	开阔地区	路径受限制地区（在最大风偏情况下）	
	110 220 330 500 750	最高杆（塔）高			平行时：最高杆（塔）高	4.0 5.0 6.0 8.0 10.0	平行时：最高杆（塔）高	5.0 7.0 9.0 13.0 16.0	平行时：最高杆（塔）高	4.0 5.0 6.0 7.5 9.5（管道）、8.5（顶部）、11（底部）	
附加要求		最高洪水位时，有抗洪抢险船只航行的河流，垂直距离应协商确定			输电线路应架在上方		电压较高的线路一般架设在电压较低线路的上方，同一等级电压的电网公用线应架设在专用线上方		（1）与索道交叉，若索道在上方，索道下方应装保护设施； （2）交叉点不应选在管道的检查井（孔处）； （3）与管、索道平行、交叉时，管、索道应接地		
备注		（1）不通航河流指不能通航，也不能浮运的河流； （2）次要通航河流对接头不限制； （3）并需满足航道部门协议的要求			弱电线路分级见附录F		括号内的数值用于跨越杆（塔）顶		（1）管、索道上的附属设施，均应视为管、索道的一部分； （2）特殊管道指架设在地面上输送易燃、易爆物品的管道		

注　1. 邻档断线情况的计算条件：15℃，无风。
　　2. 路径狭窄地带，两线路杆塔位置交错排列时导线在最大风偏情况下，标称电压110kV、220kV、330kV、500kV、750kV对相邻线路杆塔的最小距离，应分别不小于3.0m、4.0m、5.0m、7.0m、9.5m。
　　3. 跨越弱电线路或电力线路，导线截面按允许载流量选择时应校验最高允许温度时的交叉距离，其数值不得小于操作过电压间隙，且不得小于0.8m。
　　4. 杆塔为固定横担，且采用分裂导线时，可不检验邻档断线时的交叉跨越垂直距离。
　　5. 重要交叉跨越确定的技术条件，应征求相关部门的意见。

第二章 绝缘子及穿墙套管

一、选择及校验

名　称	依据内容（DL/T 5222—2005）	出处
绝缘子	绝缘子应按下列技术条件选择：①电压；②动稳定（悬式绝缘子不校验）；③绝缘水平；④机械荷载	21.0.1
套管	穿墙套管应按下列技术条件选择：①电压；②电流；③动稳定；④热稳定电流及持续时间	21.0.2
环境	绝缘子及穿墙套管应按下列环境条件校验：①环境温度；②日温差（屋内可不校验）；③最大风速（屋内可不校验）；④相对湿度（屋外不校验）；⑤污秽（屋内可不校验）；⑥海拔；⑦地震烈度	21.0.3
冰雪	发电厂与变电所的（3～20）kV屋外支柱绝缘子和穿墙套管，当有冰雪时，宜采用高一级电压的产品。对（3～6）kV，也可采用提高两级的产品	21.0.4
换算	校验支柱绝缘子机械强度时，应将作用在母线截面重心上的母线短路电动力换算到绝缘子顶部	21.0.5
联合	在校验35kV及以上非垂直安装的支柱绝缘子的机械强度时，应计及绝缘子自重，母线重量和短路电动力的联合作用。支柱绝缘子除校验抗弯机械强度处，尚应校验抗扭机械强度	21.0.6
屋外	屋外支柱绝缘子宜采用棒式支柱绝缘子。屋外支柱绝缘子需倒装时，可用悬挂式支柱绝缘子。屋内支柱绝缘子一般采用联合胶装的多棱式支柱绝缘子	21.0.7
屋内	屋内配电装置宜采用铝导体穿墙套管。对于母线型穿墙套管应校核窗口允许穿过的母线尺寸	21.0.8

二、爬电距离

名　称	依　据　内　容	出处
定义	爬电距离：在绝缘子正常承载运行电压的两部件之间沿其绝缘表面的最短距离或最短距离的和	GB/T 26218.1—2010 3.1.5
要求	输电线路在轻、中污区复合绝缘子的爬电距离不宜小于盘形绝缘子；在重污区其爬电距离不应小于盘形绝缘子最小要求值的3/4且不应小于2.8cm/kV；用于220kV及以上输电线路复合绝缘子两端都应加均压环，其有效绝缘需满足雷电过电压的要求。 条文说明：新建输电线路棒型悬式复合绝缘子的爬距2.5cm/kV及以下污区，选用2.5cm/kV；2.5cm/kV以上污区，选用2.8cm/kV	GB 50545—2010 7.0.7

三、爬电比距

1. 爬电比距和统一爬电比距间的关系

名　称	依　据　内　容						出处
爬电比距与统一爬电比距	表I.1　爬电比距和统一爬电比距间的关系						GB/T 26218.1—2010 表I.1
	对三相交流系统的爬电比距（SCD）	12.7	16	20	25	31	
	统一爬电比距（USCD）	22.0	27.8	34.7	43.3	53.7	
	爬电比距：绝缘子的总爬电距离L除以试验电压与$\sqrt{3}$的积，mm/kV（相对相电压）						

2. 污秽等级与爬电比距

线路：GB 50545—2010 附录 B 表 B.0.1；发电厂、变电所：DL/T 5222—2005 附录 C 表 C.2。

污秽等级	盐密（mg/cm²）		爬电比距（cm/kV）			
			线路		发电厂、变电所	
	线路	发电厂变电所	220kV 及以下	330kV 及以上	220kV 及以下	330kV 及以上
0	≤0.03	—	1.39（1.60）	1.45（1.60）	1.48	1.55
I	>0.03～0.06	≤0.06	1.39～1.74（1.60～2.00）	1.45～1.82（1.60～2.00）	1.60（1.84）	1.60（1.76）
II	>0.06～0.10		1.74～2.17（2.0～2.50）	1.82～2.27（2.0～2.50）	2.00（2.30）	2.00（2.20）
III	>0.10～0.25		2.17～2.78（2.50～3.20）	2.27～2.91（2.50～3.20）	2.50（2.88）	2.50（2.75）
IV	>0.25～0.35		2.78～3.30（3.20～3.80）	2.91～3.45（3.20～3.80）	3.1（3.57）	3.10（3.41）

注　线路和发电厂、变电所爬电比距计算时取系统最高工作电压，表中括号内数字为按额定电压计算值。

3. 其他

名　称	依　据　内　容	出处
开关柜	高压开关柜中各组件及其支持绝缘件的外绝缘爬电比距（高压电气组件外绝缘的爬电距离与最高电压之比）就符合下列规定： （1）凝露型的爬电比距：瓷质绝缘不小于 14/18mm/kV（I级/II级污秽等级），有机绝缘不小于 16/20mm/kV（I/II级污秽等级）。 （2）不凝露型的爬电比距：瓷质绝缘不小于 12mm/kV，有机绝缘不小于 14mm/kV	DL/T 5222—2005 13.0.8
无联	当断路器两端为互不联系的电源时，断路器同极断口间的公称爬电比距与对地公称爬电比距之比一般取 1.15～1.3	DL/T 5222—2005 9.2.13-3
联络	当断路器起联络作用时，其断口间的公称爬电距离与对地公称爬电距之比，应先取较大的数值，一般不低于 1.2	DL/T 5222—2005 9.2.13-4
统一爬距	统一爬电比距：绝缘子的爬电距离与绝缘子两端最高运行电压有效值的比值	GB/T 26218.1—2010 3.1.6
污秽	通过污秽地区的输电线路，同一污区，耐张绝缘子串的爬电比距根据运行经验较悬垂绝缘子串可适当减少	GB 50545—2010 7.0.6

四、输电线路绝缘子片数

名　称	依　据　内　容	出处
最少片数	在海拔 1000m 以下地区，操作过电压及雷电过电压要求的悬垂绝缘子最少片数应符合表 7.0.2 的规定。耐张绝缘子串的绝缘子片数，对 110kV～330kV 输电线路应增加 1 片，对 500kV 线路应增加 2 片，对 750kV 线路不需要增加。 表 7.0.2　操作过电压和雷电过电压要求悬垂绝缘子串的最少片数（海拔 1000m 以下） 表 7.0.2 条 <table><tr><td>标称电压（kV）</td><td>110</td><td>220</td><td>330</td><td>500</td><td>750</td></tr><tr><td>单片绝缘子的高度（mm）</td><td>146</td><td>146</td><td>146</td><td>155</td><td>155</td></tr><tr><td>悬垂绝缘子片数</td><td>7</td><td>13</td><td>17</td><td>25</td><td>32</td></tr><tr><td>耐张绝缘子片数</td><td>8</td><td>14</td><td>18</td><td>27</td><td>32</td></tr></table>	GB 50545—2010 7.0.2

续表

名 称	依 据 内 容	出 处
污秽	通过污秽地区的输电线路，耐张绝缘子串的片数可不比悬垂绝缘子串增加	GB 50545—2010 7.0.6
高度	全高超过 40m 有地线的杆塔，高度每增加 10m，增加一片相当于高度为 146mm 的绝缘子即 $$n_\mathrm{h} = \frac{n_0 \times L_0 + \frac{h_\mathrm{T} - 40}{10} \times 146}{L}$$ n_0、L_0：表 7.0.2 中绝缘子最少片数及高度； h_T：塔高，$40\mathrm{m} < h_\mathrm{T} \leq 100\mathrm{m}$； L：待求绝缘子的高度；全高超过 100m 的杆塔绝缘子片数应根据运行经验结合计算确定	GB 50545—2010 7.0.3
爬电比距法	绝缘配合设计可采用爬电比距法，也可采用污耐压法选择合适的绝缘子形式和片数。海拔 1000m 时，爬电比距法每联绝缘子所需片数 $$n \geq \frac{\lambda U}{K_\mathrm{e} L_{01}}$$ λ：爬电比距（cm/kV）； U：系统标称电压（kV）； L_{01}：单片悬式绝缘子的几何爬电距离（cm）； K_e：绝缘子爬电距离有效系数，XP-70，XP-160 其 K_e 值取 1（爬电比距法不考虑杆塔高度带来的绝缘子片数增加，应单独校验高杆塔的绝缘子片数，二者取较大值）	GB 50545—2010 式（7.0.5）
爬距法	$$n \geq \frac{\lambda U_\mathrm{m}}{L_\mathrm{e}} = \frac{\lambda U_\mathrm{m}}{K_\mathrm{e} L_\mathrm{g}}$$ 单片绝缘子的有效爬电距离 $L_\mathrm{e} = K_\mathrm{e} L_{01}$	线 P81 线 P82 式（2-6-17）
可靠度	单联悬垂绝缘子的可靠度：$R_1 = R_\mathrm{i}^m$	线 P120 式（3-212)
	双联悬垂绝缘子的可靠度：$R_2 = 2R_1 - R_1^2$	式（3-213）
海拔	$$n_\mathrm{H} = n \mathrm{e}^{0.1215 m_1 (H-1000)/1000}$$ H：海拔； m_1：特征指数，无说明一般取 0.65；附录 C 表 C.0.1-1	GB 50545—2010 式（7.0.8）
常见绝缘子爬电距离有效系数 K_e	表 15　常见绝缘子爬电距离有效系数 K_e 	绝缘子型号	盐密			
---	---	---	---	---
	0.05	0.10	0.20	0.40
浅钟罩型绝缘子	0.90	0.90	0.80	0.80
双伞型绝缘子（XWP$_2$-160）	1.0			
长棒型瓷绝缘子	1.0			
三伞型绝缘子	1.0			
玻璃绝缘子（普通型 LXH-160）	1.0			
深钟罩玻璃绝缘子	0.8			
复合绝缘子	≤2.5（cm/kV）		>2.5（cm/kV）	
	1.0		1.3			GB 50545—2010 7.0.5 条文说明

五、发电厂、变电站绝缘子片数

名　　称	依据内容（DL/T 5222—2005）	出处
悬式绝缘子片数	1. 按系统最高电压和爬电比距法选择 $$n \geq \frac{\lambda U_\mathrm{m}}{K_\mathrm{e} L_0}$$ （计算后需要考虑零值绝缘子） 2. 查表选择（不需要考虑零值绝缘子） 21.0.11 在海拔为 1000m 及以下的 I 级污秽地区，当采用 X-4.5 或 XP-6 型悬式绝缘子时，耐张绝缘子片数一般不小于表 21.0.11 数值。 表 21.0.11　X-4.5 或 XP-6 型悬式绝缘子耐张串片数 <table><tr><td>电压（kV）</td><td>35</td><td>63</td><td>110</td><td>220</td><td>330</td><td>500</td></tr><tr><td>绝缘子片数</td><td>4</td><td>6</td><td>8</td><td>13</td><td>20</td><td>30</td></tr></table>注：330kV～500kV 可用 XP-10 型绝缘子 表 7-52　X-4.5 或 XP-6 型绝缘子耐张串片数 <table><tr><td>电压（kV）</td><td>35</td><td>63</td><td>110</td><td>220</td><td>330</td><td>500</td></tr><tr><td>绝缘子片数</td><td>4</td><td>6</td><td>8</td><td>14</td><td>20</td><td>32</td></tr></table>注：330kV～500kV 可用 XP-10 型绝缘子	21.0.9 条文说明式（13） 1P256 表 7-52
海拔	21.0.11 在海拔为（1000～4000）m 地区，耐张绝缘子片数修正 $$n_\mathrm{H} = N[1+0.1(H-1)]$$ N：海拔 1000m 及以下地区绝缘子片数； H：海拔（km）	式（21.0.12）
零值	选择悬式绝缘子应考虑绝缘子的老化，每串绝缘子要预留的零值绝缘子为： <table><tr><td>电压</td><td>耐张串</td><td>悬垂串</td></tr><tr><td>（35～220）kV</td><td>2 片</td><td>1 片</td></tr><tr><td>330kV 及以上</td><td>（2～3）片</td><td>（1～2）片</td></tr></table>	21.0.9 1P256 变 P112
清洁地区	在空气清洁无明显污秽的地区，悬垂绝缘子串的片数可比耐张绝缘子串的同型绝缘子少 1 片；在污秽地区，两者片数相同	21.0.13
V 形	选择 V 形悬挂的绝缘子串片数时，应考虑临近效应对放电电压的影响	21.0.10
均压和屏蔽	对 330kV 及以上电压的绝缘子串应装设均压和屏蔽装置，以改善绝缘子串的电压分布和防止连接金具发生电晕	21.0.14

六、经验总结

1. 修正情况

类型	塔高修正	耐张零值绝缘子修正	海拔修正
工频爬电 N_1	否	否	是
操作 N_2	否	是	是
雷电 N_3	是	否	是

2. 计算公式

类型	塔高 $G \leq 40\text{m}$，海拔 $H \leq 1000\text{m}$			塔高 $G \geq 40\text{m}$，海拔 $H \leq 1000\text{m}$			塔高 $G \geq 40\text{m}$，海拔 $H \geq 1000\text{m}$		
	悬垂	耐张 110~330	耐张 500	悬垂	耐张 110~330	耐张 500	悬垂	耐张 110~330	耐张 500
工频爬电 N_1	$n \geq \dfrac{\lambda u}{k_e L_{01}}$			$n \geq \dfrac{\lambda u}{k_e L_{01}}$			$n \geq \dfrac{\lambda u}{k_e L_{01}}$ （需海拔修正） $n_H = n e^{0.1215m(H-1)}$ 或 $n_H = n[1+0.1(h-1)]$		
操作 N_2	间隙 Ah/h'	$Ah/h'+1$	$Ah/h'+2$	Ah/h'	$Ah/h'+1$	$Ah/h'+2$	$n_H = \dfrac{Ah}{h'} e^{0.1215m(H-1)}$	n_H+1	n_H+2
雷电 N_3	Ah/h'			$\dfrac{Ah+146 \times \text{int}(G-40)/10}{h'}$			$\dfrac{Ah+146 \times \text{int}(G-40)/10}{h'} \times e^{0.1215m(H-1)}$		

注　$N = \text{MAX}(N_1, N_2, N_3)$，取三种情况的最大值；
表中 A、h：分别为 GB 50545—2010 表 7.0.2 中绝缘子最少片数及高度；
G：塔高 $40\text{m} < G \leq 100\text{m}$；
h'：待求绝缘子的高度；
int(G-40)/10：取整函数

第三章 过电压保护与绝缘配合

一、过电压分类及基准值

1. 过电压分类

名 称	依 据 内 容	出处
过电压分类	过电压 ├─ 雷电过电压 │ ├─ 直击雷过电压 │ ├─ 感应雷过电压 │ └─ 侵入雷电波过电压 └─ 内部过电压 　　├─ 暂时过电压 　　│　├─ 工频过电压 　　│　│　├─ 长线电容效应 　　│　│　├─ 不对称接地故障 　　│　│　└─ 甩负荷 　　│　└─ 谐振过电压 　　│　　├─ 线性谐振：消弧线圈补偿网络线性谐振、传递过电压 　　│　　├─ 铁磁谐振：线路断线、电磁式电压互感器饱和 　　│　　└─ 参数谐振：发电机同步或异步自励磁 　　└─ 操作过电压 　　　　├─ 操作电容负荷过电压 　　　　│　├─ 开断电容器组过电压 　　　　│　├─ 开断空载长线过电压 　　　　│　└─ 关合（重合）空载长线过电压 　　　　├─ 操作电感负荷过电压 　　　　│　├─ 开断空载变压器过电压 　　　　│　├─ 开断关联电抗器过电压 　　　　│　└─ 开断高压电动机过电压 　　　　├─ 解列过电压 　　　　└─ 间隙电弧过电压	1P733 图 14-1

2. 相对地过电压标幺值的基准电压 1.0p.u.

名 称	依 据 内 容							出处
交流电力系统标称电压和最高电压	表 14-1 交流电力系统标称电压和最高电压 （kV）							1P733 表 14-1
	标称电压 U_n	6	10	20	35	66	110	
	最高电压 U_m	7.2	12	24	40.5	72.5	126	
	1.0p.u. 工频	4.16	6.93	13.86	23.38	41.86	72.75	
	1.0p.u. 谐振、操作、VFTO	5.88	9.8	19.6	33.07	59.2	102.88	
	标称电压 U_n	220	330	500	750	1000		
	最高电压 U_m	252	363	550	800	1100		
	1.0p.u. 工频	145.49	209.58	317.54	461.88	635.09		
	1.0p.u. 谐振、操作、VFTO	205.76	296.39	449.07	653.2	898.15		

续表

名 称	依 据 内 容	出处
基准值	工频过电压：1.0p.u.=$U_m/\sqrt{3}$； 谐振、操作和VFTO过电压：1.0p.u.=$\sqrt{2}U_m/\sqrt{3}$	GB/T 50064—2014 3.2.2

3．发电机电抗小结

（1）X_d是稳态电抗：稳态电抗（同步电抗）是同步机正常运行时与主磁通相关的电抗，稳态电流与稳态电抗相关。校核自励磁。

（2）暂态电抗X_d'：也称瞬态（变）电抗，暂态过程对应的电抗，对应时间是0.06s至稳态过程。用于计算暂态稳定。考试中计算工频暂态过电压用。

（3）次暂态电抗X_d''：也称超瞬态（变）电抗，用于计算短路电流。对应时间是0～0.06s。

4．工频、操作过电压幅值

类型	场 合		上限值		出处
工频过电压 1.0p.u.= $U_m/\sqrt{3}$	范围Ⅰ不接地系统	不应大于	1.1$\sqrt{3}$ p.u.	1.1$\sqrt{3}$ p.u.=1.1U_m	GB/T 50064—2014 4.1.1-1 4.1.1-2
	中性点谐振、低电阻、高电阻接地		$\sqrt{3}$ p.u.	$\sqrt{3}$ p.u.=U_m	
	110kV/220kV 系统		1.3 p.u.	94.57/189.14	4.1.1-3
	变电站内中性点不接地35kV、66kV并联电容补偿装置系统（不应大于）		$\sqrt{3}$ p.u.	$\sqrt{3}$ p.u.=U_m	4.1.1-4
	母线处相间最大工频过电压		1.3$\sqrt{3}$ p.u.	1.3$\sqrt{3}$ p.u=1.3U_m	6.3.3-1
	范围Ⅱ线路断路器变电站侧	不宜超过 330/500/750（kV）	1.3p.u.	272.45/412.81/600.44	4.1.3-1
	范围Ⅱ线路断路器线路侧		1.4p.u.	293.41/444.56/646.63	4.1.3-2
操作过电压 （相对地） 1.0p.u.=$\sqrt{2}$ $U_m/\sqrt{3}$ 上限值 U_s	空载线路合闸和重合闸产生的相对地统计过电压	330kV	2.2.p.u.	652.054	4.2.1-4
		500kV	2.0.p.u.	898.146	
		750kV	1.8.p.u.	1175.755	
		1000kV	1.6.p.u.	变电站侧：1437.034	1P745 表14-9
			1.7.p.u.	线路侧：1526.849	
	35kV及以下低电阻接地系统		3.0.p.u.	3.0.p.u.=$\sqrt{6}U_m$	GB/T 50064—2014 表6.1.3
	66kV及以下非有效接地系统（不含低电阻接地系统）		4.0.p.u.	4.0.p.u.=$4\sqrt{2}U_m/\sqrt{3}$	
	110kV/220kV 系统		3.0.p.u.	308.636/617.271	
操作过电压 （相间） 1.0p.u.=$\sqrt{2}$ $U_m/\sqrt{3}$	6kV～220kV 系统		1.3倍～1.4倍相对地		6.1.3-2
	330kV		1.4倍～1.45倍相对地		1P745

续表

类型	场合	上限值	出处
操作过电压（相间）$1.0\text{p.u.}=\sqrt{2}U_m/\sqrt{3}$	500kV	1.5倍相对地	1P745
	750kV	1.7倍相对地	
	1000kV	1.9倍相对地	
系统最高电压范围	范围Ⅰ：（7.2≤U_m≤252）kV；范围Ⅱ：（252＜U_m≤800）kV		GB/T 50064—2014 3.2.3

二、过电压及限制

1. 工频过电压

名称	依据内容	出处
性质及原因	工频过电压一般由线路空载、接地故障和甩负荷等引起。工频过电压对220kV及以下电网的电气设备没有危险，但对330kV及以上的超高压电网影响很大，需要采取措施予以限制。一般主要采用在线路上安装并联电抗器的措施限制工频过电压。在线路上架设良导体避雷器降低工频过电压时，宜通过技术经济比较加以确定	1P736
空载长线电容效应引起的末端工频过电压	$$U'_g = \frac{E'_d}{\cos\alpha l - \frac{X_s}{Z_c}\sin\alpha l}$$ U'_g：空载线路末端工频暂态电压（kV）；E'_d：送端系统的等值暂态电势（kV）；X_s：送端系统的等值暂态电抗（Ω）；Z_c：线路波阻抗，330kV，Z_c=310Ω；500kV，Z_c=280Ω；750kV，Z_c≈256Ω；1000kV，Z_c≈250Ω；α：相移系数，一般α≈0.06°/km；l：输电线路长（km）	1P738 式（14-2）
单相接地故障引起的健全相工频过电压	$$U_{B,C} = K^{(1)} U_A$$ $$K^{(1)} = \sqrt{3}\frac{\sqrt{\left(\frac{X_0}{X_1}\right)^2 + \frac{X_0}{X_1} + 1}}{\frac{X_0}{X_1} + 2}$$ $U_{B,C}$：健全相（B相或C相）的相对地电压有效值（kV）；U_A：故障相（A相）在故障前的相对地电压有效值（kV）；X_0：系统零序电抗；X_1：系统正序电抗；$K^{(1)}$：单相接地系数	1P738 式（14-3）
两相接地故障引起的健全相工频过电压	两相接地短路的接地系数 $K^{(1,1)} = \frac{3}{\frac{X_0}{X_1} + 2}$	1P738 式（14-4）
突然甩负荷引起的工频过电压	$$E'_d = U\sqrt{\left(1+\frac{Q}{S}X^*_S\right)^2 + \left(\frac{P}{S}X^*_S\right)^2} = U\sqrt{(1+X^*_S\sin\varphi)^2 + (X^*_S\cos\varphi)^2}$$	1P740 式（14-5）
	$$U'_g = \frac{nE'_d}{\cos(n\alpha l) - \frac{nX_S}{Z_c}\sin(n\alpha l)}$$	1P740 式（14-6）

续表

名　称	依　据　内　容	出处
突然甩负荷引起的工频过电压	E'_d：甩负荷前的发电机暂态电势（kV）； U：母线电压（kV）； S：传输的视在功率（kVA）； P：线路输送有功功率（kW）； Q：传输的无功功率（kVA）； X^*_S：送端系统以 S 及 U 定义的等值电抗标幺值； φ：功率因数角； n：频率增加倍数	1P740
有效接地系统中偶然形成局部不接地系统产生较高的工频过电压	应避免在 110kV 及 220kV 有效接地系统中偶然形成局部不接地系统产生较高的工频过电压，其措施应符合下列要求： （1）当形成局部不接地系统，且继电保护装置不能在一定时间内切除 110kV 或 220kV 变压器的低、中压侧电源时，不接地的变压器中性点应装设间隙。当因接地故障形成局部不接地系统时，该间隙应动作；系统以有效接地方式运行发生单相接地故障时，间隙不应动作。间隙距离还应兼顾雷电过电压下保护变压器中性点标准分级绝缘的要求。 （2）当形成局部不接地系统，且继电保护装置设有失地保护可在一定时间内切除 110kV 及 220kV 变压器的三次、二次绕组电源时，不接地的中性点可装设无间隙金属氧化物避雷器（MOA），还应验算其吸收能量。该避雷器还应符合雷电过电压下保护变压器中性点标准分级绝缘的要求	GB/T 50064—2014 4.1.4
MOA 最大吸收能量	（1）对于主要用来限制带故障单相重燃过电压的接于相—地之间的避雷器，其最大吸收能量为 $$W = 52.22\left(\frac{U_m}{U_r} - 0.26\right)\left[1 + 3.6\left(\frac{X_L}{X_C} - 0.06\right)\right]C^{0.643U_m^2}$$ W：避雷器的吸收能量（J）； U_m：电源母线最高工作电压（线电压峰值）（kV）； U_r：避雷器的参考电压（即额定电压）（kV）； X_L：限流电抗器的电抗（Ω）； X_C：电容器的电抗（Ω），$Q_C = \frac{U^2}{X_C}$； C：电容器组的电容量（μF），$C = \frac{1}{\omega X_C}$ （2）对于主要用来限制带故障单相重燃过电压的接于相中性点—地之间的避雷器，其最大吸收能量为 $$W = 21.73\left(\frac{U_m}{U_r} - 0.3\right)\left[1 + 2.024\left(\frac{X_L}{X_c} - 0.06\right)\right]C^{0.73U_m^2}$$ （3）对于用来限制两相重燃过电压的直接接于电容器两端的避雷器，其最大吸收能量为 $$W = 4.31(H - 0.2)\left[1 - 2.61\left(\frac{X_L}{X_c} - 0.06\right)\right]CU_m^2$$ H：避雷器的荷电率（一般不大于 0.85）	DL/T 5242—2010 条文说明 7.8.3
荷电率 β	$$\beta = \frac{\sqrt{2}U_{by}}{U_{NmA}}$$ U_{by}：避雷器的持续运行电压有效值（kV）； U_{NmA}：直流（1mA～20mA）参考电压； β：荷电率，其高低直接影响到避雷器的老化过程，通常取 55%～70%。荷电率 β 表征避雷器在平时施加持续进行电压下所承受的负荷强度的大小。荷电率偏高，一般会加速避雷器的老化过程。降低荷电率时不但老化性能较好，暂时过电压的耐受能力也会提高。但荷电率偏低时，避雷器的保护性能将随之变坏	1P780

续表

名　称	依　据　内　容	出处
荷电率β	荷电率是 MOA 持续运行电压与额定电压之比	GB/T 50064—2014 条文说明 4.4.1
工频过电压的限制措施	①装设并联电抗器；②利用静止补偿装置（SVC）；③降低电网的零序电抗；④将长线分段；⑤充分利用已装设的电气装置；⑥降低发电机电动势；⑦制定合理的操作顺序和装设必要的系统继电保护装置	1P740

2. 谐振过电压

名　称		依　据　内　容	出处
性质		交流电力系统中的电感、电容元件，在一定电源的作用下，并受到操作或故障的激发，使得某一自由振荡频率与外加强迫频率相等，形成周期性或准周期性的剧烈振荡，电压振幅急剧上升，出现所谓的谐振过电压。 谐振过电压的持续时间较长，甚至可以稳定存在，直到破坏谐振条件为止。谐振过电压可在各级电网中发生，危及绝缘，烧毁设备，破坏保护设备的保护性能	1P742
参数谐振	发电机自励磁过电压	对于发电机自励磁过电压，可采用高压并联电抗器或过电压保护装置加以限制。当同步发电机容量小于自励磁的判据时，应避免单机带空载长线运行。不发生自励磁的判据可按下式确定： $$W_N > Q_C X_d^*$$ W_N：不发生自励磁的发电机额定容量（MVA）； Q_C：计及高压并联电抗器和低压并联电抗器的影响后的线路充电功率（Mvar），单位长度的充电功率查系 P157 表 7-1； X_d^*：发电机及升压变压器等值同步电抗标幺值，以发电机容量为基准	GB/T 50064—2014 式（4.1.6）
		产生自励磁的条件 $$\tan \alpha L > \frac{\dfrac{P_G}{P_n}}{X_d\% + X_T\%} \qquad \tan \alpha L > \frac{\dfrac{P_G}{P_n}}{X_q\% + X_T\%}$$	1P745 式（14-10）
		在超高压、特高压电网中，可利用装在线路侧的并联电抗器，来消除自励磁过电压。并联电抗器的容量 Q_L 可按下式选取 $$\frac{Q_L}{P_n} > \tan \alpha L - \frac{\dfrac{P_G}{P_n}}{X_d\% + X_b\%} \qquad \frac{Q_L}{P_n} > \tan \alpha l - \frac{\dfrac{P_G}{P_n}}{X_q\% + X_b\%}$$ Q_L：并联电抗器的容量； P_n：线路自然功率（kW）； S_n：升压变压器容量（kVA）； P_G：发电机容量（kW）； $X_T\%$：升压变压器漏抗标幺值； $X_d\%$、$X_q\%$：发电机电抗； α：相位系数，$\alpha = 0.06°/\text{km}$； L：线路长度（km）	1P745 式（14-11）
线性谐振	消弧线圈补偿网络的消谐	采用欠补偿或过补偿运行方式	1P742
	变压器传递过电压的限制	变压器的高压侧发生不对称接地故障、断路器非全相或不同期动作而出现零序电压时，将通过电容耦合传递至低压侧。低压侧传递过电压 $$U_2 = U_0 \frac{C_{12}}{C_{12} + 3C_0}$$ 避免产生零序过电压是防止变压器传递过电压的根本措施。这就要求尽	1P742 式（14-7）

续表

名　称	依　据　内　容	出处
变压器传递过电压的限制	量使断路器三相同期动作，避免在高压侧采用熔断器设备等。在低压侧每相加装 0.1μF 以上的对地电容，加大式（14-7）中的 C_0，是一种可靠的限制方法 U_0：高压侧出现的零序电压（kV）； G_{12}：高低压绕组之间的电容（μF）； C_0：低压侧相对地电容（μF） 变压器绕组间的静电耦合	1P742 式（14-7）
线性谐振 超高压、特高压线路非全相运行	对图 14-6 所示的网络，按照正序分量法进行分析，单相非全相开断时的谐振条件见表 14-8。 图 14-6　线路带电抗器时的非全相谐振 表 14-8　单相非全相开断时的谐振条件 	电抗器形式	参数特点	谐振条件
由三个单相电抗器接成 Y 形、中性点直接接地的电抗器组；三相五柱、中性点直接接地的电抗器组	$L_1 = L_0$	$\omega L_1 = \dfrac{1}{\omega(C_0 + 2C_{12})}$
三相三柱电抗器	$L_1 > L_0$	$3\omega(C_0 + 2C_{12}) = \dfrac{1}{\omega L_0} + \dfrac{2}{\omega L_1}$		1P743
	对 330kV 系统，设 $C_0 \approx 6.5 C_{12}$，$C_1 = C_0 + 3C_{12} \approx 9.5 C_{12}$，则 $\omega L_1 = \dfrac{1}{\omega(C_0 + 2C_{12})}$ 可改写为式（14-8），即若并联电抗器补偿容量是线路充电容量的 90%时，就满足线性谐振条件。则 $$\omega L_1 = \dfrac{1}{0.9 \omega C_1}$$ L_1：电抗器正序电感（μH）； L_0：电抗器零序电感（μH）； C_1：线路正序电容（μF）； C_{12}：线路相间电容，$C_{12} = (C_1 - C_0)/3$（μF）； C_0：线路零序电容（μF）	1P743 式（14-8）

续表

名　　称		依　据　内　容	出处
线性谐振	超高压、特高压线路非全相运行	当系统满足谐振条件时，可在电抗器中性点与地之间串接小电抗 X_n，以增大电抗器的零序电抗，消除工频共振的条件 $$X_0 = \frac{X_L^2}{\frac{1}{\omega C_{12}} - 3X_L} + \frac{X_L - X_{L0}}{3}$$ X_L：并联电抗器的正序电抗值（Ω）； X_{L0}：并联电抗器的零序电抗值（Ω）。 对单相电抗器 $X_{L0}=X_L$；对三相三柱式电抗器，$X_L=2X_{L0}$	1P743 式（14-9）
	装有高压并联电抗器线路的非全相谐振过电压的限制	（1）在高压并联电抗器的中性点接入接地电抗器，接地电抗器电抗值宜按接近完全补偿线路的相间电容来选择，应符合限制潜供电流的要求和对并联电抗器中性点绝缘水平的要求。对于同塔双回线路，宜计算回路之间的耦合对电抗值选择的影响。 （2）在计算非全相谐振过电压时，宜计算线路参数设计值和实际值的差异、高压并联电抗器和接地电抗器的阻抗设计值与实测值的偏差、故障状态下的电网频率变化对过电压的影响	GB/T 50064—2014 4.1.7
铁磁谐振过电压	高次谐波谐振过电压	范围Ⅱ的系统中，限制 2 次谐波为主的高次谐波谐振过电压的措施应符合下列要求： （1）不宜采用产生 2 次谐波谐振的运行方式、操作方式，在故障时应防止出现该谐振的接线；当确实无法避免时，可在变电站线路继电保护装置内增设过电压速断保护，以缩短该电压的持续时间。 （2）当带电母线对空载变压器合闸出现谐振过电压时，在操作断路器上宜加装合闸电阻	4.1.8
	电磁式电压互感器引起的铁磁谐振过电压	系统采用带有均压电容的断路器开断连接有电磁式电压互感器的空载母线，经验算可产生铁磁谐振过电压时，宜选用电容式电压互感器。当已装有电磁式电压互感器时，运行中应避免引起谐振的操作方式，可装设专门抑制此类电磁谐振的装置	4.1.9
	变压器铁磁谐振过电压	变压器铁磁谐振过电压限制措施应符合下列要求： （1）经验算断路器非全相操作时产生的铁磁谐振过电压，危及 110kV 及 220kV 中性点不接地变压器的中性点绝缘时，变压器中性点宜装设间隙，间隙应符合本规范第 4.1.4 条第 1 款的要求。 （2）当继电保护装置设有缺相保护时，110kV 及 220kV 变压器不接地的中性点可装设无间隙 MOA，应验算其吸收能量。该避雷器还应符合雷电过电压下保护变压器中性点标准分级绝缘的要求	4.1.10
	6kV～66kV 不接地系统或偶然脱离谐振接地系统的部分，产生的谐振过电压	6kV～66kV 不接地系统或偶然脱离谐振接地系统的部分，产生的谐振过电压有： （1）中性点接地的电磁式电压互感器过饱和。 （2）配电变压器高压绕组对地短路。 （3）输电线路单相断线且一端接地或不接地。 （4）限制电磁式电压互感器铁磁谐振过电压宜选取下列措施： 1）选用励磁特性饱和点较高的电磁式电压互感器； 2）减少同一系统中电压互感器中性点接地的数量，除电源侧电压互感器高压绕组中性点接地外，其他电压互感器中性点不宜接地； 3）当 X_{c0} 是系统每相对地分布容抗，X_m 为电压互感器在线电压作用下单相绕组的励磁电抗时，可在 10kV 及以下的母线上装设中性点接地的星形接地电容器组或用一段电缆代替架空线路以减少 X_{c0}，使 X_{c0} 小于 $0.01X_m$； 4）当 K_{13} 是互感器一次绕组与开口三角形绕组的变比时，可在电压互感器的开口三角形绕组装设阻值不大于（X_m/K_{13}^2）的电阻或装设其他专门消除此类铁磁谐振的装置； 5）电压互感器高压绕组中性点可接入单相电压互感器或消谐装置	4.1.11
	较低电压系统	谐振接地的较低电压系统，运行时应避开谐振状态；非谐振接地的较低电压系统，应采取增大对地电容的措施防止高幅值的转移过电压	4.1.12

3. 操作过电压

名　称	依　据　内　容	出处
性质	电网中电容、电感等储能元件，在发生故障或操作时，由于其工作状态发生突变，将产生充电再充电或能量转换的过渡过程，电压的强制分量叠加以暂态分量叠加形成所谓的操作过电压。其作用时间约在几毫秒到数十毫秒之间。 操作过电压的幅值与波形与电网的运行方式、故障类型、操作对象以及操作过程中多种随机因素的影响有关，一般采取实测或者模拟计算进行定量分析	1P745
关合（重合）空载长线	对线路操作过电压绝缘设计起控制作用的空载线路合闸及单相重合闸过电压设计时，应符合下列要求： （1）对范围Ⅱ线路，应按工程条件预测该过电压幅值概率分布、统计过电压、变异系数和过电压波头长度。 （2）预测范围Ⅱ线路空载线路合闸操作过电压的条件应符合下列要求： 1）由孤立电源合闸空载线路，线路合闸后的沿线电压不应超过系统最高电压； 2）由与系统相连的变压器合闸空载线路，线路合闸后的沿线电压不宜超过系统最高电压。 （3）对于范围Ⅱ同塔双回线路，一回线路的单相接地故障后的单相重合闸过电压宜作为主要工况。 （4）范围Ⅱ空载线路合闸和重合闸产生的相对地统计过电压，对 330kV、500kV 和 750kV 系统分别不宜大于 2.2p.u.、2.0p.u.和 1.8p.u.。 （5）范围Ⅱ空载线路合闸、单相重合闸过电压的主要限制措施应为断路器采用合闸电阻和装设 MOA，也可使用选相合闸措施。 限制措施应符合下列要求： 1）对范围Ⅱ的 330kV 和 500kV 线路，宜按工程条件通过校验确定仅用 MOA 限制合闸和重合闸过电压的可行性； 2）为限制此类过电压，也可在线路上适当位置安装 MOA。 （6）当范围Ⅰ的线路要求深度降低合闸或重合闸过电压时，可采取限制措施	GB/T 50064—2014 4.2.1
	$$R \leqslant \frac{Z_c}{\beta \sin \alpha l \sqrt{\left[\frac{\beta(k_c-1)}{k-\beta}\right]^2 - 1}}$$ R：合闸电阻（Ω）； Z_c：线路波阻抗，330kV，Z_c=310Ω；500kV，Z_c=280Ω；750kV，$Z_c \approx 256$Ω；1000kV，$Z_c \approx 250$Ω； β：工频暂态过电压倍数［依据公式（14-3）］； α：相位系数，一般 α=0.06°/km； l：输电线路长度（km）； k_c：合闸过电压系数，k_h= 1.7～2.0； k：要求限制的操作过电压倍数。 式（14-12）只适用于线路上未装设并联电抗器的情况。但实际上在超高压、特高压线路中，大多数均装有并联电抗器。同时，在电网结构、电源容量、线路长度等条件均不相同的情况下，分别要求断路器装设不同的并联电阻是不切合实际的。研究表明，最佳电阻值为（0.5～2.0）Z_c。一般取 400Ω～600Ω。为了充分发挥合闸电阻的作用，要求有足够的电阻接入时间，一般取 8ms～15ms 图 14-8　具有合闸电阻的断路器接线 （a）接线图；（b）V 形曲线	1P748 式（14-12）

续表

名　称	依　据　内　容	出处
故障清除过电压	故障清除过电压及限制应符合下列要求：①工程的设计条件宜选用线路单相故障接地故障清除后，在故障线路或相邻线路上产生的过电压；②对于两相短路、两相或三相接地故障，可根据预测结果采用相应限制措施；③对于线路上较高的故障清除过电压，可在线路中部装设 MOA 或在断路器上安装分闸电阻予以限制	GB/T 50064—2014 4.2.2
	$$R=\frac{3}{\omega C_0 \times 10^{-6}}$$ R：分闸电阻（Ω）； C_0：线路对地电容（μF）； ω：角频率，$\omega=2\pi f$	1P749 式（14-13）
无故障甩负荷过电压	无故障甩负荷过电压可采用 MOA 限制	GB/T 50064—2014 4.2.3
振荡解列过电压	对振荡解列操作下的过电压应进行预测。预测振荡解列过电压时，线路送受端电势功角差宜按系统严重工况选取	GB/T 50064—2014 4.2.4
开断空载变压器过电压	投切空载变压器产生的操作过电压可采用 MOA 限制	GB/T 50064—2014 4.2.5
	空载变压器的励磁电流很小。因此在开断时不一定在电流过零时熄灭，而在某一数值下被强制切断。储存在电感线圈上的磁能将转化成为充电于变压器杂散电容上的电能，并振荡不已，使变压器各电压侧均出现过电压	1P746
开断空载长线	空载线路开断时，断路器发生重击穿产生的空载线路分闸过电压的限制措施应符合下列要求： （1）对 110kV 及 220kV 系统，开断空载架空线路宜采用重击穿概率极低的断路器，开断电缆线路采用重击穿概率极低的断路器，过电压不宜大于 3.0p.u.； （2）对 66kV 及以下不接地系统或谐振接地系统，开断空载线路应采用重击穿概率极低的断路器。6kV～35kV 的低电阻接地系统，开断空载线路应采用重击穿概率极低的断路器	GB/T 50064—2014 4.2.6
开断电容器组	6kV～66kV 系统中，开断并联电容补偿装置应采用重击穿概率极低的断路器。限制单相重击穿过电压宜将并联电容补偿装置的 MOA 保护（图 4.2.7）作为后备保护。断路器发生两相重击穿可不作为设计的工况。 重击穿：在断路器开断电路时，如果击穿发生在熄弧后 $0.25T$（T 为工频电压的周期，一般为 20ms）以内叫"复燃"，在这段时间之后任何瞬间发生的击穿则称为重燃，或称为重击穿	GB/T 50064—2014 4.2.7
	图 4.2.7　并联电容补偿装置的 MOA 保护 1—断路器；2—串联电抗器；3—电容器组；4—MOA	
	开断电容器组产生的过电压的原理与开断空载长线过电压类似，都是由于断路器重燃引起的。开断三相中性点不接地的电容器时，再加上断路器的三相不同期，会在电容器底部、极间和中性点上都出现较高的过电压。过电压的幅值会随着重燃次数增加而递增。 6kV～66kV 系统开断并联电容器补偿装置，如断路器发生单相重击穿时，电容器高压端对地电压可能超过 4.0p.u.。开断时如发生两相重击穿，电容器极间过电压可能超过 $2.5\sqrt{2}$ 倍的电容器额定电压。 限制措施： （1）当电容器组容量在数兆乏以上时，可采用灭弧能力强的 SF_6 断路器或真空断路器。 （2）装设金属氧化物避雷器保护	1P749

续表

名称	依据内容	出处
开断并联电抗器	开断并联电抗器时，宜采用截流数值较低的断路器，并宜采用 MOA 或能耗极低的 R-C 阻容吸收装置作为限制断路器强制熄弧截流产生过电压的后备保护。 对范围Ⅱ的并联电抗器开断时，也可采用选相分闸装置	GB/T 50064—2014 4.2.8
开断高压感应电动机	当采用真空断路器或采用截流值较高的少油断路器开断高压感应电动机时，宜在断路器与电动机之间装设旋转电机用 MOA 或能耗极低的 R-C 阻容吸收装置	4.2.9
开断高压感应电动机	开断高压电动机也是开断感性负载，可产生截流过电压、三相同时开断过电压和高频重燃过电压。开断高压电动机过电压容易损坏断路器，并严重危害电动机的主绝缘和匝间绝缘。电动机容量越小，这种过电压越高。当 6kV 电动机容量小于 200kW 时，或者采用真空断路器时应采取保护措施。 磁场能 $\frac{1}{2}LI^2 = \frac{1}{2}CU^2$，电场能 $U = \sqrt{\frac{L}{C}}I = ZI$ L：电动机电感； C：电动机杂散电容； I：开断截流值； Z：波阻抗。 限制措施： （1）当断路器开断高压感应电动机时，宜在断路器与电动机之间装设旋转电动机用 MOA。 （2）当采用真空断路器时，为了降低过电压陡度，可在避雷器旁并联一组 0.5μF 左右的电容器。 （3）在断路器与电动机之间装设能耗极低的 R-C 阻容吸收装置，电容和电阻串联	1P747
间歇电弧过电压限制	对 66kV 级以下不接地系统发生单相间歇性电弧接地故障时产生的过电压，可根据负荷性质和工程的重要程度进行必要的预测	GB/T 50064—2014 4.2.10

4．电气设备承受一定幅值和时间暂时过电压的要求

名称	依据内容（GB/T 50064—2014 附录 E）	出处
要求	电气设备承受一定幅值和时间暂时过电压标幺值的要求应结合表 E.0.1-1～表 E.0.1-5 的规定，变压器上过电压的基准电压应取相应分接头下的额定电压 [如分接头正常工作在 50/$\sqrt{3}$ +5×1.25%，其基准电压 1.0p.u.=520/$\sqrt{3}$ ×（1+5×1.25%）=318.99kV]，其余设备上过电压的基准电压应取最高相电压	E.0.1

表 E.0.1-1　110kV～330kV 电气设备承受暂时过电压的要求（p.u.）

时间（s）	1200		20		1		0.1	
	相对地	相对相	相对地	相对相	相对地	相对相	相对地	相对相
电力变压器和自耦变压器	1.10	1.10	1.25	1.25	1.90	1.50	2.00	1.58
分流电抗器和电磁式电压互感器	1.15	1.15	1.35	1.35	2.00	1.50	2.10	1.58
开关设备、电容式电压互感器、电流互感器、耦合电容器和汇流支柱	1.15	1.15	1.60	1.60	2.20	1.70	2.40	1.80

出处：110kV～330kV 电气设备承受暂时过电压的要求　表 E.0.1-1

续表

名称	依据内容（GB/T 50064—2014 附录 E）	出处
500kV 变压器、电容式电压互感器承受暂时过电压要求	表 E.0.1-2 500kV 变压器、电容式电压互感器及耦合电容器承受暂时过电压的要求（p.u.） 	时间	连续	8h	2h	30min	1min	30s
---	---	---	---	---	---	---
变压器	1.1	—	—	1.2	1.3	—
电容式电压互感器	1.1	1.2	1.3	—	—	1.5
耦合电容器	—	—	1.3	—	—	1.5		表 E.0.1-2
500kV 并联电抗器承受暂时过电压要求	表 E.0.1-3 500kV 并联电抗器承受暂时过电压的要求（p.u.） 	时间	120min	60min	40min	20min	10min	3min	1min	20s	3s
---	---	---	---	---	---	---	---	---	---
备用状态下投入	1.15	—	1.20	1.25	1.30	—	1.40	1.50	—
运行状态	—	1.15	—	1.20	1.25	1.30	—	1.40	1.50		表 E.0.1-3
750kV 变压器承受暂时过电压要求	表 E.0.1-4 750kV 变压器承受暂时过电压的要求（p.u.） 	时间	连续（空载）	连续（额定电流）	20s	1s	0.1s
---	---	---	---	---	---
标幺值（p.u.）	1.1	1.05	1.25	1.5	1.58		表 E.0.1-4
750kV 并联电抗器承受暂时过电压要求	表 E.0.1-5 750kV 并联电抗器承受暂时过电压的要求（p.u.） 	时间	20min	3min	1min	20s	8s	1s
---	---	---	---	---	---	---
标幺值（p.u.）	1.15	1.20	1.25	1.30	1.40	1.50		表 E.0.1-5

5. 配电装置的雷电侵入波过电压保护

名称	依据内容（GB/T 50064—2014）	出处
架空进线	未沿全线架设地线的 35kV～110kV 架空线路，应在变电站 1km～2km 的进线段架设地线	5.4.13-1
	未沿全线架设地线的 35kV～110kV 架空线路，变电站进线段的保护接线见图 5.4.13-1 图 5.4.13-1 35kV～110kV 变电站的进线保护接线	
	220kV 架空线路，在 2km 的进线保护段范围内以及 35kV～110kV 线路的 1km～2km 进线保护段范围内 / 杆塔耐雷水平应符合表 5.3.1-1 的要求	
	在雷季，变电站 35kV～110kV 进线的隔离开关或断路器经常断路运行，同时线路侧又带电时 / 应在靠近隔离开关或断路器处装设一组 MOA	
	全线架设地线的 66kV～220kV 变电站，当进线的隔离开关或断路器经常短路运行，同时线路侧又带电时 / 应在靠近隔离开关或断路器处装设一组 MOA	

续表

名称	依据内容（GB/T 50064—2014）		出处
架空进线	为防止雷击线路断路器跳闸后待重合时间内重复雷击引起变电站电气设备的损坏，多雷区66kV～220kV敞开式变电站和电压范围Ⅱ变电站的66kV～220kV侧	线路断路器的线路侧宜装设一组MOA	5.4.13-1
电缆进线	发电厂、变电站的35kV及以上电缆进线段，电缆与架空线路的连接处应装设MOA，其接地端应与电缆金属外皮连接		5.4.13-2
	对三芯电缆，末端的金属外皮应直接接地，见图5.4.13-2（a）	图5.4.13-2（a）三芯电缆段的变电站进线保护接线	
	对单芯电缆，应经金属氧化物电缆护层保护器CP接地，见图5.4.13-2（b）	图5.4.13-2（b）单芯电缆段的变电站进线保护接线	
	电缆长度不超过50m或超过50m，但经校验装一组MOA即能符合保护要求时	可只装MOA1或MOA2	
	电缆长度超过50m，且断路器在雷季经常断路运行时	应在电缆末端装设MOA	
	连接电缆段的1km架空线路	应架设地线	
	全线电缆-变压器组接线的变电站内是否装设MOA	应根据电缆另一端有无雷电过电压波侵入的可能，经校验确定	
变压器	有效接地系统的中性点不接地变压器	中性点采用分级绝缘且未装设保护间隙时	应在中性点装设中性点MOA	5.4.13-8
		中性点采用全绝缘，变电站为单进线且为单台变运行时	应在中性点装设中性点MOA	
	不接地、消弧线圈接地、高电阻接地系统中	变压器中性点可不装设保护装置，多雷区单进线变电站且变压器中性点引出时，宜装设MOA	5.4.13-8
	自耦变压器：应在其两个自耦合的绕组出线上装设MOA，应装在自耦变压器和断路器之间，见图5.4.13-3	图5.4.13-3 自耦变压器的MOA保护接线	5.4.13-3

第三章 过电压保护与绝缘配合

续表

名称	依据内容（GB/T 50064—2014）		出处
变压器	三绕组变压器（含自耦变压器、分裂变压器）	应在与架空线路连接的三绕组变压器的第三开路绕组或第三平衡绕组以及发电厂双绕组升压变压器当发电机断开由高压侧倒送厂用电时的二次绕组的 3 相上各安装一支 MOA，以防止由变压器高压绕组雷电波电磁感应传递的过电压对其他各相应绕组的损坏	5.4.13-11
35kV～220kV 开关站	应根据重要性和进线路数，在进线上装设 MOA		5.4.13-10
6kV～10kV 配电装置	应在每组母线和架空进线上分别装设电站型和配电型 MOA，见图 5.4.13-4	图 5.4.13-4　6kV～10kV 配电装置雷电侵入波过电压的保护接线	5.4.13-4
	架空进线全部在厂区内，且受到其他建筑物屏蔽时，可以在母线上装设 MOA；有电缆段的架空线路，MOA 应装设在电缆头附近，其接地端应与电缆金属皮相连；各架空进线均有电缆段时，MOA 与主变的最大电气距离可不受限制		
小容量变电站	3.15MVA～5MVA	变电站 35kV 侧，安装简易保护接线；见图 5.4.15-1	5.4.15-1
		图 5.4.15-1　3150kVA～5000kVA 的 35kV 变电站的简易保护接线	
		进线段的地线长度可减少到 500m～600m，MOA 的接地电阻不应超过 5Ω	
	≤3.15MVA	供非重要负荷的变电站 35kV 侧，保护接线图，见图 5.4.15-2（a）	5.4.15-2
		图 5.4.15-2（a）采用地线保护的接线	
		≤1MVA 保护接线图，见图 5.4.15-2（b）	
		图 5.4.15-2（b）不采用地线保护的接线	

续表

名称		依据内容（GB/T 50064—2014）		出处
小容量变电站	≤3.15 MVA	供非重要负荷的35kV分支变电站，保护接线图，见图5.4.15-3		5.4.15-3
		图5.4.15-3（a）分支线较短时的保护接线		
		图5.4.15-3（b）分支线较长时的保护接线		
	简易保护接线的变电站35kV侧，MOA与主变压器或电压互感器间的最大电气距离不宜超过10m			
66kV及以上GIS站	架空进线	无电缆段进线时保护接线图，见图5.4.14-1		5.4.14-1
		图5.4.14-1 无电缆段进线的GIS变电站保护		
		应在GIS管道与架空线路连接处装设MOA，其接地端应与管道金属外壳连接		
		连接GIS管道的架空线路进线保护段的长度不应小于2km		
		变压器或GIS一次回路的任何电气部分至MOA1间的最大电气距离	对66kV系统不超过50m时	可只装设MOA1
			对110kV及220kV系统不超过130m时，或当经校验一组MOA即能符合保护要求时	
	有电缆进线	在电缆段与架空线路连接处应装设MOA，其接地端应与电缆的金属外皮连接		5.4.14-2
		三芯电缆段进GIS变电站的保护接线：末端的金属外皮应与GIS管道金属外壳连接接地，见图5.4.14-2（a）	图5.4.14-2（a）三芯电缆段进GIS变电站的保护接线	
		对单芯电缆段进GIS变电站的保护接线：应经金属氧化物电缆护层保护器CP接地，见图5.4.14-2（b）	图5.4.14-2（b）单芯电缆段进GIS变电站的保护接线	

续表

名称	依据内容（GB/T 50064—2014）		出处
66kV 及以上 GIS 站	有电缆进线	电缆末端至变压器或 GIS 一次回路的任何电气部分间的最大电气距离不超过（条款 1）规定值可不装设 MOA2，当超过时，经校验装一组 MOA 能符合要求时，图 5.4.14-1 可不装设 MOA2 对连接电缆段的 2km 架空线路应架设地线	5.4.14-2
直配电动机	$S \geq$ 60MW	不应与架空线路直接连接	
	25MW $\leq S <$ 60MW	保护接线见图 5.6.2 图 5.6.2 25000kW～60000kW 旋转电动机的保护接线 进线电缆段宜直接埋设在土壤中，以充分利用其金属外皮的分流作用；当进线电缆段未直接埋设时，可将电缆金属外皮多点接地；进线段上的 MOA 的接地端，应与电缆的金属外皮和地线连在一起接地，接地电阻不应大于 3Ω	图 5.6.2
	6 $\leq S <$ 25MW	保护接线见图 5.6.3；多雷区可采用见图 5.6.2 图 5.6.3 6000kW～25000kW（不含 25000kW）旋转电动机的保护接线	图 5.6.3
	6MW～12MW	出线回路中无限流电抗器时，宜采用有电抗线圈的保护接线，见图 5.6.4 图 5.6.4 6000kW～12000kW 旋转电动机的保护接线	图 5.6.4
	1.5 $\leq S <$ 6MW 或少雷区 $S \leq$ 6MW	保护接线见图 5.6.5，在进线保护段长度内，应装设避雷针或地线 图 5.6.5 1500kW～6000kW（不含 6000kW）旋转电动机和少雷区 6000kW 及以下旋转电动机的保护接线	图 5.6.5
	$S \leq$ 6MW	也可采用有电抗线圈或限流电抗器的保护接线，见图 5.6.6 图 5.6.6 6000kW 及以下的旋转电动机或牵引站旋转电动机的保护接线	图 5.6.6

续表

名称	依据内容（GB/T 50064—2014）	出处
直配电动机	容量 25MW 及以上旋转电动机，应在每台电机出线处装设一组旋转电动机 MOA；容量 25MW 以下旋转电动机，MOA 应靠近电机装设，可装在电动机出线处；当接在每一组母线上的电动机不超过两台时，MOA 可装在每组母线上	5.6.7
无架空直配线的发电机	当发电机与升压变压器之间的母线或组合导线无金属屏蔽部分的长度大于 50m 时，应采取防止感应过电压措施；可在发电机回路或母线的每相导线上装设不小于 0.15μF 的电容器或旋转电机用 MOA	5.6.11
经变压器与架空相连的非旋转电动机	当变压器高压侧的系统标称电压为 66kV 及以下时，为防止雷电过电压经变压器绕组的电磁传递而危及电动机的绝缘，宜在电机出线上装设一组选装电机用 MOA	5.6.12

三、避雷针（线）保护范围计算

名称	依据内容	出处	
单支避雷针	（1）$r=1.5hP$	GB/T 50064—2014	式（5.2.1-1）
	（2）$h_x \geq 0.5h$ 时，$r_x=(h-h_x)p=(h_a)P$		式（5.2.1-2）
	（3）$h_x < 0.5h$ 时，$r_x=(1.5h-2h_x)P$		式（5.2.1-3）
	当 h 不大于 30m 时，θ 为 45°；当 h 大于 30m 时，θ 为 $\arctan P$	总结	
	图 5.2.1 单支避雷针的保护范围	GB/T 50064—2014 图 5.2.1	
两支等高避雷针	（1）外侧保护范围按单支避雷针确定； （2）$h_0 = h - \dfrac{D}{7P}$； （3）b_x 按图 5.2.2-2 确定，当 $b_x > r_x$ 时，$b_x = r_x$； （4）D/h 不宜大于 5	5.2.2	
	图 5.2.2-1 高度为 h 的两等高避雷针的保护范围	图 5.2.2-1	

续表

名称	依据内容	出处
两支等高避雷针	图 5.2.2-2 两等高避雷针间保护范围的一侧最小宽度 b_x 与 $D/(h_aP)$ 的关系 （a）$D/(h_aP)$ 为 0~7；（b）$D/(h_aP)$ 为 5~7	GB/T 50064—2014 图 5.2.2-2
	解题步骤：b_x 为单侧宽，两侧×2。 ①求 $h_a=h-h_x$；②求 h_aP；③求 $D/(h_aP)$；④查 $b_x/(h_aP)$；⑤求 b_x；⑥山、坡：b_x 再×0.75；⑦若 $b_x > r_x$，直取 $b_x = r_x$；⑧校条件，$D \leq 5h$	总结
多支等高避雷针	（1）对三支等高避雷针所形成的三角形，外侧保护范围按两支等高避雷针计算； （2）对四支及以上等高避雷针，先分解成两个或数个三角形，再分别按三支等高避雷针计算； （3）$b_x \geq 0$ 时，则全部面积受到保护 三支等高避雷针在 h_x 水平面上的保护范围	GB/T 50064—2014 图 5.2.3（a）
单根避雷线	（1）$h_x \geq 0.5h$ 时，$r_x = 0.47(h-h_x)P$	式（5.2.4-1）
	（2）$h_x < 0.5h$ 时，$r_x = (h-1.53h_x)P$	式（5.2.4-2）
	当 h 不大于 30m 时，θ 为 25°； 当 h 大于 30m 时，θ 为 arctan（0.47P）	总结
	图 5.2.4 单根避雷线的保护范围	GB/T 50064—2014 图 5.2.4

续表

名　称	依　据　内　容	出　处
两根等高平行避雷线	（1）外侧保护范围按单根避雷线确定	GB/T 50064—2014 5.2.5.1
	（2）$h_O = h - D/(4P)$	式（5.2.5-1）
	（3）$h_x \geq h/2$ 时，$b_x = 0.47(h_O - h_x)P$	式（5.2.5-2）
	（4）$h_x < h/2$ 时，$b_x = (h_O - 1.53h_x)P$	式（5.2.5-3）
	图 5.2.5　两根等高平行避雷线的保护范围	图 5.2.5
两支不等高避雷针	（1）外侧保护范围按单支避雷针确定。 （2）内侧保护范围先按较高针 1 的保护范围，然后由较低避雷针 2 的顶点做水平线与避雷针 1 的保护范围相交于点 3，取点 3 为等效避雷针的顶点，再按两支等高避雷针的方法确定	5.2.6
	（3）$f = D'/(7P)$	式（5.2.6）
	（4）当 $h_2 \geq \frac{1}{2}h_1$ 时，$D' = D - (h_1 - h_2)P$	1P763 式（14-49）
	（5）当 $h_2 < \frac{1}{2}h_1$ 时，$D' = D - (1.5h_1 - 2h_2)P$	式（14-50）
	图 5.2.6　两支不等高避雷针的保护范围	GB/T 50064—2014 图 5.2.6
多支不等高避雷针、两根不等高避雷线	（1）仿效两支不等高避雷针的处理方法。 （2）两根不等高避雷线的保护范围，应按照两支不等高避雷针的方法，按式（5.2.5-1）计算	5.2.6
山地及坡地上的避雷针	（1）保护范围按式（5.2.1-1）、式（5.2.1-2）、式（5.2.1-3）计算； （2）b_x 按图 5.2.2-2 计算结果的 0.75； （3）$h_O = h - D/(5P)$； （4）$f = D'/(5P)$； （5）利用山势设立的远离保护物的避雷针不得作为主保护装置	式（5.2.7-1） 式（5.2.7-2）

续表

名　称	依　据　内　容	出处
相互靠近的避雷针、避雷线联合保护范围	（1）外侧保护分别按单针、单线确定； （2）内侧保护先将不等高针、线化为等高针、线，再将等高针、线视为等高避雷线计算	GB/T 50064 —2014 5.2.8
参数说明	r：避雷针在地面上的保护半径（m）； h_x：被保护物高度（m）； r_x：避雷针（线）在 h_x 水平面上的保护半径（m）； h_a：避雷针（线）有效高度（m）；h：避雷针（线）高度（m），$h>120\text{m}$ 时，取 $h=120\text{m}$； h_O：两针（线）间保护范围上部边缘最低点高度（m）； p：高度影响系数，$h\leq30\text{m}$，$p=1$；$30\text{m}<h\leq120\text{m}$，$p=\frac{5.5}{\sqrt{h}}$；$h>120\text{m}$，$p=0.5$； b_x：两针（线）间在 h_x 平面上保护范围的一侧最小宽度（m），对避雷针，$b_x\geq0$ 则全部面积受到保护； D：两避雷针（线）间距离（m）； D'：避雷针 2 与等效避雷针 3 间距离（m）； r_{x1}：针 1 对保护物高度 h_2 水平面的保护半径（m）； f：圆弧的弓高（m）	5.2

四、棒型保护间隙

名　称	依据内容（DL/T 5222—2005）	出处
保护间隙	对中性点为分级绝缘的 220kV 变压器，如使用同期性能不良的断路器，变压器中性点宜用金属氧化物避雷器保护。当采用阀型避雷器时，变压器中性点宜增设棒型保护间隙，并与阀型避雷器并联。 条文说明：当采用棒型保护间隙时，可用直径为 12mm 的半圆头棒间隙水平布置。间隙距离可取下列数值：220kV，（250~350）mm；110kV，（90~110）mm	20.1.9

五、限制操作过电压用 MOA 的基本要求

1. 名称定义

名　称	依　据　内　容	出处
持续运行电压	避雷器持续运行电压：允许持久地施加在避雷器端子间的工频电压有效值	DL/T 804 —2014 7.1
额定电压	避雷器额定电压是施加到避雷器端子间的最大允许工频电压有效值，按照此电压所设计的避雷器，能在所规定的动作负载试验中确定的暂时过电压下正确地工作。它是表明避雷器运行特性的一个重要参数，但它不等于系统标称电压，也有别于其他电气设备的额定电压	DL/T 804 —2014 7.2.1
冲击保护水平	避雷器的雷电冲击保护水平是在标称放电电流下的最大残压，它用于保护设备免受快波前过电压。操作冲击保护水平是在规定的操作冲击电流下的最大残压。它用于保护设备免受缓波前过电压	GB/T 28547 —2012 2.2.1.7.5
残压决定	对于无间隙避雷器，其保护水平完全由残压决定；对于有间隙避雷器，其保护水平由本体残压和雷电冲击放电电压决定	DL/T 804 —2002 7.7.1

2. 电气装置及旋转电机汇总（GB/T 50064—2014）

名　称	接地故障清除时间	MOA 额定电压	出处
电气装置	有效接地和低电阻接地系统，不大于 10s	$U_R \geq U_T$	式（4.4.2-1）
	非有效接地系统，大于 10s	$U_R \geq 1.25 U_T$	式（4.4.2-2）
	U_R：MOA 的额定电压（kV）； U_T：系统的暂时过电压（kV）		

续表

名 称	接地故障清除时间	MOA 额定电压	出处
发电机和旋转电机	不大于 10s	$U_R \geqslant 1.05U_e$	第 4.4.4 条
	大于 10s	$U_R \geqslant 1.3U_e$	第 4.4.4 条
	U_R：相对地 MOA 的额定电压（kV）； U_e：旋转电机额定电压（kV）		
旋转电机中性点	$U_r \geqslant (1/\sqrt{3})U_R$	U_r：中性点 MOA 的额定电压（kV）	第 4.4.4 条
旋转电机	$U_c \geqslant 80\%U_R$	U_c：MOA 的持续运行电压（kV）	第 4.4.4 条

3．MOA 持续运行电压和额定电压（GB/T 50064—2014，P15 表 4.4.3）

系统接地方式		持续运行电压		额定电压	
		相 地	中 性 点	相 地	中 性 点
有效接地	110kV	$U_m/\sqrt{3}=72.75$	$0.27U_m=34.02$ $0.46U_m=57.96$	$0.75U_m=94.5$	$0.35U_m=44.1$ $0.58U_m=73.08$
	220kV	$U_m/\sqrt{3}=145.49$	$0.10U_m=25.2$ $(0.27U_m=68.04)$ $(0.46U_m=115.92)$	$0.75U_m=189$	$0.35kU_m=88.2k$ $(0.35U_m=88.2)$ $(0.58U_m=146.16)$
	330kV	$U_m/\sqrt{3}=209.58$	$0.10U_m=36.3$	$0.75U_m=272.25$	$0.35kU_m=127.05k$
	500kV	$U_m/\sqrt{3}=317.54$	$0.10U_m=55$	$0.75U_m=412.5$	$0.35kU_m=192.5k$
	750kV	$U_m/\sqrt{3}=461.88$	$0.10U_m=80$	$0.75U_m=600$	$0.35kU_m=280k$
非有效接地	不接地	$1.10U_m$	$0.64U_m$	$1.38U_m$	$0.8U_m$
	谐振接地	U_m	$U_m/\sqrt{3}$	$1.25U_m$	$0.72U_m$
	低电阻接地	$0.8U_m$	$0.46U_m$	U_m	$U_m/\sqrt{3}$
	高电阻接地	U_m	$U_m/\sqrt{3}$	$1.25U_m$	$0.72U_m$

注 1．110kV、220kV 中性点，上方数据对应系统无失地、下方对应系统有失地的条件。
　　2．220kV 括号外对应变压器中性点经接地电抗器接地，括号内对应变压器中性点不接地。
　　3．当接地电抗器的电抗与变压器或高压并联电抗器的零序电抗之比等于 n 时，$k=\dfrac{3n}{1+3n}$。

4．GB/T 50064—2014 表 4.4.3 总结

名 称	数值推导缘由	备注
0.8	考虑荷电率 $\beta=80\%$，即 $U_C/U_R=0.8$（定义在 GB/T 50064，P107 条文说明 4.4.1）	相对地
1.1	考虑≤220kV 不接地系统工频过压为 $1.1\sqrt{3}$ p.u.=$1.1U_m$	
1.25	考虑荷电率 $\beta=80\%$，则 $U_R/U_C=1/0.8=1.25$	
1.38	考虑 1.1 后，再考虑 1.25 系数，即 $1.25\times1.1=1.38$	
0.75	考虑 110kV~220kV 系统侧过压 1.3p.u.=$1.3\times U_m/\sqrt{3}$=$0.75U_m$	
0.58	中性点不接地，单相接地中性点工频过压为相电压，$U_m/\sqrt{3}=0.58U_m$	中性点
0.35	考虑 $K_x=x_0/x_1=3$，且中性点不接地时中性点工频过电压为 $0.6U_m/\sqrt{3}=0.36U_m$	

第三章 过电压保护与绝缘配合

续表

名　称	数值推导缘由	备注
0.46	在 $U_m/\sqrt{3}$ 的基础上，考虑 $\beta=0.8$，即 $U_m/\sqrt{3} \times 0.8 = 0.46U_m$	中性点
0.27	在 $0.6U_m/\sqrt{3}$ 基础上，考虑 $\beta=0.8$，即 $0.6U_m/\sqrt{3} \times 0.8 = 0.27U_m$	
考试陷阱	线路侧 MOA 的 U_R，也适用表 4.4.3（线路侧工频过电压为 1.4p.u.，非 1.3p.u.，但还是按 1.3p.u.选择）；若 $K_x = x_0/x_1 \neq 3$，则表 4.4.3 中性点 MOA 电压不再适用，而应采用 1P801 式（14-143）（若计算 U_C 还需要考虑β）	总结

5. 单相接地时，变压器中性点的稳态过电压

名　称	依　据　内　容	出处
变压器中性点的稳态过电压	单相接地时，变压器中性点的稳态过电压（选择避雷器的额定电压） $$U_{bo} = \frac{K_x}{2+K_x}U_{xg} = \frac{K_x}{2+K_x}\frac{U_m}{\sqrt{3}}$$	1P801 式（14-143）
K_x 值	$$K_x = \frac{x_0}{x_1}$$ x_0、x_1 分别为系统的零序电抗和正序电抗；K_x 一般不超过 3。 若取 $K_x = 3.0$，则 $U_{bo} = 0.6U_{xg}$	1P801 式（14-144）
系统要求	110kV～750kV 系统各种条件下 x_0/x_1 应为正值且不应大于 3，R_0/x_1 不应大于 1	GB/T 50064—2014 3.1.1-1
公式推导过程	有效接地系统，某台主变中性点不接地时，零序电压全部加到变压器中性点 $$U_{bo} = \frac{x_0}{x_1+x_2+x_0}U_{xg} = \frac{x_0}{2x_1+x_0}U_{xg} = \frac{\frac{x_0}{x_1}}{2+\frac{x_0}{x_1}}U_{xg} = \frac{K_x}{2+K_x}U_{xg}$$	1P801 式（14-143）公式推导
公式推导过程	中性点经电抗接地后，其零序电抗增到 3 倍后并入序网图，变压器中性点的电压就是零序电压在小电抗上的分压，令 $n = \frac{x_{02}}{x_{01}}$ $$U'_{bo} = \frac{3x_{02}}{x_{01}+3x_{02}}U_{bo} = \frac{3\frac{x_{02}}{x_{01}}}{1+3\frac{x_{02}}{x_{01}}}U_{bo} = \frac{3n}{1+3n}U_{bo} = \frac{3n}{1+3n}\times\frac{K_x}{2+K_x}U_{xg}$$ 当 $K_x = 3$ 时，令 $k = \frac{3n}{1+3n}$，$U'_{bo} = \frac{3n}{1+3n}\times\frac{3}{2+3}U_{xg} = \frac{3n}{1+3n}\times 0.6\frac{U_m}{\sqrt{3}} = 0.35U_m\times\frac{3n}{1+3n} = 0.35kU_m$	GB/T 50064—2014 表 4.4.3 数据推导
自耦变压器零序电抗	对于有 △ 接线的第三绕组的 Y0 自耦变压器，其零序电抗可直接按制造厂提供的零序短路电抗的 80% 来计算。不必再做试验	旧 1P224

6. 自耦变压器中压侧 MOA 校验

名 称	依 据 内 容	出处
自耦变压器中压侧 MOA 校验	连接于自耦变压器的高、中压绕组出口的避雷器，在选择额定电压时要考虑两侧避雷器的配合。高压侧进波，若中压侧先于高压侧动作，可能会因为中压侧避雷器允许的通流容量较小而损坏。故尚应满足下式 $$U_{zbe} > \frac{U_{gbe}}{N}$$ U_{zbe}：中压侧 MOA 的额定电压（kV）； U_{gbe}：高压侧 MOA 的额定电压（kV）； N：自耦变压器高、中压之间的变比	旧 1P879 式（15-50）

7. 避雷器的标称放电电流

名 称	依 据 内 容	出处
避雷器按标称放电电流分类	表1 避雷器按标称放电电流分类 	标称放电	20000A	10000A	5000A	2500A	1500A
---	---	---	---	---	---
额定电压 U_r, kV	$360 < U_r \leq 756$	$3 \leq U_r \leq 468$	$U_r \leq 132$	$U_r \leq 36$	$U_r \leq 207$
备注	电站用、线路用避雷器	电站用、线路用、电气化铁路用避雷器	电站用、线路用、发电机用、配电用、并联补偿电容器用、电气化铁路用避雷器	电动机用避雷器	电机中性点用、变压器中性点用避雷器、低压避雷器 | 表 20.1.10 避雷器按其标称放电电流的分类 | 标称放电电流 I_n	避雷器额定电压 U_r（有效值）kV	备注
20kA	$420 \leq U_r \leq 468$	电站用避雷器
10kA	$90 \leq U_r \leq 468$	电站用避雷器
5kA	$4 \leq U_r \leq 25$	发电机用避雷器
5kA	$5 \leq U_r \leq 17$	配电用避雷器
5kA	$5 \leq U_r \leq 90$	并联补偿电容器用避雷器
5kA	$5 \leq U_r \leq 108$	电站用避雷器
5kA	$42 \leq U_r \leq 84$	电气化铁道用避雷器
2.5kA	$4 \leq U_r \leq 13.5$	电动机用避雷器
1.5kA	$0.28 \leq U_r \leq 0.8$	低压避雷器
1.5kA	$2.4 \leq U_r \leq 15.2$	电机中性点用避雷器
1.5kA	$60 \leq U_r \leq 207$	变压器中性点用避雷器	 避雷器型号举例：Y10W-300/698，即标称放电电流为 10kA，额定电压 300kV，最大残压 698kV 的交流系统用瓷外套无间隙氧化锌避雷器	GB 11032—2010 表1 DL/T 5222—2005 表 20.1.10

六、避雷器至主变压器间的最大电气距离

名 称	依 据 内 容		出处
范围Ⅱ	发电厂和变电站高压配电装置的雷电侵入波过电压保护用MOA的设置和保护方案,宜通过仿真计算确定		GB/T 50064—2014 第5.4.12-2条
范围Ⅰ	至主变压器的距离符合表5.4.13-1	至其他电器距离比至主变压器距离相应增加35%	GB/T 50064—2014 第5.4.13-6条
6kV~10kV	至主变压器的距离符合表5.4.13-2	—	GB/T 50064—2014 第5.4.13-12条
同塔双回	架空进线采用同塔双回路杆塔,确定MOA与变压器最大电气距离时,进线路数应计为一路,且在雷季中宜避免将其中一路断开		GB/T 50064—2014 第5.4.13-6-3条

MOA至主变压器间的最大电气距离

表5.4.13-1 MOA至主变压器间的最大电气距离（m）

系统标称电压（kV）	进线长度（km）	进线路数			
		1	2	3	≥4
35	1.0	25	40	50	55
35	1.5	40	55	65	75
35	2.0	50	75	90	105
66	1.0	45	65	80	90
66	1.5	60	85	105	115
66	2.0	80	105	130	145
110	1.0	55	85	105	115
110	1.5	90	120	145	165
110	2.0	125	170	205	230
220	2.0	125(90)	195(140)	235(170)	265(190)

注：1. 全线有地线进线长度取2km,进线长度在1km~2km时的距离可按补差法确定。
2. 标准绝缘水平指35kV、66kV、110kV及220kV变压器、电压互感器标准雷电冲击全波耐受电压分别为200kV、325kV、480kV及950kV。括号内的数值对应的雷电冲击全波耐受电压为850kV

出处：GB/T 50064—2014 表5.4.13-1

补差法公式

$$Y_2 = Y_1 + \frac{X_2 - X_1}{X_3 - X_1}(Y_3 - Y_1)$$

举例：35kV,进线长度1.3km,进线路数1回

$$Y = 25 + \frac{1.3 - 1.0}{1.5 - 1.0} \times (40 - 25) = 34 \text{m}$$

出处：补差法总结

表5.4.13-2 MOA至6kV~10kV主变压器间的最大电气距离

雷季中经常运行的进线回路数	1	2	3	≥4
最大电气距离（m）	15	20	25	30

出处：GB/T 50064—2014 表5.4.13-2

七、S_a/S_e

1. 绝缘隔离层

名称	依据内容	出处
绝缘隔离措施	在高电阻率地区或在布置上有困难，而地中距离不能满足至少大于3m的要求时，可以采用沥青或沥青混凝土作为绝缘隔离层。沥青混凝土的平均击穿强度约为土壤的3倍	1P830
隔离层的厚度 b	$b = 0.15R_{ch} - 0.5S$ R_{ch}：避雷针的冲击接地电阻（Ω）； S：接地体之间的实际距离（m）	1P830 式（15-87）
绝缘隔离层的深度和宽度	$S_1 + S_2 + b \geq S_d$ S_1：隔离层边缘到主接地网的最小距离（m）； S_2：隔离层边缘到避雷针接地体的最小距离（m）； b：隔离层厚度（m）； S_d：地中距离（m）	1P830 式（15-88）
沥青混凝土绝缘隔离层	沥青混凝土绝缘隔离层示意图（独立避雷针、绝缘隔离层、接地线、主接地网）	示意图

2. 地中距离和空中距离

名称	依据内容 GB/T 50064—2014	出处
独立避雷针与配电装置带电部分、发电厂和变电所电气设备接地部分、架构接地部分之间的空气中距离 S_a	$S_a \geq 0.2R_i + 0.1h_j$ S_a：空气中距离（m）； R_i：避雷针的冲击接地电阻（Ω）； h_j：避雷针校验点的高度	式（5.4.11-1）
独立避雷针的接地装置与发电厂或变电站接地网间的地中距离 S_e	$S_e \geq 0.3R_i$	式（5.4.11-2）
避雷线与配电装置带电部分、发电厂和变电所电气设备接地部分、架构接地部分之间的空气中距离 S_a	$S_a \geq 0.2R_i + 0.1(h+\Delta l)$ 适用于一端绝缘，一端接地	式（5.4.11-3）
	$S_a \geq \beta'[0.2R_i + 0.1(h+\Delta l)]$ 适用于两端接地	式（5.4.11-4）
分流系数	$\beta' = \dfrac{1+\dfrac{\tau_t R_i}{12.4(l_2+h)}}{1+\dfrac{\Delta l+h}{l_2+h}+\dfrac{\tau_t R_i}{6.2(l_2+h)}} \approx \dfrac{l_2+h}{l_2+\Delta l+2h} = \dfrac{l'-\Delta l+h}{l'+2h}$	式（5.4.11-5）

续表

名称	依据内容 GB/T 50064—2014	出处
分流系数	Δl：避雷线上校验的雷击点与最近接地支柱的距离（m）； l_2：避雷线上校验的雷击点与另一端支柱间的距离（m）； l'：避雷线两支柱间的距离（m）； τ_f：雷电流的波头长度，可取 2.6μs； h：避雷线的高度（m）	式（5.4.11-5）
避雷线的接地装置与发电厂或变电站接地网间的地中距离 S_e	$S_\mathrm{e} \geqslant 0.3\beta' R_\mathrm{i}$	式（5.4.11-6）
空中距离和地中距离下限值	S_a 不宜小于 5m，S_e 不宜小于 3m	5.4.11-5

八、高压架空线路的雷电过电压保护

1．雷区分类

名称	依据内容（GB/T 50064—2014）	出处
少雷区	平均年雷暴日数不超过 15d 或地面落雷密度不超过 0.78 次/（km²·a）的地区	2.0.6
中雷区	平均年雷暴日数超过 15d 但不超过 40d 或地面落雷密度超过 0.78 次/（km²·a）但不超过 2.78 次/（km²·a）的地区	2.0.7
多雷区	平均年雷暴日数超过 40d 但不超过 90d 或地面落雷密度超过 2.78 次/（km²·a）但不超过 7.98 次/（km²·a）的地区	2.0.8
雷电活动特别强烈的地区	平均年雷暴日数超过 90d 或地面落雷密度超过 7.98 次/（km²·a）以及根据运行经验雷害特别严重的地区	2.0.9

2．各级电压的线路保护方式汇总

电压等级	GB/T 50064—2014 第 5.3.1 条	GB 50545—2010 第 7.0.13 条
110kV	可沿全线架设地线，在山区和强雷区，宜架设双地线	宜沿全线架设地线，在年平均雷暴日数不超过 15d 或运行经验证明雷电活动轻微的地区，可不架设地线。无地线的输电线路，宜在变电站或发电厂的进线段架设 1km～2km 地线
220kV～330kV	少雷区除外的其他地区的 220kV～750kV 线路应沿全线架设双地线。 少雷区可不沿全线架设地线，但应装设自动重合闸装置	应沿全线架设地线，在年平均雷暴日数不超过 15d 或运行经验证明雷电活动轻微的地区，可架设单地线，山区宜架设双地线
500kV～750kV		应沿全线架设双地线
3kV 及以下	不宜全线架设地线	—
6kV 和 10kV	除少雷区外，钢筋混凝土杆配电线路，宜采用瓷或其他绝缘材料的横担，并应以较短的时间切除故障，以减少雷击跳闸和断线事故	—

注　风力发电场内 35kV 架空线路应全线架设地线（GB 51096—2015 第 7.13.7-1 条）。

3．保护角

名称		依据内容（GB/T 50064—2014）	出处
保护角	定义	地线对导线的保护角指杆塔处，不考虑风偏，地线对水平面的垂线和地线与导线或分裂导线最外侧子导线连线之间的夹角	2.0.10

续表

名称		依据内容（GB/T 50064—2014）	出处
保护角	要求	杆塔上地线对边导线的保护角，应符合下列要求： （1）对于单回路，330kV及以下线路的保护角不宜大于15°，500kV～750kV线路的保护角不宜大于10°； （2）对于同塔双回或多回路，110kV线路的保护角不宜大于10°，220kV及以上线路的保护角均不宜大于0°； （3）单地线线路保护角不宜大于25°； （4）重覆冰线路的保护角可适当加大； （5）多雷区和强雷区的线路可采用负保护角	5.3.1-4

4．工频接地电阻

名称	依据内容（GB/T 50064—2014）	出处
工频接地电阻	雷季干燥时，有地线线路在杆塔不连地线时测量的线路杆塔的工频接地电阻，不宜超过表5.3.1-2所列数值。 表5.3.1-2 线路杆塔的工频接地电阻 | 土壤电阻率ρ（Ω·m）	$\rho\leq$100	100<$\rho\leq$500	500<$\rho\leq$1000	1000<$\rho\leq$2000	$\rho>$2000 | |---|---|---|---|---|---| | 接地电阻（Ω） | 10 | 15 | 20 | 25 | 30 | 注：1．土壤电阻率超过2000Ω·m，接地电阻很难降低到30Ω时，可采用6根～8根总长不超过500m的放射形接地体，或采用连续伸长接地体，接地电阻不受限制； 2．变电站进线段杆塔工频接地电阻不宜高于10Ω	5.3.1-7
措施	中雷区及以上地区35kV及66kV无地线线路宜采取措施，减少雷击引起的多相短路和两相异点接地引起的断线事故，钢筋混凝土杆和铁塔宜接地。在多雷区接地电阻不宜超过30Ω，其余地区接地电阻可不受限制。在土壤电阻率不超过100Ω·m或有运行经验的地区，可不另设人工接地装置	5.3.1-10

5．防雷保护措施

（1）防雷保护措施。

名称	依据内容（GB/T 50064—2014）	出处
电缆	两端与架空线路相连接的长度超过50m的电缆，应在其两端装设MOA；长度不超过50m的电缆，可只在任何一端装设MOA（当雷击电缆一端时，雷电流产生的感应过电压会破坏电缆的绝缘，工程上认为不超过50m在一端安装避雷器是安全的）	5.3.1-11
间隙	绝缘地线放电间隙的形式和间隙距离，应根据线路正常运行时地线上的感应电压、间隙动作后续流熄弧和继电保护的动作条件确定	5.3.1-12
交叉距离	当导线运行温度为40℃或当设计允许温度为80℃的导线运行温度为50℃时，同级电压线路相互交叉或与较低电压线路、通信线路交叉时的两交叉线路导线间或上方线路导线与下方线路地线间的垂直距离，不得小于表5.3.2所列数值。对按允许载流量计算导线截面的线路，还应检验当导线为最高允许温度时的交叉距离，此距离应大于操作过电压要求的空气间隙距离，且不得小于0.8m。 表5.3.2 同级电压线路相互交叉或与较低电压线路、通信线路交叉时的两交叉线路导线间或上方线路导线与下方线路地线间的垂直距离 | 系统标称电压（kV） | 6、10 | 20～110 | 220 | 330 | 500 | 750 | |---|---|---|---|---|---|---| | 交叉距离（m） | 2 | 3 | 4 | 5 | 6（8.5） | 7（12） | 注：括号内为至输电线路杆顶或至通信线路之交叉距离	5.3.2-1

续表

名称	依据内容（GB/T 50064—2014）	出处
交叉措施	6kV 及以上的同级电压线路相互交叉或与较低电压线路、通信线路交叉时，交叉档应采取下列保护措施： （1）交叉档两端的钢筋混凝土杆或铁塔，不论有无地线，均应接地。 （2）交叉距离比表 5.3.2 所列数值大 2m 及以上时，交叉档可不采取保护措施	5.3.2-2
交叉保护	交叉点至最近杆塔的距离不超过 40m，可不在此线路交叉档的另一杆塔上装设交叉保护用的接地装置	5.3.2-3
大跨越反击	范围Ⅰ架空线路大跨越档的雷电过电压保护应符合下列要求： （1）全高超过 40m 有地线的杆塔，每增高 10m，应增加一个绝缘子，地线对边导线的保护角应符合本规范第 5.3.1 条第 4 款的规定。接地电阻不应超过本规范表 5.3.1-2 所列数值的 50%，当土壤电阻率大于 2000Ω·m 时，不宜超过 20Ω。全高超过 100m 的杆塔，绝缘子数量应结合运行经验，通过雷电过电压的计算确定。 （2）未沿全线架设地线的 35kV 新建线路中的大跨越段，宜架设地线或安装线路防雷用避雷器，并应比一般线路增加一个绝缘子。 表 5.3.3　防止反击要求的大跨越档导线与地线间的距离 | 系统标称电压（kV）	35	66	110	220 | |---|---|---|---|---| | 距离（m） | 3.0 | 6.0 | 7.5 | 11.0 |	5.3.3
不平衡绝缘	同塔双回 110kV 和 220kV 线路，可采用下列形成不平衡绝缘的措施以减少雷击引起双回线路同时闪络跳闸的概率： （1）在一回线路上适当增加绝缘。 （2）在一回线路上安装绝缘子并联间隙。	5.3.4
	线路避雷器在杆塔上的安装方式应符合下列要求： （1）110kV、220kV 单回线路宜在 3 相绝缘子串旁安装。 （2）330kV～750kV 单回线路可在两边相绝缘子串旁安装。 （3）同塔双回线路宜在一回路线路绝缘子串旁安装	5.3.5-3

（2）其他总结。

名称	依据内容	出处
放电间隙	绝缘避雷线的放电间隙，其间隙值应根据避雷线上的感应电压续流熄弧条件和继电保护的动作条件确定，一般采用 10mm～40mm。在海拔 1000m 以上的地区，间隙应相应增大	DL/T 620—1997 6.1.10
双联	地线绝缘时宜使用双联绝缘子串	GB 50545—2010 6.0.5
线路绝缘	当线路与直流输电工程接地极距离小于 5km 时地线（包括光纤复合架空地线）应绝缘，大于或等于 5km 时通过计算确定地线（包括光纤复合架空地线）是否绝缘	GB 50545—2010 6.0.6
	直流线路应全线架设双地线，直流线路地线与杆塔一般不绝缘，但如果直流线路距离接地极的距离小于 10km，接地极附近的直流线路，地线与杆塔应绝缘	DL/T 436—2005 6.4.1
绝缘地线	由于地线至各相导线的距离一般是不相等的，它们之间的互感就有些差别。因此，在正常情况下三相导线上的负荷电流是平衡的，但在地线上仍然要感应出一个纵电动势。如果地线逐塔接地，这个电动势就要产生电流，其结果就增加了线路的电能损失。目前我国设计的超高压线路，即使不作其他用途，也往往将地线绝缘以减少能耗。地线虽然绝缘，但在雷击时，地线的绝缘在雷电先驱放电阶段即被击穿而使地线呈接地状态，因而不会影响其防雷效果	线 P156 第二章 第九节

九、发电厂和变电站直击雷过电压保护

名 称		依据内容（GB/T 50064—2014）	出处
直击雷过电压	应	发电厂和变电站的直击雷过电压保护可采用避雷针或避雷线，其保护范围可按本规范第5.2节确定。下列设施应设直击雷保护装置：①屋外配电装置，包括组合导线和母线廊道；②火力发电厂的烟囱、冷却塔和输煤系统的高建筑物（地面转运站、输煤栈桥和输煤筒仓）；③油处理室、燃油泵房、露天油罐及其架空管道、装卸油台、易燃材料仓库；④乙炔发生站、制氢站、露天氢气罐、氢气罐储存室、天然气调压站、天然气架空管道及其露天贮罐；⑤多雷区的牵引站	5.4.1
	可不	发电厂的主厂房、主控制室和配电装置室可不装设直击雷保护装置。为保护其他设备而装设的避雷针，不宜装在独立的主控制室和35kV及以下变电站的屋顶上。采用钢结构或钢筋混凝土结构有屏蔽作用的建筑物的车间变电站可装设直击雷保护装置	5.4.2-1
	宜	强雷区的主厂房、主控制室、变电站控制室和配电装置室宜有直击雷保护	5.4.2-2
	宜	主厂房装设直击雷保护装置或为保护其他设备而在主厂房上装设避雷针时，应采取加强分流、设备的接地点远离避雷针接地引下线的入地点、避雷针接地引下线远离电气设备的防止反击措施，并宜在靠近避雷针的发电机出口处装设一组旋转电机用MOA	5.4.2-3
	应	主控制室、配电装置室和35kV及以下变电站的屋顶上装设直击雷保护装置时：①应将屋顶金属部分接地；②钢筋混凝土结构屋顶，应将其焊接成网接地；③非导电结构的屋顶，应采用避雷带保护，该避雷带的网格应为8m~10m，每隔10m~20m应设接地引下线，该接地引下线应与主接地网连接，并应在连接处加装集中接地装置	5.4.2-4
	宜	峡谷地区的发电厂和变电站宜用避雷线保护	5.4.2-5
	可不	已在相邻建筑物保护范围内的建筑物或设备，可不装设直击雷保护装置	5.4.2-6
	应	露天布置的GIS的外壳可不装设直击雷保护装置，外壳应接地	5.4.3
	应	发电厂和变电站的直击雷保护装置包括兼作接闪器的设备金属外壳、电缆金属外皮、建筑物金属构件，其接地可利用发电厂或变电站的主接地网，应在直击雷保护装置附近装设集中接地装置	5.4.5
独立避雷针		独立避雷针的接地装置应符合下列要求： （1）独立避雷针宜设独立的接地装置； （2）在非高土壤电阻率地区，接地电阻不宜超过10Ω； （3）该接地装置可与主接地网连接，避雷针与主接地网的地下连接点至35kV及以下设备与主接地网的地下连接点之间，沿接地极的长度不得小于15m； （4）独立避雷针不应设在人经常通行的地方，避雷针及其接地装置与道路或出入口的距离不宜小于3m，否则应采取均压措施或铺设砾石或沥青地面	5.4.6

十、架构避雷针（线）的设置

名 称		依据内容（GB/T 50064—2014）	出处
架构避雷针	架构或房顶上安装避雷针	架构或房顶上安装避雷针应符合下列要求： （1）110kV及以上的配电装置，可将避雷针装在配电装置的架构或房顶上，在土壤电阻率大于1000Ω·m的地区，宜装设独立避雷针。装设非独立避雷针时，应通过验算，采取降低接地电阻或加强绝缘的措施。 （2）66kV的配电装置，可将避雷针装在配电装置的架构或房顶上，在土壤电阻率大于500Ω·m的地区，宜装设独立避雷针。 （3）35kV及以下高压配电装置架构或房顶不宜装避雷针。 （4）装在架构上的避雷针应与接地网链接，并应在附近装设集中接地装	5.4.7

续表

名　　称		依据内容（GB/T 50064—2014）	出处
架构避雷针	架构或房顶上安装避雷针	置。装有避雷针的架构上，接地部分与带电部分间的空气中距离不得小于绝缘子串的长度或非污秽区标准绝缘子串的长度。 （5）除大坝与厂房紧邻的水力发电厂外，设置在除变压器门型架构外的架构上的避雷针与主接地网的地下连接点至变压器外壳接地线与主接地网的地下连接点之间，埋入地中的接地极的长度不得小于15m	5.4.7
	变压器门型架构上安装避雷针	变压器门型架构上安装避雷针或避雷线应符合下列要求： （1）除大坝与厂房紧邻的水力发电厂外，当土壤电阻率大于350Ω·m时，在变压器门型架构上和在离变压器主接地线小于15m的配电装置的架构上，不得装设避雷针、避雷线。 （2）当土壤电阻率不大于350Ω·m时，应根据方案比较确有经济效益，经过计算采取相应的防止反击的措施后，可在变压器门型架构上装设避雷针、避雷线。 （3）装在变压器门型架构上的避雷针应与接地网连接，并应沿不同方向引出3根到4根放射形水平接地体，在每根水平接地体上离避雷针架构3m～5m处应装设1根垂直接地体。 （4）6kV～35kV变压器应在所有绕组出线上或在离变压器电气距离不大于5m条件下装设MOA。 （5）高压侧电压35kV变电站，在变压器门型架构上装设避雷针时，变电站接地电阻不应超过4Ω	5.4.8
	线路的避雷线引接	线路的避雷线引接到发电厂或变电站应符合下列要求： （1）110kV及以上的配电装置，可将线路的避雷线引接到出线门型架构上，在土壤电阻率大于1000Ω·m的地区，还应装设集中接地装置。 （2）35kV和66kV配电装置，在土壤电阻率不大于500Ω·m的地区，可将线路的避雷线引接到出线门型架构上，应装设集中接地装置。 （3）35kV和66kV配电装置，在土壤电阻率大于500Ω·m的地区，避雷线应架设到线路终端杆塔为止。从线路终端杆塔到配电装置的一档线路的保护，可采用独立避雷针，也可在线路终端杆塔上装设避雷针	5.4.9
	烟囱和装有避雷针	烟囱和装有避雷针和避雷线架构附近的电源线应符合下列要求： （1）火力发电厂烟囱附近的引风机及其电动机的机壳应与主接地网连接，并应装设集中接地装置，该接地装置宜与烟囱的接地装置分开。当不能分开时，引风机的电源线应采用带金属外皮的电缆，电缆的金属外皮应与接地装置连接。 （2）机械通风冷却塔上电动机的电源线、装有避雷针和避雷线的架构上的照明灯电源线，均应采用直接埋入地下的带金属外皮的电缆或穿入金属管的导线。电缆外皮或金属管埋地长度在10m以上，可与35kV及以下配电装置的接地网及低压配电装置相连接。 （3）不得在装有避雷针、避雷线的构筑物上架设未采取保护措施的通信线、广播线和低压线	5.4.10

十一、过电压间隙

1．GB 50545—2010有关过电压间隙总结

名　　称	依据内容（GB 50545—2010）	出处
绝缘配合	输电线路的绝缘配合，应满足线路在工频电压、操作电压过电压、雷电过电压等各种条件下安全可靠地运行	7.0.1
塔高修正	全高超过40m有地线的杆塔，由于高杆塔而增加绝缘子片数时，雷电过电压最小间隙也应相应增大（按比例增加，即，高杆塔片数/低杆塔片数=高杆塔间隙/低杆塔间隙）。750kV杆塔全高超过40m时，可根据实际情况进行验算，确定是否增加绝缘子片数和间隙	7.0.3
风偏间隙	在海拔不超过1000m的地区，在相应风偏条件下，带电部分与杆塔构件（包括拉线、脚钉等）的最小间隙	7.0.9

续表

名称	依据内容（GB 50545—2010）	出处
风偏间隙	表 7.0.9-1　110kV～500kV 带电部分与杆塔构件（包括拉线、脚钉等）的最小间隙（m） | 标称电压（kV）	110	220	330	500 海拔≤500m	500 500<海拔≤1000m | |---|---|---|---|---|---| | 工频电压 | 0.25 | 0.55 | 0.9 | 1.20 | 1.30 | | 操作过电压 | 0.70 | 1.45 | 1.95 | 2.50 | 2.70 | | 雷电过电压 | 1.00 | 1.90 | 2.30 | 3.30 | 3.30 | 表 7.0.9-2　750kV 带电部分与杆塔构件（包括拉线、脚钉等）的最小间隙（m） | 标称电压（kV） | | 750 | | |---|---|---|---| | 海拔 | | 海拔≤500m | 500<海拔≤1000m | | 工频电压 | Ⅰ串 | 1.80 | 1.90 | | 操作过电压 | 边相Ⅰ串 | 3.80 | 4.00 | | | 中相V串 | 4.60 | 4.80 | | 雷电过电压 | | 4.20（或按绝缘子串放电电压的 0.80 配合） | | 注：1. 按雷电过电压和操作过电压情况校验间隙时的相应气象条件。 2. 按运行电压情况校验间隙时风速采用基本风速修正至相应导线平均高度处的值及相应气温。 3. 当因高海拔而增加绝缘子片数时，雷电过电压间隙也应相应增大（按比例增加。高海拔片数/低海拔片数=高海拔间隙/低海拔间隙）	表 7.0.9-1 表 7.0.9-2
校验间隙	在海拔 1000m 以下地区，带电作业时，带电部分对杆塔与接地部分的校验间隙	7.0.10
相对地校验间隙	表 7.0.10　带电部分对杆塔与接地部分的校验间隙 | 标称电压（kV） | 110 | 220 | 330 | 500 | 750 | | |---|---|---|---|---|---|---| | 校验间隙（m） | 1.00 | 1.80 | 2.20 | 3.20 | 4.00（边相Ⅰ串） | 4.30（中相V串） |	表 7.0.10
相间间隙	海拔不超过 1000m 的地区，在塔头结构布置时，相间操作过电压相间最小间隙和档距中考虑导线风偏工频电压和操作过电压相间最小间隙宜符合表 7.0.11 规定	7.0.11
相间最小间隙	表 7.0.11　工频电压和操作过电压相间最小间隙 | 标称电压（kV） | | 110 | 220 | 330 | 500 | 750 | |---|---|---|---|---|---|---| | 工频电压 | | 0.50 | 0.90 | 1.60 | 2.20 | 2.80 | | 操作电压 | 塔头 | 1.20 | 2.40 | 3.40 | 5.20 | 7.70* | | | 档距中 | 1.10 | 2.10 | 3.0 | 4.60 | 5.40 | * 表示操作过电压相间最小间隙为单回路紧凑型模拟塔头试验值	表 7.0.11
间隙海拔修正	110kV～500kV 线路海拔超过 1000m，海拔每增加 100m 操作过电压和运行过电电压间隙比表 7.0.9-1 增大 1%，即 $$d' = d\left(1 + \frac{H-1000}{100} \times 1\%\right)$$	7.0.1 条文说明

2. GB 50064—2014 有关过电压间隙总结

名　称	依据内容（GB 50064—2014）	出处
配合裕度	在进行绝缘配合时，空气间隙应留有一定裕度	6.2.4
范围Ⅰ架空输电线路的空气间隙	表 6.2.4-1　海拔 1000m～3000m 地区范围Ⅰ架空输电线路的空气间隙（mm）（见下表）	表 6.2.4-1
范围Ⅱ架空输电线路的空气间隙	表 6.2.4-2　海拔 1000m 及以下地区范围Ⅱ架空输电线路的空气间隙（m）（见下表）	表 6.2.4-2
紧凑线路	海拔 1000m 及以下地区紧凑型架空输电线路相对地和相间空气间隙	6.2.5

表 6.2.4-1　海拔 1000m～3000m 地区范围Ⅰ架空输电线路的空气间隙（mm）

系统标称电压（kV）	海拔（m）	持续运行电压	操作过电压	雷电过电压
20	1000	50	120	350
35	1000	100	250	450
35	2000	110	275	495
35	3000	120	300	540
66	1000	200	500	650
110	1000	250	700	1000
110	2000	275	770	1100
110	3000	300	840	1200
220	1000	550	1450	1900
220	2000	605	1595	2090
220	3000	660	1740	2280

表 6.2.4-2　海拔 1000m 及以下地区范围Ⅱ架空输电线路的空气间隙（m）

系统标称电压（kV）		330		500			750			
过电压倍数（标幺值）		2.0	2.2	1.8		2.0	1.6		1.8	
海拔（m）		1000	1000	500	1000	500	1000	500	1000	500	1000
操作过电压	单回 边相、中相Ⅰ串	1.65	1.85	2.2	2.4	2.5	2.7	3.3	3.5	3.8	4.0
操作过电压	单回 塔窗内中相V串	2.15	2.4	2.75	3.15	3.1	3.3	4.1	4.3	4.6	4.8
操作过电压	同塔双回 导线风偏后	1.65	1.85	2.2	2.4	2.5	2.7	3.3	3.5	3.8	4.0
操作过电压	同塔双回 导线静止到横担	1.9	2.1	2.5	2.9	2.8	3.15	3.5	3.7	3.9	4.2
雷电过电压	单回	2.3		3.3				4.2			
雷电过电压	同塔双回	2.2		3.0		3.3		3.7		4.2	
持续运行电压		0.9		1.3（1.2）括号内为海拔 500m				1.9（1.8）括号内为海拔 500m			

注：1. 括号内数据适用于海拔 500m 及以下地区。
　　2. 同塔双回路导线为垂直排列，采用Ⅰ型悬垂绝缘子串

续表

名　　称	依据内容（GB 50064—2014）	出处
相对地间隙	表 6.2.5-1　海拔 1000m 及以下地区紧凑型架空输电线路相对地空气间隙（m） 	标称电压（kV）	220	330	500		 |---|---|---|---|---|
			海拔≤500m	500＜海拔≤1000m
雷电过电压	1.9	2.30	3.30	3.30（3.3）
操作过电压	1.45	1.95	2.50	2.70（2.5）
持续运行电压	0.55	0.9	1.20	1.30（1.2）	 注：括号内数据适用于海拔 500m 及以下地区	表 6.2.5-1
相间间隙	表 6.2.5-2　海拔 1000m 及以下地区紧凑型架空输电线路相间空气间隙（m） | 标称电压（kV）	220		330		500	| |---|---|---|---|---|---|---|
位置	塔头	档中	塔头	档中	塔头	档中
操作过电压	2.4	2.1	3.4	3.0	5.2	4.6
持续运行电压	—	0.9	—	1.6	—	2.2		表 6.2.5-2
变电站间隙	海拔 1000m 及以下地区变电站的相对地和相间空气间隙	6.3.4
范围Ⅰ变电站的最小空气间隙	表 6.3.4-1　海拔 1000m 及以下地区范围Ⅰ变电站的最小空气间隙（mm） | 系统标称电压（kV）	持续运行电压	工频过电压		操作过电压		雷电过电压	| |---|---|---|---|---|---|---|---|
	相对地	相对地	相间	相对地	相间	相对地	相间
35	100	150	150	400	400	400	400
66	200	300	300	650	650	650	650
110	250	300	500	900	1000	900	1000
220	550	600	900	1800	2000	1800	2000 | 注：持续运行电压的空气间隙适用于悬垂绝缘子串有风偏间隙	表 6.3.4-1
6kV～20kV 高压配电装置的最小相对地或相间空气间隙	表 6.3.4-2　海拔 1000m 及以下地区 6kV～20kV 高压配电装置的最小相对地或相间空气间隙（mm） 	系统标称电压（kV）	户外	户内	 |---|---|---|
6	200	100
10	200	125
15	300	150
20	300	180		表 6.3.4-2
范围Ⅱ变电站的最小空气间隙	表 6.3.4-3　海拔 1000m 及以下地区范围Ⅱ变电站的最小空气间隙（mm） | 系统标称电压（kV）	持续运行电压	工频过电压		操作过电压		雷电过电压	| |---|---|---|---|---|---|---|---|
	相对地	相对地	相间	相对地	相间	相对地	相间
330	900	1100	1700	2000	2300	1800	2000
500	1300	1600	2400	3000	3700	2500	2800
750	1900	2200	3750	4800	6500	4300	4800 | 注：持续运行电压的空气间隙适用于悬垂绝缘子串有风偏间隙	表 6.3.4-3

十二、绝缘配合

1．架空输电线路的绝缘配合（GB/T 50064—2014，P47 第 6.2 节）

名称			依据内容	35kV	66kV	110kV	220kV	330kV	500kV	750kV	出处
最高电压 U_m（kV）				40.5	72.5	126	252	363	550	800	
绝缘子串	操作过电压	正极性操作冲击电压50%放电电压	$u_{1.i.s} \geq k_1 U_s$，$k_1=1.27$	—	—	—	—	828.109	1140.645	1493.209	6.2.1-2 条式（6.2.1）
	持续运行电压	工频50%放电电压	$u_{1.\sim} \geq k_2\sqrt{2}U_m/\sqrt{3}$，$k_2=1.13$	37.367	66.891	116.253	232.506	334.919	507.453	738.113	6.2.2-2 条式（6.2.2-1）
悬垂串受风偏影响，导线对杆塔空气间隙（三者取大）	操作过电压	正极性操作冲击电压50%放电电压	$u_{1.i.s} \geq k_3 U_s$	单回线路；风偏后三相导线对塔身或横担的空气间隙，$k_3=1.1$			—	717.260	987.961	1293.331	6.2.2-3 条式（6.2.2-2）
				同塔双回无风时，上中导线对中下横担的空气间隙，$k_3=1.27$			—	828.109	1140.645	1493.209	
	雷电过电压	正极性雷电冲击电压50%放电电压	$U_{50\%同隙}=KU_{50\%串}$ $K=0.85$，<750kV $K=0.80$，=750kV	750kV 以下等级线路为绝缘子串相应电压的 0.85 倍						750kV 线路可为 0.8 倍	6.2.2-4 条
V 形绝缘子串导线对杆塔空气间隙	持续运行电压	工频50%放电电压	$u_{1.\sim} \geq k_2\sqrt{2}U_m/\sqrt{3}$，$k_2=1.13$	37.367	66.891	116.253	232.506	334.919	507.453	738.113	6.2.3-1 符合式（6.2.2-1）
	操作过电压	正极性操作冲击电压50%放电电压	$u_{1.i.s} \geq k_3 U_s$，$k_3=1.27$	—	—	—	—	828.109	1140.645	1493.209	6.2.3-2 符合式（6.2.2-2）
	变电站进线段反击耐雷水平（kA）		单回线路	24～36	31～47	56～68	87～96	120～151	158～177	208～232	6.2.3-3 符合表 5.3.1-1
			同塔双回线路	—	—	50～61	79～92	108～137	142～162	192～224	

注：雷击时刻工作电压为峰值且与雷击电流反极性；发电厂、变电站进线保护段杆塔的耐雷水平不宜低于表中的较高数值

注 1．U_s：范围Ⅱ线路相对地统计操作过电压。
2．反击耐雷水平较高值对应线路杆塔冲击接地电阻 7Ω，较低值对应 15Ω。

2. 变电站绝缘子串及空气间隙绝缘配合（GB/T 50064—2014，P50 第 6.3 节）

名称			公式	35kV	66kV	110kV	220kV	330kV	500kV	750kV	出处
最高电压 U_m（kV）				40.5	72.5	126	252	363	550	800	
变电站绝缘子串	操作过电压	正极性操作冲击电压50%放电电压	$u_{s.i.s} \geq k_4 U_{s.p}$ $k_4=1.27$ $U_{s.p}$：避雷器操作冲击保护水平(kV)	—							6.3.1-2 条式（6.3.1-1）
	雷电过电压	正极性雷电冲击电压50%放电电压	$u_{s.i.l} \geq k_5 U_{l.p}$ $k_5=1.4$ $U_{l.p}$：避雷器雷电冲击保护水平(kV)	—							6.3.1-3 条式（6.3.1-2）
变电站导线对构架受风偏影响的空气间隙	持续运行电压	工频50%放电电压（风偏）	$u_{s.\sim} \geq k_2\sqrt{2}U_m/\sqrt{3}$ $k_2=1.13$	37.367	66.891	116.253	232.506	334.919	507.453	738.113	6.3.2-1 符合式（6.2.2-1）
	相对地工频过电压	工频50%放电电压（无风偏）	$u_{s.\sim.v} \geq k_3 U_{p.g}$ $k_6=1.15$	37.646	67.391	117.121	234.243	337.421	511.244	743.627	6.3.2-2 条式（6.3.2-1）
	操作过电压	正极性操作冲击电压50%放电电压	$u_{s.s.s} \geq k_7 U_{s.p}$ 有风偏 $k_7=1.1$；无风偏 $k_7=1.27$	—							6.3.2-3 条式（6.3.2-2）
	雷电过电压	正极性雷电冲击电压50%放电电压	$u_{s.l} \geq k_8 U_{l.p}$ $k_8=1.4$	—							6.3.2-4 条式（6.3.2-3）
变电站相间空气间隙	相间工频过电压	工频50%放电电压	$u_{s.\sim.p.p} \geq k_9 U_{p.p}$ $k_9=1.15$	60.548	108.388	188.370	376.740	542.685	822.250	1196.0	6.3.3-1 条式（6.3.3-1）
	操作冲击过电压	50%操作冲击电压波放电电压	$u_{s.s.p.p} \geq k_{10} U_{s.p}$ $k_{10}=2.0$	—							6.3.3-2 条式（6.3.3-2）
	雷电过电压		可取雷电过电压要求的相对地空气间隙的1.1倍	—							6.3.3-3 条

注 1. 相对地最大工频过电压 $U_{p.g}=1.4\text{p.u.}=1.4U_m/\sqrt{3}$。
   2. 母线处相间最大工频过电压 $U_{p.p}=1.3\sqrt{3}\text{ p.u.}=1.3U_m$。

3. 变电站电气设备的绝缘配合（GB/T 50064—2014，P53 第 6.4 节）

名称			公式	35kV	66kV	110kV	220kV	330kV	500kV	750kV	出处
持续运行电压暂时过电压	短时工频耐受电压	电气设备 内绝缘	$u_{e.\sim.i} \geq k_{11}U_{p.g}$ $k_{11}=1.15$	37.646	67.391	117.121	234.243	337.421	511.244	743.627	6.4.1-2-1 条式（6.4.1-1）
		电气设备 外绝缘	$u_{e.\sim.o} \geq k_{12}U_{p.g}$ $k_{12}=1.15$								6.4.1-2-2 条式（6.4.1-2）
		断路器同极断口间 内绝缘	$u_{e.\sim.c.i} \geq u_{e.\sim.i}+k_m$ $\sqrt{2}\,U_m/\sqrt{3}$	\multicolumn{4}{c}{k_m: 对 330kV 和 500kV 为 0.7 或 1.0；750kV 为 1.0}	k_m: 0.7	544.892	825.595	1396.824	6.4.1-3 条式（6.4.1-3）
		断路器同极断口间 外绝缘	$u_{e.\sim.c.o} \geq u_{e.\sim.o}+$ $k_m\sqrt{2}\,U_m/\sqrt{3}$					k_m: 1.0	633.809	960.317		6.4.1-4 条式（6.4.1-4）
操作过电压	相对地操作冲击耐压	电气设备 内绝缘	$u_{e.s.i} \geq k_{13}U_{s.p}$， $k_{13}=1.15$								6.4.3-1-1 条式（6.4.3-1）
		断路器同极断口间 内绝缘	$u_{e.s.c.i} \geq (u_{e.s.i}+$ $k_m\sqrt{2}\,U_m/\sqrt{3})$	\multicolumn{7}{c}{k_m: 取 1.0，参阅 GB 311.1—2012，P14}		6.4.3-1-2 条式（6.4.3-2）
		GIS 相对地绝缘与 VFTO 的绝缘配合	$u_{GIS.1.i} \geq k_{14}U_{tw.p}$ $k_{14}=1.15$	\multicolumn{7}{c}{$U_{tw.p}$: 避雷器陡波冲击保护水平（kV）}		6.4.3-2 条式（6.4.3-3）
		电气设备 外绝缘	$u_{e.s.o} \geq k_{15}U_{s.p}$ $k_{15}=1.05$								6.4.3-3-1 条式（6.4.3-4）
		断路器同极断口间 外绝缘	$u_{e.s.c.o} \geq (u_{e.s.o}+$ $k_m\sqrt{2}\,U_m/\sqrt{3})$	\multicolumn{7}{c}{k_m: 取 1.0，参阅 GB 311.1—2012，P14}		6.4.3-3-2 条式（6.4.3-5）
雷电过电压	雷电冲击耐压	电气设备 内绝缘	$u_{e.1.i} \geq k_{16}U_{1.p}$	\multicolumn{7}{c}{k_{16}: MOA 紧靠设备时取 1.25，其他情况取 1.40}		6.4.4-1-1 条式（6.4.4-1）
				\multicolumn{7}{c}{①中性点避雷器及紧靠保护设备避雷器 $k_s>1.25$； ②避雷器非紧靠保护设备，$k_s>1.4$（不包括特高压避雷器）}		DL/T 804—2014 7.7.4
		截波耐压	\multicolumn{8}{l}{变压器、并联电抗器及电流互感器截波雷电冲击耐压可取相应设备全波雷电冲击耐压的 1.1 倍}	6.4.4-1-2 条式
		断路器同极断口间 内绝缘	$u_{e.1.c.i} \geq (u_{e.1.i}+$ $k_m\sqrt{2}\,U_m/\sqrt{3})$	\multicolumn{7}{c}{k_m: 对 330kV 和 500kV 为 0.7 或 1.0；750kV 为 1.0}		6.4.4-1-3 条式（6.4.4-2）
		电气设备 外绝缘	$u_{e.1.o} \geq k_{17}U_{1.p}$， $k_{17}=1.40$								6.4.4-2-1 条式（6.4.4-3）
		断路器同极断口间 外绝缘	$u_{e.1.c.o} \geq$ $(u_{e.1.o}+k_m\sqrt{2}\,U_m/\sqrt{3})$	\multicolumn{7}{c}{k_m: 对 330kV 和 500kV 为 0.7 或 1.0；750kV 为 1.0}		6.4.4-2-2 条式（6.4.4-4）

注　相对地最大工频过电压 $U_{p.g}=1.4$p.u.$=1.4U_m/\sqrt{3}$；$U_{s.p}$: 避雷器操作冲击保护水平（kV）；$U_{1.p}$: 避雷器雷电冲击保护水平（kV）。

4. 绝缘配合程序表

试验海拔：在某海拔下试验，绝缘呈现的放电电压刚好达到某值，试验地海拔简称此值的"试验海拔"。

适用海拔：满足系统过压要求的前提下，某值对应绝缘适用的最高运行海拔简称为此值的"适用海拔"。

序号	电压名称	试验海拔（m）	适用海拔（m）	参数意义	取 值 方 法	备 注
1	代表过电压 U_{rp}	运行海拔（H）		一、含义 描述设备实际运行时可能承受的某一给定种类的过压值。 二、取值 (1) 未受避雷器保护时，由系统参数决定，取过压截断值 U_0。 (2) 受避雷器保护时，主要由避雷器保护水平决定，取 MOA 操作残压、雷电残压等	根据过电压的起源具体确定（GB/T 311.2—2013，4.1） 一、工频 (1) 相间：U_s（GB/T 311.2—2013，4.3.1） (2) 相地：$U_s/\sqrt{3}$（GB/T 311.2—2013，4.3.1） 二、暂时过压 无常用值，GB/T 311.2—2013 4.3.2 描述具体工况的电压值范围。 三、缓波前过压 U_{rp} 原则：取过电压截断电压 U_0 及 MOA 的操作残压（受 MOA 保护时）的较小值（GB/T 311.2—2013，P13，4.3.3-1）。 (1) （重）合闸过电压：相间/相地过压截断值，详 GB/T 311.2—2013 式（C.3/4/8/9）。 (2) 故障过电压：$U_{et}=(2k-1)U_s/\sqrt{2/3}$（GB/T 311.2—2013，P12，4.3.3.4） (3) 故障切除：$U_{et}=2.0U_s/\sqrt{2/3}$（GB/T 311.2—2013，P12，4.3.3.4）。 (4) 经避雷器保护后：$U_{rp}=U_{ps}$（GB/T 311.2—2013，P13，4.3.3.9）。 四、快波前过电压 (1) 投切操作及故障（断路器无重击穿）：2.0p.u.（GB/T 311.2—2013，P14，4.3.4.3）。 (2) 投切操作及故障（断路器有重击穿）：3.0p.u.（GB/T 311.2—2013，P14，4.3.4.3）。 (3) 隔离开关操作：3.0p.u.（GB/T 311.2—2013，P14，4.3.4.3）。 (4) 经避雷器保护后 $U_{rp}=U_{pl}+2ST$（$U_{pl}\geq 2ST$）(1) $U_{rp}=2U_{pl}$（$U_{pl}<2ST$）(2) （见 GB/T 311.2—2013，P23，4.3.4.5，GB/T 311.2—2013，P55，式 E.19） 五、特快波前过压 无典型值（GB/T 311.2—2013，P16，4.3.5）	U_s：系统最高电压（相间电压有效值）； U_0：截断电压 [0% 的概率放电电压 $U_0\%$ 或放电概率 $P(U_0)=0$]； U_{et}：相地截断过压值； U_{ps}：避雷器操作残压； U_{pl}：避雷器雷电残压
2	配合耐电压 U_{cw}	运行海拔（H）		含义：在 U_{rp} 的基础上，考虑配合系数（安全裕度）而确定的能够实现配合的绝缘耐压 U_{cw}。 考虑配合后，绝缘结构在实际运行条件（海拔）下，满足性能指标的耐受电压值（GB 311.1—2012，4.24）	一、惯用法 在惯用过电压（即预期过电压）与绝缘耐受电压之间，按制造和运行经验选取适宜的配合系数。考虑配合系数后，绝缘在预期过电压下能满足预期的耐受要求（GB 311.1—2012，P10，6.1） 惯用算法（GB/T 311.2—2013，式 G.2.1.2.2） $U_{cw}=U_{rp}K_c$ 二、统计法（简化） 在统计绝缘的耐受电压和统计（预期）过电压之间选取一个统计配合系数，以使绝缘故障率达到可接受的程度（GB 311.1—2012，P10，6.1）。 简化统计计算法详见 GB/T 311.2—2013，P58~59（变电站侵入雷电波过电压保护）	K_c：配合因数； (1) (GB/T 311.2—2013) K_c 取值： 1) 工频 K_c：$K_c=1$（GB/T 311.2—2013，P22，5.3.2.1）。 2) 不受 MOA 保护（与截断过压配合）时，$K_c=1$。 3) 受 MOA 保护（与截断过压配合）时，查图确定（GB/T 311.2—2013，P23，5.3.3.1）。 (2) GB/T 50064 K_c 取值详见第 6 章各式 K 值

续表

序号	电压名称	试验海拔（m）	适用海拔（m）	参数意义	取值方法	备注
3	要求耐压 U_{rw}	标准海拔 0	运行海拔（H）	一、含义 在 U_{cw} 的基础上，考虑安全因数 K_s 和海拔因数 K_a 而确定的标准试验条件耐压值。 在标准耐受试验中，绝缘必须耐受的试验电压，目的是保证绝缘在运行条件下和整个寿命周期内承受过电压并满足性能指标（GB 311.1—2012，P7，4.27）。 二、因数 K_s、K_a 的考虑用于弥补绝缘在实际运行和标准试验（环境）条件的差别（GB 311.1—2012，6.5）	一、算法 根据 GB/T 311.2—2013，G.2.1.3.3 $U_{rw}=U_{cw}\times K_a\times K_s$ 二、取值 K_a：采用 GB/T 311.1—2012 附录 B 指数修正公式。指数分子代入修正前后的"试验海拔"差，即，运行海拔-标准海拔（适用海拔不变）；由上述可见，本处应采用式（B.2）； K_s：内绝缘 $K_s=1.15$；外绝缘 $K_s=1.05$（GB/T 311.2—2013，P27，6.3.5）；变电站雷电侵入波配合时，特殊方式下内绝缘 $K_s=1.10$（GB/T 311.2—2013，P60，E.6）	K_a：海拔修正因数； K_s：安全因数。 （1）标准试验条件：即标准（0m）海拔（GB 311.1—2012，4.27；GB/T 50064，P127，附录 A）。 （2）海拔修正公式已经包含大气或温度的影响（详见表注 1~3）。 （3）安全系数 K_s 说明（详见表注 1~3）
4	标准/额定耐压 U_w	标准海拔 0	运行海拔（H）	含义： 当选取标准耐压波形与求得 U_{rw} 的波形不同时，须考虑波形换算因数 K_t，从而确定标准波形下要求的绝缘耐受电压（GB 311.1—2012，P8，4.32）。 根据波形修正后的耐受电压在标准系列中选具体设备，设备的耐压值即为 U_w	在标准系列值中向上选择接近值即得 U_w，详见 GB 311.1—2012，P14，6.7、6.8。 （1）若必要，另须波形换算方可选择，如式 $U'_w=U_{rw}K_t$，K_t 取值查 GB/T 311.2—2013，P29，表 1/2。 （2）GB 311.2 算例将换算后的耐压符号定为：SDW、LIW，本处简化为 U'_w（GB/T 311.2—2013，P68）	K_t：试验（波形）换算因数。 （1）换算的必要性：详见表注 5。 （2）换算的注意点：详见表注 6

注 1. 不修温度：空气间隙的闪络电压取决于空气中绝对湿度和空气密度，绝缘强度随温度和绝对湿度增加而增加，但不同海拔温度和湿度的变化对外绝缘强度的影响又相互抵消 [GB 311.1—2012 P26 式（13.1）]，故绝缘配合不必考虑温度修正公式 [GB 311.1—2012 P2 式（3.3.1）；DL/T 5222，P11，式（6.0.9）]。
2. 特定条件仅修气压：外绝缘强度还随空气密度减小而降低，故 GB 311.1—2012，P26 式（B.1）提出大气压力的修正公式，气压修正式（B.1）是对任何大气压力情况均适用的修正方法（GB 311.1—2012，P13，6.5）。同时，气压修正式（B.2）已包含海拔修正 [式（B.3）] 的内容（GB 311.1—2012，P8，4.29）和大气压力、温度和湿度的修正内容（GB 311.1—2012，P8，4.28）。故若修气压，则不必再修温度、湿度或海拔。
3. 一般条件仅修海拔：但若设备运行环境大气压力表现为"相应海拔的平均空气压力（GB 311.1—2012，4.29）"，则气压修正公式可直接用海拔修正公式 [GB 311.1—2012 式（B.2）、式（B.3）]，（GB 311.1—2012，P13，6.5）且仅考虑海拔修正，而不考虑气压或温度修正（GB/T 311.2—2013，P26，6.2.1-2）。
4. 安全因数 K_s：GB/T 50064—2014 绝缘配合并未提及，但 GB 311.1—2012 有明确的要求，考试时是否考虑根据出题意图确定。
5. 波形换算：对于范围Ⅰ，要求的操作冲击耐受电压通常用标准短时工频试验或标准雷电冲击试验来替代（GB/T 311.2—2013，P69，附录G.2.1.5），也即绝缘配合所求得的某种特定波形的耐压水平，但标准绝缘系列值（GB 311.1—2012，P14，6.7、6.8）中不一定有对应波形的耐压值，需通过波形换算方可选标准耐压值。此也即 GB 311.1—2012，P15 表 2 或 GB/T 50064，P56 表 6.4.6-1 未给出操作耐受电压的缘故（GB/T 311.2—2013，P28，7.1.3；GB 311.1—2012，P15，6.10）。
6. 波形换算：将操作冲击耐受电压换算为短时工频耐受电压的系数已考虑由峰值变换为有效值的 $1/\sqrt{2}$ 倍（GB/T 311.2—2013，P29 表 1），将短时工频耐受电压换算为操作冲击耐受电压的系数已考虑由有效值变换为峰值的 $\sqrt{2}$ 倍（GB/T 311.2—2013 P29 表 2；参本表注 10、11）。
7. 简化统计法：U_{rp}、U_{cw} 求取，与惯用法算法差异较大，详见 GB/T 311.2—2013，P58~59（变电站侵入雷电波过电压保护）。
8. 标准耐压试验：在标准环境（$H=0$m）的耐压试验。
9. 绝缘的（标准）耐受电压：为 0m 海拔处的耐受电压值。
10. 峰值、有效值：工频、暂时过电压值用有效值表述（GB 311.1—2012，6.3；6.7）、（GB/T 311.2—2013，P29 表 1），工频、暂时过压基准值 1.0 标幺值=$U_m/\sqrt{3}$，（GB/T 50064，P7，3.2.2-1）。
11. 峰值、有效值：缓波前过压、快波前过压值用最大峰值表述（GB 311.1—2012，6.3；6.8）（GB/T 311.2—2013，P29 表 2），操作过压基准值 1.0 标幺值=$\sqrt{2}U_m/\sqrt{3}$，（GB/T 50064，P7，3.2.2-1）。

5. 海拔修正公式选用一

参数定义	试验海拔（m）	适用海拔（m）	参数代号	求取方法	备注
海拔修正	0	0	$U(P_0)$	采用 GB/T 50064—2014 配合公式求取	直接在0海拔进行绝缘配合。求出的配合电压的适用海拔为0、试验海拔为0
	0	H	$U(P_H)$	$U(P_H)=U(P_0)\times K_a$ K_a：海拔因数	绝缘耐受能力随海拔升高而降低。所以，若要提升设备的适用海拔H，需采用海拔系数修正，得出适用海拔为H的绝缘标准耐压值。此标准耐压值适用海拔为H，但试验海拔仍是0
	公式选用：上述修正，试验海拔不变（均为0）。而K_a式中ΔH为适用海拔的提高值，即$\Delta H=H-0=H$。 $U(P_0)$：设计适用海拔为0的设备，在试验海拔为0处的耐压值。 $U(P_H)$：设计适用海拔为H的设备，在试验海拔为0处的耐压值				

参数定义	试验海拔（m）	适用海拔（m）	参数代号	求取方法	备注
配合耐压	H	H	U_{cw}	$U_{cw}=U_{rp}\times K_c$，原理同 GB/T 50064—2014 配合公式	在绝缘运行环境进行绝缘配合。配合所得的配合耐压适用海拔为H、试验海拔为H
要求耐压（同 GB/T 50064—2014 的试验电压）	0	H	U_{rw}	$U_{rw}=U_{cw}\times K_a\times K_s$ K_a：海拔因数； K_s：安全因数	耐压试验一般在标准环境（0）进行；绝缘的耐受电压（标准系列值或厂家提供设备参数）均按试验海拔为0给出。故须针对试验海拔进行修正。修正后的要求耐压适用海拔仍为H，试验海拔降低至0
	公式选用：上述修正，适用海拔不变（均为H）。K_a式中ΔH为试验海拔的降低值，即$\Delta H=H-0=H$				

注 1. GB 311.1—2012 附录 B 海拔的指数修正公式为：$K_a=e^{q\frac{\Delta H}{8150}}$；式 B.2 中，$\Delta H=H$；式 B.3 中，$\Delta H=H-1000$。
2. GB/T 50064—2014 描述试验海拔不变，适用海拔由0提高至H。
3. GB/T 311.2—2013 描述适用海拔不变，试验海拔由H降低至0。
4. 安全因数 K_s：GB/T 50064—2014 绝缘配合并未提及，但 GB 311.1—2012 有明确的要求，考试时是否考虑根据出题意图确定。

6. 海拔修正公式选用二

海拔修正公式ΔH内涵
工况一 试验海拔不变，将"适用海拔"提高。修正指数公式分子采用适用海拔升高值ΔH
工况二 适用海拔不变，将"试验海拔"降低。修正指数公式分子采用试验海拔降低值ΔH
工况三 推广工况：试验海拔与适用海拔均变化，指数修正公式分子采用适用海拔升高值ΔH_1+试验海拔降低值ΔH_2。即$\Delta H=\Delta H_1+\Delta H_2$

式（B.2）适用工况（$\Delta H=H$）	应用示例	备注
工况一 试验海拔不变，将"适用海拔"由0提高至H	不推荐采用本工况	本类虽为 GB/T 50064—2014 提及的修正思路，但其与 GB/T 311.2—2013 的修正方法殊途同归。为避免混淆，不妨直接按 GB/T 311.2—2013 思路理解
工况二 适用海拔不变，将试验海拔由H降低至0	（1）通过绝缘配合求取运行海拔要求的绝缘耐受电压，须从标准系列或厂家产品系列中选择对应绝缘水平的具体设备时。 （2）绝缘在安装场地就地绝缘试验确定运行海拔的耐受电压，须求取绝缘的标准耐压时。 （3）通过绝缘配合求取运行海拔要求的绝缘耐受电压，须根据$U_{50\%}-D$转换公式或图表确定具体间隙值（或绝缘串长）时	（1）标准系列、厂家铭牌值的耐受电压值均为试验海拔为0的耐受电压。 （2）标准耐压值均指试验海拔为0的耐受电压。 （3）GB/T 50064—2014、GB 50545—2010、GB/T 311.2—2013 多处提及$U_{50\%}-D$转换公式或图表，部分公式已明确仅适用0海拔工况。从未提及适用非0海拔。可推断$U_{50\%}-D$均适用于0海拔。若采用，必须带入试验海拔为0的$U_{50\%}$

续表

式（B.3）适用工况（$\Delta H=H-1000$）	应用示例	备注
工况一试验海拔不变，将"适用海拔"由1000m提高至H	（1）查标准耐压值表并修正以适用于高海拔地区时。 （2）结合$U_{50\%}$—D公式，利用K_a将≤1000m D值修正至高海拔D值	（1）标准耐压值表如GB/T 311.2—2013表2、表3或GB/T 50064—2014表6.4.6-1、表6.4.6-2、表6.4.6-3。 （2）标准耐压值表中数值适用海拔$H=1000$m，试验海拔$H=0$。 （3）≤1000m D值，如绝缘子串长、间隙表（GB/T 50064—2014表6.2.4-2）。 （4）修正思路：≤1000m D值→$U_{50\%}$→K_a修→高海拔D值
工况二适用海拔不变，将试验海拔由H降低至1000m	一般无使用需求工况	耐压试验在0进行，一般无须求取1000m海拔的绝缘耐受电压

注　GB 311.1—2012附录B海拔的指数修正公式为：$K_a = e^{q\frac{\Delta H}{8150}}$；式B.2中，$\Delta H=H$；式B.3中，$\Delta H=H-1000$。

第四章 直流电源系统

一、直流系统

1. 直流系统电压

名称		依据内容	出处
直流标称电压	专供控制	宜采用 110V，也可采用 220V	DL/T 5044—2014 3.2.1
	专供动力	宜采用 220V	
	控制动力合并供电	可采用 220V 或 110V	
	小规模变电站	一般采用 110V	变 P640
	大规模变电站	推荐采用 220V	
正常运行情况下直流母线运行电压		标称电压的 105%	DL/T 5044—2014 3.2.2
均衡充电直流母线运行电压	专供控制	不应高于：直流标称电压 110%，$1.10U_n$	DL/T 5044—2014 3.2.3
	专供动力	不应高于：直流标称电压 112.5%，$1.125U_n$	
	控制动力合并供电	不应高于：直流标称电压 110%，$1.10U_n$	
	变电站	不应高于：$1.10U_n$	变 P640
均衡充电单体蓄电池电压	控制负荷	不应大于：$1.10U_n/n$	DL/T 5044—2014 附录 C.1.2
	动力负荷	不应大于：$1.125U_n/n$	
	控制动力合并	不应大于：$1.10U_n/n$	
出口端电压	事故放电末期，蓄电池组出口端电压	不应低于：直流标称电压 87.5%，$0.875U_n$	DL/T 5044—2014 3.2.4
终止电压	单体蓄电池事故放电末期终止电压	$U_m \geq 0.875U_n/n$	DL/T 5044—2014 附录 C.1.3
供电范围	110V 直流电压的供电范围	不宜大于 250m	2P435

2. 直流系统接线方式

名称		依据内容（DL/T 5044—2014）	出处
1组蓄电池	配置 1 套充电装置	宜采用单母线接线	3.5.1
	配置 2 套充电装置	宜采用单母线分段接线，2 套充电装置应接入不同母线段，蓄电池组应跨接在两段母线上	
		1 组蓄电池的直流电源系统，宜经直流断路器与另一组相同电压等级的直流电源系统相连。正常运行时，该断路器应处于断开状态	
2组蓄电池		应采用两段单母线接线；两段直流母线之间应设联络电器。正常运行时，两段直流母线独立运行	3.5.2
	配置 2 套充电装置	每组蓄电池及其充电装置应分别接入相应母线段	
	配置 3 套充电装置	每组蓄电池及其充电装置应分别接入相应母线段。第 3 套充电装置应经切换电器对 2 组蓄电池进行充电	

第四章 直流电源系统

续表

名　称	依据内容（DL/T 5044—2014）	出处
2组蓄电池	2组蓄电池的直流电源系统应满足在正常运行中两段母线切换时不中断供电的要求。在切换过程中，2组蓄电池应满足标称电压相同，电压差小于规定值（2%），且直流电源系统均处于正常运行状态，允许短时并联运行	3.5.2
隔离	蓄电池组和充电装置应经隔离和保护电器接入直流电源系统	3.5.3
降压	铅酸蓄电池组不宜设降压装置，有端电池的镉镍碱性蓄电池组应设有降压装置	3.5.4
试验放电	每组蓄电池应设有专用的试验放电回路，试验放电设备宜经隔离和保护电器直接与蓄电池组出口回路并接。放电装置宜采用移动式设备	3.5.5
不接地	对220V和110V直流电源系统应采用不接地方式	3.5.6

3. 直流系统典型接线方案及适用范围

典型接线方案		适用范围	图例	出处
1组蓄电池	1套充电装置　单母线接线	小容量发电厂，大容量发电厂远离主厂房的辅助车间	2P437 图9-1	2P436
	2套充电装置　单母线接线		2P437 图9-2	
	单母线分段接线		2P438 图9-3	
2组蓄电池	2套充电装置　单母线分段接线	大中型容量发电厂	2P438 图9-4	2P437
	3套充电装置　单母线分段接线	大容量发电厂及220kV以上升压站网控直流系统	2P439 图9-5	2P438
			2P439 图9-6	

4. 电气网络设计

（1）供电回路。

分　类	依　据　内　容	出处
电气连接	正常运行方式下，每组蓄电池的直流网络应独立运行，不应与其他蓄电池组有任何直接电气连接	DL/T 5044—2014 3.1.3
辐射方式	直流网络宜采用集中辐射形供电方式或分层辐射形供电方式	3.6.1
应采用集中辐射形供电回路	直流应急照明、直流油泵电动机、交流不间断电源	3.6.2
	DC/DC变换器	
	热工总电源柜和直流分电柜电源	
宜采用集中辐射形供电回路	发电厂系统远动、系统保护等	3.6.3
	发电厂主要电气设备的控制、信号、保护和自动装置等	
	发电厂热控控制负荷	
分层辐射	分层辐射形供电网络应根据用电负荷和设备布置情况，合理设置直流分电柜	3.6.4
负荷中心	直流分电柜应设置在负荷中心处，如发电厂中高/低压厂用配电装置可按电压等级以及配电间的布置分别设置若干直流分电柜	2P440

（2）接线规定。

分类		依据内容（DL/T 5044—2014）	出处
直流分电柜接线规定		每段母线宜由来自同一蓄电池组的2回直流电源供电；电源进线应经隔离电器接至直流分电柜母线	3.6.5.1
	要求双电源供电的负荷	应设置两段母线，两段母线宜分别由不同蓄电池组供电，每段母线宜由来自同一蓄电池组的2回直流电源供电，母线之间不宜设联络电器	3.6.5.2
	公用系统直流分电柜	每段母线应由不同蓄电池组的2回直流电源供电，宜采用手动断电切换方式	3.6.5.3
环形网络接线规定		应由2回直流电源供电，直流电源应经隔离电器接入	3.6.6
		正常时为开环运行。当2回电源由不同蓄电池组供电时，宜采用手动断电切换方式	

二、蓄电池形式及组数

1. 蓄电池形式选择

分类		依据内容	出处
直流电源		宜采用阀控式密封铅酸蓄电池	DL/T 5044—2014 3.3.1.1
		也可采用固定型排气式铅酸蓄电池	
小型发电厂、110kV及以下变电站		可采用镉镍碱性蓄电池	3.3.1.2
核电厂常规岛		宜采用固定型排气式铅酸蓄电池	3.3.1.3
铅酸蓄电池		应采用单体为2V的蓄电池	3.3.2
直流电源成套装置组柜安装的铅酸蓄电池		宜采用单体为2V的蓄电池	
		也可采用6V或12V组合电池	
发电厂、升压站		应采用单体为2V的蓄电池	
阀控式密封铅酸蓄电池	大型	单体电池容量：≥300Ah	2P441
	中型	单体电池容量：20Ah～300Ah	
	小型	单体电池容量：<20Ah	

2. 蓄电池组数配置

分类		依据内容	出处
单机容量<125MW级机组火电厂	机组台数≥2台	全厂宜装设2组控制负荷和动力负荷合并供电的蓄电池	DL/T 5044—2014 3.3.3.1
		对机炉不匹配的发电厂，为每套独立的电气系统设置单独的蓄电池组	
	其他情况下	可装设1组蓄电池	
单机容量≤200MW级机组火电厂	控制系统按单元机组设置	每台机组宜装设2组控制负荷和动力负荷合并供电的蓄电池	
单机容量300MW级机组火电厂		每台机组宜装设3组蓄电池，其中2组对控制负荷供电，1组对动力负荷供电	3.3.3.3
		也可装设2组控制为负荷和动力负荷合并供电的蓄电池	

续表

分 类	依 据 内 容	出处
单机容量 600MW 级及以上机组火电厂	每台机组应装设 3 组蓄电池，其中 2 组对控制负荷供电，1 组对动力负荷供电	DL/T 5044—2014 3.3.3.4
发电厂升压站设有电力网络计算机监控系统时	220kV 及以上的配电装置应独立设置 2 组控制负荷和动力负荷合并供电的蓄电池组	3.3.3.6
当高压配电装置设有多个网络继电器室时	也可按继电器室分散装设蓄电池组。110kV 配电装置根据规模可设置 2 组或 1 组蓄电池	
110kV 及以下变电站	宜装设 1 组蓄电池，对于重要的 110kV 变电站也可装设 2 组蓄电池	3.3.3.7
220kV～750kV 变电站	应装设 2 组蓄电池	3.3.3.8
1000kV 变电站	宜按直流负荷相对集中配置 2 套直流电源系统，每套直流电源系统装设 2 组蓄电池	3.3.3.9
串补站毗邻相关变电站布置且技术经济合理时	宜与毗邻变电站共用蓄电池组	3.3.3.10
	当串补站独立设置时，可装设 2 组蓄电池	
直流换流站	宜按极或阀组和公用设备分别设置直流电源系统，每套直流电源系统应装设 2 组蓄电池，公用设备用蓄电池组可分散或集中设置	3.3.3.11
背靠背换流站	宜按背靠背换流单元和公用设备分别设置直流电源系统，每套直流电源系统应装设 2 组蓄电池	

3. 阀控式密封铅酸蓄电池主要技术参数

分 类		依 据 内 容		出处
额定容量		蓄电池容量的基准值：在温度 25℃ 条件下蓄电池能放出的电量，以 C_e 表示； 我国电力系统用 10h 放电率放电容量，C_{10} 表示		2P443
放电率电流和容量	25℃ 条件下蓄电池容量	10h 率放电容量 C_{10}	10h 率放电电流 i_{10}（$0.1C_{10}$）	
		3h 率放电容量 C_3，$C_3=0.75C_{10}$	3h 率放电电流 $I_3=2.5I_{10}$（$0.25C_{10}$）	
		1h 率放电容量 C_1，$C_1=0.55C_{10}$	1h 率放电电流 $I_1=5.5I_{10}$（$0.55C_{10}$）	
充电电压	浮充电电压	单体电池电压为 2.23V～2.27V		
	均充电电压	单体电池电压为 2.30V～2.4V		
充电电流	浮充电电流	1mA/（Ah）～3mA/（Ah）		
	均充电电流	$1.0I_{10}$～$1.25I_{10}$		
		各单体电池开路电压最高值与最低值的差值不大于 20mV		
终止电压	蓄电池放电单体终止电压	10h 率为 1.8V		
		1h 率为 1.75V		
		0.5h 率为 1.65V		
电池间连接电压降		小于 10mV		

三、蓄电池个数选择及单体浮充电压

1. 蓄电池个数选择

名称	依据内容（DL/T 5044—2014）	出处
端电池	铅酸蓄电池组不应设置端电池；镉镍碱性蓄电池组设置端电池时，宜减少端电池个数	3.1.8
蓄电池个数的要求	蓄电池个数的选择应符合下列规定： （1）无端电池的铅酸蓄电池组，应根据单体电池正常浮充电电压值和直流母线电压为 1.05 倍直流电源系统标称电压值确定。 （2）有端电池的镉镍碱性蓄电池组，应根据单体电池正常浮充电电压值和直流母线电压为 1.05 倍直流电源系统标称电压值确定基本电池个数，同时应根据该电池放电时允许的最低电压值和直流母线电压为 1.05 倍直流电源系统标称电压值确定整组电池个数	6.1.1
蓄电池个数计算公式	蓄电池个数：$n = \dfrac{1.05 U_n}{U_f}$ U_n：直流电源系统标称电压（V）； U_f：单体蓄电池浮充电电压（V），见 6.1.2 条一般取较小值	附录 C.1.1

2. 单体蓄电池电压

名称	依据内容（DL/T 5044—2014）	出处
均衡充电	单体蓄电池均衡充电电压应根据直流电源系统中直流负荷允许的最高电压值和蓄电池的个数确定，但不得超出蓄电池规定的电压允许范围	6.1.4
充电电压	蓄电池需连接负荷进行均衡充电时，单体蓄电池均衡充电电压值： （1）控制负荷不应大于：$1.10 U_n/n$。 （2）动力负荷不应大于：$1.125 U_n/n$。 （3）控制动力合并不应大于：$1.10 U_n/n$	附录 C.1.2
放电电压	单体蓄电池放电终止电压应根据直流电源系统中直流负荷允许的最低电压值和蓄电池的个数确定，但不得低于蓄电池规定的最低允许电压值	6.1.3
终止电压公式	单体蓄电池事故放电末期终止电压：$U_m \geq 0.875 U_n/n$ U_m：单体蓄电池放电末期终止电压（V）	附录 C.1.3

3. 单体浮充电压推荐值

名称	依据内容（DL/T 5044—2014）	出处
浮充电压推荐	蓄电池浮充电压应根据厂家推荐值选取，当无产品资料时可按下列规定选取： （1）固定型排气式铅酸蓄电池的单体浮充电电压值宜取 2.15V～2.17V。 （2）阀控式密封铅酸蓄电池的单体浮充电电压值宜取 2.23V～2.27V。 （3）中倍率镉镍碱性蓄电池的单体浮充电电压值宜取 1.42V～1.45V。 （4）高倍率镉镍碱性蓄电池的单体浮充电电压值宜取 1.36V～1.39V	6.1.2

四、蓄电池容量选择计算

1. 蓄电池容量选择计算规定

名称	依据内容（DL/T 5044—2014）	出处
蓄电池容量选择应符合的规定	（1）满足全厂（站）事故全停电时间内的放电容量。 （2）满足事故初期（1min）直流电动机启动电流和其他冲击负荷电流的放电容量。 （3）满足蓄电池组持续放电时间内随机冲击负荷电流的放电容量	6.1.5

第四章 直流电源系统

续表

名 称	依据内容（DL/T 5044—2014）	出处
蓄电池容量选择计算应符的规定	（1）按事故放电时间分别统计事故放电电流，确定负荷曲线。 （2）根据蓄电池形式、放电终止电压和放电时间，确定相应的容量换算系数 K_C。 （3）根据事故放电电流，按事故放电阶段逐段进行容量计算，当有随机负荷时应叠加在初期冲击负荷或第一阶段以外的计算容量最大的放电阶段。 （4）选取与计算容量最大值接近的蓄电池标称容量 C_{10} 或 C_5 作为蓄电池的选择容量	6.1.6
蓄电池组容量应符合的规定	直流电源成套装置宜采用阀控式密封铅酸蓄电池、高倍率镉镍碱性蓄电池或中倍率镉镍碱性蓄电池。 （1）阀控式密封铅酸蓄电池容量应为 300A·h 以下。 （2）高倍率镉镍碱性蓄电池容量应为 40A·h 及以下。 （3）中倍率镉镍碱性蓄电池容量应为 100A·h 及以下	6.10.2

2．蓄电池容量计算方法

名 称	依据内容（DL/T 5044—2014）	出处
容量换算系数	$$K_c = \frac{I_t}{C_{10}}$$ K_c：容量换算系数（1/h），附录 C 表 C.3-1～表 C.3-9，P57； I_t：事故放电时间 t 小时的放电电流（A）； C_{10}：蓄电池 10h 放电率标称容量	式（C.2.2）

（1）电池容量简化计算法。

名 称		依据内容（DL/T 5044—2014）	出处
满足事故放电初期（1min）冲击放电电流容量要求	初期（1min）冲击蓄电池 10h 或 5h 放电率计算容量	$$C_{cho} = K_k \frac{I_{cho}}{K_{cho}}$$ K_{cho} 对应 1min 放电时间	式（C.2.3-1）
满足事故全停电状态下持续放电容量要求，不包括初期（1min）冲击放电电流	第一阶段计算容量（1min～3min）	$$C_{c1} = K_k \frac{I_1}{K_{c1}}$$ K_{c1} 对应 30min（t_{11}）放电时间	式（C.2.3-2）
	第二阶段计算容量（30min～60min）	$$C_{c2} \geq K_k \left[\frac{1}{K_{c1}} I_1 + \frac{1}{K_{c2}}(I_2 - I_1) \right]$$ K_{c1} 对应 60min（t_{21}）放电时间，K_{c2} 对应 30min（t_{22}）放电时间	式（C.2.3-3）
	第三阶段计算容量（60min～120min）	$$C_{c3} \geq K_k \left[\frac{1}{K_{c1}} I_1 + \frac{1}{K_{c2}}(I_2 - I_1) + \frac{1}{K_{c3}}(I_3 - I_2) \right]$$ K_{c1} 对应 120min（t_{31}）放电时间，K_{c2} 对应 90min（t_{32}）放电时间，K_{c3} 对应 60min（t_{33}）放电时间	式（C.2.3-4）
	第 n 阶段计算容量	$$C_{cn} \geq K_k \left[\frac{1}{K_{c1}} I_1 + \frac{1}{K_{c2}}(I_2 - I_1) + \cdots + \frac{1}{K_{cn}}(I_n - I_{n-1}) \right]$$	式（C.2.3-5）
随机负荷计算容量	5s	$$C_r = \frac{I_r}{K_{cr}}$$ K_{cr} 对应 5s 放电时间	式（C.2.3-6）

续表

名　称	依据内容（DL/T 5044—2014）	出处
蓄电池计算容量 C_C	C_r 叠加在 $C_1 \sim C_{cn}$ 中最大的阶段上，然后与 C_{cho} 比较，取较大值 $$C_c = \max \begin{cases} C_{cho} \\ C_r + \max \begin{cases} C_{c1} \\ C_{c2} \\ \vdots \\ C_{cn} \end{cases} \end{cases}$$	C.2.3.1
参数说明	K_k：可靠系数，取 1.4； C_{cho}：初期（1min）冲击蓄电池 10h 或 5h 放电率计算容量（Ah）； I_{cho}：初期（1min）冲击放电电流（A）； K_{cho}：初期（1min）冲击负荷的容量换算系数（1/h）； $C_{c1} \sim C_{cn}$：蓄电池 10h 或 5h 放电率各阶段的计算容量（Ah）； $I_1 \sim I_n$：各阶段的负荷电流（A）； K_{c1}：各计算阶段中全部放电时间的容量换算系数（1/h）； K_{c2}：各计算阶段中除第 1 阶梯时间外放电时间的容量换算系数（1/h）； K_{c3}：各计算阶段中除第 1、2 阶梯时间外放电时间的容量换算系数（1/h）； K_{cn}：各计算阶段中最后 1 个阶梯放电时间的容量换算系数（1/h）； C_r：随机负荷计算容量（Ah）； I_r：随机负荷电流（A）； K_{cr}：随机（5s）冲击负荷的容量换算系数（1/h）	C.2.3.1

（2）电池容量阶梯计算法。

名　称	依据内容（DL/T 5044—2014）	出处
第一阶段计算容量（初期 1min）	$C_{c1} = K_k \dfrac{I_1}{K_c}$ K_c：对应 1min（t_{11}）放电时间	式（C.2.3-7）
第二阶段计算容量（1min～30min）	$C_{c2} \geq K_k \left[\dfrac{1}{K_{c1}} I_1 + \dfrac{1}{K_{c2}} (I_2 - I_1) \right]$ K_{c1} 对应 30min（t_{21}）放电时间，K_{c2} 对应 29min（t_{22}）放电时间	式（C.2.3-8）
第三阶段计算容量（30min～60min）	$C_{c3} \geq K_k \left[\dfrac{1}{K_{c1}} I_1 + \dfrac{1}{K_{c2}} (I_2 - I_1) + \dfrac{1}{K_{c3}} (I_3 - I_2) \right]$ K_{c1} 对应 60min（t_{31}）放电时间，K_{c2} 对应 59min（t_{32}）放电时间，K_{c3} 对应 30min（t_{33}）放电时间	式（C.2.3-9）
第 n 阶段计算容量	$C_{cn} \geq K_k \left[\dfrac{1}{K_{c1}} I_1 + \dfrac{1}{K_{c2}} (I_2 - I_1) + \cdots + \dfrac{1}{K_{cn}} (I_n - I_{n-1}) \right]$	式（C.2.3-10）
随机（5s）负荷计算容量	$C_r = \dfrac{I_r}{K_{cr}}$ K_{cr} 对应 5s 放电时间	式（C.2.3-11）
蓄电池计算容量 C_C	C_r 叠加在 $C_2 \sim C_{cn}$ 中最大的阶段上，然后与 C_{c1} 比较，取较大值 $$C_c = \max \begin{cases} C_{c1} \\ C_r + \max \begin{cases} C_{c2} \\ C_{c3} \\ \vdots \\ C_{cn} \end{cases} \end{cases}$$	C.2.3.2
	K_k：可靠系数，取 1.4； K_c：初期（1min）冲击负荷的容量换算系数（1/h）； $C_{c1} \sim C_{cn}$：蓄电池 10h 或 5h 放电率各阶段的计算容量（Ah）； $I_1 \sim I_n$：各阶段的负荷电流（A）； K_{c1}：各计算阶段中全部放电时间的容量换算系数（1/h）；	

名 称	依据内容（DL/T 5044—2014）	出处
蓄电池计算容量 C_C	K_{c2}：各计算阶段中除第 1 阶梯时间外放电时间的容量换算系数（1/h）； K_{c3}：各计算阶段中除第 1、2 阶梯时间外放电时间的容量换算系数（1/h）； K_{cn}：各计算阶段中最后 1 个阶梯放电时间的容量换算系数（1/h）； C_r：随机负荷计算容量（Ah）； I_r：随机负荷电流（A）； K_{cr}：随机（5s）冲击负荷的容量换算系数（1/h）	C.2.3.2

注　两种算法差异在于阶段划分不同：电池容量简化计算法将故障初期（1min）单独考虑；电池容量阶梯计算法将故障初期（1min）作为第 1 阶段考虑。因此 I_1 不同。

五、充电装置

1. 充电装置配置

充电装置形式宜选用高频开关电源模块型充电装置，也可选用相控式充电装置。

名 称	依据内容（DL/T 5044—2014）		出处
1 组蓄电池	相控式充电装置	宜配置 2 套充电装置	3.4.2
	高频开关电源模块型充电装置	宜配置 1 套充电装置	
		也可配置 2 套充电装置	
2 组蓄电池	相控式充电装置	宜配置 3 套充电装置	3.4.3
	高频开关电源模块型充电装置	宜配置 2 套充电装置	
		也可配置 3 套充电装置	

2. 充电装置性能

名 称	依据内容（DL/T 5044—2014）	出处
充电装置性能	充电装置的技术特性应符合下列要求： （1）满足蓄电池组的充电和浮充电要求。 （2）为长期连续工作制。 （3）具有稳压、稳流及限压、限流特性和软启动特性。 （4）有自动和手动浮充电、均衡充电及自动转换功能。 （5）充电装置交流电源输入宜为三相输入，额定频率为 50Hz。 （6）充电装置交流电源要求： 1 组蓄电池配置 1 套充电装置时，充电装置宜设置 2 路交流电源。 1 组蓄电池配置 2 套充电装置或 2 组蓄电池配置 3 套充电装置时，每个充电装置宜配置 1 路交流电源	6.2.1
	高频开关电源模块的基本性能应符合下列要求： （1）在多个模块并联工作状态下运行时，各模块承受的电流应能做到自动均分负载实现均流；在 2 个及以上模块并联运行时，其输出的直流电流为额定值时，均流不平衡度不应大于额定电流值的±5%； （2）功率因数不应小于 0.90； （3）在模块输入端施加的交流电源符合标称电压和额定频率要求时，在交流输入端产生的各高次谐波电流含有率不应大于 30%	

3. 充电装置额定电流和电压

名 称	依据内容（DL/T 5044—2014）		出处
满足浮充电要求	浮充输出电流按蓄电池自放电电流与经常负荷电流之和计算		D.1.1-1
	铅酸蓄电池	$I_r \geq 0.01 I_{10} + I_{jc}$	式（D.1.1-1）
	镉镍碱性蓄电池	$I_r \geq 0.01 I_5 + I_{jc}$	式（D.1.1-2）

续表

名称	依据内容（DL/T 5044—2014）		出处
满足蓄电池充电要求	充电时蓄电池脱开直流母线		D.1.1-2
	铅酸蓄电池	$I_r=1.0I_{10}\sim1.25I_{10}$	式（D.1.1-3）
	镉镍碱性蓄电池	$I_r=1.0I_5\sim1.25I_5$	式（D.1.1-4）
满足蓄电池均衡充电要求	充电时仍对经常负荷供电		D.1.1-3
	铅酸蓄电池	$I_r=1.0I_{10}\sim1.25I_{10}+I_{jc}$	式（D.1.1-5）
	镉镍碱性蓄电池	$I_r=1.0I_5\sim1.25I_5+I_{jc}$	式（D.1.1-6）
充电装置输出电压	$U_r=nU_{cm}$		式（D.1.2）
参数说明	I_{10}：铅酸蓄电池 10h 放电率电流（A），$I_{10}=\dfrac{C_{10}}{10}$； I_5：镉镍碱性蓄电池 5h 放电率电流（A），$I_5=\dfrac{C_5}{5}$； I_{jc}：直流电源系统的经常负荷电流（A）；		D.1.1
	U_r：充电装置的额定电压（V）； n：蓄电池组单体个数； U_{cm}：充电末期单体蓄电池电压（V），固定型排气式铅酸蓄电池为 2.70V；阀控式铅酸蓄电池为 2.40V；镉镍碱性蓄电池为 1.70V		D.1.2

4. 高频开关电源模块配置数量

（1）高频开关电源模块选择配置原则。

名称	依据内容（DL/T 5044—2014）	出处
配置数量	（1）1 组蓄电池配置 1 套充电装置时，应按额定电流选择高频开关电源基本模块。 当基本模块数量为 6 个及以下时，可设置 1 个备用模块； 当基本模块数量为 7 个及以上时，可设置 2 个备用模块。 （2）1 组蓄电池配置 2 套充电装置或 2 组蓄电池配置 3 套充电装置时，应按额定电流选择高频开关电源基本模块，不宜设备用模块。 （3）高频开关电源模块数量宜根据充电装置额定电流和单个模块额定电流选择，模块数量宜控制在 3 个～8 个	6.2.3

（2）高频开关电源的模块数量。

名称	依据内容（DL/T 5044—2014）			出处
每组蓄电池配置一组高频开关电源	$n=n_1+n_2$			式（D.2.1-1）
	基本模块的数量	$n_1=\dfrac{I_r}{I_{me}}$		式（D.2.1-2）
	附加模块的数量	$n_2=1$	$n\leqslant 6$ 时	式（D.2.1-3）
		$n_2=2$	$n\geqslant 7$ 时	式（D.2.1-4）
一组蓄电池配置两组高频开关电源或两组蓄电池配置三组高频开关电源	$n=\dfrac{I_r}{I_{me}}$ n：高频开关电源模块数量，当不为整数时，可取邻近值；I_{me}：单个模块额定电流（A）			式（D.2.1-5）
	不宜设备用模块			6.2.3.2
模块数量	模块数量宜控制在 3 个～8 个			6.2.3.3

六、直流负荷

1. 直流负荷分类

名　称		依据内容（DL/T 5044—2014）	出处
按功能分类	控制负荷	控制负荷：电气和热工的控制、信号、测量和继电保护、自动装置等负荷	2.0.11
		（1）电气控制、信号、测量负荷； （2）热工控制、信号、测量负荷； （3）继电保护、自动装置和监控系统负荷	4.1.1.1
	动力负荷	各类直流电动机、交流不间断电源、系统远动、通信装置电源和应急照明负荷等	2.0.12
		（1）各类直流电动机； （2）高压断路器电磁操动合闸机构（合闸电流达 100A+）； （3）交流不间断电源装置（即 UPS）； （4）DC/DC 变换装置； （5）直流应急照明负荷； （6）热工动力负荷	4.1.1.2
按性质分类	经常负荷	经常负荷：在直流电源系统正常和事故工况下均应可靠供电的负荷	2.0.13
		（1）长明灯； （2）连续运行的直流电动机； （3）逆变器（一般指 UPS）； （4）电气控制、保护装置等； （5）DC/DC 变换装置； （6）热工控制负荷	4.1.2.1
	事故负荷	事故负荷：直流电源系统在交流电源系统事故停电时间内应可靠供电的负荷	2.0.14
		（1）事故中需要运行的直流电动机； （2）直流应急照明； （3）交流不间断电源装置； （4）热工动力负荷	4.1.2.2
	冲击负荷	冲击负荷：在短时间内施加的较大负荷电流，分为初期冲击负荷和随机负荷	2.0.15
		（1）高压断路器跳闸； （2）热工冲击负荷； （3）直流电动机启动电流	4.1.2.3

2. 直流负荷统计原则

名　称	依据内容（DL/T 5044—2014）	出处
装设 2 组 控制专用蓄电池组	每组负荷应按全部控制负荷统计	4.2.1.1
装设 2 组动力和控制 合并供电蓄电池组	每组负荷应按全部控制负荷统计，动力负荷宜平均分配在 2 组电池上。直流应急照明负荷：每组应按全部应急照明负荷的 60% 统计，变电站和有保安电源的发电厂按 100%（应急照明负荷）统计	4.2.1.2
事故后恢复供电的 高压断路器合闸冲击负荷	应按随机负荷考虑	4.2.1.3
两个直流电源系统间 设有联络线时	每组蓄电池应按各自所连接的负荷统计，不能因互联而增加负荷容量的统计	4.2.1.4

3. 保安电源设置

分　类	设　置　规　定	出处	
容量 200MW 及以上机组	应设置交流保安电源	GB 50660—2011	16.3.17
容量 200MW～300MW 级机组	宜按机组设置交流保安电源		16.3.18
容量 600MW～1000MW 级机组	应按机组设置交流保安电源		16.3.18

4. 事故停电时间

分　类	事故停电时间（DL/T 5044—2014）	出处
与电力系统连接的发电厂	1h	4.2.2.1
不与电力系统连接的孤立发电厂	2h	4.2.2.2
有人值班的变电站	1h	4.2.2.3
无人值班的变电站	2h	4.2.2.4
1000kV 变电站、串补站和直流换流站	2h	4.2.2.5

5. 直流负荷统计

名　称	依据内容（DL/T 5044—2014）	出处
冲击负荷	事故初期（1min）的冲击负荷统计： （1）备用电源断路器应按备用电源实际自投断路器台数统计； （2）低电压、母线保护、低频减载等跳闸回路应按实际数量统计； （3）电气及热工的控制、信号和保护回路等应按实际负荷统计	4.2.3
叠加	事故停电时间内，恢复供电的高压断路器合闸电流应按断路器合闸电流最大的一台统计，并应与事故初期冲击负荷之外的最大负荷或出现最低电压时的负荷相叠加	4.2.4

名称	序号	负荷名称	负荷系数	负荷性质		备注	出处
直流负荷统计负荷系数	1	控制、保护、继电器	0.6	控制	经常	（1）经常负荷：控制 1+2+13，动力 10+11，各项均应乘以负荷系数。 （2）事故初期负荷：控制 1+2+3+4+13，动力 6+7+8+9+10+11+12，注意 6+7 应乘以启动电流倍数，然后再乘以负荷系数，若没有合适答案电动机就不乘以负荷系数。 （3）功率、设备电流需乘以负荷系数，而直接给出计算电流或负荷电流就不需乘以系数。 （4）断路器跳闸为控制，断路器电磁操作的合闸机构为动力，其余合闸为控制	表 4.2.6
	2	监控系统、智能装置、智能组件	0.8	控制	经常		
	3	高压断路器跳闸	0.6	控制	初期		
	4	高压断路器自投	1.0	控制	初期		
	5	恢复供电高压断路器合闸	1.0	控制	随机		
	6	氢（空）密封油泵	0.8	动力【启动倍数】	事故		
	7	直流润滑油泵	0.9	动力	事故		
	8	变电站交流不间断电源（UPS）	0.6	动力	事故		
	9	发电厂交流不间断电源（UPS）	0.5	动力	事故		
	10	DC/DC 变换装置	0.8	动力	经常		
	11	直流长明灯	1.0	动力	经常		
	12	直流应急照明	1.0	动力	事故		
	13	热控直流负荷	0.6	控制	经常		

第四章 直流电源系统

七、直流电缆

1. 直流电缆选择

名称	依据内容（DL/T 5044—2014）	出处
电缆选用	直流电源系统明敷电缆应选用耐火电缆（NH）或采取了规定的耐火防护措施的阻燃电缆（ZR）。控制和保护回路直流电缆应选用屏蔽电缆	6.3.1
芯数要求	蓄电池组引出线为电缆时，电缆宜采用单芯电力电缆，当选用多芯电缆时，其允许载流量可按同截面单芯电缆数值计算。蓄电池电缆的正极和负极不应共用一根电缆，该电缆宜采用独立通道，沿最短路径敷设	6.3.2

2. 直流电缆截面选择及允许压降

电缆回路	电缆工作电流	电缆允许压降	出处
蓄电池组与直流柜之间	长期允许电流应大于事故停电时间的蓄电池放电率电流	宜取直流电源系统标称电压的 0.5%～1%，其计算电流应取事故停电时间的蓄电池放电率电流或事故放电初期（1min）冲击负荷放电电流二者中的较大值	DL/T 5044—2014 6.3.3
高压断路器合闸回路	浮充运行	应保证最远一台高压断路器可靠合闸所需的电压，其允许电压降可取直流电源系统标称电压的 10%～15%	DL/T 5044—2014 6.3.4
高压断路器合闸回路	当事故放电	直流母线电压在最低电压值时，应保证恢复供电的高压断路器能可靠合闸所需的电压，其允许电压降应按直流母线最低电压值和高压断路器允许最低合闸电压值之差选取，不宜大于直流电源系统标称电压的 6.5%	DL/T 5044—2014 6.3.4
集中辐射形供电，直流柜与直流负荷之间	电缆长期允许载流量的计算电流应大于回路最大工作电流	允许电压降应按蓄电池组出口端最低计算电压值和负荷本身允许最低运行电压值之差选取，宜取直流电源系统标称电压的 3%～6.5%	DL/T 5044—2014 6.3.5
分层辐射形供电，直流柜与直流分电柜之间	按分电柜最大负荷电流	宜取直流电源系统标称电压的 3%～5%	DL/T 5044—2014 6.3.6
分层辐射形供电，分电柜布置在负荷中心，分电柜与直流终端断路器之间	—	宜取直流电源系统标称电压的 1%～1.5%	DL/T 5044—2014 6.3.6
直流框与直流终端断路器之间	—	根据直流分电柜布置地点，可适当调整直流分电柜与直流柜、直流终端断路器之间的允许电压降。应保证直流柜与直流终端断路器之间允许总电压降不大于标称电压的 6.5%	DL/T 5044—2014 6.3.6
直流柜与直流电动机之间	长期允许电流应大于电动机额定电流	不宜大于直流电源系统标称电压的 5%，其计算电流应按 2 倍电动机额定电流	DL/T 5044—2014 6.3.7
2 台机组之间 220V 直流电源系统应急联络断路器之间	计算电流按负荷统计表中 1h 放电电流的 50%选取	电压降不宜大于直流电源系统标称电压 5%	DL/T 5044—2014 6.3.8

3. 直流电缆截面计算

名称	依据内容（DL/T 5044—2014）	出处
两个条件	电缆截面 S_{cac} 应按电缆长期允许载流量和回路允许电压降ΔU_P 两个条件选择、计算	附录 E.1.1
电缆长期允许载流量	$I_{PC} \geq I_{cal}$ I_{PC}：电缆允许载流量（A）； I_{cal}：回路长期工作计算电流（A）	式（E.1.1-1）

续表

名　称	依据内容（DL/T 5044—2014）		出处
回路允许电压降ΔU_P	$$S_{cac} = \frac{2LI_{ca}\rho}{\Delta U_P}$$		式（E.1.1-2）
	I_{ca}：允许电压降计算电流（A）； ΔU_P：回路允许电压降（V）； ρ：电阻系数，铜导体 0.0184Ω·mm²/m，铝导体 0.031Ω·mm²/m； L：电缆长度（m）		
导体和保护电器的配合，防止电缆过负荷的保护电器的工作特性应满足的条件	$I_B \leq I_n \leq I_z$		附录 E 条文说明
	$I_2 \leq 1.45 I_z$		
	I_B：回路工作电流（A）； I_n：保护电器的额定电流（A）； I_z：电缆持续载流量（A）； I_2：保证保护电器在约定时间内可靠动作的电流（A）		
持续时间不超过 5s 的短路，极限温度时间的计算	$$\sqrt{t} = K \times \frac{S}{I_d}$$		附录 E 条文说明
	t：持续时间（s）；合格判据：$t > t_p$（保护延时）$+ t_b$（断路器全开断）； K：导体温度系数，铜导体绝缘 PVC≤300mm² 取 115，XLPE（交流聚乙烯）取 143； S：电缆截面（mm²）； I_d：短路电流（A）。		

4. 直流电源系统不同回路的计算电流 I_{ca}（DL/T 5044—2014 表 E.2-1）

回路名称		回路计算电流和计算公式	备注
蓄电池回路		$\begin{cases} I_{ca1} = I_{d.1h} \\ I_{ca2} = I_{cho} \end{cases}$	I_{cho}：事故初期 1min 冲击放电电流	$I_{d.1h}$：事故停电时间蓄电池放电率电流，铅酸蓄电池 $5.5I_{10}$。 中倍率镉镍碱性蓄电池 $7I_5$。 高倍率镉镍碱性蓄电池 $20I_5$（附录 A.3.6）
充电装置输出回路		$I_{ca1} = I_{ca2} = I_{cn}$	I_{cn}：充电装置额定电流
直流负荷馈线	直流电动机回路	$\begin{cases} I_{ca1} = I_{nm} \\ I_{ca2} = I_{stm} = K_{stm} I_{nm} \end{cases}$	I_{nm}：电动机额定电流； I_{stm}：电动机启动电流； K_{stm}：启动电流系数 2.0
	断路器合闸回路	$I_{ca2} = I_{cl}$	I_{cl}：合闸线圈合闸电流
	交流不间断电源输入回路	$I_{ca1} = I_{ca2} = \dfrac{I_{un}}{\eta}$	I_{un}：装置额定功率/直流电源系统标称电压； η：装置效率
	直流应急照明回路	$I_{ca1} = I_{ca2} = I_g$	I_e：照明馈线计算电流
	控制保护监控回路	$I_{ca1} = I_{ca2} = I_{cc}$（$I_{cp}$、$I_{cs}$）	I_{cc}（I_{cp}、I_{cs}）：控制（保护、信号）馈线计算电流
	直流分电柜回路	$I_{ca1} = I_{ca2} = I_d$	I_d：直流分电柜计算电流
	DC/DC 变换器输入回路	$I_{ca1} = I_{ca2} = \dfrac{I_{Tn}}{\eta}$	I_{Tn}：变换器额定功率/直流电源系统标称电压； η：变换器效率
	直流电源系统应急联络回路	$I_{ca1} = I_{ca2} = I_L$	I_L：负荷计算表中 1h 放电电流的 50%
	直流母线分断回路	$I_{ca1} = I_{ca2} = I_L$	I_L：全部负荷电流的 60%

注　$I_{ca} = \max(I_{ca1}, I_{ca2})$；
　　I_{ca1}：回路长期工作计算电流（A）；
　　I_{ca2}：回路短时工作计算电流（A）。

5. 直流电源系统不同回路允许电压降 ΔU_P（DL/T 5044—2014 表 E.2-2）

回路名称		允许电压降ΔU_p（V）	出处	备注
蓄电池回路		$0.5\%U_n \leq \Delta U_p \leq 1\%U_n$	6.3.3	（1）U_n：直流电源系统标称电压。 （2）蓄电池回路电流按事故停电时间蓄电池放电率电流。 （3）分电柜负荷电流可按220V系统 80A×0.8，110V 系统 100A×0.8 计算。 （4）集中辐射形供电的直流柜到终端回路的负荷电流按 10A 计算。 （5）分层辐射形供电的直流柜到终端回路的负荷电流按 10A 计算
直流柜至直流分电柜		$\Delta U_p=3\%U_n \sim 5\%U_n$	6.3.6	
直流负荷馈线	直流电动机回路	$\Delta U_n \leq 5\%U_n$，计算电流取 I_{ca2}	6.3.7	
	断路器合闸回路	$\Delta U_p=3\%U_n \sim 6.5\%U_n$	6.3.4	
	交流不间断电源输入回路	$\Delta U_p=3\%U_n \sim 6.5\%U_n$	—	
	应急照明回路	$\Delta U_p=2.5\%U_n \sim 5\%U_n$	—	
	DC/DC变换器回路	$\Delta U_p=3\%U_n \sim 6.5\%U_n$	—	
	集中辐射形供电直流柜到终端回路	$\Delta U_p=3\%U_n \sim 6.5\%U_n$	6.3.5	
	分层辐射形供电分电柜到终端回路	$\Delta U_p=1\%U_n \sim 1.5\%U_n$	6.3.6	
	直流电源系统应急联络回路	$\Delta U_p \leq 5\%U_n$	6.3.8	

八、直流开关设备选择

名　　称	直流断路器	熔断器	隔离开关
额定电压	6.5.2-1 应大于或等于回路的最高工作电压	6.6.3-1 应大于或等于回路的最高工作电压	6.7.1 应大于或等于回路的最高工作电压
额定电流	6.5.2-2 应大于回路的最大工作电流	6.6.3-2 应大于回路的最大工作电流	6.7.2 应大于回路的最大工作电流
蓄电池出口回路	$\max \begin{cases} I_n \geq I_1 & (A.3.6\text{-}1) \\ I_n \geq K_{c4}I_{n.\max} & (A.3.6\text{-}2) \end{cases}$ I_1：蓄电池 1h 或 2h 放电率电流；可取：铅酸蓄电池 $5.5I_{10}$，中倍率镉镍碱性蓄电池 $7.0I_5$，高倍率镉镍碱性蓄电池 $20I_5$； K_{c4}：配合系数，一般取 2.0，必要时可取 3.0； $I_{n.\max}$：直流母线馈线上直流断路器最大的额定电流	6.6.3-2-1 按事故停电时间（1h 或 2h）的蓄电池放电率电流和直流母线上最大馈线直流断路器额定电流（附录 A.3.6）的 2 倍选择，两者取较大值（同直流断路器 A.3.6-1，A3.6-2）	6.7.2-1 应按事故停电时间（1h 或 2h）的蓄电池放电率电流选择
充电装置出口回路	$I_n \geq K_k I_m$，（A.3.1） K_k：可靠系数 1.2； I_m：充电装置额定输出电流（即附录 D 中的 I_r）	—	—
直流电动机回路	$I_n \geq I_{nm}$，（A.3.2） I_{nm}：电动机额定电流		
断路器电磁操作机构合闸回路	$I_n \geq K_{c2}I_{c1}$，（A.3.3） K_{c2}：配合系数 0.3； I_{c1}：高压断路器电磁操动机构合闸电流	6.6.3-2-2 按 0.2 倍～0.3 倍额定合闸电流选择，熔断器的熔断时间应大于断路器固有合闸时间	6.7.2-2 按 0.2 倍～0.3 倍额定合闸电流选择
	6.5.2-2 直流断路器过载脱扣时间应大于断路器固有合闸时间		
控制、保护、信号回路	$I_n \geq K_c(I_{cc}+I_{cp}+I_{cs})$，（A.3.4） K_c：同时系数 0.8	—	—

续表

名称	直流断路器	熔断器	隔离开关
直流分电柜电源回路	$I_n \geq K_c \Sigma(I_{cc}+I_{cp}+I_{cs})$，（A.3.5）直流分电柜上全部用电回路的计算电流之和。 K_c：同时系数 0.8。 A.3.5-2 大于分电柜馈线断路器的额定电流，电流级差符合规定	—	—
母线分段开关和联络回路	6.5.2-4 直流电源系统应急联络断路器额定电流不应大于蓄电池出口熔断器额定电流的 50%	—	6.7.2-3 全部负荷的 60%
备注	6.5.1 具有瞬时电流速断和反时限过电流保护，当不满足选择性保护配合时，可增加短延时电流速断保护	6.6.1 直流回路采用熔断器作为保护电器时，应装设隔离电器。 6.6.3-3 断流能力应满足安装地点直流电源系统最大预期短路电流的要求	6.7.3 断流能力应满足安装地点直流电源系统短时耐受电流的要求

九、直流系统保护

名称	依据内容（DL/T 5044—2014）	出处
保护	蓄电池出口回路、充电装置直流侧出口回路、直流馈线回路和蓄电池试验放电回路等应装设保护电器	5.1.1
四性	各级保护电器的配置应根据直流电源系统短路电流计算结果，保证具有可靠性、选择性、灵敏性和速动性	5.1.4

1. 直流开关设备选择

名称	依据内容（DL/T 5044—2014）	出处
蓄电池出口回路	宜采用熔断器，也可采用具有选择性保护的直流断路器	5.1.2-1
充电装置直流侧出口回路、直流馈线回路和蓄电池试验放电回路	宜采用直流断路器，当直流断路器有极性要求时，对充电装置回路应采用反极性接线	5.1.2-2
直流断路器的下级	不应使用熔断器	5.1.2-3

2. 直流保护电器配合

名称		依据内容（DL/T 5044—2014）	出处
熔断器装在直流断路器上级		熔断器额定电流应为直流断路器额定电流 2 倍及以上（直流断路器的下级不应使用熔断器 5.1.2-3）	5.1.3-1
充电装置直流侧出口		宜按直流馈线选用直流断路器，以便实现与蓄电池出口保护电器的选择性配合	5.1.3-3
2 台机组之间 220V 直流电源系统应急联络断路器		应与相应的蓄电池组出口保护电器实现选择性配合	5.1.3-4
分层辐射形供电	直流柜至分电柜的馈线断路器	宜选用具有短路短延时特性的直流塑壳断路器	5.1.3-5
	分电柜直流馈线断路器	宜选用直流微型断路器	
直流馈线断路器的选用		各级直流馈线断路器宜选用具有瞬时保护和反时限过电流保护的直流断路器。当不能满足上、下级保护配合要求时，可选用带短路短延时保护特性的直流断路器	5.1.3-2
直流断路器配合采用电流比表述		各级直流断路器配合采用电流比表述，宜符合本标准附录 A 表 A.5-1～表 A.5-5 的规定	5.1.3-6

第四章 直流电源系统

3. 直流断路器的保护整定

名　　称		依据内容（DL/T 5044—2014）	出处
过负荷长延时保护	约定动作电流	$I_{DZ} = KI_n$	式（A.4.1-1）
		I_{DZ}：过负荷长延时保护的约定动作电流； K：过负荷长延时保护热脱扣的约定动作电流系数，1.3 或 1.45； I_n：对于断路器过负荷电流整定值不可调节的断路器，可为断路器的额定电流，对于断路器过负荷电流整定值可调节的断路器，可取与回路计算电流相对应的断路器整定值电流	
	上下级断路器额定电流或动作电流和电流比	$I_{n1} \geq K_{ib}I_{n2}$ 或 $I_{DZ1} \geq K_{ib}I_{DZ2}$	式（A.4.1-2）
		I_{n1}、I_{n2}：上下级断路器额定电流或整定电流； K_{ib}：上下级断路器和电流比系数，参见附录表 A.5-1～表 A.5-5； I_{DZ1}、I_{DZ2}：上下级断路器过负荷长延时保护约定动作电流	
短路瞬时保护（脱扣器）	本级断路器出口短路可靠动作	$I_{DZ1} = K_n I_n$	式（A.4.2-1）
		I_{DZ1}、I_{DZ2}：上下级断路器瞬时保护（脱扣器）动作电流（A）； K_n：额定电路倍数，脱扣器整定值正误差或瞬时脱扣范围最大值；可按附录表 A.5-1，表 A5-2 规定数据选取（C 型 7～15；B 型 4～7）； I_n：断路器额定电流（A）	
	下一级断路器出口短路不误动	$I_{DZ1} \geq K_{ib}I_{DZ2} > I_{d2}$	式（A.4.2-2）
		K_{ib}：上下级断路器和电流比系数，参见附录表 A.5-1～表 A.5-5； I_{d2}：下一级断路器出口短路电流	
	当直流断路器具有限流功能时	$I_{DZ1} \geq K_{ib}I_{DZ2}/K_{XL}$	式（A.4.2-3）
		K_{XL}：限流系数，0.6～0.8； 限流系数=实际分断短路电流峰值/预期短路电流峰值	
	灵敏系数校验	应根据计算的各断路器安装处短路电流校验灵敏系数，还应考虑脱扣器整定值的正误差或脱扣范围最大值后的灵敏系数	A.4.2
		$I_{DK} = U_n/[n(r_b+r_1)+\Sigma r_j+\Sigma r_k]$	式（A.4.2-4）
		$K_L = I_{DK}/I_{DZ}$	式（A.4.2-5）
		K_L：灵敏系数，不宜低于 1.05（勘误为 1.25）； I_{DZ}：断路器瞬时保护（脱扣器）动作电流（A）； I_{DK}：断路器安装处短路电流（A）； U_n：直流电源系统额定电压，110V 或 220V； n：蓄电池个数； r_b：蓄电池内阻（Ω）； r_1：蓄电池间连接条或导体内阻（Ω）； Σr_j：蓄电池组至断路器安装处连接电缆或导体电阻之和（Ω）； Σr_k：相关断路器触头电阻之和（Ω）	
短路短延时保护（脱扣器）		（1）当上下级断路器安装处临近，短路电流相差不大时，可能引起下级断路器出口短路引起上级断路器短路瞬时保护（脱扣器）误动作，则上级断路器应选用短路短延时保护（脱扣器）； （2）各级短路短延时保护（脱扣器）保护时间整定应在保证选择性前提下，选择最小时间级差，但不应超过直流断路器允许短时耐受时间值	A.4.3
短路短延时保护		当断路器采用短路短延时保护实现选择性配合时，该断路器瞬时速断整定值的 0.8 倍应大于短延时保护电流整定值的 1.2 倍，并应校核断路器短时耐受电流值。即 $$I_{DZ速断} \geq \frac{1.2}{0.8} \times I_{DZ延时}$$	A.3.4

十、直流设备及蓄电池短路电流计算

1. 直流电动机启动设备

名　称	依据内容（DL/T 5044—2014）	出处
启动电阻	直流电动机电力回路应装设限制启动电流的启动电阻或其他限流设备（启动电阻查 1P296）	6.12.1
额定电流	直流电动机启动电阻的额定电流可取该电动机的额定电流	6.12.2
启动电流	直流电动机的启动电阻宜将启动电流限制在额定电流的 2.0 倍范围内	6.12.3

2. DC/DC 变换装置

名　称	依据内容（DL/T 5044—2014）	出处
技术特性	应为长期工作制，并具有稳压性能，稳压精度应为额定电压值的±0.6%	6.11.1-1
技术特性	直流母线反灌纹波电压有效值系数，不应超过 0.5%	6.11.1-2
技术特性	具有输入异常和输出限流保护功能，故障排除后可自动恢复工作	6.11.1-3
技术特性	具有输出过电压功能，故障排除后可人工恢复工作	6.11.1-4
配置	总输出电流不宜小于馈线回路中最大直流断路器额定电流的 4 倍	6.11.2-1
配置	宜加装储能电容	6.11.2-2
配置	馈线断路器宜选用 B 型脱扣曲线的直流断路器	6.11.2-3
电源	每套 DC/DC 变换装置的直流电源宜采用单电源供电	6.11.3

3. 蓄电池试验放电装置

名　称	依据内容（DL/T 5044—2014）	出处
额定电流	试验放电装置的额定电流应符合下列要求： （1）铅酸蓄电池应为 $1.10I_{10}$~$1.30I_{10}$； （2）镉镍碱性蓄电池应为 $1.10I_5$~$1.30I_5$	6.4.1
放电装置	试验放电装置宜采用电热器件或有源逆变放电装置	6.4.2

4. 降压装置

名　称	依据内容（DL/T 5044—2014）	出处
硅元件	降压装置宜由硅元件构成，应有防止硅元件开路的措施	6.8.1
额定电流	硅元件的额定电流应满足所在回路最大持续负荷电流的要求，并应有承受冲击电流的短时过载和承受反向电压的能力（条文说明公式 $I_{ng} \geq K_k I_{Lm}$）	6.8.2

5. 直流柜

依据 DL/T 5044—2014 6.9.6 直流柜内的母线及其相应回路应能满足直流母线出口短路时额定短时耐受电流的要求。当厂家未提供阀控铅酸蓄电池短路电流时，直流柜内元件应符合下列要求：

电池类型及容量		直流母线出口短路时 直流柜母线及回路额定短时耐受电流	出处
阀控铅酸蓄电池	800Ah 以下	10kA	6.9.6-1
阀控铅酸蓄电池	800Ah~1400Ah	20kA	6.9.6-2
阀控铅酸蓄电池	1500Ah~1800Ah	25kA	6.9.6-3
阀控铅酸蓄电池	2000Ah	30kA	6.9.6-4
阀控铅酸蓄电池	2000Ah 以上	进行短路电流计算	6.9.6-5

第四章 直流电源系统

6. 蓄电池短路电流计算

名 称	依据内容（DL/T 5044—2014）		出处
蓄电池短路电流计算应符合的要求	直流电源系统短路电流计算电压应取系统标称电压 220V 或 110V		G.1.1
	短路计算中不计及充电装置助增电流及直流电动机反馈电流		
	如在蓄电池引出端子上短路	$I_{bk}=\dfrac{U_n}{n(r_b+r_1)}$	式（G.1.1-1）
		I_{bk}：蓄电池引出端子上的短路电流（A）； U_n：直流电源系统额定电压，110V 或 220V； n：蓄电池个数； r_b：蓄电池内阻（mΩ）； r_1：蓄电池间连接条或导体内阻（mΩ）	式（G.1.1-1）
	如在蓄电池组连接的直流母线上短路	$I_{bk}=\dfrac{U_n}{n(r_b+r_1)+r_c}$	式（G.1.1-2）
		r_c：蓄电池组连接端子到直流母线连接电缆或导线电阻（mΩ），查附录A，表A.6-2，如单芯电缆500mm²，$L=20m$，则 $r_c=0.037×20×2=1.48$mΩ	
蓄电池组电阻及出口短路电流参考值表，见附录表 G.2-1、表 G.2-2、表 G.2-3			

7. 蓄电池设备及直流柜主母线选择（DL/T 5044—2014 表 F.1）

蓄电池容量（Ah）	100	200	300	400	500	600	800	1000	1200
回路电流（A）	55	110	165	220	275	330	440	550	660
电流测量范围（A）	±100	±200		±300		±400		±600	±800
放电试验回路电流（A）	12	24	36	48	60	72	96	120	144
主母线铜导体截面（mm²）	50×4			60×6					
蓄电池容量（Ah）	1500	1600	1800	2000	2200	2400	2500	2600	3000
回路电流（A）	825	880	990	1100	1210	1320	1375	1430	1650
电流测量范围（A）	±1000			±1500			±2000		
放电试验回路电流（A）	180	192	216	240	264	288	300	312	360
主母线铜导体截面（mm²）	80×8						80×10		

十一、测量、信号和监控

名 称	依据内容（DL/T 5044—2014）	出处
表计安装	直流电源系统宜装设下列常测表计： （1）直流电压表宜装设在直流柜母线、直流分电柜母线、蓄电池回路和充电装置输出回路上。 （2）直流电流表宜装设在蓄电池回路和充电装置输出回路上	5.2.1
精度	直流电源系统测量表计宜采用 $4\dfrac{1}{2}$ 位精度数字式表计，准确度不应低于 1.0 级	5.2.2
监测报警	直流电源系统应按每组蓄电池装设 1 套绝缘监测装置，装置测量准确度不应低于 1.5 级。绝缘监测装置测量精度不应受母线运行方式的影响。绝缘监测装置应具备下列功能： （1）实时监测和显示直流电源系统母线电压、母线对地电压和母线对地绝缘电阻。 （2）具有监测各种类型接地故障的功能，实现对各支路的绝缘检测功能。 （3）具有自检和故障报警功能。	5.2.4

续表

名　　称	依据内容（DL/T 5044—2014）	出处
监测报警	（4）具有对两组直流电源合环故障报警功能。 （5）具有交流窜电故障及时报警并选出互窜或窜入支路的功能。 （6）具有对外通信功能	5.2.4
微机监控	直流电源系统宜按每组蓄电池组设置一套微机监控装置。微机监控装置应具备下列功能： （1）具有对直流电源系统各段母线电压、充电装置输出电压和电流及蓄电池组电压和电流等的监测功能。 （2）具有对直流电源系统各种异常和故障报警、蓄电池组出口熔断器检测、自诊断报警以及主要断路器/开关位置状态等的监视功能。 （3）具有对充电装置开机、停机和充电装置运行方式切换等的监控功能。 （4）具有对设备的遥信、遥测、遥调及遥控功能。 （5）具备对时功能。 （6）具有对外通信功能	5.2.5
巡检	每组蓄电池宜设置蓄电池自动巡检装置。蓄电池自动巡检装置宜监测全部单体蓄电池电压，以及蓄电池组温度，并通过通信接口将监测信息上传至直流电源系统微机监控装置	5.2.6
无人值班	对无人值班变电站直流监控系统，还宜具备下列功能： （1）具有统一数据信息平台，可实时监测各种运行状态，支持可视化运行维护。 （2）具有智能告警、信息综合分析、自诊断及远程维护等功能	5.2.7

第五章 电气主接线

一、电气主接线的设计原则

发电厂在电力系统中的地位和作用是决定电气主接线的主要因素（1P29）。

担任基本负荷的发电厂应以供电可靠和稳定为主要要求设计电气主接线，担任调峰作用的发电厂应以供电调度灵活为主要要求设计电气主接线。（1P29）

发电厂的机组容量：应根据电力系统内总装机容量、备用容量、负荷增长速度和电网结构等因素进行选择。在条件具备时，优先采用大容量机组，最大机组的容量一般不超过系统总容量的10%。（1P29）

负荷分级：

负荷分级	一级负荷	二级负荷	三级负荷	出处
定义	中断负荷供电，将造成人身伤害、在经济上造成重大损失、影响重要用电单位正常工作	中断负荷供电，将在经济上造成较大损失、影响较重要用电单位正常工作	不属于一级和二级负荷	1P29
供电方式	应由两路相互独立的电源供电	一般由两路电源供电	可由一路电源供电	1P30
	当任何一路电源发生故障时，另一路电源不应同时受到损坏，能保证对全部一级负荷持续供电	当任何一路电源失去后，能保证全部或大部分二级负荷的供电。当负荷较小或供电条件困难时，可由一回6kV及以上专用线路供电		

系统备用容量：可按照系统最大发电负荷的15%~20%考虑，低值适用于大系统，高值适用于小系统。其中，负荷备用容量为2%~5%，事故备用容量为8%~10%且不小于系统一台最大的单机容量，检修备用容量按检修规程及系统情况确定，初步取值应不低于5%。（1P30）

二、电气主接线设计的基本要求

名称	依据内容	出处
总要求	电气主接线应满足可靠性、灵活性和经济性三方面要求	1P30
可靠性	供电可靠性是电力生产和分配的首要要求，电气主接线应首先满足这个要求。可靠性是指电气主接线系统在规定的条件下和规定的时间内，按照一定的质量标准和要求，不间断地向电力系统提供或传送电能量的能力	
灵活性	电气主接线应能适应各种运行状态，并能灵活地进行运行方式转换，应满足在操作、调度、检修及扩建时的灵活性	
经济性	在设计电气主接线时可靠性和经济性之间往往是矛盾的，通常的设计原则是，电气主接线在满足可靠性、灵活性要求的前提下做到经济合理	
接入等级	对于发电厂，其接入系统的电压等级一般不超过两种，以避免因两次变压而增加电能损耗	

三、主接线型式选择

1. 变电站主接线

电压等级	采用接线型式	元件总数/重要性	备注	出处
220kV~750kV 变电站主接线（DL/T 5218—2012）				
750kV 或 500kV	宜 3/2断路器接线	总数≥6 重要站	系统潮流控制或限制短路电流需要分片运行时，可将母线分段	5.1.2
330kV	可 3/2断路器接线或双母线			5.1.3

续表

电压等级		采用接线型式	元件总数/重要性		备注	出处
330kV～750kV	可	线路变压器组、桥型、单母线或线路有2台断路器、变压器直接与母线连接的"变压器母线组"	总数≤6	终端站	在满足运行要求的前提下	5.1.4
330kV～750kV 变电站	220kV 或 110kV 配电装置	可	双母线	10～14	1条母线装分段	5.1.5
				总数≥15	2条母线装分段	
				限制220kV母线短路电流或满足系统解列运行要求，可根据需要将母线分段		
		也可	3/2断路器接线	技术经济合理时		
3/2断路器接线		宜将电源回路与负荷回路配对成串，同名回路不宜配置在同一串内，但可接于同一侧母线；当变压器超过两台时，其中两台进串，其他变压器可不进串，直接经断路器接母线				5.1.2
220kV 变电站	220kV 配电装置	宜	双母线	重要、总数≥4	10～14	1条母线装分段	5.1.6
					总数≥15	2条母线装分段	
					也可根据系统需要将母线分段		
		可	其他简单的主接线	总数≤4	一般站		
		宜	断路器较少的或不用断路器的接线，如线路变压器组或桥型接线等		终端站	在满足运行要求的前提下	
		也可	线路分支接线			电力系统继电保护能够满足要求	
	110kV、66kV 配电装置	宜	单母线或单母线分段接线	总数<6		—	5.1.7
		可	双母线或双母线分段接线	总数≥6			
	35kV、10kV 配电装置	宜	采用单母线接线	—		根据主变压器台数确定母线分段数量	
35kV～110kV变电站主接线（GB 50059—2011）						
35kV～110kV	宜	减少电压等级和简化接线			满足供电规划的条件	3.2.1
	宜	断路器较少或不设置断路器的接线			满足变电站运行要求的前提	3.2.2
	宜	桥形、扩大桥形、线路变压器组或线路分支接线、单母线或单母线分段的接线			—	3.2.3
35kV～66kV	宜	双母线接线	线路≥8回		—	3.2.4
110kV	宜	双母线接线	线路≥6回		—	
6kV～10kV	宜	单母线分段	主变压器≥2台		分段方式：一台主变压器停运，有利于其他主变压器负荷分配	3.2.5

2．特殊要求变电站主接线

电压等级		采用接线型式	进出线回路	备注	出处
35kV～220kV 城市地下变电站主接线（DL/T 5216—2017）					
地下变电站	宜	减少电压等级和简化接线		满足电网规划、可靠性	4.1.2
	不同电压等级的变电站集中布置，相应的电压等级电气接线可简化				

第五章 电气主接线

续表

电压等级		采用接线型式		进出线回路	备注		出处
220kV		可	线路变压器组、桥形及单母线分段	总数≤4	—		4.1.3
		宜	双母线	重要、总数≥4	10~14	1条母线	装分段断路器
					总数≥15	2条母线	
		可	少设或不设断路器的接线，如线路变压器组或桥形接线		终端站		
220kV 地下变电站	66kV、110kV	宜	单母线或单母线分段接线	总数≤6	—		4.1.4
		可	单母线分段或双母线接线	总数>6			
	35kV 或 10kV	宜	单母线分段接线	—	分段方式：一台主变压器停运，有利于其他主变压器负荷分配		4.1.6
	6kV~10kV	可	单母线分段环形接线	主变压器≥3台	主变压器均带有馈电负荷		
		应	单母线接线		主变压器低压侧无出线		
35kV~110kV 地下变电站	35kV~110kV	宜	线路变压器组、桥形、扩大桥形、单母线分段或线路分支接线等简单接线	2~4			4.1.5
	110kV	宜	双母线或单母线单元接线	总数≥6			
	6kV~10kV	宜	单母线分段接线	主变压器≥2台	分段方式：一台主变压器停运，有利于其他主变压器负荷分配		4.1.7
		可	单母线分段环形接线	主变压器≥3台			
35kV~220kV 无人值班变电站主接线（DL/T 5103—2012）							
35kV~110kV 变电站	高压侧	宜	不设断路器或断路器较少的接线		满足运行要求时		4.1.3
		宜	线路变压器组、桥形或扩大桥形接线、单母线或分段单母线的接线	线路≤3回 主变压器≤3台	终端变电站		
	6kV~35kV	宜	宜采用分段单母线		分段方式：一台主变压器停运，有利于其他主变压器负荷分配		4.1.4

3．火力发电厂主接线

高压配电装置的基本接线型式及适用范围。

接线型式	适用范围/电压等级		进出线回路数	出处
单母线	220kV 及以下电压等级对可靠性没有过高要求的发电厂			1P32
	1机或1变时	6kV~10kV	出线≤5	1P33 变 P17
		35kV~63kV	出线≤3	
		110kV~220kV	出线≤2	

续表

接线型式	适用范围/电压等级		进出线回路数	出处
单母线分段	220kV 及以下电压等级小型发电厂			1P33 变 P17
	2 机或 2 变时	6kV～10kV	出线≥6	
		35kV～63kV	出线 4～8	
		110kV～220kV	出线 3～4	
出线不设断路器的单母线	2 机组进线 1 出线；工程建设初期过渡接线	如两台 600MW～1000MW 机组、750kV～1000kV 配电装置仅 1 回出线	远期：角型接线、3/2 断路器接线或 4/3 断路器接线	1P33
	对于单套燃气-蒸汽联合循环机组，只有一回出线时也可采用			
双母线	出线回路或电源多、输送和穿越功率大、不影响对用户的供电、调度灵活性要求	6kV～10kV	短路电流较大、出线需要带电抗器	1P34 变 P18
		35kV～63kV	出线≥8	
			连接的电源较多、负荷较大	
		35kV～220kV	居重要地位、负荷大、潮流变化大、出线回路数较多	
		110kV～220kV	出线≥4；居重要地位	
			出线≥5	变 P18
			出线≥6	1P34
		330kV～500kV	出线<6	
双母线分段	35kV～220kV		居重要地位、负荷大、潮流变化大、出线回路数较多	1P35
	可在一组母线上装设分段断路器		进出线 10～14	
	可在两组母线上均装设分段断路器		进出线≥15	
	220kV 进出线回路较多时	在一组母线上装断路器分段	进出线 10～14	
		在两组母线上均装断路器分段	进出线≥15	变 P19
	双母线分段接线中，均装设两台母联兼旁路断路器			
	限制 220kV 母线短路电流或系统解列运行等要求			
变压器—线路单元接线	只有一台变压器和一回线路的情况			1P35
	当发电厂内不设高压配电装置，直接将电能送至电力系统时			
内桥接线	较小容量的发电厂；对于终期进线、出线回路数为 4 回的大中型电厂			1P35
	初期进线、出线回路数为 4 回时的过渡接线，远期可采用角形接线、3/2 断路器接线或 4/3 断路器接线			
	出线回路切换较频繁或者线路较长、故障率较高（变压器不经常切换）			
	较小容量的发电厂、变电站，且变压器不常切换或线路较长、故障率较高			变 P23
外桥接线	较小容量的发电厂			1P36
	初期进线、出线回路数为 4 回时的过渡接线，远期可采用角形接线、3/2 断路器接线或 4/3 断路器接线			
	进线回路切换较频繁或者线路较短、故障率较少（变压器切换频繁）			
	电力系统有穿越功率通过桥形接线或者两回线路接入环形电网			

续表

接线型式	适用范围/电压等级		进出线回路数	出处
角形接线	最终进线、出线为 3～5 回的 110kV～1000kV 配电装置			1P36
	初期进线、出线回路数为 3～5 回时的过渡接线，远期可采用 3/2 断路器接线或 4/3 断路器接线			
	最终进线、出线为 3～5 回的 110kV 及以上的配电装置			变 P24
	330kV 及以上配电装置的过渡接线			
3/2 断路器接线	300MW～600MW 级机组 220kV 配电装置		双母线分段接线不能满足系统稳定性和地区供电可靠性时	1P37
	具有重要地位 330MW～750kV 配电装置		进出线≥6	
	1000kV 配电装置最终接线形式		进出线≥5	
	可作为工程建设的最终接线形式，工程初期变压器-线路单元接线、不完全单母线接线、桥形接线、角形接线等			
	成串配置原则（GB 50660—2011）16.2.11	进线与出线宜配对成串，同名回路宜配置在不同串内；初期配电装置仅有两个串时，同名回路宜"交叉布置"；当配电装置为 3 个串及以上时同名回路可接在同一侧母线上		1P37～38
4/3 断路器接线	330kV～1000kV	进线回路数较多、出线回路数较少、基本符合 2:1 比例时		1P38
双断路器接线	对可靠性有较高要求时	又称双断路器双母线接线，每个回路均设有两台断路器，与两组母线分别连接，两组母线同时运行		1P38
变压器-母线接线	长距离大容量输电线路、系统稳定性问题较突出、要求线路有高度可靠性	出线回路采用双断路器以保证高可靠性；当线路较多时，出线回路也可采用 3/2 断路器；直接将变压器经隔离开关连接在母线上		1P38～39
	变压器的质量可靠、故障率甚低时			
	4 台主变压器时，可将母线分段			
环形母线多分段接线	发电机-变压器-线路单元接线的大机组和需要防止严重污秽而采用屋内配电装置的发电厂	每段母线连接一回线路和一回变压器，相当于以变压器—线路单元接线与环形母线多分段相连接		1P39

注　系统穿越功率：经变电站高压母线（不经变压器）直接传输到相同电压等级其他变电站的功率。
　　母线穿越功率：母线的通流容量，就是母线上流过的实际功率，包括系统穿越功率和本站主变压器功率两部分。
　　母线穿越功率＝系统穿越功率＋本站主变压器容量。

4．火力发电厂发电机主接线

容量（MV）/适用条件		接线型式	备　注	出处
大中型火力发电厂发电机主接线（GB 50660—2011）				
不再扩建，满足运行要求，电网对电厂主接线没有特殊要求	宜	简化接线形式	可采用发电机-变压器-线路组接线、桥形接线或角形接线	16.2.2
容量相对较小与电力系统不匹配	2 机 1 变（双绕组/分裂绕组）	可	扩大单元连接	—	应在发电机与主变压器之间装设发电机断路器或负荷开关	16.2.3
	2 机 2 变（双绕组）	也可	联合单元连接	高压侧共用断路器	
		600MW 及以上机组接入 750kV、1000kV 电压等级电力系统，可采用发电机-变压器组联合单元接线作为工程初期的过渡接线		1P41
	不匹配系指单机容量仅为系统容量的 1%～2%或更小，电厂升高电压等级又较高	50MW 机组接入 220kV 系统		条文说明 16.2.3
		100MW 机组接入 330kV 系统		
		200MW 机组接入 500kV 系统		
	不匹配	125MW～300MW 机组接入 500kV 系统		1P40
		600MW 机组接入 750kV 或 1000kV 系统		
		可采用两台发电机接一台主变压器的扩大单元接线		

续表

容量（MV）/适用条件		接线型式	备注	出处
125	1机1变（三绕组或自耦变压器）	单元连接	发电机-变压器之间宜装发电机断路器或负荷开关，厂用分支线应接在变压器与该断路器之间	16.2.4
	1机1变（三绕组）		单机容量125MW级机组以两种升高电压接入电力系统	1P40
125～300	1机1变（双绕组）	单元连接	发电机-变压器之间不宜装设发电机断路器或负荷开关	16.2.5
			适用于容量为125MW及以上的大中型发电机组	1P40
≥200	不宜采用三绕组变压器，当需以两种电压等级接入系统时，宜在高压配电装置间进行联络			1P40
	发电机的引出线及其分支线应采用全连式分相封闭母线			16.2.7
小型火力发电厂发电机主接线（GB 50049—2011）				
机组容量与电力系统不匹配	2机1变（双绕组/分裂绕组）	可 扩大单元连接	—	应在发电机与主变压器之间装设发电机断路器或负荷开关
	2机2变（双绕组）	也可 联合单元连接	高压侧共用断路器	17.2.2
发电机电压母线	每段发电机容量≤12MW	宜 单母线或单母线分段	—	17.2.3.1
	每段发电机容量＞12MW	可 双母线或双母线分段	—	17.2.3.2
发电机-变压器	1机1变（双绕组）	单元接线	供热机组可在发电机与变压器之间装设断路器	17.2.7
	1机1变（三绕组）		在发电机与变压器之间宜装设断路器和隔离开关	

5．火力发电厂升压站主接线

电压等级/容量		采用接线型式	进出线回路数/重要性	备注	出处
大中型火力发电厂升压站主接线（GB 50660—2011）					
35kV～220kV 配电装置		宜 双母线或双母线分段接线	重要地位、负荷大、潮流变化大、回路较多		16.2.10.1
300MW～600MW级	220kV	采用 双母线分段接线	一般情况		16.2.10.2
		可 3/2断路器接线	当双母线分段接线不能满足电力系统稳定和地区供电可靠性时		
330kV～500kV 配电装置		宜 3/2断路器接线	总数≥6	重要	16.2.11.1
		可 4/3断路器接线	装机台数较多、出线回路数较少		16.2.11.2
		可 双母线接线，远期可过渡到双母线分段接线	总数＜6	电网根据远景发展有特殊要求	16.2.11.3
		可 四角形接线，宜按过渡到远期3/2断路器接线设计	初期4回	进、出线应装设隔离开关	16.2.11.4
500kV～750kV 配电装置	初期	宜 简化接线，可采用发电机-变压器-高压断路器组、线路侧不设断路器的单母线接线		两机一出线	16.2.12
	远期	采用 3/2断路器接线或4/3断路器接线			

续表

电压等级/容量	采用接线型式		进出线回路数/重要性	备注	出处
小型火力发电厂升压站主接线（GB 50049—2011）					
35kV～220kV 配电装置	宜	双母线接线	重要地位、负荷大、潮流变化、回路较多		17.2.8.1
66kV～220kV 配电装置	采用	单母线或双母线接线	六氟化硫型断路器	不宜设旁路设施	17.2.8.2
			气体绝缘金属全封闭开关设备	不应设置旁路设施	
35kV～66kV 配电装置	采用	单母线分段接线	断路器无停电检修条件时，可设置不带专用旁路断路器的旁路母线		17.2.8.3
		双母线	不宜设置旁路母线，有条件时可设置旁路隔离开关		

6. 水力发电厂主接线

电压等级/容量	进出线回路数		采用接线型式	备注		出处
《水力发电厂机电设计规范》（DL/T 5186—2004）						
（1）需要倒送厂用电，或接有公共厂用电变压器且不允许短时停电的单元回路。 （2）开、停机频繁的调峰水电厂，需避免主变压器高压侧接线频繁开环运行的单元回路			发电机-变压器组单元接线	发电机出口处宜装设断路器		5.2.4
（1）扩大单元回路。 （2）联合单元回路（当技术经济上比在主变压器高压侧装设断路器的方案更为合理时）。 （3）三绕组变压器或自耦变压器回路。 （4）抽水蓄能电厂采用发电机电压侧同期与换相或接有启动变压器的回路				发电机出口处必须装设断路器		
35kV～60kV	敞开式配电装置进出线回路不多		可采用桥形或双桥形接线、单母线或单母线分段接线			5.2.5.1
110kV～220kV 配电装置	敞开式配电装置进出线回路不多可采用桥形接线、角形接线、单母线接线、单母线分段接线或均衡接线等					
	110kV	进出线≥8	可采用双母线接线；若无停电检修条件，可带旁路	出线>7	宜采用带专用断路器的旁路	5.2.5.2-1
	220kV	进出线≥6		出线>5		
		进出线≥12	也可采用3/2断路器接线或4/3断路器接线			
	GIS配电装置	一般情况	可采用桥形、双桥形、单母线或单母线分段接线	不设旁路		5.2.5.2-2
		出线回路较多的大型水电厂	可采用双母线接线			
	蓄能电厂或短时停电不会产生大量弃水的水电厂		可采用变压器—线路组接线，直接接入距离电厂较近的枢纽变电所			5.2.5.2-3
330kV～500kV 配电装置	敞开式配电装置	进出线3～4	可采用角形接线			5.2.5.3-1
		进出线较多	可采用3/2断路器接线、4/3断路器接线、双母线双分段带专用断路器的旁路母线接线			
		巨型水电厂	也可采用母线分段的3/2断路器接线，或4/3断路器接线			
	GIS配电装置	进出线较少	可采用角型	均不设旁路		5.2.5.3-2
		进出线较多	可采用双母线、双母线分段等接线			
		进出线≥8	可选用3/2或4/3断路器接线			
	蓄能电厂如采用GIS配电装置		接线可再适当简化，如采用桥形、单母线分段或双桥形接线等			5.2.5.3-3

续表

电压等级/容量	进出线回路数	采用接线型式	备注	出处
输电电压等级	水电厂与电力系统连接的输电电压等级，宜采用一级，不应超过两级。在满足输送水电厂装机容量的前提下，出线回路数应尽量减少。不宜在水电厂设置电力系统的枢纽变电所（DL/T 5186—2004）			5.1.2
	蓄能电厂与电力系统连接的输电电压等级，应采用一级电压，并以尽量少的出线回路数直接接入系统的枢纽变电所			5.1.3

四、旁路设施

电压等级	适用条件		旁路设施	出处
35kV～66kV 配电装置	采用单母线分段接线且断路器无条件停电检修		可设置	不带专用旁路断路器的旁路母线	GB 50660—2011 16.2.10.3 GB 50049—2011 17.2.8.3
	当采用双母线接线时		不宜设置	旁路母线	
		有条件时	可设置	旁路隔离开关	
35kV～220kV 配电装置	发电机-变压器组的高压侧断路器		不宜接入	旁路母线	GB 50660—2011 16.2.10.4 GB 50049—2011 17.2.8.4
采用单母线或双母线接线	当采用气体绝缘金属封闭开关设备		不应设置	旁路设施	GB 50660—2011 16.2.13
	当断路器为六氟化硫型时		不宜设	旁路设施	
采用单母线或双母线接线 66kV～220kV 配电装置	断路器为六氟化硫型		不宜设	旁路设施	GB 50049—2011 17.2.8.2
	采用气体绝缘金属全封闭开关设备		不应设置	旁路设施	
220kV	进出线 ≥6回	断路器无停电检修条件	可采用	带旁路母线接线	DL/T 5186—2004 5.2.5.2
110kV	进出线 ≥8回				
GIS 配电装置			不设置	旁路母线	
330kV～500kV 敞开式配电装置	进出线回路较多		可采用	带专用断路器的旁路母线接线	DL/T 5186—2004 5.2.5.3

注 采用六氟化硫断路器，不宜设旁路设施；GIS 配电装置不应设旁路设施；进出线较多或断路器无停电检修条件时，可设旁路设施。

五、主接线中主要设备配置

1. 隔离开关的配置

电压等级、使用条件或位置		设备配置		出处
110kV～220kV	母线避雷器和电压互感器	宜合用	一组隔离开关	DL/T 5352—2018 2.1.5
≥330kV	进出线和母线避雷器、进出线电压互感器	不应装设	隔离开关	
	母线电压互感器			
小型发电机出口位置		一般装设	隔离开关	1P44
≥125MW 机组与双绕组变压器为单元连接时，其出口		不装设	独立的隔离开关	1P44
		可设置	可拆卸连接点	1P44

续表

电压等级、使用条件或位置		设备配置		出处
6kV~10kV 配电装置带出线电抗器	向不同用户供电的两回线共用一台断路器和一组电抗器时，每回线	应各装设	一组出线隔离开关	1P44
≤220kV 的 AIS	母线避雷器和电压互感器	宜合用	一组隔离开关	1P44
≥330kV 的 AIS	母线避雷器	不应装设	隔离开关	1P44
	母线电压互感器	不宜装设	隔离开关	1P44
	进出线避雷器及电压互感器	不应装设	隔离开关	1P44
110kV~220kV	线路电压互感器和耦合电容器	不应装设	隔离开关	1P44
	变压器中性点避雷器	不应装设	隔离开关	1P44
≤220kV	线路避雷器	不宜装设	隔离开关	1P44
	发电机、变压器中性点侧或出线侧的避雷器	不宜装设	隔离开关	1P44
110kV~220kV（330kV）	系统中性点直接接地的变压器，为了限制系统短路电流，变压器中性点	可通过	隔离开关接地	1P44
	自耦变压器的中性点	不应装设	隔离开关	1P44
3/2 断路器接线	仅两串时，避免开环	进、出线	应装设	隔离开关	1P44
	三串及以上时		可不装设	隔离开关	1P44
角形接线	进出线检修，保证闭环	进、出线	应装设	隔离开关	1P44
桥形接线	以便不停电检修	跨条	宜用两组	隔离开关串联	1P45
以便在断路器检修时隔离电源	断路器的两侧	通常配置	隔离开关	1P45
电厂内高压配电装置的主变压器及启动/备用变压器进线回路	断路器的变压器侧	可不装设	隔离开关	1P45
为了便于试验和检修	GIS 母线避雷器和电压互感器、电缆进线间隔的避雷器、线路电压互感器	应设置	独立的隔离开关或隔离断口	1P45
110kV~220kV 变电站	母线避雷器和电压互感器	可合用	一组隔离开关	GB 50059—2011 3.2.7
	接在变压器引出线上的避雷器	不宜装设	隔离开关	
220kV~750kV 变电站	双母线或单母线接线	母线避雷器和电压互感器	宜合用	一组隔离开关	DL/T 5352—2018 5.1.8
	3/2 接线		不应装设	隔离开关	
	3/2 接线，初期两串	各元件出口	宜装设	隔离开关	
水电厂	当发电机-变压器组采用单元接线时	在发电机出口处	可只装设	隔离开关	DL/T 5186—2004 5.2.4

2．断路器的配置

电压等级/使用条件/安装位置		设备配置		出处
≥330kV 的 AIS	出线并联电抗器回路		不宜装设	断路器或负荷开关	DL/T 5352—2018 1P44 2.1.6
	母线并联电抗器回路		应装设	断路器和隔离开关	
<125MW 供热机组	停机不停炉供热工况		可装设	发电机断路器	1P48
125MW~300MW 机组	发电机与双绕组变压器为单元接线时	发电机与主变压器之间	不宜装设	发电机断路器	1P48

续表

电压等级/使用条件/安装位置			设备配置		出处
≥600MW 机组	经技术经济论证合理		可装设	发电机断路器	
电厂从所在区域电网引接启备电源困难		机组	可装设	发电机断路器	
电厂由外部不同电网引接启备电源，启电源与机组所发电源存在较大相角差		机组	可装设	发电机断路器	1P48
发电机与变压器	扩大单元接线	发电机与主变压器之间	应装设	发电机断路器	1P48
	联合单元接线				
发电机与三绕组变压器	单元接线	发电机与主变压器之间	宜装设	发电机断路器	1P48
发电机与自耦变压器					
燃气轮发电机组或燃气—蒸汽联合循环机组用作调峰时			宜装设	发电机断路器	
多轴的联合循环机组			一般装在燃气轮发电机出口		1P48
当燃气轮机与汽轮机同启停时			也可装在汽轮发电机出口		
启、停频繁电厂接入角形接线配电装置	发电机出口		宜装设	发电机断路器	1P48
为提高厂用电运行可靠性、简化操作			可装设	发电机断路器	
水电厂	需要倒送厂用电，或接有公共厂用电变压器且不允许短时停电的单元回路		宜装设	断路器	DL/T 5186—2004 5.2.4
	开、停机频繁调峰水电厂，需避免主变压器高压侧接线频繁开环运行的单元回路				
	扩大单元回路		必须装设	断路器	
	联合单元回路				
	三绕组变压器或自耦变压器回路				
	抽水蓄能电厂采用发电机电压侧同期与换相或接有启动变压器的回路				

3．接地开关的配置

电压等级及使用条件		设备配置		出处
≥66kV	断路器两侧的隔离开关靠断路器一侧	应配置	接地开关	DL/T 5352—2018 2.1.7
	线路隔离开关靠线路一侧			
	变压器进线隔离开关靠变压器一侧			
	并联电抗器的高压侧			
	为≥110kV 的 AIS	—	—	1P45
双母线接线	两组与母线连接的隔离开关断路器侧	可共用	一组接地开关	1P45
GIS	与 GIS 配电装置连接并需要单独检修的电气设备、母线和出线	应配置	接地开关	1P45
	出线回路线路侧接地开关	应采用	关合动稳定能力快速接地开关	1P45
	母线接地开关			1P45
	当变压器与 GIS 配电装置采用气体管道母线连接时，在变压器侧或 GIS 侧	应设置	接地开关	1P45

第六章 短路电流计算及热效应

一、短路电流及短路点选择

名 称	依 据 内 容	出处
运行方式	校验导体和电器动稳定、热稳定及电器开断电流所用的短路电流，应按系统最大运行方式下可能流经被校验导体和电器的最大短路电流。系统容量应按具体工程的设计规划容量计算（宜按工程投产后 5 年～10 年规划）（确定短路电流时，应按可能发生最大短路电流的最大运行方式，不应按仅在切除过程中可能并列运行的接线方式	DL/T 5222—2005 5.0.4
最重	校验电器的开断电流，应按最严重短路形式验算	5.0.9
时间	在校验开关设备开断能力时，短路开断电流计算时间宜取开关设备实际开断时间（主保护动作时间加断路器开断时间）	5.0.11
熔断器	校验跌落式高压熔断器开断能力和灵敏性时，不对称短路分断电流计算时间应取 0.01s	5.0.12
短路点	用最大短路电流校验导体和电器的动、热稳定时，应选取被校验导体或电器通过最大短路电流的短路点。选取短路点应遵守下列规定： （1）对不带电抗器的回路，短路点应选在正常接线方式时短路电流为最大的地点。 （2）对带电抗器的 3kV～10kV 出线和厂用分支回路，校验母线和母线隔离开关之间隔板前的引线和套管时，短路点应选在电抗器前；校验其他导体和电器时，短路点宜选在电抗器之后	5.0.6
分裂导线	计算分裂导线次档距长度和软导体短路摇摆时，应选取计算导体通过最大短路电流的短路点	5.0.7
短路点	用最大短路电流校验开关设备和高压熔断器的开断能力时，应选取使被校验开关设备和熔断器通过的最大短路电流的短路点。短路点应选在被校验开关设备和熔断器出线端子上	5.0.8
短路电流用途	最大短路电流：用于选择电气设备的容量或额定值。 最小短路电流：用于选择熔断器和断路器、设定保护定值或校核感应电动机启动。 短路电流相关的电流关系：动稳定电流=2.5×热稳定电流（通常情况下） 热稳定电流（短路电流周期分量起始值）=额定短路开断电流=额定短时耐受电流 动稳定电流（短路冲击电流）=额定关合电流=极限通过电流峰值=额定峰值耐受电流	1P107

二、常用基准值

1. 基准值计算

（1）基准值计算公式。

基准值计算	依 据 内 容		出处
基准容量 S_j/MWA	S_j=100MWA 或 S_j=1000MWA	—	1P108
基准电压 U_j/kV	$U_j=U_p=1.05U_e$	U_p：平均电压； U_e：额定电压	1P108 式（4-1）
基准电流 I_j/kA	$I_j = \dfrac{S_j}{\sqrt{3}U_j}$	当基准容量 S_j 与基准电压 U_j 选定后，基准电流 I_j 与基准电抗 X_j 便已决定	1P108 式（4-2）
基准电抗 X_j/Ω	$X_j = \dfrac{U_j}{\sqrt{3}I_j} = \dfrac{U_j^2}{S_j}$		1P108 式（4-3）

（2）常用基准值（S_j=100MVA）（1P108 表 4-1）。

基准电压 U_j（kV）	3.15	6.3	10.5	15.75	18	37	69	115	230	345	525	787.5	1050
基准电流 I_j（kA）	18.33	9.16	5.50	3.67	3.21	1.56	0.84	0.502	0.251	0.167	0.11	0.08	0.05
基准电抗 X_j（Ω）	0.0992	0.397	1.10	2.48	3.24	13.7	47.6	132	529	1190	2756	6202	11025

2．标幺值计算

（1）各参数标幺值。

名称	标幺值计算公式	备注	出处
电压标幺值	$U_* = \dfrac{U}{U_j}$	电路元件的标幺值为有名值与基准值之比。采用标幺值后，相电压和线电压的标幺值是相同的，单相功率和三相功率的标幺值也是相同的，某些物理量还可以用标幺值相等的另一物理量来代替，$I_* = S_*$。	1P108 式（4-4）
容量标幺值	$S_* = \dfrac{S}{S_j}$		1P108 式（4-5）
电流标幺值	$I_* = \dfrac{I}{I_j} = I\dfrac{\sqrt{3}U_j}{S_j}$		1P108 式（4-6）
电抗标幺值	$X_* = \dfrac{X}{X_j} = X\dfrac{S_j}{U_j^2}$		1P108 式（4-7）

（2）标幺值和有名值的变换公式（P108 表 4-2）。

序号	元件名称	标幺值	有名值（Ω）	备注
1	发电机 调相机 电动机	$X_{d*}'' = \dfrac{X_d''\%}{100} \times \dfrac{S_j}{P_e/\cos\varphi}$	$X_d'' = \dfrac{X_d''\%}{100} \times \dfrac{U_j^2}{P_e/\cos\varphi}$	$X_d''\%$：电机次暂态电抗百分值。P_e：电机额定容量（MW）
2	变压器	$X_{*d} = \dfrac{U_d\%}{100} \times \dfrac{S_j}{S_e}$	$X_d = \dfrac{U_d\%}{100} \times \dfrac{U_e^2}{S_e}$	$U_d\%$：变压器短路电压的百分值。S_e：最大容量绕组的额定容量（MVA）。U_e：额定电压（kV）
3	电抗器	$X_{*k} = \dfrac{X_k\%}{100} \times \dfrac{U_e}{\sqrt{3}I_e} \times \dfrac{S_j}{U_j^2}$ $= \dfrac{X_k\%}{100} \times \dfrac{U_e}{I_e} \times \dfrac{I_j}{U_j}$	$X_k = \dfrac{X_k\%}{100} \times \dfrac{U_e}{\sqrt{3}I_e}$	$X_k\%$：电抗器的百分电抗值，分裂电抗器的自感电抗计算方法与此相同。I_e：额定电流（kA）。U_e：额定电压（kV）
4	线路	$X_* = X\dfrac{S_j}{U_j^2}$	$X = 0.145\lg\dfrac{D}{0.779r} \times L$ $D = \sqrt[3]{d_{ab}d_{bc}d_{cb}}$	r：导线半径（cm）。D：导线相间的几何距离（cm）。d：相间距离（cm）。L：线路长度（km）
5	分裂变压器	$X_{1-2} = X_{1-2'}/(1+K_f/4)$ $X_1 = (1-K_f/4)X_{1-2} \times \dfrac{S_j}{S_N}$ $X_{2'} = X_{2''} = \dfrac{1}{2}K_f X_{1-2} \times \dfrac{S_j}{S_N}$ $K_f = \dfrac{X_{2'-2''}}{X_{1-2}}$	—	$X_{1-2'}$：半穿越电抗，高压绕组与一个低压绕组间的穿越电抗。X_{1-2}：穿越电抗，高压绕组与总的低压绕组间的穿越电抗。K_f：分裂系数，分裂绕组间的分裂电抗与穿越电抗的比值。1P145 表 4-29　1P214

（3）各类元件的电抗平均值（1P121 表 4-3）。

序号	元件名称		电抗平均值			备注
			X_d'' 或 X_1（%）	X_2（%）	X_0（%）	
1	无阻尼绕组的水轮发电机		29.0	45.0	11.0	国产机
2	有阻尼绕组的水轮发电机		21.0	21.5	9.5	
3	容量为 50MW 及以下的汽轮发电机		14.5	17.5	7.5	
4	100MW 及 125MW 的汽轮发电机		17.5	21.0	8.0	
5	200MW 的汽轮发电机		14.5	17.5	8.5	
6	300MW 的汽轮发电机		17.2	19.8	8.4	
7	同步调相机		16.0	16.5	8.5	
8	同步电动机		15.0	16.0	8.0	
9	异步电动机		20.0			
10	6kV～10kV 三芯电缆		$X_1=X_2=0.08\Omega/km$		$X_0=0.35X_1$	—
11	20kV 三芯电缆		$X_1=X_2=0.11\Omega/km$		$X_0=0.35X_1$	
12	35kV 三芯电缆		$X_1=X_2=0.12\Omega/km$		$X_0=3.5X_1$	
13	110kV 和 220kV 单芯电缆		$X_1=X_2=0.18\Omega/km$		$X_0=(0.8\sim1.0)X_1$	
14	无避雷线的架空输电线路	单回路	单导线 $X_2=X_1=0.4\Omega/km$ 双分裂导线 $X_2=X_1=0.31\Omega/km$ 四分裂导线 $X_1=X_2=0.29\Omega/km$		$X_0=3.5X_1$	—
15		双回路			$X_0=5.5X_1$	系每回路值
16	有钢质避雷线的架空输电线路	单回路			$X_0=3X_1$	—
17		双回路			$X_0=4.7X_1$	系每回路值
18	有良导体避雷线的架空输电线路	单回路			$X_0=2X_1$	—
19		双回路			$X_0=3X_1$	系每回路值

注 X_1 为正序电抗；X_2 为负序电抗；X_0 为零序电抗。

（4）发电机电抗小结。

1）X_d 是稳态电抗：稳态电抗（同步电抗）是同步机正常运行时与主磁通相关的电抗，稳态电流与稳态电抗相关。校核自励磁。

2）暂态电抗 X_d'：也称瞬态（变）电抗，暂态过程对应的电抗，对应时间是 0.06s 至稳态过程。用于计算暂态稳定。考试中计算工频暂态过电压用。

3）次暂态电抗 X_d''：也称超瞬态（变）电抗，用于计算短路电流。对应时间是 0～0.06s。

3．电抗标幺值的换算

名　称	依　据　内　容	出处
基准容量不同：（$S_{1j} \xrightarrow{换算到} S_{2j}$）	$X_{*2} = X_{*1} \dfrac{S_{2j}}{S_{1j}}$	1P109 式（4-87）
基准电压不同：（$U_{1j} \xrightarrow{换算到} U_{2j}$）	$X_{*2} = X_{*1} \dfrac{U_{1j}^2}{U_{2j}^2}$	1P109 式（4-9）
知系统短路容量 S_d''，求系统组合电抗标幺值	$X_* = \dfrac{S_j}{S_d''}$	1P109 式（4-10）

4．变压器及电抗器的等值电抗计算

三绕组变压器容量组合方案：100/100/100、100/100/50 及 100/50/100 三种（1P109）。

通常，制造单位提供的三绕组变压器的电抗已归算到以额定容量为基准的数值。

自耦变压器容量组合方案：100/100/50、100/50/100 两种（1P109）。

如制造单位提供的自耦变压器电抗未经归算到以额定容量为基准的数值则其高低、中低绕组的电抗乘以自耦变压器额定容量 S_e 对低压绕组容量 S_3 的比值。（1P109）即 $X'_{1-3} = X_{1-3} \times \dfrac{S_e}{S_3}$。

（1）三绕组变压器、自耦变压器、分裂绕组变压器及分裂电抗器的等值电抗计算公式（1P109 表4-4）。

名　称		接　线　图		等值电抗计算公式	符号说明
双绕组变压器	低压侧有两个分裂绕组			低压绕组分裂 $X_1 = X_{1-2} - \dfrac{1}{4}X_{2'-2''}$ $X_{2'} = X_{2''} = \dfrac{1}{2}X_{2'-2''}$	X_{1-2}：变压器绕组与总的低压绕组间的穿越电抗； $X_{2'-2''}$：分裂绕组间的分裂电抗
				普通单相变压器低压两个绕组分别引出使用 $X_1 = 0$ $X_{2'} = X_{2''} = 2X_{1-2}$	
三绕组变压器 自耦变压器	不分裂绕组			$X_1 = \dfrac{1}{2}(X_{1-2} + X_{1-3} - X_{2-3})$ $X_2 = \dfrac{1}{2}(X_{1-2} + X_{2-3} - X_{1-3})$ $X_3 = \dfrac{1}{2}(X_{1-3} + X_{2-3} - X_{1-2})$	X_{1-2}：高中压绕组间电抗； X_{1-3}：高低压绕组间电抗； X_{2-3}：中低压绕组间电抗
分列电抗器	仅由一臂向另一臂供电			$X = 2X_k(1 + f_0)$	X_k：一个分支自电抗； X_1：一个分支总电抗； f_0：互感系数 0.4~0.6； X_3：互感电抗
	由中间向两臂或由两臂向中间供电			$X_1 = X_2 = X_k(1 - f_0)$	
	由中间和一臂同时向另一臂供电			$X_1 = X_2 = X_k(1 + f_0)$ $X_3 = -X_k f_0$	

（2）网络变换基本方法的公式（1P111 表 4-5）。

序号	变换名称	变换符号	变换前的网络	变换后的网络	变换后网络元件的阻抗	变换前网络中的电流分布
1	串联	+	（图）	（图）	$X_z = X_1 + X_2 + \cdots X_n$	$I_1 = I_1 = \cdots = I_n = I$
2	并联	∥	（图）	（图）	$X_z = \dfrac{1}{\dfrac{1}{X_1} + \dfrac{1}{X_2} + \cdots + \dfrac{1}{X_n}}$ 当只有两支时 $X_z = \dfrac{X_1 X_2}{X_1 + X_2}$	$I_n = I_1 \dfrac{X_z}{X_n} = IC_n$
3	三角形变成等值星形	△/Y	（图）	（图）	$X_L = \dfrac{X_{LM} X_{NL}}{X_{LM} + X_{MN} + X_{NL}}$ $X_M = \dfrac{X_{LM} X_{MN}}{X_{LM} + X_{MN} + X_{NL}}$ $X_N = \dfrac{X_{MN} X_{NL}}{X_{LM} + X_{MN} + X_{NL}}$	$I_{LN} = \dfrac{I_L X_L - I_M X_M}{X_{LM}}$ $I_{MN} = \dfrac{I_M X_M - I_N X_N}{X_{MN}}$ $I_{NL} = \dfrac{I_N X_N - I_L X_L}{X_{NL}}$
4	星形变成等值三角形	Y/△	（图）	（图）	$X_{LM} = X_L + X_M + \dfrac{X_L X_M}{X_N}$ $X_M = X_M + X_N + \dfrac{X_M X_N}{X_L}$ $X_M = X_N + X_L + \dfrac{X_N X_L}{X_M}$	$I_L = I_{LM} - I_{NL}$ $I_M = I_{MN} - I_{LM}$ $I_N = I_{NL} - I_{MN}$
5	三角形变成有对角线的四边形	+/◇	（图）	（图）	$X_{AB} = X_A X_B \Sigma Y$ $X_{BC} = X_B X_C \Sigma Y$ $X_{AC} = X_A X_C \Sigma Y$ ... $\Sigma Y = \dfrac{1}{X_A} + \dfrac{1}{X_B} + \dfrac{1}{X_C} + \dfrac{1}{X_D}$	$I_A = I_{AC} + I_{AB} - I_{DA}$ $I_B = I_{BD} + I_{BC} - I_{AB}$ ...

三、三相短路电流计算

1. 三相短路电流周期分量计算

名称		依据内容		出处
简化原则		对短路点的电气距离大致相等的同类型发电机可合并为一台等值发电机；同电位的点可以短接，其间的电抗可以略去		DL/T 5222—2005 附录 F.2.1
无限大电源短路电流周期分量	（1）供电电源为无穷大；（2）计算电抗（以供电电源为基准）$X_{jS} \geq 3$；可不考虑电流周期分量的衰减	额定容量 S_e 下计算电抗	$X_{js} = X_{*\Sigma} \dfrac{S_e}{S_j}$	1P116 式（4-21）
		短路电流周期分量标幺值	$I_{*z}'' = I_*'' = I_{*\infty} = \dfrac{1}{X_{*\Sigma}}$	1P116 式（4-22）
			$I_z = \dfrac{I_j}{X_{js}} = \dfrac{U_p}{\sqrt{3} X_{\Sigma}} = \dfrac{I_j}{X_{*\Sigma}} = I_*'' \times I_j$	1P116 式（4-23）
		短路电流周期分量有效值，kA	$I_{zt} = I'' = I_\infty = \dfrac{I_N}{X_{js}}$ $I_N = \dfrac{S_e}{\sqrt{3} U_j}$	DL/T 5222—2005 附录 F 式（F.2.2）

续表

名　称		依　据　内　容		出处
无限大电源短路电流周期分量	（1）供电电源为无穷大；（2）计算电抗（以供电电源为基准）$X_{js} \geq 3$；可不考虑电流周期分量的衰减	短路容量，MVA	$S'' = \dfrac{S_e}{X_{js}} = \dfrac{S_j}{X_{*\Sigma}} = I''_* \times S_j$	1P116 式（4-24）
		$X_{*\Sigma}$：电源对短路点的等值电抗标幺值；$I''_{*\infty}$：时间为∞短路电流周期分量的有效值（kA）；X_{Σ}：电源对短路点的等值电抗有名值（Ω）；I''_*：0秒短路电流周期分量标幺值；		
	如果回路总电阻 $R_\Sigma > \dfrac{1}{3}X_\Sigma$ 时，电阻对短路电流有较大的作用，此时，必须用阻抗的标幺值来代替式中的电抗标幺值 $X_{*\Sigma}$，$Z_{*\Sigma} = \sqrt{R_{*z}^2 + X_{*z}^2}$			1P116
有限电源短路电流周期分量	短路电流周期分量起始有效值，kA	$I'' = I''_* I_N$	$I_N = \dfrac{S_e}{\sqrt{3}U_j}$	DL/T 5222—2005 式（F.2.3-1）式（F.2.3-2）
	短路电流 ts 周期分量有效值，kA	$I_{zt} = I_{*zt} I_N$ I_{*zt}：ts 周期分量标幺值		
	时间修正	$t \leq 0.06s$，周期分量处于次暂态过程，用 t'' 代替 t 查曲线，以求得 t 秒的实际短路电流	$t'' = \dfrac{T''_d(B)}{T''_d}t$	1P119 式（4-25）
		$t > 0.06s$，周期分量处于暂态过程，用 t' 代替 t 查曲线，以求得 t 秒的实际短路电流	$t' = \dfrac{T'_d(B)}{T'_d}t$	1P120 式（4-28）
		带有标号（B）者为标准参数，见表 F.2.6。不带标号（B）者为发电机实际参数		
		表 F.2.6　同步发电机的标准参数		DL/T 5222—2005 表 F.2.6
		机型　$X_d(B)$　$X'_d(B)$　$X''_d(B)$　$T'_{d0}(B)$　$T''_{d0}(B)$　$T'_d(B)$　$T''_d(B)$ 汽轮发电机　1.9040　0.2150　0.1385　9.0283　0.1819　1.0195　0.1172 水轮发电机　0.9851　0.3025　0.2055　5.9000　0.0673　1.8117　0.0457		
	强励顶值倍数取 1.8 倍，励磁回路时间常数，汽轮发电机取 0.25s，水轮发电机取 0.02s，不进行修正。励磁回路时间常数在 0.02s～0.56s 内不修正			DL/T 5222—2005 F.2.5
	励磁修正	励磁顶值倍数 >2.0 倍时	$\Delta I_{*zt} = (U_{Lmax} - 1.8)\Delta K_L I_{*zt}$	DL/T 5222—2005 式（F.2.5）
		ΔI_{*zt}：强励倍数大于 1.8，短路电流的增量标幺值；U_{Lmax}：机组强励顶值倍数；I_{*zt}：查曲线所得 ts 周期分量标幺值；ΔK_L：励磁顶值较正系数，见表 F.2.5		
		附录 F：表 F.2.5 发电机励磁顶值较正系数 ΔK_L		DL/T 5222—2005 表 F.2.5
		发电机　t(s)　计算电抗 X_{js}　ΔK_L　备注 汽轮　0.6　≤0.15　0.1 汽轮　1　≤0.5　0.2 汽轮　2　≤0.55　0.4～0.3 汽轮　4　≤0.55　0.5～0.4　X_{js} 小者用较大的 ΔK_L 值 水轮　0.6　≤1　0.12～0.18 水轮　1　≤0.8　0.25 水轮　2　≤0.8　0.35 水轮　4　≤0.6　0.5		
		注：计算电抗不在表中计算范围以内可不校正		

续表

名　称	依　据　内　容	出处
有限电源短路电流周期分量	有限电源供给的短路电流计算步骤：①计算等值电抗 $X_{*\Sigma}$；②据式（4-21）计算 $X_{js} = X_{*\Sigma} \dfrac{S_e}{S_j}$；③根据需要进行时间修正；④根据 X_{js} 和修正后的时间查（图 4-6～图 4-10）或（表 4-7～表 4-9）得到短路电流周期分量的标幺值 I_*；⑤据 DL/T 5222—2005 附录 F 式（F.2.3-1）/（F.2.3-2）算短路电流周期分量	短路电流计算步骤
运算曲线[一]	图 4-6　汽轮发电机运输曲线［一］（X_{js}=0.12～0.50）1P116	1P116 图 4-6
运算曲线[二]	图 4-7　汽轮发电机运输曲线［二］（X_{js}=0.12～0.50）1P117	1P117 图 4-7
运算曲线[三]	图 4-8　汽轮发电机运输曲线［三］（X_{js}=0.50～3.45）1P117	1P117 图 4-8

续表

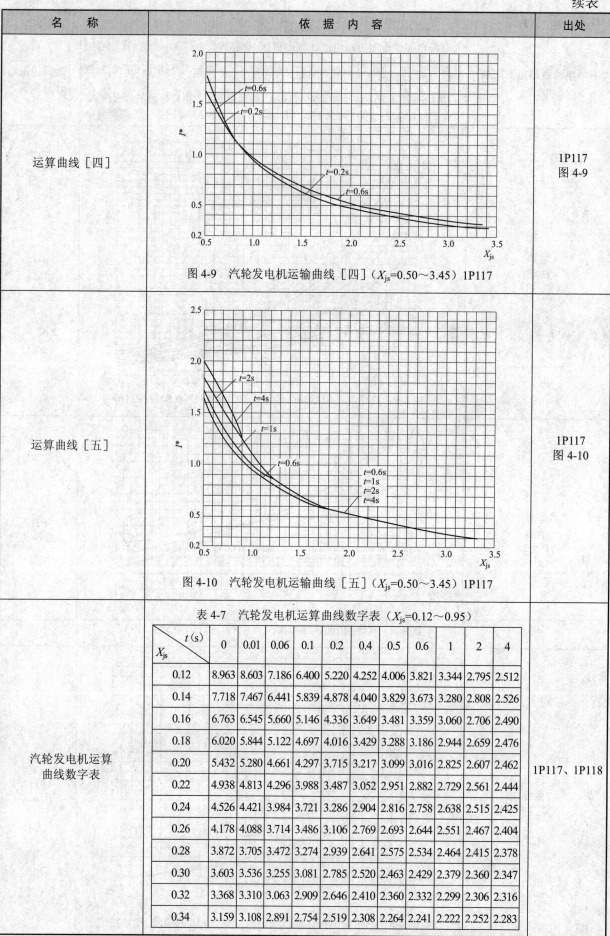

名称	依据内容	出处
运算曲线 [四]	图 4-9 汽轮发电机运输曲线 [四]（X_{js}=0.50～3.45）1P117	1P117 图 4-9
运算曲线 [五]	图 4-10 汽轮发电机运输曲线 [五]（X_{js}=0.50～3.45）1P117	1P117 图 4-10
汽轮发电机运算曲线数字表	表 4-7 汽轮发电机运算曲线数字表（X_{js}=0.12～0.95）	1P117、1P118

X_{js} \ t(s)	0	0.01	0.06	0.1	0.2	0.4	0.5	0.6	1	2	4
0.12	8.963	8.603	7.186	6.400	5.220	4.252	4.006	3.821	3.344	2.795	2.512
0.14	7.718	7.467	6.441	5.839	4.878	4.040	3.829	3.673	3.280	2.808	2.526
0.16	6.763	6.545	5.660	5.146	4.336	3.649	3.481	3.359	3.060	2.706	2.490
0.18	6.020	5.844	5.122	4.697	4.016	3.429	3.288	3.186	2.944	2.659	2.476
0.20	5.432	5.280	4.661	4.297	3.715	3.217	3.099	3.016	2.825	2.607	2.462
0.22	4.938	4.813	4.296	3.988	3.487	3.052	2.951	2.882	2.729	2.561	2.444
0.24	4.526	4.421	3.984	3.721	3.286	2.904	2.816	2.758	2.638	2.515	2.425
0.26	4.178	4.088	3.714	3.486	3.106	2.769	2.693	2.644	2.551	2.467	2.404
0.28	3.872	3.705	3.472	3.274	2.939	2.641	2.575	2.534	2.464	2.415	2.378
0.30	3.603	3.536	3.255	3.081	2.785	2.520	2.463	2.429	2.379	2.360	2.347
0.32	3.368	3.310	3.063	2.909	2.646	2.410	2.360	2.332	2.299	2.306	2.316
0.34	3.159	3.108	2.891	2.754	2.519	2.308	2.264	2.241	2.222	2.252	2.283

续表

名　称	依　据　内　容											出处
汽轮发电机运算曲线数字表	表 4-7 续											1P117、1P118
	X_{js} \ t (s)	0	0.01	0.06	0.1	0.2	0.4	0.5	0.6	1	2	4	
	0.36	2.975	2.930	2.736	2.614	2.403	2.213	2.175	2.156	2.149	2.109	2.250	
	0.38	2.811	2.770	2.597	2.487	2.297	2.126	2.093	2.077	2.081	2.148	2.217	
	0.40	2.664	2.628	2.471	2.372	2.199	2.045	2.017	2.004	2.017	2.099	2.184	
	0.42	2.531	2.499	2.357	2.267	2.110	1.970	1.946	1.936	1.956	2.052	2.151	
	0.44	2.411	2.382	2.253	2.170	2.027	1.900	1.879	1.872	1.899	2.006	2.119	
	0.46	2.302	2.275	2.157	2.082	1.950	1.835	1.817	1.812	1.845	1.963	2.088	
	0.48	2.203	2.178	2.069	2.000	1.879	1.774	1.759	1.756	1.794	1.921	2.057	
	0.50	2.111	2.088	1.988	1.924	1.813	1.717	1.704	1.703	1.746	1.880	2.027	
	0.55	1.913	1.894	1.810	1.757	1.665	1.589	1.581	1.583	1.635	1.785	1.953	
	0.60	1.748	1.732	1.662	1.617	1.539	1.478	1.474	1.479	1.538	1.699	1.884	
	0.65	1.610	1.596	1.535	1.497	1.431	1.382	1.381	1.388	1.452	1.621	1.819	
	0.70	1.492	1.479	1.426	1.393	1.336	1.297	1.298	1.307	1.375	1.548	1.734	
	0.75	1.390	1.379	1.332	1.302	1.253	1.221	1.225	1.235	1.305	1.484	1.596	
	0.80	1.301	1.291	1.249	1.223	1.179	1.154	1.159	1.171	1.243	1.424	1.474	
	0.85	1.222	1.214	1.176	1.152	1.114	1.094	1.100	1.112	1.186	1.358	1.370	
	0.90	1.153	1.145	1.110	1.089	1.055	1.039	1.047	1.060	1.134	1.279	1.279	
	0.95	1.091	1.084	1.052	1.032	1.002	0.990	0.998	1.012	1.087	1.200	1.200	
汽轮发电机运算曲线数字表	表 4-8　汽轮发电机运算曲线数字表（X_{js}=1.00～3.45）											1P118
	X_{js} \ t (s)	0	0.01	0.06	0.1	0.2	0.4	0.5	0.6	1	2	4	
	1.00	1.035	1.028	0.999	0.981	0.954	0.945	0.954	0.968	1.043	1.129	1.129	
	1.05	0.985	0.979	0.952	0.935	0.910	0.904	0.914	0.928	1.003	1.067	1.067	
	1.10	0.940	0.934	0.908	0.893	0.870	0.866	0.876	0.891	0.966	1.011	1.011	
	1.15	0.898	0.892	0.869	0.854	0.833	0.832	0.842	0.857	0.932	0.961	0.961	
	1.20	0.860	0.855	0.832	0.819	0.800	0.800	0.811	0.825	0.898	0.915	0.915	
	1.25	0.825	0.820	0.799	0.788	0.769	0.770	0.781	0.796	0.864	0.874	0.874	
	1.30	0.793	0.788	0.768	0.756	0.740	0.743	0.754	0.769	0.831	0.836	0.836	
	1.35	0.763	0.758	0.739	0.728	0.713	0.717	0.728	0.743	0.800	0.802	0.802	
	1.40	0.735	0.731	0.713	0.703	0.683	0.693	0.705	0.720	0.769	0.770	0.770	
	1.45	0.710	0.705	0.688	0.678	0.665	0.671	0.682	0.697	0.740	0.740	0.740	
	1.50	0.686	0.682	0.665	0.656	0.644	0.650	0.662	0.676	0.713	0.713	0.713	
	1.55	0.663	0.659	0.644	0.635	0.623	0.630	0.642	0.657	0.687	0.687	0.687	
	1.60	0.642	0.639	0.623	0.615	0.604	0.612	0.624	0.638	0.664	0.664	0.664	
	1.65	0.622	0.619	0.605	0.596	0.586	0.594	0.606	0.621	0.642	0.642	0.642	
	1.70	0.604	0.601	0.587	0.579	0.570	0.578	0.590	0.604	0.621	0.621	0.621	
	1.75	0.586	0.583	0.570	0.562	0.554	0.562	0.574	0.589	0.602	0.602	0.602	
	1.80	0.570	0.567	0.554	0.547	0.539	0.548	0.559	0.573	0.584	0.584	0.584	
	1.85	0.554	0.551	0.539	0.532	0.524	0.534	0.545	0.559	0.566	0.566	0.566	

续表

名 称	依 据 内 容												出处
	表 4-8 续												
	X_{js} \ $t(s)$	0	0.01	0.06	0.1	0.2	0.4	0.5	0.6	1	2	4	
	1.90	0.540	0.537	0.525	0.518	0.511	0.521	0.532	0.544	0.550	0.550	0.550	
	1.95	0.526	0.523	0.511	0.505	0.498	0.508	0.520	0.530	0.535	0.535	0.535	
	2.00	0.512	0.510	0.498	0.492	0.486	0.498	0.508	0.517	0.521	0.521	0.521	
	2.05	0.500	0.497	0.486	0.480	0.474	0.485	0.496	0.504	0.507	0.507	0.507	
	2.10	0.488	0.485	0.475	0.469	0.463	0.474	0.485	0.492	0.494	0.494	0.494	
	2.15	0.476	0.474	0.464	0.458	0.453	0.463	0.474	0.481	0.482	0.482	0.482	
	2.20	0.465	0.463	0.453	0.448	0.443	0.453	0.464	0.470	0.470	0.470	0.470	
	2.25	0.455	0.453	0.443	0.438	0.433	0.444	0.454	0.459	0.459	0.459	0.459	
	2.30	0.445	0.443	0.433	0.428	0.424	0.435	0.444	0.448	0.448	0.448	0.448	
	2.35	0.435	0.433	0.424	0.419	0.415	0.426	0.435	0.438	0.438	0.438	0.438	
	2.40	0.426	0.424	0.415	0.411	0.407	0.418	0.426	0.428	0.428	0.428	0.428	
	2.45	0.417	0.415	0.407	0.402	0.399	0.410	0.417	0.419	0.419	0.419	0.419	
	2.50	0.409	0.407	0.399	0.394	0.391	0.402	0.409	0.410	0.410	0.410	0.410	
	2.55	0.400	0.399	0.391	0.387	0.383	0.394	0.401	0.402	0.402	0.402	0.402	
汽轮发电机运算曲线数字表	2.60	0.392	0.391	0.383	0.379	0.376	0.387	0.393	0.393	0.393	0.393	0.393	1P118
	2.65	0.385	0.384	0.376	0.372	0.369	0.380	0.385	0.386	0.386	0.386	0.386	
	2.70	0.377	0.377	0.369	0.365	0.362	0.373	0.378	0.378	0.378	0.378	0.378	
	2.75	0.370	0.370	0.362	0.359	0.358	0.367	0.371	0.371	0.371	0.371	0.371	
	2.80	0.363	0.363	0.358	0.352	0.350	0.361	0.364	0.364	0.364	0.364	0.364	
	2.85	0.357	0.356	0.350	0.346	0.344	0.354	0.357	0.357	0.357	0.357	0.357	
	2.90	0.350	0.350	0.344	0.340	0.338	0.348	0.351	0.351	0.351	0.351	0.351	
	2.95	0.344	0.344	0.338	0.335	0.332	0.343	0.344	0.344	0.344	0.344	0.344	
	3.00	0.338	0.338	0.332	0.329	0.327	0.337	0.338	0.338	0.338	0.338	0.338	
	3.05	0.332	0.332	0.327	0.324	0.322	0.331	0.332	0.332	0.332	0.332	0.332	
	3.10	0.327	0.326	0.322	0.319	0.317	0.326	0.327	0.327	0.327	0.327	0.327	
	3.15	0.321	0.321	0.317	0.314	0.312	0.321	0.321	0.321	0.321	0.321	0.321	
	3.20	0.316	0.316	0.312	0.209	0.307	0.316	0.316	0.316	0.316	0.316	0.316	
	3.25	0.311	0.311	0.307	0.304	0.303	0.311	0.311	0.311	0.311	0.311	0.311	
	3.30	0.306	0.306	0.302	0.300	0.298	0.306	0.306	0.306	0.306	0.306	0.306	
	3.35	0.301	0.301	0.298	0.295	0.294	0.301	0.301	0.301	0.301	0.301	0.301	
	3.40	0.297	0.297	0.293	0.291	0.290	0.297	0.297	0.297	0.297	0.297	0.297	
	3.45	0.292	0.292	0.289	0.287	0.286	0.292	0.292	0.292	0.292	0.292	0.292	
水轮发电机运算曲线数字表	表 4-9 水轮发电机运算曲线数字表（$X_{js}=0.18\sim 0.95$）												1P118、1P119
	X_{js} \ $t(s)$	0	0.01	0.06	0.1	0.2	0.4	0.5	0.6	1	2	4	
	0.18	6.127	5.695	4.623	4.331	4.100	3.933	3.867	3.807	3.605	3.300	3.081	
	0.20	5.526	5.184	4.297	4.045	3.856	3.754	3.716	3.681	3.563	3.378	3.234	
	0.22	5.055	4.767	4.026	3.806	3.633	3.556	3.531	3.508	3.430	3.302	3.191	

第六章 短路电流计算及热效应

续表

名 称	依 据 内 容											出 处
水轮发电机运算曲线数字表	表 4-9 续											1P118、1P119

X_{js} \ $t(s)$	0	0.01	0.06	0.1	0.2	0.4	0.5	0.6	1	2	4
0.24	4.647	4.402	3.764	3.575	3.433	3.378	3.363	3.348	3.300	3.220	3.151
0.26	4.290	4.083	3.538	3.375	3.253	3.216	3.208	3.200	3.174	3.133	3.098
0.28	3.993	3.816	3.343	3.200	3.096	3.073	3.070	3.067	3.060	3.049	3.043
0.30	3.727	3.574	3.163	3.039	2.950	2.938	2.941	2.943	2.952	2.970	2.993
0.32	3.494	3.360	3.001	2.892	2.817	2.815	2.822	2.828	2.851	2.895	2.943
0.34	3.285	3.168	2.851	2.755	2.692	2.699	2.709	2.719	2.754	2.820	2.891
0.36	3.095	2.991	2.712	2.627	2.574	2.589	2.602	2.614	2.660	2.745	2.837
0.38	2.922	2.831	2.583	2.508	2.464	2.484	2.500	2.515	2.569	2.671	2.782
0.40	2.767	2.685	2.464	2.398	2.361	2.388	2.405	2.422	2.484	2.600	2.728
0.42	2.627	2.554	2.356	2.297	2.267	2.297	2.317	2.336	2.101	2.532	2.675
0.44	2.500	2.434	2.256	2.204	2.179	2.214	2.235	2.255	2.329	2.467	2.624
0.46	2.385	2.325	2.164	2.117	2.098	2.136	2.158	2.180	2.258	2.406	2.575
0.48	2.280	2.225	2.079	2.038	2.023	2.064	2.087	2.110	2.192	2.348	2.527
0.50	2.180	2.134	2.001	1.964	1.953	1.996	2.021	2.044	2.130	2.293	2.482
0.52	2.095	2.050	1.928	1.895	1.887	1.933	1.958	1.983	2.071	2.241	2.438
0.54	2.013	1.972	1.861	1.831	1.826	1.874	1.900	1.925	2.015	2.191	2.396
0.56	1.938	1.899	1.798	1.771	1.769	1.818	1.845	1.870	1.963	2.143	2.355
0.60	1.802	1.770	1.683	1.662	1.665	1.717	1.744	1.770	1.866	2.054	2.263
0.65	1.658	1.630	1.559	1.543	1.550	1.605	1.633	1.660	1.759	1.950	2.137
0.70	1.534	1.511	1.452	1.440	1.451	1.507	1.535	1.562	1.663	1.846	1.964
0.75	1.428	1.408	1.358	1.349	1.363	1.420	1.449	1.476	1.578	1.741	1.794
0.80	1.336	1.318	1.276	1.270	1.286	1.343	1.372	1.400	1.498	1.620	1.642
0.85	1.254	1.239	1.203	1.199	1.217	1.274	1.303	1.331	1.423	1.507	1.513
0.90	1.182	1.169	1.138	1.135	1.155	1.212	1.241	1.268	1.352	1.403	1.403
0.95	1.118	1.106	1.080	1.078	1.099	1.156	1.185	1.210	1.282	1.308	1.308

2．插值法计算

图 解	插值法公式	举 例
（图示：I 随 X 变化的线性插值示意图，标注 I_1, I_2, I_3 与 X_1, X_2, X_3）	$I_2 = I_3 + \dfrac{X_3 - X_2}{X_3 - X_1} \times (I_1 - I_3)$	插值法举例：查表 4-7，0s，计算电抗为 0.3538 $I = 2.975 + \dfrac{0.36 - 0.3538}{0.36 - 0.34} \times (3.159 - 2.975) = 3.03204$

3．三相短路电流非周期分量计算

名 称			依 据 内 容	出 处
三相短路电流非周期分量	一支路	起始值	$I_{fz0} = -\sqrt{2}I''$	1P120 式（4-30）
		t 秒值	$I_{fzt} = I_{fz0} e^{-\dfrac{\omega t}{T_a}} = -\sqrt{2}I'' e^{-\dfrac{\omega t}{T_a}}$	1P120 式（4-31）

续表

名　称	依　据　内　容			出处
三相短路电流非周期分量	一支路	t 秒值	角频率　　　$\omega = 2\pi f = 314.16$	1P120 式（4-31）
			时间常数　　$T_a = \dfrac{X_\Sigma}{R_\Sigma}$	
	多支路	复杂网络中各独立支路的 T_a 值相差较大时，可采多支路叠加法计算短路电流的非周期分量。多数情况下网络可以化简为两支等效网络，一支是系统支路，通常 $T_a \leq 15$；另一支路是发电机支路，通常 $15 < T_a < 80$		1P120
		两个以上支路的短路电流非周期分量为各个支路的非周期分量的代数和		
		起始值　　$I_{fz0} = -\sqrt{2}(I_1'' + I_2'' + \cdots + I_n'')$		1P120 式（4-32）
		t 秒值　　$I_{fzt} = -\sqrt{2}(I_1'' e^{-\frac{\omega t}{T_{a1}}} + I_2'' e^{-\frac{\omega t}{T_{a2}}} + \cdots + I_n'' e^{-\frac{\omega t}{T_{an}}})$		1P120 式（4-33）
	粗略计算时，T_a 可直接选用表 4-11 中推荐的数值。在求算短路点的等效衰减时间常数时，如果缺乏电力系统各元件本身的 R 或者 X/R 数据，可选用表 4-12 所推荐值			1P120

表 4-11　不同短路点等效时间常数的推荐值

短路点	T_a	短路点	T_a
汽轮发动机端	80	高压侧母线（主变压器在 10MVA～100MVA 之间）	35
水轮发动机端	60	远离发电厂的短路点	15
高压侧母线（主变压器在 100MVA 以上）	40	发动机出线电抗器之后	40

表 4-12　电力系统各元件的 X/R 值

名　称		X/R 推荐值	名　称		X/R 推荐值
汽轮发电机 350MW	哈尔滨电气	77	6kV、10kV 电缆	3×150	0.73
	东方电气	83		3×120	0.61
	上海电气	69		3×95	0.5
汽轮发电机 660MW	哈尔滨电气	96		3×70	0.38
	东方电气	71		3×50	0.28
	上海电气	88	110kV 单芯电缆 1600mm²	平行敷设	11.3
汽轮发电机 1000MW	哈尔滨电气	134		品字敷设	7.6
	东方电气	98	110kV 单芯电缆 1000mm²	平行敷设	8.5
	上海电气	111		品字敷设	5.6
主变压器 370MVA～420MVA		75	110kV 单芯电缆 500mm²	平行敷设	4.5
主变压器 720MVA～750MVA		78		品字敷设	2.9
主变压器 1290MVA		110	220kV 单芯电缆 2500mm²	平行敷设	15.2
高压厂用变压器（分裂绕组）		20		品字敷设	11
启动备用变压器（分裂绕组）		25	220kV 单芯电缆 2000mm²	平行敷设	13.4
6kV、10kV 电缆	3×240	1.14		品字敷设	9.6
	3×185	0.89			

出处：1P121

续表

名　称	依　据　内　容						出处
三相短路电流非周期分量	续表						DL/T 5222—2005 表 F.3.3-2
	名　称		X/R 推荐值	名　称		X/R 推荐值	
	220kV 单芯电缆 1600mm²	平行敷设	11.3	330kV 单芯电缆 1000mm²	平行敷设	8.5	
		品字敷设	8.1		品字敷设	6.3	
	220kV 单芯电缆 1000mm²	平行敷设	8.5	330kV 单芯电缆 500mm²	平行敷设	4.5	
		品字敷设			品字敷设	3.3	
	220kV 单芯电缆 500mm²	平行敷设	4.5	500kV 单芯电缆 2500mm²	平行敷设	15.2	
		品字敷设	3.2		品字敷设	11.7	
	330kV 单芯电缆 2500mm²	平行敷设	15.2	500kV 单芯电缆 2000mm²	平行敷设	13.4	
		品字敷设	11.3		品字敷设	10.2	
	330kV 单芯电缆 2000mm²	平行敷设	13.4	500kV 单芯电缆 1600mm²	平行敷设	11.3	
		品字敷设	9.9		品字敷设	8.6	
	330kV 单芯电缆 1600mm² 品字敷设		11.3 8.4	500kV 单芯电缆 1000mm²	平行敷设 品字敷设	8.5 6.5	

表 F.3.3-2　电力系统各元件的 X/R 值

名　称	变化范围	推荐值
有阻尼绕组的水轮发电机	35～95	60
75MW 及以上的汽轮发电机	65～120	90
75MW 以下的汽轮发电机	40～95	70
变压器 100MVA～360MVA	17～36	25
变压器 10MVA～90MVA	10～20	15
电抗器 1000A 及以下	15～52	25
电抗器大于 1000A	40～65	40
架空线路	0.2～14	6
三芯电缆	0.1～1.1	0.8
同步调相机	34～56	40
同步电动机	9～34	20

4．三相短路冲击电流和全电流计算

名　称	依　据　内　容			出处
短路冲击电流	计周期分量衰减		$I_{ch} = I_{Z0.01} + I_{fz0} e^{-\frac{0.01}{T_a}}$	1P121 式（4-34）
	不计周期分量衰减		$I_{ch} = \sqrt{2} K_{ch} I''$	1P121 式（4-35）
		冲击系数	$K_{ch} = 1 + e^{-\frac{0.01\omega}{T_a}}$	
短路全电流	最大有效值		$I_{ch} = I'' \sqrt{1 + 2(K_{ch} - 1)^2}$	DL/T 5222—2005 附录 F 式（F.4.2）

续表

名称	依据内容	出处
冲击系数	表 4-13 不同短路点的冲击系数 | 短路点	K_{ch} 推荐值	$\sqrt{2}K_{ch}$
发电机端	1.90	2.69
发电厂高压侧母线及发动机电压电抗器后	1.85	2.62
远离发电厂的地点	1.80	2.55 | 注：表中推荐的数值已考虑了周期分量的衰减	1P122

四、不对称短路电流计算

名称		依据内容		出处
合成阻抗	$X_* = X_{1\Sigma} + X_\Delta^{(n)}$	三相短路	$X_\Delta^{(3)} = 0$	1P122 式（4-36）
		二相短路	$X_\Delta^{(2)} = X_{2\Sigma}$	
		单相短路	$X_\Delta^{(1)} = X_{2\Sigma} + X_{0\Sigma}$	
		二相接地短路	$X_\Delta^{(1,1)} = \dfrac{X_{2\Sigma}X_{0\Sigma}}{X_{2\Sigma}+X_{0\Sigma}}$	
计算电抗		$X_{js}^{(n)} = \left(1 + \dfrac{X_\Delta^{(n)}}{X_{1\Sigma}}\right)X_{js}^{(3)} = X_* \dfrac{S_e}{S_j}$		1P124 式（4-37）
正序短路电流	无穷大电源或 $X_{js}^{(n)} \geq 3$	$I_{*d1}^{(n)} = \dfrac{1}{X_{1\Sigma}+X_\Delta^{(n)}}$		1P124 式（4-38）
	有限电源	$I_{d1(t)}^{(n)} = I_{*d1(t)}^{(n)} I_e$		1P124 式（4-39）
合成电流	$I_d^{(n)} = mI_{d1}^{(n)}$	三相短路	$m=1$	1P124 式（4-40）
		二相短路	$m=\sqrt{3}$	
		单相短路	$m=3$	
		二相接地短路	$m=\sqrt{3}\sqrt{1-\dfrac{X_{2\Sigma}X_{0\Sigma}}{(X_{2\Sigma}+X_{0\Sigma})^2}}$	
非直接接地电网两相接地短路电流估算时		$I^{(2)} = \dfrac{\sqrt{3}}{2}I^{(3)}$		1P124
非周期分量衰减时间常数		$T_a^{(1)} \approx T_a^{(2)} \approx T_a^{(1,1)} \approx T_a^{(23)}$		1P124

五、短路电流热效应

1. 短路电流热效应计算

名称	依据内容	出处
短路电路热效应	$Q_t \approx Q_z + Q_f$	1P127 式（4-43）
周期分量	$Q_z = \dfrac{I''^2 + 10I_{zt/2}^2 + I_{zt}^2}{12}t$ $I_{zt/2}$：短路电流在 $t/2$ 秒时的周期分量有效值（kA）； I''：短路电流在 0 秒时的周期分量有效值（kA）； t：短路电流持续时间	1P127 式（4-44）

第六章 短路电流计算及热效应

续表

名称	依据内容		出处
周期分量	多支路向短路点供给短路电流时	$Q_z = \dfrac{(\Sigma I'')^2 + 10(\Sigma I_{zt/2})^2 + (\Sigma I_{zt})^2}{12} t$	1P127 式（4-45）
非周期分量		$Q_f = \dfrac{T_a}{\omega}\left(1 - e^{-\dfrac{2\omega t}{T_a}}\right)I''^2 = TI''^2$	1P127 式（4-46）
	多支路向短路点供给短路电流时	I''应取各个支路短路电流之和，T_a取多支路的等效衰减时间常数。即 $Q_f = T_{等效}(\Sigma I'')^2$	1P127
非周期分量等效时间常数	表4-19 非周期分量等效时间常数（s） | 短路点	T	
---	---	---
	$t \leqslant 0.1$	$t > 0.1$
发电机出口及母线	0.15	0.2
发电厂升高电压母线及出线发电机电压电抗器后	0.08	0.1
变电所各级母线电压及出线	0.05				1P127

2. 短路电流热效应（热稳定校验）时间 t 选取

名称		依据内容		出处
导体（不含电缆，含电动机等直馈线）		宜采用	主保护动作时间+断路器开断时间	DL/T 5222—2005 第5.0.13条
		主保护有死区时，可采用对该死区起作用的后备保护动作时间		
电器		宜采用	后备保护动作时间+断路器开断时间	
电缆	电动机、低压变等直馈线	应取	主保护动作时间+断路器开断时间	GB 50217—2018 第3.6.8-5条
	其他情况	宜取	后备保护动作时间+断路器开断时间	
接地导体（线）	2套保护	不小于	主保护时间+断路器失灵时间+断路器开断时间	GB 50065—2011 附录E，E.0.3条
	1套保护		断路器开断时间+第一级后备保护时间	
断路器		宜采用	主保护动作时间+断路器分闸时间	第9.2.2条
	额定短时耐受电流=额定短路开断电流	$\leqslant 110\text{kV}$：4s；	$I_r = I_\infty \times \sqrt{t/4}$	DL/T 5222—2005 第9.2.4条
		$\geqslant 220\text{kV}$：2s；	$I_r = I_\infty \times \sqrt{t/2}$	
		$\geqslant 500\text{kV}$：2s；126kV～363kV：3s；$\leqslant 72.5\text{kV}$：4s		1P227

断路器分闸时间：断路器接到分闸指令开始到所有极弧触头分离瞬间的时间间隔；断路器开断时间：断路器分闸时间起始时刻至燃弧时间终了时刻的时间间隔，即开断时间=分闸时间+燃弧时间

3. 短路热稳定条件

名称	依据内容	出处
短路热稳定条件	$I_t^2 t \geqslant Q_{dt}$ Q_{dt}：在计算时间 t_{js} 内，短路电流的热效应（kA²·s）； I_t：t秒内设备（导体）允许通过的热稳定额定电流有效值（kA）； t：设备允许通过的热稳定电流时间（s）	1P221 式（7-2）
校验设备热稳定计算时间	$t_{js} = t_b + t_d$ t_b：继电保护装置后备保护动作时间（s）； t_d：断路器的全分闸时间（s）	1P221 式（7-3）

4. 导体热效应截面

（1）计算公式汇总。

名称	热效应截面（mm²）	出处
导体	$S \geq \dfrac{\sqrt{Q_d}}{C}$ $\quad C = \sqrt{K\dfrac{\tau + t_2}{\tau + t_1} \times 10^{-4}}$ Q_d：短路电流热效应，$A^2 \cdot s$； C：热稳定系数，可按表 7.1.8 取值； K：常数，$WS/(\Omega \cdot cm^4)$，铜为 522×10^6，铝为 222×10^6； τ：常数，℃，铜为 235，铝为 245； t_1：导体短路前的发热温度，℃（额定负荷下的工作温度）； t_2：短路时导体最高允许温度，℃，铝及铝镁（锰）合金可取 200，铜导体取 300	DL/T 5222—2005 式（7.1.8）
电缆导体	$S \geq \dfrac{\sqrt{Q}}{C} \times 10^2$	GB 50217—2017 式（E.1.1-1）
	$C = \dfrac{1}{\eta}\sqrt{\dfrac{Jq}{\alpha K\rho}\ln\dfrac{1+\alpha(\theta_m-20)}{1+\alpha(\theta_p-20)}}$	GB 50217—2017 式（E.1.1-2）
	$\theta_p = \theta_0 + (\theta_H - \theta_0)\left(\dfrac{I_p}{I_H}\right)^2$ J：热功当量系数，取 1.0； q：铝取 2.48J/($cm^3 \cdot$℃)，铜取 3.4J/($cm^3 \cdot$℃)； θ_m：短路作用时间内电缆导体最高允许温度； θ_p：短路发生前电缆导体最高工作温度； θ_H：额定负荷电缆导体最高允许工作温度；除电动机馈线回路外，均可取 $\theta_p = \theta_H$； θ_0：电缆所处环境温度最高值； I_H：电缆额定电流； I_p：电缆实际最大工作电流； α：铜芯 0.00393/℃，铝芯 0.00403/℃； ρ：铜芯 $0.01724 \times 10^{-4} \Omega \cdot cm^2/cm$，铝芯 $0.02826 \times 10^{-4} \Omega \cdot cm^2/cm$； η：3kV～10kV 电动机馈线回路 $\eta=0.93$，其他情况 $\eta=1.00$； K：电缆导体交流电阻与直流电阻的比值，可由表 E.1.1 选取	GB 50217—2017 式（E.1.1-3）
接地导体	$S_g \geq \dfrac{I_G}{C}\sqrt{t_e}$ I_G：流过接地线的最大接地故障不对称短路电流有效值（A），按工程设计水平年系统最大运行方式确定； t_e：接地故障等效持续时间（s），与 t_s 相同； C：接地线材料的热稳定系数，根据材料的种类、性能及最大允许温度和接地故障前接地线初始温度确定	1P834 式（15-89）

（2）导热稳定系数。不同工作温度、不同材料下 C 值（DL/T 5222—2005，表 7.1.8）。

工作温度（℃）	50	55	60	65	70	75	80	85	90	95	100	105
硬铝及铝镁合金	95	93	91	89	87	85	83	81	79	77	75	73
硬铜	181	179	176	174	171	169	166	164	161	159	157	155

(3)电缆 K 值。

K 值选择用表(GB 50217—2017,表 E.1.1 或 1P851 表 16-23)。

电缆类型	6kV~35kV 挤塑					自容式充油		
导体截面(mm²)	95	120	150	185	240	240	400	600
芯数 单芯	1.002	1.003	1.004	1.006	1.010	1.003	1.011	1.029
多芯	1.003	1.006	1.008	1.009	1.021			

(4)电缆热稳定系数。电缆芯在额定负荷及短路时的最高允许温度及热稳定系数 C 值(1P852,表 16-27)。

电缆种类和绝缘材料		最高允许温度(℃)		在额定负荷下短路时的热稳定系数 C
		额定负荷时	短路时	
普通油浸纸绝缘	3kV(铝芯)	80	200	87
	6kV(铝芯)	65	200	93
	10kV(铝芯)	60	200	95
	25kV~35kV(铜芯)	50	175	
交联聚乙烯绝缘	10kV 及以下(铝芯)	90	200	82
	20kV 及以上(铝芯)	80	200	86
聚氯乙烯绝缘	60kV~330kV(铜芯)	65	130	
聚乙烯绝缘		70	140	
自容式充油电缆		75	160	

注 有中间接头的电缆在短路时的最高允许温度,锡焊接头 120℃,压接接头 150℃,电焊或气焊接头与无接头时相同。

5. 热稳定校验温度

名称		材质	最高允许温度	出处
导体		硬铝及铝镁(锰)合金	可取 200℃	DL/T 5222—2005 7.1.8
		硬铜	可取 300℃	
电气设备接地线	有效接地及低电阻接地系统	钢	取 400℃	GB/T 50065—2011 附录 E.0.2
		铝材	取 300℃	
		铜和铜覆钢材	根据土壤腐蚀的严重程度经验算分别取 900℃、800℃、700℃	
		爆炸危险场所,应按专用规定选取		
	不接地、消弧线圈接地和高电阻接地系统	敷设于地上的接地线	长时间温度不应高于 150℃	GB/T 50065—2011 4.3.5-2
		敷设于地下的接地线	长时间温度不应高于 100℃	
架空地线		钢芯铝绞线 钢芯铝合金绞线	可采用 200℃	GB 50545—2010 5.0.10
		钢芯铝包钢绞线 铝包钢绞线	可采用 300℃	
		镀锌钢绞线	可采用 400℃	
		光纤复合架空地线	应采用产品试验保证值	5.0.11

六、大容量并联电容器短路电流计算

1. 并联电容器对短路电流的影响计算原则

可不考虑的情况			应考虑的情况		出处
短路点在出线电抗器后			反之则应考虑		1P127
短路点在主变压器的高压侧					
不对称短路					1P128
计算 t 秒周期分量有效值	\multicolumn{2}{l}{$M=\dfrac{X_s}{X_L}<0.7$}	$M=\dfrac{X_s}{X_L}\geqslant 0.7$	应考虑	附录 F.7 DL/T 5222—2005
	采用5%~6%串联电抗器的电容器	$\dfrac{Q_c}{S_d}<5\%$	$\dfrac{Q_c}{S_d}\geqslant 5\%$		
	采用12%~13%串联电抗器的电容器	$\dfrac{Q_c}{S_d}<10\%$	$\dfrac{Q_c}{S_d}\geqslant 10\%$		1P128
	X_s：归算到短路点的系统电抗；X_L：电容器装置的串联电抗；Q_c：并联电容器装置的总容量（Mvar）；S_d：并联电容器装置安装地点的短路容量（MVA）				
阻尼措施	采取阻尼措施（例如在串联电抗器两端并入一个不大的电阻），使得电容器的衰减时间常数 $T_c<0.025\text{s}$ 时，能够有效地抑制电容器组对短路电流的影响。$T_c=\dfrac{X}{\omega R}$				1P128

2. 大容量并联电容器对短路电流的影响计算

名称	依据内容	出处
t 秒短路电流	$I_{zt}=K_{ct}I_{zts}$ I_{zts}：系统供给的三相短路电流 t 秒周期分量有效值，kA； K_{ct}：考虑电容器助增作用的校正系数，见图4-13、图4-14	1P128 式（4-47）
校正系数曲线	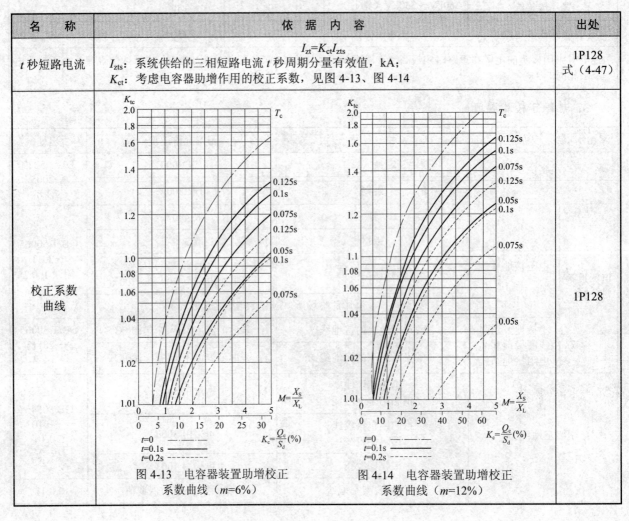 图4-13 电容器装置助增校正系数曲线（$m=6\%$）　　图4-14 电容器装置助增校正系数曲线（$m=12\%$）	1P128

续表

名 称	依 据 内 容	出处
冲击电流	$I_{ch}=K_{ch,c}I_{ch,g}$ $I_{ch,g}$：系统供给的冲击电流； $K_{ch,c}$：考虑电容器助增作用的校正系数，见图4-15、图4-16	1P128
校正系数曲线	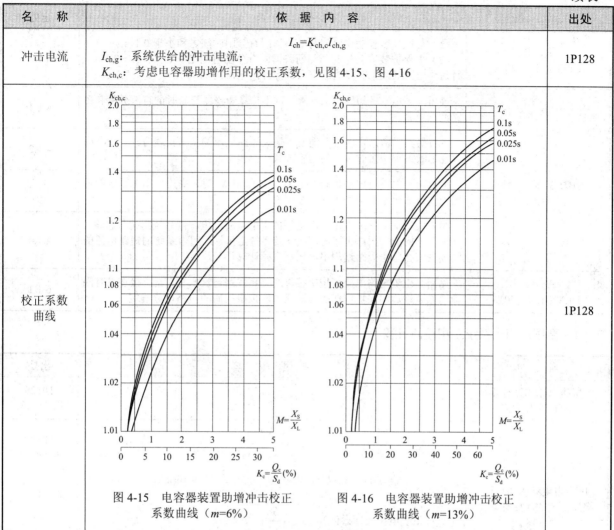 图4-15 电容器装置助增冲击校正系数曲线（$m=6\%$）　　图4-16 电容器装置助增冲击校正系数曲线（$m=13\%$）	1P128

七、高压厂用电系统短路电流计算

1．高压厂用电系统短路计算原则

名 称	依 据 内 容	出处
火电厂 DL/T 5153—2014	高压厂用电系统的短路电流由厂用电源和电动机两部分供给，并应按相角相同取算术和计算	6.1.2
	计算短路电流时，应按可能发生最大短路电流的正常接线方式，不考虑仅在手动切换或自动切换等切换过程中短时并列的运行方式	6.1.3
	高压厂用电系统的短路电流计算中应计及电动机的反馈电流对电器和导体的动、热稳定以及断路器开断电流的影响，并考虑高压厂用变压器短路阻抗在制造上的负误差。计及异步电动机反馈的短路电流可按本标准附录L的方法计算	6.1.4
	厂用电源供给的短路电流，其周期分量在整个短路过程中可认为不衰减，其非周期分量可按厂用电源的衰减时间常数计算	6.1.5
	异步电动机的反馈电流，其周期分量和非周期分量可按相同的等值衰减时间常数计算	6.1.6
	当主保护装置动作时间与断路器固有分闸时间之和大于0.15s时，可不考虑短路电流非周期分量对断路器分断能力的影响，但在下列条件下应计及其影响	6.1.7

续表

名　称	依　据　内　容	出处
火电厂 DL/T 5153—2014	（1）主保护装置动作时间与断路器固有分闸时间之和小于0.11s。 （2）主保护装置动作时间与断路器固有分闸时间之和为0.11s～0.15s，且短路电流的周期分量为断路器额定开断电流的90%以上	6.1.7
水电厂 NB/T 35044—2014	高压厂用电系统短路电流计算，可不计算断路器开断时的直流分量和短路冲击电流	4.1.1
	计算短路电流时，应按可能发生最大短路电流的正常接线方式，不考虑仅在切换过程中短时并列的运行方式	4.1.2
	同时运行的高压电动机总容量不大于1500kW时，高压厂用电系统的短路电流计算可不计电动机的反馈电流	4.1.3
	由发电机端或升高电压侧引接的厂用电电源，电源侧系统阻抗可忽略。从地区电网取厂用电电源时，应计及系统阻抗。厂用电系统的短路电流的周期分量在整个短路过程中可按不衰减计算	4.1.4
变电站 DL/T 5155—2016	站用高压侧短路电流可按所接母线三相短路电流水平考虑；接在具有限流功能装置后的保护电器的开断能力应按限流后的短路电流确定	6.1.1

2. 高压厂用电系统三相短路计算

名　称	依　据　内　容	出处
短路电流周期分量的起始有效值	$I'' = I''_B + I''_D$	1P129 式（4-48）
厂用电电源短路电流周期分量的起始有效值	$I''_B = \dfrac{I_j}{X_X + X_T}$ $S_j = 100\text{MVA}$、$U_j = 6.3\text{kV}$ 时，$I_j = \dfrac{S_j}{\sqrt{3}U_j} = 9.16(\text{kA})$； X_X：系统电抗（标幺值），$X_X = \dfrac{S_j}{S_X}$； S_X：厂用电源引接点短路容量（MVA）；注意：如系统容量无限大，则 $X_X = 0$	1P129 式（4-49）
厂用变压器（电抗器）电抗（标幺值）	变压器：$X_T = \dfrac{(1-7.5\%)U_d\%}{100} \times \dfrac{S_j}{S_{e.B}}$ 7.5%：考虑变压器短路阻抗（大于10%时）负误差，如有试验实测数据，则可不考虑短路阻抗的负误差；$U_d\%$：以厂用变压器额定容量 $S_{e.B}$（分裂变为一次绕组容量）为基准的阻抗电压百分值	1P129
	电抗器：$X_T = \dfrac{X_k\%}{100} \times \dfrac{U_{e.k}}{\sqrt{3}I_{e.k}} \dfrac{S_j}{U_j^2}$ $X_k\%$：电抗器的百分电抗值； $U_{e.k}$：电抗器的额定电压（kV）； $I_{e.k}$：电抗器的额定电流（kA）	1P129
电动机反馈电流周期分量的起始有效值	$I''_D = K_{q.D}I_{e.D} \times 10^{-3} = K_{q.D}\dfrac{P_{e.D}}{\sqrt{3}U_{e.D}\eta_D\cos\varphi_D} \times 10^{-3}$ $K_{q.D}$：电动机平均的反馈电流倍数，100MW及以下机组取5，125MW及以上机组取5.5～6.0； $I_{e.D}$：计及反馈的电动机额定电流之和（A）； $P_{e.D}$：计及反馈的电动机额定功率之和（kW）（注：不能按计算容量或计算功率取值，不考虑电动机运行方式）； $U_{e.D}$：电动机额定电压（kV）； $\eta_D\cos\varphi_D$：电动机平均的效率和功率因数乘积，可取0.8	1P129 式（4-50）

续表

名称	依据内容	出处
短路冲击电流	$I_{ch} = I_{ch \cdot B} + I_{ch \cdot D} = \sqrt{2}(K_{ch \cdot B} I_B'' + 1.1 K_{ch \cdot D} I_D'')$ $I_{ch \cdot B}$：厂用电源的短路峰值（冲击）电流（kA）； $I_{ch \cdot D}$：电动机的反馈峰值（冲击）电流（kA）； $K_{ch \cdot B}$：厂用电源短路电流的峰值（冲击）系数，取表4-20中的数值； $K_{ch \cdot D}$：电动机反馈电流的峰值（冲击）系数，火电厂100MW及以下机组取1.4～1.6，125MW及以上机组取1.7	1P130 式（4-51）
厂用电源非周期分量的衰减时间常数和峰值系数	表4-20 厂用电源非周期分量的衰减时间常数和峰值系数值 | 项目	电抗器	双绕组变压器 $U_d\% \leq 10.5$	双绕组变压器 $U_d\% > 10.5$	分裂绕组变压器 | |---|---|---|---|---| | 时间常数 T_B（s） | 0.045 | 0.045 | 0.06 | 0.06 | | 峰值系数 $K_{ch \cdot B}$ | 1.80 | 1.80 | 1.85 | 1.85 |	1P130 表4-20

3．厂用短路电流热效应

名称	依据内容	出处
>100MW 机组	三相短路热效应 Q_t 的简化计算式 | t（s）	T_B（s）	T_D（s）	Q_t（kA²·s） | |---|---|---|---| | 0.15 | 0.045 | 0.062 | $0.195(I_B'')^2 + 0.22 I_B'' I_D'' + 0.09(I_D'')^2$ | | 0.15 | 0.06 | 0.062 | $0.21(I_B'')^2 + 0.23 I_B'' I_D'' + 0.09(I_D'')^2$ | | 0.2 | 0.045 | 0.062 | $0.245(I_B'')^2 + 0.22 I_B'' I_D'' + 0.09(I_D'')^2$ | | 0.2 | 0.06 | 0.062 | $0.26(I_B'')^2 + 0.24 I_B'' I_D'' + 0.09(I_D'')^2$ |	1P130 表4-22
≤100MW 机组	$Q_t = \int_0^t i_B^2 dt = (I_B'')^2 (t + T_B)$	1P130 式（4-45）

八、低压厂（站）用电系统短路电流计算

1．低压厂（站）用电系统短路计算原则

名称	依据内容	出处
火电厂 DL/T 5153—2014	380V 动力中心的短路电流由低压厂用变压器和异步电动机两部分供给，并应按相角相同取算术和计算	6.3.2
	低压厂用电系统的短路电流计算应考虑以下因素： 应计及电阻； 低压厂用电变压器高压侧的电压在短路时可以认为不变； 在动力中心的馈线回路短路时，应计及馈线回路的阻抗，但可不计及异步电动机的反馈电流	6.3.3
	在380V的动力中心或电动机控制中心发生短路时，应计及直接接在配电屏上的电动机反馈电流，可按照本标准附录M方法计算反馈电流	6.3.4
	经电缆线路发生短路时，其短路电流周期分量可从本标准附录N中查取。当电缆长度（m）与截面积（mm²）的比值大于0.5时，非周期分量可略去不计	6.3.5
	380V 动力中心的短路电流由低压厂用变压器和异步电动机两部分供给，并按相角相同取算术和计算。 计及反馈的异步电动机总功率（kW），可取低压厂用变压器容量（kVA）的60%	附录M
水电厂 NB/T 35044—2014	低压厂用电系统的短路电流计算应考虑以下因素： （1）应计及电阻。 （2）采用一级电压供电的低压厂用电变压器高压侧系统阻抗可忽略不计；对于两级电压供电的低压厂用变压器，应计及高压侧系统阻抗。 （3）在计算主配电屏及重要分配电屏母线短路电流时，应在第一周期内计及20kW以上的异步电动机的反馈电流。配电屏以外支线短路时可不计。	4.2.1

续表

名称	依据内容	出处
水电厂 NB/T 35044—2014	（4）计算0.4kV系统三相短路电流时，回路电压按400V计；计算单相短路电流时没回路电压按220V计。 （5）导体的电阻值应取额定温升的电阻值	4.2.1
	厂用电变压器容量在500kVA及以下，短路电流计算可不计电动机反馈电流	4.2.2
	当由容量为500kVA及以上的低压厂用电变压器供电时，应计算主配电屏的短路电流非周期分量，但可不计算分配电屏的短路电流非周期分量	4.2.3
变电站 DL/T 5155—2016	按单台站用变压器电源进行计算	6.1.2.1
	应计及电阻	6.1.2.2
	系统阻抗宜按高压侧保护电器的开断容时或高压侧的短路容量确定	6.1.2.3
	不考虑异步电动机的反馈电流	6.1.2.4
	馈线回路短路时，应计及馈线的阻抗	6.1.2.5
	不考虑短路电流周期分量的衰减	6.1.2.6
	当主保护装置动作时间与断路器固有分闸时间之和大于0.1s时，可不考虑短路电流的非周期分量的影响	6.1.2.7

2. 380V厂（站）用电系统三相短路计算

名称		依据内容	出处
火电厂	短路电流周期分量的起始有效值	$I'' = I''_B + I''_D$	1P132 式（4-63）
	变压器短路电流周期分量的起始有效值	$I''_B = \dfrac{U}{\sqrt{3}\sqrt{R_\Sigma^2 + X_\Sigma^2}}$ U：厂用变压器低压侧线电压，取400V； R_Σ、X_Σ：每相回路总电阻和总电抗（mΩ）	1P132 式（4-64）
	电动机反馈电流周期分量的起始有效值	$I''_D = 3.7 \times 10^{-3} I_{e.B}$ $I_{e.B}$：变压器低压侧的额定电流（A）	1P132 式（4-65）
	短路峰值电流（380V中央配电屏短路冲击电流）	$i_{ch} = i_{ch·B} + i_{ch·D} = \sqrt{2} K_{ch·B} I''_B + 6.2 \times 10^{-3} I_{e.B}$ $i_{ch·B}$：变压器的短路冲击电流（kA）； $i_{ch·D}$：电动机的反馈冲击电流（kA）； $K_{ch·B}$：变压器短路电流的冲击系数，可根据X_Σ/R_Σ比值从图4-19中查得 图4-19 $K_{ch·B} = f\left(\dfrac{X_\Sigma}{R_\Sigma}\right)$的关系曲线	1P132 式（4-66） 1P132 图4-19
	t秒瞬间三相短路电流的周期分量	$I_{zt} = I''_B + K_{D(t)} I''_D$ $K_{D(t)}$：t秒瞬间电动机反馈电流周期分量衰减系数（表4-23）	1P132 式（4-67）
水电厂	短路电流周期分量的起始有效值	$I'' = I''_B + I''_D$	NB/T 35044—2014 式（B.1.2-1）
	厂用电电源短路电流周期分量的起始有效值	$I''_B = \dfrac{U}{\sqrt{3} \cdot \sqrt{R_\Sigma^2 + X_\Sigma^2}}$ U：厂用变压器低压侧线电压，取400V； R_Σ、X_Σ：每相回路总电阻和总电抗（mΩ）	NB/T 35044—2014 式（B.1.2-2）

续表

名称		依据内容	出处
水电厂	电动机反馈电流周期分量的起始有效值	$I_D'' = 4.3 I_{nd} \times 10^{-3} = 8.2 P_{nd} \times 10^{-3}$ I_{nd}：计及反馈的电动机额定电流之和（A）； P_{nd}：计及反馈的电动机额定容量之和（kW）	NB/T 35044 —2014 式（B.1.2-3）
	短路冲击电流	$i_{ch} = i_{chB} + i_{chD} = \sqrt{2} K_{chB} I_B'' + \sqrt{2} K_{chD} I_D''$	NB/T 35044 —2014 式（B.1.3-1）
		$i_{ch} = \sqrt{2} K_{chB} I_B'' + 11.6 P_{nd} \times 10^{-3}$	NB/T 35044 —2014 式（B.1.3-2）
		K_{chB}：厂用电源短路电流冲击系数，可根据 X_Σ / R_Σ 比值从图 B.1.3 中查得； K_{chD}：电动机的反馈冲击系数，取 1.5，经电力电缆后可取 1.0 $K_{ch \cdot B}$ 与 X_Σ / R_Σ 的关系曲线（水电厂）	NB/T 35044 —2014 图 B.1.3
	t 秒瞬间三相短路电流的周期分量	$I_{zt} = I_B'' + K_{D(t)} I_D''$	NB/T 35044 —2014 式（B.1.4-1）
		$K_{D(t)} = e^{-\frac{t}{T_D}}$ $T_D = 0.0181s$	NB/T 35044 —2014 式（B.1.4-2）
变电站	短路电流周期分量的起始有效值	$I'' = \dfrac{U}{\sqrt{3} \times \sqrt{(\Sigma R)^2 + (\Sigma X)^2}}$ U：站用变压器低压侧线电压，取 400V； ΣR、ΣX：每相回路总电阻和总电抗（mΩ）	DL/T 5155 —2016 式（C.0.1）
	短路冲击电流	$i_{ch} = \sqrt{2} \times k_{ch} \times I''$ $k_{ch} = 1 + e^{-\frac{0.01}{T}}$ 或从图 C.0.2 查得 图 C.0.2 $K_{ch} = f\left(\dfrac{X}{R}\right)$ 曲线（变电站）	DL/T 5155 —2016 式（C.0.2）
注意：如系统容量无限大，则 $X_X = 0$。			

九、等效电压源法短路电流计算

1. 等效电压源法计算条件

名称		依据内容	出处
等效电压源法适用范围	适用	频率为 50、60Hz 的三相交流系统	1P133
		中性点直接接地或经阻抗接地系统、导体对地短路情况	
	不适用	中性点不接地或谐振接地系统中、发生单相导体对地短路故障的情况	
等效电压源法计算最大、最小短路电流条件		短路类型不会随持续时间而变化,即在短路期间,三相短路始终保持三相短路状态,单相接地短路始终保持单相接地短路	GB/T 15544.1 2.2 1P133
		电网结构不随短路持续时间变化	
		变压器阻抗取自分接开关处于主分接头位置时的阻抗	
		不计电弧电阻	
		除零序系统处,忽略所有线路电容、并联导纳、非旋转型负载	
最大短路电流		选用最大短路电流系数 C_{max},电网结构考虑电厂与馈电网络的最大贡献,等值阻抗使用最小值,计及电动机的影响	GB/T 15544.1 2.4 1P134
最小短路电流		选用最小短路电流系数 C_{min},电网结构考虑电厂与馈电网络的最小贡献,等值阻抗使用最大值,不计电动机的影响	GB/T 15544.1 2.5 1P134
多电压系统短路电流计算		必须将阻抗值从一个电压等级归算至另一个电压等级	GB/T 15544.1 2.2
		高一级或次级电网中的设备阻抗应除以或乘以变压器的额定变比 t_r 的平方	
		$Z_2 = \dfrac{Z_1}{t_r^2}$	
		电压与电流也按照额定变比进行转换	

2. 短路点的等效电压源

名称	依据内容			出处
等效电压源 $C\dfrac{U_n}{\sqrt{3}}$	该电压源为网络唯一电压源,其他电源(同步发电机、异步电动机、馈电网络)的电势都视为零,并以自身内阻抗代替			GB/T 15544.1 2.3.1 1P133
	可不考虑非旋转负载的运行数据			
电压系数 C 选用	电压系数 C			GB/T 15544.1 表 1 1P133 表 4-25
	标称电压 U_n	电压系数		
		C_{max}	C_{min}	
	$100V \leqslant U_n \leqslant 1000V$	1.05 允许电压偏差 +5%的低压系统	0.95	
		1.1 允许电压偏差 +10%的低压系统		
	$1kV \leqslant U_n \leqslant 35kV$	1.10	1.00	
	$U_n > 35kV$	1.10	1.00	
	$C_{max}U_n$:不宜超过电力系统的设备最高电压 U_m;如未定义标称电压,宜采用 $C_{max}U_n = U_m$,$C_{min}U_n = 0.9U_m$			

3. 电气设备短路阻抗

名称	依 据 内 容		出处
总则	对于馈电网络、变压器、架空线路、电缆线路、电抗器和其他类似电气设备，正序和负序短路阻抗相等，即 $\underline{Z}_{(1)}=\underline{Z}_{(2)}$； 计算零序阻抗时，在零序网络中，假设三相导体和返回的共用线间有一交流电压共用线流过三倍零序电流 $3\underline{I}_{(0)}$，设备零序阻抗 $\underline{Z}_{(0)}=\underline{U}_{(0)}/\underline{I}_{(0)}$		GB/T 15544.1 3.1 1P134
馈电网络阻抗	电网向短路点馈电的网络，知 Q 点的对称短路电流初始值 I''_{KQ}	$Z_Q = \dfrac{CU_{nQ}}{\sqrt{3}I''_{KQ}}$ 式（4-70） 式（4）	1P134 GB/T 15544.1 3.2
	R_Q/X_Q 已知	$X_Q = \dfrac{Z_Q}{\sqrt{1+(R_Q/Z_Q)^2}}$ 式（5）	
	电网经变压器向短路点馈电的网络，知 Q 点的对称短路电流初始值 I''_{KQ}	$Z_{Qt} = \dfrac{CU_{nQ}}{\sqrt{3}I''_{KQ}} \cdot \dfrac{1}{t_r^2}$ 式（4-71） 式（6）	1P135 GB/T 15544.1 3.2
	电网电压在 35kV 以上，网络阻抗可视为纯电抗（略去电阻），即 $Z_Q = 0 + jX_Q$； 若计及电阻但不知具体数值，可按 $R_Q = 0.1X_Q$，$X_Q = 0.995Z_Q$		GB/T 15544.1 3.2 1P135
双绕组变压器阻抗	$\underline{Z}_T = R_T + jX_T = \underline{Z}_{(1)} = \underline{Z}_{(2)}$		GB/T 15544.1 3.3.1 1P135
	$Z_T = \dfrac{u_{kr}}{100\%} \cdot \dfrac{U_{rT}^2}{S_{rT}}$	式（7）/ 式（4-72）	
	$R_T = \dfrac{u_{Rr}}{100\%} \cdot \dfrac{U_{rT}^2}{S_{rT}} = \dfrac{P_{krT}}{3I_{rT}^2}$	式（8）/ 式（4-73）	
	$X_T = \sqrt{Z_T^2 - R_T^2}$	式（9）/ 式（4-74）	
	U_{rT}：变压器高压侧或低压侧额定电压； I_{rT}：变压器高压侧或低压侧额定电流； S_{rT}：变压器额定容量；P_{krT}：变压器负载损耗； u_{kr}：阻抗电压（%）；u_{Rr}：电阻电压（%）		
	计算大容量变压器短路阻抗，可略去绕组中的电阻，只计电抗； 计算短路电流峰值或非周期分量时主计及电阻		
	零序阻抗：$\underline{Z}_{(0)T} = R_{(0)T} + jX_{(0)T}$		
三绕组变压器阻抗	$\begin{cases} \underline{Z}_{HM} = \left(\dfrac{u_{RrHM}}{100\%} + j\dfrac{u_{XrHM}}{100\%}\right) \cdot \dfrac{U_{rTH}^2}{S_{rTHM}} (\text{L侧开路}) \\ \underline{Z}_{HL} = \left(\dfrac{u_{RrHL}}{100\%} + j\dfrac{u_{XrHL}}{100\%}\right) \cdot \dfrac{U_{rTH}^2}{S_{rTHL}} (\text{M侧开路}) \\ \underline{Z}_{ML} = \left(\dfrac{u_{RrML}}{100\%} + j\dfrac{u_{XrML}}{100\%}\right) \cdot \dfrac{U_{rTH}^2}{S_{rTML}} (\text{H侧开路}) \end{cases}$	式（10）/ 式（4-75）	GB/T 15544.1 3.3.2 1P136
	$u_{Xr} = \sqrt{u_{kr}^2 - u_{Rr}^2}$		
	$\begin{cases} \underline{Z}_H = \dfrac{1}{2}(\underline{Z}_{HM} + \underline{Z}_{HL} - \underline{Z}_{ML}) \\ \underline{Z}_M = \dfrac{1}{2}(\underline{Z}_{HM} + \underline{Z}_{ML} - \underline{Z}_{HL}) \\ \underline{Z}_L = \dfrac{1}{2}(\underline{Z}_{HL} + \underline{Z}_{ML} - \underline{Z}_{HM}) \end{cases}$	式（11）/ 式（4-76）	GB/T 15544.1 3.3.2 1P136

续表

名称		依据内容	出处
三绕组变压器阻抗		U_{rTH}：变压器额定电压； S_{rTHM}（S_{rTHL}、S_{rTML}）：H、M（H、L 或 M、L）间的额定容量； u_{RrHM}、u_{XrHM}：H、M 间的电阻电压和电抗电压，%； u_{RrHL}、u_{XrHL}：H、L 间的电阻电压和电抗电压，%； u_{RrML}、u_{XrML}：M、L 间的电阻电压和电抗电压，%	GB/T 15544.1 3.3.2 1P136
网络变压器阻抗校正系数	网络变压器	连接两个或多个不同电压等级电网的变压器，区别于发电机变压器组中的升压变压器	GB/T 15544.1 3.3.3
	有载调节或不可有载调节分接头双绕组变压器阻抗校正系数	$K_T = 0.95 \dfrac{C_{\max}}{1+0.6 x_T}$ 式（12a）	GB/T 15544.1 3.3.3
		如能确定短路前网络变压器长期运行工况，则阻抗校正系数用下式 $K_T = \dfrac{U_n}{U^b} \cdot \dfrac{C_{\max}}{1 + x_T (I_T^b / I_{rT}) \sin \varphi_T^b}$ 式（12b） $x_T = X_T (U_{rT}^2 / S_{rT})$；$U^b$：短路前最高运行电压；$I_T^b$：短路前最高运行电流；$\varphi_T^b$：短路前的功率因素角	GB/T 15544.1 3.3.3
		校正后的短路阻抗：$\underline{Z}_{TK} = K_T \underline{Z}_T$	
		双绕组变压器的负序短路阻抗和零序短路阻抗也应引入该校正系数，变压器中性点接地阻抗 $\underline{Z}_N$ 无需引入，直接取 $3\underline{Z}_N$ 接入零序网络	GB/T 15544.1 3.3.3
		该校正系数不能用于发电机变压器组中的升压变压器	
	有载调节或不可有载调节分接头三绕组变压器阻抗校正系数	$\begin{cases} K_{THM} = 0.95 \dfrac{C_{\max}}{1+0.6 x_{THM}} \\ K_{THL} = 0.95 \dfrac{C_{\max}}{1+0.6 x_{THL}} \\ K_{TML} = 0.95 \dfrac{C_{\max}}{1+0.6 x_{TML}} \end{cases}$ 式（13）	再根据式（11）得出校正后的各绕短路阻抗 $\underline{Z}_{HK}$、$\underline{Z}_{MK}$、$\underline{Z}_{LK}$ GB/T 15544.1 3.3.3
		计算校正后的阻抗值：$\underline{Z}_{HMK} = K_{THM} \cdot \underline{Z}_{HM}$ $\underline{Z}_{HLK} = K_{THL} \cdot \underline{Z}_{HL}$ $\underline{Z}_{MLK} = K_{TML} \cdot \underline{Z}_{ML}$	
		三组变压器的负序短路阻抗和零序短路阻抗也应引入该校正系数，变压器中性点接地阻抗 $\underline{Z}_N$ 无需校正	
架空线和电缆的阻抗	正序短路阻抗	$\underline{Z}_L = R_L + jX_L$	可按导线有关参数计算，如导体截面积和中心距 GB/T 15544.1 3.4 1P136
	导线平均温度 20℃时架空线单位长度有效电阻	$R_L' = \dfrac{\rho}{q_n}$ 式（14）/式（4-77） ρ：材料电阻率，铜 $\rho=$（1/54）Ω·mm²/m，铝 $\rho=$（1/34）Ω·mm²/m，铝合金 $\rho=$（1/31）Ω·mm²/m； q_n：导线标称截面，mm²	
	线路电阻采用较高温度时	$R_L = [1+\alpha(\theta_c - 20℃)] \cdot R_{L20}$ 式（3） R_{L20}：导线在 20℃的阻值；α：温度系数，0.004/℃； θ_c：短路结束时导线温度，铜取 250，铝取 200	GB/T 15544.1 2.5 1P134

续表

名称		依 据 内 容		出处
架空线和电缆的阻抗	换位导线单位长度电抗（频率为50Hz）	$X'_L = 0.0628\left(\dfrac{1}{4n} + \ln\dfrac{d}{r}\right)$ Ω/km	式（15b）/式（4-79）	GB/T 15544.1 3.4 1P136
		d：导线间的几何均距或相应的导线的中心距离； r：导线半径，分裂导线时 $r = \sqrt[n]{nr_0 R^{n-1}}$，$R$ 为分裂导线半径，r_0 为每根导线半径；n：分裂导线数		
限流电抗器阻抗		假设电抗器几何对称，正序、负序和零序阻抗相等		GB/T 15544.1 3.5 1P136
		$Z_R = \dfrac{u_{kR}}{100\%} \cdot \dfrac{U_n}{\sqrt{3}I_{rR}}$ 且 $R_R \ll X_R$	式（16）/式（4-80）	
		u_{kR}：额定阻抗电压；I_{rR}：额定电流；U_n：系统标称电压		
同步发电机的阻抗	正序短路阻抗	$\underline{Z}_{GK} = K_G \underline{Z}_G = K_G(R_G + jX''_d)$	式（17）/式（4-81）	GB/T 15544.1 3.6.1 1P136
		$\underline{Z}_{GK}$：经校正后的超瞬态阻抗；K_G：校正系数； $\underline{Z}_G$：超瞬态电抗，$\underline{Z}_G(R_G + jX''_d)$		
		$K_G = \dfrac{U_n}{U_{rG}} \cdot \dfrac{C_{max}}{1 + x''_d \sin\varphi_{rG}}$	式（18）/式（4-82）	GB/T 15544.1 3.6.1 1P136
		U_{rG}：发电机额定电压；φ_{rG}：发电机额定功率因数角； x''_d：发电机的相对电抗，$x''_d = \dfrac{X''_d}{Z_{rG}} = \dfrac{X''_d}{U^2_{rG}/S_{rG}}$		
	计算准确峰值电流 i_p 时，采用假想电阻 R_{Gf}；（R_G 与 x''_d 的关系）	$U_{rG} > 1$kV、$S_{rG} \geq 100$MW 发电机，$R_{Gf} = 0.05X''_d$		GB/T 15544.1 3.6.1 1P137
		$U_{rG} > 1$kV、$S_{rG} < 100$MW 发电机，$R_{Gf} = 0.07X''_d$		
		$U_{rG} \leq 1$kV 发电机，$R_{Gf} = 0.15X''_d$		
		如果发电机端电压与 U_{rG} 不同，则计算三相短路电流时，用 U_G 代替 U_{rG}	$U_G = U_{rG}(1+p_G)$	
	负序短路阻抗	$\underline{Z}_{(2)GK} = K_G(R_{(2)G} + jX_{(2)G}) = K_G(R_G + jX''_d)$	式（19）/式（4-83）	GB/T 15544.1 3.6.1 1P137
		如果 $X''_d \neq X''_q$	$X_{(2)G} = \dfrac{X''_d + X''_q}{2}$	式（4-84）	
	零序短路阻抗	$\underline{Z}_{(0)GK} = K_G(R_{(0)G} + jX_{(0)C})$	式（20）/式（4-85）	
	校正	发电机中性点电抗不需校正		
分接头可调发变组的阻抗		$\underline{Z}_S = K_S(t_r^2 \underline{Z}_G + \underline{Z}_{THV})$	式（21）/式（4-86）	GB/T 15544.1 3.7.1 1P137
		$K_S = \dfrac{U^2_{nQ}}{U^2_{rG}} \cdot \dfrac{U^2_{rTLV}}{U^2_{rTHV}} \cdot \dfrac{C_{max}}{1 + |x''_d - x_T|\sin\varphi_{rG}}$	式（22）/式（4-87）	
		发电机的相对电抗 $x''_d = \dfrac{X''_d}{Z_{rG}} = \dfrac{X''_d}{U^2_{rG}/S_{rG}}$	式（4-88）	
		变压器的相对电抗 $x_T = \dfrac{X_T}{U^2_{rT}/S_{rT}}$	式（4-89）	
		$\underline{Z}_S$：发变组高压侧短路阻抗校正值；$\underline{Z}_G$：发电机超瞬态阻抗，$\underline{Z}_G = R_G + jX''_d$（无校正）； $\underline{Z}_{THV}$：变压器归算到高压侧的短路阻抗；U_{nQ}：变压器高压侧电网的标称电压； U_{rG}：发电机额定电压；t_r：变压器额定变比，$t_r = U_{rTHV}/U_{rTLV}$； x_T：主分接头位置时变压器的相对电抗		
		若变压器高压侧最低运行电压满足 $U^b_{Qmin} \geq U_{nQ}$，则用 $U^b_{Qmin} \cdot U_{nQ}$ 代替 U^2_{nQ}； 若发电机端运行电压 U_G 恒大于 U_{rG}，则用 $U_{Gmax} = U_{rG}(1+p_G)$ 代替 U_{rG}，取 $p_G = 0.05$		

续表

名称		依 据 内 容		出处
分接头不可调发变组的阻抗		$\underline{Z}_{SO} = K_{SO}(t_r^2 \underline{Z}_G + \underline{Z}_{THV})$	式（23）/式（4-90）	GB/T 15544.1 3.7.2 1P137
		$K_{SO} = \dfrac{U_{nQ}}{U_{rG}(1+p_G)} \cdot \dfrac{U_{rTLV}}{U_{rTHV}} \cdot (1 \pm p_T) \cdot \dfrac{C_{max}}{1+x_d'' \sin\varphi_{rG}}$	式（24）/式（4-91）	
		$(1 \pm p_T)$：变压器分接头位置		
		当变压器采用无载分接开关，并将分接头长期置于非主位置时，使用 $1 \pm p_T$；需计算流经变压器的最大短路电流时，取 $1 - p_T$		
异步电动机	异步电动机的影响	计算最大短路电流时应考虑中压异步电动机的影响 低压供电各级系统异步电动机的贡献不大于对称短路电流初始值 I_{kM}'' 的 5%时，异步电动机的影响可以忽略		1P139 GB/T 15544.1 3.8.1
		$\sum I_{rM} \leq 0.01 I_{kM}''$	式（4-92）/式（25）	
		$\sum I_{rM}$：由短路点所在网络直接供电（不经过变压器）的电动机额定电流之和； I_{kM}''：无电动机时的对称短路电流初始值 计算短路电流时，按电路图或工艺流程，不会同时投入的中低压电动机应予忽略		
	电动机正、负序短路阻抗	$\underline{Z}_M = R_M + jX_M$		GB/T 15544.1 3.8.1 1P139
		$\underline{Z}_M = \dfrac{1}{I_{LR}/I_{rM}} \cdot \dfrac{U_{rM}}{\sqrt{3}I_{rM}} = \dfrac{1}{I_{LR}/I_{rM}} \cdot \dfrac{U_{rM}^2}{S_{rM}}$	式（4-93）/式（26）	
		U_{rM}：电动机的额定电压；I_{rM}：电动机的额定电流； S_{rM}：电动机额定视在功率，$S_{rM} = P_{rM}/(\eta_{rM}\cos\varphi_{rM})$； I_{LR}/I_{rM}：转子堵转电流与电动机额定电流之比		
	R_M/X_M 已知	$X_M = \dfrac{Z_M}{\sqrt{1+(R_M/X_M)^2}}$	式（27）	GB/T 15544.1 3.8.1
	中压电动机	极功率 $P_{rM} \geq 1\text{MW}$ 的中压电动机	$R_M/X_M = 0.10$	GB/T 15544.1 3.8.1
		极功率 $P_{rM} < 1\text{MW}$ 的中压电动机	$R_M/X_M = 0.15$	
	电缆连接	电缆连接的低压电动机群	$R_M/X_M = 0.42$	
	高压电动机	极功率 $P_{rM} \geq 1\text{MW}$ 的高压电机，$X_M = 0.995Z_M$	$R_M/X_M = 0.10$	1P138
		极功率 $P_{rM} < 1\text{MW}$ 的高压电机，$X_M = 0.989Z_M$	$R_M/X_M = 0.15$	
	电缆连接	电缆连接的低压电动机群，$X_M = 0.922Z_M$	$R_M/X_M = 0.42$	

4. 短路电流周期分量计算

名称		依 据 内 容		出处
对称短路电流初始值		短路点处的对称短路电流初始值 I_k'' 为各分支短路电流初始值向量和		GB/T 15544.1 4.1 1P138
		$I_k'' = \sum_i I_{ki}''$	式（4-94）	
		通常取各分支对称短路电流初始值绝对值之和作为短路点的短路电流		
三相短路	对称短路电流初始值 I_k''	$I_k'' = \dfrac{CU_n}{\sqrt{3}Z_k} = \dfrac{CU_n}{\sqrt{3}\cdot\sqrt{R_k^2+X_k^2}}$	式（29）/式（4-95）	GB/T 15544.1 4.2 1P138

续表

名称		依 据 内 容				出处
各短路点对称短路电流初始值		表 4-26 各短路点对称短路电流初始值				1P139
		短路类型	短路点	短路阻抗	对称短路电流初始值	
		通过变压器由电网馈电的三相短路	F（图a）	$\underline{Z}_k = \underline{Z}_Q/t_r^2 + K_T\underline{Z}_T + \underline{Z}_L$	$\underline{I}''_k = \dfrac{CU_n}{\sqrt{3}\underline{Z}_k}$	
		由单一发电机馈电的三相短路	F（图b）	$\underline{Z}_k = \underline{Z}_{GT} + \underline{Z}_L = K_G(R_G + jX''_d) + \underline{Z}_L$	$\underline{I}''_k = \dfrac{CU_n}{\sqrt{3}\underline{Z}_k}$	GB/T 15544.1 4.2.1.1
		由单一发变组馈电的三相短路	F（图c）	$\underline{Z}_k = \underline{Z}_S + \underline{Z}_L = K_S(t_r^2\underline{Z}_G + \underline{Z}_{THV}) + \underline{Z}_L$	$\underline{I}''_k = \dfrac{CU_n}{\sqrt{3}\underline{Z}_k}$	
		发电厂内的三相短路	F1 图4-28	$\underline{Z}_{kG} = K_{GS}\underline{Z}_L$ $K_{GS} = \dfrac{C_{max}}{1+x''_d\sin\varphi_{rG}}$ $\underline{Z}_{kT} = \underline{Z}_{TLV} + \underline{Z}_Q/t_r^2$	$\underline{I}''_{kG} = \dfrac{CU_{rG}}{\sqrt{3}\underline{Z}_{kG}}$ $\underline{I}''_{kT} = \dfrac{CU_{rG}}{\sqrt{3}\underline{Z}_{kT}}$	GB/T 15544.1 4.2.1.3
			F2 图4-28	$\underline{Z}_{rsl} = 1\Big/\left[\dfrac{1}{K_{GS}\underline{Z}_G} + \dfrac{1}{K_{TS}\underline{Z}_{TLV} + \dfrac{1}{t_r^2}\underline{Z}_{Qmin}}\right]$ $K_{TS} = \dfrac{C_{max}}{1-x_T\sin\varphi_{rG}}$	$\underline{I}''_k = \dfrac{CU_{rG}}{\sqrt{3}\underline{Z}_{rsl}}$	
三相短路	发电厂内三相短路图示	图 4-27 单电源馈电三相短路示例 （a）通过变压器由电网馈电的三相短路；（b）由单台发电机馈电的三相短路（无变压器）；（c）由发电机变压器组馈电的三相短路 图 4-28 发电厂内三相短路				GB/T 15544.1 图11/图13

续表

名称		依 据 内 容		出处
两相短路	对称短路电流初始值 I''_{k2}	$I''_{k2} = \dfrac{CU_n}{|\underline{Z}_{(1)}+\underline{Z}_{(2)}|} = \dfrac{CU_n}{2|\underline{Z}_{(1)}|} = \dfrac{\sqrt{3}}{2}I''_k$	式（45）/ 式（4-96）	GB/T 15544.1 4.2.2 1P139
		在短路初始阶段，远端和近端短路，负序与正序阻抗大致相等，$\underline{Z}_{(1)} = \underline{Z}_{(2)}$		
单相接地短路	短路电流交流分量初始值 I''_{k1}	$I''_{k1} = \dfrac{\sqrt{3}CU_n}{\underline{Z}_{(1)}+\underline{Z}_{(2)}+\underline{Z}_{(0)}}$	式（52）/ 式（4-99）	GB/T 15544.1 4.2.4 1P140
		远端短路 $\underline{Z}_{(1)} = \underline{Z}_{(2)}$	$I''_{k1} = \dfrac{\sqrt{3}CU_n}{|2\underline{Z}_{(1)}+\underline{Z}_{(0)}|}$	式（53）/ 式（4-100）	
	满足条件	$1 > \underline{Z}_{(0)}/\underline{Z}_{(1)} > 0.23$，$I''_{k1}$ 为被断路器切断的最大电流		

5. 短路电流非周期分量计算

名称	依 据 内 容		出处
短路电流最大非周期分量	$i_{dc} = \sqrt{2}I''_k e^{-2\pi \cdot ftR/X}$	式（64）/ 式（4-101）	GB/T 15544.1 4.4 1P140
	I''_k：对称短路电流初始值；f：额定频率 Hz；t：时间 s		

第七章 主 变 压 器

一、容量选择

名　称		依　据　内　容		出处
发电机主变压器	具有发电机电压母线接线的主变压器	装设两台主变压器的发电厂	一台主变压器退出运行时，另一台变压器能承担70%的容量； 主变压器容量=全部负荷的70%	1P189 第6-1节
	单元接线的主变压器	发电机与主变压器单元连接	主变压器容量=发电机最大连续输出容量-不能被高压厂用启动/备用变压器替代的高压厂用工作变压器计算负荷	
		发电机出口装设发电机断路器且不设置专用的高压厂用备用变压器时	主变压器容量=发电机最大连续输出容量-本机组高压厂用工作变压器计算负荷	
	燃气—蒸汽联合循环机组	燃气轮发电机与主变压器单元连接时	主变压器容量=燃气轮发电机最大连续输出容量-不能被高压厂用启动/备用变压器替代的对应燃料的高压厂用工作变压器计算负荷	1P190 第6-1节
		燃气轮发电机出口装设发电机断路器且不设置专用的高压厂用备用变压器时	主变压器容量=燃气轮发电机最大连续输出容量-本机组对应燃料的高压厂用工作变压器计算负荷	
		蒸汽轮发电机	主变压器容量=蒸汽轮发电机最大连续输出容量	
	125MW级及以上发电机变压器单元连接		主变压器容量=发电机最大连续容量-不能被高压厂用启动/备用变压器替代的高压厂用工作变压器计算负荷	GB 50660—2011 第16.1.5条
		装设发电机断路器且不设专用高压厂用备用变压器	主变压器容量=发电机最大连续容量-本机组高压厂用工作变压器计算负荷	GB 50660—2011 第16.1.5条文说明
	125MW以下发电机变压器单元连接		发电机最大连续容量-（高压厂用工作变压器计算负荷-可以被高压用备用变压器替代的负荷）	GB 50049—2011 第17.1.2条
		装设发电机断路器且不设专用高压厂用备用变压器	主变压器容量=发电机最大连续容量-本机组高压厂用工作变压器计算负荷	GB 50049—2011 第17.1.2条文说明
	水电厂机组或抽水蓄能机组	水电厂	主变压器容量=水轮发电机额定容量或机组最大容量	DL/T 5186—2004 第5.4.1条

续表

名　称		依　据　内　容		出处
发电机主变压器	水电厂机组或抽水蓄能机组	蓄能电厂	发电工况	主变压器容量=水轮发电机额定容量或机组最大容量	DL/T 5186—2004 第5.4.1条
			电动工况	主变压器容量=电动工况输入额定容量+（与之相连接的厂用变压器+启动变压器+励磁变压器等）的消耗容量	DL/T 5186—2004 第5.4.1条
				启动变压器：机组台数较多时，计及其容量，可留有一定的裕度，更安全可靠；机组台数较少时也可不计及	DL/T 5186—2004 第5.4.1条文说明
变电站主变压器	220kV～750kV 站	$n \geq 2$，$n-1$ 时 过负荷能力允许时间内	不过载	$(n-1)$台主变压器容量=全部负荷的70%	DL/T 5218—2012 第5.2.1条
				$(n-1)$台主变压器容量=（一级负荷+二级负荷）	
	35kV～110kV 站			$(n-1)$台主变压器容量=（一级负荷+二级负荷）	GB 50059—2011 第3.1.3条
	35kV～220kV 城市地下站			$(n-1)$台主变压器容量=全部负荷	DL/T 5216—2017 第4.3.2条
联络变压器	容量应满足条件	（1）满足两种电压网络在各种不同运行方式下，网络间的有功功率和无功功率的变换。 （2）其容量一般不小于接在两种电压母线上的最大一台机组的容量			1P190

注　1. n 为主变压器台数；$(n-1)$ 即为失去（断开）一台主变压器。
　　2. 表中所列计算容量皆为主变压器所需的最小容量；实际选取容量应大于等于表中计算容量。

二、台数、相数的确定

1. 发电厂

名　称	依　据　内　容	出处
发电厂主变压器绕组的数量	发电厂主变压器绕组的数量： （1）最大机组容量为125MW及以下的发电厂，当有两种升高电压向用户供电或与系统连接时，宜采用三绕组变压器，每个绕组的通过容量应达到该变压器额定容量的15%及以上。两种升高电压的三绕组变压器一般不超过两台。 （2）对于200MW及以上的机组，其升压变压器一般不采用三绕组变压器，如高压和中压间需要联系时，宜在变电站进行联络。 （3）联络变压器一般应选用三绕组变压器。 （4）若接入电力系统发电厂的机组容量相对较小，可将两台发电机与一台双绕组变压器或分裂绕组变压器做扩大单元连接，也可将两组发电机双绕组变压器共用一台高压侧断路器做联合单元连接。 （5）当燃机电厂调峰的发电机组采用发电机变压器组单元制接线时，宜采用双绕组变压器用一种升高电压与电力系统连接	1P201 第6-1节

续表

名 称	依 据 内 容	出处
联络变压器（连接两种升高电压母线的联络变压器）	为布置和引接线的方便，联络变压器一般装设一台，最多不超过两台	1P190 第6-1节
发电厂主变压器绕组的数量	主变压器采用三相或是单相，主要考虑变压器的制造条件、可靠性要求及运输条件等因素。 （1）当不受运输条件限制时，在330kV及以下的发电厂，应选用三相变压器。 （2）当发电厂与系统连接的电压为500kV及以上时，宜经技术经济比较后，确定选用三相或单相变压器组。对于单机容量为300MW并直接升压到500kV的，宜选用三相变压器。 （3）与容量600MW及以下机组单元连接的主变压器，若不受运输条件的限制，宜采用三相变压器；与容量为1000MW级机组单元连接的主变压器应综合考虑运输和制造条件，可采用单相或三相变压器	1P201 第6-2节
	火力发电厂以两种升高电压向用户供电或与电力系统连接时，应符合下列规定： （1）125MW级机组的主变压器宜采用三绕组变压器，每个绕组的通过功率应达到该变压器额定容量的15%以上。 （2）200MW级及以上的机组不宜采用三绕组变压器，如高压和中压间需联系时，宜在变电站进行联络。 （3）连接两种升高电压的三绕组变压器不宜超过2台。 （4）若两种升高电压均系中性点直接接地系统，且技术经济合理时，可选用自耦变压器，主要潮流方向应为低压和中压向高压送电	GB 50660 —2011 16.1.6
主变压器相数的选择	与容量600MW级以下机组单元连接的主变压器，若不受运输条件的限制，宜采用三相变压器；与容量为1000MW级机组单元连接的主变压器应综合运输和制造条件，可采用单相或三相变压器。当选用单相变压器组时，应根据电厂所处地区及所连接电力系统和设备的条件，确定是否需要装设备用相	GB 50660 —2011 16.1.4

2. 变电站

名 称	依 据 内 容	出处
主变压器容量和台（组）数的选择	220kV～750kV变电站，主变压器容量和台（组）数的选择，应根据经审批的电力系统规划设计决定。变电站同一电压网络内任一台变压器事故时，其他元件不应超过事故过负荷的规定。如变电站有其他电源能保证变压器停运后用户的一级负荷，可装设一台（组）主变压器	DL/T 5218 —2012 5.2.1
主变压器相数的选择	220kV、330kV变压器若不受运输条件的限制，应选用三相变压器；500kV变压器应根据变电站在系统中的地位、作用、可靠性要求和制造条件、运输条件等，经技术经济比较确定是否选用三相变压器；750kV变压器宜选用单相变压器。当选用单相变压器时，可根据系统和设备情况确定是否装设备用相；也可根据变压器参数、运输条件和系统情况，在一个地区设置一台备用相	DL/T 5218 —2012 5.2.2
自耦变压器	根据电力负荷发展及潮流变化，在系统短路电流、系统稳定、系统继电保护、对通信线路的危险影响、调相调压和设备制造等具体条件允许时，应采用自耦变压器。当自耦变压器第三绕组接有无功补偿设备时，应根据无功功率潮流，校核公用绕组的容量	DL/T 5218 —2012 5.2.3
三绕组变压器或自耦变压器	220kV、330kV具有三种电压的变电站中，如通过主变压器各侧绕组的功率达到该变压器额定容量的15%以上，或第三绕组需要装设无功补偿设备时，宜采用有三个电压等级的三绕组变压器或自耦变压器。 对深入市区的城市变电站，结合城市供电规划，为简化变压层次和接线，也可采用双绕组变压器	DL/T 5218 —2012 5.2.4

续表

名　称	依　据　内　容	出处
综合	35kV～110kV 变电站：主变压器的台数和容量，应根据地区供电条件、负荷性质、用电容量和运行方式等条件综合确定	GB 50059—2011 3.1.1
主变压器台数和容量	在有一、二级负荷的变电站中应装设两台主变压器，当技术经济比较合理时，可装设两台以上主变压器。变电站可由中、低压侧电网取得足够容量的工作电源时，可装设一台主变压器	GB 0059—2011 3.1.2
三绕组变压器	具有三种电压的变电站中，通过主变压器各侧绕组的功率达到该变压器额定容量的 15%以上时，主变压器宜采用三绕组变压器	GB 50059—2011 3.1.4
地下变电站	35kV～220kV 城市地下变电站主变压器台（组）数不宜少于 2 台	DL/T 5216—2017 4.3.1
无人值班变电站变压器要求	35kV～220kV 无人值班变电站：220kV 变电站，根据电力负荷发展和潮流变化、结合系统短路电流、系统稳定、系统继电保护、对通信线路的危险影响、调相调压和设备制造等具体条件允许时，应采用自耦变压器。当自耦变压器第三绕组接有无功补偿设备时，应根据无功功率潮流，校核公用绕组的容量	DL/T 5103—2012 4.2.2
无人值班变电站变压器要求	对于 35kV～110kV 无人值班变电站，当满足供电规划要求时，宜选用双绕组变压器。经技术经济比较合理时，可采用三绕组变压器	DL/T 5103—2012 4.2.3
无人值班变电站变压器要求	具有三种电压的变电站中，如通过主变压器各侧绕组的功率达到该变压器额定容量的 15%以上，或第三绕组需要装设无功补偿设备时，宜采用有三个电压等级的三绕组变压器或自耦变压器。对深入市区的城市电力网变电站，结合城市供电规划，为简化变压层次和接线，也可采用双绕组变压器	DL/T 5103—2012 4.2.4

三、阻抗选择

名　称	依　据　内　容	出处
阻抗选择原则	"一、"中的"1."阻抗选择原则 主变压器阻抗的选择要考虑如下原则： （1）各侧阻抗值的选择必须从电力系统稳定、潮流方向、无功分配、继电保护、短路电流、系统内的调压手段和并联运行等方面进行综合考虑；并应以对工程起决定性作用的因素来确定。 （2）对双绕组普通变压器，一般按标准规定值选择。 （3）对三绕组的普通型和自耦型变压器，其最大阻抗是放在高、中压侧还是高、低压侧，必须按上述第（1）条原则来确定	1P213 第 6-3 节
高阻抗变压器	为限制过大的系统短路电流，应通过技术经济比较确定选用高阻抗变压器或限流电抗器，选择高阻抗变压器时应按电压分档设置，并应校核系统电压调整率和无功补偿容量	DL/T 5222—2005 8.0.10-2

四、分接头、调压方式及调压范围的选择

1. 分接头设置原则

名　称	依　据　内　容	出处
分接头设置原则	分接位置的选择：分接头一般按以下原则布置： a）在高压绕组上而不是在低压绕组上，电压比大时更应如此。 b）在星形联结绕组上，而不是在三角形联结的绕组上（特殊情况下除外，如变压器为 Dyn 联结时，可在 D 联结绕组上设分接头）	GB/T 17468—2008 4.5.1

第七章 主 变 压 器

2. 调压方式的选用原则

名 称	依 据 内 容	出处
分接头设置选用原则	调压方式的选用原则一般如下： a）无调压变压器一般用于发电机升压变压器和电压变化较小且另有其他调压手段的场所。 b）无励磁调压变压器一般用于电压波动范围较小，且电压变化较少的场所。 c）有载调压变压器一般用于电压波动范围较大，且电压变化比较频繁的场所。 d）在满足使用要求的前提下，能用无调压的尽量不用无励磁调压；能用无励磁调压的尽量不采用有载调压；无励磁分接开关应尽量减少分接数目，可根据电压变化范围只设最大、最小和额定分接。 e）自耦变压器采用公共绕组中性点侧调压者，应验算第三绕组电压波动不致超出允许值。在调压范围大、第三绕组电压不允许波动范围大时，推荐采用中压侧线端调压。对于特高电压变压器可以采用低压补偿方式，补偿低压绕组电压。 f）并联运行时，调压绕组分接区域及调压方式应相同	GB/T 17468—2008 4.5.2
	发电厂的联络变压器，经调压计算论证必要时，可选用有载调压型。风电场和光伏发电站的升压变压器宜选用有载调压型变压器	DL/T 1773—2017 8.3
	直接向10kV配电网供电的降压变压器，应选用有载调压型。经调压计算，仅此一级调压尚不能满足电压控制的要求时，可在其电源侧各级降压变压器中，再采用一级有载调压型变压器	DL/T 1773—2017 8.5
	"二、"中的"2."调压方式选用原则 变压器调压方式选用的一般原则如下：	1P214 第6-3节
	（1）无调压变压器一般用于发电机升压变压器和电压变化较小且另有其他调压手段的场所。 （2）无励磁调压变压器一般用于电压波动范围较小，且电压变化较少的场所。 （3）有载调压变压器一般用于电压波动范围较大，且电压变化比较频繁的场所。 （4）在满足使用要求的前提下，能用无调压的尽量不用无励磁调压；能用无励磁调压的尽量不采用有载调压。无励磁分接开关应尽量减少分接数目，可根据电压变动范围只设最大、最小和额定分接。 （5）自耦变压器采用公共绕组中性点侧调压者，应验算第三绕组电压波动不致超出允许值。在调压范围大、第三绕组电压不允许波动范围大时，推荐采用中压侧线端调压。对于特高电压变压器可以采用低压补偿方式，补偿低压绕组电压。 （6）并联运行时，调压绕组分接区域及调压方式应相同。 发电厂主变压器设置有载调压的原则如下： （1）接于出力变化大的发电厂的主变压器，或接于时而为送端、时而为受端母线上的发电厂联络变压器，一般采用有载调压方式。 （2）发电机出口装设断路器时，主变压器可根据系统要求考虑采用有载调压方式。 调压绕组的位置选择： 自耦变压器有载调压方式，有公共绕组中性点侧调压、串联绕组末端调压及中压侧线端调压三种。 中性点侧调压方式适用于容量较小、电压较高、变比较大的自耦变压器。 中压侧线端调压适用于中压侧电压变化较大的情况。如果自耦变压器主要是将高压侧电能向中压侧传输，由于低压侧负荷较小，高压侧电压变化时所受影响不大，亦可考虑采用这种调压方式。 串联绕组末端调压适用于大容量自耦变压器且其高压侧电压变化较大的情况	1P214 第6-3节

3. 调压范围

名称	依据内容（GB/T 17468—2008）	出处
无励磁调压范围	无励磁调压范围：如果必须用分接，其电压调整范围推荐为±5%、$^{+5}_{0}$%、$^{0}_{-5}$%	4.5.3.1
	无励磁调压变压器一般可选±2×2.5%。对于66kV及以上电压等级的有载调压变压器，宜选±8×(1.25～1.5)%；35kV电压等级的，宜选±3×2.5%。位于负荷中心地区发电厂的升压变压器，其高压侧分接开关的调压范围可适当下降2.5%～5%；位于系统送端发电厂附近降压变电站的变压器，其高压侧调压范围可适当上移2.5%～5%	DL/T 1773—2017 8.7
有载调压范围	有载调压范围： a) 对电压等级为6kV、10kV级变压器，推荐其有载调压范围为±4×2.5%，并且在保证分接范围不变的情况下，正、负分接档位可以改变，如$^{+3}_{-5}$%×2.5%； b) 对电压等级为35kV级变压器，推荐其有载调压范围为±3×2.5%，并且在保证分接范围不变的情况下，正、负分接档位可以改变，如$^{+2}_{-4}$%×2.5%； c) 对电压等级为66kV～220kV级变压器，其有载调压范围为±8×1.25%，正、负分接档位可以改变； d) 对电压等级为330kV级和500kV级的变压器，其有载调压范围为±8×1.25%	4.5.3.2
调压能力	电网中的各级主变压器，至少应具有一级有载调压能力，需要时可选用两级有载调压变压器	DL/T 1773—2017 8.2

五、中性点接地方式

名称	依据内容	出处
主变压器中性点接地方式	二、主变压器中性点接地方式 1. 主变压器的110kV～1000kV侧中性点应采用有效接地方式 （1）110kV～1000kV系统中性点采用有效接地方式。 （2）110kV及220kV（330kV）系统中主变压器中性点可采用直接接地方式。为限制系统短路电流，变压器中性点可装设隔离开关、避雷器及间隙等设备，部分变压器实际运行时打开中性点隔离开关，采用不接地方式运行。 （3）500kV～1000kV系统中主变压器中性点应采用直接接地或经小电抗接地方式。 （4）自耦变压器的中性点须直接接地或经小电抗接地。 2. 主变压器6kV～63kV侧中性点采用不接地或经消弧线圈接地方式 （1）35kV系统、66kV系统、不直接连接发电机且由钢筋混凝土杆或金属杆塔的架空线路构成的6kV～20kV系统，当单相接地故障电容电流不大于10A时，可采用中性点不接地方式；当单相接地故障电容电流大于10A且需在接地故障条件下运行时，应采用中性点经消弧线圈接地。 （2）不直接连接发电机且由电流线路构成的6kV～20kV系统，当单相接地故障电容电流不大于10A时，可采用中性点不接地方式；当单相接地故障电容电流大于10A且需在接地故障条件下运行时，宜采用中性点经消弧线圈接地。 （3）当变压器中性点经消弧线圈接地时，应注意以下几点： 1）宜采用具有自动跟踪补偿功能的消弧线圈。 2）正常运行时，自动跟踪补偿消弧线圈应确保中性点长时间电压位移不超过系统标称相电压的15%。 3）采用自动跟踪补偿消弧线圈装置时，系统接地故障残余电流不应大于10A。 4）自动跟踪补偿消弧线圈消弧部分的容量应根据系统远景年的发展规划确定，并应按式（2-1）计算	1P43 第2-5节

第七章 主 变 压 器

续表

名 称	依 据 内 容	出处

主变压器中性点接地方式	$$W = 1.35 I_C \frac{U_N}{\sqrt{3}} \quad (2-1)$$ W：自动跟踪补偿消弧线圈消弧部分的容量（kVA）；
	I_C：接地电容电流（A）；
	U_N：系统标称电压（kV）。
	5）自动跟踪补偿消弧线圈装设地点应符合以下要求：
	  a. 系统在任何运行方式下，断开一、二回线路时，应保证不失去补偿。
	  b. 多套自动跟踪补偿消弧线圈不宜集中安装在系统中的同一位置。
	6）自动跟踪补偿消弧线圈装设的消弧部分应符合下列要求：
	  a. 消弧部分宜接于 YNd 或 YNynd 接线的变压器中性点上。也可接在 ZNyn 接线变压器中性点上，不应接于零序磁通经铁心闭路的 YNyn 接线变压器。
	  b. 当消弧部分接于 YNd 接线的双绕组变压器中性点时，消弧部分容量不应超过变压器三相总容量的 50%。
	  c. 当消弧部分接于 YNynd 接线的三绕组变压器中性点时，消弧部分容量不应超过变压器三相总容量的 50%，并不得大于三绕组变压器的任一绕组容量。
	  d. 当消弧部分接于零序磁通未经铁心闭路的 YNyn 接线变压器中性点时，消弧部分容量不应超过变压器三相总容量的 20%。
	7）当电源变压器无中性点或中性点未引出时，应装设专用接地变压器以连接自动跟踪补偿消弧线圈，接地变压器容量应与消弧部分的容量相配合
		1P43
		第 2-5 节

中性点接地的要求	中性点直接接地的电网，变压器中性点接地台数和地点的选择应根据系统内过电压的倍数，及对系统继电保护的影响等要求进行。在进行远景水平年的系统单相接地短路电流计算分析时，可按下列原则考虑： （1）设备绝缘水平要求中性点接地的变压器，其中性点必须接地。 （2）中低压侧有电源的变电站或枢纽变电站每条母线应有一台变压器中性点接地，当需要限制系统单相接地短路电流，且系统继电保护允许时，则该变电站的变压器中性点可不接地，但电网中任何一点的综合零序电抗不得大于综合正序电抗的 3 倍。 （3）发电厂有多台 220kV 及以下升压变压器时，应有 1 台~2 台变压器中性点接地。 （4）330kV 及以上变压器中性点宜全部接地	DL/T 5429—2009 6.5.3

六、自耦变压器的选用

名 称	依 据 内 容	出处
自耦变压器的选用	自耦变压器一般用于如下几种情况： （1）单机容量为 125MW 及以下，且两级升高电压均为直接接地系统，其送电方向主要由低压送向高、中压侧，或从低压和中压送向高压侧，而无高压和低压同时向中压侧送电要求者（为达此目的，可按中压侧负荷要求，适当增加接到中压侧机组容量），此时自耦变压器可作为发电机升压之用。 （2）单机容量在 200MW 及以上时，用来作高压和中压系统之间联络用的变压器	1P205 第 6-2 节
效益	三、3. 选用自耦变压器时应注意的问题 图 6-7 自耦变压器的原理接线	1P206 第 6-2 节

续表

名 称	依 据 内 容		出处
效益	$U_1I_1=U_2I_2=U_2(I_1+I)$ $=U_2I_1+U_2I$	U_1：一次侧电压； U_2：二次侧电压； I_1：一次侧电流（串联绕组中电流）； I_2：二次侧电流； I：公共绕组中电流	1P206 式（6-13）
	$U_2I = U_2I_2\left(1-\dfrac{1}{K_{12}}\right)=U_2I_2K_b$	U_1I_1 或 U_2I_2：自耦变压器的通过容量，即所谓的自耦变压器的额定容量。 U_2I：自耦变压器公共绕组的容量，一般称为电磁容量，或叫做计算容量。 假定 K_{12} 为自耦变压器一次侧、二次侧的变压比，则由式（6-14）写出电磁容量和通过容量的关系	1P206 式（6-15）
效益系数	K_b：自耦变压器的效益系数。永远小于1，因此实际应用的自耦变压器，其变压比都在 3:1 的范围内。 第三绕组容量从补偿三次谐波电流的角度考虑，不应小于电磁容量的35%，而变压器设计时，因绕组机械强度的要求，往往要大于上述值，但最大值一般不超过电磁容量		1P206
过负荷保护	自耦变压器的运行方式及过负荷保护： （1）用作升压变压器时：除了在高压、低压及公共绕组装设过负荷保护外，还应增设特殊的过负荷保护，以便在低压侧无电流时投入。 （2）用作联络变压器时：一般在高压、低压和公共绕组均装设过负荷保护		1P206
自耦变压器公共绕组过负荷电流互感器配置和单相变压器接线图	公共绕组过负荷电流互感器配置　　　　单相变压器接线图		—

七、并联运行的条件

名 称	依 据 内 容	出处
并联运行的条件	a）钟时序数要严格相等。 b）电压和电压比要相同，允许偏差也相同（尽量满足电压比在允许偏差范围内），调压范围与每级电压要相同。 c）短路阻抗相同，尽量控制在允许偏差范围±10%以内，还应注意极限正分接位置短路阻抗与极限负分接位置短路阻抗要分别相同。 d）容量比在 0.5～2 之间。 e）频率相同	GB/T 17468 —2008 6.1

续表

名　　称	依　据　内　容	出处
同组变压器并联运行的联结方法	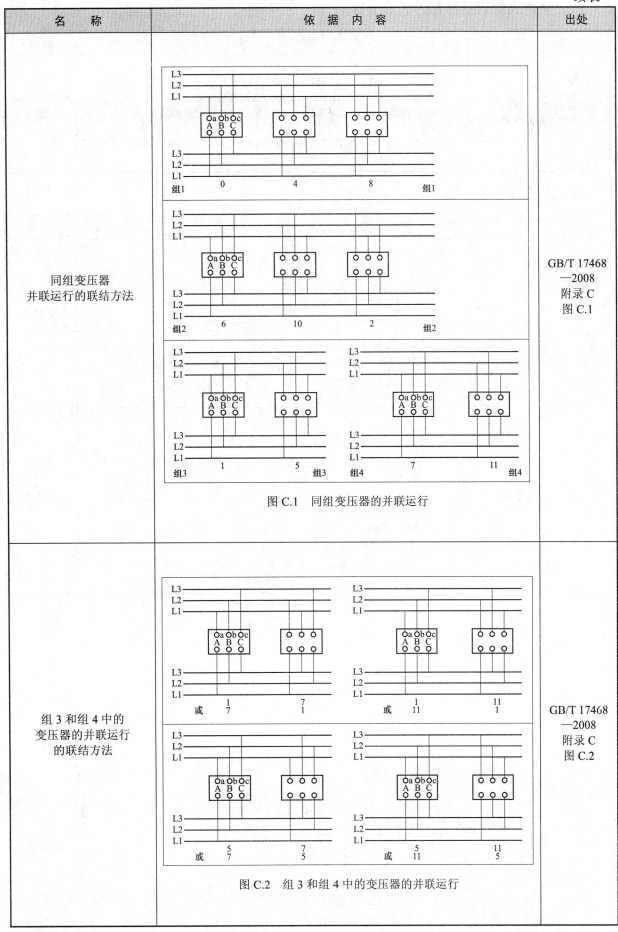图 C.1　同组变压器的并联运行	GB/T 17468—2008 附录 C 图 C.1
组 3 和组 4 中的变压器的并联运行的联结方法	图 C.2　组 3 和组 4 中的变压器的并联运行	GB/T 17468—2008 附录 C 图 C.2

八、油浸式变压器冷却方式的选择

名称	依据内容	出处
油浸式电力变压器冷却方式的选择	a) 油浸自冷（ONAN）：75000kVA 及以下产品。 b) 油浸风冷（ONAF）：180000kVA 及以下产品。 c) 强迫油循环风冷（OFAF）：90000kVA 及以上产品。 d) 强迫油循环水冷（OFWF）：一般水力发电厂 75000kVA 及以上的升压变压器采用。 e) 强迫导向油循环风冷或水冷（ODAF 或 ODWF）：120000kVA 及以上产品	GB/T 17468—2008 4.10.1

九、变压器功率损耗

名称	名称	依据内容	出处
双绕组变压器	功率损耗	$$\left.\begin{array}{l}\Delta P_\mathrm{T} = \dfrac{P^2+Q^2}{U^2}R_\mathrm{T} + \Delta P_0 = \Delta P_\mathrm{c}\dfrac{S^2}{S_\mathrm{N}^2} + \Delta P_0 \\ \Delta Q_\mathrm{T} = \dfrac{P^2+Q^2}{U^2}X_\mathrm{T} + \dfrac{I_0\%}{100}S_\mathrm{N} = \dfrac{U_\mathrm{k}\%}{100}\times\dfrac{S^2}{S_\mathrm{N}} + \dfrac{I_0\%}{100}S_\mathrm{N}\end{array}\right\}$$	系 P218 式（9-9）
双绕组变压器	功率损耗	R_T、X_T：变压器的电阻和电抗（Ω）； ΔP_c：变压器的负载损耗（MW）；ΔP_0：变压器的空载损耗（MW）； $I_0\%$：变压器的空载电流百分数；$U_\mathrm{k}\%$：变压器的短路电压百分数	系 P218 式（9-9）
三绕组变压器	功率损耗	$$\left.\begin{array}{l}\Delta P_\mathrm{T} = \Delta P_\mathrm{c1}\dfrac{S_1^2}{S_\mathrm{N}^2} + \Delta P_\mathrm{c2}\dfrac{S_2^2}{S_\mathrm{N}^2} + \Delta P_\mathrm{c3}\dfrac{S_3^2}{S_\mathrm{N}^2} + \Delta P_0 \\ \Delta Q_\mathrm{T} = \dfrac{U_\mathrm{k1}\%}{100}\times\dfrac{S_1^2}{S_\mathrm{N}} + \dfrac{U_\mathrm{k2}\%}{100}\times\dfrac{S_2^2}{S_\mathrm{N}} + \dfrac{U_\mathrm{k3}\%}{100}\times\dfrac{S_3^2}{S_\mathrm{N}} + \dfrac{I_0\%}{100}S_\mathrm{N}\end{array}\right\}$$	系 P218 式（9-10）
三绕组变压器	功率损耗	ΔP_c1、ΔP_c2、ΔP_c3：变压器高、中、低压侧负载损耗； S_1、S_2、S_3：变压器高、中、低压侧的视在功率； $U_\mathrm{k1}\%$、$U_\mathrm{k2}\%$、$U_\mathrm{k3}\%$：变压器高、中、低压侧短路电压百分数	系 P218 式（9-10）

第八章 限流电抗器及中性点小电抗

一、限流电抗器

1. 普通限流电抗器

名　　称	依据内容（DL/T 5222—2005）	出处
额定电流	普通限流电抗器的额定电流选择： （1）主变压器或馈线回路的最大可能工作电流。 （2）发电机母线分段回路的限流电抗器，应根据母线上事故切断最大一台发电机时，可能通过电抗器的电流选择，一般取该台发电机额定电流的50%～80%。 （3）变电站母线回路的限流电抗器应满足用户的一级负荷和大部分二级负荷的要求	14.2.1
选择校验	普通电抗器的电抗百分值应按下列条件选择和校验： （1）将短路电流限制到要求值。 （2）正常工作时，电抗器的电压损失不得大于母线额定电压的 5%，对于出线电抗器，尚应计及出线上的电压损失。 （3）当出线电抗器未装设无时限继电保护装置时，应按电抗器后发生短路，母线剩余电压不低于额定值的 60%～70%校验。若此电抗器接在 6kV 发电机主母线上，则母线剩余电压应尽量取上限值。 对于母线分段电抗器、带几回出线的电抗器及其他具有无时限继电保护的出线电抗器不必校验短路时的母线剩余电压	14.2.3

2. 分裂电抗器

名　　称	依据内容（DL/T 5222—2005）	出处
额定电流	分裂限流电抗器的额定电流按下列条件选择： （1）当用于发电厂的发电机或主变压器回路时，一般按发电机或主变压器额定电流的70%选择。 （2）但用于变电站主变压器回路时，应按负荷电流大的一臂中通过的最大负荷电流选择。 当无负荷资料时，可按主变压器额定电流的70%选择	14.2.2
电压波动	分裂电抗器的自感电抗百分值，应按将短路电流限制要求值选择，并按正常工作时分裂电抗器两臂母线电压波动不大于母线额定电压的5%校验	14.2.4
互感系数	分裂电抗器的互感系数，当无制造部门资料时，一般取 0.5	14.2.5
负荷分配	对于分裂电抗器在正常工作时两臂母线电压的波动计算，若无两臂母线实际负荷资料，则可取一臂为分裂电抗器额定电流的30%，另一臂为分裂电抗器额定电流的70%	14.2.6
动稳定校验	分裂电抗器应分别按单臂流过短路电流和两臂同时流过反向短路电流两种情况进行动稳定校验	14.2.7

二、普通电抗器的电抗百分值计算

名　　称	依　据　内　容	出处
电抗百分值	$$X_k\% \geq \left(\frac{I_j}{I''} - X_{*j}\right)\frac{I_{ek}U_j}{U_{ek}I_j} \times 100\%$$	1P253 式（7-18）
	$$X_k\% \geq \left(\frac{S_j}{S''} - X_{*j}\right)\frac{I_{ek}U_j}{U_{ek}I_j} \times 100\%$$	1P253 式（7-19）

名称	依据内容	出处
电抗百分值	U_j：基准电压（kV）； I_j：基准电流（kA），查 1P108 表 4-1，I_j=9.16kA（U_j=6.3kV），I_j=5.5kA（U_j=10.5kV）； X_{*j}：以 U_j、I_j 为基准，从网络计算至所选用电抗器前的电抗标幺值（指限制前的数值） $$I_z \frac{I_j}{X_{js}} = \frac{U_P}{\sqrt{3}X_\Sigma} = \frac{I_j}{X_{*\Sigma}} = I''_* I_j$$ 其中 $$X_{*\Sigma} = \frac{I_j}{I_z} = X_{*j}$$ S_j：基准容量（MVA）； U_{ek}：电抗器额定电压（kV）； I_{ek}：电抗器额定电流（kA）； I''、S''：被电抗限制后所要求的短路次暂态电流（kA）及零秒短路容量（MVA）（被限制后的值）	1P116 式（4-23）
电压损失	正常工作时电抗器上的电压损失（$\Delta U\%$）不宜大于额定电压的 5%，可按下式计算 $$\Delta U\% = X_k\% \frac{I_g}{I_{ek}} \sin\varphi$$ I_g：正常通过的工作电流（A）； φ：负荷功率因数角（一般取 $\cos\varphi$=0.8，则 $\sin\varphi$=0.6）；对出线电抗器尚应计及出线上的电压损失	1P253 式（7-20）
剩余电压	校验短路时母线上的剩余电压。当出线电抗器的继电保护装置带有时限时，应按在电抗器后发生短路计算，并按下式校验 $$U_y\% \leq X_k\% \frac{I''}{I_{ek}}$$ $U_y\%$：母线必须保持的剩余电压，一般为 60%～70%，若电抗器接在 6kV 发电机主母线上，则母线剩余电压应尽量取上限值； I''：限制后所要求的短路次暂态电流（kA）。 对于母线分段电抗器、带几回出线的电抗器及其他具有无时限继电保护的出线电抗器，不必按短路时母线剩余电压校验（只带一个回路的出线电抗器才用校验）	1P253 式（7-21） （公式已勘误）

三、分裂电抗器的电抗百分值计算

名称		依据内容	出处
百分比		电抗百分比与普通电抗器的计算公式一样，采用式（7-18）、式（7-19）进行计算。计算时需注意，分裂电抗器的额定电压 U_{ek} 等于电网的基准电压（即 $1.05U_n$）	1P253 式（7-18） 式（7-19）
正常工作	校验电压波动	$$\frac{U_1}{U_{ek}} \times 100\% = \frac{U}{U_{ek}} \times 100\% - X_L\% \left(\frac{I_1 \sin\varphi_1}{I_{ek}} - f_0 \frac{I_2 \sin\varphi_2}{I_{ek}} \right)$$	1P254 式（7-25）
		$$\frac{U_2}{U_{ek}} \times 100\% = \frac{U}{U_{ek}} \times 100\% - X_L\% \left(\frac{I_2 \sin\varphi_2}{I_{ek}} - f_0 \frac{I_1 \sin\varphi_1}{I_{ek}} \right)$$	1P254 式（7-26）
	参数说明	正常工作时，分裂电抗器两臂母线电压波动不应大于母线额定电压 U_e 的 5%。 I_1、I_2：两臂中的负荷电流，当无负荷波动资料时，可取 I_1=0.7I_{ek}，I_2=0.3I_{ek} 或 I_1=0.3I_{ek}，I_2=0.7I_{ek}； U_1、U_2：两臂端的电压； U：电源侧的电压； U_{ek}、I_{ek}：电抗器的额定电压和额定电流； X_L：一臂的自感电抗； f_0：分裂电抗器的互感系数（或称自耦系数）。当无制造部门资料时，一般取 0.5。 为了使二段母线上电压差别减小，应该使二者的负荷分配尽量均衡	

续表

名　称		依　据　内　容	出处
馈线短路	校验电压波动	$\dfrac{U_1}{U_e} \times 100\% = X_L\%(1+f_0)\left(\dfrac{I''}{I_{ek}} - \dfrac{I_1 \sin\varphi_1}{I_{ek}}\right)$	1P254 式（7-27）
		$\dfrac{U_2}{U_e} \times 100\% = X_L\%(1+f_0)\left(\dfrac{I''}{I_{ek}} - \dfrac{I_2 \sin\varphi_2}{I_{ek}}\right)$	
	举例	由上式可见，在发生短路瞬间，正常工作臂母线电压可能比额定电压高很多。如当 $X_L\%=10\%$，$f_0=0.5$、$\cos\varphi=0.8$，$\dfrac{I''}{I_{ek}}=9$，母线电压可升高至 $1.35U_e$。它会使电动机的无功电流增大，继电保护装置误动作。使用分裂电抗器时，应使感应电动机的继电保护整定避开的电流增值	1P254 式（7-28）
	感应电动机无功电流增大值	$I_1\sin\varphi_1 = I_{1n}\sin\varphi_{1n}\left[1 - 3.09\dfrac{U_1}{U_e} + 2.92\left(\dfrac{U_1}{U_e}\right)^2\right]$ $I_{1n}\sin\varphi_{1n}$：在额定电流下感应电动机的无功电流	1P254 式（7-29）

四、并联电抗器中性点小电抗

1. 中性点小电抗额定电流按下列条件选择

名　称	依据内容（DL/T 5222—2005）	出处
额定电流	（1）潜供电流不应大于20A。 （2）输电线路三相不平衡引起的零序电流，一般取线路最大工作电流的0.2%。 （3）并联电抗器三相电抗不平衡引起的中性点电流，一般取并联电抗器额定电流的5%～8%	14.4.2
温升	按故障状态校验小电抗的温升，故障电流可取200A～300A，时间可取10s	14.4.3

2. 加速潜供电流熄灭和抑制谐振过电压

名　称		依　据　内　容	出处
小电抗选择	按加速潜供电流熄灭要求选择小电抗	$X_0 = \dfrac{X_L^2}{X_{12} - 3X_L}$ X_0：中性点小电抗的电抗值（Ω）； X_L：并联电抗器的正序电抗值（Ω），$X_L = \dfrac{U_e^2}{Q_L}$； X_{12}：线路的相间容抗值（Ω），$X_{12} = \dfrac{1}{\omega C_{12}}$	DL/T 5222—2005 14.4.1 条文说明 式（2）
		其中 C_{12} 依据线 P20 式（2-1-30）得到 $$C_{12} = \dfrac{1}{3}(C_1 - C_0) \times L$$	线 P20 式（2-1-30）
		<table><tr><td>三者大概关系</td><td>C_1</td><td>$3C_{ab}$</td><td>C_0</td></tr><tr><td>有地线的单回路</td><td>100%</td><td>44%</td><td>56%</td></tr><tr><td>有地线的双回路</td><td>100%</td><td>60%</td><td>40%</td></tr></table>	线 P20
	按抑制谐振过电压的要求选择小电抗	$X_0 = \dfrac{X_L^2}{X_{12} - 3X_L} + \dfrac{X_L - X_{L0}}{3}$ X_{L0}：并联电抗器的零序电抗值（Ω）。 对单相电抗器，$X_{L0} = X_L$； 对三相三柱式电抗器，$X_{L0} = \dfrac{X_L}{2}$。 14.3.3 条文说明：三相五柱式结构电抗器与单相电抗器零序电抗相同[或依据1P743 式（14-9）]	DL/T 5222—2005 14.4.1 条文说明 式（3）

3. 中性点小电抗的绝缘水平

名　称	依　据　内　容	出处
绝缘水平	中性点小电抗的绝缘水平主要取决于出现在中性点上的最大工频过电压 U_{og}，U_{og} 是由各种不对称故障形式决定的，其中以并联电抗器的两相分闸和空线中的不对称接地两种情况引起的最大工频过电压最高。表 15 给出各种情况下 U_{og} 的计算公式	DL/T 5222—2005 14.4.4 条文说明
并联电抗器中性点工频过电压的计算公式	表 15　并联电抗器中性点工频过电压的计算公式 | 序号	不对称情况	计算公式	近似公式
---	---	---	---
1	运行的电抗器的单相分闸	$\dfrac{U_{xg}}{2+\dfrac{X_L}{X_0}}$	$\dfrac{U_{xg}}{\dfrac{3K_1}{T_{k0}}-1}$
2	运行的电抗器的两相分闸	$\dfrac{U_{xg}}{1+\dfrac{X_L}{X_0}}$	$\dfrac{U_{xg}}{\dfrac{3K_1}{T_{k0}}-2}$
3	运行下的单相线路开断	$\dfrac{U_{xg}}{3+\dfrac{X_L}{X_0}}$	$\dfrac{T_{k0}U_{xg}}{3K_1}$
4	空线中的单相接地	$\sqrt{2(\rho_B^2+\rho_C^2)-3}\times\dfrac{K_0 U_{xg}}{3+\dfrac{X_L}{X_0}}$	$\dfrac{T_{k0}K_0 U_{xg}}{3K_1}\times\sqrt{2(\rho_B^2+\rho_C^2)-3}$
5	空线中的两相接地	$\dfrac{\rho_A K_0 U_{xg}}{1+\dfrac{X_L}{X_0}}$	$\dfrac{\rho_A T_{k0} K_0 U_{xg}}{3K_1}$ | U_{xg}：电网最高相电压（kV）； X_L：并联电抗器的正序电抗（Ω）； X_C：中性点小电抗的电抗（Ω）； K_1：并联电抗器的补偿度，$K_1=\dfrac{1}{X_L \omega C}$； C—线路的正序电容； T_{k0}：线路相间电容 C_{12} 与正序电容 C_1 的比值，$T_{k0}=3C_{12}/C_1$； K_0：电容效应系数与等效电源系数（即等效电势与 U_{xg} 之比）的乘积； ρ_A，ρ_B，ρ_C：健全相的单相接地系数	DL/T 5222—2005 表 15
单相接地系数	$K^{(1)}=\rho_A=\rho_B=\rho_C=\sqrt{3}\times\dfrac{\sqrt{1+k+k^2}}{2+k}$，其中 $k=\dfrac{X_0}{X_1}$	1P738 式（14-3）
两相接地系数	$K^{(1,1)}=\sqrt{3}\times\dfrac{3}{K+2}$	1P738 式（14-4）

第九章 中性点接地方式、消弧线圈及电容电流

一、中性点接地方式

1. 电力系统中性点接地方式

名称			依据内容	出处
电力系统中性点接地方式	中性点非直接接地	不接地	1. 中性点不接地：即发电机、变压器绕组的中性点对大地是电气绝缘的，结构最简单。发生单相接地故障时，故障相的对地电压降低为零，非故障相的对地电压由相电压升高为线电压，中性点对地电压升高为相电压。单相接地故障后，允许设备继续运行两小时。但由于过电压水平高，要求有较高的绝缘水平，通常用于6kV～35kV系统中，不宜用于110kV及以上系统。但电容电流不能超过允许值，否则接地电弧不易熄灭，易产生较高弧光间隙接地过电压	1P42 第2-5节 "一、""（一）""1."
		经消弧线圈接地	2. 中性点经消弧线圈接地：即发电机、变压器绕组的中性点与大地之间装设一个电感线圈，当发生单相接地故障时，利用消弧线圈的电感电流对接地电容电流进行补偿，使得流过接地点的电流减小到自熄范围，以消除弧光间歇接地过电压。 通常用于6kV～35kV系统中	1P42 第2-5节 "一、""（一）""2."
		小电流接地选线	第7.9.5条：风力发电场汇集线路保护配置应符合下列规定： 风力发电场汇集线路中性点不接地或经消弧线圈接地的汇集线路，宜装设两段式电流保护，同时配置小电流接地选线装置，可选择跳闸。 中性点经电阻接地的汇集线路，宜装设两段三相式电流保护及一段或两段零序电流保护	GB 51096—2015 7.9.5
		经高电阻接地	中性点经高电阻接地：当接地电容电流超过允许值时，也可采用中性点经高电阻接地方式。此接地方式和经消弧线圈接地方式相比，改变了接地电流相位，加速泄放回路中的残余电荷，促使接地电弧自熄，从而降低弧光间隙接地过电压，同时可提供足够的电流和零序电压，使接地保护可靠动作	1P42 第2-5节 "一、""（一）""3."
			6kV和10kV配电系统以及发电厂厂用电系统，当单相接地故障电容电流不大于7A时，可采用中性点高电阻接地方式，故障总电流不应大于10A	GB 50064—2004 3.1.5
	中性点直接接地	经低电阻接地	6kV～35kV主要由电缆线路构成的配电系统、发电厂厂用电系统、风力风电场集电线路和除矿井的工业企业供电系统，当单相接地故障电容电流较大时，可采用中性点低电阻接地方式。变压器中性点电阻器的电阻，在满足单相接地继电保护可靠性和过电压绝缘配合的前提下宜选较大值	GB 50064—2004 3.1.4
			直接接地方式的单相短路电流很大，线路或设备须立即切除，增加了断路器负担，降低供电连续性。但由于过电压较低，绝缘水平可下降，减少了设备造价，特别是在高压和超高压电网，经济效益显著。故适用于110kV及以上电网中。此外，在雷电活动较强的山岳丘陵地区，结构简单的110kV电网，如采用直接接地方式不能满足安全供电要求和对联网影响不大时，可采用中性点经消弧线圈接地方式	1P42 第2-5节 "一、""（二）"

2. 变压器中性点接地方式（见第七章"主变压器"相关内容）

3. 发电机中性点接地方式

名称	依据内容	出处
中性点不接地	（1）单相接地电流应不超过允许值。 （2）发电机中性点应装设电压为额定相电压的避雷器，防止三相进波在中性点反射引起过电压；在出线端应装设电容器和避雷器，以削弱当有发电机电压架空直配线时，进入发电机的冲击波陡度和幅值。 （3）适用于125MW及以下的小型机组	1P44 第2-5节 "三、""1."

续表

名　称	依　据　内　容	出处
中性点消弧线圈接地	（1）对具有直配线的发电机，宜采用过补偿方式；对单元接线的发电机，宜采用欠补偿方式。 （2）经补偿后的单相接地电流一般小于 1A，因此，可不跳闸停机，仅作用于信号。 （3）消弧线圈可接在直配线发电机的中性点上，也可接在厂用变压器的中性点上。当发电机为单元连接时，则应接在发电机的中性点上。 （4）适用于单相接地电流大于允许值的小型机组或 300MW 及以上大机组要求能带单相接地故障运行时	1P44 第 2-5 节 "三、""2."
中性点经高电阻接地	（1）发电机中性点经高阻接地后，可达到： 1）限制过电压不超过 2.6 倍额定相电压； 2）限制接地故障电流不超过 10A； 3）为定子接地保护提供电源，便于检测。 （2）为减小电阻值，一般经配电变压器接入中性点，电阻接在配电变压器的二次侧。 （3）发生单相接地时，总的故障电流不宜小于 3A，以保证接地保护不带时限立即跳闸停机。 （4）适用于 300MW 及以上的大机组	1P44 第 2-5 节 "三、""3."
发电机	发电机中性点可采用不接地、经消弧线圈或高电阻接地的方式。容量为 300MW 及以上的发电机应采用中性点经消弧线圈或高电阻的接地方式	GB 50660 —2011 16.2.8
	发电机额定电压 6.3kV 及以上的系统，当发电机内部发生单相接地故障要求瞬时切机时，宜采用中性点电阻接地方式，电阻器可接在发电机中性点变压器的二次绕组上	GB/T 50064 —2014 3.1.3-4

二、消弧线圈接地方式

1. 中性点不接地方式要求

名　称	依　据　内　容	出处
中性点不接地	（1）35kV、66kV 系统和不直接连接发电机，由钢筋混凝土杆或金属杆塔的架空线路构成的 6kV～20kV 系统，当单相接地故障电容电流不大于 10A 时，可采用中性点不接地方式；当大于 10A 又需在接地故障条件下运行时，应采用中性点谐振接地方式。 （2）不直接连接发电机、由电缆线路构成的 6kV～20kV 系统，当单相接地故障电容电流不大于 10A 时，可采用中性点不接地方式；当大于 10A 又需在接地故障条件下运行时，宜采用中性点谐振接地方式。 （3）发电机额定电压 6.3kV 及以上的系统，当发电机内部发生单相接地故障不要求瞬时切机时，采用中性点不接地方式时发电机单相接地故障电容电流最高允许值应按表 3.1.3 确定；大于该值时，应采用中性点谐振接地方式，消弧装置可装在厂用变压器中性点上或发电机中性点上	GB/T 50064 —2014 3.1.3
发电机电容电流允许值	表 3.1.3　发电机单相接地故障电容电流最高允许值 | 发电机额定电压（kV）	发电机额定容量（MW）	电流允许值（A）	发电机额定电压（kV）	发电机额定容量（MW）	电流允许值（A）
---	---	---	---	---	---
6.3	≤50	4	13.80～15.75	125～200	2*
10.5	50～100	3	≥18	≥300	1 | * 对额定电压为 13.80kV～15.75kV 的氢冷发电机，电流允许值为 2.5A	GB/T 50064 —2014 表 3.1.3

2．中性点设备

名　称	依　据　内　容	出处
中性点设备	在发电厂中，发电机电压的消弧线圈可装在发电机中性点上，也可装在厂用变压器中性点上；当发电机与变压器为单元连接时，消弧线圈应装在发电机的中性点上。在变电所中，消弧线圈一般装在变压器的中性点上，6kV～10kV 消弧线圈也可在调相机的中性点上（1P256）。 如变压器无中性点或中性点未引出，应装设专用接地变压器。其容量应与消弧线圈的容量相配合，并采用相同的定额时间（如 2h），而不是连续时间。接地变压器的特性要求：零序阻抗低、空载阻抗高、损失小。采用曲折形接法的变压器，能满足这些要求（1P257）。	1P256， 1P257 第 7-9 节 "一、" "（一）"

三、消弧线圈补偿容量

名　称	依　据　内　容（DL/T 5222—2005）	出处
消弧线圈补偿容量	$Q = KI_C \dfrac{U_N}{\sqrt{3}}$ Q：补偿容量（kVA）； K：系数，过补偿取 1.35，欠补偿按脱谐度确定； I_C：电网或发电机回路的电容电流（A）； U_N：电网或发电机回路的额定线电压（kV）	式（18.1.4）
	为便于运行调谐，宜选用容量接近于计算值的消弧线圈	18.1.4
	装在电网的变压器中性点的消弧线圈，以及具有直配线的发电机中性点的消弧线圈应采用过补偿方式。 对于采用单元连接的发电机中性点的消弧线圈，为了限制电容耦合传递过电压以及频率变动等对发电机中性点位移电压的影响，宜采用欠补偿方式。 条文说明：无论采用过补偿或欠补偿运行方式，都应根据发电机的容量和电压限制残余电流。对额定电压等级高于 10kV 的大容量发电机，单相接地时通过故障点的电流值应小于 5A。表 17 具体列出了不同容量和电压等级的允许电流值供参考。 表 17 不同容量和电压等级发电机单相接地时流过故障点电流允许值 | 发电机容量（MW）	100 以下	125	200	300 | |---|---|---|---|---|
发电机额定电压（kV）	6～10	13.8	15.75	18～20
单相接地电流允许值（A）	5	3.7	3.3	2.9		18.1.6

四、中性点位移电压及脱谐度

名　称	依　据　内　容（DL/T 5222—2005）	出处
中性点位移电压	$U_0 = \dfrac{U_{bd}}{\sqrt{d^2+v^2}}$ $v = \dfrac{I_C - I_L}{I_C}$ $v + K = 1$ U_0：中性点位移电压（kV）； U_{bd}：消弧线圈投入前电网或发电机回路中性点不对称电压，可取 0.8 相电压； d：阻尼率，一般对（60～110）kV 架空线路取 3%，35kV 及以下架空线路取 5%，电缆线路取 2%～4%； v：脱谐度； K：系数，见式（18.1.4）； I_C：电网或发电机回路的电容电流（A）； I_L：消弧线圈的电感电流（A）	式（18.1.7）
	中性点经消弧线圈接地的电网，在正常情况下，长时间中性点位移电压不应超过额定相电压的 15%，脱谐度一般不大于 10%（绝对值），消弧线圈分接头宜选用 5 个。 中性点经消弧线圈接地的发电机，在正常情况下，长时间中性点位移电压不应超过额定相电压的 10%，考虑到限制传递过电压等因素，脱谐度不宜超过±30%，消弧线圈的分接头应满足脱谐度的要求	18.1.7

五、选择消弧线圈的台数和容量的注意事项

名　称	依据内容（DL/T 5222—2005）	出处
选择消弧线圈的台数和容量的原则	在选择消弧线圈的台数和容量时，应考虑消弧线圈的安装地点，并按下列原则进行： （1）在任何运行方式下，大部分电网不得失去消弧线圈的补偿。不应将多台消弧线圈集中安装在一处，并应避免电网仅装一台消弧线圈。 （2）在发电厂中，发电机电压消弧线圈可装在发电机中性点上，也可装在厂用变压器中性点上。当发电机与变压器为单元连接时，消弧线圈应装在发电机中性点上。在变电站中，消弧线圈宜装在变压器中性点上，6kV~10kV 消弧线圈也可装在调相机的中性点上。 （3）安装在 YNd 接线双绕组或 YNynd 接线三绕组变压器中性点上的消弧线圈的容量，不应超过变压器三相总容量的 50%，并且不得大于三绕组变压器的任一绕组容量。 （4）安装在 YNyn 接线的内铁心式变压器中性点上的消弧线圈容量，不应超过变压器三相绕组总容量的 20%。 消弧线圈不应接于零序磁通经铁心闭路的 YNyn 接线变压器的中性点上（如单相变压器组或外铁型变压器）。 （5）如变压器无中性点或中性点未引出，应装设容量相当的专用接地变压器，接地变压器可与消弧线圈采用相同的额定工作时间	18.1.8

六、电网或发电机回路的电容电流计算

名　称		依　据　内　容		出处
电容电流	架空线路	$I_C=(2.7\sim3.3)U_eL\times10^{-3}$ 2.7：系数，适用于无架空地线的线路； 3.3：系数，适用于有架空地线的线路	L：线路长度（km）； I_C：架空线路的电容电流（A）； U_e：线路的额定线电压（kV）。 同杆双回线路的电容电流为单回路的 1.3 倍~1.6 倍	1P257 式（7-37）
	风电	风力发电场内 35kV 架空线路应全线架设地线		GB 51096—2015 7.13.7-1
	电缆	$I_C=0.1U_eL$	L：线路长度（km）； U_e：线路的额定线电压（kV）	1P257 式（7-38）
	不同截面的电容电流	不同电缆截面的电缆电容电流值见第三章厂用电接线内容。 表 3-3　6kV~10kV 电缆线路的电容电流（A/km） | S（mm²）	U_e（kV） 6	U_e（kV） 10	S（mm²）	U_e（kV） 6	U_e（kV） 10 | |---|---|---|---|---|---| | 10 | 0.33 | 0.46 | 95 | 0.82（0.98）| 1.0 | | 16 | 0.37 | 0.52 | 120 | 0.89（1.15）| 1.1 | | 25 | 0.46 | 0.62 | 150 | 1.1（1.33）| 1.3 | | 35 | 0.52 | 0.69 | 185 | 1.2（1.5）| 1.4 | | 50 | 0.59 | 0.77 | 240 | 1.3（1.7）| — | | 70 | 0.71 | 0.9 | | | | 注：括号内为实测值		1P81 第 3-4 节 "一、""2." "（2）"

续表

名　称		依　据　内　容	出处
电容电流	配电装置增加及发电机	对于配电装置增加的接地电容电流见表 7-54。 表 7-54　配电装置增加的接地电容电流值 | 额定电压（kV）	6	10	15	35	63	110 | |---|---|---|---|---|---|---|
附加值（%）	18	16	15	13	12	10	 注：按补偿一侧的电压等级进行考虑，不是按照变电所电压等级考虑，举例：35kV/10kV 的变电所，按 10kV 母线进行补偿，不是按照 35 的 13%，而是按 16%进行补偿。 发电机电压回路的电容电流应包括发电机、变压器和连接导体的电容电流。当回路装有直配线或电容器时，尚应计及这部分电容电流。对敞开式母线一般取（0.5～1）×10^{-3}A/m。变压器低压线圈的三相对地电容电流一般可按（0.1～0.2）A 估算。	1P257 表 7-54

七、厂用电系统的电容电流计算

1. 厂用电系统电容电流公式汇总

名　称		依　据　内　容		出处
厂用电系统电容电流	高压厂用电	$I_C = \sqrt{3}U_e\omega C \times 10^{-3}$	I_C：单相接地电容电流（A）； U_e：厂用电系统额定线电压（kV）； ω：角频率； f_e：额定频率； C：厂用电系统每相对地电容（μF）。 （若提供三相对地电容需除以 3）	1P65 式（3-1）
		$\omega = 2\pi f_e$		1P65 式（3-2）
		表 3.4.1　高压厂用电系统中性点接地方式及保护动作对象的选择 | 高压厂用电系统接地电容电流	高压厂用电系统中性点接地方式及保护动作对象	| |---|---|---|
$I_C \leqslant 7A$	不接地，保护动作于信号	经高电阻接地，保护动作于信号
$7A < I_C \leqslant 10A$	不接地，保护动作于信号	经低电阻接地，保护动作于跳闸
$I_C > 10A$	经低电阻接地，保护动作于跳闸				DL/T 5153 —2014 表 3.4.1
	6kV 电缆线路	$I_C = \dfrac{95+2.84S}{2200+6S}U_e(A)$	S：电缆截面（mm^2）； U_e：厂用电系统额定线电压（kV）	1P65 式（3-3）
	10kV 电缆线路	$I_C = \dfrac{95+1.44S}{2200+0.23S}U_e(A)$		1P65 式（3-4）
	中性点不接地的网络	$I = \dfrac{U(35L_1+L_j)}{350}(A)$	I：单相接地电容电流（A）； U：网络线电压（kV）； L_1：电缆线路长度（km）； L_j：架空线路长度（km）	1P805 式（15-1）

2. 总结及考点说明

名　称	依　据　内　容	出处
电容电流	根据总结分析那段电流，计算对应的电缆长度，从而计算电容电流。 零序电流：在三相三线电路中，三相电流的相量和等于零，零序电流为零；当发生短路或者故障时，三相不平衡，三相电流的相量和不等于零，所产生的电流即为零序电流。 中性点不接地的接地故障电流：所有回路的电容电流都通过接地点流入，因此这个电流是各个电容电流的总和。	总结
电容电流流向图	（图示） （1）非故障线路 1 保护安装处流过的零序电容电流为 $\sqrt{3}(I_{B1}+I_{C1})$。 （2）电源保护安装处流过的零序电容电流为 $\sqrt{3}(I_{Bg}+I_{Cg})$。 （3）故障线路 2 保护安装处流过的零序电容电流为 $3I_{02}$，仍以母线流向线路为假定正方向，则 $$\sqrt{3}I_{02}=\sqrt{3}[(I_{B2}+I_{C2})-(I_{B1}+I_{C1})-(I_{Bg}+I_{Cg})-(I_{B2}+I_{C2})]$$	示意图
举一反三	（1）健全支路零序电流互感器流过的电流为本支路电缆电容电流。 （2）故障支路零序电流互感器流过的电流为其余健全支路电缆电容电流之和。 （3）电源侧零序电流互感器的电流为互感器安装位置到电源间支路的电容电流。 （4）故障点的电容电流为所有支路电容电流之和。 （5）故障侧电容电流指向母线，健全支路电容电流背离母线	总结

第十章　中性点接地电阻及接地变压器

一、电网系统中性点接地电阻

名称			依据内容（DL/T 5222—2005）		出处
中性点接地方式	高电阻接地方式	额定电压	$U_R \geq 1.05 \times \dfrac{U_N}{\sqrt{3}}$	R：中性点接地电阻值（Ω）； U_N：系统额定线电压（kV）； U_R：电阻额定电压（kV）； I_R：电阻电流（A）； I_C：系统单相对地短路时电容电流（A）； K：单相对地短路时电阻电流与电容电流的比值，一般取 1.1	式（18.2.5-1）
		电阻值	$R = \dfrac{U_N}{I_R\sqrt{3}} \times 10^3 = \dfrac{U_N}{KI_C\sqrt{3}} \times 10^3$		式（18.2.5-2）
		消耗功率	$P_R = \dfrac{U_N}{\sqrt{3}} \times I_R$		式（18.2.5-3）
	单相配电变压器接地	额定电压	电阻的额定电压应不小于变压器的二次侧电压，一般选用 110V 或 220V		18.2.5
		电阻值	$R_{N2} = \dfrac{U_N \times 10^3}{1.1 \times \sqrt{3} I_C n_\varphi^2}$	n_φ：降压变压器一、二次之间的变化	式（18.2.5-4）
		消耗功率	$P_R = I_{R2} \times U_{N2} \times 10^{-3}$ $= \dfrac{U_N \times 10^3}{\sqrt{3} n_\varphi R_{N2}} \times \dfrac{U_N}{\sqrt{3} n_\varphi}$ $= \dfrac{U_N^2}{3 n_\varphi^2 R_{N2}} \times 10^3$ $n_\varphi = \dfrac{U_N \times 10^3}{\sqrt{3} U_{N2}}$	I_{R2}：二次电阻上流过的电流（A）； U_{N2}：单相配电变压器二次电压（V）； R_{N2}：间接接入的电阻值（Ω）	式（18.2.5-5）
	低阻接地方式	额定电压	$U_R \geq 1.05 \times \dfrac{U_N}{\sqrt{3}}$	R_N：中性点接地电阻值（Ω）； U_N：系统线电压（V）[注意公式（18.2.5-2）中的单位为 kV]； I_d：选定的单相接地电流（A）	式（18.2.6-1）
		电阻值	$R_N = \dfrac{U_N}{\sqrt{3} I_d}$		式（18.2.6-2）
		消耗功率	$P_R = I_d \times U_R$		式（18.2.6-3）

二、接地变压器

名称		依据内容（DL/T 5222—2005）		出处
接地变压器	选择	当系统中性点可以引出时宜选用单相接地变压器，系统中性点不能引出时应选用三相变压器。有条件时宜选用干式无激磁调压变压器		18.3.3
	额定电压	$U_{Nb} = U_N$	U_N：发电机或变压器额定一次线电压，kV（注意额定电压比与变比的差别）	式（18.3.4-1）
	电压一致	接于系统母线三相接地变压器额定一次电压应与系统额定电压一致。接地变压器二次电压可根据负载特性确定		18.3.4
	绝缘一致	接地变压器的绝缘水平应与连接系统绝缘水平一致		
	单相接地变额定容量	$S_N \geq \dfrac{1}{K} U_2 I_2 \dfrac{U_N}{\sqrt{3} K n_\varphi} I_2 = \dfrac{U_N}{\sqrt{3} K} I_R$，kVA U_2：接地变压器二次侧电压（kV）（规范上是 U_N，勘误）； I_2：二次电阻电流（A）（注：$I_R = 1.1 I_C = I_2/n_\varphi$）； U_N：单相配电变压器一次电压（V）； K：变压器的过负荷系数（由变压器制造厂提供）		式（18.3.4-2）

续表

名称		依据内容（DL/T 5222—2005）						出处
接地变压器	过负荷能力	条文说明：18.3.1 接地变压器选择的形式以选用干式配电变压器为宜。在确定其容量时，可以按接地保护动作于跳闸的时间，利用变压器的过负荷能力。当无厂家资料时，可取表 18 所列数据。 表 18　干式变压器事故过负荷能力						18.3.1 条文说明 表 18
		过负荷量/额定容量	1.2	1.3	1.4	1.5	1.6	
		过负荷持续时间（min）	60	45	32	18	5	
	三相接地变压器额定容量	三相接地变压器，其额定容量应与消弧线圈或接地电阻容量相匹配。若带有二次绕组还应考虑二次负荷容量						18.3.4
		对 Z 型或 YNd 接地三相接地变压器，若中性点接消弧线圈或电阻，接地变压器容量为：		$S_N \geq Q_x$ $S_N \geq P_r$				式（18.3.4-3）
		对 Y/开口 d 接线接地变压器（三台单相），若中性点接消弧线圈或电阻，接地变压器容量为：		$S_N \geq \dfrac{\sqrt{3}Q_x}{3}$ $S_N \geq \dfrac{\sqrt{3}P_r}{3}$ Q_x：消弧线圈容量； P_r：接地电阻容量				式（18.3.4-4）

三、高压厂用电系统中性点接地电阻

名称		依据内容（DL/T 5153—2014）		出处
高压厂用电系统中性点电阻	次序选取	高压厂用电系统中性点宜按以下次序选取： （1）高压厂用工作变压器负载侧的中性点应优先采用； （2）采用高压厂用电系统供电的低压厂用工作变压器高压侧的中性点，此时要考虑低压厂用工作变压器退出运行的工况，应选用 2 台变压器的中性点。变压器的接线组别可采用 YNyn0，但容量宜大于 100 倍的接地设备容量。 （3）采用专用的三相接地变压器，构成人为的中性点		C.0.1
	电阻器直接接入系统中性点	$R_N = \dfrac{U_e}{\sqrt{3} \cdot I_R}$ 电阻器直接接入系统的中性点。对电阻器要求耐压高、阻值大，但电流小	R_N：直接接入的电阻器阻值（kΩ）； U_e：高压厂用电系统母线的额定线电压（kV）； I_R：接地电阻性电流（A），不宜小于系统的接地电容电流，可按 DL/T 5222—2005《导体和电器选择设计技术规定》第 18.2 节的要求取 1.1 倍接地电容电流。电阻器的绝缘等级应达到高压厂用电系统额定相电压的要求	式（C.0.2-1）
	电阻器经单相变压器变换后接入系统中性点	$R_{N2} = \dfrac{R_N \times 10^3}{n_\varphi^2}$	R_N：系统中性点的等效电阻（kΩ），由式（C.0.2-1）确定； R_{N2}：间接接入的电阻器值（Ω）； n_φ：单相变压器的变化； U_{R2}：单相降压变压器的二次电压（V），宜取 220V； I_{R2}：电阻器中流过的电流（A）； $S_{e\varphi}$：单相降压变压器的容量（kVA）	式（C.0.2-2）
		$I_{R2} = n_\varphi I_R$		式（C.0.2-3）
		$S_{e\varphi} \geq \dfrac{U_e}{\sqrt{3}} I_R$		式（C.0.2-4）
		$n_\varphi = \dfrac{U_e \times 10^3}{\sqrt{3} U_{R2}}$		式（C.0.2-5）
	中性点无法引出	当高压厂用电系统中性点无法引出时，可采用将电阻器接于专用的三相接地变压器，宜采用间接接入方式，见图 C.0.2		C.0.2
		图 C.0.2　电阻器接于三相接地变压器		图 C.0.2

第十章 中性点接地电阻及接地变压器

续表

名称		依据内容（DL/T 5153—2014）	出处
高压厂用电系统中性点电阻	接入电阻	三相接地变压器采用 YNd 接线。一次侧中性点直接接地，二次侧开口三角形中接入电阻器，电阻为 $$r_N = \frac{9R_N \times 10^3}{n^2}$$	式（C.0.2-6）
	电阻电流	$$i_r = \frac{1}{3}nI_R$$	式（C.0.2-7）
	接地变容量	$$S_e \geq \frac{U_e}{\sqrt{3}}I_R$$	（C.0.2-8）（已勘误）
	额定相电压比	$$n = \frac{\sqrt{3}U_e \times 10^3}{U_r} = \frac{\sqrt{3}U_e \times 10^3}{3 \times U_{2\phi}} = \frac{U_e \times 10^3}{\sqrt{3} \times U_{2\phi}} = \frac{U_{1\phi} \times 10^3}{U_{2\phi}}$$ R_N：系统中性点的等效电阻（kΩ），由式（C.0.2-1）确定； r_N：开口三角形中接入的电阻（Ω）； n：三相变压器的额定相电压比； U_r：系统单相金属性接地时开口三角形两端的额定电压（V），为 $3U_{2\phi}$； $U_{2\phi}$：接地变压器二次侧三角形绕组额定相电压（等于线电压），宜取 33.33V； $U_{1\phi}$：接地变压器一次侧星形绕组额定相电压（kV），等于系统标称电压除以 $\sqrt{3}$； i_r：电阻器中流过的电流（A）； S_e：接地变压器额定容量（kVA）。 接地变压器"YN"接线的一次相绕组要按线电压设计	式（C.0.2-9）

第十一章 断路器与隔离开关

一、断路器的有关规定

名　称	依据内容（DL/T 5222—2005）	出处
最高电压	选用电器的最高工作电压不应低于所在系统的系统最高电压值，电压值应按照 GB 156 的规定选取	5.0.1
额定电压电流	断路器的额定电压应不低于系统的最高电压；额定电流应大于运行中可能出现的任何负荷电流	9.2.1
实际开断时间	在校核断路器的断流能力时，宜取断路器实际开断时间（主保护动作时间与断路器分闸时间之和）的短路电流作为校验条件	9.2.2
实际开断时间	在校核断路器的断流能力时，应用开断电流校验。一般宜取断路器实际开断时间（继电保护动作时间与断路器固有分闸时间之和）的短路电流作为校验条件	1P226 第7-2节 "四、""(一)"
开断系数	在中性点直接接地或经小阻抗接地的系统中选择断路器时，首相开断系数应取 1.3；在 110kV 及以下的中性点非直接接地的系统中，则首相开断系数应取 1.5	9.2.3
开断系数	注：开断三相对称电流时，首相开断系数（首开极系数）是指在其他极电流开断之前，首先开断极两端的工频电压与三极都开断后一极或所有极两端的工频电压之比	1P226 第7-2节 "四、""(三)"
耐受电流持续时间	断路器的额定短时耐受电流等于额定短路开断电流，其持续时间额定值在 110kV 及以下的为 4s，在 220kV 及以上的为 2s（条文说明：如需大于 2s，推荐 3s）。对于装有直接过电流脱扣器的断路器不一定规定短路持续时间，如果断路器接到预期开断电流等于其额定短路开断电流的回路中，则当断路器的过电流脱扣器整定到最大时延时，该断路器应能在按照额定操作顺序操作，且在与该延时相应的开断时间内，承载通过的电流	9.2.4
关合	断路器的额定关合电流，不应小于短路电流最大冲击值（第一个大半波电流峰值）	9.2.6
分闸时间	对于 110kV 及以上的系统，当电力系统稳定要求快速切除故障时，应选用分闸时间不大于 0.04s 的断路器；当采用单相重合闸或综合重合闸时，应选用能分相操作的断路器	9.2.7
合闸时间	用于为提高系统动稳定装设的电气制动回路中的断路器，其合闸时间不宜大于（0.04～0.06）s	9.2.10
调峰频繁操作	对担负调峰任务的水电厂、蓄能机组、并联电容器组等需要频繁操作的回路，应选用适合频繁操作的断路器	9.2.9
切合并联补偿电容器组	用于切合并联补偿电容器组的断路器，应校验操作时的过电压倍数，并采取相应的限制过电压措施。（3～10）kV 宜用真空断路器或 SF_6 断路器。容量较小的电容器组，也可使用开断性能优良的少油断路器。35kV 及以上电压等级的电容器组，宜选用 SF_6 断路器或真空断路器	9.2.11
串联电容补偿装置	用于串联电容补偿装置的断路器，其断口电压与补偿装置的容量有关，而对地绝缘则取决于线路的额定电压，220kV 及以上电压等级应根据所需断口数量特殊订货；110kV 及以下电压等级可选用同一电压等级的断路器	9.2.12
开断电流	当系统单相短路电流计算值在一定条件下有可能大于三相短路电流值时，所选择断路器的额定开断电流值应不小于所计算的单相短路电流值	9.2.16

二、断路器两端为互不联系电源时的检验

名称	依据内容（DL/T 5222—2005）	出处
互不联系电源校验	当断路器的两端为互不联系的电源时，设计中应按以下要求校验： （1）断路器断口间的绝缘水平满足另一侧出现工频反相电压的要求； （2）在失步下操作时的开断电流不超过断路器的额定反相开断性能； （3）断路器同极断口间的公称爬电比距与对地公称爬电比距之比一般取为1.15～1.3； （4）当断路器起联络作用时，其断口的公称爬电比距与对地公称爬电比距之比，应选取较大的数值，一般不低于1.2。 当缺乏上述技术参数时，应要求制造部门进行补充试验	9.2.13

三、断路器开断性能的检验

名称	依据内容（DL/T 5222—2005）	出处
开断性能校验	断路器尚应根据其使用条件校验下列开断性能： （1）近区故障条件下的开合性能； （2）异相接地条件下的开合性能； （3）失步条件下的开合性能； （4）小电感电流开合性能； （5）容性电流开合性能； （6）二次侧短路开断性能	9.2.14

四、断路器直流分量的问题

名称	依据内容	出处
断路器直流分量	当断路器安装地点的短路电流直流分量不超过断路器额定短路开断电流幅值的20%时，额定短路开断电流仅由交流分量来表征，不必校验断路器的直流分断能力。如果短路电流直流分量超过20%时，应与制造厂协商，并在技术协议书中明确所要求的直流分量百分数。 （条文说明：短路电流中的直流分量是以断路器的额定短路开断电流值为100%核算的。例如，断路器的额定开断电流为50kA，但断路器安装地点的短路电流值仅能达到30kA，当机构快速动作致使开断电流中的直流分量达到60%时，直流分量值达到 $30\times 0.6\sqrt{2}=18\sqrt{2}$ kA，以50kA核算其直流分量百分数仅为 $18\sqrt{2}/50\sqrt{2}=36\%$，应以36%向制造厂提出技术要求，而不是60%）	DL/T 5222—2005 9.2.5
	对发电机断路器而言，系统直流分量衰减时间常数 τ 可能大于60ms，因此选择发电机出口断路器时必须校验断路器的直流分断能力	DL/T 5222—2005 9.3.6
	额定短路开断电流的直流分量。触头刚分瞬间的直流分量百分数的值由下式计算 $$DC\% = 100\times e^{\frac{-(T_{op}+T_r)}{\tau}}$$ T_{op}：制造厂规定的断路器的最短分闸时间（不能大于产品实测的最短分闸时间）； T_r：继电保护时间，0.5周期，如50Hz为10ms（对于自脱扣断路器，T_r 应设定为0ms）； τ：额定短路电流的直流时间常数（45、60、75ms或120ms）	1P228 式（7-11）
	当主保护装置动作时间与断路器固有分闸时间之和大于0.15s时，可不考虑短路电流非周期分量对断路器分断能力的影响	DL/T 5153—2014 6.1.7

例题：发电机出口发生短路时，由系统侧提供的短路电流周期分量的起始有效值为135kA，系统侧提供的短路电流值大于发电机侧提供的短路电流值。主保护动作时间为10ms，发电机断路器的固有分闸时间为50ms，全分断时间为75ms，系统侧的时间常数 X_{1R} 为50，发电机出口断路器的额定开断电流为160kA。

依据电气一次手册 P226，选固有分闸时间加主保护动作时间，即为 0.05+0.01=0.06。

依据 DL/T 5222—2005 第 F.3.1 条，式（F.3.1-2）直流分量大小：

续表

名　称	依据内容（DL/T 5222—2005）	出处
	$i_{fzt}=-\sqrt{2}I''e-\frac{\omega t}{T_a}=135\times\sqrt{2}\times e-\frac{0.06\times314}{50}=131$ 按开断时间的交流分量有效值进行额定开断电流选择，因此选 160kA，对于直流分量进行校核，直流分量百分数为 $DC(\%)=\frac{131}{160\sqrt{2}}\times100\%=57.8\%$	

五、特殊情况下的开断能力

名　称	依据内容［1P229，第 7-2 节，"四、""（五）"］	出处
额定特性	近区故障的额定特性：对设计用于额定电压 72.5kV 及以上，额定短路开断电流大于 12.5kA，直接与架空输电线路连接的三极断路器，要求具有近区故障性能	1P229
额定失步 开断电流	额定失步开断电流是断路器在标准规定的使用和性能条件下，在具有下述规定的恢复电压的回路中，断路器能够开断的最大失步电流。额定失步开断电流的规定不是强制性的，如果规定有额定失步开断电流，下述内容适用： | 试验项目	中性点接地系统	其他系统 | |---|---|---| | 工频恢复电压 | $2.0/\sqrt{3}$ 倍的额定电压 | $2.5/\sqrt{3}$ 倍的额定电压 | | 额定失步开断电流 | 为额定短路开断电流的 25% || | 额定失步关合电流 | 为额定失步开断电流的峰值 ||	1P229
额定容性开合电流	容性开合电流可能包含了断路器的部分或全部操作职能，例如空载架空输电线路或电缆的充电电流、并联电容器的负载电流。适用时，用于容性电流开合的断路器，其额定值应包括： （1）额定线路充电开断电流； （2）额定电缆充电开断电流； （3）额定单个电容器组开断电流； （4）额定背对背电容器组开断电流； （5）额定单个电容器组关合涌流； （6）额定背对背电容器组关合涌流	1P229
小电感开断电流	在某些工程条件下或用户要求下，应对断路器额定小电感开断性能提出要求，一般以在开断小电感电流（如空载变压器励磁电流、感应电动机空载电流、并联电抗器额定负载电流等）情况下不产生危险的过电压为原则，规定断路器的励磁电流和小电感电流开合试验要求	1P230
异相接地开合	对中性点直接接地系统使用的断路器应提出异相接地故障开断性能要求。一般应规定断路器异相接地故障的试验：试验电流值为额定短路电流的 86.6%，试验电压为额定电压，操作顺序为"O—0.3s—CO—180s—CO"	1P231
二次短路	二次侧短路开断是指，在一个降压变压器高压侧设置的断路器应能开断其低压侧的短路故障（当低压侧的断路器拒动时）	1P231

六、关于降低断路器操作过电压的几个问题

名　称	依据内容（1P231，第 7-2 节，"五、"）	出处
并联电阻	为限制过电压而需要在断路器的断口间装设并联电阻时，其装设原则见表 7-15。 表 7-15　断路器的并联电阻 | 类别 | 作用 | 常用阻值 | 试用范围 | |---|---|---|---| | 分闸电阻 | 降低恢复电压的起始陡度和幅值，增大开断能力 | <1kΩ① | 各种电压等级的断路器，发电机专用断路器 |	1P231 表 7-15

第十一章 断路器与隔离开关

续表

名　　称	依据内容（1P231，第 7-2 节，"五、"）	出处
并联电阻	<table><tr><td>类别</td><td>作用</td><td>常用阻值</td><td>试用范围</td></tr><tr><td rowspan="3">分闸电阻</td><td>开断空载长线时，释放线路残余电荷</td><td>几千欧</td><td>220kV 及以上电压等级线路断路器</td></tr><tr><td>限制开断小电感电流时产生的操作过电压</td><td>开断并联电抗器几百欧～几千欧；开断空载变压器几千欧～几万欧</td><td>220kV 及以上电压等级断路器</td></tr><tr><td>断口均压</td><td>>10kΩ①</td><td>多断口高压断路器</td></tr><tr><td>合闸电阻</td><td>限制合闸和重合闸过电压</td><td>200Ω～1000Ω②</td><td>330kV 及以上电压等级断路器</td></tr></table>① 一般由制造部门考虑； ② 最佳合闸电阻值视工程具体条件确定，一般取 1.5 倍～2 倍波阻抗	1P231 表 7-15
开断空载线路	空载线路开断时，如断路器发生重击穿，将产生操作过电压。因此： （1）对 252kV 及以上电压等级线路断路器，应要求在电源对地电压为 1.3p.u.（标幺值）条件下开断空载线路不发生重击穿。 （2）对 252kV 以下电压等级断路器，开断空载架空线路宜采用不重击穿的断路器，开断电缆线路应采用不重击穿的断路器	1P231
开断并联电容器组	操作并联电容器补偿装置，应采用开断时不重击穿的断路器。开断电容器组的参考容量见表 7-16。 表 7-16　开断电容器组的参考容量 <table><tr><td>额定电压（kV）</td><td>额定开断电容电流（A）</td><td>开断电容器组的参考容量（kvar）</td></tr><tr><td>10</td><td>870</td><td>1000～10000</td></tr><tr><td>35</td><td>750</td><td>5000～30000</td></tr><tr><td>63</td><td>560</td><td>10000～40000</td></tr></table>	1P231
切合小电感电流	切合小电感电流包括切合空载变压器励磁电流、感应电动机的空载电流、并联电抗器的额定负载电流等。由于现代断路器开断能力强，灭弧性能好，容易产生截流过电压，因此应对断路器额定小电感开断性能提出要求。以规定的小电感电流下断路器开断时不产生危险的过电压为原则	1P232

七、断路器接线端子的机械荷载

名　　称	依　据　内　容	出处
要求	选择断路器接线端子的机械荷载，应满足正常运行和短路情况下的要求，一般情况下断路器接线端子的机械荷载不应大于表 7-17 所列数值	1P232
断路器接线端子允许的静态机械荷载	表 7-17　断路器接线端子允许的静态机械荷载 <table><tr><td rowspan="2">额定电压范围（kV）</td><td rowspan="2">额定电流范围（A）</td><td colspan="2">静态水平拉力（N）</td><td rowspan="2">静态垂直力（N）（垂直轴向上或向下）</td></tr><tr><td>纵向</td><td>横向</td></tr><tr><td rowspan="2">40.5～72.5</td><td>800～1250</td><td>750</td><td>400</td><td>500</td></tr><tr><td>1600～2500</td><td>750</td><td>500</td><td>750</td></tr><tr><td rowspan="2">126</td><td>1250～2000</td><td>1000</td><td>750</td><td>750</td></tr><tr><td>2500～4000</td><td>1250</td><td>750</td><td>1000</td></tr></table>	1P232 表 7-17

续表

名称	依据内容					出处
断路器接线端子允许的静态机械荷载	额定电压范围（kV）	额定电流范围（A）	静态水平拉力（N）		静态垂直力（N）（垂直轴向上或向下）	1P232 表7-17
			纵向	横向		
	252～363	1600～4000	1500	1000	1250	
	550～800	2000～4000	2000	1500	1500	
	1100	4000～8000	4000	400	2500	
	注：1. 当机械荷载计算值大于表7-17所列数值时，应与制造厂商定。 2. 引自 DL/T 402—2016《高压交流断路器》表14					

八、发电机断路器的有关规定

名称	依据内容（DL/T 5222—2005）	出处
选型	发电机断路器灭弧及绝缘介质可以选用 SF_6、压缩空气或真空，也可以选用少油式	9.3.1
负序电流影响	为减轻因发电机断路器三相不同期合、分而产生负序电流对发电机的影响，发电机断路器宜选用机械三相联动操作机构	9.3.2
合、分闸时间	发电机断路器三相不同期合闸时间应不大于 10ms，不同期分闸时间应不大于 5ms	9.3.3
安装位置环境	发电机断路器可以根据工程具体情况选用卧式或立式布置；安装位置不应存在有害烟雾、水蒸气、盐雾及细菌生长；为减轻发电机断路器异常热应力对断路器套管、基础及母线的影响，宜在断路器与母线连接处增加软连接装置	9.3.4
持续电流，温度极限	在不同的环境和负荷条件下，发电机断路器应能承载发电机最大连续容量时的持续电流，且各部位温度极限不超过规定值。对装有强制冷却装置断路器，当断路器强制冷却系统故障时必须考虑发电机减出力，并校核负荷电流降低速率，允许电流值和允许时间	9.3.5
直流分断能力	在校核发电机断路器开断能力时，应分别校核系统源和发电源在主弧触头分离时对称短路电流值、非对称短路电流值及非对称短路电流的直流分量值；在校核系统源对短路电流时应考虑厂用高压电动机的影响。 对发电机断路器而言，系统直流分量衰减时间常数 τ 可能大于 60ms，因此选择发电机出口断路器必须校验断路器的直流分断能力	9.3.6
失步开断能力	发电机断路器应具有失步开断能力，其额定失步开断电流应为额定短路开断电流的 25%或 50%；应校核各种失步状态下的电流值，必要时采取适当的措施（如装设电流闭锁装置）以保证发电机断路器开断时的电流不超过额定失步开断电流；全反相条件下的开断可以不作为发电机断路器的失步开断校核条件	9.3.7
首相开断系数	发电机断路器开断短路电流、负荷电流及失步电流时，暂态恢复电压应满足相应标准规定，首相开断系数和幅值系数可取 1.5	9.3.8
监测装置	如发电机断路器在某些情况下兼起隔离开关的作用，应设置观察窗，以便监视断口的状态。大容量发电机断路器应具有内部空气温度的监测装置，反映断路器分、合闸位置是否正常的监测装置	9.3.9

九、隔离开关的有关规定

名称	依据内容（DL/T 5222—2005）	出处
综合比较	对隔离开关的型式选择应根据配电装置的布置特点和使用要求等因素，进行综合技术经济比较后确定	11.0.3

第十一章 断路器与隔离开关

续表

名　称	依据内容（DL/T 5222—2005）	出处
裕度	隔离开关应根据负荷条件和故障条件所要求的各个额定值来选择，并应留有适当裕度，以满足电力系统未来发展的要求	11.0.4
无过电流能力	隔离开关没有规定承受持续过电流的能力，当回路中有可能出现经常性断续过电流的情况时，应与制造厂协商	11.0.5
动、热稳定性的试验	当安装的 63kV 及以下隔离开关的相间距离小于产品规定的最小相间距离时，应要求制造厂根据使用条件进行动、热稳定性试验。原则上应进行三相试验，当试验条件不具备时，允许进行单相试验	11.0.6
安全净距 B_1	单柱垂直开启式隔离开关在分闸状态下，动静触头间的最小电气距离不应小于配电装置的最小安全净距 B_1 值。（DL/T 5352—2018 第 4.3.3 条与本条款一样） 条文说明：但某些制造厂生产的老型号产品不能满足此要求（如 220kV 大剪刀式隔离开关），在设计选型时应注意	11.0.7
宜配接地开关	为保证检修安全，63kV 及以上断路器两侧的隔离开关和线路隔离开关的线路侧宜配置接地开关。隔离开关的接地开关，应根据其安装处的短路电流进行动、热稳定校验	11.0.8

十、隔离开关切合电感、电容性小电流的能力

名　称	依　据　内　容	出处
切合电感、电容性小电流的能力	选用的隔离开关应具有切合电感、电容性小电流的能力，应使电压互感器、避雷器、空载母线、励磁电流不超过 2A 的空载变压器及电容电流不超过 5A 的空载线路等。 隔离开关尚应能可靠切断断路器的旁路电流及母线环流。 条文说明：对一般的隔离开关的开断电流为 $0.8I_n$（I_n 为产品的额定电流），开合次数 100 次，开合电压为： 	电压等级	10kV 级产品	35kV～110kV 级产品	220kV 级以上产品
---	---	---	---
开合电压（V）	50	100	300、400		DL/T 5222—2005 11.0.9
开合电容电流和电感电流能力	隔离开关开合电容电流和电感电流能力的额定值见表 7-23。 表 7-23　隔离开关开合电容电流和电感电流能力的额定值（已勘误） 	额定电压（kV）	电容电流（A）	电感电流（A）
7.2、12	4.0	2
24、40.5	3.0	2
72.5	3.0	1
126	0.5	1.0
252	0.5	1.0
363	0.5	1.0
500～1100	1.0	2.0	 注：部分引自 GB 1985—2014《高压交流隔离开关和接地开关》4.108 和 4.109	1P238 表 7-23

十一、屋外隔离开关接线端的机械荷载

名　称	依据内容（DL/T 5222—2005）	出处
屋外隔离开关接线端的机械荷载	屋外隔离开关接线端的机械荷载不应大于表 11.0.10 所列数值。机械荷载应考虑母线（或引下线）的自重、张力、风力和冰雪等施加于接线端的最大水平静拉力。当引下线采用软导线时，接线端机械荷载中不需再计入	11.0.10

续表

名　　称	依据内容（DL/T 5222—2005）					出处
屋外隔离开关接线端的机械荷载	短路电流产生的电动力。但对采用硬导体或扩径空心导线的设备间连线，则应考虑短路电动力。 表 11.0.10　屋外隔离开关接线端允许的机械荷载					11.0.10

表 11.0.10　屋外隔离开关接线端允许的机械荷载

额定电压（kV）		额定电流（A）	水平拉力（N）		垂直力（向上、下）（N）
			纵向	横向	
12			500	250	300
40.5~72.5		≤1250	750 750	400 500	500 750
126		≤2000	1000 1250	750 750	750 1000
252~363	单柱式	1250~3150	2000	1500	1000
	多柱式	1250~3150	1500	1000	1000
550	单柱式	2500~4000	3000	2000	1500
	多柱式	2500~4000	2000	1500	1500

注：1. 如果机械荷载计算值超过本表规定值时，应和制造厂协商另定。
　　2. 安全系数：静态不小于 3.5，动态不小于 1.7

第十二章 高压熔断器与高压负荷开关

一、高压熔断器的有关规定

名　　称	依据内容（DL/T 5222—2005）	出处
最高工作电压	选用电器的最高工作电压不应低于所在系统的系统最高电压值，电压值应按照 GB 156 的规定选取	5.0.1
额定开断电流	高压熔断器的额定开断电流应大于回路中可能出现的最大预期短路电流周期分量有效值	17.0.3
限流式熔断器	限流式高压熔断器不宜使用在工作电压低于其额定电压的电网中，以免因过电压而使电网中的电器损坏	17.0.4
额定电流	高压熔断器熔管的额定电流应大于或等于熔体的额定电流。熔体的额定电流应按高压熔断器的保护熔断特性选择	17.0.5
熔体选择配合	选择熔体时，应保证前后两极熔断器之间，熔断器与电源侧继电保护之间，以及熔断器与负荷侧继电保护之间动作的选择性。 高压熔断器熔体在满足可靠性和下一段保护选择性的前提下，当在本段保护范围内发生短路时，应能在最短的时间内切断故障，以防止熔断时间过长而加剧被保护电器的损坏	17.0.6
全电流	跌落式熔断器的断流容量应分别按上、下限值校验，开断电流应以短路全电流校验	17.0.13
计算时间	校验跌落式高压熔断器开断能力和灵敏性时，不对称短路分断电流计算时间应取 0.01s	5.0.12
限流电阻措施	除保护防雷用电容器的熔断器外，当高压熔断器的断流容量不能满足被保护电路短路容量要求时，可采用在被保护回路中装设限流电阻等措施来限制短路电流	17.0.14

二、变压器回路熔断器

名　　称	依据内容	出处
变压器回路熔断器	变压器回路熔断器的选择应符合下列规定： （1）熔断器应能承受变压器的容许过负荷电流及低压侧电动机成组起动所产生的过电流。 （2）变压器突然投入时的励磁涌流不应损伤熔断器，变压器的励磁涌流通过熔断器产生的热效应可按 10 倍～20 倍的变压器满载电流持续 0.1s 计算，当需要时可按 20 倍～25 倍的变压器满载电流持续 0.01s 校验。 （3）熔断器对变压器低压侧的短路故障进行保护，熔断器的最小开断电流应低于预期短路电流	DL/T 5222—2005 17.0.10
	对于 35kV 及以下电力变压器的高压熔断器熔体的额定电流 I_{nR} 可按下式选择 $$I_{nR}=KI_{bgm}$$ K：系数，当不考虑电动机自起动时，可取 1.1～1.3，当考虑电动机自起动时，可取 1.5～2.0； I_{bgm}：电力变压器回路最大工作电流（A）。 其中 I_{bgm} 依据旧 1P232 表 6-3 或 DL/T 5155—2016 附录 D 式（D.0.1） $$I_{bgm} = I_g = 1.05\frac{S_e}{\sqrt{3}U_e}$$	旧 1P246 式（6-6）

三、保护电压互感器的熔断器

名　称	依据内容（DL/T 5222—2005）	出处
保护 TV 的熔断器	保护电压互感器的熔断器，只需按额定电压和开断电流选择	17.0.8

四、电动机回路的熔断器

名　称	依据内容（DL/T 5222—2005）	出处
电动机回路熔断器	电动机回路熔断器的选择应符合下列规定： （1）熔断器应能安全通过电动机的容许过负荷电流。 （2）电动机的起动电流不应损伤熔断器。 （3）电动机在频繁地投入、开断或反转时，其反复变化的电流不应损伤熔断器。	17.0.11

五、电容器的熔断器

名　称	依据内容（GB 50227—2017）	出处
选型	用于单台电容器保护的外熔断器选型时，应采用电容器专用熔断器	5.4.1
额定电流	用于单台电容器保护的外熔断器的熔丝额定电流，应按电容器额定电流的 1.37 倍～1.50 倍选择	5.4.2

六、厂用高压熔断器串真空接触器的选择

名　称	依据内容（DL/T 5153—2014）	出处
高压熔断器串真空接触器选择原则	高压熔断器串真空接触器的选择宜遵守以下原则： （1）高压熔断器应根据被保护设备的特性选择专用的高压限流型熔断器。高压限流熔断器不宜并联使用，也不宜降压使用。 （2）高压熔断器的额定开断电流应大于回路中最大预期短路电流周期分量有效值。 （3）在架空线路和变压器架空线路组回路中，不宜采用高压熔断器串真空接触器作为保护和操作设备。 （4）真空接触器应能承受和关合限流熔断器的切断电流。 （5）应根据高压厂用电不同的电压等级、供电回路性质及回路工作电流合理划分高压熔断器串真空接触器组合的使用范围	6.2.4

七、高压负荷开关

名　称	依据内容（DL/T 5222—2005）	出处
最高工作电压	选用电器的最高工作电压不应低于所在系统的系统最高电压值，电压值应按照 GB 156 的规定选取	5.0.1
组合使用	当负荷开关与熔断器组合使用时，负荷开关应能关合组合电器中可能配用熔断器的最大截止电流	10.2.1
组合使用	当负荷开关与熔断器组合使用时，负荷开关的开断电流应大于转移电流和交接电流	10.2.2
开断能力	负荷开关的有功负荷开断能力和闭环电流开断能力应不小于回路的额定电流	10.2.3
切合电感电容性小电流能力	选用的负荷开关应具有切合电感、电容性小电流的能力。应能开断不超过 10A [（3～35）kV]、25A（63kV）的电缆电容电流或限定长度的架空线充电电流，以及开断 1250kVA [（3～35）kV]、5600kVA（63kV）配电变压器的空载电流	10.2.4
开断电流	当开断电流超过 10.2.4 条的限额或开断其电容电流为额定电流 80% 以上的电容器组时，应与制造部门协商，选用专用的负荷开关	10.2.5

第十三章　电流互感器与电压互感器

一、电流互感器

1. 电流互感器配置

（1）总的配置要求。

电流互感器安装位置及作用	配 置 规 定	出处
凡装有断路器的回路	均装设电流互感器，其数量应满足测量仪表、继电保护和自动装置要求	DL/T 866—2016 3.4.1 1P45 第 2-6 节 "四、"
在未装设断路器的下列地点	发电机的中性点侧和出线侧、变压器和电抗器的中性点和高压侧、桥形接线的跨条上等，也应装设电流互感器	1P45 第 2-6 节 "四、"
对直接接地系统	宜按三相配置	DL/T 5136—2012 5.4.2
对非直接接地系统	依具体要求按两相或三相配置	DL/T 866—2015 3.4.4
一台半接线中	电流互感器随断路器间隔对应装设，电流互感器装设在断路器与隔离开关之间。当电压等级为 220kV 及以上时，各断路器间隔电流互感器宜配置至少 5 组保护级和 2 组测量（计量）级绕组	1P46 第 2-6 节
一台半接线中	对独立式电流互感器，每串宜配置三组	DL/T 5136—2012 5.4.2 DL/T 866—2015 3.4.3
发电机-变压器—线路单元接线	应在线路侧装设电流互感器，宜装设在线路断路器靠变压器侧；当电压等级为 220kV 及以上时，电流互感器宜配置至少 5 组保护级和 2 组测量（计量）级绕组	1P46 第 2-6 节 "四、"
保护用电流互感器	应避免出现主保护的死区，电流互感器二次绕组分配应避免当一套保护停用时，出现被保护区内的故障的保护动作死区	DL/T 866—2015 3.4.2
用于自动调整励磁装置 AVR 时	应布置在发电机定子绕组的出线侧。电流互感器二次绕组的数量应满足励磁系统双通道的要求	DL/T 5136—2015 5.4.2
继电保护和测量仪表	宜接到互感器不同的二次绕组，若受条件限制须共用一个二次绕组时，其性能应同时满足测量和继电保护的要求，接线方式应避免仪表校验时影响继电保护工作	DL/T 866—2015 3.4.5
双重化的两套保护	应使用不同二次绕组	DL/T 866—2015 3.4.6
每套保护的主保护和后备保护	应共用一个二次绕组	DL/T 866—2015 3.4.6
电流互感器二次回路	不宜进行切换，当需要时，应采取防止开路的措施	DL/T 866—2015 3.4.7

(2) 发电机变压器组电流互感器绕组数量级准确级配置。

名称	依据内容（DL/T 866—2015，6.2.7）	
电厂容量及类型	发电机/变压器回路中性点侧	发电机/变压器回路出线侧
300MW 及以上	宜 2 组 TPY、1 组 5P、1 组 0.2 或 0.2S	宜 2 组 TPY、2 组 0.2 或 0.2S
100MW～200MW	宜 3 组 5P、1 组 0.2 或 0.2S	宜 2 组 5P（也可 5PR）、2 组 0.2 或 0.2S
100MW 及以下	宜 2 组 5P、1 组 0.5	宜 2 组 5P、1 组 0.5S
100MW 及以下直接接母线发电机	定子绕组单相接地电流大于允许值，发电机机端应装 1 组 10P 零序电流电流互感器	
装设了横差保护	应 1 组～2 组 5P 绕组	—
发电机中性点经消弧线圈或经配电变压器电阻接地	宜 2 组 0.5 级绕组	—
有发电机断路器、保护用 TPY	—	发电机与变压器之间宜再配置 2 组失灵保护 5P 绕组
主变压器高压侧套管	—	宜 2 组 5P，1 组 0.2
主变压器进线需要设置短引线差动保护	—	宜 2 组 5P，1 组 0.2 还应增加 2 组 5P 或 TPY
110kV 以上主变压器高压侧中性点电流互感器	宜 2 组～3 组保护用绕组 中性点间隙宜 2 组保护用绕组	
高压厂用变压器高压侧	零序电流互感器宜配置 2 组～3 组保护用绕组	宜 2 组 5P，1 组 0.5S，2 组 5P 或 TPY
励磁变压器高压侧套管电流互感器	—	宜 2 组 5P，1 组 0.5S

(3) 110（66）kV～1000kV 系统电流互感器绕组数量级准确级配置。

名称		依据内容（DL/T 866—2015）		出处
电压等级及设备类型		母线侧设备间隔	进（出）线间隔	
110（66）kV		宜 1 组 0.5、5P（未配置母线保护）	进（出）线为计量点时，宜 1 组 0.5、5P，应再配置 1 组 0.2S	
		宜 1 组 0.5、5P，应再配置 1 组 5P（配置母线保护）		
220kV		宜 3 组 5P、1 组 0.5S	宜 4 组 5P、1 组 0.5	
		分段间隔电流互感器宜至少 3 组 5P、1 组 0.5	进（出）线为计量点时，宜 4 组 5P、1 组 0.5，应再配置 1 组 0.2S	
330kV 系统（双母线或双母双分段接线）		宜 3 组 5P、1 组 0.5、1 组 0.5	宜 2 组 TPY、2 组 5P、1 组 0.5	
		分段间隔电流互感器宜至少 3 组 5P、1 组 0.5	进（出）线为计量点时，宜 4 组 5P、1 组 0.5，应再配置 1 组 0.2S	
330kV 系统（3/2 接线）	母线侧电流互感器	宜 2 组 TPY、3 组 5P、1 组 0.5	进（出）线为计量点时，宜 2 组 TPY、3 组 5P、1 组 0.5、1 组 0.2S	7.2.8
	中间电流互感器	宜 4 组 TPY、1 组 5P、2 组 0.5	进（出）线为计量点时，宜 4 组 TPY、1 组 5P、2 组 0.5、2 组 0.2S	
	分段间隔	电流互感器宜至少 3 组 5P		
500kV～1000kV 系统（3/2 接线）	母线侧电流互感器	宜 4 组 TPY、1 组 5P、2 组 0.5	进（出）线为计量点时，宜 4 组 TPY、1 组 5P、1 组 0.5、1 组 0.2S	
	中间电流互感器	宜 4 组 TPY、1 组 5P、2 组 0.5	进（出）线为计量点时，宜 4 组 TPY、1 组 5P、2 组 0.5、2 组 0.2S	
	分段间隔	电流互感器宜至少 4 组 TPY、1 组 5P		

续表

名称		依据内容（DL/T 866—2015）		出处
主变压器中性点	110kV	宜 1 组~2 组 5P 绕组		7.2.8
	220kV	宜 2 组 5P 绕组		
	330kV~750kV	宜 2 组 TPY 绕组		
	1000kV	宜 4 组 TPY 绕组		
高压并联电抗器		宜 2 组 5P，1 组 0.2，设中性点小电抗时，中性点可配置 1 组 0.5		
110（66）kV~1000kV 装设录波装置		有条件时可独立配 1 组 5P 或 TPY		

（4）3kV~35kV 系统电流互感器绕组数量级准确级配置。

名称		依据内容（DL/T 866—2015）		出处
3kV~35kV	线路间隔	宜 1 组 0.5、1 组 10P	为计量点时，宜 1 组 0.5、1 组 10P、1 组 0.2S	8.2.6
	无功补偿设备	宜 1 组 0.5、1 组 10P	配母线保护时，宜 1 组 0.5、2 组 10P	
	母联间隔	宜 1 组 0.5、1 组 10P	配母线保护时，宜 1 组 0.5、2 组 10P	
	分段间隔	宜 1 组 0.5、1 组 10P	配母线保护时，宜 1 组 0.5、3 组 10P	
10kV~35kV	消弧线圈接地	电流互感器宜布置在消弧线圈与地之间		
	小电阻接地	电流互感器可根据需要，布置在电阻器和地之间或者接在中性点和电阻器之间		
3kV~10kV	高压厂用变压器、启动备用变压器	进线电流互感器宜 1 组 0.5、3 组 5P		
发电厂		高压厂用系统馈线，宜 1 组 0.5、1 组 10P		
		2MW 及以上电动机装设差动保护时，宜在电动机中性点配 1 组 10P		

（5）1kV 及以下系统电流互感器绕组数量级准确级配置。

名称	依据内容（DL/T 866—2015）	出处
发电厂低压厂用电源各分支回路	宜 1 组 0.5	9.2.5
2MVA 及以上低压厂用变压器低压侧各分支回路	宜 1 组 10P	
中性点直接接地系统低压变压器中性点	宜 1 个 10P 零序电流互感器	
低压母线分段断路器、每个 PC 至 MCC 电源回路	应 1 组 0.5，需外加保护时，应 1 组 0.5，宜再加 1 组 10P	
中性点直接接地系统的每个 PC 至 MCC 电源回路	可采用零序电流滤过器方式或再配 1 个 10P 电缆型电流互感器	
每个 55kW 及以上电动机以及 55kW 以下保安电动机回路	宜 1 组 0.5	
中性点直接接地系统的 100kW 及以上电动机或相间短路保护灵敏度不满足要求的 55kW 及以上电动机	可采用零序电流滤过器方式或再配 1 个 10P 电缆型电流互感器	
高电阻接地的发电厂低压厂用电系统，低压用电动机及其他馈线回路宜根据小电流接地检测装置要求配置零序电流互感器		

2. 电流互感器的选型与选择

（1）DL/T 5222—2005 汇总。

名　称	依据内容（DL/T 5222—2005）		出处
电流互感器形式	3kV～35kV 屋内配电装置	宜选用树脂浇注绝缘结构	15.0.3-1
	35kV 及以上配电装置	宜采用油浸瓷箱式、树脂浇注式、SF$_6$ 气体绝缘结构或光纤式的独立式电流互感器	15.0.3-2
保护用电流互感器	330kV、500kV 系统及大型发电厂的保护用电流互感器	应考虑短路暂态的影响，宜选用具有暂态特性的 TP 类互感器。 某些保护装置本身具有克服电流互感器暂态饱和影响的能力，则可按保护装置具体要求选择适当的 P 类电流互感器	15.0.4-1
	对 220kV 及以下系统	可采用 P 类电流互感器。 对某些重要回路可适当提高所选互感器的准确值系数或饱和电压，以减缓暂态影响	15.0.4-2
测量用电流互感器	选择测量用电流互感器	应根据电力系统测量和计量系统的实际需要合理选择互感器的类型	15.0.5
	要求在较大工作电流范围内做准确测量时	可选用 S 类电流互感器	15.0.5
	为保证二次电流在合适的范围	可采用复变比或二次绕组带抽头的电流互感器	15.0.5
	电能计量用仪表与一般测量仪表在满足准确级条件下	可共用一个二次绕组	15.0.5

（2）DL/T 866—2015 汇总。

名　称	依据内容（DL/T 866—2015）		出处
TPX TPY/TPZ	T：表示考虑暂态特性，P 表示保护。 PR：对剩磁有要求，220kV 对剩磁有要求推荐用 PR。 TPX：低漏磁型，适用于对断路器复归时间要求严格的断路器失灵保护电流检测元件，时间常数大，不用于线路重合闸。 TPY：二次回路电流值高持续时间长，不宜用于断路器失灵保护（判断电流是否返回，常用 P 级，电流衰减快）。 TPZ：铁心气隙大，剩磁几乎为 0，严重饱和后衰减的最初阶段（继电器返回时）二次电流比 TPY 保持更高数值，不宜用于主保护和断路器失灵保护。 发电机和变压器主回路、220kV 及以上电压线路宜采用 5P、5PR 电流互感器（5.4.1-4）		5.2
	同一组差动保护不应同时使用 P 级和 TP 级电流互感器		5.2.1
	剩磁系数： 对剩磁有要求选择 PR 级、TPY、TPZ，K_R≤10%； 对剩磁无要求选择 TPX，K_R 无限值		5.4.3
发电机-变压器组	300MW～1000MW 发电机-变压器组差动保护	宜 TPY	6.1.3
	100MW～200MW 发电机-变压器组差动保护	宜 P，可 PR	6.1.4
	100MW 以下	宜 P	6.1.5
	主变压器高压侧中性点直接接地，中性点零序电流保护电流互感器	宜 P	6.1.6

续表

名 称	依据内容（DL/T 866—2015）		出处
发电机-变压器组	高压厂用变压器差动保护电流互感器	宜 P 或 PR	6.1.7
	发电机正向低功率、逆功率保护电流互感器（电流小）	测量级电流互感器	6.1.8
电力系统	330kV～1000kV 线路保护用电流互感器； 500kV～1000kV 母线保护； 高压侧为 330kV～1000kV 的主变压器、联络变压器、调压补偿变压器各侧	宜 TPY	7.1.2
	发电厂启动备用变压器差动保护各侧； 110（66）kV～220kV 保护用电流互感器	宜 P、PR	7.1.4 7.1.5
	110（66）kV～330kV 系统； 3kV～35kV 保护电流互感器； 断路器失灵保护电流互感器； 高压电抗器保护电流互感器； 110（66）kV～220kV 变压器中性点零序电流保护电流互感器	宜 P	7.1.6 8.1.3 7.1.7 7.1.8 7.1.9

3. 电流互感器额定一次电流选择

名 称	电流互感器安装位置及作用	额定一次电流	出处
测量用电流互感器	电流互感器用于测量时	其一次额定电流应接近但不低于一次回路中正常最大负荷电流。对于指示仪表，为使仪表在正常运行和过负荷运行时能有适当指示，电流互感器额定一次电流不宜小于 1.25 倍一次设备的额定电流或线路最大负荷电流	1P242 第 7-4 节 "四、"
电力变压器	电力变压器中性点电流互感器	应大于变压器允许的不平衡电流，一般可按变压器额定电流的 30% 选择	DL/T 5222 —2005 15.0.6
	装在放电间隙回路电流互感器	电流互感器的一次额定电流可按 100A 选择	DL/T 5222 —2005 15.0.6
自耦变压器	零序差动保护用电流互感器	其各侧变比均应一致，一般按中压侧的额定电流选择	DL/T 5222 —2005 15.0.7
	公共绕组上作过负荷保护和测量用电流互感器	应按公共绕组的允许负荷电流选择	DL/T 5222 —2005 15.0.8
中性点的零序电流互感器	中性点的零序电流互感器	（1）对中性点非直接接地系统，由二次电流及保护灵敏度确定一次回路起动电流。 对中性点直接接地或经电阻接地系统，由接地电流和电流互感器准确限值系数确定电流互感器额定一次电流，由二次负载和电流互感器的容量确定二次额定电流。 （2）按电缆根数及外径选择电缆式零序电流互感器窗口直径。 （3）按一次额定电流选择母线式零序电流互感器母线截面	DL/T 5222 —2005 15.0.9
母线式电流互感器	选择母线式电流互感器	尚应校核窗口允许穿过的母线尺寸	DL/T 5222 —2005 15.0.10

续表

名　称	电流互感器安装位置及作用	额定一次电流	出处
发电机横联差动保护用电流互感器	发电机横联差动保护用电流互感器	（1）安装于各绕组出口处时，宜按定子绕组每个支路的电流选择。 （2）安装于中性点连接线上时，按发电机允许的最大不平衡电流选择，可取发电机额定电流20%~30%	DL/T 5222—2005 15.0.11
指针式测量仪表测量范围	指针式测量仪表测量范围的选择	宜保证电力设备额定值指示在仪表标度尺的2/3处。 有可能过负荷运行的电力设备和回路，测量仪表宜选用过负荷仪表	GB/T 50063—2017 3.1.5
电流互感器额定一次电流	电流互感器额定一次电流	宜满足正常运行的实际负荷电流达到额定值60%，且不应小于30%（S级为20%）要求，也可选用较小变比或二次绕组带抽头的电流互感器	GB/T 50063—2017 7.1.5
电流互感器	选择原则	根据一次设备额定电流或最大工作电流选择，额定一次电流标准值：10A、12.5A、15A、20A、25A、30A、40A、50A、60A、75A以及它们的十进位倍数或小数	DL/T 866—2015 3.2.2
电流互感器	选择原则	电流互感器额定连续热电流、额定短时热电流和额定动稳定电流应能满足所在一次回路最大负荷电流和短路电流的要求，并应考虑系统的发展情况	DL/T 866—2015 3.2.3
电流互感器	选择原则	应使得在额定电流比条件下的二次电流满足该回路测量仪表和保护装置准确性要求	DL/T 866—2015 3.2.5
测量用电流互感器	测量用电流互感器	应接近但不低于一次回路正常最大负荷电流	DL/T 866—2015 4.2.2
测量用电流互感器	指示仪表	不宜小于1.25倍设备额定电流或线路最大负荷电流	DL/T 866—2015 4.2.2
测量用电流互感器	对于直接起动电动机的测量仪表用电流互感器	不宜小于1.5倍电动机额定电流	DL/T 866—2015 4.2.2
保护用电流互感器	变压器差动保护用电流互感器	宜使各侧电流互感器的二次电流基本平衡	DL/T 866—2015 5.3.1-1
保护用电流互感器	大型发电机高压厂用变压器保护用电流互感器	应使电流互感器二次电流在正常和短路情况下，满足保护装置的整定选择性和准确性要求	DL/T 866—2015 5.3.1-2
保护用电流互感器	母线差动保护电流互感器	各回路电流互感器宜选择相同变比	5.3.1-3
保护用电流互感器	正常情况下一次电流为零的电流互感器	应根据实际应用情况、不平衡电流的实测值或经验数据，并考虑保护灵敏度系数及互感器的误差限值和动、热稳定等因素，选择适当的额定一次电流	DL/T 866—2015 5.3.1-4
发电机-变压器组	发电机主回路上的电流互感器	应满足发电机最大连续出力要求	DL/T 866—2015 6.2.1-1
发电机-变压器组	发电机零序电流型横差保护用电流互感器	应根据发电机最大不平衡电流，并考虑保护动作灵敏系数和互感器误差限值等因素选择适当的额定一次电流，据经验数据，可取发电机额定电流20%~30%	DL/T 866—2015 6.2.1-2

续表

名　　称	电流互感器安装位置及作用	额定一次电流	出处
发电机-变压器组	主变压器高压侧直接接地时，中性点零序电流互感器	按继电保护整定值选择，宜取变压器高压侧额定电流的50%~100%，且应满足规定误差限值。前提：$K_{alf}=20$	DL/T 866—2015 6.2.1-3
	变压器中性点放电间隙零序电流互感器	宜按100A选择	DL/T 866—2015 6.2.1-4
	高压厂用变压器高压侧为D接线时，高压侧保护用电流互感器	额定一次电流宜将变压器高压侧二次电流控制在额定二次电流的15%~100%范围内，测量用电流互感器额定一次电流根据变压器额定容量选择	DL/T 866—2015 6.2.1-5
	高压厂用变压器用于发电机组或主变压器差动保护的电流互感器	宜与发电机主回路电流互感器变比一致	DL/T 866—2015 6.2.1-6
	励磁变压器高压侧保护用电流互感器	宜根据变压器额定容量选择，取变压器容量计算电流值的150%~200%	DL/T 866—2015 6.2.1-7
110kV~1000kV 系统	线路电流互感器	根据传输的最大负荷电流选择	DL/T 866—2015 7.2.1-1
	变压器套管电流互感器	根据变压器容量选择。若用于保护可适当增大	DL/T 866—2015 7.2.1-2
	变压器中性点零序电流电流互感器	同6.2.1-3，取变压器高压侧额定电流50%~100%	DL/T 866—2015 7.2.1-4
	变压器中性点放电间隙电流互感器	100A	DL/T 866—2015 7.2.1-5
	自耦变压器公共绕组回路过负荷保护电流互感器	按公共绕组允许负荷电流选	DL/T 866—2015 7.2.1-6
	自耦变压器零序差动保护用电流互感器	各侧变比应一致，按中压侧额定电流选择	DL/T 866—2015 7.2.1-7
	自耦变压器测量用电流互感器	按公共绕组允许负荷电流选	DL/T 866—2015 7.2.1-6
	发电厂启备变压器高压侧保护用电流互感器	宜将变压器高压侧二次电流控制在额定二次电流的15%~50%范围内	DL/T 866—2015 7.2.1-8
	高压电抗器保护电流互感器	额定一次电流应按高抗额定一次电流选择	DL/T 866—2015 7.2.1-9
	1000kV 调压变压器、补偿变压器与保护用电流互感器	按回路最大负荷电流并满足主变低压侧短路时额定短时耐受电流	DL/T 866—2015 7.2.1-10
3kV~35kV 系统	电流互感器	宜按回路最大负荷电流选择。考虑变压器过负荷能力，变压器回路可取1.5倍变压器额定电流	DL/T 866—2015 8.2.1-1
	差动保护用电流互感器	应使各侧电流互感器的二次电流基本平衡	DL/T 866—2015 8.2.1-2

续表

名　　称	电流互感器安装位置及作用	额定一次电流	出处
3kV～35kV 系统	高压厂用变压器低压侧中性点经电阻接地，零序电流互感器	宜按大于 40%系统接地电阻电流值选择，其复合误差不应超过规定值	DL/T 866 —2015 8.2.1-3
	小电流接地检测装置用零序电流互感器	应保证系统最大接地电容电流在零序电流互感器线性范围内，一次电流线性测量范围最小值宜满足装置测量要求	DL/T 866 —2015 8.2.1-4
	与微机综合保护配套使用的零序电流互感器	应根据系统接地电流值和微机保护二次动作整定值确定互感器一次电流	DL/T 866 —2015 8.2.1-5
1kV 及以下系统	开关柜内电流互感器	应按回路最大负荷电流	DL/T 866 —2015 9.2.1-1
	变压器中性点侧零序电流互感器	应按大于变压器中性线上流过的不平衡电流和未单独装设零序电流保护的最大电动机相间保护动作电流选择，可按大于变压器额定一次电流 30%～100%选择	DL/T 866 —2015 9.2.1-2
	馈线回路采用零序电流互感器	应根据系统接地电流值和微机保护二次动作整定值确定	DL/T 866 —2015 9.2.1-3

4．电流互感器额定二次电流与负荷的选择

（1）电流互感器额定二次电流选择。

名　　称	电流互感器安装位置及作用	额定二次电流	出处
电流互感器	选择原则	宜采用 1A，如有利于电流互感器制作或扩建工程，以及某些情况下为降低电流互感器二次开路电压，也采用 5A。条文说明：在技术和价格方面，二次额定电流为 1A 和 5A 的互感器基本相当，因此在设计中推荐采用 1A。但在互感器变比较大，匝数较多的情况下（如 300MW 及以上发电机套管电流互感器），因技术、安全及制造方面还存在一些问题，暂不推荐采用 1A	DL/T 866 —2015 3.3.1
发电机-变压器组	测量计量绕组	应根据互感器接线方式、测量仪表内阻和连接电缆电阻计算所需负荷进行选择	DL/T 866 —2015 6.2.3-1
	P 级保护绕组	宜根据电流互感器接线方式、短路故障类型，以及保护装置内阻和连接电缆的电阻计算所需的最大二次负荷进行选择，特殊情况可适当加大	DL/T 866 —2015 6.2.3-2
	TPY 级保护绕组额定二次负荷电阻	应根据实际需要的负荷值，按 3.4.2 节取值	DL/T 866 —2015 6.2.3-3
	300MW 及以上发电机主回路电流互感器	宜选择 5A	DL/T 866 —2015 6.2.2-1
	200MW 及以下发电机主回路电流互感器	可采用 1A 或 5A	DL/T 866 —2015 6.2.2-2
	变压器回路电流互感器	宜采用 1A	DL/T 866 —2015 6.2.2-3

续表

名 称	电流互感器安装位置及作用	额定二次电流	出处
110（66）kV～1000kV 系统	电流互感器	宜采用 1A	DL/T 866—2015 7.2.2
3kV～35kV 系统	电流互感器	宜采用 1A	DL/T 866—2015 8.2.2
1kV 及以下系统	电流互感器	宜采用 1A	DL/T 866—2015 9.2.1

（2）电流互感器额定容量、二次负荷的选择。

名 称	电流互感器安装位置及作用	额定二次负荷	出处
功率因数	电流互感器额定二次负荷的功率因数	应为 0.8～1.0	GB/T 50063—2017 7.1.8
接入负荷	电流互感器二次绕组所接入的负荷	应保证在额定二次负荷的 25%～100%	GB/T 50063—2017 7.1.7
额定容量	电流互感器额定二次电流 1A 时	额定输出标准值宜采用 0.5V·A、1V·A、1.5V·A、2.5V·A、5V·A、0.5V·A、10V·A、15V·A	DL/T 866—2015 3.3.2-1
	电流互感器额定二次电流 5A 时	额定输出标准值宜采用 2.5V·A、5V·A、10V·A、15V·A、20V·A、25V·A、30V·A、40V·A、50V·A	DL/T 866—2015 3.3.2-1
	TPX 级、TPY 级、TPZ 级电流互感器额定电阻性负荷值以 Ω 表示	额定电阻性负荷标准值宜采用 0.5Ω、1Ω、2Ω、5Ω、7.5Ω、10Ω	DL/T 866—2015 3.3.2-2
测量用电流互感器	仪表准确等级：0.1、0.2、0.5、1	25%～100%额定负荷	DL/T 866—2015 表 4.4.1
	仪表准确等级：0.2S、0.5S	25%～100%额定负荷	
	仪表准确等级：3、5	50%～100%额定负荷	
	额定输出不超过 15V·A 的测量电流互感器	可规定扩大负荷范围	DL/T 866—2015 4.4.2
	当二次负荷范围扩大为 1V·A 至 100%额定输出时	比值差和相位差不超过本标准表 4.3.1-1、表 4.3.1-2 和表 4.3.1-3 所列限值，在整个负荷范围，功率因数应为 1.0	DL/T 866—2015 4.4.2
	变压器回路电流互感器	宜采用 1A	DL/T 866—2015 6.2.2-3
3kV～35kV 系统	当电流互感器、保护或测量仪表均布置在开关柜内时	宜采用 1V·A	DL/T 866—2015 8.2.3
	当保护或测量仪表集中布置时	根据互感器至保护或测量装置或测量仪表的连接电缆长度确定互感器额定二次负荷，可采用 2.5V·A、5V·A、10V·A	DL/T 866—2015 8.2.3
1kV 及以下	—	符合 8.2.3	DL/T 866—2015 9.2.3

5．电流互感器性能计算

（1）电流互感器额定二次负荷计算。

名　称	依　据　内　容	出处
电流互感器额定二次负载	电流互感器均为单相，所接入负荷为额定二次负荷25%～100%	GB/T 50063—2017 7.2.4
	$$Z_b = \dfrac{S_b}{I_N^2}$$ Z_b：电流互感器二次负载（Ω）； I_N：电流互感器额定二次电流（A）； S_b：电流互感器二次容量（VA）	2P65 式（2-2）
测量表计用电流互感器额定二次负载	$$Z_b = \Sigma K_{mc} Z_m + K_{lc} Z_l + R_c$$ Z_b：电流互感器全部二次负载（Ω）； Z_m：仪表电流线圈的阻抗（Ω）； R_c：接触电阻（Ω），0.05Ω～0.1Ω； Z_l：连接导线单程的电阻（Ω）； K_{mc}：仪表接线的阻抗换算系数； K_{lc}：连接线的阻抗换算系数	DL/T 866—2015 式（10.1.1）
阻抗换算系数	表10.1.2　测量用电流互感器各种接线方式的阻抗换算系数 	电流互感器接线方式	单相	三相星形	两相星形 $Z_{m0}=Z_m$	两相星形 $Z_{m0}=0$	两相差接	三角形
---	---	---	---	---	---	---
阻抗换算系数 K_{lc}	2	1	$\sqrt{3}$	$\sqrt{3}$	$2\sqrt{3}$	3
阻抗换算系数 K_{mc}	1	1	$\sqrt{3}$	1	$\sqrt{3}$	3
备注	—	—	Z_{m0}为零线回路的负荷电阻		—	—		DL/T 866—2015 表10.1.2
保护表计用电流互感器额定二次负载	$$Z_b = \Sigma K_{rc} Z_r + K_{lc} Z_l + R_c$$ Z_r：继电器电流线圈内阻（Ω），对数字继电器可忽略电抗仅计电阻； K_{rc}：继电器的阻抗换算系数； K_{lc}：连接导线的阻抗换算系数； R_l：连接导线的电阻（Ω）； R_c：接触电阻（Ω），0.05Ω～0.1Ω。 $$R_l = \dfrac{L}{\gamma A}(\Omega)$$ L：电缆长度（m）； A：铜导线截面（mm²）； γ：电导系数，铜取57	DL/T 866—2015 式（10.2.6-1） 式（10.2.6-2）
保护用电流互感器各种接线方式的阻抗换算系数	表10.2.6　保护用电流互感器各种接线方式的阻抗换算系数 	电流互感器接线方式		三相短路 导线 K_{lc}	三相短路 线圈 K_{rc}	两相短路 导线 K_{lc}	两相短路 线圈 K_{rc}	单相短路 导线 K_{lc}	单相短路 线圈 K_{rc}	经Y，D变压器两相短路 K_{lc}	经Y，D变压器两相短路 K_{rc}
---	---	---	---	---	---	---	---	---	---
单相		2	1	2	1	2	1	—	—
三相星形		1	1	1	1	2	1	1	1
两相星形	$Z_{r0}=Z_r$ 两相三继	$\sqrt{3}$	$\sqrt{3}$	2	2	2	2	3	3
两相星形	$Z_{r0}=0$ 两相两继	$\sqrt{3}$	1	2	1	2	1	3	1		DL/T 866—2015 表10.2.6

续表

名称	依据内容								出处
保护用电流互感器各种接线方式的阻抗换算系数	续表								DL/T 866—2015 表 10.2.6
	电流互感器接线方式	三相短路		两相短路		单相短路		经 Y，D 变压器两相短路	
		导线	线圈	导线	线圈	导线	线圈		
		K_{lc}	K_{rc}	K_{lc}	K_{rc}	K_{lc}	K_{rc}	K_{lc} $\quad$ K_{rc}	
	两相差接	$2\sqrt{3}$	$\sqrt{3}$	4	2	—	—	— $\quad$ —	
	三角形	3	3	3	3	2	2	3 $\quad$ —	
	1. 应满足各种形式故障，因此 K_{lc}，K_{rc} 取最大值。 2. 当中性线回路接有继电器时，单相短路情况下，将三相星相接线的 Z_r+Z_{rc}（零线回路中继电器电阻）视为 Z_r； 3. 当 A、C 二相电流互感器接负荷时： A、C 两相短路时，$K_{lc}=1$，$K_{rc}=1$； A、B 两相或 B、C 两相短路时，$K_{lc}=2$，$K_{rc}=1$								

（2）电流互感器稳态性能计算。

名称		依据内容（DL/T 866—2015）		出处
（低漏磁）P 级电流互感器	电流互感器性能要求	$E_{al} \geq E'_{al}$		式（10.2.3-3）
		电流互感器额定准确极限系数（例如 5P30） $K_{alf} \geq KK_{pcf}\dfrac{R_{ct}+R'_b}{R_{ct}+R_b}$		式（10.2.3-4）
	电流互感器额定二次极限电势 E_{al}	$E_{al}=K_{alf}I_{sr}(R_{ct}+R_b)$ I_{sr}：电流互感器额定二次电流； R_{ct}：电流互感器二次绕组电阻； R_b：电流互感器额定负荷		式（10.2.3-1）
	电流互感器实际需要的等效极限电势 E'_{al}	$E'_{al}=KK_{pcf}I_{sr}(R_{ct}+R'_b)$ K：给定暂态系数（不同于 10.3 节实际暂态系数 K_{tf}）； K_{pcf}：保护校验系数，$K_{pcf}=I_{sc.2}/I_{sr}=I_{sc}/I_{pr}$，保护校验用短路电流； R'_b：电流互感器实际二次额定负荷		式（10.2.3-2）
	机组	100MW～200MW 机组外部故障	不宜低于 10	6.2.4
		高压厂用变压器保护电流互感器在低压侧区外故障	不宜低于 2	6.2.4
		220kV	不宜低于 2	7.2.6
		110（66kV）	不宜低于 1.5	7.2.6
		220kV 降压变保护电流互感器在低压侧区外故障	不宜低于 2	7.2.6
		3 kV～35kV，外部故障	不应低于 2	8.2.4
	3kV～35kV 的电流互感器最大限值电流小于最大系统短路电流时，电流互感器的准确限值电流宜按大于保护动作电流整定值 2 倍选择，即裕度系数为 $K_s=K_{alf}/(I_{dz}/I_{pr})$			8.2.5
（低漏磁）PX 级电流互感器	电流互感器性能要求	$E_k \geq E'_{al}$		10.2.5
	电流互感器励磁特性的拐点电势 E_k	$E_k=K_x(R_{ct}+R_b)I_{sr}$ K_x：计算系数		式（10.2.5）

续表

名称		依据内容（DL/T 866—2015）	出处
非低漏磁电流互感器	根据电流互感器实际负荷，按准确限值系数 K_{alf} 与二次负荷 R_b 关系曲线选取	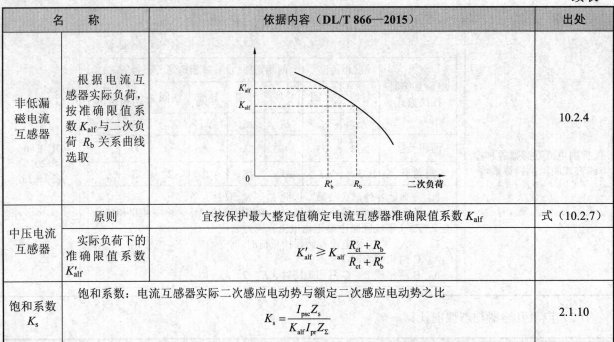	10.2.4
中压电流互感器	原则	宜按保护最大整定值确定电流互感器准确限值系数 K_{alf}	式（10.2.7）
	实际负荷下的准确限值系数 K'_{alf}	$K'_{alf} \geq K_{alf} \dfrac{R_{ct}+R_b}{R_{ct}+R'_b}$	
饱和系数 K_s	饱和系数：电流互感器实际二次感应电动势与额定二次感应电动势之比 $$K_s = \dfrac{I_{psc}Z_s}{K_{alf}I_{pr}Z_\Sigma}$$		2.1.10

注 裕度系数等于电流互感器选用的准确限值系数 K_{alf}/按保护定值需要的准确限值系数 K_{pcf}。
如选用 5P30、200/1A 的电流互感器，速断保护整定值 4kA，保护出口电流 50kA，则按保护定值的需要的准确限值系数为 K_{pcf}=4/0.2=20，裕度系数为 30/20。

（3）电流互感器暂态性能计算。

名称		依据内容（DL/T 866—2015）	出处
暂态系数 K_{tf}（确定电流互感器铁心面积）	全偏移电流 ts 后	$K_{tf} = \dfrac{\omega T_p T_s}{T_p - T_s}\left(e^{-\frac{t}{T_p}} - e^{-\frac{t}{T_s}}\right) - \sin\omega t$	式（10.3.1-3）
		$K_{tfmax} = \omega T_p \left(\dfrac{T_p}{T_s}\right)^{T_p/(T_s-T_p)} + 1$	式（10.3.1-5）
		$t_{max} = \dfrac{T_p T_s}{T_p - T_s}\ln\dfrac{T_p}{T_s}$	式（10.3.1-4）
	T_p: 系统一次时间常数（s）；T_s: 电流互感器二次回路时间常数（s）		
	偏移系数不等于 1 时	$K_{tf} = \dfrac{\omega T_p T_s}{T_p - T_s}\left(e^{-\frac{t}{T_p}} - e^{-\frac{t}{T_s}}\right)\cos\theta + \sin\theta\, e^{-\frac{t}{T_s}} - \sin(\omega t + \theta)$	式（10.3.5-1）
		$K_{td} = \dfrac{\omega T_p T_s}{T_p - T_s}\left(e^{-\frac{t}{T_p}} - e^{-\frac{t}{T_s}}\right)\cos\theta + 1$	式（10.3.5-2）
（额定）暂态面积系数 K_{td}（计算电流互感器达到饱和的时间 t）	c-t-o 非重合工作循环所需 K_{td}	$K_{td} = \dfrac{\omega T_p T_s}{T_p - T_s}\left(e^{-\frac{t}{T_p}} - e^{-\frac{t}{T_s}}\right) + 1$	式（10.3.1-6）
	c-t'-o-t_{fr}-c-t''-o 单相重合工作循环所需 K_{td}	$K_{td} = \left[\dfrac{\omega T_p T_s}{T_p - T_s}\left(e^{-\frac{t'}{T_p}} - e^{-\frac{t'}{T_s}}\right) - \sin\omega t'\right] \times e^{\frac{t_{fr}+t''}{T_p}} + \dfrac{\omega T_p T_s}{T_p - T_s}\left(e^{-\frac{t''}{T_p}} - e^{-\frac{t''}{T_s}}\right) + 1$	式（10.3.1-7）
	$t < t_{max}$；$T_p \ll T_s$ 时，c-t-o 工作循环	TPX 级电流互感器简化 K_{td} 计算。$t < t_{max}$；$T_p \ll T_s$ 时，c-t-o 工作循环 $$K_{td} \approx 2\pi f T_p\left(1 - e^{-\frac{t}{T_p}}\right) + 1$$	式（10.3.2-1）

续表

名称		依据内容（DL/T 866—2015）	出处
（额定）暂态面积系数 K_{td}（计算电流互感器达到饱和的时间 t）	剩磁影响	$K'_{td} = K_{td}/(1-K_R)$ K_R：剩磁系数 $K_R = \psi_r/\psi_s$ ψ_r：剩磁通； ψ_s：饱和磁通	式（10.3.5-3）
TP级电流互感器	电流互感器性能要求	$E_{al} \geq E'_{al}$	式（10.3.3-2）
	额定等效二次极限电势 E_{al}	$E_{al} \approx K_{ssc}K_{td}(R_{ct}+R_b)I_{sr} \approx K_{ssc}K_{td}(P_i+P_e)/I_{sr}$ P_i、P_e：电流互感器二次绕组内部功率和外接负荷； K_{ssc}：额定对称短路电流倍数； I_{sr}：额定二次电流	式（10.3.3-1）
	保护要求的等效极限电势 E'_{al}	$E'_{al} = K'_{td}K_{pcf}(R_{ct}+R'_b)I_{sr}$ K'_{td}：电流互感器实际要求的暂态面积系数； R'_b：电流互感器实际二次负荷	式（10.3.3-2）
		$T'_s = \dfrac{R_{ct}+R_b}{R_{ct}+R'_b}T_s$	式（5.3.2）
		$K'_{td} = \dfrac{\omega T_p T'_s}{T_p - T'_s}\left(e^{-\frac{t}{T_p}} - e^{-\frac{t}{T'_s}}\right) + 1$	式（10.3.1-6）
		$K'_{td} = \left[\dfrac{\omega T_p T'_s}{T_p - T'_s}\left(e^{-\frac{t'}{T_p}} - e^{-\frac{t'}{T'_s}}\right) - \sin\omega t'\right] \times e^{-\frac{t_{fr}+t''}{T_p}} + \dfrac{\omega T_p T'_s}{T_p - T'_s}\left(e^{-\frac{t''}{T_p}} - e^{-\frac{t''}{T'_s}}\right) + 1$	式（10.3.1-7）
		双电源时：K'_{td1}，K'_{td2}，则 $K'_{td} = K'_{td1}\dfrac{I_{sc1}}{I_{sc1}+I_{sc2}} + K'_{td2}\dfrac{I_{sc2}}{I_{sc1}+I_{sc2}}$	条文说明 10.3
TPY级电流互感器	误差	$\hat{\varepsilon} = \dfrac{K_{td}}{2\pi f T_s} \times 100\% \leq 10\%$	式（10.3.3-3）
闭合铁心电流互感器	暂态饱和时间 t	$T_s \gg T_p$；$t = -T_p \ln\left(1 - \dfrac{K_{td}-1}{2\pi f T_p}\right)$	式（10.3.4）

6. 保护用电流互感器电流计算倍数 m_{js} 校验

名称	一次电流计算倍数 m_{js}	参数说明	出处
发电机纵联差动保护装置	$m_{js}\dfrac{K_k I_{d.max}}{I_e}$	$I_{d.max}$：外部短路时，流过电流互感器的最大电流，等于发电机出口三相短路时的短路电流； K_k：可靠系数。可取 1.3	旧 2P69 式（20-8）
变压器、发电机-变压器组纵联差动保护装置	$m_{js}\dfrac{K_k I_{d.max}}{I_e}$	$I_{d.max}$：外部短路时，流过电流互感器的最大电流；对于双绕组变压器和发电机双绕组变压器组，当发电厂与大电力系统联系时短路电流可按系统容量等于无限大条件计算；对于三绕组变压器和发电机三绕组变压器组，短路电流可按各种实际的系统容量条件计算（总结：按变压器低压侧短路电流折算到变压器高压侧）； K_k：可靠系数，取 1.3，当未采用带速饱和变流器的继电器时，取 1.5	旧 2P69 式（20-9）

续表

名　称		一次电流计算倍数 m_{js}	参　数　说　明	出处
母线纵联保护装置		$m_{js}=\dfrac{K_k I_{d.max}}{I_e}$	$I_{d.max}$：外部短路时，流过电流互感器的最大电流； K_k：可靠系数。取 1.3；当未采用带速饱和变流器的继电器时，取 1.5 （总结："外部"指母线保护范围之外）	旧 2P69 式（20-10）
35kV～110kV 线路星形接线的电流速断保护装置		$m_{js}=\dfrac{1.1 I_{dz.bh}}{I_e}$	$I_{dz.bh}$：保护装置动作电流； 1.1：考虑到电流互感器 10%误差，一次电流倍数大于二次电流倍数的系数	旧 2P69 式（20-11）
3kV～220kV 线路星形接线的过电流保护装置		$m_{js}=\dfrac{1.1 I_{dz.bh}}{I_e}$	$I_{dz.bh}$：保护装置动作电流	旧 2P69 式（20-12）
具有方向性的保护装置		$m_{js}=\dfrac{K_k I_{d.max}}{I_e}$	$I_{d.max}$：当保护安装处的前方或后方引出线短路时，流过保护用电流互感器最大短路电流的周期分量； K_k：可靠系数。当保护动作时限为 0.1s 时取 2；0.3s 时取 1.5；大于 1s 时取 1	旧 2P69 式（20-13）
非方向性的阻抗保护装置		$m_{js}=\dfrac{K_k I_{d.max}}{I_e}$	$I_{d.max}$：保护装置第一段末端短路时，流过该保护用电流互感器最大短路电流的周期分量； K_k：可靠系数。当保护动作时限为 0.1s 时取 2；0.3s 时取 1.5；大于 1s 时取 1	旧 2P69 式（20-14）
线路差动保护	线路纵差保护 横差方向保护	$m_{js}=\dfrac{K_k I_{d.max}}{I_e}$	$I_{d.max}$：外部短路时，流过电流互感器的最大短路电流周期分量； K_k：可靠系数。考虑短路电流非周期分量对电流互感器励磁的影响，当动作保护不带速饱和变流器时取 2；带速饱和变流器时取 1.3	旧 2P70 式（20-15）
	线路横差保护		由于双回线路阻抗相等，在外部短路时，流过每回线的短路电流只是 $I_{d.max}$ 的 1/2	
厂用变压器	纵联差动保护	$m_{js}=\dfrac{K_k I_{d.max}}{I_e}$	$I_{d.max}$：外部短路时，流过电流互感器的最大电流	旧 2P70 式（20-16）
	电流速断保护	$m_{js}=\dfrac{1.1 I_{dz.bh}}{I_e}$	$I_{dz.bh}$：保护装置一次动作电流	旧 2P70 式（20-17）
变压器零序过电流保护		$m_{js}=\dfrac{1.1 I_{dz.bh}}{I_e}$	$I_{dz.bh}$：保护装置一次动作电流	旧 2P70 式（20-18）
备注		\multicolumn{3}{l}{I_e：电流互感器的额定一次电流； 低压侧短路时，应将短路电流折算至高压侧}	

7. 电流互感器准确级选择

名　称	依据内容（DL/T 866—2015）		出处
测量用电流互感器准确级	\multicolumn{2}{l}{测量用电流互感器准确级以该准确级在额定电流下所规定的最大允许电流误差的百分数来标称}	4.3.1
	标准准确级	宜采用0.1级，0.2级，0.5级，1级，3级，5级	
	特殊用途时	宜采用0.2S级、0.5S级	
测量用电流互感器二次负荷值范围	\multicolumn{2}{l}{表 4.4.1　测量用电流互感器二次负荷值范围}	表 4.4.1
	仪表准确等级	二次负荷值范围	
	0.1、0.2、0.5、1	25%～100%额定负荷	
	0.2S、0.5S	25%～100%额定负荷	
	3、5	50%～100%额定负荷	

续表

名 称	依据内容（DL/T 866—2015）		出处
准确等级	用于电能计量	电能计量应用 S 类	4.3.2-2
	谐波测量的电流互感器	准确度不宜低于 0.5 级	4.3.2-4
	用于电流电压测量	不应低于 1 级，非重要回路可使用 3 级	1P249
	有功电能表	有功电能表为 0.2S 级，则电流互感器应采用 0.2S 级，PT 应采用 0.2 级	GB/T 50063 —2017 条文说明表 1
准确级	标准准确级	5P、10P、5PR、10PR；发电机和变压器回路、220kV 以上线路宜用 5P、5PR；保护用：5，10，15，20，30，40	5.4.1
	变压器回路电流互感器准确限值系数	电流互感器一次短路电流与额定电流的比值；600A 以上的互感器准确限值系数应≥20	GB/T 17468 —2008 D.3

例如：150/5A、5P10CT，5P 后面的"10"就是准确限值系数 K_{atf}，表示在一次短路电流不超过 1500A（150×10）时，能保证 CT 的复合误差不大于±5%。

8．电流互感器动热稳定校验

（1）电流等级。

名 称	依据内容（DL/T 866—2015）	出处
额定一次电流（kA）（额定热电流）	10A、12.5A、15A、20A、25A、30A、40A、50A、60A、75A 及十进位倍数或小数	3.2.2
额定短时热电流（持续时间 1s）	3.15kA、6.3kA、8kA、10kA、12.5kA、16kA、20kA、25kA、31.5kA、40kA、50kA、63kA、80kA、100kA	3.2.7
额定动稳定电流	取额定短时热电流 2.5 倍	3.2.8-3

（2）动稳定校验。

名 称	依 据 内 容	出处
外部动稳定：校验电流互感器出线端短路作用力不超过允许力，其校验公式与支柱绝缘子相同	$F_{max} = 1.76 i_{ch}^2 \dfrac{l_m}{a} \times 10^{-1}(\text{N})$ $l_m = \dfrac{l_1 + l_2}{2}(\text{cm})$ a：相间距离（cm）； l_m：计算长度（cm）； l_1：电流互感器出线端至最近一个母线支柱绝缘子的距离（cm）； l_2：电流互感器两端瓷帽的距离（cm）。当电流互感器为非母线式瓷绝缘时，l_2=0	1P243 式（7-12） 式（7-13）
动稳定电流倍数 K_d	$K_d \geqslant \dfrac{i_{ch}}{\sqrt{2} I_{pr}} \times 10^3$	DL/T 866 —2015 式（3.2.8-2）
	$i_{ch} = \sqrt{2} K_{ch} I''$ 发电机端，K_{ch}=1.9； 发电机高压侧母线及发电机电抗器后，K_{ch}=1.85； 远离发电机地点，K_{ch}=1.8	DL/T 5222 —2005 附 F 式（4.1-1）

（3）热稳定校验。

名　称	依据内容（DL/T 866—2015）				出处
热稳定： 用额定短时热电流倍数 K_{th} 表示	$K_{th} \geq \dfrac{\sqrt{Q_d/t}}{I_{pr}}$			K_{th}：电流互感器额定短时热电流倍数； Q_d：短路电流引起的热效应（$A^2 \cdot s$）； t：短时热电流计算时间，标准值 $t=1s$； I_{pr}：额定一次电流（A）	式（3.2.7）
	≥500kV	126kV～363kV	3.6kV～72.5kV	≤1kV	
	2s	3s	4s	1s	
串联或并联	采用一次绕组串联或并联方式，可获得两个成倍数的电流比。例如：2×600/5A，一次绕组串联时为 600/5A，一次绕组并联时为 1200/5A				条文说明 3.2.4
变比可选电流互感器	对变比可选电流互感器应按一次绕组串联方式确定互感器短路稳定性能。 （接线示意图：C1、C2、P1、P2，1S1~7S2，分别为线路主一保护、线路主二保护、开关保护录波、母差二、母差一、测量、计量） 串联后，变比不变；额定容量变为 2 倍；并联后，变比变为 2 倍				3.2.8-2
短路热稳定标准值	若持续时间标准值 1s，则电流互感器额定短时热电流可从下列数值选择（kA）				3.2.7-1
	3.15	6.3	8	10	12.5
	16	20	25	31.5	40
	50	63	80	100	—

9. 电流互感器二次回路电缆截面

名　称	依　据　内　容	出处
继电保护用电流互感器	$A = \dfrac{K_{jc}L}{\gamma(Z_{xu} - \Sigma K_{rc}Z_r - R_c)}$ γ：电导系数，铜取 57； Z_{xu}：满足误差要求的电流互感器允许二次负荷（Ω）； Z_r：继电器的阻抗（Ω）； R_c：接触电阻，在一般情况下等于 0.05～0.1（Ω）； L：电缆的长度（m）； K_{jc}、K_{rc}：阻抗换算系数，见表 2-19，2P73	2P104 式（2-26）
测量仪表用电流互感器	$A = \dfrac{K_{lc}L}{\gamma(Z_{xu} - \Sigma K_{mc}Z_m - R_c)}$ Z_m：测量表计的负荷（Ω）； K_{lc}、K_{mc}：阻抗换算系数，见表 2-13，2P67	2P105 式（2-28）
	电流互感器二次电流回路的电缆芯线截面积（S）| 计量回路不应小于 $4mm^2$	
		一般测量回路	二次电流为 5A	不宜小于 $4mm^2$	
			二次电流为 1A	不宜小于 $2.5mm^2$	

二、电压互感器

1. 电压互感器的配置

名　称	依　据　内　容	出处
中性点非直接接地系统电压互感器	为防止铁磁谐振电压，应采用消谐措施，并应选用全绝缘	DL/T 5222—2005 16.0.5
当电容式电压互感器由于开口三角绕组的不平衡电压较高，而影响零序保护装置灵敏度时	应要求制造部门装设高次谐波滤过器	DL/T 5222—2005 16.0.5
中性点非直接接地系统电压互感器	需要检查和监视一次回路单相接地时，应选用三相五柱或三个单相式电压互感器，其剩余绕组额定电压应为 100V/3	DL/T 5136—2012 5.4.11
开口电压	中性点直接接地系统单相接地时，非接地相仍为相电压，互感器第三绕组开口处电压 100V。 中性点非直接接地系统单相接地时，互感器一次绕组非故障相电压升高 $\sqrt{3}$ 倍，第三绕组开口处电压升高 3 倍，为保证开口三角电压仍为 100V，故第三绕组电压应为 100/3V	DL/T 5222—2005 条文说明 16.0.7
中性点直接接地系统	电压互感器剩余绕组额定电压应为 100V	DL/T 5136—2012 5.4.11
当主接线为一个半接线时	线路和变压器回路宜装设三相电压互感器。 母线宜装设一相电压互感器。 当母线上接有并联电抗器时，母线应装设三相电压互感器	DL/T 5136—2012 5.4.13
双母线接线	应在主母线上装设三相电压互感器。 旁路母线是否装设电压互感器视具体情况和需要确定。 需要监视线路侧电压和重合闸时，可在出线侧装设单相电压互感器。大型发变电工程的 220kV 及以上电压等级双母线接线，也可按线路或变压器单元配置三相电压互感器	DL/T 5136—2012 5.4.14
电压互感器的数量和配置	与主接线方式有关，并应满足测量、保护、同期和自动装置的要求。电压互感器的配置应能保证在运行方式改变时，保护装置不得失压，同期点的两侧都能提取到电压	1P45 第 2-6 节 "三、"
220kV 及以下双母线接线	宜在每组母线三相上装设 1 组电压互感器。 当需监视和检测线路侧有无电压时，出线侧一相上应装设电压互感器	DL/T 866—2015 11.2.2-2
对于 220kV 大型发变工程双母线接线	通过技术经济比较，可按线路或变压器单元配置三相电压互感器	DL/T 866—2015 11.2.2-2
500kV 及以上双母线接线	宜在每回出线和每组母线的三相上装设 1 组电压互感器	DL/T 866—2015 11.2.2-3
3/2 断路器接线	应在每回出线，包括主变进线回路，三相上装设 1 组电压互感器； 对每组母线可在一相或三相上装设 1 组电压互感器	DL/T 866—2015 11.2.2-3
发电机出线侧	可装设 2 组～3 组电压互感器，供测量、保护和自动电压调整装置使用。 当设发电机断路器时，应在主变低压侧增设 1 组～2 组电压互感器	DL/T 866—2015 11.2.2-4

2. 电压互感器的型式选择

名　称	依　据　内　容	出处
（3～35）kV 屋内配电装置	宜采用树脂浇注绝缘结构的电磁式电压互感器	DL/T 5222—2005 16.0.3
35kV 屋外配电装置	宜采用油浸绝缘结构的电磁式电压互感器	DL/T 5222—2005 16.0.3
110kV 及以上屋外配电装置	当容量和准确度等级满足要求时，宜采用电容式电压互感器	DL/T 5222—2005 16.0.3
SF_6 全封闭组合电器	宜采用电磁式的电压互感器	DL/T 5222—2005 16.0.3
在满足二次电压和负荷要求的条件下	电压互感器宜采用简单接线	DL/T 5222—2005 16.0.4
当需要零序电压时	3kV～20kV 宜采用三相五柱或三个单相式电压互感器	DL/T 5222—2005 16.0.4
当发电机采用附加直流的定子绕组 100% 接地保护装置，而利用电压互感器向定子绕组注入直流时	则所用接于发电机电压的电压互感器一次侧中性点都不得直接接地，如要求接地时，必须经过电容器接地以隔离直流	DL/T 5222—2005 16.0.4
电磁式电压互感器	可以兼作并联电容器的泄能设备，但此电压互感器与电容器之间，不应有开断点	DL/T 5222—2005 16.0.8
当线路装有载波通信时	线路侧电容式电压互感器宜与耦合电容器结合	1P245 第 7-5 节
兼作泄能用的电压互感器	应选用电磁式电压互感器	1P246 第 7-5 节
220kV 及以上配电装置	宜采用电容式电压互感器	DL/T 866—2015 11.2.1-1
110kV 配电装置	可采用电容式或电磁式电压互感器	DL/T 866—2015 11.2.1-1
当线路上装有载波通信时	线路侧电容式电压互感器宜与耦合电容结合	DL/T 866—2015 11.2.1-2
GIS 开关设备	宜采用电磁式电压互感器	DL/T 866—2015 11.2.1-3
66kV 户外配电装置	宜采用油浸绝缘的电磁式电压互感器	DL/T 866—2015 11.2.1-4
3kV～35kV 屋内配电装置	宜采用固体绝缘的电磁式电压互感器	DL/T 866—2015 11.2.1-5
35kV 户外配电装置	可采用适用户外环境的固体绝缘或油浸绝缘的电磁式电压互感器	DL/T 866—2015 11.2.1-5
1kV 及以下户内配电装置	宜采用固体绝缘或塑料壳式的电磁式电压互感器	DL/T 866—2015 11.2.1-4

3. 电压互感器的接线及接地方式

名　称	依据内容（DL/T 866—2015）	出处
110（66）kV 及以上系统	宜采用单相式电压互感器	11.2.3-1
35kV 及以下系统	可采用单相式、三柱或五柱式三相电压互感器	11.2.3-1
系统高压侧为非有效接地系统	可用单相电压互感器接于相间电压或 V-V 接线，供电给接于相间电压的仪表和继电器	11.2.3-2

续表

名　　称	依据内容（DL/T 866—2015）	出处
三个单相电压互感器	可接成星型-星型。 当互感器一次侧中性点不接地时，可用于供电给接于相间电压和相电压的仪表及继电器，但不应供电给绝缘检查电压表。 当互感器一次侧中性点接地时，可用于供电给接于相间电压和相电压的仪表及继电器以及绝缘检查电压表	11.2.3-3
采用星形接线的三相三柱式电压互感器	一次侧中性点不应接地	11.2.3-4
三相五柱式电压互感器	一次侧中性点可接地	11.2.3-4

4．电压互感器的额定参数

名　　称	依　据　内　容	出处
额定电压	电压互感器一般允许在 115%额定电压下长期运行，有的产品允许在110%额定电压下长期运行，选用时应予注意	DL/T 5222—2005 16.0.1 条文说明
额定一次电压	应由系统的标称电压确定	DL/T 866—2015 11.4.1
额定电压因数	应根据系统最高运行电压决定，而系统最高运行电压与系统及电压互感器一次绕组的接地条件有关。 额定电压因数及额定时间标准值见表 11.4.2	DL/T 866—2015 11.4.2
额定二次电压	（1）供三相系统间连接的单相互感器，其额定二次电压应为 100V。 （2）供三相系统相与地之间用单相互感器，额定二次电压应为 $100/\sqrt{3}$V。 （3）电压互感器剩余电压绕组的额定二次电压： 当系统中性点有效接地时应为 100V； 当系统中性点为非有效接地时应为 100/3V	DL/T 866—2015 11.4.3
二次负荷计算	电压互感器接成星形时每相负荷的计算公式	DL/T 866—2015 表 12.1.1-1
	电压互感器接成不完整星形时每相负荷的计算公式	DL/T 866—2015 表 12.1.1-2
二次回路电压降	（1）计算机监控系统中的测量部分、常用电测量仪表和综合装置的测量部分，二次回路电压降不应大于额定二次电压的 3%； （2）Ⅰ、Ⅱ类电能计量装置二次回路电压降不应大于额定二次电压的 0.2%； （3）其他电能计量装置二次回路电压降不应大于二次电压的 0.5%	DL/T 866—2015 12.2.1
保护用电压互感器二次回路电压降	在互感器负荷最大时不应大于额定电压的 3%	DL/T 866—2015 12.2.2
电压互感器星形接线时每相负荷计算	表 12.1.1-1　电压互感器星形接线时每相负荷计算 负荷接线方式及相量图	DL/T 866—2015

续表

名　　称	依　据　内　容				出处

续表

名　　称			依　据　内　容		出处
电压互感器星形接线时每相负荷计算	A相	有功功率	$P_u = W_u \cos\varphi$	$P_u = \frac{1}{\sqrt{3}}[W_{uv}\cos(\varphi_{uv}-30°) + W_{wu}\cos(\varphi_{wu}+30°)]$	$P_u = \frac{1}{\sqrt{3}}[W_{uv}\cos(\varphi_{uv}-30°)]$	DL/T 866—2015
		无功功率	$Q_u = W_u \sin\varphi$	$Q_u = \frac{1}{\sqrt{3}}[W_{uv}\sin(\varphi_{uv}-30°) + W_{wu}\sin(\varphi_{wu}+30°)]$	$P_u = \frac{1}{\sqrt{3}}[W_{uv}\sin(\varphi_{uv}-30°)]$	
	B相	有功功率	$P_v = W_v \cos\varphi$	$P_v = \frac{1}{\sqrt{3}}[W_{uv}\cos(\varphi_{uv}+30°) + W_{vw}\cos(\varphi_{vw}-30°)]$	$P_v = \frac{1}{\sqrt{3}}[W_{uv}\cos(\varphi_{uv}+30°) + W_{vw}\cos(\varphi_{vw}-30°)]$	
		无功功率	$Q_v = W_v \sin\varphi$	$Q_v = \frac{1}{\sqrt{3}}[W_{uv}\sin(\varphi_{uv}+30°) + W_{vw}\sin(\varphi_{vw}-30°)]$	$Q_v = \frac{1}{\sqrt{3}}[W_{uv}\sin(\varphi_{uv}+30°) + W_{vw}\sin(\varphi_{vw}-30°)]$	
	C相	有功功率	$P_w = W_w \cos\varphi$	$P_w = \frac{1}{\sqrt{3}}[W_{vw}\cos(\varphi_{vw}+30°) + W_{wu}\cos(\varphi_{wu}-30°)]$	$P_w = \frac{1}{\sqrt{3}}[W_{vw}\cos(\varphi_{vv}+30°)]$	
		无功功率	$Q_w = W_w \sin\varphi$	$Q_w = \frac{1}{\sqrt{3}}[W_{vw}\sin(\varphi_{vw}+30°) + W_{wu}\sin(\varphi_{wu}-30°)]$	$Q_w = \frac{1}{\sqrt{3}}[W_{vw}\sin(\varphi_{vw}+30°)]$	

表 12.1.1-2　电压互感器不完整星形接线时每相负荷计算

名　　称			依　据　内　容			出处
电压互感器不完整星形接线时每相负荷计算	负荷接线方式及相量图		V—V	V—Y	V—Δ	DL/T 866—2015
	AB相	有功功率	$P_{uv} = W_{uv}\cos\varphi_{uv}$	$P_{uv} = \sqrt{3}W\cos(\varphi+30°)$	$P_{uv} = W_{uv}\cos\varphi_{uv} + W_{wu}\cos(\varphi_{wu}+60°)$	
		无功功率	$Q_{uv} = W_{uv}\sin\varphi_{uv}$	$Q_{uv} = \sqrt{3}W\sin(\varphi+30°)$	$Q_{uv} = W_{uv}\sin\varphi_{uv} + W_{wu}\sin(\varphi_{wu}+60°)$	
	BC相	有功功率	$P_{uw} = W_{uw}\cos\varphi_{uv}$	$P_{vw} = \sqrt{3}W\cos(\varphi-30°)$	$P_{vw} = W_{vw}\cos\varphi_{vw} + W_{wu}\cos(\varphi_{wu}-60°)$	
		无功功率	$Q_{vw} = W_{vw}\sin\varphi_{vw}$	$Q_{vw} = \sqrt{3}W\sin(\varphi-30°)$	$Q_{vw} = W_{vw}\sin\varphi_{vw} + W_{wu}\sin(\varphi_{wu}-60°)$	

5. 电压互感器回路电压降——控制电缆选择

(1) 电压互感器二次回路电压降。

名　称	依　据　内　容	出处
继电保护和自动装置用电压互感器二次回路电缆截面积的选择	应保证最大负荷时，电缆的电压降不应超过额定二次电压的3%	DL/T 5136—2012 7.5.5
电测量仪表用电压互感器二次回路电缆截面的选择规定：电压降	(1) 常用测量仪表回路电缆的电压降不应大于额定二次电压的3%。 (2) Ⅰ、Ⅱ类电能计量装置的电压互感器二次专用回路压降不宜大于电压互感器额定二次电压的0.2%。 (3) 其他电能计量装置二次回路压降不应大于额定二次电压的0.5%	DL/T 5136—2012 7.5.6
用于测量的电压互感器二次回路允许电压降的规定	(1) 计算机监控系统中的测量部分、常用电测量仪表和综合装置的测量部分，二次回路电压降不应大于额定二次电压的3%。 (2) Ⅰ、Ⅱ类电能计量装置的二次专用回路压降不应大于额定二次电压的0.2%。 (3) 其他电能计量装置二次回路电压降不应大于额定二次电压的0.5%	DL/T 866—2015 12.2.1
电缆回路用控制电缆，按允许电压降来选择电缆芯截面。电压互感器二次回路的电压降	(1) 对用户计费用的0.5级电能表，其电压回路电压降不宜大于0.25%。 (2) 对电力系统内部的0.5级电能表，其电压回路电压降可适当放宽，但不应大于0.5%。 (3) 在正常情况下，至测量仪表的电压降不应超过额定电压的1%～3%	2P103 第20-7节
不同类型电能计量装置的电压等级和单机容量	用电分类 | Ⅰ类电能计量装置 | Ⅱ类电能计量装置 | Ⅲ类电能计量装置 贸易结算电压等级 | ≥220kV | 110kV～220kV | 10kV～110kV 考核用电压等级 | ≥500kV | 220kV～500kV | 10kV～220kV 单机容量 | ≥300MW | 100MW～300MW | <100MW	GB/T 50063—2017 条文说明 4.1.2
准确度等级	表1 准确度等级 电能计量装置类别 | 有功电能表 | 无功电能表 | 电压互感器 | 电流互感器 Ⅰ类 | 0.2S | 2.0 | 0.2 | 0.2S Ⅱ类 | 0.5S | 2.0 | 0.2 | 0.2S Ⅲ类 | 0.5S | 2.0 | 0.5 | 0.5S Ⅳ类 | 1.0 | 2.0 | 0.5 | 0.5S Ⅴ类 | 2.0 | — | — | 0.5S	GB/T 50063—2017 条文说明 4.1.3

(2) 电压互感器二次回路电缆截面/长度选择。

名　称	依　据　内　容	出处
继电保护和自动装置电压互感器二次回路电缆截面	$$\Delta U = \sqrt{3} K_{\text{lc}} \frac{P}{U_{\text{x-x}}} \times \frac{L}{\gamma A}$$ P：电压互感器的每一相负荷（VA）； $U_{\text{x-x}}$：电压互感器二次线电压（V），取100V； γ：电导系数，铜取57m/（Ω·mm²）； A：电缆芯截面（mm²）； L：电缆长度（m）； K_{lc}：接线系数。 对于三相星形接线 $K_{\text{lc}}=1$；对于二相星形接线 $K_{\text{lc}}=\sqrt{3}$；对于单相接线 $K_{\text{lc}}=2$； 需保证最大负荷时，电缆的电压降不超过额定二次电压的3%	2P105 式（2-31）

续表

名　称		依　据　内　容			出处
继电保护和自动装置电压互感器二次回路电缆截面	电压互感器二次电压回路的电缆芯线截面积（S）	计量回路不应小于 4mm²			GB/T 50063—2017 8.2.5
		其他测量回路不应小于 2.5mm²			
控制和信号回路用控制电缆允许长度	$L_{xu}=\dfrac{\Delta U_{xu}(\%)U_N A\gamma}{2\times 100\times I_{max.q}}(m)$ ΔU_{xu}（%）：控制绕组正常工作时允许电压降的百分数，取 10%； U_N：直流额定电压（V），取 220V； $I_{max.q}$：流过控制绕组的最大电流（A）； γ：电导系数，铜取 57m/(Ω·mm²)； A：电缆芯截面（mm²）				2P107 式（2-33）
	电流互感器二次电流回路的电缆芯线截面积（S）	计量回路不应小于 4mm²			GB/T 50063—2017 8.1.5
		一般测量回路	二次电流为 5A	不宜小于 4mm²	
			二次电流为 1A	不宜小于 2.5mm²	
控制电缆	发电厂和变电站应采用铜芯控制电缆和绝缘导线。 按机械强度要求，强电控制回路导线截面应不小于 1.5mm²，弱电控制回路导线截面应不小于 0.5mm²				DL/T 5136—2012 7.5.2
	控制回路电缆截面	应保证最大负荷时，控制电源母线至被控制设备间连接电缆的电压降不应超过额定二次电压的 10%			DL/T 5136—2012 7.5.7
	7 芯及以上的芯线截面小于 4mm² 的较长控制电缆应留有必要的备用芯				DL/T 5136—2012 7.5.11

6. 电压互感器准确选择及准确限值系数

名　称		依据内容（DL/T 866—2015）	出处
测量用电压互感器	准确等级	应与测量仪表的准确等级相适应	11.5.4
	准确级	以该准确级在电压（80%~120%）和负荷范围内最大允许电压误差的百分数来标称	
	标准准确级	0.1 级，0.2 级，0.5 级，1 级，3 级	
保护用电压互感器	准确级	以该准确级在 5% 额定电压到（额定电压因数 0.8 相对应的）电压范围内（即 5%~150% 或 5%~190%）最大允许电压误差的百分数标称	11.5.2
	标准准确级	3P 和 6P	
	剩余电压绕组准确级	6P	

第十四章 环 境 条 件

一、导体和电器的环境温度

名　称	依据内容（DL/T 5222—2005）	出处
环境温度	选择导体和电器的环境温度宜采用表6.0.2所列数值。 表6.0.2　选择导体和电器的环境温度 | 类别	安装场所	环境温度（℃）	
---	---	---	---
		最高	最低
裸导体	屋外	最热月平均最高温度	
	屋内	该处通风设计温度。当无资料时，可取最热月平均最高温度加5℃	
电器	屋外	年最高温度	年最低温度
	屋内电抗器	该处通风设计最高排风温度	
	屋内其他	该处通风设计温度。当无资料时，可取最热月平均最高温度加5℃	| 注：1. 年最高（或最低）温度为一年中所测得的最高（或最低）温度的多年平均值。 　　2. 最热月平均最高温度为最热月每日最高温度的月平均值，取多年平均值	6.0.2
额定电流允许温升	当电器安装点的环境温度高于+40℃（但不高于+60℃）时，在符合该标准导体及电器的最高运行温度下，允许降低负荷长期工作，推荐周围空气温度每增加1K，减少额定电流负荷的1.8%。 　　当电器使用在周围空气温度低于+40℃时，推荐周围空气温度每降低1K，增加额定电流负荷的0.5%，但其最大过负荷不得超过额定电流负荷的20%。 　　当电器使用在海拔超过1000m（但不超过4000m）且最高周围空气温度为40℃时，其规定的海拔每超过100m（以海拔1000m为起点）允许温升降低0.3%	5.0.3
公式总结		额定电流	$40℃<t\leqslant 60℃$	$I=I_e[1-(T-40)\times 1.8\%]$
---	---	---
	$t<40℃$	$I=I_e[1+(40-T)\times 0.5\%]\leqslant 1.2I_e$
允许温升	$1000\leqslant h\leqslant 4000m$	$\Delta T=\Delta T_e\left(1-\dfrac{h-1000}{1000}\times 0.3\%\right)$		5.0.3

二、厂用电抗器的允许工作电流

名　称	依据内容	出处
电抗器的允许工作电流	$I=I_e\sqrt{\dfrac{100-\theta_{zd,k}}{100-\theta_{ek}}}$ I：电抗器允许工作电流（A）； I_e：电抗器额定电流（A）； 100：电抗器绕组最高允许温度（℃）； θ_{ek}：电抗器允许的最高温度（℃）； $\theta_{zd,k}$：周围最高空气温度，即小室排风温度（℃）	1P266 式（8-20）

三、开关柜母线的允许工作电流

名　称	依据内容（DL/T 5222—2005）		出处
开关柜母线允许工作电流	$I_t = I_{40}\sqrt{\dfrac{40}{t}}$	t：环境温度（℃）； I_t：环境温度 t 下的允许电流（A）； I_{40}：环境温度 40℃ 时的允许电流（A）	式（13.0.5）

四、高压绝缘子

名　称	依据内容		出处
持续允许工作电流	$I_{xu} = I_e\sqrt{\dfrac{85-\theta}{45}}$	I_{xu}：穿墙套管的持续允许工作电流（A）； I_e：持续允许额定电流（A）； θ：周围实际环境温度（℃）	1P255 式（7-30）
动稳定校验	$P \leqslant 0.6 P_{xu}$	P_{xu}：支柱绝缘子或穿墙套管的抗弯破坏负荷（N）； P：在短路时作用于支柱绝缘子或穿墙套管的力（N），按表 7-49 所列公式计算，其中绝缘子上的折算系数 K_f 见表 7-50。 总结：穿墙套管不需要用 K_f，绝缘子需要考虑表 7-51 的降低系数，穿墙套管不用考虑表 7-51	1P255 式（7-31）

五、试验电压温度校正系数

名　称	依据内容（DL/T 5222—2005）		出处
试验电压温度校正系数	对环境空气温度高于 40℃ 的设备，其外绝缘在干燥状态下的试验电压应取其额定耐受电压乘以校正系数 k_t		式（6.0.9）
	$k_t = 1 + 0.0033(T-40)$	T：环境空气温度（℃）	

六、日照的影响

名　称	依据内容（DL/T 5222—2005）	出处
日照影响	选择屋外导体时，应考虑日照的影响。对于按经济电流密度选择的屋外导体，如发电机引出线的封闭母线、组合导线等，可不校验日照的影响。计算导体日照的附加温升时，日照强度取 0.1W/cm²，风速取 0.5m/s。日照对屋外电器的影响，当缺乏数据时，可按电器额定电流的 80% 选择	6.0.3

七、风速的影响

名　称	依据内容（DL/T 5222—2005）	出处
风速影响	选择导体和电器所用的最大风速，可取离地面 10m 高、30 年一遇的 10min 平均最大风速，500kV 电器宜采用离地面 10m 高、50 年一遇的 10min 平均最大风速，一般高压电器可在风速不大于 35m/s 的环境下使用，超过这一数值，可在屋外配电装置的布置中采取措施。阵风对屋外电器及电瓷产品的影响，应由制造部门在产品设计中考虑	6.0.4

八、冰雪的影响

名　称	依据内容（DL/T 5222—2005）	出处
冰雪影响	在积雪、覆冰严重地区，应尽量采取防止冰雪引起事故的措施［隔离开关的破冰厚度一般为 10mm（1P222）］，并应大于安装场所的最大覆冰厚度	6.0.5

九、湿度的影响

名 称	依据内容（DL/T 5222—2005）		出处
湿度影响	导体和电器的相对湿度，应采用当地湿度最高月份的平均相对湿度。对湿度较高的场所，应采用该处实际相对湿度。当无资料时，相对湿度可比当地湿度最高月份的平均相对湿度高5%		6.0.6
允许湿度	屋内电器一般允许在以下湿度条件使用		1P222
	在24h内测得的相对湿度的平均值不超过95%	月相对湿度平均值不超过90%	
	在24h内测得的水蒸气压力的平均值不超过2.2kPa	月水蒸气压力平均值不超过1.8kPa	

十、污秽的影响

名 称	依据内容（DL/T 5222—2005）	出处
污秽影响	在工程设计中，应根据污秽情况选用下列措施： （1）增大电瓷外绝缘的有效爬电比距，选用有利于防污的电瓷造型，如采用硅橡胶、大小伞、大倾角、钟罩式等特制绝缘子。 （2）采用热缩增爬群增大电瓷外绝缘的有效爬电比距。 （3）采用 GIS 或屋内配电装置	6.0.7

十一、海拔的影响

名 称	依 据 内 容		出处
外绝缘放电电压	$U(P_H)=K_a U(P_0)$	第 A.0.1 条：外绝缘放电电压试验数据应以海拔 0m 的标准气象条件下给出。	GB/T 50064—2014 式（A.0.1-1）
海拔修正	$K_a = e^{m(H/8150)}$	第 A.0.2 条，式（A.0.2-1），式（A.0.2-2），所在地区海拔 2000m 及以下地区时，各种作用电压下外绝缘空气间隙的放电电压可以按此式校正	GB/T 50064—2014 式（A.0.1-2）
外绝缘海拔修正	$K_a = e^{q\frac{H}{8150}}$	附录 B.1：外绝缘电气强度随海拔呈指数下降，在确定设备外绝缘绝缘水平时，可按式（B.2）进行海拔修正	GB 311.1—2012 式（B.2）
设备耐压海拔修正	$K_a = e^{q\left(\frac{H-100}{8150}\right)}$	附录 B.3：对于设备安装在海拔高于 1000m 时，设备外绝缘的耐受电压按式（B.3）进行海拔修正	GB 311.1—2012 式（B.3）
操作冲击耐受电压海拔修正 q 指数	H：设备安装地点的海拔，m。 q：指数，取值如下： 对雷电冲击耐受电压，$q=1.0$； 对空气间隙和清洁绝缘子的短时工频耐受电压，$q=1.0$； 对操作冲击耐受电压，q 按图 B.1 选取。 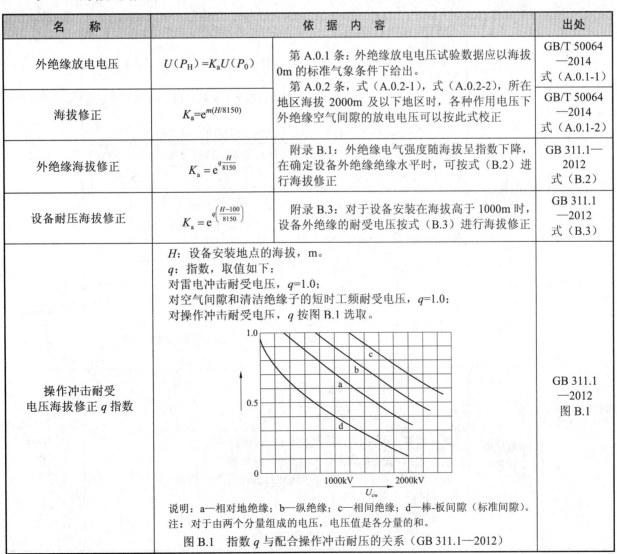 说明：a—相对地绝缘；b—纵绝缘；c—相间绝缘；d—棒-板间隙（标准间隙）。 注：对于由两个分量组成的电压，电压值是各分量的和。 图 B.1 指数 q 与配合操作冲击耐压的关系（GB 311.1—2012）		GB 311.1—2012 图 B.1

续表

名　称	依　据　内　容	出处
设备耐压海拔修正	对安装在海拔超过 1000m 地区的电器外绝缘一般应予加强，当海拔在 1000m 以上，4000m 以下时，设备的外绝缘在标准参考大气条件下的绝缘水平是将使用现场所要求的绝缘耐受电压乘以海拔修正系数 K_a，K_a 按图 7-3 选取。在任一海拔处，内绝缘的绝缘特性是相同的，不需采取特别措施	1P222
	$K_a = e^{m(H-100)/8150}$　　m 为修正指数（为简单起见，工频和雷电取 1.0，纵绝缘操作冲击取 0.9，相对地操作冲击取 0.75）	1P222 式（7-9）
电动机的海拔影响	当电动机用于 1000m～4000m 的高海拔地区时，使用地点的环境最高温度随海拔递减并满足式（5.2.4）时，则电动机的额定功率不变；当不能满足式（5.2.4）时，应按式（5.2.4）中不定式之前部分计算，其结果每超过 1℃，电动机的使用容量降低 1%，或与制造厂协商处理	DL/T 5153 —2014 5.2.4
	$\dfrac{h-1000}{100}\Delta Q - (40-\theta) \leqslant 0$	DL/T 5153 —2014 式（5.2.4）

h：使用地点的海拔高度（m）；
ΔQ：海拔每升高 100m 影响电动机温升的递增值（℃），为电动机额定温升的 1%（℃）；
（注：电动机额定温升可取 80℃，附录 K，对于 B 级绝缘绕组额定温度取 120℃，相对于环境温度 40℃时的额定温升是 80℃；起动时 B 级绝缘绕组最高温度取 250℃，相对于环境温度 40℃时的起动允许温升是 210℃。）
θ：使用地点的环境最高温度（℃），当无通风设计资料时，可取最热月平均最高温度加 5℃

十二、电磁干扰

名　称	依　据　内　容	出处
静电感应场强	330kV 及以上的配电装置内设备遮栏外的静电感应场强水平离地 1.5m 空间场强不宜超过 10kV/m，少部分地区可允许达到 15kV/m。 配电装置围墙外侧非出线方向，围墙外为居民区时，离地 1.5m 的静电感应场强水平不宜大于 4kV/m	DL/T 5352 —2018 3.0.11
无线电干扰限值	当干扰频率为 0.5MHz 时，配电装置围墙外非出线方向 20m 地面处无线电干扰值应符合表 3.0.12 的规定。 表 3.0.12　无线电干扰限值 　 | 电压（kV）	110	220～330	500	750～1000 | | --- | --- | --- | --- | --- | | 无线电干扰限值 [dB（μV/m）] | 46 | 53 | 55 | 55～58 | 表 6-7　高压架空线路无线电干扰限值 | 电压（kV）	110	220～330	500	750	1000 | | --- | --- | --- | --- | --- | --- | | 海拔（m） | ≤1000 | | | | ≤500 | | 无线电干扰限值 dB（μV/m） | 46 | 53 | 55 | 58 | 58 |	DL/T 5352 —2018 3.0.12 系 P90
无线电干扰强度计算 — 单相导线	$E = 3.5 g_{\max} + 12r - 30$　　（1） E：离地 2m 距导线直线距离 20m 处无线电干扰场强 dB（μV/m）； $g_{\max}$：子导线表面最大电位梯度有效值（范围 12kV～20kV/cm）； r：子导线半径	DL/T 691 —2019 4.1
无线电干扰强度计算 — 单回输电线路	$E_i = 3.5 g_{\max i} + 12 r_i - 33\lg\dfrac{D_i}{20} - 30$　　（2） $D_i = \sqrt{x_i^2 + (h_i - 2)^2}$　　$i = 1, 2, 3$ E_i：距第 i 相导线直线距离 D_i 处的无线电干扰场强； $g_{\max i}$：第 i 相导线表面最大电位梯度有效值； D_i：第 i 相导线到参考点 P（离地面 2m）处的直线距离； r_i：第 i 相导线子导线半径； h_i：导线对地最小高度； x_i：P 点到第 i 相导线的对地投影距离	DL/T 691 —2019 4.2

续表

名称			依据内容		出处
无线电干扰强度计算	单回输电线路	三相线路无线电干扰场强	$E = \dfrac{E_a + E_b}{2} + 1.5$	(3)	DL/T 691—2019 4.1
			如某一相的场强比其余两相至少大 3dB，三相线路的无线电干扰场强等于最大一相的场强		
			E_a、E_b：三相中两相较大的场强值		
	双极性直流输电线路		$E = 38 + 1.6(g_{max} - 24) + 5\lg n + 46\lg r + 33\lg \dfrac{20}{D}$	(10)	DL/T 691—2019 6
			E：距离 D 处的无线电干扰场强； g_{max}：导线表面最大电位梯度有效值；n：导线分裂数； D：参考点到正极性导线的直线距离		
电晕			110kV 及以上电压等级的电气设备及金具在 1.1 倍最高相电压下，晴天夜晚不应出现可见电晕，110kV 及以上电压等级导体的电晕临界电压应大于导体安装处的最高工作电压		DL/T 5352—2018 3.0.138
			电器及金具在 1.1 倍最高相电压下，晴天夜晚不应出现可见电晕，110kV 及以上电器户外晴天无线电干扰电压不宜大于 500μV		DL/T 5222—2005 6.0.11
干扰控制			配电装置母线在变电所围墙外 20m 处 1MHz 的无线电干扰值 N 可按下式计算 $N = (3.7E_{max} - 12.2) + 40\left(\lg\dfrac{d}{253} + \lg\dfrac{h}{D_1}\right) + \lg n$ N：无线电干扰值 [dB(A)]； E_{max}：母线最大场强（kV/m）； d：母线直径，对分裂导线则为次导线的直径（cm）； h：母线最低点对地高度（m）； D_1：地面至导线的斜距，$D_1 = \sqrt{x^2 + h^2}$，x 为中相母线正下方至变电所围墙外 20m 处的水平距离（m）； n：母线的分裂根数		旧 1P577 第十章 式（10-8）
电磁干扰			110kV 及以上电压等级的电器在屋外晴天无线电干扰电压不应大于 500μV，并应由制造部门在产品设计中考虑		1P226 第 7-1 节 "四、""(一)"
未畸变电场			500kV 及以上输电线路跨越非长期住人的建筑物或临近民房时，房屋所在位置离地面 1.5m 处的未畸变电场不得超过 4kV/m		GB 50545—2010 13.0.5
电流密度			直流线路下地面最大合成场强不应超过 30kV/m，最大离子电流密度不应超过 100nA/m²。地面合成场强的计算见附录 D		DL/T 436—2005 5.1.3.4
未畸变合成场强			直流线路导线下方的民房一般应拆迁。线路临近民房应同时满足导线与建筑物的最小距离和地面场强的要求。民房所在地面未畸变合成场强应不超过 15kV/m（对应于湿导线）		DL/T 436—2005 11.2.4

十三、噪声的影响

名称	依据内容			出处
噪声影响	电器连续噪声水平		不应大于 85dB	DL/T 5222—2005 6.0.12
	断路器非连续噪声水平	屋内	不宜大于 90dB	
		屋外	不应大于 110dB	
交流架空线路可听噪声	110kV～1000kV 交流线路在湿导线条件下可听噪声不大于 55dB			系 P90
	海拔≤1000m（1000kV≤500m）距输电线路边导线投影外 20m			
测试位置距声源设备外沿垂直面的水平距离为 2m，离地高度 1m～1.5m 处				

十四、地震的影响

名　称	依　据　内　容	出处
抗震分类	（1）重要电力设施中的电气设施，当抗震设防烈度为7度及以上时，应进行抗震设计。 （2）一般电力设施中的电气设施，当抗震设防烈度为8度及以上时，应进行抗震设计。 （3）安装在屋内二层及以上和屋外高架平台上的电气设施，当抗震设防烈度为7度及以上时，应进行抗震设计	GB 50260—2013 6.1.1
抗震验算	位于7度及以上地区的混凝土高塔、8度及以上地区的钢结构大跨越塔和微波高塔、9度及以上地区的各类杆塔和微波塔均应进行抗震验算	GB 50260—2013 8.1.6
不宜建站	抗震设防烈度为9度及以上地区不宜建设220kV～750kV变电站	DL/T 5218—2012
电气设施布置	当抗震设防烈度为8度及以上时，电气设施布置宜符合下列要求： （1）电压为110kV及以上的配电装置形式，不宜采用高型、半高型和双层屋内配电装置。 （2）电压为110kV及以上的管型母线配电装置的管型母线，宜采用悬挂式结构。 （3）电压为110kV及以上的高压设备，当满足本规范第6.4.1条抗震强度验证试验要求时，可按照产品形态要求进行布置	GB 50260—2013 6.5.2
电容补偿装置	当抗震设防烈度为8度及以上时，110kV及以上电压等级的电容补偿装置的电容器平台宜采用悬挂式结构	GB 50260—2013 6.5.3
干式空心电抗器	当抗震设防烈度为8度及以上时，干式空心电抗器不宜采用三相垂直布置	GB 50260—2013 6.5.4
软导线	设备引线和设备间连线宜采用软导线，其长度应留有余量。当采用硬母线时，应有软导线或伸缩接头过渡	GB 50260—2013 6.7.2
安装牢固	电气设备、通信设备和电气装置的安装应牢固可靠。设备和装置的安装螺栓或焊接强度应满足抗震要求	GB 5026—2013 6.7.3
变压器类安装要求	变压器类安装设计应符合下列要求： （1）变压器类宜取消滚轮及其轨道，并应固定在基础上。 （2）变压器类本体上的油枕、潜油泵、冷却器及其连接管道等附件以及集中布置的冷却器与本体间连接管道，应符合抗震要求。 （3）变压器类的基础台面宜适当加宽	GB 50260—2013 6.7.4
蓄电池、电力电容器的安装要求	蓄电池、电力电容器的安装设计应符合下列要求： （1）蓄电池安装应装设抗震架。 （2）蓄电池在组架间的连线宜采用软导线或电缆连接，端电池宜采用电缆作为引出线。 （3）电容器应牢固地固定在支架上，电容器引线宜采用软导线。当采用硬母线时，应装设伸缩接头装置	GB 50260—2013 6.7.7
重心位置连成整体	开关柜（屏）、控制保护屏、通信设备等，应采用螺栓或焊接的固定方式。当设防烈度为8度或9度时，可将几个柜（屏）在重心位置以上连成整体	GB 50260—2013 6.7.8
旋转电机安装要求	旋转电机安装设计应符合下列要求： （1）安装螺栓和预埋铁件的强度，应符合抗震要求。 （2）在调相机、空气压缩机和柴油发电机附近应设置补偿装置	GB 50260—2013 6.7.5
光伏电站	光伏发电站宜建在地震烈度为9度及以下地区。在地震烈度为9度以上地区建站时，应进行地震安全性评估	GB 50797—2012 4.0.8

第十五章　导体、管形导体

一、导体和绝缘子的安全系数

名　称	依　据　内　容			出处
导体和绝缘子的安全系数	表 5.0.15　导体和绝缘子的安全系数			DL/T 5222—2005 表 5.0.15
	类别	载荷长期作用时	载荷短期作用时	
	套管、支柱绝缘及金具	2.5	1.67	
	悬式绝缘子及金具	4	2.5	
	软导体	4	2.5	
	硬导体	2.0	1.67	
	注：1. 悬式绝缘子的安全系数对应于 1h 机电试验载荷，而不是破坏载荷。若是后者，安全系数分别为 5.3 和 3.3。 　　2. 硬导体的安全系数对应于破坏力，而不是屈服点应力。若为后者，安全系数分别为 1.6 和 1.4			
导体机械强度校验安全系数	表 9-23　管形母线导体的安全系数			1P350 表 9-23
	校验条件	安全系数		
		对应于破坏应力	对应于屈服应力	
	正常时	2.0	1.6	
	短路及地震时	1.7	1.4	

二、导体的最高工作温度与热效应

名　称	依据内容（DL/T 5222—2005）	出处
最高工作温度	普通导体的最高工作温度不宜超过+70℃，在计及日照影响时，钢芯铝线及管形导体可按不超过+80℃考虑	7.1.4
邻近效应	导体采用多导体结构时，应考虑邻近效应和热屏蔽对载流量的影响	7.1.5
避免构成闭合磁路	为减少钢构发热，当裸导体工作电流大于1500A时，不应使每相导体的支持钢构及导体支持夹板的零件（套管板、双头螺栓、压板、垫板等）构成闭合磁路。对于工作电流大于4000A的裸导体的邻近钢构，应采用避免构成闭合磁路或装设短路环等措施	7.3.9

三、导体的选择

1. 导体选型

名　称	电压等级/正常工作电流	依　据　内　容		出处
软导体	≤20kV	宜选用	钢芯铝绞线	DL/T 5352—2018 4.2.1
	330kV～500kV		钢芯铝绞线或扩径空芯导线	
	750kV～1000kV		耐热型扩径空芯导线	
	沿海地区或对铝有腐蚀场所		防腐型铝绞线或铜绞线	
	≤220kV	宜选用	钢芯铝绞线	DL/T 5222—2005 7.2.1
	330kV		空心扩径导线	
	500kV		双分裂导线	

续表

名　称	电压等级/正常工作电流		依　据　内　容		出处
软导体	≤220kV		宜选用	单根导线	DL/T 5352—2018 4.2.2
			根据载流量也可采用双分裂导线		
	330kV		宜选用	单根扩径导线或双分裂导线	
	500kV		宜选用	双分裂导线	
	750kV		可选用	双分裂导线	
			也可选用	四分裂导线	
	1000kV		宜选用	四分裂导线	
载流导体（硬导体）	一般选用			铝、铝合金或铜材料	1P336
	额定电流小而短路电动力大或不重要的场合		使用	钢母线	
	配电装置敞开式布置		不宜采用	纯铝管形导体	
	≥750kV		母线材料一般不选用硬导体		1P337
硬导体	≤20kV	≤4kA	宜选用	矩形导体	DL/T 5352—2018 4.2.3
		4kA～8kA		双槽形或管形导体	
		＞8kA		圆管形导体	
	≤66kV		可采用	矩形导体	
			也可采用	管形导体	
	≥110kV		宜选用	管形导体	
			宜用	铝合金管形导体	DL/T 5222—2005 7.3.2
	500kV		可采用	单根大直径圆管或多根小直径圆管组成的分裂结构	
	设计应考虑不均匀沉降、温度变化的振动的影响				4.2.4
腐蚀	载流导体一般选用铝、铝合金或铜材料；对持续工作电流较大且位置特别狭窄的发电机出线端部或污秽对铝有较严重腐蚀的场所宜选铜导体；钢母线只有额定电流小而短路电动力大或不重要的场合下使用				DL/T 5222—2005 7.1.3

2. 软导线

（1）间隔棒、次导线最小直径。

名　称	依　据　内　容	出处
间隔棒	载流量较小的回路，如电压互感器、耦合电容器等回路，可采用较小截面的导体。 在确定分裂导线间隔棒的间距时，应考虑短路动态拉力的大小、时间对构架和电器接线端子的影响，避开动态拉力最小值的临界点。对架空导线间隔棒的间距可取较大的数值，对设备间的连接导线，间距可取较小的值	DL/T 5222—2005 7.2.2
次导线最小直径	次导线最小直径应根据电晕和无线电干扰确定。三分裂正三角形排列和双分裂水平排列，在分裂间距为400mm的条件下，500kV配电装置次导线最小直径分别为 2.95cm 和 4.4cm，考虑到我国导线生产规格及一定的安全裕度，三分裂和双分裂的次导线最小直径直分别取 3.02cm 和 5.1cm	1P379～380

(2)分裂导线的分裂间距（次档距长度）：主要根据电晕校验结果确定。

名　　称	电压等级	导线分裂数	分裂间距	出处
分裂导线	≤220kV	双分裂	可取 100mm～200mm	1P379
	330kV～750kV	双分裂	可取 200mm～400mm	
	对架空导线间隔棒的间距可取较大的数值，对设备间的连接导线，间距可取较小的值			1P380
	500kV	双分裂	一般取 400mm	1P379
		正三角形排列三分裂		
		水平三分裂	一般 200mm	
	1000kV	四分裂	宜取 600mm	
输电线路	220kV	2 分裂	400mm	GB 50545—2010 条文说明 5.0.2
	330kV			
	500kV	4 分裂	450mm	

3．硬导体

（1）铜导体的特点及使用条件。

导体	特点	使用条件	出处
铜导体	强度大，载流量大，耐腐蚀性能好，但质量大，价格高	化工厂（大量腐蚀性气体对铝质有影响）附近屋外配电装置	1P336
		发电机出线端子处位置特别狭窄铝排截面太大穿过套管困难时	
		持续工作电流在 4000A 以上的矩形导体，安装有要求且采用其他形式的导体困难时	
		其他场合中，当技术经济合理时也可以选用铜导体	
导体除满足工作电流、机械强度和电晕要求外，导体形状还应满足下列要求： (1) 电流分布均匀（即集肤效应系数尽可能低）。 (2) 机械强度高。 (3) 散热良好（与导体放置方式和形状有关）。 (4) 有利于提高电晕起始电压。 (5) 安装、检修简单，连接方便			1P336

（2）我国目前常用的硬导体形式有矩形、槽形和管形等。

导体型式		特　点	适用范围		出处
矩形导体	单片	集肤效应系数小、散热条件好、安装简单、连接方便	一般适用	工作电流≤2kA 的回路	1P336
	多片	集肤效应系数比单片导体的大，附加损耗增大，每相超过 3 片时，集肤效应系数显著增大	工程实际中适用于工作电流≤4kA 的回路		
槽形导体		电流分布比较均匀，与同截面的矩形导体相比，散热条件好、机械强度高、安装比较方便	回路持续工作电流 4kA～8kA		
管形导体		是空芯导体，集肤效应系数小，有利于提高电晕的起始电压。户外配电装置使用管形导体，具有占地面积小、构架简明、布置清晰等优点。但导体与设备端子连接较复杂，用于户外时易产生微风振动	110kV～330kV 高压配电装置当母线采用硬导体时，宜选用铝合金管形导体，固定方式可采用支持式或悬吊式		1P337
			500kV 高压配电装置，当其母线采用硬导体时，可采用单根大直径圆管或多根小直径圆管组成的分裂结构，固定方式一般采用悬吊式		

(3)硬导体具体要求。

名 称	依 据 内 容	出处
固定方式	500kV 硬导体可采用单根大直径圆管或多根小直径圆管组成的分裂结构,固定方式可采用支持式或悬吊式	DL/T 5222—2005 7.3.2
挠度	当采用管型母线时,110kV 及以上配电装置:管型母线宜选用单管结构。其固定方式可采用支持式或悬吊式,当地震烈度为 8 度及以上时,宜采用悬吊式;支持式管型母线在无冰无风状态下的挠度不宜大于(0.5~1.0)D(D 为导体直径),悬吊式管型母线的挠度可放宽;采用支持式管形母线时还应分别对微风振动、端部效应及热胀冷缩采取措施	DL/T 5352—2018 5.3.9
伸缩接头	在可能发生不同沉陷和振动的场所,硬导体和电器连接处,应装设伸缩接头或采取防振措施。 为了消除由于温度变化引起的危险应力,矩形硬铝导体的直线段一般每隔 20m 左右安装一个伸缩接头。对滑动支持式铝管母线一般每隔 30m~40m 安装一个伸缩接头;对滚动支持式铝管母线应根据计算确定	DL/T 5222—2005 7.3.10
安装跨度	表 9-30 不同电压母线伸缩节安装跨度 | 电压(kV)	35	110	220	330	500
---	---	---	---	---	---
伸缩节安装跨数	7~8	5	3	2	1 | 在布置上每一伸缩母线中间应予以固定,以便向两边膨胀。伸缩节与母线两端的连接可采用焊接或螺栓连接	1P359
截面	伸缩接头的截面不应小于所接导体截面的 1.2 倍,也可采用定型产品	DL/T 5222—2005 7.3.11
截面及母线的长度	伸缩节的总截面应尽量不小于所接母线截面的 1.25 倍,伸缩节的数量按母线长度确定。 表 10-14 母线伸缩节数量及母线长度 	母线材料	1 个伸缩节	2 个伸缩节	3 个伸缩节
---	---	---	---
	母线长度(m)		
铝	20~30	30~50	50~75
铜	30~50	50~80	80~100		1P410
定型接头	导体伸缩接头一般采用定型接头产品,其截面大于所连接导体截面	DL/T 5352—2018 条文说明 4.2.4
搭接长度	导体接头一般分为焊接接头、螺栓连接接头和伸缩接头;矩形导体接头的搭接长度不应小于导体的宽度	1P357
动稳定	校验槽形导体动稳定时,其片间电动力可按形状系数法进行计算	DL/T 5222—2005 7.3.4
热稳定	验算短路热稳定时,导体的最高允许温度,对硬铝及铝镁(锰)合金可取 200℃,硬铜可取 300℃,短路前的导体温度应采用额定负荷下的工作温度	DL/T 5222—2005 7.1.8

(4)验算短路动稳定时,硬导体的最大应力不应大于表 7.3.3 所列数值(DL/T 5222—2005)。

表 7.3.3 硬导体的最大允许应力

项 目	导体材料及牌号和状态						
	铜/硬铜	铝及铝合金					
		1060H112	IR35H112	1035H112	3A21H18	6063T6	6061T6	6R05T6
最大允许应力(MPa)	120/70	30	30	35	100	120	115	125

注 表内所列数值为计及安全系数后的最大允许应力。安全系数一般取 1.7(对应于材料破坏应力)或 1.4(对应于屈服点应力)。

重要回路（如发电机、主变压器回路及配电装置汇流母线等）的硬导体应力计算，还应考虑共振的影响。

四、不进行电晕校验最小导体规格

名称	依据内容						出处
变电站	表 7.1.7 可不进行电晕校验的最小导体型号及外径						DL/T 5222—2005 表 7.1.7
	电压（kV）	110	220	330	500		
	软导体型号	LGJ-70	LGJ-300	LGKK-600 2×LGJ-300	2×LGKK-600 3×LGJ-500		
	管型导体外径（mm）	ϕ20	ϕ30	ϕ40	ϕ60		
	表 9-33 可不进行电晕校验的最小导体型号及外径						1P378 表 9-33
	电压（kV）	110	220	330	500	750	1000
	导线外径（mm）	10.26	23.26	38.42 2×24.8	2×39.14 3×28.2	2×64.26 4×36.9	4×56.34
	软导线型号	JL/G1A65/10	JL/G1A315/22	JL/G1A800/100 JL/G1A630 2×JL/G1A315/50	2×JL/G1A900/40 3×JL/G1A400/95 3×JLK/G1A400	2×JLHN58K-1600 3×JLHN58K-1600 4×JLK/G1A630/45	4×JLHN58K-1600
	管型导体外径（mm）	ϕ20	ϕ30	ϕ40	ϕ60	ϕ130	ϕ220
输电线路	表 5.0.2 可不验算电晕的导线最小外径（海拔不超过1000m）						GB 50545—2010 表 5.0.2
	标称电压（kV）	110	220	330	500	750	
	导线外径（mm）	9.60	21.60	33.60 / 2×21.60 / 3×17.0	2×36.24 / 3×26.82 / 4×21.60	4×36.9 / 5×30.20 / 6×25.5	
	表 3 高海拔地区不必验算电晕的导线最小外径						GB 50545—2010 表 3 条文说明 5.0.2
	标称电压（kV）			110	220	330	
	参考海拔（m）	1120	导线外径	9.1	21.4	2×20.0	
		2270		10.6	24.8	2×24.5	
		3440		12.0	28.5	2×29.3	

五、自振频率

名称	依据内容		出处
当三相母线位于同一平面时，母线的自振频率	$f_m = 112 \times \dfrac{r_i}{l^2}\varepsilon$	f_m：母线自振频率（Hz）； l：跨距长度（cm）； r_i：母线惯性半径（cm）； ε：材料系数，铜为 1.14×10^4，铝为 1.55×10^4，钢为 1.64×10^4	1P349 式（9-51）

续表

名称	依据内容		出处
单条母线	对单条母线和母线组中的各单条母线其共振频率范围为35Hz～135Hz	上述范围内振动系数$\beta>1$	1P349
多条母线	对多条母线组及有引下线的单条母线其共振频率范围为35Hz～155Hz		1P349
槽形和管形母线	槽型和管型母线其共振频率范围为30Hz～160Hz		
三相母线不在同一平面布置	对于三相母线不同一平面布置者，母线的自振频率在x轴和y轴均需按式（9-51）校验，式中r_i分别以r_x和r_y代入。当母线自振频率无法限制在共振频率范围以外时，母线受力必须乘以振动系数β		1P349
铝管母线自振频率	$f_g = \dfrac{r^2}{2\pi L_s^2}\sqrt{\dfrac{EJ}{\rho}}$		1P353 式（9-70）
参数说明	E：弹性模量，kg/cm²，根据管母导体材料查1P336表9-4，注意表9-4的单位为N/mm²，应乘100/9.81。 ρ：单位长度母线梁的质量；kg/cm；$\rho=\gamma S$，密度γ查表9-4，1P336，横截面积S查表9-10，1P340。 不考虑集中荷载时，第i阶自振频率：$f_g' = \dfrac{n\pi b_i}{2L^2}\sqrt{\dfrac{EJ}{\rho}}$； b_i：自振频率系数，查表9-25，1P353		1P353

六、微风振动

名称	依据内容（DL/T 5222—2005）		出处
屋外管型导体的微风振动	$V_{js} = f\dfrac{D}{A}$	V_{js}：管形导体产生微风共振的计算风速（m/s）； f：导体各阶固有频率（Hz）； D：铝管外径（m）； A：频率系数，圆管可取0.214	式（7.3.6）
微风振动频率	管形母线在外界微风作用下发生共振的频率等于管母线结构的各阶固有自振频率，微风振动的频率与风速成正比，与柱体迎风面的高度成反比：1P353		1P353
	$f = \dfrac{V_{js}A}{h}$	h：母线迎风面的高度（m），对于圆管为外径D	1P353 式（9-71）
消除微风振动的措施	当计算风速小于6m/s时，可采用下列措施消除微风振动： （1）在管内加装阻尼线； （2）加装动力消振器； （3）采用长托架； （4）采用异管型或加筋板的双管型铝合金母线		DL/T 5222—2005 7.3.6 1P355
母线支持方式选型	一般在母线通过电流较小、采用轻型铝锰合金管时，可选用长托架的支持方式，它同时减小母线的挠度；而在母线通过电流较大，要求采用较大尺寸铝锰合金管，且又采用了单柱式隔离开关时，常选用双环消振器，并有利于隔离开关静触头与铝管母线的连接		1P356

七、端部效应

名称	依据内容	出处
消除端部效应的方法	（1）端部加装屏蔽电极。加装屏蔽电极，可以提高母线终端的起始电晕电压。 （2）适当延长母线端部。适当延长母线端部可改善电场分布从而提高了终端支柱绝缘子的放电电压。一般以延长1m左右为宜。 实验表明：端部加长的效果比加屏蔽电极的效果好。工程设计时在布置条件允许的情况下，母线端部可适当延长，或者将端部适当延长和加屏蔽电极同时考虑。一般延长母线端部后屏蔽电极的直径可取小一些	1P356

第十五章 导体、管形导体

续表

名 称	依 据 内 容		出处
管母线屏蔽电极圆球最小半径	$r_{min} = \dfrac{U_{xg}}{E_{max}}$	U_{xg}：最高运行相电压，kV； E_{max}：球面最大允许电场强度，取 20kV/cm	1P356 式（9-72）
	考虑雨雾等气候条件的影响，圆球半径还可适当取大些。对异形管，可取椭圆球，其最小弯曲半径不小于式（9-72）所确定的值。屏蔽电极可采用铝合金圆球，焊在管母线端部，可作为端部的密封，并可防止雨雪、灰尘及小动物进入管内		

八、导体的允许载流量

1．回路持续工作电流

（1）选用导体的长期允许电流不得小于该回路的持续工作电流。

名 称	依 据 内 容	出处
硬导体	$I_{xu} \geqslant I_g$ I_g：导体回路持续工作电流 A，查表 7-3 确定，注意表中电流的倍数； I_{xu}：相应于导体在某一运行温度、环境条件及安装方式下长期允许的载流量 A，其值见表 9-5～表 9-10，1P338—340	1P337 式（9-25）
软导体	$I_{xu} \geqslant I_g$ I_g：导体回路持续工作电流 A，查表 7-3 确定，注意表中电流的倍数； I_{xu}：相应于导体在某一运行温度、环境条件及安装方式下长期允许的载流量 A，其值见附录 F，表 F-1～表 F-8，1P1004—1009	1P377

（2）开关柜内母线允许电流。

名 称	依 据 内 容		出处
开关柜内，母线的允许电流	$I_t = I_{40}\sqrt{\dfrac{40}{t}}$	t：环境温度（℃）； I_t：环境温度 t 下的允许电流（A）； I_{40}：环境温度 40℃下的允许电流（A）	DL/T 5222 —2005 式（13.0.5）

（3）回路持续工作电流（1P220 见表 7-3）。

回路名称		计算工作电流	说 明
出线	带电抗器出线	电抗器额定电流	—
	单回路	线路最大负荷电流	包括事故转移过来的负荷
	双回路	（1.2～2）倍一回线的正常最大负荷电流	包括事故转移过来的负荷
	环形与 3/2 断路器接线回路	两个相邻回路正常负荷电流	考虑断路器事故或检修时，一个回路加另一最大回路负荷电流的可能
	桥型接线	最大元件负荷电流	桥回路尚需考虑系统穿越功率
变压器回路		1.05 倍变压器额定电流	—
		（1.3～2）倍变压器额定电流	若要求承担另一台变压器事故或检修时转移的负荷，则按第六章内容确定
母线联络回路		1 个最大电源元件的计算电流	—
母线分段回路		分段电抗器额定电流	（1）考虑电源元件事故后仍能保证母线负荷； （2）分段电抗器一般发电厂为最大一台发电机额定电流的 50%～80%，变电所应满足用户的一级负荷和大部分二级负荷
旁路回路		需旁路的回路最大额定电流	—
发电机回路		1.05 倍发电机额定电流	—
电动机回路		电动机的额定电流	—

（4）电容器和电抗器回路。

名　称	依　据　内　容	出处
电容器	并联电容器装置的分组回路，回路导体截面应按并联电容器组额定电流的 1.3 倍选择，并联电容器组的汇流母线和均压线导线截面应与分组回路的导体截面相同	GB 50227—2017 5.8.2
电抗器	普通电抗器几乎没有过负荷能力，所以主变压器或出线回路的电抗器，其额定电流应按回路最大工作电流选择，而不能用正常持续工作电流选择	DL/T 5222—2005 14.2.1

2. 导体实际环境温度

名　称	依　据　内　容		出处
屋外导体	实际环境温度=最热月平均最高温度		DL/T 5222—2005 表 6.0.2
屋内导体	无资料时	实际环境温度=最热月平均最高温度+5℃	
	有通风设计时	实际环境温度=通风设计温度	

3. 裸导体综合校正系数

裸导体载流量在不同海拔及环境温度下的综合校正系数（1P341，表 9-11 或 DL/T 5222—2005 附录 D 表 D.11）。

导体最高允许温度（℃）	适用范围	海拔（m）	实际环境温度（℃）						
			+20	+25	+30	+35	+40	+45	+50
+70	屋内矩形、槽形、管形导体和不计日照的屋外软导线		1.05	1.00	0.94	0.88	0.81	0.74	0.67
+80	计及日照时屋外软导线	1000 及以下	1.05	1.00	0.94	0.89	0.83	0.76	0.69
		2000	1.01	0.96	0.91	0.85	0.79		
		3000	0.97	0.92	0.87	0.81	0.75		
		4000	0.93	0.89	0.84	0.77	0.71		
	计及日照时屋外管形导体	1000 及以下	1.05	1.00	0.94	0.87	0.80	0.72	0.63
		2000	1.00	0.94	0.88	0.81	0.74		
		3000	0.95	0.90	0.84	0.76	0.69		
		4000	0.91	0.86	0.80	0.72	0.65		

4. 插值法计算

图解	插值法公式	举例
（图）	$k_2 = k_3 + \dfrac{t_3 - t_2}{t_3 - t_1} \times (k_1 - k_3)$	插值法举例：屋内矩形导体，环境温度 27℃，综合校正系数 $k = 0.94 + \dfrac{30-27}{30-25} \times (1.00 - 0.94) = 0.976$

5. 各类型导体载流量表速查

名称	表号	导 体 载 流 量	出处	
			手册	DL/T 5222—2005
硬导体	表 9-5	矩形铝导体长期允许载流量	1P338	附录 D，表 D.9
	表 9-6	槽形导体长期允许载流量及计算用数据		附录 D，表 D.10
	表 9-7	圆管形铝导体长期允许载流量及计算用数据	1P339	无

续表

名称	表号	导体载流量	出处 手册	DL/T 5222—2005
硬导体	表 9-8	铝锰合金管形导体长期允许载流量及计算用数据	1P340	
	表 9-9	铝镁硅系（6063）管形母线长期允许载流量及计算用数据		附录 D，表 D.1
	表 9-10	铝镁系（LDRE）管形母线长期允许载流量及计算用数据		附录 D，表 D.2
软导线	表 F-1	JL 铝绞线性能	1P1004	附录 D，表 D.3
	表 F-2	JLHA2 铝合金绞线性能	1P1004-05	附录 D，表 D.4
	表 F-3	JLHA1 铝合金绞线性能	1P1005	
	表 F-4	JL/G1A、JL/G1B、JL/G2A、JL/G2B、JL/G3A 钢芯铝绞线性能	1P1006	附录 D，表 D.5
	表 F-5	JLHA2/G1A、JLHA2/G1B、JLHA2/G3A 钢芯铝合金绞线性能	1P1007	附录 D，表 D.6
	表 F-6	JLHA1/G1A、JLHA1/G1B、JLHA2/G3A 钢芯铝合金绞线性能	1P1008	
	表 F-7	耐热铝合金钢芯绞线（导电率 60%IACS）长期允许载流量	1P1009	附录 D，表 D.7
	表 F-8	扩径导线主要技术参数和长期允许载流量		附录 D，表 D.8
	表 9-11	裸导体载流量在不同海拔高度及环境温度下的综合校正系数	1P341	附录 D，表 D.11

注　硬导体：载流量是按导体允许工作温度 70℃、环境温度 25℃、导体表面涂漆、无日照、海拔 1000m 及以下条件计算。
软导体：最高允许温度 70℃的载流量系按环境温度 25℃、无日照、无风、海拔 1000m 及以下、导线表面黑度 0.9 计算。
最高允许温度 80℃的载流量系按环境温度 25℃、风速 0.5m/s、日照 0.1W/cm²、海拔 1000m 及以下、导线表面黑度 0.9 计算。
其他情况需按以上表中所列载流量乘以相应的校正系数，见表 9-11。
表 9-5 注 4：同截面铜导体载流量为表中铝导体载流量的 1.27 倍，1P338。

6. 考虑邻近效应的分裂导线载流量

类型	计算公式	出处
各种因素影响	不同排列方式的分裂导线，由于存在邻近热效应，故分裂导线载流量应考虑其导线排列方式、分裂根数、分裂间距等因素的影响，导线实际载流量应按照 n 根单导线的载流量和乘以相应的邻近效应系数 B 计算	1P379
考虑邻近效应分裂导线载流量	$I = nI_{xu}\dfrac{1}{\sqrt{B}}$	1P379 式（9-79）
邻近效应系数	$B = \left\{1 - \left[1 + \left(1+\dfrac{1}{4}Z^2\right)^{-\frac{1}{4}} + \dfrac{10}{20Z^2}\right] \times \dfrac{Z^2 d_0}{(16+Z^2)d}\right\}^{-\frac{1}{2}}$	1P379 式（9-80）
	$Z = 4\pi \left(\dfrac{d_0}{2}\right)^2 \lambda \times \dfrac{S}{\left(\dfrac{d_0}{2}\right)^2 (\rho+1)}$	1P379 式（9-81）
参数说明	n：每相导线分裂根数； I_{xu}：单根导线长期允许工作电流（A）； d_0：次导线外径（cm）； d：分裂导线的分裂间距（cm）； λ：次导线 1cm² 的电导，铝 $\lambda=3.7\times10^{-4}$； S：次导线计算截面（mm²）； ρ：绞合率，一般取 0.8	1P379

7. 按回路持续工作电流选择导体的步骤

名　称	第 1 步	第 2 步	第 3 步	第 4 步
裸导体	根据（表 7-3）计算回路持续工作电流 I_t	确定导体实际环境温度，查（表 9-11）确定综合校正系数 k	$I_{25} = \dfrac{I_t}{k}$	根据 I_{25} 查导体载流量，确定导体型号，导体的载流量需大于 I_{25}
开关柜内母线		据 DL/T 5222—2005 式（13.0.5）计算 I_{40}，查得综合校正系数为 0.81	$I_{25} = \dfrac{I_{40}}{0.81} = \dfrac{I_t}{0.81}\sqrt{\dfrac{t}{40}}$	

注　I_t：环境温度 t（题目给定的条件）下的允许电流（A）。
　　I_{40}：环境温度 40℃下的允许电流（A）。
　　I_{25}：环境温度 25℃下的允许电流（A）。
　　铜铝转换系数 1.27，即 $I_{Cu}=1.27 I_{Al}$。
　　伸缩接头的截面不应小于所接导体截面的 1.2 倍。DL/T 5222—2005，第 7.3.11 条。
　　伸缩节的总截面应尽量不小于所接母线截面的 1.25 倍（1P410）。
　　分裂导线的邻近效应。

九、经济电流密度

名　称	依　据　内　容	出处
按经济电流密度选择	除配电装置的汇流母线以外，对于全年负荷利用小时数较大，母线较长（长度超过 20m），传输容量较大的回路（如发电机至主变压器和发电机至主配电装置的回路），均应按经济电流密度选择导体截面	1P341
相邻下一档	当无合适规格的导体时，导体截面可按经济电流密度计算截面的相邻下一档选取	DL/T 5222—2005 7.1.6
硬导体	$S_j = \dfrac{I_g}{J}$ （mm²） 一般情况下，火力发电厂的最大负荷利用小时数 t 平均可取 5000h；水力发电厂平均可取 3200h； 变电站应根据负荷性质确定。其他行业的取值可参照表 9-12	1P341 式（9-26）
软导体	$S_j \geq \dfrac{I_g}{J}$ I_g：导体最大负荷电流（A），查 1P220 表 7-3 确定； J：导体经济电流密度（A/mm²），查 1P341-342 图 9-3	1P378
架空送电线路	$S = \dfrac{P}{\sqrt{3} J U_e \cos\varphi}$ P：送电容量（kW）； U_e：线路额定电压（kV）； J：经济电流密度 表 7-7　经济电流密度　（A/mm²） {{TABLE}}	系 P180 式（7-13） 表 7-7

表 7-7　经济电流密度　（A/mm²）

导线材料	最大负荷利用小时数		
	3000 以下	3000～5000	5000 以上
铝线	1.65	1.15	0.9
铜线	3.0	2.25	1.75

第十五章　导体、管形导体

续表

名　称	依　据　内　容	出处
≤10kV 电缆导体	$j = \dfrac{I_{\max}}{S_{ec}}$ $I_{\max}$：导体最大负荷电流（A）； j：导体经济电流密度（A/mm²） B.0.3条第3款：当电缆经济电流截面介于电缆标称截面档次之间，可视其接近程度，选择较接近一档截面，且宜偏小选取	GB 50217—2018 式（B.0.1-1） B.0.3
总结	回路电流 I_g：应先查表7-3确定倍数后带 $I = \dfrac{S}{\sqrt{3}U_e}$ 计算；经济电流密度 j：取第一年的经济电流密度或长期经济电流密度，查1P341-342图9-3 DL/T 5222—2005 附录 E.2 经济电流密度曲线，注意各图及图中曲线的适用范围	1P341、 1P342 DL/T 5222—2005
搭接长度	导体无镀层接头接触面的电流密度，不宜超过表7.1.10所示数值。矩形导体接头的搭接长度不应小于导体的宽度	7.1.10
无镀层接头接触面的电流密度	表7.1.10　无镀层接头接触面的电流密度　（A/mm²） | 工作电流/A	J_{Cu}（铜-铜）	J_{Al}（铝-铝）
<200	0.31	$J_{Al}=0.78J_{Cu}$
200～2000	0.31–1.05（I–200）×10⁻⁴	
>2000	0.12	| 注：I 为回路工作电流	DL/T 5222—2005 表 7.1.10

十、挠度计算

名称	依　据　内　容	出处
挠度要求	管形母线在无冰无风正常状态下的挠度，一般不大于 0.5D～1.0D	DL/T 5222—2005 7.3.7
	支持式管型母线在无冰无风状态下的挠度不宜大于（0.5～1.0）D，悬吊式管型母线的挠度可放宽	DL/T 5352—2018 5.3.9
母线跨中挠度	$y_{xu} \leq$（0.5～1.0）D　　D：母线外径（cm），如为异形管母线，则 D 取母线高度。 大容量或重要配电装置，跨中挠度允许值以采用 $y_{xu} \leq 0.5D$ 为宜	1P351 式（9-69）
计算系数和公式	按表9-24所提供的系数和公式进行挠度计算（1P351）。 （P1-A-B, P2-B-C, P3-C-D, P4-D-E, P5-E-F 跨度示意图）	表9-24 1P351

续表

名称	依据内容	出处
计算系数和公式	表9-24 1～5跨等跨连续梁内力系数 | 跨数	荷载	支座弯矩					跨中挠度（cm）				
---	---	---	---	---	---	---	---	---	---	---	---
		跨中	M_B	M_C	M_D	M_E	y_1	y_2	y_3	y_4	y_5
1	均布 集中	0.125 0.250									
2	均布 集中	0.0703 0.156	−0.125 −0.188				0.521 0.911	0.521 0.911			
3	均布 集中	0.08 0.175	0.025 0.1	−0.100 −0.150	−0.100 −0.150		0.677 1.146	0.052 0.208	0.677 1.146		
4	均布 集中	0.077 0.169	0.036 0.116	−0.107 −0.161	−0.071 −0.107	−0.071 −0.161	0.632 1.079	0.186 0.409	0.186 0.409	0.632 1.079	
5	均布 集中	0.078 0.171	0.033 0.112	0.046 0.132	−0.105 −0.158	−0.079 −0.118	0.644 1.079	0.151 0.356	0.315 0.603	0.151 0.356	0.644 1.079 | 注：1. 均布荷载弯矩=表中系数×9.8ql^2（N·cm）； 2. 均布荷载挠度=表中系数×$\dfrac{ql^4}{100EJ}$（cm）； 3. 集中荷载弯矩=表中系数×9.8Pl（N·cm）； 4. 集中荷载挠度=表中系数×$\dfrac{Pl^3}{100EJ}$（cm）； 5. q为均布荷载（包括自重、风荷载、冰荷载、短路电动力、抗震力）kg/cm； 6. P为集中荷载（包括引下线、单柱式隔离开关静触头）kg； 7. 计算挠度时需将E单位由（N/cm²）化为（kg/cm²）； 8. l为跨距（绝缘子距减去支持金具长）cm	表9-24 1P351

十一、短路电动力及应力

1．短路电动力及应力

名称	依据内容	出处
短路电流产生的总机械应力	$\sigma = \sigma_{x-x} + \sigma_x$ σ_{x-x}：短路时相间最大机械应力； σ_x：短路时同相导体片间相互作用力，N/cm²	1P343 式（9-30）
导体允许应力	$\sigma_{xu} > \sigma$	1P343 式（9-29）
三相短路电动力	$F = 17.248\dfrac{l}{a}i_{ch}^2\beta \times 10^{-2}$ l：绝缘子间跨距（cm）（注：需减去支持金具长度）； a：相间距离（cm）； $β$：振动系数，共振范围外取1.0，共振范围内取>1.0，$β=0.35$N·m，N_m可由图9-8查得（1P349）； 管形导体是特例，工程计算一般取0.58（1P350）	1P344 式（9-32）
冲击电流计算	$i_{ch} = \sqrt{2}K_{ch}I''$ I''：0s短路电流周期分量有效值（kA）； K_{ch}：冲击系数，可按表4-13选用	1P121 式（4-35）

第十五章 导体、管形导体

续表

名称			依据内容	出处
冲击电流计算			表 4-13 不同短路点的冲击系数 | 短路点	K_{ch} 推荐值	$\sqrt{2}K_{ch}$
---	---	---
发电机端	1.90	2.69
发电厂高压侧母线及发动机电压电抗器后	1.85	2.62
远离发电厂的地点	1.80	2.55	 注：表中推荐的数值已考虑了周期分量的衰减	1P122
单片矩形导体机械应力	水平排列矩形导体相间应力		$\sigma_{x-x} = 17.248 \times 10^{-3} \times \dfrac{l^2}{a \times W} \times i_{ch}^2 \times \beta$ W：导体截面系数（表 9-17）	1P344 式（9-33）
	绝缘子最大允许跨距		$l_{max} = \dfrac{7.614}{i_{ch}} \times \sqrt{aW\sigma_{xu}}$	1P344 式（9-34）
		简化式	$l_{max} = K' \dfrac{\sqrt{a}}{i_{ch}}$ K'：随导体材料与截面而定的系数，三相导体水平排列时可由表 9-17 查得	1P344 式（9-35）
	三相导体直角三角形排列相间应力		$\sigma_{x-x} = 9.8 K_z \times \dfrac{l^2}{a_1 \times W} i_{ch}^2 \beta \times 10^{-3}$	1P344 式（9-36）
			$W = 0.167 b h^2$	1P344 式（9-37）
			K_z：由图 9-5 查得； b：导体厚度； h：导体宽度	
多片矩形导体机械应力	机械应力		$\sigma = \sigma_{x-x} + \sigma_x$ σ_{x-x}：相间相互作用力，同式（9-36）	1P344 式（9-38）
	同相导体片间相互作用应力		$\sigma_x = \dfrac{F_x l_C^2}{h b^2}$	1P344 式（9-39）
	导体片间电动力	每相两片	$F_x = 2.55 k_{12} \dfrac{i_{ch}^2}{b} \times 10^{-2}$	1P347 式（9-40）
		每相三片	$F_x = 0.8 (k_{12} + k_{13}) \dfrac{i_{ch}^2}{b} \times 10^{-2}$	1P347 式（9-41）
		片间距离等于导体厚度每相 2 片~3 片	$F_x = 9.8 k_x \dfrac{i_{ch}^2}{b} \times 10^{-2}$	1P347
			k_{12}、k_{13}：第 1 与第 2 片、第 1 与第 3 片导体的形状系数，由图 9-6（a）曲线查得； k_x：由图 9-6（b）曲线查得	
	导体片间临界跨距		$l_{ef} = 1.77 \lambda b^4 \sqrt{\dfrac{h}{F_x}}$ λ：系数（相两片时，铝为 57、铜为 65；每相三片时，铝为 68，铜为 77）	1P347 式（9-42）

续表

名　称		依　据　内　容	出处
槽形导体相间应力		$$\sigma_{x-x} = 17.248 \times 10^{-3} \times \frac{l^2}{a \times W} \times i_{ch}^2 \times \beta$$	1P344 式（9-33）
	⊐⊏⊐⊏⊐⊏ 布置	$W=2W_x$，W_x 见 1P338 表 9-6	1P338
	[ ][ ][ ] 布置	$W=2W_y$，W_y 见 1P348 表 9-18	1P348
		在两槽间加垫片实连时，$W=2W_{r0}$，W_{r0} 见表 9-18	
槽形导体片间应力		$$\sigma_x = \frac{F_x l_c^2}{12W_y}$$	1P347 式（9-43）
	导体片间 相互作用力	$$F_x = 5 \times 10^{-2} \frac{l_c}{h} i_{ch}^2$$ l_c：导体垫片中心线间距离，见图 9-7； h：槽形导体高度	1P348 式（9-44）
	允许片间 应力最大值	$\sigma_x = \sigma_{xu} - \sigma_{x-x}$	1P348 式（9-45）
	允许垫片间 临界跨距	$$l_{af} = \sqrt{\frac{12W_y(\sigma_{xu} - \sigma_{x-x})}{F_x}}$$	1P348 式（9-46）
槽形导体垫板所承受的剪应力	剪应力要求	短路时要焊接平板所承受的剪应力 τ 必须小于焊缝的允许剪应力 τ_{xu}，即 $\tau \leq \tau_{xu}$，铝 $\tau_{xu} = 3920 \text{N/cm}^2$，铜 $\tau_{xu} = 7840 \text{N/cm}^2$	1P348
	变曲力矩应力	$$\sigma_{jm} = \frac{0.36 F_{x-x} S_{y0} l_c'}{I_{y0} l_m d_c}$$	1P348 式（9-47）
	纵向力的切线应力	$$\sigma_{m1} = \frac{1.07 F_{x-x} S_{y0} l_c' C_c}{I_{y0} l_m d_c}$$	1P348 式（9-48）
	导体间的相互 作用应力	$$\sigma_{m2} = 0.71 \frac{F_x l_c'}{l_m d_c}$$	1P348 式（9-49）
	平板焊缝承受 的总应力	$$\tau = \sqrt{(\sigma_{m1} + \sigma_{m2})^2 + \sigma_{jm}^2}$$ $$\tau = 0.36 \frac{l_c'}{(b_c-1)d_c} F_{x-x} \frac{S_{y0}}{I_{y0}} \times \sqrt{1 + \left(3\frac{C_c}{b_c-1} + 2\frac{f_x}{F_{x-x}\frac{S_{y0}}{I_{y0}}}\right)^2}$$	1P348 式（9-50）
	参数说明	F_{x-x}：短路时一个跨距内相间作用力（N）； S_{y0}：导体截面静力矩（cm^3）； l_c'：两焊接片的中心距，图 9-7； I_{y0}：导体截面惯性矩（cm^4）； l_m：焊缝计算长度，$l_m = b_c - 1$； d_c：焊接板厚，一般取 $0.05h$； C_c：焊接板宽，一般取 $5cm \sim 8cm$； F_x：短路时导体片间相互作用力（N/cm^2）； f_x：短路时片间所受的力（N/cm）； b_c：焊接板长，一般取 $0.5cm \sim 0.75cm$	1P348

第十五章 导体、管形导体

2. 计算数据

矩形铝导体机械计算用数据（1P345～1P346 表 9-17）

导体尺寸 $h \times b$ (mm×mm)	导体截面 S (mm²)	集肤效应系数 K_f	机械强度要求最大跨距 l_m (cm) 竖放	机械强度要求最大跨距 l_m (cm) 平放	机械共振允许最大跨距 (cm) 竖放	机械共振允许最大跨距 (cm) 片间	机械共振允许最大跨距 (cm) 平放	片间跨界跨距 l_{ej} (cm)	片间作用应力 σ_x (N/cm²)	竖放 截面系数 W_y (cm³)	竖放 惯性半径 r_{iy} (cm)	平放 截面系数 W_x (cm³)	平放 惯性半径 r_{ix} (cm)
6.3×6.3	397	1.02	$406\sqrt{a/i_{ch}}$	$1285\sqrt{a/i_{ch}}$	45		143			0.4170	0.182	4.17	1.1821
63×8	504	1.03	$516\sqrt{a/i_{ch}}$	$1448\sqrt{a/i_{ch}}$	51		143			0.672	0.231	5.29	1.1821
63×10	630	1.04	$645\sqrt{a/i_{ch}}$	$1620\sqrt{a/i_{ch}}$	57		143			1.05	0.289	6.62	1.821
80×6.3	504	1.03	$458\sqrt{a/i_{ch}}$	$1632\sqrt{a/i_{ch}}$	45		161			0.529	0.182	6.72	2.312
80×8	640	1.04	$581\sqrt{a/i_{ch}}$	$1838\sqrt{a/i_{ch}}$	51		161			0.853	0.231	8.53	2.312
80×103	800	1.05	$727\sqrt{a/i_{ch}}$	$2056\sqrt{a/i_{ch}}$	57		161			1.333	0.289	10.67	2.312
100×6.3	630	1.04	$512\sqrt{a/i_{ch}}$	$2040\sqrt{a/i_{ch}}$	45		180			0.662	0.182	10.5	2.89
100×8	800	1.05	$650\sqrt{a/i_{ch}}$	$2303\sqrt{a/i_{ch}}$	51		180			1.067	0.231	13.38	2.89
100×10	1000	1.08	$813\sqrt{a/i_{ch}}$	$2570\sqrt{a/i_{ch}}$	57		180			1.667	0.289	16.67	2.89
125×6.3	788	1.05	$573\sqrt{a/i_{ch}}$	$2550\sqrt{a/i_{ch}}$	45		201			0.827	0.182	16.41	3.613
125×8	1000	1.08	$727\sqrt{a/i_{ch}}$	$2873\sqrt{a/i_{ch}}$	51		201			1.333	0.231	20.83	3.613
125×10	1250	1.12	$908\sqrt{a/i_{ch}}$	$3212\sqrt{a/i_{ch}}$	57		201			2.083	0.289	26.04	3.613
2（80×6.3）	1008	1.18	$16.25\sqrt{a \cdot \sigma_{x-x}/i_{ch}}$	$27.86\sqrt{a \cdot \sigma_{x-x}/i_{ch}}$	86	48	161	$307.6 \times 1/\sqrt{i_{ch}}$	$23.9 \times 10^{-4} i_{ch}^2 L_e^2$	4.572	0.655	13.44	2.312
2（80×8）	1280	1.27	$20.64\sqrt{a \cdot \sigma_{x-x}/i_{ch}}$	$31.4\sqrt{a \cdot \sigma_{x-x}/i_{ch}}$	97	54.5	161	$399 \times 1/\sqrt{i_{ch}}$	$12.7 \times 10^{-4} i_{ch}^2 L_e^2$	7.373	0.832	17.07	2.312

续表

导体尺寸 $h\times b$ (mm×mm)	导体截面 S (mm²)	集肤效应系数 K_f	机械强度要求最大跨距 (cm) l_m		机械共振允许最大跨距 (cm)			片间跨界跨距 l_{ej} (cm)	片间作用应力 σ_x (N/cm²)	竖放		平放	
			竖放	平放	竖放	片间	平放			截面系数 W_y (cm³)	惯性半径 r_{iy} (cm)	截面系数 W_x (cm³)	惯性半径 r_{ix} (cm)
2 (80×10)	1600	1.30	$25.8\sqrt{a\cdot\sigma_{x-x}/i_{ch}}$	$35.1\sqrt{a\cdot\sigma_{x-x}/i_{ch}}$	108	61	161	$489.5\times1/\sqrt{i_{ch}}$	$7.94\times10^{-4}i_{ch}^2L_e^2$	11.52	1.04	21.33	2.312
2 (100×6.3)	1260	1.26	$18.17\sqrt{a\cdot\sigma_{x-x}/i_{ch}}$	$34.83\sqrt{a\cdot\sigma_{x-x}/i_{ch}}$	86	48	180	$332\times1/\sqrt{i_{ch}}$	$15.3\times10^{-4}i_{ch}^2L_e^2$	5.715	0.655	21.00	2.89
2 (100×8)	1600	1.30	$23.07\sqrt{a\cdot\sigma_{x-x}/i_{ch}}$	$39.24\sqrt{a\cdot\sigma_{x-x}/i_{ch}}$	97	54	180	$438\times1/\sqrt{i_{ch}}$	$8.92\times10^{-4}i_{ch}^2L_e^2$	9.216	0.832	26.66	2.89
2 (100×10)	2000	1.42	$28.84\sqrt{a\cdot\sigma_{x-x}/i_{ch}}$	$43.88\sqrt{a\cdot\sigma_{x-x}/i_{ch}}$	108	61	180	$558\times1/\sqrt{i_{ch}}$	$5.3\times10^{-4}i_{ch}^2L_e^2$	14.4	1.04	33.33	2.89
2 (125×6.3)	1575	1.28	$20.31\sqrt{a\cdot\sigma_{x-x}/i_{ch}}$	$43.53\sqrt{a\cdot\sigma_{x-x}/i_{ch}}$	86	48	201	$360\times1/\sqrt{i_{ch}}$	$11.37\times10^{-4}i_{ch}^2L_e^2$	7.144	0.655	32.81	3.613
2 (125×8)	2000	1.40	$25.68\sqrt{a\cdot\sigma_{x-x}/i_{ch}}$	$49\sqrt{a\cdot\sigma_{x-x}/i_{ch}}$	97	54	201	$474\times1/\sqrt{i_{ch}}$	$6.6\times10^{-4}i_{ch}^2L_e^2$	11.52	0.832	41.67	3.613
2 (125×10)	2500	1.45	$32.24\sqrt{a\cdot\sigma_{x-x}/i_{ch}}$	$54.85\sqrt{a\cdot\sigma_{x-x}/i_{ch}}$	108	61	201	$609\times1/\sqrt{i_{ch}}$	$3.53\times10^{-4}i_{ch}^2L_e^2$	18.00	1.04	52.08	3.613
3 (80×8)	1920	1.44	$31.24\sqrt{a\cdot\sigma_{x-x}/i_{ch}}$	$38.45\sqrt{a\cdot\sigma_{x-x}/i_{ch}}$	122	54	161	$512\times1/\sqrt{i_{ch}}$	$9.8\times10^{-4}i_{ch}^2L_e^2$	16.9	1.328	25.6	2.312
3 (80×10)	2400	1.60	$39.05\sqrt{a\cdot\sigma_{x-x}/i_{ch}}$	$43\sqrt{a\cdot\sigma_{x-x}/i_{ch}}$	136	61	161	$657\times1/\sqrt{i_{ch}}$	$5.88\times10^{-4}i_{ch}^2L_e^2$	26.4	1.66	32.0	2.312
3 (100×8)	2400	1.50	$34.92\sqrt{a\cdot\sigma_{x-x}/i_{ch}}$	$48\sqrt{a\cdot\sigma_{x-x}/i_{ch}}$	122	54	180	$550\times1/\sqrt{i_{ch}}$	$7.154\times10^{-4}i_{ch}^2L_e^2$	21.12	1.328	39.99	2.89
3 (100×10)	3000	1.70	$43.66\sqrt{a\cdot\sigma_{x-x}/i_{ch}}$	$53.74\sqrt{a\cdot\sigma_{x-x}/i_{ch}}$	136	61	180	$715\times1/\sqrt{i_{ch}}$	$4.116\times10^{-4}i_{ch}^2L_e^2$	33.00	1.66	50.0	2.89
3 (125×8)	3000	1.60	$39.05\sqrt{a\cdot\sigma_{x-x}/i_{ch}}$	$60\sqrt{a\cdot\sigma_{x-x}/i_{ch}}$	122	54	201	$614\times1/\sqrt{i_{ch}}$	$4.708\times10^{-4}i_{ch}^2L_e^2$	26.4	1.328	62.5	3.613
3 (125×10)	3750	1.80	$48.81\sqrt{a\cdot\sigma_{x-x}/i_{ch}}$	$67.2\sqrt{a\cdot\sigma_{x-x}/i_{ch}}$	136	61	201	$980\times1/\sqrt{i_{ch}}$	$2.893\times10^{-4}i_{ch}^2L_e^2$	41.25	1.66	78.13	3.613
4 (100×10)	4000	2.00	$84.63\sqrt{a\cdot\sigma_{x-x}/i_{ch}}$	$62\sqrt{a\cdot\sigma_{x-x}/i_{ch}}$	215	61	180			124.0	4.13	66.66	2.89
4 (125×10)	5000	2.20	$94.62\sqrt{a\cdot\sigma_{x-x}/i_{ch}}$	$77.6\sqrt{a\cdot\sigma_{x-x}/i_{ch}}$	215	61	201			155.0	4.13	104.17	3.613

注 σ_{x-x}：相同应力按式 (9-33) 计算 (N/cm²)；a：相间距离 (cm)；L_e：每相导体片间间隔垫的距离 (cm)。

十二、荷载组合条件及弯矩与应力

1. 硬导体最大允许应力

本知识点依据 1P344 表 9-15 或 DL/T 5222—2005 表 7.33。

单位：MPa

项目	导体材料及牌号和状态							
	铜/硬铜	铝及铝合金						
		1060 H112	IR35 H112	1035 H112	3A21 H18	6063 T6	6061 T6	6R05 T6
最大允许应力	120/170	30	30	35	100	120	115	125

注　表内所列数值为计及安全系数后的最大允许应力。安全系数一般取 1.7（对应于材料破坏应力）或 1.4（对应于屈服点应力）。1MPa=100N/cm²

2. 户外管形导体荷载组合条件

本知识点依据 1P350 表 9-22 或 DL/T 5222—2005 表 7.3.5。

状态	风速	自重	引下线重	覆冰重量	短路电动力	地震力
正常时	有冰时的风速 最大风速	✓ ✓	✓ ✓	✓		
短路时	50%最大风速且不小于 15m/s	✓	✓		✓	
地震时	25%最大风速	✓	✓			相应震级的地震力

注　✓为计算时应采用的荷载条件。

3. 各种荷载组合条件下管形母线产生的弯矩和应力计算

名称	依据内容	出处
正常组合	$M_{max} = \sqrt{(M_{cz} + M_{cf})^2 + M_{sf}^2}$	1P350 式（9-63）
	$\sigma_{max} = 100 \dfrac{M_{max}}{W}$ M_{cz}：母线自重产生的垂直弯矩（N·m）； M_{cf}：母线上集中荷载产生的最大弯矩（N·m）； M_{sf}：最大风速产生的水平弯矩（N·m）； W：管形母线的截面系数（cm³）	1P351 式（9-64）
短路组合	$M_d = \sqrt{(M_{cs} + M_{cf})^2 + (M_{sd} + M'_{sf})^2}$	1P351 式（9-65）
	$\sigma_d = 100 \dfrac{M_d}{W}$ M_{sd}：短路电动力产生的母线弯矩（N·m）； M'_{sf}：内过电压风速下产生的水平弯矩（N·m）	1P351 式（9-66）
地震组合	$M_{dz} = \sqrt{(M_{cs} + M_{cf})^2 + (M_{dx} + M''_{sf})^2}$	1P351 式（9-67）
	$\sigma_s = 100 \dfrac{M_{dz}}{W}$ M_{dx}：地震力所产生的水平弯矩（N·m）； M''_{sf}：地震时计算风速所产生的水平弯矩（N·m）	1P351 式（9-68）
基本加速度	表 10-38　地面输入基本加速度值 | 地震烈度	Ⅶ	Ⅷ	Ⅸ | |---|---|---|---|
地面最大水平加速度值	0.125g	0.25g	0.5g
设备底部最大水平加速度值	0.165g	0.33g	0.66g		1P543 表 10-38

第十六章 无功补偿

一、分类及接线

1. 无功补偿装置安装位置

名　　称	依 据 内 容	出处
并联电容器装置	一般装设在变压器低压侧；条件允许，应装在主要负荷侧	DL/T 5242—2010　5.0.5
	宜装设在变压器主要负荷侧；不具备条件时，可装设在三绕组变压器的低压侧	GB 50227—2017　3.0.4
	配电站无高压负荷时，不宜在高压侧装设并联电容器装置	GB 50227—2017　3.0.5
并联电抗器	一般装设在变压器低压侧，需要时也可装在高压侧（变电站内补偿输电线路充电功率）	DL/T 5242—2010　5.0.4
静止无功补偿器或静止无功发生器	应连接在主变低压侧或单独采用降压（连接）变压器接在主要负荷侧或低压侧	DL/T 5242—2010　6.1.6

2. 补偿装置的分类与功能

表 9-1　补偿装置的分类与功能（旧 1P469）

类　　型			功　　能
串联补偿装置	110kV 及以下电网串联电容补偿装置		减少线路电压降，降低受端电压波动，提高供电电压；在闭合电网中，改善潮流分布，减少有功损耗
	220kV 及以上电网串联电容补偿装置		增强系统稳定性，提高输电能力
并联补偿装置	（同期）调相机		向电网提供可无级连续调节的容性和感性无功，维持电网电压；并可强励补偿容性无功，提高电网的稳定性
	并联电容补偿装置	并联电容器装置 断路器投切	向电网提供可阶梯调节的容性无功，以补偿多余的感性无功，减少电网有功损耗和提高电网电压
		并联电容器装置 可控硅投切	
		交流滤波装置 断路器投切	向电网提供可阶梯调节的容性无功，经电网的谐波电源提供一个阻抗近似为零的通路，以降低母线的谐波电压正弦波形畸变，进一步提高电压质量
		交流滤波装置 可控硅投切	
	并联电容器组	35kV～220kV 变电站电容器组	补偿目的： （1）补偿主变无功损耗； （2）向主变中低压侧电网输送部分无功（DL/T 5242—2010，条文说明 5.0.6）
		330kV～750kV 变电站电容器组	补偿目的： （1）补偿主变无功损耗； （2）向主变中低压侧电网输送部分无功； （3）补偿 330kV～750kV 电网的无功缺额（DL/T 5014—2010，条文说明 5.0.4）
	静补装置	相控电抗器型	向电网提供可快速无级调节的容性和感性无功，降低电压波动和波形畸变，全面提高电压质量；并兼有减少有功损耗、提高系统稳定性、降低工频过电压的功能
		自饱和感性无功器型	
		直流励磁饱和电抗器型	
	并联电抗补偿装置		向电网提供可阶梯调节的感性无功，补偿电网剩余容性无功，保证电压稳定在允许范围内

第十六章 无功补偿

续表

类型			功能
并联补偿装置	并联电抗器	超高压并联电抗器	并联于330kV及以上超高压线路上，补偿输电线路的充电功率，以降低系统工频过电压水平、并兼有减少潜供电流、便于系统并网、提高送电可靠性等功能
		330kV～750kV变电站并联电抗器 高压并联电抗器	主要功能：限制工频过电压和潜供电流以及平衡线路的充电无功（DL/T 5014—2010，5.0.3条文说明）
		330kV～750kV变电站并联电抗器 低压并联电抗器	平衡超高压线路的充电功率（DL/T 5014—2010，5.0.3条文说明）
		35kV～220kV变电站并联电抗器	补偿电缆线路的充电功率（DL/T 5242—2010，5.0.6条文说明）

3．并联电容器组的接线方式

名　　称	依据内容（GB 50227—2017）	出处
接线方式	并联电容器组的接线方式应符合下列规定： （1）并联电容器组应采用星形接线，在中性点非直接接地电网中，星形接线电容器组中性点不应接地。 （2）并联电容器组的每相或每个桥臂，由多台电容器串并联组合连接时，宜采用先并后串的连接方式。 （3）每个串联段的电容器并联总容量不应超过3900kvar	4.1.2
	低压关联电容器装置可与低压柜同接一条母线。低压电容器或电容器组，可采用三角形接线或星形接线方式	4.1.3
接线电路	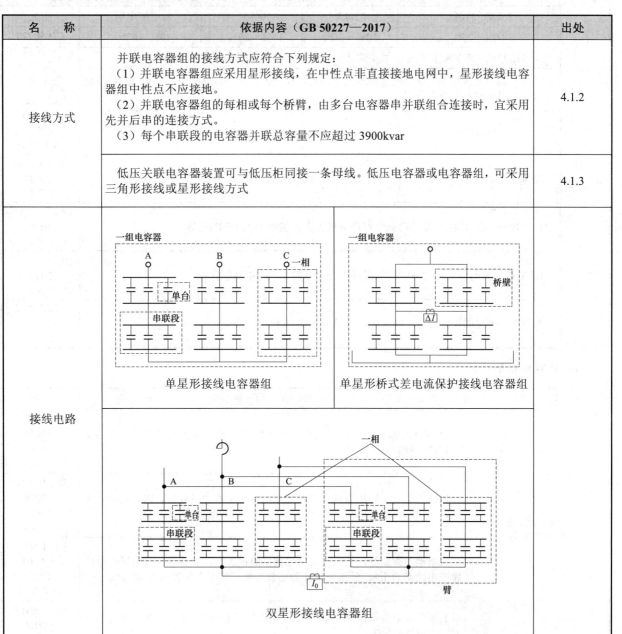	

二、容量计算

1. 无功补偿装置单组容器（不宜大于）

变电站电压等级	无功补偿装置所接电压等级			出处
	66kV	35kV	10kV	
220kV 变电站	20Mvar	12Mvar	8Mvar	DL/T 5242—2010 5.0.7 条文说明
110kV 变电站		6Mvar		
35kV 变电站			3Mvar	
单组容量的选择还应考虑变电站负荷较小时无功补偿的需要				
330kV、500kV、750kV 变电站无功补偿容量应考虑补偿主变压器无功损耗以及输电线路输送容量较大时电网无功缺额，可按主变压器容量的 10%～20%配置				DL/T 5014—2010 5.0.4

2. 并联电容器补偿

类型	无功补偿占主变压器容量的比例				出处
	35kV～110kV	220kV	500kV	公用配电网	
并联电容器	10%～25%	10%～30%	15%～20%	20%～40%	GB 50227—2017 3.0.2 条文说明
	变电站并联电容器安装容量占主变的比例，一般不小于10%，不大于30%				
	35kV～220kV 变电站，在主变压器最大负荷时，其高压侧功率因数应不低于 0.95，低谷负荷时功率因数应不高于 0.95				DL/T 5242—2010 5.0.6 条文说明
	10%～30%	10%～25%	10%～20%	—	
	220kV 变电站的容性无功补偿容量可按主变容量的 10%～25%配置				DL/T 1773—2017 6.2.1
	35～110kV 变电站的容性无功补偿容量可按主变容量的 10%～30%配置				DL/T 1773—2017 6.3.1
	10kV 配电网的容性无功补偿容量可按主变容量的 20%～40%配置				DL/T 1773—2017 6.5.1
	并联电容器组的补偿容量，宜为主变容量的 30%以下				DL/T 5014—2010 5.0.7

3. 并联电抗器补偿

名 称	依 据 内 容	出处
并联电抗器补偿总容量	35kV～220kV 变电站并联电抗器补偿总容量一般要求为线路充电功率总和的 100%以上	DL/T 5242—2010 5.0.6 条文说明
	330kV 及以上电压等级线路的充电功率应基本予以补偿，因此高低压电抗器补偿总容量一般要求为线路充电功率的 100%左右	DL/T 5014—2010 5.0.3 条文说明
	按就地平衡原则，变电站装设电抗器的最大补偿容量，一般为其所接线路充电功率的 1/2。低压电抗器的安装容量一般在主变容量的 30%以下	DL/T 5014—2010 5.0.7 条文说明
	高压并联电抗器回路一般不装设断路器，但两回线共用一组并联电抗器时，可设置断路器	DL/T 5014—2010 6.3.1

第十六章 无 功 补 偿

4. 发电厂、变电站并联电抗器补偿容量

名 称	依 据 内 容	出处
变电站感性无功补偿总需求量	$Q_1 = \dfrac{l}{2} q_c B$ Q_1——变电站感性无功补偿总容量（Mvar）； l——接入变电站的线路总长度（km）； q_c——输电线路单位充电功率（Mvar/km）； B——补偿系数，一般取 0.9～1.0	系 P162 式 (7-9)

5. 超高压线路并联电抗器补偿度

名 称	依 据 内 容	出处
补偿度	$K_1 = \dfrac{Q_L}{Q_C}$ Q_C：线路充电功率（Mvar）； Q_L：并联电抗器容量（MVA）； K_1：补偿度，一般取 40%～80%，80%～100%，补偿度是一相开断或两相开断庇振区，应尽量避免； 并联电抗器容量：$Q_L = K_1 Q_C$，由式（9-50）得	旧 1P533 式（9-50）

6. 补偿装置最大无功容量、分组容量及母线电压升高

名 称		依 据 内 容	出处
最大容性无功容量	直接供电的末端变（配）电所 — 负荷所需补偿最大无功容量（kvar）	$Q_{cf,m} = P_{fm}(|\tan\varphi_1| - |\tan\varphi_2|) = P_{fm} Q_{cf0}$ $= P_{fm}\left(\sqrt{\dfrac{1}{\cos^2\varphi_1} - 1} - \sqrt{\dfrac{1}{\cos^2\varphi_2} - 1}\right)$ P_{fm}：母线上最大有功负荷（kW）； φ_1（φ_2）：补偿前（后）的最大功率因数角，φ_2 不小于表 9-6，尽量满足表 9-7； Q_{cf0}：由 $\cos\varphi_1$ 补偿到 $\cos\varphi_2$ 时，每千瓦有功负荷所需补偿的容性无功量（kvar/kW），1P477 表 9-8	旧 1P476 式（9-1）
	直接供电的末端变（配）电所 — 主变所需补偿最大无功容量（kvar）	$Q_{CB,m} = \left[\dfrac{U_d(\%) I_m^2}{100 I_e^2} + \dfrac{I_0(\%)}{100}\right] S_e$ $U_d(\%)$：需补偿的变压器侧的阻抗电压百分值； $I_0(\%)$：变压器空载电流百分值； I_m：母线装设补偿后，通过变压器需要补偿一侧的最大负荷电流值（A）； I_e：变压器需要补偿一侧额定电流值（A）； S_e：主变压器需要补偿一侧的额定容量（kVA）	旧 1P476 式（9-2）
	注意：安装的最大容性无功量应等于装置所在母线上的负荷按提高功率因数所需补偿的最大容性无功量与变压器所需补偿的最大容性无功量之和。即： $Q_c = Q_{cf,m} + Q_{CB,m}$		旧 1P476
	枢纽变电所和地区变电所 — 经济功率因数法	同式（9-1）；P_{fm}：输电线路首端，输送的最大有功负荷（kW）； φ_2：应满足表 9-9；其他参数同式（9-1）	旧 1P476
	枢纽变电所和地区变电所 — 送电线路经济无功负荷（Mvar）	$Q_j = \dfrac{m U^2}{2R}; \; m = \dfrac{b_2(a_1+a_2)}{8760 b_1} + \varepsilon$ U：负荷端的额定电压（kV）； R：线路的等值电阻（Ω）； m：常数； b_1：线损电价（元/MWh）； b_2：并联补偿装置的单位投资（元/Mvar）； a_1：年折旧率； a_2：投资的年抵偿率； ε：并联补偿装置的电损率（MW/Mvar）	旧 1P478 式（9-3）
	枢纽变电所和地区变电所 — 提高母线电压（Mvar）	$Q_{cum} \approx \dfrac{\Delta U_m U_m}{X_1}$ X_1：向该变电所输送功率的某线路感抗值（Ω）； ΔU_m：经补偿后，变电所母线线电压预计升高的最大值（kV）； U_m：补偿前变电所母线运行线电压最高值（kV），即额定线电压减去电压损失	旧 1P478 式（9-4）

续表

名称		依据内容		出处
最大容性无功容量	枢纽变电所和地区变电所	降低线路有功损耗	同式（9-1）；P_{fm}：输电线路首端，输送的最大有功负荷（kW）；其他参数同式（9-1）参数	旧 1P478
			$\cos\varphi_2 = \sqrt{\dfrac{\cos^2\varphi_1}{1-\dfrac{\Delta P_r(\%)}{100}}}$	ΔP_r（%）：补偿后线路应达到的有功损耗降低百分值；$\cos\varphi_1$（φ_2）：补偿前（后）线路首端功率因数值	旧 1P478 式（9-6）
	输电线路	$\Delta Q = 3I^2 X$	负荷电流可以依据 1P220 表 7-3 计算	旧系 P319 式（10-39）
		$\Delta Q = \dfrac{S^2}{U^2}X = \dfrac{P^2+Q^2}{U^2}X = \left(\dfrac{P}{U\cos\varphi}\right)^2 X$	注意计算每一条线路的有功功率	系 P215 式（9-1）
		$\Delta Q_b = \dfrac{1}{2}BU^2$	对 π 形电路每一端的充电功率	系 P216 式（9-2）
最大感性无功容量	并联电抗器补偿最大容量	$Q_{Lm} = \dfrac{S_d \Delta U(\%)}{100}$	S_d：母线处零秒时的三相短路容量（kVA）；ΔU（%）：母线电压下降百分数	旧 1P480 式（9-7）
		$Q_{Lm} = P_{min}\tan\varphi_1$	P_{min}：计算点上最小有功负荷；φ_1：计算点上出现 P_{min} 的超前功率因数角	旧 1P480 式（9-8）
分组容量（低压电抗器和电容器）		投切一组无功分组设备引起所接变压器母线电压的波动值不宜超过其额定电压的 2.5%；对于 330kV 以上变电站，电压波动可按不超过中压侧额定电压的 2.5%考虑；对于有载调压变压器，则应按电压波动不超过调压分接头的档距考虑		系 P165
		$Q_{fz} = \Delta U \cdot S_d$	Q_{fz}——无功分组容量（Mvar）；S_d——电容器所接母线三相短路容量（Mvar）；ΔU——考核侧交流母线的允许电压波动（%）	系 P165 式（7-19）
补偿后母线电压升高（降低）百分值		$\Delta U(\%) \approx \dfrac{Q_{cm}}{S_d} \times 100\%$	Q_{cm}：最终确定的变电所安装的最大容性无功量（kvar）；S_d：母线处零秒时的三相短路容量（kVA）	旧 1P478 式（9-5）
		将式（9-5）中 Q_{cm} 换成 Q_{Lm} 时，ΔU（%）则为变电所母线电压下降的百分值		旧 1P478
		投切一组补偿设备引起所在母线电压变动值，不宜超过其额定电压的 2.5%（DL/T 5014—2010，5.0.8.2 条）		DL/T 5242—2010 5.0.7.2
电容器/电抗器接入母线后引起的稳态电压升高（降低）值		$\Delta U \approx U_{zM}\dfrac{Q_C}{S_d}$	ΔU：电压升高值（kV）；U_{zM}：电容器（或电抗器）组未接入时的母线电压（kV）；Q_C：接入母线的电容器（电抗器）组的总容量（Mvar）；S_d：电容器（电抗器）组安装处的母线短路容量（MVA）	DL/T 5014—2010 附录 C 式（C.1）
并联电容器装置投入电网后引起的母线电压升高值 ΔU（kV）		$\Delta U = U_{s0}\dfrac{Q}{S_d}$	U_{s0}：电容器投入前的母线电压（kV）；Q：母线上所有运行电容器组容量（Mvar）；S_d：母线三相短路容量（MVA）	GB 50227—2017 5.2.2 条文说明 式（1）DL/T 5014—2010 7.2.1 条文说明 式（1）

第十六章 无功补偿

三、补偿装置参数计算

1. 并联电容器参数计算

名　　称		依　据　内　容			出处
单台电容器	额定电压 U_{Ce}（kV）	$NU_{Ce} \geqslant K \dfrac{U_m}{1-A}$			旧1P505 式（9-19）
		N：电容器串联段数，10kV 及以下取 1，对 35、66kV 取 2 或 4；或查表 9-21，1P507； U_{Ce}：电容器额定电压； K：电压升高系数，$N=1$ 的 Δ 接线，$K=1$，其余 $k=1.016$； U_m：系统最高电压（Y 接线取最高相电压）； A：调谐度，$A = \dfrac{X_L}{X_C}$			
		$U_{CN} = \dfrac{1.05 U_{SN}}{\sqrt{3}S(1-K)}$			GB 50227—2017 5.2.2 条文说明 式（2） DL/T 5014—2010 7.2.1 条文说明 式（2）
		U_{SN}：电容器接入点电网标称电压（kV）； S：电容器组每相的串联段数； K：电抗率			
	电容器运行电压（接入串联电抗器后）	$U_c = \dfrac{U_S}{\sqrt{3}S} \cdot \dfrac{1}{1-K}$			GB 50227—2017，5.2.2 条 式（5.2.2） DL/T 5014—2010 附录 C 式 C.2
		U_S：并联电容器装置的母线运行电压（kV）			
		5.2.2-1 电容器额定电压宜按电容器接入电网处的运行电压计算			GB 50227—2017 5.2.2-1
	额定容量（kvar）	$Q_{Ce} \geqslant \dfrac{NQ_B U_{Ce}^2 (1-A)}{3MU_m^2}$			旧1P508 式（9-20）
		Q_B：电网所需补偿的无功； M：电容器并联台数 [对双 Y 接线，M 应为两臂并联台数之和，但在后面的式（9-23）校验时，M 应取一臂的并联台数]			
		额定容量优先值：（50、100、200、334、500）Mvar			GB 50227—2017 5.2.4 条文说明
		电容器组容量	5Mvar 及以下	（10～20）Mvar	（20～60）Mvar	5.2.4 条文说明
		单台容量（宜选）	50/100kvar	200/334kvar	334/500kvar	
	额定电容（μF）	$C_{Ce} = \dfrac{Q_{Ce}}{\omega U_{Ce}^2} \times 10^3 = 3.185 \dfrac{Q_{Ce}}{U_{Ce}^2}$	ω：工频角频率，$\omega = 314$rad/s		旧1P508 式（9-21）
最小并联台数	Y 接线及不平衡电压保护双 Y 接线	$M_{min} = \dfrac{K_u(3N-2)}{3N(K_u-1)} = 11 - \dfrac{7.333}{N}$	K_u：并联电容器长期运行的工频过电压倍数，取 1.1		旧1P508 式（9-22）
	桥式差电流保护 Y 接线	$M_{min} = \dfrac{K_u(6N-8)}{3N(K_u-1)} = 22 - \dfrac{29.333}{N}$			

续表

名称		依据内容		出处
最小并联台数	不平衡电流保护双Y接线	$M_{min} = \dfrac{K_u(6N-5)}{6N(K_u-1)} = 1.833 - \dfrac{9.167}{N}$		旧1P508 式（9-22）
	△接线，$N \geq 2$	$M_{min} = \dfrac{K_u(N-1)}{N(K_u-1)} = 11 - \dfrac{10}{N}$		
最大并联台数		$M_m = \dfrac{259W_{min}}{Q_{Ce}} + 1$	W_{min}：电容器外壳能承受的外壳爆裂能量，kJ	旧1P508 式（9-23）
		4.2.1.3 每个串联段电容器并联总容量不应超过3900kvar		GB 50227—2017 4.2.1.3
单台额定电流（A）		$I_{Ce} = \dfrac{Q_{Ce}}{U_{Ce}}$	I_{lm}：通过电容器组工频（基波）最大电流值（A）；U_{xm}：母线最高电压；n：谐波次数；I_{nm}：通过电容器组的 n 次谐波最大电流值（A）；N：电容器串联段数；C_{Ce}：单台电容器额定电容值（μF）；U_{xnm}：母线上 n 次谐波最大电压值，相电压（V）；K_i：单台电容器允许的长期过电流倍数，$K_i = 1.3$	旧1P508 式（9-25）
		$I_{Ce} \geq \sqrt{I_{lm}^2 + \sum_{n=2}^{n} I_{nm}^2}/K_i M$		
		$I_{lm} = \dfrac{MU_{xm}Q_{Ce}}{(1-A)U_{Ce}^2}$		
		$I_{nm} = \dfrac{n\omega \dfrac{M}{N} C_{Ce} U_{xnm}}{1 - n^2 A} \times 10^{-6}$		
电容器装置额定电流（A）		$I_{\Sigma Ce} = \dfrac{U_m}{(1-A)X_{\Sigma Ce}} \times 10^3$	$I_{\Sigma Ce}$：并联电容器装置的额定相电流（A）。注：与电容器组额定电流不同。U_m：系统最高相电压；$X_{\Sigma Ce}$：电容器组一相总容抗（Ω），当△接线时，应变换为Y接线的容抗值（把每一相容抗值除以3）；X_{Ce}：单台电容器额定容抗；C_{Ce}：单台电容器额定电容值（μF）	旧1P509 式（9-26）
	△接线	$X_{\Sigma Ce} = \dfrac{N}{3M} X_{Ce}$		
	Y、双Y接线	$X_{\Sigma Ce} = \dfrac{N}{M} X_{Ce}$		
		$X_{Ce} = \dfrac{1}{\omega C_{Ce}} \times 10^6$		
电容器谐振容量		$Q_{cx} = S_d \left(\dfrac{1}{n^2} - K \right)$ S_d：并联电容器装置安装处的母线短路容量（MV·A），$S_d = \sqrt{3} U_e I_d$；K：电抗率，$K = \dfrac{X_L}{X_C}$ DL/T 5014—2010 附录A式（A.1）；系P245式（8-6）		GB 50227—2017 式（3.0.3）DL/T 5242—2010 式（B.1）
电容器实际输出无功容量 Q_C		$\dfrac{Q_C}{Q_e} = \dfrac{U_C^2}{U_e^2}$ 电容器输出容量与其运行电压的平方成正比，即 $Q = \omega C U^2$ U_C：电容器实际运行电压；Q_e：电容器额定无功容量；U_e：电容器额定电压		GB 50227—2017 5.2.2 条文说明 DL/T 5014—2010 7.2.1 条文说明
避雷器的最大吸收能量		避雷器接线为相对地接线方式 $W = 52.22 \left(\dfrac{U_m}{U_r} - 0.26 \right) \left[1 + 3.6 \left(\dfrac{X_L}{X_C} - 0.06 \right) \right] C^{0.643} U_m^2$		DL/T 5242—2010 条文说明 第7.8.3条
电容器无功容量 Q_C		$Q_C = \dfrac{U^2}{X_C}$ 由此公式可以推算容抗		旧系P325 式（10-59）

2. 并联电容器串联电抗器参数计算

名　称	依　据　内　容		出处
每相额定感抗	$X_{Le}=\omega L_e=AX_{\Sigma Ce}$	L_e：串联电抗器每相额定电感值； $X_{\Sigma Ce}$：电容器组一相总容抗（△接线时不必变换为 Y）； A：装置调谐度	旧1P509 式（9-27）
一相额定电流	$I_{Le}=I_{\Sigma Ce}$	$I_{\Sigma Ce}$：电容器组额定电流（A）	旧1P510 式（9-28）
单相额定容量	$Q_{Le}=I_{Le}^2 X_{Le}\times 10^{-3}$	$Q_{Le}=AQ_e/3$	旧1P510 式（9-29）
三相额定容量	$Q_{Lse}=3Q_{Le}$	$Q_{Lse}=AQ_e$	

3. 电容器组投入电网涌流计算

（1）GB 50227—2017 附录 A；DL/T 5242—2010 附录 B.2，同一电抗率式（B.2），两种电抗率式（B.3）。

名　称		依　据　内　容		出处
同一电抗率 式（B.2）		$I_{*ym}=\dfrac{1}{\sqrt{K}}\left(1-\beta\dfrac{Q_0}{Q}\right)+1$	I_{*ym}：涌流值的标幺值（以投入的电容器组额定电流峰值为基准值）； Q：同一母线上装设的电容器组总容量（Mvar）； Q_0：正在投入的电容器组容量（Mvar）； Q'：所有正在运行的电容器组容量（Mvar）； β：电源影响系数	式（A.0.1-1）
		$\beta=1-\dfrac{1}{\sqrt{1+\dfrac{Q}{KS_d}}}$		式（A.0.1-2）
		$Q=Q'+Q_0$		式（A.0.1-3）
两种 电抗率 式（B.3）	$\dfrac{Q}{K_1 S_d}<\dfrac{2}{3}$	$I_{*ym}=\dfrac{1}{\sqrt{K_1}}+1$	K_1：正投入的电容器组的电抗率	式（A.0.2）
	$\dfrac{Q}{K_1 S_d}\geq\dfrac{2}{3}$ 且 $\dfrac{Q}{K_2 S_d}<\dfrac{2}{3}$	$I_{*ym}=\dfrac{1}{\sqrt{K}}\left(1-\beta\dfrac{Q_0}{Q}\right)+1$	K_2：另一种的电抗率；第 A.0.2-2 条	式（A.0.1-1）
		$\beta=1-\dfrac{1}{\sqrt{1+\dfrac{Q}{K_1 S_d}}}$		式（A.0.1-2）
		$Q=Q'+Q_0$		式（A.0.1-3）

（2）DL/T 5014—2010，附录 B。

名　称	依　据　内　容		出处
单组投入	$I_{y,max}=\sqrt{2}I_e\left(1+\sqrt{\dfrac{X_C}{X'_L}}\right)$	$I_{y,max}$：合闸涌流峰值（kA）； I_e：电容器组额定电流（kA）； X_C：电容器组每相容抗（Ω）； f_y：涌流频率（Hz）； f：电网基波频率（Hz）； X'_L：网络感抗（ωL_0）与电容器组串联电抗器感抗（ωL）的综合值Ω，$X'_L=\omega L_0+\omega L$； 第 7.5.3 条：电容器组的合闸涌流宜限制在电容器组的额定电流的 20 倍以内。 即：$\dfrac{I_{y,max}}{I_e}\leq 20$	式（B.1）
	涌流频率 $f_y=f\sqrt{\dfrac{X_C}{X_L}}$		式（B.2）

名称		依据内容		出处
追加投入	并联各组电容器容量不相等	$I_{y,max} = \sqrt{\dfrac{2}{3}} U_e \sqrt{\dfrac{C_\Sigma}{L_\Sigma}}$	U_e：电容器组额定线电压有效值（kV）； C_Σ：并联电容器组的等值电容（μF），等于已运行的各组电容器的电容并联再与投入电容器组的电容串联； L_Σ：等值电感（μH），可按等值电容的类似方法求得，计及母线电感时，按1（μH/m）考虑	式（B.3）
		涌流频率 $f_y = f \dfrac{10^6}{2\pi\sqrt{L_\Sigma C_\Sigma}}$		式（B.4）
	并联各组电容器容量相等	$I_{y,max} = \dfrac{m-1}{m}\sqrt{\dfrac{2000 Q_{Cd}}{3\omega L}}$	m：电容器分组数； Q_{Cd}：单组电容器的容量（kvar）； ω：电网基波角频率，ω=314rad/s； L：串联电抗器及连接线每相电感（μH）； C：每组电容器每相电容（μF）	式（B.5）
		涌流频率 $f_y = f \dfrac{10^6}{2\pi\sqrt{L_\Sigma C_\Sigma}}$		式（B.6）

四、高压线路串联电容补偿

超高压、特高压远距离输电线路的感抗对限制输电能力起着了重要作用，将电容器串入输电回路，利用容抗抵消部分感抗，相当于缩短线路的电气距离，从而提高了系统的稳定极限和送电能力（变P220）。

1. 静稳定输送功率

名称	依据内容		出处
静稳定输送功率	$P = \dfrac{U_1 U_2}{X_L}\sin\delta$		变P200 式（6-33）
串入电容后，静稳定输送功率	$P = \dfrac{U_1 U_2}{X_L - X_C}\sin\delta$	U_1、U_2：线路始端和末端的电压（kV）； X_L：线路感抗（查表4-3，1P109，或线P60公式）（Ω）； X_C：串联电容的容抗（Ω）；由式（6-35）求出的容抗值需要查图6-36进行修正 $X_C = X_C/\beta$； δ：U_1与U_2的相角差； 图6-36中的S：串联补偿装置到线路末端（或始端）的距离	变P200 式（6-34）
修正系数	图6-36 补偿度的修正系数 $S_1 = L$（或$S_1 = 0$） $S_2 = \dfrac{1}{2}L$ $S_3 = \dfrac{1}{3}L$（或$\dfrac{2}{3}L$）		变P201 图6-36

2. 补偿度

名称	依据内容		出处
补偿度	$K_c = \dfrac{X_c}{X_L}$	δ：线路送受端电压矢量间的极限相角。当δ=30°～25°时，$K_{cj} \approx 35\% \sim 40\%$；极限补偿度一般不宜超过50%～60%	变P200 式（6-35）
最佳补偿度	$K_{cj} = \dfrac{1-\sin\delta}{1+\sin\delta}$		式（6-36）

3．安装位置

当电容器集中一处安装时，以安装在线路中点或距始末端 1/3 处为宜；当在两处安装时以安装在 1/3 和 2/3 处有最优补偿度；串器补偿装置一般不设置在线路的始端。（变 P201）

4．串联电容器参数计算

名　称	依　据　内　容		出处
电容器的并联数	$m = \dfrac{I}{I_{CN}} = \dfrac{SU_{CN}}{\sqrt{3}UQ_{CN}}$ m：取整数	I：每相电容器组的最大负荷电流（A）； I_{CN}：每个电容器的额定电流（A）； S：通过电容器的最大视在功率（kVA）； U_{CN}：电容器额定电压（kV）； Q_{CN}：电容器额定容量（kvar）； U：电容器处的线路电压（kV）	变 P204 式（6-37）
电容器的串联数	$\left. \begin{array}{l} X_C = X_L \dfrac{K_C}{\beta} \\ n = \dfrac{X_C}{\dfrac{X_{CN}}{m}} = \dfrac{mX_C Q_{CN}}{U_{CN}^2} \end{array} \right\}$	β：修正系数（1P201 图 6-36）； X_{CN}：每个电容器的容抗； n：取邻近的整数； Q_{CN}：电容器额定容量（Mvar）； K_C：补偿度	式（6-38）
实际三相电容器的容量	$Q_C = 3mnQ_{CN}$		式（6-39）
实际串联补偿装置容抗	$X_C = \dfrac{nX_{CN}}{m}$		式（6-40）
主平台可放置串联电容器最多数目	$N = \dfrac{U_{gs}}{\lambda U_{CS} K}$	U_{gs}：辅助平台支持绝缘子的湿闪电压（kV）； λ：保护间隙的整定倍数； U_{CS}：一只电容器的额定电压（kV）； K：安全系数，可取 $K=1.2\sim1.3$	式（9-64） 旧 1P547

五、电容器组的散热

名　称		依　据　内　容		出处
电容器组		$P_s = Q_C \tan\delta$	P_s：电容器介质损耗功率（kW）； Q_C：电容器室内安装的电容器容量（kvar）； $\tan\delta$：电容器的介质损耗角正切值	GB 50227 —2008 9.2.1 条文说明 式（3）
电容器组的通风散热	电容器组	$P_C = \sum\limits_{j=1}^{j} Q_{Cej} \tan\delta_j$	P_C：室内全部电容器散发的热功率（kW）； Q_{Cej}：单台电容器的额定容量（kvar）； $\tan\delta_j$：单台电容器的额定损失角正切值，由制造厂给出。额定电压为 1kV 及以下的并联电容器，$\tan\delta$ 一般取 0.004；额定电压为 1kV 以上的并联电容器，$\tan\delta$ 一般取 0.003； j：室内安装运行的电容器台数	变 P183 式（6-19）
	串联电抗器	$P_L = 1.8K_L Q_{Lse} = 5.47 R_L I_{Le}^2 \times 10^{-3}$ （适用于由并联电容器组成的并联电容补偿装置） $P_L = 1.08 K_i^2 K_L Q_{Lse} = 3.25 K_i^2 R_L I_{Le}^2 \times 10^{-3}$ （适用于由交流滤波电容器组成的滤波器）		变 P204 式（6-20）

六、回路导体、电器的选择

名　称	依据内容（GB 50227—2017）	出处
总回路和分组回路	并联电容器装置总回路和分组回路的电器导体选择时，回路工作电流应按稳态过电流最大值确定	5.1.3
单台保护熔丝额定电流	用于单台电容器保护的外熔断器的熔丝额定电流，应按电容器额定电流的 1.37 倍～1.50 倍选择	5.4.2

续表

名　　称	依据内容（GB 50227—2017）	出处
单台软导线	单台电容器至母线或熔断器的连接线应采用软导线，其长期允许电流不宜小于单台电容器额定电流的1.5倍	5.8.1
分组回路汇流母线	并联电容器装置的分组回路，回路导体截面应按并联电容器组额定电流的1.3倍选择，并联电容器组的汇流母线和均压线导线截面应与分组回路的导体截面相同	5.8.2
中性点连线桥连接线	双星形电容器组的中性点连线和桥形接线电容器组的桥连接线，其长期允许电流不应小于电容器组的额定电流	5.8.3
额定电压	电容器额定电压宜按电容器接入电网处的运行电压计算	5.2.2-1

七、电容器的方波通流容量

根据 GB 50227—2017 5.7.2 条文说明：操作过电压用 MOA（装设相地之间）方波通流容量，可按电容器组容量估算，24Mvar 及以下，2ms 方波电流不应小于 500A。容量大于 20Mvar 的电容器组，容量每增加 20Mvar，按方波电流增加值不小于 400A 进行估算。

第十七章 设 备 布 置

一、变压器

1．距离

（1）屋外变压器。

名　称	依据内容（GB 50229—2019）	出处
防火	油量为 2500kg 及以上屋外油浸变压器或电抗器与本回路油量为 600kg 以上且 2500kg 以下的带油电气设备之间的防火间距不应小于 5m	6.7.5
外廓	油浸变压器外廓与汽机房、屋内配电装置楼、主控制楼、集中控制楼及网络控制楼间距不应小于 10m；当符合本标准第 5.3.10 条时，其间距可适当减小	4.0.9
汽机房	当汽轮机、屋内配电装置楼、主控制楼、集中控制楼及网络控制楼的墙外 5m 以内布置有变压器时，在变压器外轮廓投影范围外侧各 3m 内的汽机房外墙上不应设置门、窗和通风孔；且该区域外墙应为防火墙，当建筑物墙外 5m～10m 范围内布置有变压器时，在上述外墙上可设甲级防火门。变压器高度以上可设防火窗，其耐火极限不应小于 0.90h	5.3.10
油量为 2500kg 及以上屋外油浸变压器之间的最小间距	表 6.7.3　油量为 2500kg 及以上屋外油浸变压器之间的最小间距（m） | 电压等级	最小间距
---	---
35kV 及以下	5
66kV	6
110kV	8
220kV 及 330kV	10
500kV 及以上	15		表 6.7.3

（2）室内变压器。

名　称	依据内容（DL/T 5352—2018）	出处
外廓	设置于室内的无外壳干式变压器，其外廓与四周墙壁的净距不应小于 600mm。干式变压器之间的距离不应小于 1000mm，并应满足巡视维修的要求。对全封闭型干式变压器可不受上述距离的限制。但应满足巡视维护的要求	5.4.6
室内油浸变压器外廓与变压器室四壁的最小净距	表 5.4.5　室内油浸变压器外廓与变压器室四壁的最小净距（mm） | 变压器容量（kVA）	1000 kVA 及以下	1250 kVA 及以上
变压器与后壁、侧壁之间	600	800
变压器与门之间	800	1000 | 对于就地检修的室内油浸变压器，室内高度可按吊芯所需的最小高度再加 700mm，宽度可按变压器两侧各加 800mm 确定	表 5.4.5

2．对于火电厂

名　称	依据内容（DL/T 5153—2014）	出处
变压器	当高压厂用变压器靠近主厂房布置时，在厂用分支母线桥的上面应有无孔遮盖	7.1.2

续表

名　称	依据内容（DL/T 5153—2014）	出处
配电装置	对于发电机引出线采用离相封闭母线的单机容量为200MW级及以上机组，高压厂用变压器低压侧的引出线宜采用共箱或分相封闭式结构。这时，高压厂用配电装置宜靠近高压厂用变压器布置	7.1.3
干式变压器	低压厂用变压器采用干式变压器后，宜布置在低压厂用配电装置室内，以缩短其低压侧出线至低压厂用母线的距离。主厂房内相对集中的低压厂用变压器，还可集中布置在专门的变压器室内，以便于集中采取通风降温措施，此时低压厂用变压器室应靠近相应的低压厂用配电装置，以便用硬母线引接	7.1.4
搬运	搬运变压器的门或可拆墙的宽度应按变压器的宽度至少加400mm，高度为变压器高度至少加300mm确定	7.1.6
套管	低压厂用变压器高、低压套管侧应用金属外壳封闭或加设网状遮栏	7.1.7
穿墙	低压厂用油浸变压器低压引出线穿墙处可采用不吸水、阻燃、防潮、防霉的绝缘板封闭	7.1.8
门	屋外油浸式变压器贮油设施的长宽尺寸应大于变压器的外廓。当无排油设施时，应在贮油池上装设网栏罩盖，网栏上应铺设不小于250mm厚的卵石层，卵石层的表面应低于变压器进风口75mm，油面应低于网栏50mm	7.3.9

3．对于水电厂

名　称	依据内容（NB/T 35044—2014）	出处
分支引接	由发电机电压母线或单元分支线上引接的厂用电变压器，布置上应使分支引接线尽量缩短	9.1.1
布置	（1）厂用电变压器宜设置安全防护外罩。相邻布置的三相变压器外罩之间最小距离不宜小于1000mm。 （2）有发电机电压封闭母线上引接的厂用电变压器，其引接线应采用封闭母线。 （3）厂用电变压器可不设单独设备间，与低压配电装置布置在一起。但其高、低压引线裸露部分应满足电气安全距离要求。 （4）干式变压器上部可以通过电缆，但电缆至变压器顶部的距离不宜小于2000mm	9.1.2
配电装置	低压厂用电变压器应靠近相应的低压厂用电配电装置，以便用母线引接	9.1.3
门	厂用电配电装置室搬运设备的门宜按搬运的最大设备外形尺寸宽加400mm、高加300mm，但其最小宽度不小于900mm、门高不低于2100mm	9.4.1

4．对于变电站

名　称	依据内容（DL/T 5155—2016）	出处
站用变压器	当站用变压器采用屋内布置时，油浸变压器应安装在单独的小间内。干式变压器可以布置在所用配电屏室内	7.2.1
布置	站用变压器的高、低压套管侧或者变压器靠维护门的一侧宜加设网状遮栏。变压器油枕宜布置在维护入口侧	7.2.4
穿墙	油浸站用变压器的低压硬母线穿墙处，可用阻燃绝缘板加以封闭，户内、外引线穿墙处应进行防潮处理	7.2.5
隔离电器	在油浸式变压器室内装设隔离电器时，应装在变压器室内近维护门口处，并应加以遮护	7.2.6
门	变压器室应有检修专用的门或可拆墙，其宽度应按变压器宽度至少加400mm，高度按变压器高度至少加300mm确定。对1000kVA及以上的变压器，在搬运时可考虑将油枕及防爆管拆下。为了运行检修方便，变压器室可另设维护小门	7.2.7

二、高压配电装置

1．净距和围栏

名　　称	依据内容（DL/T 5352—2018）	出处
安全出口	主控制楼、屋内配电装置楼各层及电缆夹层的安全出口不应少于 2 个，其中 1 个安全出口可通往室外楼梯。当屋内配电装置楼长度超过 60m 时，应加设中间安全出口。配电装置室内任一点到房间疏散门的直线距离不应大于 15m	6.1.1
围栏	发电厂屋外配电装置的周围宜设置高度不低于 1500mm 的围栏，并在其醒目的地方设置警示牌	5.4.7
栅状遮栏	配电装置中电气设备的栅状遮栏高度不应小于 1200mm，栅状遮栏最低栏杆至地面的净距不应大于 200mm	5.4.8
网状遮栏	配电装置中电气设备的网状遮栏高度不应小于 1700mm；网状遮栏网孔不应大于 40mm×40mm；围栏门应装锁	5.4.9
防护隔板	在安装有油断路器的屋内间隔内，除设置网状遮栏外，对就地操作的断路器及隔离开关，应在其操动机构处设置防护隔板，宽度应满足人员的操作范围，高度不低于 1900mm	5.4.10
屋外母线	当外物有可能落在母线上时，屋外母线桥应采取防护措施	5.4.11
屋内母线	屋内装配式配电装置的母线分段处，宜设置有门洞的隔墙	6.1.3
门	充油电气设备间的门若开向不属配电装置范围的建筑物内时，其门应为非燃烧体或难燃烧体的实体门	6.1.4
门	变压器室、配电装置室、发电机出线小室、电缆夹层、电缆竖井等室内疏散门应为乙级防火门，上述房间中间隔墙上的门可为不燃烧材料制作的门	6.1.5
防火	配电装置室的顶棚和内墙应做耐火处理，耐火等级不应低于二级。地（楼）面应采用耐磨、防滑、高硬度地面	6.1.7
通道	配电装置室内通道应保证畅通无阻，不得设立门槛，并不应有与配电装置无关的管道通过	6.1.11
配电装置室内各种通道最小宽度	表 5.4.4　配电装置室内各种通道的最小宽度（净距）(mm) | 布置方式	通道分类		
---	---	---	---
	维护通道	操作通道	
		固定式	移开式
设备单列布置时	800	1500	单车长+1200
设备双列布置时	1000	2000	双车长+900 | 注：1．通道宽度在建筑物的墙柱个别突出处，允许缩小 200mm。 　　2．手车式开关柜不需进行就地检修时，其通道宽度可适当减小。 　　3．固定式开关柜靠墙布置时，柜背离墙距离宜取 50mm。 　　4．当采用 35kV 开关柜时，柜后通道不宜小于 1m	表 5.4.4

2．通道

名　　称	依据内容（DL/T 5352—2018）	出处
布置	配电装置通道的布置，应考虑便于设备的操作、搬运、检修和试验。 （1）220kV 及以上屋外配电装置的主干道应设置环形通道和必要的巡视小道，如成环有困难时应具备回车条件。 （2）500kV 屋外配电装置可设置相间道路。如果设备布置、施工安装、检修机械等条件允许时，也可不设相间道路。 （3）750kV～1000kV 电压等级屋外敞开式配电装置宜设相间运输通道，	5.4.1

续表

名　称	依据内容（DL/T 5352—2018）	出处
布置	并应根据电气接线、设备布置和安全距离要求，确定相间距离、设备支架高度和道路转弯半径。 （4）屋外配电装置主要环形通道应满足消防要求，道路净宽度和净空高度均不应小于4m	5.4.1
检修道路	屋外中型布置配电装置内的环形道路及500kV及以上电压等级配电装置内如需设置相间运输检修道路时，其道路宽度不宜小于3m	5.4.2
巡视通道	配电装置内的巡视通道应根据运行巡视和操作需要设置，并充分利用地面电缆沟的布置作为巡视路线	5.4.3

3. GIS 配电装置

名　称	依据内容（DL/T 5352—2018）	出处
沉降	GIS配电装置基础应满足不均匀沉降要求。同一间隔GIS配电装置的布置应避免跨土建结构缝	6.3.2
泄漏	GIS配电装置室内应配备SF_6气体净化回收装置，低位区应配有SF_6泄漏报警仪及事故排风装置	6.3.4
屋内	屋内GIS配电装置两侧应设置安装检修和巡视的通道，主通道宜靠近断路器侧，宽度宜为2000mm～3500mm；巡视通道不应小于1000mm	6.3.5
起吊设备	屋内GIS配电装置应设置起吊设备，其容量应能满足起吊最大检修单元要求，并满足设备检修要求	6.3.6

4. 1P 中有关屋外配电装置内容

（1）中型配电装置的有关尺寸（1P411，表10-16）。

名　称		电压等级（kV）							
		35	63	110	220	330	500	750	1000
弧垂（m）	母线	1.0	1.1	0.9～1.1	2.0	2.0	3.0～3.5①	5.0	6.7
	进出线	0.7	0.8	0.9～1.1	2.0	2.0	3.0～4.2		
线间距离（m）	π型母线架	1.8	2.6	3.0	5.5	—	—	—	—
	门型母线架	—	1.6	2.2	4.0	5.0	6.5～8.0	10.5～11	15
	进出线架	1.3	1.6	2.2	4.0	5.0	7.5～8.0	11.5	14.5～15
架构高度（m）	母线架	5.5	7.0	7.3	10.0～10.5	13	16.5～18	27	38
	进出线架	7.3	9.0	10	14.0～14.5	18	25.0～27.0	41.5	54～55
	双层架	—	12.5	13.0	21.0～21.5	—	—	—	—
架构宽度（m）	π型母线架	3.2	5.2	6.0	11.0	—	—	—	—
	门型母线架	—	6.0	8.0	14.0～15.0	20	24.0～28.0	40～41	61～62（HGIS）
	进出线架	5.0	6.0	8.0	14.0～15.0	20	28.0～30.0	41～42	54

① 部分工程的母线弧垂采用1.2m～1.8m。

（2）出线偏角。

选用出线架构宽度时，应使出线对架构横梁垂直线的偏角θ不大于下列数值（1P411）						
35kV	110kV	220kV	330kV	500kV	750kV	1000kV
5°	20°	10°	10°	10°	10°	10°
注 如出线偏角大于上列数值，则需采取出线悬挂点偏移等措施，并对其跳线的安全净距进行校验。						

（3）配电装置其他要求。

名　称	依　据　内　容	出处
弧垂	部分工程的母线弧垂采用 1.2m～1.8m	1P411
预留	当电厂具有二级升高电压配电装置时，一般要预留安装第二台三绕组变压器的位置和引线走廊。 当发电厂具有中性点非直接接地系统的电压等级时，设计中要考虑预留消弧线圈、电抗器等设备的安装位置及其引线方式	
基础	为避免由于配电装置场地不均匀沉陷等因素影响三相联动设备及敞开式组合电器的正常运行，必要时可要求土建对上述设备采用整体基础。 断路器和避雷器等设备采用低位布置时，围栏内宜做成高 100mm 的水泥地坪，以便于排水和防止长草。 端子箱、操作箱的基础高度一般不低于 200mm～250mm。 对高位布置的断路器操作箱，为便于检修调试，宜设置带踏步的砖砌检修平台	
设备安装	35kV～110kV 隔离开关的操动机构宜布置在边相，220kV～330kV 隔离开关的操动机构（当三相联动时）宜布置在中相。操动机构的安装高度一般为 1m。 高频阻波器一般为悬挂安装，如因风偏过大，不能满足安全净距时，可采用 V 形绝缘子串悬吊或直接固定在相应的耦合电容器上。对于 500kV 及以上电压等级配电装置，也可采用棒型支柱绝缘子支持安装的方式。 隔离开关引线对地安全净距 C 值的校验，应考虑电缆沟凸出地面的尺寸。 配电装置中央门型架构连续长度超过 100m 时，需按土建专业要求考虑设置中间伸缩空隙	
跨越	对跨越主母线接至旁路的预留主变进线回路，其跨越部分引线应在一期工程中同时架设；此外，对备用间隔内母线引下线用的 T 形线夹，也应一次施工，以免扩建时长时间停电过渡，给施工造成不便	
排汽	当主变压器靠发电厂主厂房布置时，需注意避免排汽管排汽时对变压器安全运行的影响，应使两者保持一定的间距。同时，也应注意排汽对组合导线用耐张绝缘子串的影响	1P412
配电	建设在林区的屋外配电装置，应在设备周围留有 20m 宽度的空地。 配电装置的照明、通信、接地、检修电源等辅助设施应根据工程具体情况通盘考虑，并参照对屋内配电装置相应设施的要求分别予以设置	

三、厂（所）用电配电装置

1．火电厂厂用电配电装置

（1）高压厂用配电装置室的通道尺寸（DL/T 5153—2014，表 7.2.9-1）。

单位：mm

配电装置形式	操作通道				背面维护通道		侧面维护通道		靠墙布置时离墙常用距离	
	设备单列布置		设备双列布置							
	最小	常用	最小	常用	最小	常用	最小	常用	背面	侧面
固定式高压开关柜	1500	1800	2000	2300	—	—	800	1000	50	200
手车式高压开关柜	2000	2300	2500	3000	600	800	800	1000		
中置式高压开关柜	1600	2000	2000	2500	600	800	800	1000		

注　1．表中尺寸系从常用的开关柜屏面算起（即突出部分已包括在表中尺寸内）。
　　2．表中所列操作及维护通道的尺寸，在建筑物的个别突出处允许缩小 200mm。

(2) 低压配电屏前后的通道最小宽度（DL/T 5153—2014 表 7.2.9-2）。

单位：mm

配电屏种类		单排布置			双排面对面布置			双排背对背布置			多排同向布置		
位置		屏前	屏后		屏前	屏后		屏前	屏后		屏间	前、后排屏距离	
			维护	操作		维护	操作		维护	操作		前排	后排
固定分隔式	不受限制时	1500	1000	1200	2000	1000	1200	1500	1500	2000	2000	1500	1000
	受限制时	1300	800	1200	1800	800	1200	1300	1300	2000	2000	1300	800
抽屉式	不受限制时	1800	1000	1200	2300	1000	1200	1800	1000	2000	2300	1800	1000
	受限制时	1600	800	1200	2000	800	1200	1600	800	2000	2000	1600	800

注 1. 受限制时是指受到建筑平面的限制、通道内有柱等局部突出物的限制。
    2. 控制屏、柜前后的通道最小宽度可按本表的规定执行或适当缩小。
    3. 屏后操作通道是指需在屏后操作运行中的开关设备的通道。
    4. 当盘柜的电缆接线在盘柜正面进行，盘柜靠墙布置时，盘后宜留 200mm 以上空间，进线方式宜为下进线。

2. 水电厂厂用电配电装置（NB/T 35044—2014 表 9.2.8）

单位：mm

配电装置形式	操作通道		维护通道		靠墙布置时离墙距离	
	设备单列布置离墙距离	设备面对面布置时屏柜净距	背面离墙距离	侧面离墙距离	背面	侧面
固定式高压开关柜	1500	2000	800	800	50	200
移开式高高压开关柜	单车长+1200	双车长+900	800	800		200
低压固定式配电屏	1500	2000	800	800	50	200
低压抽屉式配电屏	1800	2300	800	800	50	200

注 1. 表中的尺寸系从常用的开关柜或配电屏的屏幕算起（即突出部分已包括在表中尺寸内）。
    2. 表中所列操作及维护通道的尺寸，在建筑物的个别突出时允许缩小 200mm。

3. 变电站站用电配电装置

(1) 成排布置配电屏的通道最小宽度（DL/T 5155—2016 表 7.3.1）。

单位：mm

配电屏种类		单排布置			双排面对面布置			双排背对背布置			多排同向布置			屏侧通道
		屏前	屏后		屏前	屏后		屏前	屏后		屏间	前、后排屏间距		
			维护	操作		维护	操作		维护	操作		前排	后排	
固定式	不受限制时	1.5	1.0	1.2	2.0	1.0	1.2	1.5	1.5	2.0	2.0	1.5	1.0	1.0
	受限制时	1.3	0.8	1.2	1.8	0.8	1.2	1.3	1.3	2.0	2.0	1.3	0.8	0.8
抽屉式	不受限制时	1.8	1.0	1.2	2.3	1.0	1.2	1.8	1.0	2.0	2.3	1.8	1.0	1.0
	受限制时	1.6	0.8	1.2	2.0	0.8	1.2	1.6	0.8	2.0	2.0	1.6	0.8	0.8

注 1. 受限制是指受到建筑平面的限制、通道内有柱等局部突出物的限制。
    2. 屏后操作通道是指需在屏后操作运行中的开关设备的通道。
    3. 背靠背布置时，屏前通道宽度可按本表中双排背对背布置的屏前尺寸确定。
    4. 控制屏、控制柜、落地式动力配电箱前后的通道最小宽度可按本表确定。
    5. 挂墙式配电箱的箱前操作通道宽度，不宜小于 1m。

(2) 500V 以下屋内、外配电装置的安全净距（DL/T 5155—2016 表 7.1.3）。

单位：mm

符号	适用范围	使用场所 屋内	使用场所 屋外
	无遮栏裸带电部分至地面	2500	2500
A	裸带电部分至接地和不同相裸带电部分之间	20	75
B	距地 2500mm 以下裸导体至防护等级 IP2X 遮护物间净距	100	175
	不同时停电检修的无遮栏裸导体之间的水平距离	1875	2000
	裸带电部分至无孔固定遮栏	50	—
C	裸带电部分至用钥匙或工具才能打开或拆除的遮栏	800	825
	出线套管至屋外人行通道地面	—	3650

注 海拔高度超过 1000m 时，表中符合 A 项数值应每升高 100m 增大 1%进行修正，B、C 二项数值应相应加上 A 项的修正值。

(3) 开关内（空气绝缘）各相导体的相间与对地净距（DL/T 5222—2005 表 13.0.9）。

单位：mm

名称 \ 额定电压（kV）	7.2	12（11.5）	24	40.5
导体至接地间	100	125	180	300
不同相导体间	100	125	180	300
导体至无孔遮栏间	130	155	210	330
导体网状遮栏间	200	225	280	400

注 海拔超过 1000m 时本表所列 1/2 项值按每升高 100m 增大 1%进行修正，3/4 项值应分别增加 1 或 2 项值的修正值。

4. 裸导电部分的安全净距

名称	依据内容	出处
距地高度	配电室通道上方裸带电体距地面的高度不应低于 2.5m；当低于 2.5m 时，应设置不低于现行国家标准 GB 4208《外壳防护等级（IP 代码）》规定的 IP××B 或 IP2×级的遮栏或外护物，遮栏或外护物底部距地面的高度不应低于 2.2m	GB 50054—2011 4.2.6 / NB/T 35044—2014 9.2.5
导线间距	低压厂用配电装置室内裸导电部分与各部分的净距应符合下列要求： (1) 屏后通道内裸导电部分的高度低于 2.3m 的应加遮护，遮护后通道高度不应低于 1.9m；遮护后的通道宽度应符合本标准表 7.2.9-2 的要求； (2) 跨越屏前通道的裸导电部分的高度不应低于 2.5m，当低于 2.5m 时应加遮护，遮护后的护网高度不应低于 2.2m	DL/T 5153—2014 7.2.7

5. 备用预留位置

名称	依据内容（DL/T 5155—2016）	出处
配电屏	成排布置的配电屏，其长度超过 6m 时，屏后的通道应有两个通向本室或其他房间的出口，并宜布置在通道的两端；当两出口的距离超过 15m 时，其间还应增加出口	7.3.4
	除在站用配电屏内留有备用回路外，站用配电屏室宜留有 1 个～2 个备用屏的位置	7.3.6
	站用配电屏室长度大于 7m 时，应设两个出口，并宜布置在配电屏室的两端	7.6.1

名　称	依据内容（DL/T 5153—2014）	出处
配电装置	厂用配电装置的长度大于 6m 时，其屏（柜）后应设 2 个通向本室或其他房间的出口，低压配电装置两个出口间的距离超过 15m 时还应增加出口	7.2.8
手车、开关柜	当采用手车式高压成套开关柜时，每段工作母线宜设置 1 台备用手车或带有手车的备用柜。当采用中置式高压成套开关柜时，每段工作母线宜设置 2 台移动小车。高压开关柜后宜留有通道	7.2.4
配电装置室	高压厂用配电装置室宜留有发展用的备用位置。当条件许可时，也可留出适当的位置，以便检修及放置专用工具和备品备件	7.2.10
备用屏	低压厂用配电装置除应留有备用回路外，每段母线宜留有 1 个~2 个备用屏的位置	7.2.11
安全出口	厂用配电装置室长度大于 7m 时，应有 2 个出口；对长度超过 60m 的厂用配电装置室，宜增加 1 个出口；当配电装置室位于楼层时，至少有 1 个出口应通向该层走廊或室外的安全出口	7.3.2

分　类	依据内容（NB/T 35044—2014）	出处
备用柜	高压及低压配电设备可设在同一室内，室内宜预留备用柜位置。当采用移开式开关柜时宜留有断路器手车的检修场地	9.2.2
通道出口	成排布置的配电屏长度大于 6m 时，屏后的通道应有两个通向本室或其他房间的出口，并应布置在通道的两端；当两个出口之间的距离超过 15m 时，其间还应增加出口	9.2.9

6. 其他内容

（1）对变电站。

名　称	依据内容（DL/T 5155—2016）	出处
配电室布置	单独设置的站用中央配电屏室，应尽量靠近站用变压器室布置	7.3.2
电缆敷设	站用配电屏及屏内回路安排应有利于减少出线电缆交叉敷设	7.3.3
门	站用配电装置室的门应为向外开的防火门，并在内侧装设不用钥匙可开启的弹簧锁。相邻配电装置室之间的门，应能双向开启。门的宽度应按搬运的最大设备外形尺寸再加 200mm~400mm，门宽不应小于 900mm，门的高度不低于 2100mm。维护门的尺寸不小于 750mm×1900mm	7.6.2
地面	站用配电装置室的地面设计标高高出室外地坪不应小于 0.3m。应采取措施防止雨水进入站用变压器室	7.6.3
窗	配电屏室不宜设置开启窗，当设置开启窗时应采取防止雨、雪、小动物、风沙及污秽尘埃进入的措施	7.6.5

（2）对火电厂。

名　称	依据内容（DL/T 5153—2014）	出处
电缆	厂用配电装置的布置应结合主厂房的布置确定，尽量节省电缆用量，并避开潮湿和多灰尘的场所。单机容量为 200MW 级及以上的机组，厂用配电装置宜布置在汽机房内，当汽机房内的布置场地受到限制时，厂用配电装置也可布置在单元控制楼或其他合适的场所。盘位的排列应具有规律性和对应性，并减少电缆交叉	7.2.1
五防	厂用配电装置应采用成套设备，在同一地点相同电压等级的厂用配电装置宜采用同一类型。高压成套开关柜应具有"五防"功能，即防止误分、误合断路器，防止带负荷拉隔离开关，防止带电挂（合）接地线（开关），防止带接地线关（合）断路器（隔离开关），防止误入带电间隔	7.2.2

续表

名　　称	依据内容（DL/T 5153—2014）	出处
成套设备	高压成套开关柜宜采用手车式或中置式，也可采用固定式。单机容量为200MW级及以上的机组宜采用手车式或中置式。当采用手车式或中置式时，同一机炉的厂用母线段可放在一个房间内；当采用固定式时，同一机炉的两段厂用母线宜设隔离分开	7.2.3
低压开关柜	低压动力中心及电动机控制中心的低压开关柜可采用抽屉式，也可采用固定分隔式	7.2.5
孔洞	厂用配电装置室、厂用变压器室内凡有除人孔之外通向电缆隧道或通向邻室的孔洞，应以耐燃材料封堵，以防止火灾蔓延和小动物进入	7.2.6
窗	配电装置室宜采用固定窗，并应采用钢丝网乳白或其他不易破碎能避免阳光直射的玻璃	7.3.4
通风	对配电装置室门的通风百叶等通风措施，应加装防小动物、防灰的细孔防腐蚀的网格	7.3.5
门	厂用配电装置室的门应为向外开的防火门，并装有弹簧锁等内侧不用钥匙即可开启的锁。相邻配电装置室之间的门应能双向开启。门的宽度应按搬运的最大设备外形尺寸再加200mm～400mm，且不应小于900mm，门的高度不应低于2100mm。维护门的宽度不应小于750mm～900mm，高度不应低于1900mm	7.3.6
室内	厂用配电装置室内不应有与配电装置无关的管道或电缆通过	7.3.7
事故排风	厂用配电装置室应设置事故排风机，所有进、出风口应有避免灰、水、汽、小动物进入厂用配电装置室的措施	7.3.11
防护等级	布置在专用配电室内的开关柜和配电屏防护等级宜为IP2X或以上，布置在电气专用房间以外的厂用电气设备应满足环境条件对外壳防护等级的要求，布置在锅炉房和煤场的电气设备应达到IP54级，其他场所不宜低于IP23级	7.2.12

（3）对水电厂。

名　　称	依据内容（NB/T 35044—2014）	出处
布置	厂用配电装置的布置应结合厂房布置统一考虑，且应满足第一台机组发电时形成必要的厂用电配电系统，并尽可能使设备布置有规律性，减少电缆交叉。配电装置各回路的相序排列宜一致	9.2.1
配电屏	低压厂用配电屏宜靠近负荷中心	9.2.3
遮护	电压超过交流24V且容易被触及的裸带电体必须设置遮护物，其防护等级不应低于IP2X级	9.2.4
开关柜	布置在屋外的高压开关柜及低压配电屏（箱）应选用屋外形	9.2.10
防潮	潮湿场地的配电屏宜布置在单独房间内，并加强通风防潮措施	9.2.11
防护	厂用配电装置顶部不宜有油、水等管道通过。当有油、水等管道通过时，配电装置上方及其两侧1.5m范围内不应有各类管接头（包括焊接接头），并应采取措施，防止油、水滴落到配电装置上	9.2.12
搬运	厂用配电装置室搬运设备的门宜按搬运的最大设备外形尺寸宽加400mm、高加300mm，但其最小宽度不小于900mm，门高不低于2100mm	9.4.1
通道	厂用配电装置室不应作为与电气巡视无关的通道	9.4.3
防水	布置在坝内、地下或地面顶层的厂用配电装置室必须做防水、防渗处理，并设有排水设施	9.4.4
排水	电缆沟应有排水措施，沟内不应有积水	9.4.5
吊环	吊重大于1000kg的厂用电电气设备，宜在其所在位置上部埋设吊环	9.4.6
进、出口洞	高、低压配电室，电缆沟进、出口洞，通气孔等应有防止小动物钻入和雨、雪飘入室内的措施	9.4.7

四、控制屏

1. 火电厂、变电站控制屏的屏间距离和通道宽度（DL/T 5136—2012 附录 A）

单位：mm

距离名称	一般	最小
屏正面至屏正面	1800	1400
屏正面至屏背面	1500	1200
屏背面至屏背面	1000	800
屏正面至墙	1500	1200
屏背面至墙	1200	800
边屏至墙	1200	800
主要通道	1600～2000	1400

注 1. 复杂保护或继电器凸出屏面时，不宜采用最小尺寸。
   2. 直流屏、事故照明屏等动力屏的背面间距不得小于 1000mm。
   3. 屏背面至屏背面之间的距离，当屏背面地坪上设有电缆沟盖板时，可适当放大。
   4. 屏后开门时，屏背面至屏正面的通道尺寸不得小于 1000mm。

2. 常规控制屏布置

名　称	依据内容（DL/T 5136—2012）	出处
控制屏	硬接线手动控制方式屏（台）布置应符合下列规定： （1）控制屏（台）的布置应满足监视和操作、调节方便、模拟接线清晰的要求；相同的安装单位，其屏面布置应一致。 （2）测量仪表宜与模拟接线相对应，A、B、C 相按纵向排列，同类安装单位功能相同的仪表一般布置在相对应的位置。 （3）主环内每侧各屏光字牌的高度应一致；光字牌宜设在屏的上方，要求上部取齐；也可设在中间，要求下部取齐。 （4）对屏台分开的结构，经常监视的显示仪表、操作设备宜设在台上，一般显示仪表及光字牌宜布置在屏上；测量仪表宜布置在屏上电气主接线模拟线上。 （5）屏上仪表最低位置不宜小于 1.5m，如果不能满足要求时，可将屏垫高。 （6）操作设备宜与其安装单位的模拟接线相对应。功能相同的操作设备应布置在相应的位置上，操作方向全厂必须一致。 （7）采用灯光监视时，红、绿灯分别布置在控制开关的右手侧及左上侧。 （8）800mm 宽的控制屏或台上，每行控制开关不宜超过 5 个，经常操作的设备宜布置在离地面 800mm～1500mm	4.5.2

3. 继电器屏及微机测控屏布置

名　称	依据内容（DL/T 5136—2012）	出处
继电器屏	（1）继电器屏的屏面布置应在满足试验、运行方便的条件下，适当紧凑。 （2）相同安装单位的屏面布置宜对应一致，不同安装单位的继电器装在一块屏上时，宜按纵向划分，其布置宜对应一致。 （3）当设备或元件装设两套主保护装置时，宜分别布置在两块屏上。 （4）对由单个继电器构成的继电保护装置，调整、检查工作较少的继电器布置在屏上部，较多的布置在屏中部；宜按如下次序由上至下排列：电流、电压、中间、时间继电器等布置在屏的上部，方向、差动、重合闸等继电器布置在屏的中部。 （5）组合式继电器插件箱宜按出口分组的原则，相同出口的保护装置放在一块箱内或上、下紧靠布置。一组出口的保护装置停止工作时，不得影响另一组出口的保护装置运行。 （6）各屏上设备安装的横向高度应整齐一致。	4.5.3

续表

名　称	依据内容（DL/T 5136—2012）	出处
继电器屏	（7）各屏上信号继电器宜集中布置，安装水平高度应一致。高度不宜低于 600mm。 （8）试验部件与连接片，安装中心线离地面不宜低于 300mm。 （9）对正面不开门的继电器屏，屏的下面离地 250mm 处宜设有洞孔，供试验时穿线之用	4.5.3
微机测控屏	（1）屏内装置安装高度不宜低于 800mm。 （2）屏内装置机箱应采用必要的防静电及防电磁辐射干扰的措施。机箱的不带电金属部分在电气上应连成一体，并可靠接地。 （3）屏体应满足装置发热元件的通风散热要求	4.5.4

4．控制室的布置

本知识点参考 2P17 第 2-2 节内容。

五、直流系统

1．直流设备布置

名　称	依据内容（DL/T 5044—2014）	出处
直流柜	对单机容量为 200MW 级及以上的机组，直流柜宜布置在专用直流配电间内，直流配电间宜按单元机组设置。对于单机容量为 125MW 级及以下的机组、变电站、串补站和换流站，直流柜可布置在电气继电器室或直流配电间内	7.1.1
通风	包含蓄电池的直流电源成套装置柜可布置在继电器室或配电间内，室内应保持良好通风	7.1.2
分电柜	直流分电柜宜布置在该直流负荷中心附近	7.1.3
通道	直流柜前后应留有运行和检修通道，通道宽度应符合 DL/T 5136—2012 的有关规定	7.1.4
蓄电池室	发电厂单元机组蓄电池室应按机组分别设置。全厂（站）公用的 2 组蓄电池宜布置在不同的蓄电池室	7.1.6
蓄电池室通道	蓄电池室内应设有运行和检修通道。通道一侧装设蓄电池时，通道宽度不应小于 800mm；两侧均装设蓄电池时，通道宽度不应小于 1000mm	7.1.7

2．阀控式密封铅酸蓄电池布置

名　称	依据内容（DL/T 5044—2014）	出处
阀控	阀控式密封铅酸蓄电池容量在 300A·h 及以上时，应设专用的蓄电池室。专用蓄电池室宜布置在 0m 层	7.2.1
胶体	胶体式阀控式密封铅酸蓄电池宜采用立式安装，贫液吸附式的阀控式铅酸蓄电池可采用卧式或立式安装	7.2.2
间距	蓄电池安装宜采用钢架组合结构，可多层叠放，应便于安装、维护和更换蓄电池。台架的底层距地面为 150mm～300mm，整体高度不宜超过 1700mm	7.2.3
连接	同一层或同一台上的蓄电池间宜采用有绝缘的或有护套的连接条，不同一层或不同一台上的蓄电池宜采用电缆连接	7.2.4

3．固定型排气式铅酸蓄电池组和镉镍碱性蓄电池组布置

名　称	依据内容（DL/T 5044—2014）	出处
排气式	固定型排气式铅酸蓄电池组和容量为 100A·h 以上的中倍率镉镍碱性蓄电池组应设置专用蓄电池室。专用蓄电池室宜布置在 0m 层	7.3.1

续表

名 称	依据内容（DL/T 5044—2014）	出处
安装	蓄电池应采用立式安装，宜安装在瓷砖台或水泥台上，台高为250mm～300mm。台与台之间应设运行和检修通道，通道宽度不得小于800mm。蓄电池与大地之间应有绝缘措施	7.3.2
镉镍	中倍率镉镍碱性蓄电池组的端电池宜靠墙布置	7.3.3
朝向	蓄电池有液面指示计和比重计的一面应朝向运行和检修通道	7.3.4
连接	在同一台上的蓄电池间宜采用有绝缘或有护套的连接条连接，不在同一台上电池间宜采用电缆连接	7.3.5
间距	蓄电池裸露导电部分之间的距离应符合下列规定： （1）非充电时，当两部分之间的正常电压超过65V但不大于250V时，不应小于800mm。 （2）当电压超过250V时，不应小于1000mm。 （3）导线与建筑物或其他接地体之间的距离不应小于50mm，母线支持点间的距离不应大于2000mm	7.3.6

4. 专用蓄电池室的通用要求

名 称	依据内容（DL/T 5044—2014）	出处
位置	蓄电池室的位置应选择在无高温、无潮湿、无震动、少灰尘、避免阳光直射的场所，宜靠近直流配电间或布置有直流柜的电气继电器室	8.1.1
窗	蓄电池室内的窗玻璃应采用毛玻璃或涂以半透明油漆的玻璃，阳光不应直射室内	8.1.2
建材	蓄电池室应采用非燃性建筑材料，顶棚宜做成平顶，不应吊天棚，也不宜采用折板或槽形天花板	8.1.3
照明	蓄电池室内的照明灯具应为防爆型，且应布置在通道的上方，室内不应装设开关和插座。蓄电池室内的地面照度和照明线路敷设应符合DL/T 5390的有关规定	8.1.4
抗震	基本地震烈度为7度及以上的地区，蓄电池组应有抗震加固措施，并应符合现行GB 50260的有关规定	8.1.5
采暖	蓄电池室走廊墙面不宜开设通风百叶窗或玻璃采光窗，采暖和降温设施与蓄电池间的距离不应小于750mm。蓄电池室内采暖散热器应为焊接的钢制采暖散热器，室内不允许有法兰、丝扣接头和阀门等	8.1.6
通风	蓄电池室内应有良好的通风设施。通风电动机应为防爆式	8.1.7
门	蓄电池室的门应向外开启，应采用非燃烧体或难燃烧体的实体门，门的尺寸宽×高不应小于750mm×1960mm	8.1.8
穿管	蓄电池组的电缆引出线应采用穿管敷设，且穿管引出端应靠近蓄电池的引出端。穿金属管外围应涂防酸（碱）油漆，封口处应用酸（碱）材料封堵。电缆弯曲半径应符合的电缆敷设要求，电缆穿管露出地面的高度可低于蓄电池的引出端子200mm～300mm	8.1.0

六、并联电容器组

1. 一般规定

名 称	依据内容（GB 50227—2017）	出处
设计	并联电容器装置的布置和安装设计，应利于通风散热、运行巡视。便于维护检修和更换设备以及预留分期扩建条件	8.1.1
布置形式	并联电容器装置的布置形式，应根据安装地点的环境条件、设备性能和当地实践经验选择。一般地区宜采用屋外布置；严寒、湿热、风沙等特殊地区宜采用屋内布置，污秽、易燃、易爆等特殊环境地区应按GB 50058要求选择布置形式。不同布置形式应符合以下规定：屋内布置的并联电容器装置，应采取防止凝露引起污闪事故的安全措施	8.1.2

续表

名　称	依据内容（GB 50227—2017）	出处
安全	并联电容器装置应设置安全围栏，围栏对带电体的安全距离应符合 DL/T 5352 的有关规定；围栏门应采取安全闭锁措施，并应采取防止小动物侵袭的措施	8.1.3
配电室	供电线路的开关柜不宜与并联电容器装置布置在同一配电室中	8.1.4
连接	并联电容器装置中的铜、铝导体连接，应采取装设铜、铝过渡接头措施	8.1.5
结构件	并联电容器组的框（台）架、柜体结构件、串联电抗器的支架等钢结构构件，应采取镀锌或其他有效的防腐措施	8.1.6
地面	（1）屋外油浸式并联电容器组安全围栏内，宜铺设一层碎石或卵石（混凝土基础以外部分），其厚度应为 100mm～150mm，并不得高于周围地坪。 （2）屋内并联电容器组下部地面，应采取防止油浸式电容器液体溢流措施。屋内其他部分的地面和面层，可与变电站的房屋建筑设计协调一致	8.1.7
电容器	低压并联电容器装置宜采用屋内布置，也可根据安装布置需要和设备对环境条件的适应能力采用屋外布置	8.1.9
布置位置	低压电容器柜和低压配电屏可同室布置，但宜将低压电容器柜布置在同列屏柜的端部	8.1.0

2. 并联电容器组的布置和安装设计

名　称	依据内容（GB 50227—2017）	出处
布置	并联电容器组的布置，宜分相设置独立的框（台）架。当电容器台数较少或受到场地限制时，可设置三相共用的框架	8.2.1
分层	分层布置并联电容器组框（台）架层数应根据电压等级、容量及场地条件来确定	8.2.2
尺寸	表 8.2.3　并联电容器组的安装设计最小尺寸（mm） | 名称	电容器（屋外、屋内）		电容器底部距地面		框（台）架顶部至屋内顶面净距
---	---	---	---	---	---
	间距	排间距离	屋外	屋内	
最小尺寸	70	100	300	200	1000 | 条文说明：间距：考虑其他因素如电容器外壳膨胀、环境温度、单台容量等情况下，适当缩小现行间距，以不小于 70mm 为宜，单台容量较小的还可适当减少，但不小于 50mm	8.2.3
安装示意图	电容器组安装示意图见图 1（条文说明第 8.2.3 条） 图 1　并联电容器组安装示意图（括号中的数值适用于屋外布置，图中框架与围栏的距离符合 DL/T 5352—2018 的要求）	图 1

续表

名　称	依据内容（GB 50227—2017）	出处
通道	屋外或屋内布置的并联电容器组，应在其四周或一侧设置维护通道，维护通道的宽度不宜小于1.2m。电容器在框（台）架上单排布置时，框（台）架可靠墙布置；电容器在框（台）架上双排布置时，框（台）架相互之间或与墙之间，应留出距离设置检修走道，走道宽度不宜小于1m。 注：维护通道指正常运行时可使用的通道；检修走道指在停电后才能使用的走道。 通道（走道）设置示意图见图2（条文说明第8.2.4条） 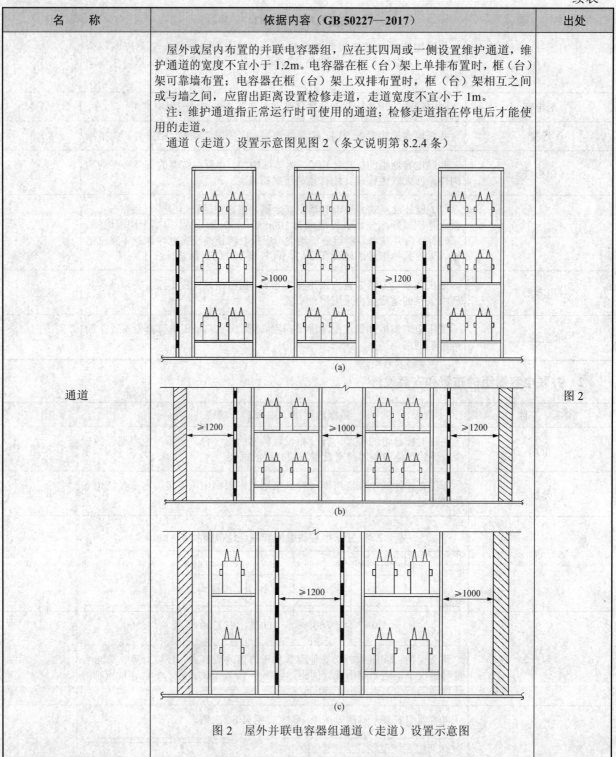 图2　屋外并联电容器组通道（走道）设置示意图	图2

3. 串联电抗器的布置和安装设计

名　称	依据内容（GB 50227—2017）	出处
油浸式	油浸式铁心串联电抗器的安装布置，应符合下列要求： （1）宜布置在屋外，当污秽较重的工矿企业采用普通电抗器时，应布置在屋内。 （2）屋内安装的油浸式铁心串联电抗器，其油量超过100kg时，应单独设置防爆间隔和储油设施	8.3.1

第十七章 设备布置

续表

名称		依据内容（GB 50227—2017）	出处
干式	布置	干式空心串联电抗器的安装布置，应符合下列要求： （1）宜采用分相布置的水平排列或三角形排列。 （2）当采用屋内布置时，应加大对周围的空间距离，并应避开继电保护和微机监控等电气二次弱电设备	8.3.2
	电磁感应	干式空心串联电抗器布置与安装时，应满足防电磁感应要求。电抗器对其四周不形成闭合回路的铁磁性金属构件的最小距离以及电抗器相互之间的最小中心距离，均应满足下列要求： （1）电抗器对上部、下部和基础中的铁磁性构件距离，不宜小于电抗器直径的 0.5 倍。 （2）电抗器中心对侧面的铁磁性构件距离，不宜小于电抗器直径的 1.1 倍。 （3）电抗器相互之间的中心距离，不宜小于电抗器直径的 1.7 倍	8.3.3
	底座	干式空心串联电抗器支承绝缘子的金属底座接地线，应采用放射形或开口环形	8.3.4
	连接	干式空心串联电抗器组装的零部件，宜采用非导磁的不锈钢螺栓连接；当采用矩形母线与相邻设备连接时，矩形母线宜采用立式安装方式	8.3.5
	屋内	干式铁心电抗器布置在屋内，安装时应满足产品的相关规定	8.3.6

第十八章 高压配电装置

一、高压配电装置基本规定

名　称			依据内容（DL/T 5352—2018）		出处
配电装置布置位置			使场内道路、低压电力、控制电缆最短，发电厂内避免不同电压等级的架空线路交叉		2.1.13
导体、设备、架构选择			当地环境条件	满足正常运行、安装检修、短路和过电压安全要求，并满足规划容量要求	2.1.1
相序排列			面对出线	从左到右、从远到近、从上到下	2.1.2
				相序为A、B、C，黄绿红三色标注	
母线排列			靠变压器为Ⅰ母，靠线路为Ⅱ母，下层Ⅰ母，上层Ⅱ母		2.1.3
敞开式配电装置	带电作业	≥110kV	110kV及以上电压等级屋外配电装置不宜带电作业		2.1.4
		是否带电作业依据	配电装置在系统中的地位、接线方式、配电装置形式、地区检修经验		2.1.4 条文说明
		作业要求	校核电气尺寸、配电装置最小安全净距、架构荷载条件及安全距离满足带电作业（检修）工况		
		内容	清扫、测试及更换绝缘子，拆换金具及线夹，断接引线，检修母线隔离开关，更换阻波器等		1P406
			一般以处理缺陷为主		2.1.4 条文说明
		操作方法	绝缘操作杆、等电位、水冲洗，一般采用等电位法		
		等电位作业	一般采用导线上挂绝缘软梯的办法	所挂导线的横截面积	钢芯铝绞线≥120mm²	1P406
					钢绞线≥70mm²	
		≥500kV	一般采用液压升降的绝缘高架斗臂车进行带电作业		
	接地开关	≥66kV配电装置	断路器两侧隔离开关靠断路器侧，线路隔离开关靠线路侧，变压器进线的变压器侧，应配置接地开关		2.1.7
		≥330kV	同杆架设或平行回路的线路侧接地开关应具有开合电磁感应和静电感应电流的能力		2.1.9
	电压互感器配置	≥110kV	可按母线配置也可按回路配置		2.1.10
	防误入带电间隔闭锁		220kV及以下屋内配电装置设备低式布置时，应设置		2.1.11
	充油电气设备布置		带电观察油位、油温时安全、方便，便于取油样		2.1.12
GIS配电装置	接地开关	要求	满足运行检修要求		2.2.1
		应配置	与GIS连接并需单独检修的电气设备、母线和出线		
		出线回路	线路侧接地开关宜采用具有关合动稳定电流的快速接地开关		
	避雷器	配置	应于架空线路连接处设敞开式避雷器。接地端与GIS管道金属外壳连接		2.2.3
			500kV及以上GIS母线，宜经雷电侵入波过电压计算确定		

续表

名　称		依据内容（DL/T 5352—2018）	出处
GIS配电装置	外壳与支架感应过电压	正常条件≤24V，故障条件≤100V	2.2.4
	GIS接地	应设置一条贯穿所有GIS间隔的接地母线或环形接地母线，GIS配电装置的接地线引至接地母线，由接地母线与接地网连接	2.2.5
		宜多点接地；选用分相设备时，应设置外壳三相短接线，短接线上引出接地线通过接地母线接地	2.2.6
	外壳接地短接线材质	外壳三相短接线应承受长期最大感应电流，经短路电流校验；设备为铝外壳，短引线宜用铝排，设备为钢外壳，宜采用铜排	2.2.6
	GIS配电隔室	每个间隔分为若干隔室，隔室分隔满足正常运行和设备检修	2.2.7
接地开关的选择		在气体绝缘金属封闭开关设备停电回路的最先接地点（不能预先确定该回路不带电）或利用接地装置保护封闭器外壳时，应选择快速接地开关；而在其他情况下则选用一般接地开关。接地开关或快速接地开关的导电杆应与外壳绝缘	DL/T 5222—2005 12.0.5-4

二、导体与电气设备的选择

名　称	电压等级/正常工作电流（DL/T 5352—2018）			出处
软导体	≤20kV	宜选用	钢芯铝绞线	4.2.1
	330kV～500kV		钢芯铝绞线或扩径空芯导线	
	750kV～1000kV		耐热型扩径空芯导线	
	沿海地区或对铝有腐蚀场所		防腐型铝绞线或铜绞线	
	≤220kV	宜选用	单根导线	4.2.2
		根据载流量也可采用双分裂导线		
	330kV	宜选用	单根扩径导线或双分裂导线	
	500kV	宜选用	双分裂导线	
	750kV	可选用	双分裂导线	
		也可选用	四分裂导线	
	1000kV	宜选用	四分裂导线	
硬导体	≤20kV	≤4kA	宜选用	矩形导体	4.2.3
		4kA～8kA		双槽形或管形导体	
		>8kA		圆管形导体	
	≤66kV	可采用	矩形导体	
		也可采用	管形导体	
	≥110kV	宜选用	管形导体	
	设计应考虑不均匀沉降、温度变化的振动的影响			4.2.4
断路器	≤35kV	宜选用	真空断路器或SF_6断路器	4.3.1
	≥66kV	宜选用	SF_6断路器	
	高寒地区	SF_6断路器宜选用罐式断路器，并应考虑SF_6气体液化问题		
隔离开关	应根据正常运行条件和短路故障条件的要求选择			4.3.2
	单柱垂直开启式隔离开关在分闸状态下，动静触头间的最小电气距离不应小于配电装置的最小安全净距B_1值			4.3.3

续表

名称	电压等级/正常工作电流（DL/T 5352—2018）			出处
电流互感器	宜采用套管式，也可采用独立式电流互感器			4.3.4
电压互感器	≥35kV	宜选用电容式，条件不允许时也可采用电磁式		4.3.5
过电压保护	≤35kV 采用真空断路器回路	宜根据操作的容性或感性负载，选用金属氧化物避雷器或阻容吸收器进行过电压保护		4.3.6
	≥66kV	宜采用金属氧化物避雷器		4.3.7
消弧线圈	屋内	宜选用	干式	4.3.8
	屋外		油浸式	
支柱绝缘子穿墙套管	有冰雪时	3kV~20kV 宜采用	提高一级电压的产品	屋外	4.3.9
		3kV~6kV 可采用	提高两级电压的产品		

三、接地开关数量的核算

对于屋外 AIS 配电装置，为保证电气设备和母线的检修安全，每段母线上应装设接地开关，接地开关的安装数量应根据母线上电磁感应电压和平行母线的长度以及间隔距离进行计算确定。对于 1000kV 母线优先考虑配置不少于 2 组接地开关（1P45）。

名称	依据内容		出处
母线上产生的电磁感应电压	两组平行母线如图 10-6 所示，其中母线Ⅰ运行，母线Ⅱ检修。由于电磁耦合效应，当母线Ⅰ流过三相电流时，在 A2 相母线上产生的电磁感应电压最大 $$U_{A2} = I\left(X_{A2C1} - \frac{1}{2}X_{A2A1} - \frac{1}{2}X_{A2B1}\right)$$ $$X_{A2C1}(X_{A2A1}X_{A2B1}) = 0.628 \times 10^{-4}\left(\ln\frac{2L}{D_1} - 1\right)$$	U_{A2}：A2 相母线的电磁感应电压（V/m）； I：母线Ⅰ中的三相工作电流或三相短路电流（A）； X_{A2C1}：母线Ⅱ中 A2 相对母线Ⅰ C1 相单位长度的平均互感抗 Ω/m，X_{A2A1}、X_{A2B1}的意义以此类推； L：母线长度（m）； D_1：两组母线间距离（m）	1P407 式（10-6）
	$$U_{A2} = 0.628 \times 10^{-4}\left[\left(\ln\frac{2L}{D_1} - 1\right) - \frac{1}{2}\right.$$ $$\left.\left(\ln\frac{2L}{D_1+2D} - 1\right) - \frac{1}{2}\left(\ln\frac{2L}{D_1+D} - 1\right)\right] \times I$$		由上式联立得出
	在直接接地的系统中，当母线Ⅰ中 C1 相发生单相接地短路时，A2 相上的感应电压最严重 $$U_{A2(k1)} = I_{kc1}X_{A2c1} = I_{kc1} \times 0.628 \times 10^{-4}\left(\ln\frac{2L}{D_1} - 1\right)$$	I_{kc1}：母线Ⅰ中的 C1 相单相接地短路电流（A）	1P407 式（10-7）
	母线Ⅰ　　　　　　　　　　母线Ⅱ A1　B1　C1　　A2　B2　C2 ⊕——⊕——⊕——⊕——⊕——⊕ 　　D　　D　　D_1　　D　　D 图 10-6　两组平行母线		1P407
母线接地开关安装间距	取最小者进行核算	按长期电磁感应电压计算	两接地开关或接地器间的距离 $l_{j1} = \dfrac{24}{U_{A2}}$(m)	1P407 式（10-8）
			接地开关或接地器至母线端部的距离 $l'_{j1} = \dfrac{12}{U_{A2}}$(m)	式（10-9）

续表

名　　称			依　据　内　容		出处
母线接地开关安装间距	取最小者进行核算	按瞬时电磁感应电压计算	两接地开关或接地器间的距离	$l_{j2} = \dfrac{2U_{j0}}{U_{A2(K)}}$ (m) $\Bigg\}$ $U_{j0} = \dfrac{145}{\sqrt{t}}$	1P407 式（10-10）
			接地开关或接地器至母线端部的距离	$l'_{j2} = \dfrac{U_{j0}}{U_{A2(K)}}$ (m)	式（10-11）
		U_{j0}：允许的母线瞬时电磁感应电压（V）； t：电击时间（参考 GB/T 50065—2011 附录 E），为切除三相、单相短路所需的时间（s）			1P407

四、高压配电装置形式选择

标准名称	电压等级/环境条件		依　据　内　容		出处
DL/T 5352—2018（一般规定）	3kV~20kV		宜采用	金属封闭开关设备	5.2.2
	35kV		宜采用	金属封闭开关设备	5.2.3
			也可采用	屋外中型或其他形式	
	35kV	单母/单母分段	一般采用	屋内成套开关柜	1P420
		双母	可考虑	AIS	
	110kV	一般	宜优先	屋外半高型	1P450
	110kV	市区内	宜选用	屋内型	
	110kV、220kV		可采用	屋外中型、GIS或屋内	5.2.4
	330kV~750kV		宜采用	屋外中型	5.2.5
	330kV~750kV	e级污秽 海拔>2000m 布置场地受限	可采用	GIS或HGIS	
	1000kV		宜采用	GIS或HGIS	5.2.6
	≥110kV	抗震烈度≥8度	宜采用	GIS	5.2.7
			不宜	敞开支持型硬母线配电装置	5.2.8
GB 50260—2013				高型、半高型、双层屋内中型	6.5.2
GB 50060—2008（一般规定）	66kV~110kV		宜采用	AIS中型或半高型	5.2.2
	66kV~110kV	Ⅳ级污秽地区 大城市中心 开挖量大的山区	宜采用	屋内AIS	5.2.3
			也可采用	GIS	
	110kV	地震烈度≥9度	宜采用	GIS	5.2.4
	同 35kV~110kV 变电站设计规范（GB 50059—2011）				
GB 50660—2011（大型火电厂）	≥330kV		宜采用	屋外中型	16.5.4
	110kV、220kV		宜采用	屋外中型或屋外半高型	
	110kV、220kV	Ⅳ级污秽地区 严寒地区	可采用	屋内式	16.5.5
		开挖量大的山区	也可采用	GIS	
	≥220kV	电厂地形特殊 布置场地受限	可采用	GIS	16.5.6
	≥330kV	Ⅳ级污秽地区 严寒地区 海拔>2000m	可采用	GIS	16.5.7

续表

标准名称	电压等级/环境条件		依据内容		出处
GB 50049—2011（小型火电厂）	≤35kV		宜采用	屋内式	17.4.2
	110kV~220kV	Ⅳ级污秽地区	宜采用	屋内式	
			也可采用	GIS	
DL 5218—2012（220kV~750kV变电站）	220kV变电站	≤35kV	宜采用	屋内式	5.3.4.1
		66kV	宜采用	屋外敞开式中型	
	110kV、220kV		宜选用	屋外敞开式分相中型、普通中型、半高型布置	5.3.4.2
	330kV~750kV		宜采用	屋外AIS中型	5.3.4.3
	抗震烈度≥8度		不宜采用	敞开支持型硬母线配电装置	5.3.4.4
	66kV~750kV	大气污秽严重、场地限制、高抗震烈度、高海拔	可采用	GIS	5.3.4.5
	大气严重污秽地区（如沿海、工业污秽区等）		可采用	屋内式	5.3.4.6
	城市区域变电站		宜采用	GIS	5.3.4.7
			采用	屋外、屋内、地下配电装置	

注　AIS：敞开式配电装置；GIS：SF$_6$全封闭组合电器；HGIS：母线不装于SF$_6$气室的GIS（1P399）。

五、高压配电装置布置

标准名称	依据内容							出处
	电压等级	主接线	母线	隔离开关	配电装置布置		断路器布置	
DL/T 5352—2018	35kV~110kV	单母	软母线	双柱式	屋外敞开式	应采用 中型	宜采用 单列式/双列式	5.3.2
	35kV	双母	软母线	单柱式/双柱式		宜采用		5.3.3
	110kV~220kV	双母	管母	双柱式/三柱式	屋内敞开式	应采用 双层	可采用	5.3.4
	110kV~500kV	双母	软母线/管母	双柱式、三柱式、双柱伸缩式	屋外敞开式	宜采用 中型	宜采用	5.3.5
	220kV~750kV	3/2	软母线/管母	双柱式、三柱式、双柱伸缩式/单柱式		应采用 中型	宜采用 单列式三列式/品字形	5.3.6
GB 50660—2011	220kV~750kV 大型火电厂	4/3	软母线/管母	双柱式、三柱式、双柱伸缩式/单柱式	屋外敞开式	应采用 中型	双列式	16.5.8.2
		双母					单列式/双列式	16.5.8.3
		3/2				可采用	平环式三列式双列式/单列式	16.5.8.3
DL/T 5352—2018	≥110kV	GIS			宜采用屋外布置，当环境条件特殊时，也可采用屋内布置			5.3.8
	1000kV				宜采用屋外布置			5.3.7
	≥110kV	管母		宜选用单管结构	固定方式	可采用支持式或悬吊式		5.3.9.1
						地震烈度≥8度，宜采用悬吊式		
	当采用管型母线时，110kV及以上配电装置： （1）管型母线宜选用单管结构，其固定可采用支持式或悬吊式。当地震烈度为8度及以上时，宜采用悬吊式。 （2）支持式管型母线在无冰无风状态下的挠度不宜大于（0.5~1.0）导体直径，悬吊式管型母线的挠度可放宽。 （3）采用支持式管型母线时还应分别对端部效应、微风振动及热胀冷缩采取措施							5.3.9

六、配电装置对建筑物及构筑物要求

名　　称		依据内容（DL/T 5352—2018）			出处
屋内配电装置	安全出口	≥2 个，1 个通往室外楼梯			6.1.1
		配电室楼长超过 60m，应加设中间安全出口			
		室内任一点至疏散门直线距离≤15m			
	汽机房、配电室、主控楼集控楼、网控楼与油浸变压器外廊间距	不宜小于 10m；小于 5m 时，变压器外廊投影范围外侧各 3m 内面向油浸变压器的处墙不应设置门、窗、洞和通风孔，且外墙为防火墙；间距为 5m～10m 时，外墙上可设甲级防火门，变压器高度以上可设防火窗，耐火极限≥0.9h			6.1.2
屋外配电装置架构荷载	独立架构	应按终端架构设计			6.2.2
	连续架构	可根据实际受力条件分别按终端或中间设计			
	架构设计	不考虑断线			6.2.2
		应考虑正常运行、安装、检修时的各种荷载组合			6.2.3
	架构设计	正常运行	应取设计最大风速、最低气温、最厚覆冰三种情况中最严重者		6.2.3
		安装紧线	不考虑导线上人，但应考虑安装引起的附加垂直荷载和横梁上人的 2000N 集中荷载		
		检修	对导线跨中有引下线的 110kV 及以上电压的架构，应考虑导线上人，并分别验算单相作业和三相作业的受力状态		
			表 6.2.3　导线上集中荷载取值表		
			电压等级	检修状态	导线集中荷载
			110kV～330kV	单相作业	1500N
				三相作业	1000N/相
			330kV～500kV	单相作业	3500N
				三相作业	2000N/相
	爬梯设置	≥110kV 宜设置上横梁的爬梯			6.2.4
		配有检修车时，≤220kV 可不设上横梁的爬梯			
GIS 配电装置对土建要求	空间和通道	应考虑其安装、检修、起吊、运行、巡视以及气体回收装置所需的空间和通道			6.3.1
	设备基础	满足不均匀沉降的要求，同一间隔避免跨土建结构缝			6.3.2
	室内地面	室内应清洁、防尘，室内地面宜采用耐磨、防滑、高强度地面			6.3.3
	SF$_6$ 净化回收、报警	屋内应配备 SF$_6$ 气体净化回收装置，低位区应有 SF$_6$ 泄漏报警及事故排风装置			6.3.4
	屋内通道	屋内 GIS 配电装置两侧应设置安装检修和巡视的通道，主通道宜靠近断路器侧，宽度宜为 2000mm～3500mm；巡视通道不应小于 1000mm			6.3.5
	起吊设备	屋内应设置起吊设备，其容量应能满足起吊最大检修单元要求，并满足设备检修要求			6.3.6

七、安全距离

1. 配电装置的最小安全净距及各距离值含义

名　称	依据内容（DL/T 5352—2018）			出处
最小安全净距	宜以金属氧化物避雷器的保护水平为基础确定			5.1.1
	相邻带电部分额定电压不同时，应按较高的额定电压确定			5.1.6
固定遮栏	电气设备外绝缘最低部位距地	屋外＜2500mm	应装设	5.1.5
		屋内＜2300mm		
A 值	基本带电距离	≤220kV	惯用法确定	5.1.2 条文说明
		≥330kV	统计法确定	
A_1 值	相地距离（带电部分至接地部分之间）			
A_2 值	相间距离（不同相的带电部分之间）			

名　称	依据内容（屋外配电装置 B、C、D 值的确定，1P）			出处
B_1 值	带电部分至栅栏距离和可移动设备在移动中至无遮栏带电部分距离	$B_1=A_1+750$	式（10-1）	403
B_2 值	带电部分至网状遮栏部分距离	$B_2=A_1+70$（手指长）$+30$（施工误差）	式（10-2）	
C 值	保证人举手时，手与裸导体净距不小于 A_1	$C=A_1+2300+200$	式（10-3）	404
	≥500kV 配电装置 C 值按静电感应场强水平确定	为将配电装置的地面场强限制在 10kV/m 以下	宜取	500kV：7.5m
				750kV：12m
				1000kV：17.5m 或 19.5m
D 值	保证检修时，人与裸导体净距不小于 A_1 值	$D=A_1+1800+200$	式（10-4）	
各值大小比较	$A_1≤A_2<B_2<B_1<D<C$			总结

2. 配电装置应满足的最小安全净距及海拔修正总结

名称		依　据　内　容				出处
		配电装置的最小安全净距要求（DL/T 5352—2018）			海拔超过 1000m 时	
最小安全净距	屋外	3kV～500kV	不应小于	表 5.1.2-1	按附录 A 进行修正	5.1.2
		750kV、1000kV		表 5.1.2-2	按附录 A 进行修正	
		使用软导线时 35kV～750kV	根据右侧表进行校验	表 5.1.3-1	取表中条件最大值	按附录 A 进行修正	5.1.3
		1000kV		表 5.1.3-2		
	屋内	3kV～500kV	应符合	表 5.1.4	按附录 A 进行修正	5.1.4

名称		依　据　内　容		出处
		海拔＞1000m，配电装置最小安全净距修正		
电压等级	最小安全净距	修正方法		
35kV～500kV	A_1 值修正	根据图 A.0.1 进行修正	选其中一种方法	DL/T 5352—2018 附录 A 第 A.0.1 条
		按表 A.0.1 所列海拔分级查取		
	A_2 值和屋内 A_1、A_2 值修正	按图 A.0.1 比例递增，即 $A_2'=A_2\times\dfrac{A_1'}{A_1}$		附录 A 图 A.0.1 注
	B_1、B_2、D 值修正	应分别增加 A_1 的修正差值，即 $B_1'=B_1+(A_1'-A_1)$		1P547
750kV	最小安全净距修正	按表 A.0.2-1 所列海拔分级查取		DL/T 5352—2018 附录 A 第 A.0.2 条
1000kV		按表 A.0.2-2 所列海拔分级查取		

(1) 3kV～500kV 屋外配电装置的最小安全净距（DL/T 5352—2018 表 5.1.2-1）。

单位：mm

符号	适应范围	图号	系统标称电压（kV）									备注
			3～10	15～20	35	66	110J	110	220J	300J	500J	
A_1	（1）带电部分至接地部分之间。 （2）网状遮栏向上延伸线距。地 2.5m 处与遮栏上方带电部分之间	5.1.2-1 5.1.2-2	200	300	400	650	900	1000	1800	2500	3800	—
A_2	（1）不同相的带电部分之间。 （2）断路器和隔离开关的断口两侧引线带电部分之间	5.1.2-1 5.1.2-3	200	300	400	650	1000	1100	2000	2800	4300	—
B_1	（1）设备运输时，其设备外廓至无遮栏带电部分之间。 （2）交叉的不同时停电检修的无遮栏带电部分之间。 （3）栅状遮栏至绝缘体和带电部分之间①	5.1.2-1 5.1.2-2 5.1.2-3	950	1050	1150	1400	1650	1750	2550	3250	4550	$B_1=A_1+750$
B_2	网状遮栏至带电部分之间	5.1.2-2	300	400	500	750	1000	1100	1900	2600	3900	$B_2=A_1+70+30$
C	（1）无遮栏裸导体至地面之间。 （2）无遮栏裸导体至建筑物、构筑物顶部之间	5.1.2-2 5.1.2-3	2700	2800	2900	3100	3400	3500	4300	5000	7500②	$C=A_1+2300+200$
D	（1）平行的不同时停电检修的无遮栏带电部分之间。 （2）带电部分与建筑物、构筑物的边沿部分之间	5.1.2-1 5.1.2-2	2200	2300	2400	2600	2900	3000	3800	4500	5800	$D=A_1+1800+200$

注 1．110J、220J、330J、500J 系指中性点有效接地系统。
2．海拔超过 1000m 时，A 值应按附录 A 进行修正。
3．500kV 的 A_1 值，分裂软导线至接地部分之间可取 3500mm。
① 对于 220kV 及以上电压，可按绝缘体电位的实际分布，采用相应的 B_1 值进行校验。此时，允许栅状遮栏与绝缘体的距离小于 B_1 值，当无给定的分布电位时，可按线性分布计算。校验 500kV 相间通道的安全净距，也可用此原则。
② 500kV 配电装置，C 值按静电感应的场强水平确定，距地面 1.5m 处空间场强不宜超过 10kV/m，但少数地区可按不大于 15kV/m 考核。

(2) 750kV、1000kV 屋外配电装置的最小安全净距（DL/T 5352—2018 表 5.1.2-2）。

单位：mm

符号	适用范围	图号	系统标称电压（kV）		备注
			750J	1000J	
A_1'	带电导体至接地构架	5.1.2-4 5.1.2-5	4800	6800（分裂导线至接地部分、管形导体至接地部分）	—
A_1''	带电设备至接地构建	5.1.2-5	5500	7500（均压环至接地部分）	—

续表

符号	适用范围	图号	系统标称电压（kV） 750J	系统标称电压（kV） 1000J	备注
A_2	带电导体相间	5.1.2-1 5.1.2-3 5.1.2-4	7200	9200（分裂导线至分裂导线） 10100（均压环至均压环） 11300（管形导体至管形导体）	—
B_1	（1）带电导体至栅栏。 （2）带电设备外廓至带电导体。 （3）不同时停电检修的垂直交叉导体之间	5.1.2-1 5.1.2-2 5.1.2-3 5.1.2-4 5.1.2-5	6250	8250	$B_1=A_1+750$
B_2	网状遮栏至带电部分之间	5.1.2-2	5600	7600	$B_2=A_1+70+30$
C	带电导体至地面	5.1.2-2 5.1.2-3	12000	17500（单根管形导体） 19500（分裂架空导线）	C 由地面场强确定
D	（1）不同时停电检修的两平行回路之间水平距离。 （2）带电导体至围墙顶部。 （3）带电导体至建筑物边缘	5.1.2-1 5.1.2-2	7500	9500	$D=A_1+1800+200$

注　1．750J、1000J 系指中性点有效接地系统。
　　2．交叉导体之间应同地满足 A_2 和 B_1 的要求。
　　3．平行导体之间应同地满足 A_2 和 D 的要求。
　　4．海拔超过 1000m 时，A 值应按附录 A 进行修正。

（3）屋外校验图。

名　称	依据内容（DL/T 5352—2018）	出处
屋外 A_1、A_2、B_1、D、值校验图	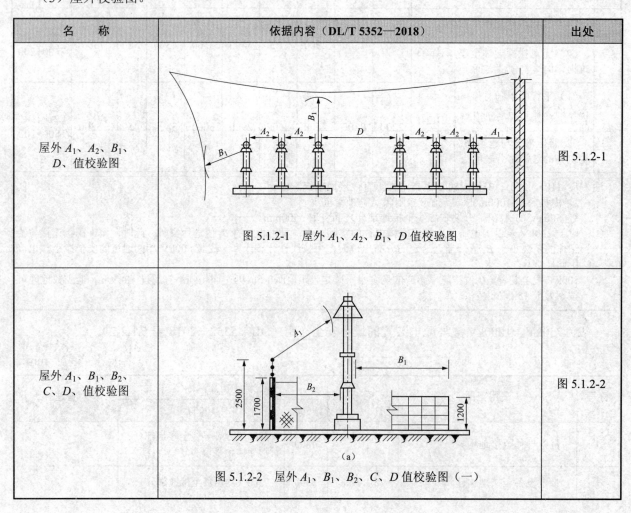 图 5.1.2-1　屋外 A_1、A_2、B_1、D 值校验图	图 5.1.2-1
屋外 A_1、B_1、B_2、C、D 值校验图	图 5.1.2-2　屋外 A_1、B_1、B_2、C、D 值校验图（一）	图 5.1.2-2

续表

名　　称	依据内容（DL/T 5352—2018）	出处
屋外 A_1、B_1、B_2、C、D 值校验图	（b） 图 5.1.2-2　屋外 A_1、B_1、B_2、C、D 值校验图（二）	图 5.1.2-2
屋外 A_2、B_1、C 值校验图	图 5.1.2-3　屋外 A_2、B_1、C 值校验图	图 5.1.2-3
屋外 A_1'、A_2 值校验图	①按本标准第5.1.3条执行 图 5.1.2-4　屋外 A_1'、A_2、B_1 值校验图	图 5.1.2-4

续表

名　称	依据内容（DL/T 5352—2018）	出处
屋外 A_1'、A_1''、B_1 值校验图	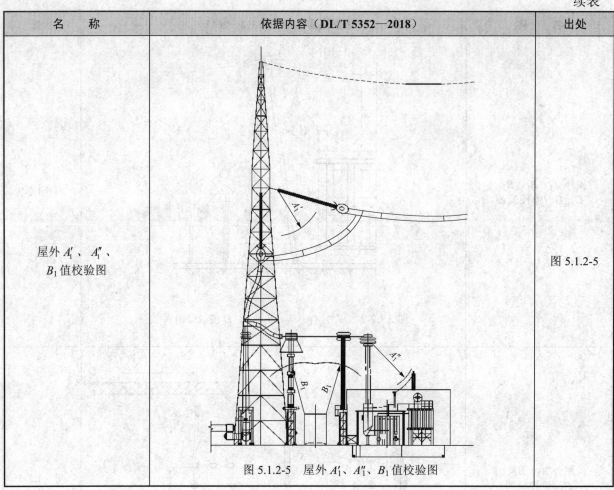 图 5.1.2-5　屋外 A_1'、A_1''、B_1 值校验图	图 5.1.2-5

（4）35kV～750kV 不同条件下的计算风速和安全净距（DL/T 5352—2018 表 5.1.3-1）。

单位：mm

条件	校验条件	计算风速（m/s）	A 值	系统标称电压（kV）							
				35	66	110J	110	220J	330J	500J	750J
雷电电压	雷电过电压和风偏	10①	A_1	400	650	900	1000	1800	2400	3200	4300
			A_2	400	650	1000	1100	2000	2600	3600	4800
操作电压	操作过电压和风偏	最大设计风速的 50%	A_1	400	650	900	1000	1800	2500	3500	4800
			A_2	400	650	1000	1100	2000	2800	4300	6500
工频电压	（1）最大工作电压、短路和风偏（取 10m/s 风速）。 （2）最大工作电压和风偏（取最大设计风速）	10 或最大设计风速	A_1	150	300	300	450	600	1100	1600	2200
			A_2	150	300	500	500	900	1700	2400	3750

① 气象条件恶劣的地区（如最大设计风速为 34m/s 及以上，以及雷暴时风速较大的地区）取 15m/s。

（5）1000kV 不同条件下的计算风速和安全净距（(DL/T 5352—2018 表 5.1.3-2）。

单位：mm

条件	校验条件	计算风速（m/s）	A_1'	A_1''	A_2	
雷电电压	雷电过电压和风偏	10①	5000		5500	
操作电压	操作过电压和风偏	最大设计风速的 50%	6800	7500	9200	分裂导线至分裂导线
					10100	均压环至均压环
					11300	管形导体至管形导体

续表

条件	校验条件	计算风速（m/s）	A_1'	A_1''	A_2
工频电压	（1）最大工作电压、短路和风偏（取 10m/s 风速）。 （2）最大工作电压和风偏（取最大设计风速）	10 或最大设计风速	4200		6800

① 气象条件恶劣的地区（如最大设计风速为 34m/s 及以上，以及雷暴时风速较大的地区）取 15m/s。

（6）屋内配电装置的安全净距（DL/T 5352—2018 表 5.1.4）。

符号	适应范围	图号	系统标称电压（kV）								
			3	6	10	15	20	35	66	110J	220J
A_1	（1）带电部分至接地部分之间。 （2）网状和板状遮栏向上延伸线距地 2.3m 处与遮栏上方带电部分之间	5.1.4-1	75	100	125	150	180	300	550	850	1800
A_2	（1）不同相的带电部分之间。 （2）断路器和隔离开关的断口两侧引线带电部分之间	5.1.4-1	75	100	125	150	180	300	550	900	2000
B_1	（1）栅状遮栏至带电部分之间。 （2）交叉的不同时停电检修的无遮栏带电部分之间	5.1.4-1 5.1.4-2	825	850	875	900	930	1050	1300	1600	2550
B_2	网状遮栏至带电部分之间①	5.1.4-1	175	200	225	250	280	400	650	950	1900
	当为板状遮栏时		其 B_2 值可取（A_1+30）mm								
C	无遮栏裸导体至地（楼）面之间	5.1.4-1	2500	2500	2500	2500	2500	2600	2850	3150	4100
D	平行的不同时停电检修的无遮栏裸导体之间	5.1.4-1	1875	1900	1925	1950	1980	2100	2350	2650	3600
E	通向屋外的出线套管至屋外通道的路面	5.1.4-2	4000	4000	4000	4000	4000	4000	4500	5000	5500

注 1. 其中 110J、220J 系指中性点有效接地系统。
　　2. 海波超过 1000m 时，A 值应按附录 B 图 B.1 进行修正。
　　3. 通向屋外配电装置的出线套管至屋外地面的距离，不应小于表 5.1.2-1 中所列屋外部分至 C 值。
① 当为板状遮栏时，其 B_2 值可取（A_1+30）mm。

3. 配电装置 A、B、C、D 值的海拔修正

名称	依据内容（DL/T 5352—2018）	出处
35kV～500kV	海拔高度大于 1000m 时，35kV～500kV 配电装置 A 值的修正可根据图 A.0.1 获得，或按表 A.0.1 所列海拔分级查取	附录 A A.0.1

续表

名 称	依据内容（DL/T 5352—2018）	出处
A_1 值的修正图	图 A.0.1 35kV～500kV 海拔高度大于 1000m 时，A_1 值的修正（图 10-86，1P547） 注：A_2 值和屋内的 A_1、A_2 值可按本图比例递增，即 $A_2' = A_2 \times \dfrac{A_1'}{A_1}$	图 A.0.1
增加	当海拔高度超过 1000m 时，配电装置的 A 值按图 10-86 进行修正，其 B_1、B_2、D 值应分别增加 A_1 的修正差值，即 $B_1' = B_1 + (A_1' - A_1)$	1P547

表 A.0.1　35kV～500kV 配电装置海拔大于 1000m 时 A 值的修正值表

海拔 H（m）	系统标称电压（kV）					
	35	66	110J	220J	300J	500J
H≤1000	0.40	0.65	0.90	1.80	2.50	3.80
1000＜H≤1100	0.41	0.66	0.91	1.82	2.54	3.90
1100＜H≤1200	0.41	0.67	0.92	1.84	2.57	3.95
1200＜H≤1300	0.41	0.68	0.94	1.86	2.60	4.00
1300＜H≤1400	0.42	0.68	0.95	1.88	2.65	4.07
1400＜H≤1500	0.42	0.69	0.96	1.90	2.70	4.15
1500＜H≤1600	0.42	0.69	0.97	1.92	2.75	4.25
1600＜H≤1700	0.43	0.70	0.98	1.94	2.80	4.30
1700＜H≤1800	0.43	0.70	0.99	1.96	2.85	4.45
1800＜H≤1900	0.43	0.71	1.00	1.98	2.90	4.60
1900＜H≤2000	0.44	0.72	1.02	2.00	2.95	4.70
2000＜H≤2100	0.44	0.72	1.03	2.02	3.00	4.80
2100＜H≤2200	0.44	0.73	1.05	2.04	3.05	4.95
2200＜H≤2300	0.45	0.74	1.07	2.06	3.10	5.10
2300＜H≤2400	0.45	0.74	1.08	2.08	3.15	5.30
2400＜H≤2500	0.45	0.75	1.09	2.09	3.20	5.40
2500＜H≤2600	0.46	0.76	1.10	2.10	3.25	
2600＜H≤2700	0.46	0.77	1.11	2.12	3.30	
2700＜H≤2800	0.46	0.77	1.13	2.14	3.35	
2800＜H≤2900	0.47	0.78	1.14	2.16	3.40	

名称：A 值的修正值表　　出处：表 A.0.1

续表

名　称	依据内容（DL/T 5352—2018）							出处
A 值的修正值表	续表 | 海拔 H（m）	系统标称电压（kV）					| |---|---|---|---|---|---|---| | | 35 | 66 | 110J | 220J | 300J | 500J | | 2900＜H≤3000 | 0.47 | 0.79 | 1.15 | 2.18 | 3.45 | | | 3000＜H≤3100 | 0.47 | 0.80 | 1.16 | 2.20 | 3.50 | | | 3100＜H≤3200 | 0.48 | 0.80 | 1.17 | 2.22 | 3.65 | | | 3200＜H≤3300 | 0.48 | 0.81 | 1.18 | 2.24 | 3.70 | | | 3300＜H≤3400 | 0.48 | 0.82 | 1.19 | 2.26 | 3.75 | | | 3400＜H≤3500 | 0.49 | 0.83 | 1.20 | 2.28 | 3.80 | | | 3500＜H≤3600 | 0.49 | 0.84 | 1.21 | 2.30 | 3.90 | | | 3600＜H≤3700 | 0.49 | 0.85 | 1.22 | 2.32 | 3.95 | | | 3700＜H≤3800 | 0.50 | 0.86 | 1.23 | 2.33 | 4.05 | | | 3800＜H≤3900 | 0.50 | 0.87 | 1.24 | 2.34 | 4.10 | | | 3900＜H≤4000 | 0.50 | 0.88 | 1.25 | 2.35 | 4.15 | |							表 A.0.1

表 A 值的修正值表

海拔 H（m）	35	66	110J	220J	300J	500J
2900＜H≤3000	0.47	0.79	1.15	2.18	3.45	
3000＜H≤3100	0.47	0.80	1.16	2.20	3.50	
3100＜H≤3200	0.48	0.80	1.17	2.22	3.65	
3200＜H≤3300	0.48	0.81	1.18	2.24	3.70	
3300＜H≤3400	0.48	0.82	1.19	2.26	3.75	
3400＜H≤3500	0.49	0.83	1.20	2.28	3.80	
3500＜H≤3600	0.49	0.84	1.21	2.30	3.90	
3600＜H≤3700	0.49	0.85	1.22	2.32	3.95	
3700＜H≤3800	0.50	0.86	1.23	2.33	4.05	
3800＜H≤3900	0.50	0.87	1.24	2.34	4.10	
3900＜H≤4000	0.50	0.88	1.25	2.35	4.15	

出处：表 A.0.1

名　称	依据内容（DL/T 5352—2018）	出处
750kV、1000kV	海拔在 1000m 及以上时，750kV、1000kV 配电装置最小安全净距的修正值可按表 A.0.2-1、表 A.0.2-2 所列海拔分级查取	附录 A A.0.2

表 A.0.2-1　750kV 配电装置最小安全净距海拔的修正（m）

符号	含　义	海拔（m）				
		1000	1500	2000	2500	3000
A_1'	带电部分至接地部分之间	4.80	5.10	5.40	5.60	6.00
A_1''	带电设备至接地部分之间	5.50	5.75	5.95	6.30	6.60
A_2	不同相的带电部分之间	7.20	7.55	8.00	8.40	8.80
B_1	（1）栅状遮栏至带电部分之间。 （2）设备运输时，其设备外廓至无遮栏带电部分之间。 （3）交叉的不同时停电检修的无遮栏带电部分之间	6.25	6.50	6.70	7.05	7.35
C	无遮栏裸导体至地面之间	12.00				
D	（1）平行的不同时停电检修的无遮栏带电部分之间。 （2）带电部分与建筑物、构筑物的边沿部分之间	7.50	7.75	7.95	8.30	8.60

名称：750kV 配电装置最小安全净距海拔的修正　　出处：表 A.0.2-1

表 A.0.2-2　1000kV 配电装置最小安全净距海拔的修正（m）

符号	含　义		海拔（m）		
			1000	1250	1350
A_1'	分裂导线至接地部分之间 管形导体至接地部分之间		6.80		
A_1''	均压环至接地部分之间		7.50	7.78	7.86
A_2	带电导体相间	分裂导线至分裂导线	9.20	9.27	9.31
		均压环至均压环	10.10	10.28	10.31
		管形导体至管形导体	11.30	12.12	12.17

名称：1000kV 配电装置最小安全净距海拔的修正　　出处：表 A.0.2-2

续表

名 称	依据内容（DL/T 5352—2018）					出处
1000kV 配电装置最小安全净距海拔的修正	续表					表 A.0.2-2
	符号	含 义	海拔（m）			
			1000	1250	1350	
	B_1	（1）带电导体至栅栏。 （2）运输设备外廓线至带电导体。 （3）不同时停电检修的垂直交叉导体之间	8.25	8.53	8.61	
	C	带电导体至地面 — 单根管形导体	17.50			
		带电导体至地面 — 分裂架空导线	19.50			
	D	（1）不同时停电检修的两平行回路之间的水平距离。 （2）带电导体至围墙大部。 （3）带电导体至建筑物边缘	9.50	9.78	9.86	

八、架构宽度计算

1. 相间距离确定

名 称			依 据 内 容	出处
进出线跨（门型架构）导线相间距离	取最大值为相间距离 D_2 值	雷电过电压、风偏条件	$D_2' \geq A_2' + 2(f_1'\sin\alpha_1' + f_2'\sin\alpha_2') + d\cos\alpha_2' + 2r$	1P412 式（10-12）
		操作过电压、风偏条件	$D_2'' \geq A_2'' + 2(f_1''\sin\alpha_1'' + f_2''\sin\alpha_2'') + d\cos\alpha_2'' + 2r$	1P412 式（10-13）
		最大工作电压、短路摇摆、风偏条件	$D_2''' \geq A_2''' + 2(f_1'''\sin\alpha_1''' + f_2'''\sin\alpha_2''') + d\cos\alpha_2''' + 2r$ $A_2'、A_2''、A_2'''$：分别为各种状态下不同相带电部分之间的最小电气距离，cm； d：导线分裂间距（cm）； r：导线半径（cm）； $f_1'、f_1''、f_1'''$：对应于各种状态绝缘子串弧垂； $f_2'、f_2''、f_2'''$：对应于各种状态导线弧垂	1P412 式（10-14）
	门型架构导线相间距离校验			1P412 图 10-7

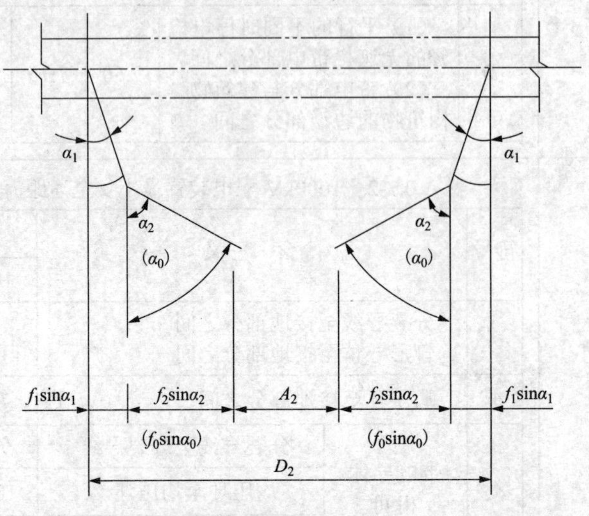

图 10-7 门型架构导线相间距离校验图

续表

名称		依据内容		出处
进出线跨（门型架构）导线相间距离	f_1	$f_1=fE$	f: 跨距中绝缘子串和导线的总弧垂（m）; l: 跨距水平投影长度（m）; Q_i: 各种状态时的绝缘子串单位长度质量（kg/m）; q_i: 各种状态时的导线单位长度质量（kg/m）	1P413 式（10-15）
	E	$E = \dfrac{e}{1+e}$		1P413 式（10-17）
	e	$e = 2\left(\dfrac{l-l_1}{l_1}\right) + \dfrac{Q_i}{q_i}\left(\dfrac{l-l_1}{l_1}\right)^2$		1P413 式（10-18）
	f_2	$f_2=f-f_1$		1P413 式（10-16）
	α_1'、α_1''、α_1'''	对应于各种状态绝缘子串风偏摇摆角	$\alpha_1 = \arctan\dfrac{0.1(l_1q_4+2Q_4)}{l_1q_1+2Q_1}$ q_4: 导线单位长度所承受的风压，N/m。可1P385按式（9-85）确定; Q_4: 绝缘子串所承受的风压（N/m）。可查1P385相关公式; q_1: 导线单位长度质量（kg/m）; Q_1: 绝缘子串的质量（kg）	1P413 式（10-19）
	α_2'、α_2''	分别为大气过电压、内部过电压时导线的风偏摇摆角	$\alpha_2 = \arctan\dfrac{0.1q_4}{q_1}$	1P413 式（10-20）
	α_2'''	最大工作电压时在风力和短路电动力作用下导线的风偏摇摆角	$\alpha_2 = 2\arctan\dfrac{F}{10q}$	1P551 式（10-74）
跳线相间距离	跳线导线的摇摆弧垂	跳线导线的摇摆弧垂	$f_{TY} = \dfrac{f_T' + b - f_j}{\cos a_0}$ f_T': 跳线在无风时的垂直弧垂（cm）; b: 横梁高度的一半（cm）	1P413 式（10-27）
		绝缘子串悬挂点至绝缘子串端部耐张线夹处的垂直距离	$f=\lambda\sin\varphi$ λ: 绝缘子串长度（cm）	1P414 式（10-28）
		绝缘子串倾斜角	$\varphi = \arctan\dfrac{l_1q_1+Q_1}{0.2H}$ H: 导线拉力（N）	1P414 式（10-29）
		跳线最大风偏摇摆角	$\alpha_0 = \beta\arctan\dfrac{0.1q_4}{q_1}$ β: 阻尼系数，见表10-18	1P414 式（10-30）
		跳线摇摆弧垂推荐值	$f_{TY}' = 1.1f_{TY}$	式（10-31）
	计算风速和阻尼系数 β	表10-18 Ⅰ、Ⅶ类气象区的计算风速和阻尼系数 β		1P414 表10-18

表10-18 Ⅰ、Ⅶ类气象区的计算风速和阻尼系数 β

校验状态	Ⅰ类		Ⅶ类	
	v（m/s）	β	v（m/s）	β
雷电过电压	15	0.49	10	0.43
操作过电压	18	0.54	15	0.49
最大工作电压	35	0.71	30	0.64

续表

名　称			依　据　内　容		出处
跳线相间距离	跳线摇摆示意		图 10-9 跳线摇摆示意图		1P413 图10-9
	跳线风偏水平位移		绝缘子串风偏水平位移	$X_j = \lambda\cos\varphi\tan\alpha_1$	1P414 式（10-32）
			跳线导线风偏水平位移	$Y_j = f'_{TY}\sin\alpha_0$	1P414 式（10-33）
	跳线相间距离		$D_2 = 2(X_j + Y_j) + A_2$ A_2：不同相带电部分之间的最小电气距离（cm）。依据 DL/T 5352—2018 表 5.1.3-1、表 5.1.3-2 查得，并根据海拔进行修正		1P414 式（10-34）
阻波器非同期摇摆所要求的相间距离	阻波器风偏水平位移		$x_1 = h\sin\alpha_1 + \dfrac{B}{2}\cos\alpha_1$	h：阻波器悬挂点至底部的高度（cm）；B：阻波器的宽度或直径（cm）；Q_1：阻波器的质量（kg）；S：阻波器受风方向的投影面积（m²）；v：风速（m/s）	1P414 式（10-35）
	阻波器风偏摇摆角		$\alpha_1 = \arctan\dfrac{0.1P_1}{Q_1}$		式（10-36）
	阻波器所承受的风压		$P_1 = \dfrac{10Sv^2}{16}$		式（10-37）1P414
	悬挂阻波器的绝缘子串风偏水平位移		$x_2 = \lambda\sin\alpha_2$	λ：绝缘子串长度（cm）；P_2：绝缘子串所承受的风压（N）；Q_2：绝缘子串的质量（kg）	1P414 式（10-38）
	绝缘子串风偏摇摆角		$\alpha_2 = \arctan\dfrac{0.1(P_1+P_2)}{Q_1+Q_2}$		1P414 式（10-39）
	阻波器所要求的相间距离		$D_2 = 2(x_1 + x_2) + A_2$		1P414 式（10-40）
设备对相间距离的要求			配电装置各主要设备所要求的相间距离，取最大者即起控制作用的作为设备对相间距离的要求值		1P414
进出线相间距离推荐值			根据以上导线及跳线在各种状态下的风偏与短路摇摆、电晕、阻波器非同期摇摆、设备本体等所要求的相间距离，取其中最大值作为进出线相间距离推荐值		1P414
母线相间距离	Π型架构	取最大值为相间距离 D_2 值	雷电过电压、风偏条件	$D'_2 \geq 2(A'_1 + f'_1\sin\alpha'_1 + f'_0\sin\alpha'_0) + d\cos\alpha'_0 + 2r + b$	1P414 式（10-21）
			操作过电压、风偏条件	$D''_2 \geq 2(A''_1 + f''_1\sin\alpha''_1 + f''_0\sin\alpha''_0) + d\cos\alpha''_0 + 2r + b$	1P413 式（10-22）
			最大工作电压、短路摇摆、风偏条件	$D'''_2 \geq 2(A'''_1 + f'''_1\sin\alpha'''_1 + f'''_0\sin\alpha'''_0) + d\cos\alpha'''_0 + 2r + b$ A'_1、A''_1、A'''_1：分别为各种状态下带电部分至接地部分之间的最小电气距离（cm）；b：架构立柱直径（cm）|	1P413 式（10-23）
		f'_0、f''_0、f'''_0：对应于各种状态跳线弧垂		$f'_{TY} = 1.1f_{TY}$	1P414 式（10-31）
		α'_0、α''_0、α'''_0：对应于各种状态跳线风偏摇摆角		$\alpha_0 = \beta\arctan\dfrac{0.1q_4}{q_1}$	1P414 式（10-30）

第十八章 高压配电装置

续表

名称		依据内容	出处
母线相间距离	Π型架构 / Π型架母线相间距离校验图	图 10-8 Π型架母线相间距离校验图	1P413 图10-8
	门型架构 取最大值为相间距离 D_2 值 / 雷电过电压、风偏条件	$D_2' \geq A_2' + 2(f_1'\sin\alpha_1' + f_0'\sin\alpha_0') + d\cos\alpha_0' + 2r$	1P414 式（10-24）
	操作过电压、风偏条件	$D_2'' \geq A_1'' + 2(f_1''\sin\alpha_1'' + f_0''\sin\alpha_0'') + d\cos\alpha_0'' + 2r$	1P414 式（10-25）
	最大工作电压、短路摇摆、风偏条件	$D_2''' \geq A_1'''2(f_1'''\sin\alpha_1''' + f_0'''\sin\alpha_0''') + d\cos\alpha_0''' + 2r$	1P414 式（10-26）

2. 相地距离的确定

名称		依据内容	出处
进出线引下线与架构支柱间相地距离	取最大值为相地距离 D_1 值 / 雷电过电压、风偏条件	$D_1' \geq \overline{OC} + f_Y\sin\alpha' + A_1' + \dfrac{d}{2}\cos\alpha' + r + \dfrac{b}{2}$	1P414 式（10-41）
	操作过电压、风偏条件	$D_1'' \geq \overline{OC} + f_Y\sin\alpha'' + A_1'' + \dfrac{d}{2}\cos\alpha'' + r + \dfrac{b}{2}$	1P414 式（10-42）
	最大工作电压、短路摇摆、风偏条件	$D_1''' \geq \overline{OC} + f_Y\sin\alpha''' + A_1''' + \dfrac{d}{2}\cos\alpha''' + r + \dfrac{b}{2}$	1P414 式（10-43）
	α'、α''、α'''：对应各种状态引下线风偏摇摆角	$\alpha = \beta\arctan\dfrac{0.1q_4}{q_1\cos\gamma}$	1P415 式（10-45）
	引下线的高差角	$\gamma = \arctan\dfrac{\Delta h}{\Delta l}$	1P415 式（10-46）
	门形引下线与架构支柱间的相地距离校验	f_Y：引下线弧垂（cm）； d：导线分裂间距（cm）； r：导线半径（cm）； b：架构立柱直径（cm）； Δh：隔离开关接线端子与出线引下线夹之间的垂直高度（cm）； Δl：隔离开关接线端子与出线引下线夹之间的水平距离（cm）	1P415 图10-10

续表

名 称		依 据 内 容	出处
进出线引下线与架构支柱间相地距离	取最大值为相地距离 D_1 值	门形架引下线与架构支柱间的相地距离校验 图 10-10 门形架引下线与架构支柱间的相地距离校验图	1P415 图 10-10
	$\overline{OC}$ 的计算公式	$$\overline{OC} = \frac{\left(s+\dfrac{b_1}{2}\right)(\Delta d + \lambda_0 \sin\theta)}{s + C + \lambda_0 \cos\theta} - \Delta d$$	1P415 式（10-44）
		$\overline{OC}$ 物理意义： "引下线风偏前投影"与"引下线风偏后距架构立柱最近点所在垂直平面"交点 C 的水平偏移； s：隔离开关接线端子与门型架构中心线之间的距离（cm）； b_1：引下线摇摆后距架构立柱最近点处的人字柱宽度（cm）； Δd：隔离开关接线端子与出线悬挂点之间水平投影的横向距离（cm）； λ_0：绝缘子串的长度（不包括耐张线夹）（cm）； θ：出线对门型架构横梁垂直线的偏角； C：门型架构中心线至出线悬挂点之间的距离（cm）。 $\overline{OC}$ 公式具体推导如下： 根据相似三角形：$\dfrac{BC}{EF} = \dfrac{\overline{OC} + \Delta d}{EF} = \dfrac{eB}{eE}$ 其中：线段 $eB = s + \dfrac{b_1}{2}$； 线段 $eE = s + C + \lambda_0\cos\theta$； 线段 $EF = \Delta d + \lambda_0\sin\theta$； 线段 OF 为绝缘子串长； λ_0：勘误为出线挂点至引下线 T 形线夹间的距离	1P415
	边相跳线与架构支柱间的相地距离	$$D_1 \geq x_1 + A_1 + \dfrac{d}{2}\cos\alpha_0 + r + \dfrac{b}{2}$$	1P415 式（10-47）
		$x_1 = X_f + Y_f$ x_1：跳线风偏水平位移由绝缘子串风偏水平位移 X_f 和跳线导线风偏水平位移 Y_f 组成	$x_1 = X_f + Y_f$
		跳线风偏水平位移（cm） — 绝缘子串风偏水平位移 X_f — 按式（10-32）计算	1P415
		跳线风偏水平位移（cm） — 跳线导线风偏水平位移 Y_f — 按式（10-33）计算	
		跳线风偏摇摆角 — 按式（10-30）计算	

续表

名　称	依　据　内　容		出处
阻波器风偏要求的相地距离	$D_1 \geqslant x_1 + x_2 + A_1 + \dfrac{b}{2}$	x_1：按式（10-35）计算 x_2：按式（10-38）计算	1P415 式（10-48）
架构上人与带电体保持 B_1 值所要求的相地距离	$D_1 \geqslant B_1 + \dfrac{b_R}{2} + \dfrac{d}{2}\cos\alpha + r + s$	α：按式（10-45）计算	1P415 式（10-49）
	B_1：带电作业时带电部分至接地部分之间的最小电气距离（cm），见表10-1、表10-2； b_R：人体宽度，取 41.3（cm）； d：导线分裂间距（cm）； r：带电体半径（cm）； s：带电体在架构上人时的风偏水平位移（cm）； α：按式（10-45）计算		
相地距离推荐值	根据以上引下及跳线在各种状态下的风偏摇摆、阻波器的风偏摇摆、架构上人与带电体保持 B_1 值等所要求的相地距离，取其中最大值作为母线及进出线相地距离推荐值		1P415

3．架构宽度的确定

名　称	依　据　内　容	出处
	$S=2(D_1+D_2)$	1P415 式（10-50）
母线及进出线门型架构宽度	D_1：相地距离的推荐值（cm）； D_2：相间距离的推荐值（cm） 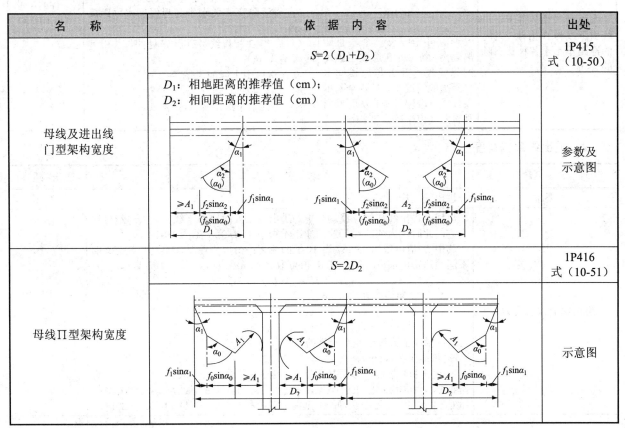	参数及示意图
	$S=2D_2$	1P416 式（10-51）
母线Π型架构宽度		示意图

九、架构高度计算

1．母线架构高度

名　称	依　据　内　容	出处
母线架构高度	$H_m \geqslant H_z + H_g + f_m + r + \Delta h$ H_z：母线隔离开关支架高度（cm）； H_g：母线隔离开关本体（至端子）高度（cm）； f_m：母线最大弧垂（cm）； r：母线半径（cm）； Δh：母线隔离开关端子与母线间垂直距离（cm）	1P416 式（10-52）

续表

名 称	依 据 内 容		出处
母线引下线各点的弧垂	图 10-11 母线引下线各点的弧垂		1P416 图 10-11
母线引下线最低点离地距离	$H_z+H_g-f_0 \geq C$	f_0：母线隔离开关端子以下的母线引下线弧垂（cm）	1P416 式（10-53）
在不同气象条件下，母线引下线与 B 相母线之间的净距不小于各种状态时的 A_2 值	$a\sin\gamma+f_x\cos\gamma\cos\alpha-r-r_1 \geq A$	a：母线相间距离（cm）； γ：母线引下线两固定端连接线的倾角； S：母线隔离开关端子与母线间水平距离（cm）； f_x：距离 B 相母线最近点 E 处的母线引下线弧垂（cm）； α：母线引下线的风偏角； r：母线半径（cm）； r_1：母线引下线半径（cm）	1P416 式（10-54）
	$\gamma = \arctan\dfrac{\Delta h}{S}$		1P416 式（10-55）
	一般可先假设一个垂直距离隔离 Δh，并在选取了强度的母线隔离开关与母线间水平距离的情况下，对两个基本条件进行校验计算，从而推出垂直距离值来确定架构高度		

2. 进出线架构高度

名 称	依 据 内 容	出处
要求	进出线架构高度 H_c 有下列条件确定，并取其最大者	1P416
进出线架构高度 H_{c1}	母线及进出线架构导线均带电，进出线上人检修引下线夹，人跨越母线上方，此时，人的脚对母线的净距不得小于 B_1 值，见图 10-12。 其中 B_1 值可依据 1P567 表 10-1 的注②：带电作业时，不同相或交叉的不同回路带电部分之间，其 B_1 值可取 A_2+750（mm） $$H_{c1} \geq H_m-f_{m1}+B_1+H_{R1}+f_{c1}+r$$ H_m：母线架构的高度（cm）； f_{m1}：进出线下方母线弧垂（cm）； H_{R1}：人体下半身的高度，取 $H_{B1}=100$ cm； f_{c1}：母线上方进出线上人后的弧垂（cm）； r：母线半径（cm）。 依据 1P400 表 10-1 和表 10-2 屋外配电装置的最小安全净距离，注②：带电作业时，不同相或交叉的不同回路带电部分之间，其 B_1 值可取 A_2+750 或依据屋外配电装置的最小安全净距离见表 5.1.2-1 和表 5.1.2-2（DL/T 5352—2018）	1P416 式（10-56）
上人检修线夹时进出线架高度的校验图	图 10-12 上人检修线夹时进出线架高度的校验图	1P416 图 10-12

续表

名　称	依　据　内　容	出处
进出线架构高度 H_{c2}	母线及进出线架构导线均带电，母线架构上人检修耐张线夹，人与出线架构导线间的净距不得小于 B_1 值，见图10-13。则 $$H_{c2} \geq H_m - f_{m2} + B_1 + H_{R2} + f_{c2} + r_2$$ f_{m2}：出线架构导线下方母线上人检修耐张夹时的弧垂（cm）； H_{R2}：人体上半身的高度，取 $H_{R2}=100$cm； f_{c2}：母线上方门型架构导线弧垂（cm）； r_2：门型架构导线半径（cm）	1P416 式（10-57）
人上母线架检修线夹时出线架高度的校验	图10-13　人上母线架检修线夹时出线架高度的校验	1P416 图10-13
进出线架构高度 H_{c3}	正常运行时门型架构导线与下方母线保持交叉的不同时停电检修的无遮栏带电部分之间的安全净距 B_1 值 $$H_{c3} \geq H_m - f_{m3} + B_1 + f_{c3} + r + r_2$$ f_{m3}：出线架构边相导线下方的母线弧垂（cm）； f_{c3}：门型架构导线的弧垂（cm）	1P416 式（10-58）
进出线架构高度 H_{c3}	考虑变压器搬运和电气设备检修起吊时，变压器和起吊设备顶端至进出线导线的净距不得小于 B_1 值，见图10-14和图10-15。则 $$H_{c4} \geq H + B_1 + f_{c4} + r_2$$ H：变压器搬运总高度或起吊设施（扒杆、起重机）顶端高度（cm）； f_{c4}：进出线最大弧垂（cm）	1P416 式（10-59）
汽车起重机起吊时架构高度的校验	图10-14　汽车起重机起吊时架构高度的校验	1P417 图10-14

续表

名 称	依 据 内 容	出处
扒杆起吊汽车运输时架构高度校验	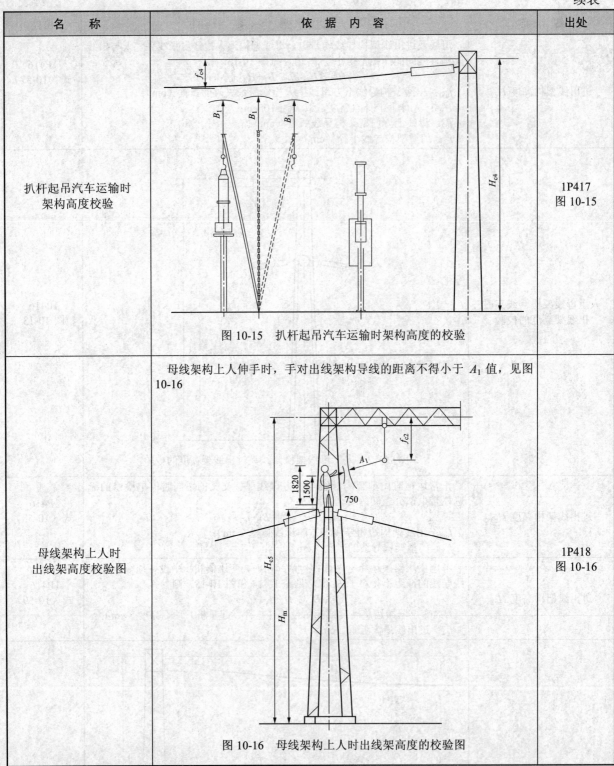 图 10-15 扒杆起吊汽车运输时架构高度的校验	1P417 图 10-15
母线架构上人时出线架高度校验图	母线架构上人伸手时，手对出线架构导线的距离不得小于 A_1 值，见图 10-16 图 10-16 母线架构上人时出线架高度的校验图	1P418 图 10-16

3. 双层架构上层横梁对地高度

名 称	依 据 内 容	出处
双层架构上层横梁对地高度	$$H_s \geqslant H_{c6} + \frac{h}{2} + H_{R3} + A_1 + f_T + r_3$$ H_{c6}：下层架构高度（cm）；h：下层架构横梁高度（cm）； H_{R3}：人体举手高度，取 $H_{R3}=230$cm； f_T：上层导线的跳线弧垂（cm）； r_3：跳线半径（cm）	1P418 式（10-60）

续表

名 称	依 据 内 容	出处
双层架构高度的校验图	双层架构两层横梁中心线之间的距离，由下层架构上人，人对上层架构导线的跳线保持 A_1 值确定，见图 10-17 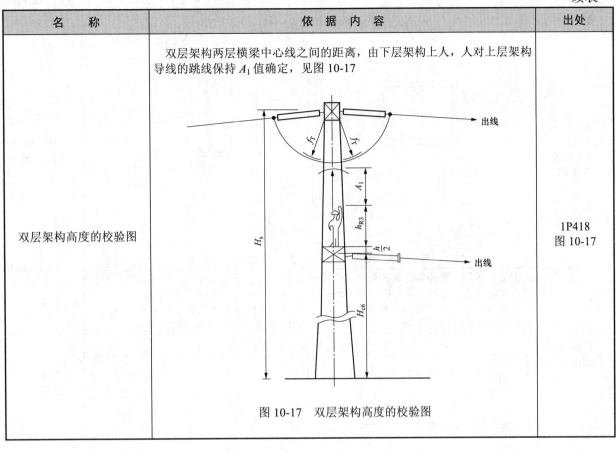 图 10-17 双层架构高度的校验图	1P418 图 10-17

4. 架空地线支柱高度

名 称	依 据 内 容	出处
架空地线支柱高度	$$h_d = h - h_0 \geq \frac{D}{4P}$$ h：架空地线的悬挂高度（cm）； h_0：被保护导线的悬挂高度（cm）； D：两架空地线的间距（cm）； P：高度影响系数，$h \leq 30m$，$P=1$；$30 < h \leq 120m$，$P = \frac{5.5}{\sqrt{h}}$	1P418 式（10-61）

十、纵向尺寸

名 称	依 据 内 容	出处
两组母线隔离开关	两组母线隔离开关之间或出线隔离开关与旁路隔离开关之间的距离，要考虑其中任何一组在检修状态时，对另一组带电的隔离开关保持 B_1 值的要求	1P419
隔离开关与电流互感器之间的距离 L_1	隔离开关与电流互感器之间的距离 L_1，按扒杆将电流互感器从基础上吊下来并能运出去进行校验，见图 10-20，图中 L_1 值见表 10-20。如果两者之间有电缆沟，则尚需加上电缆沟的宽度，一般取 0.8m～1.0m	1P419
	表 10-20　隔离开关与电流互感器之间的距离 L_1（mm） | 电压等级（kV）	35	63	110	220	330	500 | |---|---|---|---|---|---|---| | L_1 | 2000 | 2800 | 2800 | 4000 | 6000 | 8000 |	1P419 表 10-20

名　称	依　据　内　容	出处
隔离开关与电流互感器之间的距离图	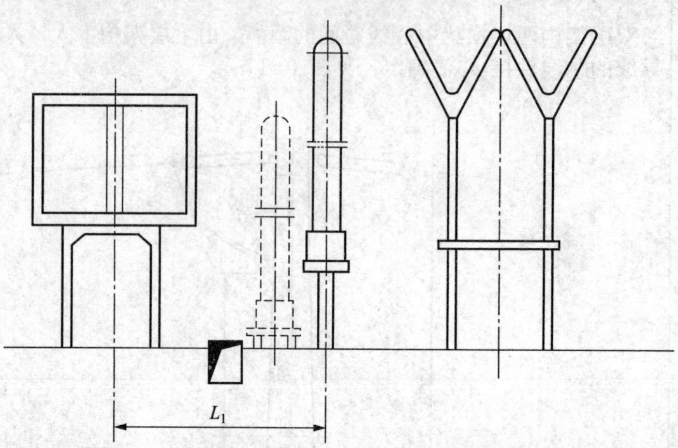 图 10-20　隔离开关与电流互感器之间的距离图	1P419 图 10-20
电流互感器与断路器之间的距离 L_2	电流互感器与断路器之间的距离 L_2，主要取决于断路器搭检修架所需的距离，检修架与电流互感器之间距离一般取 500mm 左右，见图 10-21，图中 L_2 值见表 10-21。当运输道路设在电流互感器与断路器之间时，其上部连线对汽车装运电流互感器顶端的安全净距按 A_1 值校验，两侧考虑运输时的晃动按 B_1 值校验，见图 10-22 表 10-21　电流互感器与断路器之间的距离 L_2（mm） 	电压等级（kV）	35	63	110	220	330	500
---	---	---	---	---	---	---
L_2	1800	2300	2500～3000	4500	6500（柱式断路器）	7000（罐式断路器）		1P419 1P420 表 10-21
电流互感器、断路器及隔离开关之间距离校验图	图 10-21　电流互感器、断路器及隔离开关之间的距离校验图	1P420 图 10-21
运输道路设在断路器电流互感器之间的校验图	图 10-22　运输道路设在断路器电流互感器之间的校验图	1P420 图 10-22

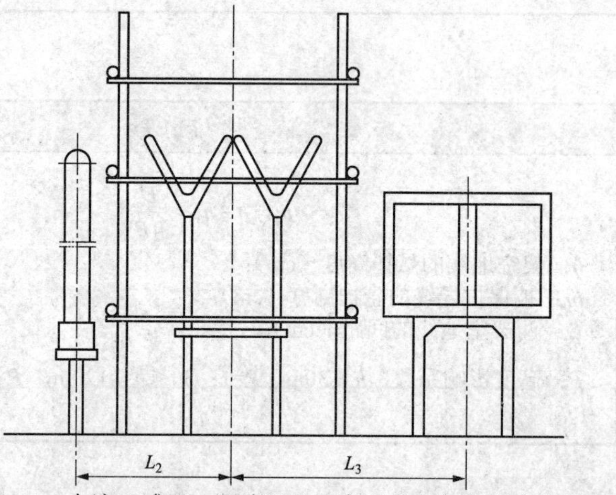

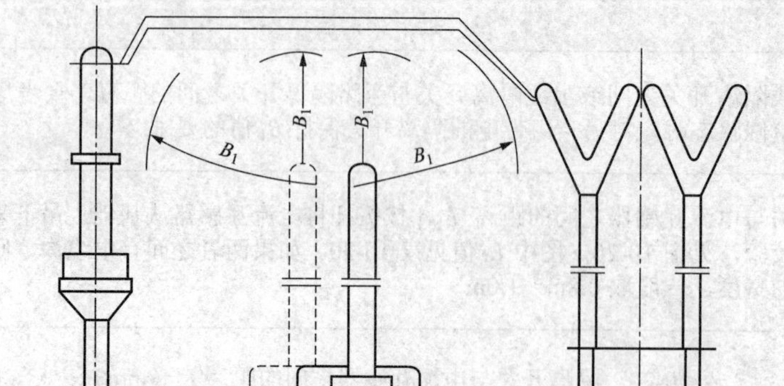

第十八章 高压配电装置

续表

名　称	依　据　内　容	出处
断路器与隔离开关之间的距离 L_3	断路器与隔离开关之间的距离 L_3，也按断路器搭检修架所需的距离考虑，检修架与隔离开关之间距离一般取 500mm 左右，见图 10-21，图中 L_3 值见表 10-22	1P419
配电装置内道路行驶汽车起重机校验	在配电装置内的道路上行驶汽车起重机时，其校验图如图 10-23 所示，校验宽度如前述 4m 考虑（道路宽度为 3.5m）；校验高度按 QY16 汽车起重机考虑，取 3.55m	1P419
	图 10-23　配电装置内道路行驶汽车起重机的校验图	1P420 图 10-23

十一、软导线与组合导线短路摇摆计算

当电力系统发生短路时，交变的短路电动力将使导线发生摇摆。摇摆的最大偏角和相应的水平位移距离计算按以下两种方法（1P550）。

1. 计算方法及公式

计算方法	判　据	公式说明
综合速断短路法	组合导线	p：电动作用力（N/m）； q：导线单位重量（kg/m）； L：导线长度（m）； P：电动作用力（N）； G：导线自重（N）
	$\dfrac{P}{G}=\dfrac{p\times L}{q\times 9.8\times L}\leq 2$ 的软导线	
速断、持续短路分别计算法	$\dfrac{P}{G}=\dfrac{p\times L}{q\times 9.8\times L}>2$ 的软导线	

2. 综合速断短路法解题步骤

	步　骤	公　式	公式说明
综合速断短路法	计算电动作用力	$p=\dfrac{2.04 I''^{2}_{(2)} 10^{-1}}{d}=\dfrac{1.53 I''^{2}_{(3)} 10^{-1}}{d}$ （N/m）	p：电动作用力（N/m）； d：相间距离（m）； $I''^{2}_{(2)}$、$I''^{2}_{(3)}$ 分别为两相、三相短路电流的有效值（kA）
	计算速断保护时间	发电机变压器回路：$t=t_c+0.05$（s）	快速及中速动作的断路器，$t_c=0.06$s。 低速动作的断路器 $t_c=0.2$s
	求参数：$\dfrac{p}{q}$、$\dfrac{\sqrt{f}}{t}$	由已知的 p（N/m）、速断保护等值时间 t（s）、组合导线或软导线的单位质量 q：导线单位质量（kg/m）和最大弧垂 f（m），求得参数 $\dfrac{p}{q}$，$\dfrac{\sqrt{f}}{t}$
	根据以上参数查图	查 1P550，图 10-88 得到短路时的 b/f 值和偏角 α

偏转值曲线	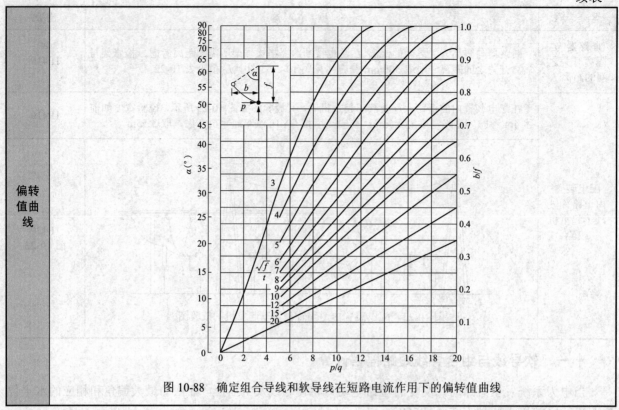 图 10-88　确定组合导线和软导线在短路电流作用下的偏转值曲线

第十九章 接 地 装 置

一、接地的一般规定

1. 术语定义

名　　称	依据内容（GB/T 50065—2011）	出处
接地极	埋入土壤或特定的导电介质（如混凝土或焦炭）中与大地有电接触的可导电部分	2.0.6
接地导体（线）	在系统、装置或设备的给定点与接地极或接地网之间提供导电通路或部分导电通路的导体（线）	2.0.7
接地装置	接地导体（线）和接地极的总和	2.0.9
接地网	接地系统的组成部分，仅包括接地极及其相互连接部分	2.0.10
接地类型及要求	电力系统、装置或设备应按规定接地，接地装置应充分利用自然接地极接地，但应校验自然接地极的热稳定性。 按用途接地可分为系统接地、保护接地、雷电保护接地和防静电接地	3.1.1

2. 电力系统、装置或设备的相关部分（给定点）应接地

名　　称	依据内容（GB/T 50065—2011）	出处
电力系统、装置或设备的下列部分（给定点）应接地	有效接地系统中部分变压器的中性点和有效接地系统中部分变压器、谐振接地、谐振-低电阻接地、低电阻接地以及高电阻接地系统的中性点所接设备的接地端子	3.2.1-1
	高压并联电抗器中性点接地电抗器的接地端子	3.2.1-2
	电机、变压器和高压电器等的底座和外壳	3.2.1-3
	发电机中性点柜外壳、发电机出线柜、封闭母线的外壳和变压器、开关柜等（配套）的金属母线槽等	3.2.1-4
	气体绝缘金属封闭开关设备的接地端子	3.2.1-5
	配电、控制、保护用的屏（柜、箱）等的金属框架	3.2.1-6
	箱式变电站和环网柜的金属箱体等	3.2.1-7
	发电厂、变电站电缆沟和电缆隧道内，以及地上各种电缆金属支架等	3.2.1-8
	屋内外配电装置的金属架构和钢筋混凝土架构，以及靠近带电部分的金属围栏和金属门	3.2.1-9
	电力电缆接线盒、终端盒的外壳，电力电缆的金属外套或屏蔽层，穿线的钢管和电缆桥架等	3.2.1-10
	装有地线的架空线路杆塔	3.2.1-11
	除沥青地面的居民区外，其他居民区内，不接地、谐振接地、谐振-低电阻接地和高电阻接地系统中无地线架空线路的金属杆塔和钢筋混凝土杆塔	3.2.1-12
	装在配电线路杆塔上的开关设备、电容器等电气装置	3.2.1-13
	高压电气装置传动装置	3.2.1-14
	附属于高压电气装置的互感器的二次绕组铠装控制电缆的外皮	3.2.1-15

3. 电气设备和电力生产设施的金属部分可不接地的情况

名　称	依据内容（GB/T 50065—2011）	出处
电气设备和电力生产设施二次设备等的金属部分可不接地的情况	在木质、沥青等不良导电地面的干燥房间内，交流标称电压 380V 及以下、直流标称电压 220V 及以下的电气设备外壳，但当维护人员可能同时触及电气设备外壳和接地物件时除外	3.2.2-1
	安装在配电屏、控制屏和配电装置上的电测仪表、继电器和其他低压电器等的外壳，以及当发生绝缘损坏时在支持物上不会引起危险电压的绝缘子金属底座等	3.2.2-2
	安装在已接地的金属架构上的设备（应保证电气接触良好），如套管等	3.2.2-3
	标称电压 220V 及以下的蓄电池室内的支架	3.2.2-4
	除本规范第 4.3.3 条所列的场所外，由发电厂和变电站区域内引出的铁路轨道	3.2.2-5

4. 爆炸性环境内设备的保护接地应符合的相关规定

名　称	依据内容（GB 50058—2014）	出处
爆炸性环境内设备的保护接地应符合下列规定	按 GB 50065 的有关规定，下列不需要接地的部分，在爆炸性环境内仍应进行接地： （1）在不良导电地面处，交流额定电压为 1000V 以下和直流额定电压为 1500V 及以下的设备正常不带电的金属外壳； （2）在干燥环境，交流额定电压为 127V 及以下，直流电压为 110V 及以下的设备正常不带电的金属外壳； （3）安装在已接地的金属结构上的设备	5.5.3-1
	在爆炸危险环境内，设备的外露可导电部分应可靠接地。 爆炸性环境 1 区、20 区、21 区内的所有设备以及爆炸性环境 2 区、22 区内除照明灯具以外的其他设备应采用专用的接地线。 该接地线若与相线敷设在同一保护管内时，应具有与相线相等的绝缘。 爆炸性环境 2 区、22 区内的照明灯具，可利用有可靠电气连接的金属管线系统作为接地线，但不得利用输送可燃物质的管道	5.5.3-2
	在爆炸危险区域不同方向，接地干线应不少于两处与接地体连接	5.5.3-3
	设备的接地装置与防止直接雷击的独立避雷针的接地装置应分开设置，与装设在建筑物上防止直接雷击的避雷针的接地装置可合并设置，与防雷感应的接地装置亦可合并设置。接地电阻值应取其中最低值	5.5.4
	对 0 区、20 区场所的金属部件不宜采用阴极保护，当采用阴极保护时，应采取特殊的设计。阴极保护所要求的绝缘元件应安装在爆炸性环境之外	5.5.5

5. 水平接地网的要求

名　称	依据内容（GB/T 50065—2011）	出处
发电厂和变电站水平接地网应符合下列要求	水平接地网应利用直埋入地中或水中的自然接地极，发电厂和变电站接地网除利用自然接地极外，还应敷设人工接地极	4.3.1-1
	当利用自然接地极和引外接地装置时，应采用不少于两根导线在不同地点与水平接地网相连接	4.3.1-2
	发电厂（不含水力发电厂）和变电站的接地网，应与 110kV 及以上架空线路的地线直接相连，并应有便于分开的连接点。 6kV～66kV 架空线路的地线不得直接和发电厂和变电所配电装置架构相连时，发电厂和变电站所接地网应在地下与架空绝缘地线的接地装置相连接，连接线埋在地中的长度不应小于 15m	4.3.1-3
	在高土壤电阻率地区，可采取下列降低接地电阻的措施： （1）在发电厂和变电站 2000m 以内有较低电阻率的土壤时，敷设引外接地极；	4.3.1-4

续表

名 称	依据内容（GB/T 50065—2011）	出处
发电厂和变电站水平接地网应符合下列要求	（2）当地下较深处的土壤电阻率较低时，可采用井式、深钻式接地极或采用爆破式接地技术； （3）填充电阻率较低的物质或降阻剂，但应确保填充材料不会加速接地极的腐蚀和其自身的热稳定性； （4）敷设水下接地网。水力发电厂可在水库、上游围堰、施工导流隧洞、尾水渠、下游河道或附近的水源中的最低水位以下区域敷设人工接地极	4.3.1-4
	在永冻土地区可采用下列措施： （1）在接地网敷设在溶化地带或溶化地带的水池或水坑中； （2）可敷设深钻式接地极，或充分利用井管或其他深埋在地下的金属构件作接地极，还应敷设深垂直接地极，其深度应保证深入冻土层下面的土壤至少 5m； （3）在房屋溶化盘内敷设接地网； （4）在接地极周围人工处理土壤，降低冻结温度和土壤电阻率	4.3.1-5
	在季节冻土或季节干旱地区可采用下列措施： （1）季节冻土层或季节干旱形成的高电阻率层的厚度较浅时，可将接地网埋在高电阻率层下 0.2m； （2）已采用多根深钻式接地极降低接地电阻时，可将水平接地网正常埋设； （3）季节性的高电阻率层厚度较深时，可将水平接地网正常埋设，在接地网周围及内部接地极交叉口节点布置短垂直接地极，其长度宜深入季节高电阻率层下面 2m	4.3.1-6

6. 接地极的要求

名 称	依据内容（GB/T 50065—2011）	出处
人工接地网的要求	发电厂和变电站接地网除应利用自然接地极外，应敷设以水平接地极为主的人工接地网，并应符合下列要求：	4.3.2
	（1）人工接地网的外缘应闭合，外缘各角应做成圆弧形，圆弧的半径不宜小于均压带间距的 1/2。接地网内应敷设水平均压带，埋设深度不应小于 0.8m	4.3.2-1
	（2）接地网均压带可采用等间距或不等间距布置	4.3.2-2
	（3）35kV 及以上变电所接地网边缘经常有人出入的走道外，应敷设沥青路面或在地下装设两条与接地网相连的均压带。在现场有操作需要的设备处，应敷设沥青、绝缘水泥或鹅卵石	4.3.2-3
	（4）6kV 和 10kV 变电站和配电站，当采用建筑物的基础作接地极，且接地电阻满足规定值时，可不另设人工接地	4.3.2-4

7. 接地导体（线）的要求

名 称	依据内容（GB/T 50065—2011）	出处
应采用专门敷设的接地导体（线）接地	发电厂、变电站电气装置中，下列部位应采用专门敷设的接地导体（线）接地： （1）发电机机座或外壳，出线柜、中性点柜的金属底座和外壳，封闭母线的外壳。 （2）110kV 及以上钢筋混凝土构件支座上电气设备的金属外壳。 （3）箱式变电站和环网柜的金属箱体。 （4）直接接地的变压器中性点。 （5）变压器、发电机、高压并联电抗器中性点所接自动跟踪补偿装置提供感性电流部分、接地电抗器、电阻器或变压器等的接地端子。 （6）气体绝缘金属封闭开关设备的接地母线、接地端子。 （7）避雷器、避雷针和地线等的接地端子	4.3.7-1

续表

名　称	依据内容（GB/T 50065—2011）	出处
不要求专门敷设的接地线接地时措施	当不要求专门敷设的接地线接地时： （1）电气设备的接地导体（线）宜利用金属构件。钢筋混凝土构件的钢筋、穿线的钢管和电缆的铅、铝外皮等。但不得使用蛇皮管、保温的金属网或外皮以及低压照明网络的导线铅皮做接地导体（线）。 （2）操作、测量和信号用低压电气设备的接地导体（线）可利用永久性金属管道，但可燃液体、可燃或爆炸性气体的金属管道除外。 （3）利用以上设施作接地导体（线）时，应保证其全长为完好的电气通路，并且当利用串联的金属构件作为接地导体（线）时，金属构件之间应以截面不小于 100mm² 的钢材焊接	4.3.7-2
检查要求	接地导体（线）应便于检查，但暗敷的穿线钢管和地下的金属构件除外，潮湿的或有腐蚀性蒸汽的房间内，接地导体（线）离墙不应小于 10mm	4.3.7-3
防护措施	接地导体（线）应采取防止发生机械损伤和化学腐蚀的措施	4.3.7-4
设置标志	接地线引进建筑物的入口处应设置标志，明敷的接地线表面应涂 15mm～100mm 宽度相等的绿色和黄色相间的条纹	4.3.7-5
电气装置接地导体（线）的连接要求	发电厂和变电站电气装置中电气装置接地导体（线）的连接，应符合下列要求： （1）采用铜或铜覆钢材的接地导体（线）应采用放热焊接方式连接。钢接地导体（线）使用搭接焊方式时，其搭接长度应为扁钢宽度的 2 倍或圆钢直径的 6 倍； （2）当采用钢管作为接地导体（线）时，钢管连接处应保证有可靠的电器连接。当利用穿线的钢管作接地导体（线）时，引向电器装置的钢管与电器装置之间，应有可靠的电气连接； （3）接地导体（线）与管道等伸长接地极的连接处，宜焊接。连接地点应选在近处，在管道因检修而可能断开时，接地装置的接地电阻应符合本规范的要求。管道上表计和阀门等处，均应装设跨接线； （4）采用铜或铜覆钢材的接地导体（线）与接地极的连接，应采用放热焊接；接地导体（线）与电气装置的连接，可采用螺栓连接或焊接，螺栓连接时的允许温度为 250℃，连接处接地导体（线）应适当加大截面，且应设置防松螺帽或防松垫片； （5）电气装置每个接地部分应以单独的接地导体（线）与接地母线相连接，严禁在一个接地导体（线）中串接几个需要接地的部分； （6）接地导体（线）与接地极的连接，接地导体（线）与接地极均为铜（包含铜覆钢材）或其中一个为铜时，应采用放热焊接工艺，被连接的导体应完全包在接头里，连接部位的金属应完全熔化，并应连接牢固。放热焊接接头的表面应平滑，应无贯穿性的气孔	4.3.7-6

8．气体绝缘金属封闭开关设备变电站的接地

名　称	依据内容（GB/T 50065—2011）	出处
变电站总接地网	具有气体绝缘金属封闭开关设备的变电站，应设置一个总接地网。 其接地电阻的要求应符合本规范第 4.2 节的规定	4.4.1
开关设备区专用接地网	气体绝缘金属封闭开关设备区域应设置专用接地网，并应成为变电站总接地网的一个组成部分。 该设备区域专用接地网，应由该设备制造厂设计，并应具有下列功能： （1）应能防止故障时人触摸该设备的金属外壳遭到电击； （2）释放分相式设备外壳的感应电流； （3）快速流散开关设备操作引起的快速瞬态电流	4.4.2
手-脚间的接触电位差要求	气体绝缘金属封闭开关设备外部近区故障人触摸其金属外壳时，区域专用接地网应保证触及者手-脚间的接触电位差应符合下式的要求 $$\sqrt{U_{\text{tmax}}^2 + (U'_{\text{tomax}})^2} < U_\text{t}$$ U_{tmax}：设备区域专用接地网最大接触电位差，由人脚下的点决定； U'_{tomax}：设备外壳上、外壳之间或外壳与任何水平/垂直支架之间金属到金属因感应产生的最大电压差； U_t：接触电位差容许值	式（4.4.3）

第十九章 接 地 装 置

续表

名　　称	依据内容（GB/T 50065—2011）	出处
跨步电位差要求	位于居民区的全室内或地下气体绝缘金属封闭开关设备变电站，应校核接地网边缘、围墙或公共道路处的跨步电位差。 变电站所在地区土壤电阻率较高时，紧靠围墙外的人行道路宜采用沥青路面	4.4.4
专用接地网与变电站连接线	气体绝缘金属封闭开关设备区域专用接地网与变电站的连接线，不应少于4根。连接线截面的热稳定校验应符合本规范第4.3.5条的要求。4根连接线截面的热稳定校验电流，应按单相接地故障时最大不对称电流有效值的35%取值	4.4.5
开关设备的接地导体（线）及其连接要求	气体绝缘金属封闭开关设备的接地导体（线）及其连接，应符合下列要求： （1）三相共箱式或分相式设备的金属外壳与其基座上接地母线的连接方式，应按制造厂要求执行。其采用的连接方式，应确保无故障时所有金属外壳运行在地电位水平。当在指定点接地时，应确保母线各段外壳之间电压差在允许范围内； （2）设备基座上的接地母线应按制造厂要求与该区域专用接地网连接； （3）本条第1和2款连接线的截面，应满足设备接地故障（短路）时热稳定的要求	4.4.6
建筑物内气体绝缘金属封闭开关设备接地要求	当气体绝缘金属封闭开关设备置于建筑物内，建筑物地基内的钢筋应与人工敷设的接地网相连接。建筑物立柱、钢筋混凝土地板内的钢筋与建筑物地基内的钢筋，应相互连接，并应良好焊接。 室内还应设置环形接地母线，室内各种需接地的设备（包括前述各种钢筋）均应连接至环形接地母线。环形接地母线还应与气体绝缘金属封闭开关设备区域专用接地网相连接	4.4.7
GIS开关设备与电力电缆或与变压器/电抗器相连要求	气体绝缘金属封闭开关设备与电力电缆或与变压器/电抗器直接相连时，电力电缆护层或其他绝缘金属封闭开关设备与变压器/电抗器之间套管的变压器/电抗器侧，应通过接地导体（线）以最短路径接到接地母线或其他绝缘金属封闭开关设备区域专用接地网。 气体绝缘金属封闭开关设备外壳和电缆护套之间，以及其外壳和变压器/电抗器套管之间的隔离（绝缘）元件，应安装相应的隔离保护器	4.4.8
接地网材质	气体绝缘金属封闭开关设备置于建筑物内时，设备区域专用接地网可采用钢导体，置于户外时，设备区域专用接地网宜采用铜导体。 主接地网也宜采用铜或铜覆钢材	4.4.9

9．雷电保护和防静电的接地

名　　称	依据内容（GB/T 50065—2011）	出处
发电厂和变电站雷电保护的接地要求	发电厂和变电站雷电保护的接地，应符合下列要求： （1）发电厂和变电站配电装置构架上避雷针（含悬挂避雷线的架构）的接地引下线应与接地网连接，并应在连接处加装集中接地装置。引下线与接地网的连接点至变压器接地导体（线）与接地网连接点之间沿接地极的长度，不应小于15m； （2）主厂房装设直击雷保护装置或为保护其他设备而在主厂房上装设避雷针时，应采取加强分流、设备的接地点远离避雷针接地引下线的入地点、避雷针接地引下线远离电气装置等防止反击的措施。避雷针的接地引下线应与主接地网连接，并应在连接处加装集中接地装置； 主控制室、配电装置室和35kV及以下变电站的屋顶上装设直击雷保护装置，且为金属屋顶或屋顶上有金属结构时，则应将金属部分接地；屋顶为钢筋混凝土结构时，则应将其焊接成网接地；结构为非导电的屋顶时，则应采用避雷带保护，该避雷带的网格应为8m～10m，并应每隔10m～20m设接地引下线。该接地引下线应与主接地网连接，并应在连接处加装集中接地装置； （3）发电厂和变电站有爆炸危险且爆炸后可能波及发电厂和变电站内主设备或严重影响发供电的建构筑物，应采用独立避雷针保护，并应采取防止雷电感应的措施，无独立避雷针保护的露天贮罐不应超过10Ω，接地	4.5.1

续表

名　称	依据内容（GB/T 50065—2011）	出处
发电厂和变电站雷电保护的接地要求	点不应小于两处，接地点间距不应大于 30m。架空管道每隔 20m～25m 应接地一次，接地电阻不应超过 30Ω。易燃油贮罐的呼吸阀、易燃油和天然气贮罐的热工测量装置，应用金属导体与相应贮罐的接地装置连接，不能保持良好电气接触的阀门、法兰、弯头等管道连接处应跨接； （4）发电厂和变电站避雷器的接地导体（线）应与接地网连接，且应在连接处设置集中接地装置	4.5.1
防静电接地要求	发电厂易燃油、可燃油、天然气和氢气等储罐，装卸油台、铁路轨道、管道、鹤管、套筒及油槽车等防静电接地的接地位置，接地线、接地极布置方式应符合下列要求： （1）铁路轨道、管道及金属桥台，应在其始端、末端、分支处以及每隔 50m 处设防静电接地，鹤管应在两端接地。 （2）厂区内的铁路轨道应在两处用绝缘装置与外部轨道隔离。两处绝缘装置间的距离应大于一列火车的长度。 （3）净距小于 100mm 的平行或交叉管道，应每隔 20m 用金属线跨接。 （4）不能保持良好电气接触的阀门、法兰、弯头等管道连接处也应跨接。跨接线可采用直径不小于 8mm 的圆钢。 （5）油槽车应设防静电临时接地卡。 （6）易燃油、可燃油和天然气浮动式储罐顶，应用可挠的跨接线与罐体相连，且不应少于两处。跨接线可用截面不小于 25mm² 的钢绞线、扁铜、铜绞线或覆铜扁钢、覆铜钢绞线。 （7）浮动式电气测量的铠装电缆应埋入地下，长度不宜小于 50m。 （8）金属罐体钢板的接缝、罐顶与罐体之间，以及所有管、阀与罐体之间应保证可靠的电气连接	4.5.2

10．地下变电站接地

名　称	依据内容（DL/T 5216—2017）	出处
地下变电站接地要求	地下变电站建筑物各层楼板的钢筋宜焊接成网，并和室内各层敷设的接地母线相连	4.8.3
	地下变电站室内敷设的接地线母线应于不同方位至少 4 点与接地网连接	4.8.4
	地下变电站主接地网和人工接地极，宜采用铜导体，酸性土质宜采用钢导体；室内接地母线及设备接地线可采用钢导体	4.8.5
	地下变电站接地网应与站外电缆隧道接地导体相连，且有便于分开的连接点	4.8.6

二、钢接地体和接地线的最小规格

名　称	依据内容（GB/T 50065—2011）	出处
人工接地极材质	人工接地极，水平敷设的可采用圆钢、扁钢，垂直敷设的可采用角钢或钢管等。腐蚀较重地区采用铜或铜覆钢材时，水平敷设的人工接地极可采用圆钢、扁铜、铜绞线、铜覆钢绞线、铜覆圆铜或铜覆扁钢；垂直敷设的人工接地极可采用圆铜或铜覆圆钢等	4.3.4
接地材料最小尺寸	接地网采用钢材时，按机械强度要求的钢接地材料的最小尺寸，应符合表 4.3.4-1 的要求。 表 4.3.4-1　钢接地材料的最小尺寸 	种类	规格及单位	地上	地下
---	---	---	---
圆钢	直径（mm）	8	8/10
扁钢	截面（mm²）	48	48
	厚度（mm）	4	4		表 4.3.4-1

续表

名　称	依据内容（GB/T 50065—2011）	出处
接地材料最小尺寸	续表 | 种类	规格及单位	地上	地下
---	---	---	---
角钢	厚度（mm）	2.5	4
钢管	管壁厚度（mm）	2.5	3.5/2.5 | 注：1. 地下部分圆钢的直径，其分子、分母数据分别对应于架空线路和发电厂、变电所的接地网。 　　2. 地下部分钢管的壁厚，其分子、分母数据分别对应于埋于土壤和埋于室内素混凝土地坪中。 　　3. 架空线路杆塔的接地线引出线，其截面不应小于 $50mm^2$，并应热镀锌	表 4.3.4-1
接地材料最小尺寸	接地网采用铜或铜覆钢材时，按机械强度要求的铜或铜覆钢接地材料的最小尺寸，应符合表 4.3.4-2 的要求。 表 4.3.4-2　铜或铜覆钢接地材料的最小尺寸 | 种类	规格及单位	地上	地下
---	---	---	---
铜棒	直径（mm）	8	水平接地极为 8 垂直接地极为 15
扁钢	截面（mm^2）	50	50
	厚度（mm）	2	2
铜绞线	截面（mm^2）	50	50
铜覆圆钢	直径（mm）	8	10
铜覆钢绞线	直径（mm）	8	10
铜覆扁钢	截面（mm^2）	48	48
	厚度（mm）	4	4 | 注：1. 钢绞线单位直径不小于 1.7mm。 　　2. 各类铜覆钢材的尺寸为钢材的尺寸，铜层厚度不应小于 0.25mm	表 4.3.4-2

三、接触电位差、跨步电位差

1. 定义及缘由

名　称	依据内容（GB/T 50065—2011）	出处
接触电位差	接地故障（短路）电流流过接地装置时，大地表面形成分布电位，在地面上到设备水平距离为 1.0m 处与设备外壳、架构或墙隔离地面的垂直距离 2.0m 处两点间的电位差	2.0.16
最大接触电位差	接地网孔中心对接地网接地极的最大电位差	2.0.17
跨步电位差	接地故障（短路）电流流过接地装置时，地面上水平距离为 1.0m 的两点间的电位差	2.0.18
最大跨步电位差	接地网外的地面上水平距离 1.0m 处对接地网边缘接地极的最大电位差	2.0.10
电击	当系统发生接地故障时流经变电站接地网的入地电流引起接地网的对地电位升高，且接地网内部电位也是不等的。当运行维护人员等在系统故障时，手触及带电的构架（见图7），手—脚的接触电位差就会使其遭受电击；相应的当人两脚不在一起时（见图8），脚—脚的跨步电位差也会导致人受到电击。那么受到电击的人是否会有至死的危险，则是人们普遍关注的问题	4.2.2 条文说明

续表

名称	依据内容（GB/T 50065—2011）	出处
人体遭受接触电位差	图 7 人体遭受接触电位差	图 7
人体遭受跨步电位差	图 8 人体遭受跨步电位差	图 8
人体可承受的最大交流电流有效值	根据国外学者的研究，人体可承受的最大交流电流有效值 I_b（mA）由下列两式决定： 对于体重 50kg 的人 $I_b = \dfrac{116}{\sqrt{t_s}}$ 对于体重 70kg 的人 $I_b = \dfrac{157}{\sqrt{t_s}}$ t_s：通过人体电流的时间（s），依据 GB/T 50065—2011 的附录 E 取值	式（7） 式（8）
推导过程	人体的接地电阻变化范围很大，我国采用 1500Ω，人脚站在土壤电阻率为 ρ 的地面上时的电阻 R_g（Ω）可视为一个直径 16cm 金属板置于地面上的电阻，该电阻经计算为 3ρ。于是人可承受接触电位差和跨步电位差的限值分别为 $$U_t = \dfrac{116}{\sqrt{t_s}}(1500+1.5\rho) = \dfrac{174+0.17\rho_s}{\sqrt{t_s}}$$ $$U_t = \dfrac{116}{\sqrt{t_s}}(1500+6\rho) = \dfrac{174+0.7\rho_s}{\sqrt{t_s}}$$	式（9） 式（10）

第十九章 接 地 装 置

续表

名　　称	依据内容（GB/T 50065—2011）	出处
接地刀闸间距计算	$$l_{j2} = \frac{2U_{j0}}{U_{A2(K)}}(m)$$ $$U_{j0} = \frac{145}{\sqrt{t}}$$ U_{j0}：允许的母线瞬时电磁感应电压（V）； t：电击时间，为切除三相、单相短路所需的时间（s），依据 GB/T 50065—2011 的附录 E 取值。 其公式推导过程为（人体接地电阻按 1.25kΩ 考虑） $$U_{j0} = I_b R = \frac{116}{\sqrt{t_s}} \times 1.25 = \frac{145}{\sqrt{t}}$$	1P407 式（10-10）

2. 接触电位差、跨步电位差允许值

名　　称	依据内容（GB/T 50065—2011）	出处
系统形式	在 110kV 及以上有效接地系统和 6kV～35kV 低电阻接地系统发生单相接地或同点两相接地时，发电厂和变电站接地网的接触电压差和跨步电位差不应超过由下列二式计算所得的数值	4.2.2-1
接触电位差允许值	$$U_t = \frac{174 + 0.17\rho_s C_s}{\sqrt{t_s}}$$	式（4.2.2-1）
跨步电位差允许值	$$U_s = \frac{174 + 0.7\rho_s C_s}{\sqrt{t_s}}$$ U_t、U_s：分别为接触电位差（V）、跨步电位差（V）； ρ_s：表层土壤电阻率（Ω·m）； t_s：接地故障电流持续时间，与接地装置热稳定校验的接地故障等效持续时间 t_e 取相同值（s）； C_s：表层衰减系数，可通过图 C.0.1 中 C_s 与表层土壤厚度 h_s 和土壤的反射系数 K 的关系曲线查取，计算精度要求不高（误差在 5% 以内）时，也可按本规范附录 C 的公式（C.0.2）计算	式（4.2.2-2）
表层衰减系数 C_s	$$表层衰减系数\ C_s = 1 - \frac{0.09 \times \left(1 - \frac{\rho}{\rho_s}\right)}{2h_s + 0.09}$$ h_s：表层土壤厚度（m）； ρ_s：表层土壤电阻率（Ω·m）； ρ：下层土壤电阻率（Ω·m）	式（C.0.2）
不同电阻率土壤的反射系数	$$K = \frac{\rho - \rho_s}{\rho + \rho_s}$$	式（C.0.1-4）
关系曲线	图 C.0.1　C_s 与表层土壤厚度 h_s 和土壤的反射系数 K 的关系曲线	图 C.0.1

续表

名　称	依据内容（GB/T 50065—2011）	出处
系统型式	6kV～66kV 不接地、谐振接地和高电阻接地系统，发生单相接故障后，当不迅速切除故障时，发电厂、变电所接地装置的接触电压差和跨步电位差不应超过下列二式计算所得的数值	4.2.2-2
接触电位差允许值	$U_t=50+0.05\rho_s C_s$	式（4.2.2-3）
跨步电位差允许值	$U_s=50+0.2\rho_s C_s$	式（4.2.2-4）

3．最大接触电位差、最大跨步电位差计算

名　称		依据内容（GB/T 50065—2011）	出处
最大接触电位差	不等间距布置	$U_T = K_{TL}K_{Th}K_{Td}K_{TS}K_{TN}K_{Tm}V$ V：接地网的最大接触电位升高，$V=I_G R$； R：接地网接地电阻； K_{TL}、K_{Th}、K_{Td}、K_{TS}、K_{TN}、K_{Tm}：最大接触电位差的形状、埋深、接地导体直径、接地网面积、接地体导体根数及接地网网孔数目影响系数； I_G：流入接地网的最大接地故障电流；计算参考附录 B 条文说明，式（12）	式（D.0.4-19）
		$I_G = D_f \times I_g$	式（12）
	等间距布置	$U_m = \dfrac{\rho I_G K_m K_i}{L_M}$	式（D.0.3-1）
最大跨步电位差	不等间距布置	$U_s = K_{SL}K_{Sh}K_{Sd}K_{SS}K_{SN}K_{Sm}V$ K_{SL}、K_{Sh}、K_{Sd}、K_{SS}、K_{SN}、K_{Sm}：最大跨步电位差的形状、埋深、接地导体直径、接地网面积、接地体导体根数及接地网网孔数目影响系数	式（D.0.4-27）
	等间距布置	$U_s = \dfrac{\rho I_G K_s K_i}{L_s}$	式（D.0.3-13）

4．入地短路电流及接地装置电位计算

名　称	依据内容（GB/T 50065—2011）	出处
入地短路电流	$I_g = (I_{max} - I_n)S_{f1}$	式（B.0.1-1）
	$I_g = I_n S_{f2}$	式（B.0.1-2）
	I_{max}：发电厂和变电站内发生接地故障时的最大接地故障对称电流有效值（A）； I_g：接地网入地对称电流； I_n：发电厂和变电内发生接地故障时流经其设备中性点的电流（A）； S_{f1}、S_{f2}：分别为厂站内、外发生接地故障时的分流系数	
	故障电流分流系数：接地网入地对称电流 I_g 与接地故障对称电流 I_f 的比值	2.0.34
接地网地电位升高	$V=I_G R$	式（B.0.4）
	接地故障不对称电流有效值 I_G：计及直流电流分量数值及其衰减特性影响的不对称电流的等价有效值	2.0.30
	衰减系数 D_f：接地计算中，对接地故障电流中对称分量电流引入的校正系数，以考虑短路电流的过冲效应。衰减系数 D_f 为接地故障不对称电流有效值 I_F 与接地故障对称电流有效值 I_f 的比值 $D_f = I_F/I_f$，条文说明式（17）	2.0.31
	衰减系数 D_f 为计及直流偏移的经接地网入地的最大接地故障不对称电流有效值 I_G 与入地对称电流有效值 I_g 的比值，$D_f = I_G/I_g$	B.0.1
	$D_f = I_F/I_f = I_G/I_g$，$I_f = (I_{max}-I_n)$ 或 $I_f = I_n$	

续表

名 称	依据内容（GB/T 50065—2011）	出处
入地电流的流向图	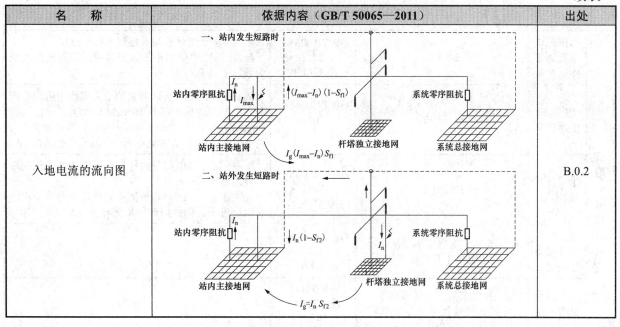	B.0.2

5. 提高接触电位差、跨步电位差允许值的措施

名 称	依 据 内 容	出处
提高接触电位差、跨步电位差允许值的措施	（1）在经常维护的通道、操作机构四周、保护网附近局部增设 1m～2m 网孔的水平均压网带，可直接降低大地表面电位梯度（此方法比较可靠，但需增加钢材消耗）	1P820
	（2）铺设砾石地面或沥青地面，用以提高地表面电阻率，以降低人身承受的电压，此时地面上的电位梯度并不改变。 1）采用碎石、砾石或卵石的高电阻率路面结构层时，其厚度不小于 15cm～20cm。电阻率可取 2500Ω·m。 2）采用沥青混凝土结构层时，其厚度为 4cm，电阻率取 500Ω·m。 3）为节约，也可将沥青混凝土重点使用，如只在经常维护的通道、操作机构的四周、保护网的附近敷设，其他地方可用砾石或砾石覆盖	

四、发电厂、变电站接地电阻计算

1. 接地电阻计算公式汇总

名 称		依据内容	出处	说 明
接地电阻允许值	有效接地系统和低电阻接地系统接地电阻	$R \leqslant 2000/I_G$	GB/T 50065—2011 式（4.2.1-1）	R：考虑季节变化的最大接地电阻（Ω）； I_G：计算用经接地网入地的最大接地故障不对称电流有效值（A），应按本规范附录 B 确定； I_G 应采用设计水平年系统最大运行方式下在接地网内、外发生接地故障时，经接地网流入地中、并计及直流分量的最大接地故障电流有效值，对其计算时，还应计算系统中各接地中性点间的故障电流分配，以及避雷线中分走的接地故障电流。第 6.1.2 条低电阻接地系统按此公式计算
		$R \leqslant 5000/I_G$	GB/T 50065—2011 4.2.1 1、2）	当接地网的接地电阻不符合本规范式（4.2.1-1）的要求时，可通过技术经济比较适当增大接地电阻。在符合本规范第 4.3.3 条的规定时，接地网地电位升高可提高至 5kV
	不接地、谐振接地和高阻接地系统接地电阻	$R \leqslant 120/I_g$	GB/T 50065—2011 式（4.2.1-2）	不应大于 4Ω。 I_g：计算用的接地网入地对称电流（A）。 ①装消弧线圈：取同一接地网同一系统各消弧线圈额定电流总和的 1.25 倍； ②不装消弧线圈：取断开最大一台消弧线圈或系统中最长线路被切除时的最大可能残余电流值

续表

名　　称		依据内容	出处	说　　明
接地电阻允许值	高压配电电气装置接地电阻	$R \leq 50/I$	GB/T 50065—2011 式（6.1.1）	R：因季节变化的最大接地电阻（Ω）； I：计算用的单相接地故障电流；谐振接地系统为故障点残余电流
	TT 系统接地电阻	$R_A \leq 50/I_a$	GB/T 50065—2011 式（7.2.7）	R_A：季节变化时接地装置的最大接地电阻与外露可导电部分的保护导体电阻之和（Ω）； I_a：保护电气自动动作的动作电流，当保护电器为剩余电流保护时，I_a 为额定剩余电流动作电流 $I_{\Delta n}$（A）
	IT 系统接地电阻	$R \leq 50/I_d$	GB/T 50065—2011 式（7.2.9）	R：外露可导电部分的接地装置因季节变化的最大接地电阻（Ω）； I_d：相导体（线）和外露可导电部分间第一次出现阻抗可不计的故障时的故障电流（A）
	独立避雷针接地电阻	在非高土壤电阻率地区，接地电阻不宜超过 10Ω	GB/T 50064—2014 5.4.6	—
	火灾自动报警系统	专用接地装置小于等于 4Ω；共用接地装置小于等于 1Ω	GB 50116—2013 10.2.1	—
	光伏电站	应小于 4Ω	GB 50797—2012 8.8.4	—
接地电阻实际值	垂直接地极的接地电阻	$R_v = \dfrac{\rho}{2\pi l}\left(\ln\dfrac{8l}{d}-1\right)$	GB/T 50065—2011 式（A.0.1-1）	R_v：垂直接地极的接地电阻（Ω）； ρ：土壤电阻率（Ω·m）； l：垂直接地极的长度（m）； d：接地极用圆导体时，圆导体的直径（m）
	不同形状水平接地极的接地电阻	$R_h = \dfrac{\rho}{2\pi L}\left(\ln\dfrac{L^2}{hd}+A\right)$	GB/T 50065—2011 式（A.0.2）	R_h：水平接地极的接地电阻（Ω）； L：水平接地极的总长度（m）； h：水平接地极的埋设深度（m）； d：水平接地极的直径或等效直径（m）； A：水平接地极的形状系数，可按表 A.0.2 的规定采用
	水平接地极为主边缘闭合的复合接地极（接地网）的接地电阻	$R_n = a_1 R_e$ $a_1 = \left(3\ln\dfrac{L_0}{\sqrt{S}}-0.2\right)\dfrac{\sqrt{S}}{L_0}$ $R_e = 0.213\dfrac{\rho}{\sqrt{S}}(1+B)$ $+\dfrac{\rho}{2\pi L}\left(\ln\dfrac{S}{9hd}-5B\right)$ 式（A.0.3-3） $B = 1/\left(1+4.6\dfrac{h}{\sqrt{S}}\right)$	GB/T 50065—2011 式（A.0.3-1）式（A.0.3-2） GB/T 50065—2011 式（A.0.3-3） GB/T 50065—2011 式（A.0.3-4）	R_n：任意形状边缘闭合接地网的接地电阻（Ω）； R_e：等值方形接地网的接地电阻（Ω）； S：接地网的总面积（m²）； d：水平接地极的直径或等效直径（m）； h：水平接地极的埋设深度（m）； L_0：接地网的外边缘总长度（m）； L：水平接地极的总长度（m）
	垂直接地极	$R \approx 0.3\rho$	GB/T 50065—2011 式（A.0.4-1）	工频接地电阻简易计算
	单根水平式	$R \approx 0.03\rho$	GB/T 50065—2011 式（A.0.4-2）	简易计算
	复合接地网接地电阻	$R \approx 0.5\dfrac{\rho}{\sqrt{S}} = 0.28\dfrac{\rho}{r}$ $R = \dfrac{\sqrt{\pi}}{4}\times\dfrac{\rho}{\sqrt{S}}+\dfrac{\rho}{L}=\dfrac{\rho}{4r}+\dfrac{\rho}{L}$	GB/T 50065—2011 式（A.0.4-3）式（A.0.4-4）	S：大于 100m² 的闭合接地网的面积； R：与接地网面积 S 等值的圆的半径，即等效半径（m）

第十九章 接 地 装 置

续表

名 称		依据内容	出处	说 明
接地电阻实际值	典型双层土壤结构深埋垂直接地极	$R = \dfrac{\rho_a}{2\pi l}\left(\ln\dfrac{4l}{d} + C\right)$	GB/T 50065—2011 式（A.0.5-1）	
		$l<H$ $\rho_a=\rho_1$	式（A.0.5-2）	
		$\rho_a = \dfrac{\rho_1\rho_2}{\dfrac{H}{l}(\rho_2-\rho_1)+\rho_1}$	GB/T 50065—2011 式（A.0.5-3）	
		$C = \sum\limits_{n=1}^{\infty}\left[\left(\dfrac{\rho_2-\rho_1}{\rho_2+\rho_1}\right)^n \ln\dfrac{2nH+l}{2(n-1)H+l}\right]$	GB/T 50065—2011 式（A.0.5-4）	n，接地极数量
	典型双层土壤结构水平接地极	$R = \dfrac{0.5\rho_1\rho_2\sqrt{S}}{\rho_1 S_2 + \rho_2 S_1}$	GB/T 50065—2011 式（A.0.5-5）	
		$\rho_{12} = \dfrac{\rho_1\rho_2 S}{\rho_1 S_2 + \rho_2 S_1}$	综合土壤电阻率（笔者推导）	

2. 接地极等效直径（GB/T 50065—2011）

钢材型式（图 A.0.1-2）	等 效 直 径
圆形（直径 d_1）	$d=d_1$，式（A.0.1-2）
扁钢（宽 b）	$d=\dfrac{b}{2}$，式（A.0.1-3）
角钢（b_1，b_2）	$d=0.84b$（等边扁钢），式（A.0.1-4） $d=0.71\times[b_1 b_2(b_1^2+b_2^2)]^{0.25}$（不等边扁钢），式（A.0.1-5）

3. 形状系数表（GB/T 50065—2001 A.0.2 水平接地极的形状系数）

水平接地极形状	—	L	人	○	+	□	✶	✸	✹
形状系数 A	−0.6	−0.18	0	0.48	0.89	1	2.19	3.03	4.71	5.65

4. 不接地、谐振接地和高阻接地系统接地电阻计算用的接地网入地对称电流 I_g（A）

名 称	依据内容（GB/T 50065—2011）	出处
入地对称短路电流	站内安装自动跟踪补偿装置消弧线圈 线路导线 I_{L1}，I_C，I_{BC}，I_{CC}，I_{L2} 接地故障残余电流 $I_d = I_C - I_L$ 站内消弧线圈　系统消弧线圈 $I_g = I_{L1}$　水平接地极	站内安装消弧线圈

续表

名称	依据内容（GB/T 50065—2011）	出处
入地对称短路电流	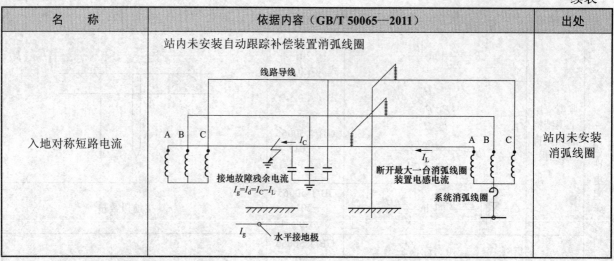	站内未安装消弧线圈

五、线路杆塔接地电阻计算

1. 工频接地电阻计算

名称	依据内容（GB/T 50065—2011）	出处
水平接地装置的工频接地电阻 R 计算	$R_h = \dfrac{\rho}{2\pi L}\left(\ln\dfrac{L^2}{hd}+A_t\right)$ A_t：按表 F.0.1 取值； L：（水平接地极总长）按表 F.0.1 取值； ρ：土壤电阻率（Ω·m）； h：接地极埋设深度 m； d：接地极等效直径 m	（F.0.1）
A_t 和 L 的意义与取值	表 F.0.1　A_t 和 L 的意义与取值 | 接地装置种类 | 形状 | 参数 | |---|---|---| | 铁塔接地装置 | | $A_t=1.76$ $L=4(l_1+l_2)$ | | 钢筋混凝土杆放射型接地装置 | | $A_t=2$ $L=4l_1+l_2$ | | 钢筋混凝土杆环型接地装置 | | $A_t=1.0$ $L=8l_2$（当 $l_1=0$ 时） $L=4l_1$（当 $l_1\neq 0$ 时）|	表 F.0.1
各种型式接地装置工频接地电阻的简易计算式	表 F.0.5　各种型式接地装置工频接地电阻的简易计算式 | 接地装置型式 | 杆塔型式 | 接地电阻简易计算式 | |---|---|---| | n 根水平射线（$n\leq 12$，每根长约 60m）| 各型杆塔 | $R\approx\dfrac{0.062\rho}{n+1.2}$ | | 沿装配式基础周围敷设的深埋式接地极 | 铁塔 门型杆塔 V 型拉线的门型杆塔 | $R\approx 0.07\rho$ $R\approx 0.04\rho$ $R\approx 0.045\rho$ |	表 F.0.5

续表

名　称	依据内容（GB/T 50065—2011）	出处
各种型式接地装置工频接地电阻的简易计算式	续表 | 接地装置型式	杆塔型式	接地电阻简易计算式
装配式基础的自然接地极	铁塔 门型杆塔 V型拉线的门型杆塔	$R\approx 0.1\rho$ $R\approx 0.06\rho$ $R\approx 0.09\rho$
钢筋混凝土杆的自然接地极	单杆 双杆 拉线单、双杆 一个拉线盘	$R\approx 0.3\rho$ $R\approx 0.2\rho$ $R\approx 0.1\rho$ $R\approx 0.28\rho$
深埋式接地与装配式基础自然接地的综合	铁塔 门型杆塔 V型拉线的门型杆塔	$R\approx 0.05\rho$ $R\approx 0.03\rho$ $R\approx 0.04\rho$ | 注：表中 R 为接地电阻（Ω）；ρ 为土壤电阻率（Ω·m）	表 F.0.5

2. 季节系数

类型	依据内容（GB/T 50065—2011）	出处
土壤电阻率（季节系数）	$\rho=\rho_0\varphi$ ρ：土壤电阻率（Ω·m），土壤和水的电阻率可按本规范附录 J 的规定取值（Ω·m）； ρ_0：雷季中无雨水所测得的土壤电阻率（Ω·m）； φ：土壤干燥时的季节系数，应按表 5.1.6 的规定取值	式（5.1.6）
温纳四级法测量电阻率	$\rho_0=2\pi aR$ a：电极间距离（m） $a\geq\dfrac{1.6\sqrt{S}}{\lg\sqrt{S}}$； S：面积（m²）；不小于电极埋深的 20 倍； R：电极间的测量电阻（Ω）	条文说明 4.1.1 式（2）
季节系数	表 5.1.6　土壤干燥时的季节系数 	埋深（m）	φ值	
	水平接地极	2m～3m的垂直接地极
0.5	1.4～1.8	1.2～1.4
0.8～1.0	1.25～1.45	1.15～1.3
2.5～3.0	1.0～1.1	1.0～1.1		表 5.1.6

3. 冲击接地电阻计算

名　称	依据内容（GB/T 50065—2011）	出处
冲击接地电阻计算	单独接地极或杆塔接地装置的冲击接地电阻可用下式计算 $R_i=aR$ R_i：单独接地极或杆塔接地装置的冲击接地电阻（Ω）； R：单独接地极或杆塔接地装置的工频接地电阻（Ω）； a：单独接地极或杆塔接地装置的冲击系数，可按本规范附录 F 规定取值	式（5.1.7）
	当接地装置由较多水平接地极或垂直接地极组成时，垂直接地极的间距不应小于其长度的两倍；水平接地极的间距不宜小于 5m。 由 n 根等长水平放射形接地极组成的接地装置，其冲击接地电阻计算	式（5.1.8）

续表

名　称	依据内容（GB/T 50065—2011）	出处
冲击接地电阻计算	$R_i = \dfrac{R_{hi}}{n} \times \dfrac{1}{\eta_i}$ R_{hi}：每根水平放射极接地极的冲击接地电阻（Ω）； η_i：计及各接地极间相互影响的冲击利用系数，可按本规范附录F的规定选取	式（5.1.8）
	由水平接地极连接的 n 根垂直接地极组成的接地装置，其冲击接地电阻计算 $R_i = \dfrac{\dfrac{R_{vi}}{n} \times R'_{hi}}{\dfrac{R_{vi}}{n} + R'_{hi}} \times \dfrac{1}{\eta_i}$ R_{vi}：每根垂直接地极的冲击接地电阻（Ω）； R'_{hi}：水平接地极的冲击接地电阻（Ω）	式（5.1.9）

六、架空线路杆塔的接地装置

名　称	依据内容（GB/T 50065—2011）	出处
架空线路杆塔的接地要求	6kV级以上无地线线路钢筋混凝土杆宜接地，金属杆塔应接地，接地电阻不宜超过30Ω	5.1.1
	除多雷区，沥青路面上的架空线路的钢筋混凝土杆塔和金属杆塔，以及有运行经验的地区，可不另设人工接地装置	5.1.2
	有地线的线路杆塔的工频接地电阻，不宜超过表5.1.3的规定。 表5.1.3　有避雷线的线路杆塔的工频接地电阻（雷季干燥） | 土壤电阻率（Ω·m） | ≤100 | 100<ρ≤500 | 500<ρ≤1000 | 1000<ρ≤2000 | ρ>2000 | |---|---|---|---|---|---| | 接地电阻（Ω） | 10 | 15 | 20 | 25 | 30 | 注：如土壤电阻率超过2000Ω·m，接地电阻很难降低到30Ω时，可采用6～8段总长不超过500m的放射形接地体或采用连续伸长接地体，接地电阻不受限制	5.1.3
	66kV及以上钢筋混凝土杆铁横担和钢筋混凝土横担线路的地线支架、导线横担与绝缘子固定部分或瓷横担固定部分之间，宜有可靠电气连接，并应与接地引下线相连。主杆非预应力钢筋上下已用绑扎或焊接连成电气通路时，可兼做接地引下线。 利用钢筋兼作接地引下线的钢筋混凝土电杆，其钢筋与接地螺母、铁横担或地线构架间应有可靠电气连接	5.1.4
	在土壤电阻率ρ≤100Ω·m的潮湿地区 ｜ 可利用铁塔和钢筋混凝土自然接地。发电厂、变电所的进线段应另设雷保接地装置。在居民区，当自然接地电阻符合要求时，可不设人工接地装置	5.1.5-1
	在土壤电阻率100Ω·m<ρ≤3000Ω·m地区 ｜ 除利用铁塔和钢筋混凝土杆的自然接地外，并应增设人工接地装置，接地极埋设深度不宜小于0.6m	5.1.5-2
	在土壤电阻率300Ω·m<ρ≤2000Ω·m地区 ｜ 可利用水平敷设的接地装置，接地极埋设深度不宜小于0.5m	5.1.5-3
	在土壤电阻率ρ>2000Ω·m的地区，接地电阻很难降到30Ω以下时 ｜ 可采用6～8根总长度不超过500m的放射形接地极或连续伸长接地极。放射形接地极可采用长短结合的方式。接地极的埋设深度不宜小于0.3m。接地电阻可不受限制	5.1.5-4
	居民区和水田中的接地装置，宜围绕杆塔基础敷设成闭合环形	5.1.5-5

续表

名　　称	依据内容（GB/T 50065—2011）	出处
架空线路杆塔的接地要求	放射形接地极每根的最大长度，应符合表 5.1.5 的要求。 表 5.1.5　放射形接地极的最大长度 | 土壤电阻率（Ω·m）	$\rho \leq 500$	$500 < \rho \leq 1000$	$1000 < \rho \leq 2000$	$\rho > 2000$ | |---|---|---|---|---| | 最大长度（m） | 40 | 60 | 80 | 100 |	5.1.5-6
	在高土壤电阻率地区采用放射形接地装置时，当在杆塔基础的放射形接地极每根长度的 1.5 倍范围内有土壤电阻率较低的地带时，可部分采用引外接地或其他措施	5.1.5-7

七、接地装置的热稳定校验、防腐蚀设计

1. 热稳定要求

名　　称	依据内容（GB/T 50065—2011）	出处
接地装置热稳定校验	在有效接地系统及低电阻接地系统中，发电厂和变电站电气装置中电气装置接地导体（线）的截面，应按接地故障（短路）电流进行热稳定校验	4.3.5-1
	校验不接地、谐振接地和高电阻接地系统中，敷设在地上的接地线长时间温度不应高于 150℃，敷设在地下的不应高于 100℃	4.3.5-2
	接地装置接地极截面，不宜小于连接至接地装置的接地导体（线）截面的 75%	4.3.5-3
	气体绝缘金属封闭开关设备区域专用接地网与变电站的连接线，不应少于 4 根。连接线截面的热稳定校验应符合本规范第 4.3.5 条的要求。4 根连接线截面的热稳定校验电流，应按单相接地故障时最大不对称电流有效值的 35% 取值	4.4.5

2. 热稳定截面计算

名　　称	依据内容（GB/T 50065—2011）	出处
接地导体（线）最小截面计算	$$S_g \geq \frac{I_G}{C}\sqrt{t_e}$$ S_g：接地线的最小截面（mm²）； I_G：流过接地线的最大接地故障不对称短路电流有效值（A），按工程设计水平年系统最大运行方式确定；一般情况下，可按下式计算（此处 I_G 不是入地电流） $$I_G = I_{max} \cdot D_f$$ I_{max}：发电厂和变电站内发生接地故障时的最大接地故障对称电流有效值（A）； （一般情况默认接地故障电流全部流过接地线，除非题目直接给出流过接地线的电流） t_e：短路的等效持续时间（s），与 t_s 相同； C：接地线材料的热稳定系数，根据材料的种类、性能及最大允许温度和接地故障前接地线的初始温度确定	式（E.0.1）
衰减系数	典型的衰减系数 D_f 值可按表 B.0.3 中 t_f 和 X/R 的关系确定。 表 B.0.3　典型的衰减系数 D_f 值 | 故障延时 t_f（s） | 50Hz 对应的周期 | $X/R=10$ | $X/R=20$ | $X/R=30$ | $X/R=40$ | |---|---|---|---|---|---| | 0.05 | 2.5 | 1.2685 | 1.4172 | 1.4965 | 1.5445 | | 0.10 | 5 | 1.1479 | 1.2685 | 1.3555 | 1.4172 | | 0.20 | 10 | 1.0766 | 1.1479 | 1.2125 | 1.2685 |	表 B.0.3

续表

名称	依据内容（GB/T 50065—2011）	出处
衰减系数	续表 | 故障延时 t_f（s）	50Hz对应的周期	衰减系数 D_f |||| |---|---|---|---|---|---
		$X/R=10$	$X/R=20$	$X/R=30$	$X/R=40$
0.30	15	1.0517	1.1010	1.1479	1.1919
0.40	20	1.0390	1.0766	1.1130	1.1479
0.50	25	1.0313	1.0618	1.0913	1.1201
0.75	37.5	1.0210	1.0416	1.0618	1.0816
1.00	50	1.0158	1.0313	1.0467	1.0618 | 当系统的 X/R 值不是表 B.0.3 中的整数时，可依据公式详细计算衰减系数值。	表 B.0.3
	$$D_f = \sqrt{1 + \frac{T_a}{t_f}\left[1 - e^{(-2t_f/T_a)}\right]}$$ 其中 $T_a = \dfrac{X}{\omega R}$	条文说明附录 B.0.3 式（18）
分流	最大短路电流、中性点电流、避雷器分流、入地电流关系图	分流示意图

3. 热稳定系数

名称	依据内容（GB/T 50065—2011）	出处
热稳定系数	在校验接地导体（线）的热稳定时，I_G 及 t_e 应采用表 E.0.2-1 所列数值。接地导体（线）的初始温度取 40℃ 表 E.0.2-1 校验接地线热稳定用的 I_G、t_e 和 C 值 | 系统接地方式	I_G	t_e	C 值（E.0.2） ||| |---|---|---|---|---|---
				钢	铝	铜
有效接地	三相同体设备：单相接地故障电流。三相分体设备：单相接地或两相接地流过接地线的最大接地故障电流	E.0.3 第1和第2款	70	120	249 259	700℃ 800℃
低电阻接地	单相接地故障电流	E.0.3	70	120	268	900℃		表 E.0.2-1

续表

名 称	依据内容（GB/T 50065—2011）	出处
热稳定系数	对钢和铝材的最大允许温度分别取 400℃和 300℃，钢和铝材的热稳定系数 C 值分别为 70 和 120。铜和铜覆钢材采用放热焊接方式时的最大允许温度，应根据土壤腐蚀的严重程度经验算分别取 900℃、800℃或 700℃。爆炸危险场所，应按专用规定选取。 铜和铜覆钢材的热稳定系数 C 值可采用表 E.0.2-2 给出的数值。 表 E.0.2-2　校验铜和铜覆钢材接地导体（线）热稳定用的 C 值 | 最大允许温度（℃）	铜	导电率40%铜镀钢绞线	导电率30%铜镀钢绞线	导电率20%铜镀钢棒 | |---|---|---|---|---| | 700 | 249 | 167 | 144 | 119 | | 800 | 259 | 173 | 150 | 124 | | 900 | 268 | 179 | 155 | 128 |	表 E.0.2-2

4. 热稳定持续时间

名 称	依据内容（GB/T 50065—2011）	出处
热稳定校验用时间计算	1）发电厂、变电所的继电保护装置配置有 2 套速动主保护、近接地后备保护、断路器失灵保护和自动重合闸时，t_e 可按式（E.0.3-1）取值 $$t_e \geq t_m + t_f + t_0$$ t_m：主保护动作时间（s）； t_f：断路器失灵保护动作时间（s）； t_0：断路器开断时间（s）	（E.0.3-1）
	2）配有 1 套速度主保护、近或远（或远近结合的）后备保护和自动重合闸，有或无断路器失灵保护时，t_e 可按式（E.0.3-2）取值 $$t_e \geq t_0 + t_r$$ t_r：第一级后备保护动作时间（s）	（E.0.3-2）

5. 腐蚀

名 称	依据内容（GB/T 50065—2011）	出处
接地网的防腐蚀设计应符合下列要求	计及腐蚀影响后，接地装置的设计使用年限，应与地面工程设计使用年限一致	4.3.6-1
	接地装置的防腐蚀设计，宜按当地的腐蚀数据进行	4.3.6-2
	接地网可采用钢材，但应采用热镀锌。镀锌层应有一定的厚度。接地导体（线）与接地极或接地极之间的焊接点，应涂防腐材料	4.3.6-3
	腐蚀较重地区的 330kV 及以上发电厂和变电站、全户内变电站、220kV 及以上枢纽变电站、66kV 及以上城市变电站、紧凑型变电站，以及腐蚀严重地区的 110kV 发电厂和变电站，通过技术经济比较后，接地网可采用铜材、铜覆钢材或其他防腐蚀措施	4.3.6-4
腐蚀速率	表 1　接地导体（线）和接地极年平均最大腐蚀速率（总厚度） | 土壤电阻率（Ω·m）	扁钢腐蚀速率（mm/a）	圆钢腐蚀速率（mm/a）	热镀锌扁钢腐蚀速率（mm/a） | |---|---|---|---| | 50～300 | 0.2～0.1 | 0.3～0.2 | 0.065 | | >300 | 0.1～0.07 | 0.2～0.07 | 0.065 |	条文说明 4.3.6 表 1

第二十章 继 电 保 护

一、保护一般规定

1. 保护分类

保护分类		依 据 内 容	出处
配置		电力系统中的电力设备和线路,应装设短路故障和异常运行的保护装置。电力设备和线路短路故障的保护应有主保护和后备保护,必要时可增设辅助保护	GB/T 14285—2006 4.1.1
主保护		满足系统稳定和设备安全要求,能以最快速度有选择地切除被保护设备和线路故障的保护	GB/T 14285—2006 4.1.1.1
后备保护		主保护或断路器拒动时,用以切除故障的保护	GB/T 14285—2006 4.1.1.2
	远后备	当主保护或断路器拒动时,由相邻电力设备或线路的保护实现后备	GB/T 14285—2006 4.1.1.2
		3kV~110kV 电网继电保护一般遵循远后备原则	DL/T 584—2017 5.2.2
	近后备	当主保护拒动时,由该电力设备或线路的另一套保护实现后备的保护;当断路器拒动时,由断路器失灵保护来实现的后备保护	GB/T 14285—2006 4.1.1.2
		当线路保护装置拒动时,一般情况只允许相邻上一级的线路保护越级动作切除故障;当断路器拒动(只考虑一相断路器拒动),且断路器失灵保护动作时,应保留一组母线运行(双母线接线)或允许多失去一个元件(一个半断路器接线)。为此,保护第Ⅱ段的动作时间应比断路器拒动时的全部故障切除时间大 0.2s~0.3s	DL/T 559—2007 5.7.7
		对于 220kV~750kV 电网继电保护一般采用近后备方式	DL/T 559—2007 5.4.1
辅助保护		为补充主保护和后备保护的性能或当主保护和后备保护退出运行而增设的简单保护	GB/T 14285—2006 4.1.1.3
异常运行保护		反映被保护电力设备或线路异常运行状态的保护	GB/T 14285—2006 4.1.1.4
零序电流整定值		对于 110kV 电网线路,考虑到在可能的高电阻接地故障情况下的动作灵敏系数要求,其最末一段零序电流整定值不应大于 300A(一次值),允许线路两侧零序保护相继动作切除故障	DL/T 584—2017 5.4.3
		接地故障保护最末一段(例如零序Ⅳ段),应以适应下述短路点接地电阻值的接地故障为整定条件:220kV 线路,100Ω;330kV 线路,150Ω;500kV 线路,300Ω;750kV 线路,400Ω;零序电流保护最末一段动作电流定值一般应不大于 300A,对不满足精确工作电流要求的情况,可适当抬高定值	DL/T 559—2007 5.6.4
后备保护的配合关系		后备保护的配合关系优先考虑完全配合。在主保护双重化配置功能完整的前提下,后备保护允许不完全配合,如后备Ⅲ段允许在某些情况下和相邻元件后备灵敏段的时间配合,灵敏度不配合	DL/T 559—2007 5.7.4
最小短路电流		保护装置中任何元件在其保护范围末端发生金属性故障时,最小短路电流必须满足该元件最小启动电流的 1.5 倍~2 倍	DL/T 559—2007 6.2.1

2. 对继电保护性能的要求

性能要求	依据内容	出处
可靠性	指保护该动作时应动作，不该动作时不动作。 为保证可靠性，宜选用性能满足要求、原理尽可能简单的保护方案，应采用由可靠的硬件和软件构成的装置，并应具有必要的自动检测、闭锁、告警等措施，以及便于整定、调试和运行维护	GB/T 14285—2006 4.1.2.1
选择性	指首先由故障设备或线路本身的保护切除故障，当故障设备或线路本身的保护或断路器拒动时，才允许由相邻设备、线路的保护或断路器失灵保护切除故障。 为保证选择性，对相邻设备和线路有配合要求的保护和同一保护内有配合要求的两元件（如起动与跳闸元件、闭锁与动作元件），其灵敏系数及动作时间应相互配合。当重合于本线路故障，或在非全相运行期间健全相又发生故障时，相邻元件的保护应保证选择性。在重合闸后加速的时间内以及单相重合闸过程中发生区外故障时，允许被加速的线路保护无选择性。在某些条件下必须加速切除短路时，可使保护无选择动作，但必须采取补救措施，例如采用自动重合闸或备用电源自动投入来补救。发电机、变压器保护与系统保护有配合要求时，也应满足选择性要求	GB/T 14285—2006 4.1.2.2
动作时间	邻近供电变压器的供电线路，设计单位应充分考虑线路出口短路的热稳定要求。如线路导线截面过小，不允许延时切除故障时，应快速切除故障。对于多级串供的单电源线路，由于逐级配合的原因，临近供电变压器的线路后备保护动作时间较长，如不能满足线路热稳定要求，宜设置短延时的限时速断保护	DL/T 584—2017 5.5.3
灵敏性	灵敏性是指在设备或线路的被保护范围内发生故障时，保护装置具有的正确动作能力的裕度，一般以灵敏系数来描述。灵敏系数应根据不利正常（含正常检修）运行方式和不利故障类型（仅考虑金属性短路和接地故障）计算	GB/T 14285—2006 4.1.2.3
灵敏系数	在同一套保护装置中闭锁、启动和方向判别等辅助元件的灵敏系数应不低于所控的保护测量元件的灵敏系数	DL/T 584—2017 5.4.5
速动性	速动性是指保护装置应能尽快地切除短路故障，其目的是提高系统稳定性，减轻故障设备和线路的损坏程度，缩小故障波及范围，提高自动重合闸和备用电源或备用设备自动投入的效果等	DL/T 584—2017 4.1.2.4

3. 短路保护的最小灵敏系数

分类	保护类型	组成元件		灵敏系数	备注
主保护	带方向和不带方向的电流或电压保护	电流元件和电压元件		1.3～1.5	200km 以上线路不小于 1.3；（50～200）km 不小于 1.4；50km 以下不小于 1.5
		零序或负序方向元件		1.5	
	距离保护	起动元件	负序和零序增量或负序分量元件、相电流突变量元件	4	距离保护第三段动作区末端故障，大于 1.5
			电流和阻抗元件	1.5	线路末端短路电流应为阻抗元件精确工作电流 1.5 倍以上。200km 以上线路不小于 1.3；（50～200）km 不小于 1.4；50km 以下不小于 1.5
		距离元件		1.3～1.5	
	平行线路横联差动方向保护和电流平衡保护	电流和电压起动元件/零序方向元件		2.0	线路两侧均未断开前，其中一侧保护按线路中点短路计算
				1.5	线路一侧断开后，另一侧保护按对侧短路计算

续表

分类	保护类型	组成元件	灵敏系数	备注
主保护	线路纵联保护	跳闸元件	2.0	—
		对高阻接地故障的测量元件	1.5	个别情况为1.3
	发电机、变压器、电动机纵差保护	差电流元件的启动电流	1.5	—
	母线的完全电流差动保护	差电流元件的启动电流	1.5	—
	母线的不完全电流差动保护	差电流元件	1.5	—
	发电机、变压器、线路和电动机的电流速断保护	电流元件	1.5	按保护安装处短路计算
后备保护	远后备	电流、电压和阻抗元件	1.2	按相邻设备和线路末端短路计算（短路电流应为阻抗元件精确工作电流1.5倍以上），可考虑相继动作
		零序和负序方向元件	1.5	
	近后备	电流、电压和阻抗元件	1.3	按线路末端短路计算
		零序和负序方向元件	2.0	
辅助保护	电流速断保护		1.2	按正常运行方式保护安装处短路计算

注 1．主保护的灵敏系数除表中注出外均按被保护线路（设备）末端短路计算。
2．保护装置如反应故障时的增长量，其灵敏系数为金属短路计算值与保护整定值之比，如反应故障减小量则为保护整定值与金属短路计算值之比。
3．各种类型的保护中，接于全电流和全电压的方向元件的灵敏系数不作规定。

二、保护配置及整定

1．发电机保护配置及整定计算

（1）发电机保护配置/整定计算。

名称	发电机保护配置/整定计算			出处
定子绕组及其引出线相间短路保护（主保护）	1MW及以下发电机	单独运行	中性点有引出线	中性点装设过电流保护	GB/T 14285—2006 4.2.3.1
			中性点无引出线	在机端装设低电压保护	
		并列运行	中性点有引出线	机端装设电流速断保护，如灵敏性不够，可装纵联差动保护	GB/T 14285—2006 4.2.3.2
			中性点无引出线	可装设低压过电流保护	
	1MW及以上发电机：应装设纵联差动保护			GB/T 14285—2006 4.2.3.3
	发电机-变压器组	100MW以下		当发电机与变压器间有断路器时，宜分别装设单独的纵联保护	GB/T 14285—2006 4.2.3.4
		100MW及以上		应装设双重主保护，每一套主保护宜具有发电机纵联差动保护和变压器纵联差动保护功能	GB/T 14285—2006 4.2.3.5
	以上保护均动作于停机			GB/T 14285—2006 4.3.8

第二十章　继 电 保 护

续表

名　　称	发电机保护配置/整定计算			出处
定子绕组单相接地保护	与母线直接连接的发电机	当单相接地故障电流（不考虑消弧线圈的补偿作用）大于允许值时，应装设有选择性的接地保护装置。保护装置由装于机端的零序电流互感器和电流继电器构成。其动作电流按躲过不平衡电流和外部单相接地时发电机稳态电容电流整定；接地保护带时限动作于信号，但当消弧线圈退出运行或由于其他原因使残余电流大于接地电流允许值，应切换为动作于停机；当未装接地保护，或装有接地保护但由于运行方式改变及灵敏系数不符合要求等原因不能动作时，可由单相接地监视装置动作于信号；为了在发电机与系统并列前检查有无接地故障，保护装置应能监视发电机端零序电压值		GB/T 14285—2006 4.2.4.2
	发电机—变压器组	100MW以下	应装设保护区不小于90%的定子接地保护	GB/T 14285—2006 4.2.4.3
		100MW及以上	应装设保护区为100%的定子接地保护	
	表1　发电机定子绕组单相接地故障电流允许值			GB/T 14285—2006 4.2.4.1条表1
	发电机额定电压（kV）	发电机额定容量（MW）	接地电流允许值（A）	
	6.3	≤50	4	
	10.5	汽轮发电机 50~100	3	
		水轮发电机 10~100		
	13.8~15.75	汽轮发电机 125~200	2（氢冷发电机为2.5）	
		水轮发电机 40~225		
	18~20	300~600	1	
定子绕组匝间短路保护（宜配置在发电机的中性点侧）	对定子绕组为星形接线、每相有并联分支且中性点侧有分支引出端的发电机，应装设零序电流型横差保护或裂相横差保护、不完全纵差保护			GB/T 14285—2006 4.2.5.1
	50MW及以上发电机，当定子绕组为星形接线，中性点只有三个引出端子时，根据用户和制造厂的要求，也可装设专用的匝间短路保护			GB/T 14285—2006 4.2.5.2
	1MW及以下	与其他发电机或与电力系统并列运行的发电机，应装设过电流保护		GB/T 14285—2006 4.2.6.1
	1MW以上	宜装设复合电压（包括负序电压及线电压）起动的过电流保护。灵敏度不满足要求时可增设负序过电流保护		GB/T 14285—2006 4.2.6.2
	电流元件动作电流：$I_d=(1.3~1.4)I_n$；负序电压元件动作电压：$U_{d2}=(0.06~0.12)U_n$；低电压元件接线电压动作电压：汽轮发电机，$U_d=0.6U_n$；水轮发电压，$U_d=0.7U_n$；（GB/T 50062—2008，3.0.6.2；适用≤50MW）			GB/T 50062—2008 3.0.6.2
	50MW及以上	宜装设负序过电流保护和单元件低压起动过电流保护		GB/T 14285—2006 4.2.6.3
	负序电流元件动作电流：$I_{d2}=(0.5~0.6)I_e$；电流元件动作电流：$I_d=(1.3~1.4)I_n$；低电压元件接线电压动作电压：汽轮发电机，$U_{dz}=0.6U_e$；水轮发电压，$U_{dz}=0.7U_e$；（GB/T 50062—2008，3.0.6.3；适用≤50MW）			GB/T 50062—2008 3.0.6.2
	自并励（无串联变压器）发电机	宜采用带电流记忆（保持）的低压过电流保护		GB/T 14285—2006 4.2.6.4

续表

名称	发电机保护配置/整定计算			出处
定子绕组匝间短路保护（宜配置在发电机的中性点侧）	对发电机外部相间短路故障和作为发电机主保护的后备，保护装置宜配置在发电机的中性点侧			GB/T 14285—2006 4.2.6
	宜带有二段时限，以较短的时限动作于缩小故障影响的范围或动作于解列，以较长的时限动作于停机			GB/T 14285—2006 4.2.6.6
定子绕组过电压	水轮发电机	应装设过电压保护，其整定值根据定子绕组绝缘状况决定，宜动作于解列灭磁		GB/T 14285—2006 4.2.7.1
		动作电压：$U_d=(1.3\sim1.5)U_n$；动作时间可取 0.5s（适用≤50MW）		GB/T 50062—2008 3.0.8
	100MW及以上汽轮发电机	宜装设过电压保护，其整定值根据定子绕组绝缘状况决定，宜动作于解列灭磁或程序跳闸		GB/T 14285—2006 4.2.7.2
定子绕组过负荷	定子绕组非直接冷却	应装设定时限过负荷保护，保护接一相电流，带时限动作于信号		GB/T 14285—2006 4.2.8.1
	定子绕组直接冷却且过负荷能力较低（低于1.5倍、60s）	定时限部分	动作电流按在发电机长期允许的负荷电流下能可靠返回的条件整定，带时限动作于信号，在有条件时，可动作于自动减负荷	GB/T 14285—2006 4.2.8.2
		反时限部分	动作特性按发电机定子绕组的过负荷能力确定，动作于停机。保护应反应电流变化时定子绕组的热积累过程	GB/T 14285—2006 4.2.8.2
			不考虑在灵敏系数和时限方面与其他相间短路保护相配合	
定子过电流	额定容量在 1200MVA 及以下的电机，自额定工况热稳定状态下开始，应能承受 1.5 倍额定定子电流历时 30s 而无损伤。额定容量大于 1200MVA 的电机，能承受 1.5 倍额定定子电流的过电流时间应由供需双方协商确定，可以小于 30s。随电机容量增加，承受 1.5 倍额定定子电流过电流时间可减小，但最小值为 15s。			GB/T 7064—2017 4.14.1
	容量在 1200MVA 及以下，电机允许的过电流时间与过电流倍数以式（2）表示 $$(i^2-1)t=37.5s$$ i：定子过电流标幺值（I/I_N），I 为定子电流，I_N 为额定定子电流；t：持续时间（10～120）s			GB/T 7064—2017 式（2）
转子表层（负序）过负荷	不对称负荷、非全相运行及外部不对称短路引起负序电流，应装设发电机转子表层过负荷保护			GB/T 14285—2006 4.2.9
	50MW及以上 A 值大于10	应装设定时限负序过负荷保护。保护与发电机由于外部相间短路而装设的负序过电流保护组合在一起。保护的动作电流按躲过发电机长期。允许的负序电流值和躲过最大负荷下负序电流滤过器的不平衡电流值整定，带时限动作于信号		GB/T 14285—2006 4.2.9.1
	100MW及以上 A 值小于10 A 值：转子表层承受负序电流能力的常数	定时限部分	动作电流按发电机长期允许的负序电流值和躲过最大负荷下负序电流滤过器的不平衡电流值整定，带时限动作于信号	GB/T 14285—2006 4.2.9.2
		反时限部分	动作特性按发电机承受短时负序电流的能力确定，动作于停机。保护应能反应电流变化时发电机转子的热积累过程。 不考虑在灵敏系数和时限方面与其他相间短路保护相配合	GB/T 14285—2006 4.2.9.2

第二十章　继　电　保　护

续表

名　称		发电机保护配置/整定计算		出处
励磁绕组过负荷	100MW及以上（半导体励磁）	对励磁系统故障或强励时间过长的励磁绕组过负荷，100MW及以上采用半导体励磁的发电机，应装设励磁绕组过负荷保护		GB/T 14285—2006 4.2.10
	300MW以下（半导体励磁）	可装设定时限励磁绕组过负荷保护，保护带时限动作于信号和降低励磁电流		GB/T 14285—2006 4.2.10
	300MW及以上	定时限部分	动作电流按正常运行最大励磁电流下能可靠返回的条件整定，带时限动作于信号和降低励磁电流	GB/T 14285—2006 4.2.10
		反时限部分	动作特性按发电机励磁绕组的过负荷能力确定，并动作于解列灭磁或程序跳闸。保护应能反应电流变化时励磁绕组的热积累过程	GB/T 14285—2006 4.2.10
转子一点接地故障	1MW及以下	可装设定期检测装置		GB/T 14285—2006 4.2.11
	1MW及以上	应装设专用的转子一点接地保护装置延时动作于信号，宜减负荷平稳停机，有条件时可动作于程序跳闸。对旋转励磁的发电机宜装设一点接地故障定期检测装置		
失磁保护	不允许失磁运行及失磁对电力系统有重大影响的发电机应装设专用的失磁保护			GB/T 14285—2006 4.2.12.1
	汽轮发电机	失磁保护宜瞬时或短延时动作于信号，有条件的机组可进行励磁切换。失磁后母线电压低于系统允许值时，带时限动作于解列。当发电机母线电压低于保证厂用电稳定运行要求的电压时，带时限动作于解列，并切换厂用电源。有条件的机组失磁保护也可动作于自动减出力。当减出力至发电机失磁允许负荷以下，其运行时间接近于失磁允许运行限时时，可动作于程序跳闸		GB/T 14285—2006 4.2.12.2
	水轮发电机	失磁保护应带时限动作于解列		GB/T 14285—2006 4.2.12.2
	失磁运行	300MW及以下的发电机失磁后应在60s内将负荷降至60%，90s内降至40%，总的失磁运行时间不超过15min		GB/T 7064—2017 4.21.7
过励磁保护（300MW及以上发电机）	300MW及以上发电机，应装设过励磁保护，有条件时应优先装设反时限过励磁保护；汽轮发电机装设了过励磁保护可不再装设过电压保护			GB/T 14285—2006 4.2.13
	定时限部分	低定值部分：带时限动作于信号和降低励磁电流		GB/T 14285—2006 4.2.13
		高定值部分：动作于解列灭磁或程序跳闸		
	反时限部分	反时限特性曲线由上限定时限、反时限、下限定时限三部分组成。上限定时限、反时限动作于解列灭磁，下限定时限动作于信号。反时限的保护特性曲线应与发电机的允许过励磁能力相配合		GB/T 14285—2006 4.2.13
设逆功率保护	对发电机变电动机运行的异常运行方式，保护装置由灵敏的功率继电器构成，带时限动作于信号，经汽轮机允许的逆功率时间延时动作于解列			GB/T 14285—2006 4.2.14
	≥200MW汽轮机	宜装设逆功率保护		
	燃汽轮发电机	应装设逆功率保护		
频率异常	低频率保护	对低于额定频率带负载运行的300MW及以上汽轮发电机	应装设低频率保护	GB/T 14285—2006 4.2.15
		保护动作于信号，并有累计时间显示		

续表

名 称	发电机保护配置/整定计算			出处
频率异常	高频率保护	对高于额定频率带负载运行的100MW及以上汽轮或水轮发电机	应装设高频率保护	GB/T 14285—2006 4.2.15
		保护动作于解列灭磁或程序跳闸		
失步保护（300MW及以上）	300MW及以上发电机宜装设失步保护。在短路故障、系统同步振荡、电压回路断线等情况下，保护不应误动作。通常保护动作于信号。当振荡中心在发电机变压器组内部，失步运行时间超过整定值或电流振荡次数超过规定值时，保护还动作于解列，并保证断路器断开时的电流不超过断路器允许开断电流			GB/T 14285—2006 4.2.16
突然加电压保护	对于发电机起停过程中发生的故障、断路器断口闪络及发电机轴电流过大等故障和异常运行方式，可根据机组特点和电力系统运行要求，采取措施或增设相应保护。对300MW及以上机组宜装设突然加电压保护			GB/T 14285—2006 4.2.19
解列保护	对调相运行的水轮发电机，在调相运行期间有可能失去电源时，应装设解列保护，保护装置带时限动作于停机			GB/T 14285—2006 4.2.18
≥100MW 发变组	装设数字式保护时，除非电量保护外，应双重化配置。当断路器具有两组跳闸线圈时，两套保护宜分别动作于断路器的一组跳闸线圈			GB/T 14285—2006 4.2.21
≥600MW 发变组	电气量保护	应装设双重化		GB/T 14285—2006 4.2.22
	非电气量保护	应根据主设备配套情况，有条件的也可双重化配置		
自并励发电机的励磁变压器	宜采用电流速断保护作为主保护；过电流保护作为后备保护			GB/T 14285—2006 4.2.23
对交流励磁发电机的主励磁机的短路故障	宜在中性点侧的电流互感器回路装设电流速断保护作为主保护，过电流保护作为后备保护			
要求	抽水蓄能发电机组应根据其机组容量和接线方式装设与水轮发电机相当的保护，且应能满足发电机、调相机或电动机运行不同运行方式的要求，并宜装设变频启动和发电机电制动停机需要的保护			GB/T 14285—2006 4.2.20
差动保护	应采用同一套差动保护装置能满足发电机和电动机两种不同运行方式方案			GB/T 14285—2006 4.2.20.1
定或反时限负序过电流保护	应配置能满足发电机或电动机两种不同运行方式的定或反时限负序过电流保护			GB/T 14285—2006 4.2.20.2
逆功率保护	应根据机组额定容量装设逆功率保护，并应在切换到抽水运行方式时自动退出逆功率保护			GB/T 14285—2006 4.2.20.3
失磁、失步保护	应根据机组容量装设能满足发电机或电动机运行的失磁、失步保护。并由运行方式切换发电机运行或电动机运行方式下其保护的投退			GB/T 14285—2006 4.2.20.4
变频起动时	宜闭锁可能由谐波引起误动的各种保护			GB/T 14285—2006 4.2.20.5
起动结束时	应自动解除其闭锁			
对发电机电制动停机	宜装设防止定子绕组端头短接接触不良的保护，保护可短延时动作于切断电制动励磁电流。电制动停机过程宜闭锁会发生误动的保护			GB/T 14285—2006 4.2.20.6

（2）大型发电机保护整定计算。

名 称	大型发电机保护整定计算（DL/T 684—2012）			出处
发电机额定电流	一次额定电流 I_{GN}	$\begin{cases} I_{GN} = \dfrac{P_N}{\sqrt{3}U_N \cos\varphi} \\ I_{gn} = \dfrac{I_{GN}}{n_a} \end{cases}$ 式（3）	P_N: 发电机额定功率（MW）；U_N: 发电机额定相间电压（kV）；$\cos\varphi$: 发电机额定功率因数	4.1.1.3 a)
	二次额定电流 I_{gn}			

第二十章 继 电 保 护

续表

名 称			大型发电机保护整定计算（DL/T 684—2012）		出处
定子绕组内部故障主保护	比率制动式完全纵差保护		发电机完全纵差保护反映发电机及其引出线的相间短路故障		4.1.1
			差动动作电流 $I_{OP}=|\dot{I}_I-\dot{I}_{II}|/n_a$，差动制动电流 $I_{res}=|\dot{I}_I+\dot{I}_{II}|/2n_a$ 式（1）		
		最小动作电流	按躲过正常发电机额定负荷时的最大不平衡电流 $I_{unb\cdot max}$ 整定		4.1.1.3
			$I_S \geq K_{rel}(K_{er}+\Delta m)I_{gn}$，式（4）；当取 $K_{rel}=2$ 时，得 $I_S \geq 0.24I_{gn}$；在工程上一般取 $I_S \geq (0.2\sim0.3)I_{gn}$	K_{rel}: 可靠系数，取 1.5～2.0；K_{er}: 电流互感器综合误差，取 0.1；Δm: 装置通道调整误差引起的不平衡电流系数，可取 0.02	
			拐点电流：$I_t=(0.7\sim1.0)I_{gn}$ 式（5）		
		制动特性斜率 S	按保护区外短路故障最大穿越性短路电流作用下可靠不误动条件整定		
			1) 机端保护区处三相短路通过发电机的最大三相短路电流 $I_{K\cdot max}^{(3)}=\dfrac{1}{X_d''}\dfrac{S_B}{\sqrt{3}U_N}$ 式（6）	X_d'': 折算到 S_B 容量的发电机直轴饱和次暂态同步电抗；S_B: 基准容量，通常取 100MVA 或 1000MVA	
			2) 差动回路最大不平衡电流 $I_{unb\cdot max}=(K_{ap}K_{cc}K_{er}+\Delta m)I_{K\cdot max}^{(3)}$ 式（7）	K_{ap}: 非周期分量系数取 1.5～2.0，TP 级电流互感器取 1；K_{cc}: 电流互感器同型系数取 0.5	
			$S \geq \dfrac{K_{rel}I_{unb\cdot max}-I_S}{I_{res\cdot max}-I_t}$ 式（8）；一般取 $S=0.3\sim0.5$	K_{rel}: 可靠系数，取 $K_{rel}=2$，最大制动电流 $I_{res\cdot max}=I_{K\cdot max}^{(3)}/n_a$	
		差动速断动作电流 I_i	按躲过机组非同期合闸产生的最大不平衡电流整定。对大型机组，一般取 $I_i \geq (3\sim5)I_{gn}$，建议取 $4I_{gn}$；发电机并网后，当系统处于最小运行方式时，机端保护区内两相短路时灵敏度应不低于 1.2		
		出口方式	动作于停机		4.1.1.4
	变斜率完全纵差保护		起始斜率 $S_1=K_{rel}K_{cc}K_{er}$ 式（10）；当 $K_{rel}=2$、$K_{cc}=0.5$、$K_{er}=0.1$ 时，$S_1=0.1$；工程上可取 $S_1=0.05\sim0.10$		4.1.2.3
			最小动作电流：按躲过正常发电机额定负荷时的最大不平衡电流整定，见式（4）；在工程上，可取 $I_S \geq (0.2\sim0.3)I_{gn}$		
		最大斜率 S_2	机端保护区处三相短路通过发电机的最大三相短路电流 $I_{K\cdot max}^{(3)}$，见式（6）		
			差动回路最大不平衡电流 $I_{unb\cdot max}$，见式（7）		
			$S_2 \geq \dfrac{K_{rel}I_{unb\cdot max}-\left(I_S+\dfrac{n}{2}S_1I_{gn}\right)}{I_{res\cdot max}-\dfrac{n}{2}I_{gn}}$ 式（12）；在工程上，一般取 $S_2=0.3\sim0.7$	可靠系数：$K_{rel}=2$；最大制动电流 $I_{res\cdot max}=I_{K\cdot max}^{(3)}/n_a$；$n$: 制动电流倍数	

309

续表

名称		大型发电机保护整定计算（DL/T 684—2012）		出处
定子绕组内部故障主保护	变斜率完全纵差保护	差动速断动作电流 I_i	按躲过机组非同期合闸产生的最大不平衡电流整定。对大型机组，一般 $I_i \geq (3\sim5) I_{gn}$，建议取 $4I_{gn}$；发电机并网后，当系统处于最小运行方式时，机端保护区内两相短路时灵敏度应不低于 1.2	4.1.2.3
		出口方式	动作于停机	4.1.2.4
	故障分量比率制动式纵差保护		该保护只与发生短路后的故障分量（或称增量）有关，与短路前的穿越性负荷电流无关，故有提高纵差保护灵敏度的效果	4.1.3
	不完全纵差保护		既能反映相间和匝间短路，双兼顾分支开焊故障	4.1.4
			整定计算和出口方式与完全纵差保护相同，当中性点 TA1、机端 TA3 不同型时，互感器同型系数 K_{cc} 应取 1，最小动作电流：$I_S \geq (0.3\sim0.4) I_{gn}$，式（16）	4.1.4.3
	零序电流型横差保护		反映匝间短路、分支开焊以及机内绕组相间短路。为了减小动作电流和防止外部短路时误动，在额定频率工况下，该保护的三次谐波滤过比应大于 80 a）高定值段动作电流：按躲过发电机外部不对称短路故障或发电机转子偏心产生的最大不平衡电流整定 $$I_{OP \cdot H} = (0.2\sim0.3)\frac{I_{GN}}{n_a} \quad 式（17）$$ n_a：中性点连线上电流互感器变比 b）低定值段动作电流：只需躲过正常运行时最大不平衡电流 $I_{unb \cdot max}$ 整定 $$I_{OP \cdot L} = 0.05\frac{I_{GN}}{n_a} \quad 式（18）$$ 根据实测进行校正 $$I_{OP \cdot L} = K_{rel} I_{unb \cdot max} \quad K_{rel} = 1.5\sim2.0$$ c）零序电流型横差保护不设动作延时，但当励磁回路一点接地后，防止回路发生瞬时性第二点接地故障合横差保护误动，应切换为带 0.5s～1.0s 延时动作停机	4.1.5
	裂相横差保护		裂相横差保护：就是将一台发电机的每相并联分支分为两个分支组，各配以电流互感器，采用比率制动特性	4.1.6
		最小动作电流：$I_S = (0.2\sim0.4) I_{gn}$ 式（19）	整定计算与比率制动式纵差保护相似，最小动作电流和制动系数均较大	
		制动系数：$S = 0.3\sim0.6$ 式（20）		
		拐点电流：$I_t = (0.7\sim1.0) I_{gn}$ 式（21）		
		I_S 由负荷工况下最大不平衡电流决定： a）两组互感器在负荷工况下的比误差造成的平衡电流； b）由于定子与转子间气隙不同，使各分支定子绕组电流也不相同，由此产生不平衡电流。因此：裂相横差保护 I_S 比纵差保护大		
	纵向零序过电压保护（匝间故障）		发电机定子绕组同分支匝间、同相不同分支匝间或不同相间短路时，会出现纵向（机端对中性点）零序电压，该电压由专用电压互感器（互感器一次中性点与发电机中性点相连，不接地）的开口三角绕组取得 a）动作电压：按躲过发电机正常运行时基波最大不平衡电压 $U_{unb \cdot max}$ 整定 $$U_{0 \cdot OP} = K_{rel} U_{unb \cdot max} \quad 式（22）（K_{rel} 取 2.5）；$$ 当无实测值时，对应专用电压互感器开口三角电压为 100V，可取 $U_{0 \cdot OP} = (1.5\sim3)$ V b）为防止外部短路时误动作，可增设负序方向闭锁元件； c）三次谐波电压滤过比大于 80； d）该保护应有电压断线闭锁元件； e）动作时限按躲过专用电压互感器一次侧断线的判定时间整定，可取 0.2s； f）出口方式为停机	4.1.7

续表

名 称		大型发电机保护整定计算（DL/T 684—2012）		出处
定子绕组内部故障主保护	故障分量负序方向保护	反映发电机定子绕组相间短路、匝间短路以及分支开焊故障		4.1.8
		利用故障分量负序电压和电流（$\Delta \dot{U}_2$ 和 $\Delta \dot{I}_2$），构成故障分量负序方向保护。动作判据 $\Delta P_2 = Re(\Delta \dot{U}_2 \Delta \hat{I}_2 e^{j\varphi_{sen \cdot 2}}) \geqslant \varepsilon_{p \cdot 2}$ 式（23）	$\Delta \hat{I}_2$：$\Delta \dot{I}_2$ 的共轭相量； $\varphi_{sen \cdot 2}$：负序方向灵敏角，一般取 75°；值 $\varepsilon_{p \cdot 2}$ 很小	
		故障分量负序方向保护无须装设 TV 或 TA 断线闭锁元件，但 TV 断线应发信号；当发电机未并网前 $\Delta I_2=0$，保护失效，因此应增设辅助判据		
	过电流保护	动作电流：按发电机额定负荷下可靠返回的条件整定 $I_{OP} = \dfrac{K_{rel}}{K_r} \dfrac{I_{GN}}{n_a}$ 式（24）	K_{rel}：取 1.3~1.5； K_r：返回系数，取 0.9~0.95	4.2.1
		灵敏系数：按主变压器高压侧母线两相短路的条件校验 $K_{sen} = \dfrac{I^{(2)}_{K \cdot min}}{I_{OP} n_a} \geqslant 1.3$ 式（25）	$I^{(2)}_{K \cdot min}$：主变压器高压侧母线金属性两相短路流过保护的最小电流	
		动作时限及出口方式，与主变压器后备保护动作时间配合，动作于停机		
		发电机为自并励励磁时，电流元件应具有记忆功能，记忆时间稍长于动作时限		
复合电压过电流保护	复合电压元件动作值	低电压元件接线电压，按躲过发电机失磁时最低机端电压整定。 汽轮发电机 $U_{OP} = \dfrac{0.6 U_N}{n_V}$ 式（26） 水轮发电机 $U_{OP} = \dfrac{0.7 U_N}{n_V}$ 式（27）		4.2.2
		灵敏系数按主变压器高压侧母线三相短路条件校验 $K_{sen} = \dfrac{U_{OP} n_v}{U_K} \geqslant 1.2$ 式（28） $U_K = \dfrac{X_T}{X_T + X''_d} U_N$	U_K：主变压器高压侧出口三相短路时机端线电压； X''_d、X_T：折算到同一容量下发电机次暂态电抗、主变压器电抗值	
		负序电压元件接相电压或线电压，按躲过正常运行时的不平衡电压整定： $U_{OP \cdot 2} = \dfrac{0.06 \sim 0.08}{n_v} U$ 式（29） U：发电机额定相电压或线电压		
		灵敏系数：按主变高压侧母线两相短路条件校验 $K_{sen} = \dfrac{U_{2 \cdot min}}{U_{OP \cdot 2} n_v} \geqslant 1.5$ 式（30）	$U_{2 \cdot min}$：主变压器高压侧母线两相短路时，保护安装处的最小负序电压	
		复合电压元件的灵敏系数不满足要求时，可在主变压器高压侧增设复合电压元件		
定子绕组单相接地保护	基波零序过电压保护	低定值段动作电压	应按躲过正常运行时的最大不平衡基波零序电压整定。 $U_{0 \cdot OP} = K_{rel} U_{0 \cdot max}$ 式（31）； $U_{0 \cdot max}$：机端或中性点实测不平衡基波零序电压； 实测前，可初设 $U_{0 \cdot OP}$=（5%~10%）U_{0n}	K_{rel}=1.2~1.3 U_{0n}：机端单相金属性接地时中性点或机端的零序电压（二次值）	4.3.2

续表

名称		大型发电机保护整定计算（DL/T 684—2012）		出处
定子绕组单相接地保护	基波零序过电压保护	低定值段动作电压	应校验系统高压侧接地短路时，通过升压变压器高、低压绕组间的耦合电容 C_M 传递到发电机侧的零序电压 U_{g0} 的大小。 U_{g0} 可能引起基波零序过电压保护误动作，定子单相接地保护动作电压整定值或延时应与系统接地保护配合： （1）动作电压若已躲过主变压器高压侧耦合到机端的零序电压，在可能的情况下延时应尽量取短，可取 0.3s～1.0s； （2）具有主变压器高压侧系统接地故障传递过电压防误动措施的保护装置，延时可取 0.3s～1.0s； （3）动作电压若低于主变压器高压侧耦合到机端的零序电压，延时就与高压侧接地保护配合	4.3.2
		高定值段动作电压：应可靠躲过传递过电压，可取 $U_{0 \cdot OP}$=（15%～25%）U_{0n}，延时可取 0.3s～1.0s		
	三次谐波电压单相接地保护		对于 100MW 及以上的发电机，应装设无动作死区（100%动作区）单相接地保护，一般采取基波零序过电压保护与三次谐波电压保护共同组成的 100%单相接地保护	4.3.3
		原理	$\lvert \dot{U}_{3t} \rvert / \lvert \dot{U}_{3n} \rvert > a$　式（34） 实测发电机正常运行时最大三次谐波电压比值设为 a_0，则阈值 a=（1.2～1.5）a_0； 动作判据简单，灵敏度较低	$\dot{U}_{3t}$、$\dot{U}_{3n}$：机端和中性点三次谐波电压	
			$\lvert \dot{U}_{3t} - K_p \dot{U}_{3n} \rvert / \beta \lvert \dot{U}_{3t} \rvert > 1$　式（35） 动作判据复杂，灵敏度高； $\lvert \dot{U}_{3t} - K_p \dot{U}_{3n} \rvert$：动作量； $\beta \lvert \dot{U}_{3t} \rvert$：制动量	K_p：调整系数，使发电机正常运行时动作量很小； β：制动系数	
		三次谐波电压定子接地保护一般动作于信号		
	外加交流电源式 100%定子绕组接地保护		两种注入电源：20Hz 电源和 12.5Hz 电源。外加 20Hz 电源定子接地保护应用较多	4.3.4
		电阻判据	保护装置通过测量负载电阻两端电压 U_0 和电流互感器测量的电流值 I_0，计算接地过渡电阻 R_E，从而实现 100%的定子接地保护； 一般接地电阻定值可取 1kΩ～5kΩ		
			定值整定原则：能可靠反映接地过渡电阻值；高定值段：一般延时 1s～5s 发告警信号；低定值段：延时可取 0.3s～1s，动作于停机		
		接地零序电流判据	反应流过发电机中性点接地连线上的电流，作为电阻判据的后备，动作值按保护距发电机机端 80%～90% 范围的定子绕组接地故障原则整定 $I_{0 \cdot OP} > I_{set} = \left(\dfrac{a U_{Rn}}{R_n} \right) / n_a$　式（36）	a：取 10%～20%； U_{Rn}：发电机额定电压时，机端发生金属性接地故障，负载 R_n 上的电压； R_n：发电机中性点接地变压器二次侧区域电阻	

名称	大型发电机保护整定计算（DL/T 684—2012）	出处

续表

名称			大型发电机保护整定计算（DL/T 684—2012）			出处
定子绕组单相接地保护	外加交流电源式100%定子绕组接地保护	接地零序电流判据	需校核系统接地故障传递过电压对零序电流判据的影响			4.3.4
			接地零序电流判据动作时限取 0.3s～1s，动作于停机			
励磁回路接地保护	冷态绝缘电阻		汽轮发电机：对于空气及氢冷的汽轮发电机，励磁绕组的冷态绝缘电阻不小于 1MΩ，直接水冷却的励磁绕组，其冷态绝缘电阻不小于 2kΩ			4.4
			水轮发电机：绕组的绝缘电阻在任何情况下不应低于 0.5MΩ			
	励磁回路一点接地保护动作		为了大型机组安全运行，无论汽轮发电机或水轮发电机，在励磁回路一点接地保护动作发出信号后，应立即转移负荷，实现平稳停机检修			
	转子接地保护		转子接地保护多采用乒乓式原理和注入式原理，其中注入式原理在未加励磁电压下也能监视转子绝缘			
	整定值（可整定为）	类型	水轮发电机 空冷及氢冷汽轮发电机	转子水冷机组	动作方式	
		高定值段	10kΩ～30kΩ	5kΩ～15kΩ	一般动作于信号	
		低定值段	0.5kΩ～10kΩ	0.5kΩ～2.5kΩ	动作于信号或跳闸	
	动作时限		一般可整定为 5s～10s			
发电机过负荷保护	定子绕组过负荷保护		发电机因过负荷或外部故障引起的定子绕组过电流，装设定子绕组对称过负荷保护。由定时限过负荷及反时限过电流两部分组成			4.5.1
		定时限过负荷	动作电流按发电机长期允许的负荷电流下能可靠返回条件整定 $$I_{OP}=\frac{K_{rel}}{K_r}\frac{I_{GN}}{n_a}$$ 式（37）	K_{rel}：取 1.05； K_r：返回系数，取 0.9～0.95，条件允许应取较大值； n_a：电流互感器变比		
			保护延时（躲过后备保护的最大延时）动作于信号或动作于自动减负荷			
		反时限过电流	动作特性：即发电机定子绕组承受的短时过电流倍数与允许持续时的关系 $$t=\frac{K_{tc}}{I_*^2-K_{sr}^2}$$ 式（38）	K_{tc}：定子绕组热容量常数； I_*：以定子绕组额定电流为基准的标幺值； K_{sr}：散热系数，一般可取 1.02～1.05		
			反时限跳闸特性上限电流：按机端金属性三相短路条件整定 $$I_{OP\cdot max}=\frac{I_{GN}}{X_d''n_a}$$ 式（39）	X_d''：发电机次暂态电抗（饱和值），标幺值		
			当短路电流小于上限电流，保护按反时限动作特性动作，上限最小延时应与出线快速保护动作时间限配合			
			反时限动作特性下限电流：按与过负荷保护配合整定 $$I_{OP\cdot min}=K_{co}I_{OP}=K_{co}\frac{K_{rel}}{K_r}\frac{I_{GN}}{n_a}$$ 式（40）	K_{co}：配合系数，取 1.0～1.05； K_{rel}：取 1.05； K_r：返回系数，取 0.9～0.95，条件允许应取较大值； n_a：电流互感器变比		
			保护动作于解列或程序跳闸			

续表

名称			大型发电机保护整定计算（DL/T 684—2012）		出处
发电机过负荷保护	励磁绕组过负荷保护	定时限过负荷	动作电流按正常运行的额定励磁电流下能可靠返回条件整定，当保护配置在交流侧时，动作时限及动作电流的整定计算同 4.5.1 a），即 $I_{OP} = \dfrac{K_{rel}}{K_r} \dfrac{I_\sim}{n_a}$（额定励磁电流 I_{fdN} 应变换至交流侧的有效值 $I_\sim$，对于三相全桥整流的情况，$I_\sim = 0.816 I_{fdN}$）		4.5.2
			保护带时限动作于信号，有条件的动作于降低励磁电流或切换励磁		
		反时限过电流	反时限过流位数与相应允许持续时间由转子绕组允许的过热条件决定；整定计算时设反时限过电流保护动作特性与绕绕组允许的过热特性相同 $t = \dfrac{C}{I_{fd*}^2 - 1}$ 式（41）	C：转子绕组过热常数；I_{fd*}：强行励磁倍数	
			最大动作时间对应最小动作电流，按与定时限过负荷保护配合的条件整定。反时限动作特性的上限动作电流，与强励顶值倍数匹配。如果强励倍数为 2，则在 2 倍额定励磁电流下的持续时间达到允许的持续时间时，保护动作于跳闸；当小于强励顶值而大于过负荷允许的电流时，保护按反时间特性动作		
			保护动作于解列灭磁		
	转子表层负序过负荷保护		针对发电机不对称过负荷、非全相运行以及外部不对称故障引起的负序电流，保护通常由定时限过负荷和反时限过电流两部分组成		
		负序定时限过负荷	保护动作电流按发电机长期允许的负序过电流 $I_{2\infty}$ 下能可靠返回的条件整定 $I_{2 \cdot OP} = \dfrac{K_{rel} I_{2\infty} I_{GN}}{K_r n_a}$ 式（42）	K_{rel}：取 1.2；K_r：返回系数，取 0.9~0.95；$I_{2\infty}$：发电机长期允许的负序电流标幺值，查附录 E 表 E1	
			保护延时需躲过发—变组后备保护最长动作时限，动作于信号		
		负序反时限过电流	发电机短路承受负序过电流倍数与持续时间的关系 $t = \dfrac{A}{I_{2*}^2 - I_{2\infty}^2}$ 式（43）	I_{2*}：发电机负序电流标幺值；A：转子表层承受负序电流能力的常数（$A = I_2^2 t$）；$I_{2\infty}^2$：查附录 E 表 E1	4.5.3
			整定计算时，设负序反时限过电流保护的动作特性与发电机允许的负序电流特性相同		
			反时限动作特性上限电流：按主变压器高压侧两相短路条件计算 $I_{2 \cdot OP \cdot max} = \dfrac{I_{GN}}{(X_d'' + X_2 + 2X_1)n_a}$ 式（44）	X_2：发电机负序电抗标幺值	
			当负序电流小于上限电流时，按反时限特性动作；上限最小延时应与快速主保护配合		
			反时限动作特性下限电流：按与定时限动作电流配合原则整定 $I_{2 \cdot OP \cdot min} = K_{co} I_{2 \cdot OP}$ 式（45）	K_{co}：配合系数取 1.05~1.10	

续表

名称			大型发电机保护整定计算（DL/T 684—2012）		出处
发电机过负荷保护	转子表层负序过负荷保护	负序反时限过电流	下限动作延时按式（43）计算，同时参考保护装置所能提供的最大延时		4.5.3
			在灵敏度的动作时限方面不必与相邻元件或线路的相间短路保护配合，保护动作于解列或程序跳闸		
发电机低励失磁保护	低励失磁保护主判据		低电压判据：①系统低电压；②机端低电压		4.6.1
			定子绕组阻抗判据：①异步边界阻抗圆；②静稳极限阻抗圆		
			转子侧判据：①转子低电压判据；②变励磁判据		
	低电压判据		系统低电压：主要用于防止发电机低励失磁故障引起无功储备不足的系统电压崩溃，造成大面积停电。三相同时低电压动作电压 $U_{OP \cdot 3ph}=(0.85 \sim 0.95)U_{H \cdot min}$ 式（46） 机端低电压：动作值按不破坏厂用电安全和躲过强励启动电压条件整定 $U_{OP \cdot G}=(0.85 \sim 0.90)U_N$ 式（47）	$U_{H \cdot min}$：高压母线最低正常运行电压	4.6.2
	定子绕组阻抗判据	异步边界阻抗圆	二次有名值 $X_a = -\dfrac{X'_d}{2}\dfrac{U_N^2}{S_N}\dfrac{n_a}{n_v}$ 式（48） $X_b = -X_d\dfrac{U_N^2}{S_N}\dfrac{n_a}{n_v}$ 式（49）		4.6.3
		静稳极限阻抗圆	二次有名值 $X_c = X_{con}\dfrac{U_N^2}{S_N}\dfrac{n_a}{n_v}$ 式（50） 系统联系电抗标幺值 $X_{con} = X_t + \dfrac{X_s(X_g+X_t)}{X_s(n-1)+X_g+X_t}$（发电机容量 S_N 为基准） X_g：发电机同步电抗标幺值 $X_g=X_d$； X_t：升压变阻抗标幺值； X_s：最小运行方式下系统阻抗标幺值； n：并联运行发电机组台数		
	转子低电压判据		转子低电压：$U_{fd \cdot OP}=K_{rel}U_{fd \cdot 0}$ 式（52）	K_{rel}：取 0.80； $U_{fd \cdot 0}$：发电机空载励磁电压	4.6.5
			对于水轮发电机和中小型汽轮发电机，比较合适，对于大型汽轮发电机定值偏大		
	变励磁判据		动作电压：$U_{fd \cdot OP} \leqslant K_{set}(P-P_t)$ 式（53） 整定系数：$K_{set} = \dfrac{P_n}{P_n-P_t} + \dfrac{C_n(X_d+X_{con})U_{fdo}}{U_s E_{do}}$ 式（54） X_{con}：系统联系电抗有名值； X_d：发电机同步电抗有名值； U_{fdo}：空载励磁电压（kV）； U_s：归算到机端的系统侧电压； E_{do}：发电机空载电势； C_n：修正系数；查（K_n–C_n）表 1 或（K_n–C_n）图 12，$K_n=P_n/P_t$；隐极机 $C_n=1$； P_n：发电机额定功率（MW）； P：发电机实际有功功率； P_t：发电机凸极功率（MW），隐极机 $P_t=0$ $P_t = \dfrac{U_s^2(X_d-X_q)}{2(X_d+X_{con})(X_q+X_{con})}$ 式（55）		4.6.6
	低励失磁保护辅助判据		负序电压元件（闭锁失磁保护）	动作电压：$U_{OP}=(0.05 \sim 0.06)\dfrac{U_N}{n_v}$ 式（56）	4.6.7

续表

名 称			大型发电机保护整定计算（DL/T 684—2012）	出处
发电机低励失磁保护	低励失磁保护辅助判据	负序电流元件（闭锁失磁保护）	动作电流 $$I_{OP} = (1.2 \sim 1.4)I_{2\infty}\frac{I_{GN}}{n_a}$$ 式（57） $I_{2\infty}$：发电机长期允许的负序电流标幺值	4.6.7
		由负序电流元件构成的闭锁元件，在出现负序电压或电流大于 U_{OP} 或 I_{OP} 时，瞬时启动闭锁失磁保护，经 8s～10s 自动返回，解除闭锁；辅助判据元件与主判据元件"与门"输出，防止非失磁故障状态下主判据元件误出口		
	延时元件		失磁阻抗判据应校核不抢先于励磁低励限制条件。动作于跳开发电机的延时元件，其延时应防止系统振荡时保护误动作，按躲振荡所需时间整定；对于不允许发电机失磁运行的系统，延时一般取 0.5s～1.0s	4.6.8
发电机失步保护	保护原理要求		正确区分系统短路与振荡；正确判定失步振荡与稳定振荡	4.7.1
	出口方式		失步保护应只在失步振荡情况下动作，失步保护动作后，一般只发信号，当振荡中心位于发—变组内并失步振荡持续时间过长、对发电机安全构成威胁时，才作用于跳闸，且应在两侧电动势相位差小于 $90°$ 的条件下使断路器跳开，以免断路器的断开容量过大	
	三元件失步保护		阻抗：折算至发电机容量下的标幺值，一次基准 $X_j = \dfrac{U_j^2}{S_j}$，二次基准 $X_{j,2} = X_j\dfrac{n_l}{n_y}$ 遮挡器特性 $Z_a = X_{con} = X_s + X_T$ 式（58） $Z_b = X'_d$ 式（59） 系统阻抗角 $\varphi = 80° \sim 85°$ 式（60） X_s：最大方式下系统电抗（Ω）（发电机用暂态电抗）； X_T：主变压器电抗（Ω）（二次有名值 $X_{j,2} = X_j\dfrac{n_a}{n_v}$）； 系统联系电抗标幺值 $X_{con*} = X_t + \dfrac{X_s(X_g + X_t)}{X_s(n-1) + X_g + X_t}$（发电机容量 S_N 为基准） 透镜特性（$Z_a \cdot Z_b$ 均为正代数值，二次有名值）： （1）确定发电机最小负荷阻抗 $R_{L.min} = 0.9 \times \dfrac{U_N/n_v}{\sqrt{3}I_{gn}}$ 式（61） I_{gn}：发电机额定二次电流。 （2）确定 $Z_r \leq \dfrac{1}{1.3}R_{L.min}$ 式（62） （3）确定内角 α（取 $90° \sim 120°$） $Z_r = \dfrac{Z_a + Z_b}{2}\tan\left(90° - \dfrac{\alpha}{2}\right)$ $\alpha = 180° - 2\arctan\left(\dfrac{2Z_r}{Z_a + Z_b}\right)$ 式（63）	4.7.2
			电抗线：过 Z_c 作 Z_aZ_b 的垂线 $Z_c = 0.9Z_T$ Z_T：变压器阻抗	
			滑极次数整定： 振荡中心在发变组区外时，滑极次数整定 2 次～15 次，动作于信号； 振荡中心在发变组区内时，滑极次数整定 1 次～2 次，动作于跳闸或发信	
			跳闸允许电流整定： 当 $I_{OP} < I_{off}$ 时允许跳闸出口，$I_{off} = K_{rel}I_{brk}$ 式（64） K_{rel}：取 0.85～0.90； I_{brk}：断路器允许（失步）遮断电流，可按 25%～50%断路器额定遮断电流 $I_{brk \cdot n}$	

续表

名称		大型发电机保护整定计算（DL/T 684—2012）		出处
发电机失步保护	双遮挡器原理失步保护	电阻线 R_1、R_2、R_3、R_4 及电抗线 X_t 将阻抗复平面分成 5 个区。 失步后： 机端测量阻抗缓慢地从 $+R$ 向 $-R$ 方向变化，依次穿过 0～Ⅳ区，为加速失步； 机端测量阻抗缓慢地从 $-R$ 向 $+R$ 方向变化，依次穿过各区，为减速失步； 测量阻抗依次穿过五个区后记录一次滑极，累计次数达到整定值发信或跳闸 （阻抗：先折算至发电机容量下的标幺值，一次基准 $X_j = \dfrac{U_j^2}{S_j}$，二次基准 $X_{j.2} = X_j \dfrac{n_1}{n_y}$） （二次有名值） $X_B = X_s + X_T$ 式（65） $X_A = -(1.8\sim2.6)X'_d$ 式（66） X_s：最大运行方式下系统电抗（Ω）；X_T：主变压器电抗（Ω） （二次有名值） $X_t = X_T$ 式（67） （二次有名值） $R_1 = \dfrac{1}{2}(|X_A| + X_B)\cot\dfrac{\delta_1}{2}$ 式（68） $R_2 = R_1/2$ 式（69） $R_3 = -R_2$ 式（70） $R_4 = -R_1$ 式（71） $\delta_1 = 120°$；$\delta_4 = 240°$ 测量阻抗在各区停留时间 T_1、T_2、T_3、T_4 的整定—小于最小振荡周期 T_{us} 下测量阻抗在各区内的实际停留时间 $T_1 = 0.5 T_{us} \dfrac{\delta_2 - \delta_1}{360}$ 式（72） $T_2 = 0.5 \times 2 T_{us} \dfrac{180 - \delta_2}{360°}$ 式（73） $T_3 = T_1$ 式（74） 失步启动电流：$I_g = -(0.1\sim0.3)I_{gn}$ 式（75）		4.7.3
		滑极次数整定：一般整定为 1 次～2 次，动作于发信或跳闸		
发电机异常运行保护	定子铁心过励磁保护	大容量机组必须装设过励磁保护。 过励磁倍数：$N = \dfrac{B}{B_n} = \dfrac{U/U_n}{f/f_n} = \dfrac{U_*}{f_*}$ 式（76）	U、f：运行电压及频率； U_n、f_n：额定电压及频率； U_*、f_*：电压和频率标幺值； B、B_n：磁通量及额定磁通量	4.8.1
		定时限过励磁保护	低定值部分：按躲过系统正常运行的最大过励磁倍数整定。 低定值部分带时限动作于信号和降低发电机励磁电流	

续表

名　称		大型发电机保护整定计算（DL/T 684—2012）			出处
发电机异常运行保护	定子铁心过励磁保护	定时限过励磁保护	高定值部分 $N=\dfrac{B}{B_n}=1.3$　式（77） 高定值部分动作于解列灭磁或程序跳闸	当发电机及变压器间有断路器时,其定值按发电机与变压器过励磁特性不同分别整定	4.8.1
			动作时限：根据设备的过励磁特性决定		
		反时限过励磁保护：按发电机、变压器的反时限过励磁特性曲线（参数）整定。宜考虑一定的裕度,可以从时间和动作定值上考虑（二取一）： 从时间上考虑可取曲线 1 时间的 60%～80%; 从动作值考虑,可取曲线 1 的值除以 1.05,最小定值应与定时限低定值配合	1—厂家提供的发电机或变压器允许的过励磁能力曲线; 2—反时限过励磁保护动作整定曲线		
	发电机频率异常保护	300MW 及以上的汽轮机,运行中允许其频率变化的范围为（48.5～50.5）Hz；保护动作于信号,并有累计时间显示；当频率异常保护动作于发电机解列时,其低频段动作频率应与电力系统低频减负荷装置协调；一般应通过低频减负荷装置减负荷,使频率恢复,仅在低频减负荷装置动作后频率未恢复危及机组安全时才进行解列；在电力系统减负荷过程中频率异常保护不应解列发电机			4.8.2
	发电机逆功率保护	动作功率	$P_{OP}=K_{rel}(P_1+P_2)$　式（81） 汽轮机在逆功率运行时的最小损耗 P_1：一般取额定功率的（1%～4%）； 发电机在逆功率运行时的最小损耗 P_2 一般取 $P_2 \approx (1-\eta)P_{gn}$	K_{rel}：取 0.5～0.8 P_{gn}：发电机额定功率； η：发电机效率,一般取 98.6%～98.7%（分别对应 300MW 及 600MW）	4.8.3
		逆功率保护动作功率定值,一般整定为 $P_{OP}=(0.5\%\sim 2\%)P_{gn}$,并应根据主汽门关闭时保护装置的实测逆功率值时行校核			
		动作时限：经主汽门触点时,延时 1.0s～1.5s 动作于解列；不经主气门触点时,延时 15s 动作于信号；根据汽轮机允许的逆功率运行时间,动作于解列时一般取 1min～3min			
	发电机定子过电压保护	≥300MW 汽轮发电机	$U_{OP}=1.3U_N/n_v$　式（82）；动作时限 0.5s,动作于解列灭磁		4.8.4
		水轮发电机	$U_{OP}=1.5U_N/n_v$　式（83）；动作时限 0.5s,动作于解列灭磁		
		可控硅励磁水轮发电机	$U_{OP}=1.3U_N/n_v$　式（84）；动作时限 0.3s,动作于解列灭磁		
	启停机保护	启停机定子接地保护：由装于机端或其中性点零序过电压保护构成,不要求滤过三次谐波,定值一般不超过 $10\%U_{on}$（U_{on}：机端单相金属性接地时机端或中性点的零序电压二次值）			4.8.5

续表

名　称				大型发电机保护整定计算（DL/T 684—2012）		出处
发电机异常运行保护	启停机保护			启停机差动保护：反应相间故障的保护，定值按额定频率下，大于满负荷运行时差动回路中的不平衡电流整定 $I_{OP}=K_{rel}I_{unb}$　式（85）	K_{rel}：取 1.3～1.5； I_{unb}：额定频率下满负荷运行时差动回路中电流	4.8.5
				低频过电流保护：在燃气、抽水蓄能机组变频启动过程中，作为发电电动机和启动母线相间短路故障的保护，定值应可靠躲过低频工况下的最大负荷电流，可靠系数一般取 1.3～1.5		
				启停机保护：仅作为发电机低频工况下的辅助保护，工频条件下正常运行时，由断路器的动断触点或低频继电器输出触点连锁退出；低频元件的整定值选取额定频率的 80%～90%。保护动作于停机		
	误上电保护			发电机误上电保护作为发电机停机状态、盘车状态及并网前机组启动过程中误合断路器时的保护。保护装在机端或主变高压侧，瞬时动作于解列灭磁		4.8.6
		全阻抗特性整定		过电流元件动作值：按发电机停机或盘车状态下误合闸时流过发电机的电流整定 $I_{OP}=K_{rel}\dfrac{I_{GN}}{(X_{s\cdot max}+X_d''+X_T)n_a}$　式（86） 过电流元件在机组正常并网后即自动退出	K_{rel}：可靠系数，取 0.5； $X_{s\cdot max}$、X_d''、X_T：最小运行方式下系统联系电抗、发电机次暂态电抗（不饱和值）、主变电抗，均以发电机容量为基准的标幺值	
			全阻抗元件整定	全阻抗元件动作圆半径：按发电机正常并网时刻发电机输出最大电流（考虑一定裕度，取 $0.3I_{GN}$）时保证低阻抗元件不动作原则整定 $Z_{OP}=\dfrac{K_{rel}U_N n_a}{\sqrt{3}\times 0.3I_{GN}n_V}$　式（87） K_{rel}：取 0.8		
				电阻动作值：按防止发电机正常并网时系统同时发生冲击导致全阻抗元件误动整定 $R_{OP}=0.85Z_{OP}=0.85\dfrac{K_{rel}U_N n_a}{\sqrt{3}\times 0.3I_{GN}n_V}$　式（88）		
				保护也可装主变压器高压侧整定原则不变，全阻抗元件动作圆半径可按 0.3 倍主变压器额定电流整定，全阻抗元件在机组正常并网后自动退出		
				出口延时：一般可整定为 0.1s～0.2s		
		偏移阻抗特性整定		动作电流整定：定值应为误上电最小电流的 50%，或以误上电长期存在不损坏发电机为条件整定，一般发电机负序电流长期允许值为（5%～10%）I_{gn}，误上电电流：可取（10%～20%）I_{gn}		
			反向 Z_F 和正向 Z_B 整定阻抗	阻抗判据引入主变压器高压侧电流电压 $\begin{cases}Z_F=K_{rel}(X_T+X_d')\\ Z_B=(5\%\sim 15\%)Z_F\end{cases}$ 式（89）	K_{rel}：取 1.2～1.3； X_T：折算到发电机容量下的主变压器电抗（Ω）； X_d'：发电机暂态电抗（Ω）	
				阻抗判据引入机端电流电压 $\begin{cases}Z_F=K_{rel}X_d'\\ Z_B=(5\%\sim 15\%)Z_F\end{cases}$ 式（90）	K_{rel}：取 1.2～1.3； X_d'：折算到主变压器容量下的发电机暂态电抗，Ω	
				出口延时：应按躲过可拉入同步的非同期合闸整定，一般取 1s		

续表

名称		大型发电机保护整定计算（DL/T 684—2012）		出处
发电机异常运行保护	误上电保护（低频低压原理）	1) 动作电流整定：以误上电时应可靠启动条件整定，定值应为误上电最小电流的50%，一般可整定为（0.3~0.8）I_{gn}； 2) 低频元件整定：低频元件定值一般取额定频率的90%~96%； 3) 低压元件整定：一般可整定为（0.2~0.8）U_n/n_v； 4) 出口延时：一般可整定为0.1s~0.2s		4.8.6
	断路器闪络保护	发电机-变压器组接入220kV及以上系统时应配置高压侧断路器断口闪络保护，断口闪络保护动作条件是断路器处于断开位置但有负序电流出现		4.8.7
		负序电流整定：应躲过正常运行时高压侧最大不平衡电流，一般可取 $$I_{2\cdot OP}=10\%\frac{I_{Tn}}{n_a} \quad 式（91）$$	I_{Tn}：变压器高压侧额定电流	
		断口闪络保护延时：需躲过断路器合闸三相不一致时间，一般整定为0.1s~0.2s。当机端有断路器时，动作于机端断路器跳闸；当机端没有断路器时，动作于灭磁同时启动断路器失灵保护		
	机端断路器（GBC）失灵保护	300MW及发上且有机端断路器的机组，应装设机端断路器失灵保护。当发电机保护动作于机端断路器但断路器失灵时，跳开主变压器高压侧断路器并启动厂用电切换。机端断路器失灵保护由发电机保护出口触点和能快速返回的相电流、负序电流判别元件组成		4.8.8
		相电流元件：应可靠躲过发电机额定电流 $$I_{OP}=\frac{K_{rel}}{K_r}\frac{I_{GN}}{n_a} \quad 式（92）$$	K_{rel}：取1.1~1.3； K_r：返回系数，取0.9~0.95	
		负序电流：应躲过发电机正常运行时最大不平衡电流，一般可取 $$I_{2\cdot OP}=(0.1~0.2)\frac{I_{GN}}{n_a} \quad 式（93）$$		
		动作延时：应躲开断路器跳闸时间，取0.3s~0.5s		

（3）发电机保护整定计算（2P）。

名称			火力发电厂电气二次设计		出处
定子绕组内部故障主保护	比率制动纵差保护	最小动作电流 $I_{OP\cdot min}$	按躲过正常发电机额定负荷时的最大不平衡电流 $I_{unb\cdot max}$ 整定		2P376 式（8-29）
			$I_{OP\cdot min}=K_{rel}(K_{er}+\Delta m)I_{2N}$ 或 $I_{OP\cdot min}=K_{rel}I_{unb\cdot o}$ 工程上一般取 $I_{OP\cdot min}\geq 0.3I_{2N}$	K_{rel}：可靠系数，取1.5~2.0； K_{er}：电流互感器综合误差，取0.1； Δm：装置通道调整误差引起的不平衡电流系数，可取0.02； $I_{unb\cdot o}$：额定负荷下实测不平衡电流	
		拐点电流 I_t	$I_t=(0.7~1.0)I_{2N}$ I_{2N}：发电机的二次额定电流		2P377 式（8-30）
		比率制动系数 K	按躲过区外最大短路电流产生的最大不平衡电流整定		
			1) 区外最大三相短路电流 $I_{K\cdot max}^{(3)}$ $$I_{K\cdot max}^{(3)}=I_{2N}/X_d''$$	X_d''：折算到 S_B 容量的发电机直轴饱和次暂态电抗	2P377 式（8-31）
			2) 差动回路最大不平衡电流 $I_{unb\cdot max}$ $$I_{OP\cdot max}=K_{rel}I_{unb\cdot max}\\ =K_{rel}(K_{ap}K_{cc}K_{er}\\ +\Delta m)I_{K\cdot max}^{(3)}/n_a$$	K_{rel}：可靠系数，取1.5~2.0； K_{ap}：非周期分量系数，P级1.5~2.0；TP级电流互感器取1； K_{cc}：电流互感器同型系数，取0.5	

续表

名　　称			火力发电厂电气二次设计		出处
定子绕组内部故障主保护	比率制动纵差保护	比率制动系数 K	按机端区外三相金属性短路故障计算 $$K \geq \frac{I_{OP \cdot max} - I_{OP \cdot min}}{I_{res \cdot max} - I_t}$$ K 取（0.3～0.5）	最大制动电流 $I_{res \cdot max}$ $=|I_t - I_n|/2 = I_{K \cdot max}^{(3)}/n_a$	2P377 式（8-32）式（8-33）
	变斜率完全纵差保护	最小动作电流 $I_{OP \cdot min}$	按躲过正常发电机额定负荷时的最大不平衡电流整定 $I_{OP \cdot min} = K_{rel}(K_{er} + \Delta m)I_{2N}$ 或 $I_{OP \cdot min} = K_{rel}I_{unb \cdot o}$ 工程取 $I_{OP \cdot min} = (0.2 \sim 0.3)I_{2N}$		式（8-29）
		起始斜率 K_1	$K_1 = K_{rel}K_{cc}K_{er}$ 当 $K_{rel}=2$、$K_{cc}=0.5$、$K_{er}=0.1$ 时，$K_1 = 0.1$； 工程上可取 $K_1 = 0.05 \sim 0.10$		2P377 式（8-34）
		最大斜率 K_2	1）机端保护区外三相短路，通过发电机的最大三相短路电流 $$I_{K \cdot max}^{(3)} = I_{2N}/X_d''$$ 2）差动回路最大不平衡电流 $$I_{unb \cdot max} = (K_{ap}K_{cc}K_{er} + \Delta m)I_{K \cdot max}^{(3)}/n_a$$ 3）最大制动电流 $$I_{res \cdot max} = I_{K \cdot max}^{(3)}/n_a$$ 4）$I_{OP \cdot min} + (K_1 + nK_\Delta)nI_{2N} + K_2(I_{res \cdot max} - nI_{2N}) \geq K_{rel}I_{unb \cdot max} = I_{OP \cdot max}$ 考虑，$K_\Delta = (K_2 - K_1)/2n$；制动电流倍数 n；得到 $$K_2 \geq \frac{K_{rel}I_{unb \cdot max} - \left(I_{OP \cdot min} + \frac{n}{2}K_1I_{2N}\right)}{I_{res \cdot max} - \frac{n}{2}I_{2N}}$$ 工程取 $K_2 = 0.3 \sim 0.7$； 可靠系数：$K_{rel} = 2$；制动电流倍数 n		参考式（8-31） 2P377 式（8-35） 2P377 式（8-36）
		灵敏度	按上述计算设定的整定值，K_{sen} 总能满足要求，故可不必进行灵敏度校验		2P377
	差动速断动作电流		按躲过机组非同步合闸产生的最大不平衡电流整定。 对大型机组，一般取 $I_i \geq (3 \sim 5)I_{2N}$，建议取 $4I_{2N}$。 当系统处于最小运行方式时，机端保护区内两相短路时灵敏度应不低于1.2		2P377
定子绕组匝间短路保护	纵向零序过电压保护		发电机定子绕组同分支匝间、同相不同分支匝间或不同相间短路时，会出现纵向（机端对中性点）零序电压，该电压由专用 TV（互感器一次中性点与发电机中性点相连，而不接地）的开口三角绕组取得		2P377
		动作电压	按躲过发电机正常运行时基波最大不平衡电压 $U_{unb \cdot max}$ 整定 $U_{0 \cdot OP} = K_{rel}U_{unb \cdot max}$ K_{rel} 取 2.5； 无实测值时，对应专用电压互感器开口三角电压为 100V，可取 $U_{0 \cdot OP} = (1.5 \sim 3)$ V		2P377 式（8-37）
		动作时限	按躲过专用电压互感器一次侧断线的判定时间整定，可取 0.2s		2P377
		出口方式	动作于为停机		2P377
			为防止外部短路时误动作，可增设负序方向闭锁元件； 三次谐波电压滤过比应大于 80； 该保护应有电压互感器断线闭锁元件		2P377

续表

名　称	火力发电厂电气二次设计			出处
定子绕组匝间短路保护	故障分量负序方向保护	负序故障分量ΔP_2由负序电压和电流（$\Delta \dot{U}_2$和$\Delta \dot{I}_2$），构成 $\Delta P_2 = 3Re(\Delta \dot{U}_2 \Delta \hat{I}_2 e^{-j\varphi})$ 判据：$Re(\Delta \dot{U}_2 \times \Delta \hat{I}_2') \geqslant \varepsilon_{p \cdot 2}$；$\Delta \hat{I}_2' = \Delta \hat{I}_2' e^{j\varphi}$	$\Delta \hat{I}_2$：$\Delta \dot{I}_2$的共轭相量； φ：故障分量负序方向继电器最大灵敏角，一般取 75°～85°	2P378 式（8-38） 式（8-39）
		实际应用动作判据 $\lvert \Delta \dot{U}_2 \rvert > \varepsilon_u$　　　$\varepsilon_u < 1\%$； $\lvert \Delta \dot{I}_2 \rvert > \varepsilon_i$　　　$\varepsilon_i < 3\%$； $\Delta P_2 = \Delta U_{2r} \Delta I'_{2r} + \Delta U_{2i} \Delta I'_{2i} > \varepsilon_p$　$\varepsilon_p < 0.1\%$（以发电机S_N为基准）		2P378 式（8-40） 式（8-41） 式（8-42）
相间短路后备保护	电流元件	1）一次动作电流：按额定负荷可靠返回整定 $I_{OP,1} = \dfrac{K_{rel}}{K_r} I_{GN}$	K_{rel}：取 1.3～1.5； K_r：返回系数，取 0.9～0.95	2P378 式（8-43）
		2）灵敏系数：按主变压器高压侧两相短路校验 $K_{sen} = \dfrac{I^{(2)}_{K \cdot min}}{I_{OP} n_a} \geqslant 1.3$	$I^{(2)}_{K \cdot min}$：后备保护范围末端（主变压器高压侧母线）金属性两相短路，流过保护的最小电流	2P378 式（8-48）
	复合电压元件动作值	接在相间的低电压继电器： 1）一次动作电压$U_{OP \cdot 1}$： 按躲过电动机自启动条件整定，并躲过发电机失磁时低电压 $U_{OP \cdot 1} = (0.5\sim0.7) U_{GN}$ 继电器动作电压　$U_{OP \cdot 1} = U_{OP.1}/n$		2P378 式（8-46） 式（8-47）
		2）灵敏系数：按主变压器高压侧三相短路校验 $K_{sen} = \dfrac{U_{OP.1}}{U_{K \cdot max}} \geqslant 1.2$ $U_{K \cdot max} = \dfrac{X_T}{U_T + X''_d} U_N$	$U_{K \cdot max}$：后备保护范围末端（主变压器高压侧）三相短路时保护安装处最大相间电压； X''_d、X_T：折算到同一容量下发电机次暂态电抗、主变压器电抗值	2P378 式（8-50）
		负序电压元件： 1）动作电压$U_{OP \cdot 2}$：按躲过正常运行时不平衡电压整定： $U_{OP \cdot 1} = (0.06\sim0.08) U_{2N}$　U_{2N}：发电机二次额定电压		2P378 式（8-45）
		2）灵敏系数：按主变压器高压侧两相短路校验 $K_{sen} = \dfrac{U_{2 \cdot min}}{U_{OP \cdot 2}} \geqslant 1.5$	$U_{2 \cdot min}$：后备保护范围末端（主变压器高压侧）两相短路时，保护安装处最小负序电压（相电压）	2P378 式（8-49）
	动作时限	大于下一级后备保护一个级差Δt，0.3～0.5s		
定子绕组对称过负荷保护		发电机因过负荷或外部故障引起的定子绕组过电流，装设定子绕组对称过负荷保护。 由定时限过负荷及反时限过电流两部分组成		2P378
	定时限过负荷	动作电流：按长期允许负荷电流下可靠返回整定 $I_{OP} = \dfrac{K_{rel}}{K_r} \dfrac{I_{GN}}{n_a}$	K_{rel}：取 1.05； K_r：返回系数 0.9～0.95，条件允许时可取较大值； n_a：电流互感器变比	2P378 式（8-51）
		保护延时（与线路后备保护的最大延时配合）动作于信号或动作于自动减负荷		

续表

名　　称	火力发电厂电气二次设计			出处
定子绕组对称过负荷保护	反时限过电流	反时限特性：过电流倍数与允许持续时间关系，由厂家提供的允许过负荷能力确定 $t = K_{tc}/(I_*^2 - K_{sr}^2)$	K_{tc}：定子绕组热容量常数，$S_N \leq 1200$MVA 时，取 37.5； I_*：以定子额定电流为基准的标幺值； K_{sr}：散热系数，取 1.02～1.05	2P379 式（8-52）
		反时限跳闸上限电流： 1）上限电流动作定值。 　a）机端装有断路器，发电机电压母线有负荷的接线时，按机端金属性三相短路整定 　$I_{OP \cdot max}=I_{GN}/(K_{sen}X''_{d*}n_a)$ 　b）机端未装断路器的发电机—变压器组，宜按躲过变压器高压母线三相短路最大电流整定 　$I_{OP \cdot max} = K_{rel}I^{(3)}_{k \cdot max}/n_a$	X''_{d*}：发电机次暂态电抗（饱和）标幺值，饱和系数可取 0.8； K_{rel}：1.0～1.2； $I^{(3)}_{k \cdot max}$：变压器高压侧三相短路最大电流（A）	2P379 式（8-53） 式（8-55）
		2）上限电流动作时限 　$t_{h \cdot OP} = K_{tc}/(I^2_{k \cdot max*} - K^2_{sr})$ $I_{k \cdot max*}$：机端三相短路电流为发电机额定电流的标幺值		2P379 式（8-54）
		3）上限电流灵敏度 $K_{sen}=I_{GN}/(X'_{d*}n_aI_{OP \cdot max}) \geq 1.5$		式（8-56）
		反时限跳闸下限电流： 1）动作定值按与定时限过负荷保护配合整定 　$I_{OP \cdot min}=K_{co}I_{OP}=K_{co}K_{rel}I_{GN}/K_rn_a$	K_{co}：配合系数，1.0～1.05； K_{rel}：取 1.05； K_r：返回系数，0.9～0.95； I_{OP}：定时限过负荷保护整定动作电流	2P379 式（8-57）
		2）下限动作时限　$t_{l \cdot OP} = K_{tc}/(I^2_{op \cdot min*} - K^2_{sr})$ $I_{OP \cdot min*}$：以额定电流为基准的下限动作电流基准值		2P380 式（8-58）
定子绕组不对称过负荷保护	针对发电机不对称过负荷、非全相运行以及外部不对称故障引起的负序电流，保护通常由定时限过负荷和反时限过电流两部分组成			2P380
	负序定时限过负荷	1）动作电流：按发电机长期允许的负序过电流 $I_{2\infty}$ 下能可靠返回整定 　$I_{2 \cdot OP} = \dfrac{K_{rel}}{K_r} \dfrac{I_{2\infty*}I_{GN}}{n_a}$	K_{rel}：可靠系数 取 1.2； K_r：返回系数，取 0.9～0.95；条件允许时应取大值； $I_{2\infty*}$：发电机长期允许负序电流标幺值（以 I_{GN} 为基准）	2P380 式（8-59）
		2）动作时限：需躲过发电机—变压器组后备保护最长动作时限，动作于信号		
	负序反时限过电流	反时限特性 　$t = \dfrac{A}{I^2_{2*} - I^2_{2\infty*}}$	$I_{2\infty*}$：发电机长期允许负序电流标幺值； I_{2*}：发电机负序过电流标幺值； A：转子表层承受负序电流能力常数（$A = I^2_2 t$）	2P380 式（8-60）
		上限电流 $I_{2 \cdot OP \cdot max}$	机端装有断路器，发电机电压母线有负荷的接线时：动作定值按机端金属性两相短路条件整定	$I_{2 \cdot OP \cdot max}=I_{GN}/K_{sen}(X''_{d*}+X_{2*})n_a$ $I_{2 \cdot OP \cdot max}$：负序反时限跳闸二次上限动作电流； K_{sen}：保护动作灵敏系数； X_{2*}：发电机负序电抗标幺值	2P380 式（8-61）
			动作时限 $t = \dfrac{A}{I^2_{2*} - I^2_{2\infty*}}$		2P380 式（8-60）

续表

名　　称	火力发电厂电气二次设计				出处
定子绕组不对称过负荷保护	负序反时限过电流	上限电流 $I_{2\cdot OP\cdot max}$	机端未装断路器的发电机—变压器组：动作定值宜按躲过变压器高压侧两相短路最大电流整定	$I_{2\cdot OP\cdot max}=K_{rel}I_{2\cdot max}/n_a$ $I_{2\cdot max}$：变压器高压侧两相短路流经发电机的最大负序电流； $I_{2\cdot max}=I_{GN}/(X''_{d*}+X_{2*}+2X_{t*})$ X_{t*}：变压器电抗标幺值	2P380 式（8-62）
			上限最小延时	应与快速主保护配合或 $t=\dfrac{A}{I^2_{2*}-I^2_{2\infty*}}$	2P380 式（8-60）
			灵敏度：发电机出口两相短路灵敏系数不小于1.5 $K_{sen}=[I_{GN}/(X'_{d*}+X_2)n_a]/I_{2\cdot OP\cdot max}\geq 1.5$		2P380 式（8-63）
		下限电流	1）动作定值：按与负序定时限过负荷保护配合整定 $I_{2\cdot OP\cdot min}=K_{co}K_{rel}I_{2\infty*}I_{GN}/K_r n_a$ K_{co}：配合系数，取1.05～1.10； K_{rel}：取1.2；K_r：取0.9～0.95		2P381 式（8-64）
			2）下限动作时限：按式（8-60）计算 $t=\dfrac{A}{I^2_{2*}-I^2_{2\infty}}$ 大于1000s时，取 $t_{OP}=1000s$； 此时 $I_{2\cdot OP\cdot min*}=\sqrt{\dfrac{A}{10000}+I^2_{2\infty*}}$		2P381 式（8-60） 式（8-65）
定子绕组单相接地保护	基波零序过电压保护	低定值段	1）动作电压。 a）低定值段动作电压：应按躲过正常运行时的中性点单相电压互感器或机端三相电压互感器开口三角绕组的最大不平衡（基波零序）电压整定 $U_{0\cdot OP}=K_{rel}U_{0\cdot max}$ K_{rel}：1.2～1.3； $U_{0\cdot max}$：实测机端或中性点实测不平衡基波零序电压		2P381 式（8-66）
			b）实测之前，可设 $U_{0\cdot OP}=(5\%\sim10\%)U_{0n}$ 增设三次谐波过滤环节，使 $U_{0\cdot OP}\geq 5V$，动作于信号； U_{0n}：机端单相金属接地时，中性点或机端的零序电压		2P381
			c）应校验：系统高压侧单相接地短路时，通过升压变高、低压绕组间的耦合电容 C_M 传递到发电机侧的零序电压 U_{G0}，可能引起基波零序过电压保护误动，通过延时或调整动作电压整定值与系统接地保护配合。 主变压器高压侧中性点直接接地时 $\dot{U}_{G0}=\dot{E}_0\dfrac{Z_{con(a)}}{Z_{con(a)}+1/(j\omega C_M/2)}$，$Z_{con(a)}=\dfrac{Z_n}{j\omega(C_{G\Sigma}+C_M/2)Z_n+1}$		2P381 式（8-67）
			主变压器高压侧中性点不接地时： $\dot{U}_{G0}=\dot{E}_0\dfrac{Z_{con(b)}}{Z_{con(b)}+1/j\omega C_M}$，$Z_{con(b)}=\dfrac{Z_n}{j\omega C_{G\Sigma}Z_n+1}$ $C_{G\Sigma}$：发电机及机端外接元件每相对地总电容； C_M：主变压器高低压绕组间的每相耦合电容； Z_n：3倍发电机中性点对地基波阻抗； $E_0\approx 0.6U_{Hn}/\sqrt{3}$（$U_{Hn}$ 为系统额定线电压）		2P381 式（8-68）
			2）动作时限。 a）动作电压 $U_{0\cdot OP}$ 若已躲过（高于）主变高压侧耦合到机端的零序电压 U_{G0}，在可能的情况下延时应尽量取短，可取0.3s～1.0s； b）若动作电压 $U_{0\cdot OP}$ 低于 U_{G0}，延时与高压侧接地保护配合（即大于高压侧接地动作时间）； c）具有高压侧系统接地故障传递过电压防误动措施时，延时可取0.3s～1.0s		

续表

名称			火力发电厂电气二次设计		出处
定子绕组单相接地保护	基波零序过电压保护	高定值段	1) 动作电压：应可靠躲过传递过电压 U_{G0}，可取 $U_{0 \cdot OP}$=（15%~25%）U_{0n}； 2) 动作时限：延时可取 0.3s~1.0s		2P381
	三次谐波电压单相接地保护		对于 100MW 及以上的发电机，装设无动作死区（100%动作区）单相接地保护，一般采取基波零序过电压保护与三次谐波电压单相接地保护共同组成 100%单相接地保护		2P381
		三次谐波电压比率接地保护	判据：$\|\dot{U}_{3t}\|/\|\dot{U}_{3n}\|>\alpha$ 灵敏度较低； $\dot{U}_{3t}$、$\dot{U}_{3n}$：机端和中性点三次谐波电压	$\alpha=(1.2\sim1.5)\alpha_0$ α_0 为实测正常运行时最大三次谐波电压比值	2P382 式（8-69）
		三次谐波电压差接地保护	判据：$\|\dot{U}_{3t}-K_p\dot{U}_{3n}\|/\beta\|\dot{U}_{3n}\|>1$ 动作判据复杂，灵敏度高； $\|\dot{U}_{3t}-K_p\dot{U}_{3n}\|$，动作量； $\beta\|\dot{U}_{3n}\|$，制动量	K_p：动作量调整系数，使发电机正常运行时动作量很小 β：制动量调整系数；0.2~0.3； 正常时，$\beta\|\dot{U}_{3n}\|$ 恒大于动作量	2P382 式（8-70）
			三次谐波原理保护误动较多，通常切换至信号		2P382
	外加交流电源式 100%定子绕组单相接地保护	电阻判据	根据实测结果确定电阻判据的定值；一般故障点接地过渡电阻 R_E 可取 1kΩ~5kΩ 定值整定原则：能可靠反映接地过渡电阻值； 高定值段：延时 1s~5s，告警；低定值段：延时 0.3s~1s，停机		2P382 2P382
		接地零序电流判据	反应流过发电机中性点接地连线上的电流，作为电阻判据的后备 1) 动作值按保护距发电机机端 80%~90%范围的定子绕组接地故障原则整定 $I_{0 \cdot OP}>I_{set}=\left(\dfrac{\alpha U_{Rn}}{R_n}\right)/n_a$ 需校核系统接地故障传递过电压对零序电流判据的影响 2) 动作时限：取 0.3s~1s	α：取 10%~20%； U_{Rn}：发电机额定电压、机端发生金属接地故障时，负载 R_n 上电压； R_n：发电机中性点接地变压器二次侧负荷电阻	2P382 式（8-71）
励磁绕组过负荷保护	定时限过负荷		1) 动作电流。 半导体励磁，取交流侧电流时 $I_{OP}=\dfrac{0.816K_{rel}}{K_r}\dfrac{I_{fd}}{n_a}$ 直流励磁电流时 $I_{OP}=\dfrac{K_{rel}}{K_r}I_{fd}$	K_{rel}：取 1.05； K_r：返回系数，取 0.9~0.95； I_{fd}：桥式二极管整流后，额定直流励磁电流（A）	2P382 式（8-72） 式（8-73）
			2) 报警单元动作于信号，必要时可动作于减励磁或切换励磁		2P382
			3) 动作时限略大于强励最长时限		2P382
	反时限过负荷		当励磁电流小于强励顶值而大于过负荷允许电流时 $t=C/(I_{fd*}^2-1)$ C：转子绕组允许发热常数； I_{fd*}：励磁标幺值		2P382 式（8-74）

续表

名　　称		火力发电厂电气二次设计	出处
励磁绕组过负荷保护	反时限过负荷	动作电流 下限动作电流：按与定时限过负荷保护 I_{OP} 配合 $I_{OP \cdot min}=(1.05～1.1)I_{OP}$ 可简化为　　$I_{OP \cdot min}=1.21I_{fd*}$ 动作时限　　$t=C/(I_{OP \cdot min*}^2-1)$ 上限动作电流： a）采用半导体励磁时　$I_{OP \cdot max}=0.816n_{fd}I_{fd}$ b）采用直流励磁时　　$I_{OP \cdot max}=n_{fd}I_{fd}$ n_{fd}：强励顶值电流倍数；I_{fd}：额定（直流）励磁电流（A）；动作时限：与强励时间配合	2P382 式（8-75） 式（8-76） 2P382 式（8-77） 式（8-78）
励磁变压器保护	电流速断保护	动作电流　　$I_{OP \cdot 2}=K_{rel}I_{k \cdot max}^{(3)}/n_a$ K_{rel}：取 1.2～1.3；n_a：电流互感器变比； $I_{k \cdot max}^{(3)}$：励磁变低压侧三相最大短路电流 另：可按低压侧母线短路灵敏度为 2 整定	2P383 式（8-79）
	过电流保护	动作电流 $I_{OP \cdot 2}=\dfrac{K_{rel}}{K_r}\dfrac{I_{e \cdot max}}{n_a}$ 动作时限：略长于强励允许时间	K_{rel}：取 1.2～1.3； K_r：返回系数 0.9～0.95； $I_{e \cdot max}$：强励时最大交流电流，按强励倍数算（当励磁变额定电流 $I_N>I_{e \cdot max}$ 时，取 I_N）； n_a：励磁变高压侧电流互感器变比	2P383 式（8-80）
交流主变压器励磁机保护	电流速断保护	动作电流 $I_{OP}=I_{k \cdot max}^{(3)}/K_{sen}$	K_{sen}：灵敏系数，取 2； $I_{k \cdot max}^{(3)}$：主励磁机机端三相最大短路电流	2P383 式（8-81）
	过电流保护	动作电流同式（8-80） $I_{OP \cdot 2}=\dfrac{K_{rel}}{K_r}\dfrac{I_{e \cdot max}}{n_a}$ 动作时限：$I_{OP}=0～3s$ 动作于跳灭磁开关	K_{rel}：取 1.2～1.3； $I_{e \cdot max}$：强励时最大交流电流，按强励倍数算（当励磁变额定电流 $I_N>I_{e \cdot max}$ 时，取 I_N） K_r：返回系数 0.9～0.95； n_a：励磁机中性点侧电流互感器变比	2P383 式（8-80）
转子接地保护 （励磁回路接地保护）	冷态绝缘电阻	汽轮发电机：对于空气及氢冷的汽轮发电机，励磁绕组的冷态绝缘电阻不小于 1MΩ；直接水冷却的励磁绕组，其冷态绝缘电阻不小于 2kΩ		2P383
	整定值	类型｜空冷及氢冷汽轮发电机｜转子水冷机组｜动作方式 高定值段｜10kΩ～30kΩ｜5kΩ～15kΩ｜一般动作于信号 低定值段｜0.5kΩ～10kΩ｜0.5kΩ～2.5kΩ｜动作于信号或跳闸		
		以上定值在发电机运行时与转子绕组绝缘电阻实测值相比较后可修正		
		动作时限：一般可整定为 5s～10s，可取 5s		
发电机低励失磁保护	低励失磁主判据	低电压判据：①系统低电压；②机端低电压		2P383
		定子侧阻抗判据：①异步边界阻抗；②静稳极限阻抗		
		转子侧判据：①转子低电压判据；②变励磁电压判据		
	闭锁元件	电压回路断线闭锁元件		2P383
	低电压判据	系统低电压：防止发电机低励磁、失磁故障引起无功储备不足的系统电压崩溃； 三相同时低电压动作电压：$U_{OP \cdot 3ph}$	$U_{OP \cdot 3ph}=(0.85～0.95)U_{H \cdot min}$ $U_{H \cdot min}$：高压母线最低正常运行电压（对应于变压器最低抽头电压）	2P383 式（8-82）
		机端低电压：动作值按不破坏厂用电安全和躲过强励启动电压条件整定	$U_{OP \cdot G}=(0.85～0.90)U_{GN}$； U_{GN}：发电机额定电压	2P383 式（8-83）

续表

名 称		火力发电厂电气二次设计		出处
发电机低励失磁保护	定子侧阻抗判据	异步边界阻抗圆	用于与系统联系紧密的发电机失磁故障检测，反应失磁发电机机端最终阻抗 二次有名值 $X_\mathrm{a}=-0.15X'_{\mathrm{d}*}\dfrac{U_\mathrm{GN}^2}{S_\mathrm{GN}}\dfrac{n_\mathrm{a}}{n_\mathrm{v}}$ $X_\mathrm{b}=-X_{\mathrm{d}*}\dfrac{U_\mathrm{GN}^2}{S_\mathrm{GN}}\dfrac{n_\mathrm{a}}{n_\mathrm{v}}$	2P383 式（8-84） 式（8-85）
		静稳极限阻抗圆	二次有名值 $X_\mathrm{c}=X_{\mathrm{con}*}\dfrac{U_\mathrm{GN}^2}{S_\mathrm{GN}}\dfrac{n_\mathrm{a}}{n_\mathrm{v}}$ 系统联系电抗标幺值 $X_{\mathrm{con}*}=X_\mathrm{t}+X_\mathrm{S}=X_\mathrm{t}+\dfrac{X_\mathrm{s}(X_\mathrm{g}+X_\mathrm{t})}{X_\mathrm{s}(n-1)+X_\mathrm{g}+X_\mathrm{t}}$ （以发电机 S_N 为基准） X_g：发电机同步电抗标幺值 $X_\mathrm{g}=X_\mathrm{d}$； X_t：升压变阻抗标幺值； X_s：最小运行方式下系统阻抗标幺值； n：并联运行发电机组台数	2P383 式（8-86）
	转子低电压判据	动作电压 $U_{\mathrm{fd}\cdot\mathrm{OP}}=K_\mathrm{rel}U_\mathrm{fd0}$ K_rel：可靠系数，取 0.80； U_fd0：发电机空载励磁电压		2P383 式（8-87）
	变励磁电压判据	动作电压 $U_{\mathrm{fd}\cdot\mathrm{OP}}\leqslant K_\mathrm{set}(P-P_\mathrm{t})$ 整定系数 $K_\mathrm{set}=\dfrac{P_\mathrm{GN}}{P_\mathrm{GN}-P_\mathrm{t}}\times\dfrac{C_\mathrm{n}(X_\mathrm{d}+X_\mathrm{con})U_\mathrm{fd0}}{U_\mathrm{s}E_\mathrm{d0}}$ X_con：系统联系电抗有名值； X_d：发电机同步电抗有名值； U_fd0：空载励磁电压（kV）； U_s：归算到机端的系统侧电压； E_d0：发电机空载电势； C_n：修正系数；查（$K_\mathrm{n}-C_\mathrm{n}$）表 8-5 或（$K_\mathrm{n}-C_\mathrm{n}$）图 8-46，$K_\mathrm{n}=P_\mathrm{N}/P_\mathrm{t}$；隐极机 $C_\mathrm{n}=1$； P_GN：发电机额定功率（MW）； P：发电机实际有功功率； P_t：发电机凸极功率（MW） $P_\mathrm{t}=\dfrac{U_\mathrm{s}^2(X_\mathrm{d}-X_\mathrm{q})}{2(X_\mathrm{d}+X_\mathrm{con})(X_\mathrm{q}+X_\mathrm{con})}$，隐极机 $P_\mathrm{t}=0$		2P384 式（8-88）式（8-89） 2P384 式（8-90）
	低励失磁保护辅助判据	由负序元件构成的闭锁元件，在出现负序电压或负序电流大于 U_OP 或 I_OP 时，瞬时启动闭锁失磁保护，经 8s～10s 自动返回。 辅助判据元件与主判据元件"与门"输出，防止非失磁故障状态下主判据元件误出口		2P384
		a) 负序电压元件（闭锁失磁保护），动作电压	$U_\mathrm{OP}=(0.05\sim0.06)U_\mathrm{GN}/n_\mathrm{v}$	2P384 式（8-91）
		b) 负序电流元件（闭锁失磁保护），动作电流	$I_\mathrm{OP}=(1.2\sim1.4)I_{2\infty}/n_\mathrm{a}$ $I_{2\infty}$：发电机长期允许负序电流（有名值）	2P384 式（8-92）
	动作时间整定	不允许失磁长时间运行时，动作于跳开发电机断路器，延时应防止系统振荡时保护误动作，按躲振荡所需时间整定，对于不允许发电机失磁运行的系统，延时一般取 0.5s～1.0s； 异步边界：母线低电压取 0.5s，阻抗判据取 0.5s； 静稳极限：母线低电压取 0.8s，阻抗判据取 1s		2P384

续表

名 称		火力发电厂电气二次设计	出处
发电机低励失磁保护	动作时间整定	允许失磁后有限时间内运行时,失磁保护功能时限。 允许失磁后转入异步运行的低励磁失磁保护装置动作后,应切断灭磁开关。 动作于励磁切换及发电机减出力的时间元件,其延时由设备的允许条件整定。 失磁异步运行情况下,动作于发电机解列的延时,由厂家和电力部门共同决定发电机失磁带 $0.4P_{GN}$ 的失磁异步运行时间。 励磁切换,0~10s 可满足要求,可取 0.3s。 厂用电源切换,设计可整定 1s~1.5s。 启动 DEH 减出力,可整定 0.5s 动作。 无励磁运行时跳发电机断路器,由失磁保护启动,取小于 15min	2P384
发电机失步保护	三元件失步保护	图 8-47 三元件失步保护特性的整定	图 8-47
		遮挡器特性 $$Z_a = (X_{s*} + X_{T*}) \times \frac{U_{GN}^2}{S_{GN}} \frac{n_a}{n_v}$$	2P385 式(8-93)
		$$Z_b = -X'_{d*} \times \frac{U_{GN}^2}{S_{GN}} \frac{n_a}{n_v}$$	式(8-94)
		$$Z_c = X_{con*} \times \frac{U_{GN}^2}{S_{GN}} \frac{n_a}{n_v}$$	式(8-95)
		$\varphi = 80° \sim 85°$ X_{s*}:最小运行方式下系统电抗标幺值;基准容量为发电机视在功率; X_{T*}:主变电抗标幺值;基准容量为发电机视在功率。 系统联系电抗标幺值 $$X_{con*} = X_t + \frac{X_s(X_g + X_t)}{X_s(n-1) + X_g + X_t}$$ (发电机容量 S_N 为基准)	
		α 角整定(Z_a,Z_b 均为正代数值,二次有名值)。 a)确定发电机最小负荷阻抗 $$R_{L \cdot min} = 0.9 \times \frac{U_{GN}/n_v}{\sqrt{3} I_{2n}}$$ I_{2n}:发电机电流互感器额定(二次)电流。	2P385 式(8-96)
		b)确定 Z_r $$Z_r \leqslant \frac{1}{1.3} R_{L \cdot min}$$	式(8-97)
		c)确定内角 α(取 90°~120°),建议取 120°,由 $Z_r = \frac{Z_a Z_b}{2} \tan\left(90° - \frac{\alpha}{2}\right)$ 得 $$\alpha = 180° - 2\arctan\left(\frac{2Z_r}{Z_a + Z_b}\right)$$	式(8-98)
		电抗线:失步振荡中心的分界线 $Z_c = 0.9 Z_T$ Z_T:变压器阻抗	2P385

续表

名　称		火力发电厂电气二次设计		出处
发电机失步保护	三元件失步保护	跳闸允许电流 I_{off} 整定。当 $I_{OP} < I_{off}$ 时允许跳闸出口 $I_{off} = K_{rel} I_{brk}$ K_{rel}：取 0.85～0.90； I_{brk}：断路器允许（失步）遮断电流，可按 25%～50%断路器额定遮断电流 $I_{brk·n}$。 （取主变压器高压侧电流互感器电流量）		2P385 式（8-99）
		失步保护滑极定值整定： 振荡中心在发变组区外时，滑极次数整定 2 次～15 次，动作于信号； 振荡中心在发变组区内时，滑极次数整定 1 次～2 次		2P385
发电机定子过电压保护	报警定值	$U_{OP} = 1.1 U_{2N} = 1.1 \times 100V = 110V$ 动作时限 2s，动作于报警信号		2P385 式（8-100）
	跳闸定值	$U_{OP} = (1.2～1.3) U_{2N} = 120V～130V$ 动作时限 0.5s； 动作于解列灭磁；无解列灭磁出口时动作于全停		2P386 式（8-101）
发电机（变压器）铁心过励磁保护		过励磁倍数 $N = \dfrac{\Phi}{\Phi_n} = \dfrac{U/U_n}{f/f_n} = \dfrac{U_*}{f_*}$ Φ、Φ_n：磁通及额定磁通； U、f：运行电压及频率； U_n、f_n：额定电压及频率； U_*、f_*：电压和频率标幺值。 发电机和主变压器共用一套过励磁保护时，以两者过励磁特性较低者为整定标准。 可设定时限或反时限过励磁保护		2P375 式（8-28）
	定时限过励磁保护	低定值报警定值（过励磁倍数）$N_1 = \dfrac{\phi}{\phi_n} = \dfrac{U_*}{f_*} = 1.1$ 出口为报警或减励磁		2P386 式（8-102）
		高定值部分（过励磁倍数）$N_2 = \dfrac{\phi}{\phi_n} = \dfrac{U_*}{f_*} = 1.3$ 出口为解列灭磁或程序跳闸		2P386 式（8-103）
	反时限过励磁保护	按制造厂提供的反时限过励磁特性曲线（参数）整定。分段内插法整定时宜考虑一定的裕度，可以从时间和动作定值上考虑（二取一）： 从时间上考虑，取曲线 1 时间 60%～80%； 从动作值考虑，取曲线 1 值除以 1.05，且最小定值应与定时限低定值配合		2P386
发电机逆功率保护	动作功率	判据：$P \leq -P_{OP}$ $P_{OP} = K_{rel}(P_1 + P_2)$ $P_2 \approx (1-\eta) P_{GN}$	K_{rel}：取 0.5～0.8； P：发电机有功功率，输入为负	2P386 式（8-106） 式（8-107）
		汽轮机在逆功率运行时的最小损耗 P_1，一般取额定功率的（1%～4%）； 发电机在逆功率运行时的最小损耗 P_2	P_{GN}：发电机额定功率； η：发电机效率，厂家提供，取 98.6%～98.7%（分别对应 300MW 及 600MW）	2P386
	动作时限	经主汽门触点时，延时 1.0s～1.5s 动作于解列； 不经主气门触点时，延时 15s 动作于信号； 根据汽轮机允许的逆功率运行时间，动作于解列时一般取 1min～3min		2P386

续表

名　称	火力发电厂电气二次设计						出处
发电机频率异常保护	低频率保护动作范围：$f_{n-1} > f > f_n$　动作于信号 高频率保护动作范围：$f_{n-1} < f < f_n$　动作于跳闸和信号						2P386 式（8-108） 式（8-109）
	频率（Hz）	允许运行时间		频率（Hz）	允许运行时间		2P387 表8-6
		累计（min）	每次（s）		累计（min）	每次（s）	
	51.5	30	30	48.0	300	300	
	51.0	180	180	47.5	60	60	
	48.5～50.5	连续运行		47.0	10	10	

2. 变压器保护配置及整定计算

（1）变压器保护配置。

名　称		依据内容（GB/T 14285—2006）	出处
非电气量保护	瓦斯保护	0.4MVA及以上车间内油浸式变压器和0.8MVA及以上油浸式变压器，带负荷调压变压器充油调压开关均应装设瓦斯保护。 当壳内故障产生轻微瓦斯或油面下降时，应瞬时动作于信号； 当壳内故障产生大量瓦斯时，应瞬时动作于断开变压器各侧断路器。 瓦斯保护应采取措施，防止因瓦斯继电器的引线故障、震动等引起瓦斯保护误动作	4.3.2
	温度、压力保护	对变压器油温、绕组温度及油箱内压力升高超过允许值和冷却系统故障，应装设动作于跳闸或信号的装置	4.3.13
	变压器非电气量保护不应启动失灵保护		4.3.14
变压器内部、套管及引出线短路故障	电流速断保护	电压在10kV及以下、容量在10MVA及以下的变压器	4.3.3.1
	纵差保护	电压在10kV以上、容量在10MVA及以上的变压器；电压为10kV的重要变压器，当电流速断保护灵敏度不符合要求时	4.3.3.2
外部相间短路（相间短路后备保护）		外部相间短路引起变压器过电流，变压器应装设相间短路后备保护。保护带延时跳开相应的断路器。相间短路后备保护宜选用过电流保护、复合电压（负序电压和线间电压）启动的过电流保护或复合电流保护（负序电流和单相式电压启动的过电流保护）	4.3.5
	过电流保护	35kV～66kV及以下中小容量的降压变压器，宜采用过电流保护。保护的整定值要考虑变压器可能出现的过负荷	4.3.5.1
	复压过电流保护	110kV～500kV降压变压器、升压变压器和系统联络变压器，相间短路后备保护用过电流保护不能满足灵敏性要求时，宜采用复合电压起动的过电流保护或复合电流保护	4.3.5.2
	复合电流保护		
相间短路后备保护		对降压变压器、升压变压器和系统联络变压器，根据各侧接线、连接的系统和电源情况的不同，应配置不同的相间短路后备保护，该保护宜考虑能反映电流互感器与断路器之间的故障	4.3.6
	单侧电源	相间短路后备保护宜装于各侧。非电源侧保护带两段或三段时限，用第一时限断开本侧母联或分段断路器，缩小故障影响范围；用第二时限断开本侧断路器；用第三时限断开变压器各侧断路器。电源侧保护带一段时限，断开变压器各侧断路器	4.3.6.1

续表

名　　称	依据内容（GB/T 14285—2006）			出处
相间短路后备保护	两侧或三侧有电源	两侧或三侧有电源的双绕组变压器和三绕组变压器，各侧相间短路后备保护可带两段或三段时限。为满足选择性的要求或为降低后备保护的动作时间，相间短路后备保护可带方向，方向宜指向各侧母线，但断开变压器各侧断路器的后备保护不带方向		4.3.6.2
	低压侧有分支	低压侧有分支，并接至分开运行母线段的降压变压器，除在电源侧装设保护外，还应在每个分支装设相间短路后备保护		4.3.6.3
	低压侧无专用母线保护	变压器高压侧相间短路后备保护，对低压侧母线相间短路灵敏度不够时，为提高切除低压侧母线故障的可靠性，可在变压器低压侧配置两套相间短路后备保护。该两套后备保护接至不同的电流互感器		4.3.6.4
	发电机—变压器组	在变压器低压侧不另设相间短路后备保护，而利用装于发电机中性点侧的相间短路后备保护，作为高压侧外部、变压器和分支线相间短路后备保护		4.3.6.5
	相间后备保护对母线故障灵敏度应符合要求。为简化保护，当保护作为相邻线路的远后备时，可适当降低对保护灵敏度的要求			4.3.6.6
110kV及以上中性点直接接地电网，外部单相接地短路后备保护（零序过电流保护）	110kV及以上中性点直接接地电网连接的降压变压器、升压变压器和系统联络变压器，对外部单相接地短路引起的过电流，应装设接地短路后备保护，该保护宜考虑能反映电流互感器与断路器之间的接地故障			4.3.7
	变压器中性点直接接地运行	4.3.7.1 对单相接地引起的变压器过电流，应装设零序过电流保护，保护可由两段组成，其动作电流与相关线路零序过电流保护相配合。每段保护可设两个时限，并以较短时限动作于缩小故障影响范围，或动作于本侧断路器，以较长时限动作于断开变压器各侧断路器		4.3.7.1
	低压侧有电源变压器中性点接地或不接地运行	全绝缘变压器		4.3.8.1
	变压器中性点直接接地运行	分级绝缘变压器		4.3.8.2
	330kV、500kV变压器	为降低零序过电流保护的动作时间和简化保护，高压侧零序一段只带一个时限，动作于断开变压器高压侧断路器；零序二段也只带一个时限，动作于断开变压器各侧断路器		4.3.7.2
	普通变压器	宜接到变压器中性点引出线回路的电流互感器；零序方向过电流保护宜接到高、中压侧三相电流互感器的零序回路		4.3.7.4
	自耦变压器	应接到高、中压侧三相电流互感器的零序回路		
		为增加切除单相接地短路的可靠性，可在变压器中性点回路增设零序过电流保护		4.3.7.5
		电流分相差动或零序差动	为提高切除自耦变压器内部单相接地短路故障的可靠性，可增设只接入高、中压侧和公共绕组回路电流互感器的星形接线电流分相差动保护或零序差动保护	4.3.7.6
	自耦变压器和高、中压均直接接地的三绕组变压器为满足选择性要求，可增设零序方向元件，方向宜指向各侧母线			4.3.7.3
110kV、220kV中性点直接接地电网低压侧有电源的变压器中性点接地或不接地运行时	对外部单相接地短路引起的过电流，以及对因失去接地中性点引起的变压器中性点电压升高，应按下列规定装设后备保护			4.3.8
	全绝缘变压器	应按4.3.7.1条规定装设零序过电流保护，应增设零序过电压保护；当变压器所连接的电力网失去接地中性点时，零序过电压保护经0.3s～0.5s时限动作断开变压器各侧断路器		4.3.8.1

续表

名称		依据内容（GB/T 14285—2006）	出处
110kV、220kV 中性点直接接地电网低压侧有电源的变压器中性点接地或不接地运行时	分级绝缘变压器	应按 4.3.7.1 条规定装设零序过电流保护；为限制变压器中性点不接地运行时可能出现的中性点过电压，在变压器中性点应装设放电间隙，应装设用于中性点直接接地和经放电间隙接地的两套零序过电流保护，还应增设零序过电压保护；用于经间隙接地的变压器，装设反应间隙放电的零序电流保护和零序过电压保护。当变压器所接的电力网失去接地中性点，又发生单相接地故障时，此电流电压保护动作，经 0.3s～0.5s 时限动作断开变压器各侧断路器	4.3.8.2
10kV～66kV 系统专用接地变压器		应按4.3.3.1和4.3.3.2条的要求配置主保护；按 4.3.5 条的要求配置相间后备保护 对低电阻接地系统的接地变压器，还应配置零序过电流保护。零序过电流保护宜接于接地变压器中性点回路中的零序电流互感器。当专用接地变压器不经断路器直接接于变压器低压侧时，零序过电流保护宜有三个时限，第一时限断开低压侧母联或分段断路器，第二时限断开主变低压侧断路器，第三时限断开变压器各侧断路器。当专用接地变压器接于低压侧母线上，零序过电流保护宜有两个时限，第一时限断开母联或分段断路器，第二时限断开接地变压器断路器及主变压器各侧断路器	4.3.9
10kV 及以下非有效接地系统		一次侧接入 10kV 及以下非有效接地系统，绕组为星形—星形接线，低压侧中性点直接接地的变压器，对低压侧单相接地短路应装设下列保护之一： a.在低压侧中性点回路装设零序过电流保护； b.灵敏度满足要求时，利用高压侧的相间过电流保护，此时该保护应采用三相式，保护带时限断开变压器各侧	4.3.10
过负荷保护		0.4MVA 及以上数台并列运行的变压器和作为其他负荷备用电源的单台运行变压器，根据实际可能出现过负荷情况，应装设过负荷保护。 自耦变压器和多绕组变压器，过负荷保护应能反应公共绕组及各侧过负荷的情况。 过负荷保护可为单相式，具有定时限或反时限的动作特性。 对经常有人值班的厂、所过负荷保护动作于信号。 在无经常值班人员的变电所，过负荷保护可动作跳闸或切除部分负荷	4.3.11
过励磁保护（330kV 及以上）		对于高压侧为 330kV 及以上的变压器，为防止由于频率降低和/或电压升高引起变压器磁密过高而损坏变压器，应装设过励磁保护。保护应具有定时限或反时限特性并与被保护变压器的过励磁特性相配合。定时限保护由两段组成，低定值动作于信号，高定值动作于跳闸	4.3.12
数字式保护		电压为 220kV 及以上的变压器装设数字式保护时，除非电量保护外，应采用双重化保护配置。当断路器具有两组跳闸线圈时，两套保护宜分别动作于断路器的一组跳闸线圈	4.3.3.3
纵联差动保护		纵联差动保护应满足下列要求： a. 应能躲过励磁涌流和外部短路产生的不平衡电流； b. 在变压器过励磁时不应误动作； c. 在电流回路断线时应发出断线信号，电流回路断线允许差动保护动作跳闸； d. 在正常情况下，纵联差动保护的保护范围应包括变压器套管和引出线，如不能包括引出线时，应采取快速切除故障的辅助措施。在设备检修等特殊情况下，允许差动保护短时利用变压器套管电流互感器，此时套管和引线故障由后备保护动作切除；如电网安全稳定运行有要求时，应将纵联差动保护切至旁路断路器的电流互感器	4.3.4

（2）大型变压器保护整定计算。

名称		依据内容（DL/T 684—2012）	出处
平衡系数	修正非基准侧二次电流	设低压侧为基准侧（变压器二次额定电流 I_{eh}、I_{el} 较大侧，不考虑电流互感器接线系数）。 高、低压侧的平衡系数和二次额定电流满足 $K_h I_{eh}=K_l I_{el}$。 则高压侧平衡系数（基准侧 $K_l=1$） $$K_h = \frac{K_l I_{el}}{I_{eh}} = \frac{I_{el}}{I_{eh}}$$	5.1.4.1

续表

名 称	依据内容（DL/T 684—2012）			出处
变压器纵差保护	纵差保护设置目的	纵差保护是变压器内部故障的主保护，主要反映变压器内部、套管和引出线的相间和接地短路故障，以及绕组的匝间短路故障		5.1.1
	第一种整定方法	制动系数 $K_{res}=\dfrac{I_{OP}}{I_{res}}=\dfrac{S\left(1-\dfrac{I_{res\cdot 0}}{I_{res}}\right)+\dfrac{I_{OP\cdot min}}{I_{res}}}{}$ 折线斜率 $S=\dfrac{K_{res}-I_{OP\cdot min}/I_{res}}{1-I_{res\cdot 0}/I_{res}}$ 式（94）	（动作特性曲线图：横轴 I_{res}，纵轴 I_{OP}；点 A、C、B、D；$I_{OP,min}$、$I_{OP,max}$、$I_{res,0}$、$I_{res,max}$；动作区、制动区）	5.1.4.3
		最小动作电流：应大于变压器正常运行时的差动不平衡电流 $I_{OP\cdot min}=K_{rel}(K_{er}+\Delta U+\Delta m)I_e$ 式（96）	I_e：变压器基准侧二次额定电流（经平衡系数调整后）； K_{rel}：取 1.3～1.5； K_{er}：电流互感器的比差，10P 型取 0.03×2，5P 和 TP 型取 0.01×2； Δm：由于电流互感器变比未完全匹配产生的误差，初设时可取 0.05； ΔU：变压器调压引起的误差，取调压范围中最大额定偏移值%	
		注：差动保护以标幺值整定时，I_e 仅为单位，不需代入计算其具体值；差动保护以有名值方式整定时，I_e 为基准侧额定二次电流，需代入计算具体值		
		工程实用整定计算中可取 $I_{OP\cdot min}=(0.3\sim 0.6)I_e$		
		起始制动电流的整定：需结合纵差保护特性，可取 $I_{res\cdot 0}=(0.4\sim 1.0)I_e$		
		动作特性折线斜率 S 整定	差动保护的动作电流应大于外部短路时流过差动回路的不平衡电流	
			双绕组变压器差动回路最大不平衡电流 $I_{unb\cdot max}=(K_{ap}K_{cc}K_{er}+\Delta U+\Delta m)\dfrac{I_{K\cdot max}}{n_a}$ 式（97） $K_{er}=0.1$； K_{ap}：非周期分量系数两侧同为 TP 级取 1.0，两侧同为 P 级取 1.5～2.0； K_{cc}：电流互感器同型系数取 1.0； $I_{K\cdot max}$：外部短路最大穿越短路电流周期分量	
			差动保护动作电流：$I_{OP\cdot max}=K_{rel}I_{unb\cdot max}$ 式（99）	
			最大制动系数 $K_{res\cdot max}=\dfrac{I_{OP\cdot min}}{I_{res\cdot max}}$ 式（100）　$I_{res\cdot max}$：最大制动电流	
			差动保护动作特性曲线中折线斜率： 当 $I_{res\cdot max}=I_{K\cdot max}$ 时 $S=\dfrac{I_{OP\cdot max}-I_{OP\cdot min}}{I_{K\cdot max}/n_a-I_{res\cdot 0}}$ 式（101） $S=\dfrac{K_{res}-I_{OP\cdot min}/I_{res}}{1-I_{res\cdot 0}/I_{res}}$ 式（94）	

续表

名　称		依据内容（DL/T 684—2012）	出处
变压器纵差保护	第二种整定方法	制动系数 $K_{res}=K_{rel}(K_{ap}K_{cc}K_{er}+\Delta U+\Delta m)=S$　式（102） $K_{er}=0.1$ 各系数取值同式（97）； （忽略负荷状态与外部短路时电流互感器误差 K_{er} 的不同，使不平衡电流完全与穿越性电流成正比） 比例制动特性通过原点； 制动系数为常数 起始制动电流 $I_{res·0}=(0.4\sim1.0)I_e$	5.1.4.3
	灵敏系数	纵差保护的灵敏系数：应按最小运行方式下差动保护区内变压器引出线上两相金属短路计算。根据最小短路电流 $I_{K·min}$ 和相应的制动电流 I_{res}，在动作特性曲线上查得对应的动作电流 I_{OP}'，则灵敏系数 $$K_{sen}=\frac{I_{K·min}}{I_{OP}'}\geqslant1.5 \quad 式（103）$$ （正常或区外故障，$\dot{I}_I=\dot{I}_{II}$，$I_{OP}=\frac{1}{n_a}|\dot{I}_I-\dot{I}_{II}|=0$，$I_{res}=\frac{1}{2n_a}|\dot{I}_I-\dot{I}_{II}|=\frac{1}{n_a}$，不动） （区内故障，$\dot{I}_I$、$\dot{I}_{II}$ 反向，$I_{OP}=\frac{1}{n_a}|\dot{I}_I-\dot{I}_{II}|$ 较大，$I_{res}=\frac{1}{2n_a}|\dot{I}_I-\dot{I}_{II}|$ 较小，灵敏） （区内故障一侧断开，$I_{OP}=\frac{1}{n_a}|\dot{I}_I-0|$ 相对较小，$I_{res}=\frac{1}{n_a}|\dot{I}_I+0|$ 相对较小，$K_{sen}=\frac{2}{S}$） 按最小运行方式、变压器高压侧开断（仅发电机电流）、高压侧引出线两相短路 $I_{K·min}^{(2)}$ 计算，对应二次电流 $$I_{K·min·j}=K_{jx}\frac{I_{K·min}^{(2)}}{n_a}=2/\sqrt{3}\frac{I_{K·min}^{(2)}}{n_a}$$ 相应的制动电流 $I_{res}=\frac{1}{2}|I_{K·min·j}+0|$，在动作特性曲线上查对应的动作电流 $I_{OP}'=SI_{res}$	5.1.4.4
	纵差保护的其他辅助保护　差动速断保护	对 220kV～500kV 变压器，差动速断保护是纵差保护的一个辅助保护，当内部故障电流很大时，防止由于电流互感器饱和和判据可能引起的纵差保护延迟动作，差动速断保护的整定值应按躲过变压器可能产生的最大励磁涌流或外部短路最大不平衡电流整定，一般取 $I_{op}=KI_e$　式（104） I_e：变压器基准侧二次额定电流；K：倍数 {| 变压器容量	推荐 K 值 | | 6.3MVA 及以下 | 7～12 | | (6.3～31.5) MVA | 4.5～7.0 | | (40～120) MVA | 3.0～6.0 | | 120MVA 以上 | 2.0～5.0 |} 按正常运行方式保护安装处电源侧两相短路计算灵敏系数 $K_{sen}\geqslant1.2$	5.1.4.5

第二十章 继 电 保 护

续表

名　　称		依据内容（DL/T 684—2012）		出处
变压器纵差保护	纵差保护的其他辅助保护	二次谐波制动系数：指差动电流中二次谐波分量与基波分量的比值，二次谐波制动系数可整定为15%~20%，一般推荐为15%		5.1.4.5
		涌流间断角推荐值：闭锁角可取60°~70°；采用涌流导数的最小间断角 θ_d 和最大波宽 θ_w，闭锁条件为：$\theta_d \geq 65°$；$\theta_w \leq 140°$		
变压器分侧差动保护	分侧差动保护设置目的	将自耦变压器的高、中、公共绕组侧作为被保护对象，按相实现差动保护，无须考虑励磁涌流、过励磁、调压等影响。宜通过比率制动方式构成，其动作特性曲线为折线型		5.2.1
	最小动作电流计算 $I_{OP \cdot min}$	躲过分侧差动回路中正常运行情况下的最大不平衡电流 $I_{OP \cdot min} = K_{rel} I_{unb \cdot 0}$　式（105）	K_{ap}：非周期分量系数，取1.5~2.0；K_{cc}：电流互感器同型系数，同型号取0.5，不同型号取1；I_n：电流互感器二次额定电流；K_{er}：电流互感器比差，取0.1；Δm：电流互感器变比未完全匹配产生的误差取0.05；I_e：变压器基准侧二次额定电流；K_{rel}：取1.3~1.5	5.2.2
		根据电流互感器二次额定电流计算最大不平衡电流 $I_{OP \cdot min} = K_{rel} \times 2 \times 0.03 I_n$　式（106）		
		根据变压器对应侧绕组额定电流（差动参与侧的额定电流最大侧）计算最大不平衡电流 $I_{OP \cdot min} = K_{rel}(K_{ap} K_{cc} K_{er} + \Delta m) = I_e$　式（107）		
		工程中一般取 $I_{OP \cdot min} = (0.2~0.5) I_n$；根据实际情况（现场实测不平衡电流）确有必要时，最小动作电流也可大于 $0.5 I_n$		
	起始制动电流	$I_{res \cdot 0} = (0.5~1.0) I_n$　式（108）		5.2.3
	动作特性折线斜率 S 的整定	最大制动系数 $K_{res \cdot max} = K_{rel} K_{ap} K_{cc} K_{er}$　式（109）	K_{rel}：取1.5；K_{er}：取0.1；K_{ap}：TP级取1.0，P级取1.5~2.0；K_{cc}：同型系数，取0.5	5.2.4
		S：按式（94）或式（101）计算，工程中推荐使用 $S=0.3~0.5$		
	灵敏系数	按最小运行方式下变压器绕组引出端两相金属短路，灵敏系数 $K_{sen} \geq 2$ 校验。灵敏系数 $K_{sen} = \dfrac{I_{K \cdot min}}{I'_{OP}}$　式（110）	$I_{K \cdot min}$：最小运行方式下变压器绕组引出端两相金属短路电流；I'_{OP}：根据 $I_{K \cdot min}$ 在动作特性曲线上查得的动作电流	5.2.5
变压器零序差动保护	零序保护设置目的	220kV~500kV 变压器，单相接地短路是主要故障形式之一，特别是分相变压器、变压器油箱内部的相间短路不会发生。变压器零序差动保护在反映单接地短路时有较高的灵敏度		5.3.1
	最小动作电流	应躲过零序差动回路中正常运行情况下最大不平衡电流 $I_{OP \cdot min} = K_{rel} I_{unb.0}$　式（111）	I_e：变压器基准侧二次额定电流；K_{rel}：取1.3~1.5；K_{ap}：非周期分量系数，取1.5~2.0；K_{cc}：同型号取0.5，不同型号取1；K_{er}：取0.1；Δm：取0.05；I_n：电流互感器二次额定电流	5.3.3
		根据电流互感器二次额定电流计算最大不平衡电流 $I_{OP \cdot min} = K_{rel} \times 2 \times 0.1 I_n$　式（112）		
		根据变压器对应侧绕组额定电流（差动参与侧的额定电流最大侧）计算最大不平衡电流 $I_{OP \cdot min} = K_{rel}(K_{ap} K_{cc} K_{er} + \Delta m) I_e$　式（113）		
		工程中一般取 $I_{OP \cdot min} = (0.3~0.5) I_n$；根据实际情况（现场实测不平衡电流）确有必要时，最小动作电流也可大于 $0.5 I_n$		

续表

名　称	依据内容（DL/T 684—2012）			出处
变压器零序差动保护	制动系数定值：在工程实用整定计算中可取 0.4～0.5			5.3.3
	灵敏系数校验：按零序差动保护区内发生金属性接地短路校验，要求不小于 1.2；500kV 系统变压器中性点直接接地或经小电抗接地			
	零差保护中性点电流互感器：宜采用三相电流互感器；如果采用外接中性点电流互感器，则中性点电流互感器应具备良好的暂态特性			
变压器瓦斯保护	瓦斯保护：反映变压器油箱内各种故障的主保护。当油箱内故障产生轻微瓦斯或油面下降时，瓦斯保护应瞬时动作于信号；当产生大量瓦斯时，应瞬时动作于断开变压器各侧断路器			5.4
	动作于信号的轻瓦斯部分，通常按产生的气体容积整定			
	动作于跳闸的重瓦斯部分，通常按通过气体继电器的油流流速整定。流速的整定与变压器的容量、接气体断电器的导管直径、变压器的冷却方式、气体断电器的型式等有关			
变压器相间短路后备保护	复合电压启动过电流保护	宜用于升压变、系统联络变和过流保护不能满足灵敏度要求的降压变		5.5.1
		电流继电器	动作电流：应按躲过变压器的额定电流整定 $I_{OP}=\dfrac{K_{rel}}{K_r}I_e$ 式（114）	K_{rel}：取 1.2～1.3；K_r：返回系数，取 0.85～0.95；I_e：变压器二次额定电流
		低电压继电器	接相间电压的低电压继电器的动作电压：应按躲过电动机自启动条件计算 $U_{OP}=(0.5\sim0.6)U_N$ 式（115） 对发电厂的升压变，当电压互感器取自发电机侧时，还应躲过发电机失磁运行出现的低电压 $U_{OP}=(0.6\sim0.7)U_N$ 式（116）	
		负序电压继电器	动作电压：按躲过正常运行时出现的不平衡电压整定，不平衡电压通过实测确定	
			不平衡电压无实测时	装置负序电压为相电压 $U_{OP.2}=(0.06\sim0.08)\dfrac{U_N}{\sqrt{3}}$ 式（117）
				装置负序电压为相间电压 $U_{OP.2}=(0.06\sim0.08)U_N$ 式（118）
			U_N：电压互感器二次额定相间电压	
		灵敏系数校验	电流继电器灵敏系数 $K_{sen}=\dfrac{I_{K.min}^{(2)}}{I_{OP}n_a}$ 式（119） 近后备：$K_{sen}\geqslant1.3$； 远后备：$K_{sen}\geqslant1.2$	$I_{K.min}^{(2)}$：后备保护区末两相金属短路时的最小短路电流（变压器低压侧短路电流要折算到高压侧）
			相间低电压灵敏系数 $K_{sen}=\dfrac{U_{OP}}{U_{r.max}/n_v}$ 式（120） 近后备：$K_{sen}\geqslant1.3$； 远后备：$K_{sen}\geqslant1.2$	$U_{r.max}$：灵敏系数校验点发生金属性短路时，保护安装处的最高电压

续表

名 称		依据内容（DL/T 684—2012）			出处
变压器相间短路后备保护	复合电压启动过流保护	灵敏系数校验	负序电压继电器灵敏系数 $K_{sen} = \dfrac{U_{K \cdot 2 \cdot min}}{U_{OP \cdot 2} n_V}$ 式（121） 近后备：$K_{sen} \geq 2.0$； 远后备：$K_{sen} \geq 1.5$	$U_{K \cdot 2 \cdot min}$：后备保护区末端两相金属性短路，保护安装处的最小负序电压值	5.5.1
	相间故障后备保护方向元件整定	三侧有电源的三绕组升压变，相间故障后备保护为了满足选择性要求，在高压侧或中压侧可设置过流方向元件，其方向指向本侧母线			5.5.2
		高压及中压侧有电源或三侧均有电源的三绕组降压变和联络变，相间故障后备保护为了满足选择性要求，在高压或中压可设置过流方向元件，其方向通常指向变压器，也可指向本侧母线			
	相间故障后备保护动作时间	变压器宜各侧均配置相间故障后备保护，后备保护动作切除原则：尽量缩小被切除的范围，一般为先断分段、母联，再断本侧（对侧），最后断开其他各侧断路器。如果不满足稳定要求或配合原则，可考虑先断本侧（对侧），再断其他侧，或仅断开本侧断路器			5.5.3
		相间后备保护方向指向母线时，可以 $t_1=t_0+\Delta t$ 跳开本侧分段、母联（t_0 为与之配合的线路保护动作时间），再以 $t_2=t_1+\Delta t$ 跳开本侧断路器，最后以 $t_3=t_2+\Delta t$ 跳开变压器各侧断路器			
		相间后备保护方向指向变压器时，可以 $t_1=t_0+\Delta t$ 跳开对侧分段、母联，再以 $t_2=t_1+\Delta t$ 跳开对侧断路器，最后以 $t_3=t_2+\Delta t$ 跳开变压器各侧断路器			
		相间后备保护不带方向时，可以 $t_1=t_0+\Delta t$ 跳开本侧断路器，再以 $t_2=t_1+\Delta t$ 跳开变压器各侧断路器			
	阻抗保护	阻抗保护一般作为安装侧系统的后备保护，通常用于 330kV～750kV 大型变压器，作为变压器引线、母线相间故障的后备保护			5.5.4.1
		作为本侧系统后备保护	阻抗保护方向指向母线	正方向阻抗继电器动作值与本侧母线上与之配合的引出线阻抗保护段配合 $Z_{OP} = K_{rel} K_{inf} Z$ 式（122）	K_{rel}：取 0.8；K_{inf}：助增系数，取各种运行方式下的最小值；Z：与之配合的引出线距离保护段动作阻抗（DL/T 559—2007 表 4）	5.5.4.2
				反向阻抗为正方向阻抗的 30%～10%，反向阻抗的整定值不伸出变压器其他侧母线		
			阻抗保护方向指向变压器	正向阻抗不伸出变压器其他侧母线，按躲过本变压器对侧母线故障整定 $Z_{OP \cdot I} = K_{rel} Z_t$ 式（123）	K_{rel}：取 0.7；Z_t：变压器高、中压侧阻抗和（1P108 表 4-2）	
			[旧 2P680 式（29-159）]	反向阻抗整定原则	按正向阻抗的 3%～5% 整定 $Z_{BOP \cdot I} = (3\%～5\%) Z_{FOP \cdot I}$ 式（124）	
					按本侧出线Ⅰ段（Ⅱ段）、纵联保护配合 $Z_{BOP \cdot I} = K_{rel} Z_L$ 式（125）	K_{rel}：取 0.8；Z_L：本侧出线Ⅰ段（Ⅱ段）、线路（与纵联保护配合）阻抗	

续表

名　　称	依据内容（DL/T 684—2012）			出处
变压器相间短路后备保护	阻抗保护	作为本侧系统后备保护	动作时间	可以 $t_1=t_0+\Delta t$（t_0 为与之配合的线路保护动作时间，Δt 为时间级差）跳开本侧分断、母联，再以 $t_2=t_0+\Delta t$ 跳开本侧断路器；当保护未装振荡闭锁装置时，各段动作时间应保护振荡不误动，最小选用 1.5s 延时，或退出本时限保护	5.5.4.4
		作为对侧系统后备保护	作为对侧系统后备保护时，阻抗保护方向指向变压器		5.5.4.3
			正向阻抗穿越变压器	1）按对侧母线故障有灵敏度整定 $Z_{FOP\cdot II} \geq K_{sen}Z_t$　式（126） 2）与本侧出线Ⅰ段（Ⅱ段）、纵联保护配合 $Z_{FOP\cdot II} \leq 0.7Z_t+0.8K_{inf}Z_{dz}$　式（127） Z_t：变压器高、中压侧阻抗和（1P108 表 4-2）； $K_{sen} \geq 1.3$； K_{inf}：助增系数，取各种运行方式下的最小值； Z_{dz}：对侧出线Ⅰ段（Ⅱ段）、线路（与纵联保护配合）动作阻抗	
			反向阻抗整定原则	1）按正向阻抗的 3%～5% 整定 $Z_{BOP\cdot II}=(3\%\sim5\%)Z_{FOP\cdot II}$　式（128） 2）与本侧出线Ⅰ段（Ⅱ段）、纵联保护配合 $Z_{BOP\cdot II} \leq 0.8K_{inf}Z_L$　式（129） Z_L：本侧出线Ⅰ段（Ⅱ段）、线路（与纵联保护配合）阻抗	
			动作时间	可以 $t_1=t_0+\Delta t$ 跳开对侧分断、母联，再以 $t_2=t_1+\Delta t$ 跳开对侧断路器，最后以 $t_3=t_2+\Delta t$ 跳开变压器各侧断路器；当保护未装振荡闭锁装置时，各段动作时间应保护振荡不误动，最小选用 1.5s 延时，或退出本时限保护	5.5.4.4
变压器接地故障后备保护	中性点直接接地普通变压器接地保护	Ⅰ段零序过流继电器动作电流		应与对应的零序过电流保护第Ⅰ段或第Ⅱ段或快速主保护配合 $I_{OP\cdot0\cdot I}=K_{rel}K_{br\cdot I}I_{OP\cdot0\cdot II}$　式（130） $K_{br}=\dfrac{X_{s0\cdot max}}{X_{T0}+X_{s0\cdot max}}<1$ $X_{s0\cdot max}$：系统最小运行方式电抗； X_{T0}：变压器零序电抗	K_{rel}：取 1.1； $K_{br\cdot I}$：零序电流分支系数<1，取各种运行方式最大值； $I_{OP\cdot0\cdot II}$：与之配合的零序过流相关段动作电流	5.6.2.1
			Ⅰ段零序过电流保护指向变压器时	对侧母线接地故障有灵敏度 $I_{OP\cdot0\cdot I} \leq 3I_{0\cdot min}/K_{sen}$　式（131）	$3I_{0\cdot min}$：对侧母线接地故障时流过本保护的最小零序电流； $K_{sen} \geq 1.3$	
				躲过高、中压侧出线非全相时流过本保护的最大零序电流 $I_{OP\cdot0\cdot I} \geq 3I_{OF\cdot max}$　式（132）	$I_{OF\cdot max}$：高、中压侧出线非全相时流过本保护的最大零序电流	

续表

名　　称			依据内容（DL/T 684—2012）		出处
变压器接地故障后备保护	中性点直接接地普通变压器接地保护		Ⅱ段零序过流继电器动作电流应与对应配合的零过电流保护的后备段相配合 $I_{OP \cdot 0 \cdot Ⅱ} = K_{rel} K_{br \cdot Ⅱ} I_{OP \cdot 0 \cdot Ⅲ}$ 式（133） 需满足母线接地故障 $K_{sen} \geq 1.5$	K_{rel}：取1.1； $K_{br \cdot Ⅱ}$：零序电流分支系数，取各种运行方式最大值； $I_{OP \cdot 0 \cdot Ⅲ}$：与之配合的零序过电流后备段动作电流	5.6.2.1
		灵敏系数	$K_{sen} = \dfrac{3I_{k \cdot 0 \cdot min}}{I_{OP \cdot 0} n_a} \geq 1.5$ 式（134） $I_{k \cdot 0 \cdot minΣ} = I_j / (X_{1Σ} + X_{2Σ} + X_{0Σ})$ $I_{k \cdot 0 \cdot min} = K_{br} I_{k \cdot 0 \cdot minΣ}$	$I_{k \cdot 0 \cdot min}$：Ⅰ段或Ⅱ段对端母线接地短路时流过保护安装处的最小零序电流； $X_{1Σ}$、$X_{2Σ}$、$X_{0Σ}$：最小运行方式电抗	5.6.2.2
	中性点可能接地或不接地运行变压器的接地保护		接地运行状态：接地保护通常采用两段式零序过电流保护，整定计算同5.6.2条		5.6.3
		不接地运行状态	中性点全绝缘变压器：接地保护，除两段零序过流保护外，还应增设零序过压保护；零序过压 $U_{0 \cdot max} < U_{OP \cdot 0} \leq U_{sat}$ 式（135） $U_{0 \cdot max}$：在部分中性点直接接地电网中发生单相接地时，保护安装处可能出现的最大零序电压； U_{sat}：中性点直接接地系统电压互感器，失去接地中性点时发生单相接地开口三角绕组可能出现的最低电压； $U_{OP \cdot 0}$：零序过电压保护动作值，建议 $U_{OP \cdot 0} = 180V$； 动作时间：需躲过暂态过电压的时间，可取0.3s		
			分级绝缘且中性点设放电间隙的变压器：设两段零序过电流保护，应增设反映零序电压和间隙电流的间隙保护。 中性点直接接地回路的两段零序电流保护整定同5.6.2条。 间隙电流保护：一次动作电流可取100A，保护延时可取0.3s～0.5s。 零序过压保护同式（135），保护延时可取0.3s～0.5s		
			分级绝缘且中性点不装设放电间隙的变压器：设两段零序过电流保护用于中性点直接接地运行。整定同5.6.2条		
	自耦变压器接地保护		高中压侧方向零序过电流保护通常设两段。 第一段动作电流：与本侧母线出线的零序过电流保护第一段或快速主保护配合，动作电流同式（132）； 第二段动作电流：与本侧母线出线的零序过流保护或接地距离保护的后备段配合，动作电流同式（133）；灵敏系数同式（134）		5.6.4.2
		中性点零序过电流保护	高压或中压侧断开时，自耦变成一侧接地的YNd接线双绕组变压器；作为内部接地的后备。动作电流 $I_{OP \cdot 0} = K_{rel} I_{unb \cdot 0} / n_a$ 式（136）	K_{rel}：取1.5～2.0； $I_{unb \cdot 0}$：正常运行（包括最大负荷）出现的零序回路最大不平衡电流	5.6.4.4
			灵敏系数 $K_{sen} = \dfrac{3I_{k \cdot 0 \cdot min}}{I_{OP \cdot 0} n_a}$ 式（137）	$I_{k \cdot 0 \cdot min}$：自耦变压器断开出线端单相接地短路流过变压器中性点的最小零序电流	
			动作时间 $t \geq t_t + \Delta t$ 式（138）	t_t：自耦变各侧零序过电流保护动作时间中的最长者	

续表

名称		依据内容（DL/T 684—2012）		出处
变压器接地故障后备保护	反时限零过电流保护	a）正常反时限特性方程 $$t(I_0) = \frac{0.14}{\left(\frac{3I_0}{I_p}\right)^{0.02} - 1} T_p \quad 式（139）$$	500kV 变压器可在高压侧、公共绕组侧设置反时限零序过电流保护，不带方向，动作于断开变压器各侧断路器，宜采用外接零序电流	5.6.5
		b）高压侧反时限零序过流保护整定。 基准电流 I_p：根据工程经验 I_p 的一次值取 300A； 时间常数 T_p：与 500kV 线路反时限零序过电流保护配合，可取 $T_p=1.2s$		
		c）公共绕组侧反时限零序过流保护整定： 基准电流 I_p：根据工程经验 I_p 的一次值取 300A； 时间常数 T_p：与高压侧反时限零序过电流保护配合，可取 $T_p=1.5s$		
变压器过负荷		变压器各侧绕组及自耦变压器公共绕组应设置过负荷报警功能		5.7
		过负荷保护的动作电流应按躲过各侧绕组的额定电流整定 $$I_{alarm} = \frac{K_{rel}}{K_r} I_e \quad 式（140）$$	K_{rel}：取 1.05； K_r：返回系数，取 0.85～0.95； I_e：根据各侧变压器额定容量计算的对应二次额定电流	
		过负荷保护作用于信号，延时应与变压器允许的过负荷时间配合，同时应大于相间及接地故障后备保护的最大动作时间		
变压器过励磁保护	定时限变压器过励磁保护	定时限过励磁保护可设置两段，第一段为报警段，第二段为跳闸段。建议定时限只使用报警段		5.8.2
		过励磁保护第一段动作值 N 一般可取变压器额定励磁的 1.1 倍～1.2 倍； 过励磁倍数 $$N = \frac{B}{B_n} = \frac{U}{f} / \frac{U_n}{f_n} \quad 式（141）$$	U、f：运行电压及频率； U_n、f_n：额定电压及频率； B、B_n：磁通量及额定磁通量	
		第二段为跳闸段，可整定为 $N=1.25$ 倍～1.35 倍，为保护障安全，跳闸时间适当小于实际允许的时间		
		$$\frac{U}{U_r} \times \frac{f_r}{f} \times 100 \leq 110 - 5k;$$ $$k = \frac{S}{\sqrt{3}U} / \frac{S_n}{\sqrt{3}U_n} \leq 1$$	k：工作电流倍数； U、f：运行电压及频率； U_r、f_r：标称电压及频率； S、S_n：运行容量及额定容量	GB 1094.1—2013 5.4.3
		反时限过励磁保护：按变压器的反时限过励磁特性曲线（参数）整定。宜考虑一定的裕度，可以从时间和动作定值上考虑（二取一）：从时间上考虑可取曲线 1 时间的 60%～80%；从动作值考虑，可取曲线 1 的值除以 1.05，最小定值应躲过系统正常运行的最大电压		5.8.3
失灵启动和非全相保护	失灵启动	变压器电量保护动作应启动 220kV 侧及以上断路器失灵保护，变压器非电量保护跳闸不启动断路器失灵保护。断路器失灵判别元件宜与变压器保护独立，宜采用变压器保护动作触点结合电流判据启动失灵。电流判据可包括过电流判据，或零序电流送气，或负序电流判据		5.9.1

续表

名称		依据内容（DL/T 684—2012）			出处
失灵启动和非全相保护	短路点示意图	主变压器低压侧短路系统提供的短路电流折算到高压侧 主变压器高压侧短路发电机提供的短路电流		应考虑最小运行方式下的各侧三相短路故障灵敏度，并尽量躲变压器正常运行时的最大负荷电流，宜取 $I=K_{k \cdot min}/K_{sen}$，式（142） K_{sen} 取 1.5~2.0 或：$I=K_{rel}I_e$，式（143） K_{rel} 取 1.1~1.2； I_e：变压器二次额定电流 仅采用过电流判据时，应考虑最小运行方式下的各侧短路故障灵敏度	5.9.1
	零、负序电流判据	应躲过变压器正常运行时可能产生的最大不平衡电流，宜取：			
		零序	$I_0=K_{rel \cdot 0}I_e$，式（144）	$K_{rel \cdot 0}$：取 0.15~0.25	
		负序	$I_2=K_{rel \cdot 2}I_e$，式（145）	$K_{rel \cdot 2}$：取 0.15~0.25； I_e：变压器二次额定电流	
	时间整定：失灵启动延时与失灵保护延时的总各应可靠躲过断路器跳开时间，一般为 0.15s~0.3s				
	非全相保护	变压器非全相保护反映断路器非全相运行状态，宜通过断路器三相不一致触点结合电流判据来实现。电流判据可包括零序电流判据或负序电流判据			5.9.2
		零、负序电流判据	应躲过变压器正常运行时可能产生的最大不平衡电流，宜取：		
			零序	$I_0=K_{rel \cdot 0}I_e$，式（146）	$K_{rel \cdot 0}$：取 0.15~0.25
			负序	$I_2=K_{rel \cdot 2}I_e$，式（147）	$K_{rel \cdot 2}$：取 0.15~0.25； I_e：变压器二次额定电流
		非全相保护动作延时应可靠躲过断路器不同期合闸的最长时间，一般取 0.3s~0.5s			

（3）变压器保护整定计算。

名　称	依　据　内　容	出处
变压器 电流速断保护	保护动作电流。 1）按避越变压器外部故障的最大短路电流整定（保护引出线及内部故障） $$I_{OP} = K_{rel} I_{k \cdot max}^{(3)}$$ K_{rel}：取 1.3～1.6； $I_{k \cdot max}^{(3)}$：降压变低压侧母线三相短路时，流过保护的最大电流。 2）按躲过空载投入变压器时的励磁涌流整定；$I_{dz} > (3～12) I_{TN}$，I_{TN}：变压器额定电流	2P393 式（8-110）
	灵敏系数 $\qquad K_{sen} = \dfrac{I_{k \cdot max}^{(2)}}{I_{OP}} \geqslant 2$ $I_{k \cdot max}^{(2)}$：最小方式下，变压器（电源侧）引出端两相金属短路时，流过保护装置的最小短路电流	2P393 式（8-111）
变压器纵差保护	表 8-8　变压器纵联差动保护有关参数计算 | 序号	项　目	高压侧 h	中压侧 m	低压侧 l
---	---	---	---	---
1	额定一次电压 U_{1N}	U_{1Nh}	U_{1Nm}	U_{1Nl}
2	额定一次电流 I_{1N}	$I_{1Nh}=$	$I_{1Nm}=$	$I_{1Nl}=$
3	各侧接线	Y	Y	△
4	各侧电流互感器二次接线	Y	Y	Y
5	电流互感器实际选用变比	n_{ah}	n_{am}	n_{al}
6	各侧二次电流	$I_{2Nh}=I_{1Nh}/n_{ah}$	$I_{2Nm}=I_{1Nm}/n_{am}$	$I_{2Nl}=I_{1Nl}/n_{al}$
7	基本测的选择	√		
8	平衡系数	$K_{bh}=1$	$K_{bm}=I_{2Nh}/I_{2Nm}$	$K_{bl}=I_{2Nh}/I_{2Nl}$ | 注：1. 通过软件实现电流相位和幅值补偿的微机型保护，各侧电流互感器二次均可按 Y 形接线； 　　2. 基本侧一般根据保护装置的要求选择，各侧电流互感器载流裕度（电流互感器一次额定电流/变压器该侧额定电流）较小侧为基本侧较好； 　　3. 以上仅高压侧为基准侧作为例进行平衡系数计算，满足：$K_{bh}I_{2Nh} = K_{bm}I_{2Nm} = K_{bh}I_{2Nh}$	2P393 表 8-8
	 图 8-55	图 8-55
	最小动作电流：应大于变压器正常运行时的不平衡电流 $$I_{OP \cdot min} = K_{rel}(K_{er} + \Delta U + \Delta m) I_{TN}/n_a$$ I_{TN}：变压器额定电流； n_a：电流互感器变比； K_{rel}：取 1.3～1.5； K_{er}：电流互感器比差，10P 型取 0.03×2，5P 型和 TP 型取 0.01×2； Δm：电流互感器变比未完全匹配误差，初设时取 0.05； ΔU：变压器调压引起的误差，取调压范围中最大额定偏移值（%）	2P394 式（8-114）

最小动作电流 $I_{OP \cdot min}$

续表

名 称			依 据 内 容	出处
变压器纵差保护	最小动作电流 $I_{OP\cdot min}$		工程实用整定计算中可取 $I_{OP\cdot min}=(0.3\sim0.6)I_{TN}/n_a$。 当差动保护以标幺整定时，变压器额定电流为基准值，不需代入计算其具体值。 当差动保护以有名值整定时，I_{TN} 为基准侧额定电流，需代入计算其具体值	2P395
	起始制动电流		起始制动电流 $I_{res\cdot 0}$ 的整定 $I_{res\cdot 0}=(0.4\sim1.0)I_{TN}/n_a$	2P395 式（8-115）
	动作特性折线斜率 K 整定		差动保护的动作电流应大于外部短路时流过差动回路的不平衡电流	
		差动回路最大不平衡电流	双绕组变压器差动回路最大不平衡电流 $I_{unb\cdot max}=(K_{ap}K_{cc}K_{er}+\Delta U+\Delta m)\dfrac{I_{K\cdot max}}{n_a}$ K_{ap}：非周期分量系数，两侧同为 TP 级取 1.0，两侧同为 P 级取 1.5～2.0； K_{cc}：电流互感器同型系数取 1.0； $K_{er}=0.1$，电流互感器比差； $I_{K\cdot max}$：外部短路最大穿越短路电流周期分量（高压侧或低压侧故障）	2P395 式（8-116）
			三绕组变压器差动回路最大不平衡电流（以低压侧外部短路为例） $I_{unb\cdot max}=\dfrac{K_{ap}K_{cc}K_{er}I_{K\cdot max}}{n_a}+\dfrac{\Delta U_h I_{K\cdot h\cdot max}}{n_{ah}}$ $+\dfrac{\Delta U_m I_{K\cdot m\cdot max}}{n_{am}}+\dfrac{\Delta m_I I_{K\cdot I\cdot max}}{n_{ah}}$ $+\dfrac{\Delta m_{II} I_{K\cdot II\cdot max}}{n_{am}}$ K_{ap}, K_{cc}, K_{er}：含义同式（8-114）； ΔU_h, ΔU_m：变压器高、中压侧调压引起的相对误差（对 U_N 而言），取调压范围中偏离额定值的最大值； Δm_I, Δm_{II}：由于电流互感器变比未完全匹配而产生的误差； $I_{K\cdot max}$：低压侧外部短路时，流过靠近故障侧电流互感器的最大短路电流周期量； $I_{K\cdot h\cdot max}$, $I_{K\cdot m\cdot max}$：所计算的外部短路时，流过高、中压侧电流互感器的最大短路电流周期量； $I_{K\cdot I\cdot max}$, $I_{K\cdot II\cdot max}$：在所计算的外部短路时，相应地流过非靠近故障点两侧电流互感器的电流周期分量	2P395 式（8-117）
		差动动作电流	$I_{OP\cdot max}=K_{res}I_{unb\cdot max}$	2P395 式（8-118）
		最大制动系数	$K_{res\cdot max}=\dfrac{I_{OP\cdot max}}{I_{res\cdot max}}$ $I_{res\cdot max}$：最大制动电流。 制动电流选择原则：外部故障时制动电流大，内部故障时制动电流较小	2P395 式（8-119）
		折线斜率	差动保护动作特性曲线中折线斜率 k： 当 $I_{res\cdot max}=I_{K\cdot max}$ 时 $k=\dfrac{I_{OP\cdot max}-I_{OP\cdot min}}{I_{K\cdot max}/n_a-I_{res\cdot 0}}$ 或 $k=\dfrac{K_{res}-I_{OP\cdot min}/I_{res}}{1-I_{res\cdot 0}/I_{res}}$ 实际计算中经验公式 $k=0.5\sim0.7$	2P395 式（8-120） 式（8-121）

续表

名　称		依　据　内　容		出处
变压器纵差保护	灵敏系数	按最小运行方式下差动保护区内变压器引出线上两相金属性短路计算。根据最小短路电流 $I_{K \cdot min}$ 和相应制动电流 I_{res} 在图 8-56 查得对应的动作电流 I'_{OP}，则灵敏系数为 $k_{sen} = \dfrac{I_{K \cdot min}}{I'_{OP}} \geq 1.5$		2P395 式（8-122）
纵差保护辅助保护		当内部故障电流很大时，防止由于电流互感器饱和判据可能引起的纵差保护延迟动作		
	差动速断保护	整定值：应按躲过变压器可能产生的最大励磁涌流或外部短路最大不平衡电流整定，一般取 $I_{OP} = K I_{TN}/n_a$ 或　　$I_{OP} = K_{rel} I_{unb \cdot max}$ I_{TN}：变压器额定电流； K：倍数	变压器容量及推荐 K 值 6.3MVA 及以下：7～12 （6.3～31.5）MVA：4.5～7.0 （40～120）MVA：3.0～6.0 120MVA 以上：2.0～5.0	2P396 式（8-123）
		灵敏系数：按正常运行方式保护安装处两相短路计算，$K_{sen} \geq 1.2$		2P396
	二次谐波制动系数	二次谐波制动的整定（防止励磁涌流造成误动）。差动电流中二次谐波分量与基波分量的比值，可整定为 15%～20%，一般推荐为 15%		2P396
	涌流间断角推荐值	闭锁角可取 60°～70°； 还采用涌流导数的最小间断角 θ_d 和最大波宽 θ_w，闭锁条件：$\theta_d \geq 65°$；$\theta_w \geq 140°$		2P396
变压器分侧差动保护	最小动作电流计算 $I_{OP \cdot min}$	躲过分侧差动回路中正常运行时最大不平衡电流 $I_{OP \cdot min} = K_{rel} I_{unb \cdot max}$	I_{2e}：基准侧二次额定电流； I_{2N}：电流互感器二次额定电流； K_{rel}：取 1.3～1.5； K_{ap}：非周期分量系数，1.5～2.0； K_{cc}：电流互感器同型号取 0.5，不同型 1； K_{er}：电流互感器综合误差，取 0.1； Δm：电流互感器变比未完全匹配误差 0.05	2P396 式（8-124）
		一般根据电流互感器二次额定电流计算最大不平衡电流 $I_{OP \cdot min} = K_{rel} \times 2 \times 0.03 I_{2N}$		2P396 式（8-125）
		根据变压器对应侧绕组额定电流（差动参与侧的额定电流最大侧）计算最大不平衡电流 $I_{OP \cdot min} = K_{rel}(K_{ap} K_{cc} K_{er} + \Delta m) I_{2e}$		2P396 式（8-126）
		工程中一般取 $I_{OP \cdot min} = (0.2 \sim 0.5) I_{2N}$ 根据实际情况（现场实测不平衡电流）确有必要时，最小动作电流也可大于 $0.5 I_{2N}$		
	起始制动电流	$I_{res \cdot 0} = (0.5 \sim 1.0) I_{TN}/n_a$		2P396 式（8-127）
	最大制动系数	$K_{res \cdot max} = K_{rel} K_{ap} K_{er} K_{cc}$	K_{rel}：取 1.5； K_{er}：取 0.1； K_{ap}：TP 级取 1.0，P 级 1.5～2.0； K_{cc}：同型系数，取 0.5	2P396 式（8-128）
	动作特性折线斜率 K 整定	折线斜率 K 按式（8-120）或式（8-121）计算，可取 0.3～0.5 $K = \dfrac{I_{OP \cdot max} - I_{OP \cdot min}}{I_{K \cdot max}/n_a - I_{res \cdot 0}}$ 或　$K = \dfrac{K_{res} - I_{OP \cdot min}/I_{res}}{1 - I_{res \cdot 0}/I_{res}}$		2P395 式（8-120） 式（8-121）

续表

名　称		依　据　内　容		出处
变压器分侧差动保护	灵敏系数	按最小方式下变压器绕组引出端两相金属短路校验。灵敏系数 $K_{sen}\dfrac{I_{K \cdot min}}{I'_{OP}n_a} \geq 2$	$I_{K \cdot min}$：最小方式下，变压器绕组引出端两相金属短路电流； I'_{OP}：根据 $I_{K \cdot min}$ 在动作特性曲线上查得的动作电流	2P396 式（8-129）
变压器零序差动保护		采用比例制动型差动保护时，整定计算类似比例制动		2P396
	最小动作电流 $I_{OP \cdot min}$	应躲过零序差动回路正常运行最大不平衡电流 $I_{OP \cdot min}=K_{rel}I_{unb \cdot 0}$	I_{2TN}：变压器基准侧二次额定电流； K_{rel}：取 1.3～1.5； K_{ap}：非周期分量系数，1.5～2.0； K_{cc}：电流互感器同型号取 0.5，不同型取 1； K_{er}：取 0.1； Δm：取 0.05	2P396 式（8-130）
		一般根据二次额定电流 I_n 计算最大不平衡电流 $I_{OP \cdot min}=K_{rel}\times 2\times 0.1I_{2TN}$		2P396 式（8-131）
		也可根据变压器对应侧绕组额定电流 I_e（差动参与侧的额定电流最大侧）计算最大不平衡电流 $I_{OP \cdot min \cdot 0}=K_{rel}(K_{ap}K_{cc}K_{er}+\Delta m)I_{2TN}$		2P396 式（8-132）
		工程中一般取 $I_{OP \cdot min}=(0.3\sim 0.5)I_{2TN}$ 根据实际情况（现场实测不平衡电流）确有必要时，最小动作电流也可大于 $0.5I_{2TN}$		
	制动系数	在工程实用整定计算中可取 0.4～0.5		2P397
		采用不带比例制动特性的普通差保护时，整定计算		2P397
	动作定值	按躲过外部单相接地短路时不平衡电流整定 $I_{OP \cdot 0}=K_{rel}(K_{ap}K_{cc}K_{er}+\Delta m)3I_{0 \cdot max}/n_a$	$3I_{0 \cdot max}$：外部最大单相或两相接地接零序电流的 3 倍； $I_{k \cdot max}$：外部最大三相短路电流； K_{rel}：取 1.3～1.5； Δm：取 0.05； K_{ap}：非周系数 TP 级 1，P 级 1.5～2.0； K_{cc}：电流互感器同型系数，同型 0.5，不同型 1； K_{er}：电流互感器综合误差，取 0.1	2P397 式（8-133）
		应躲过外部三相短路时不平衡电流定 $I_{OP \cdot 0}=K_{rel}K_{ap}K_{cc}K_{er}\times I_{k \cdot max}/n_a$		2P397 式（8-134）
		躲过励磁涌流产生的零序不平衡电流 $I_{OP \cdot 0}=(0.3\sim 0.4)I_{TN}/n_a$		2P397 式（8-135）
	灵敏系数校验	按零序差动保护区内发生最小金属性接地短路校验，要求不小于 1.2； 大电流接地系统中，单相接地短路电流计算：220kV 系统中，应取正常运行方式；500kV 系统中，取最小运行方式		
变压器相间短路后备保护	过电流保护	1）动作电流：应能躲过变压器的最大负荷电流 $I_{L.max}$ $I_{OP}=\dfrac{K_{rel}}{K_r n_a}I_{L.max}$ K_{sel}：可靠系数，取 1.2～1.3； K_r：返回系数，取 0.90～0.95。 最大负荷电流 $I_{L.max}$。 a）对并列运行的变压器，应考虑切除一台时，余下变压器的过负荷电流 $I_{L.max}=\dfrac{m}{m-1}I_{TN}$ m：并列运行变压器的最少台数。 b）当降压变压器最低侧接有大量异步电动机时，应考虑电动机的自启动电流 $I_{L.max}=K_{ast}I'_{L.max}$		2P397 式（8-136） 2P397 式（8-137） 2P397 式（8-138）

续表

名称		依据内容	出处
变压器相间短路后备保护	过电流保护	$I'_{\text{L.max}}$：正常运行时最大负荷电流； K_{ast}：电动机的自启动系数。 c) 对两台分列运行的降压变压器，在负荷侧母线分段断路器上装有备用电源自动投入装置时，应考虑备用电源自动投入后负荷电流的增加 $$I_{\text{L.max}}=I_{\text{I,L.max}}+K_{\text{ast}}K_{\text{rem}}I_{\text{II,L.max}}$$ $I_{\text{I,L.max}}$：所在母线段正常运行时的最大负荷电流； $I_{\text{II,L.max}}$：另一母线段正常运行时的最大负荷电流； K_{rem}：剩余系数，母线停电后切除不重要负荷保留下来的负荷与原负荷之比。 d) 与下一级过电流保护相配合： $$I_{\text{L.max}}=1.1I'_{\text{OP}}+I_{\text{m.L.max}}$$ I'_{OP}：分段断路器或与之配合的馈线过电流保护的动作电流； $I_{\text{m·L.max}}$：本变压器所在母线段正常运行时的最大负荷电流	2P397 式（8-139） 2P398 式（8-140）
		2) 灵敏系数 $$K_{\text{sen}}=\frac{I^{(2)}_{\text{K·min}}}{I_{\text{OP}}n_{\text{a}}}$$ $K_{\text{sen}} \geqslant 1.3$（近后备）或 1.2（远后备） $I^{(2)}_{\text{K·min}}$：后备保护区末两相金属短路时流过保护的最小短路电流	2P398 式（8-141）
	低电压启动的过电流保护	过电流元件。 1) 动作电流：应能躲过变压器的额定电流 I_{TN} $$I_{\text{OP}}=\frac{K_{\text{rel}}}{K_{\text{r}}n_{\text{a}}}I_{\text{TN}}$$ K_{rel}：可靠系数，取 1.2～1.3； K_{r}：返回系数，取 0.85～0.95。 2) 灵敏系数：同过电流保护 $$K_{\text{sen}}=\frac{I^{(2)}_{\text{K·min}}}{I_{\text{OP}}n_{\text{a}}}$$	2P398 式（8-142） 式（8-141）
		低电压元件。 1) 动作电压整定。 a) 按躲过正常运行时可能出现的最低电压整定 $$U_{\text{OP}}=\frac{U_{\text{min}}}{K_{\text{rel}}K_{\text{r}}n_{\text{v}}}$$ U_{min}：正常运行时可能出现的最低电压，取 $0.9U_{\text{N}}$（U_{N} 额定相电压或线电压）； K_{rel}：可靠系数，取 1.1～1.2； K_{r}：返回系数，取 1.05～1.25。 b) 按躲过正常电动机自启动的电压整定 $$U_{\text{OP}}=(0.5\sim0.6)U_{\text{Nl}}/n_{\text{v}}$$ U_{Nl}：变压器低压侧母线额定电压。 c) 对发电厂升压变，当低电压保护的电压取自发电机侧时，应考虑躲过发电机失磁运行出现的低电压 $$U_{\text{OP}}=(0.6\sim0.7)U_{\text{Nl}}/n_{\text{v}}$$ 2) 灵敏系数 $$K_{\text{sen}}=\frac{U_{\text{OP}}}{U_{\text{r·max}}/n_{\text{a}}}$$ $K_{\text{sen}} \geqslant 1.3$（近后备）或 1.2（远后备） $U_{\text{r·max}}$：灵敏系数校验点发生金属性相间短路时，保护安装处最高残压	2P398 式（8-143） 2P398 式（8-144） 2P398 式（8-145) 2P398 式（8-146）
	复合电压启动过电流保护	电流保护、低电压的整定计算同低电压启动的过电流保护	
		负序电压元件：1) 动作电压：按躲过正常运行时的不平衡电压 U_2 整定，不平衡电压通过实测确定，不平衡电压无实测时 $$U_{\text{OP·2}}=(0.06\sim0.08)U_{\text{N}}/n_{\text{v}}$$ U_{N}：额定相间电压	2P398 式（8-147）

续表

名 称	依 据 内 容			出处
变压器相间短路后备保护	复合电压启动过电流保护	负序电压元件	2）灵敏系数 $K_{sen} = \dfrac{U_{K \cdot 2 \cdot min}}{U_{OP \cdot 2} n_v}$ 近后备：$K_{sen} \geq 2.0$； 远后备：$K_{sen} \geq 1.5$	$U_{K \cdot 2 \cdot min}$：后备保护区末端两相金属性短路，保护安装处的最小负序电压值	2P398 式（8-148）
	相间故障后备保护方向元件整定	a）三侧有电源的三绕组升压变，相间故障后备保护为了满足选择性要求，在高压侧或中压侧可设置过电流方向元件，其方向指向本侧母线（方向指向：保护范围）		2P398
		b）高压及中压侧有电源或三侧均有电源的三绕组降压变和联络变，相间故障后备保护为了满足选择性要求，在高或中压可设置过流方向元件，方向指向变压器，也可指向本侧母线		
	相间故障后备保护动作时间	变压器宜各侧均配置相间故障后备保护。后备保护动作切除原则：尽量缩小被切除的范围，一般为先断分段、母联，再断本侧（对侧），最后断开其他各侧断路器。如果不满足稳定要求或配合原则，可考虑先断本侧（对侧），再断其他侧，或仅断开本侧断路器		2P399
		相间后备保护方向指向母线时	$t_1=t_0+\Delta t$ 跳开本侧分段、母联，其中 t_0 为配合的线路保护动作时间。再以 $t_2=t_1+\Delta t$ 跳开本侧断路器。最后以 $t_3=t_2+\Delta t$ 跳开变压器各侧断路器	
		相间后备保护方向指向变压器时	$t_1=t_0+\Delta t$ 跳开对侧分段、母联；再以 $t_2=t_1+\Delta t$ 跳开对侧断路器；最后以 $t_3=t_2+\Delta t$ 跳开变压器各侧断路器	
		相间后备保护不带方向时	$t_1=t_0+\Delta t$ 跳开本侧断路器；再以 $t_2=t_1+\Delta t$ 跳开变压器各侧断路器	
变压器零序后备保护（中性点直接接地）	普通变压器接地零序过电流保护	1）I段零序过电流保护动作电流	应与线路零序过电流保护配合，其I段（II段）零序一次动作电流 $I_{OP \cdot 0 \cdot I}=K_{rel}K_{0 \cdot br}I_{0 \cdot OP \cdot I}$ K_{rel}：可靠系数，取1.1； $I_{0.OP \cdot I}$：与之配合的线路零序过电流动作电流	$K_{0 \cdot br}$：零序电流分支系数，等于线路零序过电流保护I（II）段相应保护区末端或III（IV）段末端发生接地短路时，流过本保护与流过线路的零序电流之比，取各种运行方式最大值	2P399 式（8-149）
		2）灵敏系数	$K_{sen} \dfrac{3I_{k \cdot 0 \cdot min}}{I_{OP \cdot 0} n_a} \geq 1.5$	$I_{k \cdot 0 \cdot min}$：I段或II段对端母线接地短路时流过保护安装处的最小零序电流	2P399 式（8-150）
		3）保护动作时间	110kV及220kV变压器I段零序过电流保护：以较短时间 $t_1=t_0+\Delta t$ 跳开本侧分段、母联，其中 t_0 为线路保护配合段动作时间。以较长时间 $t_2=t_1+\Delta t$ 跳开变压器各侧断路器		2P399
			110kV及220kV变压器II段零序过电流保护：以较短时间 $t_3=t_{1max}+\Delta t$ 跳开母联或分段或本段断路器，其中 t_{1max} 为线路零序过电流保护后备或接地距离保护后备段的动作时间。以较长时间 $t_4=t_3+\Delta t$ 跳开变压器各侧断路器		
			330kV及500kV变压器I段零序过电流保护：只设一个时限 $t_1=t_0+\Delta t$ 跳开本侧断路器		
			330kV及500kV变压器高压II段零序过电流保护：只设一个时限 $t_3=t_{1max}+\Delta t$ 跳开变压器本侧断路器		

续表

名 称		依 据 内 容		出处
变压器零序后备保护（中性点直接接地）	分级绝缘中性点经间隙接地（变压器）零序电流保护	对中性点可能接地或不接地运行的变压器，应配置两种接地保护：一种用于变压器中性点接地运行状态，通常采用两段式零序过电流保护；同普通变压器；另一种用于变压器中性点不接地运行状态		2P399
		1) 间隙零序过电流保护（经验）：一次动作电流可取100A		
		2) 保护动作时间整定：可取0.3s～0.5s；同零序电压保护动作时间；间隙零序过电流保护延时可取0.3s～0.5s；也可考虑与出线接地后备保护时间配合		
	零序过电压保护	整定电压	全绝缘变压器或分段绝缘不接地运行变压器：零序过压动作值 $U_{sat} < U_{OP \cdot 0} \leqslant U_{0 \cdot max}$ $U_{0 \cdot max}$：在部分中性点接地的电网中发生单相接地时，保护安装处可能出现的最大零序电压； U_{sat}：用于中性点直接接地系统的电压互感器，当失去接地中性点时发生单相接地、开口三角绕组可能出现的最低电压； $U_{OP \cdot 0}$：零序过压保护动作值，建议 $U_{OP \cdot 0}$=180V	2P400 式（8-151）
		动作时间	用于中性点经放电间隙接地的零序电流、零序电压保护或全绝缘的零序电压保护动作后，经较短延时（躲过暂态过电压时间）断开变压器各侧断路器延时可取0.3s	2P400
变压器过负荷	过负荷保护作用于信号			
	1) 动作电流：应按躲过各侧绕组的额定电流 $$I_{OP} = \frac{K_{rel}}{K_r n_a} I_N$$ K_{rel}：取1.05； K_r：0.85～0.95； I_N：被保护绕组的额定电流			2P400 式（8-152）
	2) 动作时间：应与变压器允许过负荷时间配合，同时应大于相间及接地故障后备保护最大动作时间			
变压器过励磁保护	定时限过励磁保护	定时限过励磁保护可设置两段，第一段为信号段，第二段为跳闸段 过励磁倍数：$N = \frac{B}{B_N} = \frac{U}{f} / \frac{U_n}{f_n}$ 第一段信号段，动作值N=1.1倍～1.2倍变压器额定励磁； 第二段跳闸段，可整定为N=1.25倍～1.35倍，跳闸时间适当小于实际允许的时间	U、f：实际电压及频率； U_n、f_n：额定电压及频率； B、B_N：铁芯磁通密度实际值和额定值	2P400 式（8-153）
	反时限过励磁保护	宜考虑一定裕度，可从时间和动作定值上考虑（二取一）： 从时间上考虑可取曲线1时间的60%～80%； 从动作值考虑，可取曲线1的值除以1.05，最小定值应躲过系统正常运行的最大电压		2P401

3. 无功补偿保护配置及整定计算

(1) 并联电容器组保护配置与整定计算。

名 称		依 据 内 容	出处
电容器组和断路器之间连接线的短路	可装设带有短时限的电流速断和过电流保护，动作于跳闸		GB/T 14285—2006 4.11.2
	电流速断	动作电流，按最小运行方式下，电容器端部引线发生两相短路时有足够灵敏系数整定，保护的动作时限应防止在出现电容器充电涌流时误动作	

续表

名　称	依　据　内　容			出处
电容器组和断路器之间连接线的短路	限时电流速断 $I_{OPI}=K_K I_{sen}$；$K_K=3\sim5$ I_{sen}：电容器组额定电流；动作时间：0.1s～0.2s			DL/T 584—2017 表7
	并联电容器应装设电流速度保护，按电容器端部引线故障时灵敏系数不小于2整定，一般整定为3倍～5倍的额定电流，时间一般为0.1s～0.2s。过电流保护电流定值按躲过最大可能的负荷电流整定，一般整定为1.50倍～2倍的额定电流，动作时间一般整定为0.3s～1.0s			DL/T 5242 9.5.3 条文说明
	对并联电容器组的过负荷及引线、套管、内部的短路故障，可装设电流保护及不平衡保护，保护分为限时速断和过流两段。 限时速断保护动作值按最小运行方式下电容器组端部引线两相短路时灵敏系数为2整定，动作时限应大于电容器组充电涌流时间。即 $$k_{lm}^{(2)}=\frac{\sqrt{3}}{2}\times\frac{I_{dmin}^{(3)}}{I_{dz}}=2.0$$ 过电流保护动作值按电容器组长期允许的最大工作电流整定，保护动作后带时限切除故障电容器组			DL/T 5014—2010 9.5.2
	过电流保护	速断保护的过电流保护动作电流，按电容器组长期允许的最大工作电流整定		GB/T 14285—2006 4.11.2
	过电流保护： 动作电流	$$I_{dz}=\frac{K_K\times K_{jx}\times I_{c\cdot max}}{N_i}$$ K_K：可靠系数； K_{jx}：接线系数，当电流互感器接成星形时为1； $I_{c\cdot max}$：电容器组回路的额定电流（最大取$I_e=1.3I_{ce}$）； N_i：电流互感器变比。		DL/T 5014—2010 式（D1）
	灵敏系数	$$k_{lm}^{(2)}=\frac{\sqrt{3}}{2}\times\frac{I_{dmin}^{(3)}}{I_{dx}}\geq(1.2\sim1.5)$$ $I_{dmin}^{(3)}$：系统最小运行方式下保护装置安装处三相短路电流稳态值（二次值，A）。 保护装置应带0.2s以上的时限		DL/T 5014—2010 式（D2）
	过电流保护 $I_{OPII}=K_k I_{sen}$；$K_k=1.5\sim2$ I_{sen}：电容器组额定电流； 动作时间：0.3s～1s			DL/T 584—2017 表7
内部故障及其引出线的短路	宜对每台电容器分别装设专用的保护熔断器，熔丝的额定电流可为电容器额定电流（1.5～2.0）倍			GB/T 14285—2006 4.11.3
	用于单台电容器保护的外熔断器的熔丝的额定电流，应按电容器额定电流的（1.37～1.5）倍选择			GB 50227—2017 5.4.2
故障电容器切除后，引起剩余电容器端电压超高	电容器组台数的选择及其保护配置时，应考虑不平衡保护有足够的灵敏度，当切除部分故障电容器后，引起剩余电容器的过电压小于或等于额定电压的105%时，应发出信号；过电压超过额定电压的110%时，应动作于跳闸。不平衡保护动作应带有短延时，防止电容器组合闸、断路器三相合闸不同步、外部故障等情况下误动作，延时可取0.5s			GB/T 14285—2006 4.11.4
	剩余电容端电压超过110%，保护应整组断开	单星形	中性点不接地：可装设中性点电压不平衡保护	GB/T 14285—2006 4.11.4
			中性点接地：可装设中性点电流不平衡保护	
		双星形	中性点不接地：可装设中性点之间电流或电压不平衡保护	
			中性点接地：可装设反应中性点回路电流差的不平衡保护	
		电压差动保护 单星形接线的电容器组，可采用开口三角（零序）电压保护		
		多段串联单星形接线的电容器，可装设段间电压差动或桥式差电流保护； 三角接线电容器组可，装设零序电流保护		GB/T 50062—2008 8.1.2.3-5、6

续表

名　称		依　据　内　容	出处
电容器组内部故障保护	零序（开口三角）电压保护	动作电压　$U_{dz}=\dfrac{U_{ch}}{N_u k_{lm}}$ k_{lm}：灵敏系数取 1.25～1.5； N_u：电压互感器变比。 差电压 U_{ch}。 有专用单台熔断器保护的电容器组 $$U_{ch}=\dfrac{3K}{3N(M-K)+2K}U_{ex}$$ U_{ex}：电容器组的额定电压； K：故障切除的电容台数器； N：每相电容器的串联段数； M：每相各串联段的电容器并联台数。 无专用单台熔断器保护的电容器组 $$U_{ch}=\dfrac{3\beta}{3N[M(1-\beta)+\beta]-2\beta}U_{ex}$$ β：任一台电容器击穿元件的百分数。 校验：由于三相电容器的不平衡及电网电压不对称，正常时存在不平衡零序电压 U_{obp}，故应进行校验：$U_{dx} \geq K_k U_{obp}$	DL/T 5014—2010 式（D3） 式（D4） 式（D5） 式（D6）
		动作时间：0.1s～0.2s	DL/T 584—2017 表7
	电压差动保护	多段串联，可装设段间电压差动或桥式电流差保护。	GB/T 50062—2008 8.1.2.3-5
		动作电压　$U_{dz}=\dfrac{\Delta U_c}{N_u k_{lm}}$ 故障相的故障段与非故障段的压差 ΔU_c： 有专用单台熔断器保护的电容器组 $$\Delta U_c=\dfrac{3K}{3N(M-K)+2K}U_{ex}$$ 无专用单台熔断器保护的电容器组 $$\Delta U_c=\dfrac{3\beta}{3N[M(1-\beta)+\beta]-2\beta}U_{ex}$$ 当N=2，有专用单台熔断器保护的电容器组 $$\Delta U_c=\dfrac{3K}{6M-4K}U_{ex}$$ 无专用单台熔断器保护的电容器组 $$\Delta U_c=\dfrac{3\beta}{6M(1-\beta)+4\beta}U_{ex}$$	DL/T 5014—2010 式（D15） 式（D16） 式（D17） 式（D18） 式（D19）
		动作时间：0.1s～0.2s	DL/T 584—2017 表7
		串联段数为两段及以上时，可采用相电压差动保护	GB 50227—2017 6.1.2.2 6.1.2.3
	桥式差电流保护	每相接成四个桥臂时，可采用桥式差电流保护	
		动作电流 $$I_{dz}=\dfrac{\Delta I}{n_1 k_{lm}}$$ 故障切除部分电容器后，桥路中通过的电流 ΔI： 有专用单台熔断器保护的电容器组	DL/T 5014—2010 式（D20）

续表

名　　称	依　据　内　容		出处
电容器组内部故障保护	桥式差电流保护	$\Delta I = \dfrac{3MK}{3N(M-2K)+8K} I_{ed}$ 无专用单台熔断器保护的电容器组 $\Delta I = \dfrac{3M\beta}{3N[M(1-\beta)+2\beta]-8\beta} I_{ed}$ I_{ed}：每台电容器额定电流	DL/T 5014—2010 式（D21） 式（D22）
	双星形接线中性点不平衡电压保护和不平衡电流保护	中性点不平衡电压保护［星形中性点电压偏差保护，零序电压计算同式（D7）～式（D9）］。 动作电压 $U_{dz} = \dfrac{U_0}{N_u k_{lm}}$ 中性点不平衡电压 U_0： 有专用单台熔断器保护的电容器组 $U_0 = \dfrac{K}{3N(M_b-K)+2K} U_{ex}$ 无专用单台熔断器保护的电容器组 $U_0 = \dfrac{\beta}{3N[M_b(1-\beta)+\beta]-2\beta} U_{ex}$ M_b：每个串联段的并联台数； 校验：躲过正常时不平衡零序电压 U_{obp} 进行校验 $U_{dz} \geq \dfrac{K_k U_{obp}}{n_y}$	DL/T 5014—2010 式（D7） 式（D8） 式（D9） 式（D13）
		中性点不平衡电流保护： 动作电流　　$I_{dz} = \dfrac{1}{N_i k_{lm}} I_0$ 中性点流过的电流 I_0： 有专用单台熔断器保护的电容器组 $I_0 = \dfrac{3MK}{6N(M-K)+5K} I_{ed}$ 无专用单台熔断器保护的电容器组 $I_0 = \dfrac{3M\beta}{6N[M(1-\beta)+\beta]-5\beta} I_{ed}$ 校验：躲过正常时不平衡电流 I_{obp} 进行校验：$I_{dz} \geq K_k \dfrac{I_{obp}}{N_i}$	DL/T 5014—2010 式（D10） 式（D11） 式（D12） 式（D14）
		动作时间：0.1s～0.2s	DL/T 584—2017 表7
电容器组的单相接地故障	可利用电容器组所连接母线上的绝缘监察装置检出。 当电容器组所连接母线有引出线时，可装设有选择性地接地保护，并应动作于信号；必要时应动作于跳闸。 安装在绝缘支架上的电容器组，可不再装设单相接地保护		GB/T 50062—2008 8.1.3
	电容器组的电容器外壳直接接地时，宜装设电容器组接地保护		GB 50227—2017 6.1.8
过电压保护	对电容器组，应装设过电压保护，带时限动作于信号或跳闸		4.11.6
	动作电压　　$U_{dz} = \dfrac{K_v(1-A)}{N_u} U_{em}$ K_v：电容器长期允许过电压倍数（$K_v=1.1$，GB 50227—2018，P83 条文说明 6.1.5）。 U_{em}：电容器接入母线的额定电压。当电容器组设有以电压为判据的自动投切装置时，可不另设过电压保护。 其中　　$A = \dfrac{X_L}{X_C}$		DL/T 5014—2010 式（D23）
	动作时间：不超过60s		DL/T 584 表7
失电压保护	电容器应设置失电压保护，当母线失压时，带时限切除所有接在母线上的电容器		GB/T 14285—2006 4.11.7

续表

名称	依据内容		出处
失电压保护	动作电压 $U_{dz}=\dfrac{K_{min}}{N_u}U_{em}$ K_{min}：系统可能出现的最低电压系数，一般取 0.5		DL/T 5014—2010 式（D24）
	低电压保护 $U_{OP}=(0.2\sim0.5)U_{sen}$ U_{sen}：电容器组额定相间电压		DL/T 584—2017 表7
过负荷保护	高压并联电容器宜装设过负荷保护，带时限动作于信号或跳闸		GB/T 14285—2006 4.11.8
	电网中出现高次谐波可能导致电容器过负荷时，电容器组宜装设过负荷保护，并应带时限用于信号或跳闸		GB/T 50062—2008 8.1.6

（2）并联补偿电容器保护补偿整定（DL/T 584—2017 表 7、条文 7.2.18）。

名称	依据内容		动作时间
	定值公式	说明	
限时电流速断保护	电流定值：按电容器端部引线故障时有足够灵敏系数整定，3倍~5倍额定电流； 灵敏系数：电容器端部引线故障时灵敏系数不小于 2（7.2.18.1）； 动作时间：0.1s~0.2s $I_{OPI}=K_K I_{sen}$	$K_K=3\sim5$； I_{sen}：电容器组额定电流	0.1s~0.2s
过电流保护	电流定值：应可靠躲过电容器组额定电流，1.5倍~2倍额定电流（7.2.18.2） 动作时间：0.3s~1s $I_{OPII}=K_K I_{sen}$	$K_K=1.5\sim2$	0.3s~1s
过电压保护	电压定值：应按电容器端电压不长时间超过 1.1 倍额定电压整定；（7.2.18.3） 动作时间：在1min以内；可根据实际情况选择跳闸或发信号；宜优先选用带有反时限特性的电压继电器 $U_{OP}=K_V\left(1-\dfrac{X_L}{X_C}\right)U_{sen}$	K_V：过电压系数，1.1； X_C、X_L：分路电容器容抗及串联感抗； U_{sen}：电容器组额定相间电压	不超过 60s
低电压保护	电压定值：应能在电容器所接母线失压后可靠动作，母线电压恢复正常后可靠返回；如该母线作为备用电源自投装置的工作电源，则低电压定值还应高于备自投装置的低电压元件定值，一般为 0.2 倍~0.5 倍额定电压。 动作时间：与本侧出线后备保护时间配合（7.2.18.4） $U_{OP}=(0.2\sim0.5)U_{sen}$	U_{sen}：电容器组额定相间电压	$t=t'+\Delta t$ t'要求配合的后备保护动作时间； $\Delta t=0.3s\sim0.5s$
单星型接线电容器组开口三角电压保护	电压定值：按部分单台电容器（或单台电容器内小电容元件）切除或击穿后，故障相其余单台电容器（或单台电容器内小电容元件）所承受电压不长期超过 1.1 倍额定电压整定；同时还应可靠躲过电容器组正常运行时不平衡电压（7.2.18.5） （1）、（2）适用于单台电容器内部小元件按先并后串且无熔丝、外部按先并后串方式联结的情况。 （1）适用未装设专用单台熔断器情况 $U_{ch}=\dfrac{3\beta U_{Nx}}{3N[M(1-\beta)+\beta]-2\beta}$（1） （2）适用装有专用单台熔断器情况 $U_{ch}=\dfrac{3KU_{Nx}}{3N(M-K)+2K}$（2） （3）尽量降低定值，且躲过正常运行时不平衡电压 $U_{OP}=U_{ch}/k_{sen}$（3） $U_{OP}=K_K U_{unb}$（4） $K=\dfrac{3NM(K_V-1)}{K_V(3N-2)}$（5）	M：每相各串联段的并联电容器台数； N：每相电容器的串联段数； U_{Nx}：电容器组的额定相电压[当有串联电抗器且电压互感器接于母线时，应乘以$(1-X_L/X_C)$系数]； U_{ch}：开口三角零序电压； U_{unb}：开口三角正常运行时不平衡电压； β：单台电容器内部击穿小元件段数的百分数，如电容器内部为 n 段，$\beta=\dfrac{1}{n}\sim\dfrac{n}{n}$； K_K：可靠系数，$K_K\geq1.5$； K：因故障切除的同一并联段中的电容器台数； $K=1\sim M$ 的整数，按式（5）计算时取接近的整数； K_V：过电压系数，1.1~1.15； k_{sen}：灵敏系数，>1	0.1s~0.2s

续表

名称	依据内容		动作时间
	定值公式	说 明	
单星型接线电容组开口三角电压保护	式（1）适用于每相装设单台密集型电容器、电容器内部小元件按先并后串且有熔丝连接的情况 $U_{CH}=\dfrac{3KU_{Nx}}{3n(m-K)+2K}$ （1） 式（2）尽量降低定值，且躲过正常运行时不平衡电压 $U_{OP}=U_{CH}/k_{sen}$ （2） $U_{OP}=K_K U_{unb}$ （3） $K=\dfrac{3nm(K_V-1)}{K_V(3n-2)}$ （4）	m：单台密集型电容器内部各串联段并联的电容器小元件数； n：单台密集型电容器内部的串联段数； U_{Nx}：电容器组的额定相电压[有串联电抗器且电压互感器接于母线时，应乘以（$1-X_L/X_C$）系数]； U_{CH}：开口三角零序电压； U_{unb}：开口三角正常运行时不平衡电压； K_K：可靠系数，≥1.5； K：因故障切除的同一并联段中的电容器小元件数，$K=1\sim m$ 的整数，按式（4）计算取接近整数； K_V：过电压系数，1.1～1.15； k_{sen}：灵敏系数≥1	0.1s～0.2s
单星型接线电容组电压差动保护	差动电压定值：按部分单台电容器（或单台电容器内小电容元件）切除或击穿后，故障相其余单台电容器所承受电压不长期超过1.1倍额定电压整定；同时还应可靠躲过电容器组正常运行时的段间不平衡电压（7.2.18.6） $\Delta U_c=\dfrac{3\beta U_{Nx}}{3N[M(1-\beta)+\beta]-2\beta}$ （1） $\Delta U_c=\dfrac{3KU_{Nx}}{3N(M-K)+2K}$ （2） $U_{OP}=\Delta U_c/k_{sen}$ （3） $U_{OP}=K_K\Delta U_{unb}$ （4） $K=\dfrac{3nm(K_V-1)}{K_V(3N-2)}$ （5）	ΔU_c：故障相的故障段与非故障段的压差； U_{unb}：正常运行时不平衡电压	0.1s～0.2s
单星型接线电容组桥差电流保护	桥差电流定值：按部分单台电容器（或单台电容器内小电容元件）切除或击穿后，故障相其余单台电容器所承受电压不长期超过1.1倍额定电压整定；同时还应可靠躲过电容器组正常运行时中性点间流过的不平衡电流（7.2.18.7） 适用采用熔断器无熔丝电容组 $I_d=\dfrac{3MKI_N}{3N(M-2K)+8K}$ （1） 适用不采用熔断器的无熔丝电容组 $I_d=\dfrac{3M\beta I_N}{3N[M(1-\beta)+2\beta]-8\beta}$ （2） $I_{OP}=I_d/k_{sen}$ （3） $U_{OP}=K_K I_{unb}$ （4） 适用采用熔断器无熔丝电容组 $K=\dfrac{3MN}{11(6N-8)}$ （5）	I_d：桥差电流； I_N：单台电容器额定电流； I_{unb}：正常运行时平衡桥间的不平衡电流	0.1s～0.2s
双星型接线电容组中性线不平衡电流保护	电流定值：按部分单台电容器（或单台电容器内小电容元件）切除或击穿后，故障相其余单台电容器（或单台电容器内小电容元件）所承受电压不长期超过1.1倍额定电压整定；同时还应可靠躲过电容器组正常运行时中性点间流过的不平衡电流（7.2.18.8） $I_0=\dfrac{3MKI_N}{6N(M-K)+5K}$ （1） $I_0=\dfrac{3M\beta I_N}{6N[M(1-\beta)+\beta]-5\beta}$ （2） $I_{OP}=I_0/k_{sen}$ （3） $I_{OP}=K_K I_{unb}$ （4）	I_0：中性点间流过的不平衡电流； I_N：单台电容器额定电流； I_{unb}：正常运行时中性点间的不平衡电流	0.1s～0.2s

（3）串联电容器组保护配置。

类　型	依据内容（GB/T 14285—2006）	出处
电容器组保护	不平衡电流保护；过负荷保护；保护应延时告警、经或不经延时动作于三相永久旁路电容器组	4.11.9.a
MOA（金属氧化物非线性电阻）保护	过温度保护；过电流保护；能量保护。保护应动作于触发故障相GAP（间隙），并根据故障情况，单相或三相暂时旁路电容器组	4.11.9.b
旁路断路器保护	断路器三相不一致保护，经延时三相永久旁路电容器组；断路器失灵保护，经短延时跳开线路两侧断路器	4.11.9.c
GAP（间隙）保护	GAP自触发保护；GAP延时触发保护；GAP拒触发保护；GAP长时间导通保护。保护应动作于三相永久旁路电容器组	4.11.9.d
平台保护	反应串联补偿电容器对平台短路故障，保护动作于三相永久旁路电容器组	4.11.9.e
可控串联电容补偿装置	对可控串联电容补偿装置，还应装设下列保护：可控硅回路过负荷保护；可控阀及相控电抗器故障保护；可控硅触发回路和冷却系统故障保护；保护动作于三相永久旁路电容器组	4.11.9.f

（4）并联电抗器。

1）并联电抗器组保护配置。

类　型	依据内容（GB/T 14285—2006）	出处
瓦斯保护	当并联电抗器油箱内部产生大量瓦斯时，瓦斯保护应动作于跳闸，当产生轻微瓦斯或油面下降时，瓦斯保护应动作于信号	4.12.2
油浸式并联电抗器内部及引出线相间和单相接地短路	66kV及以下并联电抗器，应装设电流速断保护，瞬时动作于跳闸	4.12.3.1
	220kV～500kV并联电抗器，除非电量保护，保护应双重化配置	4.12.3.2
	纵联差动保护应瞬时动作于跳闸	4.12.3.3
	作为速断保护和差动保护的后备，应装设过电流保护，保护整定值按躲过最大负荷电流整定，保护带时限动作于跳闸	4.12.3.4
	220kV～500kV并联电抗器，应装设匝间短路保护，保护宜不带时限动作于跳闸	4.12.3.5
过负荷保护	对220kV～500kV并联电抗器，当电源电压升高并引起并联电抗器过负荷时，应装设过负荷保护，保护带时限动作于信号	4.12.4
油温度升高和冷却系统故障	对于并联电抗器油温度升高和冷却系统故障，应装设动作于信号或带时限动作于跳闸的保护装置	4.12.5
中性点接地电抗器	接于并联电抗器中性点的接地电抗器，应装设瓦斯保护。当产生大量瓦斯时，保护应动作于跳闸，当产生轻微瓦斯或油面下降时，保护应动作于信号。对三相不对称等原因引起的接地电抗器过负荷，宜装设过负荷保护，保护带时限动作于信号	4.12.6
66kV及以下干式并联电抗器	应装设电流速断保护作电抗器绕组及引线相间短路的主保护；过电流保护作为相间短路的后备保护；零序过电压保护作为单相接地保护，动作于信号	4.12.8
无专用断路器时	330kV～500kV线路并联电抗器的保护在无专用断路器时，其动作除断开线路的本侧断路器外还应起动远方跳闸装置，断开线路对侧断路器	4.12.7

2）并联电抗器组保护整定计算。

名　称	依据内容（DL/T 584—2017）	出处
差动保护	由于电抗器投入时无励磁涌流产生的差电流，因此电抗器所装设的差动保护，不论何种原理，其动作值均可按0.3倍～0.5倍额定电流整定。即 $I_{dz}=(0.3～0.5)I_e$	7.2.17.1

续表

名称	依据内容（DL/T 584—2017）	出处
电流速断保护	电流速断保护电流定值应躲过电抗器投入时的励磁涌流，一般整定为 3 倍～5 倍的额定电流，在常见运行方式下，电抗器端部引线故障时灵敏系数不小于 1.3	7.2.17.2
过电流保护	过电流保护电流定值应可靠躲过电抗器额定电流，一般整定为 1.5 倍～2 倍额定电流，动作时间一般整定为 0.5s～1.0s	7.2.17.3
过负荷保护	电流定值整定为 1.1 倍～1.2 倍额定电流，动作时间一般整定为 4s～6s。动作于信号	7.2.17.4

3）高压并联电抗器保护整定计算。

名称		依据内容（DL/T 559—2018）	出处
差动保护		差动保护最小动作电流定值，应按可靠躲过电抗器额定负载时最大不平衡电流整定。工程实用整定计算中可取：$I_{OP \cdot min}=(0.2～0.5)I_N$ 左右，并应测差回路中的平衡电流，必要时可适当放大	7.2.15.1
		起始制动电流宜取 $I_{res \cdot 0}=(0.5～1.0)I_N$	
		动作特性折线斜率 S 的整定。差动保护的制动电流应大于外部短路时流过差动回路的不平衡电流	
		差动保护灵敏度系数应按最小运行方式下差动保护区内电抗器引出线上两相金属性短路计算。根据计算最小短路电流 $I_{K \cdot min}$ 和相应的制动电流 I_{res} 在动作特性曲线上查得对应的动作电流 I_{OP}，则灵敏系数为 $$K_{lm}=\frac{I_{K \cdot min}}{I_{OP}} \geqslant 2$$	
差动速断保护		差动速断保护定值应可靠躲过线路非同期合闸产生的最大不平衡电流，一般可取 3 倍～6 倍电抗器额定电流。即 $I_{dz}=(3～6)I_N$	7.2.15.2
后备保护整定	定时限过电流	应躲过在暂态过程中电抗器可能产生的过电流，其电流定值可按电抗器额定电流的 1.5 倍整定；瞬时段的过流保护应躲过电抗器投入时产生的励磁涌流，一般可取 4 倍～8 倍电抗器额定电流	7.2.15.3
	反时限电流	反时限过电流保护上限设最小延时定值，便于与快速保护配合；保护下限设最小动作电流定值，按与定时限过负荷保护配合的条件整定	
	零序过电流	按躲过正常运行中出现的零序电流来整定。也可近似按电抗器中性点连接的接地电抗器的额定电流整定，其时限一般与线路接地保护的后备段相结合	
	中性点过电流	保护的整定应可靠躲过线路非全相运行时间	

4）串联补偿电容器保护。

名称		依据内容（DL/T 559—2018）	出处
电容器组过载保护		电容器组过电流不大于： 12h 内，$1.1I_n$ 历时 8h； 6h 内，$1.35I_n$ 历时 30min； 2h 内，$1.5I_n$ 历时 10min。 任何 24h 内运行周期内，电容器组的平均容量应不大于其额定容量	7.2.16.1
		在达到或超过上述（过电流）条件前，可靠动作于三相暂时旁通旁路断路器，退出串补	
		过载保护动作后启动的串补三相再投入，动作时间应大于电容器组允许的最小限值	
电容器单元过电压		电容器单元的过电压达 5% 时，应发告警信号； 电容器单元的过电压达 10% 时，经一定的延时永久旁通电容器组	7.2.16.2

续表

名　称	依据内容（DL/T 559—2018）	出处
故障录波器	变化量启动元件定值：按最小方式下线路末端金属性故障最小短路校验，灵敏度≥4	7.2.17.1
	稳态量相电流启动元件：按躲最大负荷电流整定； 负序和零序分量启动元件：按躲最大运行工况下的不平衡电流整定； 灵敏度：按线路末端两相金属性短路校验，灵敏度≥2	7.2.17.2

4．线路保护配置及整定计算

（1）3kV～110kV 线路距离保护振荡闭锁元件整定。

名　称	（3kV～110kV 线路）距离保护振荡闭锁元件整定（DL/T 584—2017）	出处
35kV 及以下线路	距离保护一般不考虑系统振荡误动；	7.1.8-a
66kV～110kV 线路	66kV～110kV 线路 距离保护不应经振荡闭锁的情况： （1）单侧电源线路的距离保护； （2）动作时间不小于 0.5s 的距离Ⅰ段，不小于 1.0s 的距离Ⅱ段和不小于 1.5s 的距离Ⅲ段	7.1.8-b
	有振荡误动可能的 66kV～110kV 线路距离保护装置：一般应经振荡闭锁控制	7.1.8-c
	有振荡误动可能的 66kV～110kV 线路相电流速断定值：应可靠躲过线路振荡电流	7.1.8-d

（2）220kV～750kV 线路震荡闭锁装置整定。

名　称	（220kV～750kV）振荡闭锁装置整定（DL/T 559—2018）	出处
原则	除预定解列外，不允许保护装置在系统振荡时误动作跳闸；除大区系统间弱联系联络线外，系统最长振荡周期按 1.5s 考虑	5.6.1
受振荡影响的距离保护的振荡闭锁控制	预定作为解列点上的距离保护，不应经振荡闭锁控制	5.6.3
	躲过振荡中心的速断段保护，不宜经振荡闭锁控制	
	动作时间大于振荡周期的保护段，不应经振荡闭锁控制	
	当系统最长振荡周期按 1.5s 及以下时： 大于 0.5s 的距离Ⅰ段；大于 1.0s 的距离Ⅱ段和大于 1.5s 的距离Ⅲ段均可不应经振荡闭锁控制	
振荡过程中	发生接地故障时，应有选择地可靠切除故障； 发生不接地多相短路故障时，应保证可靠切除故障，但允许个别相邻线路相间距离保护无选择性动作	5.6.4
	发生短路故障，可适当境地对保护速断性要求，但应保证可靠切除故障	5.6.5

（3）3kV～110kV 线路保护配置及整定计算。

1）3kV～110kV 线路保护配置。

名　称		线路保护配置与整定计算（GB/T 14285—2006）	出处
3kV～10kV 线路保护			
相间短路	配置原则	保护装置如由电流继电器构成，应接于两相电流互感器上，并在同一网络的所有线路上，均接于相同两相的电流互感器上	4.4.1.1
		保护应采用远后备方式	4.4.1.2
		如线路短路使发电厂厂用母线或重要用户母线电压低于额定电压的 60%以及线路导线截面过小，不允许带时限切除短路时，应快速切除故障	4.4.1.3
		过电流保护的时限不大于 0.5s～0.7s，且没有 4.4.1.3 条所列情况，或没有配合上要求时，可不装设瞬动的电流速断保护	4.4.1.4
	单侧电源线路	可装设两段过电流保护，第一段为不带时限的电流速断保护；第二段为带时限的过电流保护，保护可采用定时限或反时限特性。带电抗器的线路，如其断路器不能切断电抗器前的短路，则	4.4.2.1

续表

名　　称		线路保护配置与整定计算（GB/T 14285—2006）	出处
相间短路	单侧电源线路	不应装设电流速断保护。此时，应由母线保护或其他保护切除电抗器前的故障。 自发电厂母线引出的不带电抗器的线路，应装设无时限电流速断保护，其保护范围应保证切除所有使该母线残余电压低于额定电压60%的短路。为满足这一要求，必要时，保护可无选择性动作，并以自动重合闸或备用电源自动投入来补救。保护装置仅装在线路的电源侧。线路不应多级串联，以一级为宜，不应超过二级。必要时，可配置光纤电流差动保护作为主保护，带时限的过电流保护为后备保护	4.4.2.1
	双侧电源线路	a．可装设带方向或不带方向的电流速断保护和过电流保护。 b．短线路、电缆线路、并联连接的电缆线路宜采用光纤电流差动保护作为主保护，带方向或不带方向的电流保护作为后备保护。 c．并列运行的平行线路尽可能不并列运行，当必须并列运行时，应配以光纤电流差动保护，带方向或不带方向的电流保护作后备保护	4.4.2.2
	环形网络的线路	3kV～10kV不宜出现环形网络的行方式，应开环运行。当必须以环形方式运行时，为简化保护，可采用故障时将环网自动解列而后恢复的方法，对于不宜解列的线路，可参照4.4.2.2条的规定	4.4.2.3
	发电厂厂用电源线	发电厂厂用电源线（包括带电抗器的电源线），宜装设纵联差动保护和过电流保护	4.4.2.4
单相接地短路		在发电厂和变电所母线上，应装设单相接地监视装置。监视装置反应零序电压，动作于信号	4.4.3.1
		有条件安装零序电流互感器的线路，如电缆线路或经电缆引出的架空线路，当单相接地电流能满足保护的选择性和灵敏性要求时，应装设动作于信号的单相接地保护。如不能安装零序电流互感器，而单相接地保护能够躲过电流回路中的不平衡电流的影响，例如单相接地电流较大，或保护反应接地电流的暂态值等，也可将保护装置接于三相电流互感器构成的零序回路中	4.4.3.2
		在出线回路数不多，或难以装设选择性单相接地保护时，可用依次断开线路的方法，寻找故障线路	4.4.3.3
		根据人身和设备安全的要求，必要时，应装设动作于跳闸的单相接地保护	4.4.3.4
单相接地		对线路单相接地，可利用下列电流，构成有选择性地电流保护或功率方向保护： a．网络的自然电容电流； b．消弧线圈补偿后的残余电流，例如残余电流的有功分量或高次谐波分量； c．人工接地电流，但此电流应尽可能地限制在10A～20A以内； d．单相接地故障的暂态电流	4.4.4
过负荷保护		可能时常出现过负荷的电缆线路，应装设过负荷保护。保护宜带时限动作于信号，必要时可动作于跳闸	4.4.5
低电阻接地单侧电源单回线路		3kV～10kV经低电阻接地单侧电源单回线路，除配置相间故障保护外，还应配置零序电流保护	4.4.6
	零序电流构成方式	可用三相电流互感器组成零序电流滤过器，也可加装独立的零序电流互感器，视接地电阻阻值、接地电流和整定值大小而定	4.4.6.1
		应装设二段零序电流保护，第一段为零序电流速断保护，时限宜与相间速断保护相同，第二段为零序过电流保护，时限宜与相间过电流保护相同。若零序时限速断保护不能保证选择性需要时，也可以配置两套零序过电流保护	4.4.6.2
35kV～66kV线路保护			
相间短路	配置原则	保护装置采用远后备方式	4.5.1.1
		下列情况应快速切除故障：a．如线路短路，使发电厂厂用母线电压低于额定电压的60%时；b．如切除线路故障时间长，可能导致线路失去热稳定时；c．城市配电网络的直馈线路，为保证供电质量需要时；d．与高压电网邻近的线路，如切除故障时间长，可能导致高压电网产生稳定问题时	4.5.1.2

续表

名　称		线路保护配置与整定计算（GB/T 14285—2006）	出处
相间短路	单侧电源线路	可装设一段或两段式电流速断保护和过电流保护，必要时可增设复合电压闭锁元件。由几段线路串联的单侧电源线路及分支线路，如上述保护不能满足选择性、灵敏性和速动性的要求时，速断保护可无选择地动作，但应以自动重合闸来补救。此时，速断保护应躲开降压变压器低压母线的短路	4.5.2.1
	复杂网络单回线路	a．可装设一段或两段式电流速断保护和过电流保护，必要时，保护可增设复合电压闭锁元件和方向元件。如不满足选择性、灵敏性和速动性的要求或保护构成过于复杂时，宜采用距离保护。 b．电缆及架空短线路，如采用电流电压保护不能满足选择性、灵敏性和速动性要求时，宜采用光纤电流差动保护作为主保护，以带方向或不带方向的电流电压保护作为后备保护。 c．环形网络宜开环运行，并辅以重合闸和备用电源自动投入装置来增加供电可靠性。如必须环网运行，为了简化保护，可采用故障时先将网络自动解列而后恢复的方法	4.5.2.2
	平行线路	平行线路宜分列运行，如必须并列运行时，可根据其电压等级、重要程度和具体情况按下列方式之一装设保护，整定有困难时，允许双回线延时段保护之间的整定配合无选择性： a．装设全线速动保护作为主保护，以阶段式距离保护作为后备保护； b．装设有相继动作功能的阶段式距离保护作为主保护和后备保护	4.5.2.3
低电阻接单侧电源线路		中性点经低电阻接地的单侧电源线路装设一段或两段三相式电流保护，作为相间故障的主保护和后备保护；装设一段或两段零序电流保护，作为接地故障的主保护和后备保护。串联供电的几段线路，在线路故障时，几段线路可以采用前加速的方式同时跳闸，并用顺序重合闸和备用电源自动投入装置来提高供电可靠性	4.5.3
单相接地故障		对中性点不接地或经消弧线圈接地线路的单相接地故障，保护的装设原则及构成方式按本规程第4.4.3条和第4.4.4条的规定执行	4.5.4
过负荷保护		可能出现过负荷的电缆线路或电缆与架空混合线路，应装设过负荷保护，保护宜带时限动作于信号，必要时可动作于跳闸	4.5.5
110kV 线路保护			
双侧电源线路		110kV双侧电源线路符合下列条件之一时，应装设一套全线速动保护： a．根据系统稳定要求有必要时； b．线路发生三相短路，如使发电厂厂用母线电压低于允许值（一般为60%额定电压），且其他保护不能无时限和有选择地切除短路时； c．如电力网的某些线路采用全线速动保护后，不仅改善本线路保护性能，而且能够改善整个电网保护的性能	4.6.1.1
多级串联或采用电缆的单侧电源线路		对多级串联或采用电缆的单侧电源线路，为满足快速性和选择性的要求，可装设全线速动保护作为主保护	4.6.1.2
单侧电源线路		可装设阶段式相电流和零序电流保护，作为相间和接地故障的保护，如不能满足要求，则装设阶段式相间和接地距离保护，并辅之用于切除经电阻接地故障的一段零序电流保护	4.6.1.4
双侧电源线路		可装设阶段式相间和接地距离保护，并辅之用于切除经电阻接地故障的一段零序电流保护	4.6.1.5
带分支的110kV线路		与220kV分支线路相同，可按4.6.5条的规定执行	4.6.1.6
后备方式		110kV线路的后备保护宜采用远后备方式	4.6.1.3

2）3kV～110kV 线路电流电压保护整定。

名 称	电流保护（DL/T 584—2017）	出处
电流速断保护	电流速断保护定值：应躲过本线路末端最大三相短路电流； 对双回线路，以以单回运行作为计算的运行方式； 对环网下路，以以开环方式作为计算的运行方式 $$I_{\text{OP·I}} = K_K I_{\text{D·max}}^{(3)} \quad (15)$$ K_K：可靠系数，≥1.3； $I_{\text{D·max}}^{(3)}$：本线路末端故障最大三相短路电流	7.2.11.6
	对于接入供电变压器的终端线路：（含 T 接供电变压器或供电线路） a）如变压器装有差动保护，线路电流速断保护定值：允许按躲过变压器其他侧母线三相最大短路电流整定，同式（15） $I_{\text{OP·I}} = K_K I_{\text{D·max}}^{(3)}$ $I_{\text{D·max}}^{(3)}$：变压器其他侧故障时流过本线路最大三相短路电流，并应校验能否躲过变压器励磁涌流； b）如变压器以电流速断为主保护，线路电流速断保护应与变压器电流速断保护配合 $$I_{\text{OP·I}} = K'_K n I'_{\text{OP}} \quad (16)$$ $K'_K \geq 1.1$；n：并联变压器台数； I'_{OP}：并联运行变压器装设的电流速断定值	
	灵敏系数： 应校核被保护线路出口短路的灵敏系数，常见运行大方式下，三相短路灵敏度≥1	
	时间定值：0~0.2s	
延时电流速断保护	电流定值：应保证本线路末端故障有规定灵敏度；还应与相邻线路电流速断或延时段电流速断保护配合，需要时可以与相邻线路装有全线速动的纵联保护配合 时间定值：按配合关系整定，Δt=0.3s~0.5s	7.2.11.7
	灵敏系数：本线路末端故障时应满足： a）20km 以下的线路不小于 1.5； b）20km~50km 线路不小于 1.4； c）50km 以上的线路不小于 1.3	7.2.11.8
过电流保护	电流定值： 1）应与相邻线路的延时段保护或过电流保护配合； 2）还应躲过调度方式部门提供的最大负荷电流，最大负荷电流计算应考虑常见运行方式下可能出现的最严重情况；也可按输电线路所允许的最大负荷电流整定。 时间定值：按配合关系整定，Δt=0.3s~0.5s； 灵敏系数：除对本线有足够的灵敏系数外，要力争对相邻元件有远后备灵敏系数。 本线路末端故障时，不小于 1.5；相邻线路末端故障时，不小于 1.2	7.2.11.9
电压闭锁元件保护	电流速断保护、延时电流速断保护、过电流保护视情况均可增加电压闭锁元件； 低电压定值：按躲过保护安装处最低运行电压整定，0.6~0.8U_l（相间电压）； 负序相电压定值：按躲过电压互感器的不平衡负序电压整定，0.05~0.1U_{ph}（相电压）； 灵敏系数：不低于所控电流元件的动作灵敏系数	7.2.11.10
反时限过电流保护电流速断部分	线路电流速断定值按 7.2.11.5 整定； 变压器电流速断定值按可靠躲过变压器其他侧母线故障整定； 高压电动机专用线电流速断定值按可靠躲过电动机启动电流整定	7.2.12.2
（线路）反时限过电流保护	反时限过电流保护的整定方法适用于单侧电源线路保护，当该保护使用在双侧电源线路上，又未经方向元件控制时，应考虑与背侧线路保护的配合问题	7.2.12.1

续表

名 称	电流保护（DL/T 584—2017）	出处
（线路）反时限过电流保护	电流定值：应可靠躲过线路最大负荷电流。 灵敏系数：本线路末端故障时不小于 1.5；相邻线路末端故障时不小于 1.2，且与相邻上下一级保护配合。 a）与相邻上（下）一级反时限过电流保护配合。 电流定值： 在配合范围内，两套保护的反时限特性曲线不应相交； 反时限过流保护电流定值应与相邻上（下）一级反时限过流保定值配合，系数 1.1～1.2。 动作时间： 时间级差，微机型反时限过流保护装置，上下级保护时间级差宜为 0.3s～0.5s； 非微机型反时限过流保护装置，上下级保护时间级差宜为 0.5s～0.7s。 下一级线路保护安装处故障时，分别流过两套反时限过流保护的最大短路电流所对应的动作时间应配合，配合时间不小于一个时间级差；当下一级线路装有电流速断保护且长期投入时，两套反时限过流保护可在电流速断保护范围末端作配合整定，即在电流速断保护范围末端故障时，分别流过两套反时限过流保护的最大短路电流所对应的动作时间应配合，配合时间不小于一个时间级差；同时还应校验常见运行方式下，下一级线路保护安装处故障时，本线路反时限过电流保护动作时间，其值不小于一个时间级差。 b）与下一级线路定时限过电流保护配合。 电流定值： 反时限过流保护电流定值应与下一级定时限过流保护电流定值配合，配合系数 1.1～1.2 动作时间： 下一级线路保护安装处故障时流过本线路的最大短路电流，并查出本线路反时限过流保护对应的动作时间，应大于下一级定时限过流保护动作时间，配合时间不小于一个时间级差； 当下一级线路装有电流速断保护且长期投入时，可在电流速断保护范围末端作配合整定，即在电流速断保护范围末端故障时，流过反时限过流保护的最大短路电流所对应的动作时间与定时限保护的动作时间应配合，配合时间不小于一个时间级差；同时还应校验常见运行方式下，下一级线路保护安装处故障时，本线路反时限过电流保护动作时间不小于一个时间级差。 c）与上一级定时限过电流保护配合。 电流定值： 上一级定时限过流保护电流定值应与本线路反时限过流保护配合，配合系数 1.1～1.2。 动作时间： 求出上一级定时限电流保护的保护范围末端故障时，流过本线路反时限过电流保护的电流，并查出对应的动作时间，应小于上一级定时限过流保护动作时间，配合时间不小于一个时间级差	7.2.12.3
反时限过电流保护（高压电动机专用线）	只接入一台高压电动机的专用线，保护定值按可靠躲过电动机启动的电流时间曲线整定； 接入多台高压电动机的专用线，保护定值按可靠躲过包括最大一台电动机启动的最大负荷的电流时间曲线整定； 同时，还应按 7.2.12.3 规定校核与上一级保护的配合情况	7.2.12.4
反时限过电流保护（供电变电源侧）	电流定值：应可靠躲过变压器本侧额定电流，同时，按 7.2.12.3 规定校核与上一级保护的配合情况，并整定动作时间；必要时，还应校核变压器负荷侧出线保护与本保护的配合情况	7.2.12.5
低电阻接地系统的电流保护	适用于单侧电源低电阻接地系统中的线路、专用 Z 形接地变、连接于母线的电容器、电抗器等设备零序电流保护和接地变压器相过电流保护的整定，见表 5、表 6	7.2.13.1
	10kV～35kV 低电阻接地系统中接地电阻宜为 5Ω～30Ω，单相接地故障时零序电流（$3I_0$）以 1000A 左右为宜	7.2.13.2
	低电阻接地系统应考虑线路经高阻接地故障灵敏度，线路零序电流保护最末一段定值不宜过大	7.2.13.4
	低电阻接地系统必须且只能有一个中性点接地，当接地变压器或中性点电阻失去时，供电变压器的同级断路器必须同时断开	7.2.13.5

3）电流保护整定配合（DL/T 584—2017 表 4）。

名　　称	阻抗定值公式	动作时间	说　　明
电流速断保护 $I_{\text{OP I}}$	躲过本线路末端故障 $I_{\text{OP I}} = K_{\text{K}} I_{\text{Dmax}}^{(3)}$	$t_{\text{I}} = 0\text{s}$	$I_{\text{Dmax}}^{(3)}$：本线路末端故障最大三相短路电流； $K_{\text{K}} \geq 1.3$
	对于接入供电变压器的终端线路，与变压器速动保护配合： （1）与变压器差动保护配合 $I_{\text{OP I}} = K_{\text{K}} I_{\text{Dmax}}^{(3)}$ （2）未装设差动保护，与变压器电流速断保护配合 $I_{\text{OP I}} = K'_{\text{K}} n I'_{\text{OP}}$	$t_{\text{I}} = 0\text{s}$	$K_{\text{K}} \geq 1.3$；$K'_{\text{K}} \geq 1.1$； $I_{\text{Dmax}}^{(3)}$：变压器其他侧故障时流过本线路最大三相短路电流； I'_{OP}：并联运行变压器装设的电流速断定值； n：并联变压器台数
延时电流速断保护 $I_{\text{OP II}}$	与相邻线路电流速断保护配合 $I_{\text{OP II}} = K_{\text{K}} K_{\text{Fmax}} I'_{\text{OP I}}$	$t_{\text{II}} \geq t'_{\text{I}} + \Delta t$	$I'_{\text{OP I}}$：相邻线路电流速断保护定值； K_{Fmax}：最大分支系数； $K_{\text{K}} \geq 1.1$； t'_{I}：相邻线路电流速断保护动作时间； Δt：时间级差
	躲变压器其他侧母线故障： （1）与变压器差动保护配合 $I_{\text{OP I}} = K_{\text{K}} I_{\text{Dmax}}^{(3)}$ （2）未装设差动保护，与变压器电流速断保护配合 $I_{\text{OP I}} = K'_{\text{K}} n I'_{\text{OP}}$	$t_{\text{II}} \geq t'_{\text{I}} + \Delta t$ $t'_{\text{I}} = 0$	$K_{\text{K}} \geq 1.3$；$K'_{\text{K}} \geq 1.1$； $I_{\text{Dmax}}^{(3)}$：变压器其他侧故障时流过本线路最大三相短路电流； I'_{OP}：并联运行变压器装设的电流速断定值； n：并联变压器台数
	与相邻线路延时电流速断配合 $I_{\text{OP II}} = K_{\text{K}} K_{\text{Fmax}} I'_{\text{OP II}}$	$t_{\text{II}} \geq t'_{\text{II}} + \Delta t$	$I'_{\text{OP II}}$：相邻线路延时电流速断保护定值； K_{Fmax}：最大分支系数；$K_{\text{K}} \geq 1.1$； t'_{II}：相邻线路延时电流速断保护动作时间； Δt：时间级差
	按本线路末端故障有灵敏度整定 $I_{\text{OP II}} = I_{\text{Dmin}}^{(2)} / K_{\text{sen}}$	按配合关系整定	$I_{\text{Dmin}}^{(2)}$：本线末端故障最小两相短路电流； K_{sen}：灵敏度，满足 7.2.11.8 要求
过电流保护 $I_{\text{OP III}}$	躲过本线路最大负荷电流 $I_{\text{OP III}} = \dfrac{K_{\text{K}}}{K_{\text{f}}} I_{\text{Lmax}}$	—	I_{Lmax}：本线路最大负荷电流； $K_{\text{K}} \geq 1.1$； $K_{\text{f}} = 0.85 \sim 0.9$
	与相邻线路过电流保护配合 $I_{\text{OP III}} = K'_{\text{K}} K_{\text{Fmax}} I'_{\text{OP III}}$	$t_{\text{III}} \geq t'_{\text{III}} + \Delta t$	$I'_{\text{OP III}}$：相邻线路过电流保护定值； K_{Fmax}：最大分支系数； $K'_{\text{K}} \geq 1.1$； t'_{III}：相邻线路过电流保护动作时间

4）接地变压器整定（DL/T 584—2017 表 5）。

名　　称	阻抗定值公式	动作时间	说　　明
电流速断	$I_{\text{OP I}} = I'_{\text{OP}} / K_{\text{p}}$ $I_{\text{OP I}} = I_{\text{Dmin}}^{(2)} / K_{\text{sen}}$ $I_{\text{OP I}} = (7 \sim 10) I_{\text{N}}$ $I_{\text{n}} = S_{\text{N}} / (\sqrt{3} U_{\text{N}})$ $I_{\text{OP I}} = \geq 1.3 I_{\text{Dmax}}$	$t = 0\text{s}$	灵敏系数，$K_{\text{sen}} \geq 1.2$ 配合系数，$K_{\text{p}} \geq 1.1$ I'_{OP}：供电变压器同侧后备过电流保护定值； $I_{\text{Dmin}}^{(2)}$：接地变电源侧最小两相短路电流； S_{N}、U_{N}、I_{N}：接地变额定容量、电压、电流； I_{Dmax}：接地变低压故障最大短路电流

续表

名　称	阻抗定值公式	动作时间	说　明
过电流保护	$I_{\text{OP\,II}} = K_K I_N$ $I_{\text{OP\,II}} = K_K I_{\text{Dmax}}^{(1)}$	$t=1.5\text{s}\sim 2.5\text{s}$	灵敏系数，$K_{\text{sen}} \geq 1.3$； $I_{\text{Dmax}}^{(1)}$：单相接地时最大故障电流
零序电流保护	$I_{\text{OP}} = \dfrac{I_{\text{Dmin}}^{(1)}}{K_{\text{sen}}}$ $I_{\text{OP}} = K_K I_{0\text{II}}'$	$t_0^1 = t_{0\text{II}}' + \Delta t$ $t_0^1 = 2t_{0\text{I}}' + \Delta t$ $t_0^2 = t_0^1 + \Delta t$ $\Delta t = 0.2\text{s}\sim 0.5\text{s}$	适用于接地变接于变电站相应母线上的接线。 灵敏系数，$K_{\text{sen}} \geq 2$；$K_K \geq 1.1$ $I_{\text{Dmin}}^{(1)}$：系统最小单相接地故障电流； $I_{0\text{II}}'$：下级零序电流保护Ⅱ段中最大定值； t_0^1：接地变零序电流1时限； $t_{0\text{I}}'$：出线零序电流1段时间定值； t_0^2：接地变零序电流2时限； $t_{0\text{II}}'$：母线上除接地变外所有设备零序电流保护Ⅱ段中最长时间定值
零序电流保护	$I_{\text{OP}} = \dfrac{I_{\text{Dmin}}^{(1)}}{K_{\text{sen}}}$ $I_{\text{OP}} = K_K I_{0\text{II}}'$	$t_0^1 = 2t_{0\text{I}}' + \Delta t$ $t_0^1 = t_{0\text{II}}' + \Delta t$ $t_0^2 = t_0^1 + \Delta t$ $t_0^3 = t_0^2 + \Delta t$ $\Delta t = 0.2\text{s}\sim 0.5\text{s}$	适用于接地变直接接于变电站相应的引线上的接线。 灵敏系数，$K_{\text{sen}} \geq 2$； $K_K \geq 1.1$ $I_{\text{Dmin}}^{(1)}$：系统最小单相接地故障电流； $I_{0\text{II}}'$：下级零流保护Ⅱ段中最大定值； t_0^1：接地变零序电流1时限； $t_{0\text{I}}'$：出线零序电流1段时间定值； t_0^2：接地变零序电流2时限； $t_{0\text{II}}'$：母线上除接地变外所有设备零序电流保护Ⅱ段中最长时间定值； t_0^3：接地变零序电流3时限

5）母线连接元件零流保护整定（DL/T 584—2017 表6）。

名　称	电流定值	动作时间	说　明
零序电流Ⅰ段	$I_{\text{OP\,I}} = I_{\text{Dmin}}^{(1)} / K_{\text{sen}}$ $I_{\text{OP\,I}} = K_K I_{0\text{I}}'$ $I_{\text{OP\,I}} = K_K' I_c$	$t_{0\text{I}} = t_{0\text{I}}' + \Delta t$ $t_{0\text{I}}'$：下级零序电流Ⅰ段保护时间定值中最长时间定值； $\Delta t = 0.2\text{s}\sim 0.5\text{s}$	灵敏系数：$K_{\text{sen}} \geq 2$；$K_K \geq 1.1$；$K_K' \geq 1.5$； $I_{\text{Dmin}}^{(1)}$：系统最小单相接地故障电流； $I_{0\text{I}}'$：下级零序电流Ⅰ段保护最大电流定值； I_c：电容电流
零序电流Ⅱ段	$I_{\text{OP\,II}} = K_K I_{0\text{II}}'$ $I_{\text{OP\,II}} = K_K' I_c$	$t_{0\text{II}} = t_{\text{II}}$ t_{II}：本线相间过流时间	$K_K \geq 1.1$；$K_K' \geq 1.5$； $I_{0\text{II}}'$：下级零序电流Ⅱ段保护最大电流定值； I_c：电容电流

6）3kV～110kV 线路接地、距离保护整定。

名　称	3kV～110kV 线路接地、距离保护整定（DL/T 584—2017）	出处
零序电流保护	单侧电源线路的零序电流保护一般为三段式，终端线路也可采用两段式。 零序电流Ⅰ段定值：按躲过本线路末端接地故障最大零序电流（$3I_0$）整定。若本线路接地距离Ⅰ段投入运行，则零序电流Ⅰ段宜退出运行；	7.2.1.1

续表

名称	3kV～110kV 线路接地、距离保护整定（DL/T 584—2017）	出处
零序电流保护	零序电流Ⅱ段定值：应按保本线路末端接地故障时有不小于 7.2.1.10 灵敏系数整定，还应与相邻线路零序电流Ⅰ段或Ⅱ段配合，动作时间按配合关系整定。 7.2.1.10 保全线有灵敏系数的零序电流定值对本线路末端金属性接地故障的灵敏系数 | 20km 以下线路	≥1.5	20km～50km 线路	≥1.4
50km 以上线路	≥1.3		| 零序电流Ⅲ段定值：作为本线路经电阻接地故障和相邻元件接地故障的后备保护，电流一次定值不应大于 300A，在躲过本线路末端变压器其他各侧三相短路最大不平衡电流的前提下，满足相邻线路末端故障时有 7.2.1.11 灵敏系数整定（7.2.1.11：零序电流最末一段电流定值对相邻线路末端金属性接地故障灵敏系数不小于 1.2），校核与相邻线路零序电流Ⅱ段或Ⅲ段配合。 动作时间：按配合关系整定	7.2.1.1
	终端线路的零序电流Ⅰ段：保护范围允许伸入线路末端供电变压器，变压器故障时线路保护的无选择性动作由重合闸来补救。 终端线路的零序电流最末一段：作为本线路经电阻接地故障和线路末端变压器故障的后备保护，其电流定值应躲过线路末端变压器其他各侧三相短路最大不平衡电流，不应大于 300A。 采用前加速方式的零序电流保护各段定值：可不与相邻线路保护配合，线路保护的无选择性动作由顺序重合闸来补救	
	双侧电源复杂电网的线路零序电流保护一般为四段或三段式保护，在使用阶段式接地距离保护的复杂电网，零序电流保护宜适当简化	7.2.1.2
	双侧电源复杂电网的线路零序电流保护各段原则： a）零序电流Ⅰ段作为速动段保护使用。若本线路接地距离Ⅰ段投入运行，则零序电流Ⅰ段宜退出运行。 b）三段式保护的零序电流Ⅱ段（四段式保护的零序电流Ⅱ、Ⅲ段）。应能有选择性切除本线路范围的金属性接地故障，动作时间应尽量缩短； c）考虑可能的高电阻接地故障情况下动灵敏系数要求，零序电流保护最末一段的电流定值不应大于 300A。 d）零序电流保护整定见表 1。未经方向元件控制的零序电流保护，还应考虑与背侧线路零序电流保护的配合	7.2.1.3
	零序电流Ⅰ段定值：按躲过区外故障最大零序电流 $3I_0$ 整定；可靠系数不应小于 1.3；宜取 1.3～1.5（无互感线路上，区外最严重故障点选择在本线路对侧母线或两侧母线上；当线路附近有其他零序互感较大的平行线路时，故障点有时选择在该平行线路的某处。区外故障最大零序电流，应对各种常见运行方式及不同故障类型，取最大值）	7.2.1.4
	零序电流Ⅱ段定值： 三段式保护的Ⅱ段定值：应按本线路末端故障时不小于 7.2.1.10 灵敏系数整定，还应与相邻线路零序电流Ⅰ段或Ⅱ段配合，保护范围一般不应伸出线路末端变压器 220kV（330kV）侧母线。 四段式保护的Ⅱ段定值：应与相邻线路零序电流Ⅰ段配合，相邻线路全线速动保护能长期投入运行时，也可与全线速动保护配合，灵敏系数不作规定。 如零序电流Ⅱ段被配合的相邻线路是与本线路有较大零序互感的平行线路，则应考虑该相邻线路故障，在一侧断路器先断开时的保护配置关系	7.2.1.5
	零序电流Ⅲ段定值（作为本线路经电阻接地故障和相邻元件故障的后备保护）： 三段式保护的零序电流Ⅲ段定值：应不大于 300A，在躲过本线路末端	7.2.1.6

续表

名称	3kV～110kV 线路接地、距离保护整定（DL/T 584—2017）	出处
零序电流保护	变压器其他各侧三相短路最大不平衡电流的前提下，相邻线路末端故障时满足 7.2.1.11 规定的灵敏度；校核与相邻线路零序电流Ⅱ段、Ⅲ段或Ⅳ段配合情况，并校核保护范围是否伸出线路末端变压器 220kV（330kV）侧母线； 四段式保护的零序电流Ⅲ段定值：如零序电流Ⅱ段对本线路末端故障有规定的灵敏系数，则零序电流Ⅲ段取与Ⅱ段相同定值；如零序电流Ⅱ段对本线路末端故障达不到 7.2.1.10 规定的灵敏系数，则零序电流Ⅲ段按三段式保护的零序电流Ⅱ段方法整定	7.2.1.6
	零序电流Ⅳ段定值：四段式保护的零序电流Ⅳ段定值按三段式保护的零序电流Ⅲ段方法整定	7.2.1.7
接地距离保护	接地距离保护一般为三段式	7.2.2.2
	接地距离Ⅰ段定值：按可靠躲过本线路末端发生金属性接地故障整定；超短线路的接地距离Ⅰ段保护宜退出运行	7.2.2.3
	接地距离Ⅱ段定值：按本线路末端发生金属性故障有足够灵敏度整定，并与相邻线路接地距离Ⅰ段或Ⅱ段配合；动作时间按配合关系整定，如相邻线路有失灵保护，则必须与失灵保护时间配合	7.2.2.4
	接地距离Ⅱ段与相邻线路接地距离Ⅰ段配合时： a) 按单相接地故障或两相短路接地故障 $$Z_{DZⅡ}=K_KZ_1+K_KK_{Z1}Z'_{OPⅠ}+K_K\frac{(1+3K')K_{Z0}-(1+3K)K_{Z1}}{I_{ph}+K3I_0}Z'_{OPⅠ} \quad (1)$$ b) 按单相接地故障 $$Z_{DZⅡ}=K_KZ_1+K_KK_{Z0}Z'_{OPⅠ}+K_K\frac{(K_{Z1}-K_{Z0})I_1+3(K'-K)K_{Z0}I_0}{I_{ph}+K3I_0}Z'_{OPⅠ} \quad (2)$$ c) 按两相短路接地故障 $$Z_{DZⅡ}=K_KZ_1+K_KK_{Z0}Z'_{OPⅠ}+K_K\frac{(K_{Z1}-K_{Z0})(I_{ph}-I_0)+3(K'-K)K_{Z0}I_0}{I_{ph}+K3I_0}Z'_{OPⅠ} \quad (3)$$ 可简化为 $Z_{DZⅡ}=K_KZ_1+K_KK_ZZ'_{opⅠ}$ （4） $K_{Z1}K_{Z0}$：正序和零序助增系数； K_K：可靠系数； K、K'：本线路和相邻线路零序补偿系数；$K=(Z_0-Z_1)/3Z_1$ Z_1：本线路正序阻抗； $Z_{OPⅠ}$：相邻线路接地距离Ⅰ段阻抗定值； I_1、I_0：流过本线路的正序和零序电流； I_{ph}：流过本线路的故障相电流； K_Z：K_{Z1} 和 K_{Z0} 两者中的较小值	7.2.2.5
	接地距离Ⅱ段保护范围：一般不宜超过相邻变压器的其他侧母线；如Ⅱ段保护范围超过相邻变压器其他侧母线时，动作时限按配合关系整定。 阻抗定值： 1) 按躲过变压器小电流接地系统侧母线三相短路整定 $$Z_{OPⅡ}=K_KZ_1+K_KK_{Z1}Z'_T \quad (5)$$ Z_1：本线路正序阻抗； Z_T：变压器并联正序等值阻抗； K_{Z1}：正序助增系数。 2) 按躲过变压器其他侧（变压器中性点直接接地）母线接地故障整定（单相或两相接地） $$Z_{OPⅡ}=K_KU_{ph}/(I_{ph}+K3I_0) \quad (6)$$	7.2.2.6

续表

名　称	3kV～110kV 线路接地、距离保护整定（DL/T 584—2017）	出处
接地距离保护	简化为　　　　　$Z_{OPII}=K_K Z_1+K_K K_Z Z'_T$（7） 　　　　　　　　$K_{Z0}=I_{02}/I_{01}$；$K_{Z1}=I_{12}/I_{11}$（8） U_{ph}、I_{ph}、I_0：变压器其他侧（变压器中性点直接接地）母线单相或两相接地故障时，在接地距离保护安装处所测得的故障相电压、故障相电流以及零序电流。 K_Z：正序和零序助增系数 K_{Z1}、K_{Z0} 中较小值。 I_{02}、I_{12}：并联变压器高压侧 2（如 220kV 侧）零序、正序电流标幺值； I_{01}、I_{11}：110kV 侧故障线路的零序、正序电流标幺值。 3）当线路所带负荷为牵引变压器时，应考虑牵引变不同接线方式、最不利故障类型对线路距离保护的影响： 　　　　　　$Z_{OPII}=K_K Z_1+K_{KT} Z'_T/K_T$（9） K_K：可靠系数，0.7～0.8。 K_{KT}：不大于 0.7。 K_T：折算系数，根据牵引变接线形式确定	7.2.2.6
	当相邻线路无接地距离保护时，接地距离Ⅱ段可与相邻线路零序电流Ⅰ段配合；可只考虑相邻线路单相接地故障情况，两相短路接地故障靠相邻线路相间距离Ⅰ段动作保证选择性。 接地距离保护与零序电流保护配合 $Z_{OPII}=K_K Z_1+K_K K_Z Z'_{1I(II)}$（10） K_Z：相邻线路零序电流Ⅰ段或Ⅱ段最小保护范围末端故障时对应的正、零序最小助增系数。 $Z'_{1I(II)}$：相邻线路零序电流Ⅰ段或Ⅱ段最小保护范围所对应的线路正序阻抗值。 接地距离保护与零序电流Ⅱ段保护配合 $Z_{OPII}=K_K Z_1+K_K K_{sen} Z'_1$（11） K_{sen}：零序电流Ⅱ段最小灵敏系数。 Z'_1：相邻线路全长的正序阻抗	7.2.2.7
	圆特性的接地距离Ⅲ段：阻抗定值按与相邻线路的接地距离Ⅱ段或Ⅲ段配合，并对相邻元件有远后备整定，负荷电阻线按可靠躲过本线路的事故过负荷最小阻抗整定。	7.2.2.11
	四边形特性的接地距离Ⅲ段：阻抗定值按与相邻线路的接地距离Ⅱ段或Ⅲ段配合，并力争对相邻元件有远后备整定，电阻定值按可靠躲过本线路的事故过负荷最小阻抗整定。	7.2.2.12
	接地距离Ⅲ段动作时间：应按配合关系整定。	7.2.2.14
	接地距离Ⅲ段灵敏系数：对相邻线路末端接地故障和本线路对侧变压器低压侧故障，不小于 1.2，有困难时，可按相继动作校验灵敏系数	7.2.2.13
	接地距离Ⅱ段保护对本线路末端金属性接地故障的灵敏系数应满足如下要求： | 20km 以下线路 | ≥1.5 | 20km～50km 线路 | ≥1.4 | |---|---|---|---| | 50km 以上线路 | ≥1.3 | | |	7.2.2.10
相间距离保护	相间距离保护一般为三段式	7.2.3.2
	相间距离Ⅰ段定值：按可靠躲过本线路末端金属性相间故障整定，超短线路相间距离Ⅰ段宜退出运行	7.2.3.3
	相间距离Ⅱ段定值：按保本线路末端金属性相间故障有足够灵敏度整定，并与相邻线路相间距离Ⅰ段或Ⅱ段配合，动作时间按配合关系整定；如相邻线路有失灵保护，须考虑与失灵保护时间配合	7.2.3.4
	相间距离Ⅱ段保护范围：一般不宜超过相邻变压器的其他各侧母线，如Ⅱ段保护范围超过相邻变压器其他侧母线时，动作时限按配合关系整定。 当线路所带负荷为牵引变时，应考虑牵引变不同接线方式、最不利故障类型对线路距离保护影响 　　　　　　$Z_{OPII}=K_K Z_1+K_{KT} Z'_T/K_T$（12） K_K：可靠系数，0.7～0.8； K_{KT}：不大于 0.7； K_T：折算系数，根据牵引变接线形式确定； Z'_T：变压器单相容量下的正序阻抗值（取最小短路阻抗）	7.2.3.5

续表

名　称	3kV～110kV 线路接地、距离保护整定（DL/T 584—2017）	出处
相间距离保护	相间距离Ⅱ段阻抗定值对本线路末端相间金属性故障的灵敏系数如下： | 20km 以下线路 | ≥1.5 | 20km～50km 线路 | ≥1.4 | | 50km 以上线路 | ≥1.3 | | |	7.2.3.6
	圆特性的相间距离Ⅲ段：阻抗定值按与相邻线路的相间距离Ⅱ段或Ⅲ段配合，并力争对相邻元件有远后备整定，负荷电阻线按可靠躲过本线路的事故过负荷最小阻抗整定。	7.2.3.7
	四边形特性的相间距离Ⅲ段：阻抗定值按与相邻线路的相间距离Ⅱ段或Ⅲ段配合，并力争对相邻元件有远后备整定，电阻定值按可靠躲过本线路的事故过负荷最小阻抗整定。	7.2.3.8
	相间距离Ⅲ段动作时间：应按配合关系整定，对可能振荡的线路，还应大于振荡周期。	7.2.3.10
	相间距离Ⅲ段灵敏系数：对相邻线路末端相间故障，不小于1.2，有困难时，可按相继动作校验	7.2.3.9

7) 110kV 线路零序电流保护整定（DL/T 584—2017 表 1）。

| 名　称 | 电流整定 | | 动作时间 | |
	公式	取值范围	正常	重合闸后
零序电流Ⅰ段	$I_{OPⅠ}=K_K 3I_{0max}$ $3I_{0max}$：区处故障最大零序电流	$K_K≥1.3$	$t_Ⅰ=0s$	动作值躲不过断路器合闸三相不同步最大三倍零序电流时，重合闸过程中带 0.1s 延时或退出运行
零序电流Ⅱ段	（1）与相邻线路零序Ⅰ段配合 $I_{OPⅡ}=K_K K_F I'_{OPⅠ}$ （2）与相邻线路零序Ⅱ段配合 $I_{OPⅡ}=K_K K_F I'_{OPⅡ}$ （3）校核变压器 220（330）kV 侧接地故障流过线路的 $3I_0$ $I_{OPⅡ}=K'_K 3I_0$	$K_K≥1.1$ $K'_K=1.1～1.3$	$t_Ⅱ≥\Delta t$ $t_Ⅱ≥t'_Ⅱ+\Delta t$ $t_Ⅱ≥\Delta t$ $I'_{OPⅠ}$：相邻线路零序Ⅰ段动作值； $I'_{OPⅡ}$：相邻线路零序Ⅱ段动作值； K_F：最大分支系数； $t'_Ⅱ$：相邻线路零序Ⅱ段动作时间	后加速带 0.1s 延时
零序电流Ⅲ段	（1）与相邻线路零序Ⅱ段配合 $I_{OPⅢ}=K_K K_F I'_{OPⅡ}$ （2）与相邻线路零序Ⅲ段配合 $I_{OPⅢ}=K_K K_F I'_{OPⅢ}$ （3）校核变压器 220（330）kV 侧接地故障流过线路的 $3I_0$	$K_K≥1.1$	$t_Ⅲ≥t'_Ⅱ+\Delta t$ $t_Ⅲ≥t'_Ⅲ+\Delta t$ $t_Ⅲ≥t''_Ⅱ+\Delta t$ $I'_{OPⅢ}$：为相邻线路零序Ⅲ段动作值； $t'_Ⅲ$：为相邻线路零序Ⅲ段动作时间； $t''_Ⅱ$：为线路末端变压器 220（或 330kV）侧出线接地保护Ⅱ段保护最长动作时间	后加速带 0.1s 延时
零序电流Ⅳ段	（1）与相邻线路零序Ⅲ段配合 $I_{OPⅣ}=K_K K_F I'_{OPⅢ}$ （2）与相邻线路零序Ⅳ段配合 $I_{OPⅣ}=K_K K_F I'_{OPⅣ}$ （3）校核变压器 220（330）kV 侧接地故障流过线路的 $3I_0$	$K_K≥1.1$	$t_Ⅳ≥t'_Ⅲ+\Delta t$ $t_Ⅳ≥t'_Ⅳ+\Delta t$ $t_Ⅳ≥t''_Ⅱ+\Delta t$ $I'_{OPⅣ}$：为相邻线路零序Ⅳ段动作值	后加速带 0.1s 延时

8) 接地距离保护整定计算（DL/T 584—2017，表 2）。

名　称	阻抗定值公式	动作时间	说　明
接地距离Ⅰ段	躲过本线路末端故障 $I_{OPⅠ}=K_K Z_1$	$t_Ⅰ=0s$	Z_1：本线路正序阻抗；$K_K≤0.7$

续表

名 称	阻抗定值公式	动作时间	说 明
接地距离Ⅰ段	单回线终端变压器方式，送电侧保护伸入变压器内 $Z_{\text{OP I}}=K_K Z_1+K_{KT} Z'_T$	$t_{\text{I}} \geqslant 0\text{s}$	$K_K=0.8\sim0.85$，$K_{KT}\leqslant 0.7$； Z'_T：终端变压器并联等值正序阻抗
接地距离Ⅱ段	与相邻线路接地距离Ⅰ段配合 $Z_{\text{OP II}}=K_K Z_1+K_K K_Z Z'_{\text{OP I}}$	$t_{\text{II}} \geqslant t'_{\text{I}}+\Delta t$	$Z'_{\text{OP I}}$：相邻线路接地距离Ⅰ段动作阻抗； K_Z：助增系数，正序助增系数与零序助增系数两者较小值；$K_K=0.7\sim0.8$； t'_{I}：相邻线路接地距离Ⅰ段动作时间； Δt：时间级差
	按本线路末端接地故障有足够灵敏度整定 $Z_{\text{OP II}}=K_{\text{sen}} Z_1$	按配合关系整定	$K_{\text{sen}}=1.3\sim1.5$
	与相邻线路接地距离Ⅱ段配合 $Z_{\text{OP II}}=K_K Z_1+K_K K_Z Z'_{\text{OP II}}$	$t_{\text{II}} \geqslant t'_{\text{II}}+\Delta t$	K_{sen}：零序电流Ⅱ段在不利运行方式的灵敏系数； $Z'_{\text{OP II}}$：相邻线路接地距离Ⅱ段动作阻抗； Z'_1：相邻线路正序阻抗； t'_{II}：相邻线路接地距离Ⅱ段或零序电流Ⅱ段动作时间
	与相邻线路零序电流Ⅱ段配合 $Z_{\text{OP II}}=K_K Z_1+K_K K_{\text{sen}} Z'_1$		
	躲变压器其他侧母线故障整定 $Z_{\text{OP II}}=K_K Z_1+K_K K_Z Z'_T$	按配合关系整定	Z'_T：相邻变压器并联正序等值阻抗； K_Z：助增系数，正序助增系数与零序助增系数两者中的较小值，对于变压器其他中性点接地侧可取$K_Z=1$； $K_K=0.7\sim0.8$
接地距离Ⅲ段	与相邻线路接地距离Ⅱ段配合 $Z_{\text{OP III}}=K_K Z_1+K_K K_Z Z'_{\text{OP II}}$	$t_{\text{III}} \geqslant t'_{\text{II}}+\Delta t$	$Z'_{\text{OP II}}$：相邻线路接地距离Ⅱ段动作阻抗； K_Z：助增系数，正序助增系数与零序助增系数两者较小值； $K_K=0.7\sim0.8$
	与相邻线路接地距离Ⅲ段配合 $Z_{\text{OP III}}=K_K Z_1+K_K K_Z Z'_{\text{OP III}}$	$t_{\text{III}} \geqslant t'_{\text{III}}+\Delta t$	$Z'_{\text{OP III}}$：相邻线路接地距离Ⅲ段动作阻抗； K_Z：助增系数，正序助增系数与零序助增系数两者较小值； $K_K=0.7\sim0.8$
	躲负荷阻抗 $Z_{\text{OP III}}=K_K Z_L/\cos(\varphi_{\text{sen}}-\varphi_L)$	适用于不带负荷电阻线的圆特性	Z_L：事故过负荷阻抗； $K_K\leqslant 0.7$； φ_{sen}：阻抗继电器灵敏角； φ_L：负荷阻抗角
	负荷电阻线 $R_{\text{OP}}=K_K Z_L/(\cos\varphi_L-\sin\varphi_L/\tan\alpha_1)$	适用于四边形特性以及带负荷电阻线的圆特性	R_{OP}：阻抗元件的负荷电阻线定值； $K_K\leqslant 0.7$； φ_L：负荷阻抗角； α_1：负荷电阻线倾斜角
	按对侧变压器低压侧有灵敏度整定 $Z_{\text{OP III}}=K_{\text{sen}}(Z_1+K_Z+Z'_T)$	按配合关系整定	Z'_T：对侧变压器等值正序阻抗； K_{sen}：远后备灵敏系数，取1.2； K_Z：助增系数，正序助增系数与零序助增系数中较大者

注 1. 所给定的阻抗元件定值，包括幅值和相角两部分，都应是在额定频率下被保护线路的正序阻抗值，方向阻抗继电器整定的最大灵敏角，一般等于被保护元件的正序阻抗角。
2. 本表适用于接于相电压与带零序补偿的相电流的接地阻抗元件。
3. 接线为其他方式的接地距离保护的整定计算可参照本表。

9）相间距离保护整定计算（DL/T 584—2017 表3）。

名称	阻抗定值公式	动作时间	说明
相间距离Ⅰ段	躲过本线路末端故障 $Z_{OPⅠ}=K_K Z_l$	$t_Ⅰ=0s$	Z_l：线路正序阻抗； $K_K=0.8\sim0.85$
相间距离Ⅰ段	单回线终端变压器方式，伸入变压器内 $Z_{OPⅠ}=K_K Z_l+K_{KT}Z'_T$	$t_Ⅰ\geq 0s$	$K_K=0.8\sim0.85$， $K_{KT}\leq 0.7$； Z'_T：终端变压器并联等值正序阻抗
相间距离Ⅱ段	躲相邻线路距离Ⅰ段 $Z_{OPⅡ}=K_K Z_l+K'_K K_Z Z'_{OPⅠ}$	$t_Ⅱ\geq \Delta t$	$Z'_{OPⅠ}$：相邻线路相间距离Ⅰ段动作阻抗； K_Z：助增系数，$K_K=0.8\sim0.85$； $K'_K\leq 0.8$
相间距离Ⅱ段	躲变压器其他侧母线 $Z_{OPⅡ}=K_K Z_l+K_{KT}K_Z Z'_T$		Z'_T：相邻变压器并联正序等值阻抗； $K_K=0.8\sim0.85$；$K_{KT}\leq 0.7$
相间距离Ⅱ段	躲相邻线路相间距离Ⅱ段保护配合 $Z_{OPⅡ}=K_K Z_l+K'_K K_Z Z'_{OPⅡ}$	$t_Ⅱ\geq t'_Ⅱ+\Delta t$	$Z'_{OPⅡ}$：相邻线路相间距离Ⅱ段动作阻抗； $t'_Ⅱ$：相邻线路相间距离Ⅱ段动作时间； $K_K=0.8\sim0.85$；$K'_K\leq 0.8$
相间距离Ⅱ段	本线故障有规定的灵敏系数 $Z_{OPⅡ}=K_{sen}Z_l$	按配合关系整定	$K_{sen}=1.3\sim 1.5$
相间距离Ⅲ段	躲相邻线路距离Ⅱ段 $Z_{OPⅢ}=K_K Z_l+K'_K K_Z Z'_{OPⅡ}$	保护范围不伸出相邻变压器其他侧母线时 $t_Ⅲ\geq t'_{ⅡZ}+\Delta t$ 保护范围伸出相邻变压器其他侧母线时 $t_Ⅲ\geq t'_T+\Delta t$	$Z'_{OPⅡ}$：相邻线路相间距离Ⅱ段动作阻抗； $K_K=0.8\sim0.85$，$K'_K\leq 0.8$； $t'_{ⅡZ}$：相邻线路相间距离Ⅱ段动作时间； t'_T：本规程要求配合的保护动作时间（$t'_T>t'_{ⅡZ}$）
相间距离Ⅲ段	躲相邻线路距离Ⅲ段 $Z_{OPⅢ}=K_K Z_l+K'_K K_Z Z'_{OPⅢ}$	$t_Ⅲ\geq t'_Ⅲ+\Delta t$	$Z'_{OPⅢ}$：相邻线路相间距离Ⅲ段动作阻抗； $t'_Ⅲ$：相邻线路距离Ⅲ段动作时间； $K_K=0.8\sim0.85$；$K'_K\leq 0.8$
相间距离Ⅲ段	与相邻变压器过流保护时间配合	$t_Ⅲ\geq t'_T+\Delta t$	t'_T：相邻变压器被配合保护的动作时间
相间距离Ⅲ段	躲负荷阻抗 $Z_{OPⅢ}=K_K Z_L/\cos(\varphi_{sen}-\varphi_L)$	适用于不带负荷电阻线的圆特性	Z_L：事故过负荷阻抗； $K_K\leq 0.7$； φ_{sen}：阻抗继电器灵敏角； φ_L：负荷阻抗角
相间距离Ⅲ段	负荷电阻线 $R_{OP}=K_K Z_L/(\cos\varphi_L-\sin\varphi_L/\tan\alpha_l)$	适用于四边形特性以及带负荷电阻线的圆特性	R_{OP}：阻抗元件的负荷电阻线定值； $K_K\leq 0.7$； φ_L：负荷阻抗角； α_l：负荷电阻线倾斜角
相间距离Ⅲ段	按对侧变压器低压侧有灵敏度整定 $Z_{OPⅢ}=K_{sen}(Z_l+K_Z Z'_T)$	按配合关系整定	Z'_T：对侧变压器等值正序阻抗； K_{sen}：远后备灵敏系数，取1.2； K_Z：助增系数，正序助增系数与零序助增系数中最大者

注 1．所给定的阻抗元件定值，包括幅值和相角两部分，都应是在额定频率下被保护线路的正序阻抗值，方向阻抗继电器整定的最大灵敏角，一般等于被保护元件的正序阻抗角。但对有特殊规定的距离Ⅲ段保护阻抗定值例外。
2．本表适用于接于相间电压与相电流之差的相间阻抗元件。
3．接线为其他方式的相间距离保护的整定计算可参照本表。

(4) 220kV~750kV 线路保护配置及整定计算。

1) 线路保护配置。

名　称	线路保护配置与整定计算（GB/T 14285—2006）	出处
220kV 线路保护		
配置原则	220kV 线路保护应按加强主保护简化后备保护的基本原则配置和整定。 　a. 加强主保护是指全线速动保护的双重化配置，同时，要求每一套全线速动保护的功能完整，对全线路内发生的各种类型故障，均能快速动作切除故障。对于要求实现单相重合闸的线路，每套全线速动保护应具有选相功能。当线路在正常运行中发生不大于 100Ω 电阻的单相接地故障时，全线速动保护应有尽可能强的选相能力，并能正确动作跳闸。 　b. 简化后备保护是指主保护双重化配置，同时，在每一套全线速动保护的功能完整的条件下，带延时的相间和接地Ⅱ、Ⅲ段保护（包括相间和接地距离保护、零序电流保护），允许与相邻线路和变压器的主保护配合，从而简化动作时间的配合整定。如双重化配置的主保护均有完善的距离后备保护，则可以不使用零序电流Ⅰ、Ⅱ段保护，仅保留用于切除经不大于 100Ω 电阻接地故障的一段定时限和/或反时限零序电流保护。 　c. 线路主保护和后备保护的功能及作用能够快速有选择性地切除线路故障的全线速动保护以及不带时限的线路Ⅰ段保护都是线路的主保护。每一套全线速动保护对全线路内发生的各种类型故障均有完整的保护功能，两套全线速动保护可以互为近后备保护。线路Ⅱ段保护是全线速动保护的近后备保护。通常情况下，在线路保护Ⅰ段范围外发生故障时，如其中一套全线速动保护拒动，应由另一套全线速动保护切除故障，特殊情况下，当两套全线速动保护均拒动时，如果可能，则由线路Ⅱ段保护切除故障，此时，允许相邻线路保护Ⅱ段失去选择性。线路Ⅲ段保护是本线路的延时近后备保护，同时尽可能作为相邻线路的远后备保护	4.6.2
主保护	对 220kV 线路，为了有选择性地快速切除故障，防止电网事故扩大，保证电网安全、优质、经济运行，一般情况下，应按下列要求装设两套全线速动保护，在旁路断路器代线路运行时，至少应保留一套全线速动保护运行。 　a. 两套全线速动保护的交流电流、电压回路和直流电源彼此独立。对双母线接线，两套保护可合用交流电压回路。 　b. 每一套全线速动保护对全线路内发生的各种类型故障，均能快速动作切除故障。 　c. 对要求实现单相重合闸的线路，两套全线速动保护应具有选相功能。 　d. 两套主保护应分别动作于断路器的一组跳闸线圈。 　e. 两套全线速动保护分别使用独立的远方信号传输设备。 　f. 具有全线速动保护的线路，其主保护的整组动作时间应为：对近端故障≤20ms；对远端故障≤30ms（不包括通道时间）	4.6.2.1
后备方式	220kV 线路的后备保护宜采用近后备方式。但某些线路，如能实现远后备，则宜采用远后备，或同时采用远、近结合的后备方式	4.6.2.2
接地短路	应按下列规定之一装设后备保护。对 220kV 线路，当接地电阻不大于 100Ω 时，保护应能可靠地切除故障。 　a. 宜装设阶段式接地距离保护并辅之用于切除经电阻接地故障的一段定时限和/或反时限零序电流保护。 　b. 可装设阶段式接地距离保护，阶段式零序电流保护或反时限零序电流保护，根据具体情况使用。 　c. 为快速切除中长线路出口短路故障，在保护配置中宜有专门反映近端接地故障的辅助保护功能	4.6.2.3
相间短路	应按下列规定装设保护装置： 　a. 宜装设阶段式相间距离保护； 　b. 为快速切除中长线路出口短路故障，在保护配置中宜有专门反映近端相间故障的辅助保护功能	4.6.2.4
电缆线路及架空短线路	对需要装设全线速动保护的电缆线路及架空短线路，宜采用光纤电流差动保护作为全线速动主保护。对中长线路，有条件时宜采用光纤电流差动保护作为全线速动主保护。接地和相间短路保护分别按 4.6.2.3 条和第 4.6.2.4 条中的相应规定装设	4.6.3

续表

名 称	线路保护配置与整定计算（GB/T 14285—2006）	出处
并列运行的平行线	宜装设与一般双侧电源线路相同的保护，对电网稳定影响较大的同杆双回线路，按 4.7.5 执行：同杆并架线路发生跨线故障时，根据电网的具体情况，当发生跨线异名相瞬时故障允许双回线同时跳闸时，可装设与一般双侧电源线路相同的保护；对电网稳定影响较大的同杆并架线路，宜配置分相电流差动或其他具有跨线故障选相功能的全线速动保护，以减少同杆双回线路同时跳闸的可能性	4.6.4
分支线路	不宜在电网的联络线上接入分支线路或分支变压器。对带分支的线路，可装设与不带分支时相同的保护，但应考虑下述特点，并采取必要的措施	4.6.5
	当线路有分支时，线路侧保护对线路分支上的故障，应首先满足速动性，对分支变压器故障，允许跳线路侧断路器	4.6.5.1
	如分支变压器低压侧有电源，还应对高压侧线路故障装设保护装置，有解列点的小电源侧按无电源处理，可不装设保护	4.6.5.2
	分支线路上当采用电力载波闭锁式纵联保护时，应按下列规定执行： a．不论分支侧有无电源，当纵联保护能躲开分支变压器的低压侧故障，并对线路及其分支上故障有足够灵敏度时，可不在分支侧另设纵联保护，但应装设高频阻波器。当不符合上述要求时，在分支侧可装设变压器低压侧故障启动的高频闭锁发信装置。当分支侧变压器低压侧有电源且须在分支侧快速切除故障时，宜在分支侧也装设纵联保护。 b．母线差动保护和断路器位置触点，不应停发高频闭锁信号，以免线路对侧跳闸，使分支线与系统解列	4.6.5.3
	对并列运行的平行线上的平行分支，如有两台变压器，宜将变压器分接于每一分支上，且高、低压侧都不允许并列运行	4.6.5.4
双断路器接线	对各类双断路器接线方式的线路，其保护应按线路为单元装设，重合闸装置及失灵保护等应按断路器为单元装设	4.6.6
电缆或电缆架空混合线路	电缆线路或电缆架空混合线路，应装设过负荷保护。保护宜动作于信号，必要时可动作于跳闸	4.6.7
电气化铁路供电线路	采用三相电源对电铁负荷供电的线路，可装设与一般线路相同的保护。采用两相电源对电铁负荷供电的线路，可装设两段式距离、两段式电流保护。同时还应考虑下述特点，并采取必要的措施	4.6.8
	电气化铁路供电产生的不对称分量和冲击负荷可能会使线路保护装置频繁起动，必要时，可增设保护装置快速复归的回路	4.6.8.1
	电气化铁路供电在电网中造成的谐波分量可能导致线路保护装置误动，必要时，可增设谐波分量闭锁回路	4.6.8.2
330kV～500kV 线路保护		
主保护	330kV～500kV 线路，应按下列原则实现主保护双重化： a．设置两套完整、独立的全线速动主保护； b．两套全线速动保护的交流电流、电压回路，直流电源互相独立（对双母线接线，两套保护可合用交流电压回路）； c．每一套全线速动保护对全线路内发生的各种类型故障，均能快速动作切除故障； d．对要求实现单相重合闸的线路，两套全线速动保护应有选相功能，线路正常运行中发生接地电阻为 330kV 线路：150Ω；500kV 线路：300Ω 的单相接地故障时，保护应有尽可能强的选相能力，并能正确动作跳闸； e．每套全线速动保护应分别动作于断路器的一组跳闸线圈； f．每套全线速动保护应分别使用互相独立的远方信号传输设备； g．具有全线速动保护的线路，其主保护的整组动作时间应为：对近端故障：≤20ms 对远端故障：≤30ms（不包括通道传输时间）	4.7.2
后备保护	330kV～500kV 线路，应按下列原则设置后备保护： a．采用近后备方式； b．后备保护应能反应线路的各种类型故障； c．接地后备保护应保证在接地电阻不大于 330kV 线路：150Ω；500kV	4.7.3

第二十章 继 电 保 护

续表

名　　称	线路保护配置与整定计算（GB/T 14285—2006）	出处
后备保护	线路：300Ω 时，有尽可能强的选相能力，并能正确动作跳闸； d. 为快速切除中长线路出口故障，在保护配置中宜有专门反映近端故障的辅助保护功能	4.7.3
	当 330kV～500kV 线路双重化的每套主保护装置都具有完善的后备保护时，可不再另设后备保护。只要其中一套主保护装置不具有后备保护时，则必须再设一套完整、独立的后备保护	4.7.4
同杆并架线路发生跨线故障	330kV～500kV 同杆并架线路发生跨线故障时，根据电网的具体情况，当发生跨线异名相瞬时故障允许双回线同时跳闸时，可装设与一般双侧电源线路相同的保护；对电网稳定影响较大的同杆并架线路，宜配置分相电流差动或其他具有跨线故障选相功能的全线速动保护，以减少同杆双回线路同时跳闸的可能性	4.7.5
过电压保护	根据一次系统过电压要求装设过电压保护，保护的整定值和跳闸方式由一次系统确定。过电压保护应测量保护安装处的电压，并作用于跳闸。当本侧断路器已断开而线路仍然过电压时，应通过发送远方跳闸信号跳线路对侧断路器	4.7.6
装有串联补偿电容的线路和相邻线路	装有串联补偿电容的 330kV～500kV 线路和相邻线路，应考虑下述特点对保护的影响，采取必要的措施防止不正确动作	4.7.7
	由于串联电容的影响可能引起故障电流、电压的反相	4.7.7.1
	故障时串联电容保护间隙的击穿情况	4.7.7.2
	电压互感器装设位置（在电容器的母线侧或线路侧）对保护装置工作的影响	4.7.7.3

名　　称	依据内容（DL/T 559—2018）	出处
相间故障保护最末一段（如距离Ⅲ段）	动作灵敏度：应躲过最大负荷电流	5.4.3
接地故障保护最末一段（如零序Ⅳ段）	应以下述短路点接地电阻值的接地故障为整定条件： 220kV 线路，100Ω；330kV 线路，150Ω； 500kV 线路，300Ω；750kV 线路，400Ω	5.4.4
	动作定值：应不大于 300A	
后备保护的配合关系	优先考虑完全配合。 在主保护双重化配置功能完整的前提下，后备保护允许不完全配合。 如后备Ⅲ段允许和相邻元件后备灵敏段的时间配合，灵敏度不配合	5.5.4
保护装置中任何元件在其保护范围末端发生金属性故障时，最小短路电流	必须满足该元件最小启动电流的 1.5 倍～2 倍	6.2a）

2）220kV～750kV 线路接地、距离保护整定。

名　　称	依据内容（DL/T 559—2018）	出处
零序电流保护	零序电流保护一般为定时限两段式或仅采用反时限零序电流保护	7.2.2.1
	零序电流应经零序功率方向元件控制； 反时限零序电流保护可不经零序功率方向元件控制； 灵敏度：被控制保护段末端故障时，零序电压不应小于方向元件最低动作电压的 1.5 倍； 零序功率不小于方向元件实际动作功率的 2 倍	7.2.2.2

续表

名称	依据内容（DL/T 559—2018）	出处
零序电流保护	分支系数 K_f：通过各种运行方式和线路对侧断路器跳闸前、后等各种情况进行比较，取最大值； 选用故障点在被配合段保护范围末端的 K_f	7.2.2.4
	计算区内故障最小零序电流时：选择对保护最不利的运行方式和故障类型计算，取其最小值	7.2.2.7
	计算非全相运行最大零序电流时：应选择与被保护线路相并联的联络线为最少，系统联系最薄弱的运行方式； 对实现三相重合闸（包括综合重合闸）的线路应按合上一相、合上两相两种方式比较； 对实现单相重合闸的线路可按两相运行方式进行计算； 环网中有并联回路的 220kV 线路，非全相运行的最大零序电流可按躲过非全相运行期间最大负荷电流引起的不平衡电流考虑	7.2.2.3
	全线灵敏段零序电流定值，按灵敏性和选择性要求配合整定。具体要求如下： a）全线灵敏段零序电流定值应满足 7.2.2.6 规定的灵敏度要求，并与相邻线路零序电流灵敏段配合。 b）当与相邻线路零序电流灵敏段配合有困难时可与相邻线路纵联保护配合，时间不小于 1.0s，若与相邻线路纵联保护无法配合，则与相邻线路接地距离灵敏段时间配合。 c）应躲过非全相运行时的最大零序电流，若定值上无法躲过，则动作时间躲过非全相运行周期	7.2.2.5
	零序电流末段按与相邻线路零序电流末段配合整定。对采用重合闸时间大于 1.0s 的单相重合闸线路，除考虑正常情况下的选择配合外，还需要考虑非全相运行中健全相故障时的选择性配合，此时，零序电流末段的动作时间宜大于单相重合闸周期加上两个时间级差以上。当本线路进行单相重合闸时，可自动将零序电流末段动作时间降为本线路单相重合闸周期加一个级差，以取得在单相重合闸过程中相邻线路的零序电流保护与本线路零序电流末段之间的选择性配合，以尽快切除非全相运行中再故障	7.2.2.9
	零序电流灵敏度保护在常见运行方式下，应对本线路末段金属性接地故障时的灵敏系数满足以下要求： 50km 以下线路≥1.5；50km～200km 线路≥1.4；200km 以上线路≥1.3	7.2.2.6
	零序电流末段定值和反时限零序电流启动值： 一般应不大于 300A； 对不满足精确工作电流要求的情况，可适当抬高定值	7.2.2.8
	若零序电流保护最末一段的动作时间小于变压器相间短路保护的动作时间，则零序电流保护最末一段电流定值应躲过变压器其他各侧母线三相短路时电流互感器误差产生的二次不平衡电流，定值可简化为：≥0.1～0.15 三相短路电流	7.2.2.11
	采用单相重合闸方式，且后备保护延时段启动单相重合闸，则零序电流保护与单相重合闸按如下原则进行配合整定： a）不能躲过非全相运行最大零序电流的零序电流灵敏段可依靠较长的动作时间躲过非全相运行周期，非全相运行中不退出工作或直接三相跳闸不启动重合闸。 b）零序电流末段或反时限零序电流段均直接三相跳闸不启动重合闸	7.2.2.13
	三相重合闸后加速和单相重合闸的分相后加速，应加速对线路末端故障有足够灵敏度的保护段；若躲不开后一侧断路器合闸时三相不同步产生的零序电流，则两侧的后加速保护在整个重合闸周期中均带 0.1s 延时	7.2.2.14

续表

名　称	依据内容（DL/T 559—2018）	出处
零序电流保护	对于配置完善的接地距离保护，零序电流保护用作接地距离保护的补充，仅用作切除高电阻接地故障；起始动作时间长于接地距离Ⅲ段	7.2.2.16
接地距离保护	接地距离保护为三段式	7.2.3.1
	接地距离Ⅰ段定值：按可靠躲过本线路对侧母线接地故障整定；一般为本线路阻抗的 0.7～0.8 倍	7.2.3.2
	接地距离Ⅱ段定值：优先按本线路末端发生金属性故障有足够灵敏度整定，并与相邻线路接地距离Ⅰ段或纵联保护配合；若配合有困难时，可与相邻线路接地距离Ⅱ段配合	7.2.3.3
	接地距离Ⅱ段与相邻线路接地距离Ⅰ段配合时，准确计算公式： a）按单相接地故障或两相短路接地故障 $$Z_{DZ\,II}=K_K Z_1+K_K K_{Z1} Z'_{DZ\,I}+K_K \frac{(1+3K')K_{Z0}-(1+3K)K_{Z1}}{I_{ph}+K3I_0}I_0 Z'_{DZ\,I} \quad (1)$$ b）按单相接地故障 $$Z_{DZ\,II}=K_K Z_1+K_K K_{Z0} Z'_{DZ\,I}+K_K \frac{2(K_{Z1}-K_{Z0})I_1+3(K'-K)K_{Z0}I_0}{I_{ph}+K3I_0} Z'_{DZ\,I} \quad (2)$$ c）按两相短路接地故障 $$Z_{DZ\,II}=K_K Z_1+K_K K_{Z0} Z'_{DZ\,I}+K_K \frac{(K_{Z1}-K_{Z0})(I_{ph}-I_0)+3(K'-K)K_{Z0}I_0}{I_{ph}+K3I_0} Z'_{DZ\,I} \quad (3)$$ 可简化为：$Z_{DZ\,II}=K_K Z_1+K_K K_Z Z'_{DZ\,I}$（4） K_Z：K_{Z1} 和 K_{Z0} 两者中的较小值； K_{Z1}、K_{Z0}：正序和零序助增系数； K、K'：本线路和相邻线路零序补偿系数； Z_1：本线路正序阻抗； $Z'_{DZ\,I}$：相邻线路接地距离Ⅰ段阻抗定值； I_1、I_0：流过本线路的正序和零序电流； I_{ph}：流过本线路的故障相电流	7.2.3.4
	接地距离Ⅱ段保护范围： 一般不应超过相邻变压器的其他侧母线。 阻抗定值：按躲过变压器小电流接地系统侧母线三相短路整定 $$Z_{DZ\,II}\leqslant K_K Z_1+K_K K_{Z1} Z_{T1} \quad (5)$$ Z_1：线路正序阻抗； Z_{T1}：变压器正序阻抗； K_{Z1}：正序助增系数。 按躲过变压器其他侧（中性点直接接地）母线接地故障整定： 按单相接地故障 $Z_{DZ\,II}\leqslant K_K \dfrac{U_1+U_2+U_0}{I_1+I_2+I_0+K3I_0}=K_K \dfrac{E_1+2U_2+U_0}{2I_1+(1+3K)I_0}$ （6） 按两相短路接地故障 $Z_{DZ\,II}\leqslant K_K \dfrac{a^2 U_1+a U_2+U_0}{a^2 I_1+a I_2+(1+3K)I_0}$ （7） U_1、U_2、U_0、I_1、I_2、I_0：变压器其他侧母线故障时，在接地距离保护安装处所测得的各相序电压和各相序电流	7.2.3.5
	接地距离Ⅲ段、相间距离Ⅲ段定值：按可靠躲过本线路的最大事故过负荷电流对应的最小阻抗整定，并与相邻线路相间距离Ⅱ段配合；若配合困难时可与相邻线路接地距离Ⅲ段配合整定	7.2.3.6
	接地距离保护中应对本线路末端故障有足够灵敏度的延时段保护，其灵敏系数及线路保护后加速段灵敏度如下： | 50km 以下线路	≥1.45	150km～200km 线路	≥1.3 | | 50km～100km 线路 | ≥1.4 | 200km 以上线路 | ≥1.25 | | 100km～150km 线路 | ≥1.35 | | |	7.2.3.7
	零序电流补偿系数：$K=(Z_0-Z_1)/3Z_1$	7.2.3.8

续表

名称	依据内容（DL/T 559—2018）		出处
	短时间开放式振荡闭锁回路元件整定：		
	解锁开放时间	应保证距离Ⅱ段可靠动作前提下尽量缩短，可为 0.12s～0.15s	7.2.5.1
	相电流元件定值	按可靠躲过正常负荷电流整	
	振荡闭锁整组复归时间	应大于相邻线路重合闸周期加上重合闸于永久性故障保护再次动作上的最长时间，并留有一定裕度	
	长时间开放式振荡闭锁回路元件整定：		
	解锁开放时间	应根据不同的开放原理，保证不误开放	7.2.5.2
	阻抗元件定值	按可靠涵盖需要在振荡过程中闭锁的所有距离保护段整定	
	延时时间定值	应能正确区分各种不同情况下振荡和故障，最短振荡周期 200ms	
相间距离保护	保护动作区末端金属性相间短路的最小电流短路电流：应大于距离保护相应段最小精确工作电流的两倍		7.2.4.2
	相间距离Ⅰ段定值：按可靠躲过本线路末端相间故障整定，本线路阻抗的 0.8～0.85		7.2.4.3
	相间距离Ⅱ段定值： 按本线路末端金属性相间短路故障有足够灵敏度整定，并与相邻线路相间距离Ⅰ段或纵联保护配合，当配合有困难时，可与相邻线路相间距离保护Ⅱ段配合		7.2.4.4
	相间距离Ⅲ段定值： 按躲过本线路最大事故过负荷电流对应的最小阻抗整定，并与相邻线路相间距离Ⅱ段配合；当相邻线路相间距离Ⅰ、Ⅱ段采用短时开放原理时，本线路Ⅲ段可能失去选择性。 动作时间：应大于系统振荡周期		7.2.4.6 7.2.4.7
	相间距离保护中应有对本线路末端故障有足够灵敏度的延时段保护，其灵敏系数及线路保护后加速段灵敏度如下：		7.2.4.5
	50km 以下线路 ≥1.45	150km～200km 线路 ≥1.3	
	50km～100km 线路 ≥1.4	200km 以上线路 ≥1.25	
	100km～150km 线路 ≥1.35		
分相电流差动保护	零序电流启动元件	应躲过最大负荷电流下的不平衡电流整定；灵敏度＞2.5	7.2.6
	突变量启动元件	按被保护线路运行时最大不平衡电流整定；灵敏度＞1.5	
	零序电流差动保护差流（元件）	按对切除高电阻接地故障灵敏度≥1.5 整定	
	分相电流差动保护 差流低定值	无零序电流差动保护：切除高电阻接地故障灵敏度≥1.3	
		有零序电流差动保护：切除高电阻接地故障灵敏度≥1	
	差流高定值	可靠躲过线路稳态电容电流，可靠系数≥4	

续表

名　称	依据内容（DL/T 559—2018）		出处
方向高频保护	高定值起动元件	被保护线路末端金属性故障，灵敏度＞2	7.2.7
	低定值起动元件	按躲过最大负荷电流下不平衡电流整定，并被保护线路末端故障时，灵敏系数＞4	
	方向判别元件	在被保护线路末端发生金属性故障时，灵敏系数＞3； 若采用方向阻抗元件作为方向判别元件，灵敏系数＞2	
	故障测量元件	按被保护线路末端故障时，灵敏系数＞2； 若采用阻抗元件作为故障测量元件，灵敏系数＞1.5	
	高频闭锁方向零序电流或高频闭锁距离保护	启动发信元件：按本线路末端故障时有足够灵敏度整定，与本侧停信元件配合； 停信元件：被保护线路末端金属故障时灵敏度＞1.5～2	
	独立的速断跳闸元件	按躲过线路末端故障整定	
	反方向元件起动发闭锁信号的方向高频闭锁保护	反方向动作元件在反方向故障时应可靠动作，闭锁正向跳闸元件，并与线路对侧的正方向动作元件灵敏度配合	

3）线路零序电流保护整定计算（DL/T 559—2018 表 1）。

名称	符号	公式	取值范围	动作时间	说明
零序电流灵敏段	$I_{0\text{II}}$	本线路末端接地故障有灵敏度 $I_{DZ\text{III}} \leq \dfrac{3I_{0\min}}{K_{lm}}$	$K_{lm} \geq 1.3$	—	$I_{0\min}$：本线路末端接地故障的最小零序电流
		与相邻线路零序电流灵敏段配合 $I_{DZ\text{III}} \geq K_K K_F I'_{DZ\text{III}}$	$K_K \geq 1.1$	$t_{\text{III}} \geq t'_{\text{III}} + \Delta t$	$I'_{DZ\text{III}}$：相邻线路非全相运行不退出工作的零序电流灵敏段定值； t'_{III}：相邻线路零序电流灵敏段段动作时间
		与相邻线路纵联保护配合，躲过相邻线路末端故障 $I_{DZ\text{III}} \geq K_K K_F 3I_{0\max}$	$K_K \geq 1.2$	$I_{DZ\text{III}}$ 为躲本线非全相运行的最大零序电流时 $t_{\text{III}} \geq 1.0\text{s}$；否则 $t_{\text{III}} \geq 1.5\text{s}$； 重合闸时间为 0.5s 的快速单相重合闸线路 $t_{\text{III}} = 1.0\text{s}$	$I_{0\max}$：相邻线路末端故障流过本线路最大零序电流；K_F：分支系数
		躲本线非全相运行的最大零序电流 $I_{DZ\text{III}} \geq K_K 3I_{0F}$	$K_K \geq 1.2$		I_{0F}：本线路非全相运行的最大零序电流
零序电流末段	$I_{0\text{III}}$	本线路经高电阻接地故障有灵敏度	$I_{DZ\text{IV}} \leq 300\text{A}$	—	—
		与相邻线路零序电流灵敏段配合 $I_{DZ\text{IV}} \geq K_K K_F I'_{DZ\text{III}}$	$K_K \geq 1.1$	$t_{\text{IV}} \geq t'_{\text{III}} + \Delta t$ 并 $t_{\text{IV}} \geq T + \Delta t$	$I'_{DZ\text{III}}$：相邻线路零序电流灵敏段定值
		与相邻线路零序电流末段配合 — 相邻线实现单相重合闸 $I_{DZ\text{IV}} \geq K_K K_F I'_{DZ\text{IV}}$	$K_K \geq 1.1$	$t_{\text{IV}} \geq t'_{\text{IV}-b} + \Delta t$ 并 $t_{\text{IV}} \geq T + \Delta t$	$I'_{DZ\text{IV}}$：相邻线路零序电流末段动作定值； T：单相重合闸周期； $t'_{\text{IV}-b}$：相邻线路零序电流末段重合闸启动后的动作时间； t'_{IV}：相邻线路零序电流末段动作时间
		与相邻线路零序电流末段配合 — 相邻线不实现单相重合闸 $I_{DZ\text{IV}} \geq K_K K_F I'_{DZ\text{IV}}$	$K_K \geq 1.1$	$t_{\text{IV}} \geq t'_{\text{IV}} + \Delta t$ 并 $t_{\text{IV}} \geq T + \Delta t$	

4）接地距离保护整定计算（DL/T 559—2018 表2）。

名　称	阻抗定值公式	动作时间	说　明
接地距离 Ⅰ段	躲过本线路末端故障 $Z_{DZI}=K_K Z_1$	$t_I=0s$	Z_1：本线路正序阻抗；$K_K \leq 0.7$
	单回线送变压器终端方式，送电侧保护伸入受端变压器 $Z_{DZI}=K_K Z_1+K_{KT}Z_T$	$t_I \geq 0s$	$K_K \leq 0.85$；$K_{KT} \leq 0.7$；Z_T：受端变压器并联正序阻抗
接地距离 Ⅱ段	按本线路末端接地故障有足够灵敏度整定 $Z_{DZII}=K_{LM}Z_1$		$K_{LM} \geq 1.25$
	与相邻线路接地距离Ⅰ段配合 $Z_{DZII}=K_K Z_1+K_K K_Z Z'_{DZI}$	$t_{II}=0.5s$	Z'_{DZI}：相邻线路接地距离Ⅰ段动作阻抗；K_Z：助增系数，正序助增系数与零序助增系数两者中的较小值；$K_K \leq 0.8$
	与相邻线路纵联保护配合整定，躲相邻线路末端接地故障 $Z_{DZII}=K_K Z_1+K_K K_Z Z'_{Z1}$	$t_{II}=0.6 \sim 1.0s$	Z'_1：相邻线路零序电流Ⅰ（Ⅱ）段保护范围末端对应的正序阻抗；K_Z：助增系数，正序助增系数与零序助增系数两者中的较小值；$K_K \leq 0.8$
	与相邻线路接地距离Ⅱ段配合 $Z_{DZII}=K_K Z_1+K_K K_Z Z'_{DZII}$	$t_{II} \geq t'_{II}+\Delta t$	Z'_{DZII}：相邻线路接地距离Ⅱ段动作阻抗；t'_{II}：相邻线路接地距离Ⅱ段或零序电流Ⅱ段动作时间；$K_K \leq 0.8$
	躲变压器另一侧母线三相短路 $Z_{DZII}=K_K Z_1+K_K K_{Z1} Z_T$	$t'_{II}=0.6 \sim 1.0s$	Z'_T：相邻变压器正序阻抗；K_Z：助增系数，正序助增系数与零序助增系数两者中的较小值；K_{Z1}：正序助增系数；$K_K \leq 0.8$
	躲变压器其他侧（大电流接地系统）母线接地故障		U_1、U_2、U_0 和 I_1、I_2、I_0：变压器其他侧母线接地故障时在继电器安装处测得的各相序相压和相序电流；E：发电机等值电势，可取额定值；$K_K \leq 0.8$
	单相接地故障 $Z_{DZII}=K_K \dfrac{E+2U_2+U_0}{2I_1+(1+3K)I_0}$	$t_{II}=0.6 \sim 1.0s$	
	两相短路接地故障 $Z_{DZII}=K_K \dfrac{a^2 U_1+aU_2+U_0}{a^2 I_1+aI_2+(1+3K)I_0}$		
接地距离 Ⅲ段	按本线路末端接地故障有足够灵敏度整定 $Z_{DZIII}=K_{LM}Z_1$	—	$K_{LM} \geq 1.25$
	与相邻线路接地距离Ⅱ段配合 $Z_{DZIII}=K_K Z_1+K_K K_Z Z'_{DZII}$	$t_{III} \geq t'_{II}+\Delta t$	Z'_{DII}：相邻线路接地距离Ⅱ段动作阻抗；K_Z：助增系数，正序助增系数与零序助增系数两者中的较小值；$K_K \leq 0.8$
	与相邻线路接地距离Ⅲ段配合 $Z_{DZIII}=K_K Z_1+K_K K_Z Z'_{DZIII}$	$t_{III} \geq t'_{III}+\Delta t$	Z'_{DZIII}：相邻线路接地距离Ⅲ段动作阻抗；K_Z：助增系数，正序助增系数与零序助增系数两者中的较小值；$K_K \leq 0.8$

续表

名　称	阻抗定值公式	动作时间	说　明
接地距离Ⅲ段	躲最小负荷阻抗 $Z_{DZⅢ}=K_K Z_{FH}$	$t_Ⅲ ≥ 1.5s$	$Z_{DZⅢ}$：阻抗元件的负荷电阻线；Z_{FH}：事故过负荷阻抗；$K_K ≤ 0.7$

注　方向阻抗继电器整定的最大灵敏角，一般等于被保护元件的正序阻抗角。

5）相间距离保护整定计算（DL/T 559—2018 表 3）。

名　称	阻抗定值公式	动作时间	说　明
相间距离Ⅰ段	躲过本线路末端相间故障 $Z_{DZⅠ}=K_K Z_1$	$t_Ⅰ=0s$	Z_1：本线路正序阻抗；$K_K ≤ 0.85$
相间距离Ⅰ段	单回线送变压器终端方式，送电侧保护伸入受端变压器 $Z_{DZⅠ}=K_K Z_1+K_{KT} Z'_T$	$t_Ⅰ ≥ 0s$	$K_K ≤ 0.85$；$K_{KT} ≤ 0.7$；Z'_T：受端变压器并联正序阻抗
相间距离Ⅱ段	与相邻线路相间距离Ⅰ段配合 $Z_{DZⅡ}=K_K Z_1+K'_K K_Z Z'_{DZⅠ}$	$t_Ⅱ ≥ \Delta t$	$Z'_{DZⅠ}$：相邻线路相间距离Ⅰ段动作阻抗；K_Z：助增系数；$K_K ≤ 0.85$；$K'_K ≤ 0.8$
相间距离Ⅱ段	按本线路末端故障有足够灵敏度整定 $Z_{DZⅡ}=K_{LM} Z_1$	—	$K_{LM} ≥ 1.25$
相间距离Ⅱ段	与相邻线路纵联保护配合整定，躲相邻线路末端接地故障：$Z_{DZⅡ}=K_K Z_1+K_K K_Z Z'_1$	$t_Ⅱ ≥ \Delta t$	Z'_1：相邻线路正序阻抗；$K_K ≤ 0.8$
相间距离Ⅱ段	躲变压器其他侧母线 $Z_{DZⅡ}=K_K Z_1+K_{KT} Z'_T$	$t'_Ⅱ ≥ \Delta t$	Z'_T：相邻变压器正序阻抗；$K_K ≤ 0.85$；$K_{KT} ≤ 0.7$
相间距离Ⅱ段	与相邻线路距离Ⅱ段配合 $Z_{DZⅡ}=K_K Z_1+K'_K K_Z Z'_{DⅡ}$	$t_Ⅱ ≥ t'_Ⅱ+\Delta t$	$Z'_{DⅡ}$：相邻线路距离Ⅱ段动作阻抗；$t'_Ⅱ$：相邻线路距离Ⅱ段动作时间；$K_K ≤ 0.85$；$K'_K ≤ 0.8$
相间距离Ⅲ段	按本线路末端故障有足够灵敏度整定：$Z_{DZⅡ}=K_{LM} Z_1$	—	$K_{LM} ≥ 1.25$
相间距离Ⅲ段	与相邻线路相间距离Ⅱ段配合 $Z_{DZⅢ}=K_K Z_1+K'_K K_Z Z'_{DZⅡ}$	保护范围不伸出相邻变压器其他侧母线：$t_Ⅲ ≥ t'_Ⅱ+\Delta t$；伸出：$t_Ⅲ ≥ t'_T+\Delta t$	$Z'_{DZⅡ}$：相邻线路距离Ⅱ段动作阻抗；K_Z：助增系数；$K'_K ≤ 0.8$；$K_K ≤ 0.85$；t'_T：相邻变压器相间短路后备保护动作时间
相间距离Ⅲ段	与相邻变压器相间短路后备保护配合 $Z_{DZⅢ}=K_K\left(K_K K_Z \dfrac{U_{\phi-\phi\min}}{2I'_{DZ}}-Z_C\right)$	$t_Ⅲ ≥ t'_T+\Delta t$	$U_{\phi-\phi\min}$：电网运行最低电压；I'_{DZ}：相邻变压器相间短路后备保护定值；Z_C：背侧系统等价阻抗；$K_K ≤ 0.85$
相间距离Ⅲ段	与相邻线路相间距离Ⅲ段配合 $Z_{DZⅢ}=K_K Z_1+K'_K K_Z Z'_{DZⅢ}$	$t_Ⅲ ≥ t'_Ⅲ+\Delta t$	$Z'_{DZⅢ}$：相邻线路距离Ⅲ段动作阻抗；K_Z：助增系数；$K'_K ≤ 0.8$；$K_K ≤ 0.85$
相间距离Ⅲ段	躲最小负荷阻抗 $Z_{DZⅢ}=K_K Z_{FH}$	$t_Ⅲ ≥ 1.5s$	$Z_{DZⅢ}$：阻抗元件的负荷电阻线；Z_{FH}：事故过负荷阻抗；$K_K ≤ 0.7$

5. 母线保护配置及整定计算

（1）母线保护配置。

名　称	依　据　内　容	出处
220kV～500kV 母线	对 220kV～500kV 母线，应装设快速有选择地切除故障的母线保护： a. 对一个半断路器接线，每组母线应装设两套母线保护。 b. 对双母线、双母线分段等接线，为防止母线保护因检修退出失去保护，母线发生故障会危及系统稳定和使事故扩大时，宜装设两套母线保护	GB/T 14285—2006 4.8.1
35kV～110kV 母线	对发电厂和变电所的 35kV～110kV 电压的母线，在下列情况下应装设专用的母线保护： a. 110kV 双母线。 b. 110kV 单母线、重要发电厂或 110kV 以上重要变电所的 35kV～66kV 母线，需要快速切除母线上的故障时。 c. 35kV～66kV 电力网中，主要变电所的 35kV～66kV 双母线或分段单母线需快速而有选择地切除一段或一组母线上的故障，以保证系统安全稳定运行和可靠供电	GB/T 14285—2006 4.8.2
3kV～10kV 母线及并列运行双母线	对发电厂和主要变电所的 3kV～10kV 分段母线及并列运行的双母线，一般可由发电机和变压器的后备保护实现对母线的保护。在下列情况下，应装设专用母线保护： a. 需快速而有选择地切除一段或一组母线上的故障，以保证发电厂及电力网安全运行和重要负荷的可靠供电时。 b. 当线路断路器不允许切除线路电抗器前的短路时	GB/T 14285—2006 4.8.3
3kV～10kV 分段母线	对 3kV～10kV 分段母线宜采用不完全电流差动保护，保护装置仅接入有电源支路的电流。保护装置由两段组成，第一段采用无时限或带时限的电流速断保护，当灵敏系数不符合要求时，可采用电压闭锁电流速断保护；第二段采用过电流保护，当灵敏系数不符合要求时，可将一部分负荷较大的配电线路接入差动回路，以降低保护的起动电流	GB/T 14285—2006 4.8.4
专用母线保护	a. 保护应能正确反应母线保护区内的各种类型故障，并动作于跳闸。 b. 对各种类型区外故障，母线保护不应由于短路电流中的非周期分量引起电流互感器的暂态饱和而误动作。 c. 对构成环路的各类母线（如一个半断路器接线、双母线分段接线等），保护不应因母线故障时流出母线的短路电流影响而拒动。 d. 母线保护应能适应被保护母线的各种运行方式： （a）应能在双母线分组或分段运行时，有选择性地切除故障母线。 （b）应能自动适应双母线连接元件运行位置的切换。切换过程中保护不应误动作，不应造成电流互感器的开路；切换过程中，母线发生故障，保护应能正确动作切除故障；切换过程中，区外发生故障，保护不应误动作。 （c）母线充电合闸于有故障的母线时，母线保护应能正确动作切除故障母线。 e. 双母线接线的母线保护，应设有电压闭锁元件： （a）对数字式母线保护装置，可在起动出口继电器的逻辑中设置电压闭锁回路，而不在跳闸出口接点回路上串接电压闭锁触点。 （b）对非数字式母线保护装置电压闭锁接点应分别与跳闸出口触点串接。母联或分段断路器的跳闸回路可不经电压闭锁触点控制。 f. 双母线的母线保护，应保证： （a）母联与分段断路器的跳闸出口时间不应大于线路及变压器断路器的跳闸出口时间。 （b）能可靠切除母联或分段断路器与电流互感器之间的故障。 g. 母线保护仅实现三相跳闸出口，且应允许接于本母线的断路器失灵保护共用其跳闸出口回路。 h. 母线保护动作后，除一个半断路器接线外，对不带分支且有纵联保护的线路，应采取措施，使对侧断路器能速动跳闸。	GB/T 14285—2006 4.8.5

续表

名　称	依　据　内　容	出处
专用母线保护	i. 母线保护应允许使用不同变比的电流互感器。 j. 当交流电流回路不正常或断线时应闭锁母线差动保护，并发出告警信号，对一个半断路器接线可以只发告警信号不闭锁母线差动保护。 k. 闭锁元件起动、直流消失、装置异常、保护动作跳闸应发出信号。此外，应具有起动遥信及事件记录触点	GB/T 14285—2006 4.8.5
旁路断路器	在旁路断路器和兼作旁路的母联断路器或分段断路器上，应装设可代替线路保护的保护装置。在旁路断路器代替线路断路器期间，如必须保持线路纵联保护运行，可将该线路的一套纵联保护切换到旁路断路器上，或者采取其他措施，使旁路断路器仍有纵联保护在运行	GB/T 14285—2006 4.8.6
母联或分段断路器	宜配置相电流或零序电流保护，保护应具备可瞬时和延时跳闸的回路，作为母线充电保护，并兼作新线路投运时（母联或分段断路器与线路断路器串接）的辅助保护	GB/T 14285—2006 4.8.7
双断路器接线方式	当双断路器所连接的线路或元件退出运行而双断路器之间仍连接运行时，应装设短引线保护以保护双断路器之间的连接线故障。按照近后备方式，短引线保护应为互相独立的双重化配置	GB/T 14285—2006 4.8.8

（2）3kV～110kV 母线保护整定计算。

名　称	依　据　内　容（DL/T 584—2017）	出处
比率制动特点的母线差电流保护	差电流启动元件、母线选择元件定值：应保证母线短路故障在母联断路器跳闸前后有足够的灵敏度，并躲过任一元件电流二次回路断线时由负荷电流引起的最大差电流 $$I_{OP}=K_K I_{Lmax}$$ K_K：可靠系数，取 1.1～1.3； I_{Lmax}：母线上任一元件在常见运行方式下最大负荷电流	7.2.8.1
	灵敏度：按母线最不利的接线方式，最严重的故障类型，以最小动作电流为基准校验灵敏系数，灵敏系数不小于 2.0	
	具有比率制动特性的母线保护制动系数 K_Z：应躲过外部故障时最大不平衡差电流，同时还应保证各种接线方式的母线在母联断路器断开和合上的各种条件下均能可靠动作。 K_K 为差电流与制动电流之比值，区外故障最不利情况下，约 0.33；可在 0.3～0.7 范围选取	7.2.8.2
	母线保护的电流互感器断线闭锁元件，其电流定值应躲过正常最大不平衡电流，可整定为电流互感器额定电流 0.05 倍～0.1 倍，动作时间大于母线连接元件保护的最大动作时间	7.2.8.3
	母线保护的电流互感器异常告警元件，其电流定值应躲过正常运行实测最大不平衡电流，可为电流互感器额定电流 0.02 倍～0.1 倍	7.2.8.4
	复合电压闭锁元件：低电压闭锁元件定值：按躲过正常最低运行电压整定，0.6 倍～0.7 倍母线额定运行电压。 负序或零序电压闭锁元件定值：按躲过正常运行的最大不平衡电压整定，负序相电压 U_2 为 4V～12V，三倍零序电压 $3U_0$ 整定为 4V～12V。 电压闭锁元件灵敏系数：应比相应的电流启动元件高	7.2.8.5
	母联失灵（死区故障）电流元件：按有无电流的原则整定，不应低于 $0.1I_n$，灵敏系数≥1.5。 时间元件：应大于母联断路器跳闸灭弧时间加失灵保护返回时间及裕度时间，0.2s～0.25s	7.2.8.6

（3）母线保护整定计算。

名　称	依据内容（DL/T 559—2018）		出处
母线差动电流保护	母线差动电流保护的差电流起动元件定值，应可靠躲过区外故障最大不平衡电流和任一元件电流回路断线时由于负荷电流引起的最大差电流		7.2.9.1
	差电流元件整定值	躲过区外故障最大不平衡电流 $I_{DZ} \geq K_K(F_i + F_i') I_{DLmax}$ 式（9）	K_K：对本身性能可以躲过非周期分量的差电流元件不应小于1.5； F_i：电流互感器最大误差系数，取0.1； F_i'：中间变流器最大误差系数，取0.05； I_{DLmax}：流过电流互感器的最大短路电流	7.2.9.1
		躲过任一元件电流回路断线时由于负荷电流引起的最大差电流 $I_{DZ} \geq K_K I_{FHmax}$ 式（10）	$K_K = 1.5 \sim 1.8$； I_{FHmax}：母线上诸元件在正常运行情况下的最大支路负荷电流	7.2.9.1
	差电流启动元件定值，按连接母线的最小故障类型校验灵敏度，应保证母线短路故障在母联断路器跳闸前后有足够灵敏度，灵敏系数不小于1.5		
零序差回路电流回路断线闭锁继电器	接于零序差回路的电流回路断线闭锁继电器的电流定值，一般应能在最小负荷电流元件的电流回路断线时可靠动作起闭锁作用，还须躲开正常运行中的最大不平衡电流。一般可整定为电流互感器额定电流的10%，动作时间大于最长的其他保护时限		7.2.9.2
低电压或负序、零序电压闭锁元件整定	按躲过最低运行电压整定，在故障切除后能可靠返回，并保证对母线故障有足够的灵敏度，一般可整定为母线最低运行电压的60%～70%		7.2.9.3
	负序、零序电压闭锁元件按躲过正常运行最大不平衡电压整定	负序电压（U_2相电压）可整定为2V～6V	
		零序电压（$3U_0$）可整定为4V～8V	
比例制动母差保护	比例制动母线差动保护的起动元件，应可靠躲过最大负荷时的不平衡电流并尽量躲最大负荷电流，按被保护母线最小短路故障有足够灵敏度校验，灵敏系数不小于2.0		7.2.9.4
母线差动保护验算	应验证母线差动保护的最大二次回路电阻是否满足电流互感器10%误差曲线的要求，实际的二次回路电阻应小于电流互感器允许的最大二次回路电阻。采用高、中阻抗型母线差动保护时，必须校验电流互感器的拐点电压是否满足要求		7.2.9.5
灵敏度整定	母联或分段开关充电保护，按最小运行方式下被充电母线故障有灵敏度整定		7.2.9.6
最大负荷电流整定	母联或分段开关解列保护，按可靠躲过最大运行方式下的最大负荷电流整定		7.2.9.7

6. 远方跳闸保护配置整定计算

类型	依据内容	出处
装设原则	一般情况下220kV～500kV线路，下列故障应传送跳闸命令，使相关线路对侧断路器跳闸切除故障： a. 一个半断路器接线的断路器失灵保护动作。 b. 高压侧无断路器的线路并联电抗器保护动作。 c. 线路过电压保护动作。 d. 线路变压器组的变压器保护动作。 e. 线路串联补偿电容器的保护动作且电容器旁路断路器拒动或电容器平台故障	GB/T 14285—2006 4.10.1

续表

类型	依据内容	出处
传送通道	传送跳闸命令的通道，可结合工程具体情况选取： a. 光缆通道。 b. 微波通道。 c. 电力线载波通道。 d. 控制电缆通道。 e. 其他混合通道。一般宜复用线路保护的通道来传送跳闸命令，有条件时，优先选用光缆通道	GB/T 14285 —2006 4.10.3
故障判别元件	为提高远方跳闸的安全性，防止误动作，对采用非数字通道的，执行端应设置故障判别元件。对采用数字通道的，执行端可不设故障判别元件	GB/T 14285 —2006 4.10.4
故障判别元件起动量	可以作为就地故障判别元件起动量的有：低电流、过电流、负序电流、零序电流、低功率、负序电压、低电压、过电压等。就地故障判别元件应保证对其所保护的相邻线路或电力设备故障有足够灵敏度	GB/T 14285 —2006 4.10.5
其他要求	对采用近后备方式的，远方跳闸方式应双重化	GB/T 14285 —2006 4.10.2
其他要求	远方跳闸保护的出口跳闸回路应独立于线路保护跳闸回路	GB/T 14285 —2006 4.10.6
其他要求	远方跳闸应闭锁重合闸	GB/T 14285 —2006 4.10.7
远跳就地判据	启动元件应保证最小运行方式下保护范围内故障有足够灵敏度	DL/T 559 —2007 7.2.13

7. 断路器失灵保护配置与整定计算

（1）断路器失灵保护配置。

类　型		依据内容（GB/T 14285—2006）	出处
装设原则		在 220kV～500kV 电力网中，以及 110kV 电力网的个别重要部分，应按下列原则装设一套断路器失灵保护： a）线路或电力设备的后备保护采用近后备方式。 b）如断路器与电流互感器之间发生故障不能由该回路主保护切除形成保护死区，而其他线路或变压器后备保护切除又扩大停电范围，并引起严重后果时（必要时，可为该保护死区增设保护，以快速切除该故障）。 c）对 220kV～500kV 分相操作的断路器，可仅考虑断路器单相拒动的情况	4.9.1
断路器失灵保护的起动要求	起动条件	为提高动作可靠性，必须同时具备下列条件，断路器失灵保护方可起动： a）故障线路或电力设备能瞬时复归的出口继电器动作后不返回（故障切除后，起动失灵的保护出口返回时间应不大于 30ms）。 b）断路器未断开的判别元件动作后不返回。若主设备保护出口继电器返回时间不符合要求时，判别元件应双重化	4.9.2.1
断路器失灵保护的起动要求	判别元件	失灵保护的判别元件一般应为相电流元件；发电机—变压器组或变压器断路器失灵保护的判别元件应采用零序电流元件或负序电流元件。判别元件的动作时间和返回时间均不应大于 20ms	4.9.2.2

续表

类 型	依据内容（GB/T 14285—2006）	出处
动作时间整定原则	一个半断路器接线的失灵保护应瞬时再次动作于本断路器的两组跳闸线圈跳闸，再经一时限动作于断开其他相邻断路器	4.9.3.1
	单、双母线的失灵保护，视系统保护配置的具体情况，可以较短时限动作于断开与拒动断路器相关的母联及分段断路器，再经一时限动作于断开与拒动断路器连接在同一母线上的所有有源支路的断路器；也可仅经一时限动作于断开与拒动断路器连接在同一母线上的所有有源支路的断路器；变压器断路器的失灵保护还应动作于断开变压器接有电源一侧的断路器	4.9.3.2
闭锁元件装设原则	一个半断路器接线的失灵保护不装设闭锁元件	4.9.4.1
	有专用跳闸出口回路的单母线及双母线断路器失灵保护应装设闭锁元件	4.9.4.2
	与母差保护共用跳闸出口回路的失灵保护不装设独立的闭锁元件，应共用母差保护的闭锁元件，闭锁元件的灵敏度应按失灵保护的要求整定；对数字式保护，闭锁元件的灵敏度宜按母线及线路的不同要求分别整定	4.9.4.3
	设有闭锁元件的，闭锁原则同 4.8.5.e 条： （a）对数字式母线保护装置，可在起动出口继电器的逻辑中设置电压闭锁回路，而不在跳闸出口接点回路上串接电压闭锁触点。 （b）对非数字式母线保护装置电压闭锁接点应分别与跳闸出口触点串接。母联或分段断路器的跳闸回路可不经电压闭锁触点控制	4.9.4.4
	发电机、变压器及高压电抗器断路器的失灵保护，为防止闭锁元件灵敏度不足应采取相应措施或不设闭锁回路	4.9.4.5
动作跳闸要求	对具有双跳闸线圈的相邻断路器，应同时动作于两组跳闸回路	4.9.6.1
	对远方跳对侧断路器的，宜利用两个传输通道传送跳闸命令	4.9.6.2
	应闭锁重合闸	4.9.6.3
切换	双母线的失灵保护应能自动适应连接元件运行位置的切换	4.9.5

（2）断路器失灵保护整定。

名 称	依据内容（DL/T 584—2017）	出处
相电流判别元件	应保证在本线路末端金属性短路或本变压器故障时有足够灵敏度，灵敏系数不低于 1.3，并尽可能躲过正常运行的负荷电流	7.2.9.1
负序和零序电流判别元件	按躲线路、主变压器支路最大不平衡电流整定，并保证故障时有足够灵敏度	
电压闭锁元件整定值	低电压、零序电压、负序电压闭锁元件，应保证与本母线相连的任一线路末端、任一变压器低压侧故障时有足够灵敏度。 负序电压、零序电压应可靠躲过正常运行时的最大不平衡电压，低电压元件应在母线最低运行电压时不动作，而在切除故障后能可靠返回	7.2.9.2
失灵保护动作时限	应在保证断路器失灵保护动作选择性的前提下尽量缩短，大于断路器动作时间和保护返回时间之和，并考虑一定的时间裕度	7.2.9.3
	双母线接线方式下，以较短时限（0.25s~0.35s）动作于断开母联或分段断路器，以较长时限（0.5s~0.6s）动作于断开与拒动断路器连接在同一母线上的所有断路器	
	如确认母线对侧线路保护无零序电流Ⅰ段，则以较短时限（0.25s~0.35s）同时动作于断开母联或分段断路器和故障母线上所有断路器	

名 称	依据内容（DL/T 559—2018）	出处
相电流判别元件	相电流判别元件的整定值，应保证在本线路末端金属性短路或本变压器低压侧故障时有足够灵敏度，灵敏系数大于 1.3 并尽可能躲过正常运行负荷电流	7.2.10.1

续表

名 称	依据内容（DL/T 559—2018）	出处
负序和零序电流判别元件	负序电流和零序电流判别元件的定值，应按躲过最大不平衡负序电流且保护范围末端故障有足够灵敏度整定；零序电流判别元件的定值，按躲过最大不平衡零序电流且保护范围末端故障有足够灵敏度整定，对不满足精确工作电流要求的情况，可适当抬高定值	7.2.10.2
电压闭锁元件的整定值	负序电压、零序电压和低电压闭锁元件的整定值，应综合保证与本母线相连的任一线路末端和任一变压器低压侧发生短路故障时有足够灵敏度。其中负序电压、零序电压元件应可靠躲过正常情况下的不平衡电压，低电压元件应在母线最低运行电压下不动作，而在切除故障后能可靠返回	7.2.10.3
失灵保护经相电流判别的动作时间	断路器失灵保护经相电流判别的动作时间（从启动失灵保护算起）应在保证断路器失灵保护动作选择性的前提下尽量缩短，应大于断路器动作时间和保护返回时间之和，再考虑一定的时间裕度	7.2.10.4
	双母线接线方式下，可经短时限（0.2s～0.3s）动作于断开母联或分段断路器，以长时限（0.4s～0.5s）动作于断开与拒动断路器连接在同一母线上的所有断路器	
	一个半断路器接线方式下，可直接经一时限（0.2s～0.5s）跳本断路器三相及与拒动断路器相关联的所有断路器，包括经回路断开对侧的断路器。也可经较短时限（0.13s～0.15s）动作于跳本断路器三相，经较长时限（0.2s～0.3s）跳开与拒动断路器相关联的所有断路器，包括经远方跳闸通道断开对侧的线路断路器	
失灵保护经负序或零序电流判别的动作时间	断路器失灵保护经负序或零序电流判别的动作时间（从启动失灵保护算起）应在保证断路器失灵保护动作选择性的前提下尽量缩短。如环形接线中有需要和重合闸时间配合，应大于重合闸动作时间和合于故障开关跳开时间之和，再考虑一定的时间裕度	7.2.10.5

（3）（变压器）断路器失灵保护整定。

名 称	依据内容（DL/T 684—2012）	出处
失灵启动	变压器电量保护动作应启动 220kV 侧及以上断路器失灵保护，非电气量保护跳闸不启动断路器失灵保护	5.9.1
失灵判据	断路器失灵保护判别元件宜与变压器保护独立，宜采用变压器保护动作触电结合电流判据启动； 电流判据包括：过电流判据，零序电流判据或负序电流判据	—
过电流判据	应考虑最小运行方式下的各侧三相短路故障灵敏度，并尽量躲过变压器正常运行时最大负荷电流 $$I=I_{k \cdot min}/K_{sen}$$ $I_{k \cdot min}$：最小运行方式下三相短路电流； K_{sen}：灵敏度，取 1.5～2； 或 $$I=K_{rel}I_e$$ I_e：变压器额定二次电流； K_{rel}：可靠系数，取 1.1～1.2	式（142） 式（143）
零序或负序电流判据	应躲过变压器正常运行时可能产生的最大不平衡电流 $$I_0=K_{rel,0}I_e$$ $K_{rel,0}$：可靠系数，取 0.15～0.25； 或 $$I_2=K_{rel,2}I_e$$ $K_{rel,2}$：可靠系数，取 0.15～0.25； I_e：变压器二次额定电流	式（144） 式（145）
时间整定	失灵启动延时与失灵保护延时的总和应可靠躲过断路器跳开时间，取 0.15s～0.3s	—

8. 3kV～110kV 母线连接元件的电流保护

名　称	依据内容（DL/T 584—2017）	出处
母线连接元件的电流保护	a）母线连接元件（站用变、电容器、电抗器、出线）应配置两段零序电流保护、两段相电流保护作为该元件的主保护和后备保护。 b）零序电流Ⅰ段定值：电流定值应可靠躲过线路的电容电流，对本线路单相接地故障有灵敏度，且与相邻元件零序电流Ⅰ段定值配合。 动作时间：按配合整定。 c）零序电流Ⅱ段定值：电流定值应保证本线路经电阻单相接地故障有规定的灵敏度，且可靠躲过线路的电容电流，并与相邻元件零序电流Ⅱ段定值配合。 动作时间：与本线路相间过流保护相同。 d）线路反时限零序电流保护：按与接地变零序电流保护配合整定。 出线相电流保护：按 7.2.11 整定	7.2.13.10

9. 220kV～750kV 三相不一致保护及短引线保护

名　称	依据内容（DL/T 559—2018）	出处
断路器三相不一致保护	动作值：应可靠躲过断路器额定负载时的最大不平衡电流。 动作时间：应可靠躲过单相重合闸时间；再考虑一定的时间裕度	7.2.11
短引线保护	整定值：应可靠躲过正常运行时的不平衡电流，可靠系数不小于2； 金属性短路灵敏系数：不小于1.5	7.2.12

三、厂用电继电保护配置

1. 厂用电系统的单相接地保护配置

名　称		依据内容（DL/T 5153—2014）	出处
厂用电抗器和高压厂变压器电源侧单相接地保护		（1）当厂用电源从母线上引接，且该母线为非直接接地系统时，若母线上的出线都装有单相接地保护，则厂用电源回路也应装设单相接地保护，保护装置的构成方法同该母线上出线的单相接地保护装置。 （2）当厂用电源从发电机出口引接时，单相接地保护应由发电机变压器组的保护来确定	8.2.1
高压厂用电系统单相接地保护	不接地或高电阻接地系统	（1）对于厂用母线和厂用电源回路：由电源变压器的中性点接地设备或专用接地变压器上产生的零序电压来实现；当电阻直接接于电源变压器的中性点时，也可利用零序电流 I_c 来实现；也可从厂用母线电流互感器二次侧开口三角形绕组取得的零序电压来实现；保护动作于信号。 （2）对于厂用电动机回路：应装设接地故障检测装置，检测装置由反映零序电流或零序方向的元件构成，并宜具有记忆瞬间性接地的性能，零序电流宜安装在该回路上的零序电流互感器取得；保护动作于信号。 （3）对于其他馈线回路：应装设接地故障检测装置，检测装置由反映零序电流 I_c 或零序方向的元件构成，并宜具有记忆瞬间性接地的性能，零序电流宜从安装在该回路上的零序电流互感器取得；保护动作于接地信号	8.2.2
	低电阻接地系统	（1）对于厂用母线和厂用电源回路：宜由接于电源变压器中性点的电阻取得零序电流来实现；保护第一时限切除本回路，第二时限切除本变压器各侧断路器。 （2）对于厂用电动机及其他馈线回路：宜由安装在该回路上的零序电流互感器取得零序电流来实现；保护动作后切除本回路断路器	
低压厂用电系统单相接地保护	高电阻接地系统	（1）利用中性点接地设备产生的零序电压来实现；保护动作后发接地信号。 （2）馈线回路：应装设接地故障检测装置，宜由反映零序电流 I_c 的元件构成，动作于接地信号	8.2.3

续表

名　称	依据内容（DL/T 5153—2014）		出处
低压厂用电系统单相接地保护	直接接地系统	（1）利用电源变压器中性点电流互感器产生的零序电流来实现，或利用变压器低压侧母线电源进线回路的断路器自带的零序电流滤过装置，检出零序电流。 　　为躲开馈线单相接地短路故障，保护动作后宜带时限切除本回路断路器。 （2）低压厂用母线上的馈线回路：应装设单相接地短路保护，当单相接地短路保护灵敏度不够时，应设单独的单相接地短路保护装置，宜由反映零序电流的元件构成，动作于短延时或瞬时切除本回路断路器	8.2.3
电缆单相接地保护零序电流互感器		（1）零序电流互感器套在电缆上时，应使电缆头至零序电流互感器之间的一段金属外护层不与大地相接触。 （2）电缆金属外护层的接地线应穿过零序电流互感器后接地，使金属外护层中的电流不通过零序电流互感器。 （3）回路中有 2 根及以上电缆并联，且每根电缆分别装有零序电流互感器时，应将各零序电流互感器的二次绕组串联或并联后接至保护装置	8.2.4

2．厂用工作电抗器保护配置

名　称	依据内容（DL/T 5153—2014）	出处
纵联差动保护	（1）用于保护范围内的相间短路故障。 （2）瞬时动作于两侧断路器跳闸	8.3.1-1
过电流保护	（1）用于保护电抗器回路及相邻元件的相间短路故障。 （2）电抗器供电给 2 个分支时，分支上也应装设过流保护，带时限动作于本分支断路器跳闸。 （3）带时限动作于两侧断路器跳闸	8.3.1-2
单相接地保护	同 8.2.1 厂用电抗器和高压厂用变压器电源侧单相接地保护	8.3.1-3

3．厂用备用电抗器保护配置

名　称	依据内容（DL/T 5153—2014）	出处
纵联差动保护	同 8.3.1-1	8.3.2-1
过电流保护	（1）用于保护电抗器回路及相邻元件的相间短路故障。 （2）带时限动作于电源侧及各分支断路器跳闸	8.3.2-2
备用分支过电流保护	（1）用于保护分支回路及相邻元件相间短路故障。 （2）带时限动作于本分支断路器跳闸。 （3）当自动投入至永久性故障，本保护应加速跳闸	8.3.2-3
单相接地保护	同 8.2.1 厂用电抗器和高压厂用变压器电源侧单相接地保护	8.3.2-4

4．高压厂用工作变压器保护配置

名　称	依据内容（DL/T 5153—2014）	出处
配置要求	（1）单机 100MW 及以上机组，高压厂用变压器装设数字式保护时，保护应双重化配置（非电量保护除外）。 （2）当断路器具有两组跳闸线圈时，两套保护宜分别动作于断路器的一组跳闸线圈	8.4.1
纵联差动保护	（1）6.3MVA 及以上变压器应装设，2MVA 及以上采用电流速断保护灵敏性不符合要求的变压器应装设，用于保护绕组内及引出线上的相间短路故障。 （2）瞬时动作于变压器各侧断路器跳闸。 （3）当变压器高压侧无断路器时，应动作于发电机变压器组总出口继电器，使各侧断路器及灭磁开关跳闸	8.4.2-1

续表

名 称	依据内容（DL/T 5153—2014）	出处
电流速断保护	（1）6.3MVA 及以下变压器，在电源侧应装设。 （2）瞬时动作于变压器各侧断路器跳闸	8.4.2-2
瓦斯保护	（1）高厂工作变压器及具有单独油箱、带负荷调压的油浸式变压器的调压装置应装设本保护，用于保护变压器内部故障及油面降低。 （2）轻瓦斯瞬时动作于信号，重瓦斯应动作于断开变压器各侧断路器	8.4.2-3
过电流保护	（1）用于保护变压器及相邻元件的相间短路故障，安装于变压器的电源侧。 （2）当 1 台变压器供电给 2 个母线段时，保护带时限动作于各侧断路器跳闸；还应在各分支上分别装设过电流保护，保护带时限动作于本分支断路器。 （3）当 1 台变压器供电给 1 个母线段时，装于电源侧的保护应以第一时限动作于母线断路器跳闸，第二时限动作于各侧断路器跳闸。 （4）分裂变压器，当分支过电流灵敏度不够时（<1.5），可采用复合电压启动过流或复合电流保护	8.4.2-4
单相接地保护	同 8.2.1 厂用电抗器和高压厂用变压器电源侧和 8.2.2 高压厂用电系统单相接地保护	8.4.2-5
低压侧分支差动保护	（1）当变压器供电给 2 个分段，且各分段电缆两端均装设断路器时，各分支应分别安装差动保护。 （2）瞬时动作于本分支两侧断路器	8.4.2-6

5. 高压厂用备用或启动/备用变压器保护配置

名 称	依据内容（DL/T 5153—2014）	出处
配置要求	（1）单机 200MW 及以上，或电压 220kV 及以上的高压厂用备用或高压启动/备用变压器，装设数字式保护时，保护应双重化配置（非电量保护除外）。 （2）当断路器具有两组跳闸线圈时，两套保护宜分别动作于断路器的一组跳闸线圈	8.4.3
纵联差动保护	（1）10MVA 及以上变压器应装设，10MVA 以下重要变压器可装设；2MVA 及以上采用电流速断保护灵敏性不符合要求的变压器应装设。 （2）瞬时动作于变压器各侧断路器跳闸	8.4.4-1
电流速断保护	（1）10MVA 及以下变压器，在电源侧宜装设。 （2）瞬时动作于变压器各侧断路器跳闸	8.4.4-2
瓦斯保护	同 8.4.2-3 高压厂用工作变压器瓦斯保护	8.4.4-3
过电流保护	同 8.4.2-4 高压厂用工作变压器过电流保护	8.4.4-4
单相接地保护	同 8.2.1 厂用电抗器和高压厂用变压器电源侧和 8.2.2 高压厂用电系统单相接地保护	8.4.4-5
零序电流保护	（1）保护单相接地短路引起的过电流。 （2）当变压器高压侧接于 110kV 及以上中性点直接接地的电力系统中，且变压器中性点为直接接地运行时，应装设本保护	8.4.4-6
备用分支的过电流保护	同 8.3.2-3 厂用备用电抗器备用分支的过电流保护	8.4.4-7
过励磁保护	当变压器高压侧接于 330kV 及以上电力系统时，应装设本保护	8.4.4-8

6. 低压变压器保护配置

（1）采用断路器作为保护。

名 称	依据内容（DL/T 5153—2014）	出处
纵联差动保护	（1）2MVA 及以上、电流速断保护灵敏性不符合要求的变压器：应装设本保护。 （2）瞬时动作于各侧断路器跳闸	8.5.1-1

第二十章 继电保护

续表

名　称	依据内容（DL/T 5153—2014）	出处
电流速断保护	（1）用于保护变压器绕组内及引出线上的相间短路故障。 （2）瞬时动作于各侧断路器跳闸	8.5.1-2
瓦斯保护	（1）800kVA 及以上的油浸变压器应装设本保护。 （2）轻瓦斯瞬时动作于信号，重瓦斯应动作于各侧断路器跳闸	8.5.1-3
过电流保护	（1）保护变压器及相邻元件的相间短路故障。 （2）带时限动作于各侧断路器跳闸。 （3）带 2 个及以上分支时，各分支应装设过电流保护，带时限动作于本分支断路器跳闸。 （4）对于备用变压器，若自动投至永久故障，本保护应加速跳闸	8.5.1-4
单相接地短路保护	（1）低压侧中性点直接接地的变压器，低压侧单相接地故障应装设下列保护之一： a）变压器低压侧中性线上零序过电流保护，可由反时限电流特性组成； b）利用高压侧过电流保护，兼作低压侧的单相接地短路保护。 （2）保护带时限动作于变压器各侧断路器跳闸。 （3）当变压器低压侧有分支时，利用分支上的三相电流互感器构成零序滤过器回路，保护由反时限电流特性组成，动作于本分支断路器跳闸	8.5.1-5
单相接地保护	同 8.2.3 低压厂用电系统单相接地保护，8.2.4 保证单相接地保护正确性	8.5.1-6
温度保护	（1）400kVA 及以上的车间内干式变压器，应装设本保护；400kVA 以下及 400kVA 及以上非车间内干式变压器，宜装设本保护。 （2）宜选用非电子类膨胀式温控器启动风扇、报警、跳闸，应能在不停电条件下检查。 （3）需远方读数的可选用电子式温度显示器	8.5.1-8
其他	变压器高压侧动作于各侧断路器跳闸有困难时，可只动作于高压侧断路器。 低压侧另设低电压保护，带时限动作于低压侧断路器调整	8.5.1-7

（2）采用熔断器串真空接触器作为保护。

名　称	依据内容（DL/T 5153—2014）	出处
电流速断保护	（1）用于保护变压器绕组内及引出线上的相间短路故障。 （2）由熔断特性曲线实现	8.5.2-1
瓦斯保护	（1）800kVA 及以上的油浸变压器应装设本保护。 （2）轻瓦斯瞬时动作于信号，重瓦斯应动作于各侧断路器跳闸	8.5.2-2
过电流保护	（1）保护变压器及相邻元件的相间短路故障。 （2）真空接触器分断能力内的故障电流由真空接触器分断。 超过真空接触器分断能力时，应闭锁真空接触器，由熔断器按其反时限熔断特性分断	8.5.2-3
单相接地短路保护	（1）同 8.5.1-5 低压厂用变压器（断路器作为保护）单相接地短路保护。 （2）保护带时限动作于变压器高压侧真空接触器及低压侧断路器跳闸	8.5.2-4
单相接地保护	同 8.2.3 低压厂用电系统单相接地保护，8.2.4 保证单相接地保护正确性	8.5.2-5
温度保护	同 8.5.1-8 低压厂用变压器（断路器作为保护）温度保护	8.5.2-7
断相保护	（1）用于保护熔断器单相熔件熔断后，变压器回路缺相运行进而引发其他故障。 （2）保护动作于真空接触器跳闸	8.5.2-8
其他	变压器高压侧动作于低压侧断路器跳闸有困难时，可只动作于高压侧真空接触器跳闸。 低压侧另设低电压保护，带时限动作于低压侧断路器跳闸	8.5.2-6

7. 高压厂用电动机保护配置

（1）采用断路器作为保护。

名　称	依据内容（DL/T 5153—2014）	出处
纵联差动保护	（1）保护绕组内及引出线上的相间短路故障。 （2）2MW 及以上电动机应装设本保护；2MW 以下中性点具有分相引线的电动机，当电流速断保护灵敏度不够时，也应装设本保护。 （3）瞬时动作于断路器跳闸	8.6.1-1
电流速断保护	（1）未装设差动保护或差动保护仅保护电动机绕组而不包括电缆时，应装设本保护。 （2）瞬时动作于断路器跳闸	8.6.1-2
过电流保护	（1）作为差动保护的后备保护。 （2）定时限或反时限作于断路器跳闸	8.6.1-3
单相接地保护	同 8.2.2 "高压厂用电系统"单相接地保护	8.6.1-4
过负荷保护	（1）生产过程易发生过负荷的电动机，应装设本保护，带时限动作于信号、跳闸或自动减负荷。 （2）起动或自起动困难，需防止起动或自起动时间过长的电动机，应装设本保护，动作于跳闸	8.6.1-5
低电压保护	（1）对于Ⅰ类电动机，当装有自动投入的备用机械时，或为保证人身或设备安全，在电源电压长时间消失后须自动切除时，均应装设 0～9s 的低压保护，动作于断路器跳闸。 （2）为保证接于同段母线的Ⅰ类电动机自起动，对不要求自起动的Ⅱ、Ⅲ类电动机和不能自启动的电动机宜装设 0.5s 的低压保护，动作于断路器跳闸 表 8.6.1　低电压保护整定值 	电动机分类	低压整定值（$U_n\%$）	
---	---	---
	高压电动机	低压电动机
Ⅰ类电动机	45～50	40～45
Ⅱ、Ⅲ类电动机	65～70	60～70		8.6.1-6
相电流不平衡及断相保护	（1）2MW 及以上电动机应装设本保护（避免电动机缺相运行）。 （2）动作于信号或跳闸	8.6.1-7
备注	（1）当 1 台设备由 2 台以上电动机共同拖动时，应满足每台电动机的灵敏性要求，必要时保护可按每台电动机分别设置。 （2）对于双速电动机的电流速断保护和过负荷保护，应按不同转速的装置分别装设	8.6.3

（2）采用熔断器串真空接触器作为保护。

名　称	依据内容（DL/T 5153—2014）	出处
应装设保护	电流速断保护、过电流保护、过负荷保护、断相保护、单相接地保护、低电压保护（动作于真空接触器跳闸）	8.6.2
分断能力	真空接触器分断能力内的故障电流由真空接触器分断。 超过真空接触器分断能力时，应闭锁真空接触器，由熔断器按其反时限熔断特性分断	

8. 低压厂用电动机保护配置

名　称	依据内容（DL/T 5153—2014）	出处
相间短路保护	（1）用于保护电动机绕组内部及引出线上的相间短路故障。 （2）对于熔断器与磁力起动器（或接触器）组成的回路，由熔断器作为相间短路保护。 （3）对于断路器或断路器与操作设备组成的保护回路，可由断路器的脱扣	8.7.1-1

续表

名 称	依据内容（DL/T 5153—2014）	出处
相间短路保护	器作为相间保护。 为使保护范围伸入电机内部，电动机出线端短路时，灵敏系数不小于1.5；否则应另装保护，瞬时动作于断路器跳闸	8.7.1-1
单相接地短路保护	（1）低压厂用电系统中性点直接接地时，100kW及以上电动机宜装设本保护。 （2）100kW以下电动机，若相间短路保护能满足单相接地保护的灵敏系数（1.5）时，可由相间短路保护兼作本保护，当不能满足时，应另装本保护。 （3）保护装置瞬时动作于断路器跳闸	8.7.1-2
单相接地保护	同8.2.3低压厂用电系统单相接地保护，8.2.4保证单相接地保护正确性	8.7.1-3
过负荷保护	（1）易过负荷的电动机应装设本保护。 （2）操作电气为磁力起动器或接触器的供电回路，过负荷保护由热继电器或微机型继电器构成。 （3）断路器组成的回路，当装设单独的继电保护时，可由电流继电器型脱扣器作为过负荷保护；当采用电动机型断路器时，也可采用本身的过载长延时脱扣器作为过负荷保护。 （4）保护动作于信号或跳闸	8.7.1-4
断相保护	（1）电动机由熔断器作为短路保护时，应装设本保护；（避免电动机非全相运行）。 （2）用熔断器或接触器组成的电动机供电回路应装设带断相保护的热继电器或采用带触点的熔断器作为断相保护	8.7.1-5
低电压保护	同8.6.1-6高压厂用电动机：低电压保护	8.7.1-6

9．厂用系统线路保护配置

名 称		依据内容（DL/T 5153—2014）	出处
3kV～10kV厂用线路	相间短路保护	（1）宜装设电流速断保护和过电流保护。 （2）保护动作于跳闸	8.8.1-1
	单相接地保护	同8.2.2"高压厂用电系统"单相接地保护	
6kV～35kV厂用升压/隔离变线路组	相间短路保护	（1）用于保护变压器内部故障及线路的相间短路应装设电流速断保护。 2MVA及以上的变压器，若电流速断保护灵敏度不够，宜装设差动保护，瞬时动作于跳闸。 （2）宜作为电流速断或差动保护的后备，带时限动作于跳闸	8.8.2-1
	瓦斯保护	（1）800kVA及以上油浸变压器应装设本保护。 （2）轻瓦斯瞬时动作于信号，重瓦斯瞬时动作于跳闸	8.8.2-2
	单相接地保护	（1）同8.2.2"高压厂用电系统的单相接地保护"。 （2）变压器的线路侧的单相接地保护，可在线路侧单独设置YYD电压互感器及相应保护；也可利用线路受电侧的单相接地保护装置作为线路的单相接地保护。 （3）保护动作于信号	8.8.2-3
6kV～35kV厂用线路或分支线路的降压变压器	相间短路保护	宜采用高压跌落式熔断器作降压变压器的相间短路保护	8.8.3
低厂线路	相间短路保护	（1）由熔断器作为相间短路保护时，同6.4.5，6.5.5，6.5.6。 （2）由断路器组成的回路可用断路器本身的短路短延时脱扣器作为相间短路保护	8.8.4-1

续表

名 称	依据内容（DL/T 5153—2014）	出处
低厂线路	（1）低压厂用系统中性点直接接地时应装设本保护。 （2）由熔断器作为单相接地短路保护时，同 6.4.5，6.5.5，6.5.6。 （3）由断路器本身的短路短延时脱扣器作为单相接地短路保护，当灵敏性不能满足时，应由1个接于零序电流互感器的电流继电器及时间继电器组成，延时动作于跳闸	8.8.4-2
	单相接地保护：同 8.2.3 低压厂用电系统单相接地保护，8.2.4 保证单相接地保护正确性	8.8.4-3

10. 柴油发电机保护配置

名 称	依据内容（DL/T 5153—2014）	出处
电流速断保护	（1）用于 1MW 及以下发电机绕组内部及引出线的相间短路故障，作为主保护。 （2）动作于发电机出口断路器跳闸并灭磁	8.9.2-1
纵联差动保护	（1）1MW 以上或 1MW 及以下电流速断保护灵敏性不够时，应装设纵联差动作为主保护。 （2）动作于发电机出口断路器跳闸并灭磁	8.9.2-2
过电流保护	（1）作为电流速断或纵联差动保护的后备保护；宜具有反时限特性。 （2）带时限动作于发电机出口断路器跳闸并灭磁。 （3）保护装置宜装设在发电机中性点的分相引出线上；无分相引出线时可装设在发电机出口。对于单独运行的发电机，宜加装低电压保护；对于与厂用电系统并列运行的发电机，宜加装低电压闭锁过电流保护。 （4）供电给 2 个分支时，每个分支应分别装设过电流保护，带时限动作于分支断路器跳闸	8.9.2-3
单相接地保护	（1）发电机中性点直接接地时，可将相间短路保护改为取三相电流的形式，动作于跳闸。 （2）发电机中性点不接地时或高电阻接地，应装设接地故障检测装置	8.9.2-4

四、厂用电继电保护整定

1. 高压厂用变压器保护整定

名 称	依据内容（DL/T 1502—2016）	出处
差动保护原理	差动电流 $I_d = |\dot{I}_I + \dot{I}_{II} + \dot{I}_{III}|$ 制动电流 $I_{res} = (|\dot{I}_I| + |\dot{I}_{II}| + |\dot{I}_{III}|)/2$ $\dot{I}_I$、$\dot{I}_{II}$、$\dot{I}_{III}$：折算到基准侧的各侧流入差动回路的电流	式（1）

（分裂）变压器参数计算

序号	项目	高压侧	中压侧 A	低压侧 B	
1	一次额定电压	U_{NH}	U_{NLA}	U_{NLB}	表1
2	一次额定电流	$S_N/(\sqrt{3}U_{NH})$	$S_N/(\sqrt{3}U_{NLA})$	$S_N/(\sqrt{3}U_{NLB})$	
3	各侧绕组接线	D	Y	Y	
4	电流互感器一次值	I_{H1n}	I_{LA1n}	I_{LB1n}	

续表

名称	依据内容（DL/T 1502—2016）	出处
差动保护原理	续表 | 序号	项目	高压侧	中压侧 A	低压侧 B
---	---	---	---	---
5	电流互感器一次值	I_{H2n}	I_{LA2n}	I_{LB2n}
6	二次额定电流	$I_{eH}=\dfrac{S_N}{\sqrt{3}U_{NH}}/\dfrac{I_{H1n}}{I_{H2n}}$	$I_{eLA}=\dfrac{S_N}{\sqrt{3}U_{NLA}}/\dfrac{I_{LA1n}}{I_{LA2n}}$	$I_{eLB}=\dfrac{S_N}{\sqrt{3}U_{NLB}}/\dfrac{I_{LB1n}}{I_{LB2n}}$
7	平衡系数	$K_H=1$	$K_{LA}=K_H I_{eH}/I_{eLA}$	$K_{LB}=K_H I_{eH}/I_{eLB}$ | a）通过软件实现电流相位和幅值补偿的微机型保护，各侧电流互感器二次均可按 Y 形接线。 b）以上仅以高压侧为基准侧为例，平衡系数满足：$K_H I_{eH}=K_{LA} I_{eLA}=K_{LB} I_{eLB}$	表 1
比率制动式纵差保护	第一种整定算法 （图 2：动作特性曲线，坐标 I_{OP}-I_{res}，含动作区、制动区、$I_{OP\cdot min}$、$I_{OP\cdot max}$、$I_{res,0}$、$I_{res,max}$，折线 ABCD） 图 2	动作区 $I_{OP} \geq I_{OP\cdot min}$（$I_{res} \leq I_{res\cdot 0}$ 时） $I_{OP} \geq I_{OP\cdot min}+S(I_{res}-I_{res\cdot 0})$（$I_{res} > I_{res\cdot 0}$ 时） 斜率 $$S=\dfrac{K_{res}-I_{OP\cdot min}/I_{res}}{1-I_{res\cdot 0}/I_{res}}$$ 制动系数 $K_{res}=S(1-I_{res\cdot 0}/I_{res})+I_{OP\cdot min}/I_{res}$	图 2 式（2） 式（3） 式（4）
	最小动作电流	最小动作电流 $I_{OP\cdot min}$：应大于变压器正常运行时的不平衡电流 $$I_{OP\cdot min}=K_{rel}(K_{er}+\Delta U+\Delta m)I_e$$ I_e：变压器基准侧二次额定电流； K_{rel}：取 1.3~1.5； K_{er}：电流互感器比差，10P 型取 0.03×2，5P 型和 TP 型取 0.01×2； Δm：电流互感器变比未完全匹配误差，初设时取 0.05； ΔU：变压器调压引起的误差，取调压范围中最大额定偏移值（%）	式（5）
		工程实用整定计算中可取 $I_{OP\cdot min}=(0.4\sim 0.6)I_e$	
	起始制动电流	起始制动电流 $I_{res\cdot 0}$ 的整定 $I_{res\cdot 0}=(0.4\sim 1.0)I_e$	4.1.5.1
	动作特性折线斜率 S 整定	差动保护的动作电流应大于外部短路时流过差动回路的不平衡电流 差动回路最大不平衡电流：双绕组变压器差动回路最大不平衡电流 $$I_{unb\cdot max}=(K_{ap}K_{cc}K_{er}+\Delta U+\Delta m)I_{K\cdot max}/n_a$$ K_{ap}：非周期分量系数，两侧同为 TP 级取 1.0，两侧同为 P 级取 1.5~2.0； K_{cc}：电流互感器同型系数取 1.0； $K_{er}=0.1$，电流互感器比差； $I_{K\cdot max}$：低压侧外部短路时，最大穿越短路电流周期分量	式（6）

续表

名称		依据内容（DL/T 1502—2016）		出处
比率制动式纵差保护	动作特性折线斜率 S 整定	差动回路最大不平衡电流	分裂绕组变压器 差动回路最大不平衡电流 $I_{unb \cdot max}=(K_{ap}K_{cc}K_{er}+\Delta U+\Delta m)I_{K \cdot max}/n_a$; $I_{k \cdot max}=\max(I_{kLAmax}, I_{kLBmax})$ I_{kLAmax}, I_{kLBmax}：低压侧 A，B 分支外部短路时，流过高压侧、低压 A，B 分支绕组的最大穿越短路电流周期分量	式（7）
		差动动作电流	$I_{OP \cdot max}=K_{rel}I_{unb \cdot max}$	式（8）
		最大制动系数	$K_{res \cdot max}=I_{OP \cdot max}/I_{res \cdot max}$ 最大制动电流 $I_{res \cdot max}=I_{K \cdot max}$（双绕组变） $I_{res \cdot max}=\max(I_{kLAmax}, I_{kLBmax})$ （分裂绕组变）	式（9） 式（10）
		折线斜率	差动保护动作特性曲线中折线斜率 S，当 $I_{res \cdot max}=I_{K \cdot max}$ 时 $S=\dfrac{I_{OP \cdot max}-I_{OP \cdot min}}{I_{K \cdot max}/n_a-I_{res \cdot 0}}$	式（11）
	灵敏系数		按最小运行方式下差动保护区内变压器引出线上两相金属性短路计算。根据最小短路电流 $I_{K \cdot min}$ 和相应制动电流 I_{res}，对应的动作电流 I'_{OP}，则灵敏系数为 $K_{sen}=I_{K \cdot min}/I'_{OP} \geq 1.5$	式（13）
	第二种整定算法			图3
	1）制动系数		$K_{res}=K_{rel}(K_{ap}K_{cc}K_{er}+\Delta U+\Delta m)=S$ $K_{er}=0.1$，电流互感器比差	式（12）
	2）起始制动电流		画一条通过原点斜率为 K_{res} 的直线 OD，在横坐标上取 $OB=(0.4\sim1)I_e$，即为 $I_{res \cdot 0}$	
	3）最小动作电流		在直线 OD 上对应 $I_{res \cdot 0}$ 的 C 点纵坐标 OA 为最小动作电流 $I_{OP \cdot min}$	
	4）动作特性曲线		折线 ACD 即为差动保护的动作特性曲线	
变斜率完全纵差保护			动作区 $(I_{res} \leq nI_e$ 时$)$ $I_{OP} \geq I_{OP \cdot min}+\left(S_1+S_\Delta \dfrac{I_{res}}{I_e}\right)I_{res}$ $(I_{res} \leq nI_e$ 时$)$ $I_{OP} \geq I_{OP \cdot min}+(S_1+nS_\Delta)nI_e+S_2(I_{res}-nI_e)$ S_Δ：比率制动系数增量，$S_\Delta=(S_2-S_1)2n$	图5 式（14）
	最小动作电流 $I_{OP \cdot min}$		按躲过变压器正常运行时的差动不平衡电流整定 $I_{OP \cdot min}=K_{rel}(K_{er}+\Delta U+\Delta m)I_e$ 工程取 $I_{OP \cdot min}=(0.4\sim0.6)I_e$	式（5）

续表

名称		依据内容（DL/T 1502—2016）	出处
变斜率完全纵差保护	起始斜率 S_1	$S_1=K_{rel}K_{cc}K_{er}$ 当 $K_{rel}=1.5$、$K_{cc}=1$、$K_{er}=0.1$ 时，$S_1=0.15$； 工程上可取 $K_1=0.5\sim 0.2$	式（15）
	最大斜率 S_2	按区外短路故障短路最大穿越性短路电流作用下可靠不误动整定： 1）差动回路最大不平衡电流。 双绕组变压器 $I_{unb\cdot max}=(K_{ap}K_{cc}K_{er}+\Delta U+\Delta m)I_{k\cdot max}/n_a$ 分裂绕组变压器 $I_{unb\cdot max}=(K_{ap}K_{cc}K_{er}+\Delta U+\Delta m)I_{k\cdot max}/n_a$ $I_{k\cdot max}=\max(I_{kLAmax},I_{kLBmax})$ 2）最大制动电流。 双绕组变 $I_{res\cdot max}=I_{K\cdot max}$ 分裂绕组变 $I_{res\cdot max}=\max(I_{kLAmax},I_{kLBmax})$	式（6） 式（7） 式（10）
		$I_{OP\cdot min}+(S_1+nS_\Delta)nI_e+S_2(I_{res\cdot max}-nI_e)\geq K_{rel}I_{unb\cdot max}$ 考虑：$S_\Delta=(S_2-S_1)/2n$；制动电流倍数 n； 得到 $S_2\geq \dfrac{K_{rel}I_{unb\cdot max}-\left(I_{OP\cdot min}+\dfrac{n}{2}S_1I_e\right)}{I_{res\cdot max}-\dfrac{n}{2}I_e}$ 工程取 $S_2=0.5\sim 0.8$ 可靠系数 $K_{rel}=2$	式（16） 式（17）
	灵敏度	按最小运行方式下差动保护区内变压器引出线上两相金属性短路计算。 根据最小短路电流 $I_{K\cdot min}$ 和相应制动电流 I_{res}，对应的动作电流 I'_{OP}，则灵敏系数为 $K_{sen}=I_{K\cdot min}/I'_{OP}\geq 1.5$	式（18）
纵差保护辅助保护	差动速断保护	当内部故障电流很大时，防止由于电流互感器饱和判据可能引起的纵差保护延迟动作 整定值：应按躲过变压器可能产生的最大励磁涌流或外部短路最大不平衡电流整定，一般取 $I_{OP\cdot q}=KI_e$ I_e：变压器基准侧二次额定电流； K：倍数 变压器容量及推荐 K 值 6.3MVA 及以下：7~12 （6.3~31.5）MVA：4.5~7.0 （40~120）MVA：3.0~6.0	式（19）
		灵敏系数：按正常运行方式保护安装处两相短路计算，$K_{sen}\geq 1.2$	4.1.7.1
	二次谐波制动系数	二次谐波制动的整定：（防止励磁涌流造成误动） 差动电流中二次谐波分量与基波分量的比值，可整定为 0.15~0.20	4.1.7.2
	涌流间断角推荐值	闭锁角可取 60°~70°； 还采用涌流导数的最小间断角 θ_d 和最大波宽 θ_w，闭锁条件：$\theta_d\geq 65°$；$\theta_w\leq 140°$	4.1.7.3

续表

名称	依据内容（DL/T 1502—2016）	出处
（高压厂用变压器）（低压侧分支）限时电流速断保护	每个分支均可设置两段过电流保护，作为本分支母线及相邻元件的相间短路故障的后备保护。 动作电流取下述三种方式计算结果最大值： a）按躲过本分支母线所接需参与自启动的电动机自启动电流之和整定 $$I_{OP}=K_{rel}K_{zq}I_{2N}$$ K_{rel}：取 1.15～1.2； I_e：高压厂用变压器低压侧分支线的二次额定电流； K_{zq}：需要自启动的全部电机在自启动时的过电流倍数 $$K_{zq}=\frac{1}{\frac{U_k\%}{100}+\frac{S_{TN}}{K_{st\Sigma}S_{M\Sigma}}\left[\frac{U_{MN}}{U_{TN}}\right]^2}$$ $U_k\%$：高压厂用变压器低压分支绕组额定容量为基准的阻抗电压百分值（分裂变为半穿越阻抗）； $S_{M\Sigma}$：需要自启动的（Ⅰ类）电动机额定视在功率总和； S_{TN}：高压厂用变压器低压分支绕组额定容量； U_{MN}：高压电动机额定电压； U_{TN}：高压厂用变压器低压分支绕组额定电压； $K_{st\Sigma}$：电动机自启动电流倍数，电源慢切换时取 5，电源快切换时取 2.5～3。 b）按躲过本分支母线最大电动机启动电流整定 $$I_{OP}=K_{rel}[I_E+(K_{st}-1)I_{M.N.max}]/n_a$$ K_{rel}：取 1.15～1.2； I_E：高压厂用变压器低压侧分支线的一次额定电流； K_{st}：直接启动最大容量电动机的启动电流倍数，取 6～8； $I_{M.N.max}$：直接启动最大容量电动机额定电流。 c）与下一级速断或限时速断的最大动作电流配合整定 $$I_{OP}=K_{co}I_{OP.dow.max}/n_a$$ K_{co}：配合系数，取 1.15～1.2； $I_{OP.dow.max}$：下一级速断或限时速断的最大动作电流。 d）与熔断器-接触器（FC）回路最大额定电流的高压熔断器瞬时熔断电流 I_k 配合整定 $$I_{OP}=K_{rel}I_k/n_a=K_{co}\times(20\sim25)I_{FU.N.max}/n_a$$ K_{co}：配合系数，取 1.15～1.2； $I_{FU.N.max}$：下一级 FC 高压熔断器最大额定电流	式（20） 式（21） 式（22） 式（23） 式（24）
	动作时间：按与下一级速断或限时速断的最大动作时间 $t_{OP.dow.max}$ 配合整定 $$t=t_{OP.dow.max}+\Delta t$$	4.2.1
	灵敏系数 $\quad K_{sen}=I_{k.min}^{(2)}/(n_aI_{OP})\geqslant 1.5$ $I_{k.min}^{(2)}$：最小运行方式下，高压厂用变压器低压侧本分支母线两相金属短路电流	式（25）
（高压厂用变压器）（低压侧分支）分支过电流保护	动作电流取下述三种方式计算结果最大值： a）按躲过本分支母线所接需参与自启动的电动机自启动电流之和整定，同（4.2.1）式（20） b）按躲过本分支母线最大容量电动机启动电流整定，同（4.2.1）式（22） c）与下一级限时速断或过电流保护的最大动作电流配合整定 $$I_{OP}=K_{co}I_{OP.oc.max}/n_a$$ K_{co}：配合系数，取 1.15～1.2； $I_{OP.oc.max}$：下一级限时速断或过电流的最大动作电流	式（26）
	灵敏系数 $\quad K_{sen}=I_{k.min}^{(2)}/(n_aI_{OP})\geqslant 1.5$ $I_{k.min}^{(2)}$：最小运行方式下，高压厂用变压器低压侧本分支母线两相金属性短路短路电流	式（27）
	动作时间：按与下一级限时速断或过电流保护的最大动作时间 $t_{OP.oc.max}$ 配合整定 $$t=t_{OP.oc.max}+\Delta t$$	4.2.2
	出口方式：动作于跳开高压厂用变压器低压侧本分支断路器，闭锁备用电源切换	

续表

名　称	依据内容（DL/T 1502—2016）	出处
（高压厂用变压器）（低压侧分支）分支复电压闭锁过电流保护	过电流元件。 1) 保护动作电流：按躲过本分支的额定电流整定 $$I_{OP}=K_{rel}I_e/K_r$$ I_e：高压厂用变压器低压侧分支线二次额定电流； K_{rel}：可靠系数，取 1.15～1.2； K_r：返回系数，取 0.85～0.95。	式（30）
	2) 灵敏系数　　$K_{sen}=I_{k.min}^{(2)}/(n_aI_{op})\geqslant 1.5$ $I_{k.min}^{(2)}$：最小运行方式下，高压厂用变压器低压侧分支母线两相金属性短路电流	式（31）
	（相间）低电压启动元件。 1) 动作电压整定：按躲过高压厂用变压器低压侧本分支母线电动机启动时出现的最低电压整定 $$U_{OP}=(0.55\sim 0.6)U_n$$	式（28）
	2) 灵敏系数：按高压厂用变压器低压侧分支母线最长电缆末端金属性三相短路时，保护安装处电压进行 $$K_{sen}=(U_{OP}n_v)/U_{k.max}^{(3)}\geqslant 1.3$$ $U_{k.max}^{(3)}$：高压厂用变压器电压侧最长电缆末端金属性三相短路时，保护安装处最高相间电压	式（32）
	负序电压元件。 1) 动作电压：按躲过正常运行时出现的不平衡电压整定；无实测值时，取 $$U_{OP.2}=(0.06\sim 0.08)U_n$$	式（29）
	2) 灵敏系数：按高压厂用变压器低压侧分支母线最长电缆末端金属性两相短路时，保护安装处最小负序电压值 $$K_{sen}=U_{k2.min}/(U_{op.2}n_v)\geqslant 1.3;\ U_{k2.min}=I_{2*}(X_{s*}\sim X_{T*})$$ $U_{k2.min}$：低压侧分支母线最长电缆末端两相金属性短路，保护安装处最小负序电压（大方式）	式（33）
	动作时间：按与下一级过电流保护的最大动作时间 $t_{OP.oc.max}$ 配合整定 $$t=t_{OP.oc.max}+\Delta t$$	4.2.3
	出口方式：动作于跳开高压厂用变压器低压侧本分支断路器，闭锁备用电源切换	4.2.3
（高压厂用变压器）低压侧单相接地保护	中性点不接地系统	高压厂用变压器低压侧可设置零序电压保护： 电压互感器开口三角电压单相接地保护动作电压 $$U_{OP.0}=U_{on}\times 10\%$$ U_{on}：低压侧单相金属性接地时，电压互感器开口三角零序电压	式（34）
		动作时间：1s～3s	4.3.1
		出口方式：动作于信号	4.3.1
	中性点小电阻接地算法一	中性点零序过电流保护动作电流：按与下一级单相接地保护最大动作电流 $3I_{0.L.max}$ 配合整定 $$I_{OP.0}=K_{co}\times 3I_{0.L.max}/n_{a0}$$ K_{co}：配合系数，取 1.15～1.2； n_{a0}：高压厂用变压器低压侧中性点零序电流互感器变比	式（35）
		动作时间：零序过电流保护一时限，按与下一级零序过电流保护最长动作时间 $t_{0.L.max}$ 配合 $$t_{0.OP1}=t_{0.L.max}+\Delta t$$ 零序过电流保护二时限，按与零序过电流保护一时限动作时间 $t_{0.OP1}$ 配合 $$t_{0.OP2}=t_{0.OP1}+\Delta t$$	4.3.2.1

续表

名　称	依据内容（DL/T 1502—2016）		出处
（高压厂用变压器）低压侧单相接地保护	中性点小电阻接地算法一	灵敏系数　　$K_{sen} = I_k^{(1)}/(3n_{a0}I_{OP.0}) \geq 2$ $I_k^{(1)}$：高压厂用变压器低压侧单相接地流过中性点接地电阻的零序电流	式（36）
		出口方式：零序过流保护一时限动作于跳本分支断路器、闭锁备用电源切换； 零序过流保护二时限动作于停机、启动备用电源切换	4.3.2.1
	中性点小电阻接地算法二	动作电流按灵敏度反推动作电流，还应满足与下级零序保护配合 $$I_{OP.0} = I_k^{(1)}/(n_{a0}K_{sen})$$ $I_k^{(1)}$：高压厂用变压器低压侧单相接地流过中性点电阻的零序电流； K_{sen}：灵敏系数，取 2～3	式（37）
		动作时间：　同算法一	4.3.2.1
		出口方式：　同算法一	4.3.2.1
（高压厂用变压器）高压侧电流速断保护		作为变压器绕组及高压侧引出线的相间短路故障的快速保护。动作电流取下述两种方式计算结果最大值。 （1）躲过高压厂用变压器电压侧出口三相短路时流过保护的最大短路电流整定 $$I_{OP} = K_{rel}I_{k.max}^{(3)}/n_a$$ K_{rel}：取 1.2～1.3； $I_{k.max}^{(3)}$：最大方式下高压厂用变压器低压侧出口三相短路折算到高压侧的电流。 （2）按躲过变压器励磁涌流 $$I_{OP.q}=kL_e \quad (19)$$	式（38）
		灵敏系数校验　　$K_{sen} = I_{k.min}^{(2)}/(n_aI_{op}) \geq 2$ $I_{k.min}^{(2)}$：最小运行方式下，高压厂用变压器高压侧出口两相短路电流； n_a：高压厂用变压器高压侧电压互感器变比	式（39）
		动作时间：0～0.2s	
		出口方式：动作于停机及启动备用电源切换； 当高压厂用变压器高压侧有断路器时，动作于跳开高压厂用变压器各侧断路器、启动备用电源切换	
（高压厂用变压器变高压侧）定时限过电流保护		作为变压器及相邻元件的相间短路故障的后备保护	
		动作电流：取下述三种方式计算结果最大值。 （1）按躲过高压厂用变压器所带负荷需自启动的（Ⅰ类）电动机最大启动电流之和（$K_{zq}I_e$）整定 $$I_{OP} = K_{rel}K_{zq}I_e$$ K_{rel}：可靠性系数，取 1.15～1.25； I_e：高压厂用变压器高压侧电流互感器的二次额定电流； K_{zq}：需要自启动的全部电动机在自启动时引起的过电流倍数，由下列公式求出：	式（40）
		1）当备用电源为明备用接线时，K_{zq} 计算 未带负荷时　$$K_{zq} = \cfrac{1}{\cfrac{U_k\%}{100} + \cfrac{S_{TN}}{K_{st\Sigma}S_{M\Sigma}}\left[\cfrac{U_{MN}}{U_{TN}}\right]^2}$$ $U_k\%$：变压器阻抗电压百分值（对于分裂变压器为半穿越阻抗值）； $S_{M\Sigma}$：需要自启动的（Ⅰ类）电动机额定视在功率总和；	式（41）

续表

名 称	依据内容（DL/T 1502—2016）	出处
（高压厂用变压器变高压侧）定时限过电流保护	S_{TN}：高压厂用变压器额定容量； U_{MN}：高压电动机额定电压； U_{TN}：高压厂用变压器低压分支绕组额定电压； $K_{st\Sigma}$：电动机自启动电流倍数。备用电源慢切换时取 5，备用电源快切换时取 2.5～3。 2）已带一段厂用负荷，再投入另一段厂用负荷时 $$K_{zq}=\cfrac{1}{\cfrac{U_k\%}{100}+\cfrac{0.7S_{TN}}{1.2K_{st\Sigma}S_{M\Sigma}}\left[\cfrac{U_{MN}}{U_{TN}}\right]^2}$$	式（42）
	3）当备用电源为暗备用接线时 $K_{zq}=\cfrac{1}{\cfrac{U_k\%}{100}+\cfrac{S_{TN}}{0.6K_{st\Sigma}S_{M\Sigma}}\left[\cfrac{U_{MN}}{U_{TN}}\right]^2}$	式（43）
	（2）按躲过低压侧一个分支负荷自启动电流和其余分支正常负荷总电流整定 $$I_{OP}=K_{rel}(\Sigma I_{qd}+\Sigma I_{fL})/n_a$$ K_{rel}：可靠参数，取 1.15～1.25； ΣI_{qd}：低压侧一个分支自启动电流折算到高压侧的一次电流； ΣI_{fL}：低压侧其余分支正常总负荷电流折算到高压侧的一次电流； n_a：高压厂用变压器高压侧电流互感器变比。	式（44）
	（3）按与低压侧分支过电流保护配合整定 $$I_{OP}=K_{co}(K_{bt}I_{op.L}+\Sigma I_{fL})/n_a$$ K_{co}：配合系数，取 1.15～1.25； K_{bt}：变压器绕组接线折算系数，Dy1 接线时，取 $2/\sqrt{3}$；Dd 或 Yy 接线时，取 1； $I_{op.L}$：低压侧分支过电流保护的最大动作电流折算到高压侧的一次电流	式（45）
	灵敏系数 $\quad K_{sen}=I_{k.min}^{(2)}/(n_aI_{op})\geqslant 1.3$ $I_{k.min}^{(2)}$：最小运行方式下，高压厂用变压器低压侧分支母线两相短路时，折算到高压侧的一次电流	式（46）
	动作时间：与低压侧分支电流保护的最大动作时间 $t_{op.dow.max}$ 配合 $$t=t_{op.dow.max}+\Delta t$$ 不宜超过 2s	4.4.2.3
	出口方式：动作于跳开高压厂用变压器各侧断路器或动作于停机、闭锁备用电源切换	4.4.2.4
（高压厂用变压器高压侧）复合电压闭锁过电流保护	过电流元件。 （1）动作电流。 a）按躲过额定电流整定 $I_{op}=(K_{rel}/K_r)I_e$ I_e：高压厂用变压器高压侧二次额定电流； K_{rel}：取 1.2～1.3； K_r：返回系数，取 0.85～0.95。	式（47）
	b）与低压侧分支复合电压闭锁过电流保护配合 $$I_{op}=K_{co}(K_{bt}I_{opf}+\Sigma I_{fL})/n_a$$ K_{co}：配合系数，取 1.15～1.25； K_{bt}：变压器绕组接线折算系数，Dy1 接线时，取 $2/\sqrt{3}$；Dd 或 Yy 接线时，取 1； I_{opf}：低压侧分支复合电压闭锁过电流保护的最大动作电流折算到高压侧的一次电流； ΣI_{fL}：低压侧其余分支正常负荷总电流折算到高压侧的一次电流； n_a：高压厂用变压器高压侧电流互感器变比。	式（48）
	（2）灵敏系数 $\quad K_{sen}=I_{k.min}^{(2)}/(n_aI_{op})\geqslant 1.3$ $I_{k.min}^{(2)}$：最小运行方式下，高压厂用变压器低压侧分支母线两相金属性短路电流折算到高压侧的一次电流	式（49）

续表

名　称	依据内容（DL/T 1502—2016）	出处
（高压厂用变压器高压侧）复合电压闭锁过电流保护	低电压启动元件。 （1）动作电压：按躲过高压厂用变压器低压侧本分支母线电动机启动时最低电压整定 $$U_{OP}=(0.55\sim0.65)U_N$$ （2）相间低电压灵敏度　$K_{sen}=U_{op}n_v/U_{k.max}\geqslant 1.3$ n_v：高压厂用变压器低压侧本分支母线电压互感器变比； $U_{k.max}$：保护范围末端金属性三相短路时，保护安装处电压（残压）	式（28） 式（32）
	负序电压。 （1）动作定值按躲过正常最大不平衡负序电压计算 $$U_{op.2}=(0.06\sim0.08)U_N$$ （2）灵敏度校验　$K_{sen}=U_{k2.min}/(n_vU_{op.2})\geqslant 1.3$ $U_{k2.min}$：高压厂用变压器低压侧母线两相金属性短路时，保护安装处最小负序电压； n_v：高压厂用变压器低压侧本分支母线电压互感器变比	式（29） 式（33）
	（3）动作时间：与低压侧分支过流保护的最大动作时间 $t_{OP.dow.max}$ 配合 $$t=t_{op.dow.max}+\Delta t$$ （4）出口方式：动作于跳开高压厂用变压器各侧断路器，或动作于停机、闭锁备用电源切换	式（50） 4.4.3
（高压厂用变压器高压侧）过负荷保护	动作电流：按躲过高压侧额定电流可靠返回整定 $$I_{OP}=(K_{rel}/K_r)I_e$$ I_e：高压厂用变压器高压侧二次额定电流； K_{rel}：取 1.05～1.1； K_r：返回系数，取 0.85～0.95	式（51）
	动作时间：10s～15s	4.4.3
	出口方式：动作于信号	4.4.3

2．低压厂用变压器保护整定

名　称	依据内容（DL/T 1502—2016）	出处
纵联差动保护	同高压厂用变压器差动保护	5.1
（低压厂用变压器）电流速断保护	即过电流Ⅰ段： 动作电流取下述两种方式计算结果最大值。 （1）躲过低压侧出口三相短路时流过保护的最大短路电流整定 $$I_{OP}=K_{rel}I_{k.max}^{(3)}/n_a$$ K_{rel}：取 1.3； $I_{k.max}^{(3)}$：低压厂用变压器低压侧出口三相短路折算到高压侧的一次电流 （2）按躲过变压器励磁涌流，可取（7～12）I_e	式（52）
	灵敏度　$K_{sen}=I_{k.min}^{(2)}/(n_aI_{OP})\geqslant 1.5$ $I_{k.min}^{(2)}$：最小运行方式下，低压厂用变压器高压侧出口两相短路电流	式（53）
	动作时间： （1）当低压厂用变压器高压侧采用断路器时，0～0.1s； （2）当采用高压熔断器、接触器时，在熔断器动作时间基础上增加延时，或经验值 0.3s～0.4s； 如有大电流闭锁功能，其动作时间不需考虑电流速断保护与高压熔断器熔断时间配合，不需要增加短延时	5.2.1
（低压厂用变压器）（高压侧）定时限过电流保护	动作电流取下述三种方式计算结果最大值。 （1）按躲过低压厂用变压器所带负荷需自启动的电动机最大启动电流之和整定 $$I_{OP}=K_{rel}K_{zq}I_e$$	式（54）

续表

名 称	依据内容（DL/T 1502—2016）	出处
（低压厂用变压器）（高压侧）定时限过电流保护	K_{rel}：可靠性系数，取 1.15～1.25； I_e：低压厂用变压器高压侧二次额定电流（电压 0.4kV）； K_{zq}：需要自启动的全部电动机在自启动时引起的过电流倍数，由下列公式求出： 1）备用电源为明备用接线时，计算 K_{zq}，未带负荷时 $$K_{zq} = \frac{1}{\dfrac{U_k\%}{100} + \dfrac{S_{TN}}{K_{st\Sigma}S_{M\Sigma}}\left(\dfrac{U_{MN}}{U_{TN}}\right)^2}$$ $U_k\%$：低压厂用变压器阻抗电压百分值，对于分裂变压器取穿越阻抗值； $S_{M\Sigma}$：需要自启动的电动机额定视在总容量； S_{TN}：低压厂用变压器额定容量； $K_{st\Sigma}$：电动机启动电流倍数；取 5； U_{MN}：低压电动机额定电压； U_{TN}：低压电动机所连接母线的额定电压； 已带一段厂用负荷，再投入另一段厂用负荷时 $$K_{zq} = \frac{1}{\dfrac{U_k\%}{100} + \dfrac{0.7S_{TN}}{1.2K_{st\Sigma}S_{M\Sigma}}\left(\dfrac{U_{MN}}{U_{TN}}\right)^2}$$ 2）当备用电源为暗备用接线时 $$K_{zq} = \frac{1}{\dfrac{U_k\%}{100} + \dfrac{S_{TN}}{0.6K_{st\Sigma}S_{M\Sigma}}\left(\dfrac{U_{MN}}{U_{TN}}\right)^2}$$ （2）按躲过低压侧一个分支负荷自启动电流和其余分支正常负荷总电流整定 $$I_{OP} = K_{rel}(\Sigma I_{st} + \Sigma I_{fL})/n_a$$ ΣI_{st}：低压侧一个分支负荷自启动电流折算到高压侧的一次电流； ΣI_{fL}：低压侧其余分支正常总负荷电流折算到高压侧的一次电流。 （3）按与低压侧分支过电流保护配合整定 $$I_{OP} = K_{co}(k_{bt}I_{OP.L} + \Sigma I_{qyfL})/n_a$$ K_{co}：配合系数，取 1.15～1.25； k_{bt}：变压器绕组接线折算系数，Dy11 接线时，取 $2/\sqrt{3}$； Yy 接线时，取 1； $I_{OP.L}$：低压侧一个分支过电流保护的最大动作电流折算到高压侧的一次电流； ΣI_{qyfL}：低压侧其余分支正常总负荷电流折算到高压侧的一次电流	式（55） 式（56） 式（57） 式（58） 式（59）
	灵敏系数　　$K_{sen} = I_{k.min}^{(2)}/(n_a I_{OP}) \geq 1.3$ $I_{k.min}^{(2)}$：最小运行方式下，低压厂用变压器低压侧母线两相金属性短路折算到高压侧的一次电流	式（60）
	动作时间定值：按与下一级过电流保护最大动作时间 $t_{OP.dow.max}$ 配合 $t = t_{OP.dow.max} + \Delta t$	5.2.2.3
	出口方式：动作于跳开高压厂用变压器各侧断路器	5.2.2.4
（低压厂用变压器）（高压侧）反时限过电流保护	三个反时限标准特征方程： 特性 1（一般）　$t_{OP} = \dfrac{0.14}{(I/I_{OP.set})^{0.02} - 1}T_{OP.set}$ 特性 2（非常）　$t_{OP} = \dfrac{13.5}{(I/I_{OP.set}) - 1}T_{OP.set}$ 特性 3（极端）　$t_{OP} = \dfrac{80}{(I/I_{OP.set})^2 - 1}T_{OP.set}$ t_{OP}：保护动作时间； $I_{OP.set}$：反时限过流定值； $T_{OP.set}$：反时限过流动作特性时间常数； I：流过保护安装处的电流	式（61） 式（62） 式（63）

续表

名　称	依据内容（DL/T 1502—2016）	出处
（低压厂用变压器）（高压侧）反时限过电流保护	电流定值：按躲过厂用变压器高压侧额定电流或正常最大负荷电流计算 $$I_{OP}=(K_{rel}/K_r)I_e$$ I_e：高压厂用变压器高压侧二次额定电流； K_{rel}：取 1.1～1.2； K_r：返回系数，取 0.85～0.95	式（64）
	需考虑与下一级过电流保护配合。 动作特性曲线选取。极端反时限过流动作特性时间常数 $T_{OP.set}$ 整定计算（取最大值）： （1）躲过电动机自启动时间，即 $$T_{OP.set}=\frac{K_{rel}t_{st\Sigma}}{80}[(I_{st\Sigma}/I_{op})^2-1]$$ K_{rel}：取 1.2～1.5； $t_{st\Sigma}$：电动机自启动时间； $I_{st\Sigma}$：低压厂用变压器电动机自启动电流； I_{OP}：反时限过流定值（式 64）。	式（65）
	（2）按与下一级定时限保护最长动作时间 $t_{OP.max}$ 配合 $$T_{OP.set}=\frac{t_{OP.max}+\Delta t}{80}[(I_k^{(3)}/I_{op})^2-1]$$	式（66）
	或与反时限保护特性配合计算 $$T_{OP.set}=\frac{t_k+\Delta t}{80}[(I_k^{(3)}/I_{op})^2-1]$$ $I_k^{(3)}$：下一级保护出口处三相短路电流； t_k：下一级反时限保护出口处三相短路电流对应动作时间（由下一级反时限保护特性曲线计算）	式（67）
FC 回路大电流闭锁跳闸出口	（低压厂用变压器）闭锁电流整定值 $$I_{art}=I_{brk.FC}/(K_{rel}n_a)$$ K_{rel}：取 1.3～1.5； $I_{brk.FC}$：接触器允许断开电流	式（68）
（低压厂用变压器）负序过流保护	负序过流Ⅰ段：（1）动作电流定值 $I_{OP.2.I}$（取最大值）： 1）按低压厂用变压器低压侧出口两相短路有 1.5 灵敏度条件整定 $$I_{OP.2.I}=I_k^{(2)}/(1.5n_a)$$ $I_k^{(2)}$：最小运行方式下，低压厂用变压器低压侧出口两相金属性短路，折算到高压侧的最小负序电流。 2）躲过高压系统非全相运行或高压母线相邻设备不对称故障时引起的负序电流整定 $$I_{OP.2.I}=(0.8～1.0)I_e$$ （2）动作时间定值：按与下一级速断保护最大动作时间 t_L 配合 $$I_{OP.2.I}=t_L+\Delta t$$	式（69） 式（70） 式（71）
	负序过流Ⅱ段：（1）动作电流定值 $I_{OP.2.Ⅱ}$（取最大值）：躲过正常运行时的不平衡电流整定；按低压厂用变压器正常最大负荷时电流互感器断线不误动 $$I_{OP.2.Ⅱ}=(0.35～0.4)I_e$$ （2）动作时间定值：与高压系统非全相运行及高压母线相邻设备非对称故障切除最长时间 $t_{op.H}$ 配合 $$t_{OP.2Ⅱ}=t_{OP.H}+\Delta t$$	式（72） 式（73）
（低压厂用变压器）高压侧单相接地零序电流保护	中性点不接地系统：保护动作电流 $I_{OP.0}$：应躲过与低压厂用变压器直接联系的其他设备发生单相接地时，流过保护安装处的接地电流 $$I_{OP.0}=K_{rel}[I_k^{(1)}/n_{a0}]=K_{rel}\times(3I_c/n_{a0})$$ K_{rel}：可靠系数，当动作于跳闸时，取 3～4；当动作于信号时，2～2.5； $I_k^{(1)}$：高压侧单相接地时被保护设备供给短路点的接地电流一	式（74）

续表

名称		依据内容（DL/T 1502—2016）	出处
（低压厂用变压器）高压侧单相接地零序电流保护	中性点不接地系统	次值（电容电流）； I_c：被保护设备的单相电容电流一次值； n_{a0}：零序电流互感器变比	式（74）
		灵敏系数 $K_{sen} = (I_{K\Sigma}^{(1)} - I_K^{(1)})/(I_{OP.0}n_{a0}) \geq 1.3$ $I_{K\Sigma}^{(1)}$：被保护设备单相接地时，故障点的总接地电容电流一次值	式（75）
		动作时间定值： （1）当 3kV~10kV 单相接地电流大于 10A 时，保护动作于跳闸，动作时间取 0.5s~1.0s； （2）当 3kV~10kV 单相接地电流小于 10A 时，300MW 及以上机组，若满足选择性与灵敏性，建议动作于跳闸，动作时间取 0.5s~1.0s；若不满足选择性与灵敏性要求，动作于信号，动作时间取 0.5s~2.0s	5.4.1
	小电阻接地方案一	动作电流（取较大值，一次值宜不小于 10A）： （1）按躲过与低压厂用变压器直接联系的其他设备单相接地时，流过保护安装处的电流整定 $I_{OP.0} = K_{rel}\left[I_k^{(1)}/n_{a0}\right] = K_{rel} \times (3I_c/n_{a0})$	式（74）
		（2）按躲过低压厂用变压器最大负荷及低压侧母线三相短路时最大不平衡电流计算 $I_{OP.0} = K_{rel}I_{unb}/n_{a0}$ K_{rel}：配合系数，取 1.3； I_{unb}：低压厂用变压器最大负荷及低压侧母线三相短路时最大不平衡电流一次值，可取 $I_{unb} = (0.1~0.15)I_{TN}$ I_{TN}：低压厂用变压器高压侧一次额定电流。	式（76）
		（3）无实测值时，经验公式 $I_{OP.0} = K_{ub}(I_{TN}/n_{a0})$ K_{ub}：不平衡电流系数，取 0.05~0.15；小容量低压厂用变压器取较大系数；大容量取较小系数；未配置专用零序电流互感器时可大于 0.2	式（77）
		灵敏系数 $K_{sen} = I_k^{(1)}/(I_{OP.0}n_{a0}) \geq 2$ $I_k^{(1)}$：低压厂用变压器高压侧电缆末端单相接地电流一次值； n_{a0}：零序电流互感器变比	式（78）
		动作时间。 断路器：可取 0~0.1s； FC 回路：保护装置有大电流闭锁保护跳闸出口功能时，取 0.05s~0.1s； 保护装置无大电流闭锁保护跳闸出口功能时，根据熔断器熔断特性计算延时，可取 0.3s	5.4.2.1
	小电阻接地方案二	动作电流定值 $I_{OP.0}$（由灵敏度反推动作电流）：应按单相接地短路时保护有足够灵敏度计算，并应躲过低压厂用变压器最大负荷及低压母线三相短路时最大不平衡电流及正常最大电容电流 $I_{OP.0} = I_k^{(1)}/(n_{a0}K_{sen})$ $I_k^{(1)}$：低压厂用变压器高压侧电缆末端单相接地流过中性点接地电阻的零序电流； K_{sen}：灵敏系数，取 5~6	式（79）

续表

名称		依据内容（DL/T 1502—2016）	出处
（低压厂用变压器）高压侧单相接地零序电流保护	小电阻接地方案二	动作时间定值：同中性点小电阻接地系统单相接地保护整定计算方法（方案一）	5.4.2.1
	中性点直接接地	（低压侧为中性点直接接地系统）动作电流 $I_{OP.0}$： （1）按躲过低压厂用变压器最大负荷的不平衡电流整定，不超过低压线圈额定电流 25% $$I_{OP.0}=K_{rel}I_{unb}/n_{a0}$$ K_{rel}：可靠系数，取 1.3～1.5； I_{unb}：最大负荷的不平衡电流一次值；取（0.2～0.5）I_E；（低压侧一次额定电流）。 （2）与低压厂用变压器低压侧下一级保护配合：下一级有零序过电流保护时，应与零序过电流保护最大动作电流配合 $$I_{OP.0}=K_{co}I_{OP.0.L.max}/n_{a0}$$ K_{co}：配合系数，取 1.15～1.2； n_{a0}：低压厂用变压器低压侧中性点零序电流互感器变比； $I_{OP.0.L.max}$：下一级零序过电流保护最大动作电流一次值。 下一级无零序过电流保护时，应与相电流保护最大动作电流配合 $$I_{OP.0}=K_{co}I_{OP.L.max}/n_{a0}$$ K_{co}：配合系数，取 1.15～1.2； $I_{OP.L.max}$：下一级相电流保护最大动作电流一次值	式（80） 式（81） 式（82）
		动作时间： （1）按与下一级零序保护最长动作时间 $t_{OP.L.max}$ 配合 $$t=t_{OP.L.max}+\Delta t$$ （2）下一级无零序保护时，与下一级相电流保护最长动作时间 $t_{OP.max}$ 配合 $t=t_{OP.max}+\Delta t$	5.5
		灵敏系数 $K_{sen}=I_k^{(1)}/(I_{OP.0}n_{a0}) \geq 2$ $I_k^{(1)}$：低压侧母线单相接地短路电流一次值； n_{a0}：低压侧中性点零序电流互感器变比	式（83）

3. 高压厂用馈线保护整定

名称		依据内容（DL/T 1502—2016）	出处
高压厂用馈线	馈线纵差保护	最小动作电流：$I_{OP.min}=(0.3～0.8)I_e$	式（84）
		制动系数 S：（0.3～0.8）；可取 0.5	6.1
		拐点电流：$I_{res.0}=(0.8～1)I_e$	式（85）
		差动动作电流 $I_{d.OP}$：按躲过区外故障时最大不平衡电流整定，（3～5）I_e	—
		灵敏系数 $K_{sen}=I_k^{(2)}/I_{d.OP} \geq 2$ $I_k^{(2)}$：线路末端最小两相短路电流二次值	式（86）
	馈线电流速断保护	动作电流：按躲过被保护线路末端短路时流过保护装置的最大短路电流整定 $$I_{op}=K_{rel}I_{k.max}^{(3)}/n_a$$ K_{rel}：取 1.2～1.3； $I_{k.max}^{(3)}$：被保护线路末端三相短路电流一次值 动作时间：0～0.1s	式（87）
		灵敏系数 $K_{sen}=I_{k.i}^{(2)}/(I_{OP.0}n_{a0}) \geq 1.5$ $I_{k.i}^{(2)}$：最小运行方式下被保护线路始端两相短路电流次值	式（88）

续表

名称		依据内容（DL/T 1502—2016）	出处
高压厂用馈线	馈线限时电流速断保护	动作电流： （1）按与下一级电流速断或限时电流速断保护配合整定 $$I_{OP}=K_{co}I_{OP.dow.max}/n_a$$ K_{co}：配合系数，取 1.1～1.2； $I_{OP.dow.max}$：下一级电流速断或限时电流速断保护最大动作电流一次值。 （2）按躲过下一级母线所带负荷的自启动电流计算 $$I_{OP}=K_{rel}I_{stΣ}/n_a$$ K_{rel}：可靠系数，取 1.15～1.2； $I_{stΣ}$：所接电动机的自启动电流一次值	式（89） 式（90）
		动作时间：与下一级电流速断或限时电流速断保护时间 $I_{OP.dow.max}$ 配合 $$t=t_{OP.dow.max}+\Delta t$$	式（91）
		灵敏系数 $\quad K_{sen}=I_{k.min}^{(2)}/(I_{OP}n_a)\geq 1.5$ $I_{k.min}^{(2)}$：最小运行方式下，高压厂用馈线末端两相短路电流	式（92）
	馈线定时限复合电压闭锁过电流保护	过电流定值整定。 （1）动作电流：按躲过正常最大负荷电流整定 $$I_{OP}=K_{rel}I_e/K_r$$ K_{rel}：可靠系数，取 1.3～1.5； K_r 返回系数，取 0.85～0.95。 （2）灵敏系数 $\quad K_{sen}=I_{k.min}^{(2)}/(n_aI_{OP})\geq 1.5$ $I_{k.min}^{(2)}$：最小运行方式，线路末端两相短路电流	式（95） 式（96）
		低电压定值整定。 （1）动作电压：按躲过下级母线上电动机启动时出现的最低电压整定 $$U_{OP}=(0.55\sim 0.6)U_n$$ U_n：母线二次额定线电压 （2）相间低电压灵敏度 $\quad K_{sen}=U_{OP}n_v/U_{K.max}\geq 1.2$ n_v：母线电压互感器变比； $U_{K.max}$：本馈线末端发生三相短路时，保护安装处最高电压	式（93） 式（97）
		负序电压定值整定： （1）动作定值：按躲过正常运行时最大不平衡电压整定 $$U_{OP.2}=(0.06\sim 0.08)U_n$$ （2）灵敏度 $\quad K_{sen}=U_{k2.min}/n_vU_{OP.2}\geq 1.5$ $U_{k2.min}$：本馈线末端两相短路时，保护安装处最小负序电压。 （3）动作时间：与下一级过流保护时间 $t=t_{OP.dow.max}$ 配合 $$t=t_{OP.dow.max}+\Delta t$$	式（94） 式（98） 式（99）
高压厂用馈线单相接地零序过电流保护	中性点不接地系统	（1）保护动作电流 $I_{OP.0}$： 1）应躲过与馈线电源侧相连的设备发生单相接地时，流过保护安装处的接地电流 $$I_{OP.0}=K_{rel}I_k^{(1)}/n_{a0}=K_{rel}\times(3I_c/n_{a0})$$ K_{rel}：可靠系数，当动作于跳闸时，取 2.5～4；当动作于信号时，取 2～2.5； $I_k^{(1)}$：馈线电源侧相连设备单相接地时，被保护馈线及与馈线相连的下级设备供给短路点的接地电流一次值（电容电流）； I_c：被保护馈线及馈线相连的下级设备的单相电容电流一次值总和。 2）与相邻下级被保护设备单相接地零序过电流保护配合 $$I_{OP.0}=K_{co}I_{OP.0.L.max}/n_{a0}$$ K_{co}：配合系数，取 1.15～1.2； $I_{OP.0.L.max}$：相邻下级被保护设备单相接地零序过电流保护最大动作电流一次值。 （2）灵敏系数 $\quad K_{sen}=(I_{kΣ}^{(1)}-I_k^{(1)})/(I_{OP.0}n_{a0})\geq 1.5$ $I_{kΣ}^{(1)}$：被保护设备单相接地时，故障点的总接地电容电流一次值。 （3）动作时间：与相邻下级被保护设备单相接地零序过流保护最长动作时间 $I_{OP.L.max}$ 配合 $$t=t_{OP.L.max}+\Delta t$$	式（100） 式（102） 式（104） 式（103）

续表

名称		依据内容（DL/T 1502—2016）	出处
高压厂用馈线单相接地零序过电流保护	小电阻接地方案一	动作电流：（取较大值） （1）躲过与馈线电源侧相连的设备单相接地时，流过保护安装处的单相接地电流 $$I_{OP.0} = K_{rel} I_k^{(1)} / n_{a0}$$ K_{rel}：可靠系数，当动作于跳闸时，取 2.5～4；当动作于信号时取 2～2.5。	式（105）
		（2）按躲过最大负荷时不平衡电流计算 $$I_{OP.0} = (K_{rel} I_{unb}) / n_{a0}$$ K_{rel}：可靠系数，取 1.3； I_{unb}：最大负荷时不平衡电流。 无实测值时，经验公式为	式（106）
		$$I_{OP.0} = K_{ub}(I_N / n_{a0})$$ K_{ub}：不平衡电流系数，取 0.05～0.15；未配置专用零序电流互感器时可大于 0.15。	式（107）
		（3）与相邻下级被保护设备单相接地零序过电流保护配合 $$I_{OP.0} = K_{co} I_{OP.0.L.max} / n_{a0}$$ K_{co}：配合系数，1.15～1.2； $I_{OP.0.L.max}$：相邻下级被保护设备单相接地零序过电流保护最大动作电流二次值	式（108）
		灵敏系数 $K_{sen} = I_k^{(1)} / (n_{a0} I_{OP.0}) \geq 2$ $I_k^{(1)}$：馈线末端单相接地电流一次值； n_{a0}：零序电流互感器变比	式（110）
		动作时间：与相邻下级被保护设备单相接地零序过电流保护最长动作时间 $t_{OP.L.max}$ 配合 $$t = t_{OP.L.max} + \Delta t$$	式（109）
	小电阻接地方案二	动作电流定值 $I_{OP.0}$（由灵敏度反推动作电流）； 应按单相接地短路时保护有足够灵敏度计算，并应躲过低压厂用变压器最大负荷及低压母线三相短路时最大不平衡电流及正常最大电容电流 $$I_{OP.0} = I_k^{(1)} / (n_{a0} K_{sen}) \approx \frac{1}{n_{a0} K_{sen}} \frac{U_B}{\sqrt{3} R}$$ $I_k^{(1)}$：馈线末端单相接地零序电流一次值； U_B：馈线末端母线额定电压； K_{sen}：灵敏系数，取 4～5； R：中性点接地电阻的阻值，Ω	式（111）
		动作时间定值：同中性点小电阻接地系统单相接地保护整定计算方法（方案一）	6.3.2.1

4. 低压厂用电系统保护整定

名称		依据内容（DL/T 1502—2016）	出处
低压厂用变压器低压侧开关保护	长延时过电流保护	动作电流：按躲过低压厂用变压器低压侧额定电流 I_E 整定 $$I_{OP} = (K_{rel} / K_r) I_E$$ K_{rel}：可靠系数，可取 1.1～1.20； K_r：返回系数，可取 0.85～0.95	式（140）
		定时限动作时间：与下级保护最长动作时间配合，按躲过 PC 段上电动机最大自启动时间配合。 取上述最大值与级差时间之和；Δt：时间级差（0.2s～0.3s）； 反时限动作时间：按所选反时限特性，与下级保护配合	9.1.1
	短延时过电流保护	动作电流：（取最大值） （1）与下级瞬时或短延时保护最大动作电流 $I_{OP.max}$ 配合 $$I_{OP} = K_{co} I_{OP.max}$$ K_{co}：配合系数，取 1.15～1.20。	式（141）
		（2）按躲过所带电动机整组自启动电流 I_{ast} 整定 $$I_{OP} = K_{rel} I_{ast}$$ K_{rel}：可靠系数，取 1.15～1.20	式（142）
		定时限动作时间：与下级短延时保护最长动作时间配合； 反时限动作时间：按所选反时限特性，与下级保护配合	9.1.2
		灵敏度：PC 段母线两相短路灵敏系数不应低于 2	9.1.2

续表

名称		依据内容（DL/T 1502—2016）	出处
低压厂用馈线保护	长延时过流保护	动作电流：按躲过馈线最大负荷电流 I_E 整定 $$I_{OP}=(K_{rel}/K_r)I_E$$ K_{rel}：可靠系数，可取 1.1～1.20； K_r：返回系数，可取 0.85～0.95	式（143）
		定时限动作时间：与下级保护最长动作时间配合；按躲过所带电动机自启动时间配合。 反时限动作时间：按所选反时限特性，与下级保护配合	9.2.1
	短延时过流保护	动作电流（取最大值）： （1）与下级瞬时或短延时保护最大动作电流 $I_{OP.max}$ 配合 $$I_{OP}=K_{co}I_{op.max}$$ K_{co}：配合系数，取 1.15～1.20。 （2）按躲过所带电动机最大自启动电流 I_{ast} 整定 $$I_{OP}=K_{rel}I_{ast}$$ K_{rel}：可靠系数，取 1.15～1.20	式（144） 式（145）
		定时限动作时间：与下级短延时保护最长动作时间配合； 反时限动作时间：按所选反时限特性，与下级保护配合	9.2.1
		灵敏度：PC 段母线两相短路灵敏系数不应低于 2	9.2.2
低厂系统单相接地零序过流保护	中性点接地系统	（1）（直接接地系统）保护动作电流 $I_{OP.0}$（取最大值）： 1）应躲过馈线最大负荷的不平衡电流。 2）与下一级保护配合。 下一级有零序过电流保护时，与下一级零序过流保护最大动作电流配合； 下一级无零序过电流保护时，与下一级相电流保护最大动作电流配合。 （2）灵敏系数：馈线末端单相接地灵敏系数不低于 2。 （3）动作时间：动作于跳闸，取 0.5s～1s；动作于信号，取 0.5s～2s。 下一级有零序过电流保护时，与零序过流保护最大动作电流配合；$\Delta t=0.2s$～$0.3s$； 下一级无零序过电流保护时，与相电流保护最大动作电流配合；$\Delta t=0.2s$～$0.3s$。 （4）出口方式：动作于跳闸	9.2.3.1
	电阻接地	1）动作电流（取较大值）： a）按单相接地时保护有足够灵敏度计算 $$I_{OP.0}=I_k^{(1)}/(n_{a0}K_{sen})$$ $I_k^{(1)}$：低厂馈线单相接地零序电流一次值； K_{sen}：灵敏系数，取 5～6。 b）按躲过最大最大负荷下不平衡电流 I_{unb} 计算。 2）动作时间：取 2s～5s。 3）出口方式：动作于信号	式（146） 9.2.3.2

5. 高压厂用电动机保护整定

名称		依据内容（DL/T 1502—2016）	出处
（高压厂用电动机）单斜率比率制动差动保护	最小动作电流	按躲过电动机正常运行时的差动回路最大不平衡电流整定，可取 $$I_{OP.min} \geq (0.3～0.5)I_e$$	7.2.1.1
	最小制动电流	可取 $0.8I_e$	
	比率制动系数	按躲过电动机最大启动电流下差动回路不平衡电流整定，可取 0.4～0.6	
	灵敏系数	按最小方式下，保护区内两相金属性短路校验 $$K_{sen}=I_{k.min}^{(2)}/I_{d.OP} \geq 1.5$$ K_{sen}：根据最小短路电流 $I_{k.min}^{(2)}$ 和相应制动电流 I_{res}，查动作特性曲线图得到 $I_{d.op}$	式（112）

续表

名　称		依据内容（DL/T 1502—2016）	出处
（高压厂用电动机）单斜率比率制动差动保护	差动速断保护动作电流	$(4\sim 6)I_{M.2N}$	7.2.1.1
（高压厂用电动机）双斜率比率制动纵差保护	最小动作电流	同单斜率比率制动差动保护；$I_{OP.min} \geq (0.3\sim 0.5)I_e$	7.2.1.2
	拐点电流	第一拐点$(0.8\sim 1.0)I_e$；第二拐点$(2.0\sim 4.0)I_e$	
	制动系数	第一拐点$S_1=0.4\sim 0.5$；第二拐点$S_2=0.6\sim 0.7$	
	灵敏系数	同单斜率比率制动差动保护	
	差动速断保护动作电流	同单斜率比率制动差动保护	
（高压厂用电动机）磁平衡保护	动作电流	取最大值，且工程中宜不低于$0.1I_e$。 (1) 应躲过电动机启动时产生的最大磁不平衡电流 $$I_{OP}=K_{rel}I_{unb.max}/n_a=K_{rel}K_{er}K_{st}I_e$$ K_{rel}：可靠系数，取1.5～2.0； $I_{unb.max}$：电动机启动时的最大不平衡电流一次值； K_{er}：电动机两侧磁不平衡误差，根据实测值最大取0.5%； K_{st}：电动机启动电流倍数，可取7； I_e：电动机二次额定电流。 (2) 应躲过外部单相接地时的不平衡电流 $$I_{OP} = K_{rel}\omega\sqrt{(C_{M1}+C_{M0}/2)^2+(3/4)C_{M0}^2}\times(U_{jN}/\sqrt{3})$$ K_{rel}：可靠系数，取1.1～1.3； C_{M1}、C_{M0}：定子绕组每相正序、零序电容； U_{jN}：电动机电压，取电网平均额定线电压，$U_{jN}=1.05U_N$	式（113） 式（114）
	动作时限	取100ms～120ms	7.2.2.2
（高压厂用电动机）电流速断保护	动作定值	"高低定值"判据：电动机启动时按高定值动作，启动结束后按低定值动作。 动作高定值$I_{OP.h}$：躲过电动机最大启动电路整定 $$I_{OP.h}=K_{rel}K_{st}I_e$$ K_{st}：电动机启动电流倍数，取7； K_{rel}：取1.5； I_e：电动机二次侧额定电流 动作低定值I_{OPl}取较大者。 (1) 应躲过电动机自启动电流 $$I_{OPl}=K_{rel}K_{ast}I_e$$ K_{ast}：电动机自启动电流倍数，可取5； K_{rel}：可靠系数，取1.3 (2) 应躲过区外出口短路时，电动机最大反馈电流 $$I_{OPl}=K_{rel}K_{fb}I_e$$ K_{fb}：区外出口短路时，电动机最大反馈电流倍数，取6； K_{rel}：可靠系数，1.3	式（115） 式（116） 式（117）
	动作时限	(1) 对于采用断路器方式，电流速断高定值（1段过电流）保护时间取0～0.06s。 (2) 采用FC回路方式 如保护装置无大电流闭锁功能，需根据熔断器特性计算延时。 熔件额定电流小于200A时，简化取0.3s。 如保护装置采用大电流闭锁方式，动作时间可取0.05s～0.1s	7.3
	灵敏系数	应按电动机机端两相短路进行校验 $$K_{sen}=I_{k.min}^{(2)}/(I_{OP.set}n_a)\geq 2$$ $I_{k.min}^{(2)}$：电动机入口最小两相短路电流一次值； $I_{OP.set}$：电流速断保护动作电流	式（118）

续表

名 称		依据内容（DL/T 1502—2016）	出处
（高压厂用电动机）电流速断保护	闭锁电流定值	有大电流闭锁跳闸时，闭锁电流定值 $I_{art}=I_{brk}/(K_{rel}n_a)$ I_{brk}：接触器允许断开电流； K_{rel}：取 1.3～1.5	式（119）
（高压厂用电动机）长启动保护	动作电流	$I_{OP}=K_{rel}I_e$ K_{rel}：可靠系数，取 1.5～2	式（120）
	动作时间	$t_{st.set}=t_{st.max}+\Delta t$ $t_{st.max}$：实测电动机启动时间最大值； Δt：时间级差，2s～5s	式（121）
	出口方式	动作于跳闸	7.4.1
（高压厂用电动机）堵转保护	动作电流	动作电流：$I_{OP}=(1.3～2)I_e$	7.4.2
	动作时间	对电动机启动过程中退出的堵转保护，按躲过电动机自动时间计算	
		对电动机启动过程中不退出的堵转保护，按躲过电动机启动时间计算	
	出口方式	动作于跳闸	
（高压厂用电动机）过负荷保护	动作电流	按躲过电动机额定电流计算 $I_{OP}=(K_{rel}/K_r)I_e$ K_{rel}：可靠系数，取 1.05～1.1； K_r：返回系数，取 0.85～0.95	式（122）
	动作时间	可取 1.1 倍最长启动时间	7.5
	出口方式	动作于信号或跳闸	7.6
	无外部短路故障闭锁负序过电流保护	动作电流。 （1）负序电流 I 段：按躲过相邻设备两相短路流入电动机的负序电流 $I_{OP.2.I}$ 整定 $I_{OP.2.I}=K_{rel}(3～4)I_e$ K_{rel}：可靠系数，1.2～1.3。 （2）负序电流 II 段： 1）按躲过正常运行时不平衡电压产生的负序电流整定 $I_{OP.2.II}=(20\%～30\%)I_e$ 2）按躲过电流互感器回路二次断线产生的负序电流整定 $I_{OP.2.II}=33\%I_e$ 综合以上，并考虑可靠系数，可取 $I_{OP.2.II}=(50\%～100\%)I_e$	式（123）
	有外部短路故障闭锁负序过电流保护	宜设置两段负序过电流保护，I 段用于跳闸，II 段用于信号。 （1）动作电流躲过正常运行时，不平衡电压产生的负序电流 $I_{OP.2.II}=(20\%～30\%)I_e$ （2）动作电流按躲过电流互感器二次回路断线产生的负序电流整定 $I_{OP.2.II}=33\%I_e$ $\left. \begin{array}{l} I_{OP.2.I}=(50\%～100\%)I_e \\ I_{OP.2.II}=(35\%～40\%)I_e \end{array} \right\}$	式（125）
	动作时限	无外部闭锁时： 负序过电流 I 段动作时间 0.2s～0.4s； 负序过电流 II 段动作时间 $t_{OP.2.II}=t_2+\Delta t$ t_2：高压厂用电系统相间后备段动作时间； Δt：时间级差（0.2s～0.3s）	式（124）

续表

名称		依据内容（DL/T 1502—2016）	出处
（高压厂用电动机）过负荷保护	动作时限	有外部闭锁时： 负序过电流Ⅰ段，动作于跳闸，动作时间取 0.2s～0.4s； 负序过电流Ⅱ段，动作于信号，动作时间取 2s～5s	7.6.2
（高压厂用电动机）过热保护	发热等效电流	$I_{eq} = \sqrt{k_1 I_1^2 + K_2 I_2^2}$ k_1、k_2：正序、负序电流发热系数； I_1、I_2：电动机正序、负序电流。 启动过程中，$k_1=0.5$；启动结束后，$k_1=1$；$k_2=3\sim10$；一般取 6	式（127）
	基本电流 I_B	范围（0.8～1.1）I_e，可取 I_e	7.7.2
	常数 k	范围（1.0～1.3），可取 1.05	
	发热时间常数 τ	（1）根据厂家提供的电动机热限曲线或过负荷能力数据进行计算 $$\tau = t/\ln\left[\frac{I^2}{I^2 - (kI_B)^2}\right]$$	式（128）
		（2）根据堵转电流 I_{stop} 和允许堵转时间 t 进行计算 $$\tau = t/\ln\left[\frac{I_{stop}^2}{I_{stop}^2 - (kI_B)^2}\right]$$	式（129）
		（3）根据启动电流下定子温升进行计算 $\tau = \theta_c K^2 T_{start}/\theta_0$ k：启动电流倍数； T_{start}：电动机启动时间； θ_c：电动机额定温升； θ_0：电动机启动时的温升	式（130）
	散热时间倍数	可取 4	7.7.2
	过热报警系数	可取 0.7～0.8	7.7.2
（高压厂用电动机）单相接地零序过流保护	中性点不接地	（1）（不接地系统）保护动作电流 $I_{OP.0}$：躲过与电动机直接联系的其他设备发生单相接地时，流过保护安装处的接地电流 $$I_{OP.0} = K_{rel} I_k^{(1)}/n_{a0} = K_{rel} 3I_c/n_{a0}$$ K_{rel}：可靠系数，当动作于跳闸时，取 3～4；当动作于信号时，2.0～2.5； $I_k^{(1)}$：单相接地时，被保护设备供给短路点的单相接地电流一次值（电容电流）； I_c：被保护设备的单相电容电流一次值。 （2）灵敏系数 $$K_{sen} = \frac{I_{Kc\Sigma}^{(1)} - I_k^{(1)}}{I_{OP.0} n_{a.0}} \geq 1.5$$ $I_{k\Sigma}^{(1)}$：被保护设备单相接地时，故障点的总接地电容电流一次值。 （3）动作时间：动作于跳闸，取 0.5s～1.0s；动作于信号，取 0.5s～2.0s	式（131） 式（133）
	小电阻接地方案一	动作电流（取较大值）： （1）躲过区外单相接地电流 $$I_{OP.0} = K_{rel} I_k^{(1)}/n_{a0}$$ K_{rel}：可靠系数，1.1～1.15。 （2）按躲过电动机启动时最大不平衡电流 I_{unb} 计算 $$I_{OP.0} = K_{rel} I_{unb}/n_{a0}$$ K_{rel}：可靠系数，取 1.3 无实测值时，经验公式 $$I_{OP.0} = K_{ub}(I_{M.N}/n_{a0})$$ K_{ub}：不平衡电流系数，取 0.05～0.15；未配置专用零序电流互感器时可大于 0.15	式（134） 式（135） 式（136）

续表

名　　称		依据内容（DL/T 1502—2016）	出处
（高压厂用电动机）单相接地零序过流保护	小电阻接地方案一	灵敏系数　　　$K_{sen} = I_{k\Sigma}^{(1)} / I_{OP.0} \geq 2$ $I_{k\Sigma}^{(1)}$：电动机入口单相接地电流二次值； n_{a0}：零序电流互感器变比	式（137）
		动作时间：对于断路器，取 0~0.1s； 采用 FC 回路方式，如保护无大电流闭锁功能，需根据熔断器特性计算延时；也可简化取 0.3s； 如保护装置采用大电流闭锁方式，动作时间可取 0.05s~0.1s	7.8.2.1
	小电阻接地方案二	动作电流定值 $I_{OP.0}$（由灵敏度反推动作电流）； 应按单相接地短路时保护有足够灵敏度计算，并应大于最大负荷下不平衡电流及区外故障带来的最大不平衡电流 $I_{OP.0} = I_k^{(1)} / (n_{a0} K_{sen}) \approx \dfrac{1}{n_{a0} K_{sen}} \dfrac{U_B}{\sqrt{3}R}$ $I_k^{(1)}$：电动机单相接地零序电流； U_B：电动机母线额定电压，如 6.3kV； K_{sen}：灵敏系数，取 5~6； R：中性点接地电阻的阻值（Ω）	式（138）
		动作时间定值：同中性点小电阻接地系统单相接地保护整定计算方法（方案一）	7.8.2.2
低电压保护		（1）Ⅰ类电动机，当装有自动投入的备用机械时，或为保证人身和设备安全在电源电压长时间消失后须自动切除时，应装设 9s~10s 时限的低电压保护，动作于跳闸； （2）为保证接于同段母线的Ⅰ类电动机自启动，对不要求的自启动Ⅱ、Ⅲ类电动机和不能自启动的电动机宜装设 0.5s 时限的低电压保护，动作于跳闸； （3）对于涉及公共安全及重大设备安全的电动机，不直投入低电压保护	7.9

电动机分类	低电压定值 U_N （%）		表 2
	高压电动机	低压电动机	
Ⅰ类电动机	45~50	40~45	
Ⅱ、Ⅲ类电动机	65~70	60~70	

6. 低压电动机保护整定

名　　称		依据内容（DL/T 1502—2016）	出处
低压电动机保护	长延时过流保护	动作电流：按躲过电动机额定电流 I_E 整定 $I_{OP} = K_{rel} I_E$ K_{rel}：可靠系数，取 1.15~1.20	式（147）
		定时限动作时间：按躲过电动机启动时间计算； 反时限动作时间：所选反时限特性	9.3.1
	瞬时过流保护	动作电流：（8~12）电动机额定电流 I_E	9.3.2
		动作时间：0s	9.3.2

7. 高压厂用母线保护整定

名　　称		依据内容（DL/T 1502—2016）	出处
高压厂用母线保护	母线低电压保护	同电动机低电压保护	8.1

续表

名称		依据内容（DL/T 1502—2016）	出处
高压厂用母线保护	母线过电压保护	电压定值：可取 1.3 倍额定电压。 动作时间：可取 2s，动作于信号或跳闸	8.2
	母线零序过电压保护	电压定值：躲过正常运行的最大不平衡电压；可取 0.1 倍~0.15 倍电压互感器开口三角零序电压。 动作时间：延时 2s~5s，动作于信号	8.3
	弧光保护	电流定值：躲过母线正常运行时电源进线的最大负荷电流 $$I_{OP}=(1.1\sim1.3)I_e$$ 动作时间：不需要和其他保护配合，可 0~20ms。 出口方式：动作于跳所接母线分支断路器（或进线断路器）、闭锁快切	式（139）

8. 柴油发电机组保护整定

名称		依据内容（DL/T 1502—2016）	出处
差动保护	动作电流	按躲过外部三相短路时最大不平衡电流 $I_{unb}^{(3)}$ 整定。 动作电流 $$I_{OP}=K_{rel}I_{unb}$$ 最大不平衡电流 $$I_{unb}=(K_{ap}K_{cc}K_{er}+\Delta m)I_k^{(3)}/n_a$$ $I_k^{(3)}$：外部三相短路时，通过保护的最大短路电流： $I_k^{(3)}=I_N/X_d''$； K_{rel}：可靠性系数，1.3~1.5； K_{ap}：非周期分量系数，取 1.2~1.3； K_{cc}：电流互感器同型系数，同型号取 0.5，不同型号取 1.0； K_{er}：电流互感器综合误差，0.03~0.06； Δm：通道调整误差，0.01~0.02	式（148） 式（149）
	灵敏系数	按机端两相短路校验：$K_{sen}\geq 2$	9.4.1
	动作时间出口	延时可取 0~0.2s；动作于停机	9.4.1
零序过流保护	中性点电阻接地系统	动作电流 $$I_{OP.0}=\frac{1}{K_{sen}}\frac{U_n}{R_0\sqrt{3}}\frac{1}{n_{a0}}$$ K_{sen}：灵敏系数，取 2~2.5； R_0：柴油发电机中性点接地电阻值。 动作时间：小电流接地系统，可动作于信号，取 0.5s~1.0s； 大电流接地系统，可动作于跳闸，取 0~0.1s	式（150）
	中性点不接地系统	动作电流：按躲过柴油发电机正常运行时最大不平衡电流计算 $$I_{OP.0}=K_{rel}I_{unb}/n_{a0}$$ K_{rel}：可靠系数，取 1.3。 无实测值时，简化为：$I_{OP.0}=K_{ub}I_e$ K_{ub}：不平衡电流系数，取 0.1~0.2； 动作时间：动作于信号，取 0.5s~1.0s	式（151） 式（152）
过电流保护	动作电流 动作时间	动作电流：按柴油发电机额定工作电流二次值整定 $$I_{OP}=(K_{rel}/K_r)I_e$$ K_{rel}：可靠系数，取 1.2~1.5； K_r：返回系数，取 0.85~0.95。 动作于停机，可取 5s~10s	式（153）
逆功率保护	动作值 动作时间	逆功率动作定值 5%额定功率； 动作时间可取 2s~3s	9.4.4
失磁保护	动作值 动作时间	无功功率动作定值：$Q_{OP}=-10\%Q_N$； 动作时间可取 2s~3s；动作于停机	9.4.5

9. 厂用电自动切换

（1）火电厂自动切换。

名　称	依据内容（DL/T 5153—2014）		出处
高压厂用用电源切换	正常切换	200MW及以上机组	宜采用带同步检定的厂用电源快速切换装置；高压厂用电源切换操作的合闸回路宜经同期继电器闭锁。为保证切换的安全性	9.3.1
		200MW以下机组	宜采用手动并联切换。在确认切换的电源合上后，再断开被切换的电源，并减少两个电源并列的时间，同时宜采用手动合上断路器后联动切除被解列的电源	
	事故切换	单机 200MW及以上机组，当断路器具有快速合闸性能时	宜采用快速串联断电切换方式，此时备用分支的过电流保护可不接入加速跳闸回路。但备用电源自动投入合闸回路中应加同期闭锁，同时应装设慢速切换作后备	
		采用慢速切换时	为提高备用电源自动投入的成功率，在备用电源自动投入的启动回路中宜增加低（残）电压闭锁	
低厂用电源切换	正常切换		正常切换宜采用手动并联切换。在确认切换的电源合上后，再断开被切换的电源，并应减少两个电源并列的时间，同时宜采用手动合上断路器后联动切除被解列的电源	9.3.2
	事故切换	采用明备用PC 供电时	工作电源故障或被错误断开时，备用电源应自动投入	
		采用暗备用PC 供电时	应采用"确认动力中心母线系统无永久性故障后手动切换"的方式	
保安电源的切换	正常切换		宜采用手动并联切换	9.3.3
	事故切换		正常工作电源故障后误跳时，备用电源应自动投入，同时发出柴油电机启动指令，如备用电源投入不成功，应自动投入柴油发电机电源	

（2）火电厂备用电源切换。

名　称	依据内容（DL/T 1502—2016）		出处
备用电源切换装置	备用电源自动投入装置整定	工作电源无压定值，$(0.25\sim 0.3)U_n$。 工作电源与备用电源有压定值，$0.7U_n$。 工作电源无压跳闸时间定值宜大于本级线路电源侧后备保护动作时间。 充电时间定值可取 15s～25s。 母线失压后放电时间定值可取 15s。 自动合备用电源断路器合闸时间定值可取 0s。 分、合闸脉冲时间定值应能保证可靠分、合闸，经实测可取 0.2s～0.5s		10.1
	保安段低电压切换整定	动作电压 U_{OP}：按与低电压保护定值 $U_{low.set}$ 配合整定 $$U_{OP}=(1/K_{co})U_{low.set}$$ K_{co}：配合系数，取 1.2～1.3。 动作时间：按躲过高压厂用变压器低压分支相间故障保护后备段动作时间 t_{backup} 整定 $$t=t_{backup}+\Delta t$$		式（154） 式（155）
	厂用电源快切	并联切换： 频差定值：0.05Hz～0.2Hz；压差定值：0.05～0.15U_n；相差定值：10°～15°。 并联跳闸延时定值：0.1s～1s		10.3.1

续表

名 称		依据内容（DL/T 1502—2016）	出处
备用电源切换装置	厂用电源快切	同时切换：同时切换合备用延时定值 20ms～50ms	10.3.2
		快切频差定值整定 $$\Delta f = K_{rel} \Delta f_{max}$$ K_{rel}：可靠系数，取 1.3～1.5； Δf_{max}：快切过程中实际最大频差值，可取 1Hz；工程经验取 1.5Hz。快切相角差：（工程可取 20°～40°）	式（156）
		$$\delta = \delta_{lim} - \delta_{on} = \delta_{lim} - \Delta f_{re} t_{on} \times 360°$$ δ_{lim}：允许合闸极限角（指断路器已合上点），可取 60°； δ_{on}：合闸过程角，按快切过程实际频差 Δf_{re}（Hz）和断路器合闸时间 t_{on} 计算	式（157）
		同相位切换定值的整定计算： 频差定值：可取 4Hz～5Hz 越前时间：整定为断路器的合闸时间； 越前相角 δ： $\delta = \Delta f_{re2} t_{on} \times (-360°)$ 工程取 85°～90° Δf_{re2}：同相位切换过程中实际频差，300MW 及以上机组的 6kV 厂用电取 2Hz～3Hz； t_{on}：断路器合闸时间	式（158）
		残压切换定值：可取（0.2～0.4）U_n	10.3.5
		长延时切换延时定值：可取 3s～9s	10.3.6
		失电压启动电压定值：可取（0.3～0.7）U_n 失电压启动延时定值：应躲过工作母线出线相间短路后备保护最大动作时间 $$t_{OP} = t_{OP.set.max} + \Delta t$$ 可取 0.5s～2s	10.3.7
		后备失电压定值：可取（0.3～0.7）U_n 后备失电延时定值：可取 0.2s～0.5s	10.3.8

五、厂用电继电保护整定

1. 高压厂用电动机保护整定

名 称		依 据 内 容		出处
单斜率比例制动纵差保护	制动系数 斜率	$K_{res} = I_{OP}/I_{res} = S(1 - I_{res.0}/I_{res}) + I_{op.min}/I_{res}$ $S = \dfrac{K_{res} - I_{OP.min}/I_{res}}{1 - I_{res.0}/I_{res}}$		2P259 式（6-54） 式（6-53）
	电动机电流互感器二次侧的额定电流 $I_{M.2N} = \dfrac{P_{MN}}{\sqrt{3} U_{MN} \eta \cos\varphi} \dfrac{1}{n_{TA}}$ U_{MN}：电动机额定线电压；P_{MN}：电动机额定功率；η：额定效率；$\cos\varphi$：额定功率因数			2P259 式（6-55）
	最小动作电流 $I_{OP.min}$	按大于正常电动机正常运行时的差动回路最大不平衡电流 $I_{OP.min} = K_{rel}(K_{ap}K_{cc}K_{er} + \Delta m) I_{M.2N}$ 工程取 $I_{OP.min} \geq (0.3～0.5) I_{M.2N}$	K_{rel}：可靠系数，取 2.0； K_{ap}：外部故障切除引起电流互感器误差增大系数（非周期系数）异步机取 1.5；同步机取 2.0； K_{cc}：电流互感器同型系数；同型 0.5，不同 1.0； K_{er}：电流互感器综合误差，取 0.1； Δm：通道调整误差，取 0.01～0.02； K_{st}：电动机启动电流倍数，取 7	2P260 式（6-56）
	起始制动电流 $I_{res.0}$	根据纵差保护装置动作特性整定。 $I_{res.0}$ 固定时：$I_{res.0} = I_{M.2N}$ $I_{res.0}$ 不固定时：$I_{res.0} = (0.5～0.8) I_{M.2N}$		式（6-57） 式（6-58）
	动作特性曲线 S	$S = 0.4～0.6$		
	启动时最大制动电流 $I_{res.max}$	可取电动机启动电流 $I_{res.max} = K_{st} I_{M.2N}$		式（6-59）

412

续表

名　称	依　据　内　容		出处
单斜率比率制动纵差保护	启动时差动保护动作电流整定 $I_{st.OP}$	$I_{st.OP}=I_{OP.min}+S(I_{res.max}-I_{M.2N})$	—	2P260 式（6-60）
	灵敏系数	按最小方式下，保护区内电动机引出线两相金属性短路校验：$K_{sen}=I_{k.min}^{(2)}/I'_{OP}\geqslant 1.5$	I'_{OP}：根据最小短路电流 $I_{k.min}^{(2)}$ 和相应制动电流 I_{res}，查动作特性曲线图	2P260 式（6-61）
	差动速断保护	动作电流：$I_{ins.OP}=(4\sim 6)I_{M.2N}$		式（6-62）
双斜率比率制动纵差保护	最小动作电流 $I_{OP.min}$	同单斜率比率制动差动保护		2P258
	最小启动电流 $I_{OP.min}$	第一拐点：$I_{OP.min1}=(0.5\sim 0.5)I_{M.2N}$；第二拐点：$I_{OP.min2}=(2\sim 4)I_{M.2N}$		2P260 式（6-63） 式（6-64）
	制动系数	第一拐点：$S_1=(0.4\sim 0.5)$；第二拐点：$S_2=(0.6\sim 0.7)$		式（6-65） 式（6-66）
	灵敏系数	同单斜率比率制动差动保护		2P260
	差动速断保护	动作电流 $I_{ins.OP}$ 同单斜率比率制动差动保护		2P260
磁平衡保护	动作电流	应躲过各种情况下出现的最大磁不平衡电流 $I_{unb.OP}=(0.05\sim 0.1)I_{M.2N}$		式（6-67）
	动作时限	取 0s		2P260
电流速断及过电流保护	动作定值	动作高定值（Ⅰ段过电流）$I_{ins.OP.H}$ $I_{ins.OP.H}=K_{rel}K_{st}I_{M.2N}$ K_{st}：电动机启动电流倍数，取 7； K_{rel}：可靠系数，取 1.5； $I_{M.2N}$：电动机二次侧额定电流		2P260 式（6-68）
		动作低定值（Ⅱ段过电流）$I_{ins.OP.L}$：应躲过母线三相短路时电动机反馈电流；同时躲过外部故障切除，电源恢复过程中电动机的自启动电流；取较大者。 （1）电动机采用断路器操作时： 1）应躲过区外出口短路时，电动机最大反馈电流 $I_{ins.OP.L}=K_{rel}K_{fb}I_{M.2N}$ K_{fb}：区外出口短路时，电动机最大反馈电流倍数，取 6； K_{rel}：可靠系数，取 1.3；		2P261 式（6-69）
		2）应躲过电动机自启动电流 $I_{ins.OP.L}=K_{rel}K_{ast}I_{M.2N}$ K_{ast}：电动机自启动电流倍数，取 5； K_{rel}：可靠系数，取 1.3。 （2）电动机采用熔断器+接触器操作时： 当区内短路电流大于真空接触器允许开断电流时，熔断器应先于电流速断保护（Ⅱ段过电流）动作，保护必须带 0.3s～0.4s 动作时限，故电流速断保护（Ⅱ段过流）只需要躲过电动机自启动电流，即 $I_{ins.OP.L}=K_{rel}(K_{ast}I_{M.2N})$ K_{ast}：电动机自启动电流倍数，取 5； K_{rel}：可靠系数，取 1.3。		式（6-70） 式（6-71）
		闭锁电流　　$I_{lck}=I_{brk}/(K_{rel}n_{TA})$ I_{brk}：高压接触器允许开断电流； K_{rel}：可靠系数，取 1.3～1.5		式（6-72）
	动作时限	（1）对于采用真空断路器方式，电流速断高定值（Ⅰ段过电流）保护时间取 0s；电流速断低定值（Ⅱ段过电流）保护时间取 0.03s～0.06s。		2P261

续表

名称		依据内容	出处
电流速断及过电流保护	动作时限	（2）采用高压熔断器+接触器方式，如保护装置无大电流闭锁，电流速断保护（Ⅱ段过电流）的动作时间应与高压熔断器熔断时间相互配合，电流速断保护（Ⅱ段过电流）动作时间取 0.3s～0.4s。 如保护装置采用大电流闭锁方式： 当短路电流大于接触器的开断水平时，保护装置被闭锁，电流速断保护（Ⅱ段过电流）不动作。 当短路电流小于接触器开断水平时，电流速断保护（Ⅱ段过电流）动作保护装置的动作时间为固有动作时间，取 0.05s～0.1s	2P261
	灵敏系数	应按电动机机端两相短路进行校验 $K_{\mathrm{sen}} = I_{\mathrm{k}}^{(2)} / I_{\mathrm{ins.op.L}} \geqslant 1.5$	2P261 式（6-73）
单相接地保护	高压厂用电系统中性点不接地时	当单相接地电流 $I_{\mathrm{k}}^{(1)} \geqslant 10\mathrm{A}$ 时，动作于跳闸，动作时间 $t_0 = 0.5\mathrm{s} \sim 1\mathrm{s}$ 当单相接地电流 $I_{\mathrm{k}}^{(1)} < 10\mathrm{A}$ 时，动作于信号，通过小电流接地选线装置切除故障线	2P261
单相接地保护（高压厂用电系统中性点电阻接地）		经小电阻 R_{N} 接地（单相接地时，加在接地电阻上的电压为相电压） 单相接地零序电流 $I_{\mathrm{k}}^{(1)} = 3I_0 = U_{\mathrm{N}} / (\sqrt{3} R_{\mathrm{N}})$	2P261 式（6-74）
	动作电流	（1）应躲过区外单相接地电流 $3I_{0.\mathrm{OP}}$ $3I_{0.\mathrm{OP}} = K_{\mathrm{rel}} I_{\mathrm{k}}^{(1)}$ K_{rel}：可靠系数，1.1～1.15。 （2）应躲过电动机自启动时产生的零序不平衡电流。 $3I_{0.\mathrm{OP}} = K_{\mathrm{rel}} K_{\mathrm{unb}} K_{\mathrm{st}} I_{\mathrm{M.2N}}$ K_{rel}：可靠系数，1.5； K_{st}：电动机启动电流倍数，7； K_{unb}：电动机启动时零序电流不平衡系数； $I_{\mathrm{M.2N}}$：电动机二次额定电流。 经验公式 $3I_{0.\mathrm{OP}} = (0.05 \sim 0.1) I_{\mathrm{M.2N}}$	2P261 式（6-75） 2P261 式（6-76） 式（6-77）
	灵敏系数	$K_{\mathrm{sen}} = I_{\mathrm{k}}^{(1)} / (3I_{0.\mathrm{OP}} n_{\mathrm{TA}}) \geqslant 2$	式（6-78）
过负荷保护	动作电流	$I_{0.\mathrm{OP}} = \dfrac{K_{\mathrm{rel}}}{K_{\mathrm{ret}}} I_{\mathrm{M.2N}}$ K_{rel}：可靠系数，1.05～1.1； K_{ret}：返回系数，0.85～0.95	2P261 式（6-79）
	动作时间	应与电动机允许的最大启动时间配合： 短时限用于信号，取最长启动时间 $t_{\mathrm{ol}} = t_{\mathrm{st.max}}$； 长时限用于跳闸，取 10 倍～15 倍最长启动时间 $t_{\mathrm{ol}} = (10 \sim 15) t_{\mathrm{st.max}}$	2P262
负序过电流保护		作为电动机匝间短路、断相、相序接错、电源电压不平衡较大的保护，是电动机不对称短路的后备保护；需要考虑躲过保护区外两相短路时，流入电动机的负序电流	2P262
	无外部短路故障闭锁负序过电流保护	动作电流： （1）负序电流Ⅰ段：按躲过相邻设备两相短路流入电动机的负序电流 $I_{2\mathrm{OP.I}}$ 整定 $I_{2\mathrm{OP.I}} = K_{\mathrm{rel}} (3 \sim 4) I_{\mathrm{M.2N}}$ K_{rel}：可靠系数，1.2～1.3。 （2）负序电流Ⅱ段： 1）按躲过正常运行时不平衡电压产生的负序电流整定 $I_{2\mathrm{OP.II}} = (20\% \sim 30\%) I_{\mathrm{M.2N}}$ 2）按躲过 TA 回路二次断线产生的负序电流整定 $I_{2\mathrm{OP.II}} = 33.3\% I_{\mathrm{M.2N}}$ 综合以上，并考虑可靠系数，可取 $I_{2\mathrm{OP.II}} = (50\% \sim 100\%) I_{\mathrm{M.2N}}$	2P262 式（6-80） 2P262 式（6-81） 2P262 式（6-82）

续表

名称	依据内容		出处
负序过电流保护	有外部短路故障闭锁负序过电流保护	宜设置两段负序过电流保护，Ⅰ段用于跳闸，Ⅱ段用于信号。 动作电流： （1）躲过电动机正常运行时，不平衡电压产生的负序电流。 电动机负序阻抗 $Z_2 \approx Z_{st}=1/K_{st}$ $I_2=U_2/Z_2=K_{st}U_2$ K_{st}：电动机启动电流倍数，7； U_2：不平衡电压，小于$5\%U_N$。 $I_{2.OP.II}=(21\%\sim28\%)I_{M.2N}$ （2）按躲过电流互感器回路二次断线产生的负序电流整定： $I_{2.OP.II}=33.3\%I_{M.2N}$ 当有电流互感器断线闭锁时，可不考虑电流互感器断线的影响 $I_{2.OP.I}=(50\%\sim100\%)I_{M.2N}$ $I_{2.OP.II}=(35\%\sim40\%)I_{M.2N}$	式（6-83） 式（6-84） 式（6-85） 式（6-86） 式（6-87） 式（6-88）
	动作时限	无外部闭锁时，负序过电流Ⅰ段动作时间0.2s～0.4s； 负序过电流Ⅱ段动作时间 $t_{2.op.II}=t_2+\Delta t$ t_2：高压厂用电系统相间故障后备保护动作时限； Δt：时间级差，0.2s～0.3s	2P262 式（6-89）
		有外部闭锁时： 负序过电流Ⅰ段，动作于跳闸，动作时间0.2s～0.4s； 负序过电流Ⅱ段，动作于信号，动作时间2s～5s	2P262
电动机启动时间过长保护	动作电流	$I_{os}=K_{rel}I_{M.2N}$ K_{rel}：可靠系数，1.5～2	式（6-90）
	动作时间	应在电动机启动结束后退出 $t_{o.t}=t_{st.max}+\Delta t$ $t_{st.max}$：实测电动机最大启动时间； Δt：时间级差，2s～5s	式（6-91）
堵转保护	无转速开关引入时	动作电流 $I_{OP}=(2\sim3)I_{M.2N}$	式（6-92）
		动作时间 $t_{1.OP}=(0.4\sim0.7)t_{st.max}$	式（6-93）
	有转速开关引入时	动作电流 $I_{OP}=(1.5\sim2)I_{M.2N}$	2P262 式（6-94）
		动作时间 $t_{1.OP}=(0.4\sim0.7)t_{st.max}$	2P263 式（6-95）
电动机过热保护	过热保护启动电流	$I_{oh.OP}=1.1I_{M.2N}$ 引起发热的等效电流 $I_{eq}=\sqrt{k_1I_1^2+k_2I_2^2}$	2P262 式（6-96）
		$\int_0^t\left[\left(\dfrac{I_{ed}}{I_{M.2N}}\right)^2-1.05^2\right]dt\geqslant\tau$ k_1、k_2：系数，启动过程中，$k_1=0.5$；启动结束后，$k_1=1$，$k_2=3\sim10$；一般取6； I_1、I_2：电动机正序、负序电流； τ：电动机发热时间常数8min～9min	式（6-97）
电动机过电压保护	电压整定	$U_{ov.OP}=1.3U_{M.2N}$	式（6-98）
	时限	$t_{ov.OP}=2s$	2P263 式（6-99）

2. 低压厂用电动机保护整定

名　　称		依　据　内　容	出处
速断保护	动作电流	$I_{\text{ins.OP}} = K_{\text{rel}} K_{\text{st}} I_{\text{M.2N}}$ K_{st}：启动电流倍数，取 7； K_{rel}：可靠系数，1.5～1.8； $I_{\text{M.2N}}$：电动机二次侧额定电流。	2P266 式（6-100）
		也可：$I_{\text{ins.OP}} = 10.5 I_{\text{M.2N}}$	式（6-101）
		或：$I_{\text{ins.OP}} = 12 I_{\text{M.2N}}$	式（6-102）
	灵敏系数	$K_{\text{sen}} = I_{\text{k}}^{(2)} / I_{\text{ins.OP}} \geq 1.5$	式（6-103）
过电流保护 （短延时）	动作电流	$I_{\text{s.OP}} = K_{\text{rel}} K_{\text{st}} I_{\text{M.2N}}$ K_{rel}：可靠系数，1.5； K_{st}：启动电流倍数，取 7； $I_{\text{M.2N}}$：电动机二次侧额定电流。	式（6-104）
		也可取：$I_{\text{ins.op}} = 10.5 I_{\text{M.2N}}$	式（6-105）
	灵敏系数	$K_{\text{sen}} = I_{\text{k}}^{(2)} / I_{\text{s.op}} \geq 1.5$ $I_{\text{k}}^{(2)}$：电动机机端两相短路电流	2P266 式（6-106）
	动作时间 t_{s}	$t_{\text{s}} = 0.1\text{s}$	2P266
过电流保护 （长延时）	动作电流	$I_{\text{ol.OP}} = (1.15 \sim 1.2) I_{\text{M.2N}}$	2P267 式（6-107）
	动作时间 t_{ol}	应大于电动机启动时间	—
单相接地短路保护	中性点高电阻 接地动作电流	经低压侧中性点电阻 R_{380} 接地（单相接地时加在接地电阻上的电压为相电压） 单相接地零序电流：$3I_0 = U_{\text{N}} / \sqrt{3} R_{380}$	式（6-108）
		$3I_{0.\text{OP}} = \dfrac{3I_0}{K_{\text{rel}}}$ K_{rel}：可靠系数，取 3～4	式（6-109）
	中性点直接接 地动作电流	由套在电缆上的零序 TA 加零序继电器构成时 $3I_{0.\text{op}} = 1\text{A}$	式（6-110）
		由断路器自带电子脱扣器构成时，应躲过电动机启动时的最大不平衡电流 $3I_{0.\text{OP}} = (25\% \sim 30\%) I_{\text{M}}$	2P267 式（6-111）
两相运行保护		当电动机由熔断器或塑壳开关作为短路保护时，应装断相保护，断相保护由热继电器或电动机保护器实现	2P267
低电压保护		表 6-4　低压电动机低电压定值	2P267 表 6-4

电动机分类	低电压定值 U_{N}（%）
Ⅰ类电动机	40～45
Ⅱ、Ⅲ类电动机	60～70

3. 变频调速电动机保护整定

名　　称		依　据　内　容	出处
（变频器） 速断保护	动作电流	应躲过断路器合闸时，移相隔离变压器励磁涌流： 有低压预充电时　$I_{\text{ins.OP}} = (4 \sim 6) I_{\text{T.2N}}$ 无低压预充电时　$I_{\text{ins.OP}} = 8 I_{\text{T.2N}}$ $I_{\text{T.2N}}$：隔离移相变压器二次额定电流	2P268 式（6-112） 式（6-113）
（变频器） 过电流保护	动作电流	变频运行时，电动机的最大负荷电流不超过 $1.5 I_{\text{T.2N}}$； 电动机在电源突然降低瞬时停运自恢复后最大电流不超过 $1.5 I_{\text{T.2N}}$ $I_{\text{s.OP}} = (1.5 \sim 2) I_{\text{T.2N}}$	2P268 式（6-114）
	动作时间	$t_{\text{s.OP}} = 0.5\text{s} \sim 0.7\text{s}$	2P269 式（6-115）

续表

名　　称		依　据　内　容	出处
负序过电流保护		同高压电动机	2P269
单相接地短路保护		同高压电动机	2P269
低电压保护		应与变频器内部瞬时低电压重启动保护配合	2P269
变频器内部过负荷保护	动作电流 动作时间	报警电流　$I_{\text{VFD.ola.OP}}=1.1I_{\text{M.2N}}$ 跳闸电流　$I_{\text{VFD.olt.OP}}=(1.1\sim1.15)I_{\text{M.2N}}$ 反时限特性跳闸时间　$t_{\text{VFD.OP}}=\dfrac{T_{\text{sel}}}{\left(\dfrac{I}{I_{\text{M.2N}}}\right)^2-K^2}$ I：变频器输出电流（电动机运行电流）； K：散热时间常数整定值； T_{sel}：动作时间整定值。 当110%～115%发电机额定电流时，启动过负荷保护	2P269 式（6-116） 式（6-117） 式（6-118）
		（1）变频器输出电流在电动机额定电流120%～125%时，允许运行1min 　　　　$I_{\text{VFD.olt.OP}}=(1.2\sim1.25)I_{\text{M.2N}}$ 　　　　$t_{\text{VFD.OP}}=60\text{s}$ （2）变频器输出电流超过电动机额定电流150%时，不允许运行 　　　　$I_{\text{VFD.olt.OP}}=1.5I_{\text{M.2N}}$ 　　　　$t_{\text{VFD.OP}}=0\text{s}$	2P269 式（6-119） 式（6-120）

4．柴油发电机组保护整定

名　　称		依　据　内　容	出处
差动保护	动作电流	柴油发电机组额定电流　$I_N=\dfrac{P_N}{\sqrt{3}U_N\eta\cos\varphi}$	2P298 式（6-121）
		按躲过外部短路时最大不平衡电流 $I_{\text{unb}}^{(3)}$ 整定。 动作电流　$I_{\text{df-op}}=k_{\text{rel}}I_{\text{unb}}^{(3)}$ 最大不平衡电流　$I_{\text{unb}}^{(3)}=(K_{\text{ap}}K_{\text{cc}}K_{\text{er}}+\Delta m)\dfrac{I_k^{(3)}}{n_{\text{TA}}}$ $I_k^{(3)}$：外部三相短路时，通过保护的最大短路电流，$I_k^{(3)}=I_N/X_d''$； K_{rel}：可靠性系数，1.3～1.5； K_{ap}：外部故障切除引起电流互感器误差增大系数（非周期分量系数），取1.3； K_{cc}：电流互感器同型系数，同型取0.5，不同型取1.0； K_{er}：电流互感器综合误差，2×003； Δm：通道调整误差，0.01～0.02	2P298 式（6-124） 式（6-123） 式（6-122）
	灵敏系数	按机端两相短路校验 $k_{\text{sen}}=0.866\dfrac{I_k^{(3)}}{n_{\text{TA}}I_{\text{df-OP}}}\geqslant 2$	2P298 式（6-125）
过电流保护	动作电流 动作时间	过电流保护Ⅰ段 $I_{\text{sI·OP}}=1.3I_N$；动作时间 $t_{\text{I}}=5\text{s}$； 过电流保护Ⅱ段 $I_{\text{sⅡ·OP}}=1.2I_N$；动作时间 $t_{\text{Ⅱ}}=10\text{s}$	2P298
过电压及欠电压保护	动作电压 动作时间	过电压保护为110%额定电压；动作时间为5s；动作于信号。 欠电压保护为90%额定电压；动作时间为5s；动作于信号	2P299
逆功率保护	动作值 动作时间	逆功率动作定值：5%额定功率。 动作时间：3s	2P299
失磁保护	动作值 动作时间	无功功率动作定值　　$Q_{\text{OP}}=-10\%Q_N$ Q_N：柴油发电机组的额定无功功率。 动作时间2s～3s	2P299 式（6-126）

5. 厂用电源保护整定

名　　称	依　据　内　容	出处
高压厂用变压器（电抗器）纵联差动保护	电抗器纵联差动保护：采用比率制动特性的差动保护，整定计算方法参见发电机差动保护	2P240
	高压厂用变电器纵联差动保护：整定计算同普通变压器计算	
高压厂用变压器（电抗器）电流速断保护	动作电流：取下述两种方式计算结果最大值。 （1）躲过外部短路时流过保护的最大短路电流 $$I_{OP} = K_{rel}I_{k.max}^{(3)}/n_a$$ K_{rel}：取 1.2～1.3； $I_{k.max}^{(3)}$：最大方式下变压器二次侧母线三相短路折算到一次侧的电流。 （2）按躲过变压器励磁涌流 $$I_{OP} \geq (5\sim7)I_{2N}$$	2P240 式（6-1）
	灵敏系数校验　　$$K_{sen} = \frac{I_{k.min}^{(2)}}{n_a I_{op}} \geq 2$$ $I_{k.min}^{(2)}$：最小运行方式下保护安装处两相短路，流过电流互感器的电流； n_a：高压厂用变电器高压侧电压互感器变比	2P240 式（6-2）
高压厂用变压器（电抗器）高压侧过电流保护	动作电流：取下述三种方式计算结果最大值。 （1）按躲过变压器所带负荷及需自启动的（Ⅰ类）电动机最大启动电流之和（$K_{zq}I_e$）整定 $$I_{OP} = K_{rel}K_{ast}I_{2N}$$ K_{rel}：可靠性系数，取 1.15～1.25； I_{2N}：高压厂用变压器高压侧电流互感器的二次额定电流； K_{ast}：需要自启动的全部电动机在自启动时引起的过电流倍数，由下列公式求出： 1）当备用电源为明备用接线时，K_{ast}的计算。 a）未带负荷时 $$K_{ast} = \frac{1}{\dfrac{U_k\%}{100} + \dfrac{S_{T.N}}{K_{st.\Sigma}S_{M\Sigma}}\left[\dfrac{U_{M.N}}{U_{T.N}}\right]^2}$$	2P241 式（6-3） 式（6-4）
	$U_k\%$：变压器短路电压百分值（对于分裂变压器为半穿越阻抗值）； $S_{M\Sigma}$：需要自启动的（Ⅰ类）电动机额定视在功率总和； $S_{T.N}$：厂用变压器额定容量； $U_{M.N}$：高压电动机额定电压； $U_{T.N}$：高压厂用变电器低压分支绕组额定电压； $K_{st.\Sigma}$：电动机启动电流倍数。电源慢切换时取 5，电源快切换时取 2.5～3。 b）已带一段厂用负荷，再投入另一段厂用负荷时 $$K_{ast} = \frac{1}{\dfrac{U_k\%}{100} + \dfrac{0.7S_{T.N}}{1.2K_{st.\Sigma}S_{M\Sigma}}\left[\dfrac{U_{M.N}}{U_{T.N}}\right]^2}$$	式（6-5）
	2）当备用电源为暗备用接线时，K_{ast}的计算 $$K_{ast} = \frac{1}{\dfrac{U_k\%}{100} + \dfrac{S_{T.N}}{0.6K_{st.\Sigma}S_{M\Sigma}}\left[\dfrac{U_{M.N}}{U_{T.N}}\right]^2}$$	式（6-6）
	（2）按躲过低压侧一个分支负荷自启动电流和其余分支正常负荷总电流整定 $$I_{OP} = K_{rel}(\Sigma I_{ast} + \Sigma I_{fL})/n_a$$ K_{rel}：取 1.15～1.25； ΣI_{fL}：低压侧其余分支正常总负荷电流折算到高压侧的一次电流； n_a：高压厂用变压器高压侧电流互感器变比。 （3）按与低压侧分支过电流保护配合整定 $$I_{OP} = K_{co}(K_{bt}I_{op.L} + \Sigma I_{fL})/n_a$$ K_{co}：配合系数，取 1.15～1.25； K_{bt}：变压器绕组接线折算系数，Dy1 接线时，取 $2/\sqrt{3}$；Dd 或 Yy 接线时，取 1；	式（6-7） 式（6-8）

续表

名　称	依　据　内　容	出处
高压厂用变压器（电抗器）高压侧过电流保护	$I_{op.L}$：低压侧分支过电流保护的最大动作电流折算到高压侧的一次电流； ΣI_{fL}：低压侧其余分支正常总负荷电流折算到高压侧的一次电流 灵敏系数　　　　$K_{sen}=\dfrac{I^{(2)}_{k.min}}{n_a I_{OP}}\geqslant 1.3$ $I^{(2)}_{k.min}$：最小运行方式下，电抗器或厂变低压侧母线两相短路时，流过保护的最小短路电流	2P241 式（6-9）
	动作时间：与低压侧分支过电流保护的最大动作时间 $t_{OP.dow.max}$ 配合 　　　　　　　　$t=t_{OP.dow.max}+\Delta t$ 不宜超过 2s	2P241
（高压厂用变压器）低电压及复合电压启动的过电流保护	过电流元件。 （1）动作电流。 1）按躲过额定电流整定　　$I_{OP}=\dfrac{K_{rel}}{K_r}I_{2N}$ I_{2N}：高压厂用变压器高压侧二次额定电流； K_{rel}：可靠系数，取 1.2～1.3； K_r：返回系数，取 0.85～0.95。	2P241 式（6-10）
	2）与低压侧分支复合电压闭锁过电流保护配合 　　　　　　$I_{op}=K_{co}(K_{bt}I_{opf}+\Sigma I_{fL})/n_a$ K_{co}：配合系数，取 1.15～1.25； K_{bt}：变压器绕组接线折算系数，Dy1 接线时，取 $2/\sqrt{3}$；Dd 或 Yy 接线时，取 1； I_{opf}：低压侧分支复合电压闭锁过电流保护的最大动作电流折算到高压侧的一次电流； ΣI_{fL}：低压侧其余分支正常负荷总电流折算到高压侧的一次电流； n_a：高压厂用变压器高压侧电流互感器变比。	2P242 式（6-11）
	（2）灵敏系数　　　　$K_{sen}=\dfrac{I^{(2)}_{k.min}}{n_a I_{OP}}\geqslant 1.3$ $I^{(2)}_{k.min}$：最小运行方式下，高压厂用变压器低压侧母线两相金属性短路电流折算到高压侧的一次电流	式（6-12）
	低电压启动元件。 （1）动作电压：按躲过高压厂用变压器低压侧本分支母线电动机启动时最低电压整定 　　　　　　$U_{OP}=(0.55\sim 0.65)U_N$ （2）相间低电压灵敏度　　$K_{sen}=\dfrac{U_{OP}n_v}{U_{k.max}}\geqslant 1.3$ n_v：高压厂用变压器低压侧本分支母线电压互感器变比； $U_{k.max}$：保护范围末端金属性三相短路时，保护安装处电压（残压）	2P242 式（6-13） 式（6-14）
	负序电压。 1）动作定值：按躲过正常最大不平衡负序电压计算 　　　　　　　$U_{OP.2}=(0.06\sim 0.08)U_N$ 2）灵敏度校验　　$K_{sen}=\dfrac{U_{k2.min}}{U_{OP.2}n_v}\geqslant 1.3$ $U_{k2.min}$：高压厂用变压器低压侧母线两相金属性短路时，保护安装处最小负序电压； n_v：高压厂用变压器低压侧本分支母线电压互感器变比	2P242 式（6-15） 式（6-16）
高压厂用变压器高压侧复合电流保护	相电流元件： 1）动作定值 I_{OP} [同式（6-3）、式（6-7）、式（6-8）]。 2）灵敏系数　　　　$K_{sen}=\dfrac{I^{(3)}_{k.min}}{n_a I_{OP.1}}$ $I^{(3)}_{k.min}$：最小运行方式下，低压母线三相短路电流	2P242 式（6-19）

续表

名　称	依　据　内　容	出处
（高压厂用变压器）高压侧复合电流保护	负序电流元件。 （1）负序电流元件动作值：按变压器带额定负荷运行时，电流互感器一相断线，保护应不误动作 $$I_{2.OP}=K_{rel}I_{2f}$$ K_{rel}：取 1.3； I_{2f}：额定负荷运行时，电流互感器一相断线时的负序电流值，$I_{ph}/3$。 （2）负序电流元件保护灵敏系数 $$K_{sen}=\frac{I_{2k.min}^{(2)}}{I_{2.op}}$$ $I_{2k.min}^{(2)}$：最小运行方式下，低压母线两相短路时负序电流，$I_{2k.min}^{(2)}=\frac{I_j}{X_1+X_2}$	2P242 式（6-17） 式（6-18）
高压厂用变压器（或电抗）电源侧单相接地零序过电流保护（不接地系统）	（1）（不接地系统）保护动作电流：应躲过与被保护线路有直接电联系的其他线路单相接地时，被保护线路本身的接地电容电流 $$I_{OP.0}=K_{rel}I_k^{(1)}/n_{a0}=K_{rel}3I_c/n_{a0}$$ K_{rel}：可靠系数，当动作于瞬时信号时，取 3～4；当动作于延时信号时，2～2.5； I_c：被保护设备的单相电容电流一次值； n_{a0}：零序电流互感器变比； $I_k^{(1)}$：高压侧单相接地时被保护设备供给短路点的接地电流一次值。 （2）灵敏系数 $$K_{sen}=\frac{I_{K\Sigma}^{(1)}-I_K^{(1)}}{I_{OP.0}n_{a.0}}\geq 1.3$$ $I_{K\Sigma}^{(1)}$：被保护线路单相接地时，故障点的总接地电容电流一次值（补偿后的残余电流）	2P242 式（6-20） 式（6-21）
高压厂用变压器低压侧限时电流速断保护	动作电流取下述三种方式计算结果最大值： （1）按躲过本分支母线所接需参与自启动的电动机自启动电流之和整定 $$I_{OP}=K_{rel}K_{ast}I_{2N}$$ K_{rel}：取 1.15～1.20； I_{2N}：高压厂用变压器低压侧分支线的二次额定电流； K_{ast}：全部自启动电动机在自启动时的过电流倍数 $$K_{ast}=\frac{1}{\dfrac{U_k\%}{100}+\dfrac{S_{TN}}{K_{st\Sigma}S_{M\Sigma}}\left(\dfrac{U_{MN}}{U_{TN}}\right)^2}$$ $U_k\%$：变压器阻抗电压百分值（以低压分支绕组额定容量为基准）； $S_{M\Sigma}$：需要自启动的（Ⅰ类）电动机额定视在功率总和； S_{TN}：厂用变低压分支绕组额定容量； U_{MN}：高压电动机额定电压； U_{TN}：高压厂用变压器低压分支绕组额定电压； $K_{st\Sigma}$：电动机自启动电流倍数，电源慢切换时取 5，电源快切换时取 2.5～3.0。 （2）按与本分支母线最大电动机启动电流整定 $$I_{OP}=K_{rel}[I_{1N}+(k_{st}-1)I_{M.N.max}]/n_a$$ K_{rel}：取 1.15～1.2.0； I_{1N}：高压厂用变压器低压侧分支线的一次额定电流； k_{st}：直接启动最大容量电动机的启动电流倍数，取 6～8； $I_{M.N.max}$：直接启动最大容量电动机额定电流。 （3）与下一级速断或限时速断的最大动作电流配合整定 $$I_{OP}=K_{co}I_{OP.dow.max}/n_a$$ K_{co}：配合系数，取 1.15～1.2； $I_{OP.dow.max}$：下一级速断或限时速断的最大动作电流。 （4）与熔断器-接触器（FC）回路最大额定电流的高压熔断器瞬时熔断电流配合整定 $$I_{OP}=K_{rel}I_k/n_a=K_{co}\times(20\sim 25)I_{FU.N.max}/n_a$$ K_{co}：配合系数，取 1.15～1.2； $I_{FU.N.max}$：下一级 FC 高压熔断器最大额定电流	2P243 式（6-22） 式（6-23） 式（6-24） 式（6-25） 式（6-26）

续表

名　　称	依　据　内　容	出处
高压厂用变压器低压侧限时电流速断保护	动作时间：按与下一级速断或限时速断的最大动作时间 $t_{\rm OP.dow.max}$ 配合整定 $$t=t_{\rm OP.dow.max}+\Delta t$$	2P243
	灵敏系数　　$K_{\rm sen}=\dfrac{I_{\rm k.min}^{(2)}}{n_a I_{\rm OP}} \geqslant 1.5$ $I_{\rm k.min}^{(2)}$：最小运行方式下，高压厂用变压器低压侧本分支母线两相金属短路电流	2P243 式（6-27）
高压厂用变压器低压侧分支过电流保护	动作电流取下述三种方式计算结果最大值： （1）按躲过本分支母线所接需参与自启动的电动机自启动电流之和整定。同限时电流速断保护； （2）按躲过本分支母线最大容量电动机启动电流整定。同限时电流速断保护； （3）与下一级限时速断或过电流保护的最大动作电流配合整定 $$I_{\rm OP}=K_{\rm co}I_{\rm OP.oc.max}/n_a$$ $K_{\rm co}$：配合系数，取 1.15～1.20； $I_{\rm OP.oc.max}$：下一级限时速断或过电流的最大动作电流	2P243 式（6-28）
	动作时间：按与下一级限时速断或过电流保护的最大动作时间 $t_{\rm OP.oc.max}$ 配合整定 $$t=t_{\rm OP.oc.max}+\Delta t$$	2P244
	灵敏系数　　$K_{\rm sen}=\dfrac{I_{\rm k.min}^{(2)}}{n_a I_{\rm OP}} \geqslant 1.5$ $I_{\rm k.min}^{(2)}$：最小运行方式下，高压厂用变压器低压侧本分支母线两相金属性短路短路电流	2P244 式（6-29）
变压器低压侧低电压启动复电压启动分支过电流保护	过电流元件。 （1）保护动作电流：按躲过本分支的额定电流整定 $$I_{\rm OP}=K_{\rm rel}I_{\rm 2N}/K_{\rm r}$$ $I_{\rm 2N}$：高压厂用变压器低压侧分支线二次额定电流； $K_{\rm rel}$：可靠系数，取 1.15～1.2； $K_{\rm r}$：返回系数，取 0.85～0.95。 （2）灵敏系数　　$K_{\rm sen}=\dfrac{I_{\rm k.min}^{(2)}}{n_a I_{\rm OP}} \geqslant 1.5$ $I_{\rm k.min}^{(2)}$：最小运行方式下，高压厂用变压器低压侧分支母线两相金属性短路电流	2P244 式（6-30） 式（6-31）
	低电压启动元件。 （1）动作电压整定：同高压侧低电压启动过电流保护整定； （2）灵敏系数：按高压厂用变压器低压侧分支母线最长电缆末端金属性三相短路时，保护安装处电压进行 $$K_{\rm sen}=\dfrac{U_{\rm OP}}{I_{\rm k.max}^{(3)}} \geqslant 1.3$$ $$U_{\rm k.max}^{(3)}=\dfrac{Z_{\rm L}}{Z_{\Sigma}}U_j$$ $U_{\rm k.max}^{(3)}$：最长电缆末端金属性三相短路时，保护安装处最大相间电压	2P244
	负序电压元件。 （1）动作电压：同高压侧复合电压启动过电流保护整定； （2）灵敏系数：按高压厂用变压器低压侧分支母线最长电缆末端金属性两相短路时，保护安装处最小负序电压值 $$K_{\rm lm}=\dfrac{U_{\rm k2.min}}{U_{\rm op.2}n_v} \geqslant 1.3$$ $$U_{\rm k2.min}=I_{2*}(X_{\rm S*}+X_{\rm T*})$$ $U_{\rm k2.min}$：低压侧分支母线最长电缆末端两相金属短路，保护安装处最小负序电压（大方式）	2P244

续表

名称		依据内容	出处
高压厂用变压器低压侧单相接地保护	小电阻接地算法一	动作电流：按与下一级单相接地保护最大动作电流 $3I_{0.L.max}$ 配合整定 $$I_{OP.0} = K_{co} \times \frac{3I_{0.L.max}}{n_{a0}}$$ K_{co}：配合系数，取 1.15～1.2；n_{a0}：高压厂用变压器低压侧中性点零序电流互感器变比	2P244 式（6-32）
		动作时间：零序过电流保护一时限，按与下一级零序过电流保护最长动作时间 $t_{0.L.max}$ 配合 $$t_{0.OP1} = t_{0.L.max} + \Delta t$$ 零序过电流保护二时限，按与零序过电流保护一时限动作时间 $t_{0.OP1}$ 配合 $$t_{0.OP2} = t_{0.OP1} + \Delta t$$	2P244
		灵敏系数 $$K_{sen} = \frac{I_k^{(1)}}{n_{a0} 3 I_{OP.0}} \geq 2$$ $I_k^{(1)}$：高压厂用变压器低压侧单相接地流过中性点接地电阻的零序电流	2P244 式（6-33）
	小电阻接地算法二	动作电流：应按单相接地短路时保护有足够灵敏度计算，还应满足与下级零序保护配合 $$I_{OP.0} = \frac{I_k^{(1)}}{n_{a0} K_{sen}}$$ $I_k^{(1)}$：高压厂用变压器低压侧单相接地流过中性点电阻的零序电流；K_{sen}：灵敏系数，取 2～3	2P244 式（6-34）
		动作时间：同算法一	2P244
低压厂用变压器电流速断保护		按照躲过变压器低压侧三相最大短路电流及躲过变压器励磁涌流整定	2P244
低压厂用变压器高压侧过电流保护		动作电流：取下述三种方式计算结果最大值： （1）按躲过变压器所带负荷需自启动的电动机最大启动电流之和整定 $$I_{OP} = K_{rel} K_{ast} I_{2N}$$ K_{rel}：可靠性系数，取 1.15～1.25； I_{2N}：低压厂用变压器高压侧二次额定电流（电压 0.4kV）； K_{ast}：需要自启动的全部电动机在自启动时引起的过电流倍数，由下列公式求出： 1）备用电源为明备用接线时，K_{ast} 计算 未带负荷时 $$K_{ast} = \frac{1}{\frac{U_k\%}{100} + \frac{S_{TN}}{K_{st\Sigma} S_{M\Sigma}}\left(\frac{U_{MN}}{U_{TN}}\right)^2}$$ $U_k\%$：低压厂用变压器阻抗电压百分值，对于分裂变压器取穿越阻抗值； $S_{M\Sigma}$：需要自启动的电动机额定视在总容量； S_{TN}：低压厂用变压器额定容量； $K_{st\Sigma}$：电动机启动电流倍数；取 5； U_{MN}：低压电动机额定电压； U_{TN}：低压电动机所连接母线的额定电压。 已带一段厂用负荷，再投入另一段厂用负荷时 $$K_{ast} = \frac{1}{\frac{U_k\%}{100} + \frac{0.75 S_{TN}}{1.2 K_{st\Sigma} S_{M\Sigma}}\left(\frac{U_{MN}}{U_{TN}}\right)^2}$$	2P245 式（6-35） 式（6-36） 式（6-37）

续表

名 称	依 据 内 容	出处
低压厂用变压器高压侧过电流保护	2）当备用电源为暗备用接线时 $$K_{ast} = \cfrac{1}{\cfrac{U_k\%}{100} + \cfrac{S_{TN}}{0.6K_{st\Sigma}S_{M\Sigma}}\left(\cfrac{U_{MN}}{U_{TN}}\right)^2}$$	式（6-38）
	（2）按躲过低压侧一个分支负荷自启动电流和其余分支正常负荷总电流整定 $$I_{op} = K_{rel}(\Sigma I_{st} + \Sigma I_{fL})/n_a$$ ΣI_{st}：低压侧一个分支负荷自启动电流折算到高压侧的一次电流； ΣI_{fL}：低压侧其余分支正常总负荷电流折算到高压侧的一次电流。 c）按与低压侧分支过电流保护配合整定 $$I_{op} = k_{co}(k_{bt}I_{OP.L} + \Sigma I_{qyfL})/n_a$$ k_{co}：配合系数，取 1.15～1.25； k_{bt}：变压器绕组接线折算系数，Dy11 接线时，取 $2/\sqrt{3}$；Yy 接线时，取 1； $I_{OP·L}$：低压侧一个分支过电流保护的最大动作电流折算到高压侧的一次电流； ΣI_{qyfL}：低压侧其余分支正常总负荷电流折算到高压侧的一次电流	式（6-39） 式（6-40）
	灵敏系数 $$K_{sen} = \frac{I_{k.min}^{(2)}}{n_a I_{OP}} \geq 1.3$$ $I_{k.min}^{(2)}$：最小运行方式下，低压厂用变压器低压侧母线两相金属性短路折算到高压侧的一次电流	2P245 式（6-41）
	动作时间定值：按与下一级过电流保护最大动作时间 $t_{OP.dow.max}$ 配合 $$t = t_{OP.dow.max} + \Delta t$$	2P245
FC 回路大电流闭锁跳闸	FC 回路大电流闭锁跳闸出口功能定值整定 $$I_{art} = \frac{I_{brk.FC}}{K_{rel}n_a} \geq 1.3$$ K_{rel}：可靠性系数，取 1.3～1.5； $I_{brk.FC}$：接触器允许断开电流	2P245 式（6-42）
低压厂用变压器高压侧单相接地零序电流保护（不接地系统）	（不接地系统）单相接地保护整定电流 $I_{OP.0}$：应躲过与低压厂用变压器直接联系的其他设备单相接地时，流过保护安装处的接地电流整定 $$I_{OP.0} = K_{rel}I_k^{(1)}/n_{a0} = K_{rel}3I_c/n_{a0}$$ K_{rel}：可靠系数，当动作于跳闸时，取 3～4；当动作于信号时，2～2.5； I_c：被保护设备的单相电容电流一次值； n_{a0}：零序电流互感器变比； $I_K^{(1)}$：高压侧单相接地时被保护设备供给短路点的接地电流一次值（电容电流）	2P245 式（6-43）
	灵敏系数 $$K_{sen} = \frac{I_{k\Sigma}^{(1)} - I_k^{(1)}}{I_{OP.0}n_{a.0}} \geq 1.3$$ $I_{k\Sigma}^{(1)}$：被保护设备单相接地时，故障点的总接地电容电流一次值	2P245 式（6-44）
	动作时间：当 3kV～10kV 单相接地电流大于 10A 时，保护动作于跳闸，动作时间取 0.5s～1.0s； 当 3kV～10kV 单相接地电流小于 10A 时，300MW 及以上机组，若满足选择性与灵敏性要求，建议动作于跳闸，动作时间取 0.5s～1.0s；若不满足选择性与灵敏性要求，动作于信号，动作时间取 0.5s～2.0s	2P245

续表

名 称		依 据 内 容	出处
低压厂用变压器高压侧单相接地保护（小电阻接地）	小电阻接地方案一	动作电流（取较大值，一次值宜不小于10A）： （1）按躲过与低压厂用变压器直接联系的其他设备单相接地时，流过保护安装处的电流整定 $$I_{OP.0}=K_{rel}I_k^{(1)}/n_{a0}=K_{rel}3I_c/n_{a0}$$ （2）按躲过低压厂用变压器最大负荷及低压侧母线三相短路时最大不平衡电流计算 $$I_{OP.0}=K_{rel}I_{unb}/n_{a0}$$ K_{rel}：配合系数，取1.3； I_{unb}：低压厂用变压器最大负荷及低压侧母线三相短路时最大不平衡电流一次值，可取$I_{unb}=(0.1\sim0.15)I_{TN}$； I_{TN}：低压厂用变压器高压侧一次额定电流。 （3）无实测值时，经验公式 $$I_{op.0}=K_{ub}I_{TN}/n_{a0}$$ K_{ub}：不平衡电流系数，取0.05～0.15。 小容量低压厂用变压器取较大系数；大容量取较小系数；未配置专用零序电流互感器时可大于0.2	2P246 式（6-43） 式（6-45） 式（6-46）
		动作时间。 断路器：可取0～0.1s； FC回路：保护装置有大电流闭锁保护跳闸出口功能时，取0.05s～0.1s； 保护装置无大电流闭锁保护跳闸出口功能时，根据熔断器熔断特性计算延时，取0.3s	2P246
		灵敏系数 $$K_{sen}=\frac{I_k^{(1)}}{n_{a0}I_{OP.0}}\geq2$$ $I_k^{(1)}$：低压厂用变压器高压侧电缆末端单相接地电流一次值； n_{a0}：零序电流互感器变比	2P246 式（6-47）
	小电阻接地方案二	动作电流定值$I_{OP.0}$（由灵敏度反推动作电流）： 应按单相接地短路时保护有足够灵敏度计算，并应躲过低压厂用变压器最大负荷及低压母线三相短路时最大不平衡电流及正常最大电容电流 $$I_{OP.0}=\frac{I_k^{(1)}}{n_{a0}K_{sen}}$$ $I_k^{(1)}$：低压厂用变压器高压侧电缆末端单相接地流过中性点接地电阻的零序电流； K_{sen}：灵敏系数，取5～6	2P246 式（6-48）
		动作时间定值：同中性点小电阻接地系统单相接地保护整定计算方法（方案一）	
低压厂用变压器中性点零序过电流保护（低压侧中性点直接接地）		动作电流： （1）按躲过低压厂用变压器最大负荷的不平衡电流整定，不超过低压线圈额定电流25% $$I_{OP.0}=K_{rel}I_{unb}/n_{a0}$$ K_{rel}：可靠系数，取1.3～1.5； I_{unb}：变压器最大负荷的不平衡电流一次值；取$(0.2\sim0.5)I_{1N}$（低压侧一次额定电流）。 （2）与低压厂用变压器低压侧下一级保护配合： 1）下一级有零序过电流保护时，应与零序过电流保护最大动作电流配合 $$I_{OP.0}=K_{co}I_{OP.0.L\cdot max}/n_{a0}$$ K_{co}：配合系数，取1.15～1.2； n_{a0}：低压厂用变压器低压侧中性点零序电流互感器变比； $I_{OP.0.L\cdot max}$：下一级零序过电流保护最大动作电流一次值。 2）下一级无零序过电流保护时，应与相电流保护最大动作电流配合	2P246 式（6-49） 式（6-50）

续表

名　称	依　据　内　容	出处
低压厂用变压器中性点零序过电流保护（低压侧中性点直接接地）	$I_{OP.0}=K_{co}I_{OP.L.max}/n_{a0}$ K_{co}：配合系数，取 1.15～1.2； $I_{OP.L.max}$：下一级相电流保护最大动作电流一次值	2P247 式（6-51）
	动作时间： （1）按与下一级零序保护最长动作时间 $t_{OP.L.max}$ 配合 $t=t_{OP.L.max}+\Delta t$ （2）下一级无零序保护时，与下一级相电流保护最长动作时间 $t_{OP.max}$ 配合 $t=t_{OP.max}+\Delta t$	2P247
	灵敏系数　$K_{sen}=\dfrac{I_k^{(1)}}{I_{op.0}n_{a0}}\geqslant 2$ $I_k^{(1)}$：变压器低压侧母线单相接地短路电流一次值； n_{a0}：变压器低压侧中性点零序电流互感器变比	2P247 式（6-52）

六、备用电源自动投入

1．备用电源自动投入装置

名　称	依　据　内　容（DL/T 584—2017）	出处
电压鉴定元件	（1）低电压元件：应能在所接母线失电压后可靠动作，电网故障切除后可靠返回。 低电压定值：0.15 倍～0.3 倍额定电压；如母线上接电容，则应低于电容器低压保护电压定值。 （2）有压检测元件：应能在所接母线电压正常时可靠动作，母线电压低到不允许备自投装置动作时可靠返回电压定值：0.6 倍～0.7 倍额定电压。 （3）动作时间：电压鉴定元件动作后延时跳开工作电源，大于本级线路电源侧后备保护动作时间。 需考虑重合闸时，应大于本级线路电源侧后备保护动作时间与线路重合闸时间之和； 还应大于工作电源母线上运行电容器的低压保护动作时间	7.2.15.1
备用电源投入时间	如跳开工作电源时需联切部分负荷，或联切工作电源母线上的电容器，则投入时间 0.15s～0.5s	7.2.15.2
后加速过电流保护	（1）安装在变压器电源侧的自动投入装置。 如投入在故障设备上，后加速保护应快速切除故障，本级线路电源侧速动段保护的非选择性动作由重合闸来补救。 电流定值：应对故障设备有足够灵敏系数，还应可靠躲过包括自启动电流在内的最大负荷电流；在过电流保护不能满足灵敏度要求式，应采用复合电压闭锁过电流保护。 （2）安装在变压器负荷侧的自动投入装置。如投在故障设备上，后加速保护宜带 0.2s～0.3s 延时。 电流定值：应对故障设备有足够灵敏系数，还应躲过包括自启动电流在内的最大负荷电流	7.2.15.3

2．备用电源或备用设备自动投入装置要求

名　称	依　据　内　容	出处
应装设备用电源或备用设备的自动投入装置的情况	（1）具有备用电源的发电厂厂用电源和变电站所用电源。 （2）由双电源供电的变电站和配电站，其中一个电源经常断开作为备用。 （3）降压变点站内有备用变压器或有互为备用的电源。 （4）有备用机组的某些重要辅机	GB/T 14285—2006 5.3.1
备用电源或备用设备的自动投入功能要求	（1）除发电厂备用电源快速切换外，应保证在工作电源或设备断开后，才投入备用电源或设备。	GB/T 14285—2006 5.3.2

续表

名　称	依　据　内　容	出处
备用电源或备用设备的自动投入功能要求	（2）工作电源或设备的电压，无论何种原因消失（无故障，或已清除），除有闭锁信号外，自动投入装置均应动作。 （3）自动投入装置应保证只动作一次	GB/T 14285—2006 5.3.2
	工作电源故障或断路器被错误断开时，自动投入装置应延时动作。 手动断开工作电源、电压互感器回路断线和备用电源无电压情况下，不应启动自动投入装置	GB/T 50062—2008 11.0.2
发电厂备用电源自动投入功能要求：除5.3.2外	一个备用电源同时作为几个电源的备用时，如备用电源已代替一个工作电源，另一个工作电源又被断开，必要时，自动投入装置仍能动作	GB/T 14285—2006 5.3.3
	有两个备用电源的情况下，当两个备用电源为两个彼此独立的备用系统时，应装设各自独立的自动投入装置。 当任一备用电源能作为全厂各工作电源的备用时，自动投入装置应使任一备用电源能对全厂各工作电源实行自动投入	
	在条件可能时，宜采用带有检定同步的快速切换方式，并采用带有母线残压闭锁的慢速切换方式及长延时切换方式作为后备。 在条件不允许时，可仅采用带母线残压闭锁（有故障）的慢速切换方式及长延时切换	
	当厂用母线速动保护动作、工作电源分支保护动作或工作电源由手动或DCS跳闸时，应闭锁备用电源自动投入	
校核	应校核备用电源或备用设备自动投入时过负荷及电动机自启动的情况，如过负荷超过允许限度或不能保证自启动时，应有自动投入装置动作时自动减负荷措施	GB/T 14285—2006 5.3.4
加速跳闸	当自动投入装置动作时，如投于故障，应有保护加速跳闸	

七、线路自动重合闸

1. 线路重合闸规定

名　称	依据内容（GB/T 14285—2006）	出处
启动	自动重合闸装置可由保护装置或断路器控制状态与位置不对应启动	5.2.2
在3kV～110kV电网中，下列情况应装设自动重合闸装置	（1）3kV及以上的架空线路和电缆与架空的混合线路，当用电设备允许且无备用电源自动投入时。 （2）旁路断路器和兼做旁路的母联或分段断路器。 （3）必要时母线故障可采用母线自动重合闸装置	5.2.1
110kV及以下单侧电源线路的自动重合闸装置方式规定	采用三相一次重合闸方式	5.2.4
	当断路器断流容量允许时，下列可采用两次重合闸方式： 无经常值班人员变电所所引出的无遥控的单回线。 给重要负荷供电，且无备用电源的单回线	
	当几段串联线路构成的电力网，为补救速动保护无选择性动作，可采用前加速（先跳后合）的重合闸或顺序重合闸方式	
110kV及以下双侧电源线路的自动重合闸装置方式的规定	并列运行的发电厂或电力网之间，具有四条及以上联系的线路或三条紧密联系的线路，可采用不检同期的三相自动重合闸	5.2.5
	并列运行的发电厂或电力网之间，具有两条及以上联系的线路或三条不紧密联系的线路（依据非同步合闸的最大冲击电流），可采用同步检定和无电压检定的三相自动重合闸方式	

续表

名　称	依据内容（GB/T 14285—2006）	出处
110kV及以下双侧电源线路的自动重合闸装置方式的规定	可采用解列重合闸，即将一侧电源解列，另一侧装设线路无电压检定的重合闸方式。 当水电厂条件许可时，可采用自同步重合闸。 为避免非同步重合及两侧电源均重合于故障线路上，可采用一侧无压检定，另一侧采用同步检定的重合闸方式	5.2.5.3
220kV～500kV线路的自动重合闸装置方式的规定	（1）220kV及以下单侧电源线路，采用不检同步的三相重合闸方式。 （2）220kV线路，当满足5.2.5.1时，可采用不检同步的三相自动重合闸方式。 （3）220kV线路，当满足5.2.5.2及稳定要求时，可采用检同步的三相自动重合闸。 （4）不符合上述条件的220kV线路应采用单相重合闸方式。 （5）330kV～500kV线路，一般情况下应采用单相重合闸方式。 （6）可能发生跨线故障的330kV～500kV同塔并架双回线路，可考虑采用按相自动重合闸	5.2.6

2. 110kV及以下线路重合闸规定

名　称	依据内容（DL/T 584—2017）	出处
三相重合闸	110kV及以下电网均采用三相重合闸	7.2.7.2
单侧电源线路	选用一般重合闸方式，如保护采用前加速方式，为补救相邻线路速动段的无选择性动作，宜选用顺序重合闸方式	7.2.7.3
双侧电源线路	选用一侧检无压（同时具备检同期功能），另一侧检同期重合闸方式： （1）带地区电源的主网终端线路，宜选用解列重合闸方式；终端线路故障，在地区电源解列后，主网侧检无压重合。 （2）双侧电源单回线路也可选用解列重合闸方式	7.2.7.4
双侧电源线路	双侧电源的线路，除采用解列重合闸的单回线路外，均应有一侧检同期重合闸； 检同期合闸角的整定应满足最不利方式下，小电源侧发电机的冲击电流不超过允许值； 一般线路检同期合闸角不大于30°	7.2.7.5
电缆线路	（1）全线敷设电缆的线路（电缆故障多为永久性故障），不宜采用自动重合闸。 （2）部分敷设电缆的终端负荷线路，宜以备用电源自投提高可靠性，也可自动重合闸。 （3）少部分电缆、以架空线路为主的联络线路，当供电可靠性需要时，也可采用重合闸。 （4）部分敷设电缆的线路，宜酌情采用以下条件重合闸： 1）单相故障重合，相间故障不重合。 2）判别故障不在电缆线路上才重合	7.2.7.6
配合自动重合闸的继电保护整定要求	（1）自动重合闸过程中，重合于故障时应快速跳闸，重合闸不应超过预定次数，相邻线路的继电保护应保证有选择性。 （2）自动重合闸过程中，相邻线路发生故障，允许本线路后加速保护无选择性调闸。 （3）若分支侧变压器低压侧无电源，分支侧断路器可以在线路故障时不跳闸，但线路后加速电流定值应可靠躲过重合闸时分支侧最大负荷电流	7.2.7.7
自动重合闸动作时间	单侧电源线路：三相重合闸时间除应大于故障点断电去游离时间外，还应大于断路器及操作机构复归原状准备好再次动作的时间； 双侧电源线路：三相重合闸时间除考虑单侧电源线路重合闸因素外，还应考虑线路两侧保护装置以不同时间切除故障的可能性 $$t_{Zmin} \geq t_{II} + t_D + \Delta t - t_k \quad (13)$$ t_{Zmin}：最小重合闸整定时间； t_{II}：对侧保护延时段动作时间；	7.2.7.1

续表

名　　称	依据内容（DL/T 584—2017）	出处
自动重合闸动作时间	t_D：断电时间，三相重合闸不小于 0.3s； t_k：断路器合闸固有时间； Δt：裕度时间 单侧电源线路的三相一次重合闸动作时间宜大于 0.5s；如二次重合闸，第二次动作时间不宜小于 5s。 多回线并列运行的双侧电源线路的三相一次重合闸，其无电压检定侧动作时间不宜小于 1s。 大型电厂出线的三相一次重合闸动作时间一般整定为 1.5s	7.2.7.1

3. 220kV～750kV 及以下线路重合闸规定

名　　称	依据内容（DL/T 559—2018）	出处
自动重合闸	动作时间： 发电厂出线或密集型电网的线路三相重合闸，其无电压检定动作时间一般 10s；单相重合闸动作时间由运行方式部门确定，一般 1s； 单侧电源线路：三相重合闸时间除应大于故障点熄弧时间及周围介质去游离时间外，还应大于断路器及操作机构复归原状准备好再次动作的时间； 双侧电源线路：自动重合闸时间除考虑单侧电源线路重合闸因素外，还应考虑线路两侧保护装置以不同时限切除故障的可能性及潜供电流的影响 $t_{Zmin} \geq t_n + t_d - t_k$（式 8） t_{Zmin}：最小重合闸整定时间； t_n：对侧保护有足够灵敏度的延时段动作时间，如只考虑两侧保护均为瞬时动作，则可取零； t_d：断电时间，220kV 线路，三相重合闸 0.3s，单相重合闸 0.5s；330kV～750kV 线路，单相重合闸最低断电时间视线路长短及有无辅助消弧措施（如高压电抗器带中性点小电抗）而定； t_k：断路器固有重合闸时间	7.2.8.1
	重合闸整组复归时间： 应大于重合闸周期与重合于永久性故障第二次跳闸时间和后加速延时之和，并留裕度； 同时应大于本线路相间距离保护的整组复归时间（保证后加速情况下的选择性配合）	7.2.8.2
	3/2 断路器动作重合闸方式：可根据系统需要，设定断路器合闸先后顺序	7.2.8.3

第二十一章 电　　缆

一、电缆持续允许载流量的环境温度（GB 50217—2018 表 3.6.5）

电缆持续允许载流量的环境温度		
电缆敷设场所	有无机械通风	选取的环境温度（℃）
土中直埋	—	埋深处的最热月平均地温
水下	—	最热月的日最高水温平均值
户外空气、电缆沟	—	最热月的日最高温度平均值
有热源设备的厂房	有	通风设计温度
	无	最热月的日最高温度平均值+5℃
一般性厂房、室内	有	通风设计温度
	无	最热月的日最高温度平均值
户内电缆沟	无	最热月的日最高温度平均值+5℃*
隧道		
隧道	有	通风设计温度

注　*当"属于数量较多的该类电缆敷设于未装设机械通风的隧道、竖井时，应计入对环境温升的影响"的情况（3.6.4-1）时，不能直接采取仅加5℃。

二、常用电力电缆导体的最高允许温度（GB 50217—2018 附表 A）

电缆			最高允许温度（℃）	
绝缘类别	型式特征	电压（kV）	持续工作	短路暂态
聚氯乙烯	普通	≤1	70	160（140）
交联聚乙烯	普通	≤500	90	250
自容式充油	普通牛皮纸	≤500	80	160
	半合成纸	≤500	85	160

注　括号内数值适用于截面大于300mm²的聚氯乙烯绝缘电缆。

三、导体材质选择

名　称	依据内容（GB 50217—2018）	出处
应选用铜导体的情况	电机励磁、重要电源、移动式电气设备等需保持连续具有高可靠性的回路	3.1.1
	振动场所、有爆炸危险或对铝有腐蚀等工作环境	
	耐火电缆	
	紧靠高温设备布置	
	人员密集场所	
	核电厂常规岛及与生产有关的附属设施	
限制条件	除限于产品仅有铜导体和上述确定应选用铜导体的情况外，电缆导体材质可选用铜、铝或铝合金导体。电压等级 1kV 以上的电缆不宜选用铝合金导体	3.1.2

四、电缆芯数

（1）GB 50217—2018。

名称	依据内容		出处
	单芯电缆	两芯/三芯/四芯电缆等	
3kV～35kV 三相供电回路	工作电流较大回路或电缆敷设于水下，可选用 3 根单芯电缆	除上述情况外，应选用三芯电缆三芯电缆可选用普通统包型，也可选用 3 根单芯电缆绞合构造型	3.5.3
110kV 三相供电回路	宜选用单芯电缆	敷设于水下时可选用三芯电缆	3.5.4
110kV 以上三相供电回路	宜选用单芯电缆		3.5.4
移动式电气设备的单相电源	—	应选用三芯软橡胶电缆	3.5.5
移动式电气设备的三相三线制电源	—	应选用四芯软橡胶电缆	3.5.5
移动式电气设备的三相四线制电源	—	应选用五芯软橡胶电缆	3.5.5
低压直流供电系统	也可选用单芯电缆	宜选用两芯电缆	3.5.6-1
高压直流输电系统	宜选用单芯电缆	水下敷设时也可选用两芯电缆	3.5.6-2

（2）GB/T 50062—2008。

名称	依据内容					出处
控制电缆截面（mm^2）	6	4	2.5	1.5	弱电回路	15.1.6
芯数（不应超过）	6	10	24	37	50	

（3）DL/T 5136—2012。

名称	依据内容			出处
控制电缆截面（mm^2）	1.5mm^2 或 2.5mm^2	4mm^2 及以上	弱电回路	7.5.9
芯数（不宜超过）	24	10	50	
控制电缆类型	宜采用多芯电缆，应尽可能减少电缆根数			7.5.9
控制电缆备用芯	7 芯及以上的芯线截面小于 4mm^2 的较长控制电缆应留有必要的备用芯			7.5.11

（4）DL/T 5044—2014。

名称	依据内容	出处
蓄电池组引线	正极和负极不应共用一根电缆	6.3.2

五、电缆绝缘水平

名称	依据内容（GB 50217—2018）		出处
交流系统电力电缆导体的相间额定电压	不得低于使用回路的工作线电压		3.2.1
交流系统电力电缆导体与绝缘屏蔽或金属层之间额定电压	中性点直接接地或经低电阻接地的系统，接地保护动作不超过 1min 切除故障时	不应低于 100%的使用回路工作相电压	3.2.2-1
	单相接地故障可能超过 1min 的供电系统	不宜低于 133%使用回路工作相电压	3.2.2-1
	在单相接地故障可能持续 8h 以上，或发电机回路等安全性要求较高时	宜采用 173%使用回路工作相电压	3.2.2-2

六、电缆绝缘类型

名 称	依据内容（GB 50217—2018）		出处
	宜/可 选用外护层类型	不宜/不可选用外护层类型	
低压电缆	（宜）交联聚乙烯或聚氯乙烯挤塑绝缘类型	当环境保护有要求时（不得）选用聚氯乙烯绝缘电缆	3.3.2-1
高压交流电缆	（宜）交联聚乙烯绝缘类型；（也可）自容式充油电缆		3.3.2-2
500kV交流海底电缆线路	（可）自容式充油电缆或交联聚乙烯绝缘电缆		
高压直流输电电缆	（可）不滴流浸渍纸绝缘、自容式充油电缆和适用高压直流电缆的交联聚乙烯绝缘类型	（不宜）选用普通交联聚乙烯类型电缆	3.3.2-3
移动式电气设备等经常弯曲移动或有较高柔软性要求的回路	（应）橡皮绝缘等电缆	—	3.3.3
放射性作用场所	（应按绝缘要求）交联聚乙烯或乙丙橡皮绝缘等耐射线辐照强度的电缆	—	3.3.4
60℃以上高温场所	（应）耐热聚氯乙烯、交联聚乙烯或乙丙橡皮绝缘等耐热性电缆	（不宜）选用普通聚氯乙烯绝缘电缆	3.3.5
100℃以上高温环境	（宜）矿物绝缘电缆		
年最低温度在-15℃以下	（应）交联聚乙烯、聚乙烯、耐寒橡皮绝缘电缆	（不宜）选用聚氯乙烯绝缘电缆	3.3.6
人员密集的公共设施或有低毒要求的场所	（应）交联聚乙烯或乙丙橡胶绝缘等无卤绝缘电缆	（不应）选用聚氯乙烯绝缘电缆	3.3.7
6kV及以上的	交联聚乙烯绝缘电缆，应选用内、外半导电屏蔽层与绝缘层三层共挤工艺特征的型式		3.3.8
核电厂	应选用交联聚乙烯或乙丙橡皮等低烟、无卤绝缘电缆		3.3.9

七、电缆护层类型

名 称	依据内容（GB 50217—2018）		出处
	宜/可/应选用外护层类型	不宜/不可/不应选用外护层类型	
交流系统单芯电力电缆，当需要增强电缆抗外力时	应选用非磁性金属铠装层	不得选用未经非磁性有效处理的钢制铠装	3.4.1-1
在潮湿、含化学腐蚀环境或易受水浸泡的电缆	金属套、加强层、铠装上应有聚乙烯外护层，水中电缆的粗钢丝铠装应有挤塑外护层	—	3.4.1-2
人员密集场所或有低毒性要求的场所	应选用聚乙烯或乙丙橡皮等无卤素的外护层	不应选用聚氯乙烯外护层	3.4.1-3
核电厂用电缆	应选用聚烯烃类低烟、无卤外护层	—	3.4.1-4
年最低温度在-15℃以下低温环境或药用化学液体浸泡场所，以及有低毒性要求的电缆挤塑外护层	宜选用聚乙烯等低烟、无卤材料外，其他可选用聚氯乙烯外护层	—	3.4.1-5
除-15℃以下低温环境或药用化学液体浸泡场所，以及有低毒难燃性要求以外	可选用聚氯乙烯外护层		3.4.1-5

续表

名　称		依据内容（GB 50217—2018）		出处
		宜/可/应选用外护层类型	不宜/不可/不应选用外护层类型	
用在有水或化学液体浸泡场所的3kV～35kV重要回路或35kV以上的交联聚乙烯绝缘电缆		应具有符合使用要求的金属塑料复合阻水层、金属套等径向防水构造；海底电缆宜选用铅护套，也可选用铜护套作为径向防水措施	—	3.4.1-6
海底电缆		宜选用铅护套，也可选用铜护套作为径向防水措施	—	3.4.1-6
移动式电气设备等经常弯移或有较高柔软性要求回路		应选用橡皮外护层	—	3.4.5
放射性作用场所		应具有适合耐受放射性辐照强度的聚氯乙烯、氯丁橡皮、氯磺化聚乙烯等外护层	—	3.4.6
保护管中敷设		应具有挤塑外护层	—	3.4.7
水下敷设	沟渠、不通航小河等不需铠装层承受拉力的电缆	可选用钢带铠装	—	3.4.8-1
	江河、湖海中电缆	选用的钢丝铠装型式应满足受力条件，当敷设条件有机械损伤等防范要求时，可选用符合防护、耐蚀性增强要求的外护层	—	3.4.8-2
	海底电缆	宜采用耐腐蚀性好的镀锌钢丝、不锈钢丝或铜铠装	不宜采用铝铠装	3.4.8-3
直埋敷设	电缆承受较大压力或有机械损伤危险时	应具有加强层或钢带铠装	—	3.4.3-1
	在流砂层、回填土带等可能出现位移的土壤	电缆应具有钢丝铠装	—	3.4.3-2
	白蚁严重危害地区用的挤塑电缆	应选用较高硬度的外护层，也可在普通外护层上挤包较高硬度的薄外护层，其材料可采用尼龙或特种聚烯烃共聚物等，也可采用金属套或钢带铠装	—	3.4.3-3
	除上述情况外	可选用不含铠装的外护层	—	3.4.3-4
	地下水位较高的地区	应选用聚乙烯外护层	—	3.4.3-5
	35kV以上高压交联聚乙烯电缆	应具有防水结构	—	3.4.3-6
空气中固定敷设	在地下客运、商业设施等安全性要求高且鼠害严重的场所	塑料绝缘电缆应具有金属包带或钢带铠装	—	3.4.4-1
	电缆位于高落差的受力条件时	多芯电缆应具有钢丝铠装，交流单芯电缆应符合（3.4.4-1）规定	—	3.4.4-2
	敷设在桥架等支承较密集的电缆	可不需要铠装	—	3.4.4-3
	当环境保护有要求时	—	不得选用聚氯乙烯外护层	3.4.4-4
	除按（3.4.1-3～5和3.4.4-4）规定，以及60℃以上高温场所应选用聚乙烯等耐热外护层电缆外	其他宜选用聚氯乙烯外护层	—	3.4.4-5

八、电缆接头的绝缘特性及电缆护层电压限制器参数选择

1. 规定要求

名 称	依据内容（GB 50217—2018）	出处
电缆接头的绝缘特性规定	电缆接头的绝缘特性应符合下列规定： （1）接头的额定电压及其绝缘水平，不得低于所连接电缆额定电压及其要求的绝缘水平； （2）绝缘接头的绝缘环两侧耐受电压，不得低于所连接电缆护层绝缘水平的 2 倍	4.1.7
电缆护层电压限制器参数选择	电缆护层电压限制器参数的选择应符合下列规定： （1）可能最大冲击电流作用下护层电压限制器的残压，不得大于电缆护层的冲击耐压被 1.4 所除数值； （2）系统短路时产生的最大工频感应过电压作用下，在可能长的切除故障时间内，护层电压限制器应能耐受。切除故障时间应按 5s 以内计算； （3）可能最大冲击电流累积作用 20 次后，护层电压限制器不得损坏	4.1.14

2. 冲击耐压值

国内标准中单芯电缆及其附件的冲击耐压（kV）指标（GB 50217—2018 条文说明第 4.1.13 条表 4）。

标准号	部位	各额定电压等级对应外护层等冲击耐压（kV）				
GB/T 11017 GB 2952 GB/Z 18890.1	额定电压（kV）	≤35	66	110	220	500
	电缆外护层、户外终端支座	20	—	37.5	47.5	72.5

九、回流线

名 称	依据内容（GB 50217—2018）	出处
应沿电缆邻近设置平行回流线	交流 110kV 及以上单芯电缆金属层单点直接接地时，下列任一情况下，应沿电缆邻近设置平行回流线： （1）系统短路时电缆金属层产生的工频感应电压，超过电缆护层绝缘耐受强度或护层电压限制器的工频耐压； （2）需抑制电缆邻近弱电线路的电气干扰强度	4.1.16
回流线的选择与设置应符合下列规定	（1）回流线的阻抗及其两端接地电阻，应达到抑制电缆金属层工频感应过电压，并应使其截面满足最大暂态电流作用下的热稳定要求； （2）回流线的排列布置方式，应保证电缆运行时在回流线上产生的损耗最小； （3）电缆线路任一终端设置在发电厂、变电所时，回流线应与电源中性导体接地的接地网连通	4.1.17

十、电缆敷设

1. 敷设方式选择

（1）敷设场所考虑。

名 称	依据内容（GB 50217—2018）		出处
直埋敷设	同一通道少于 6 根 35kV 及以下电力电缆，在厂区通往远距离辅助设施或城郊等不易经常性开挖的地段	宜采用直埋	5.2.2
	在城镇人行道下较易翻修情况或道路边缘	也可直埋	
	厂区内地下管网较多的地段，可能有熔化金属、高温液体溢出的场所，待开发有较频繁开挖的地方	不宜直埋	
	在化学腐蚀或杂散电流腐蚀的土壤范围内	不得直埋	
穿管敷设	爆炸性危险场所明敷设的电缆；露出地坪上需加以保护的电缆、地下电缆与道路及铁路交叉	应穿管	5.2.3

续表

名　称	依据内容（GB 50217—2018）		出处
穿管敷设	地下电缆通过房屋、广场的区段，以及电缆敷设在规划中将作为道路的地段	宜穿管	5.2.3
	地下管网较密集的工厂区、城市道路狭窄且交通繁忙或道路挖掘困难的通道等电缆数量较多时	可穿管	
	同一通道采用穿管敷设的电缆数量较多时	宜排管	
浅槽敷设	地下水位较高的地方	宜浅槽	5.2.4
	通道中电力电缆数量较少，且在不经常有载重车通过的户外配电装置等场所	宜浅槽	
电缆沟敷设	化学腐蚀液体或高温熔化金属溢流的场所，或在载重车辆频繁经过的地段	不得电缆沟	5.2.5
	经常有工业水溢流、可燃粉尘弥漫的厂房内	不宜电缆沟	
	在厂区、建筑物内地下电缆数量较多但不需要采用隧道；城镇人行道开挖不便且电缆需分期敷设，同时不属于上述情况	宜电缆沟	
	处于爆炸、火灾环境中的电缆沟	应充砂	
电缆隧道敷设	同一通道的地下电缆数量多，电缆沟不足以容纳	应采用隧道	5.2.6
	同一通道地下电缆数量较多，且位于有腐蚀性液体或经常有地面水溢流的场所，或含有35kV以上高压电缆，以及穿越道路、铁路等地段	宜采用隧道	
	受城镇地下通道条件限制或交通流量较大的道路下，与较多电缆沿同一路径有非高温的水、气和通信电缆管线共同配置	可在公用性隧道中敷设	
竖井敷设	垂直走向的电缆，宜沿墙、柱敷设，当数量较多，或含35kV以上高压电缆	应竖井	5.2.7
电缆夹层	控制室、继电保护室等电缆数量较多时	宜在下部设置电缆夹层	5.2.8
	控制室、继电保护室等电缆数量较少时	也可采用活动盖板的电缆层	
水下敷设	通过河流、水库的电缆，无条件利用桥梁、堤坝敷设时	可水下敷设	5.2.11
架空敷设	地下水位较高的地方，化学腐蚀液体溢出的场所	厂房内应支持式架空敷设	5.2.9
	建筑物或厂区不宜地下敷设时	可架空敷设	
	明敷设且不宜采用支持式架空敷设的地方	可悬挂架空敷设	

（2）检修与敷设禁忌。

名　称	依据内容（GB 50217—2018）	出处
检修通道	厂房内架空桥架敷设方式不应设置检修通道；城市电缆线路架空桥架敷设方式可设置检修通道	5.2.12
敷设禁忌	在隧道、沟、浅槽、竖井、夹层等封闭式电缆通道中，不得布置热力管道，严禁有可燃气体或可燃液体的管道穿越	5.1.9
	直埋敷设的电缆，严禁位于地下管道的正上方或正下方（表5.3.5）	5.3.5
	明敷设的电缆不宜平行敷设在热力管道的上部（表5.1.7）	5.1.7

2. 电缆敷设附加长度规定

名　称	依据内容（GB 50217—2018）	出处
电缆敷设附加长度	35kV 及以下电缆用于非长距离时，宜计及整盘电缆中截取后不能利用其剩余段的因素，按计算长度计入 5%～10%的裕量，作为同型号规格电缆的订货长度	5.1.18-2
电缆敷设附加长度	表G　35kV 及以下电缆敷设度量时的附加长度 | 项目名称	附加长度（m）
---	---
电缆终端的制作	0.5
电缆接头的制作	0.5
由地坪引至各设备的终端处：电动机（接线盒对地坪实际高度）	0.5～1.0
配电屏	1.0
车间动力箱	1.5
控制屏或保护屏	2.0
厂用变压器	3.0
主变压器	5.0
电磁启动器或事故按钮	1.5		表G

3. 保护管及其管径与穿过电缆数量的选择

名　称	依据内容（GB 50217—2018）	出处
电缆保护管选择	电缆保护管应光滑无刺，应满足机械强度和耐久性要求	5.4.1
电缆保护管选择	需采用穿管抑制对控制电缆的电气干扰时，应采用钢管	5.4.1-1
电缆保护管选择	交流单芯电缆以单根穿管时，不得采用未分割磁路的钢管	5.4.1-2
保护管电缆数量	每管宜只穿 1 根电缆，除发电厂、变电所等重要性场所外，对 1 台电动机所有回路或同一设备的低压电动机的所有回路，可在每管合穿不多于 3 根电力电缆或多根控制电	5.4.4-1
保护管内径	管的内径不宜小于电缆外径或多根电缆包络外径的 1.5 倍。排管的管孔内径不宜小于 75mm	5.4.4-2

4. 电缆支持点的最大允许距离（1P856 表 16-31）

电缆特征	敷设方式 水平	敷设方式 垂直
未含金属套、铠装的全塑小截面电缆	400（维持电缆较平直时，该值可增加 1 倍）	1000
除上述情况外的中、低压电缆	800	1500
35kV 及以上高压电缆	1500	3000

5. 电缆的允许弯曲半径（1P856 表 16-32）

电缆形式		多芯	单芯
聚氯乙烯绝缘		10	10
橡皮绝缘	非裸铅包或钢铠护套	10	10
橡皮绝缘	裸铅包护套	15	15
橡皮绝缘	钢铠护套	20	20
交流聚乙烯绝缘（35kV 及以下）		15	20

续表

电缆形式		多芯	单芯
油浸纸绝缘	铅包 铠装	15	25
	铅包 无铠装	20	25
	铝包 外径在40mm以下时	25	25
	铝包 外径在40mm以上时	30	30

十一、电缆支撑与固定

名称	依据内容（GB 50217—2018）	出处
35kV及以下明敷规定	35kV及以下明敷时，应设置适当固定的部位，并符合下列规定： （1）水平敷设，应设置在电缆线路首、末和转弯处以及接头的两侧，且宜在直线段每隔不少于100m处； （2）垂直敷设，应设置在上、下端和中间适当数量位置处； （3）斜坡敷设，应遵照本条1、2款因地制宜； （4）当电缆间需保持一定间隙时，宜设置在每隔约10m处	6.1.3
35kV及以上高压电缆明敷规定	35kV及以上高压电缆明敷时，加设固定的部位除应符合6.1.3规定外，尚应符合下列规定： （1）在终端、接头或转弯处紧邻部位的电缆上，应设置不小于1处的刚性固定； （2）在垂直或斜坡的高位侧，宜设置不小于2处的刚性固定；采用钢丝铠装电缆时，还应使铠装钢丝能夹持住并承受电缆自重引起的拉力； （3）电缆蛇形敷设的每一节距部位，宜采用挠性固定。蛇性转换成线性敷设的过渡部位，宜采用刚性固定及	6.1.4
电缆固定用部位的选择规定	电缆固定用部位的选择，应符合下列规定： （1）除交流单芯电力电缆外，可采用经防腐处理的扁钢制夹具、尼龙扎带或镀塑金属扎带。强腐蚀环境，应采用尼龙扎带或镀塑金属扎带； （2）交流单芯电力电缆的刚性固定，宜采用铝合金等不构成磁性闭合回路的夹具；其他固定方式，可采用尼龙扎带或绳索； （3）不得用铁丝直接捆扎电缆	6.1.9
交流单芯电力电缆固定部件机械强度	交流单芯电力电缆固定部件的机械强度，应验算短路电动力条件，并宜满足下列公式 $$F \geq \frac{2.05 i^2 L k}{D} \times 10^{-7}$$ 对于矩形断面夹具 $$F = bh\sigma$$ F：夹具、扎带等固定部件的抗张强度（N）； i：通过电缆回路的最大短路电流峰值（A）； D：电缆相间中心距离（m）； L：在电缆上安置夹具、扎带等的相邻跨距（m）； k：安全系数，取大于2； b：夹具厚度（mm）； h：夹具宽度（mm）； σ：夹具材料允许拉力（Pa），对于铝合金夹具，取80	式(6.1.10-1) 式(6.1.10-2)
电缆支架材质	电缆支架除支持工作电流大于1500A的交流系统单芯电缆外，宜选用钢制。在强腐蚀环境，选用其他材料电缆支架、桥架应符合下列规定： （1）电缆沟中的普通支架（臂式支架），可选用耐腐蚀的刚性材料制； （2）电缆桥架组成的梯架、托盘，可选用满足工程条件阻燃性的玻璃钢制； （3）技术经济综合较优时，可选用铝合金制电缆桥架	6.2.2
电缆支架强度	电缆支架的强度，应满足电缆及其附件荷重和安装维护的受力要求，且应符合下列规定： （1）有可能短暂上人时，计入900N的附加集中载荷； （2）机械化施工时，计入纵向拉力、横向推力和滑轮重量等影响； （3）在户外时，计入可能有覆冰、雪和大风的附加荷载	6.2.4

续表

名　　称	依据内容（GB 50217—2018）	出处
电缆桥架强度、刚度和稳定性要求	电缆桥架的组成结构，应满足强度、刚度和稳定性要求，且应符合下列规定： （1）桥架的承载能力，不得超过使桥架最初产生永久变形时的最大荷载除安全系数为1.5的数值。 （2）梯架、托盘在允许均布承载作用下的相对挠度值，钢制不宜大于1/200；铝合金制不宜大于1/300。 （3）钢制托臂在允许承载的偏斜与臂长比值，不宜大于1/100	6.2.5
梯架、托盘的直线段伸缩缝	梯架、托盘的直线段超过下列长度时，应留有不少于20mm的伸缩缝： （1）钢制30m。 （2）铝合金或玻璃钢制15m	6.2.8

十二、电缆金属层感应电势

1．感应电势

名　　称	依据内容（GB 50217—2018）	出处
电缆线路正常感应电势最大值	电缆线路正常感应电势最大值应满足下列规定： （1）未采取能有效防止人员任意接触金属层的安全措施时，不得大于50V。 （2）除上述情况外，不得大于300V	4.1.11
	交流系统中单芯电缆线路一回或两回的各相按通常配置排列情况下，在电缆金属层上任一点非直接接地处正常感应电势值，可按下式计算 $$E_s = L \times E_{s0}$$ E_s：感应电势（V）； E_{s0}：单位长度的正常感应电势（V/km）； L：电缆金属层的电气通路上任一部分与其直接接地处的距离（km）	式（F.0.1）
	（两端接地、一端接地、中间接地三种情况下 E_s 沿电缆长度 L 的分布示意图）	—

2．单位长度的正常感应电势

		E_{s0} 表达式				
电缆回路数	每根电缆相互间中心距均等时的配置排列特征	A 或 C 相（边相）	B 相（中间相）	符号 Y	符号 a（Ω/km）	符号 b（Ω/km）	符号 X_s（Ω/km）
1	2 根电缆并列	lX_S	lX_S	—	—	—	$(2\omega \ln s/r) \times 10^{-4}$
	3 根电缆呈等边三角形	lX_S	lX_S	—	—	—	$(2\omega \ln s/r) \times 10^{-4}$
	3 根电缆呈直角形	$\frac{1}{2}\sqrt{3Y^2 + \left(X_S - \frac{a}{2}\right)^2}$	lX_S	$X_S + a/2$	$(2\omega \ln 2) \times 10^{-4}$	—	$(2\omega \ln s/r) \times 10^{-4}$
	3 根电缆呈直连线并列	$\frac{1}{2}\sqrt{3Y^2 + (X_S - a)^2}$	lX_S	$X_S + a$	$(2\omega \ln 2) \times 10^{-4}$	—	$(2\omega \ln s/r) \times 10^{-4}$

续表

电缆回路数	每根电缆相互间中心距均等时的配置排列特征	E_{S0} 表达式 A 或 C 相（边相）	E_{S0} 表达式 B 相（中间相）	符号 Y	符号 a（Ω/km）	符号 b（Ω/km）	符号 X_s（Ω/km）
2	两回电缆等距直线并列（相序同）	$\frac{1}{2}\sqrt{3Y^2+\left(X_s-\frac{b}{2}\right)^2}$	$I(X_S+a/2)$	$X_S+a+b/2$	$(2\omega\ln 2)\times 10^{-4}$	$(2\omega\ln 5)\times 10^{-4}$	$(2\omega\ln s/r)\times 10^{-4}$
2	两回电缆等距直线并列（相序互反）	$\frac{1}{2}\sqrt{3Y^2+\left(X_s-\frac{b}{2}\right)^2}$	$I(X_S+a/2)$	$X_S+a-b/2$	$(2\omega\ln 2)\times 10^{-4}$	$(2\omega\ln 5)\times 10^{-4}$	$(2\omega\ln s/r)\times 10^{-4}$

注　$\omega=2\pi f$；
　　R：电缆金属层平均半径（m）。
　　I：电缆导体正常工作电流（A）。
　　f：工作频率（Hz）。
　　S：各电缆相邻之间中心距（m）。
　　回路电缆情况，假定其每回 I、r 均等。

十三、电缆截面选择

1. 按持续允许电流选择

（1）计算公式。

名　称	依　据　内　容		出处
电缆持续允许电流	铝芯：$KI_{xu}\geqslant I_g$　　　　铜芯：$1.29KI_{xu}\geqslant I_g$ I_{xu}：电缆在标准敷设条件下的额定载流量（A）； I_g：电缆长期持续工作电流（A）		1P845 16-1 节 式（16-1）
	敷设方式	K：不同敷设条件下综合校正系数	
	空气中单根敷设	$K=K_t\times K_a\times K_h$	
	空气、桥架中多根敷设	$K=K_t\times K_1\times K_a\times K_h\times K_h$（$\times K_6$）	
	空气中穿管敷设	$K=K_t\times K_2\times K_h$	
	土壤中单根敷设	$K=K_t\times K_3\times K_h$	
	土壤中多根敷设	$K=K_t\times K_4\times K_h$	
	土壤中穿管敷设	$K=K_t\times K_5\times K_h$	

（2）电缆修正系数含义表。

系数	含　义	GB 50217—2018	手册
K_t	10kV 及以下电缆环境温度修正系数（对载流量）	表 D.0.1	1P846，表 16-10
K_a	1kV～6kV 空气中敷设电缆无遮阳时的校正系数	表 D.0.7	1P845
K_h	电缆中含谐波电流时的校正系数，6 脉冲变频器可取 0.92，12 脉冲变频器可取 1.0	—	1P845
K_1	空气中单层多根并行敷设校正系数	表 D.0.5	1P846，表 16-11
K_2	空气中穿管敷设电缆时的校正系数，低压电缆取 0.83，3kV～10kV 电缆取 0.85，35kV 及以上电缆取 1.0	—	1P845
K_3	不同土壤热阻校正系数	表 D.0.3	1P846，表 16-12
K_4	土中直埋多根并行敷设校正系数	表 D.0.4	1P846，表 16-13
K_5	土壤中穿管敷设电缆时的校正系数	—	1P846
K_6	电缆桥架上无间距配置多层并列校正系数	表 D.0.6	—

(3) 温度校正。10kV 及以下电缆在不同环境温度时的载流量校正系数（GB 50217—2018 表 D.0.1）。

敷设位置		空气中				土壤中		
环境温度（℃）		30	35	40	45	20	25	30	35
电缆导体最高工作温度（℃）	60	1.22	1.11		0.86	1.07		0.93	0.85
	65	1.18	1.09		0.89	1.06		0.94	0.87
	70	1.15	1.08	1.0	0.91	1.05	1.0	0.94	0.88
	80	1.11	1.06		0.93	1.04		0.95	0.90
	90	1.09	1.05		0.94	1.04		0.96	0.92

注 D.0.2 除表 D.0.1 以外的其他环境温度下载流量的校正系数可按下式计算

$$K=\sqrt{\frac{\theta_m-\theta_2}{\theta_m-\theta_1}} \quad (D.0.2)$$

θ_m：电缆导体最高工作温度（℃）；
θ_1：对应于额定载流量的基准环境温度，40 或 25（℃）；
θ_2：实际环境温度（℃）。

(4) 热阻系数校正。不同土壤热阻系数时电缆载流量的校正系数 K_3（GB 50217—2018 表 D.0.3）。

土壤热阻系数（K·m/W）	分类特征（土壤特征和雨量）	校正系数
0.8	土壤很潮湿，经常下雨。如湿度大于 9%的沙土，湿度大于 10%的沙-泥土等	1.05
1.2	土壤潮湿，规律性下雨。如湿度大于 7%但小于 9%的沙土，湿度为 12%~14%的沙-泥土等	1.0
1.25	土壤较干燥，雨量不大。如湿度 8%~12%的沙-泥土等	0.93
2.0	土壤干燥，少雨，如湿度大于 4%但小于 7%的沙土，湿度为 4%~8%的沙-泥土等	0.87
3.0	多石地层，非常干燥。如湿度小于 4%的沙土等	0.75

注 1. 适用于缺乏实测土壤热阻系数时的粗略分类，对 110kV 及以上电缆线路工程，宜以实测方式确定土壤热阻系数。
2. 校正系数仅适用于本标准附录 C 中表 C.0.1-2 采取土壤热阻系数为 1.2K·m/W 的情况，不适用于三相交流系统的高压单芯电缆。

(5) 直埋电缆热阻系数的修正。

类型	方 法		
	按载流量修正 I_{xu}，修正后的值与计算工作电流 I_g 比较得到合适选项		
直接修正	热阻系数=1.2	载流量为 I_{xu}	热阻系数增大散热不好，载流量下降
	热阻系数=1.5	载流量为 $0.93I_{xu}$	
相对修正	热阻系数=2.0	载流量为 I_{xu}	热阻系数减小散热效果好，载流量增大
	热阻系数=1.2	载流量为 $I_{xu}/0.87$	
	热阻系数=1.5	载流量为 $\frac{0.93I_{xu}}{0.87}=1.069I_{xu}$	
	按计算工作电流修正 I_g，修正后的值与查表得到 I_{xu} 比较得到合适选项		
直接修正	热阻系数=1.2	计算工作电流为 I_g	热阻系数增大散热不好，需大修正工作电流
	热阻系数=1.5	计算工作电流为 $I_g/0.93$	
相对修正	热阻系数=2.0	计算工作电流为 I_g	热阻系数减小散热效果好，可降低修正工作电流

续表

类型	方法		
	按载流量修正 I_{xu}，修正后的值与计算工作电流 I_g 比较得到合适选项		
相对修正	热阻系数=1.2	计算工作电流为 $0.87I_g$	热阻系数减小散热效果好，可降低修正工作电流
	热阻系数=1.5	计算工作电流为 $\dfrac{0.87I_g}{0.93}=0.9355I_g$	

（6）土中并行校正。土中直埋多根并行敷设校正系数 K_4（GB 50217—2018 表 D.0.4）。

并列根数		1	2	3	4	5	6
电缆间净距	100mm	1.00	0.90	0.85	0.80	0.78	0.75
	200mm		0.92	0.87	0.84	0.82	0.81
	300mm		0.93	0.90	0.87	0.86	0.85

（7）空中并行校正。空气中单层多根并行敷设时电缆载流量校正系数 K_5（GB 50217—2018 表 D.0.5）。

并列根数		1	2	3	4	5	6
电缆中心距 S	$S=d$	1.00	0.90	0.85	0.82	0.81	0.80
	$S=2d$		1.00	0.98	0.95	0.93	0.90
	$S=3d$		1.00	1.00	0.98	0.97	0.96

注 1. S 为电缆中心间距，d 为电缆外径；
2. 按全部电缆具有相同外径条件订订，当并列敷设的电缆外径不同时，d 值可近似地取电缆外径平均值；
3. 本表不适用于三相交流系统单芯电缆。

（8）桥架无间距多层并列校正。电缆桥架上无间距配置多层并列电缆载流量的校正系数 K_6（GB 50217—2018 表 D.0.6）。

桥架类别	电缆叠置层数	一	二	三	四
	梯架	0.8	0.65	0.55	0.5
	托架	0.7	0.55	0.5	0.45

注 呈水平状并列电缆数不少于7根。

（9）户外明敷无遮阳校正。1kV~6kV 电缆户外明敷无遮阳时载流量的校正系数 K_a（GB 50217—2018 表 D.0.7）。

电缆截面（mm²）			35	50	70	95	120	150	185	240
电压（kV）	1	芯数	三	—	—	—	0.90	0.98	0.97	0.96	0.94
	6		三	0.96	0.95	0.94	0.93	0.92	0.91	0.90	0.88
			单	—	—	—	0.99	0.99	0.99	0.99	0.98

注 运用本表系数校正对应的载流量基础值，是采取户外环境温度的户内空气中电缆载流量。

（10）6kV 三芯交联聚乙烯绝缘电缆允许载流量（GB 50217—2018 表 C.0.2）。

单位：（A）

绝缘类型		交联聚乙烯			
钢铠护套		无		有	
电缆导体最高工作温度（℃）		90			
敷设方式		空气中	直埋	空气中	直埋
电缆导体截面（mm²）	25	—	87	—	87
	35	114	105	—	102
	50	141	123	—	118
	70	173	148	—	148
	95	209	178	—	178
	120	246	200	—	200
	150	277	232	—	222
	185	332（勘误）	262	—	252
	240	378	300	—	295
	300	432	343	—	333
	400	505	380	—	370
	500	584	432	—	422
环境温度（℃）		40	25	40	25
土壤热阻系数（K·m/W）		—	2.0	—	2.0

注 1. 适用于铝芯电缆，铜芯电缆的持续允许载流量值可乘以 1.29。
2. 电缆导体工作温度大于 70℃时，持续允许载流量还应符合本标准 3.6.4 条的规定。

（11）10kV 三芯交联聚乙烯绝缘电缆允许载流量。10kV 3 芯交联聚乙烯绝缘电缆持续允许载流量（A）（GB 50217—2018 表 C.0.3）。

单位：（A）

绝缘类型		交联聚乙烯			
钢铠护套		无		有	
电缆导体最高工作温度（℃）		90			
敷设方式		空气中	直埋	空气中	直埋
电缆导体截面（mm²）	25	100	90	100	90
	35	123	110	123	105
	50	146	125	141	120
	70	178	152	173	152
	95	219	182	214	182
	120	251	205	246	205
	150	283	223	278	219
	185	324	252	320	247
	240	378	292	373	292
	300	433	332	428	328
	400	506	378	501	374
	500	579	428	574	424
环境温度（℃）		40	25	40	25
土壤热阻系数（K·m/W）		—	2.0	—	2.0

注 1. 适用于铝芯电缆，铜芯电缆的持续允许载流量值可乘以 1.29；
2. 电缆导体工作温度大于 70℃时，持续允许载流量还应符合 GB 50217—2018 3.6.4 条的规定。

2. 按经济电流密度选择

(1) 计算公式。

名　称	依　据　内　容	出处
按经济电流密度选择电缆截面	10kV 及以下电缆最大负荷年利用小时数小于 5000h 且线路较长时，宜按经济电流密度选择电缆截面，并宜符合下列要求： a. 按照工程条件、电价、电缆成本、贴现率等计算拟选用的 10kV 及以下铜芯或铝芯的聚氯乙烯、交联聚乙烯等电缆的经济电流密度值。 b. 对备用回路的电缆，如备用的电动机回路等，宜按正常运行小时数的一般选择电缆截面，对一些长期不使用的回路，不宜按经济电流密度选择截面。 c. 当电缆经济电流截面比按热稳定、容许电压降或持续载流量要求的截面小时，则应按热稳定、容许电压降或持续载流量较大要求截面选择，当电缆经济电流截面介于电缆标称截面档次之间，可视其接近程度，选择较接近一档截面，且宜偏小选取。 d. 简化计算时，可仅选取比按电缆长期持续工作电流所选择电缆截面（或更多根数）更大截面（或更多根数）进行电缆总成本对比，选取总成本最低的截面（或根数）	1P853
经济电缆截面计算	$S_j = I_{max}/J$ S_j：经济电缆截面（mm^2）； I_{max}：第一年导体最大负荷电流（A）； J：经济电流密度（A/mm^2），见 1P852（16-23）	1P852 16-1 节
电力电缆经济电流密度	$j = \dfrac{I_{max}}{S_{ec}}$，式（B0.1-1） 10kV 及以下电力电缆经济电流密度宜按经济电流密度曲线查阅图 B.0.2-1～图 B.0.2-12	GB 50217—2018 附录 B.0.1

(2) 曲线编号说明。

曲线编号	适用电缆类型
1	VLV-1（3芯、4芯）及 VLV_{22}-1（3芯、4芯）电力电缆
2	YJLV-10、$YJLV_{22}$-10、YJLV-6、$YJLV_{22}$-6 电力电缆
3	YJLV-1（3芯、4芯）及 $YJLV_{22}$-1（3芯、4芯）电力电缆
4	YJV-1（3芯、4芯）、YJV_{22}-1（3芯、4芯）、YJV-6、YJV_{22}-6、YJV_{22}-10 电力电缆
5	VV-1（3芯、4芯）及 VV_{22}-1（3芯、4芯）电力电缆

(3) 经济电流密度曲线图（GB 50217—2018 附录 B）。

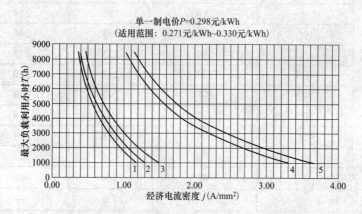

图 B.0.2-1　铜、铝电缆经济电流密度（单一制电价 P=0.298 元/kWh）

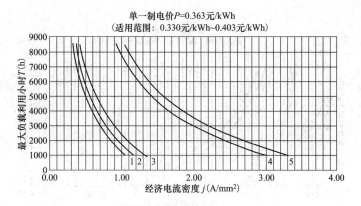

图 B.0.2-2　铜、铝电缆经济电流密度（单一制电价 P=0.363 元/kWh）

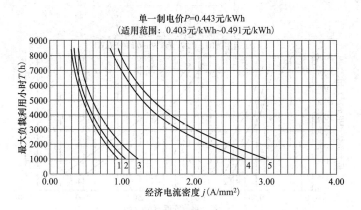

图 B.0.2-3　铜、铝电缆经济电流密度（单一制电价 P=0.443 元/kWh）

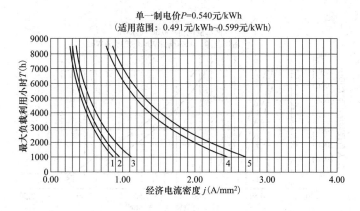

图 B.0.2-4　铜、铝电缆经济电流密度（单一制电价 P=0.540 元/kWh）

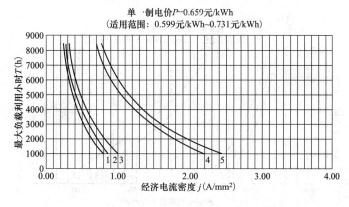

图 B.0.2-5　铜、铝电缆经济电流密度（单一制电价 P=0.659 元/kWh）

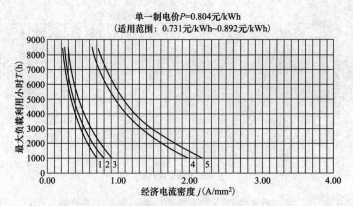

图 B.0.2-6 铜、铝电缆经济电流密度（单一制电价 $P=0.804$ 元/kWh）

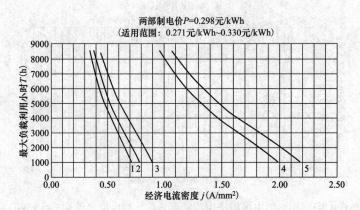

图 B.0.2-7 铜、铝电缆经济电流密度（两部制电价 $P=0.298$ 元/kWh）

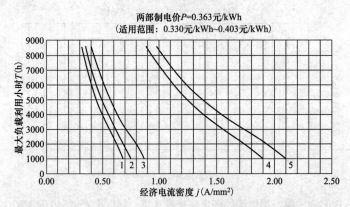

图 B.0.2-8 铜、铝电缆经济电流密度（两部制电价 $P=0.363$ 元/kWh）

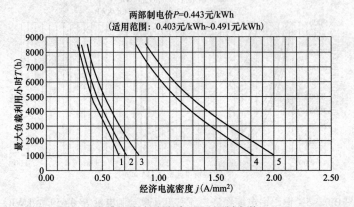

图 B.0.2-9 铜、铝电缆经济电流密度（两部制电价 $P=0.443$ 元/kWh）

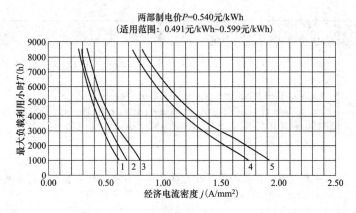

图 B.0.2-10　铜、铝电缆经济电流密度（两部制电价 $P=0.540$ 元/kWh）

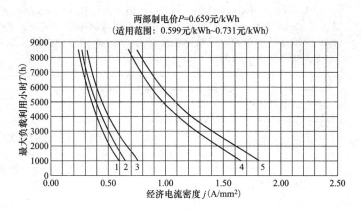

图 B.0.2-11　铜、铝电缆经济电流密度（两部制电价 $P=0.659$ 元/kWh）

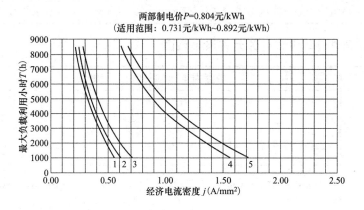

图 B.0.2-12　铜、铝电缆经济电流密度（两部制电价 $P=0.804$ 元/kWh）

3．按电压损失校验

名　　称	依　据　内　容	出处
公式计算线路电压损失	三相交流　$\Delta U\% = \dfrac{173}{U} I_g L(r\cos\varphi + x\sin\varphi)$ 单相交流　$\Delta U\% = \dfrac{200}{U} I_g L(r\cos\varphi + x\sin\varphi)$ 直流线路　$\Delta U\% = \dfrac{200}{U} I_g Lr$ U：线路工作电压，三相为线电压，单相为相电压（V）； I_g：计算工作电流（A）； L：线路长度（km）；	1P854 式（16-24） 式（16-25） 式（16-26）

续表

名 称	依 据 内 容	出处
公式计算线路电压损失	r：电缆运行时单位长度直流电阻（Ω/km）；或 1P854 表 16-29，1P855 表 16-30； （$\rho_{铜}$=0.0184Ω/mm²/m，$\rho_{铝}$=0.031Ω/mm²/m） x：电缆单位长度的电抗（Ω/km）；1P854 表 16-29，P855 表 16-30（旧 1P190 附表 4-13）； $\cos\varphi$：功率因数	—
查表计算线路电压损失	三相线路可直接根据导线截面及负荷功率因数查表得到每 kW·km（或 MW·km）电压损失百分数，再按下式求总的电压损失。 $\Delta U\% = \Delta U\% PL$ P：线路负荷（kW 或 MW）； L：线路长度（km）； $\Delta U\%$：每 kW·km（或 MW·km）电压损失百分数（查表 16-28～表 16-30）。 （表 16-28 为 0.38kV 交联聚乙烯电力电缆线路电压损失表；表 16-29 为 6kV 交联聚乙烯电力电缆线路电压损失；表 16-30 为 10kV 交联聚乙烯电力电缆线路电压损失）	1P853 式（16-27）
各种设备允许压降	高压电动机　≤5% 低压电动机　≤5%（一般），≤10%（特别远的电机） 　　　　　　≤15%～30%（启动时端电压降） 电焊机回流　≤10% 起重机回路　≤15%（交流），≤20%（直流）	1P853

注　对供电距离较远、容量较大的电缆线路或电缆—架空混合线路（如煤、灰、水系统），应校验其电压损失。

4. 按短路热稳定条件计算电缆导体允许最小截面

名 称	依 据 内 容（GB 50217—2018）	出处
按短路热稳定条件计算电缆导体允许最小截面	$$S \geq \frac{\sqrt{Q}}{C}$$ C 值计算见公式（E.1.1-2）	式（E.1.1-1）
	对发电厂 3kV～10kV 断路器馈线回路，机组容量为 100MW 及以下时： $Q = I^2(t+T_b)$ I：系统电源供给短路电流的周期分量起始有效值（A）； t：短路持续时间（s）； T_b：系统电源非周期分量的衰减时间常数（s）	式（E.1.3-1）
	对发电厂 3kV～10kV 断路器馈线回路，机组容量大于 100MW 时 Q 值见表 E.1.3。 表 E.1.3　机组容量大于 100MW 时 Q 值表达式 | t（s）	T_b（s）	T_d（s）	Q 值（A²·s） | |---|---|---|---|
0.15	0.045	0.062	$0.0195I^2 + 0.22II_d + 0.09I_d^2$
	0.060		$0.21I^2 + 0.23II_d + 0.09I_d^2$		表 E.1.3

续表

名 称	依据内容（GB 50217—2018）	出处
按短路热稳定条件计算电缆导体允许最小截面	续表 | t（s）	T_b（s）	T_d（s）	Q 值（A²·s）
---	---	---	---
0.20	0.045	0.062	$0.245I^2 + 0.22II_d + 0.09I_d^2$
	0.060		$0.26I^2 + 0.24II_d + 0.09I_d^2$ | 注：1. T_d 为电动机反馈电流的衰减时间常数（s），T_d 为电动机供给反馈电流的周期分量起始有效值之和（A）； 2. 对于电抗器或 U_0% 小于 10.5 的双绕组变压器，取 T_b=0.045s，其他情况取 T_b=0.060s； 3. 对中速断路器，t 可取 0.15s；对慢速断路器，t 可取 0.20s	表 E.1.3
	除发电厂 3kV～10kV 断路器馈线外的情况 $Q=I^2t$	式（E.1.3-2）

第二十二章 厂（站）用电系统

一、厂用电基本要求

名　称	依　据　内　容	出处
独立性	对于数量为 2 台及以上，单机容量为 200MW 级及以上的机组，宜保持各单元机组厂用电的独立性，减少单元机组之间的联系，以提高运行的安全可靠性	1P52
备用电源	全厂应设置可靠的高压厂用备用或启动/备用电源，在机组启动、停运和事故过程中的切换操作要少	1P52
选用较低开断水平	在高压厂用电接线形式相同的前提下，宜选择可以使高压厂用母线短路水平更低的电压等级，以便选用较低开断水平的开关设备	1P64
选用较低绝缘要求	在高压厂用电接线形式相同、高压厂用母线短路水平相同的前提下，宜选择较低的高压厂用电压等级，以便选用较低绝缘要求的厂用电设备	1P64
与生产无关负荷	与火力发电厂生产无关的负荷不直接入厂用电系统。行政办公楼、值班人员宿舍等少量厂前区负荷可通过专用低压厂用变压器，接入高压厂用电系统	1P52

二、厂（站）用电系统

厂用电系统的电压及参考数值　依据 DL/T 5153—2014 表 3.2.1 或 1P63。

序号	厂用电系统的电压		参考数值（V）
1	系统标称电压	用以标志或识别系统电压的给定值	380，380/220，3000，6000，10000
2	系统运行电压	在正常运行条件下系统的电压值。对于厂用电系统，一般为系统标称电压的 1.05 倍	400，400/230，3150，6300，10500
3	系统最高电压	正常运行条件下，在系统的任何时间和任何点上出现的电压的最高值	3600，7200，12000

1. 厂用电电压等级

名　称	依　据　内　容			出处
火电厂				
高压厂用电	标称电压可采用 3kV、6kV、10kV			DL/T 5153—2014 3.2.3
	接线形式相同	宜选择	厂用母线短路水平更低的电压等级	1P64
	接线形式相同、厂用母线短路水平相同	宜选择	较低的电压等级	1P64
	单机 50MW～60MW	发电机电压 10.5kV	可采用 3kV 或 10kV	DL/T 5153—2014 3.2.4-1
		发电机电压 6.3kV	可采用 6kV	
	单机 125MW～300MW	宜采用 6kV		DL/T 5153—2014 3.2.4-2
	单机≥600MW	可采用 6kV 一级，或 10kV 一级，或 10/6kV 二级，或 10/3kV 二级电压		DL/T 5153—2014 3.2.4-3

第二十二章 厂（站）用电系统

续表

名　称	依　据　内　容		出处
低压厂用电	标称电压可采用 380V 或 380/220V		DL/T 5153 —2014 3.2.5
	单机≥200MW	主厂房的低压厂用电系统宜采用动力与照明分开供电的方式； 动力网电压宜采用 380V 或 380/220V	
厂用电（开关）设备电压	额定电压	≥3kV 的电气设备，额定电压为设备所在系统的最高电压	1P64
	最高电压	电气设备的最高电压就是该设备可以应用的"系统最高电压"的最大值。仅指高于 1000V 的系统标称电压	
水电厂			
厂用电系统由高、低二级电压或低压一级电压供电			NB/T 35044 —2014 3.2.1
高压	宜采用 10kV		NB/T 35044 —2014 3.2.2
低压	宜采用 0.4kV		

2．厂（站）用电母线

名　称	依　据　内　容		出处
火电厂			
高压厂用电系统	应采用单母线接线		DL/T 5153 —2014 3.5.1
	单机 50MW～60MW	每台机组可设 1 段高压厂用母线； 当机炉不对应设置且锅炉容量为 400t/h 以下时，每台锅炉可设 1 段高压厂用母线	DL/T 5153 —2014 3.5.1-1
	单机 125MW～300MW	每台机组的每一级高压厂用母线应设 2 段	DL/T 5153 —2014 3.5.1-2
	单机 600MW	每台机组高压厂用母线不应少于 2 段	DL/T 5153 —2014 3.5.1-3
	单机≥1000MW	每台机组的每一级高压厂用母线不应少于 2 段	DL/T 5153 —2014 3.5.1-4
	每套燃气轮机发电机组的高压厂用母线段数设置宜与辅机套数协调		1P68
低压厂用电系统	应采用单母线接线		DL/T 5153 —2014 3.5.3
	单机 50MW～60MW 且接 I 类负荷时	宜按炉或机对应分段，且与高压厂用电分段一致	DL/T 5153 —2014 3.5.3-1
	单机 125MW～200MW	每台机组由 2 段母线供电，2 段母线可由 1 台变供电	DL/T 5153 —2014 3.5.3-2
	单机≥300MW	每台机组设置成对母线，每段母线宜由 1 台变供电	DL/T 5153 —2014 3.5.3-3
高压公用母线	公用负荷较多、容量较大、采用组合供电方式合理时	宜设立高压公用段母线	DL/T 5153 —2014 3.5.2
		高压公用段母线不应少于 2 段，并由 2 台机组的高压厂用母线供电，或由单独的高压厂用变压器供电	

注：并将双套辅机的电动机分接在 2 段母线（适用于 3.5.1-3、3.5.1-4 及 3.5.3-2）

续表

名称		依据内容	出处
照明母线		独立供电的主厂房采用单母线接线	DL/T 5153—2014 3.5.4
	单机≥200MW	每个单元机组可设 1 台照明变压器。当设有变压器，可从检修变压器取得备用电源，也可以采用 2 台机组互为备用的方式	
	电源进线	宜装设分级补偿的有载自动调压器，或照明变压器采用有载调压开关，使照明母线的电压自动调整在 380/220V 的 100%～105%	
水电厂			
供电方式	大型水电厂如采用二级电压供电	宜将机组自用电、公用电、照明和检修系统等分别用不同变压器供电	NB/T 35044—2014 3.4.1
	中型水电厂	宜采用机组自用电与公用电混合供电方式	
高压厂用电		宜采用单母线分段，也可采用分段环形接线。分段数根据电源数量确定；大型水电厂当分段数为 4 段及以上时，可分成 2 组及以上，组内各段相互备用、自动投入	NB/T 35044—2014 3.4.2
低压厂用电		除单电源供电外，一般采用单母线分段接线。当系统供电电源采用一用一备时，一般采用单母线接线	NB/T 35044—2014 3.4.3
变电站			
330kV～750kV 站		站用电源宜选用一级降压方式	高压站用电源宜采用独立的线路变压器组接线方式	DL/T 5155—2016 3.4.1
1000kV 站		应根据主变低压侧电压水平，选用两级或一级降压方式；两级降压方式时，中间电压等级与站外电源电压等级一致		
站用电低压母线		系统额定电压采用 220V/380V	DL/T 5155—2016 3.4.2
		按工作变压器划分单母线接线，相邻两段工作母线同时供电分列运行	
		两段工作母线间不应装设自动投入装置；当任一工作变失电退出时，备用变应自动快速切换至失电的工作母线	
		有发电车接入需求的站，站用电低压母母应设置移动电源引入装置	DL/T 5155—2016 3.4.3

3．厂（站）用电工作电源引接方式

分类		依据内容	依据
火电厂			
高压厂用工作电源	有发电机电压母线时	宜由各段母线引接，供给接在该段母线上的机组的厂用负荷	DL/T 5153—2014 3.6.1-1
	发电机与主变单元连接时	宜由主变压器低压侧引接，供给该机组的厂用负荷	DL/T 5153—2014 3.6.1-2
	单机 50MW～125MW	每台宜采用 1 台双绕组变压器作为高压厂用变压器，当发电机电压与高压厂用电电压一致时，可不设高压厂变压器；或设置限流电抗器以限制高厂母线的短路电流	DL/T 5153—2014 3.6.2-1
	单机 200MW～300MW	每台宜采用 1 台分裂变压器作为高压厂用变压器	DL/T 5153—2014 3.6.2-2
	单机 600MW 机组	每台可采用 1 台分裂变压器，或 1 台分裂变压器加 1 台双绕组变压器作为高压厂用变压器	DL/T 5153—2014 3.6.2-3

第二十二章 厂（站）用电系统

续表

分　类			依　据　内　容		依　据
高压厂用工作电源	单机≥1000MW		每台可采用2台分裂变压器，或1台分裂变压器加1台双绕组变压器作为高压厂用变压器；技术经济合理时，也可采用1台分裂变； 有二级高压厂用电压时，可采用三绕组变压器代替分裂变		DL/T 5153—2014 3.6.2-4
低压厂用工作电源	低压厂用工作变压器		一般由高压厂用母线段上引接。当无高压厂用母线段时，可从发电机电压主母线或发电机出口引接		1P70
	按机或炉分段的低压厂用母线		其工作变压器应由对应的高压厂用母线段供电		
水电厂					
厂用工作电源	单元接线	装机2台~4台	至少从2台主变低压侧引接厂用电工作电源		NB/T 35044—2014 3.1.1-1
		装机5台及以上	至少从3台主变低压侧引接厂用电工作电源		
	扩大单元接线		宜从每个扩大单元发电机电压母线引接一厂用电工作电源		NB/T 35044—2014 3.1.1-2
		单元组数量在2组~3组	至少从2组扩大单元引接		
		单元组数量≥4组	至少从3组扩大单元引接		
	联合单元接线		宜从每个联合单元中的任一台变压器引接一厂用电工作电源		NB/T 35044—2014 3.1.1-3
		单元组数量在2组~3组	至少从2组联合单元引接		
		单元组数量≥4组	至少从3组联合单元引接		
	发电机回路装设发电机断路器		厂用电工作电源应在发电机断路器与主变压器低压侧之间引接		NB/T 35044—2014 3.1.1-4
		抽水蓄能电厂	引接点应设置在换相隔离开关与主变压器低压侧之间		
	抽水蓄能电厂		系统倒送电可以作为工作电源		NB/T 35044—2014 3.1.1-5
	第一台机组发电时	大型水电厂	应有2个引接自不同点的电源，且同时供电		NB/T 35044—2014 3.1.6
		中型水电厂	应有2个引接自不同点的电源，允许其中1个处于备用状态		
变电站					
220kV站			宜从不同主变压器低压侧分别引接2回容量相同，互为备用的工作电源；只有1台主变压器时，除从其引接1回电源外，还应从站外引接1回可靠电源		DL/T 5155—2016 3.1.1
330kV~750kV站			应从不同主变压器低压侧分别引接2回容量相同，互为备用的工作电源，并从站外引接1回可靠站用备用电源；初期仅一台主变压器时，除站内引接一回电源外，还应从站外引接1回可靠的电源		DL/T 5155—2016 3.1.2
1000kV站			应从不同主变压器低压侧分别引接2回容量相同，互为备用的工作电源，并从站外引接1回可靠站用备用电源；初期仅一台主变压器时，宜再从站外引接2回来自两个不同变电站的可靠电源		DL/T 5155—2016 3.1.3

续表

分类	依据内容	依据
开关站	宜从站外引接2回可靠电源，当站内有高压并联电抗器时，其中1回可采用高抗抽能电源	DL/T 5155—2016 3.1.4
每回站用电源容量	应满足全站计算负荷用电需要	DL/T 5155—2016 3.1.5

4. 厂用备用、启动/备用电源

名称	依据内容			出处
	火电厂			
设置原则	接有Ⅰ类负荷的高、低压动力中心的厂用母线		宜设置备用电源	DL/T 5153—2014 3.7.2
	接有Ⅱ类负荷的高、低压动力中心的厂用母线		可设置备用电源	
	只有Ⅲ类负荷的厂用母线		可不设置备用电源	
备用电源的设置及切换方式	停电将直接影响人身或重要设备安全的负荷		必须设置自动投入的备用电源	GB 50660—2011 16.3.9
	停电将可能使发电量大量下降的负荷		宜设置备用电源	
	当备用电源采用明备用的方式时		应装设备用电源自动投入装置	
	当备用电源采用暗备用的方式时		备用电源应手动投入	
功能要求	未装设发电机断路器或负荷开关	高压启动/备用电源主要作为机组启动和停机电源，并兼作厂用备用和机组检修电源		DL/T 5153—2014 3.7.3
	装设发电机断路器或负荷开关	高备电源主要作为机组事故停机的电源，并兼作厂用备用和机组检修电源		
高压备用、启动/备用变配置	单机≤100MW，高压厂用变压器（电抗器）≥6台，		可设置第二台高备用变（电抗器）	DL/T 5153—2014 3.7.4
	单机100MW～125MW，单元接线，高压厂用变压器≥5台		可设置第二台高备变	
	单机200MW～1000MW 未装设发电机断路器或负荷开关	单机容量200MW～300MW机组	每两台机组可设1台高压启/备变	DL/T 5153—2014 3.7.5
		单机容量600MW～1000MW机组	每两台机组可设1或2台高启/备变	
		高压启/备变的台数和容量设置	应满足每两台机组中任一台机组启/备的功能要求	
	单机300MW～1000MW 装设发电机断路器或负荷开关时	从厂内高压母线引接机组的高备变电源	使用同容量高备电源的≤4台机组	可设1台高压厂用备用变压器	DL/T 5153—2014 3.7.6
			使用同容量高备电源的≥5台机组	除设1台高压厂用备用变压器外，可再设置1台不接线的高压厂用变压器	
		当从另一台机组的高压厂用变压器低压侧厂用工作母线引接本机组的事故停机高压电源，即：机组间对应的高压厂用母线设置联络，互为事故停机电源时		可不设专用的高备变，按需设置1台不接线的高压厂用变压器	

第二十二章 厂（站）用电系统

续表

名 称	依 据 内 容		出处
高压厂用备用或启动/备用电源引接方式	有发电机电压母线	宜由该母线引接1个备用电源	DL/T 5153—2014 3.7.8-1
	无发电机电压母线	可由全厂高压母线中电源可靠的最低一级电压母线或由联络变压器的第三绕组引接；全厂停机时能从外部电力系统取得电源	3.7.8-2
	装设发电机断路器，且机组台数为≥2台	还可由1台机组的高压厂用变压器低压侧厂用工作母线引接另1台机组的高压备用电源，即机组之间对应的高压厂用母线设置联络，互为事故停机电源	DL/T 5153—2014 3.7.8-3
	全厂有≥2个高备或启/备电源	宜引自2个相对独立的电源	DL/T 5153—2014 3.7.8-5
	技术经济合理时，可由外部电网引接专用线路供电		DL/T 5153—2014 3.7.8-4
低压厂用备用电源采用专用备用变压器时	单机≤125MW 低压厂用变压器在≥8台	可增设第二台低压厂用备用变	DL/T 5153—2014 3.7.10
	单机200MW	每2台机组可合用1台低压厂用备用变压器	
	单机≥300MW	每台机组宜设1台或多台低压厂用备用变压器	
低压厂用变压器成对设置时	互为备用的负荷应分别由2台变压器供电，2台变压器之间不应装设自动投入装置		DL/T 5153—2014 3.7.11
远离主厂房的Ⅱ类负荷	宜采用邻近的2台变压器互为备用的方式，互为备用的低压厂用变压器不应再设专用的备用变		DL/T 5153—2014 3.7.12
低压备用变压器	不宜与需要由其自动投入的低厂变接在同一高压母线段上		DL/T 5153—2014 3.7.13
高/低压备用或启/备电源连接方式	全厂只有1个高压或低压备用或启/备电源时，其与各厂用母线的连接方式	备用电源宜采用分组支接的方式，每组支接的母线段可为2段~4段	DL/T 5153—2014 3.7.15
		在备用或启/备变低压侧总出口处宜装设隔离电器	
水电厂			
备用电源	除工作电源间互为备用和系统倒送电外，大、中型水电厂还应设置厂用电备用电源		NB/T 35044—2014 3.1.2
	引接方式	从水电厂高压联络（自耦）变压器第三绕组引接	
		从地区电网或保留的施工变电站（由地区网络供电的）引接	
		从邻近水电厂引接	
		从水电厂的升高电压侧母线引接（主要用于高压母线电压110kV及以下）	
		柴油发电机组	

5. 应急保安电源、交流不间断电源

名称			依据内容		出处
火电厂					
交流保安电源	配置	容量200MW及以上机组	应设置交流保安电源		GB 50660—2011 16.3.17
		容量200MW~300MW级机组	宜按机组设置交流保安电源		GB 50660—2011 16.3.18
		容量600MW~1000MW级机组	应按机组设置交流保安电源		GB 50660—2011 16.3.18
	电源类型	应采用快速启动的柴油发电机组			GB 50660—2011 16.3.18
	电压及接地	宜与主厂房低压厂用电系统一致			GB 50660—2011 16.3.19
	交流保安母线	应采用单母线接线，按机组分段			DL/T 5153—2014 3.8.4
	供电方式	正常运行时	保安母线由本机组低压明或暗备用动力中心供电		DL/T 5153—2014 3.8.5
		当确认本机组动力中心失电后	应能切换到交流保安电源供电		
交流不间断电源	配置	≥600MW机组	每台机组宜配置2台交流不间断电源		GB 50660—2011 16.4.9
		≤300MW机组	当计算机控制系统仅需要1路不间断电源时，每台机组可配置1台交流不间断电源		
	母线	采用单母线接线，按机组分段			GB 50660—2011 16.4.13
	供电方式	单元机组的UPS宜由一路交流主电源、一路交流旁路电源和一路直流电源供电			DL/T 5153—2014 3.9.2
		交流主电源和交流旁路电源	应由不同厂用母线段引接		
		设有交流保安的机组，交流主电源	宜由保安电源引接		
		直流电源	可由机组的直流动力电源引接或独立设置蓄电池组供电		
	响应速度	交流不间断电源装置旁路开关的切换时间不应大于5ms			DL/T 5153—2014 3.9.3
	供电容量	交流厂用电消失时，满负荷供电时间不应小于0.5h			
水电厂					
保安电源	通常选用柴油发电机组，也可专设水轮发电机组				NB/T 35044—2014 3.1.3
	设保安电源条件	重要泄洪设施无法以手动方式开启闸门泄洪			
		水淹厂房危及人身和设备安全			
黑启动电源	当调度部门确定水电厂应具备黑启动功能时，该电厂应设置黑启动电源				NB/T 35044—2014 3.1.4
	类型	通常选用能远方控制快速启动的柴油发电机组，也可专设水轮发电机组			
	容量	需满足启动一台机组必需的负荷，负荷按附录A选取			

名　称		依　据　内　容		出处
需要厂用保安电源和黑启动电源		宜兼用		NB/T 35044—2014 3.1.5
		电源的容量应按保安负荷与黑启动负荷二者的最大值选取，但不考虑黑启动的负荷与保安负荷同时出现		
		当大型电厂枢纽布置较分散、供电范围广且距离较远时，也可将大坝安全度汛或重要泄洪设施的保安电源（柴油发电机组）单独布置在坝区附近		
变电站				
交流不停电电源	宜按功能要求采用成套装置	正常时，采用交流输入电源		DL/T 5155—2016 3.6.1
		交流失电时，快速切换至站内直流蓄电池供电		
	不停电电源	宜按全部负载集中设置，也可按不同负载分区域分散设置		DL/T 5155—2016 3.6.2
		宜采用具有稳压稳频的装置，额定输出电压单相220V，频率50Hz		DL/T 5155—2016 3.6.3
	母线	可采用单母线或单母线分段接线		DL/T 5155—2016 3.6.4
		供计算机使用的不停电电源装置，其容量的选择应留有裕度		DL/T 5155—2016 3.6.5

三、厂（站）用电中性点接地方式

名　称		依　据　内　容		出处
火电厂				
高压厂用电系统		表3.4.1　火电厂中性点接地方式		DL/T 5153—2014 表3.4.1
		高压厂用电系统接地电容电流	高压厂用电系统中性点接地方式及保护动作对象	
		$I_C \leqslant 7A$	不接地，保护动作于信号　经高电阻接地，保护动作于信号	
		$7A < I_C \leqslant 10A$	不接地，保护动作于信号　经低电阻接地，保护动作于跳闸	
		$I_C > 10A$	经低电阻接地，保护动作于跳闸	
		注：1. 高压厂用电系统接地电容电流 I_C 小于或等于7A时（对应总电流10A），中性点可采用不接地方式，也可采用高电阻接地，并通过接地电阻的选择，控制单相接地故障总电流小于10A，保护动作于报警信号。 2. 高压厂用电系统接地电容电流大于7A且小于10A时，中性点可不接地，也可经低电阻接地；单相接地故障总电流值应分别按照注1、注3选择。 3. 高压厂用电系统接地电容电流大于10A时，宜采用低电阻接地，接地电阻的选择应使发生单相接地故障时，电阻电流不小于电容电流 $I_R \geqslant I_C$，且单相接地故障总电流值应使保护装置准确且灵敏地动作于跳闸		
低压厂用电系统		动力系统中性点	可采用高阻接地、直接接地或不接地方式	GB 50660—2011 16.3.3
		照明/检修系统中性点	应采用直接接地方式	
		辅助厂房低压厂用电系统中性点	宜采用直接接地方式	

续表

名称	依据内容		出处
水电厂			
低压厂用电系统	宜采用 TN-S 或 TN-C-S 系统		NB/T 35044—2014 3.3
变电站			
高压站用电系统	站内高压站用电系统	宜采用中性点不接地方式	DL/T 5155—2016 3.5.1
	外引高压站用电系统	中性点接地方式由站外系统决定	
站用电低压	屋外站站用电低压中央供电系统	宜采用三相四线制中性点直接接地方式，TN-C	DL/T 5155—2016 3.5.2
检修供电	全屋内变电站、建筑内及分散的检修供电	可采用全部或局部三相五线制中性点直接接地，TN-S 或 TN-C-S	
保护导体	三相四线制系统（TN-C）中引入建筑的保护接地中性导体PEN	应重复接地，严禁在 PEN 线中接入开关或隔离电器	DL/T 5155—2016 3.5.3

四、厂（站）用电负荷的连接和供电方式

1. 负荷按生产过程中的重要性分类

名称		依据内容	出处
火电厂（DL/T 5153—2014）			
0 类负荷		停电将直接影响到人身或重大设备安全的厂用电负荷	3.1.1
	0Ⅰ类负荷	交流不停电负荷，在机组运行期间，以及停机（包括事故停机）过程中，甚至在停机以后的一段时间内，应由交流不间断电源（UPS）连续供电的负荷	3.1.2.1
	0Ⅱ类负荷	直流保安负荷，在发生全厂停电或在单元机组失去厂用电时，为了保证机组的安全停运，或者为了防止危及人身安全等原因，应在停电时继续由直流电源供电的负荷	3.1.2.2
	0Ⅲ类负荷	交流保安负荷，在发生全厂停电或在单元机组失去厂用电时，为了保证机组的安全停运，或者为了防止危及人身安全等原因，应在停电时继续由交流保安电源供电的负荷	3.1.2.3
非 0 类负荷		0 类负荷之外的厂用电负荷	3.1.1
	Ⅰ类负荷	短时停电可能影响设备正常使用寿命，使生产停顿或发电量大量下降的负荷	3.1.3.1
	Ⅱ类负荷	允许短时停电，但停电时间过长，有可能影响设备正常使用寿命或正常生产的负荷	3.1.3.2
	Ⅲ类负荷	长时间停电不会直接影响生产的负荷	3.1.3.3
水电厂（NB/T 35044—2014）			
Ⅰ类负荷		停电将使水电厂不能正常运行或停运，应保停电下其供电的可靠性，允许中断供电时间根据负荷性质可为自动或人工切换电源的时间	3.5.3.1
Ⅱ类负荷		短时停止负荷供电不会影响水电厂的正常运行，允许中断供电的时间为人工切换操作或紧急修复的时间	3.5.3.2
Ⅲ类负荷		允许较长时间停电而不会影响水电厂正常运行	3.5.3.3
变电站（DL/T 5155—2016）			
Ⅰ类负荷		短时停电可能影响人身或设备安全，使生产运行停顿或主变减载的负荷	3.2.1.1
Ⅱ类负荷		允许短时停电，但停电时间过长，有可能影响正常生产运行的负荷	3.2.1.2
Ⅲ类负荷		长时间停电不会直接影响生产运行的负荷	3.2.1.3

第二十二章　厂（站）用电系统

2. 火电厂（变电站）厂（站）用电负荷的连接和供电方式

名　称	依　据　内　容		出处
火电厂（DL/T 5153—2014）			
连接原则	锅炉和发电机组的电动机分别连接到其相应的高压和低压厂用母线段上		3.10.1.1
	单机容量50MW～60MW机组	互为备用的重要设备也可采用交叉供电方式	
	每台机组有2段厂用母线	应将双套辅机分接在2段母线上	3.10.1.2
	无公用母线段	全厂公用性负荷根据负荷容量和对供电可靠性要求，分别接在各段厂用母线上	3.10.1.3
	有公用母线段时	相同的Ⅰ类公用电动机不应全部接在同一公用母线段	
	无汽动给水泵，单机容量200MW～1000MW	每台机组有2台及以上电动给水泵时，电动给水泵应分接在本机组的各段高压工作母线上；分接后多余的1台电动给水泵应跨接在2段高压工作母线上	3.10.1.4
	有汽动给水泵，单机容量300MW～1000MW	备用电动给水泵宜接在本机组的工作母线上	3.10.1.5
连接方式	主厂房附近的高厂电机和低厂变	宜由主厂房内的高厂工作母线段单独供电，也可采用组合供电方式，即在负荷中心设立2段公用母线段，其电源分别从不同机组的高压工作母线上引接	3.10.2
	远离主厂房的高厂电机	仅为单元机组使用	应接自本机组的高厂工作母线段	3.10.3
		为≥2台机组公用	在负荷中心设置配电装置，可从不同机组的高厂工作母线段引接2回及以上线路作为工作电源和备用电源；备用电源也可由外部电网引接	
			在负荷中心设置变电所，可从不同机组的高厂工作母线段或公用段经升压变引接2回线路，也可从发电机内110kV及以下配电装置的不同母线段引接2回线路作为工作电源和备用电源	
	中央水泵房	单元制机组独用的各电动机	可直接由主厂房内各机组厂用工作母线段单独供电	3.10.4
		全厂只有1个水泵房	可在水泵房设置2段专用母线，循环水泵电动机分别接于2段母线上，由主厂房内不同机组的厂用工作母线段引接2回工作电源和1回备用电源	
		水泵房数量≥2个且供水量相差不大	可在每个水泵房设置1段专用母线，分别从主厂房内不同机组的厂用工作母线段引接工作电源和备用电源	
		水泵房远离主厂房，且负荷较大	可就地设置变电所，从主厂房内不同机组的高压厂用工作母线段经升压变，或从发电厂内110kV以下配电装置的不同母线引接2回以上线路作为工作电源和备用电源	

续表

名　称	依　据　内　容		出处
低压电动机供电方式	明备用 PC 和 MCC	Ⅰ类电动机和 75kW 及以上的Ⅱ、Ⅲ类电动机	宜由动力中心 PC 直接供电	3.10.5.1
		容量为 75kW 以下的Ⅱ、Ⅲ类电动机	宜由电动机控制中心 MCC 供电	
		容量 5.5kW 及以下的Ⅰ类电动机，如有 2 台，且互为备用	可由动力中心 PC 不同母线段上供电的电动机控制中心 MCC 供电	
		电动机控制中心 MCC 上接有Ⅱ类负荷时	应采用双电源供电（手动切换）	
		电动机控制中心 MCC 仅接有Ⅲ类负荷时	可采用单电源供电	
	暗备用 PC 和 MCC	低压厂变、动力中心和电动机控制中心	宜成对设置，建立双路电源通道。2 台低压厂用变压器之间暗备用，应采用手动切换	3.10.5.2
		成对的电动机控制中心	由对应的动力中心 PC 单电源供电	
		成对的电动机	分别由对应的动力中心和电动机控制中心供电	
		容量为 75kW 及以上的电动机	宜由动力中心供电	
		75kW 以下的电动机	宜由电动机控制中心供电	
		对于单台的Ⅰ、Ⅱ类电动机	应单独设立 1 个双电源供电的电动机控制中心，双电源应从不同的动力中心引接	
		电动机控制中心的双电源	对接有Ⅰ类负荷	应自动切换	
			仅接有Ⅱ类负荷	可手动切换	
双电源手动切换供电的电动机控制中心接线方式	2 回电源进线接自同一台变压器时	可采用 2 副能开断额定电流的单投进线负荷开关的接线	3.10.7.1
	2 回电源进线接自不同变压器时	应采用 1 副能开断额定电流的双投或 2 副相互闭锁并能开断额定电流的单投进线负荷开关的接线	3.10.7.2
主厂房正常照明的供电方式	当低压厂用电系统为中性点直接接地系统，或单机容量为≤125MW	正常照明由动力和照明网络共用的低厂变供电	3.10.11.1
	当低压厂用电系统为中性点非直接接地系统，或单机容量为≥200MW	正常照明由高压或低压厂用电系统引接的照明变供电，低压厂用电系统引接的照明变也可采用分散设置方式	3.10.11.2
变电站（DL/T 5155—2016）			
站用电负荷	宜由站用配电屏直配供电，重要负荷应采用分别接在两段母线上的双回路供电方式		3.3.1
站用变容量	＞400kVA	大于 50kVA 的站用负荷宜由站用配电屏直接供电	3.3.2
	小容量负荷	宜集中供电就地分供	

续表

名　　称		依　据　内　容	出处
主变压器、高压压器并联电抗器的强迫冷却装置、有载调压装置		宜设置互为备用的双回路电源，并在冷却装置控制箱内实现自动相互切换	3.3.3
采用三相设备时		宜按台分别设置双电源	
采用单相设备时		宜按组分别设置双电源，各相变压器用电负荷接在经切换后的进线上	
330kV～1000kV变电站的主控通信楼、综合楼、下放的继电器小室		设置专用配电屏向就地负荷供电，专用屏宜采用单母线接线，当带有Ⅰ类负荷回路时，应双电源供电	3.3.4
断路器、隔离开关的操作及加热负荷	按配电装置电压区域划分分别接在两段站用电母线的双电源供电方式	按功能区域设置环形供电网络，并在环网中间设置刀开关，开环运行	3.3.5
		双回路独立供电，在功能区域内设置双电源切换配电箱，向间隔负荷辐射供电	
		双回路独立供电，设备控制箱内设置双电源切换装置	

3. 水电厂厂用电负荷的连接和供电方式

名　　称		依据内容（NB/T 35044—2014）	出处
高压厂用电负荷连接	低压厂用变和高压电动机	应直接连接至高压厂用电母线	3.5.1.1
	同一用途的低压厂用变和高压电动机	应分别接至不同分段的高压厂用电母线	
	厂用高压电动机	也可单独设置由高厂母线上引接的馈电中心	
	若厂、坝区用电负荷较大、距离较远	宜装设单独配电变压器	3.5.1.2
	水电厂生活区	宜由地区电网供电；若需从高厂母线引接，应采用单独的配电变压器	3.5.1.3
低压厂用电负荷连接	厂内及其附近的低压厂用负荷	宜以双层辐射式供电，分配电屏宜布置于负荷附近	3.5.2.1
	靠近主配电屏或容量较大或可靠性要求较高的负荷	可从主配电屏以单层辐射式直接供电	3.5.2.2
	机组台数较少，且容量较小的水电厂	可以单层辐射式直接供电	3.5.2.3
	重要负荷	辐射式供电的级数不宜多余两级	3.5.2.4
Ⅰ类负荷供电方式	Ⅰ类负荷应有2个电源供电		3.5.4
	机械上互为备用的负荷	应从不同分段的主配电屏或自不同分段主配电屏供电的2个分配电屏分别引出电源供电	3.5.4.1
		距离较远、地区供电条件困难时，至少保证具有2个独立电源供电，2个电源经自动操作可互为备用	
	机械上只有1套的负荷	应从具有双重电源供电的配电屏引出电源供电，双重电源经自动操作可互为备用	3.5.4.2
	向负荷供电的不同电源的两分配电屏之间设联络线互为备用时	联络线上应装设操作电气	3.5.4.3
	装有双电源切换装置的分配电箱或控制箱	宜尽量靠近用电负荷	3.5.4.4

续表

名　　称	依据内容（NB/T 35044—2014）		出处
Ⅱ类负荷供电方式	由主配电屏直接供电或由主配电屏直接供电的分配电屏供电		3.5.5.1
	数量较多但不同时运行的负荷	以环形接线方式供电，环形两端宜接至不同电源的配电屏上	3.5.5.2
	设有检修专用变压器时	厂房桥机可由检修母线槽供电	3.5.5.3
Ⅲ类负荷供电方式	可采用干线式供电		3.5.6
	在分配屏的电源进线回路上宜装设隔离电器		3.5.7

五、厂（站）用电负荷的计算

1. 厂（站）用电负荷计算原则

边界条件		统计原则	参考因素	出处
火电厂（DL/T 5153—2014）				
厂用电源容量选择		应对厂用电负荷进行统计，并按机组辅机可能的最大运行方式计算		4.1.1
连续运行的设备		应予计算	$P=P_e$	4.1.1.1
经常而短时运行的设备		应予计算，换算系数 0.5	$P=0.5P_e$	考虑变压器温升作折算	4.1.1.3
经常而断续运行的设备				
不经常而连续运行的设备		应予计算，换算系数 1.0	$P=P_e$		4.1.1.2
不经常而短时运行的设备		不予计算	电抗器供电的全部计算 $P=P_e$	4.1.1.4
不经常而断续运行的设备				
互为（暗）备用设备	同一厂用电源供电	只计算运行部分	—	4.1.1.5
	不同厂用电源供电	应全部计算（再减去重复负荷）	—	4.1.1.6
分裂变压器		高、低压绕组通过的负荷分别计算	—	4.1.1.8
	两个低压绕组接有互为备用的设备	高压绕组：只计算运行部分		
		低压绕组：应全部计算，（再减去重复负荷）		
单元机组高压厂用变压器的低压侧负荷		将单元机组暗备用低厂变容量之和乘以 0.5，再加上容量最大的 1 台低厂变计算容量乘 0.5；即 $S=0.5S_\Sigma+0.5S_{max}$	—	4.1.1.9
分裂电抗器		应分别计算每一臂通过的负荷，与普通电抗器相同	—	4.1.1.10
水电厂（NB/T 35044—2014）				
经常连续及经常短时运行的负荷		应计算	—	5.1.2.1
经常断续运行的负荷		应考虑同时率后计入	—	5.1.2.2
不经常连续及不经常短时运行的负荷		应按设备组合运行情况计算，但不计仅在事故情况下运行的负荷	—	5.1.2.3
不经常断续运行的负荷		仅计入在机组检修时经常使用的负荷	—	5.1.2.4
互为备用的电动机		只计算参加运行的部分；当由不同电源供电，应分别计入	—	5.1.2.5
变电站（DL/T 5155—2016）				
连续运行及经常短时运行的设备		应予计算	—	4.1.1
不经常短时及不经常断续运行的设备		不予计算	—	4.1.2

第二十二章　厂（站）用电系统

续表

边　界　条　件			统　计　原　则	参考因素	出处
总结：连续或经常的负荷应统计；电抗器负荷全部统计					
注意	负荷特性的确定	火电厂	表B：火力发电厂常用负荷特性参考表	DL/T 5153—2014 附录B	
		水电厂	表A：主要厂用电负荷特性	NB/T 35044—2014 附录A	
		变电站	表A：主要用电负荷特性表	DL/T 5155—2016 附录A	
连续：每次连续带负荷运行2h以上； 短时：每次连续带负荷运行10min以上，2h以内； 断续：每次使用从带负荷到空载或停止，反复周期地工作，每个周期不超过10min； 经常：与正常生产过程有关，一般每天都使用； 不经常：正常不用，只在检修、事故或特定情况下使用				DL/T 5153—2014 附录B注 DL/T 5155—2016 附录A注	

2．火电厂厂用电负荷计算

名　　称	依据内容（DL/T 5153—2014 附录F）				出处
换算系数法	$S_c=\Sigma(KP)$ S_c：计算负荷（kVA）； P：电动机的计算功率（kW）； K：换算系数				式（F.0.1-1）
	表 F.0.1　换算系数表				表 F.0.1
	负荷类型	换算系数 K	负荷类型	换算系数 K	
	单元机组容量（MW）	≤125　≥200	单元机组容量（MW）	≤125　≥200	
	给水泵电动机	1.0　1.0	其他低压电动机	0.8　0.7	
	循环水泵电动机	0.8　1.0	直接空冷机组空冷风机电动机（采用变频装置）	1.25	
	凝结水泵电动机	0.8　1.0			
	其他高压电动机	0.8　0.85	静态负荷	加热器：1.0； 电子设备：0.9	
	电动机计算功率	连续运行（包括经常连续和不经常连续）	$P=P_e$ P_e：电动机额定功率（kW）		式（F.0.1-2）
		短时及断续运行	$P=0.5P_e$		式（F.0.1-3）
		中央修配厂	$P=0.14\Sigma P+0.4\Sigma_5 P$ ΣP：全部电动机额定功率总和，kW $\Sigma_5 P$：最大5台电动机额定功率之和，kW		式（F.0.1-4）
		煤场机械	中小型机械	$P=0.35\Sigma P+0.6\Sigma_3 P$	式（F.0.1-5）
			大型机械　翻车机	$P=0.22\Sigma P+0.5\Sigma_5 P$	式（F.0.1-6）
			大型机械　悬臂式斗轮机	$P=0.13\Sigma P+0.3\Sigma_5 P$	式（F.0.1-7）
			大型机械　门式斗轮机	$P=0.10\Sigma P+0.3\Sigma_5 P$	式（F.0.1-8）
照明负荷计算	$S_c = \Sigma\left(K_t P_A \dfrac{1+\alpha}{\cos\varphi}\right)$				式（F.0.5）
	P_A：照明安装功率（kW）	$\cos\varphi$：功率因素		α：损耗系数	
	白炽灯、卤钨灯	$\cos\varphi=1$		$\alpha=0$	
	气体放电灯	$\cos\varphi=0.9$		$\alpha=0.2$	

续表

名称	依据内容（DL/T 5153—2014 附录 F）	出处
照明负荷计算	表 F.0.5　照明负荷同时系数 K_t 	工作场所	正常照明	应急照明	工作场所	正常照明	应急照明
---	---	---	---	---	---
汽机房	0.8	1.0	屋外配电装置	0.3	—
锅炉房	0.8	1.0	辅助生产建筑物	0.6	—
主控制楼	0.8	0.9	办公楼	0.7	—
运煤系统	0.7	0.8	道路及警卫照明	1.0	—
屋内配电装置	0.3	0.3	其他露天照明	0.8	—		表 F.0.5
电除尘器负荷计算	$S_c = K\Sigma P + \Sigma P_e$ K：换算系数，取 0.45～0.75； ΣP：晶闸管高压整流设备额定功率之和（kW）； ΣP_e：电加热设备额定功率之和（kW）	式（F.0.4-1）
轴功率法	$S_c = K_t \Sigma \left(\dfrac{P_z}{\eta \cos\varphi} \right)$ K_t：同时率，新建电厂取 0.9，扩建电厂取 0.95； P_z：最大运行轴功率（kW）； η：对应轴功率的电动机效率； $\cos\varphi$：对应轴功率的电机功率因数	式（F.0.2-1）
	简化计算：$S_c = \dfrac{P_z}{\eta \cos\varphi}$ 当仅有少数几台电动机的功率较大（如每台电动机功率大于变压器低压绕组额定容量的 20%）时，即对这几台电动机简化计算并与换算系数法相比较取其大者作为计算负荷，其余负荷仍用换算系数法计算	式（F.0.2-2）
	电动机变压器组的负荷计算应以轴功率法计算　　同式（F.0.2-2）	F.0.3

3. 水电厂厂用电负荷计算

名称	依据内容（NB/T 35044—2014 附录 C）	出处
	厂用电最大负荷计算，优先采用综合系数法	5.1.4
综合系数法	全厂供用电与机组自用电　分别供电：$S_{js} = K_z \Sigma P_z + K_g \Sigma P_g$ ΣP_z：全部同时运行的机组自用电负荷额定功率和（kW）； K_z：机组自用电综合系数； ΣP_g：全部同时运行的全厂公用电负荷额定功率和（kW）； K_g：全厂公用电综合系数	式（C.1.1）
	混合供电：$S_{js} = K_o \Sigma P_o$ ΣP_o：全部同时运行的负荷额定功率（kW）； K_o：全厂或混合供电综合系数	式（C.1.2）
	近似计算：$S_{js} = 0.72 \Sigma P_o$	式（C.1.3）
	表 C.1.1：综合系数表 	系数	大型	中型
K_z	0.76	0.76
K_g	0.77	0.78
K_o	0.75～0.78*	0.76～0.79*
*发电厂容量较大者取小值；反之取大值				表 C.1.1

续表

名　称	依据内容（NB/T 35044—2014 附录 C）		出处
负荷统计法	$S_{js} = K_v[K_{fg}K_{tg}\sqrt{(\Sigma P_g)^2+(\Sigma Q_g)^2}+K_{fz}K_{tz}\sqrt{(\Sigma P_Z)^2+(\Sigma Q_Z)^2}]$		式（C.2）
	K_v：网损率 1.05； K_{fg}：公用电负荷率 0.72～0.74； K_{tg}：公用电同时率 0.73； K_{fz}：自用电负荷率 0.7； K_{tz}：自用电同时率 0.77	ΣP_g：全部同时运行的全厂公用电负荷额定功率和（kW）； ΣQ_g：全部同时运行的全厂公用电负荷额定无功和（kvar）； ΣP_Z：全部同时运行的机组自用电负荷额定功率和（kW）； ΣQ_Z：全部同时运行的机组自用电负荷额定无功和（kvar）	

4. 变电站站用电负荷计算

（1）计算公式。

名　称	依据内容（DL/T 5155—2016）		出处
站用电负荷计算	$S \geqslant K_1P_1+P_2+P_3$		式（4.2.1）
	S：所用变压器容量（kVA）； K_1：所用动力负荷换算系数，取 0.85	P_1：所用动力负荷之和（kW）； P_2：电热负荷之和（kW）； P_3：照明负荷之和（kW）	

（2）主要用电负荷特性（DL/T 5155—2016 附表 A）。

序号		名　称	负荷类别	运行方式	是否计入
1		充电装置	II	不经常、连续	√
2		浮充电装置	II	经常、连续	√
3		变压器强油风（水）冷却装置	I	经常、连续	√
4		变压器有载调压装置	II	经常、断续	√
5		有载调压装置带电滤油装置	II	经常、连续	√
6		断路器、隔离开关操作电源	II	经常、断续	√
8		通风机	III	经常、连续	√
9		事故通风机	II	不经常、连续	√
11		载波、微波通信电源	II	经常、连续	√
12	动力负荷	远动装置	I	经常、连续	√
13		微机监控系统	I	经常、连续	√
14		微机保护检测装置电源	I	经常、连续	√
15		空压机	II	经常、短时	√
16		深井水泵或给水泵	II	经常、短时	√
17		生活水泵	II	经常、短时	√
18		雨水泵	II	不经常、短时	×
19		消防水泵、变压器水喷雾装置	I	不经常、短时	×
20		配电装置检修电源	III	不经常、短时	×
21		电气检修间（行车、电动门等）	III	不经常、短时	×

续表

序号	名称		负荷类别	运行方式	是否计入
7	电热负荷	断路器、隔离开关、端子箱加热	II	经常、连续	√
10		空调机、电热锅炉	III	经常、连续	√
22	照明负荷	所区生活用电	III	经常、连续	√

注 1. 由逆变器或不停电电源装置供电的通信、远动、微机监控系统、交流事故照明等负荷可计入相应的充电负荷中。即通信、远动、微机监控系统、交流事故照明等负荷计入动力负荷。
2. 电热负荷中电热锅炉的接入方式，空调使用方式；交替不同时使用的负荷取最大值。
例如：两台电热锅炉分别接在两段母线上运行，计算负荷时按 1 台考虑；空调机为单冷型，该负荷仅在夏季使用，不计入。

（3）500kV 变电站所用变压器负荷计算及容量选择（DL/T 5155—2002 附表 B）。

序号	名称		额定容量（kW）	安装（kW）	运行（kW）
1	动力负荷	充电装置	33	33	33
2		浮充电装置	16.5×2、4.5×2	42	42
3		主变压器冷却装置	60×2	120	120
4		500kV 保护室分屏	90	90	90
5		220kV 保护室分屏	90	90	90
6		通信电源	30	30	30
7		逆变器及 USP	15	15	15
8		深井水泵	22	22	22
9		生活水泵	5.5	5.5	5.5
—		小计 P1	447.5	447.5	447.5
10	电热负荷	500kV 配电装置加热	21	21	21
11		220kV 配电装置加热	28	28	28
12		35kV 配电装置加热	5.5	5.5	5.5
13		电热锅炉（分别接入一台变）	150×2、2.6×2	152.6	152.6（较大，计入 1 台）
14		空调机（仅夏季使用）	74.22	74.22	74.22（未计入）
—		小计 P2	359.7	207.1	207.1
15	照明负荷	500kV 配电装置照明	20	20	20
16		220kV 配电装置照明	11.8	11.8	11.8
17		35kV 配电装置照明	10	10	10
18		屋外道路照明	4	4	4
19		综合楼照明	30	30	30
20		辅助建筑照明	12	12	12
—		小计 P3	87.8	87.8	87.8

注 两台电热锅炉分别接在两段母线上运行，计算负荷时按 1 台考虑；空调机为单冷型，该负荷仅在夏季使用。
计算负荷 $S=0.85×P_1+P_2+P_3=0.85×447.5+207.1+87.8=675.3\text{kVA}$，选择变压器容量：800kVA。

5. 火电厂厂用电率

名　　称	凝气式发电厂厂用电率的估算（DL/T 5153—2014 附录 A）		出处
凝气式发电厂厂用电率的估算	厂用电率	$e=\dfrac{S_c \cos\varphi_{av}}{P_g}\times 100\%$	式（A.0.1-1）
	厂用电计算负荷（kVA）	$S_c=\Sigma(KP_a)$	式（A.0.1-2）
	S_c：汽轮发电机组在 100%额定出力时（夏季）的厂用电计算负荷（kVA）； P_g：发电机的额定功率（kW） $\cos\varphi_{av}$：电动机在运行功率时的平均功率因数，一般取 0.8； P_a：按汽轮发电机组夏季 100%额定出力确定的厂用电动机功率（kW）		
厂用电率的计算负荷 S_c 计算原则	1）经常连续运行的负荷（其他不计，不同于厂变容量计算）	计算	A.0.3
	2）对于备用的负荷	不计算	
	3）全厂性的公用负荷	按机组容量比例分摊到各机组上	
	4）随季节性变动负荷（循环水泵、照明、采暖）	按一年加权平均负荷计算	
	5）在 24 小时内变动较大的负荷（输煤，中间储仓制粉系统）	一班制工作的乘以系数 0.33 二班制工作的乘以系数 0.67	
	6）照明负荷	乘以系数 0.5	

六、厂（站）用变压器

1. 厂（站）用变压器容量计算

名　　称		依　据　内　容	出处
高压厂用变压器		高压厂用变压器容量=高压电动机厂用计算负荷+低压厂用电计算负荷； GB 50660—2011 第 16.3.7.1 条/GB 50049—2011 第 17.3.5 条	DL/T 5153—2014 第 4.2.1 条
	带公用段	高压厂用变压器容量=高压电动机厂用计算负荷+低压厂用电计算负荷+本分支公用母线负荷	GB 50660—2011 第 16.3.7 条
	单元机组	高压厂用工作变压器的低压侧负荷时，可将单元机组暗备用低压厂用变压器容量之和乘以 0.5 后，再加上容量最大的 1 台低压厂用变压器的计算容量乘以 0.5，作为低压侧的计算容量，即 $S=0.5S_\Sigma+0.5S_{max}$	DL/T 5153—2014 第 4.1.1.9 条
分裂绕组变	高、低压绕组通过的负荷应分别计算		DL/T 5153—2014 第 4.1.1.8 条
	低压绕组接有互为备用的设备时｜高压绕组	高压绕组容量=两分裂绕组计算负荷之和－重复负荷 即 $S_B \geq \Sigma S_{2Bj}-S_{rep}$	
	低压绕组接有互为备用的设备时｜低压绕组	低压绕组容量=高压电动机厂用计算负荷+低压厂用计算负荷+本分支公用段负荷 即 $S_{2B} \geq \Sigma S_{2Bj}+S_d+S_{gy}$	
高启/备变或高厂备变	未装设发电机断路器或负荷开关	厂备变容量=最大一台高压厂用工作变压器（电抗器）容量； GB 50660—2011 第 16.3.11.1 条	DL/T 5153—2014 第 4.2.4.1 条
	未装设发电机断路器或负荷开关｜设高启/备变	启/备变容量=最大一台高压厂用工作变压器容量	GB 50660—2011 第 16.3.11.1 条
	未装设发电机断路器或负荷开关｜带公用段	启/备变容量=最大一台高压厂用变压器容量+所带公用段计算负荷	

续表

名 称			依 据 内 容	出处
高启/备变或高厂备变	装设发电机断路器或负荷开关	兼检修备用	启/备变容量=最大一台高厂工作变压器容量	DL/T 5153—2014 第4.2.4.2条
		仅作事故停机电源	启/备变容量=最大一台高压厂用工作变压器容量的60%	DL/T 5153—2014 第4.2.4.2条
		600MW~1000MW级机组	启/备变容量=最大一台高压厂用工作变压器容量	GB 50660—2011 第16.3.11.2条
	不设高厂备变	设高压停机电源	高压停机电源容量=机组事故停机容量；GB 50660—2011 第16.3.11.2条（600MW~1000MW级机组）	DL/T 5153—2014 第4.2.4.2条
	125MW以下小机组		厂备变容量=最大一台高压厂用工作变压器（电抗器）容量	GB 50049—2011 第17.3.7条
厂用电抗器			容量选择宜留有适当裕度，当经济上合理时，可按计算负荷增大一级选择	DL/T 5153—2014 第4.2.3条
低厂变	专用备用明备用		低厂变容量=1.1×低压计算负荷	GB 50660—2011 第16.3.7.3条
			低厂备变容量=最大一台低厂工作变容量；GB 50660—2011 第16.3.11.3条	DL/T 5153—2014 第4.2.5条
	互为备用暗备用		暗备用的低压厂用工作变压器的容量可不再设置裕度，即 $S_d \geq S_1 + S_2 - S_{rep}$；GB 50660—2011 第16.3.7.3条	DL/T 5153—2014 第4.2.2条
	集中接有变频器的专用低厂用变		专用低厂用变容量=其他负荷+1.25倍变频器负荷；GB 50660—2011 第16.3.7.4条	DL/T 5153—2014 第4.2.6条
	125MW以下小机组		低厂工作变变容量=1.1×低压计算负荷	GB 50049—2011 第17.3.5条
水电厂	厂用变	两台互为备用	厂用变容量=Ⅰ类负荷+Ⅱ类负荷（应满足）	NB/T 35044—2014 第5.2.2.1条
			厂用变容量=厂用电最大负荷（短时满足）	
		三台互为备用或一台明备用	厂用变容量=（50%~60%）厂用电最大负荷	NB/T 35044—2014 第5.2.2.2条
	厂用电配变		配变容量=所连接的最大负荷	NB/T 35044—2014 第5.2.2.4条
			多台互为备用时，按NB/T 35044—2014 第5.2.2.1条计算	
站用变	220kV~1000kV站		站变容量应大于全站用电最大计算容量	DL/T 5155—2016 第5.0.1条
	35kV~110kV站		每台站用变压器容量均按全站计算负荷选择	GB 50059—2011 第3.6.1条
	35kV~220kV城市地下站			DL/T 5216—2017 第4.6.2条

2. 厂（站）用变压器选择

名　称			依　据　内　容	出处
火电厂（DL/T 5153—2014）；水电厂（NB/T 35044—2014）；变电站（DL/T 5155—2016）				
阻抗	火电厂	高压厂用变压器	阻抗电压不宜大于10.5%	4.4.2
			还应考虑对电缆最小热稳定截面选择的影响	4.4.3
		低压厂用变压器	阻抗应按低压电器对短路电流的承受能力确定；优先选用标准阻抗	4.4.5
	水电厂		应综合考虑厂用电系统电气设备选择、满足电动机正常启动和成组自启动的电压水平及对电压调整的影响等因素	5.5.1
			宜选用与普通变压器相同的阻抗值	5.5.2
	变电站		应按低压电器对短路电流的承受能力确定。宜采用标准阻抗系列的变压器	5.0.4
			条文说明：应考虑低压电器对短路电流的承受能力、最大电动机启动时的电压要求、运行时由阻抗引起的电压波动等	
型式	火电厂	低厂变	室内布置　应采用干式变压器	6.2.3
			室外布置　宜采用油浸式变压器	
	水电厂		室内布置　应采用干式变压器	5.3.1
			室外布置　宜采用油浸式变压器	
		厂用变与离相封闭母线分支连接	宜采用单相干式变；当厂用电变压器高压侧加装电抗器和断路器时，厂用电变压器可选用三相变	5.3.2
		远离配电中心、馈电回路较少、布置受限	可选用高/低压预装式变电站	5.3.3
	变电站		应选用低损耗节能产品。宜选用油浸式，对防火和布置条件有特殊要求时，可采用干式变	5.0.2
接线组别	火电厂		应使厂用工作电源与备用电源之间的相位一致，以便可采用并联切换方式	3.7.14
		低厂变	宜采用"Dyn"接线	
	水电厂	低厂变	宜采用"Dyn11"接线三相变	5.3.4
	变电站		宜采用"Dyn11"接线，站用低压系统应采取防止变压器并列运行的措施	5.0.3

3. 厂（站）用电压调整

名　称		依　据　内　容	出处
火电厂（DL/T 5153—2014）；水电厂（NB/T 35044—2014）；变电站（DL/T 5155—2016）			
火电厂	正常电源电压或厂用负荷波动时	厂用电各级母线电压变化不宜超过额定电压的-5%～+5%	4.3.1
	发电机出口电压波动范围	按5%考虑	4.3.2
	未装发电机断路器或负荷开关时	发电机出口引接的高压厂用变压器不应采用有载调压变压器	4.3.3
	装设发电机断路器或负荷开关时	高厂变或主变压器宜采用有载调压；通过厂用母线电压计算及校验，满足各级母线电压偏移要求也可采用无载调压方式	4.3.4
	高启/备变阻抗电压在10.5%以上，或引接点电压波动超95%～105%时	宜采用有载调压变压器；当通过厂用母线电压计算及校验，满足各级母线的电压偏移要求也可采用无载调压方式	4.3.5

续表

名称	依据内容		出处
水电厂	正常电压偏差和厂用负荷波动	厂用电各级母线电压偏差不宜超过±5%	5.4.1
	仅接有电动机时	厂用电各级母线电压偏差不超过-5%+10%	
	接于发电机电压母线的厂用电源变	宜采用无励磁调压变压器	5.4.2
	照明专用变压器的调压方式	宜采用有载调压变压器	5.4.3
	采用二级电压配电 / 配电变距配电屏较近	配电变电压宜取 10.5±2×2.5%/0.4V	5.4.4
	采用二级电压配电 / 配电变距配电屏较远	配电变电压宜取 10.0±2×2.5%/0.4V	
变电站	站用变高压侧额定电压，应按其接入点实际运行电压确定，宜取接入点主变额定电压		5.0.5
	当高压电源电压波动较大，经常使站用电母线电压偏差超过-5%～5%时，应采用有载调压变压器		5.0.6

4. 厂（站）用电压调整计算

名称	依据内容		出处		
			火电厂	水电厂	变电站
无励磁调压变压器电压调整	火电厂：DL/T 5153—2014 附录 G；水电厂：NB/T 35044—2014 附录 D；变电站：DL/T 5155—2016 附录 B	U_g U_0 U_m Z	火电厂	水电厂	变电站
基准电压：0.38kV、3kV、6kV 或 10kV	基准容量：变压器低压绕组的额定容量 S_{2T}		G.0.1	—	—
基准电压：0.38kV、6kV 或 10kV	基准容量：变压器的额定容量 S_B		—	D.1.1	—
基准电压：0.38kV	基准容量：站用变压器的额定容量 S_B		—	—	B.0.1
计算条件	电源电压最高、分接头最高、负荷最小，母线最高电压，满足 $U_{m.max} \leq 1.05$		G.0.1.1	D.1.1.1	B.0.1.1
	电源电压最低、分接头最低、负荷最大，母线最低电压，满足 $U_{m.min} \geq 0.95$		G.0.1.2	D.1.1.2	B.0.1.2
厂（站）用电母线电压标幺值	$U_m = U_0 - SZ\varphi$		(G.0.1-1)	(D.1.1-1)	(B.0.1-1)
	S：厂（站）用负荷标幺值（以低压绕组额定容量为基准，即 S=负荷/低压绕组额定容量；空载时 S=0）				
负荷压降阻抗标幺值	$Z_\varphi = R_T\cos\varphi + X_T\sin\varphi$		(G.0.1-2)	—	—
	$Z_\varphi = R_B\cos\varphi + X_B\sin\varphi$		—	(D.1.1-2)	(B.0.1-2)
	cosφ：功率因数，取 0.8，sinφ 则为 0.6；水电厂：cosφ 一般取 0.83～0.85，大型电站取大值				
变压器低压侧空载电压标幺值	$U_0 = \dfrac{U_g}{1+n\dfrac{\delta_u\%}{100}} U'_{2e}$	$\delta_u\%$：分接开关的级电压（%）	(G.0.1-5)	(D.1.1-3)	—
电源电压标幺值	$U_g = \dfrac{U_G}{U_{1e}}$	U_G：电源电压（kV）	(G.0.1-6)	(D.1.1-6)	—

续表

名　　称	依　据　内　容			出　　处		
变压器低压侧额定电压标幺值	$U'_{2e} = \dfrac{U_{2e}}{U_i}$	U_i：变压器低压母线基准（标称）电压（kV）（0.38、3、6、10kV）		(G.0.1-7)	(D.1.1-7)	—
	U_{2e}：变压器低压侧额定电压（kV）（0.4、3.15、6.3、10.5kV）					
变压器电阻标幺值	火电	$R_T = 1.1\dfrac{P_t}{S_{2T}}$	水电变电 $R_B = 1.1\dfrac{P_t}{S_B}$	(G.0.1-3)	(D.1.1-4)	—
	P_t：变压器额定铜损，对分裂变压器为单侧通过电流，且低压侧分裂绕组为额定电流时的铜损（kW）					
变压器电抗标幺值	$X_T = 1.1\dfrac{U_d\%}{100} \times \dfrac{S_{2T}}{S_T}$	S_T：变压器额定容量（kVA）		(G.0.1-4)	—	—
	$X_B = 1.1\dfrac{U_z\%}{100}$	$U_z\%$：同 $U_d\%$		—	(D.1.1-5)	—
	$U_d\%$：双绕组变阻抗电压百分值，对分裂变以高压绕组额定容量为基准的阻抗电压百分值（半穿越阻抗）					
分接位置（整数）负分接时为负值	$n = \left(\dfrac{U_g U'_{2e}}{U_m + SZ_\varphi} - 1\right) \times \dfrac{100}{\delta_u\%}$			由以上公式联立得出		
无载调压变压器分接开关选择	调压范围应采用 10%（从正分接至负分接）			G.0.1.3	D.1.2	B.0.1.2
	调压装置的级电压采用 2.5%					
	额定分接位置宜在调压范围中间					
注：以上公式为了便于统一，部分公式符号做了修改						
有载调压变压器电压调整	母线电压计算与以上公式相同，但应计及分接头位置可变的因素，即以不同的电源电压和负荷相适应的分接头位置计算空载电压			G.0.2	D.2	B.0.2
	变压器阻抗电压大于 10.5%时，如经过计算不满足电压调整的要求，可选用有载调压变压器；另注意 4.3.4/4.3.5 条			√	—	—
	分接开关的选择	调压范围应采用 20%（从正分接至负分接）		√	—	—
		调压范围可采用±（4×2.5%）		—	—	√
		调压装置的级电压不宜过大，可采用 1.25%		√	—	—
		额定分接位置宜在调压范围中间		√	—	√

例题：高压厂用变压器 6kV 设 A、B 两段，基准电压为 6kV；高压厂用变压器参数为：容量 40/25-25MVA，电压为 20±8×1.25%/6.3-6.3kV，变压器负荷压降阻抗标幺值为 0.1，电源电压最高值 22kV，最低电压为 18kV，额定电压 20kV；低压侧最大计算负荷为 22000kVA。请计算分接位置。

$$U_{gmax} = \dfrac{U_G}{U_{1e}} = \dfrac{22}{20} = 1.1, \quad U_{gmin} = \dfrac{U_G}{U_{1e}} = \dfrac{18}{20} = 0.9$$

则

$$U'_{2e} = \dfrac{U_{2e}}{U_i} = \dfrac{6.3}{6} = 1.05$$

空载时：$S=0$；最大负荷时：$S = \dfrac{22}{25} = 0.88$。

按照电源电压最高，空载时，母线电压为最高允许值，选择最高分接位置

$$n_{max} = \left(\dfrac{U_{g*}U_2}{U_m + SZ_\varphi} - 1\right) \times \dfrac{100}{\delta_u\%} = \left(\dfrac{1.1 \times 1.05}{1.05 + 0} - 1\right) \times \dfrac{100}{1.25} = 8$$

按照电源电压最低，负荷最大，母线电压为最低允许值，选择最低分接位置：

$$n_{\min} = \left(\frac{U_{g*}U_2}{U_m + SZ_\varphi} - 1\right) \times \frac{100}{\delta_u\%} = \left(\frac{0.9 \times 1.05}{0.95 + 0.88 \times 0.1} - 1\right) \times \frac{100}{1.25} = -7.167$$

故分接头位置取−8～+8。

七、厂用电动机

1. 厂用电动机选择

名　称	依　据　内　容			出处
火电厂（DL/T 5153—2014）				
型式	厂用电动机宜采用高效、节能的交流电动机			5.1.1
	交流电源消失时仍要求连续工作的设备可采用直流电动机			
	厂用交流电动机宜采用鼠笼式，起动力矩要求大的设备应采用深槽式或双鼠笼式			5.1.2
	对于重载起动的I类电动机，应与工艺专业协调电动机的容量与轴功率之间的配合裕度，或采用特殊高起动转矩的电动机			
	反复起动、重载起动或需要小范围调速的机械，可采用绕线式电动机			
	单机容量≥200MW 机组的大容量辅机，可采用双速电动机或变频调速等其他调速措施			5.1.3
	潮湿、多尘的车间，外壳防护等级应达到 IP54 级要求，其他场所不低于 IP23 级			5.1.5
	有爆炸危险场所应采用防爆型电机			
额定电压	高压厂用电压	6kV 一级	>200kW 电动机　可采用 6kV	5.2.1.1
			<200kW 电动机　宜采用 380V	
			200kW 左右电动机　可按工程具体情况确定	
		10kV 一级	>250kW 电动机　可采用 10kV	5.2.1.2
			<200kW 电动机　宜采用 380V	
			200kW～250kW 电动机　可按工程具体情况确定	
		10kV 及 6kV 二级	>4000kW 电动机　宜采用 10kV	5.2.1.3
			200kW～4000kW 电动机　宜采用 6kV	
			<200kW 电动机　宜采用 380V	
			200kW 及 4000kW 左右电动机　可按工程具体情况确定	
		10kV 及 3kV 二级	>1800kW 电动机　宜采用 10kV	5.2.1.4
			200kW～1800kW 电动机　宜采用 3kV	
			<200kW 电动机　宜采用 380V	
			200kW 及 1800kW 左右电动机　可按工程具体情况确定	
	容量处于各级电压分界点的电动机，满足使各段高压厂用母线短路电流最小化，并保证起动电压水平前提下，宜优先选用较低一级电压			5.2.1.5
容量	机械转动惯量大或重载起动的电动机应按起动条件校验其容量			5.2.2
	笼型电动机应按冷起动 2 次或热状态起动 1 次进行校验			5.2.3
水电厂（NB/T 35044—2014）				
型式	厂用电动机宜采用笼型异步电动机			6.1.1
	重载启动经校验不能满足启动力矩要求及工作条件繁重的反复短时工作制的电动机可采用绕线转子异步电动机			

续表

名 称		依 据 内 容		出处
型式		交流电源消失时仍要求工作及调速范围广的设备可采用直流电动机		6.1.1
		潮湿环境，外壳防护等级宜达到IP44级要求，其他场所不低于IP23级		6.1.2
		有爆炸危险场所应采用防爆型电动机		
电压		厂用电动机宜采用 0.4kV 电压电动机；当采用高压电动机时，宜采用10kV		6.1.4

2. 电动机启动方式

名 称		依 据 内 容		出处
火电厂（DL/T 5153—2014）				
自启动方式校验	厂用工作电源	只考虑失压自启动		4.6.2
	厂用备用或启/备电源满足三种启动方式	空载自启动	备用电源空载状态自动投入失去电源的工作段时形成的自启动	
		失压自启动	运行中突然出现事故低电压，当事故消除、电压恢复时形成的自启动	
		带负荷自启动	备用电源已带部分负荷，又自动投入失去电源的工作段形成的自启动	
水电厂（NB/T 35044—2014）				
全压启动	厂用电笼型电动机优先采用全压启动			6.2.1
	应满足的条件	启动时，所连接母线电压降满足要求		
		电动机所配的生产机械允许全压启动		
		供电设备的过负荷不应超过允许值	变压器供电时，经常启动（每天起动≥6次）电动机启动的总电流不超过变压器额定电流的4倍	
			柴油发电机供电时，最大一台电动机启动时的总电流不宜超过柴油发电机额定电流的1.5倍，且应满足柴油机允许的冲击负荷要求	
笼型电动机不满足全压启动时	宜采用	软启动器启动、变频器启动和星—三角降压启动		6.2.2
容量>30kW 低压笼型电动机	宜选用	软启动器启动		6.2.3
启动力矩大、有变速要求大容量低压笼型电动机	宜选用	变频器启动		
其他情况	可采用	星-三角降压启动		

3. 火电厂电动机启动电压校验

名 称		依据内容（DL/T 5153—2014）		出处
电动机正常启动	正常启动	最大容量电动机正常启动时，厂用母线电压不低于额定电压的80%		4.5.1
	容易启动	容易启动的电动机启动时，电动机的端电压不应低于额定电压的70%		4.5.2
	验算	电动机的功率（kW）为电源容量（kVA）的20%以上时，应验算正常启动时的电压水平		4.5.3
	可不校验	2000kW 及以下的 6kV 或 10kV 电动机可不必校验		
	基准电压	0.38kV、3kV、6kV 或 10kV	基准容量	变压器低压绕组的额定容量 S_{2T}	H.0.1
	厂用母线电压（标幺值）	$U_m = \dfrac{U_0}{1+SX}$		式（H.0.1-1）

续表

名称		依据内容（DL/T 5153—2014）	出处
电动机正常启动	厂用母线电压（标幺值）	U_0：厂用母线上的空载电压（标幺值），电抗器取 1；对无励磁调压变压器取 1.05（调压范围±5%）；对有载调压变压器取 1.1（调压范围±10%）；X：变压器或电抗器电抗（标幺值）；变压器 $X=1.1\dfrac{U_d\%}{100}\times\dfrac{S_{2T}}{S_T}$	式（H.0.1-1）
	合成负荷（标幺值）	$S=S_1+S_q$ S_1：电动机启动前，厂用母线上的已有负荷（标幺值），按计算负荷取值，$S_1=\Sigma(KP)$（参见火电厂厂用电负荷计算，换算系数 K，表 F.0.1）	式（H.0.1-2）
	启动电动机启动容量（标幺值）	$S_q=\dfrac{K_q P_e}{S_{2T}\eta_d\cos\varphi_d}$ K_q：电启机启动电流倍数； P_e：电动机额定功率（kW）； η_d：电动机额定效率； $\cos\varphi_d$：电动机额定功率因数	式（H.0.1-3）
电动机成组自启动	基准电压	0.38kV、3kV、6kV 或 10kV　　基准容量　变压器低压绕组的额定容量 S_{2T}	J.0.1
	厂用母线电压（标幺值）	$U_m=\dfrac{U_0}{1+SX}$	式（J.0.1-1）
	合成负荷（标幺值）	$S=S_1+S_{qz}$ S_1：自启动前厂用母线已有负荷（标幺值），失电压自起动或空载自起动，$S_1=0$	式（J.0.1-2）
	自启动容量（标幺值）	$S_{qz}=\dfrac{K_{qz}\Sigma P_e}{S_{2T}\eta_d\cos\varphi_d}$ K_{qz}：自起动电流倍数，备用电源为快速切换时取 2.5，慢速切换时取 5，（慢速切换指备用电源自动切换过程的总时间大于 0.8s，快速切换则小于 0.8s）；ΣP_e：参加自启动的电动机额定功率总和（kW）；$\eta_d\cos\varphi_d$：电动机的额定效率和额定功率因数乘积，可取 0.8	式（J.0.1-3）
高低压厂用母线电动机串接自启动	高压厂用母线电压（标幺值）	$U_{gm}=\dfrac{U_0}{1+S_g X_g}$ S_g：高压厂用母线负荷； X_g：高压厂用变压器电抗，变压器 $X_g=1.1\dfrac{U_d\%}{100}\times\dfrac{S_{2T}}{S_T}$	式（J.0.2-1）
	低压厂用母线电压（标幺值）	$U_{dm}=\dfrac{U_{gm}}{1+S_d X_d}$ S_d：低压厂用母线负荷； X_d：低压厂用变压器电抗，变压器：$X_d=1.1\dfrac{U_d\%}{100}\times\dfrac{S_{2T}}{S_T}$	式（J.0.2-2）
	自启动要求的最低母线电压	表 4.6.1　自启动要求的最低母线电压 | 名称 | 自启动方式 | 自启动电压（%）| |---|---|---| | 高压厂用母线 | — | 65～75 | | 低压厂用母线 | 低压母线单独自启动 | 60 | | | 低压母线与高压母线串接自启动 | 55 |	表 4.6.1

4. 水电厂电动机启动电压校验

名　称		依据内容（NB/T 35044—2014）		出处
电动机启动校核	电动机自启动	应按最不利的厂用电接线与运行方式进行电压验算		6.3.3
		对明备用变压器	可按失压和空载自启动验算	
		对暗备用（互为备用）变压器	应按带负荷自启动验算	
		采用两级厂用电压供电时对以上两种方式均应按高、低厂用电母线串接自启动进行验算		
		除过坝设施用的高压电动机外	高压电动机可不必验算正常启动时电压水平	6.3.4
		低压电动机功率（kW）>20%电源变压器容量（kVA）	应验算正常启动时电动机连接母线的电压水平	
		对配电支线较长的低压电动机	应验算正常启动时电动机的端子电压降	
电动机正常启动	所连接母线电压降	接有照明或其他电压波动灵敏负荷	经常启动	不宜大于 10%	6.3.1.1
			不经常启动	不宜大于 15%	
		未接有照明或其他电压波动灵敏负荷	不应大于 20%	6.3.1.2
		配电母线上未接其他用电设备时	可按保证电动机启动转矩的条件确定（母线压降）；对于低压电动机，尚应保证接触器线圈的电压不低于释放电压	6.3.1.3
	高厂用电动机	启动时电动机端电压（标幺值）	$U_{d*}=\dfrac{1.05}{1+\dfrac{S_{qd}+S_1}{S_{nb1}}U_{z1}}$ S_1：启动前厂用电高压母线已带负荷（kVA）； S_{nb1}：高压厂用变压器额定容量（kVA）； U_{z1}：高压厂用电变压器的阻抗压降	式（E.1.1-1）
		电动机启动容量（kVA）	$S_{qd}=\sqrt{3}U_{nd}I_{qd}=\dfrac{K_{qd}P_d}{\eta_d\cos\varphi_d}$ U_{nd}：电动机的额定电压（kV）； P_d：电动机的额定容量（kW）； $\eta_d\cos\varphi_d$：电动机额定效率和额定功率因数乘积，简化计算时取 0.8	式（E.1.1-2）
		电动机启动电流（A）	$I_{qd}=K_{qd}I_{nd}$ K_{qd}：电动机的启动电流倍数，简化计算时取 6.0； I_{nd}：电动机的额定电流（A）	式（E.1.1-3）
	0.38kV 电动机	启动时母线电压（标幺值）	$U_{m*}=\dfrac{1.05}{1+\dfrac{S_{qd}+S_2}{S_{nb2}}U_{z2}}$	式（E.1.2-1）
		启动前厂用低压母线上已带负荷（kVA）	如果计算中，S_2 数值不易确定时，可按最严重情况计算 $S_2=S_{nb2}-0.85P_{nd}$ S_{nb2}：低压厂用变压器额定容量（kVA）； P_{nd}：启动的电动机的额定容量（kW）	式（E.1.2-2）
		启动时电动机端电压（标幺值）	$U_{d*}=\dfrac{U_{m*}}{1+\dfrac{\sqrt{3}I_{qd}(r_1\cos\varphi_d+x_1\sin\varphi_d)L}{U_{nd}\times10^6}}$	式（E.1.2-3）

续表

名称		依据内容（NB/T 35044—2014）		出处
电动机正常启动	0.38kV电动机	启动时电动机端电压（标幺值）	I_{qd}：电动机启动电流（A）； r_1：导线单位长度电阻（mΩ/m）； x_1：导线单位长度电抗（mΩ/m）； L：导线长度（m）； $\cos\varphi_d$：电动机启动时的功率因数，笼型电动机为0.35，绕线型电动机为0.5~0.65； U_{nd}：电动机额定电压0.38kV	式（E.1.2-3）
			注：当采用两台互为备用的低阻抗配电变压器供电、电动机容量（kW）是变压器容量（kVA）的1/10及以下时，U_{m*}可取1.0	
多层辐射形供电的电动机启动电压	多层辐射形供电电动机启动典型接线			图 E.1.3
	启动时变压器的电压降（V）	$$\Delta U_b = \frac{\sqrt{3}I_{qb}U_{nb2}^2 U_{z2}}{S_{nb2}} \times 10^{-3}$$ S_{nb2}：变压器额定容量（kVA）； U_{nb2}：变压器低压侧额定电压取400V； U_{z2}：变压器的阻抗电压（V）		式（E.1.3-1）
	电动机启动时通过变压器的电流（A）	$I_{qb}=I_{fgb}+I_{qd}=I_1+I_2+I_{qd}$ I_{fgb}：电动机启动前变压器的负荷电流（A），I_1、I_2之和，当不易确定时按严重情况取 $I_{fgb}=I_{nb2}-0.85I_{nd}$ I_{nb2}：变压器低压侧额定电流（A）； I_{nd}：电动机的额定电流（A）		式（E.1.3-2）
	电动机的启动电流（A）	$$I_{qd} = \sqrt{(0.8I_{fgb}+I_{qd}\cos\varphi_d)^2 + (0.6I_{fgb}+I_{qd}\sin\varphi_d)^2}$$		式（E.1.3-3）
	主、分屏间线路 L1 的电压降	$$\Delta U_1 = \sqrt{3}I_2(0.8r_{11}L_1+0.6X_{11}L_1)\times 10^{-3} \\ + \sqrt{3}I_{qd}(r_{11}L_1\cos\varphi_d + X_{11}L_1\sin\varphi_d)\times 10^{-3}$$ I_2：分屏上除启动的电动机外其他负荷的计算电流（A）； r_{11}，X_{11}：主、分屏间线路单位长度的电阻、电抗（mΩ/m）； L_1：主、分屏间线路长度（m）		式（E.1.3-4）
	分屏到电动机线路 L2 的电压降	$$\Delta U_2 = \sqrt{3}I_{qd}(r_{12}L_2\cos\varphi_d + X_{12}L_2\sin\varphi_d)\times 10^{-3}$$ r_{12}，X_{12}：分屏到电动机线路单位长度的电阻、电抗（mΩ/m）； L_2：分屏到电动机线路长度（m）		式（E.1.3-5）
	启动时电动机端电压降百分数	$$\Delta U_d\% = \frac{\Delta U_b + \Delta U_1 + \Delta U_2}{U_{nd}} \times 100$$		式（E.1.3-6）
	启动时电动机端电压降与额定电压之比值	$$U_d = \frac{U_{nb2}-(\Delta U_b+\Delta U_1+\Delta U_2)}{U_{nd}}$$ U_{nd}：电动机的额定电压，取380V		式（E.1.3-7）
电动机成组自启动所连接母线电压降		空载或失压自启动	低厂母线电压不低于65%	6.3.2
		带负荷自启动或低、高压母线串接自启动	低厂母线电压不低于60%	

续表

名　　称		依据内容（NB/T 35044—2014）	出处
成组电机机启动电压	高压电源切换高、低压厂变串接启动	自启动时厂用高压母线电压（标幺值）	$$U_{1*} = \dfrac{1.05}{1+\dfrac{\sqrt{3}I_{q1}U_{nd1}+\sqrt{3}\times 0.38\times I_{q2}+S_1}{S_{nb1}}U_{z1}}$$ I_{q1}：接于高压母线上的自启动电动机启动电流之和（A），慢切启动倍数取 5； I_{q2}：接于低压母线上的自启动电动机启动电流之和（A），慢切启动倍数取 5； U_{nd1}：高压电动机额定电压（kV）； U_{z1}：高压厂用变压器阻抗压降； S_{nb1}：高压厂用变压器额定容量（kVA）； S_1：自启动前已接的计算负荷（kVA），对于空载或失压自启动 $S_1=0$	式（E.2.1-1）
		自启动时厂用低压母线电压（标幺值）	$$U_{2*} = \dfrac{U_{1*}}{1+\dfrac{\sqrt{3}\times 0.38\times I_{q2}U_{z1}}{S_{nb2}}}$$ S_{nb2}：低压厂变额定容量（kVA）	式（E.2.1-2）
	低压电源切换高、低压厂变串接启动	自启动时厂用高压母线电压（标幺值）	$$U_{1*} = \dfrac{1.05}{1+\dfrac{S_1+\sqrt{3}\times 0.38\times I_{q2}}{S_{nb1}}U_{z1}}$$ S_1：高压母线自启动前已接的计算负荷（kVA）	式（E.2.2-1）
		自启动时厂用低压母线电压（标幺值）	$$U_{2*} = \dfrac{U_{1*}}{1+\dfrac{S_2+\sqrt{3}\times 0.38\times I_{q2}}{S_{nb2}}U_{z2}}$$ S_2：自启动前低压母线已接的计算负荷（kVA），对于空载或失压自启动 $S_2=0$	式（E.2.2-2）
厂用电采用一级电压供电		低厂变自启动时 0.4kV 厂用母线电压（标幺值）	$$U_{2*} = \dfrac{1.05}{1+\dfrac{S_2+\sqrt{3}\times 0.38\times I_{q2}}{S_{nb2}}U_{z2}}$$	式（E.2.3）

八、柴油发电机组

1. 火电厂（变电站）柴油发电机组选择

名　　称	依　据　内　容	出处	
火电厂：DL/T 5153—2014，附录 D；变电站：DL/T 5155—2016			
型式	应采用快速启动应急型，失电后第一次自启动恢复供电时间可以 15s～20s	D.0.1.1	6.5.1
	具有时刻准备自启动投入工作并最多连续自启动 3 次成功投入的性能		
	宜采用高速及废气涡轮增压型	D.0.1.2	—
启动方式	宜采用电启动	D.0.1.3	
冷却方式	应采用闭式循环水冷却	D.0.1.4	6.5.1
励磁系统	宜采用快速反应的励磁系统	D.0.1.5	
接线形式	采用星形连接，中性点应能引出	D.0.1.6	

2. 火电厂柴油发电机组负荷及容量计算

名　称	依据内容（DL/T 5153—2014）		出处
计算负荷（kVA）		$S_c = K\Sigma P$	式（D.0.2-1）
	K：换算系数，取 0.8； P：每个单元机组事故停机时，可能同时运动的保安负荷（包括旋转和静止的负荷）的额定功率之和（kW）		
	计算负荷有功功率（kW）	$P_c = S_c \cos\varphi_c$	式（D.0.2-2）
		$\cos\varphi_c$：计算负荷功率因数，0.86	
	时间上能错开的保安负荷，不应全部计算，可以分段统计同时运行的保护负荷，取其大者		D.0.2
柴油发电机容量选择（取最大值）	发电机连续输出容量应大于最大计算负荷	发电机额定容量（kVA）　　$S_e \geq nS_c$	式（D.0.2-3）
		n：每个单元机组配置一台柴油发电机组时 $n=1$，两个单元机组配置一台柴油发电机组时 $n=2$	
	发电机带负荷启动一台最大容量的电动机时，短时过负荷能力校验	发电机额定容量（kVA）　　$S_e = \dfrac{nS_c + (1.25K_q - K)P_{Dm}}{K_{OL}}$	式（D.0.2-4）
		P_{Dm}：最大电动机的额定功率（kW）； K_q：最大电动机的启动电流倍数； K_{OL}：柴油发电机短时过负荷系数，热状态下能承受 150% S_e，时间为 15s，则可取 1.5	
	当式（D.0.2-4）不能满足时，应将发电机的运行负荷与启动负荷按相量和的方法进行复校，或采用软启动，以降低 K_q 值；若再不能满足，应向产品制造厂索取电动机实际启动时间内发电及允许的过负荷能力		
柴油机输出功率复核	实际使用环境不同于标准使用条件	实际输出功率（kW）　　$P_x = \alpha P_r$	式（D.0.2-5）
		P_r：标准使用条件（海拔 0m，空气温度 20℃）输出功率（kW）； α：海拔和空气温度综合修正系数	
	持续1h运行状态下输出功率校验	全厂停电 1h 内，柴油机组有承担最大保安负荷的能力，柴油机组 1h 允许承担负载能力为 $1.1P_x$	D.0.2
		实际输出功率（kW）　　$P_x \geq \dfrac{\alpha P_C}{1.1\eta_G}$	式（D.0.2-6）
		P_C：计算负荷的有功功率（kW）； η_G：发电机效率； α：柴油发电机组的功率配合系数，取 1.1~1.15	
	柴油机首次加载能力校验	首次加载能力校验不低于额定功率的 50%	D.0.2
		$P_x \geq 2.5K_Q \Sigma P''_{eD} \cos\varphi_Q$	式（D.0.2-7）
		$\Sigma P''_{eD}$：初次投入的保安负荷额定功率之和（kW）； K_Q：启动负荷的电流倍数，宜取 5； $\cos\varphi_Q$：启动负荷的功率因数，宜取 0.4	
最大电动机启动时母线电压水平校验	最大电动机启动时，保安母线电压不低于额定电压 75%；空载启动电动机引起的母线电压降低较有载启动更加严重，取空载启动作为校验工况		D.0.3
	电动机启动时母线电压	$U_m = \dfrac{S_e}{S_e + 1.25K_q P_{DM} X'_d}$	式（D.0.2-8）
		X'_d：发电机的暂态电抗（标幺值）	

3. 水电厂柴油发电机组选择

名　称	依据内容（NB/T 35044—2014）		出处
型式	应采用快速启动应急型，启动到安全供电时间不宜大于 15s		7.1.2
柴油机型式	宜采用高速及废气涡轮增压型，冷却方式宜采用封闭式循环水冷却		7.1.4
配置	应配置手动启动和快速自启动装置		7.1.3
配置	宜采用快速反应的无刷自动励磁装置		7.1.7
配置	应装设过电流和单相接地保护；容量 1000kW 以上时应装设纵联差动保护		7.1.7
额定电压	宜采用 0.4kV		
接线方式	应采用星形接线，中性点应能引出		7.1.5
接线方式	仅一台柴油发电机组时	中性点应直接接地；宜与低压厂用系统接地形式一致	7.1.5
接线方式	当两台及以上柴油发电机组并列运行时	发电机中性点宜经隔离开关接地	7.1.5
接线方式	当两台及以上柴油发电机组并列运行时	每台发电机中性点可分别经限流电抗器接地	7.1.5
容量选择	若作为厂用保安电源	容量大于最大保安负荷	7.2.1
容量选择	若作为黑启动电源	容量大于启动一台机组所需的负荷	7.2.1
容量选择	即作为厂用保安电源，兼作为黑启动电源	容量按保安负荷与黑启动负荷二者的最大值	7.2.1
容量选择	若作为备用电源	容量应满足备用电源容量要求	7.2.1
容量校验	按带负荷后启动最大的单台或成组电动机启动条件校验	宜按附录 F 计算	7.2.2
容量校验	按空载启动最大的单台电动机时母线允许电压降校验	厂用母线电压水平不宜低于额定电压 75%，有电梯时 80%	7.2.2
容量校验	柴油机输出功率复核		7.2.2

4. 水电厂柴油发电机组负荷及容量计算

名　称	依据内容（NB/T 35044—2014）		出处
计算负荷（kVA）	$$S_{Jc1}=\frac{P_\Sigma}{\eta_\Sigma \cos\varphi}$$ P_Σ：可能同时运动的负荷（包括旋转和静止的负荷）的额定功率之和（kW）； η_Σ：计算负荷的效率，取 0.82～0.88； $\cos\varphi$：计算负荷功率因数，0.80		式（F.1.1）
容量估算	发电机容量应能满足不小于 20%电动机额定容量的四极笼型异步电动机全电压直接启动		F.2.4
发电机连续输出容量最大计算负荷	$S_{G1} \geq S_{Jc1}$ S_{G1}：发电机额定容量（kVA）		式（F.2.1）
发电机带负荷启动	最大单台容量电动机或成组电动机启动条件计算的发电机容量	$$S_{G2} \geq \left(\frac{P_\Sigma-P_m}{\eta_\Sigma}+\frac{P_m K_{dq} C\cos\varphi_m}{\eta_d \cos\varphi_d}\right)\frac{1}{\cos\varphi_G}$$ P_m：启动最大容量电动机或成组电动机的容量（kW）； $\cos\varphi_m$：电动机的启动功率因数，0.4； $\eta_d\cos\varphi_d$：电动机的效率和额定功率因数乘积，0.8； $\cos\varphi_G$：发电机的额定功率因数 0.8； K_{dq}：电动机的启动电流倍数； C：电动机启动方式系数，全压启动 1.0，星-三角启动 0.67	式（F.2.2）

名称		依据内容（NB/T 35044—2014）	出处
发电机带负荷启动	最大单台容量电动机有短时过负荷能力的发电机容量	发电机在热状态下，能承受150% S_e，时间不小于30s	F.2.3
		$S_{G3} \geq \dfrac{S_{jcL}+(1.25k_{qd}-K)P_{dm}}{1.5}$ K：换算系数，0.8； P_{dm}：启动最大单台容量电动机的额定功率（kW）； k_{dq}：电动机的启动电流倍数。	式（F.2.3）
柴油发电机容量选择计算校验	发电机空载启动最大单台容量电动机，发电机母线允许电压降校验	$S_{G4} \geq P_{dm}K_{dq}CX_d'' \dfrac{1}{\eta_d \cos\varphi_d}\left(\dfrac{1}{\Delta E}-1\right)$ P_{dm}：最大单台容量电动机（kW）； K_{dq}：电动机的启动电流倍数； X_d''：发电机的次暂态电抗，0.25； ΔE：水电厂厂用电或应急负荷母线允许的暂时电压降，0.25	式（F.3.1）
柴油机输出功率复核	实际使用环境不同于标准使用条件	实际输出功率（kW） $P_x=\alpha P_r$ P_r：标准使用条件（海拔0m，空气温度20℃）输出功率（kW）； α：海拔和空气温度综合修正系数	式（F.4.1）
	持续1h运行状态下输出功率校验	全厂停电1h内，柴油机组有承担最大保安负荷的能力，柴油机组1h允许承担负载能力为 $1.1P_x$	F.4.2
		实际输出功率（kW） $P_x \geq \dfrac{\beta P_\Sigma}{1.1\eta_G}$ P_Σ：计算负荷的额定功率之和（kW）； η_G：发电机效率； β：柴油发电机组的功率配合系数，取1.1～1.15	式（F.4.2）
	柴油机首次加载能力校验	首次加载能力校验不低于额定功率的50%	F.4.3
		$P_x \geq 2K_{qd}\dfrac{P_\Sigma'}{\cos\varphi_d}\cos\varphi_m$ P_Σ'：初次投入的保安负荷额定功率之和（kW）	式（F.4.3）

九、供电回路持续工作电流

1. 火电厂厂用高压系统计算工作电流

名称	依据内容（1P281）	出处
厂用高压母线进线回路	厂用高压母线进线回路应按厂用高压变低压侧额定容量进行计算 $I_g = \dfrac{1.05 S_L}{\sqrt{3}U_e}$ S_L：厂用高压变低压侧的额定容量（kVA）； U_e：厂用高压母线额定电压（kV）	式（8-52）
变压器回路	$I_g = \dfrac{1.05 S_e}{\sqrt{3}U_e}$ S_e：变压器的额定容量（kVA）； U_e：厂用高压母线额定电压（kV）	式（8-53）
电动机回路	$I_g = \dfrac{P_e}{\sqrt{3}U_e \cos\varphi_e \eta_e}$ P_e：电动机额定功率（kW）； U_e：电动机额定电压（kV）； $\cos\varphi_e$：电动机额定功率因数； η_e：电动机额定效率	式（8-54）

续表

名 称	依据内容（1P281）	出处
馈线回路	$I_g = \Sigma I_{gl} + K_0 \Sigma I_{gh}$ ΣI_{gl}：该馈线供给的所有连续工作回路计算工作电流的总和（A）； ΣI_{gh}：该馈线供电的所有短时及断续工作回路计算电流的总和（A）； K_0：短时及断续工作回路的同时率，通常采用 0.5	式（8-55）

2. 火电厂 380V 供电回路持续工作电流

名 称	依据内容（DL/T 5153—2014）		出处
电动机回路	>3kW	$I_g = 2P_{ed}$	式（R.0.1-1）
	≤3kW	$I_g = 2.5P_{ed}$	式（R.0.1-2）
	I_g：持续工作电流（A）； P_{ed}：电动机的额定功率（kW）；当缺乏资料时，可按式（R.0.1-1）估算		
馈电干线	$I_g = \Sigma I_{g.L} + K_t \Sigma I_{g.U}$ $\Sigma I_{g.L}$：该馈电线供电的所有连续工作负荷的计算工作电流的总和（A）； $\Sigma I_{g.U}$：由该馈电线供电的所有短时及间断工作负荷的计算电流的总和（A）； K_t：短时及断续工作负荷的同时率，可取 0.5		式（R.0.2）
中央修配厂或煤场机械	$I_g = \dfrac{P \times 1000}{\sqrt{3} U_e \cos\varphi}$ P：电动机的计算功率（kW），见附录 F； U_e：额定电压，380V； $\cos\varphi$：功率因数，中央修配厂可取 0.8，中小型煤场机械可取 0.65，大型煤场机械根据设备特点确定		式（R.0.3）

3. 变电站供电回路持续工作电流

名 称	依据内容（DL/T 5155—2016）		出处
站用变压器进线回路	$I_g = 1.05 \times I_e = 1.05 \times \dfrac{S_e}{\sqrt{3} \times U_e}$ I_g：所用变进线回路工作电流（A）； I_e：所用变低压侧额定电流（A）； U_e：所用变低压侧额定电压（kV）； S_e：所用变额定容量（kVA）； 考虑 95% U_e 时变压器容量不变。对有载调压所用变压器，应按实际最低分接电压进行计算		式（D.0.1）
	配电箱柜内电器的额定电流选择，还应考虑不利散热的影响。（条文说明：具体修正系数应根据设备资料确定）；旧规 DL/T 5155—2002：应考虑不利散热的影响，可按电器额定电流乘以 0.7～0.9 的裕度系数进行修正		6.3.1
主变压器冷却装置供电回路	单台主变冷却装置	$I_g = n_1 \times (I_b + n_2 \times I_f)$	式（D.0.2）
	三台单相主变压器冷却装置	供电回路工作电流按上式三倍计算	
	I_b：每组冷却装置中油泵电动机的额定电流（A）； I_f：每组冷却装置中单台风扇电动机的额定电流（A）； n_1：单台主变压器满载运行时所需的冷却装置组数； n_2：单组冷却器中风扇电动机的数量		
断路器操作及加热电源回路	$I_g = \Sigma I_c + \Sigma I_r$ ΣI_c：回路中可能同时动作的断路器或隔离开关操作电动机额定电流之和（A），当缺乏资料时，单台电动机电流估算如下：不大于 3kW 时，取 2.5A/kW；大于 3kW 时，取 2A/kW； ΣI_r：回路中断路器、隔离开关加热器额定电流之和。单相加热器应均匀分配于三相		式（D.0.3）

续表

名　称	依据内容（DL/T 5155—2016）	出处
照明回路	$I_g = \dfrac{3 \times P_m(1+\Delta P)}{\sqrt{3} \times U_e \cos\varphi}$ P_m：最大一相照明装置容量（kW）； U_e：额定线电压（0.38kV）； ΔP：镇流元件功率损耗占灯管的百分数	式（D.0.4）
照明回路	表 D.0.4　镇流元件功率损耗占灯管损耗的百分比 | 光源和镇流元件的特性 | $\cos\varphi$ | ΔP（%） | |---|---|---| | 无补偿电容的气体放电灯（电感镇流） | 0.5 | 20 | | 有补偿电容的气体放电灯（电感镇流） | 0.9 | 20 | | 气体放电灯（电子镇流），LED 灯 | 0.96 | 15 |	表 D.0.4
直流充电装置回路	直流充电装置回路工作电流可采用充电装置额定电流	D.0.5
检修电源回路	$I_g = \dfrac{S_e}{U_e} \times \sqrt{ZZ} \times 1000$ S_e：单相电焊机额定功率、容量（kVA）； U_e：额定电压（kV）； ZZ：交流电焊机的暂载率，取 65%	式（D.0.6）
通风机、水泵电动机回路	$I_g = \Sigma I_d$ I_d：单台电动机额定电流（A），当缺乏资料时，单台电动机电流估算如下：不大于 3kW 时，取 2.5A/kW；大于 3kW 时，取 2A/kW	式（D.0.7）

十、火电厂电能表及电流互感器配置

位　置	有功电能表	电流互感器	出处（DL/T 5153—2014）
高压厂用变压器或厂用电抗器的电源侧	应装设 0.5 级	0.5S 级	9.2.2-1
高压备用或启动/备用电源侧的关口计量点	应装设 0.2 级	0.2S 或 0.2 级	9.2.2-2
低压厂用变压器的电源侧	可装设 0.5 级	0.5 级	9.2.2-3
电能计量用电流互感器，工作电流宜在其额定电流的 2/3 以上			9.2.2-4
电能表宜安装在高压开关柜或低压配电屏上			9.2.2-5

十一、火电厂厂用电自动切换

名　称			依据内容（DL/T 5153—2014）	出处
高厂用电源的切换	正常切换	≥200MW 机组	宜采用带同步检定的厂用电源快速切换装置	9.3.1
		<200MW 机组	宜采用手动并联切换	
			在确认切换的电源合上后，再断开被切换的电源，并减少两个电源并列的时间，同时宜采用手动合上断路器后联动切除被解列的电源	
		单机≥200MW 机组	高厂电源切换操作的合闸回路宜经同期继电器闭锁	
	事故切换	单机≥200MW 机组，断路器具有快速合闸性能	宜采用快速串联断电切换方式，此时备用分支的过电流保护可不接入加速跳闸回路。但在备用电源自动投入合闸回路中应加同期闭锁，同时应装设慢速切换作为后备	
		采用慢速切换	为提高备用电源自动投入的成功率，在备用电源自动投入的启动回路中宜增加低（残）电压闭锁	

续表

名　称		依据内容（DL/T 5153—2014）		出处
低厂用电源的切换	正常切换	正常切换宜采用手动并联切换		9.3.2
		在确认切换的电源合上后，再断开被切换的电源，并应减少两个电源并列的时间，同时宜采用手动合上断路器后联动切除被解列的电源		
	事故切换	采用明备用动力中心供电	工作电源故障或被错误断开时备用电源应自动投入	
		采用暗备用动力中心供电	应采用"确认动力中心母线系统无永久性故障后手动切换"方式	
保安电源的切换	正常切换	宜采用手动并联切换		9.3.3
	事故切换	正常工作电源故障后误跳时，备用电源应自动投入，同时发出柴油电机启动指令，如备用电源投入不成功，应自动投入柴油发电机电源		

十二、厂（站）用电设备

1. 厂（站）用电设备选择

名　称		依据内容		出处
火电厂（DL/T 5153—2014）				
断路器	单机≤125MW	宜在厂用分支线上装设断路器,若无所需开断短路电流参数的断路器时，可采用能够满足动稳定要求的断路器，但应采取措施，使断路器仅在其允许的开断短路电流范围内切除故障；也可采用能满足动稳定要求的隔离开关或连接片		3.6.3
	厂用分支	采用离相封闭母线该分支线上不应装设断路器和隔离开关		3.6.4
	高压	宜采用无油化设备		6.2.1
		≥125MW 机组	应采用无油化设备	
		≥200MW 机组	宜采用真空断路器与高压熔断器串真空接触器的组合设备	6.2.2
			启停频繁的高压厂用回路宜采用高压熔断器串真空接触器组合设备	
高压熔断器串真空接触器	高压熔断器	根据被保护设备特性选择专用的高压限流型熔断器；不宜并联使用、降压使用		6.2.4.1
	额定开断电流	应大于回路最大预期短路电流周期分量有效值		6.2.4.2
	架空线	架空线路和架空线变组回路不宜采用高压熔断器串真空接触器作为保护和操作电器		6.2.4.3
	真空接触器	应能承受和关合限流熔断器的切断电流		6.2.4.4
高压厂用电抗器	安装位置	宜装设在断路器后，断路器分断能力和动稳定按电抗器后短路条件校验		3.6.5
		布置合理时，也可将电抗器装设在断路器之前		
低压电器	断路器和熔断器额定短路分断能力	安装地点的短路功率因数值不应低于断路器和熔断器的短路功率因数值		6.4.1
		否则，额定短路分断能力宜留适当裕度		
		安装地点预期短路电流周期分量有效值不应大于允许的额定短路分断能力		
		预期短路电流：即分断瞬间一个周波内的周期性分量有效值，对于动作时间大于 4 个周波的断路器，可不计异步电机反馈电流		
		利用断路器本身的脱扣器作为短路保护	瞬时过电流脱扣器为短路保护时应采用断路器的额定短路分断能力校验	
			延时过电流脱扣器为短路保护时应采用断路器相应延时下的短路分断能力校验	

续表

名称			依据内容		出处
低压电器	断路器和熔断器额定短路分断能力	另装继电保护	动作时间未超过该断路器延时脱扣器最长延时应采用延时脱扣下的短路分断能力		6.4.1
			动作时间超过该断路器延时脱扣器最长延时按产品制造厂规定		
			对于已满足额定短路分断能力的断路器，可不再校验其动、热稳定；当另装继电保护时，应校验断路器的热稳定		6.4.2
	脱扣器整定电流		断路器的瞬时或短延时脱扣器整定电流应躲过电动机起动电流，并按最小短路电流校验灵敏度		6.4.3
	熔断器校验		熔件按正常短时最大电流不熔断校验		6.4.5
			电动机回路熔件按起动电流校验		
低压电器组合	隔离电器保护电器操作电器	电动机供电回路	宜装有隔离电器、保护电器及操作电操		6.5.1
			也可采用隔离、保护和操作组合功能的电器		
		供电干线	可只装设隔离电器和保护电器		
	分离的隔离电器		可采用隔离开关、插头等		6.5.2
	分离的保护电器		可采用熔断器、断路器等		
	分离的操作电器		可采用接触器、磁力起动器、组合电器、断路器		
	起吊设备电源回路		宜增设就地安装的隔离电器		6.5.14
水电厂（NB/T 35044—2014）					
断路器	采用离相封闭母线		若发电机引出线及厂用电分支线均采用离相封闭母线，且厂用电回路采用单相设备厂用变高压侧可不装设断路器和隔离开关		3.4.4
	当厂用电分支线未采用离相封闭母线	若厂用变高压侧不装设断路器，则采取措施：	厂用电变压器高压侧宜装设断路器		
			（1）采用负荷开关、隔离开关或连接片，但应满足短路冲击的要求或采取防止相间短路的措施。当采用隔离开关时，应使隔离开关能拉切所连接变压器的空载电流		
			（2）采取限制短路电流措施，以便能采用额定短路开断能力较小的断路器		
高压电器	高压开关柜		宜采用中置式金属封闭开关柜		8.1.2
	断路器		宜采用真空断路器		8.1.3
	环网柜内		也可选用 SF_6 型负荷开关		
低压电器	低压厂用主配电屏		宜采用带抽出式器件或插拔式器件的封闭式开关柜		8.2.1
	终端配电箱		宜采用低压固定封闭式开关柜		
	低压厂用电主配电屏	进线和母联断路器	宜采用带框架断路器		8.2.2
		配电回路断路器	宜采用塑壳断路器		
		电动机回路断路器	宜采用塑壳断路器、接触器和热继电器		
	低压终端配电箱	进线和馈线断路器	宜采用塑壳断路器		8.2.3
		电动机回路断路器	宜采用塑壳断路器、接触器和热继电器		
变电站（DL/T 5155—2016）					
高压电器			站用变高压侧宜采用高压断路器作为保护电器		6.2.1
			当站用变容量小于 400kVA 时，也可采用熔断器保护		
			保护电器开断电流不能满足要求时，宜采用装设限流电抗器措施		
低压电器			站用电低压配电宜采用封闭的固定式配电屏，也可采用抽屉式配电屏，应设电气或机械联锁		6.3.2
短路分断能力			断路器和熔断器额定短路分断能力：同水电厂 6.4.1 条		6.3.5

2. 低压电器和导体可不校验动稳定或热稳定的组合方式

低压电器和导体可不校验动稳定或热稳定的组合方式		火电厂	变电站
用限流熔断器或额定电流为 60A 以下熔断器保护的电器和导体	可不校验热稳定	6.5.6-1	6.3.3
熔件额定电流不大于电缆额定载流量 2.5 倍，且供电回路末端最小短路电流大于熔件额定电流的 5 倍	可不校验电缆热稳定	6.5.6-2	
采用保护式磁力起动器或放在单独动力箱内的接触器	可不校验动、热稳定	6.5.6-3	
用限流断路器保护的电器和导体	可不校验热稳定	6.5.6-4	
已满足额定短路分断能力的断路器	可不校验动、热稳定	6.4.2	

十三、低压电器保护配合

1. 熔断器的级差配合（火电厂）

名　称	依据内容（DL/T 5153—2014）						出处
故障时，重要供电回路中各级保护电器应有选择性动作	干线上的熔件应较支线上的熔件大一定级差。决定级差时应计及上下级熔件熔断特性误差						6.5.5
	当支路上采用断路器时，干线上的断路器应延时动作						
RT$_0$型熔断器配合级差	表 P.0.1　RT$_0$型熔断器配合级差表						P.0.1
	熔断器电流（A）	熔件额定电流（A）	短路电流（周期分量有效值，kA）				
			1	2	4	6	10～50
	100	30					
		40					
		50					
		60					
		80					
		100					
	200	120					
		150					
		200					
	400	250					
		300					
		350					
		400					
	600	450					
		500					
		550					
		600					
	表 P.0.1 按上下级熔件最大误差为±50%，并考虑 10%的配合裕度；当表 P.0.1 选择熔件有困难时，可按熔件误差为±30%确定的算式（P.0.1-1）来校验熔件的选择性配合						
	$t_1=2.08t_2$						式（P.0.1-1）
	t_1：上一级熔件流过下一级最大短路电流时的熔断时间（s），查制造厂的安秒特性曲线 t_2：下一级熔件流过最大短路电流时的熔断时间（s）						

续表

名　称	依　据　内　容	出处
NT 型熔断器上下级配合	$I_{e1} > 2I_{e2}$ I_{e1}：上一级熔件额定电流（A）； I_{e2}：下一级熔件额定电流（A）	式（P.0.1-2）

2．断路器过电流脱扣器选择（火电厂、变电站）

<table>
<tr><td colspan="4">火电厂：DL/T 5153—2014；变电站：DL/T 5155—2016</td><td>火电厂</td><td>变电站</td></tr>
<tr><td colspan="4">断路器过电流脱扣器整定电流</td><td rowspan="3">表 P.0.3</td><td rowspan="3">表 E.0.3</td></tr>
<tr><td>单台电动机回路</td><td colspan="3">馈电干线（取大者）</td></tr>
<tr><td rowspan="2">$I_z \geq KI_Q$</td><td colspan="2">成组自起动</td><td>$I_z \geq 1.35\Sigma I_Q$</td></tr>
<tr><td colspan="2">其中最大一台起动</td><td>$I_z \geq 1.35(I_{Q1} + \sum_2^n I_{qi})$</td><td></td><td></td></tr>
<tr><td>参数说明</td><td colspan="5">K：可靠系数，动作时间大于 0.02s 的断路器一般取 1.35，动作时间不大于 0.02s 的断路器一般取 1.7～2；
I_{Q1}：最大一台电动机的起动电流（A）；
$\sum_2^n I_{qi}$：除最大一台电动机外，所有其他电动机计算工作电源流之和（A）（按计算功率确定，不必乘以换算系数）；
ΣI_Q：由馈线干线供电的所有要求自起动的电动机起动电流之和（A）</td></tr>
<tr><td>脱扣器灵敏度系数校验</td><td colspan="3">$\dfrac{I}{I_z} \geq 1.5$</td><td>式（P.0.3）</td><td>—</td></tr>
<tr><td colspan="6">I：电动机端部或车间盘母线上最小短路电流（A）；
I_z：脱扣器整定电流（A）。
当不能满足上式要求时，需另装继电保护</td></tr>
</table>

3．按电动机起动条件校验熔件额定电流（火电厂、变电站）

<table>
<tr><td colspan="4">火电厂：DL/T 5153—2014 附录 P；变电站：DL/T 5155—2016 附录 E</td><td>火电厂</td><td>变电站</td></tr>
<tr><td colspan="4">电动机起动校验熔件额定电流</td><td rowspan="4">表 P.0.2</td><td rowspan="4">表 E.0.4</td></tr>
<tr><td>单台电动机回路</td><td colspan="3">馈电干线（取大者）</td></tr>
<tr><td rowspan="3">$I_e \geq \dfrac{I_Q}{a_1}$</td><td colspan="2">成组自起动</td><td>$I_e \geq \dfrac{\Sigma I_Q}{a_2}$</td></tr>
<tr><td rowspan="2">其中最大一台起动</td><td>火电厂</td><td>$I_e \geq \dfrac{I_{Q1}}{a_1} + \sum_2^n I_{qi}$</td></tr>
<tr><td>变电站</td><td>$I_e \geq \dfrac{I_{Q1} + \sum_2^n I_{qi}}{a_2}$</td><td></td><td></td></tr>
<tr><td>参数说明</td><td colspan="5">I_e：熔件额定电流（A）；
I_{Q1}：最大一台电动机的起动电流（A），$I_Q = K_Q \dfrac{P_e}{\sqrt{3} \times 0.38 \times 0.8}$；
$\sum_2^n I_{qi}$：除最大一台电动机外，所有其他电动机计算工作电源流之和（A）；
ΣI_Q：由馈线干线供电的所有要求自起动的电动机起动电流之和（A）；
a_2：干线回路熔件选择系数，取 1.5；
a_1：电动机回路熔件选择系数，RT0 型取 2.5，NT 型取 3。
火电厂：对Ⅰ类电动机或起动时间大于 6s 的电动机按计算确定的熔件相应增大一级</td></tr>
<tr><td rowspan="3">供电回路保护电器选用熔断器时，熔件额定电流与电缆截面的配合及对供电回路末端单相短路电流的要求</td><td colspan="2">熔件额定电流不大于电缆额定载流量 2.5 倍</td><td>$I_e \leq 2.5 \times I_{le}$</td><td>—</td><td>式（E.0.3-1）</td></tr>
<tr><td colspan="2">供电回路末端单相短路电流大于熔件额定电流 5 倍</td><td>$I_d^{(1)} > 5 \times I_e$</td><td rowspan="2"></td><td rowspan="2">式（E.0.3-2）</td></tr>
<tr><td colspan="2"></td><td>$I_d^{(1)}$：供电回路末端单相短路电流（A）</td></tr>
<tr><td colspan="3">满足上述条件时，可不校验供电电缆的热稳定</td><td>—</td><td></td></tr>
</table>

4. 断路器过电流脱扣器选择（火电厂、变电站）

火电厂：DL/T 5153—2014 附录 P；变电站：DL/T 5155—2016 附录 E			火电厂	变电站
断路器过电流脱扣器整定电流			表 P.0.3	表 E.0.3
单台电动机回路	馈电干线（取大者）			
$I_z \geq KI_Q$	成组自启动	$I_z \geq 1.35\Sigma I_Q$		
	其中最大一台启动	$I_z \geq 1.35(I_{Q1} + \sum_2^n I_{qi})$		
参数说明	K：可靠系数，动作时间大于 0.02s 的断路器一般取 1.35，动作时间不大于 0.02s 的断路器一般取 1.7～2； I_{Q1}：最大一台电动机的启动电流（A）； $\sum_2^n I_{qi}$：除最大一台电动机外，所有其他电动机计算工作电源流之和（A）（按计算功率确定，不必乘以换算系数）； ΣI_Q：由馈线干线供电的所有要求自启动的电动机起动电流之和（A）			
脱扣器灵敏度系数校验	$\dfrac{I}{I_z} \geq 1.5$		式（P.0.3）	—
I：电动机端部或车间盘母线上最小短路电流（A）； I_z：脱扣器整定电流（A）。 当不能满足上式要求时，需另装继电保护				

5. 低压回路短路保护电器的动作特性（变电站）

名称	依据内容（DL/T 5155—2016）		出处
绝缘导体的热稳定，应按其横截面积校验	短路持续时间≤5s，绝缘导体横截面积	$S \geq \dfrac{I}{k}\sqrt{t}$ S：保护导体横截面积（mm²）； I：通过保护电器的预期故障电流或短路电流（A）； t：保护电器自动切断电流的动作时间（s）； k：导体材料系数，见 DL/T 5155—2016 附录 E，表 E.0.1	式（E.0.1）
	短路持续时间 <0.1s	校验绝缘导体横截面积，应计入短路电流非周期分量的影响	E.0.1.2
	短路持续时间 >5s	校验绝缘导体横截面积，应计入散热的影响	
	短路保护电器为断路器	被保护线路末端的短路电流不应小于断路器瞬时或延时过电流脱扣器整定电流的 1.5 倍	E.0.1.3
	保护选择性配合	负荷侧断路器保护瞬动：电源侧保护应延时 0.15s～0.2s 动作	E.0.1.4
		总电源保护宜带 0.3s～0.4s 动作延时	
低压回路过负荷保护电器动作特性	应满足下列公式要求	$I_B \leq I_n \leq I_z$	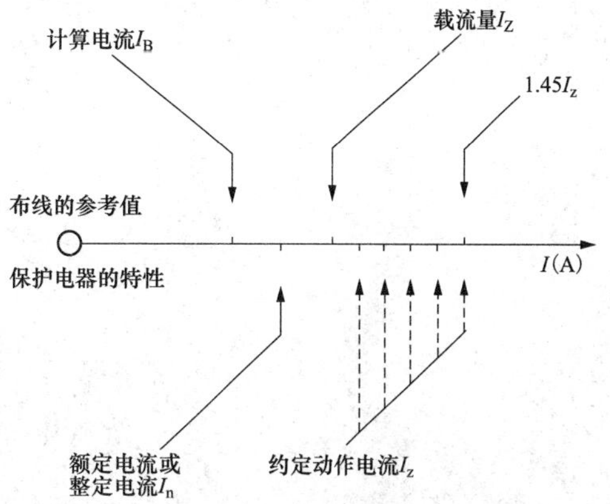 式（E.0.2-1）
		$I_2 \leq 1.45 \times I_z$	式（E.0.2-2）
		I_B：回路计算电流（A）； I_n：熔断器熔体额定电流或断路器额定电流或整定电流（A）； I_z：导体允许持续载流量（A）； I_2：保证保护电器可靠动作的电流（A）； 当保护电器为断路器时，I_2 为约定时间内的约定动作电流； 当为熔断器时，I_2 为约定时间内的约定熔断电流	图 E.0.2

图 E.0.2 过负荷保护电器特征关系

6. 断路器及过负荷保护电器（水电厂）

名　　称	依据内容（NB/T 35044—2014）		出处
断路器	作为电动机或馈电干线保护时	过流脱扣器整定电流应不小于电动机额定电流或馈电干线的计算电流	8.2.6
	电动机正常启动或成组启动时	保护装置不应误动作	
	灵敏度	应按保护范围内最小短路电流校验	8.2.7
		采用回路末端的单相短路电流	
	断路器保护回路，短路电流	不应小于断路器瞬时或短延时过电流脱扣器整定电流的1.3倍	
	当末端单相短路电流难以满足灵敏度要求时	可采用零序保护或带长延时过电流脱扣器的断路器；若选用长延时过流脱扣器，其动作时间不宜大于15s	8.2.9
过负荷保护电器	宜采用反时限特性的保护电器		8.3.4
	保护电器与导体的配合	$I_j \leq I_n \leq I_g$	
	I_j：线路计算负荷电流（A）； I_g：导体允许持续载流量（A）； I_n：断路器长延时脱扣器整定电流或热继电器额定电流（A）		

第二十三章 消 防

一、火电厂

1. 变压器及其他带油设备

名　称	依据内容（GB 50229—2019）	出处
油浸变压器防火间距	油量为 2500kg 及以上的屋外油浸变压器之间的最小间距应符合表 6.7.3 规定： 表 6.7.3　户外油浸变压器或油浸高压并联电抗器之间的最小间距 	电压等级	最小间距（m）	电压等级	最小间距（m）
---	---	---	---
35kV 及以下	5	220kV 及 330kV	10
66kV	6	500kV 及以上	15
110kV	8	—	—		表 6.7.3
	当油量为 2500kg 及以上的屋外油浸变压器之间的防火间距不能满足表 6.7.3 的要求时，应设置防火墙。 防火墙的高度应高于变压器油枕，长度不应小于变压器的贮油池两侧各 1m	6.7.4
	油量为 2500kg 及以上的屋外油浸变压器或电抗器与本回路油量为 600kg 以上且 2500kg 以下的带油电气设备之间的防火间距不应小于 5m	6.7.5
	油浸变压器与汽机房、屋内配电装置楼、主控楼、集中控制楼及网控楼的间距不应小于 10m；当符合本规范第 5.3.10 条的规定时，其间距可适当减小	4.0.9
防火设施	当汽机房、屋内配电装置楼、主控制楼、集中控制楼及网络控制楼的墙外 5m 以内布置有变压器时，在变压器外轮廓投影范围外侧各 3m 内的上述建筑物外墙上不应设置门、窗、洞口和通风孔，且该区域外墙应为防火墙；当建筑物墙外 5m~10m 范围内布置有变压器时，在上述外墙上可设置甲级防火门，变压器高度以上可设防火窗，其耐火极限不应小于 0.90h	5.3.10
	35kV 及以下屋内配电装置当未采用金属封闭开关设备时，其油断路器、油浸电流互感器和电压互感器，应设置在两侧有不燃烧实体墙的间隔内； 35kV 以上屋内配电装置应安装在有不燃烧实体墙的间隔内，不燃烧实体墙的高度不应低于配电装置中带油设备的高度。 总油量超过 100kg 的屋内油浸变压器，应设置单独的变压器室	6.7.6
贮油或挡油设施	屋内单台总油量为 100kg 以上的电气设备，应设置贮油或挡油设施。挡油设施的容积宜按油量的 20%设计，并应设置能将事故油排至安全处的设施。 当不能满足上述要求时，应设置能容纳全部油量的贮油设施	6.7.7
	户外单台油量为 1000kg 以上的电气设备，应设置贮油或挡油设施，其容积宜按设备油量的 20%设计，并能将事故油排至总事故贮油池。总事故贮油池的容量应按其接入的油量最大的一台设备确定，并设置油水分离装置。 当不能满足上述要求时，应设置能容纳相应电气设备全部油量的贮油设施，并设置油水分离装置。 贮油或挡油设施应大于设备外廓每边各 1m	6.7.8
	贮油设施内应铺设卵石层，其厚度不应小于 250mm，卵石直径宜 50mm~80mm	6.7.9
	储油池（20%的设备油量）深度 h　储油池底部不设活动钢格栅　　$h \geqslant \dfrac{0.2G}{0.25 \times 0.9(S_1 - S_2)} = \dfrac{0.89G}{S_1 - S_2}$	式（10-5） 1P405
	储油池底部设活动钢格栅　　$h \geqslant \dfrac{0.2G}{0.9(S_1 - S_2)} + 0.29$	式（10-64） 1P549

名称	依据内容（GB 50229—2019）	出处
贮油或挡油设施	h：贮油池的深度（m）； 0.2：卵石层间隙所吸收 20%设备充油量（若吸收 60%油量则为 0.6）； 0.25：卵石层间隙率； G：设备油重（吨）； S_1：贮油池面积（m²）； 0.9：油的平均比重（g/cm³）； a：储油池长度（m）； b：储油池宽度（m）； S_2：储油池中的设备基础面积（m²）	式（10-64） 1P549

2. 电缆及电缆敷设

名称	依据内容（GB 50229—2019）	出处
阻燃电缆	容量为 300MW 及以上机组的主厂房、运煤、燃油及其他易燃易爆场所宜选用 C 类阻燃电缆	6.8.1
防火封堵	建（构）筑物中电缆引至电气柜、盘或控制屏、台的开孔部位，电缆贯穿隔墙、楼板的空洞应采用电缆防火封堵材料进行封堵，其防火封堵组件的耐火极限不应低于被贯穿物的耐火极限，切不应低于 1h	6.8.2
防火封堵防火墙	当电缆竖井中只敷设阻燃电缆或具有相当阻燃性能的耐火电缆时，宜每隔约 7m 设置防火封堵，其他电缆应每隔 7m 设置防火封堵。在电缆隧道或电缆沟中的下列部位，应设置防火墙： （1）穿越汽机房、锅炉房和集中控制楼之间的隔墙处。 （2）穿越汽机房、锅炉房和集中控制楼外墙处。 （3）穿越建筑物的外墙及隔墙处。 （4）架空敷设每间距 100m 处。 （5）两台机组连接处。 （6）电缆桥架分支处	6.8.3
防火墙上的电缆孔洞封堵	防火墙上的电缆孔洞应采用电缆防火封堵材料进行封堵，并应采取防止火焰延燃的措施。其防火封堵组件的耐火极限应为 3h（注意与6.8.2 比较）	6.8.4
电缆隧道或沟道所容纳的电缆回路	主厂房到网络控制楼或主控制楼的每条电缆隧道或沟道所容纳的电缆回路，应满足下列规定： （1）单机容量为 200MW 及以上时，不应超过 1 台机组的电缆。 （2）单机容量为 100MW 及以上且 200MW 以下时，不宜超过 2 台机组的电缆。 （3）单机容量为 100MW 以下时，不宜超过 3 台机组的电缆。 当不能满足上述要求时，应采取防火分隔措施	6.8.5
重要回路的双回路电缆布置	对直流电源、应急照明、双重化保护装置、水泵房、化学水处理及运煤系统公用重要回路的双回路电缆，宜将双回路分别布置在两个相互独立或有防火分隔的通道中。当不能满足上述要求时，应对其中一回路采取防火措施	6.8.6
主厂房内防火措施	对主厂房内易受外部火灾影响的汽轮机头部、汽轮机油系统、锅炉防爆门、排渣孔朝向的邻近部位的电缆区段，应采取防火措施	6.8.7
明敷电缆防火措施	当电缆明敷时，在电缆中间接头两侧各 2m~3m 长的区段以及沿该电缆并行敷设的其他电缆同一长度范围内，应采取防火措施	6.8.8
明敷电缆防火措施	对明敷的 35kV 以上的高压电缆，应采取防止着火延燃的措施，并应符合下列规定： （1）单机容量大于 200MW 时，全部主电源回路的电缆不宜明敷在同一条电缆通道内。当不能满足上述要求时，应对部分主电源回路的电缆采取防火措施。 （2）充油电缆的供油系统，宜设置火灾自动报警和闭锁装置	6.8.10

续表

名称	依据内容（GB 50229—2019）	出处
电缆隧道防火措施	靠近带油设备的电缆沟盖板应密封	6.8.9
	在电缆隧道和电缆沟道中，严禁有可燃气、油管路穿越	6.7.11
	电缆沟及电缆隧道在进出主厂房、主控制楼、配电装置室时，在建筑物外墙处应设置防火墙。电缆隧道的防火墙上应采用甲级防火门	5.3.11
架空电缆与热力管路距离	架空敷设的电缆与热力管路应保持足够的距离，控制电缆、动力电缆与热力管道平行时，两者距离分别不应小于 0.5m 及 1m；控制电缆、动力电缆与热力管道交叉时，两者距离分别不应小于 0.25m 及 0.5m。当不能满足要求时，应采取有效的防火隔热措施	6.8.13
电缆夹层防火措施	在敷设电缆的电缆夹层内，不得布置热力管道、油气管以及其他可能引起着火的管道和设备	6.8.12
	发电厂建筑物内电缆夹层的内墙应采用耐火极限不小于 1.00h 的不燃烧体	3.0.9

名称	依据内容（GB 50217—2018）	出处
防火分隔方式的选择规定	（1）电缆构筑物中电缆引至电气柜、盘或控制屏、台的开孔部位，电缆贯穿隔墙、楼板的空洞处，工作井中电缆管孔均应实施防火封堵。 （2）在电缆沟、隧道及架空桥架中的下列部位，宜设置防火墙或阻火段。 1）公用电缆沟、隧道及架空桥架主通道的分支处。 2）多段配电装置对应的电缆沟、隧道分段处。 3）长距离电缆沟、隧道及架空桥架相隔约 100m 处，或隧道通风区段处，厂、站外相隔 200m 处。 4）电缆沟、隧道及架空桥架至控制室或配电装置的沟道入口、厂区围墙处。 （3）在电缆竖井中，宜每隔 7m 或建（构）筑吴楼层设置防火封堵	7.0.2

3．重点防火区域的划分

名称	依据内容（GB 50229—2019）	出处
重点防火区域划分	厂区应划分重点防火区域。重点防火区域的划分及区域内的主要建（构）筑物宜符合表 4.0.1 的规定。 表 4.0.1 重点防火区及区域内的主要建（构）筑物 | 重点防火区域 | 区域内的主要建（构）筑物 | |---|---| | 主厂房区 | 主厂房、除尘器、吸风机室、烟囱、靠近汽机房的各类油浸变压器及脱硫建筑物（干法） | | 配电装置区 | 配电装置的带油电气设备、网络控制楼或继电器室 | | 点火油罐区 | 卸油铁路、栈台或卸油码头、供卸油泵房、贮油罐、含油污水处理站 | | 贮煤场区 | 贮煤场、转运站、卸煤装置、运煤隧道、运煤栈桥、筒仓 | | 供氢站区 | 供氢站、贮氢罐 | | 贮氧罐区 | 贮氧罐 | | 消防水泵房区 | 消防水泵房、蓄水池 | | 材料库区 | 一般材料库、特种材料库、材料棚库 |	4.0.1
重点防火区域防火分隔措施	重点防火区域之间的电缆沟（电缆隧道）、运煤栈桥、运煤隧道及油管沟应采取防火分隔措施	4.0.2

4．安全疏散

名　　称	依据内容（GB 50229—2019）	出处
主厂房安全出口	主厂房各车间（汽机房、除氧间、煤仓间、锅炉房、集中控制楼）的安全出口均不应小于2个。上述安全出口可利用通向相邻车间的门作为第二安全出口，但每个车间地面层至少必须有1个直通室外的出口。 主厂房内最远工作地点到外部出口或楼梯的距离不应超过50m	5.1.1
	汽机房、除氧间、煤仓间、锅炉房最远工作地点到直通室外的安全出口或疏散楼梯的距离不应大于75m；集中控制楼最远工作地点到直通室外的安全出口或楼梯间的距离不应大于50m	5.1.2
配电装置室出口	配电装置室内最远点到疏散出口的直线距离不应大于15m	5.2.5
主厂房的疏散楼梯	主厂房的疏散楼梯可为敞开式楼梯间；至少应有1个楼梯通至各层和屋面且能直接通向室外。集中控制楼至少应设置1个通至各层的封闭楼梯间	5.1.3
	主厂房疏散楼梯间内部不应穿越可燃气体管道、蒸汽管道和甲、乙、丙类液体的管道	5.3.7
电缆隧道安全出口	电缆隧道两端均应设通往地面的安全出口。 当其长度超过100m时，安全出口的间距不应超过75m	5.2.6
主控制楼、屋内配电装置楼各层及电缆夹层安全出口	主控制楼、屋内配电装置楼各层及电缆夹层的安全出口不应少于2个。其中1个安全出口可通往室外楼梯。 配电装置楼内任一点到最近安全出口的最大疏散距离不应超过30m	5.2.4

5．消防给水、灭火设施及火灾自动报警

名　　称	依据内容（GB 50229—2019）	出处
室外消防用水量的计算规定	（1）建（构）筑物室外消防一次用水量不应小于表7.2.2的规定。 表7.2.2　建（构）筑物室外消防一次用水量 | 耐火等级	建筑物名称、类别		$V \leq 1500$	$1500 < V \leq 3000$	$3000 < V \leq 5000$	$5000 < V \leq 20000$	$20000 < V \leq 50000$	$V > 50000$ | |---|---|---|---|---|---|---|---|---| | 二级 | 主厂房 | | | | | | 15 | 20 | | | 特种材料库 | | 15 | 15 | 25 | 25 | 35 | — | | | 其他建筑物 | 甲、乙 | 15 | 15 | 20 | 25 | 30 | 35 | | | | 丙 | 15 | 15 | 20 | 25 | 30 | 40 | | | | 丁、戊 | | | | | 15 | 20 | | 三级 | 其他建筑 | 乙、丙 | 15 | 20 | 30 | 40 | 45 | — | | | | 丁、戊 | | 15 | | 20 | 25 | 35 | （2）露天煤场的消防用水量应不少于20L/s； （3）液氨区的消防冷却用水量应按储罐固定式水喷雾冷却水量与移动消防冷却水量之和计算； （4）消防用水与生活用水合并的给水系统，在生活用水达到最大小时用水时，应确保消防用水量（消防时淋浴用水可按计算淋浴用水量的15%计算）	7.2.2
	主厂房、液氨区、露天贮煤场或室内贮煤场、点火油罐区周围的消防给水管网应为环状	7.2.3
	点火油罐宜设移动式冷却水系统	7.2.4
	液氨区及露天布置的锅炉区域，消火栓的间距不宜大于60m；液氨区应配置喷雾水枪	7.2.5
	设在道路中并高出路面的室外消火栓与阀门启闭装置，宜设置防撞设施	7.2.6

第二十三章 消 防

续表

名　称	依据内容（GB 50229—2019）	出处
室内消防栓	下列建筑物或场所应设置室内消防栓： （1）主厂房（包括汽机房和锅炉房的底层、运转层，煤仓间各层，除氧器层，锅炉燃烧器各层平台，集中控制楼）。 （2）主控制楼，网络控制楼，微波楼，屋内高压配电装置（有充油设备），脱硫控制楼，吸收塔的检修维护平台； （3）屋内卸煤装置，碎煤机室，转运站，筒仓运煤皮带层。 （4）柴油发电机房。 （5）一般材料库，特殊材料库	7.3.1
消防水泵房与消防水池	一组消防水泵的吸水管不应少于2条；当其中1条损坏时，其余的吸水管应能满足全部用水量。吸水管上应装设检修用阀门	7.6.2
	消防水泵应采用自灌式引水	7.6.3
	消防水泵房应有不少于2条出水管与环状管网连接，当其中1条出水管检修时，其余的出水管应能满足全部用水量。试验回水管上应设检查用的放水阀门、水锤消除、安全泄压及压力、流量测量装置	7.6.4
	消防水泵应设备用泵，备用泵的流量和扬程不应小于最大一台消防泵的流量和扬程。 消防水泵宜采用柴油机驱动消防泵作为备用泵	7.6.5
	稳压泵应设备用泵。稳压泵的设计流量宜为消防给水系统设计流量的1%~3%，稳压泵启泵压力与消防泵自动启泵的压力之差宜为0.02MPa，稳压泵的启泵压力与停泵压力之差不应小于0.05MPa；系统压力控制装置所在处准工作状态时的压力与消防泵自动启泵的压力差宜为0.07MPa~0.10MPa。 气压罐的调节容积应按稳压泵启泵次数不大于15次/h计算确定，气压罐内最低水压应满足任意消防设施最不利点的工作压力需求	7.6.6
消防给水系统	消防给水系统必须与燃煤电厂的设计同时进行。消防用水应与全厂用水统一规划，水源应有可靠的保证	7.1.1
	100MW机组及以下的燃煤电厂消防给水宜采用与生活用水或生产用水合用的给水系统。125MW机组及以上的燃煤电厂消防给水应采用独立的消防给水系统	7.1.2
	消防给水系统应保证任一建筑物的最大消防用水量并保证其最不利点处消防设施的工作压力。消防给水系统可采用具有高位水箱或稳压泵的临时高压给水系统	7.1.3
	厂区内消防给水水量应按同一时间内发生火灾的次数及一次最大灭火用水量计算。建筑物一次灭火用水量应室外和室内消防用水量之和	7.1.4
水幕	50MW机组容量以上的燃煤电厂，其运煤栈桥及运煤隧道与转运站、筒仓、碎煤机室、主厂房连接处应设水幕	7.1.9
燃煤电厂的消防设施设计	机组容量为200MW及以上但小于300MW的燃煤电厂的消防设施设计应符合下列规定： （1）主要建（构）物、设置场所和设备应按表7.1.7的规定设置火灾自动报警系统。 （2）主厂房为钢结构时，应按表7.1.8配置火灾探测器和固定灭火系统； （3）封闭式运煤栈桥为钢结构时，应设置开式水灭火系统及火灾自动报警系统； （4）容量为90MVA及以上的油浸变压器应设置火灾自动报警系统、水喷雾灭火系统或其他灭火系统	7.1.7
	机组容量为300MW及以上的燃煤电厂的主要建（构）筑物、场所和设备应按表7.1.8设置火灾自动报警系统及固定灭火系统	7.1.8
火灾自动报警与消防设备控制	单机容量为50MW~135MW的燃煤电厂，应设置集中报警系统	7.13.1
	单机容量为200MW及以上的燃煤电厂，应设置控制中心报警系统	7.13.2
	消防控制室应与集中控制室合并设置	7.13.4

续表

名称	依据内容（GB 50229—2019）	出处
火灾自动报警与消防设备控制	火灾报警控制器应设置在值长所在的集中控制室内，报警控制器的安装位置应便于操作人员监控	7.13.5
	点火油罐区的火灾探测器及相关连接件应符合现行国家标准 GB 50058《爆炸危险环境电力装置设计规范》的有关规定	7.13.7
	其他系统的音响应区别于火灾自动报警系统的警报音响	7.13.11
	当火灾确认后，火灾自动报警系统应能将生产广播切换到消防应急广播	7.13.12
	消防设施的就地启动、停止控制设备应具有明显标志，并应有防误操作保护措施。消防水泵的停运应为手动控制。消防水泵可按定期人工巡检方式设计	7.13.13

6. 电气设备间通风

名称	依据内容（GB 50229—2019）	出处
电气设备间通风	油断路器室应设置事故排风系统，通风量应按换气次数不少于每小时 12 次计算。火灾时，通风系统电源开关应能自动切断	8.3.1
	厂用配电装置室通风系统应符合下列规定： （1）当设有火灾自动报警系统时，通风设备应与其连锁，当出现火警时应能立即停运。 （2）当几个屋内配电装置室共设一个通风系统时，应在每个房间的送风支风道上设置防火阀	8.3.2
	变压器室的通风系统应与其他通风系统分开，变压器室之间的通风系统不应合并。具有火灾探测器的变压器室，当发生火灾时，火灾自动报警系统应能自动切断通风机的电源	8.3.3
	蓄电池室通风系统应符合下列规定： （1）室内空气不应再循环，室内应保持负压，排风管的出口应接至室外。 （2）排风系统不应与其他通风系统合并设置，排风应引至室外。 （3）当蓄电池室的顶棚被梁分隔时，每个分隔处均应设吸风口，吸风口上缘距顶棚平面或屋顶的距离不应大于 0.1m。 （4）设置在蓄电池室内的通风机及其电机应为防爆型，并应直接连接。 （5）当蓄电池室内未设置氢气浓度检测仪时，排风机应连续运行；当蓄电池室内设有带报警功能的氢气浓度检测仪时，排风机应与氢气浓度检测仪连锁自动运行。 （6）蓄电池室的送风机和排风机不应布置在同一通风机房内；当送风设备为整体箱式时，可与排风设备布置在同一个房间	8.3.4
	采用机械通风系统的电缆隧道和电缆夹层，当发生火灾时应立即切断通风机电源。通风系统的风机应与火灾自动报警系统连锁	8.3.5

7. 消防供电及照明

名称	依据内容（GB 50229—2019）	出处
消防供电	自动灭火系统、与消防有关的电动阀门及交流控制负荷，应按保安负荷供电。当机组无保安电源时，应按Ⅰ类负荷供电	9.1.1
	单机容量为 25MW 以上的发电厂，消防水泵及主厂房电梯应按Ⅰ类负荷供电。单机容量为 25MW 及以下的发电厂，消防水泵及主厂房电梯应按不低于Ⅱ类负荷供电。单台发电机容量为 200MW 及以上时，主厂房电梯应按保安负荷供电	9.1.2
	发电厂内的火灾自动报警系统，当本身带有不停电源装置时，应由厂用电源供电。当本身不带有不停电源装置时，应由厂内不停电电源装置供电	9.1.3
	当消防用电设备采用双电源供电时，应在最末一级配电装置或配电箱处切换	9.1.7

续表

名　称	依据内容（GB 50229—2019）	出处
应急照明	单机容量为200MW及以上燃煤电厂的单元控制室、网络控制室及柴油发电机房的应急照明，应采用蓄电池直流系统供电。主厂房出入口、通道、楼梯间及远离主厂房的重要工作场所的应急照明，宜采用自带电源的应急灯。其他场所的应急照明，应按保安负荷供电	9.1.4
应急照明	单机容量为200MW以下燃煤电厂的应急照明，应采用蓄电池直流系统供电	9.1.5
应急照明	应急照明与正常照明可同时运行，正常时由厂用电源供电，事故时应能自动切换到蓄电池直流母线供电；主控制室的应急照明，正常时可不运行。远离主厂房的重要工作场所的应急照明，可采用应急灯	9.1.6
应急照明	表9.2.1中所列工作场所的通道出入口应装设应急照明	9.2.2
应急照明	锅炉汽包水位计、就地热力控制屏、测量仪表屏及除氧器水位计处应装设局部应急照明	9.2.3
应急照明	继续工作用的应急照明，其工作面上的最低照度值，不应低于正常照明照度值的10%~15%；主控制室、集中控制室主环内的应急照明照度，按正常照明照度值的30%选取。 人员疏散用的应急照明，在主要通道地面上的最低照度值，不应低于1.0lx；楼梯间、前室或合用前室、避难走道的最低照度值不应低于5.0lx	9.2.4
照明防火	当照明灯具表面的高温部位靠近可燃物时，应采取隔热、散热等防火保护措施。 配有卤钨灯和额定功率为100W及以上的白炽灯光源的灯具（如吸顶灯、槽灯、嵌入式灯），其引入线应采用瓷管、矿物棉等不燃材料作隔热保护	9.2.5
照明防火	超过60W的白炽灯、卤钨灯、高压钠灯、金属卤化物灯和荧光高压汞灯（包括电感镇流器）不应直接设置在可燃装修材料或可燃构件上。 可燃物品库房不应设置卤钨灯等高温照明灯具	9.2.6

表9.2.1　发电厂装设应急照明的工作场所

工作场所		应急照明	
		继续工作	人员疏散
锅炉房及其辅助车间	锅炉房运转层	√	—
锅炉房及其辅助车间	锅炉房底层的磨煤机、送风机处	√	—
锅炉房及其辅助车间	除灰间	—	√
锅炉房及其辅助车间	引风机室	√	—
锅炉房及其辅助车间	燃油泵房	√	—
锅炉房及其辅助车间	给粉机平台	√	—
锅炉房及其辅助车间	锅炉本体楼梯	√	—
锅炉房及其辅助车间	司水平台	—	√
锅炉房及其辅助车间	回转式空气预热器处	√	—
锅炉房及其辅助车间	燃油控制台	√	—
锅炉房及其辅助车间	给煤机处	√	—
锅炉房及其辅助车间	带式输送机层	—	√
锅炉房及其辅助车间	除灰控制室	√	—
汽机房及其辅助车间	汽机房运转层	√	—
汽机房及其辅助车间	汽机房底层的凝汽器、凝结水泵、给水泵、循环水泵、备用励磁机等处	√	—

出处：表9.2.1（发电厂装设应急照明的工作场所）

续表

名称	依据内容（GB 50229—2019）			出处
	续表			
	工作场所		应急照明	
			继续工作	人员疏散
发电厂装设应急照明的工作场所	汽机房及其辅助车间	加热器平台	✓	—
		发电机出线小室	✓	—
		除氧间除氧器层	✓	—
		除氧间管道层	✓	—
		供氢站	✓	—
	运煤系统	碎煤机室	✓	—
		转运站	—	✓
		运煤栈桥	—	✓
		运煤隧道	—	✓
		运煤控制室	✓	—
		筒仓	✓	—
		室内贮煤场	✓	—
		翻车机室	✓	—
	供水系统	岸边和水泵房、中央水泵房	✓	—
		生活、消防水泵房	✓	—
	化学水处理室	化学水处理控制室	✓	—
	电气车间	主控制室	✓	—
		网络控制室	✓	—
		集中控制室	✓	—
		单元控制室	✓	—
		继电器室及电子设备间	✓	—
		屋内配电装置	✓	—
		电气配电间	✓	—
		蓄电池室	✓	—
		工程师室	✓	—
		通信转接室、交换机室、载波机室、微波机室、特高频室、电源室	✓	—
		保安电源、不停电电源、柴油发电机房及其配电室	✓	—
		直流配电室	✓	—
	脱硫系统	脱硫控制室	✓	—
	通道楼梯及其他	控制楼至主厂房天桥	—	✓
		生产办公楼至主厂房天桥	—	✓
		运行总负责人值班室	✓	—
		汽车库、消防车库	✓	—
		主要楼梯间	—	✓
		电缆夹层	—	✓
		空冷平台	—	✓

表 9.2.1

二、变电站

1. 变压器及其他带油电气设备

名　　称	依据内容（GB 50229—2019）	出处
地下变电站事故贮油池	地下变电站的变压器应设置能贮存最大一台变压器油量的事故贮油池	11.3.5
防火墙	当油量为 2500kg 及以上的屋外油浸变压器之间、屋外油浸电抗器之间的防火间距不能满足本标准表 11.1.7 的要求时，应设置防火墙。 防火墙的高度应高于变压器油枕，其长度超出变压器的贮油池两侧不应小于 1m	11.1.8

2. 电缆及电缆敷设

名　　称	依据内容（GB 50229—2019）	出处
电缆阻燃或分隔措施	长度超过 100m 的电缆沟或电缆隧道，均应采取防止电缆火灾蔓延的阻燃或分隔措施，并应根据变电站的规模及重要性采取下列一种或数种措施： （1）采用耐火极限不低于 2.00h 的防火墙或隔板，并用电缆防火封堵材料封堵电缆通过的孔洞； （2）电缆局部涂防火涂料或局部采用防火带、防火槽盒	11.4.1
分隔措施	220kV 及以上变电站，当电力电缆与控制电缆或通信电缆敷设在同一电缆沟或电缆隧道内时，宜采用防火隔板进行分隔	11.4.6
阻燃电缆	地下变电站电缆夹层宜采用低烟无卤阻燃电缆	11.4.7

3. 安全疏散

名　　称	依据内容（GB 50229—2019）	出处
安全疏散	地上油浸变压器室的门应直通室外；地下油浸变压器室门应向公共走道方向开启，该门应采用甲级防火门；干式变压器室、电容器室门应向公共走道方向开启，该门应采用乙级防火门；蓄电池室、电缆夹层、继电器室、通信机房、配电装置室的门应向疏散方向开启，当门外为公共走道或其他房间时，该门应采用乙级防火门。配电装置室的中间隔墙上的门可采用分别向不同方向开启且宜相邻的 2 个乙级防火门	11.2.4
	建筑面积超过 250m² 的控制室、通信机房、配电装置室、电容器室、阀厅、户内直流场、电缆夹层，其疏散门不宜少于 2 个	11.2.5

4. 消防给水、灭火设施及火灾自动报警

名　　称	依据内容（GB 50229—2019）	出处
消防给水系统	变电站的规划和设计，应同时设计消防给水系统。消防水源应有可靠的保证。 注：变电站内建筑物满足耐火等级不低于二级，体积不超过 3000m³，且火灾危险性为戊类时，可不设消防给水	11.5.1
	变电站同一时间内的火灾次数宜按一次确定	11.5.2
	变电站建筑物室外消防用水量不应小于表 11.5.3 的规定。 表 11.5.3　室外消火栓用水量（L/s） | 建筑物耐火等级	建筑物火灾危险性类别	建筑物体积（m³）				
---	---	---	---	---	---	---
		≤1500	1501~3000	3001~5000	5001~20000	20001~50000
一、二级	丙类	15	20	25	30	
	丁、戊类厂房	15				
	丁、戊类仓库	15				| 注：当变压器采用水喷雾灭火系统时，变压器室外消火栓用水量不应小于 15L/s	11.5.3

续表

名　　称	依据内容（GB 50229—2019）	出处
消防给水系统	单台容量为 125MV·A 及以上的油浸变压器、200Mvar 及以上的油浸电抗器应设置水喷雾灭火系统或其他固定式灭火装置。其他带油电气设备，宜配置干粉灭火器。 地下变电站的油浸变压器、油浸电抗器，宜采用固定式灭火系统。在室外专用贮存场地贮存作为备用的油浸变压器、油浸电抗器，可不设置火灾自动报警系统和固定式灭火系统	11.5.4
消防给水系统	变电站消防给水量应按火灾时一次最大室内和室外消防用水量之和计算	11.5.11
消防给水系统	一组消防水泵的吸水管不应少于 2 条；当其中一条损坏时，其余的吸水管应能满足全部用水量。吸水管上应装设检修用的阀门	11.5.15
消防给水系统	消防水泵应设置备用泵，备用泵的流量和扬程不应小于最大一台消防泵的流量和扬程	11.5.18
火灾自动报警系统	下列场所和设备应设置火灾自动报警系统： （1）控制室、配电装置室、可燃介质电容器室、继电器室、通信机房。 （2）地下变电站、无人值班变电站的控制室、配电装置室、可燃介质电容器室、继电器室、通信机房。 （3）采用固定灭火系统的油浸变压器、油浸电抗器。 （4）地下变电站的油浸变压器、油浸电抗器。 （5）敷设具有可延燃绝缘层和外护层电缆的电缆夹层及电缆竖井。 （6）地下变电站、户内无人值班的变电站的电缆夹层及电缆竖井	11.5.25
火灾自动报警系统	变电站主要建（构）筑物和设备宜按表 11.5.26 的规定设置火灾自动报警系统。 表 11.5.26　主要建（构）筑物和设备火灾探测器类型 | 建筑物和设备	火灾探测器类型
---	---
控制室	点型感烟/吸气
通信机房	点型感烟/吸气
阀厅	点型感烟/吸气
户内直流场	点型感烟
电缆层和电缆竖井	缆式线型感温
继电器室	点型感烟/吸气
电抗器室	点型感烟
电容器室	点型感烟
配电装置室	点型感烟
室外变压器	缆式线型感温
室内变压器	缆式线型感温/吸气		11.5.26

5. 消防供电和应急照明

名　　称	依据内容（GB 50229—2019）	出处
变电站的消防供电规定	（1）消防水泵、自动灭火系统、与消防有关的电动阀门及交流控制负荷，户内变电站、地下变电站应按Ⅰ类负荷供电；户外变电站应按Ⅱ类负荷供电。 （2）变电站内的火灾自动报警系统和消防联动控制器，当本身带有不停电电源装置时，应由站用电源供电；当本身不带有不停电电源装置时，应由站内不停电电源装置供电；当电源采用站内不停电电源装置供电时，火灾报警控制器和消防联动控制器应采用单独的供电回路，并应保证在系统处于最大负载状态下不影响报警控制器和消防联动控制器的正常工作，不停电电源的输出功率应大于火灾自动报警系统和消防联动控制器全负荷	11.7.1

续表

名 称	依据内容（GB 50229—2019）	出处
变电站的消防供电规定	功率的 120%，不停电电源的容量应保证火灾自动报警系统和消防联动控制器在火灾状态同时工作负荷条件下连续工作 3h 以上。 （3）消防用电设备采用双电源或双回路供电时，应在最末一级配电箱处自动切换。 （4）消防应急照明、疏散指示标志应采用蓄电池直流系统供电，疏散通道应急照明、疏散指示标志的连续供电时间不应少于 30min，继续工作应急照明连续供电时间不应少于 3h。 （5）消防用电设备应采用专用的供电回路，当发生火灾切断生产、生活用电时，仍应保证消防用电，其配电设备应设置明显标志；其配电线路和控制回路宜按防火分区划分。 （6）消防用电设备的配电线路应满足火灾时连续供电的需要，当暗敷时应穿管并敷设在不燃烧体结构内，其保护层厚度不应小于 30mm；当明敷时（包括敷设在吊顶内），应穿金属管或封闭式金属线槽，并采取防火保护措施。当采用阻燃或耐火电缆时，敷设在电缆井、电缆沟内可不穿金属导管或采用封闭金属槽盒保护；当采用矿物绝缘类等具有耐火、抗过载和抗机械破坏性能的不燃性电缆时，可直接明敷。宜与其他配电线路分开敷设，当敷设在同一井沟内时，宜分别布置在井沟的两侧	11.7.1
火灾应急照明和疏散标志规定	（1）户内变电站、户外变电站的控制室，通信机房，配电装置室，消防水泵房和建筑疏散通道应设置应急照明。 （2）地下变电站的控制室、通信机房、配电装置室、变压器室、继电器室、消防水泵房和建筑疏散通道和楼梯间应设置应急照明。 （3）地下变电站的疏散通道和安全出口应设灯光疏散指示标志。 （4）人员疏散通道应急照明的地面最低水平照度不应低于 1.0lx，楼梯间的地面最低水平照度不应低于 5.0lx，继续工作应急照明应保证正常照明的照度。 （5）疏散通道上灯光疏散指示标志间距不应大于 20m，高度宜安装在距地坪 1.0m 以下处；疏散照明灯具应设置在出入口的顶部或侧边墙面的上部	11.7.2

三、地下变电站

1．DL/T 5216—2017

名 称	依据内容（DL/T 5216—2017）	出处
消火栓系统	地下变电站应设置室外消火栓系统	9.1.2
	地下变电站的下列场所应设置室内消火栓系统： （1）楼梯间及其前室、消防电梯及其前室或合用前室； （2）走廊及各类疏散走道； （3）电缆夹层	9.1.3
	电气设备间不应设置室内消火栓系统	9.1.4
	设置在严寒及寒冷地区非采暖房间内的室内消火栓系统，应有可靠的防冻措施	9.1.5
自动灭火系统	地下变电站下列场所应设置自动灭火系统，并宜采用水喷雾、高压细水雾或其他固定式灭火装置： （1）地上布置的单台主变压器容量为 125MVA 及以上的油浸式变压器室； （2）地下布置的油浸式变压器室	9.1.6
火灾报警系统	火灾报警系统应联锁控制电采暖、通风、空调系统，火灾时应切断上述设备电源，同时联动防火分隔卷帘门、排烟济正压送风系统	9.2.3

2．GB 50229—2019

名 称	依据内容（GB 50229—2019）	出处
地下变电站事故储油池	地下变电站的变压器应设置能储存最大一台变压器油量的事故储油池	11.3.5
阻燃电缆	地下变电站电缆夹层宜采用低烟无卤阻燃电缆	11.4.7

续表

名　称	依据内容（GB 50229—2019）	出处
防火分区	地下变电站每个防火分区的建筑面积不应大于 1000m²。当设置自动灭火系统的防火分区时，其防火分区面积可增大 1.0 倍；当局部设置自动灭火系统时，增加面积可按该局部面积的 1.0 倍计算	11.2.6
安全出口	地下变电站安全出口数量不应少于 2 个。地下室与地上层不应共用楼梯间，当必须共用楼梯间时，应在地上首层采用耐火极限不低于 2h 的不燃烧体隔墙和乙级防火门将地下或半地下部分与地上部分的连通部分完全隔开，并应有明显标志	11.2.8
楼梯间防火门	地下变电站当地下层数为 3 层及 3 层以上或地下室内地面与室外出入口地坪高差大于 10m 时，应设置防烟楼梯间，楼梯间应设乙级防火门，并向疏散方向开启。防烟楼梯间应符合现行国家标准 GB 50016《建筑设计防火规范》的有关规定	11.2.9
火灾自动报警系统	下列场所和设备应设置火灾自动报警系统： （1）控制室、配电装置室、可燃介质电容器室、继电器室、通信机房。 （2）地下变电站、无人值班变电站的控制室、配电装置室、可燃介质电容器室、继电器室、通信机房。 （3）采用固定灭火系统的油浸变压器、油浸电抗器。 （4）地下变电站的油浸变压器、油浸电抗器。 （5）敷设具有可延燃绝缘层和外护层电缆的电缆夹层及电缆竖井。 （6）地下变电站、户内无人值班的变电站的电缆夹层及电缆竖井	11.5.25
水泵接合器及室外消火栓	当地下变电站室内设置水消防系统时，应设置水泵接合器。水泵接合器应设置在便于消防车使用的地点，与供消防车取水的室外消火栓或消防水池取水口距离宜为 15m～40m。水泵接合器应有永久性的明显标志	11.5.10
地下变电站采暖、通风和空气调节设计	地下变电站采暖、通风和空气调节设计应符合下列规定： （1）所有采暖区域严禁采用明火取暖。 （2）电气配电装置室应设置机械排烟装置，其他房间的排烟设计应符合 GB 50116 的规定。 （3）当火灾发生时，送、排风系统、空调系统应能自动停止运行。当采用气体灭火系统时，穿过防护区的通风或空调风道上的防火阀应能立即自动关闭	11.6.1

四、并联电容器组

1. 防火

名　称	依据内容（GB 50227—2017）	出处
电容器装置防火间距	屋外并联电容器装置与变电站内建（构）筑物和设备的防火间距，应符合 GB 50229 的规定；当并联电容器室与其他建筑物连接布置时，相互之间应设置防火墙，防火墙上及两侧 2m 以内的范围，不得开门窗及孔洞。电容器室的楼板、隔墙、门窗和孔洞均应满足防火要求	9.1.1
电容器装置消防设施	并联电容器装置应设置消防设施，应符合下列要求： （1）属于不同主变压器的屋外大容量并联电容器装置之间，宜设置消防通道； （2）属于不同主变压器的屋内并联电容器装置之间，宜设置防火隔墙	9.1.2
电容器组框架柜体	并联电容器组的框（台）架和柜体，均应采用非燃烧或难燃烧的材料制作	9.1.3
电容器室耐火等级	并联电容器室应为丙类生产建筑，其建筑物的耐火等级不应低于二级	9.1.4
电容器室出口、门窗	并联电容器室的长度超过 7m 时，应设两个出口。并联电容器室的门应向外开启。相邻两个并联电容器室之间的隔墙需开门时，应采用乙级防火门。 并联电容器室不宜设置采光玻璃窗	9.1.5

续表

名　　称	依据内容（GB 50227—2017）	出处
电容器装置的沟道防火	与并联电容器装置相关的沟道，应满足下列要求： （1）并联电容器室通向屋外的沟道，在屋内外交接处应采用防火封堵； （2）电缆沟道的边缘对并联电容器组框（台）架外廓的距离，不宜小于2m；引至并联电容器装置处的电缆，应采用穿管敷设并进行防火封堵； （3）低压并联电容器室内的沟道盖板，宜采用阻燃材料制作	9.1.6
电容器储油池或挡油墙	油浸集合式并联电容器，应设置储油池或挡油墙。电容器的浸渍剂和冷却油不得污染周围环境和地下水	9.1.7
电容器装置布置	并联电容器装置宜布置在变电站最大频率风向的下风侧	9.1.8

2．通风

名　　称	依据内容（GB 50227—2017）	出处
电容器室通风量	并联电容器装置室的通风量，应按消除屋内余热计算	9.2.1
电容器室夏季排风温度	并联电容器装置室的夏季排风温度，应根据电容器的环境温度类别确定，不应超过表9.2.2规定的电容器所允许的最高环境温度。 表9.2.2　电容器允许的最高环境温度（℃） | 代号	最高	24h 平均值	年平均最高 | |---|---|---|---| | A | 40 | 30 | 20 | | B | 45 | 35 | 25 | | C | 50 | 40 | 30 | | D | 55 | 45 | 35 |	9.2.2
电容器室通风方式	并联电容器装置室，宜采用自然通风。当自然通风不能满足要求时，可采用自然进风荷机械排风	9.2.4
电容器室防尘	在风沙较大地区，并联电容器装置室应采用防尘措施，进风口宜设置过滤装置	9.2.5
电容器室保温	并联电容器装置室设置屋面保温层或隔热层的结构设计，应根据当地的气温条件确定	9.2.7
电容器装置布置	并联电容器装置的布置方向，应减少太阳辐射热对电容器的影响，并宜布置在夏季通风良好的方向	9.2.6
串联电抗器间通风量	串联电抗器小间通风量，应按消除屋内余热计算，夏季排风温度不宜超过40℃	9.2.3

第二十四章 照 明

一、照明种类

名　称	依据内容（DL/T 5390—2014）	出处
照明种类	发电厂和变电站的照明种类可分为：正常照明、应急照明、警卫照明和障碍照明	3.2.1
照明设置	照明种类的确定应符合下列要求： （1）工作场所均应设置正常照明。 （2）工作场所下列情况应设置应急照明。 1）当正常照明因故障熄火后，需确保正常工作或活动继续进行的场所应设置备用照明。 2）当正常照明因故障熄火后，需要确保人员安全疏散的出入口和通道应设置疏散照明。 （3）有警戒任务的场所应根据警戒范围的要求设置警卫照明。核电厂保护区周界的警卫照明设置应满足国家核安全法的要求。火力发电厂和变电站保护区周界的警卫照明设置应满足相关标准要求。 （4）有危及航行安全的建筑物、构筑物上应根据航行要求设置障碍照明	3.2.1
	无人值班变电站宜装设人工开启的备用照明	3.2.4
	厂站的主控制室、网络控制室、集中控制室、单元控制室的主环内应装设直流常明方式的备用照明	3.2.3
	核电厂实物保护实行不间断视频监控的部位应设置应急照明	3.2.5

二、光源

名　称	依据内容（DL/T 5390—2014）	出处
光源选择	（1）办公室、控制室、配电室等高度较低的房间宜采用细管径直管形荧光灯、紧凑型荧光灯或发光二极管； （2）高度较高的工业厂房应按照生产使用要求采用金属卤化物灯、高压钠灯或无极荧光灯； （3）一般照明场所不宜采用卤素灯、荧光高压汞灯，不应采用自镇流荧光高压汞灯	4.0.2
	除对电磁干扰有严格要求且其他光源无法满足的特殊场所外，室内照明不应采用普通照明白炽灯	4.0.3
	应急照明宜采用能快速可靠点亮的光源	4.0.4
	无窗厂房的照明光源宜选用荧光灯、发光二极管、无极荧光灯等能快速启动的光源，当房间高度在5m及以上时，可选用金属卤化物等或大功率细管径荧光灯或者无极荧光灯	4.0.5
	在蒸汽浓度较大或灰尘较多的场所宜采用透雾能力强的高压钠灯	4.0.6
	道路、屋外配电装置、煤场、灰场等场所的照明光源宜采用高压钠灯，也可采用金属卤化物等或发光二极管	4.0.7
	换流站阀厅的照明光源宜采用不含紫外线的金属卤化物等	4.0.8
室内照明光源的色表类别	表9.0.7　光源的色表类别 	色表类别	色表特征	相关色温（K）	适用场所举例
---	---	---	---
Ⅰ	暖	<3300	车间局部照明、工厂辅助生活设施等
Ⅱ	中间	3300～5300	除要求使用冷色、暖色以外的其他场所
Ⅲ	冷	>5300	高照度水平、热加工车间等		9.0.7

三、照度

名　称	依据内容（DL/T 5390—2014）	出处
照度要求	发电厂、变电站照明的照度标准值应按以下系列分级：单位：lx 0.5　1　3　5　10　15　20　30　50　75　100　150　200　300　500	6.0.2
	当采用高强气体放电灯作为一般照明时，在经常有人工作的车间，其照度值不宜低于50lx	6.0.3
	发电厂、变电站和换流站应急照明的照度值可按本规定表 6.0.1-1 中一般照明照度值的 10%～15% 选取。火力发电厂机组控制室、系统网络控制室、辅助控制室的应急照明照度宜按一般照明照度值的30%选取，直流应急照明照度和其他控制室应急照明照度可分别按一般照明照度值 10%和15%选取。 主要通道上疏散照明的照度值不应低于1lx	6.0.4
	经常有人值班的无窗车间宜按本规定照度值提高一级选取	6.0.5
照度计算	当室内照明灯具均匀布置时，一般照明或分区一般照明水平工作面照度计算可采用本规定附录 B 规定的利用系数法	7.0.1
	生产过程中需要监视维护的重要场所宜用逐点计算法校验其照度值，重要场所包括下列内容： （1）主控制室、网络控制室、单元控制室控制屏、台上垂直面和倾斜面； （2）主厂房、化学水处理室、水泵房、灰浆泵房等重要设备或重要观察点； （3）反射条件较差的场所，如运煤系统； （4）有特殊要求，需精确验算工作面照度的场所	7.0.2
	储煤场、屋外配电装置、码头等室外工作场所照明照度计算宜采用等照度曲线法。道路照明照度计算宜用逐点计算法	7.0.3
	投光灯的安装高度可按下式计算 $$H \geqslant \sqrt{I_0/300}$$ I_0：单个投光灯的轴线光强（cd）； H：投光灯最小允许安装高度（m）	式（9.0.5）
	投光灯的数量和总容量 $$N = \frac{EA}{\phi_1 \eta U U_1 LLF}$$ N：投光灯的数量； E：被照面要求的照度值（lx）； A：照明场所的面积（m²）； ϕ_1：所选定的投光灯光源的光通量（lm）； η：投光灯的效率； U：利用系数； U_1：照度均匀度； LLF：减光吸收（维护吸收），见表 17-13	式（17-18） 1P928

四、灯具

名　称	依据内容（DL/T 5390—2014）	出处
灯具要求	在满足眩光限制和配光要求条件下，应选择效率或效能高的灯具，并应符合下列规定	5.1.2
直管形荧光灯灯具的效率	表 5.1.2-1　直管形荧光灯灯具的效率 | 灯具出光口形式	开敞式	保护罩（玻璃或塑料）		格栅 | |---|---|---|---|---|
		透明	磨砂、棱镜	
灯具效率（%）	75	70	55	65		表 5.1.2-1

续表

名　称	依据内容（DL/T 5390—2014）	出处
紧凑型荧光灯筒灯灯具的效率	表 5.1.2-2　紧凑型荧光灯筒灯灯具的效率 　 | 灯具出光口形式	开敞式	保护罩	格栅 | |---|---|---|---| | 灯具效率（%） | 55 | 50 | 45 |	表 5.1.2-2
小功率金属卤化物筒灯灯具的效率	表 5.1.2-3　小功率金属卤化物筒灯灯具的效率 　 | 灯具出光口形式 | 开敞式 | 保护罩 | 格栅 | |---|---|---|---| | 灯具效率（%） | 60 | 55 | 50 |	表 5.1.2-3
高强度气体放电灯灯具的效率	表 5.1.2-4　高强度气体放电灯灯具的效率 　 | 灯具出光口形式 | 开敞式 | 格栅或透光罩 | |---|---|---| | 灯具效率（%） | 75 | 60 |	表 5.1.2-4
发光二极管筒灯的效能	表 5.1.2-5　发光二极管筒灯的效能（lm/W） 　 | 色温 | 2700K || 3000K || 4000K || |---|---|---|---|---|---|---| | 灯具出光口形式 | 格栅 | 保护罩 | 格栅 | 保护罩 | 格栅 | 保护罩 | | 灯具效能 | 55 | 60 | 60 | 65 | 65 | 70 |	表 5.1.2-5
发光二极管灯盘的效能	表 5.1.2-6　发光二极管灯盘的效能（lm/W） 　 | 色温 | 2700K || 3000K || 4000K || |---|---|---|---|---|---|---| | 灯具出光口形式 | 格栅 | 保护罩 | 格栅 | 保护罩 | 格栅 | 保护罩 | | 灯具效能 | 55 | 60 | 60 | 65 | 65 | 70 |	表 5.1.2-6
灯具配光的选择	表 5.1.4　灯具配光的选择 　 | 室形指数 RI | 灯具最大允许距高比 L/H | 配光种类 | |---|---|---| | 5～1.7 | 1.5～2.5 | 宽配光 | | 1.7～0.8 | 0.8～1.5 | 中配光 | | 0.8～0.5 | 0.5～1.0 | 窄配光 | 注：L/H——L 为灯具的间距，H 为灯具的计算高度	表 5.1.4
室形指数	$$RI = \frac{L \times W}{h_{re} \times (L+W)}$$ L：房间长度（m）； W：房间宽度（m）； h_{re}：照明器至计算面高度（m）	式（5.1.4）
灯具最小遮光角	表 9.0.2　灯具最小遮光角 　 | 光源的平均亮度（kcd/m²） | 遮光角（°） | 光源的平均亮度（kcd/m²） | 遮光角（°） | |---|---|---|---| | 1～20 | 10 | 50～500 | 20 | | 20～50 | 15 | ≥500 | 30 |	表 9.0.2
频闪效应措施	在气体放电灯的频闪效应对视觉作业有影响的场所应采用以下措施之一： （1）采用高频电子镇流器； （2）相邻灯具分接在不同相序	8.4.9

第二十四章 照 明

续表

名　称	依据内容（DL/T 5390—2014）	出处
光幕反射和反射眩光措施	在需要有效地限制工作面上的光幕反射和反射眩光的房间或场所应采用如下措施： （1）避免将灯具安装在干扰区内； （2）采用低光泽度的表面装饰材料； （3）限制灯具高度； （4）墙面的平均照度不宜低于50lx，天花的平均照度不宜低于30lx	9.0.3
照明灯具的最低悬挂高度	照明灯具的最低悬挂高度可降低0.5m，但不应低于2.2m： （1）一般照明照度小于30lx的房间； （2）长度不超过照明灯具悬挂高度2倍的房间； （3）人员短期停留的房间； （4）配电室	9.0.5
应急灯选择要求	应急灯的选择应满足下列要求： （1）按不同环境要求可选用开启式、防水防尘式、隔爆式； （2）自带蓄电池的应急灯放电时间，对于火力发电厂、750kV及以下有人值班变电站应按不低于60min计算，对于无人值班变电站、1000kV变电站、换流站、风电场应按不低于120min计算	5.1.8
镇流器选择原则	照明设计时应按下列原则选择镇流器： （1）自镇流荧光灯应配用电子镇流器； （2）直管形荧光灯应配用电子镇流器或节能型电感镇流器； （3）高压钠灯、金属卤化物灯宜配用节能型电感镇流器；在电压偏差较大的场所，宜配用恒功率镇流器；功率较小者可配用电子镇流器	5.1.9
道路照明灯具布置	厂区、站区道路照明灯具布置应与总布置相协调，宜采用单列布置；厂前区入厂干道也可采用双列布置。交叉路口或岔道口应有照明	5.3.5
照明灯杆布置	布置照明灯杆时，应避开上下水道、管沟等地下设施，与消防栓的距离不应小于2m。灯杆（柱）到路边的距离宜为1m～1.5m	5.3.6
灯具的引入线	灯具的引入线应采用多股铜芯软线，在建筑物内时其截面不应小于1mm^2，在建筑物外时其截面不应小于1.5mm^2。温度较高灯具的引入线，宜采用耐热绝缘导线或其他措施	5.5.4
	生产车间不宜采用软线吊灯	5.5.5
	生产车间不应使用拉线开关	5.6.1
照明安全	当采用Ⅰ类灯具时，灯具的外露可导电部分应连接保护线（PE线）以可靠接地	5.5.8
	安全特低电压供电应采用安全隔离变压器，其二次侧不应做保护接地	5.5.9
照明开关安装高度	照明开关的安装高度宜为1.3m	5.6.4
插座的布置与安装要求	（1）生产车间内插座布置不宜太分散，应成组装设在需要的地方，每组不得少于两只，其安装高度宜为1.3m； （2）办公室、控制室和一般室内插座宜布置在靠近窗口和门口附近的墙上，每间不得少于两只，宜采用暗装，其高度可为0.3m～1.3m； （3）有酸、碱、盐腐蚀的场所不应装设插座； （4）潮湿及易积水场所的防水防尘型插座安装高度宜为1.5m	5.6.5
开关和插座的选择原则	（1）对不同电压等级的插座，其插孔形状应有所区别； （2）生产车间单相插座应为三极式；办公室、控制室等宜选用两级加三级联体插座；插座额定电压应为250V，电流不得小于10A； （3）在有爆炸、火灾危险的场所不宜装设开关及插座；当需要装设时，应选用防爆型开关及插座； （4）潮湿、多灰尘场所及屋外装设的开关和插座应选用防水防尘型	5.6.2

五、照明网络供电

名称	依据内容（DL/T 5390—2014）	出处
照明电压	正常照明网络电压应为 380/220V。 应急交流照明网络电压应为 380/220V。 应急直流照明网络电压应为 220V 或 110V	8.1.1
	照明灯具端电压的偏移不应高于额定电压的 105%，也不宜低于其额定电压的下列数值： （1）一般工作场所为 95%； （2）远离供电电源的小面积一般工作场所，难以满足本条第 1 款要求时，可为 90%； （3）应急照明、道路照明、警卫照明及电压为 12V～24V 的照明为 90%	8.1.2
	下列场所应采用 24V 及以下的低压照明： （1）供一般检修用携带式作业灯，其电压应为 24V； （2）供锅炉本体、金属容器检修用携带式作业灯，其电压应为 12V； （3）电缆隧道照明电压宜采用 24V	8.1.3
	特别潮湿的场所、高温场所、具有导电灰尘的场所、具有导电地面的场所的照明灯具，当其安装高度在 2.2m 及以下时，应有防止触电的安全措施或采用 24V 及以下电压	8.1.5
照明网络	照明主干线路应符合下列要求： （1）正常照明主干线路宜采用 TN 系统； （2）应急照明主干线路，当经交直流切换装置供电时应采用单相，当只由保安电源供电时应采用 TN 系统； （3）照明主干线路上连接的照明配电箱数量不宜超过 5 个	8.4.1
	照明分支线路宜采用单相，对距离较长的道路照明与连接照明器数量较多的场所，也可采用三相	8.4.2
	距离较远的 24V 及以下的低压照明线路宜采用单相，也可采用 380/220V 线路，经降压变压器以 24V 及以下电压分段供电	8.4.3
	厂（站）区道路照明供电线路应与室外照明线路分开。建筑物入口门灯可由该建筑物内的照明分支线路供电，但应加装单独的开关	8.4.4
	每一照明单相分支回路的电流不宜超过 16A，所接光源数或发光二极管灯具数不宜超过 25 个	8.4.5
	对高强气体放电灯的照明回路，每一单相分支回路电流不宜超过 25A，并应按启动及再启动特性校验保护电器并检验线路的电压损失值	8.4.6
	应急照明网络中不应装设插座	8.4.7
	插座回路宜与照明回路分开，每回路额定电流不宜小于 16A，且应设置剩余电流保护装置	8.4.8
	当电缆隧道照明电压采用 220V 电压时，应有防止触电的安全措施，并应敷设专用接地线	8.1.4

六、照明线路的敷设及接地

名称	依据内容（DL/T 5390—2014）	出处
照明线路的敷设	发电厂和变电站生产车间的照明分支线路宜采用铜芯绝缘导线穿管敷设	8.7.1
	在有爆炸危险与有可能受到机械损伤的场所，照明线路应采用铜芯绝缘导线穿厚壁钢管敷设。 潮湿的场所以及有酸、碱、盐腐蚀的场所，照明管线应采用阻燃塑料管或热镀锌钢管敷设。 露天场所的照明线路宜采用铜芯绝缘导线穿镀锌钢管或采用铠装护套电缆敷设	8.7.2

续表

名　称	依据内容（DL/T 5390—2014）	出处
照明线路的敷设	照明线路穿管敷设时，包括绝缘层的导线截面积总和不应超过管子内截面的 40%，或管子内径不应小于导线束直径的 1.4 倍～1.5 倍。塑料绝缘导线穿管配合表可按本规定附录 F 的规定选择	8.7.3
	管内敷设多组照明导线时，导线的总数不应超过 6 根。在有爆炸危险的场所，管内敷设导线的根数不应超过 4 根	8.7.4
	层高 5m 及以上的场所可采用金属配线槽或金属管路架空敷设	8.7.8
照明接地	火力发电厂和变电站照明网络的接地型式宜采用 TN-C-S 系统。核电厂照明网络的接地型式宜采用 TN-S 系统	8.9.2
	二次侧为 24V 及以下的降压变压器严禁采用自耦降压变，其二次侧不应作保护接地	8.9.4
	照明网络的接地电阻不应大于 4Ω，工作中性线（N 线）的重复接地电阻不应大于 10Ω	8.9.5
	当应急照明直接由蓄电池供电或经切换装置后由蓄电池直流供电时，其照明配电箱中性线（N 线）母线不应接地。箱子外壳应接于专用接地线	8.9.6
	发电厂和变电站照明网络的保护接地中性线（PEN 线）必须有两端接地，应按下列方式接地： （1）在具有一个或若干个并接进线照明配电站的建筑物内，可将底层照明配电箱的工作中性线（N 线）母线、保护接地线（PE 线）与外壳同时接入接地装置； （2）当建筑物或构筑物无接地装置时，可在就近设独立接地装置，其接地电阻不应大于 30Ω； （3）当建筑物和构筑物的照明配电箱进线设有室外进户线支架时，宜将保护接地中性线（PEN 线）与支架同时和接地网相连； （4）中性点直接接地的低压架空线的保护接地中性线（PEN 线），其干线和分支线的终端以及沿线每一公里处应重复接地，重复接地宜利用自然接地体	8.9.7

七、负荷计算

名　称	依据内容（DL/T 5390—2014）	出处
照明分支线路负荷	$P_{js}=\Sigma[P_z(1+a)+P_s]$	式（8.5.1-1）
照明主干线路负荷	$P_{js}=\Sigma[K_xP_z(1+a)+P_s]$	式（8.5.1-2）
照明不均匀分布负荷	$P_{js}=\Sigma[K_xP_{zd}(1+a)+P_s]$ P_{js}：照明计算负荷（kW）； P_z：正常照明或应急照明装置容量（kW）； P_s：插座负荷（kW）； P_{zd}：最大一相照明装置容量（kW）； a：镇流器与其他附近损耗系数；白炽灯、卤钨灯 $a=0$，气体放电灯、无极荧光灯 $a=0.2$； K_x：照明装置需要系数，可按表 8.5.1 的规定确定	式（8.5.1-3）
照明装置需要系数	表 8.5.1　照明装置需要系数 	工作场所	K_x 值 正常照明	K_x 值 应急照明
主厂房、运煤系统	0.9	1.0
主控制楼、屋内配电装置	0.85	1.0
化学水处理室、中心修配厂	0.85	—
办公室、试验室、材料库	0.8	—
屋外配电装置	1.0			表 8.5.1

名称	依据内容（DL/T 5390—2014）	出处
照明变压器额定容量	$S_t \geq \Sigma [K_t P_z (1+a)/\cos\varphi + P_s/\cos\varphi]$ S_t：照明变压器额定容量（kVA）； K_t：照明负荷同时系数，按表8.5.2的规定确定； $\cos\varphi$：灯具光源功率因数；白炽灯、卤钨灯 $\cos\varphi=1$，荧光灯、发光二极管、无极荧光灯 $\cos\varphi=0.9$，高强气体放电灯 $\cos\varphi=-0.85$	式（8.5.2）
照明负荷同时系数	表8.5.2 照明负荷同时系数（见下表）	表8.5.2

表8.5.2 照明负荷同时系数

工作场所	K_t 值 正常照明	K_t 值 应急照明
汽机房	0.8	1.0
锅炉房	0.8	1.0
主控制楼	0.8	0.9
运煤系统	0.7	0.8
屋内配电装置	0.3	0.3
屋外配电装置	0.3	—
辅助生产建筑物	0.6	—
办公楼	0.7	—
道路及警卫照明	1.0	—
其他露天照明	0.8	—

1. 回路电流计算汇总

名称		依据内容（DL/T 5390—2014）	出处
白炽灯 卤钨灯	单相	$I_{js} = I_{js2} = P_{js}/U_{exg}$	式（8.6.2-2）
	三相	$I_{js} = I_{js2} = \dfrac{P_{js}}{\sqrt{3} U_{ex}}$	式（8.6.2-4）
气体放电灯	单相	$I_{js} = I_{js1} = P_{js}/(U_{exg} \cos\varphi)$	式（8.6.2-3）
	三相	$I_{js} = I_{js1} = \dfrac{P_{js}}{\sqrt{3} U_{ex} \cos\varphi}$ P_{js}：线路计算负荷（kW）； U_{exg}：线路额定相电压（kV）； U_{ex}：线路额定线电压（kV）； $\cos\varphi$：—光源功率因数	式（8.6.2-5）
两种光源		$I_{js} = \sqrt{(I_{js1}\cos\varphi_1 + I_{js2}\cos\varphi_2)^2 + (I_{js1}\sin\varphi_1 + I_{js2}\sin\varphi_2)^2}$ （1）对荧光灯，发光二极管，无极荧光灯取 $\cos\varphi_1=0.9$，$\sin\varphi_1=0.4361$； （2）对高强气体放电灯取 $\cos\varphi=0.85$，$\sin\varphi=0.527$； （3）对白炽灯、卤钨灯，取 $\cos\varphi_2=1.0$，$\sin\varphi_2=0$	式（8.6.2-6）
简化公式		$I_{js} = \sqrt{(0.9 I_{js1} + I_{js2})^2 + (0.436 I_{js1})^2}$ I_{js1}、I_{js2}：分别为两种光源的计算电流（A）； $\cos\varphi_1$、$\cos\varphi_2$：分别为两种光源的功率因数	式（8.6.2-7）

2. 线路电压损失 ΔU(%)

名称	依据内容（DL/T 5390—2014）	出处
单相	$\Delta U(\%) = \dfrac{200}{U_{ex}} I_{js} L (R_0 \cos\varphi + X_0 \sin\varphi)$	式（8.6.2-8）
三相四线	$\Delta U(\%) = \dfrac{173}{U} \Sigma (r \cos\varphi + x \sin\varphi) I_{js} L$	式（8.6.2-10）
单位电抗	$X_0 = 0.145 \lg \dfrac{2L'}{D} + 0.0157\mu$	式（8.6.2-9）
简化公式	$\Delta U(\%) = \Sigma M / CS$ 适用于 $\cos\varphi=1$，且负荷均匀分布。 R_0、X_0：线路单位长度的电阻和电抗（Ω/km）； L：线路长度（km）； L'：导线间的距离（m），对三相线路为导线间的几何均距，380V 及以下的三相架空线路，可取 $L'=0.5m$； D：导线直径（mm）； μ：导线相对磁导率，对有色金属 $\mu=1$，对铁导线 $\mu>1$，并均与负载电流有关； ΣM：线路的总负荷力矩（kW·m），$\Sigma M = P_{js} \cdot L$； S：导线截面（mm²）； C：电压损失计算系数，与导体材料、供电系统、电压有关，按表 8.6.2-1 的规定确定	式（8.6.2-11）
电压损失计算系数	表 8.6.2-1 电压损失计算系数，DL/T 5390—2014	表 8.6.2-1

表 8.6.2-1 电压损失计算系数，DL/T 5390—2014

线路额定电压（V）	供电系统	C 值计算式	C 值 铜	C 值 铝
380/220	三相四线	$10\gamma U_{ex}^2$	70	41.6
380	单相交流或直流两线系统	$5\gamma U_{exg}^2$	35	20.8
220	单相交流或直流两线系统	$5\gamma U_{exg}^2$	11.7	6.96
110			2.94	1.74
36			0.32	0.19
24			0.14	0.083
12			0.035	0.021

注：1. 线芯工作温度为 50℃。
2. U_{exg}—额定相电压（kV）；
U_{ex}—额定线电压（kV）。
3. γ—为电导率，铜线 $\gamma = 48.5 m/(\Omega \cdot mm^2)$；铝线 $\gamma = 28.8 m/(\Omega \cdot mm^2)$

3. 线路允许电压损失校验导线截面

名称	依据内容（DL/T 5390—2014）	出处
线路允许电压损失校验导线截面	$\Delta U_y(\%) \geq \Delta U(\%)$ $\Delta U_y(\%)$：线路允许的电压损失（%）； $\Delta U(\%)$：线路的电压损失（%）	8.6.2.2

4. 机械强度允许的最小导线截面（DL/T 5390—2014 表 8.6.2-2）

布线系统形式	线路用途	导线最小截面（mm²）	
		铜	铝
固定敷设的电缆和绝缘电线	电力和照明线路	1.5	2.5
	信号和控制线路	0.5	—
固定敷设的裸导体	电力（供电）线路	10	16
	信号和控制线路	4	—
用绝缘电线和电缆的柔性连接	任何用途	0.75	—
	特殊用途的特低压电路	0.75	—

第二十五章 电 力 系 统

一、容量组成及总备用容量

名　称	依 据 内 容	出处
电力平衡中的容量组成	最大发电负荷：指系统典型日最大负荷时段的需求	系 P59 第 5-1 节 二
	备用容量：指最大负荷时段除工作出力之外，还需要增加设置的电源容量（包括负荷备用、事故备用、检修备用）	
	电源工作出力：指系统各类电源在最大负荷时段的发电出力之和，数值等于最大发电负荷	
	系统必需容量：指系统各类电源满足负荷需求的有效容量，数量等于工作容量与备用容量之和	
	受阻容量：指电源额定容量与实际发电能力之差。对于燃煤火电厂、核电厂、燃气电厂，由于机组的设备缺陷、燃料发热量、环境气温等可能造成部分机组受阻。而水电主要由于水头（上下游落差）不足造成厂内全部机组受阻或由于来水量不足造成径流水电厂整体发电能力受阻	
	水电空闲容量：水电厂装机容量扣除受阻后的发电能力称为预想出力，但是由于来水量不足，预想出力也有不能完全利用的情况。当水电厂承担的工作出力和备用容量小于水电厂的预想出力时，余下的部分称为水电空闲容量	
	系统装机容量：指系统各类电厂发电机额定容量之和	
	电力盈余：指系统装机容量与系统必需容量、水电空闲容量、受阻容量合计值之差	
系统备用容量	系统的总备用容量可按系统最大发电负荷的 15%～20% 考虑，低值适用于大系统，高值适用于小系统，并满足下列要求： （1）负荷备用为 2%～5%。 （2）事故备用为 8%～10%，但不小于系统一台最大的单机容量。 （3）检修备用应按有关规程要求及系统情况确定，初步计算时取值不应低于 5%	DL/T 5429—2009 5.2.3
	事故备用容量可按各类电站所担负的系统工作容量的比例分配。调节性能良好和靠近负荷中心的水电站，可担负较大的事故备用容量	5.2.4
	检修容量的设置及其大小，应按照各类机组的年计划检修时间，根据系统设计枯水年的电力平衡确定	5.2.5

二、各类电厂的分工原则

（1）尖峰负荷电厂主要由具有调节水库的水电厂、火电厂中的调峰机组、抽水蓄能电厂和燃气轮机电厂承担。

（2）承担腰荷的电厂主要是腰荷发电厂、引水道较长且调节池较小的水电厂、抽汽供热机组的凝汽发电部分。

（3）基荷电厂由基荷发电厂、核电厂、热电厂的供热强制出力，经流水电厂或为灌溉、航运等综合利用放水而发出的强制出力等承担。

三、电压质量标准

名称	依据内容（DL/T 5429—2009）	出处
220kV 及以上电网的电压质量标准	枢纽变电站二次侧母线的运行电压控制水平应根据枢纽变电站的位置及电网的电压降而定，可为电网额定电压的 1 倍～1.1 倍，在日最大、最小负荷情况下其运行电压控制水平的波动范围应不超过 10%，事故后不应低于电网额定电压的 0.95 倍	6.2.3
	电网任一点的运行电压，在任何情况下严禁超过电网最高运行电压；变电站一次侧母线的运行电压正常情况下不应低于电网额定电压的 0.95 倍～1.0 倍，处于电网受电终端的变电站取低值，最低运行电压不应影响电力系统同步稳定、电压稳定、厂用电的正常使用及下一级电压的调节	

四、电压允许偏差值

名称	依据内容（DL/T 1773—2017）	出处
用户受电端的电压允许偏差值	35kV 及以上用户供电电压正、负偏差绝对值之和不超过额定电压的 10%	5.1.1
	10kV 用户的电压允许偏差值，为系统额定电压的 ±7%	5.1.2
	380V 用户的电压允许偏差值，为系统额定电压的 ±7%	5.1.3
	220V 用户的电压允许偏差值，为系统额定电压的 +7%～−10%	5.1.4
	特殊用户的电压允许偏差值，按供电合同商定的数值确定	5.1.5
发电厂和变电站的母线电压允许偏差值	330kV 及以上母线电压允许偏差值：330kV 及以上母线正常运行方式时，最高运行电压不得超过系统额定电压的 +10%；最低运行电压不应影响电力系统同步稳定、电压稳定、厂用电的正常使用及下一级电压的调节	5.2.1
	发电厂和 330kV 及以上变电站的中压侧母线电压允许偏差值：发电厂 220kV 母线和 330kV 及以上变电站中压侧母线正常运行方式时：电压允许偏差为系统标称电压的 0～+10%；非正常运行方式时为系统标称电压的 −5%～+10%	5.2.2
	发电厂和 220kV 变电站 35kV～110kV 母线电压允许偏差值：发电厂和 220kV 变电站的 110kV～35kV 母线正常运行方式时，电压允许偏差为系统标称电压的 −3%～+7%；非正常运行方式时为系统标称电压的 ±10%。发电厂和变电站的 10（6）kV 母线：应使所带线路的全部高压用户和经配电变压器供电的低压用户的电压，均符合上述 4.1.2～4.1.5 各款的规定值	5.2.3
	发电厂带地区供电负荷的变电站和 220kV 及以下电压变电站的 10（6）kV 母线电压允许偏差值：在正常运行方式时，应使所带线路的全部高压用户和经配电变压器供电的低压用户的电压，均能符合 5.1 中的规定值，一般可按 0～+7% 考虑	5.2.4
	风电场和光伏发电站并网点的电压允许偏差值：当公共电网电压处于正常范围内时，通过 110（66）kV 及以上电压等级接入公共电网的风电场和光伏发电站应能控制并网点电压在标称电压的 97%～+107% 范围内。接入 66kV 以下配电网的分布式电源，其并网点的电压偏差应满足 5.1 的规定	5.2.5

五、无功补偿和功率因数

名称	依据内容（DL/T 1773—2017）	出处
变电站	330kV 及以上电压等级变电站的容性无功补偿设备的主要作用是补偿主变压器无功损耗以及输电线路输送容量较大时电网的无功缺额。补偿容量可按主变压器容量的 10%～20% 配置	6.1.1

续表

名　称	依据内容（DL/T 1773—2017）	出处
变电站	220kV 变电站的容性无功补偿设备以补偿主变压器无功损耗为主，并适当补偿线路的无功损耗。补偿容量可按主变压器容量的 10%～25%配置，并满足 220kV 主变压器最大负荷时，其高压侧功率因数不低于 0.95	6.2.1
变电站	35kV～110kV 变电站的容性无功补偿设备以补偿主变压器无功损耗为主，并适当兼顾负荷侧的无功补偿，容性补偿容量可按主变压器容量的 10%～30%配置，并满足 35kV～110kV 主变压器最大负荷时，其高压侧功率因数不低于 0.95	6.3.1
10kV 及以下配电网	配电网的无功补偿以配电变压器低压侧集中补偿为主，以高压侧补偿为辅。配电变压器的无功补偿设备容量可按变压器最大负载率为 75%，负荷自然功率因数为 0.85 考虑，补偿到变压器最大负荷时其高压功率因数不低于 0.95；或按照变压器容量的 20%～40%进行配置	6.5.1
10kV 及以下配电网	配电变压器的电容器组应装设以电压为约束条件并根据变压器无功功率（或无功电流）进行自动投切的控制装置	6.5.2
10kV 及以下配电网	10kV 及以下配电线路上可配置高压并联电容器。电容器的安装容量不宜过大，当在线路最小负荷时，不应向变电站倒送无功	6.5.3
发电机和调相机	发电机额定功率因数（迟相）应符合下列要求： a. 直接接入 330kV 及以上电网处于送端的发电机功率因数，一般选择 0.9；处于受端的发电机功率因数，可选择 0.85。 b. 直流输电系统的送端发电机功率因数，可选择为 0.85；交直流混送系统可在 0.85～0.9 中选择。 c. 其他发电机的功率因数，可在 0.8～0.85 中选择	7.2
发电机和调相机	发电机吸收无功电力（进相）的能力应满足下列要求： a. 新装机组均应具备在有功功率为额定值时，功率因数进相 0.95 运行的能力。 b. 对已投入运行的发电机，应有计划地进行发电机吸收无功电力（进相）能力试验，根据试验结果予以应用	7.3
发电机和调相机	新装调相机应具有长期吸收 70%～80%额定容量无功电力的能力。对已投入运行的调相机一个进行试验，确定吸收无功电力的能力	7.5
电力用户	电力用户应根据其负荷的无功需求，设计和安装无功补偿设备，其功率因数应达到以下要求： a. 35kV 及以上高压供电的电力用户在负荷高峰时，其变压器一次侧功率因数应不低于 0.95，在负荷低谷时，功率因数不应高于 0.95。 b. 100kVA 及以上 10kV 供电的电力用户，其功率因数应达到 0.95 以上。 c. 其他电力用户，其无功补偿设备宜装设自动控制装置，并应有防止向系统送无功功率的措施	9

六、无功电力

名　称	依据内容（DL/T 1773—2017）	出处
330kV～500kV 电网并联电抗器	330kV 及以上电压等级线路充电功率应基本予以补偿，高、低压并联电抗器容量分配应按系统的条件和各自的特点全面研究决定	6.1.2
330kV～500kV 电网并联电抗器	330kV 及以上电压等级线路充电功率应基本予以补偿，因而高、低压并联电抗器补偿总容量一般要求为线路充电功率总和的 100%左右	5.0.3 条文说明 DL/T 5014—2010
330kV～500kV 电网并联电抗器	条文说明第 5.0.7 条：按就地平衡原则，变电站装设电抗器的最大补偿容量，一般为其所接线路充电功率的 1/2。 目前低压电抗器安装容量一般在变压器容量的 30%以下	5.0.3 条文说明 DL/T 5014—2010
220kV 及以下电网无功电源总容量	220kV 及以下电网的无功电源安装总容量，应大于电网最大自然无功负荷，一般可按最大自然无功负荷的 1.15 倍计算	6.6

续表

名称	依据内容（DL/T 1773—2017）	出处
220kV 及以下电网的最大自然无功负荷	220kV 及以下电网的最大自然无功负荷，可按式（1）计算 $Q_D = KP_D$ Q_D：电网最大自然无功负荷（kvar）； P_D：电网最大有功负荷（kW）； K：电网最大自然无功负荷系数（参考附录 A，也可参照表 1）。 电网最大有功负荷，为本网发电机有功功率与主网和邻网输入的有功功率代数和的最大值	式（1）
220kV 及以下电网的最大自然无功负荷	表 1　220kV 及以下电网最大自然无功负荷系数 | 变压级数	电网电压（kV）				
	220	110	66	35	10
	最大自然无功负荷系数 K（kvar/kW）				
220/110/35/10	1.25～1.4	1.1～1.25		1.0～1.15	0.9～1.05
220/110/10	1.15～1.30	1.0～1.15			0.9～1.05
220/66/10	1.15～1.30		1.0～1.15		0.9～1.05 | 注：本网中发电机有功功率比重较大时，宜取较高值；主网和邻网输入有功功率比重较大时，宜取较低值	表 1
220kV 及以下电网的容性无功补偿设备总容量	220kV 及以下电网的容性无功补偿设备总容量，可按式（2）计算 $Q_c = 1.15Q_D - Q_G - Q_R - Q_L$ Q_c：容性无功补偿设备总容量； Q_G：本网发电机的无功功率； Q_R：主网和邻网输入的无功功率； Q_L：线路和电缆的充电功率	式（2）
220kV 及以下电网的容性无功补偿设备总容量	电网的无功补偿水平用无功补偿度表示，可按式（3）计算 $$W_B = \frac{Q_c}{P_D}$$ W_B：无功补偿度，kvar/kW； Q_c：容性无功补偿设备总容量，kvar； P_D：电网最大有功负荷（或装机容量），kW	式（3）

七、稳定计算及分析

名称	依据内容（DL/T 5147—2001）	出处
稳定计算分析时运行方式	进行电力系统安全稳定计算分析时，应针对具体校验对象（线路、母线等），选择下列三种运行方式中对安全稳定最不利的情况进行安全稳定校验。 　　正常运行方式：包括计划检修方式和按照负荷曲线以及季节变化出现的水电大发、火电大发、最大或最小负荷、最小开机和抽水蓄能运行工况等可能出现的运行方式。 　　事故运行方式：电力系统事故消除后，在恢复到正常运行方式前所出现的短期稳态运行方式 　　特殊运行方式：主干线路、重要联络变压器等设备检修及其他对系统安全稳定运行影响较为严重的方式	5.1
稳定计算重合闸时间	稳定计算重合闸时间： 　　重合闸时间为从故障切除后到断路器主断口重新合上的时间，应根据系统条件、系统稳定的要求等因素选定	5.4
稳定计算重合闸时间	受故障切除后的故障消弧及绝缘恢复时间制约的单相重合闸最短时间。 （1）下列情况下选用重合闸时间应不小于 0.5s：220kV 线路，长度分别不大于 150km 与 100km 的 330kV 与 500kV 线路（无并联高压电抗器补偿）；带有中性点小电抗的高压并联电抗器补偿了线路相间电容的所有 330kV 与 500kV 线路。 （2）对无并联高压电抗器补偿的长度分别大于 150km 与 100km 330kV 与 500kV 线路所选取的重合闸时间，应参照实际的单相重合闸试验结果决定	5.4.1

续表

名 称	依据内容（DL/T 5147—2001）	出处
稳定计算重合闸时间	对一般存在稳定问题的线路，其重合闸时间应按重合于永久性故障时的系统稳定条件决定。即当线路传输最大功率时故障并切除后，送端机组对受端系统的相对角度经最大值，回摆到摇摆曲线的 ds/dt 为负的最大值附近时进行重合	5.4.2

名 称	依据内容（DL/T 5429—2009）	出处
暂态故障切除时间	对 220kV 电压的系统近故障点采用 0.1s，远故障点采用 0.12s；对 330kV 及以上电压的系统近故障点采用 0.09s，远故障点采用 0.1s；若上述故障切除时间不能满足暂态稳定要求，则可采用 0.08s	8.1.6
短路电流计算的主要目的	短路电流计算的主要目的是提出今后发展新型断路器的额定断流容量，以及研究限制系统短路电流水平的措施（包括提高变压器中性点绝缘水平），并验算是否有需更换的断路器，选择新增断路器的额定断流容量	8.3.1
短路计算水平年	系统设计应按远景水平年计算短路电流，选择新增断路器时应按设备投运后 10 年左右的系统发展计算，对现有断路器进行更换时还应按本期投入年计算	8.3.2
短路计算内容	计算三相和单相短路电流： （1）应计算三相和单相短路电流。 （2）当短路电流水平过大而需要大量更换现有断路器时，则应研究限制短路电流的措施	8.3.3

名 称	依据内容（DL/T 755—2001）	出处
静态稳定计算分析	静态稳定指电力系统受到小干扰后，不发生非周期性失步，自动恢复到起始运行状态的能力	4.3.1
静态稳定计算分析	电力系统静态稳定计算分析的目的是应用相应的判据，确定电力系统的稳定性和输电线路的输送功率极限，检验在给定方式下的稳定储备	4.3.2
静态稳定计算分析	对于大电源送出线，跨大区或省网间联络线，网络中的薄弱断面等需要进行静态稳定分析	4.3.3
静态稳定计算分析	静稳定判据为 $$dP/d\delta>0 \text{ 或 } dQ/dU<0$$ 相应的静稳定储备系数为 $$K_P = \frac{P_j - P_z}{P_z} \times 100\%$$ $$K_V = \frac{U_z - U_c}{U_z} \times 100\%$$ P_j、P_z：分别为线路的极限和正常传输功率； U_z、U_c：分别为母线的正常和临界电压	4.3.4
暂态稳定的计算分析	暂态稳定是指电力系统受到大扰动后，各同步电机保持同步运行并过渡到新的或恢复到原来稳态运行方式的能力	4.4.1
暂态稳定的计算分析	暂态稳定计算分析的目的是在规定运行方式和故障形态下，对系统稳定性进行校验，并对继电保护和自动装置以及各种措施提出相应的要求	4.4.2
暂态稳定的计算分析	暂态稳定计算的条件如下： a．应考虑在最不利地点发生金属性短路故障。 b．发电机模型在可能的条件下，应考虑采用暂态电势变化，甚至次暂态电势变化的详细模型（在规划阶段允许采用暂态电势恒定的模型）。 c．继电保护、重合闸和有关自动装置的动作状态和时间，应结合实际情况考虑。 d．考虑负荷特性	4.4.3
暂态稳定的计算分析	暂态稳定的判据是电网遭受每一次大扰动后，引起电力系统各机组之间功角相对增大，在经过第一或第二个振荡周期不失步，作同步的衰减振荡，系统中枢点电压逐渐恢复	4.4.4

续表

名　称	依据内容（DL/T 755—2001）	出处
动态稳定的计算分析	动态稳定是指电力系统受到小的或大的干扰后，在自动调节和控制装置的作用下，保持长过程的运行稳定性的能力	4.5.1
	电力系统有下列情况时，应作长过程的动态稳定分析： a. 系统中有大容量水轮发电机和汽轮发电机经较弱联系并列运行。 b. 采用快速励磁调节系统及快关气门等自动调节措施。 c. 有大功率周期性冲击负荷。 d. 电网经弱联系线路并列运行。 e. 分析系统事故有必要时	4.5.2
电压稳定的计算分析	电压稳定是指电力系统受到小的或大的扰动后，系统电压能够保持或恢复到允许的范围内，不发生电压崩溃的能力	4.6.1
	电力系统中经较弱联系向受端系统供电或受端系统无功电源不足时，应进行电压稳定性校验	4.6.2
	进行静态电压稳定计算分析是用逐渐增加负荷（根据情况可按照保持恒定功率因数、恒定功率或恒定电流的方法按比例增加负荷）的方法求解电压失稳的临界点（有 $\mathrm{D}P/\mathrm{D}U=0$ 或 $\mathrm{d}Q/\mathrm{d}U=0$ 表示），从而估计当前运行点的电压稳定裕度	4.6.3
	可以用暂态稳定和动态稳定计算程序计算暂态和动态电压稳定性。电压失稳的判据可为母线电压下降，平均值持续低于限定值，但应区别由于功角振荡或失稳造成的电压严重降低和振荡	4.6.4
	详细研究电压动态失稳时，模型中应包括负荷特性、无功补偿装置动态特性、带负荷自动调压变压器的分接头动作特性、发电机定子和转子过电流和低励限制、发电机强励动作特性等	4.6.5
再同步的计算分析	再同步是指电力系统受到小的或大的扰动后，同步电机经过短时间非同步运行过程后再恢复到同步运行方式	4.7.1
	电力系统再同步计算分析的目的，是当运行中稳定破坏后或线路采用非同步重合闸时，研究系统变化趋向，并找出适当措施，使失去同步的两部分电网经过短时间的异步运行，能较快再拉入同步运行	4.7.2
	研究再同步问题需采用详细的电力系统模型和参数	4.7.3
再同步的计算分析	电力系统再同步计算的校验内容： a. 再同步过程是否会造成系统中某些节点电压过低，是否影响负荷的稳定，是否会扩大为系统内部失去同步，是否会扩大为系统几个部分之间失去同步。 b. 在非同步过程中流过同步电机电流的大小是否超过规定允许值，对机组本身的发热、机械变形及振动的影响。 c. 再同步的可能性及其相应措施	4.7.4
	电力系统再同步的判据，是指系统中任两个同步电机失去同步，经若干非同步振荡周期，相对滑差逐渐减少并过零，然后相对角度逐渐过渡到某一稳定点	4.7.5

八、工频过电压及潜供电流计算

名　称	依据内容（DL/T 5429—2009）	出处
工频过电压	330kV 及以上电网的工频过电压水平，线路断路器的变电站侧及线路侧应分别不超过电网最高相电压（有效值，kV）的 1.3 倍及 1.4 倍	9.1.1
	工频过电压计算应以正常运行方式为基础，加上一种非正常运行方式及一种故障型式。 正常运行方式包括过渡年发电厂单机运行、电网解环运行等。	9.1.2

续表

名　　称	依据内容（DL/T 5429—2009）	出处
工频过电压	非正常运行方式包括联络变压器退出运行、中间变电站的一台主变压器退出运行、故障时局部系统解列等，但单相变压器组有备用相时，可不考虑该变压器组退出运行。 故障型式可取线路一侧发生单相接地三相断开或仅发生无故障三相断开两种情况	9.1.2
	330kV 及以上线路若采用装设线路高压并联电抗器进行无功补偿时，其线路高抗中性点可经小电抗接地，并验算工频谐振过电压 若采用装设母线高压并联电抗器进行无功补偿时，母线高抗中性点应直接接地	9.1.3
	当发电厂单机单变带空载长线时，必须核算发电机自励磁过电压问题。不发生自励磁的判据为 $$W_H > Q_c X_d^*$$ W_H：发电机额定容量（MVA）； Q_c：线路充电功率（Mvar）单位长度的充电功率查系 P229 表 8-6； X_d^*：发电机等值同步电抗（包括升压变压器，以发电机容量为基准）标幺值。 当发电机容量小于上值时，可采取以下措施： 1）避免单机带空载线路。 2）装设高压并联电抗器，使发电机同步电抗 X_d 小于线路等值容抗 X_c（包括升压变压器及电抗器），即：$|X_d| < |X_c|$	9.1.4
	当线路可能带空载变压器时，应校验在线路非全相状态下发生谐振的可能及其避免措施	9.1.5
潜供电流计算	潜供电流的允许值取决于潜供电弧的自灭时间的要求，潜供电流的自灭时间等于单相自动重合闸无电流间隙时间减去弧道去游离时间，单相自动重合闸无电流间隙时间由系统稳定计算决定，弧道去游离时间可取 0.1s～0.15s，并考虑适当裕度。 无电流间歇时间 t（单位 s）和潜供电流 I（单位 A）的关系可用下式（经验公式）表示 $$t \approx 0.25 \times (0.1I + 1)，式（9.2.1）$$	9.2.1
	计算潜供电流及恢复电压应考虑系统暂态过程中两相运行期间系统摇摆情况，并以摇摆期间潜供电流最大值作为设计依据	9.2.2
	限制潜供电流的措施可选用高压并联电抗器中性点接小电抗、快速单相接地开关或良导体架空地线作为限制潜供电流的措施，应根据系统特点结合其他方面的需要进行论证	9.2.3

九、几个计算公式

名　　称	依　据　内　容	出处
变电站感性无功补偿总需求量	$$Q_l = \frac{l}{2} q_c B$$ Q_l——变电站感性无功补偿总容量（Mvar）。 l——接入变电站的线路总长度（km）。 q_c——输电线路单位充电功率（Mvar/km）。 B——补偿系数，一般取 0.9～1.0	系 P162 （7-9）
补偿度	$$K_1 = \frac{Q_L}{Q_c}$$ K_1——补偿度，一般取 60%～85%，85%～100%补偿度是一相开断或两相开断的谐振区，应尽量避免采用。 Q_L——超高压并联电抗器容量（MVA）。 Q_c——线路的充电功率（Mvar）	变 P191 （6-29）

续表

名　称	依　据　内　容	出处
日负荷率	$\gamma = \dfrac{P_{\mathrm{d\cdot av}}}{P_{\mathrm{d\cdot max}}}$ $P_{\mathrm{d\cdot av}}$——日平均负荷。 $P_{\mathrm{d\cdot max}}$——日最大负荷	系 P25 (3-57)
年最大负荷利用小时数	$T_{\max} = \dfrac{E}{P_{\max}}$ 年最大负荷利用小时数（h）=年发电量（kWh）/年最大负荷	系 P26 (3-62)
年负荷率	$\delta = \dfrac{P_{\mathrm{av}}}{P_{\max}} = \dfrac{T_{\max}}{8760} = \bar{\gamma}\,\bar{\sigma}\rho$ P_{av}——年平均负荷，等于年电量除以 8760	系 P26 (3-63)

第二十六章 新能源——光伏

一、光伏发电系统一般规定

名　　称	依据内容（GB 50797—2012）	出处
条件合适时	可在风电场内建设光伏发电站	4.0.12
大、中型地面光伏发电站的发电系统	宜采用多级汇流、分散逆变、集中并网系统； 分散逆变后宜就地升压，升压后集电线路回路数及电压等级应经技术经济比较后确定	6.1.1
同一个逆变器接入的光伏组件串	电压、方阵朝向、安装倾角宜一致	6.1.2
光伏发电系统直流侧的设计电压	应高于光伏组件串在当地昼间极端气温下的最大开路电压，系统中所采用的设备和材料的最高允许电压应不低于该设计电压	6.1.3
光伏发电系统中逆变器的配置容量	应与光伏方阵的安装容量相匹配，逆变器允许的最大直流输入功率应不小于其对应的光伏方阵的实际最大直流输出功率	6.1.4
光伏组件串的最大功率工作电压变化范围	应在逆变器最大功率跟踪电压范围内	6.1.5
独立光伏发电系统的安装容量	应根据负载所需电能和当地日照条件来确定	6.1.6

二、光伏发电系统分类

名　　称		依据内容（GB 50797—2012）	出处
按是否接入公共电网		可分为并网光伏发电系统和独立光伏发电系统	6.2.1
按接入并网点的不同		可分为用户侧光伏发电系统和电网侧光伏发电系统	6.2.2
按安装容量	小型	1）小型光伏发电系统：安装容量小于或等于1MW（峰值输出功率）	6.2.3
	中型	2）中型光伏发电系统：安装容量大于1MW和小于或等于30MW（峰值输出功率）	
	大型	3）大型光伏发电系统：安装容量大于30MW（峰值输出功率）	
按是否与建筑结合		可分为与建筑结合的光伏发电系统和地面光伏发电系统	6.2.4

三、设备选择

1. 光伏组件

名　　称	依据内容（GB 50797—2012）	出处
光伏组件分类	可分为晶体硅光伏组件、薄膜光伏组件和聚光光伏组件三类	6.3.1
光伏组件选择	应根据类型、峰值功率、转换效率、温度系数、组件尺寸和重量、功率辐照度特性等技术条件进行选择	6.3.2
光伏组件性能参数校验	应按太阳辐照度、工作温度等使用环境条件进行性能参数校验	6.3.3
光伏组件的类型选择	1）依据太阳辐射量、气候特征、场地面积等因素，经技术经济比较确定。 2）太阳辐射量较高、直射分量较大的地区宜选用晶体硅光伏组件或聚光光伏组件。 3）太阳辐射量较低、散射分量较大、环境温度较高的地区宜选用薄膜光伏组件。 4）在与建筑相结合的光伏发电系统中，当技术经济合理时，宜选用与建筑结构相协调的光伏组件。建材型的光伏组件，应符合相应建筑材料或构件的技术要求	6.3.4

续表

名 称	依据内容（GB 50797—2012）	出处
光伏方阵中，同一光伏组件串中各光伏组件的电性能参数	宜保持一致	6.4.2

2. 光伏方阵及安装

名 称	光伏方阵（GB 50797—2012）	出处
光伏方阵分类	可分为固定式和跟踪式两类，选择何种方式应根据安装容量、安装场地面积和特点、负荷的类别和运行管理方式，由技术经济比较确定	6.4.1
光伏方阵采用固定式布置时，最佳倾角	应结合站址当地的多年月平均辐照度、直射分量辐照度、散射分量辐照度、风速、雨水、积雪等气候条件进行设计，并宜符合下列要求： （1）对于并网光伏发电系统，倾角宜使光伏方阵的倾斜面上受到的全年辐照量最大。 （2）对于独立光伏发电系统，倾角宜使光伏方阵的最低辐照度月份倾斜面上受到较大的辐照量。 （3）对于有特殊要求或土地成本较高的光伏发电站，可根据实际需要，经技术经济比较后确定光伏方阵的设计倾角和阵列行距	6.4.3
两排阵列之间距离 D	$D = L\cos\beta + L\sin\beta \dfrac{0.707\tan\varphi + 0.4338}{0.707 - 0.4338\tan\varphi}$ L：阵列倾斜面长度； β：阵列倾角；由附录 B 表 B 查得； φ：当地纬度	条文说明 7.2.2 式（9）
方阵间距示意图	（示意图：太阳、L、H、β、α_s、D）	条文说明 7.2.2 图 1

3. 光伏站跟踪及聚光系统

（1）光伏站跟踪系统。

名 称	依据内容（GB 50797—2012）	出处
跟踪系统分类	可分为单轴跟踪系统和双轴跟踪系统	6.7.1
跟踪系统的控制方式	可分为主动控制方式、被动控制方式和复合控制方式	6.7.2
跟踪系统的设计要求	（1）跟踪系统的支架应根据不同地区特点采取相应的防护措施。 （2）跟踪系统宜有通信端口。 （3）跟踪系统运行过程中，光伏方阵组件串的最下端与地面的距离不宜小于 300mm	6.7.3
跟踪系统的跟踪精度规定	（1）单轴跟踪系统跟踪精度不应低于 ±5°； （2）双轴跟踪系统跟踪精度不应低于 ±2°； （3）线聚焦跟踪系统跟踪精度不应低于 ±1°； （4）点聚焦跟踪系统跟踪精度不应低于 ±5°	6.7.5

（2）光伏站聚光系统。

名　称	光伏站聚光光伏系统（GB 50797—2012）	出处
聚光光伏系统	应包括聚光系统和跟踪系统	6.9.1
线聚焦聚光	宜采用单轴跟踪系统	6.9.2
点聚焦聚光	应采用双轴跟踪系统	
聚光光伏系统选择要求	1）采用水平单轴跟踪系统的线聚焦聚光光伏系统宜安装在低纬度且直射光分量较大地区。 2）采用倾斜单轴跟踪系统的线聚焦聚光光伏系统宜安装在中、高纬度且直射光分量较大地区。 3）点聚焦聚光光伏系统宜安装在直射光分量较大地区	6.9.3
用于光伏发电站的聚光光伏系统要求	1）聚光组件应通过国家相关认证机构的产品认证，并具有良好的散热性能。 2）具有有效的防护措施，应能保证设备在当地极端环境下安全、长效运行。 3）用于低倍聚光的跟踪系统，其跟踪精度不应低于±1°，用于高倍聚光的跟踪系统，其跟踪精度不应低于±5°	6.9.4

4．光伏逆变器

名　称	依据内容（GB 50797—2012）		出处
光伏发电系统逆变器配置容量	应与光伏方阵的安装容量相匹配，逆变器允许的最大直流输入功率应不小于其对应的光伏方阵的实际最大直流输出功率		6.1.4
并网光伏发电系统逆变器性能	应符合接入公用电网相关技术要求的规定，并具有有功功率和无功功率连续可调功能。 大、中型光伏发电站的逆变器还应具有低电压穿越功能		6.3.5
光伏发电站的逆变器应具备过载能力	在 1.2 倍额定电流以下，光伏发电站连续可靠工作时间不应小于 1min		9.2.5
逆变器最大输入电流或功率要求	不超过额定输入的 110%		7.5.1.1 NB/T 32004 —2013
逆变器的选择	应按型式、容量、相数、频率、冷却方式、功率因数、过载能力、温升、效率、输入输出电压、最大功率点跟踪（MPPT），保护和监测功能、通信接口、防护等级等技术条件进行选择		6.3.6
逆变器的选择	湿热带、工业污秽严重和沿海滩涂地区	应考虑潮湿、污秽及盐雾的影响	6.3.8
	海拔在 2000m 及以上高原地区	应选用高原型（G）产品或采取降容使用措施	6.3.9
逆变器的校验	应按环境温度、相对湿度、海拔、地震烈度、污秽等级等使用环境条件进行校验		6.3.7

5．储能电池

名　称	依据内容（GB 50797—2012）	出处
独立光伏发电站配置的储能系统容量	应根据当地日照条件、连续阴雨天数、负载的电能需要和所配储能电池的技术特性来确定	6.5.2
储能电池的容量（kWh）	$C_c = \dfrac{DFP_0}{UK_a}$	式（6.5.2）

续表

名称	依据内容（GB 50797—2012）	出处
储能电池的容量（kWh）	D：最长无日照期间用电时数（h）； F：储能电池放电效率修正系数（通常为 1.05）； P_0：平均负荷容量（kW）； U：储能电池的放电深度（0.5～0.8）； K_a：包括逆变器等交流回路的损耗率（通常 0.7～0.8）	式（6.5.2）
光伏发电站储能系统型式	宜选用大容量单体储能电池，减少并联数，并宜采用储能电池组分组控制充放电	6.5.5

6. 汇流箱

名称	依据内容（GB 50797—2012）	出处
汇流箱选择	应依据型式、绝缘水平、电压、温升、防护等级、输入输出回路数、输入输出额定电流等技术条件进行选择	6.3.10
汇流箱性能参数校验	应按环境温度、相对湿度、海拔、污秽等级、地震烈度等使用环境条件进行性能参数校验	6.3.11
汇流箱应设置的保护功能	（1）应设置防雷保护装置。 （2）汇流箱的输入回路宜具有防逆流及过流保护；对于多级汇流光伏发电系统，如果前级已有防逆流保护，则后级可不做防逆流保护。 （3）汇流箱的输出回路应具有隔离保护措施。 （4）宜设置监测装置	6.3.12
室外汇流箱性能参数校验	应有防腐、防锈、防暴晒等措施，汇流箱箱体的防护等级不低于 IP54	6.3.13

7. 升压站主变压器

名称	光伏发电系统变压器	出处
光伏发电站升压站主变压器的选择	（1）应优先选用自冷式、低损耗电力变压器。 （2）当无励磁调压电力变压器不能满足电力系统调压要求时，应采用有载调压电力变压器。 （3）主变压器容量可按光伏发电站的最大连续输出容量进行选取，且宜选用标准容量	GB 50797—2012 8.1.2
通过 35kV 及以上电压等级接入电网的光伏发电站，其升压站的主变压器	应采用有载调压变压器	GB/T 19964—2012 7.3
光伏方阵内就地升压变压器的选择	（1）宜选用自冷式、低损耗电力变压器。 （2）容量可按光伏方阵单元模块最大输出功率选取。 （3）可选用高压（低压）预装式箱式变电站或变压器、高低压电气设备等组成的装配式变电站。对于在沿海或风沙大的光伏发电站，当采用户外布置时，沿海防护等级应达到 IP65，风沙大的光伏发电站防护等级应达到 IP54。 （4）可采用双绕组变压器或分裂变压器。 （5）宜选用无励磁调压变压器	GB 50797—2012 8.1.3

8. 无功补偿

名称	光伏发电系统无功补偿（GB 50797—2012）	出处
无功补偿装置的配置原则	应按无功补偿就地平衡和便于调整电压的原则配置	8.6.1
无功补偿装置设备的形式	宜选用成套设备	8.6.3
无功补偿装置的布置	依据环境条件、设备技术参数及当地的运行经验，可采用户内或户外布置形式，并应考虑维护和检修方便	8.6.4

续表

名 称	光伏发电系统无功补偿（GB/T 19964—2012）	出处
光伏发电站的无功电源	包括光伏并网逆变器及光伏发电站无功补偿装置	6.1.1
光伏站的无功容量配置要求	应按照分（电压）层和分（电）区基本平衡的原则进行配置，并满足检修备用要求	6.2.1
并网逆变器的功率因数	应满足额定有功出力下功率因数在超前 0.95～滞后 0.95 的范围内动态可调，并应满足在图 1 所示矩形框内动态可调	6.1.2
通过 10kV～35kV 电压等级并网的光伏发电站功率因数	应能在超前 0.98～滞后 0.98 范围内连续可调，有特殊要求时，可做适当调整以稳定电压水平	6.2.2
对于通过 110（66）kV 及以上电压等级并网的光伏发电站，无功容量配置应满足的要求	（1）容性无功容量能够补偿光伏发电站满发时站内汇集线路、主变压器的感性无功及光伏发电站送出线路的一半感性无功之和； （2）感性无功容量能够补偿光伏发电站自身的容性充电无功功率及光伏发电站送出线路的一半充电无功功率之和	6.2.3
对于通过 220kV（或 330kV）光伏发电汇集系统升压至 500kV（或 750kV）电压等级接入电网的光伏发电站群中的光伏发电站，无功容量配置宜满足的要求	（1）容性无功容量能够补偿光伏发电站满发时汇集线路、主变压器的感性无功及光伏发电站送出线路的全部感性无功之和。 （2）感性无功容量能够补偿光伏发电站自身的容性无功功率及光伏发电站送出线路的全部充电无功功率之和	6.2.4

名 称	光伏发电系统无功补偿（GB/T 29321—2012）	出处
光伏发电站的无功电源	包括光伏并网逆变器和光伏发电站集中无功补偿装置	5.1.1
光伏站的无功容量	应满足分（电压）层和分（电）区基本平衡的原则，并满足检修备用要求	6.1.1
并网逆变器的功率因数	应能在超前 0.95～滞后 0.95 的范围内连续可调	6.1.2
光伏站的无功容量配置	应满足 GB/T 19964 有关要求	6.2.1
集中无功补偿装置配置（位置）	有集中升压变的光伏站，可配置在升压变低压侧； 无集中升压变光伏站，可安装在汇集点	7.1.1
光伏站无功补偿装置配置	应根据光伏站实际情况，如安装容量、安装形式、站内汇集线分布、送出线路长度、接入电网情况等，进行无功电压研究后确定	7.1.2

9. 电缆选择与敷设

名 称	依据内容（GB 50797—2012）	出处
集中敷设于沟道、槽盒中的电缆	宜选用 C 类阻燃电缆	8.9.2
光伏组件之间及组件与汇流箱之间的电缆	应有固定措施和防晒措施	8.9.3
电缆敷设方式	可采用直埋、电缆沟、电缆桥架、电缆线槽等方式。 动力电缆和控制电缆宜分开排列	8.9.4
电缆沟	不得作为排水通路	8.9.5
远距离传输时	网络电缆宜采用光纤电缆	8.9.6

10. 配电装置型式

名称	光伏发电站配电装置型式（GB 50797—2012）		出处
升压站 35kV 以上配电装置	应根据地理位置选择户内或户外布置		8.5.2
	在沿海及土石方开挖工程量大的地区	宜采用户内配电装置	
	在内陆及荒漠不受气候条件、占用土地及施工工程量等限制时	宜采用户外配电装置	
升压站 10kV～35kV 配电装置	宜采用户内成套式高压开关柜配置型式，也可采用户外装配式配电装置		8.5.3
	对沿海、海拔高于 2000m 及土石方开挖工程量大的地区，当技术经济合理时，66kV 及以上电压等级的配电装置	可采用 GIS 设备	
	在内陆及荒漠地区	可采用户外装配式布置	

四、光伏组件串的串联数

名称	依据内容（GB 50797—2012）	出处
地面光伏发电站	$N \leq \dfrac{V_{\text{dcmax}}}{V_{\text{oc}} \times [1+(t-25) \times K_v]}$	式（6.4.2-1）
与建筑物结合的光伏发电系统	$\dfrac{V_{\text{mpptcmin}}}{V_{\text{pm}} \times [1+(t'-25) \times K'_v]} \leq N \leq \dfrac{V_{\text{mpptcmax}}}{V_{\text{pm}} \times [1+(t-25) \times K'_v]}$	式（6.4.2-2）

V_{dcmax}：逆变器允许的最大直流输入电压（V）；
K_v：光伏组件的开路电压温度系数；
K'_v：光伏组件工作电压温度系数（无数据时可由 K_v 替代）；
t：光伏组件工作条件下的极限低温（℃）

t'：光伏组件工作条件下的极限高温（℃）；
V_{oc}：光伏组件的开路电压（V）；
V_{pm}：光伏组件的工作电压（V）；
V_{mpptcmax}：逆变器 MPPT 电压最大值（V）；
V_{mpptcmin}：逆变器 MPPT 电压最小值（V）

五、电气主接线

名称	依据内容（GB 50797—2012）		出处
发电单元接线及就地升压变压器的连接要求	（1）逆变器与就地升压变压器的接线方案应依据光伏发电站的容量、光伏方阵的布局、光伏组件的类别和逆变器的技术参数等条件，经技术经济比较确定。 （2）一台就地升压变压器连接两台不自带隔离变压器的逆变器时，宜选用分裂变压器		8.2.1
发电母线电压应根据接入电网的要求和光伏发电站的安装容量，经技术经济比较后确定，并宜符合下列规定			
光伏安装总容量小于或等于 1MW 时	宜采用 0.4kV～10kV 电压等级		8.2.2
安装总容量大于 1MW，且不大于 30MW 时	宜采用 10kV～35kV 电压等级		
安装容量大于 30MW 时	宜采用 35kV 电压等级		
光伏发电站发电母线的接线方式应按本期、远景规划的安装容量、安全可靠性、运行灵活性和经济合理性等条件选择，并应符合下列要求			
安装容量小于或等于 30MW 时	宜采用单母线接线		8.2.3
安装容量大于 30MW 时	宜采用单母线或单母线分段接线。当分段时，应采用分段断路器		

续表

名　　称	依据内容（GB 50797—2012）	出处
光伏发电站母线上的短路电流超过所选择的开断设备允许值时	可在母线分段回路中安装电抗器。母线分段电抗器的额定电流应按其中一段母线上所联接的最大容量的电流值选择	8.2.4
各单元发电模块与发电母线的连接方式	1）辐射式连接方式； 2）"T"接式连接方式	8.2.5
光伏站母线上的电压互感器和避雷器	应合用一组隔离开关，并组装在一个柜内	8.2.6
光伏站内 10kV 或 35kV 系统中性点	可采用不接地、经消弧线圈或小电阻接地方式	8.2.7
经汇集形成光伏站群的大、中型光伏发电站，其站内汇集系统	宜采用经消弧线圈接地或小电阻接地的方式	
就地升压变压器的低压侧中性点	是否接地应依据逆变器的要求确定	
当采用消弧线圈接地时	应装设隔离开关	8.2.8
光伏发电站 110kV 及以上电压等级的升压站接线方式	应根据光伏发电站在电力系统的地位、地区电力网接线方式的要求、负荷的重要性、出线回路数、设备特点、本期和规划容量等条件确定	8.2.9
220kV 及以下电压等级的母线避雷器和电压互感器	宜合用一组隔离开关	
110kV～220kV 线路电压互感器与耦合电容器、避雷器、主变压器引出线的避雷器	不宜装设隔离开关	8.2.10
主变压器中性点避雷器	不应装设隔离开关	

六、光伏发电站上网电量

名　　称	依据内容（GB 50797—2012）	出处
光伏发电站上网电量（kWh）	$E_p = H_A \times \dfrac{P_{AZ}}{E_s} \times K$ H_A：水平面太阳能总辐照量（kW·h/m²，峰值小时数）； P_{AZ}：组件安装容量（kW，峰值输入功率）； E_s：标准条件下的辐照度（常数=1 kW·h/m²）； K：综合效率系数	式（6.6.2）

七、站用电系统

名　　称	依据内容（GB 50797—2012）	出处
站用电系统电压	宜采用 380V	8.3.1
380V 站用电系统	应采用动力与照明网络共用的中性点直接接地方式	8.3.2
站用电工作电源引接方式宜符合的要求	（1）当光伏发电站有发电母线时，宜从发电母线引接供给自用负荷。 （2）技术经济合理时，可由外部电网引接电源供给发电站自用负荷。 （3）当技术经济合理时，就地逆变升压室站用电也可由各发电单元逆变器变流出线侧引接，但升压站（或开关站）站用电应按本条的第 1 款或第 2 款中的方式引接	8.3.3

续表

名　称	依据内容（GB 50797—2012）	出处
站用电系统应设置备用电源，其引接方式宜符合的要求	（1）当光伏发电站只有一段发电母线时，宜由外部电网引接电源。 （2）当发电母线为单母线分段接线时，可由外部电网引接电源，也可由其中的另一段母线上引接电源。 （3）各发电单元的工作电源分别由各自的就地升压变压器低压侧引接时，宜采用邻近的两发电单元互为备用的方式或由外部电网引接电源。 （4）工作电源与备用电源间宜设置备用电源自动投入装置	8.3.4
站用变压器容量选择	（1）站用电工作变压器容量不宜小于计算负荷的1.1倍。 （2）站用电备用变压器的容量与工作变压器容量相同	8.3.5

八、光伏发电站直流系统

名　称	依据内容（GB 50797—2012）	出处
光伏发电站	宜设蓄电池组向继电保护、信号、自动装置等控制负荷和交流不间断电源装置、断路器合闸机构及直流事故照明等动力负荷供电	8.4.1
蓄电池组运行方式	应以全浮充电方式运行	
蓄电池组的电压	可采用220V或110V	8.4.2

九、过电压保护和接地

名　称	依据内容（GB 50797—2012）	出处
光伏方阵场地内	应设置接地网，接地网除应采用人工接地极外，还应充分利用支架基础的金属构件	8.8.3
光伏方阵接地	应连续、可靠，接地电阻应小于4Ω	8.8.4

十、并网要求

1. 有功功率要求

名　称	光伏发电站有功功率要求（GB/T 19964—2012）	出处
基本要求	应具备参与电力系统调频、调峰的能力；符合DL/T 1040规定	4.1.1
	应能够实现有功功率的连续平滑调节，并能够参与系统有功功率控制	4.1.2
正常运行有功功率变化	光伏发电站有功功率变化速率应不超过10%装机容量/min，允许出现因太阳能辐照度降低而引起的光伏发电站有功功率变化速率超出限值的情况	4.2.2
紧急控制	1）电力系统事故或紧急情况下，按照电网调度机构的要求降低光伏发电站有功功率； 2）当电力系统频率高于50.2Hz时，按照电力系统调度机构指令降低光伏发电站有功功率，严重情况下切除整个光伏发电站； 3）若光伏发电站运行危及电力系统安全稳定，电网调度机构应按规定暂时将光伏发电站切除	4.3.1
有功功率恢复	对电力系统故障期间没有脱网的光伏发电站，其有功功率在故障清除后应快速恢复，自故障清除时刻开始，以至少30%额定功率/秒的功率变化率恢复至正常发电状态	8.3

续表

名　　称	光伏发电站有功功率要求（GB/T 19964—2012）	出处
功率预测基本要求	装机容量10MW及以上的光伏发电站应配置光伏发电功率预测系统,具有0~72h短期光伏发电功率预测以及15min~4h超短期光伏发电功率预测功能	5.1
预测曲线上报	光伏发电站每15min自动向电网调度机构滚动上报未来15min~4h的光伏发电功率预测曲线,预测值的时间分辨率为15min	5.2.1
	光伏发电站每天按照电网调度机构规定的时间上报次日0~24h光伏发电功率预测曲线,预测值的时间分辨率为15min	5.2.2
预测准确度	光伏发电站发电时段（不含出力受控时段）的短期预测月平均绝对误差应小于0.15,月合格率应大于80%。 超短期预测第4小时月平均绝对误差应小于0.10,月合格率应大于85%	5.3

名　　称	光伏发电站有功功率要求（GB 50797—2012）	出处
大、中型光伏发电站	应配置有功功率控制系统	9.2.1
	应具有限制输出功率变化率的能力,输出功率变化率和最大功率的限制不应超过电力调度部门的限值	

2. 运行电压与无功配置要求

名　　称		运行电压与无功配置要求（GB 50797—2012）	出处
大、中型光伏发电站		应配置无功电压控制系统	9.2.2
		具备在其允许容量范围内根据调度部门指令自动调节无功输出、参与电网电压调节能力	
接入10kV~35kV电压等级公用电网的光伏站,功率因素		应能在超前0.98和滞后0.98范围内连续可调	
小型光伏发电站输出有功功率	大于其额定功率的50%时	功率因数不应小于0.98（超前或滞后）	
	其额定功率的20%~50%时	功率因数不应小于0.95（超前或滞后）	
接入110kV（66kV）及以上电压等级公用电网的光伏发电站,其配置的无功装置		容性无功容量：应能够补偿光伏发电站满发时站内汇集线路、主变压器的全部感性无功及光伏发电站送出线路的一半感性无功之和	
		感性无功容量：能够补偿光伏发电站站内全部充电无功功率及光伏发电站送出线路的一半充电无功功率之和	
对于汇集升压至330kV及以上电压等级接入公用电网的光伏发电站群中的光伏发电站,其配置的无功装置		容性无功容量：应能够补偿光伏发电站满发时站内汇集线路、主变压器及光伏发电站送出线路的全部感性无功之和	
		感性无功容量：能够补偿光伏发电站站内全部充电无功功率及光伏发电站送出线路的全部充电无功功率之和	

名　　称	无功配置要求（GB/T 19964—2012）	出处
光伏发电站的无功容量	应按照分（电压）层和分（电）区基本平衡的原则进行配置,并满足检修备用要求	6.2.1
光伏发电站的无功电源	包括光伏并网逆变器及光伏发电站无功补偿装置	6.1.1
光伏站的并网逆变器应满足额定有功出力下功率因数	在超前0.95~滞后0.95的范围内动态可调	6.1.2

续表

名　称	无功配置要求（GB/T 19964—2012）	出处
当逆变器的无功容量不能满足系统电压调节需要时	应在光伏发电站集中加装适当容量的无功补偿装置，必要时加装动态补偿装置	6.1.3
通过10kV~35kV电压等级并网的光伏发电站功率因数	应能在超前0.98~滞后0.98范围内连续可调，有特殊要求时，可做适当调整以稳定电压水平	6.2.2
对于通过110（66）kV及以上电压等级并网的光伏发电站，无功容量配置	容性无功容量：能够补偿光伏站满发时站内汇集线路、主变压器的感性无功及光伏发电站送出线路的一半感性无功之和	6.2.3
	感性无功容量：能够补偿光伏站自身的容性充电无功功率及光伏发电站送出线路的一半充电无功功率之和	
对于通过220kV（或330kV）光伏发电汇集系统升压至500kV（或750kV）电压等级接入电网的光伏站群中的光伏发电站，无功容量配置	容性无功容量：能够补偿光伏发电站满发时汇集线路、主变压器的感性无功及光伏发电站送出线路的全部感性无功之和	6.2.4
	感性无功容量：能够补偿光伏发电站自身的容性无功功率及光伏发电站送出线路的全部充电无功功率之和	
当公共电网电压处于正常范围，光伏站电压控制目标	通过110（66）kV电压等级并网	应能控制并网点电网在97%~107%标称电压	7.2.1
	通过220kV及以上等级并网	应能控制并网点电网在100%~110%标称电压	7.2.2

名　称	无功配置要求（GB/T 19964—2012）	出处
对于通过220kV（或330kV）光伏发电汇集系统升压至500kV（或750kV）电压等级接入电网的光伏发电站群中的光伏发电站，当电力系统发生短路故障引起电压跌落时	（1）自并网点电压跌落时刻起，动态无功电流的响应时间不大于30ms。 （2）自动态无功电流响应起，直到电压恢复至0.9p.u.期间，光伏发电站注入系统的动态无功电流I_T实时跟踪并网点电压变化，并应满足 $I_T \geq 1.5 \times (0.9 - U_T)I_N$　　$(0.2\text{p.u.} \leq U_T \leq 0.9\text{p.u.})$ $I_T \geq 1.05 I_N$　　$(U_T < 0.2\text{p.u.})$ $I_T = 0$　　$(U_T > 0.9\text{p.u.})$ I_N：光伏站额定装机容量/（$\sqrt{3}$ ×并网点额定电压）	8.4

名　称	无功补偿装置——响应时间（GB/T 29321—2012）	出处
光伏发电站无功电源	应能够跟踪光伏出力的波动及系统电压控制要求并快速响应	5.2.1
无功补偿装置响应时间	应根据光伏发电站接入后电网电压的调节需求确定	5.2.2
	动态无功响应时间应不大于30ms	

名　称	无功补偿装置——运行电压适应性（GB/T 29321—2012）	出处
电网正常运行情况下	光伏发电站无功补偿装置应适应电网各种运行方式变化和运行控制要求	7.2.1
电网故障或异常情况下，引起并网点电压高于1.2倍标幺电压时	光伏站内并联电抗器/电容器或调压式无功补偿装置 容性部分应在0.2s内退出，感性部分应至少持续运行5min	7.2.3
电网故障或异常情况下，引起并网点电压高于1.2倍标幺电压时	动态无功补偿装置可退出运	7.2.4
对于通过220kV（或330kV）光伏发电汇集系统升压至500kV（或750kV）电压等级接入电网的光伏发电站群中的光伏发电站，当电力系统发生短路故障引起并网点电压低于0.9倍标幺值电压时	光伏发电站的无功补偿装置应配合站内其他无功电源按照GB/T 19964中低电压穿越无功支持的要求发出无功功率	7.2.5

3. 电压调节

名称	依据内容（GB/T 29321—2012）	出处
光伏站并网逆变器控制模式	应包括恒电压控制、恒功率因数控制和恒无功功率控制等；具备根据运行需要手动/自动切换模式的能力	8.1.1
光伏站无功补偿装置控制要求	应具备自动控制功能，应在其无功调节范围内按光伏发电站无功电压控制系统的协调要求进行无功/电压控制	8.2
主变压器及分接头控制要求	主变压器应采用有载调压变压器，按照无功电压控制系统的协调要求通过调整变电站主变压器分接头控制站内电压	8.3
光伏站参与电网电压调节的方式	包括调节光伏站并网逆变器的无功功率、无功补偿装置的无功功率和光伏发电站升压变变比	8.4.1
电网特殊运行方式下，通过调节无功和有载调压变不能满足电压调节要求时	应根据电网调度机构的指令通过调节有功功率进行电压控制	8.4.2
光伏站无功电压控制系统基本要求	控制模式包括恒电压控制、恒功率因数控制和恒无功功率控制等；按照电力系统调度机构指令，控制并网点电压在正常运行范围内	9.2.1
无功电压控制系统性能	响应时间应不超过 10s	9.2.4
无功电压控制系统性能	无功功率控制偏差的绝对值不超过给定值的 5%	9.2.4
无功电压控制系统性能	电压调节精度在 0.005 倍标称电压内	9.2.4

4. 并网电能质量要求

名称	依据内容（GB 50797—2012）		出处
检测计量	直接接入公用电网的光伏站	应在并网点装设电能质量在线检测装置	9.2.3-1
检测计量	接入用户侧电网的光伏站电能质量检测装置	应设置在关口计量点	9.2.3-1
直流分量	光伏站并网运行时，向电网馈送的直流电流分量	不应超过其交流额定值的 0.5%	9.2.3-6

5. 电网异常响应能力

名称	依据内容（GB 50797—2012）	出处
电网频率异常时响应	1）光伏发电站并网时应与电网保持同步运行。 2）大、中型光伏发电站应具备一定的耐受电网频率异常的能力。当电网频率超出 49.5Hz～50.2Hz 范围时，小型光伏发电站应在 0.2s 以内停止向电网线路送电。 3）在指定的分闸时间内系统频率可恢复到正常的电网持续运行状态时，光伏发电站不应停止送电	9.2.4-1
频率异常时的运行时间要求	表 9.2.4-1 大、中型光伏发电站在电网频率异常时的运行时间要求 | 电网频率	运行时间要求
---	---
$f<48Hz$	根据光伏电站逆变器允许运行的最低频率或电网要求而定
$48Hz \leqslant f<49.5Hz$	每次低于 49.5Hz 时要求至少能运行 10min
$49.5Hz \leqslant f \leqslant 50.2Hz$	连续运行		表 9.2.4-1

续表

名　称	依据内容（GB 50797—2012）	出处
频率异常时的运行时间要求	续表 | 电网频率	运行时间要求
---	---
$50.2Hz \leqslant f < 50.5Hz$	每次频率高于50.2Hz时，光伏发电站应具备能够连续运行2min的能力，但同时具备0.2s内停止向电网送电的能力，实际运行时间由电网调度机构决定；不允许处于停运状态的光伏电站并网
$f < 50.5Hz$	在0.2s内停止向电网送电，且不允许停运状态的光伏发电站并网		表9.2.4-1
电压异常时的运行时间要求	（1）光伏发电站并网时输出电压应与电网电压相匹配。 （2）大、中型光伏发电站应具备一定的低电压穿越能力，当并网点电压在图9.2.4中电压曲线及以上区域时，光伏发电站应保持并网运行。当并网点运行电压高于110%电网额定电压时，光伏发电站的运行状态由光伏发电站的性能确定。接入用户内部电网的大、中型光伏发电站的低电压穿越要求由电力调度部门确定	9.2.4-2
大、中型光伏发电站低电压穿越能力要求	图9.2.4　大、中型光伏发电站低电压穿越能力要求	图9.2.4
公式	9.2.4条文说明：一般情况下T_1为0.15s，T_2为0.625s，T_3为2.0s。 $$\frac{y-0.2}{x-0.625}=\frac{0.9-0.2}{2-0.625}$$ 则斜线部分的方程为 $$y=0.509x-0.118$$	9.2.4条文说明
低电压穿越考核电压	表1　光伏发电站低电压穿越考核电压 | 故障类型	考核电压
---	---
三相短路故障	并网点线电压
两相短路故障	并网点线电压
单相接地短路故障	并网点相电压		GB/T 19964—2012 表1
电压异常时的运行时间要求	表9.2.4-2　光伏发电站在电网电压异常的响应要求 | 并网点电压	最大分闸时间
---	---
$U < 50\%U_N$	0.1s
$50\%U_N \leqslant U < 85\%U_N$	2.0s
$85\%U_N \leqslant U < 110\%U_N$	连续运行
$110\%U_N \leqslant U < 135\%U_N$	2.0s
$135\%U_N \leqslant U$	0.05s | 注：1. U_N为光伏发电站并网点的电网标称电压。 　　2. 最大分闸时间是指异常状态发生到逆变器停止向电网送电的时间	表9.2.4-2

续表

名称	依据内容（GB 50797—2012）	出处
过载能力	光伏发电站的逆变器应具备过载能力，在 1.2 倍额定电流以下，光伏发电站连续可靠工作时间不应小于 1min	9.2.5
并网	光伏发电站应在并网点内侧设置易于操作、可闭锁且具有明显断开点的并网总断路器	9.2.6
并网要求	（1）光伏发电站并网点电压跌至 0 时，光伏发电站应能不脱网连续运行 0.15s； （2）光伏发电站并网点电压跌至曲线 1 以下时，光伏发电站可以从电网切出	GB/T 19964—2012 8.1
不同并网点电压范围内的运行规定	表 2　光伏发电站在不同并网点电压范围内的运行规定 　电压范围　|　运行要求　 $U<0.9$p.u.　|　符合低电压穿越要求 0.9p.u.$\leq U\leq 1.1$p.u.　|　应正常运行 1.1p.u.$<U<1.2$p.u.　|　应至少持续运行 10s 1.2p.u.$\leq U\leq 1.3$p.u.　|　应至少持续运行 0.5s	GB/T 19964—2012 表 2

十一、继电保护及二次系统

1．继电保护要求

名称	光伏发电站继电保护（GB 50797—2012）	出处
35kV 母线	可装设母差保护	8.7.5
光伏发电站设计为不可逆并网方式时	应配置逆向功率保护设备，当检测到逆流超过额定输出的 5%时，逆向功率保护应在 0.5s～2s 内将光伏发电站与电网断开	9.3.2
小型光伏发电站	应具备快速检测且立即断开与电网连接的能力，其防孤岛保护应与电网侧线路保护相配合	9.3.3
大、中型光伏发电站的公用电网继电保护装置	应保障公用电网在发生故障时可切除光伏发电站，光伏发电站可不设置防孤岛保护	9.3.4
并网线路同时 T 接有其他用电负荷情况下	光伏发电站防孤岛效应保护动作时间应小于电网侧线路保护重合闸时间	9.3.5
接入 66kV 及以上电压等级的大、中型光伏发电站	应装设专用故障记录装置。 故障记录装置应记录故障前 10s 到故障后 60s 的情况，并能够与电力调度部门进行数据传输	9.3.6

名称	光伏发电站继电保护及安全自动装置规定（GB/T 19964—2012）	出处
光伏发电站送出线路	应在系统侧配置分段式相间、接地故障保护； 有特殊要求时，可配置纵联电流差动保护	12.3.2
光伏发电站	应配置独立的防孤岛保护装置，动作时间应不大于 2s。 防孤岛保护还应与电网侧线路保护相配合	12.3.3
光伏发电站	应具备快速切除站内汇集系统单相故障的保护措施	12.3.4
通过 110（66）kV 及以上电压等级接入的光伏发电站	应配备故障录波设备，应具有足够的记录通道并能够记录故障前 10s 到故障后 60s 的情况，并配备至电网调度机构的数据传输通道	12.3.5
光伏发电站电能计量点（关口）设置	应设在光伏发电站与电网的产权分界处	12.4.3

续表

名　称	光伏发电站继电保护及安全自动装置规定（GB/T 19964—2012）	出处
光伏发电站调度管辖设备供电电源	应采用 UPS，或站内直流电源系统供电，UPS 带负荷运行时间应大于 40min	12.4.5
接入 220kV 及以上电压等级的光伏发电站	应配置相角测量系统 PMU	12.4.6
对于通过 110（66）kV 及以上电压等级接入电网的光伏发电站	至调度端应具备两条通信通道，其中至少有一路光缆通道	12.5.1

2. 正常运行信号

名　称	依据内容（GB/T 19964—2012）	出处
正常运行信号	光伏发电站向电网调度机构提供的信号至少应包括以下方面： （1）每个光伏发电单元运行状态，包括逆变器和单元升压变压器运行状态等。 （2）光伏发电站并网点电压、电流、频率。 （3）光伏发电站主升压变压器高压侧出线的有功功率、无功功率、发电量。 （4）光伏发电站高压断路器和隔离开关的位置。 （5）光伏发电站主升压变压器分接头挡位。 （6）光伏发电站气象监测系统采集的实时辐照度、环境温度、光伏组件温度	12.2

十二、光伏发电站并网检测

名　称	依据内容（GB/T 19964—2012）	出处
检测内容	a）光伏发电站电能质量检测； b）光伏发电站有功/无功控制能力检测； c）光伏发电站低电压穿越能力验证； d）光伏发电站电压、频率适应能力验证	13.2

第二十七章 新能源——风电

一、风速计算

1. 风力发电机组最大风速的计算

名　　称	依据内容（GB/T 51096—2015）	出处
风力发电机组最大风速	风力发电机组最大风速的计算： 1）宜采用风速年最大值的耿贝尔极值 I 型概率分布，推算气象站的 50 年一遇最大风速； 2）气象站和测风塔大风时段相关关系应基于测风塔实测年最大风速统计，宜直接相关到发电机组预装轮毂高度，推算预装轮毂高度 50 年一遇 10min 平均最大风速，并应按下式计算标准空气密度下的 50 年一遇 10min 平均最大风速 $$v_{std} = v_{mea} \times \sqrt{\frac{\rho_m}{\rho_0}}$$ v_{std}：标准空气密度下 50 年一遇 10min 平均最大风速（m/s）； v_{mea}：现场空气密度下 50 年一遇 10min 平均最大风速（m/s）； ρ_m：风场实测观测期最大空气密度（kg/m^3）； ρ_0：标准空气密度，1.225kg/m^3	式（3.2.11-1）
	3）气象站和测风塔大风时段相关系数不宜小于 0.7，并应结合风力发电场所在地区 50 年一遇基本风压值，按下式计算离地 10m 高处 50 年一遇 10min 平均最大风速 $$v_0 = \sqrt{2000\omega_0/\rho}$$ v_0：10m 高处 50 年一遇 10min 平均最大风速（m/s）； ω_0：风场所在地区 50 年一遇基本风压值（kN/m^3）； ρ：气象站观测计算的年平均空气密度（kg/m^3）	式（3.2.11-2）

2. 风力发电场年理论发电量计算

名　　称	依据内容（GB/T 51096—2015）	出处
风力发电场的年理论发电量	风力发电场不考虑尾流影响的年理论发电量可按下式计算 $$E_{th} = 8760 \sum_{i=1}^{n} \int_{v_1}^{v_2} p_i(v) f_i(v) dx$$ E_{th}：年理论发电量（MWh）； n：风力发电机台数（台）； v_1：风力发电机组切入风速（m/s）； v_2：风力发电机组切出风速（m/s）； $p_i(v)$：第 i 台风力发电机组在风速 V 时的发电功率（MW）； $f_i(v)$：第 i 台风力发电机组轮毂高度处风速概率分布，对风速时间序列进行拟合得到的威布尔分布	式（3.3.1）

二、风电场电力系统规定

1. 风电场系统一次部分

名　　称	依据内容（GB/T 51096—2015）	出处
风电场系统电压	应根据风电场规划容量和送电距离合理选择	
风电场公共连接点	应根据电网规划、风电输电规划和电能质量情况，经技术经济比较后确定	5.2.1
风电场送出线路	宜按照风力发电场规划容量选择，可采用一回线路接入电力系统	

续表

名 称	依据内容（GB/T 51096—2015）		出处
主变压器	变电站主变台数和容量	宜按照风力发电场的最终装机容量确定	
	汇集站的主变容量	宜按照风电有效容量选择	
	变电站的主变压器	宜采用有载调压变压器，应能通过调整变压器分接头控制风力发电场内电压	
有功功率	（1）风电场应配置有功功率控制系统，且应具备有功功率调节能力，以及参与电力系统调频、调峰和备用的能力； （2）风电场正常运行和非正常运行情况下的有功功率及有功功率变化应能满足电力系统调度机构的要求； （3）风电场应配置风电功率预测系统		
无功容量	（1）风电场的无功容量应按照分（电压）层和分区基本平衡的原则进行配置，并应满足检修备用要求，同时应与电能质量治理的设备相协调； （2）风力发电机组应满足功率因数在超期0.95到落后0.95的范围内动态可调，风力发电场应充分利用风力发电机组的无功容量及其调节能力； （3）当风电机组的无功容量不能满足电力系统电压调节需要时，应在风力发电场集中加装适当容量的分组投切的无功补偿装置，必要时应加装动态无功补偿装置； （4）风电场应配置无功电压控制系统，应具备无功功率调节及电压控制能力； （5）在电力系统正常运行和非正常运行情况下，风力发电场无功补偿的调节速度和控制精度应能满足电力系统电压调节的能力，且应与风电机组高电压穿越能力相匹配		5.2.2
风电场电能质量治理	应根据电能质量分析报告确定电能质量治理设备配置方案，配置电能质量检测设备		
风机发电机组	应具有低电压穿越能力		
风机发电运行适应性	并网点电压在0.9倍~1.1倍额定电压范围（含边界值）内时	应能正常运行	
	系统频率在49.5Hz~50.2Hz范围内时	应能正常运行	
	系统频率在48Hz~49.5Hz范围内时	应能不脱网运行30min	
电气设备短路电流水平	应满足风力发电场和电网近期及远景短路电流的技术要求		

2. 风电场系统二次部分（继电保护）

名 称	依据内容（GB/T 51096—2015）	出处
继电保护及安全自动装置设计	应符合GB/T 14285规定和电力系统反事故措施的要求	
220kV及以上风电场送出线路	宜配置两套完整、独立的全线速断主保护；具备光纤通道时，全线速动主保护宜采用纵联电流差动； 应包括分段式相间、接地距离保护后备保护，两套完整、独立的全线速断主保护应配置两套独立的通信设备	
110kV及以下风电场送出线路	宜配置一套全线速断主保护	5.3.1
220kV及以上等级的每组母线	应装设两套独立的母线保护	
110kV及以下等级的每组母线	应装设一套独立的母线保护	
风力发电场变电站	应配置专用故障录波设备，故障录波信息量应根据电力系统调度机构的规定确定，且应具备将相关信息传送到调度端的远传功能	

续表

名　称	依据内容（GB/T 51096—2015）		出处
220kV 及以上风电场变电站	应配置保护及故障信息管理系统子站，对保护及故障录波信息进行收集和处理，并应按照电力系统调度机构颁布的接口规范向调度端的主站传送		5.3.1
安全自动装置	应根据风电场接入系统报告确定是否配置安全自动装置		
风电场计量装置	应配置电能量远方终端，具有电能量计量信息采集、数据处理、分时存储、长时间保存、远方传输、同步对时功能		5.3.2-3
电能关口计量点设置	（1）风力发电场与电网产权分界点； （2）具有电气联系的不同风力发电场之间的产权分界点； （3）同一风力发电场内不同上网电价风力发电机组的分界点		
接入 220kV 及以上电压等级的风电场	应配置相角测量系统 PMU		5.3.2-4
风电场调度管辖设备供电电源	应配置两路独立的直流电源或 UPS 电源供电，UPS 维持供电时间按不少于 1h 计算		5.3.2-7
机组变电单元变压器保护配置规定	（1）高压侧配置负荷开关与熔断器组合回路	应采用熔断器为变压器过载及短路保护	7.9.3
	（2）高压侧配置断路器回路	应设置变压器保护	
	（3）低压侧断路器回路	应采用断路器本身电流脱扣器短路保护	
汇集系统母线	风力发电场汇集系统中的母线应配置母线保护		7.9.4
汇集线路保护配置应符合的规定	（1）中性点不接地或经消弧线圈接地的汇集线路	宜装设两段式电流保护，同时配置小电流接地选线装置，可选择跳闸	7.9.5
	（2）中性点经电阻接地的汇集线路	宜装设两段三相式电流保护及一段或两段零序电流保护	
无功补偿装置回路保护装置	应与风电汇集线路保护配置相同，当回路有变压器元件时，还应配置变压器相应保护		7.9.6
低电阻接地系统的接地变压器	除应按站用变配置主保护和相间后备保护外，还应配置零序过流保护		7.9.7

名　称	依据内容（GB/T 19963—2011）	出处
风电场送出线路	一般在系统侧配置分段式相间、接地故障保护； 有特殊要求时，可配置纵联电流差动保护	13.3.2
风电场变电站，应配备故障录波设备	应具有足够的记录通道并能够记录故障前 10s 到故障后 60s 的情况，并配备至电网调度机构的数据传输通道	13.3.3
风电场电能计量点（关口）设置	应设在风电场与电网的产权分界处	13.4.3
风电场调度管辖设备供电电源	应采用 UPS，或站内直流电源系统供电，UPS 带负荷运行时间应大于 40min	13.4.5
接入 220kV 及以上电压等级的风电场	应配置相角测量系统 PMU	13.4.6
风电场	应具备两条路由通道，其中至少有一条光缆通道	13.5.1

3．正常运行信号

名　称	依据内容（GB/T 19963—2011）	出处
正常运行信号	风电场向电网调度机构提供的信号至少应包括以下方面： （1）每个风电机组运行状态。	13.2

续表

名　称	依据内容（GB/T 19963—2011）	出处
正常运行信号	（2）风电场实际运行机组数量和型号。 （3）风电场并网点电压。 （4）风电场高压侧出线的有功功率、无功功率、电流。 （5）高压断路器和隔离开关的位置。 （6）风电场测风塔的实测风速和风向	13.2

三、风力发电机组选型

名　称	依据内容（GB/T 51096—2015）	出处
风力发电机组选型	应结合轮毂高度处平均风速、50年一遇10min平均最大风速，15m/s风速区间的湍流强度$15I_T$、气候特征、场地地形、技术经济条件、运行检修条件等因素确定	6.2.1
在低温地区	应选择低温型风力发电机组	6.2.4
在高海拔地区	风力发电机组选型还应结合场址的空气密度、太阳辐射强度、湿度、气压、温差、雷暴日数、风沙及凝冻等气候参数进行	
风力发电机组应具备	有功和无功功率控制功能	6.2.7
风力发电机组应具备的安全保护功能	（1）顺桨保护； （2）消防保护； （3）锁定保护； （4）外挂保护	6.2.8

四、电气部分

1. 电气主接线

名　称	依据内容（GB/T 51096—2015）		出处
机组变电单元的电气接线规定	风电机组与机组变电单元	宜采用一台风力发电机组对应一组机组变电单元的电源接线方式。 也可采用两台风力发电机组对应一组机组变电单元的扩大单元接线方式	7.1.1
	机组变电单元的高压电器元件	应具有保护机组变电单元内部短路故障的功能	
	机组变电单元的低压电器元件	应能保护风力发电机组出口断路器到机组变电单元之间的短路故障	
	机组变电单元与集电线路间	宜设置明显的断开点	
风力发电场变电站电气主接线规定	应根据风力发电场在电力系统中的地位，地区电网接线方式，出线回路数和变压器容量、台数确定		7.1.2
	应与风力发电场总体规划相适应，对于可连续扩建的风力发电场变电站应统一规划，分步实施		
	电气主接线宜简化，并应满足运行灵活、操作检修方便和便于扩建等要求		
	电气主接线	宜采用单母线接线或线路—变压器组接线	
	对于规模较大的风电场变电站与电网联结超过两回线路时	可采用单母线分段或双母线接线型式	
	当风电场变电站装有两台及以上主变时	主变压器低压侧母线宜采用单母线分段接线，每台主变压器对应一段母线	
	当主变压器低压侧母线短路容量超出设备允许值时	应采用限制短路电流的措施	

2. 低压侧母线电压

名　称	风力发电场变电站母线电压及接地方式（GB/T 51096—2015）		出处
低压侧母线电压等级规定	风电场主变压器低压侧母线电压	应根据电网要求和风电场规划容量，技术经济比较后确定	7.1.3
		宜采用 35kV 电压等级	
	分散接入的风电场	经技术经济比较后，可选择 35kV 或更低电压等级	
风电场变电站中性点接地方式	主变压器高压侧	应有所连接电网的中性点接地方式决定	7.1.4
	主变压器低压侧	当不需要再单相接地故障条件下运行时，可采用电阻接地方式，快速切除故障	
	消弧线圈或接地电阻可安装在主变压器低压侧绕组的中性点上，当主变压器无中性点引出时，可在主变压器低压侧装设专用接地变压器		

3. 变压器

名　称	依据内容（GB/T 51096—2015）	出处
风力发电场变压器	宜选用自冷式、低损耗、免维护电力变压器	7.2.2
机组变电单元变压器	（1）容量应按风力发电机组的规定视在功率选取； （2）高压绕组的额定电压宜取所在电压等级的较高电压，机组变电单元变压器低压绕组的额定电压宜与房里发电机组的额定电压一致； （3）宜选用无励磁调压变压器	7.2.3
机组变电单元自用变压器	容量应能满足机组变电单元自用变压器的照明、检修要求，选用三相或单相干式变压器	7.2.4
风力发电机组的自用电	宜由风力发电机组内部配置的自用变压器引接	

名　称	依据内容（GB/T 19963—2011）	出处
风电场变电站的主变压器	宜采用有载调压变压器	8.3

4. 配电装置

名　称	依据内容（GB/T 51096—2015）		出处
风力发电场机组变电单元规定	风力发电场机组变电单元	可采用箱式变电站、组合式变压器或变压器及高低压电气元件（或装置）组成的敞开式电气设备	7.3.2
	沿海风力发电场和经常出现沙尘、风雪天气的风力发电场	宜采用组合式变压器	
	布置在塔筒、机舱内的机组变电单元变压器	应选用干式变压器	
	紧邻塔筒布置的机组变电单元变压器	宜选用干式变压器	
	若采用油式变压器	应配套其他防火措施	
	机组变电单元布置	可靠近风力发电机组布置，也可布置在塔筒外壁或机舱内	
	当选用组合式变压器或敞开式油浸变压器时	机组变电单元与风力发电机组的距离不应小于 10m	
	敞开式设备组成的机组变电单元	应在其周围设置高度不低于 1.5m 的围栏，围栏门应加锁，并设置安全警示标志	
	机组变电单元的自用变压器	可安装于变电单元的低压室（柜）内	

续表

名称	依据内容（GB/T 51096—2015）		出处
风电场配电装置规定	风力发电场配电装置	应根据扩建条件留有扩建空间，减少扩建对原有设备的影响	7.3.3
	35kV 以上配电装置	宜采用屋外式	
	35kV 及以下配电装置	宜采用屋内成套式高压开关柜	
	土石方开挖工程量大的山区，其 110kV 和 220kV 高压配电装置	宜采用屋内配电装置，当技术经济合理时，可采用 GIS 配电装置	
	Ⅳ级污秽地区、海拔大于 2000m 的地区或高寒地区的配电装置	可采用 GIS 或 HGIS 配电装置	

5．无功补偿装置

名称	风电场无功补偿装置（GB/T 51096—2015）	出处
无功补偿装置配置原则	应根据电力系统无功补偿就地平衡和便于调整电压的原则配置	7.4.1
无功补偿装置（接入位置）	可接在风力发电场主变压器低压侧母线上，也可接在主变压器第三绕组上	7.4.2
无功补偿装置布置型式	应根据环境条件、设备技术参数及运行经验，采用户内或户外布置形式，并应考虑维护和检修方便	7.4.4
无功补偿装置的容量	当风力发电场分期建设时，应结合风力发电场本期及远期规划容量统筹考虑	7.4.5

6．站用电系统

名称	风电场站用电系统（GB/T 51096—2015）		出处
站用电系统电压等级	宜采用 380V		7.5.1
站用电系统接地方式	应动力与照明网络共用的中性点直接接地		7.5.2
站用工作电源	宜从主变压器低压侧发电母线引接		7.5.3
站用电系统应设置备用电源，引接方式宜符合的规定	风电场变电站仅有 1 回送出线路时	备用电源宜从站外引接	7.5.4
	变电站有 2 回及以上送出线路时	站用电源和备用电源宜分别从不同主变压器低压侧母线引接	
	当只有 1 台主变压器时	备用电源宜从站外引接	
	当无法从站外取得备用电源或站外电源的可靠性无法满足时	可采用柴油发电机作为备用电源	
站用工作变压器的容量	应能满足变电站正常生产和生活用电要求		7.5.5
站用备用变压器的容量	应能满足变电站恢复生产、基本生活和风力发电机组停机后维护需要的用电容量		7.5.5

7．直流系统和交流不间断电源

名称	风电场——直流系统和 UPS（GB/T 51096—2015）	出处
变电站直流系统电压等级	宜采用 220V	7.6.2
机组变电单元	不宜设置直流系统	

续表

名称	风电场——直流系统和UPS（GB/T 51096—2015）	出处
机组变电单元UPS配置	当需要可靠的控制保护电源时，可设置1套独立的UPS	7.6.6
变电站UPS型式	宜采用在线式	7.6.3
变电站UPS负荷统计	宜包括风力发电机组监控系统主机、变电站监控系统、电能计费系统、自动和保护装置、通信设备以及火灾报警装置	7.6.4
变电站UPS配置	宜配置一套交流不间断电源系统； 220kV变电站宜采用主机冗余配置方案	7.6.5

8. 过电压保护及接地

名称		风电场过电压及接地（GB/T 51096—2015）	出处
机组变电单元的过电压保护规定	机组变电单元	可利用风力发电机组进行防直击雷保护，机组变电单元位于风力发电机组的直击雷保护范围之外，应采取防直击雷保护措施	7.10.2
	机组变电单元变压器的高、低压侧	都应装设避雷器	
风力发电机组的接地规定	风力发电机组的工作接地、保护接地和雷电保护接地	应共用一个总的接地装置，宜利用塔筒的钢筋混凝土基础作为其自然接地体，并应同时敷设以水平接地极为主的环形人工接地网，二者之间应至少有2根接地干线相连	7.10.3
	风力发电机组接地网的工频接地电阻	不应大于4Ω，当接地电阻不满足要求时，应采取降低接地电阻的措施	
	风力发电机组塔筒及内部盘、柜和电气设备外壳	均应接地	
机组变电单元的接地规定	机组变电单元	应设置以水平接地极为主的人工接地网，其与风电机组的接地网的连接点不应少于2处	7.10.4
	机组变电单元设备外壳	均应接地，机组变电单元与接地网的连接点距离风电机组塔筒与接地网的连接点，沿接地体的长度不应小于15m	

9. 电缆选择与敷设

名称	风电场电缆选择与敷设（GB/T 51096—2015）	出处
风力发电场中压电缆	宜选用交联聚乙烯绝缘电缆，可选用铜芯或铝芯电力电缆	7.12.2
风力发电机组与机组变电单元之间的低压电力电缆	宜选用铜芯电力电缆。电力电缆可采用三芯或单芯电缆。当采用单芯铠装电力电缆时，应选用非磁性金属铠装层	7.12.3
-15℃以下低温环境	应选用耐低温材料绝缘电缆，不宜选用聚氯乙烯绝缘电缆	7.12.4
电缆引至塔筒、机组变电单元的孔洞处	均应实施阻火封堵	7.12.5
35kV及以下海缆	宜选用3芯交联聚乙烯绝缘海缆	14.4.3

10. 集电线路规定

名称	依据内容（GB/T 51096—2015）	出处
集电线路	电压等级宜采用10kV~35kV	7.13.1
	宜采用架空线路形式； 不利于架空线路施工维护的地区，宜采用直埋电缆形式	

续表

名称		依据内容（GB/T 51096—2015）	出处
导线（绝缘导线）选择规定	导线	宜选用钢芯铝绞线或钢芯铝合金绞线	7.13.4
	导线截面	应根据所接风力发电机组容量，按照经济电流密度分段选择，同一风场导线截面种类不宜超过三种	
	导线截面	应满足短路情况下热稳定要求	
	导线的长期允许载流量	应按所在地区的海拔及环境温度进行修正	
	有污染地区	宜采用防腐型导线	
地线选择	地线	宜选用镀锌钢绞线	7.13.5
	防雷要求	应按 GB 50061 防雷要求选用与导线截面相配合的地线	
导线、地线截面选择规定	安全系数	应按风力发电场总装机容量和风力发电机组布置，确定每回线路的输送容量，并应按技术经济条件选取导线的安全系数	7.13.9
	导线截面	按经济电流密度选择，电压降宜控制在 5%以下	
	有污秽地区	应提高绝缘子防污等级	
	当有腐蚀性介质时	应采用防腐型导线	
	地线的型号	应根据防雷设计和工程技术条件的要求确定	
	防震措施	应按技术经济条件选取导线、地线的安全系数、最大使用应力和平均运行应力，确定导线、地线防震措施	
绝缘子选择规定	线路绝缘子形式和数量	应按 GB 50061 中污秽等级的划分确定污秽等级，应满足绝缘配合的要求	7.13.6
	重覆冰区	不宜使用玻璃绝缘子	
		采用瓷绝缘子时，每串绝缘子数量应增加一片	
		采用合成绝缘子时，宜使用特制合成绝缘子，或在合成绝缘子上方加装一片大盘径瓷绝缘子	
重覆冰区线路		宜采用单回路杆塔	7.13.18
防雷和接地选择规定	风力发电场内35kV 架空线路	应全线架设地线，且逐基接地，地线的保护角不宜大于 25°	7.13.7
	10kV 架空线路金属杆塔	应接地。多雷地区可全线架设地线，且逐基接地	
架空集电线路杆塔的工频接地电阻	表 7.13.7 架空集电线路杆塔的工频接地电阻		表 7.13.7

表 7.13.7 架空集电线路杆塔的工频接地电阻

土壤电阻率 ρ（Ω·m）	$\rho \leq 100$	$100 < \rho \leq 500$	$500 < \rho \leq 1000$	$1000 < \rho \leq 2000$	$\rho > 2000$
接地电阻（Ω）	10	15	20	25	30

注：土壤电阻率超过 2000Ω·m，接地电阻很难降低到 30Ω 时，可采用 6 根～8 根总长不超过 500m 的放射形接地体，或采用连续伸长接地体，接地电阻不受限制

五、风电并网要求

1. 有功功率

名 称	风电场有功功率要求（GB/T 19963—2011）			出处
基本要求	应符合 DL/T 1040 规定，具备参与电力系统调频、调峰和备用能力			5.1.1
	当风电场有功功率在总额定出力的 20%以上时，场内所有运行机组应能够实现有功功率的连续平滑调节，并能够参与系统有功功率控制			5.1.3
正常运行有功功率变化	表 1　正常运行情况下风电场有功功率变化最大限值			表 1
	风电场装机容量（MW）	10min 有功功率变化最大限值（MW）	1min 有功功率变化最大限值（MW）	
	<30	10	3	
	30～150	装机容量/3	装机容量/10	
	>150	50	15	
紧急控制	（1）在电力系统事故或紧急情况下，风电场应根据电力系统调度机构的指令快速控制其输出的有功功率，必要时可通过安全自动装置快速自动降低风电场的有功功率或切除风电场，此时风电场的有功功率变化可超出电力系统调度机构规定的有功功率变化最大限值； （2）当电力系统频率高于 50.2Hz 时，按照电力系统调度机构指令降低风电厂有功功率，严重情况下切除整个风电场； （3）电力系统事故或紧急情况下，若风电场运行危及电力系统安全稳定，电力系统调度机构应按规定暂时将风电场切除			5.3.1
有功功率恢复	对电力系统故障期间没有切出的风电场，其有功功率在故障清除后应快速恢复，自故障清除时刻开始，以至少 10%额定功率/秒的功率变化率恢复至故障前的值			9.3
风电场功率预测	风电场应配置风电功率功率预测系统，具有 0～72h 短期风电功率预测以及 15min～4h 超短期风电功率预测功能			6.1
	风电场每 15min 自动向电网调度机构滚动上报未来 15min～4h 的风电功率预测曲线，预测值的时间分辨率为 15min			6.2
	风电场每天按照电网调度机构规定的时间上报次日 0～24h 风电功率预测曲线，预测值的时间分辨率为 15min			

2. 电压与无功配置要求

（1）风电场无功容量配置。

名 称	依据内容（GB/T 19963—2011）	出处
风电场的无功容量配置	应按照分（电压）层和分（电）区基本平衡的原则进行配置，并满足检修备用要求	7.2.1
风电场的无功电源	包括风电机组及风电场无功补偿装置	7.1.1
风电场安装的风电机组	应满足功率因数在超前 0.95～滞后 0.95 的范围内动态可调	
当风电机组无功容量不能满足系统电压调节需要时	应在风电场集中加装适当容量的无功补偿装置，必要时加装动态补偿装置	7.1.2
对直接接入公共电网的风电场，无功容量配置	容性无功容量：能够补偿风电场满发时场内汇集线路、主变压器的感性无功及光伏发电站送出线路的一半感性无功之和	7.2.2
	感性无功容量：能够补偿风电场自身的容性充电无功功率及风电场送出线路的一半充电无功功率	
对于通过 220kV（或 330kV）风电汇集系统升压至 500kV（或 750kV）电压等级接入电网的风电场群中的风电场，无功容量配置	容性无功容量：能够补偿风电场满发时汇集线路、主变压器的感性无功及风电场送出线路的全部感性无功之和	7.2.3
	感性无功容量：能够补偿风电场自身的容性无功功率及风电场送出线路的全部充电无功功率	

(2) 风电场电压控制。

名称	风电场电压控制（GB/T 19963—2011）	出处
基本要求	应配置无功电压控制系统，具备无功调节及电压控制能力；实现对风电场并网点电压的控制，其调节速度和控制精度应能满足电力系统电压调节的要求	8.1
公共电网电压正常范围，风电场电压控制目标	应能控制并网点电网在97%～107%标称电压	8.2
风电场并网点电压正、负偏差绝对值之和	不超过标称电压的10%	11.1
正常运行方式下，其电压偏差	应在标称电压的−3%～7%范围内	

(3) 动态无功支撑能力。

名称	依据内容（GB/T 19963—2011）		出处
总装机容量在百万千瓦级规模及以上的风电场群，当电力系统发生短路故障引起电压跌落时，每个风电场在低电压穿越过程中，动态无功支撑能力	并网点电压处于20%～90%标称电压区间时	风电场应能通过注入无功电流支撑电压恢复	9.4
	自并网点电压跌落时刻起	动态无功电流的响应时间不大于75ms；持续时间应不少于550ms；	
	风电场注入系统的动态无功电流 I_T	$I_T \geq 1.5 \times (0.9 - U_T) I_N$（$0.2\text{p.u.} \leq U_T \leq 0.9\text{p.u.}$）$I_N$：风电场额定电流	

3. 风电场低电压穿越

名称	依据内容（GB/T 19963—2011）	出处
基本要求	（1）风电场并网点电压跌至20%标称电压时，风电场内的风电机组应保证不脱网连续运行625ms； （2）风电场并网点电压在发生跌落后2s内能够恢复到标称电压的90%时，风电场内的风电机组应保证不脱网连续运行	9.1
风电场低电压穿越要求	图1 风电场低电压穿越要求	图1
斜线部分的方程	$\dfrac{y-0.2}{x-0.65} = \dfrac{0.9-0.2}{2-0.65}$ 则斜线部分的方程为： $y = 0.509x - 0.118$	总结
风电场低电压穿越考核电压	表2 风电场低电压穿越考核电压 | 故障类型 | 考核电压 | |---|---| | 三相短路故障 | 风电场并网点线电压 | | 两相短路故障 | 风电场并网点线电压 | | 单相接地短路故障 | 风电场并网点相电压 |	表2

4．风电场电压、频率适应性

名　称	依据内容（GB/T 19963—2011）		依据
电压	风电场并网点电压在 90%～110%标称电压之间时	风电机组应能正常运行	10.1.1
	风电场并网点电压超过 110%标称电压之间时	风电场运行状态由风电机组性能确定	
不同电网频率范围内的运行规定	表3　风电场在不同电网频率范围内的运行规定		表3
	电网频率	运行时间要求	
	$f<48Hz$	根据风电场内风电机组允许运行的最低频率而定	
	$48Hz \leqslant f<49.5Hz$	每次低于 49.5Hz 时要求风电场至少能运行 30min	
	$49.5Hz \leqslant f<50.2Hz$	连续运行	
	$50.2Hz \leqslant f$	每次频率高于 50.2Hz 时，风电场具有至少运行 5min 的能力，并执行电网调度机构下达的降低出力或高周切机策略，不允许处于停运状态的风电机组并网	

六、风电场接入系统测试

名　称	依据内容（GB/T 19963—2011）	出处
测试报告	当接入同一并网点的风电场装机容量超过 40MW 时，需要向电力系统调度机构提供风电场接入电力系统测试报告；累计新增装机容量超过 40MW，需要重新提交测试报告	14.1.1
测试内容	测试内容： （1）风电场有功/无功控制能力测试。 （2）风电场电能质量测试，包含闪变与谐波。 （3）风电机组低电压穿越能力测试；风电场低电压穿越能力验证。 （4）风电机组电压、频率适应性测试；风电场电压、频率适应能力验证	14.2

附录一 设备与电缆型号

一、变压器类设备型号

1. 电力变压器型号的组成型式

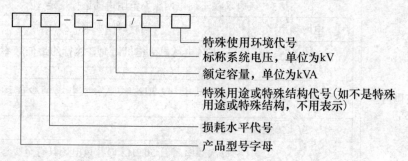

产品型号字母含义表（特殊变压器除外）

产品型号字母含义				
	产品类别代号	O—自耦变压器；H—电弧炉变压器；C—感应电炉变压器；Z—整流变压器；K—矿用变压器；Y—试验变压器；通用电力变压器不表示		
	相数	S—三相变压器；D—单相变压器		
	绕组外绝缘介质	G—空气（干式）；Q—"气"体；C：浇注式；CR：包绕式；变压器油不表示		
	绝缘耐热等级	油浸式（A级不表示）	A、E、B、F、H	D：绝缘系统温度为200℃ C：绝缘系统温度为220℃
		干式（F级不表示）	E、B、F、H	
	冷却装置种类	F—风冷却器；S—水冷却器；自然循环冷却装置不表示	冷却方式代号：ONAN、ONAF、OFAF、OFWF、ODAF、ODWF；前两个字母代表内部冷却方式：O—油，N—自然循环，F—强迫油循环，D—强迫导向油循环；后两个字母代表外部冷却方式：A—空气，W—水冷，N—自冷，F—风冷	
	油循环方式（内部）	P—强迫油循环；D—强迫导向油循环；自然循环不表示		
	绕组数	S—三绕组；F—分裂绕组；双绕组不表示		
	绕组材料	L—铝绕组；铜绕组不表示		
	调压方式	Z—有载调压；无励磁调压不表示		
损耗水平代号		9、10、11、12、13、15		
特殊用途或特殊结构代号		Z—低噪声用；L—电缆引出；X—现场组装式；J—中性点为全绝缘；CY—发电厂自用变压器		
环境代号		TH—湿热带；TA—干热		

例1：SF11-20000/110，即1台三相、油浸、风冷、双绕组、无励磁调压、铜导线、20000 kVA、110kV级电力变压器，其性能水平为11。

例2：SSZ-180000/220，即1台三相、油浸、自冷、自然油循环、三绕组、有载调压、铜导线、150000kVA、220kV级电力变压器。

例3：SSPZ9-180000/220，即1台三相、油浸、水冷、强迫油循环、双绕组、有载调压、铜导线、360000kVA、220kV级电力变压器，其性能水平为11。

2. 互感器型号

互感器型号（电容式电压互感器除外）

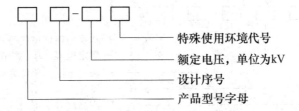

(1) 电流互感器型号字母含义表。

形式		L—电磁式；LE—电子式
用途		LL—直流电流互感器；LP—中频电流互感器；LX—零序电流互感器；LS—速饱和电流互感器
电子式电流互感器	输出形式	N—数字量输出；A—模拟量与数字量混合输出；模拟量输出不表示
	传感器形式	G—光学原理；电磁原理不表示
结构形式		A—非电容型绝缘；R 套管式；Z—支柱式；Q—线圈式；F—贯穿式（复匝）；D—贯穿式（单匝）；M—母线式；K—开合式；V—倒立式；电容型绝缘不表示
绝缘特征		G—干式；Q—气体绝缘；K—绝缘壳；Z—浇注成型固体绝缘；油浸绝缘不表示
功能		R—保护用；BT—暂态保护用（只适用于套管式电流互感器）；不带保护级不表示
结构特征		C—手车式开关柜用；D—带触头盒
注 对加强型的浇注产品，可在产品型号字母段最后加"J"表示		

例 1：LMZ-10，即 1 台母线式、浇注成型固体绝缘、10kV 级电磁式电流互感器。

例 2：LAB-35GYW2，即 1 台非电容型绝缘、油浸、带保护级、35 kV 级电磁式电流互感器，适用于高原、Ⅲ级污秽地区。

例 3：LEN-220W1，即 1 台数字量输出、电磁原理传感、220kV 级电子式电流互感器，适用于户外Ⅱ级污秽地区。

（2）电压互感器型号字母含义表。

形式		J—电磁式；JE—电子式
用途		JZ—直流电流互感器；JP—中频电流互感器
电子式电压互感器	输出型式	N—数字量输出；A—模拟量与数字量混合输出；模拟量输出不表示
	传感器型式	G—光学原理；电磁原理不表示
相数		D—单相；S—三相
绝缘特征		G—干式；Q—气体绝缘；Z—浇注成型固体绝缘；油浸绝缘不表示
结构形式		X—带剩余（零序）绕组；B—三柱带补偿绕组；W—五柱三绕组；C—串极式带剩余（零序）绕组；F—有测量和保护分开的二次绕组；一般结构不表示
性能特征		K—抗铁磁谐振；普通型不表示
注 对加强型的浇注产品，可在产品型号字母段最后加"J"表示		

例 1：JDCF-110W1，即 1 台单相、油浸、串极式带剩余绕组、测量和保护分开的双二次绕组、适用于Ⅱ级污秽地区、110kV 级电压互感器。

例 2：JDZ2-10，即 1 台单相、浇注成型固体绝缘、10kV 级、设计序号为"2"的电压互感器。

例 3：JE-220W2 即 1 台模拟量输出、电磁原理传感、220kV 级电子式电压互感器，适用于户外Ⅲ级污秽地区。

1) 电容式电压互感器。

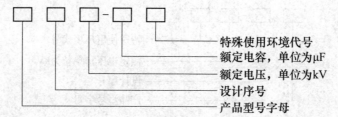

2）电容式电压互感器型号字母含义表。

形式	T—成套装置；YD—电容式电压互感器
绝缘特征	Q—气体绝缘；油浸绝缘不表示

例1：TYD220/$\sqrt{3}$—0.005，即1台单相、油浸、额定一次电压为220/$\sqrt{3}$ kV、额定电容量为0.005μF 的电容式电压互感器。

3．电抗器型号的组成形式

并联电抗器型号

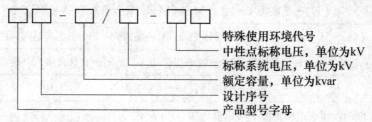

注：中性点电压可根据需要标注。

串联电抗器型号

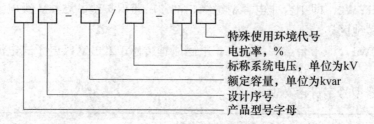

其他电抗器

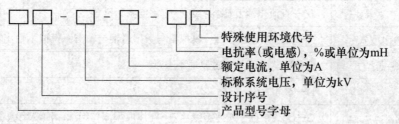

电抗器型号字母含义表

形式	BK—并联电抗器；CK—串联电抗器；FK—分裂电抗器；JK—中性点接地电抗器；XK—限流电抗器；XH—消弧线圈；FD—放电线圈
相数	S—三相；D—单相
绕组外绝缘介质	G—空气（干式）；C 浇注成型固体；变压器油不表示
冷动装置种类	F—风冷却装置；S—水冷却装置；自然循环冷却装置不表示
油循环方式	P—强迫油循环；自然循环不表示
结构特征	K—空心；KP—空心磁屏蔽；铁心不表示
线圈导线材质	L—铝线；铜线不表示
特征	D—自动跟踪；Z—有载调压；WT—交流无级可调节；YT—交流有级可调节；ZT—直流无级可调节；T—其他可调节；一般型不表示

例1：CKDGKL-500/66-6，即1台单相、干式、空心、自冷、铝导线、额定容量500kvar、标称系统电压66kV、电抗率6%的串联电抗器。

例2：XKDGKL-10-1000-4，即1台单相、干式、空心、铝导线、标称系统电压10kV、额定电流1000A、电抗率4%的限流电抗器。

例3：BKDFPYT-50000/500，即1台单相、交流有级可调节、油浸式、风冷、强迫油循环、额定容量50000kvar、标称系统电压500kV 的可控并联电抗器。

4．变压器类产品特殊使用环境代号

热带地区	TA—热带地区；TH—湿热带地区；T—干、湿热带地区通用				
高原地区	GY—高原地区				
污秽地区	污秽等级	0（无）	Ⅰ（轻）	Ⅱ（中）	Ⅲ（重）	Ⅳ（严重）
	代表符号	不表示		W1	W2	W3
防腐蚀地区	防护类型	户外型			户内型	
		防轻腐蚀	防中腐蚀	防强腐蚀	防中腐蚀	防强腐蚀
	代表符号	W	WF1	WF2	F1	F2

例1：GYW1，即高原及Ⅱ级污秽地区用。

例2：THW2，即湿热带及Ⅲ级污秽地区用。

二、避雷器的型号

1．交流金属氧化物避雷器的型号

(1) (2) (3) (4) (5) — (6) / (7) (8)

(1)	产品型式代号	Y—交流系统用瓷外套金属氧化物避雷器；YH—交流系统用复合外套金属氧化物避雷器
(2)	标称放电电流 单位：kA	用来划分避雷器等级、具有8/20μs波形的雷电冲击电流峰值。它关系到避雷器耐受冲击电流的能力和避雷器的保护特性，是设备额定冲击耐受电压和变电站空气间隙距离选取的依据
(3)	结构特征代号	W—无间隙；C—有串联间隙；B—有并联间隙
(4)	使用场所代号（适用场所）	S—配电；Z—变电站；R—保护电容器组；X—输电线路；D—旋转电机；N—变压器（旋转电机）的中性点；F—气体绝缘金属封闭开关设备；B—阻波器；T—电气化铁路；A—换流站交流母线；FA—换流站交流滤波器
(5)	设计序号	反映产品不同的设计和工艺，以阿拉伯数字表示。不代表产品先进性，也不代表某制造厂；由型号证书颁发单位统一编排
(6)	避雷器额定电压	是施加到避雷器端子间的最大允许工频电压有效值，见（GB/T 50064—2014 表4.4.3）
(7)	雷电冲击配合电流（标称放电电流）下的残压	避雷器的雷电冲击保护水平是在标称放电电流下的最大残压，它用于保护设备免受快波前过电压。对于无间隙避雷器，其保护水平完全由残压决定；对于有间隙避雷器，其保护水平由本体残压和雷电冲击放电电压决定
(8)	附加特征	TL—避雷器附带脱离器；W—重污秽地区；G—高海拔（超过1000m）地区；T—湿热带地区；Z—避雷器具有抗震能力（地震烈度7度以上地区）

2. 避雷器的分类（GB 11032—2010）

类型	标称放电电流（A）				
	20000	10000	5000	2500	1500
额定电压 U_r（kV）	$360<U_r\leqslant756$	$3<U_r\leqslant468$	$U_r\leqslant132$	$U_r\leqslant36$	$U_r\leqslant207$
备注	电站用、线路用避雷器	电站用、线路用、电气化铁路用避雷器	电站用、线路用、发电机用、配电用、并联补偿电容器用、电气化铁路用避雷器	电动机用避雷器	电机中性点用、变压器中性点用避雷器、低压避雷器

例1：Y10W-300/698，即标称放电电流为10kA，额定电压为300kV，最大残压698V的交流系统用瓷外套无间隙氧化物避雷器。

例2：YH5WZ-17/45，即标称放电电流为5kA，额定电压为17kV，最大残压45V的变电站用交流系统复合外套无间隙氧化物避雷器。

3. 常见非金属氧化物避雷器的型号

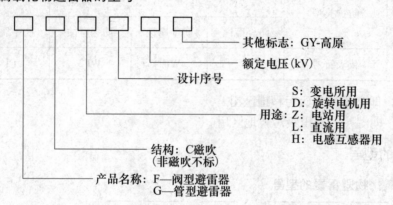

三、开关类设备的型号说明（国产）

1. 高压断路器

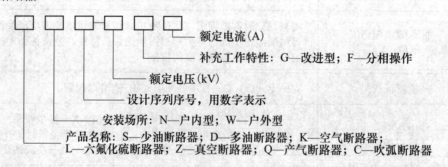

2. 高压隔离开关

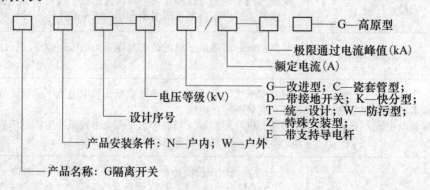

3. 高压负荷开关

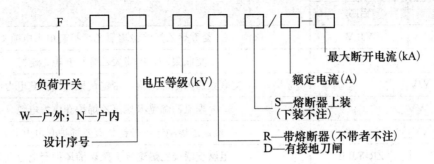

4. 高压熔断器

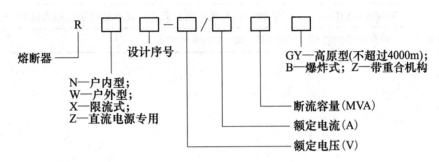

四、并联补偿装置型号

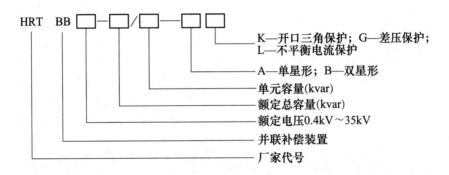

五、电缆型号组成说明

电缆的型号种类多，命名较为复杂，以下为常见的命名表示方法。

用途代码	电力电缆不表示；K—控制电缆；P—信号电缆
绝缘代码	Z—油浸纸；X—橡胶；V 聚氯乙烯；Y—聚乙烯；YJ—交联聚乙烯
导体材料代码	铜：不表示；L—铝
内护层代码	Q—铅包；L—铝包；H—橡套；HF—非燃性护套；V 聚氯乙烯护套；Y—聚乙烯
特征代码	统包型不表示；F—分相铝包、分相护套；P—干绝缘；D—不滴油；CY—充油；C—滤尘用
外护层代码	1—麻包；2—钢带铠装；3—细丝钢带铠装；4—粗丝钢带铠装；0—裸外护层；9—相应内铠装外护层；02—聚氯乙烯护套；03—聚乙烯护套
特殊产品代码	TH—湿热带；TA—干热带
额定电压	单位为kV
特殊用途电缆	ZR—阻燃；NH—耐火；WD—无卤低烟；ZN—阻燃耐火；FE—辐照交联聚烯烃护套

常见电力电缆型号名称一览表。

电缆型号		名 称
铜芯	铝芯	
YJV	YJLV	交联聚乙烯绝缘聚氯乙烯护套电力电缆
YJY	YJLY	交联聚乙烯绝缘聚乙烯护套电力电缆
YJV$_{32}$		交联聚乙烯绝缘细钢丝带铠装聚乙烯护套电力电缆
VV		聚氯乙烯绝缘聚氯乙烯护套电力电缆
VV$_{22}$		聚氯乙烯绝缘钢带铠装聚乙烯护套电力电缆
特种电缆	ZR-YJFE	阻燃交联聚乙烯绝缘辐照聚烯烃护套电力电缆
	NH-YJFE	耐火交联聚乙烯绝缘辐照聚烯烃护套电力电缆
	WDZAN-YJFE	低烟无卤A级阻燃耐火交联聚乙烯绝缘辐照聚烯烃护套电力电缆

注 耐火电缆可以同时拥有阻燃的性能，阻燃电缆却没有耐火的性能。

附录二 2020年注册电气工程师（发输变电）执业资格考试专业考试规范、规程及设计手册清单

一、规范、规程

1. GB 311.1—2012《绝缘配合 第1部分：定义、原则和规则》
2. GB/T 311.2—2013《绝缘配合 第2部分：使用导则》
3. GB/T 6451—2015《油浸式电力变压器技术参数和要求》
4. GB 6830—1986《电信线路遭受强电线路危险影响的容许值》
5. GB/T 7064—2017《隐极同步发电机技术要求》
6. GB/T 7409.3—2007《同步电机励磁系统 大、中型同步发电机励磁系统技术要求》
7. GB/T 7894—2009《水轮发电机基本技术条件》
8. GB/T 12325—2008《电能质量 供电电压偏差》
9. GB/T 12326—2008《电能质量 电压波动和闪变》
10. GB/T 14285—2006《继电保护和安全自动装置技术规程》
11. GB/T 14549—1993《电能质量 公用电网谐波》
12. GB/T 15543—2008《电能质量 三相电压不平衡》
13. GB/T 15544.1—2013《三相交流系统短路电流计算 第1部分：电流计算》
14. GB 15707—2017《高压交流架空输电线路无线电干扰限值》
15. GB/T 17468—2008《电力变压器选用导则》
16. GB/T 19963—2011《风电场接入电力系统技术规定》
17. GB/T 19964—2012《光伏发电站接入电力系统技术规定》
18. GB/T 26218.1—2010《污秽条件下使用的高压绝缘子的选择和尺寸确定 第1部分：定义、信息和一般原则》
19. GB/T 26218.2—2010《污秽条件下使用的高压绝缘子的选择和尺寸确定 第2部分：交流系统用瓷和玻璃绝缘子》
20. GB/T 26218.3—2011《污秽条件下使用的高压绝缘子的选择和尺寸确定 第3部分：交流系统用复合绝缘子》
21. GB/T 26399—2011《电力系统安全稳定控制技术导则》
22. GB/T 28541—2012《±800kV特高压直流换流站设备的绝缘配合》
23. GB/T 29321—2012《光伏发电站无功补偿技术规范》
24. GB 50049—2011《小型火力发电厂设计规范》
25. GB 50052—2009《供配电系统设计规范》
26. GB 50054—2011《低压配电设计规范》
27. GB 50058—2014《爆炸危险环境电力装置设计规范》
28. GB 50059—2011《35kV～110kV变电站设计规范》
29. GB 50060—2008《3kV～110kV高压配电装置设计规范》
30. GB/T 50062—2008《电力装置的继电保护和自动装置设计规范》
31. GB/T 50063—2017《电力装置的电测量仪表装置设计规范》
32. GB/T 50064—2014《交流电气装置的过电压保护和绝缘配合设计规范》
33. GB/T 50065—2011《交流电气装置的接地设计规范》
34. GB 50116—2013《火灾自动报警系统设计规范》
35. GB 50217—2018《电力工程电缆设计标准》
36. GB 50227—2017《并联电容器装置设计规范》

37. GB 50229—2019《火力发电厂与变电站设计防火标准》
38. GB 50260—2013《电力设施抗震设计规范》
39. GB 50545—2010《110kV～750kV 架空输电线路设计规范》
40. GB 50660—2011《大中型火力发电厂设计规范》
41. GB/T 50789—2012《±800kV 直流换流站设计规范》
42. GB 50797—2012《光伏发电站设计规范》
43. GB 51096—2015《风力发电场设计规范》
44. DL/T 436—2005《高压直流架空送电线路技术导则》
45. DL 559—2018《220kV～750kV 电网继电保护装置运行整定规程》
46. DL/T 583—2018《大中型水轮发电机静止整流励磁系统技术条件》
47. DL 584—2017《3kV～110kV 电网继电保护装置运行整定规程》
48. DL 684—2012《大型发电机变压器继电保护整定计算导则》
49. DL/T 691—1999《高压架空送电线路无线电干扰计算方法》
50. DL 755—2001《电力系统安全稳定导则》
51. DL/T 843—2010《大型汽轮发电机励磁系统技术条件》
52. DL/T 866—2015《电流互感器和电压互感器选择及计算规程》
53. DL 1502—2016《厂用电继电保护整定计算导则》
54. DL/T 1773—2017《电力系统电压和无功电力技术导则》
55. DL/T 5002—2005《地区电网调度自动化设计技术规程》
56. DL/T 5003—2017《电力系统调度自动化设计规程》
57. DL/T 5014—2010《330kV～750kV 变电站无功补偿装置设计技术规定》
58. DL 5027—2015《电力设备典型消防规程》
59. DL/T 5033—2006《输电线路对电信线路危险和干扰影响防护设计规程》
60. DL/T 5041—2012《火力发电厂厂内通信设计技术规定》
61. DL/T 5044—2014《电力工程直流电源系统设计技术规程》
62. DL/T 5053—2012《火力发电厂职业安全设计规程》
63. DL/T 5056—2007《变电站总布置设计技术规程》
64. DL/T 5103—2012《35 kV～220kV 无人值班变电站设计规程》
65. DL/T 5136—2012《火力发电厂、变电站二次接线设计技术规程》
66. DL/T 5147—2001《电力系统安全自动装置设计技术规定》
67. DL/T 5149—2001《220kV～500kV 变电所计算机监控系统设计技术规程》
68. DL/T 5153—2014《火力发电厂厂用电设计技术规定》
69. DL/T 5155—2016《220kV～1000kV 变电站站用电设计技术规程》
70. DL/T 5186—2004《水力发电厂机电设计规范》
71. DL/T 5216—2017《35kV～220kV 城市地下变电站设计规程》
72. DL/T 5217—2013《220kV～500kV 紧凑型架空输电线路设计规程》
73. DL/T 5218—2012《220kV～750kV 变电站设计技术规程》
74. DL/T 5222—2005《导体和电器选择设计技术规定》
75. DL/T 5224—2014《高压直流输电大地返回系统设计技术规程》
76. DL/T 5226—2013《发电厂电力网络计算机监控系统设计技术规程》
77. DL/T 5242—2010《35kV～220kV 变电站无功补偿装置设计技术规定》
78. DL/T 5352—2018《高压配电装置设计规范》
79. DL/T 5390—2014《发电厂和变电站照明设计技术规定》
80. DL/T 5429—2009《电力系统设计技术规程》
81. DL/T 5460—2012《换流站站用电设计技术规定》
82. NB/T 31115—2017《风电场工程 110kV～220kV 海上升压变电站设计规范》

附录二　2020年注册电气工程师（发输变电）执业资格考试专业考试规范、规程及设计手册清单

83. NB/T 31117—2017《海上风电场交流海底电缆选型敷设技术导则》
84. NB/T 35008—2013《水力发电厂照明设计规范》
85. NB/T 35044—2014《水力发电厂厂用电设计规程》
86. NB 35074—2015《水电工程劳动安全与工业卫生设计规范》

二、设计手册

1. 《电力工程电气设计手册》（电气一次部分）西北电力设计院，中国电力出版社
2. 《电力工程电气设计手册》（电气二次部分）西北电力设计院，水利电力出版社
3. 《电力系统设计手册》电力工业部电力规划设计总院，中国电力出版社
4. 《水电站机电设计手册》（电气一次分册）水利电力部水利水电建设总局，水利电力出版社
5. 《水电站机电设计手册》（电气二次分册）水利电力部水利水电建设总局，水利电力出版社
6. 《电力工程高压送电线路设计手册》（第二版）东北电力设计院，中国电力出版社

注：设计手册的内容与规程、规范不一致之处，须以规程、规范为准。